U0935976

生态文明建设大辞典

主　　编

祝光耀　张　塞

第一册

A–J

江西科学技术出版社

2016・南昌

图书在版编目（CIP）数据

生态文明建设大辞典：全四册 / 祝光耀，张塞主编
. -- 南昌：江西科学技术出版社，2016.3
ISBN 978-7-5390-5589-3

Ⅰ.①生… Ⅱ.①祝… ②张… Ⅲ.①生态环境建设
-词典 Ⅳ.①X171.4-61

中国版本图书馆CIP数据核字(2016)第056720号

国际互联网地址 http://www.jxkjcbs.com
选题序号 KX2013004
图书代码 D16011-102
出 版 人 温 青
责任编辑 张 旭
特约编辑 白建新
图像编辑 任秀娟 李素芬
技术编辑 桂思平 李素芬
装帧设计 龚建武 朱云浦
版式设计 高国普 李素芬
责任印制 夏至寰
特约校对 马 瀛 赵 伟 李素芬

生态文明建设大辞典
SHENGTAI WENMING JIANSHE DACIDIAN
祝光耀 张塞 主编

江西科学技术出版社出版发行
社址 南昌市蓼洲街2号附1号 邮编 330009
印刷 张家口市下花园光华印刷有限责任公司
经销 各地新华书店
开本 889mm×1194mm 1/16 总印张 153.5 插页 2
电话 （0791）86623491
版次 2016年3月第1版 2016年3月第1次印刷
书号 ISBN 978-7-5390-5589-3
定价 1980.00元（全四册）
赣版权登字-03-2016-108

编纂委员会

撰　稿

王晴晴　王聪聪　王薛时　石艳峰　申　森　史月田　代富宇

白建新　朱雨晨　朱配辰　任秀娟　任傲尘　刘中华　刘　阳

牟世晶　李　庆　李雪姣　张沥元　张惠娜　欧阳文川

郇庆治　周雨霏　席　溢　徐保军　徐　越　盛　涛　韩　铮

雷爱民　蔡　越

图像采集

王晴晴　王聪聪　石艳峰　朱雨晨　朱配辰　任傲尘

刘　阳　席　溢　徐保军　徐　越　韩　铮

特约编辑

白建新

英文审订

陶莎莎

出版说明

《生态文明建设大辞典》是定义、解释生态文明范畴名词、术语的百科全书式工具书。本书题名所称文明，指人类依靠科学技术改造客观世界，通过法律道德协调群体关系，凭借宗教艺术调节情绪感受，从而满足生存需要，实现人的全面发展达到的程度。本书题名所称生态文明，是人类社会继承原始文明、农业文明、工业文明的长时段全球尺度世界图景。

本书著录辞条5087条，辞目中外文双见；全部辞条按照中文辞目音序排列；插图728幅，辞目即插图图题；另附《中文辞目笔画索引》《外文辞目字序索引》。附录一转录全国科学技术名词审定委员会2006年公布《生态学名词》17类3414条，并附《生态学名词中文音序索引》《生态学名词英文字序索引》。附录二收录中国山脉、河流、湖泊、森林、草原、湿地、沙化土地、自然保护区、海洋环境的各项基础数据概览，中国生态学教育大学本科专业、硕士学位授予单位、博士学位授予单位名录。

本书由北京大学、清华大学、中央党校、中国林业大学、中国科学院、中国社会科学院、中国农业科学院、中央编译局、贵州大学等单位学者联合编纂，并得到中国生态文明研究与促进会、中国华盛绿色工业基金会、当代中医药发展研究中心、北京清洁燃料行业协会等的有力支持。

本书以各级政策制定者、管理者、科学研究人员、工程技术人员、各级各类教育工作者和各级党校学员为读者对象，采辞立目遍及社会科学、人文学科各个领域。马克思主义经典著作和当代绿色政党组织、代表人物、重要著作出自政治学，数十年以来相关国际公约、重要会议、重要国际组织和国内环境保护法律、法规出自法学，科学技术哲学重要著作、代表人物以及佛教、道教、基督教、伊斯兰教的生态观念出自哲学、宗教学，当代经济学理论流派、重要著作和相关现行经济政策概念出自经济学，中国古代水利工程以及古代河流变迁出自历史学、考古学，当代国内外非政府环境保护组织出自社会学，中国各少数民族的生态观出自民族学，当代世界各国的环境教育出自教育学，中国及世界的生态文学艺术、影视作品出自文学。此外，特别收录了相关环境保护工程技术、生态治理工程技术辞条。

本书编纂有两个特点区别于传统辞书。第一，著录时政短语。传统辞书的收辞立目，既不收短语，也一般不收时政词汇。本书著录辞目有“绿水青山就是金山银山”“五位一体总布局”等，著录这类时政短语的必要性，不证自明。第二，部分辞条列出参考文献目录，既为读者进一步拓展知识提供线索，又可反映相关学术研究的当下动态与新的成果。

承蒙科学出版社许可本书收录全国科学技术名词审定委员会 2006 年审定《生态学名词》全部内容，特别表示敬意与谢忱。

本书从选题筹划到编辑出版全过程得到中联口述历史整理研究中心的全力支持与帮助。中联口述历史整理研究中心是在国家民政部登记，并受国家民政部直接管理的非营利性社会文化组织，从事大型出版项目的策划与实施。已经完成和正在进行的项目有《日本侵华日军七三一部队罪行实录》《中国博物馆精品陈列数据库暨互联网 + 的教育平台》《中国红木文化口述历史》《中华医藏数据库网络平台》《中医药国家级非遗传承人口述历史》《中国绿色工业大辞典》等。在此致以特别感谢。

第十一届全国政协副主席陈宗兴先生在本书编纂期间多次悉心指导，关注进度。中国生态文明研究与促进会常务副会长祝光耀先生在审读书稿中先后提出增补、删减部分内容的具体要求。

文无第一。凡成于众手，必参差不齐，或有所失。况时间仓促，难以精致雕琢。凡有读者发现书中有讹、错、误、漏、衍、重，敬请指正。

江西科学技术出版社

《生态文明建设大辞典》编委会

跨入生态文明新时代

——关于生态文明建设若干问题的探讨

【说明】本文2008年7月17日在《光明日报》第7版以“春雨”署名首次发表，经修订后，同年11月1日在《求是》第21期以我的本名发表。这篇文章系统阐述我长期研究和探索生态文明建设的思想认识和理论见解。《生态文明建设大辞典》编纂委员会和江西科学技术出版社的同志们，力邀此文置于是书卷首作为序言。党的十八大以来，生态文明建设成为举国上下关注的治国方略，在波澜壮阔的广度和更为深刻的深度上成为亿万人民的实践行动。作为长期研究生态文明建设的先行者之一，欣然慨允。本次重刊，根据《求是》刊发文字重新排版。

姜春云
2016年11月

党的十七大报告第一次提出“建设生态文明”，并把它作为全面建设小康社会的一项重要目标。这一重大命题的提出，标志着我们党发展理念的升华，对发展与环境关系认识的飞跃，治国方略的创新和发展，具有划时代的意义。

人类社会正在跨入崭新的生态文明时代

什么是生态文明？人类发展史的实践表明，生态文明是有别于任何一种文明的崭新文明形态，其产生和发展具有必然的历史演进轨迹，即人类原始文明→农耕文明→工业文明→（后工业文明）→生态文明。人们熟知的物质文明、政治文明、精神文明，都是伴随人类社会的发展而逐渐产生发展的，惟有生态文明是现代工业高度发展阶段的产物。众所周知，工业革命带来了生产力的空前解放和发展，创造了巨大的物质财富，同时导致了严重的环境危机和生态恶化，使发展变为不可持续。生态文明是在深刻反思工业化沉痛教训的基础上，人们认识和探索到的一种可持续发展理论、路径及其实践成果。可以说，生态文明是对农耕文明、工业文明的深刻变革，是人类文明质的提升和飞跃，是人类文明史的一个新的里程碑。生态文明不只是生态、环境领域一项重大研究课题，而且是人与自然、发展与环境、经济与社会、人与人之间关系协调、发展平衡、步入良性循环的理论与实践，是人类社会跨入一个新的时代的标志。

回眸历史，人类文明进化的轮廓清晰可辨。首先是原始文明，至少经历了170万～200万年。中国的原始文明，始于距今约170多万年前的元谋人。那个时期，极少的人口以狩猎采集为生，主要以石器为生产工具，对地球数千亿吨计的净植物生产力来说，人类的“消费”量简直可以忽略不计。原始农业出现后，虽然产生了生态问题，但地球生物圈一直保持着巨大的自我恢复生态平衡的能力。这种人类与生物、环境之间自然有序的协同进化关系，堪称原始“绿色文明”。到了农耕文明时期，随着生产工具和技术的进步，人类利用和改造自然的能力越来越大，相应的生态问题日渐显现、突出。过度开发林地、草地、丘陵山岗地与河湖滩地带来的生态、环境恶化，致使文明衰落的变故屡见不鲜。但总的看，这个时期人类的发展对自然生态的负面作用是渐进的，有一定的限度。进入工业文明时期，人类对大自然展开了空前规模的征服运动，以掠夺的方式开发利用自然资源。据有关统计资料，整个20世纪，人类消耗了约1420亿吨石油、2650亿吨煤、380亿吨铁、7.6亿吨铝、4.8亿吨铜。占世界人口15%的工业发达国家，消费了世界56%的石油和60%以上的天然气和50%以上的重要矿产资源，从而带来了严重的生态、环境问题。那么，我们不禁要问，其余85%欠发达国家和地区的人口，面对剩下的不到50%的地球一次性资源，要实现工业化，如果沿袭传统工业化的发展方式，还有多少余地和空间？！这让人们看到了，作为一个整体的人类社会，第一次遇到了前所未有的生存与发展危机。

就是在这样的背景下，人类开始了生存与发展的深刻反思和艰难探索，生态文明顺势而生。1972年召开的联合国人类环境会议，唤起了各国政府对环境问题的关注。1992年在巴西里约热内卢召开的联合国环境与发展大会，使可持续发展思想得到了最高级别的政治承诺，为生态文明建设提供了保障。20世纪后半叶以来，加强环境保护、走可持续发展之路，逐渐成为全人类的共识。从对大自然的掠夺型、征服型和污染型的工业文明走向环境友好型、协调型、恢复型的生态文明，是革命性的变化和进步。这既是人类历史发展的被迫之举，也是由“自在”走向“自为”的明智之举。

实践一再告诫人们，人类的经济社会活动不可超越自然生态系统的承载阈值，超过了这个阈值就要遭受大自然的无情报复。在上下约万年的人类文明长河中，一些古老文明国家和地区，如古埃及文明、古巴比伦文明、古地中海文明和印度恒河文明、美洲玛雅文明等之所以消亡、衰落，其中一个共同的根源就是过伐森林、过度放牧、过度垦荒和盲目灌溉等，使广袤的森林、草原植被遭到毁坏，河道淤塞，水土流失加剧，土地沙化、盐碱化，肥沃的表土遭到侵蚀、剥离，失去了作物生长所需的大量矿物质营养，于是随着土地生产力的衰竭，它所支持的文明也就必然日渐衰落、消亡。我国黄河文明的兴盛与衰落，重要原因亦在于自然生态系统的繁茂与破坏。“顺自然生态规律者兴，逆自然生态规律者亡”。这是人类社会发展的一条铁的定律，古今中外概莫能外。

西方发达国家既是工业文明的先行者，又是最大的环境破坏者。工业革命对于人类财富的积累是一次巨大的进步，但对于人类的生存环境却是一次灾难。英国于19世纪60年代，美国、法国于20世纪初期，德国于20世纪30年代，前苏联和日本于20世纪70年代，先后完成了传统工业化，又都经历了资源高消耗、环境高污染的过程。自上个世纪初期开始，工业化国家环境重污染的“公害事件”层出不穷。特别是轰动一时的“世界八大公害事件”（比利时马斯河谷污染事件、美国多诺拉污染事件、英国伦敦烟雾事件、美国洛杉矶光化学烟雾事件、日本的水俣病事件、米糠油事件以及富山、四日等地的有害气体与毒物公害事件），向全球敲响了生存危机的警钟。

最早享受工业文明的西方发达国家，在尝到了工业化带来的环境恶化苦果之后，率先反思过去、转换发展方式，步入生态文明时代。经过半个多世纪的努力，多数发达国家调整优化经济结构，治理生存环境，建设生态文明，取得了令人瞩目的成就。其经济结构的主体已由以“高投入、高消耗、高污染、低效益”为主要特征的重化工业，转变为以“低投入、低消耗、低污染、高效益”为主要特征的第三产业（主要是现代服务业）。据《国际统计年鉴》资料，以英、美、法、德、日为例，2004年一、二、三产业的比重分别为1%、26%、73%；1%、22%、77%；2.5%、21.7%、75.8%；1%、26%、73%；1.4%；27.9%、70.7%。其结果，不但经济增长质量高，效益高，就业率高，民生状况改善，而且生态、环境也大为改观。尽管这些国家的生态文明建设成效，在相当大程度上是借助于其经济技术乃至政治、军事优势，通过攫取发展中国家的资源、转嫁“污染公害”完成的，但是它说明了一条真理：由传统工业文明向生态文明转变，建设生态文明，其所获得的经济、社会、生态、环境、民生效益，是传统工业化根本无法比拟、企及的。

发展中国家的工业革命迟了一大步，目前正处于工业化初期或中期，亦面临严重的生态、环境挑战。当务之急是如何避免重蹈发达国家“先污染、后治理”的覆辙，跳出这一“怪圈”，加紧由传统工业文明向生态文明的转变，走新型工业化道路。

深刻认识、准确把握生态文明的本质及特征

认识和把握生态文明的本质及其特征，对于树立和落实科学发展观，实现人与自然和谐、发展与环境双赢，至关重要。为什么生态文明能够破解人类社会发展不可持续的困局，产生良好的经济、社会、生态、环境效益？这是由生态文明的本质及其特征决定的。

就本质与含义而论，生态文明是当代知识经济、生态经济和人力资本经济相互融通构成的整体性文明。生态文明不仅是遵循自然规律、经济规律和社会发展规律的文明，还是一种遵循特殊规律的文明，即遵循科学技术由“单一到整合、一维到多维”综合应用规律的文明。在理论和实践的结合上，生态文明正是“以人为本，全面协调可持续发展”的科学发展观要求的文明，即人与自然和谐、发展与环境双赢、经济社会发展成果人人共享、公众幸福指数不断升高的文明。

就人与自然、人与社会、人与人关系的认识与实践而论，生态文明的主要特征，可以概括为：审视的整体性、调控的综合性、物质的循环性和发展的知识性。

审视的整体性。传统的工业文明所关注的重点，是工业经济的快速发展。从创造物质财富的角度审视，这无疑是正确的、必要的，但其致命的弱点是不顾地球生态圈大循环的整体、全局，忽视环境容量和自然生态的承载力，以致陷入了环境恶化和发展不可持续的困境。而现代生态文明，则既保持了工业文明的优点、长处，又克服了它的弱点、短处。生态文明理念所强调的是，坚持以大自然生态圈整体运行规律的宏观视角，全面审视人类社会的发展问题，将人类的一切活动都放在自然界的大格局中考量，按自然生态规律行事。经济社会发展，既要考虑人类生存与繁衍的需要，又必须顾及生态、资源、环境的承载力，以实现人与自然和谐，发展与环境双赢。生态文明理念的实质，就是认定生态、环境是人类发展的基础，一切经济社会发展都要依托这个基础，从这个基础承载力的实际出发，任何超出这个基础承载力的发展，都将带来不良以至得不偿失的后果。强调发展必须坚持“自然生态优先原则”，即“量体裁衣”、“量入为出”、“索取适度、回报相当”，而不可“急功近利”、“竭泽而渔”，肆意妄行，与自然规律、生态法则撞车。这也正是为什么惟有生态文明能够根治工业文明导致的环境恶化、发展不可持续的痼疾，使发展与环境实现良性循环的奥妙要诀所在。

调控的综合性。传统工业文明时代形成的经济学、社会学、人文和自然科学，尽管都蓬勃发展，硕

果累累，为经济增长和社会进步作出了重大贡献，但其最大的弱点在于独立分割，切断了相互间固有的内在有机联系，呈现了各展其长、各行其是的格局。其结果，一是导致整个自然生态与人类社会经济运行的大循环，难以统筹谋划、正常有序实现，带来种种顾此失彼的失衡现象，造成资源的巨大浪费，影响其潜在生产力的开掘；二是孤立的不同学科研究的局限性，又很容易陷入某种片面性、表面性、盲目性、主观性，导致人口、资源、环境与经济、社会、民生之间不协调、不平衡，甚至互相矛盾、抵消，形成恶性循环，使发展不可持续。而现代生态文明科学的显著特点，就是集生态学、经济学、社会学和其它自然、人文学科之大成，成为一门多学科相互联结的大跨度、复合型、融为一体的交叉学科。这种联结和组合，不是多个学科的简单相加，而是追求生态系统、经济系统和社会发展内在规律的有机统一，综合研究、分析、解决传统工业文明向现代生态文明转变中的重大问题。这种立足于大自然与人类发展全局的综合性研究，能够准确观察、判断整个人口、资源、环境、经济、社会、民生等的总体结构及其运行状况，找出诸多运行链条中究竟哪些是长的、强的，哪些是短的、弱的，从而提出恰当的调整优化对策，达到"全面协调可持续发展"的预想目标。

比如，长期以来，"先污染，后治理"似乎已经成为工业化不可逾越的定律。我国不少的公职人员也都这样认为。那么，推进工业化是不是就一定跳不出"先污染、后治理"的怪圈？实践证明，既要工业化，又不陷入环境恶化困境，是可以做到的。芬兰等北欧一些国家，爱尔兰、瑞士、加拿大、澳大利亚等国家，就走了一条以生态文明为主导的新型工业化路子，其经济实现了高度现代化，生态、人居环境又一直良好。关键在于这些国家把优化生态、保护环境纳入了治国方略，从发展规划、政策设计到法律法制，都体现了人与自然和谐、发展与环境同步的生态理念，从而避免了"先污染、后治理"。在我国，此等范例也是有的。威海、珠海、厦门、廊坊、三亚等一批城市，改革开放以来经济发展速度都高于全国平均水平，但生态环境质量也一直良好。诀窍在于其发展理念、方针和政策，把保护和优化环境放到了应有的位置，做到了"生态立市、环境优先、发展与环境双赢"。

物质的循环性。能量转化、物质循环、信息传递，是全球所有生态系统最基本的功能和构成要素。实践证明，发展循环型生态经济和清洁生产，使经济活动变成为"资源—产品—废弃物—再生资源"的反馈或循环过程，是生态文明理念的重要体现，也是有效消除传统工业化"资源—产品—废弃物"这种简单直线生产方式弊病的有效举措。循环型生态经济既可以大幅度提高经济增长质量、效益，培育新的经济增长点，又能从根本上节能降耗减排，做到"资源消耗最小化、环境损害最低化、经济效益最大化"。这种生产方式，工业可行，农业可行，环保、商贸、服务业等也都是可行的。近些年来，我国已经涌现出一批发展循环经济的企业、行业、工业园区和城市，效果之显著令人瞩目。

发展的知识性。传统工业化的完成主要靠资金、资源、环境、民生的高投入、高消耗，在创造巨额财富的同时，付出了过大的资源环境代价。而生态文明时代的经济发展，则主要靠智力开发、科学知识和技术进步。人类已经进入知识经济时代，各种新知识、新技术、新工艺、新材料、新模式如雨后春笋般地迅猛发展，特别是信息技术、生物技术的突破，正在从根本上改变人们的思维方式、生产方式和生活方式。科学技术真正变为"第一生产力"，人才资源成为"第一资源"，并转化为人力资本。这种大趋势把智力开发、技术进步推上了主导发展的"帅位"。随着时代的发展变化，人才、智力在生产力构成中的作用是大不相同的，其重要性在不断升级：在农业经济时代是"加数效应"，在工业经济时代是"倍数效应"，在生态与知识经济时代是"指数效应"。科学研究表明，随着科学技术向生产力的转化，体能、技能、智能对社会财富的贡献分别为1:10:100，即一个仅具有体能而无技能、智能者，与一个既有体能又有技能者对社会的贡献率的差距为10倍；与一个体能、技能、智能兼备者相比，对社会的贡献率则是 100 倍的差距。据世界银行测算，投资于物质资本，其回报率为 110%；投资于金融资本，其回报率为 120%；投资于人才开发，其回报率为 1500%。正因为如此，多年来西方发达国家一直在抢占人才、科技与知识的制高点，大幅度增加人力资本、人才培育、高新技术研发和应用的投资。统计资料表明，1995 年至 2005 年的 10 年间，中国公共教育支出占国内生产总值比重由 2.3%上升至 3%左右；而世界平均水平由 5.2%上升至 7%；发达国家则由 5.5%上升至 9%。世界发达国家知识经济在国民经济中所占的比重已经超过 50%。可见，由工业文明向生态文明转变，不仅是理念转换和更新，更是经济发展投入要素的转型，即现代知识、技术和智力资本唱了主角，起决定性作用。这是生态文明与传统工业文明的又一显著区别。

上述四大特征说明，生态文明是源于工业文明又高于工业文明的文明，其优势和优越性远非工业文明所能比拟。走生态文明之路，已是当今世界的大势所趋。

那么，生态文明与物质文明、政治文明和精神文明又是什么关系呢？这要作科学辩证分析。就其领域属性而论，四大文明都有各自特定的含义、特征和功能，四者又是相辅相成、互为因果的现代文明的总体。就时代而论，生态文明既是建立在物质、政治、精神文明的基础上，而又处于这一基础的主导位置，即这个时代要求把生态文明理念与道德准则贯穿于经济、社会、人文、民生和资源、环境等各个领域，发挥导向、驱动作用，使所有的发展都体现生态文明的要求和新的文明时代特点。如果不懂得这一点，思想、理念、道德、行为仍然停留在传统工业文明阶段，那么，这种人就是时代的落伍者。可惜，目前我国这种人还占有相当的数量。这是需要着力解决的一个大问题。

在中国推进生态文明建设具有特别重大的意义

建设生态文明是全球所有国家和地区的共同事业，在中国建设生态文明，则具有特别重大的现实意义和深远的战略意义。

中国是人口、幅员大国，在中国建设生态文明既能造福于 13 亿人口，又将对全球生态文明建设作出重大贡献。人所共知，西方发达国家经过百年的工业革命，借助其经济技术等方面的优势，在可持续发展领域的研究与实践先走了一步，生态文明已具雏形，其成果惠及约 10 亿人口。但全球尚有 50 多亿人口处在工业文明初期或中期，生态文明刚刚萌芽。中国是最大的发展中国家，如果我国率先跨入生态文明社会，不但会使全国的经济、社会、生态、环境、人文、民生面貌为之一新，而且必将大大加快全球生态文明建设进程。届时，全球“绿色版图”将明显扩大，有 1/3 以上的人口走上生态文明之路。同时，发展中国家如何在工业化进程中转化为生态文明社会，中国能够提供可资借鉴的经验。

推进生态文明建设对破解我国前进中的种种难题有决定意义。改革开放以来，我国经济快速发展，创造了举世瞩目的奇迹，成就辉煌。但发展中付出的资源、环境代价过大，发展不平衡、不协调的矛盾突出，城乡差别、地区差别、收益分配差别扩大，生态退化、环境污染加重，民生问题凸显以及道德文化领域里的消极现象等，严重制约了现代化宏伟目标的顺利实现。如何破解难题，走出困境，实现良性循环，事关改革、发展大局。须知，这些矛盾和问题都是传统工业化带来的，若以工业文明理念和思路应对，不但于事无补，还会使困境日益深化。惟有以生态文明超越传统工业文明，坚持以生态文明的理念和思路，对发展中的矛盾、问题作统筹评估、理性调控、综合治理，方能化逆为顺、举一反三、突破瓶颈制约，在新的起点上实现全面协调可持续发展。

以能源、效益、效率为例。我国的资源产出效率极低，每吨标准煤的产出效率只相当于美国的 28.6

%，欧盟的 16.8%，日本的 10.3%。我国第二产业的劳动生产率只相当于美国的 1/30、日本的 1/18、法国的 1/16、德国的 1/12 和韩国的 1/7。差距就是潜力，后进蕴藏着发展机遇。如果以生态文明理念和思路引领发展，不要说能耗、效益、效率达到发达国家水平，就是达到世界平均水平，我国面临的种种难题都可以大为缓解，并获得非常可观的经济、社会、生态、环境效益。以产出单位 GDP 所耗能源相比，若以日本为 1 个单位，那么，德国为 1.5，美国为 2.67, 而我国为 11.5。这意味着 1 单位（千克石油当量）能源消耗在我国仅能创造不到 0.7 美元的 GDP，而世界平均为 3.2 美元，日本则达到 10.5 美元，德国达到 7 美元，美国约为 5 美元。这也就是说，若以 1 美元比 7.4867 元人民币的汇率（2007 年 10 月人民币兑美元汇率）计算，我国单位能耗创造 GDP 若能达到世界平均水平，仅以目前的能耗总量，就可产出超过 14.35 万亿美元的 GDP，人均 GDP 将超过 1.1 万美元。同样的能耗水平，2007 年我国 GDP 仅为 3.14 万亿美元。二者差距之大，可谓想见！我国能耗如此之高，恰好说明按照生态文明理念转变经济发展方式，调整优化产业结构，加快技术进步，有效降低能耗，推进经济集约化、生态化、知识化，是多么迫切、紧要！其潜力又是多么巨大！如果各级政府、各行各业在行动上切切实实这么做了，那么，我国的经济发展、社会进步以及生态优化、环境保护，岂不可以创造出新的人间奇迹！

推进生态文明建设，是全面建设小康社会的迫切需要。党的十七大对全面建设小康社会的目标任务，从五个方面提出了新的更高要求。“建设生态文明”既是目标任务之一，也是实现“更高要求”的保障。总的看，我国物质文明建设成就卓著，城乡人民对经济发展、生活改善是满意的，给予好评，但对环境恶化，则反映相当强烈。国家环境保护部有关资料显示，“十五”期间，二氧化硫排放量比 2000 年增加了 27.8%。淮河、海河、辽河、太湖、巢湖、滇池等重点流域和区域治理污染任务只完成计划目标的 60%左右；主要污染物排放量远远超过环境容量，环境污染严重。全国 26%的地表水国家重点监控断面劣于水环境 V 类标准，62%的断面达不到 III 类标准；90%流经城市的河段受到不同程度污染，75%的湖泊出现富营养化；30%的重点城市饮用水源地水质达不到 III 类标准；近岸海域环境质量不容乐观；46%的设区城市空气质量达不到国家二级标准，一些大中城市灰霾天数有所增加，酸雨污染程度没有减轻。在一些地方，人们呼吸新鲜空气、饮洁净水、食无公害食品，成为可望不可及的事情，以致影响了身体健康，甚至致病早亡。有人说，30 年前，做梦也不会想到今天的生活会这样富足；同样，做梦也不会想到今天的环境会如此恶化。环境问题已成为引发社会矛盾、影响社会稳定的一大公害。生态文明作为全面建设小康社会的重要组成部分，必须与其他目标任务同步。然而，同物质文明相比，我国生态文明建设明显滞后，亟须加大力度，加快步伐。否则，势必会拖全面建设小康社会的后腿。这是应当防止和避免的。

生态文明建设必将促进全民族生态道德文化素质的提高。我国环境恶化迟迟不能根本好转，这与人们的生态道德文化缺失有直接的关系。近些年来，我国城乡人民的生态意识、环保观念日益增强，参与生态治理、环境保护的积极性明显提高。但是，生态道德文化尚未普遍植根于广大群众心中。相当多的人生态道德文化水平低下，处于“文盲、半文盲”状态。有些公务人员的生态道德、环境意识差得惊人。据《中国青年报》2006 年 11 月 13 日报道：某省环保局日前公布的一项问卷调查显示，在接受调查的人群中，93.31%的群众认为环境保护应与经济建设同步发展，然而却有高达 91.95%的市长、厅局长认为加大环保力度会影响经济增长。生态道德文化缺失还表现在消费领域追求奢华、过度消费、甚至挥霍浪费等方面。事实说明，在广大群众尤其是在公职人员中间，强化生态道德文化教育，“补生态道德文化课”，亟为迫切、重要。

我国是具有悠久生态道德文化与伦理传统的国家，传统文化中蕴含着丰富而朴素的生态道德文化，其中“天人合一”理念就代表了中华民族追求人与自然和谐统一的精神境界。“导之以政，齐之以刑，民免而无耻；导之以德，齐之以刑，有耻且格。”建设生态文明，不仅需要法律的约束，更需要道德的感悟。而通过生态文明建设进行生态道德文化教育，是提高全社会生态道德文化水准的最佳途径和方式。应当抓住这一良好机遇。在广大城乡居民中广泛深入地开展生态道德文化宣传教育，普及生态道德文化知识；特别要重视提高各级领导干部的生态道德文化水准；大力推进生态文明企业建设；加强生态道德立法，规范人们的生态道德行为；转变消费观念，倡导适合国情的合理适度消费；还要实行村居民生态自治，充分发挥民间环保组织的作用，并把生态道德文化教育与生态文明建设密切结合起来，以收相互促进、事半功倍之效。

建设生态文明需要注重解决好的几个关键性问题

思想观念问题。思想是行动先导，“观念决定成败”。尽管我国的生态文明建设有了可喜的进展，但是相当多的人（包括某些领导者和公职人员）的思想观念仍然停留在传统工业文明时代。“重经济轻环境、重速度轻效益、重局部轻整体、重当前轻长远、重利益轻民生”的发展观、政绩观、价值观，在一些地方和单位仍然占主导地位，这些地方和单位还在不惜以牺牲生态、环境为代价，追求 GDP 的高速增长。显然，若不破除种种陈旧的传统思想观念，代之以可持续发展的理念和思路并见诸行动，生态文明建设就很难迈出大的步伐。看来有必要在各级干部和人民群众中，结合深入学习实践科学发展观活动，紧密联系实际，就如何转变思想观念的问题进行一次解放思想的大讨论。是继续因循传统工业文明的旧观念、老路子，还是坚持科学发展观，以生态文明理念和思路指导发展？这个带根本性的问题破解了，认识飞跃了，生态文明建设才能真正变成各级、各行各业和全民族的自觉行动，大步跨入生态文明新时代。

经济发展方式问题。党的十七大强调指出，要转变经济发展方式。应当说，我国的经济发展基本上沿用了传统工业文明的方式，在经济持续高速增长的二十几年间，西方工业化初期出现的环境污染、生态退化，以及种种社会、民生问题便集中显现出来。实践证明，由工业文明向生态文明转变，关键在于转变经济发展方式。从我国现实情况出发，当前最紧要的是调整优化产业结构，做到强化第一产业，加快发展第三产业，适当调控第二产业（重化工），改变“二产比重高、三产比重低、一产发展滞后”的不协调现状；实现由主要靠物质（资金、资源、环境）投入向主要靠知识、智力开发和技术进步加快发展转变；调整优化经济区域布局，按照不同生态功能区确定发展方向、重点；坚持经济、社会、环境、资源、民生统筹兼顾，全面协调可持续发展。转变经济发展方式与建设生态文明，两者互为因果、相辅相成，都应当作为重中之重，下大力气抓好。

偿还生态欠债问题。长期以来，我国环境保护投入不足，欠债过多，留下了巨额生态赤字。据世界自然基金会《2006 年地球生态报告》称，2006 年中国人均生态足迹量（自然资源消耗量）为 1.6 地球公顷，生态赤字为 0.8 地球公顷，比世界平均指数高近一倍。专家测算显示：仅“十五”期间我国生态赤字就达到 5 万亿元之多。生态赤字带来的后果，就是环境恶化、灾害加重、发展不可持续。要根本扭转环境恶化趋势，实现人与自然和谐，建设生态文明，就必须偿还生态欠债，做到“多还旧债，不欠新债”。严峻的环境形势、巨额的生态赤字，对国人而言既是严肃的警示、强烈的震撼，又是无情的挑战。偿还生态欠债是全国上下、社会各界和全体公民共同的责任。虽然政府、企业、社会、个人所承担的责任、义务大小各有不同，但是为偿还生态欠债作出力所能及的贡献，是责无旁贷的。

改革、完善政绩考评标准。实行以 GDP 为经济社会发展的主要考核标准和办法，对促进经济快速发展起到了重要作用。但这种不顾及资源、环境成本的政绩考评标准和制度，也助长了种种非理性的发展理念和行为。如“以 GDP 论英雄”，盲目追求、互相攀比经济增长速度，“拼资源、拼环境，追求高速发展”。这同科学发展观和生态文明的要求是相悖的。解决发展理念和指导思想问题，关键在于改革、完善经济核算和政绩评价制度体系。近些年来，国家有关部门设计、试行的以“绿色 GDP”为主要内容的新的核算评价体系，把资源、环境、民生等纳入了核算考核内容，有效弥补了原有单纯以 GDP 作为考评主要标准的缺陷。目前全国已有若干省（区、市）试行，效果非常好，使各级干部由原来主要关心经济增长速度变为全面关心经济、资源、环境、社会、民生的协调持续发展。若将这项改革在全国普遍推开，那么，树立和落实科学发展观，建设生态文明，破解改革与发展中的难题，就有了强有力的保障。

加强领导问题。建设生态文明是一场深刻的革命，也是一项宏大的系统工程，牵动改革、发展全局。要使生态文明建设全面推开，卓见成效，必须加强党和政府的领导。应当作为一项战略性任务，列入重要议事日程，由主要领导同志亲自抓，定期检查，总结经验，具体指导。这是有决定意义的环节，也是有待突破的环节。值得注意的是，目前不少人有认识误区，认为生态文明只是一项具体任务，还没有把生态文明建设提到时代的高度，作为人类社会发展的一次伟大的革命性转折来看待。这说明，很有必要加强对生态文明这一重大课题的研究。应当站在时代的高度，从理论和实践的结合上，进一步搞清楚生态文明的内涵、本质、特征及重大的现实意义和深远的历史意义，并结合正在全党开展的深入学习实践科学发展观活动，不失时机地推行、实施好生态文明建设。

（原刊责任编辑：于　波　高德明）

《生态学名词序言》一 *

路甬祥

我国是一个人口众多、历史悠久的文明古国，自古以来就十分重视语言文字的统一，主张“书同文、车同轨”，把语言文字的统一作为民族团结、国家统一和强盛的重要基础和象征。我国古代科学技术十分发达，以四大发明为代表的古代文明，曾使我国居于世界之巅，成为世界科技发展史上的光辉篇章。而伴随科学技术产生、传播的科技名词，从古代起就已成为中华文化的重要组成部分，在促进国家科技进步、社会发展和维护国家统一方面发挥着重要作用。

我国的科技名词规范统一活动有着十分悠久的历史。古代科学著作记载的大量科技名词术语，标志着我国古代科技之发达及科技名词之活跃与丰富。然而，建立正式的名词审定组织机构则是在清朝末年。1909 年，我国成立了科学名词编订馆，专门从事科学名词的审定、规范工作。到了新中国成立之后，由于国家的高度重视，这项工作得以更加系统地、大规模地开展。1950 年政务院设立的学术名词统一工作委员会，以及 1985 年国务院批准成立的全国自然科学名词审定委员会(现更名为全国科学技术名词审定委员会，简称全国科技名词委)，都是政府授权代表国家审定和公布规范科技名词的权威性机构和专业队伍。他们肩负着国家和民族赋予的光荣使命，秉承着振兴中华的神圣职责，为科技名词规范统一事业默默耕耘，为我国科学技术的发展作出了基础性的贡献。

规范和统一科技名词，不仅在消除社会上的名词混乱现象，保障民族语言的纯洁与健康发展等方面极为重要，而且在保障和促进科技进步，支撑学科发展方面也具有重要意义。一个学科的名词术语的准确定名及推广，对这个学科的建立与发展极为重要。任何一门科学(或学科)，都必须有自己的一套系统完善的名词来支撑，否则这门学科就立不起来，就不能成为独立的学科。郭沫若先生曾将科技名词的规范与统一称为“乃是一个独立自主国家在学术工作上所必须具备的条件，也是实现学术中国化的最起码的条件”，精辟地指出了这项基础性、支撑性工作的本质。

在长期的社会实践中，人们认识到科技名词的规范和统一工作对于一个国家的科技发展和文化传承非常重要，是实现科技现代化的一项支撑性的系统工程。没有这样一个系统的规范化的支撑条件，不仅现代科技的协调发展将遇到极大困难，而且在科技日益渗透人们生活各方面、各环节的今天，还将给教育、传播、交流、经贸等多方面带来困难和损害。

---

* 科学出版社 2007 年出版全国科学技术名词审定委员会审定《生态学名词》。承蒙慨允，收入本书附录。原书三篇序言置于卷首，以示尊崇。

全国科技名词委自成立以来，已走过近20年的历程，前两任主任钱三强院士和卢嘉锡院士为我国的科技名词统一事业倾注了大量的心血和精力，在他们的正确领导和广大专家的共同努力下，取得了卓著的成就。2002年，我接任此工作，时逢国家科技、经济飞速发展之际，因而倍感责任的重大；及至今日，全国科技名词委已组建了60个学科名词审定分委员会，公布了50多个学科的63种科技名词，在自然科学、工程技术与社会科学方面均取得了协调发展，科技名词蔚成体系。而且，海峡两岸科技名词对照统一工作也取得了可喜的成绩。对此，我实感欣慰。这些成就无不凝聚着专家学者们的心血与汗水，无不闪烁着专家学者们的集体智慧。历史将会永远铭刻着广大专家学者孜孜以求、精益求精的艰辛劳作和为祖国科技发展作出的奠基性贡献。宋健院士曾在1990年全国科技名词委的大会上说过："历史将表明，这个委员会的工作将对中华民族的进步起到奠基性的推动作用。"这个预见性的评价是毫不为过的。

科技名词的规范和统一工作不仅仅是科技发展的基础，也是现代社会信息交流、教育和科学普及的基础，因此，它是一项具有广泛社会意义的建设工作。当今，我国的科学技术已取得突飞猛进的发展，许多学科领域已接近或达到国际前沿水平。与此同时，自然科学、工程技术与社会科学之间交叉融合的趋势越来越显著，科学技术迅速普及到了社会各个层面，科学技术同社会进步、经济发展已紧密地融为一体，并带动着各项事业的发展。所以，不仅科学技术发展本身产生的许多新概念、新名词需要规范和统一，而且由于科学技术的社会化，社会各领域也需要科技名词有一个更好的规范。另一方面，随着香港、澳门的回归，海峡两岸科技、文化、经贸交流不断扩大，祖国实现完全统一更加迫近，两岸科技名词对照统一任务也十分迫切。因而，我们的名词工作不仅对科技发展具有重要的价值和意义，而且在经济发展、社会进步、政治稳定、民族团结、国家统一和繁荣等方面都具有不可替代的特殊价值和意义。

最近，中央提出树立和落实科学发展观，这对科技名词工作提出了更高的要求。我们要按照科学发展观的要求，求真务实，开拓创新。科学发展观的本质与核心是以人为本，我们要建设一支优秀的名词工作队伍，既要保持和发扬老一辈科技名词工作者的优良传统，坚持真理、实事求是、甘于寂寞、淡泊名利，又要根据新形势的要求，面向未来、协调发展、与时俱进、锐意创新。此外，我们要充分利用网络等现代科技手段，使规范科技名词得到更好的传播和应用，为迅速提高全民文化素质作出更大贡献。科学发展观的基本要求是坚持以人为本，全面、协调、可持续发展，因此，科技名词工作既要紧密围绕当前国民经济建设形势，着重开展好科技领域的学科名词审定工作，同时又要在强调经济社会以及人与自然协调发展的思想指导下，开展好社会科学、文化教育和资源、生态、环境领域的科学名词审定工作，促进各个学科领域的相互融合和共同繁荣。科学发展观非常注重可持续发展的理念，因此，我们在不断丰富和发展已建立的科技名词体系的同时，还要进一步研究具有中国特色的术语学理论，以创建中国的术语学派。研究和建立中国特色的术语学理论，也是一种知识创新，是实现科技名词工作可持续发展的必由之路，我们应当为此付出更大的努力。

当前国际社会已处于以知识经济为走向的全球经济时代，科学技术发展的步伐将会越来越快。我国已加入世贸组织，我国的经济也正在迅速融入世界经济主流，因而国内外科技、文化、经贸的交流将越来越广泛和深入。可以预言，21世纪中国的经济和中国的语言文字都将对国际社会产生空前的影响。因此，在今后10到20年之间，科技名词工作就变得更具现实意义，也更加迫切。"路漫漫其修远兮，吾今上下而求索"，我们应当在今后的工作中，进一步解放思想，务实创新、不断前进。不仅要及时地总结这些年来取得的工作经验，更要从本质上认识这项工作的内在规律，不断地开创科技名词统一工作新局面，作出我们这代人应当作出的历史性贡献。

2004年深秋

《生态学名词序言》二

卢嘉锡

科技名词伴随科学技术而生，犹如人之诞生其名也随之产生一样。科技名词反映着科学研究的成果，带有时代的信息，铭刻着文化观念，是人类科学知识在语言中的结晶。作为科技交流和知识传播的载体，科技名词在科技发展和社会进步中起着重要作用。

在长期的社会实践中，人们认识到科技名词的统一和规范化是一个国家和民族发展科学技术的重要的基础性工作，是实现科技现代化的一项支撑性的系统工程。没有这样一个系统的规范化的支撑条件，科学技术的协调发展将遇到极大的困难。试想，假如在天文学领域没有关于各类天体的统一命名，那么，人们在浩瀚的宇宙当中，看到的只能是无序的混乱，很难找到科学的规律。如是，天文学就很难发展。其他学科也是这样。

古往今来，名词工作一直受到人们的重视。严济慈先生 60 多年前说过，“凡百工作，首重定名；每举其名，即知其事”。这句话反映了我国学术界长期以来对名词统一工作的认识和做法。古代的孔子曾说“名不正则言不顺”，指出了名实相副的必要性。荀子也曾说“名有固善，径易而不拂，谓之善名”，意为名有完善之名，平易好懂而不被人误解之名，可以说是好名。他的“正名篇”即是专门论述名词术语命名问题的。近代的严复则有“一名之立，旬月踟躇 " 之说。可见在这些有学问的人眼里，“定名”不是一件随便的事情。任何一门科学都包含很多事实、思想和专业名词，科学思想是由科学事实和专业名词构成的。如果表达科学思想的专业名词不正确，那么科学事实也就难以令人相信了。

科技名词的统一和规范化标志着一个国家科技发展的水平。我国历来重视名词的统一与规范工作。从清朝末年的科学名词编订馆，到 1932 年成立的国立编译馆，以及新中国成立之初的学术名词统一工作委员会，直至 1985 年成立的全国自然科学名词审定委员会 (现已改名为全国科学技术名词审定委员会，简称全国名词委)，其使命和职责都是相同的，都是审定和公布规范名词的权威性机构。现在，参与全国名词委领导工作的单位有中国科学院、科学技术部、教育部、中国科学技术协会、国家自然科学基金委员会、新闻出版署、国家质量技术监督局、国家广播电影电视总局、国家知识产权局和国家语言文字工作委员会，这些部委各自选派了有关领导干部担任全国名词委的领导，有力地推动科技名词的统一和推广应用工作。

全国名词委成立以后，我国的科技名词统一工作进入了一个新的阶段。在第一任主任委员钱三强同志的组织带领下，经过广大专家的艰苦努力，名词规范和统一工作取得了显著的成绩。1992 年三强同志不幸谢世。我接任后，继续推动和开展这项工作。在国家和有关部门的支持及广大专家学者的努力下，全国名词委15年来按学科共组建了50多个学科的名词审定分委员会，有1800多位专家、学者参加名词审定工作，还有更多的专家、学者参加书面审查和座谈讨论等，形成的科技名词工作队伍规模之大、水平层次之高前所未有。15年间共审定公布了包括理、工、农、医及交叉学科等各学科领域的名词共计50多种。而且，对名词加注定义的工作经试点后业已逐渐展开。另外，遵照术语学理论，根据汉语汉字特点，结合科技名词审定工作实践，全国名词委制定并逐步完善了一套名词审定工作的原则与方法。可以说，在20世纪的最后15年中，我国基本上建立起了比较完整的科技名词体系，为我国科技名词的规范和统一奠定了良好的基础，对我国科研、教学和学术交流起到了很好的作用。

在科技名词审定工作中，全国名词委密切结合科技发展和国民经济建设的需要，及时调整工作方针和任务，拓展新的学科领域开展名词审定工作，以更好地为社会服务、为国民经济建设服务。近些年来，又对科技新词的定名和海峡两岸科技名词对照统一工作给予了特别的重视。科技新词的审定和发布试用工作已取得了初步成效，显示了名词统一工作的活力，跟上了科技发展的步伐，起到了引导社会的作用。两岸科技名词对照统一工作是一项有利于祖国统一大业的基础性工作。全国名词委作为我国专门从事科技名词统一的机构，始终把此项工作视为自己责无旁贷的历史性任务。通过这些年的积极努力，我们已经取得了可喜的成绩。做好这项工作，必将对弘扬民族文化，促进两岸科教、文化、经贸的交流与发展作出历史性的贡献。

科技名词浩如烟海，门类繁多，规范和统一科技名词是一项相当繁重而复杂的长期工作。在科技名词审定工作中既要注意同国际上的名词命名原则与方法相衔接，又要依据和发挥博大精深的汉语文化，按照科技的概念和内涵，创造和规范出符合科技规律和汉语文字结构特点的科技名词。因而，这又是一项艰苦细致的工作。广大专家学者字斟句酌，精益求精，以高度的社会责任感和敬业精神投身于这项事业。可以说，全国名词委公布的名词是广大专家学者心血的结晶。这里，我代表全国名词委，向所有参与这项工作的专家学者们致以崇高的敬意和衷心的感谢！

审定和统一科技名词是为了推广应用。要使全国名词委众多专家多年的劳动成果——规范名词，成为社会各界及每位公民自觉遵守的规范，需要全社会的理解和支持。国务院和4个有关部委[国家科委(今科学技术部)、中国科学院、国家教委(今教育部)和新闻出版署]已分别于1987年和1990年行文全国，要求全国各科研、教学、生产、经营以及新闻出版等单位遵照使用全国名词委审定公布的名词。希望社会各界自觉认真地执行，共同做好这项对于科技发展、社会进步和国家统一极为重要的基础工作，为振兴中华而努力。

值此全国名词委成立15周年、科技名词书改装之际，写了以上这些话。是为序。

2000年夏

《生态学名词序言》三

钱三强

科技名词术语是科学概念的语言符号。人类在推动科学技术向前发展的历史长河中，同时产生和发展了各种科技名词术语，作为思想和认识交流的工具，进而推动科学技术的发展。

我国是一个历史悠久的文明古国，在科技史上谱写过光辉篇章。中国科技名词术语，以汉语为主导，经过了几千年的演化和发展，在语言形式和结构上体现了我国语言文字的特点和规律，简明扼要，蓄意深切。我国古代的科学著作，如已被译为英、德、法、俄、日等文字的《本草纲目》《天工开物》等，包含大量科技名词术语。从元、明以后，开始翻译西方科技著作，创译了大批科技名词术语，为传播科学知识，发展我国的科学技术起到了积极作用。

统一科技名词术语是一个国家发展科学技术所必须具备的基础条件之一。世界经济发达国家都十分关心和重视科技名词术语的统一。我国早在1909年就成立了科学名词编订馆，后又于1919年中国科学社成立了科学名词审定委员会，1928年大学院成立了译名统一委员会。1932年成立了国立编译馆，在当时教育部主持下先后拟订和审查了各学科的名词草案。

新中国成立后，国家决定在政务院文化教育委员会下，设立学术名词统一工作委员会，郭沫若任主任委员。委员会分设自然科学、社会科学、医药卫生、艺术科学和时事名词五大组，聘任了各专业著名科学家、专家，审定和出版了一批科学名词，为新中国成立后的科学技术的交流和发展起到了重要作用。后来，由于历史的原因，这一重要工作陷于停顿。

当今，世界科学技术迅速发展，新学科、新概念、新理论、新方法不断涌现，相应地出现了大批新的科技名词术语。统一科技名词术语，对科学知识的传播，新学科的开拓，新理论的建立，国内外科技交流，学科和行业之间的沟通，科技成果的推广、应用和生产技术的发展，科技图书文献的编纂、出版和检索，科技情报的传递等方面，都是不可缺少的。特别是计算机技术的推广使用，对统一科技名词术语提出了更紧迫的要求。

为适应这种新形势的需要，经国务院批准，1985年4月正式成立了全国自然科学名词审定委员会。委员会的任务是确定工作方针，拟定科技名词术语审定工作计划、实施方案和步骤，组织审定自然科学各学科名词术语，并予以公布。根据国务院授权，委员会审定公布的名词术语，科研、教学、生产、经营以及新闻出版等各部门，均应遵照使用。

全国自然科学名词审定委员会由中国科学院、国家科学技术委员会、国家教育委员会、中国科学技术协会、国家技术监督局、国家新闻出版署、国家自然科学基金委员会分别委派了正、副主任担任领导工作。在中国科协各专业学会密切配合下，逐步建立各专业审定分委员会，并已建立起一支由各学科著名专家、学者组成的近千人的审定队伍，负责审定本学科的名词术语。我国的名词审定工作进入了一个新的阶段。

这次名词术语审定工作是对科学概念进行汉语订名，同时附以相应的英文名称，既有我国语言特色，又方便国内外科技交流。通过实践，初步摸索了具有我国特色的科技名词术语审定的原则与方法，以及名词术语的学科分类、相关概念等问题，并开始探讨当代术语学的理论和方法，以期逐步建立起符合我国语言规律的自然科学名词术语体系。

统一我国的科技名词术语，是一项繁重的任务，它既是一项专业性很强的学术性工作，又涉及到亿万人使用习惯的问题。审定工作中我们要认真处理好科学性、系统性和通俗性之间的关系；主科与副科间的关系；学科间交叉名词术语的协调一致；专家集中审定与广泛听取意见等问题。

汉语是世界五分之一人口使用的语言，也是联合国的工作语言之一。除我国外，世界上还有一些国家和地区使用汉语，或使用与汉语关系密切的语言。做好我国的科技名词术语统一工作，为今后对外科技交流创造了更好的条件，使我炎黄子孙，在世界科技进步中发挥更大的作用，作出重要的贡献。

统一我国科技名词术语需要较长的时间和过程，随着科学技术的不断发展，科技名词术语的审定工作，需要不断地发展、补充和完善。我们将本着实事求是的原则，严谨的科学态度做好审定工作，成熟一批公布一批，提供各界使用。我们特别希望得到科技界、教育界、经济界、文化界、新闻出版界等各方面同志的关心、支持和帮助，共同为早日实现我国科技名词术语的统一和规范化而努力。

1992 年 2 月

总　　目

凡　　例

一，解题。本书是定义、解释生态文明范畴名词、术语的百科全书式工具书。

二，辞目。本书辞目以生态文明范畴内的基本概念、知识体系、相关术语、重要人物、著作期刊、组织机构、专题会议立目，兼顾重要社会现象的事实陈述。本书中文辞目下缀对应的英文名词或者汉语拼音。

1. 中国法律和中央政府机构均以全称立为主目，以示庄重。简称立为参见目，以便检索。

2. 外国图书、期刊、条约原有题名采用斜体，中文现代图书题名一般下缀正体汉语拼音或者采用英文意译，中文期刊按照名从主人原则下缀期刊现在使用名称。

三，排序。本书辞目按照中文汉语拼音字母顺序排列。词目首字同音按照四声顺序排列。词目首字同音同调按照笔画少多为序排列。词目首字同音同调同笔画数按照起笔笔画排列，起笔笔画以横、竖、撇、点、折为序。词目首字完全相同按照第二字音序排列，余类推。

部分概念辞目有同名书刊。一般概念辞目在前，同名书刊在后。

四，释文。本书词条释文千字以下不分段落。千字以上释文适当分段。释文中出现的中国和外国历史纪年夹注公元纪年，中国和外国历史地名夹注现代地名；引用经典著作或者其他文献使用夹注说明，引用重要统计数字、评价排名等以最新版本为准。

1. 释文行文中的要点提示使用 1.2.3. 和 1）2）3）分级标示。

2. 一般较新概念、新技术等辞目释文后缀参考文献。参考文献以学术期刊、学术专著、博士学位论文、硕士学位论文为主。

五，专名。本书中出现凡全国科学技术名词审定委员会审定《生态学名词》著录的专名，照录定义或者参照转释，间下己意。

六，图表。本书释文酌情加配影像图片，辞目即影像图题。

七，计量单位。本书释文中出现的计量单位采用中华人民共和国法定计量单位。

八，署名。本书全部辞条后缀撰稿者姓名，以示尊重作者，文责自负。凡有两人或者两人以上署名辞条，均属不同作者各自撰写同目辞条，统稿时经编辑合成。

九，检索。本书辞条后缀中文辞目笔画索引、英文辞目字序索引。

十，附录。承蒙科学出版社慨允，本书附录一收录2006年全国科学技术名词审定委员会公布《生态学名词》。本书附录二收录中国生态环境与教育基本情况概览。

A

阿 埃 艾 爱 安 奥 澳

《阿布扎比宣言》

Abu Dhabi Declaration

阿拉伯国家关于环境保护的纲领性文件之一。2001 年阿拉伯环境部长理事会在阿联酋举行特别会议，通过《阿布扎比宣言》，首次提出制定阿拉伯国家在 21 世纪前 20 年内的环保战略，将环保重要性和紧迫性提到国家和民族存亡的高度，呼吁阿拉伯国家政府与民众参与环保事业，争取实现阿拉伯国家的可持续发展。《宣言》指出：阿拉伯国家的紧急任务是研究解决水源短缺及水质恶化、可耕地面积减少及土质下降、无计划开采有限资源以及近海渔业资源殆尽等问题。《宣言》认为：在寻找到有效措施解决环境治理难题之前，相关国家和组织至少应该制止大规模破坏环境的活动，争取筹集更多环保资金，促进科研机构产出更多有利于环保的成果。（雷爱民）

阿恩 · 奈斯

Arne Naess, 1912 ~ 2009

挪威著名哲学家，深生态学理论的提出者。1912 年生于奥斯陆附近的斯勒姆达鲁的富裕家庭，幼时丧父，性格孤僻，从小拥有极强的好奇心，喜欢与大自然接触，尤其爱好登山。17 岁时接触

斯宾诺莎的《伦理学》，深受斯宾诺莎哲学思想感染。1933 年毕业于奥斯陆大学，游学巴黎、维也纳，接触到印度思想家甘地的哲学思想，可以

说斯宾诺莎和甘地对奈斯一生的学术研究都保持着持续影响。1936年获得博士学位，随后在母校奥斯陆大学任教，成为校史上最年轻的系主任和教授。任职期间，创办知名刊物《探索》（Inquiry）。1970年成为环境保护运动的积极倡导者和实践者，放弃教职专门致力于生态自然理论研究和环境保护事业。一度成为维也纳学派的一员。作为哲学家，奈斯最重要的成就是1973年提出深生态哲学。深生态学理论将生态学引入到哲学与伦理学领域，提出生态自我、生态平等与生态共生等重要的生态哲学理念。特别是生态共生理念更具当代价值，包含人与自然平等共生、共在共荣的重要哲学与伦理学意涵。深层相对于浅层而言，浅层生态运动局限于人类本位的环境和资源保护，深层生态主义者把浅层生态运动视为改良主义的环境运动，试图在不变革现代社会的基本结构，不改变现有生产模式和消费模式的条件下，依靠现有社会机制和技术进步改变环境现状。深生态学认为，这种试图减轻人类对环境冲击的努力，最终会导致人们寻求用技术方法来解决伦理、社会、政治问题。虽然深生态学理论往往被批评为反人类的激进环境主义，但奈斯曾反复表露出对未来人类可通过成熟技术手段解决环境问题的乐观估计。曾到北京、成都和香港等地宣传他的生态哲学思想。2002年因环境保护和理论研究做出杰出贡献获得诺第克议会奖（The Nordic Council Award）。一生著述丰富，包括前期的《非专业哲学家眼中的真理》（1938），后期的《甘地和群体冲突》（1974），《自由、情感和自我生存》（1975），《生态、社区和生活方式》（1989），《生活哲学：深层世界的理性和感性》（2002）等。（参考：秦丽：《阿伦·奈斯的深层生态学思想研究》，陕西师范大学2013年硕士学位论文第1～2页。欧阳文川　徐越）

阿尔·戈尔

Al Gore, 1948 ～

美国著名政治家、慈善家，国际著名环境保护学者，因为改善全球环境与气候做出贡献获得2007年诺贝尔和平奖。1969年毕业于哈佛大学，同年入伍，以军队记者身份进入越南战场。曾出

任过美国国会众议员及美国国会田纳西州参议员，1993～2001年担任美国克林顿政府的副总统。2000年作为民主党的总统候选人与乔治·布什竞选美国总统，以微弱劣势失败。在大选时，戈尔赢得普选，得票比布什多50多万票。由于美国独特的选举制度，因在票源分布中的劣势，尤其是他在家乡田纳西州中败给小布什和后来佛罗里达州的点票出现的争议，最终败给乔治·沃克·布什。在选举人票里，戈尔以267对271票微弱劣势输给布什，成为美国历史上第四个赢得普通选票却输掉选举人票的总统候选人。2006年推出自己参与制作和演出的纪录片《难以忽视的真相》和同名书籍，在世界范围内尤其是西方国家引起广泛反响。影片充分展示戈尔的个人魅力，以幽默而客观的态度给观众罗列种种气候变化事实，讲述工业化对全球气候变暖和人类生存的影响，启发观众思考，促使人们采取行动保护地球。影片获得第79届奥斯卡最佳纪录片奖。现在是美国电视台 Current TV 公司主席、世代投资管理合伙公司主席、苹果公司董事会成员、Google 高级管理层非官方顾问、美国气候保护联盟创始人兼主席，加入风险投资行列，负责有关公司的气候变化应对工作。（刘中华）

阿尔巴尼亚绿党

Green Party of Albania

欧洲绿党和全球绿党的成员党，2001年成立。进入新世纪后，随着阿尔巴尼亚环境与生态危机的凸显，有年轻学者组建阿尔巴尼亚绿党，随后，国内环境团体和生态俱乐部相继加入。提出克服生态危机的政治纲领，组织很多地方性绿色抗议运动，通过课程、工作小组、环境会议、宣传册等方式传播绿色政治理念。2003年第一次参加地方选举，获得地拉那区的2个席位。2007年的地拉那、都拉斯、吉诺卡斯特和库克斯地区选举中，绿党席位增加至5个。2011年地方选举中，在市和乡镇中的议员达到34名。在2009年和2013年的阿尔巴尼亚大选中，绿党都没有获得任何议会席位。阿尔巴尼亚绿党及青年绿党，提出在“无车日”骑自行车，在国际环境节日如地球日、世界环境日、欧洲公园节等，组织植树或其他环保活动。定期出版《绿色之声》（*Green Voice*）报纸。（王聪聪）

阿尔伯特 · 史怀泽

Albert Schweitzer, 1875 ～ 1965

当代德国哲学家、神学家、生命伦理学家，精通德语、法语，先后获得哲学、神学博士学位，38岁时获得行医证和医学博士学位，1913年到非洲加蓬的兰巴雷内建立丛林诊所，服务非洲直至逝世。获得1952年诺贝尔和平奖，被称为“非洲之子”。涉猎领域广泛，著述丰富，著有《康德的宗教哲学》（1899）、《巴赫论》（1905法文版，1908德文版）、《耶稣生平研究史》（1906）、《德法两国管风琴的制造与演奏风琴的技巧》（1906）、《原始森林的边缘》（1921）、《文明的哲学》（1923）、《非洲杂记》（1938）。生命伦理学方面的代表作是《敬畏生命》，创立以敬畏生命为核心的生命伦理学，将伦理学的范围由人类扩展到所有生命，成为生命伦理学的奠基人。认为“只有当人认为所有生命，包括人的生命和一切生物的生命都是神圣的时候，他才是伦理的”。他的思想是当今世界和平运动、环保运动的重要思想资源，被认为是20世纪最伟大的人道主义者之一，也是动物保护运动的早期倡导者。敬畏一切生命是史怀泽生命伦理学的基础，他把伦理的范围扩展到一切动物和植物，认为不仅要对人的生命，而且要对一切动物和有生命的生物都保持敬畏态度，这是必然、普遍、绝对的伦理原则；对一切生命负责就是对自己负责，没有对所有生命的尊重，人对自己的尊重是没有保障的，任何生命都有自己的价值和存在的权力，谁把别的生命看作没有价值的，他就会陷于认为人的生命没有价值的危险境地。（雷爱民）

阿尔伯托 · 梅鲁西

Alberto Melucci, 1943 ～ 2001

意大利著名社会学家，意大利米兰比科卡大学社会学教授。基于对20世纪80年代实践的研究，1989年在《当代社会的社会运动和个人需求》中，

首次提出集体身份认同模式。集体身份认同的建构，基于三个元素的互动，即关于目标、手段和行动的认知框架，行动者之间的沟通、相互影响、商议和共同决策，以及行动者对运动付出感情以确定自我的位置。认为集体行动需要社会建构，集体的身份或认同是行动者形成共同认知架构的过程，使行动者可以考虑环境因素与行动的成本效益。在《集体认同的过程》一书中指出，集体认同是分析社会运动的有效工具，不仅可以说明集体行为体的内部过程，也有助于说明塑造集体行为体的同盟与竞争者的外部关系。因此，集体认同感的建构是新社会运动最核心的任务。相应地，新社会运动理论是新的集体行动的解释模型，

强调文化符码的生产对社会运动的作用，社会行动者对身份认同的商议，以及社会运动建构性和互动性的特质。（徐越）

阿尔弗雷德·施密特

Alfred Schmidt, 1931 ~

德国哲学家、社会学家和生态马克思主义者。法兰克福学派第二代中的左翼代表者，承继卢卡奇等人开辟并由霍克海默、阿多诺等人继承的西方马克思主义的基本思想和研究路径，在许多方面都提出自己的新问题、新观点。对于马克思主义与本体论的关系，认为马克思主义是非本体论的，马克思主义的很多理论范畴像“人”“自然”等都不能从本体论范畴加以阐释，如果将马克思主义的观点本体论化，就把马克思主义同旧形而上学的不同抹杀了。他认为恩格斯超出了马克思对自然和社会历史关系的解释范围而倒退成独断的形而上学。1971 年出版《马克思的自然概念》中批判了《自然辩证法》，同时扭转了由青年卢卡奇开始的实践辩证法的“唯心主义倾向”。采取晚年卢卡奇以《社会存在本体论》检讨《历史与阶级意识》的理论策略的基本思路。思想总体展现了西方马克思主义在早期和中期发展阶段的基本立场，是拥簇者不多但思想深刻的西方马克思主义理论家。（徐越）

《阿凡达》

Avatar

詹姆斯·卡梅隆执导，20 世纪福克斯公司出品，萨姆·沃辛顿、佐伊·索尔达娜和西格妮·韦弗等人主演的科幻电影。2009 年 12 月 16 日以 2D、3D 和 IMAX-3D 三种制式在北美上映。影片中的纳威人以世界各地的土著居民为样本合成。原始土著视自然万物皆为神，与自然和睦相处。纳威人的对立面是现代人，不信神，拥有高科技，与自然为敌。“阿凡达”一词源自梵文，意指神在人间的化身。影片中阿凡达是纳威人与人类 DNA 的混合产物。这是卡梅隆的隐喻：希望人类既拥有现代的科技头脑，又拥有古人的信仰灵魂。影片以直观的形象、生动的表达手段宣

传很多环保理念，获得第 67 届金球奖最佳导演奖和最佳影片奖，第 82 届奥斯卡金像奖最佳艺术指导、最佳摄影和最佳视觉效果奖。（张惠娜）

阿根廷布宜诺斯艾利斯气候大会

United Nations climate change conference in Buenos Aires, Argentina

《联合国气候变化框架公约》缔约方先后两次在阿根廷布宜诺斯艾利斯举行会议。第 1 次会议是 1998 年 11 月《联合国气候变化框架公约》第 4 次缔约方会议（COP4）。会议决定进一步采取措施，促使上次会议通过的《京都议定书》早日生效，同时制定落实议定书的工作计划。会上发展中国家集团分化为 3 个集团，第一集团是易受气候变化影响，自身排放量很少的小岛国联盟（AOSIS），自愿承担减排目标，第二集团是期待清洁发展机制的国家，期望以此获取外汇收入，第三集团是中国和印度，坚持不承诺减排义务。第 2 次会议是 2004 年 12 月《联合国气候变化框架公约》第 10 次缔约方会议（COP10）。会议围绕《联合国气候变化框架公约》生效 10 周年取得的成就和未来面临的挑战、气候变化带来的影响、温室气体减排政策以及在公约框架下的

技术转让、资金机制、能力建设等重要问题进行讨论。同前几次相比成效甚微，在几个关键议程上的谈判进展不大。这些议程主要涉及国际社会为应对全球气候变化所做具体工作。其中，资金机制的谈判最为艰难。（席溢）

阿拉伯国家联盟

The League of Arab States

简称阿拉伯联盟。1945 年 3 月阿拉伯国家代表在开罗举行会议，通过了《阿拉伯国家联盟公约》（又称《阿拉伯联盟宪章》），联盟正式成立。宗旨是：根据《阿拉伯宪章》，加强各成员国之间的关系；为实现各成员国之间的合作和捍卫其独立和主权，协调各成员国的政策；全面考虑阿拉伯国家的事务和利益等。联盟的最高权力机构是理事会，由各成员国的代表组成，每年 3 月、9 月举行例会，理事会做出的决议，只对投赞成票的成员国有约束力。理事会下设 16 个委员会，负责政治、经济、法律、文化等事务，此外还设有联合防御理事会、秘书处等。秘书处是行政和财政机构，负责执行理事会的决议。总部设在开罗。1973 年 3 月 31 日，由于埃及和以色列签订合约，阿拉伯国家外交和经济部长会议决定，将联盟总部迁到突尼斯。成员国有：阿尔及利亚、阿拉伯联合酋长国、阿拉伯也门共和国、阿曼、巴林、吉布提、卡塔尔、科威特、黎巴嫩、利比亚、毛里塔尼亚、摩洛哥、沙特阿拉伯、苏丹、索马里、突尼斯、叙利亚、也门民主人民共和国、伊拉克、约旦，以及巴勒斯坦解放组织。埃及的成员资格于 1979 年 3 月 31 日被中止。（李庆）

阿拉善生态基金会

Alashan Ecological Foundation

中国第一个以企业家为主体的环保公益基金，2004 年 6 月 5 日成立。阿拉善盟是中国四大沙尘暴的发源地之一。为全方位治理阿拉善沙漠，植树造林和防风固沙，2004 年 6 月 5 日世界环保日，百位企业家发表《阿拉善宣言》，成立阿拉善 SEE 生态协会，设立阿拉善生态基金会。原始基金数额为 1000 万元，百位企业家发起人将连续 10 年每年捐助 10 万元作为基金会运作的公益基金。阿拉善生态基金会希望通过基金会及其运作，

形成植树造林、改善生态的长效支持机制，为改善阿拉善沙漠地区生态环境做出更大贡献。宗旨是为改善和保护西部生态环境，动员发挥社会力量尽社会责任，以实现人与自然和谐，军民联手共建国家生态安全屏障和美好家园。主要业务范围包括，巩固同阿拉善军分区军民共建的 15000 亩绿化成果；通过多种形式拓宽资金来源渠道，发展阿拉善生态资金；在政府规划和指导下投资阿拉善生态改善建设等，主办《绿韵》杂志。（王聪聪）

阿拉善 SEE 生态协会

Society of Entrepreneurs & Ecology

目前中国规模和影响力最大的企业家环保组织，成立于 2004 年 6 月 5 日，2008 年底发起成立 SEE 基金会（北京市企业家环保基金会，2014

年获得公募资格）。企业家参与环保公益、践行环境和社会责任的首选平台。会员在这个平台上可以深度体验形式多样的环保行动，知行合一加入可持续经营哲学互动式学习，身体力行推动企业绿色经济转型以及企业家的自我更新。为方便会员就近参与环保公益，自 2009 年起至今，SEE 共成立华北、上海、珠江（广州）、深港、台湾、西南、西北、湖南、湖北以及内蒙古 10 个会员地区项目中心。项目中心逐步成为 SEE 会员发展和会员参与的主要空间。（席溢）

阿雷格里港

Porto Alegre

巴西南里奥格兰德州的首府，也是巴西南部大西洋海岸的重要港口城市和圣保罗以南最大的城市。这座以欧洲移民居多的城市，拥有悠久的左翼传统，也是巴西工人党的重要选举基地，因而成为著名的世界社会论坛（WSF）重要会址。2001 年第 1 届世界社会论坛在这里开幕，讨论的主题是免除第三世界国家债务、加收资本流通税、创建自由贸易协定替代方式等问题。2002 年和 2003 年的第 2 届、第 3 届世界社会论坛都在此召开。会议的主题是经济全球化进程中存在的问题，以及反对美国发动伊拉克战争、民主和可持续发展、人权和社会平等、民主等问题。10 年之后，2010 年的世界社会论坛回到阿雷格里港。这次论坛的口号是“世界社会论坛 10 年：更强大的阿雷格里港”，并举办题为“10 年之后：建立另一个可能的世界的挑战和建议”专题活动，有来自 35 个国家和地区的组织参加。（王聪聪）

阿里巴巴公益基金会

Alibaba Foundation

国家民政部主管的全国性非公募基金会，国内互联网企业的首家环境保护基金，2011 年 12 月成立。由阿里巴巴集团旗下的阿里巴巴（中国）

有限公司、阿里巴巴（中国）网络技术有限公司、淘宝（中国）软件有限公司、支付宝（中国）网络技术有限公司 4 家公司联合发起，原始基金为 5000 万人民币。为建立长期稳定的公益资金投入机制，更好地服务于环保公益事业，阿里巴巴集团宣布从 2010 年起，将集团年收入的 0.3% 拨作公益基金。宗旨是营造公益氛围，发展公益事业，促进人与社会、人与自然的可持续发展。资助重点包括水污染保护、环境保护宣传、支持环保公益组织发展等。近期发起大气污染防治的公益行动，为污染地图等公益组织提供免费云服务的云公益科技援助计划等项目。（王聪聪）

阿龙德哈蒂 · 罗伊

Arundhati Roy, 1961 ~

印度作家、环境活动家。大学毕业后曾做记者、编辑，之后从事电影文学剧本写作。凭借《微物之神》，成为印度第一个获得全美图书奖、

英国文学大奖布克奖的印度作家，震惊世界文坛。积极投身人权和环境领域，大部分时间用在和写小说无关的政治活动上。曾担任反全球化运动的发言人，激烈批评美国的新帝国主义政策。反对印度的核武器政策以及印度的工业化发展模式。除在文学领域的荣誉与奖励外，还因在社会运动以及倡导非暴力运动方面的贡献，获得 2004 年的悉尼和平奖。2011 年获得诺曼 · 梅勒奖（Norman Mailer Prize）。2014 年被《时代周刊》评选列入世界最有影响力的 100 个人物。（王聪聪）

阿伦 · 图伦

Alain Touraine, 1925 ~

法国著名社会学家，首次使用“后工业社会”一词的学者。他的研究基于行动社会学，认为社会的未来是由内在结构运行决定的；将历史性定义为社会根据其自身采取行动的能力。在他的《社会的自我生产》一书中，主要研究旨趣是社会运动，用比较方法研究全球范围特别是拉丁美洲和波兰的工人运动；在对波兰案例的研究中，提出社会学介入的研究方法，体现在他的《声音和眼睛》一书中。在拉丁美洲与欧洲大陆具有较高的知名度。获得诸多学术荣誉，2014 年获得法国荣

誉军团勋章。主要著作包括《后工业社会》《社会的自我生产》《声音与眼睛：社会运动的分析》

《一种社会运动：休戚与共》《现代性的批判》等。（徐越）

《阿姆斯特丹条约》

Amsterdam Treaty

全称《为修改欧洲联盟条约建立欧洲共同体条约和其他相关法律文件而签订的阿姆斯特丹条约》。1997 年 6 月 16 ～ 17 日召开欧盟阿姆斯特丹峰会，就《罗马条约》和《欧洲联盟条约》进一步修改与推进达成文本，1997 年 10 月 2 日签署，1999 年 5 月 1 日生效。由正文、附件和附录 3 部分组成，包含 15 项条款 13 个议定书以及 59 项声明。引入统一的拥有 3 种立法程序系统，包括协商程序、共同决策程序以及同意程序，同时将共同决策程序引入更多的决策领域，以扩大欧洲议会的影响力。这些领域包括环境、公共卫生、消费者保护、性别平等、交通发展。主要在共同外交与安全制度和庇护及移民政策上做出改革，同时在外交政策上提出加强西欧联盟之间的关系，批准设立欧盟外交和安全政策高级代表。（申森）

阿尼尔·阿加瓦尔

Anil Agarwal, 1947 ～ 2002

印度著名环境主义者。毕业于坎普尔机械工程学院，曾担任《印度斯坦时报》科学通讯员。是苏尼塔·纳拉因（Sunita Narain）领导的科学与环境中心共同创始人。出版众多环境学著作，如 1982 年《印度的环境：一个公民的报告》、1989 年《通向绿色村庄：环境健康和参与性农村发展的战略》、1992 年《绿色世界的未来：全球环境治理应建立在法律公约之上还是人权之上？》等。因在国内和国际环境保护领域做出杰出贡献，1987 年获得联合国环境规划署颁发的全球 500 佳环境奖。印度政府在 1986 年授予阿加瓦尔帕德玛 Shri 奖（共和国四等公民奖章），2002 年授予阿加瓦尔帕德玛奖（共和国三等公民奖章），以表彰他对印度环保事业的贡献。（王聪聪）

阿诺德·伯林特

Arnold Berleant, 1932 ～

美国当代环境美学家，享有世界声誉的环境美学专家。1962 年在纽约州立大学布法罗分校获得哲学博士学位，先后任教于路易斯维尔大学、布法罗大学、圣地亚哥学院和长岛大学，曾担任国际美学学会主席（1995 ～ 1997）、国际应用美学学会顾问委员会主席，还曾任国际美学学会秘书长和美国美学学会秘书。主要论著有：《审美场：审美经验现象学》（1970）、《环境美学》（1992）、《生活在景观中：走向环境美学》（1997）、《美学与环境：一个主题的多重变奏》等，论著先后被翻译为汉语、希腊语、俄语、芬兰语、波兰语、阿拉伯语和法语等多种语言。对 18 世纪美学诞生以来的无利害性为核心概念及其派生概念如分离、静观、自主性、不可传递性、非人性化等命题提出质疑。指出：直到 20 世纪，艺术才常常不顾及它们在社会中的角色而坚持沿着自己的路线发展，从而发掘新的感知领域和新的审美类型。他认为“尽管他们宣称是具有独立性的，但这种独立性是以分离和普遍不相关为代价获得的”；反思传统的美学研究模式，主张建立以结合为特征的环境美学。认为美学研究的领域应该突破以艺术为中心的传统，向环境领域扩展，尤其应关注日常生活的景观质量，主张发展环境批评，对人类栖身其于中的景观的审美价值进行评判。伯林特的环境美学研究力图建构不同于传统美学的、关于环境的体验和感知模式以及相应的思想体系。（雷爱民）

阿瑟·莫尔

Arthur Mol

荷兰著名环境社会学家。生年不详。现为荷兰瓦格宁根大学环境政策系主任、环境政策教授，对生态现代化理论做出重要发展。从硕士阶段开始环境研究，获得阿姆斯特丹大学社会学博士学

位。研究兴趣涉及社会科学的环境方面，关注环境治理、工业转型、全球化和环境、社会理论和环境、环境和信息社会等。当前的研究项目包括发展中国家农村区域的生物质能源生产（东非和中国）、信息社会的环境治理、中国城市水资源治理、东部非洲城市环境基础设施创新等。认为生态现代化理论应更多地关注社会和制度层面的变革，而不仅是技术层面的变革。指出中国的环境治理体制正在出现走向生态现代化的新特征，包括环境国家能力的强化、从环境规制向环境治理的转变、环境政策一体化程度的提高与公民社会作用的强化等。现为 8 个国际期刊和 2 个系列书籍的编委，有《环境政治》《全球环境变化》与《能源政策》等。主要著作包括《中国的环境治理》《伙伴关系、治理和可持续发展》《生态现代化导读：环境改革理论与实践》《信息时代的环境改革》等。（徐越）

埃德蒙德·胡塞尔

Edmund Husserl, 1859 ～ 1938

具有犹太血统的德国哲学家、数学家。当代重要哲学思潮现象学的奠基者。主要著作有《逻辑研究》《内时间意识现象学》《现象学的观念》《作为严格科学的哲学》《纯粹现象学通论》《形式的与先验的逻辑学》《笛卡尔的沉思》《欧洲科

学危机与超验现象学》《经验与判断》。胡塞尔出生于时属奥匈帝国的普罗斯涅兹城，1876 年至 1878 年间在莱比锡大学求学，主攻物理学、天文学以及数学。其间受哲学家冯特的影响，开始研习哲学著作。1878 年冬季到柏林大学，跟随克罗耐克和维尔斯特拉斯继续学习数学。1881 ～ 1882 年在维也纳大学学习并获得博士学位。1884 ～ 1886 年在布伦塔诺的影响下，立志将毕生献给哲学研究。布伦塔诺使胡塞尔相信哲学能够像经验学科一样成为一门精密严谨的学科，是一项严肃的工作。经布伦塔诺推荐，胡塞尔到哈勒大学从事教学工作，在 1887 ～ 1901 年期间发表两卷本《逻辑研究》，并因此书在哥廷根大学得到副教授职称。1916 年胡塞尔到弗兰堡大学任教，1928 年退休。胡塞尔哲学发展大致分为 3 个阶段，即心理主义的阶段；批判心理主义的阶段，在此过程中形成静态现象学或称描述心理学；先验现象学的阶段。第一阶段以胡塞尔的早期著作《算术哲学》为代表，第二阶段以《逻辑研究》为代表，第三阶段持续时间最长，以《纯粹现象学和现象学哲学的观念》与《欧洲科学危机与超验现象学》为代表。（参考：刘放桐等：《现代西方哲学》第 540 ～ 542 页，北京：人民出版社，1990 年。欧阳文川）

埃里克·艾格拉德

Erik Eiglad

挪威激进政治团体民主选择的创建者之一，绿色左翼杂志《生态公社主义》主编，社会生态学北欧学派的代表性学者。生年不详。20 世纪 90 年代中后期开始接受默里·布克金的社会生态学或自由进步市镇自治主义，在北欧范围内传播。布克金公开承认艾格拉德的生态公社主义是其社会生态学的欧洲版本。编著有《社会生态学和公社主义》（2007）、《自由城市：地方自治主义与左翼》（2011）等。（徐越）

《埃斯波公约》

The Espoo Convention

全称《跨界背景下的环境影响评价公约》，1991 年在芬兰签订，关于预防主权国家控制和管辖地域内发生的环境事件不至于对其他国家造成损害的公约。采用跨界环境影响评估的方式预防或者降低由他国对本国造成的环境损害，是历史上第一个以跨界环境评价为中心的国际性文件。由 41 个国家签署，1997 年正式生效。缔约国专门成立检查委员会和跨界环境影响评价资料库。缔约国只限于欧洲经济委员会的成员国，此后在 2001 年进行修正，使欧洲经济委员会以外的国家有权利加入，引导发展中国家和正处于经济转型时期的国家加入缔约国行列。公约内容包括缔约国对跨界环境影响评价的责任与义务；跨界环境影响来源国对被影响国家的通知义务以及被影响国家的知情权利；跨界环境影响来源国对被影响国提供影响资料的义务；跨界影响国制定影响报告书的义务；跨界环境影响国有与被影响国协商跨界影响相关事宜的义务；跨界环境影响评价的公众参与等方面。作为创新性的国际性法律文件，《公约》对国际跨界环境影响的预防和评估起到重要作用并处于领先水平。然而在具体实施方面仍然存在问题。（参考：宋欣：《埃斯波公约：跨界环评法律制度的先锋公约》，《中国律师》2011 年第 5 期第 82 ~ 83 页。欧阳文川）

艾伯特·威尔

Albert Weale

生态现代化理论的创立与发展者之一。生年不详。先后在英国纽卡斯尔大学、约克大学、东英吉利大学、埃塞克斯大学和伦敦大学任职。主

要研究领域是政治理论和公共政策，体现在《平等与社会政策》《政治理论和社会政策》等著作中。关注民主问题和民主理论，认为民主最好被理解为，政府依赖的政治应保证公民在政治平等和承认人类可能会犯错的条件下实现他们的共同利益。关注欧盟的民主赤字问题，体现在他的《新欧洲的公民权、民主和争议》《政治理论和欧盟：合法性、宪政选择和公民权》《民主公民权和欧盟》等著作中。在经验层面的公共政策研究中，关注比较（欧洲）环境政策、环境政策风险维度、计算机辅助软件的政治话语。（徐越）

艾伦·戴蒙德

Irene Diamond, 1910 ~ 2003

西方当代生态女性主义学者。和格劳丽亚·奥林斯坦编辑《重构世界：生态女性主义的兴起》一书中，将生态女性主义划分为三个维度：一是社会向度，强调自然环境的安全健康必须与社会正义相结合。二是精神向度，强调地球本身的神圣性。三是经济向度，强调人类生产生活方式的生态可持续性。（徐越）

艾伦·卡尔松

Allen Carlson, 1943 ～

国际环境美学的代表人物。加拿大阿尔伯达大学哲学系教授，美国密歇根州大学哲学博士，美国美学学会第59届年会会议程序委员会委员，

曾任美国美学学会理事、加拿大美学学会常务理事，获加拿大阿尔伯达大学文学院正教授科研奖。从事美学和环境哲学研究，主要研究自然和景观环境美学。提出自然环境审美概念包括自然环境模式以及美学分析。强调科学知识的重要性，被称为是科学认知主义理论。肯定美学论证的过程，利用科学知识为肯定美学找合理性论证；认为科学知识为自然环境审美提供恰当范畴，论证自然全美的肯定美学观；在人文环境审美欣赏方面，分析建筑、农业景观以及园林的审美欣赏方式，认为人文环境就是人们的日常生活环境。提出用生态学方法对日常生活环境进行欣赏，提出功能适应观念，被认为对人文环境的审美欣赏具有创造性意义。著有多部专著：《美学与环境：自然，艺术与建筑的欣赏》（2000）、《自然环境美学》（合编，广角出版社，2004）、《人文环境美学》（合编，广角出版社，2007），《自然、美学和环境：从美到责任》（哥伦比亚大学出版社，2008）和《功能之美》（与格林·帕森斯合著，牛津大学出版社，2008）。（雷爱民）

艾瑞尔·萨勒

Ariel Salleh

澳大利亚社会生态学家、生态女性主义者。生年不详。与唯心主义的生态女权主义思想来自哲学和文化研究相反，萨勒的分析方式更接近德国社会学家玛丽亚·麦斯和英国学者玛丽·梅洛。再生性劳动和使用价值是萨勒关注的主题。萨勒的躯体唯物主义，强调通过“运动的运动过程”抗拒全球化，通过引入“元工业劳动力”概念，把土著、农民、妇女和工人等整合在生态政治的旗帜下。主要著述包括：《作为政治的生态女性主义：自然、马克思和后现代》（1997）《可持续的自然还是可持续的马克思？答复约翰·福斯特和保罗·伯格特》（2001）《走向一种具体唯物主义》（2005）《生态女性主义经济学：从生态适量到全球正义》（2009）。（徐越）

艾滋病

Acquired Immune Deficiency Syndrome

全称为获得性免疫缺陷综合征。由HIV病毒引起的致死率极高的传染性疾病，目前为止不能完全根治，同时也没有有效的疫苗可以预防。人体血液中的艾滋病毒通过攻击和破坏免疫系统中极其重要的CD4淋巴细胞，致使人的免疫系统受到损害，造成免疫力低下。这种情况下人极易被各种致病微生物感染而生病，随着时间的推移感染的程度逐渐加重，直至人因为复合感染而丧失对任何疾病的抵抗能力而导致死亡。艾滋病毒主要通过血液传播、母婴传播以及性传播的方式感染给他人，其中血液和性传播是艾滋病毒感染的主要因素。一般来说，接吻、蚊虫叮咬、公共泳池和日常生活接触不会感染艾滋病毒。艾滋病的预防措施包括进行健康教育、远离毒品、不卖淫嫖娼、正确使用安全套、不使用未经检验的血液制品、不共用牙刷或者剃须刀、积极治疗性病等。我国艾滋病第1例病毒感染者出现在20世纪80年代。此后经历病毒传入、局部流行与广泛流行的不同阶段。按照国际通行标准，至目前为止我国感染病毒患者数量总体上呈减缓趋势。（参考：赵二江等：《艾滋病的流行现状与预防措施》，《现代预防医学》2012年第7期第1597～1599页。

欧阳文川）

爱德华·戈德史密斯

Edward Goldsmith, 1928 ~ 2009

英国环保主义者、经济学家、深生态学家和哲学家，曾担任英国《生态学家》杂志主编。与罗伯特·普雷斯科特—艾伦共同撰写产生深远影响的《为了生存的蓝图》（1972），成为人民党（英国绿党前身）的创始成员。生态学思想属于深生态学，对英国绿党的政治意识形态有一定影响。是盖亚假说的最早倡导者，曾提出过自我调节生物圈概念。是系统理论的支持者，也是生态经济学的最早提出者之一。（徐越）

爱丁堡公爵奖

The Duke of Edinburgh's Award

创立于1966年，由英国王室成员发起，鼓励14 ~ 24岁的年轻人参加社会活动，积极锻炼身体，发展兴趣爱好，热心助人，用乐观心态面对生活。自开办以来已经在世界各地获得认可，超过130个国家参与这个奖项，几百家国际公益组织参加合作。获得爱丁堡公爵奖的年轻人，在教育申请、职位申请上都会被优先考虑。获得这个奖项的人被认为具备服务社会，承担责任，勇于挑战自我的潜能。有铜奖、银奖和金奖。要求从14岁开始参与，但不能超过25岁完成。有志愿者行动、体育锻炼、鼓励发展个人技能和兴趣爱好探索活动等项目。（张惠娜）

爱尔兰绿色联盟

Comhaontas Glas

它的前身生态党成立于1981年，倡导优良规划、社会正义、可持续的经济增长、保护自然环境等。1983年，生态党改建为绿色联盟。生态党在1982年的大选中获得0.22%的选票，绿色联盟在1987年的议会选举中获得0.4%的选票，均未能进入议会。1989年大选中，该党以1.2%的选票和1个议席的成绩，首次进入全国议会。1997年和2002年议会选举中，绿色联盟分别获得2.8%和3.8%的选票，以2个和6个议席的成绩再次进入全国议会。在2011年大选中，该党获得选举突破，以4.7%的选票和6个议席的成绩，首次进入全国联盟政府（2007 ~ 2011）。2011年绿色联盟因不满于联盟伙伴共和党，离开联盟政府。绿党代表环境、遗产与地方政府部长和信息、能源与自然资源部长分别辞职。在2011年议会大选中，绿色联盟获得1.8%的选票，没能进入全国议会。爱尔兰绿色联盟的基本政治价值观是：不能忽视社会对环境的生态影响；保护自然资源是可持续发展社会的重中之重；我们有责任为后代创造适宜的生活环境。爱尔兰绿色联盟是欧洲绿党的成员党。（王聪聪）

爱马仕企业基金会

Fondation d'entreprise Hermès

2008年在法国成立，资金来源于爱马仕家族企业资助。宗旨是建设当今世界，构思未来天地，为学习、精通、传承和探索创意之举的人们提供支持，鼓励全球创意之举，呼吁开展生物多样性保护行动。项目有：1. 爱马仕艺术之家。2010年6月发起，每年举办一次，旨在支持年轻职业艺术家，促进手工艺人和艺术家对话，激发材料和技能的深入探究，帮助参与项目的艺术家举办全球艺术巡展。2. 成立手工艺协会，引领手工业发展，促进地方手工业合作，发扬当地技艺，帮助维护当地生物多样性环境。目前合作地包括法国、玻利维亚、印度及非洲等。（席溢）

爱沙尼亚绿党

Eestimaa Rohelised

爱沙尼亚的环境团体可以追溯到1988年创立的爱沙尼亚绿色运动，1989年和1990年，两个爱沙尼亚绿党相继成立。1991年两个绿党合并成为一个政党。1992年的议会选举中，雷恩·加里克（Rein Järlik）成功当选议员。在20世纪90年代中后期以及新世纪之初，爱沙尼亚绿党的发展基本停滞。2007年爱沙尼亚议会选举中

取得历史性突破，获得7.1%的选票与6个议会席位。在2011年和2015年的议会大选中获得3.8%和0.9%的选票，未能获得任何议会席位。2009年和2014年的欧洲议会大选中，分别获得了2.73%和0.3%的选票，未能赢得欧洲议会席位。在国际上，是欧洲绿党的成员党。根据党的章程，主要目标是发展环境友好型与可持续的经济，确保政治稳定。2014年的欧洲大选中，政策主张包括：建立强大的公民社会；实现公共和私人利益的平衡；鼓励私人企业的发展，政府制定最低工资标准；实现经济的可持续发展，降低能耗和能源浪费，提高能源效率，大力发展可再生能源；支持发展建立在先进技术基础上的家庭农场，通过公共支持机制促进农村的合作社发展。（王聪聪）

爱沙尼亚绿色运动

The Estonian Green Movement

苏联地区最早出现的绿色团体之一。20世纪80年代，由于严重环境污染、政府环境政策失误、巴尔戈乔夫民主化改革等因素的影响，苏联和东欧地区的绿色运动和绿色团体迅速崛起。爱沙尼亚绿色运动由朱安·阿勒（Juhan Aare）在1988年5月创建。由于以经济为中心的增长战略，爱沙尼亚的农业经营、采矿以及石油开采等行业造成地面水质恶化、芬兰湾以及波罗的海地区严重污染和生态破坏。爱沙尼亚绿色运动的成立，是对国内严峻的生态破坏和环境污染的直接回应。塔林运动（The Tallinn Movement）是爱沙尼亚绿色运动的重要分支机构，它积极参与制定环保政策、组织群众生态抗议、提供环境信息等。爱沙尼亚绿色运动的成立，为爱沙尼亚绿党的建立创造了条件。（王聪聪）

安德烈·高兹

André Gorz, 1924 ~ 2007

法国著名左翼思想家、政治生态学者、《新观察家》周刊的创始人，师从法国著名存在主义哲学家让—保尔·萨特。生于维也纳，1954年加

入法国国籍。1950年开始从事新闻记者工作，政治上接近马克思主义。作为萨特的追随者，1961年起担任萨特和梅洛·庞蒂创办的《现代》刊物编委，1964年成为《新观察家》周刊的创始人之一。作为法国左翼知识分子的重要代表，支持1968年五月风暴，主张自下而上地建立群众政党，反对资本主义统治。主要代表著作包括《历史的道德》《劳工战略》《艰难的社会主义》《改良和革命》《向工人阶级告别》《资本主义、社会主义、生态学》、《作为政治的生态学》，等等。当代资本主义的激烈批评者，在法国思想界的主要成就在于依据存在主义的马克思主义观点系统论述新工人阶级理论和反资本主义的结构改革战略。认为当代资本主义存在的主要问题，不是物质匮乏和对工人群众的经济剥削，而是工人创造力在政治上和经济管理上的异化。现代资本主义已为富裕的社会主义奠定物质基础，不必消灭私有制，更不需要摧毁资产阶级国家机器。理论观点曾对法国新左派运动和法国统一社会党有相当大的影响。20世纪70年代后，发表大量文章支持生态学运动，把生态学、生态危机和政治生态学理论纳入自己的研究领域，成为当代生态哲学和生态马克思主义（政治生态学）的代表人物之一。2007年9月高

兹和妻子被友人发现在巴黎郊区家中双双自杀身亡。《致D》一书，记述他与妻子多莉娜二人58年的情感历程。（徐越）

安德鲁·多布森

Andrew Dobson, 1957 ~

毕业于牛津大学圣约翰学院，曾任英国开放大学政治学教授，现为英国基尔大学政治系教授，主要从事环境政治理论方面的研究，《环境政治学》杂志的创刊主编之一。环境政治理论中生态主义学派的代表性学者之一，尤其侧重于对生态主义、环境正义、公民理论等议题的开拓性研究。曾作为绿党候选人参加2005年英国大选和2006年地方选举。2010年英国绿党大选宣言的主要作者。代表作有:《正义与环境》(1998)、《绿色政治思想》(2000)和《公民权与环境》(2003)等。（徐越）

安德鲁·赖特

Andrew Light

北美社会生态学者。生年不详。1998年主编出版《布克金之后的社会生态学》一书，对社会生态学理论有较为全面的分析与批评，是默里·布克金在世时围绕社会生态学展开的重要学术讨论的主要成果。肯定了由默里·布克金创立的社会生态学理论在过去的40年中鼓舞一大批有灵感的哲学家和积极分子的思考与活动，同时也对社会生态学的基础性理论问题提出批评。（徐越）

安东尼奥·葛兰西

Antonio Gramsci, 1891 ~ 1937

意大利共产党创始人之一，早期西方马克思主义的代表人物。1913年在大学期间加入意大利社会党。毕业后担任都灵社会周报《人民呼声报》主编。第一次世界大战期间积极领导工人运动。1921年以主要发起者的身份创立意大利共产党。1922年作为意共代表当选为共产国际执委会书记处书记。1922年墨索里尼上台后，受共产国际委派，回国领导意共开展反法西斯斗争。1926年11月不幸被捕。在监狱中遭受百般折磨，仍以坚强意志研究革命理论，写下《狱中札记》。1937年4月27日在法西斯监狱中与世长辞。代表作是1929 ~ 1934年写作的《狱中札记》共34篇。记载对国际共产主义运动、意识形态、文化领导权、有机知识分子、美学和历史学等理论的思考和探索。这部监狱中完成的著作被誉为体现“人类意志的极限”，即一个人到底能在多大程度超越他的历史和个人背景进行独立思考。葛兰西独树一帜的实践哲学和他提出的霸权、有机知识分子、市民社会、阵地战等理论观念，在当代仍具有重大的理论意义。（徐越）

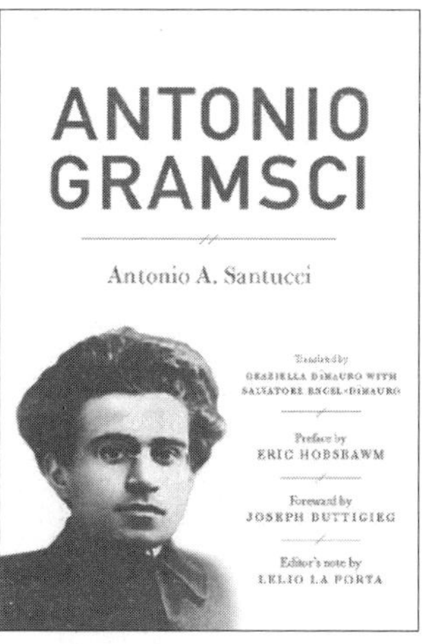

安格拉·默克尔

Angela Merkel, 1954 ~

德国历史上第一位女总理，德国著名的女政治家，有“铁娘子”之称。生于德国汉堡，1986年毕业于莱比锡大学，1989年11月正式踏入政坛，

加入原民主德国民主觉醒组织（后成为基督教民主联盟），2005年11月成功当选联盟党和社民党大联合政府总理，成为德国第43任总理，2009

年和2013年成功连任。以简约、坚定和实干的工作作风著称，在环境保护方面多有建树。1995年担任联合国气候委员会第一届环境部部长，致力于减少温室气体排放。担任德国总理后，支持核能减少计划、新能源政策等利于环境保护的政策。（刘中华）

安徽**2014**年生态文明建设状况

Eco-Civilization Construction in Anhui in 2014

2014年安徽生态文明指数（ECI）得分为70.20，排名全国第27位。具体二级指标得分及排名情况见表1。去除社会发展二级指标后，安徽绿色生态文明指数（GECI）得分为60.97，全国排名第22位。安徽生态文明建设类型为相对均衡型，协调程度居于全国中游水平，生态活力居于中下游水平，环境质量和社会发展均居下游水平。生态活力方面，森林质量、建成区绿化覆盖率、湿地面积占国土面积比重均处于全国中上游，森林覆盖率居中游水平，自然保护区的有效保护排名居全国下游。环境质量方面，水土流失率较低，但地表水体质量、环境空气质量、农药施用强度均居于全国中下游水平。社会发展方面，人均国内生产总值、服务业产值占国内生产总值比例、城镇化率、人均教育经费投入、每千人口医疗机构床位数、农村改水率各项三级指标均处中下游水平。协调程度方面，环境污染治理投资占国内生产总值比重、工业固体废物综合利用率、城市生活垃圾无害化率、烟（粉）尘排放变化效应均居全国上游水平，但化学需氧量排放变化效应、氨氮排放变化效应、二氧化硫排放变化效应等指标不容乐观。综合来看，尽管安徽是我国中西部第一个生态省建设试点省份，但安徽综合经济实力不强，工业化和城镇化水平不高，生态文明建设水平偏低仍是不容回避的事实，但近几年安徽各项进步指数呈现不断提升态势，安徽的生态文明建设仍处于发力期，前景可期，保持均衡协调、全面发展是今后很长一段时间的主旋律。

表1　2014年安徽生态文明建设二级指标情况

二级指标	得分	排名	等级
生态活力（满分为43.20分）	24.69	22	3
环境质量（满分为36.00分）	18.80	26	3
社会发展（满分为21.60分）	9.23	31	4
协调程度（满分为43.20分）	17.49	16	3

表2　安徽2014年生态文明建设评价结果

一级指标	二级指标	三级指标	指标数据	排名
生态文明指数(ECI)	生态活力	森林覆盖率	27.53%	18
		森林质量	47.51立方米/公顷	10
		建成区绿化覆盖率	39.85%	14
		自然保护区的有效保护	3.76%	28
		湿地面积占国土面积比重	7.46%	12

续表

一级指标	二级指标	三级指标	指标数据	排名
生态文明指数(ECI)	环境质量	地表水体质量	51.60%	21
		环境空气质量	49.32%	22
		水土流失率	12.13%	9
		化肥施用超标量	153.29 千克 / 公顷	16
		农药施用强度	13.17 千克 / 公顷	19
	社会发展	人均国内生产总值	31684.00 元	26
		服务业产值占国内生产总值比例	33.00%	29
		城镇化率	47.86%	23
		人均教育经费投入	1369.30 元 / 人	23
		每千人口医疗机构床位数	3.91 张	27
		农村改水率	58.56%	29
	协调程度	环境污染治理投资占国内生产总值比重	2.66%	7
		工业固体废物综合利用率	87.64%	7
		城市生活垃圾无害化率	98.82%	6
		化学需氧量排放变化效应	6.04 吨 / 千米	20
		氨氮排放变化效应	0.78 吨 / 千米	19
		二氧化硫排放变化效应	0.64 千克 / 公顷	17
		氮氧化物排放变化效应	2.03 千克 / 公顷	11
		烟（粉）尘排放变化效应	1.53 千克 / 公顷	4

（参考：严耕等：《中国省域生态文明建设评价报告（ECI2015）》第 185 ~ 190 页，北京：社会科学文献出版社 2015 年。徐保军）

安徽绿满江淮环境发展中心

Green Anhui Environmental Development Center

立足于安徽省本土的民间环保组织，2003 年 9 月 24 日成立。原是安徽省高校环保社团合作平台，安徽青年学生可以借助平台，争取更多社会资源广泛有效地开展环境保护活动。理事会由资深记者、环保系统工作者、医学工作者、国际组织工作者、海外华侨、外企工作人员等 7 人组成，志愿者遍及安徽各大城市环境保护社团 / 协会，衍生 3 个本土民间环保组织：安徽绿色大学生论坛、芜湖生态中心、皖北青年环境行动网络。作为安徽第一个关注环境的民间环保组织，积极关注社会发展中的环境问题，努力参与公共事务管理，促进社会进步；倡导循环经济与生态消费，实现可持续发展，力求达到人与自然的和谐相处。现进行项目有水环境保护、环境教育倡导、能力建设项目、芜湖生态中心项目、青年环境项目等 5 个领域。经过 10 多年发展，已经成为安徽具备良好公信力和影响力的民间组织，对安徽环保事业和公民社会发展做出贡献，成为安徽本土标志性的组织之一。曾经与国际野生动物保护学会（WCS）合作开展安徽濒危动物高校巡回展。国际野生动物保护学会是第一个给予绿满江淮项目资助的世界环保组织。绿满江淮开设的绿色记者培训和环保社团骨干培训班，为

各高校环境组织培养绿色人才；安徽高校环保社团小额资助项目和绿满江淮基金，为资金短缺的大学生环境组织提供经费支持；影视资料项目使书籍及影视资料在安徽达到广泛共享。该组织的价值观：尊重、务实，保护江淮大地是江淮儿女天然的职责。（席溢）

安徽省生态文化协会

Anhui Eco-Culture Association

从事生态环境建设、经营和管理研究的企事业单位、科研院所、大专院校和社会各界人士自愿组成的专业性社会团体，2012 年 9 月 19 日在合肥成立。业务主管单位为安徽省林业厅。发挥协助政府、联系社会、服务经济发展的桥梁纽带作用，致力于弘扬生态文化，倡导绿色生活，共建生态文明，努力在社会形成节约能源资源和保护生态环境的发展、消费模式，推动安徽省生态文化发展。（席溢）

安徽省生态与湿地保护协会

Anhui Institute of Ecology and Wetland

全国第一个生态与湿地保护群众性社团组织，2007 年 11 月 30 日在合肥成立。接受省环保局业务指导与省民政厅监督管理，主要任务是团结和凝聚致力于生态与湿地保护和建设的专家、管理者及社会热心人士，探索生态与湿地保护、建设规律，开展生态与湿地保护、建设活动，在政府管理部门、科研机构及企业之间搭建交流和沟通的平台，开展合作研究、调查、人员培训、咨询等活动。办有会刊《生态与湿地通讯》。（席溢）

安静居住小区

Quiet Residential Area

首次在原国家环保局《关于开展创建安静小区活动的通知》（环发〔2002〕169 号）文件提出。根据国家环保部、发改委、财政部等 11 个部委下发的《关于加强环境噪声污染防治工作改善城乡声环境质量的指导意见》（环发〔2010〕144 号），全国各省市提出各自的安静居住小区建设标准，分别对噪音污染、生活垃圾、绿化面积、装修施工、周边环境等居住条件做出相关规定。安静居住小区的提出，是保障社会生活质量，顺应人民对居住环境及品质需求的重要措施。（代富宇）

安娜 · 布拉姆威尔

Anna Bramwell

英国著名政治学家，生年不详。研究领域为政治学、环境政治学、生态历史学等。代表著作有：《绿色运动的消退：西方环境主义政治的衰弱》（1994）和《20 世纪的生态学：历史》（1989）等。（徐越）

安娜 · 康姆斯托克

Anna Comstock, 1854 ～ 1930

美国著名生物学家。认为现代科学教育太枯燥，力图使科学教育生动有趣。曾编辑《大自然科学通讯》（*Nature Study Newsletter*），致力于回答孩子们对生物世界提出的奇奇怪怪的问题，例如：袋鼠掉到水里后，前面的袋子会不会湿？蜜蜂的巢为什么是六角形而不是四角形？鲨鱼一天到晚吃别的鱼，为什么不用刷牙？由于常规课本不回答这些问题，安娜回答这些问题的方式活泼风趣，深受孩子喜爱。1911 年出版《自然研究手册》（*Handbook of Nature study*），影响了后来的科学教育，使得科学教育更具有趣味性。《自然研究手册》对自然研究的定义是：“自然研究是为帮助孩子们理解他们身边的鸟类、昆虫和植物的生活和生长，辨别事物的本来面目，让孩子们学会清晰地表达出来。”通过自然研究培养孩子们的洞察能力、辨别能力以及把他们观察到的事物表达出来的能力。同时，让儿童理解自然世界的美妙和精彩，认为儿童通过自己的眼睛看到如此多的精彩和真实的故事，比枯燥的书本知识

有趣的多。（参考：徐湘荷：《生态教育思想研究》第11～12页，济南：山东大学出版社，2012年。王薛时）

安全食品

Safe Food

指在特定环境中依照特定生产加工方式，达到国家安全卫生标准，经过专业机构认证，许可使用相应生产标志的无污染、安全优质、营养丰富的食品。特征有：1. 生产环境无污染，确保生产环境中的水、大气和土壤的洁净。2. 生产过程不产生公害，减量、合理乃至不使用农药化肥等人工化学制剂，防止对环境的污染，遵循可持续发展原则。3. 生产产品确保安全，不仅是生产过程，包括从运输、保鲜到餐桌整个过程的安全。4. 由专业机构认证，获得相应产品标志。目前我国的安全食品按照认证要求严格程度可依次分为无公害农产品、绿色食品和有机食品，有机食品的认证要求最为严格。（朱雨晨）

安托尼·吉登斯

Anthony Giddens, 1938 ～

英国著名社会理论家和社会学家，当代社会

学领域中有卓越贡献的学者之一。剑桥大学教授，曾担任伦敦经济政治学院院长。1959 年毕业于赫尔大学，获得伦敦经济政治学院社会学硕士，剑桥大学国王学院博士学位。1970 年被聘为剑桥皇家学院院士，1987 年获得教授资格。2004 年被授予终身贵族称号。创办政治心理社会与国际学杂志和政体出版社。作为英国前首相布莱尔的顾问，共同提出第三条道路政治与政策，对英国及其他国家影响极大。在反思马克思、涂尔干、韦伯等经典社会学家思想，反思结构主义、功能主义和解释社会学的研究方法的基础上，强调社会学的理论是历史的、人类学的和批判的。主要著作包括《社会学》（1982）、《现代性的后果》（1990）、《超越左和右》（1994）、《第三条道路》（1998）、《气候变化的政治学》（2009）等 30 多部。（徐越）

安息日

The Sabbath

犹太教、基督教主要节日之一，源自上帝创世论。《圣经》记载，上帝在 6 日内创造天地万物，第 7 日完工休息。安息日纪念上帝创造万物的恩典，出于敬拜上帝的缘由，因而人们停工歇业，专心礼拜上帝。（雷爱民）

奥巴马绿色新政

Obama's Green New Deal

指奥巴马主张执行的以新能源开发利用为核心的利于环境保护的经济改革政策。在 2008 年美国总统竞选中，奥巴马宣布支持绿色新政概念，承诺将致力于减少温室气体排放量。上台后，奥巴马正式宣布美国实行绿色新政。具体内容是：大力发展可再生能源，加大利用可替代能源如乙醇作为燃料，鼓励企业生产更多的节省燃料型汽车，建立可控制温室气体排放数量的系统等。核心是新能源开发利用，以期把美国对中东的石油依赖度降到零。具体经济措施包括：1. 以抵税额方式鼓励消费者购买节能型汽车。2. 提升可再生能源发电量配额的限定，争取到 2012 年使其达到发电量的 10%，2025 年达到 25%。3. 制定强制性的总量管制与排放交易制度，争取在 2050 年之前将二氧化碳排放量降低 80%。4. 通过大力投资和减免税务鼓励支持替代能源研究，增加 500 万个绿色就业岗位。5. 鼓励政府和私营行业投资充电式混合动力汽车等新能源技术，以削减美国的石油消费量。6. 把重点放在国内清洁能源问题上，承诺将通过强制设定工业温室气体排放量上限积极控制气候变化问题。2009 年 2 月奥巴马签署《美国复苏与再投资法案》，重点支持发展高效电池、智能电网、碳储存和碳捕获、可再生能源等。2009 年 6 月美国众议院通过《美国清洁能源安全法案》（也称《气候法案》），规定美国 2020 年时的温室气体排放量要在 2005 年的基础上减少 17%，到 2050 年减少 83%。参议院版的法案则将上述两个目标分别设定为 20% 和 80%，表决通过参院版《气候法案》。由于受到各方面限制，包括自来共和党的抗拒，奥巴马绿色新政的许多内容并未真正得到贯彻实施。结果是，围绕全球气候变化议题的国际环境合作，在 2009 年哥本哈根会议上陷入困境，随后几年中也没有实质性改善。（刘中华）

奥地利茨温滕多夫核电站全民公决

Referendum on Zwentendorf Nuclear Power Plant in Austria

奥地利政府计划在 20 世纪 70 年代兴建 6 座核电站，茨温滕多夫核电站是其中首座，1976 年建成。核电站建设过程中，一直遭到当地民众反抗。1975 年初奥地利成立反核倡议联盟，人们到奥地利总理府前绝食抗议，使茨温滕多夫核电站再次引发社会极大关注。此后大众性反核运动更加活跃。奥地利总理布鲁诺·克莱斯基（Bruno Kreisky）决定对核电站进行全面公投。1978 年 11 月 5 日奥地利 64.1% 的选民参加公投，结果反核能人士以 50.47% 的微弱优势取得胜利，政府试图将核能合法化的计划落空。这是反核能运动的重大胜利和重要里程碑。茨温滕多夫核电站成为世界上第一座通过全面公投决定废止的核电站。1978 年的公投结果，使其他 5 座计划中的核电站建设搁置，奥地利政府颁布禁止使用核能法案。（王聪聪）

奥地利海恩堡水电大坝抗议事件

Hainburg Hydropower Project Protests in Austria

指 1984 年奥地利民众反对在多瑙河的海恩堡修建水力发电站的抗议事件。海恩堡是多瑙河上的一块冲积平原，1983 年，世界自然基金会的奥地利分公司组织数次公众抗议活动，反对奥地利政府在海恩堡修建水力发电站的计划。世界自然基金会的示威游行抗议活动，得到很多环境主义分子支持，但最初仅限于海恩堡地区。由于媒体的宣传，海恩堡抗议得到 1973 年诺贝尔获奖者康拉德·洛伦茨（Konrad Lorenz）的大力支持。1984 年 5 月，抗议活动分子在维也纳的康科迪亚新闻俱乐部召开记者招待会（动物新闻发布会）。在这次招待会上，很多与会者都乔扮成动物，由于媒体的广泛报道，这次活动大大提高公众的环保意识。1984 年 12 月，奥地利的学生社团组织将近 8000 人的抗议示威游行，遭到警察的镇压。这引发更大规模的群众抗议示威活动，约有 4 万人在维也纳抗议政府的行动以及反对水电站建设。在公众舆论压力下，奥地利政府最终同意“康拉德·洛伦茨公投”，取消海恩堡水电站项目。

1984 年 12 月的占领海恩堡湿地运动，是欧洲德语区公众环境意识觉醒的转折点，对奥地利民主政治进程具有重要意义。（王聪聪）

奥地利绿党

Die Grünen

正式成立于 1986 年，当时名称为“奥地利绿色选择”，由奥地利的两个绿色团体，较为保守的奥地利联合绿党和较为激进的奥地利绿色名单合并而成。奥地利绿党的建立，深受 20 世纪 70 年代西欧环境抗议运动以及国内的生态抗议活动的影响。1993 年更名为“绿党一绿色选择”（Die Grünen - Die Grüne Alternative），简称奥地利绿党。两个政党的合并，并不意味着党内分歧的消失。事实上，无论是在全国政党还是州政党中，政策歧见依然明显。党的核心价值取向为：直接民主、非暴力、生态学、女性主义、团结和自决。1986 年奥地利大选后，绿党首次进入全国议会，赢得 8 个议会席位。在此后的国内大选中，一直保持较为稳定的选举支持，在议会中拥有席位。在 2013 年奥地利大选中，绿党赢得全国 12.4% 的选票，获得 24 个议会席位，创造历史最好成绩。1996 年以后在历次欧洲议会大选中，奥地利绿党表现成熟，在欧洲议会拥有 2 ~ 3 名议员。目前，奥地利绿党在欧洲议会中拥有 3 名议员代表。（王聪聪）

《奥地利绿党理论纲领》

The Theoretical Programme of the Die Grünen

奥地利绿党的基本党纲，2001 年 7 月林茨代表大会通过。集中体现奥地利绿党的可持续发展的政治主张，奠定党的基本价值观和长期目标。指出经济、自然与气候保护的可持续发展，工作、收入的公正分配，社会团结，民主与共决等，都是绿党纲领的基石。分为两部分：基本原则与政治观点。阐述奥地利绿党的核心价值观，即生态、团结、自决、基层民主、非暴力和女性主义。谴责由于经济全球化和新自由主义政策而造成的奥地利经济疲软，以及由此导致的经济和环境危机，呼吁经济和社会的可持续发展。在政治观点部分，绿党着重阐明实现可持续发展的中期和短期的政治行动，涉及绿党的经济、政治、文化、外交政策等。指出可持续性是社会发展的目标，生活质量是检验人们生活条件和全面发展程度的核心指标。进一步强调，作为政治范畴，生活质量可以从安全、完整的环境、基本服务与基础设施、闲暇时间、参与等要素中得到诠释。（王聪聪）

奥地利能源及环境股份公司

Austrian Energy & Environment, AG & COKG

奥地利国内最大的能源及环境工程的承包商之一，总部设在奥地利第二大城市格拉兹。20 世纪 90 年代在中国开展业务推广先进脱硫技术，产品在中国电厂的脱硫（FGD）市场占有较大份额。（代富宇）

奥杜邦协会

National Audubon Society

美国非营利性环保组织，世界上历史最悠久的环保组织之一，以美国鸟类学家约翰·詹姆斯·奥杜邦（John James Audubon）的名字命名的鸟类保护民间组织，1905 年成立。奥杜邦 1827 ~ 1838 年出版著名的《美国的鸟类》一书。协会主要从事鸟类保护及爱鸟教育等活动，在全美拥有将近 500 个地方分支机构。负责协调全美的圣诞鸟统计活动。与康奈尔大学合作，建立鸟类观察在线数据库。与很多国外机构建立密切联系，以保护穿越美国国境迁移的鸟类，如英格兰的国际鸟类联盟、加拿大的鸟类研究等。协会拥有很多位于纽约、桥铺路、凤凰城、达拉斯和洛杉矶等的自

然保护中心，这些鸟类避难所和自然保护中心都向公众开放。（王聪聪）

奥尔多·利奥波德《像大山一样思考》

Aldo Leopold

奥尔多·利奥波德（1887 ~ 1948）生于美国艾奥瓦州的伯林顿市，从小热爱自然，痴迷对鸟类、植物的观察，有极高的动植物辨识能力和捕捉转瞬即逝的禽兽运动轨迹能力。1909 年获得耶鲁大学林学硕士学位，进入国家林业局工作，先后担任国家森林督察官、林区助理、林产品研究所主管等。1933 年开始被威斯康星大学聘为教授。长期致力荒野和野生动植物保护，创立具有世界影响的荒野协会，撰写《保护主义美学》《像大山一样思考》《生态意识》《大地伦理》等生态思想和生态文学名篇。1935 年在威斯康星州购买 80 英亩的废弃农场，在贫瘠土地上进行生态修复，重建生态平衡。最著名的作品《沙乡年鉴》（1949）记载他在这片土地上的辛勤劳作和深刻思考。反思人类的文明，认为真正的文明“是人类与其他动物、植物、土壤互为依存的合作状态”，真正的伦理应当是大地伦理，将人类视为“生物共同体中的一个成员”并自觉维护大地共同体。进一步提出生态整体主义的核心准则：“有助于维持生命共同体的和谐、稳定和美丽的事就是正确的，否则就是错误的。”这个准则的提出，是人类思想史上突破性大事。它标志着生态整体主义的正式确立，标志人类思想经过数千年以人类为中心的发展后，终于超越人类自身局限，开始从生态整体的宏观视野思考问题。他还是生态美学和生态文学的奠基人。认为大自然的美通过共同体中各个元素体现出来，作为整体的共同体的美才是最高的美。用优美的文字，吸引一代又一代读者融入大自然，倾听河流奏出的音乐，像大山一样思考：“在一个静谧的夜晚，燃着低低的篝火，昴星挂在悬崖边时，静静地坐着听听狼的嗥叫，尽力地去想起你所见过的所有事物并试着去理解。然后你会听到一阵极度和谐的共振，它的乐谱嵌入成千上万座小山，发出的是动植物生存或死亡的音调。这种节奏跨越了几个世纪。”（徐越）

《奥尔胡斯公约》

Aarbus Convention, Convention on Access to Information, Public Particip-ation in Decision-making and Access to Justice in Environmental Matters

全称《联合国欧洲经济委员会在环境问题上获得信息、公众参与决策和诉诸法律的奥尔胡斯公约》，简称《奥尔胡斯公约》，1998 年 6 月 25 日欧洲经济委员会在丹麦奥尔胡斯召开的欧洲环境第 4 次部长级会议上签署，2001 年 10 月 30 日正式生效。《公约》是联合国框架内在环境民主领域的重要探索，是环境问题上唯一一个赋予公众广泛而具体的权利并具有法律约束力的国际公约。主要特点在于其中关于环境知情权的条款，是目前为止环境知情权方面制定的最完善的国际公约。20 世纪 70 年代起，公民环境运动以及环境权理论研究兴起，个别国家和地区将环境权列入宪法中。然而由于实体环境权面临立法上的困难，无论是环境法还是其他环境文件都以公众对环境事务的知情权、参与权和获得补偿权利替代实体环境权。公约在这种背景下产生，对环境信息进行详尽的规定，将包括印刷、电子、影像、音响及其他形式为载体提供的信息列入其中；还规定政府对公众公布环境信息的义务，将信息公布方式分为依据职权和公众申请两类。为保证信息的充分与及时，《公约》规定政府有职责收集和更新相关环境信息。对于环境知情权，《公约》规定任何人可以在环境信息索取申请被不当驳回或者没能获得充分答复时，有权向法院或者其他独立机构申请复审，复审结果对于环境职能部门有约束力。《公约》保障公众参与决策制定的权利、获取信息的权利和诉诸法律的权利。强调公众参与决策，形成对政府问责的机制，推动责任型政府，以应对当今世界面临的众多挑战，包括气候变化、生物多样性减少、贫困化、能源需求居高不下、快速城镇化以及空气和水污染等。（参考：王兆平：《环境公众参与权的法律保障机制研究——以＜奥尔胡斯公约＞为中心》，武汉大学2011年博士学位论文第30～46页。欧阳文川 申森）

奥卡姆剃刀原理

Occam's razor

又称奥康的剃刀，由14世纪英国逻辑学家、哲学家威廉·奥康提出。原理内容为：如无必要，勿增实体。即能够用较少的东西做好的事情不要用较多的东西去做。应当用思维经济原则这把剃刀把所有没有必要的种种假设、臆想的学说统统剃掉，使人直接面对实际存在的个别事物。只有这样，人的知识才能够增加，认识才能够提高。现在通行理解为：如果对于同一现象有两种不同的假说，我们应该采取比较简单的那一种。目前奥卡姆剃刀原理被应用于各个领域，去掉多余的、复杂的旁支与累赘，将事实变得简单明了，使研究者更容易理解事物，解决问题，大大降低人处理问题时的出错率。由于原理应用广泛，对不同学术和科学研究活动都有深远影响。（代富宇）

奥兰·扬

Oran Young

美国著名全球环境政治与政策学者，加利福尼亚大学圣巴巴拉分校环境科学与管理学院教授，美国科学院全球变化的人文因素研究委员会的创始主席。生年不详。主要研究领域是全球环境治理和环境制度。著作颇丰，有《国际治理：无政府社会的环境保护》（1994）、《国际环境制度的有效性》（1999）、《国际环境体制分析：从个案研究到数据库》（2006）等。（徐越）

奥斯卡·拉封丹

Oskar Lafontaine, 1943～

德国著名政治活动家和社会民主党领导人。1985～1998年间担任德国萨尔州总理。1990年联邦大选中是德国社会民主党的总理候选人，败北于由赫尔穆特·科尔领导的基督教民主联盟。1995～1999年间担任德国社会民主党主

席。1998年出任施罗德红绿联盟政府的财政部长（1998～1999）。1999年辞去所有政治职务，成为施罗德政府的批评者。因不满施罗德政府出台的《2010议程》，2005年离开德国社会民主党，创建“选举替代—劳动与社会正义党”（WASG）。2007年选举替代—劳动与社会正义党与德国民社党合并，组建德国左翼党，因此成为德国左翼党的联合主席。拉封丹具有出色的演讲能力和独特的领袖魅力，是德国传统左翼的代表性人物。2010年，因健康原因辞去左翼党主席和议员席位。（王聪聪）

澳大利亚国家环境保护委员会

The National Environment Protection Council in Australia

澳大利亚主管环境事务的政府职能部门，关于环境保护的部长级别的委员会。主要职能在于制定环境保护相关政策，在国家环境保护管理体系中占有重要地位。最为重要的职权是制定国家环境保护政策，对各个参加方执行这些政策的情况进行评估。国家环境保护政策包括：国家环境保护标准、国家环境保护目标、国家环境保护指南、国家环境保护议定书。国家环境保护措施涉及：大气环境质量、海洋环境质量、江湖环境质量、淡水环境质量、防治噪声污染、点源污染评估一般纲要、危险废物相关环境影响、废旧物资的再

使用和循环利用、机动车噪声和排放管理。(参考：蔡斐：《澳大利亚国家环境保护委员会制度初探》,《绿色科技》2014年第6期第207～209页。王薛时)

澳大利亚环境教育

Australian Environmental Education

澳大利亚是典型的联邦制国家，具体管理和实施教育的权利都在各州和地区。由于特殊的生态和社会背景，联邦政府对环境教育特别重视。在联邦资源管理部门以及教育部门的共同努力下，自20世纪以来，联邦政府通过一系列组织活动或资金补助推动整个国家环境教育的发展。近年来，联邦政府努力在各州和地区的教育政策和课程间实现协调和平衡。环境教育在澳大利亚一直以教师和学校为基础。有兴趣的教师可以有机会在所在社区内开设以环境问题调查研究为基础的课程。2000年后，澳大利亚的课程以及由此派生的各州和地区性课程已经出现环境教育课程中央集权化现象。这种课程的集中对于环境教育高度的组织性、以社区为基础的性质的影响仍然处在发展的过程中。(参考：[英]帕默尔著，田青、刘丰译：《21世纪的环境教育：理论、实践、进展与前景》第178页，北京：中国轻工业出版社，2002年。王薛时)

《澳大利亚环境教育期刊》

Australian Journal of Environmental Education

澳大利亚环境教育杂志。创刊于1985年，一年一册，地址为：AAEE，PO Box 64，Norton Summit，SA 5136，Australia。像《环境教育期刊》(JEE)一样包括一切主题，出版很严格，学术论文多是注重经验性研究的论文。有国际评论专版，尤其欢迎国际视角型的论文和注重定性方法论的文章。(参考：[英]帕默尔著，田青、刘丰译：《21世纪的环境教育：理论、实践、进展与前景》第149页，北京：中国轻工业出版社，2002年。王薛时)

澳大利亚环境教育协会

Australian Association for Environmental Education, AAEE

澳大利亚环境教育的主管部门，1980年成立的全国性协会。成员面向对环境教育感兴趣的个人和组织。目的是推进环境教育，鼓励教师业务发展，协调成员的环境教育活动，以及游说政府支持学校和社区的环境教育活动。协会出版《澳大利亚环境教育期刊》。(王薛时)

澳大利亚环境教育中心

Australian Center for Environmental Education

澳大利亚环境教育的最高机构，使命在于通过教育促进环境保护和可持续发展的理解和行动。提倡环境教育和促进最佳实践，致力于全国和国际教育工作者的技能发展。帮助在政府机构、学校、商业机构和社区组织中工作的环境教育者，保持处在可持续教育和行为改变前沿位置，为正在壮大的跨部门环境教育者们搭建服务网络。主要职能：1.促进最广泛和有效的利用教育帮助人们生活得更加可持续。2.通过专业发展支持其成员和其他人员。3.在本地网络中建立更大的力量，促进合作和技能分享。持有的价值观：促进环境问题的社会改变；采用可持续发展原则；善于使用反思实践教育；包容、民主、协作和赋权方法；使用整体性、综合性和全局性的观点；高伦理标准；高质量研究和评价以巩固实践；高效的国际、国家、州际和部门的伙伴关系。(张惠娜)

澳大利亚绿党

The Australian Greens

1972年塔斯马尼亚州选举中“团结塔斯马尼亚组织”第一次明确提出环境政策和环境议题，由此成为世界上的第一个绿党。20世纪80年代澳大利亚许多环境团体参加塔斯马尼亚地区以及澳大利亚其他地区的选举。澳大利亚绿党正式成立于1992年，是涵盖8个联邦州的全国性政党组织。核心政治原则是：生态可持续性、社会正义、基层民主、和平和非暴力。基本政策主张：保护动物权利，推动可再生能源和利用，反对核能，扩建公共交通体系，反对从悉尼到墨尔本的高速公路建设等。在选举政治层面，20 世纪 90 年代历次联邦大选中支持率均在 2% 左右。2001 年、2004 年和 2007 年联邦议会选举中得票率分别是 5.0%、7.2%、7.8%，未能进入全国议会众议院。2010 年联邦大选中实现重大选举突破，以 11.76% 的得票率和 1 个议席的成绩，首次进入联邦众议院。2013 年议会大选中获得 8.65% 的选票和 1 个议席，再次进入联邦议会众议院。目前在联邦参议院有 10 名议员，在地方议会中有 23 名议员。澳大利亚绿党是全球绿党网络的成员。（王聪聪）

澳大利亚未来之水

The water of Australia's future

澳大利亚基于数十年水改革进行的第一个全国范围的水规划，旨在解决农村和城市的用水需求。1995 年，澳大利亚政府的墨累达令委员会对所辖流域的地表水引水进行定额限制。由此导致人们大量开采利用地下水，造成更多的环境问题。这种情况加上人口增加、农村地区工业扩张和干旱扩大，给很多河流带来压力。未来之水规划包括一系列城市和农村项目，体现综合性国家政策，将水资源利用保持可持续状态，恢复河流生态健康和其他与水相关系统的健康。重要组成部分有：1. 应对气候变化。应对气候变化中，最大投资是改变水资源状况。通过未来之水规划，政府增加用于改善水资源的监测、评估和预测的资金。规划给予墨累达令河流域委员会特殊权力，使其制订流域范围规划，解决过去流域水资源分配的合法性，确定气候变化的风险因素等。2. 广泛使用水资源。改进城市和农村水资源利用，意味着人们能够使用更少的水做更多的事。政府投资农村关键节水项目，更新陈旧漏水的灌溉系统，为雨水回收利用水箱的安装提供资金，投资废水循环利用工程，支持商业使用大量循环水。3. 确保水供应安全。由于气候变化，造成稠密人口中心降雨减少，需要找到其他水资源替代方案。政府投资海水淡化工厂、水循环利用、暴雨雨水利用，更新城市和城郊的供水管网和污水处理厂等。4. 支持健康河流。人类从河流和地下水中抽取巨大水量破坏自然系统，使生态系统和生物物种处于被破坏和受到威胁的境地。河流和地下水系统提供绝大多数家庭用水，以生产食物和其他作物，地下水和河流受到严重破坏，因而恢复自然系统的健康十分重要。政府买回更多水权，以用于环境保护。墨累达令流域委员会确定新的可持续水资源分配界限，以综合保护地表水和地下水。（张惠娜）

澳大利亚新南威尔士州建筑工人联盟

Builders Labourers Federation, BLF

1911 ~ 1972 年以及 1976 ~ 1986 年存在于澳大利亚新南威尔士州的工会组织。联盟因发起绿色禁令保护悉尼的自然环境而著名，是绿色工联主义的重要实践者。20 世纪 70 年代初的 4 年间，联盟组织 40 多个绿色禁令活动，成功保护悉尼郊区的凯里丛林等自然和历史文化遗产。作为左翼劳工组织，联盟成功地将工人的经济利益诉求和绿色诉求结合起来，将社会正义和环境正义结合起来，为红色政治和绿色政治的联盟提供有益的实践经验。联盟还关注其他议题，如反战运动、保障退休者利益等。联盟的口号是“敢于斗争，敢于胜利”。（王聪聪）

澳门生态学会

Macau Ecological Society

澳门特区规模较大的专业环保组织，2003 年成立。目前有200多名成员，多为年轻环保学者和中学老师，很有社会影响力，对澳门特区环境保护事业有重要的承前启后桥梁作用。宗旨是：1. 推动政府相关部门制定有关澳门自然生态环境保护的法例、法规，为相关部门提供专业意见和建议。2. 策划有关澳门自然生态环境保护教育及培训课程，定期向学校及社团推广相关知识，提升澳门自然生态环境保护教育水平，同时引进及培养专业人才。3. 在澳门开展自然生态环境保护的宣传及学术交流活动，举办学术研讨会，促进和推动澳门自然生态环境保护活动，对外加强与国际间同类型组织或团体的学术交流，参加其他有关学术团体或组织举办的研究活动。4. 加强会员之间沟通，协助收集和发放自然生态环境保护的信息和数据，促进自然生态环境保护活动。5. 参与自然生态环境保护项目的研究，提供分析意见及建议。6. 提供在自然生态环境保护项目方面的专业设计及规划。7. 对自然生态环境保护项目提供管理和维护工作。8. 出版相关研究刊物。

（席溢）

B

巴 芭 霸 白 百 拜 半 包 保 抱 北 贝 备 背 倍 被 本 比 彼 庇
秘 边 变 辩 表 滨 濒 冰 波 剥 伯 柏 博 薄 补 捕 不 布 部

巴巴·阿姆特

Baba Amte, 1914 ～ 2008

印度著名社会活动家、环境主义者，因对患麻风病穷人的救助而为人津津乐道。曾是印度沃尔塔地区成功的律师，参与解放英属印度的斗争。当时为救助麻风病人建立 3 个救助中心。一生投身许多正义事业，其中最重要的是通过建立拯救纳尔默达运动，提高人们的生态意识，同时为自然环境保护、野生动物保护做出突出贡献。甘地主义的忠实追随者，在日常生活中践行甘地简朴的生活方式，运用甘地的非暴力手段反对政府的腐败、管理失灵、贫穷等。1971 年被印度政府授予帕德玛 Vibhushan 奖（共和国公民二等奖章）。1988 年获得联合国人权奖，1999 年获得甘地和平奖。（**王聪聪**）

《巴厘岛路线图》

Bali Roadmap

2007 年 12 月 3 日，联合国气候变化大会第 13 次缔约方会议（COP13）暨《京都议定书》第 3 次缔约方会议（MOP3）在印度尼西亚的巴厘岛召开。12 月 15 日大会形成重要决议：1. 加强落实《气候变化框架公约》的巴厘行动计划。2. 推动《京都议定书》第 3 条第 9 款特设工作组的会议日程。3. 确定《京都议定书》第 9 条的评审。国际社会将这次会议取得的成果称为《巴厘路线图》，标志着国际社会携手应对气候变化上的重要进步。核心是加快《气候变化框架公约》及《京都议定书》全面实施的谈判进程，大幅度减少全球温室气体排放量，未来谈判应考虑为所有发达国家设定具体温室气体减排目标；发展中国家应努力控制温室气体排放增长，但不设定具体目标；为更有效地应对全球变暖，发达国家有义务在技术开发和转让、资金支持等方面，向发展中国家提供帮助；在 2009 年底之前，达成接替《京都议定书》旨在减缓全球变暖的新协议。重大意义是首次将美国纳入到减缓全球变暖的未来新协议谈判进程中，要求所有发达国家都必须履行可测量、可报告、可核实的温室气体减排责任。明确强调，必须重视适应气候变化、技术开发和转让、资金问题。（申森　韩铮）

巴黎《生态社会主义宣言》

The Eco-socialist Manifesto in Paris

2001年9月巴黎举行的生态与社会主义论坛上通过的生态社会主义纲领性文件，作者是美国生态马克思主义学者乔尔·科威尔和法国学者迈克尔·洛威。《宣言》首先论证人类进入21世纪面临的危机是生态危机和社会危机。“前者源于远远超出了地球自身减缓与抑制生态不稳定能力的无节制工业化，而后者则产生于被称为全球化的帝国主义形式，全球化进程具有一种对传统社会的解体性效果。”认为人类社会危机产生的根源，在于世界资本主义的扩张。因而，明确拒绝任何资本主义制度的改良，主张从实际状况看待资本。当今时代，资本已经把财富和权力的不平等扩大到史无前例的水平。资本正在创建由西方强权特别是以美国为首的超级大国掌控的跨国网络，不断摧毁发展中国家的自主地位，把它们捆绑在债务链中，同时维持庞大的军事机器迫使所有国家对资本主义中心的服从。所以，现行的资本主义制度不可能从根本上解决当前的生态危机。不仅如此，资本主义制度也不可能解决恐怖活动和其他形式暴力反叛造成的社会危机，因为要做到这一点，需要放弃帝国的逻辑，而那必将会对资本主义经济的增长和其所倡导的消费主义生活方式带来难以接受的限制。因而，资本主义唯一的选择就是诉诸残酷的暴力，结果只能是日益增加的疏离并埋下恐怖活动的种子。总之，《生态社会主义宣言》认为，资本主义世界体制正在历史性地走向崩溃，它是不可持续的，因而资本主义制度必须被根本改变或替代。（徐越）

巴黎气候大会

United Nations climate change conference in Paris, France

2015年12月，联合国《气候变化框架公约》第21次缔约方大会（COP21）在法国巴黎举行。这次大会的主要任务是在联合国《气候变化框架公约》框架下通过适用于各缔约国具有法律效力的协议，以弥补被视为人类遏制全球变暖行动最后一次机会，却只达成无法律效力协议的哥本哈根气候大会的缺憾。巴黎气候大会的主要成果是《联合国气候变化框架公约》近200个缔约方一致同意通过了《巴黎协定》，共29条，包括目标、减缓、适应、损失损害、资金、技术、能力建设、透明度、全球盘点等内容。《协定》规定各方将加强对气候变化威胁的全球应对，把全球平均气温较工业化前水平升高控制在2摄氏度之内，并为把升温控制在1.5摄氏度之内而努力。全球将尽快实现温室气体排放达峰，21世纪下半叶实现温室气体净零排放。（申森）

巴里·卡蒙生态学4原则

Barry Commoner's four laws of ecology

卡蒙（1917～2012），美国生物学家、政治家，美国现代环境运动的先驱之一，参加过1980年总统大选。生于纽约布鲁克林，是俄国犹太移民后裔。1937年在哥伦比亚大学获得动物学学士学位，1938年和1941年在哈佛大学获得硕士、博士学位。第二次世界大战期间在海军服役，后移居密苏里州的圣路易斯，在圣路易斯华盛顿大学担任植物生理学教授任教34年。1966年创建自然系统生物学研究中心，研究“整体自然环境的科学”。50年代后期，因为反核武器试验而著名。1970年获得国际人道和伦理联盟的国际人道奖。1971年在《封闭圈》中提出了著名的生态学4原则：所有事物都是相互联系的，所有事物都有自己的意义，自然界最了解自己，没有免费的午餐。（徐越）

巴塞尔行动网络

Basel Action Network, BAN

世界唯一专注于应对全球环境不公和有毒贸

易（包括有毒废物及其产品和技术贸易）破坏性影响的非政府组织，1995年成立，总部设在华盛顿州西雅图。主要关注人权和环境及二者之间关系、宏观环境正义问题，致力于在世界范围内防止倾倒有毒废物，同时促进可持续发展，解决资源消费与浪费危机。尤其反对发达国家在国际贸易中将有毒废物、产品和有毒技术向欠发达国家转移。主要目标是推动《巴塞尔公约》关于有毒物质排放相关规定的执行。倡导和支持全球环境正义的基本原则，通过清洁生产减少有毒物质排放，促进政府确定与完善废物管理政策，减少由于有毒物质危害和污染导致的社会不平等现象。组织机构遍及美国国内乃至全球，在不同区域聚焦的议题重点也有所不同。在欧洲特别关注全球环保行动领导力建设，在亚洲更关注有毒物质的贸易，在美国关注任意倾倒有毒废物有不良记录组织，监督其按照标准排放。（申森）

巴西环境教育

Brazil Environmental Education

巴西注重通过环境教育提升公民的环保热情和意识，将环保教育以立法形式加以确定。根据《环境基本法》，巴西全国中小学必须开设环保教育课程。从20世纪70年代起，环保课成为巴西中小学的必修课，旨在告知学生环境保护的权利和义务，教育学生从小认识环保的重要性及违法的危害性，以及在中小学普及如何进行垃圾分类、辨别生活用品是否环保等常识。1999年4月巴西颁布《国家环境教育法》，明示加强环保教育是政府带头、全社会共同参与的职责所在，各级教育机构责无旁贷，必须开展环保教育，各企事业单位、媒体等社会主体必须明确自身承担的、须积极履行的环保教育与宣传的责任。目前，环保教育氛围尤为浓厚，公众的环保意识已经成为自觉自愿的行为。在巴西，公民植树造林、种草栽花成为风气，爱护环境已经成为自觉习惯，这种现象与巴西在青少年中注重环保教育不无关联。巴西环境治理取得良好业绩，与政府大力治理环境相关，也与巴西民间环保组织的辛勤工作息息相关。在巴西，民间环保组织尤为活跃，忙碌于环境保护的各个领域；有普及环保常识、动员参与环保活动、技术含量相对较低的民间组织；有配合政府环境管理、向政府提供环保信息、参与环境法律诉讼的专业组织；有运用环境保护和监测技术、改善环境质量和提高监督手段、具有高科技背景的民间组织。在众多民间环保组织中，亚马孙人类与环境研究所最为著名，为亚马孙地区自然保护做出杰出的贡献。（参考：王友明：《当代世界：巴西环境治理模式及对中国的启示》，《当代世界》2014年第9期第58～61页。张惠娜）

芭芭拉·沃德

Barbara Ward, 1914 ～ 1981

英国经济学家和作家。生于英国约克郡的赫沃斯，1935年毕业于牛津大学萨莫维尔学院。关注发展国家问题，督促西方政府与世界其他国家

分享它们的繁荣。20世纪60年开始关注环境问题。可持续发展观念的较早倡导者之一，曾担任哥伦比亚大学国际经济发展的讲座教授。英国、美国等国政策制定者的顾问。主要作品有《改变世界的五种理想》《富国和贫国》《印度与西方》《民族主义意识形态》《高低不平的世界》等。撰写《人类只有一个地球》，是为1972年斯德哥尔摩

联合国第一次人类环境大会准备的非官方报告，许多观点被会议所采纳，写入《人类环境宣言》，被誉为“绿色圣经”。1980年沃德获得尼赫鲁奖。沃德的丈夫罗伯特·杰克逊爵士是经济学家，联合国发展规划署的高级顾问。（徐越）

霸权

Hegemony

这一术语最早出现在希腊历史上，指大的城邦或当时的城市国家对其他较小较弱的城邦的控制，是强权政治的表现。在现代国际关系史上，指大国、强国、富国欺侮、压迫、支配、干涉和颠覆小国、弱国，不尊重他国的独立和主权，进行强行的控制和统治。霸权主义分为世界霸权主义和地区霸权主义。近代以来，西班牙、葡萄牙、荷兰、英国、德国、俄国、日本都企图夺取世界霸权。第一次世界大战是由几个帝国主义国家为抢占殖民地，霸占世界资源和商品市场以及争夺世界霸权引起的。第二次世界大战后，美国妄图称霸世界，杜鲁门主义即美国全球霸权战略的表现。20世纪60年代以后，苏联军事力量膨胀，展开与美国的世界霸权争夺。70年代后期，越南推行印度支那联邦计划，试图在印度支那地区称霸，是地区霸权主义的体现。霸权主义既是行为目的，又是行为手段。只有反对霸权主义，才能维护世界和平。（李庆）

霸权理论

Hegemony Theory

霸权概念指统治阶级对社会意识形态的控制和领导。历史上早期对霸权理论做过比较多研究的学者，有马克思、恩格斯、列宁、布哈林等，他们对霸权理论的研究，主要从政治经济的角度解读殖民霸权，分析政治经济霸权的产生原因，阐释西方资本主义的政治经济霸权对殖民地造成的政治经济和社会后果，探讨殖民地人民针对这种霸权的斗争。后期研究霸权理论比较著名的是安东尼奥·葛兰西。他的霸权理论包含的主要层面：统治权和领导权、市民社会、知识分子阶层。他的理论改变人们长期以来对大众文化要么褒扬要么贬抑的看法，转而用全新视角反思和重新界定大众文化。他分析意识形态对社会体制和政治变革的重要性，认为要推翻资产阶级统治，必须颠覆它的文化霸权，即意识形态的领导权。在这过程中，大众传媒成为夺取意识形态领导权的重要工具和场所。后殖民主义理论继承马克思等人关于霸权主义、殖民主义、帝国主义思想的观点，结合当代的社会现状和主题精神，对东西方之间的文化关系以及西方发达国家的文化霸权主义行径，做系统分析和批判，扩大了马克思主义霸权理论的范围和视域。（徐越）

白俄罗斯绿党

Green Party of Belarus

具有反社团主义、反全球化政治倾向的中左政党，1994年成立。2007年成为欧洲绿党的观察员。政治目标是：为人们创建健康的居住环境；为人们提供实现最大潜能的社会和自然环境；为人类发展提供生态化的方案；实现民族和国家之间的和平；优化所有生物的精神和道德关系；禁止并最终废除核能、化学与生化武器，以及其他残酷的常规武器。政治活动包括：民主权利、所有公民的平等权利、社会经济、替代性的能源、非暴力的政治行动等。发起抗议白俄罗斯核电站社会运动。除绿色政治活动外，该党还捍卫同性恋权利、反对国内的死刑等。目前没有获得国内议会的席位。2015年白俄罗斯总统大选中，绿党呼吁采取中左翼的替代方案，以结束白俄罗斯的发展危机。（王聪聪）

白宫环境质量委员会

Council on Environmental Quality, CEQ

美国总统执行办公室的下属部门，主要职责是协调美国联邦环境工作，与其他机构和白宫办公室在环境、能源政策和计划发展领域展开密切合作。委员会主席需要得到美国总统任命和参议院的确认。始建于1969年尼克松任美国总统时，作为当时美国《国家环境政策法案》的一部分由美国国会批准建立，设立初衷是让美国所有联邦机构在制定政策时考虑到环境影响。主要工作是每年向美国总统递交一次关于美国环境状况的报告，监督联邦机构制定美国环境影响评价的过程和结果，并当不同联邦机构出现对环境影响评价分歧时充当裁判员进行组织协调。（刘中华）

《白鲸》

White Whale

19世纪美国最重要的小说家赫尔曼·梅尔维尔1851年发表的海洋题材小说，是作者的代表作。描写亚哈船长为追逐并杀死白鲸，最终与白鲸同归于尽的故事。故事营造让人置身海上航行，随时遭遇各种危险甚至是死亡的氛围。融戏剧、冒险、哲理、研究于一体的鸿篇巨制。依托美国资本主义上升时期工业发达、物质进步的时代背景，作者将艺术视角伸向艰辛险阻、财源丰厚的捕鲸业，以沉郁瑰奇的笔触讲述亚哈船长指挥下的“裴廓德号”捕鲸船远航追杀白鲸的海洋历险故事。在与现实生活的相互映照中，作者寓事于理，寄托深意，讲历史，谈宗教，赞自然，论哲学，闲聊中透射深刻哲理，平叙中揭示人生真谛，为航海、鲸鱼、捕鲸业的科学研究提供丰富材料，展现作家对人类文明和命运的独特反思。有多种中译本，较新版本是晓牧译本，百花洲文艺出版社2014年出版。（王薛时）

白起渠

Baiqi canal

又名武镇百里长渠。位于湖北省襄樊南漳县东25千米处的武安镇境内，是战国时期秦国著名的军事水利工程。秦昭襄王二十八年（公元前279年），秦将白起率兵攻楚，拦蛮河水，开渠灌鄢。后因白起伐楚有功，秦王封他为武安君，武安镇由此得名。战后，武安居民用此渠灌田。历史上分别在唐大历四年（769）、北宋咸平二年（999）、北宋至和二年（1055）、南宋隆兴元年（1163）、元大德九年（1305）5次对长渠进行大规模修整。抗日战争时期，国民党第33集团军总司令张自忠将军驻防宜城县，上报并对白起渠复修。后为纪念张自忠，将长渠更名为荩忱渠（张自忠字荩忱）。1952年1月，宜城、南漳两县投入4万劳力，动工修复白起渠，历时一年半完成。今天的白起渠西起南漳县谢家台，东至宜城市赤湖，蜿蜒47千米，灌田30多万亩，号称百里长渠。白起渠虽然起名白起，并在此后作为水利灌溉工程起到促进农业发展的作用，但是它的起因并非是农田水利，而是战争。郦道元《沔水注》：“夷水，蛮水也。昔白起攻楚，引西山长谷水，即是水也。旧堨去城百许里，水从城西灌城东，入注为渊，今熨斗陂是也。水溃城东北角，百姓随水流，死于城东者数十万，城东皆臭，因名其陂为臭池。后人因其渠流，以结陂田城西。陂，谓之新陂，覆地数十顷。西北又为土门陂，从平路渠以北木兰桥以南，西极土门山，东跨大道，水流周通，其水自新陂东入城。城，故鄢郢之旧都，秦以为县，汉惠帝三年，改曰宜城。”白起引水灌鄢，溺死楚

军民数十万，遂取鄢、邓、西陵，赦罪人迁于三地。可见白起开凿水渠，是为取得战争胜利不惜淹死数十万军民而开凿的军事沟渠。(参考：王剑：《是水利工程还是人造生态灾害？》，《南京林业大学学报》2013年第3期第74～78页。朱配辰)

白色农业

White Agriculture

指微生物资源产业化的工业型新农业，科学基础是微生物学，技术主体是生物工程，包括高科技生物工程的发酵工程和酶工程。白色农业的概念最早产生于中国。1986年中国学者包建中研究员提出“发展高科技应创建三色农业——绿色农业、白色农业、蓝色农业”的观点。白色农业生产环境高度洁净，生产过程不存在污染，产品安全，无毒副作用，人们在工厂车间穿戴白色工作服帽从事劳动生产，故形象化地称为白色农业。它是把传统农业的动植物资源利用扩展到微生物新资源利用，创建以微生物产业为中心的新型工业化农业。能改善农牧业产品的品质，减轻环境污染，提高农产品产值。中国的开发利用具有优势，已拥有优秀微生物研究人才。中国农业科学院的国家级农业微生物菌种资源保藏中心，拥有微生物农药、微生物肥料、微生物能源和饲料酶制剂等一批自主知识产权的科研成果，初具产业化规模。(朱雨晨　李雪姣)

白色污染

White Pollution

指废弃在环境中的塑料制品对生态环境的污染。这些塑料制品主要是食品包装、泡沫塑料、快餐盒等，因材料颜色为白色，被人们称为白色污染。白色污染不仅影响市容和自然景观，产生视觉污染，且大部分劣质塑料难以降解，对生态环境造成破坏，并存在潜在危害：1. 混在土壤中的废塑料制品，影响农作物吸收养分和水分，导致农作物减产。2. 增塑剂和添加剂的渗出会导致地下水污染。3. 将其混入城市垃圾一同焚烧会产生有害气体，污染空气，损害人体健康。4. 填埋处理将会长期占用土地等等。治理白色污染最重

要的途径是回收利用废弃塑料和开发使用可降解塑料。废弃塑料的回收利用大致有3条途径：焚烧回收热能、化学回收和废弃塑料的再生。降解塑料按其分解机理可以分为光降解塑料、生物降解塑料及光－生物降解塑料。对普通人来说，缓解白色污染，要求增强节约资源和环境保护的意识，减少或重复塑料袋的使用，或用环保袋代替。(任傲尘)

白色污染治理技术

The Control Technology of White Pollution

早期治理白色污染的方法有填埋、焚烧和简单回收再生等方式。由于塑料不易降解，燃烧产生有毒气体，所以简单填埋和焚烧会导致二次污染。简单回收再生产品存在使用效能下降等问题。新的治理技术以降解技术和再生技术为主，减少废塑料处理过程中的污染。降解技术包括生物降解法、光—生物降解法。再生技术包括燃烧热量法、裂解单体法和改性再生法等。这些技术相较于早期白色污染处理技术更具有环保价值，是未来治理白色污染的技术发展方向。(韩铮)

白色证书机制

White certificate mechanism

基于市场运行机制上的国家宏观节能调控政策。与以往政府的节能硬性政策指标不同，白色证书机制引入市场交易原则，同时保持国家宏观调控的基本方向，是目前欧美国家在节能减排方面的有效政策规范。政府部门根据企业的能源消

耗情况规定企业的节能减排指标，有节能指标企业必须在规定时间内完成减排任务，否则将受到惩罚。责任主体完成任务的方式除自己实施节能项目外，或与其他责任主体或非责任主体共同实施节能项目外，可以在节能市场上购买白色证书。白色证书代表实施节能项目所获得的、经过测量和认证的一定数量的节能量。白色证书机制有效解决国家节能减排宏观政策与企业自身发展之间可能存在的矛盾：对于暂时无法通过更新技术达到节能减排任务的企业，可以通过购买节能量的方式，缓解节能减排给企业带来的经济负担。白色证书机制的参与者有政府或监管机构、责任主体与非责任主体、市场经营者及终端用户。其中政府和监管机构组成白色证书机制管理者，设定总节能目标，确定承担节能目标的责任主体和非责任主体，指定节能目标的分配方法及市场交易规则。责任主体与非责任主体通过对终端用户实施节能项目获取节能量。责任主体承担一定数量的节能量，到期未完成节能量则受到惩罚。非责任主体不承担节能任务，但可以通过白色证书交易获取经济利益。可交易白色证书机制分为两个部分，节能义务和白色证书交易体系。前者是政府或监管机构分配给责任主体的确定的节能目标，后者包括节能量核算、颁发白色证书、市场交易、成本回收和机制惩罚。目前，欧盟是可交易节能证书机制的主要倡导者和推动者，意大利和法国是目前拥有完整白色证书交易体系的国家。（朱配辰）

百科全书派

Encyclopedists

特指西方启蒙运动时期战斗的、唯物主义的无神论哲学家。“百科全书”是《科学、艺术和工艺百科全书》的简称，是一部产生巨大社会影响的参考书。由狄德罗和达朗贝尔于1751年开始编辑。由于参与该书编纂学者的唯物主义倾向与当时法国政治、宗教相悖，因此遭到了法国政府的抵制，法国政府以藐视宗教和王权为由禁止该书继续出版。达朗贝尔由此不再担任《百科全书》的编辑，在狄德罗的坚持下，至1771年陆续出版35卷。参与该书编纂工作的包括孔狄亚克、爱尔维修、狄德罗、霍尔巴赫等160余人，他们将唯物主义贯彻至人类知识的各个领域，包括社会、政治、历史、宗教、伦理和美学等方面，反对封建专制和天主教会，主张将一切现有的观念和制度置于理性的法庭中重新审判以获得其存在的合理性。客观上为资产阶级的出现和壮大提供了思想基础。孔狄亚克（Etienne Condillac）主张唯物的感觉主义，拉梅特利将人还原为机器，狄德罗倡导生机论的唯物主义，爱尔维修持功利主义伦理观，霍尔巴赫坚持机械决定论。虽然拉梅特利没有参与《百科全书》的编纂工作，但是由于他与百科全书派拥有相同的思想倾向，因此通常把他也归为百科全书派，虽然孟德斯鸠、伏尔泰和卢梭实际参与编纂工作，但由于其思想的特殊性，通常也不将他们视为百科全书派成员。（参见：赵敦华：《西方哲学简史》第285～292页，北京：北京大学出版社，2001年。欧阳文川）

拜耳青年环境记者奖

Bayer Young Environmental Reporter Award

拜耳公司与中国环境新闻工作者协会2003年共同创办，拜耳公司绿种子计划项目之一，拜耳青年环境特使项目在中国衍生的环保宣传活动。旨在表彰环保宣传表现突出的青年记者。拜耳公司绿种子计划包括国际儿童环境保护绘画大赛、绿色一代环保教育基地、拜耳青年环境特使、大学生绿色营等多项内容。拜耳青年环境记者奖搭建深入沟通环保理念、推动环保实践的平台，同时提供开阔眼界、了解先进环保经验的机会。按照惯例，每年有2名获奖记者代表与年度拜耳青年环境特使一同赴拜耳公司德国总部采访和交流。（张惠娜）

拜耳青年环境特使

Bayer Young Environmental Envoy, BYEE

拜耳公司与联合国环境规划署 2004 年签署的青年教育和环境保护合作协议中核心项目之一，致力于为世界各地的青年人建立起具有广泛影响力的环境问题国际交流平台。每年有来自世界各国的年轻人加入环境特使行列。1998 年在泰国举办首届，后扩展至亚太、东欧和拉丁美洲等国家和地区。2003 年拜耳（中国）有限公司与上海市环境保护宣传教育中心、上海市环境教育协调委员会高等院校协调办公室合作，开展拜耳青年环境特使评选活动。此后活动扩展至北京、天津、合肥、南京、济南、重庆、杭州、成都。18 ~ 23 周岁的大学在校生，热心环保事业，有参加环保活动或环保项目经历，都可以报名参加。由专业评审委员会对进入决赛的学生在中英文表达能力、对环保问题的认识、环保活动经历、环保项目经验及组织能力等方面的表现进行综合考核，评选出 20 名拜耳青年环境特使。评选出的特使将参加暑期环保生态营活动。特使的优秀项目得到 5000 ~ 10000 元不等的拜耳创新奖学金，用于支持项目的进一步完善和实施。然后特使代表中国参加在拜耳公司总部德国勒沃库森举行的国际环保交流活动。（张惠娜）

半半项目

Fifty-fifty Project

德国学校环境教育的典范性项目。汉堡市教育部门 1994 年倡导实行，旨在为学校节约能源和资源，目前已在德国大多数中小学推广。在德国，公立学校的所有办学费用一律由地方教育行政部门承担。实施半半项目的学校通过教育学生爱护自然、减少浪费为教育行政部门节省相关开支。教育行政部门将节省费用中的一半作为奖金奖励给学校，学校可自由支配所得经费，该项目因此而得名。实施半半项目的主体是学生，各科教师都会向学生讲解节约水、电、煤气等能源的重要意义，让学生就此开展讨论，哪些资源可以节省，如何节省，分组展开调查，提出并实施节能方案。半半项目是德国学校环境教育中典型的项目，有助于学生用生态的、经济的和社会的眼光理解可持续发展概念。（参考：祝怀新：《环境教育的理论与实践》第 144 页，北京：中国环境科学出版社，2005 年。王薛时）

半导体照明

Semiconductor lighting

又称发光二极管照明（Light Emitting Diode，LED）、固态照明（Solid-State Lighting，SSL），以固体半导体芯片为发光材料，电流通过 LED 可以将电能转化成光能。半导体照明属于固态冷光源，是继白炽灯、荧光灯、高强度气体放电灯之后的第 4 代电气光源的发展方向。与传统光源相比，半导体照明具有稳定、光效高、耗电量小、工作电压低、寿命长、不含汞、铅等有害物质的优点，因此发展半导体照明有助于缓解能源相对短缺、减少污染、节能减排，促进国民经济可持续发展。（韩铮）

半干旱生态系统

Semi arid ecological system

在生态学中将年降水量为 250 ~ 450 毫米区域内的生态系统定义为半干旱生态系统。我国半干旱地区一般年降水量为 250 ~ 550 毫米，区域范围包括：东北通辽、河北张北、山西雁北、陕西北部、宁夏南部、甘肃、青海、西藏拉萨一线，是年均降水量为 400 毫米的狭长地带，约占国土面积 20%。这一地区处于半湿润、湿润地带与干旱地带中间，是两种类型的过渡地带。降水量少，年际和年内波动大，是典型旱区农业的主要分布地区。半干旱生态系统的特点是草场退化、沙漠化、盐碱化，区域内地带性植被极易退化，土壤质量严重恶化，并且治理难度大，可持续性受到严重威胁。需要用合理的制度和科学的手段对生态系统内部及外部同时进行治理与修复，恢复地区的可持续发展能力。（代富宇）

包华士

C.A.Bowers, 1935 ~

美国教育哲学家。生于俄勒冈州波特兰市，在美国和加拿大大学任教40余年，现为俄勒冈大学环境教育教授和波特兰市州立大学教授。生于大萧条时期，求学经历曲折，在妻子资助下，1962年获得加利福尼亚大学的教育与社会思想博士学位。在读研究生期间，广泛阅读当时刚刚出现的环境思想作品，包括卡逊和利波尔德的著作以及罗马俱乐部的报告《增长的极限》等。1969年包华士出版《进步主义和大萧条》，把研究方向定位于生态危机及文化在生态危机中所应承担的责任。认为自然界的各个组成部分就像生命有机体组成部分一样，不能单独被分离出来；生硬地把某一部分分离出来，肯定会改变部分自身的特征和整体的性质。同理，每个部分也都具有整体性的特征，其唯一的前提是无法从相互关联中分离出去。这可以理解为自然界的相互依存。（参考：徐湘荷：《生态教育思想研究》，山东大学2012年博士学位论文第58页。王薛时）

包容性发展

Inclusive development

这一概念可追溯到2007年由亚洲开发银行提出的包容性增长理念。包容性是联合国千年发展目标的核心观念之一。学界随后讨论的包容性发展概念，在意涵和涉指范围上都有不同程度扩展。在涉指范围上，包容性发展尤其是指将经济全球化、地区一体化带来的利益和好处惠及所有其他国家，使经济增长产生的效益和物质财富惠及所有人群，特别是弱势群体和欠发达国家。在意涵上，包容性发展同时包括经济包容性发展、社会包容性发展和生态包容性发展。（徐越）

《包容性民主国际学报》

The International Journal of Inclusive Democracy

前身是《民主与自然》杂志，2004年创刊。杂志声称：包容性民主坚持认为社会的多重危机由少数精英集权引起。这种集权通过市场经济体系、代议制民主以及与之相关的官僚系统实现。杂志目标是建立论坛以讨论对包容性民主的新理解。杂志认为，包容性民主指直接的政治民主、经济民主（超越市场经济和政府计划局限的）、社会领域的民主和生态民主。简单说，包容性民主指社会有机体的形式，把社会、经济、政治和自然有机地结合在一起。希腊政治哲学家塔基斯·福托鲍洛斯一直是该杂志的主编和主要作者。（徐越）

包容性民主计划

Inclusive Democracy Project

希腊政治哲学家塔基斯·福托鲍洛斯提出的包容性民主理论的实践指向或追求。理论起点是：当今资本主义世界面临多层面危机：经济的、生态的、社会的、文化的和政治的。这种危机由权力日益集中在各类少数精英手中引起。这种集中趋势是过去几个世纪中建立起来的市场经济制度、代议制民主和其他形式的等级制结构的必然结果。依据包容性民主概念，公共领域不局限于政治领域，还包括经济、社会和生态等领域。政治领域是政治权力及其决策发生的领域，经济、社会、生态领域是相应的其他权力及其决策发生的领域。公共领域涵盖其决策可以集体和民主地做出的所有人类活动空间。未来的包容性民主制应包括4个核心要素：政治的、经济的、社会的和生态的。前三者构成新的社会制度框架从而保证相应权力的平等分配，有效消除目前的人类相互统治。后者将构成另外层面上的新型制度框架从而消除人类企图主宰自然世界的做法，实现人与自然的统一。包容性民主计划真正重要的不是取消公共与私人领域的划分，而是如何维持与提高这两个领域的自主程度。真正的民主只有当自由时间在所有公民之中平等分配时才是可以想象的，这意味着必须消除社会各领域中目前依然存在着的等级制。（徐越）

包容性民主理论

Inclusive Democracy Theory

旨在促进直接民主、经济民主（消除货币与市场）、社会民主（自我管理）和生态民主的“红绿”政治社会理论。试图将古希腊民主传统与社会主义自治传统相结合，提出不同于新自由主义和现存社会主义的未来政治、经济与社会制度方案，对直接民主、市镇自治主义、废除国家和市场经济理念的坚持，使之具有一定程度的无政府主义色彩。最先由希腊政治哲学家塔基斯·福托鲍洛斯在《走向一种包容性民主》（1997）和《当代多重危机与包容性民主》（2005）中加以集中阐述，通过《包容性民主国际学报》杂志及其作者群体得以不断阐发完善。依据福托鲍洛斯本人的解释，包容性民主是新型民主概念，以民主的古典界定为基础，进一步拓展为直接政治民主、超越市场经济和国家计划限制的经济民主，以及社会领域的民主和生态民主。总之，包容性民主是将社会与经济、政治和自然重新统一起来的社会组织形式。概念来自于对古典民主与社会民主两大传统的结合，同时吸纳激进绿色运动、女性主义运动和南方国家自由运动思想。（徐越）

包容性民主理论的经济民主

The economic democracy of inclusive democracy theory

希腊政治哲学家塔基斯·福托鲍洛斯提出的包容性民主理论的重要议题领域。指基层民主自治单位旨在保证经济权力平等分配的经济决策机制。所有涉及经济整体运行的宏观政策，如整体性的生产、消费和投资，工作与休闲的数量，需要利用的技术手段等，由这一公民机制制定。那些微观经济决定仍然由个体的生产与消费单位通过凭证机制来做出。经济民主只能在联邦化的民主自治单位基础上实现，其基本前提为：民主自治单位的自立、民主自治单位的生产资料所有、资源的联邦化配置。福托鲍洛斯在《走向一种包容性民主》中描述的未来经济民主制，是预先消除财富积累与特权制度化的、没有国家、货币和市场的体系。基本要素为：1. 民主计划，在工作场所、民主大会和联邦大会之间存在着良性反馈机制。2. 使用个人凭证的虚拟市场，从而在保证个人选择自由的同时避免真实市场的副效果。它的另一显著特征是明确区分基本需要和非基本需要。基本需要是社会所有成员必须得到满足的基本人权，非基本需要则必须受到限制。（徐越）

包容性民主理论的社会民主

The social democracy of inclusive democracy theory

希腊政治哲学家塔基斯·福托鲍洛斯提出的包容性民主理论中的重要议题领域。社会民主是经济与政治民主概念在社会领域中的自然与合理的延伸，如工作场所、家庭、教育与文化机构等。权力在这些机构中的平等分配与自我管理，通过创建由其中所有参与者组成的大会（如工人大会、学生和教师大会等）实现。这些大会将在由公民民主自治单位大会所作决策的框架内做出具体性的生产、教育与文化决定。同样，这些行业性大会形成不同层面上的区域性和联邦性组织，与相应水平上的政治联合体互动，共同决定整体性利益。社会领域民主的重要议题是家庭的民主化。可能的解决方案是取消家庭与公共领域的区分，另一个方案是使现有家庭及其成员关系具有更明确的民主性质。（徐越）

包容性民主理论的政治民主

The political democracy of inclusive democracy theory

希腊政治哲学家塔基斯·福托鲍洛斯提出的包容性民主理论的重要议题领域。核心是创建能够保证权力在所有公民间平等分配，从而使得各种决策可以由全体公民本人集体地做出的适当制度。通过这个方面（知识技能、性格和公民意识等）的公民教育培养支持、支撑这种政治民主的公民文化或政治空间。无论是代议制民主还是苏联式民主都不符合这种要求。民主决策的基本单位是基层公民大会，范围覆盖一个城镇及其周围村庄，或较大城市的邻里社区。除地方层面决策外，一些重要决定还需要在更大区域或联邦层面做出。包容性民主计划的目标预设由3万人口左右的小规模均质自治单位构成的联邦集合体。包容性民主设想的未来民主政体，是基层民主自治单位及其构成的联邦集合体。基层民主自治单位的决策通过面对面的公民大会实现。联邦集合体的决策由基层民主自治大会选举产生的代表组成的管理委员会实现。与代议制民主不同，区域或联邦的管治代表严格受到公民及其大会的制约（通过任职、召回和轮换等）。这些政治代表在最终重铸后的政治文化中会有全新的政治追求与行为方式。（徐越）

包容性增长

inclusive growth

亚洲开发银行（ADB）2007年在研究报告《新亚洲、新亚洲开发银行》中首次提出。报告指出，亚洲开发银行在新的形势下应当将战略重点从贫困消除转移到包容性增长。此前，经济学家阿里2004年提出，增长过程中的贫困消除不仅仅依靠经济增长速度，还依赖对经济增长结果的分享。阿里2007年提出，持续的收入不平等会对社会和政治稳定带来危害。包容性增长的理论关注点是：1.对经济增长中机会平等的关注。从广义上说，包容性增长就是机会平等的增长。亚洲开发银行将其界定为能创造和扩展经济机会，社会所有成员均能获得这些机会，参与并受惠于经济增长。经济学家诺尔尼亚和坎伯尔将包容性增长定义为不平等减少的增长。对我国而言，包容性增长是在强调个人发展机会平等的前提下，实现扩大就业，收入平等的经济增长。2.关注经济增长结果的分享问题。世界银行将生产性就业视为包容性增长的关键要素，认为穷人最依赖的生产要素是自身的劳动力，因此增加就业岗位和工资对于一国的贫困消减和持续增长有重要意义。联合国开发计划署认为包容性增长关注的是所有参与者在获取经济增长利益方面的结果。中国财政部长楼继伟在2013年中国发展高层论坛上强调，包容性增长的关键是让经济发展的成果惠及所有地区的所有人群，在可持续发展中实现经济的协调发展。3.关注经济发展过程中各方面的协调。亚洲开发银行认为包容性增长要依靠经济增长、社会发展和政府机制的相互配合，是全民参与的经济增长。包容性增长中不仅有经济维度，还有社会维度和制度维度。包容性增长的内涵十分丰富，没有统一的定义。其关注要点是将机会和结果放在一个平面上考察，既重视发展中机会共享，也重视发展结果的公平分配。（朱配辰）

包头市生态环境保护协会

Environmental Protection Association of Baotou City

由志愿环境保护事业和可持续发展做贡献的社会各界人士、企事业单位自愿组成的地方性、联合性、非营利性的社会组织，2013年10月正式运作。宗旨是促进环境保护事业的发展，维护公民参与保护环境的合法权益，实现经济、社会、环境效益的同步增长，促进人与自然环境、和谐社会的文明与进步。协会以遵守国家的宪法、法律、法规及社会道德风尚为己任，即：遵守法规，团结各界，保护环境，志愿奉献。（席溢）

保存主义

Conservatism

始源于对自然的敬畏、崇敬，对野生荒地的审美和精神赞赏，主张对自然原生态保持与保育。保存主义与资源保护理论的区别在于，前者是为了保护而避免发展，后者是为了发展而保护。在保存主义原则指导下，19世纪后半期开始出现大范围荒野的保护，1872年美国黄石国家公园和1879年悉尼附近的皇家国家公园，被认为是最早的实例。保存主义实践尝试推动对非人自然价值意义与道德地位的讨论。约翰·缪尔在自然泛神论的基础上，公开辩护野生自然的价值。他要求用工具理性依据内在价值评价自然的观点，后来成为生态中心主义理论的重要源头之一。但这种理论面临着来自两个方面的困难，一是它未能避免对其人类中心主义倾向的批评，荒野的选择主要是依据人类的宏大、娱乐，甚至经济利益和种族主义的标准，而不是生态系统自身的准则。二是它过于强调自然荒野保存却忽视大量存在的现实环境问题，既难以实现理论上的目标，也不易取得广大公众的理解与支持。（徐越）

《保护臭氧层维也纳公约》

Vienna Convention for Protection of the Ozone Layer

关于保护臭氧层的全球性国际公约。根据联合国环境规划署理事会1984年5月28日通过的决议，1985年3月18～22日在维也纳举行保护臭氧层全权代表会议，有36个国家的代表参加，中国等7个国家派观察员参加会议。会议于1985年3月22日通过《维也纳保护臭氧层公约》，向各国开放签字，于1988年9月22日生效。中国于1989年9月11日加入。《公约》宗旨是，要保护人类健康和环境免受由于臭氧层变化引起的不利影响。《公约》规定，缔约国有采取保护臭氧层措施并依靠国际合作减少改变臭氧层活动的权利和义务。它是框架性公约，未对耗损臭氧层物质的限制和停止使用规定具体目标和时间表，将这些问题留待缔约方以议定书的形式解决。《公约》有21个条款2个附件。规定：各缔约国应采取适当措施，使人类和环境免受足以改变或可能改变臭氧层的人类活动所造成的或可能造成的不利影响；各缔约国应在能力范围内通过系统观察、研究和资料交换进行合作，在采取适当立法和行政措施等方面进行合作。《公约》还规定设立缔约国会议和秘书处。（申森）

《保护地球》

Caring for the Earth

联合国环境规划署、国际自然资源保护联盟、世界野生物基金会共同编制的环境保护建设性意见。分为3篇：1. 提出9项可持续生存的原则和相应的58个行动建议。2. 描述在能源、商业、工业和贸易、人类居住、农田和牧场、林地、淡水以及海洋和沿海地区等行业和领域应用这些原则所需的62个额外行动。3. 关于实施和后续行动。9项可持续生存的原则：1. 尊重并保护生活社区。2. 改善人类生活质量。3. 保持地球的生命力及生物多样性。4. 对非再生资源的消耗降低到最低程度。5. 维持在地球的承载能力之内。6. 改变个人的态度和行为。7. 使社区和公民团体关心自己的环境。8. 提供协调发展与保护的国家网络。9. 创建全球性联盟。《保护地球》是到目前为止全面系统阐述地球伦理和可持续生存原则的文献。（王薛时）

保护国际基金会

Conservation International, CI

全球性的非营利环保非政府组织，1987年创建，总部设在美国华盛顿特区。2002年在中国设立办公室。宗旨是保护地球尚存的自然遗产和全球的生物多样性，以此证明人类社会和自然可以和谐相处；鼓励和支持慈善、科学和教育计划与目标；保护和支持地球的生态体系和生物多样化。在全球生物多样性保护需求迫切地区开展工作，包括生物多样性热点地区、重要海洋生态系统区以及生物多样性丰富的荒野地区。本着讲求实际、以人为本的原则，注重当地社区、企业和公众参与，协调政府与企业等利益群体的决策过程。基于科学、倡导合作、造福人类是保护国际倡导的三大工作原则。以和各地非政府组织与原住民形成伙伴关系而著称。目前有超过900位雇员在40多个国家工作，其中90%的雇员是这些国家的公民，以非洲、亚洲、大洋洲与中南美洲

雨林的发展中国家为主。中国项目的重点区域是中国西南山地，西起西藏东南部，穿过川西地区，向南延伸至云南西北部，向北延伸至青海和甘肃的南部。（申森　蔡越）

保护生态学

Conservation Ecology

为应对生物多样性危机，以种群生物学、分类学、遗传学等学科理论为基础，研究生物多样性保护的交叉学科。一方面研究人类活动对于生物物种、群落和生态系统的影响，另一方面发展切实方法阻止生物物种的灭绝，挽救濒危物种，保护生物的多样性。涉及研究领域有：物种濒危机制、自然保护区的建设及理论发展、外来物种入侵与生态安全等。（韩铮）

《保护生物学》

Conservation Biology

已成为该研究领域中最有影响力和引用频率较高的期刊，发表有重大创新性的文章，对保护生物物种及其栖息地研究、生态学、种群基因、分类学、野生生物、生态系统生态学、海洋生物、生态经济和环境伦理都有指导作用。双月刊，0888-8892。2014 年影响因子为 4.165。（席溢）

《保护世界文化与自然遗产公约》

Convention Concerning the Protection of the World Cultural and Natural Heritage

联合国教育科学及文化组织 1972 年 10 月 17 日～ 11 月 21 日在巴黎举行的第 17 届会议上正式通过的国际公约。《公约》制定的目的，在于通过保存和维护世界遗产和建议有关国家订立必要的国际公约，维护、增进和传播知识。通过采用公约形式的新规定，以便为集体保护具有突出的普遍价值的文化和自然遗产建立根据现代科学方法制定的永久性的有效制度。《公约》共 7 个部分 38 个条款，定义文化和自然遗产，明确文化和自然遗产的国家保护和国际保护义务，规定建立保护世界文化和自然遗产的政府间委员会，设立保护世界自然和文化遗产基金。在全球范围内共有 178 个国家或地区加入该公约成为缔约成员。我国于 1985 年加入，截止至 2015 年 7 月 5 日，中国世界遗产总数已达 48 项，居全球第二，仅次于意大利。（申森　代富宇）

保加利亚卢瑟生态保护公众委员会

Public Commission for Environmental Protection of Russe in Bulgaria, PCEP

卢瑟（Russe）是保加利亚生态运动的发源地。20 世纪 80 年代，该市遭遇严重大气污染，主要污染物来自罗马尼亚化工厂。1987 年当地民众在卢瑟市举行大规模示威游行。在此背景下，1988 年 3 月卢瑟市的生态保护公众委员会成立，持续对政府施压。保加利亚政府与罗马尼亚政府签订停止污染协议。这次事件促使公众环保意识的觉醒，民主权利意识的强化。在卢瑟市生态保护公众委员会的示范作用下，保加利亚国内的生态环境团体纷纷建立。（王聪聪）

保加利亚绿党

Zelena Partija Bulgaria; The Green Party of Bulgaria

由生态公开性（Ecoglasnost）绿色抗议团体演变而来，1989 年 12 月成立。基本政治意识形态是可持续发展。成立不久，绿党成为保加利亚民主力量联盟（UDF）的组成部分，在第一次参加民主议会选举中获得 17 个议席。1991 年由于政策立场分歧，绿党主体部分离开民主力量联盟。在同年国会选举中，绿党

未能获得议会席位。1994年绿党加入联盟共和国民主选择联盟（DAR），获得3.83%的选票，未能进入全国议会。1997年第38届国会选举中，绿党获得7.6%的选票2名议会席位，再次成为议会党。20世纪90年代初期，绿党在保加利亚民主政治转型、保护环境和公民权利、反对腐败等方面发挥积极作用。2005年绿党加入保加利亚联盟（也称三角联盟）参与国会选举，成为联盟政府的组成部分，但没有获得任何议会席位，分得政府中1个副部长职位。由于不满于执政政府中的新自由主义政策，绿党在联盟政府期满之前退出联盟政府。在2007年、2014年国会大选中，都未能获得议会席位。保加利亚绿党是欧洲绿党的成员党。（王聪聪）

保加利亚绿党

Zelenite

保加利亚的另一个绿色政党组织，创建于2008年，由环境、人权等领域的非政府组织发展而来。党的主要目标是批判当前保加利亚政治体制的弊端，包括无处不在的腐败，民主的欠缺，以及其他国家政治机构中存在的问题。绿党党内拥有3个权利相同的主席，第一任期的主席是蒂尼卡·佩特洛娃（Denica Petrova）、安德烈·科瓦切夫（Andrey Kovachev）、佩克特·科瓦切夫（Petko Kovachev），第二任期的主席是乔治·图帕尔夫（Georg Tuparev）、丹妮拉·伯兹诺娃（Daniela Bozhinova）、安德烈·科瓦切夫。绿党将自己看作是欧洲绿党网络的组成部分，接受和认同欧洲绿党纲领，2013年成为欧洲绿党成员党。在2009年、2013年和2014年国民议会选举中，分别获得0.52%、0.75%和0.61%的选票，未能进入全国议会。在2009年和2014年的欧洲议会选举中，分别获得0.72%和0.56%的选票，未能获得欧洲议会的任何席位。（王聪聪）

保罗·伯克特

Paul Burkett

美国著名左翼作家、生态马克思主义者。生年不详。针对生态主义者对马克思主义的责难，伯克特从资本积累的反生态性阐述资本与自然之间的关系，认为资本积累的无限性与自然条件的有限性之间存在着根本性的矛盾，正是资本主义生产造成全球性的环境危机。同时，绿色资本主义是不可行的，马克思主义是一种红和绿相结合的理论。为建立合作的、民主的、无剥削和非市场的社会制度，必须变革资本主义生产关系。代表著作有：《马克思和自然：一种红绿观点》（1999）、《马克思主义与生态经济学》（2006）等。《马克思主义与生态经济学》和中国学者刘思华教授的《生态马克思主义经济学原理》（2006）共同在巴黎获得首届世界政治经济学杰出成果奖（2009）。（徐越）

保罗·费耶阿本德

Paul Feyerabend, 1924 ～ 1994

20世纪著名的科学哲学家，在哲学、科学、政治领域有广泛的影响。1924年出生于维也纳，

1946年在德国魏玛学院系统学习歌剧、意大利文、和声、钢琴和舞台管理等。1948年结识波普尔后转行学习哲学，于1951年在维也纳大学获得博士学位。毕业后进入伦敦经济学院跟随波普尔学习量子力学哲学。1959年移民美国，任教于加州大学伯克利分校，此后，放弃波普尔理论转向库恩的科学革命理论。后回到伦敦大学，与拉卡斯托结为好友，共同进行哲学研究。在科学哲学，尤其是科学方法论方面的著作有《反对方法》

（1975）、《自由社会中的科学》（1978 年）、《告别理性》（1987 年）、《关于知识的三个谈话》（1991 年）。思想经历 3 个发展时期：第一时期主要受波普尔、克拉夫特和后期维特根斯坦的影响，激烈批判逻辑经验主义；第二时期逐渐放弃波普尔思想，转向从科学哲学的角度对传统理性主义的批判，提出无政府主义的知识论思想；第三个时期失去对科学方法论的研究兴趣，更多致力于将无政府主义思想应用在政治哲学领域。（参考：叶秀山、王树人总主编《西方哲学史》学术版江怡主编第八卷《现代英美分析哲学》下第 700 ~ 706 页，南京：江苏人民出版社，北京：人民出版社，2011 年。朱配辰）

保罗 · 索勒瑞

Paolo Soleri

美籍意大利建筑师，生态建筑的提出者和倡导者。取英文生态学 Ecology 和建筑学 Architecture 两词分别的“Ar”和“ology”复合在一起，重新创造拼写成为新词“Arology”，表达词义“生态建筑”。根据索勒瑞生态建筑设计理念，生态建筑意为在节约能源的前提下解决建筑的环境问题及探索建筑的可持续发展问题。建筑作为人类文明最重要的产物，在其施工建造和使用过程中要消耗掉地球上大约 50% 的资源，其中包括建筑物建成后维护建筑物使用寿命期间至建筑功能结束时所消耗的能源。索勒瑞的第一设计指导思想是在节约能源、注重减少碳排放的低碳理念上，根据功能要求，既突出目标，又实现价值观念而形成建筑对环境友好的设计理念，称绿色建筑。（王薛时）

保罗 · 沃森

Paul Watson, 1950 ~

加拿大环保活动家，海洋牧羊人保护协会的创始人。20 世纪 60 ~ 70 年代是加拿大绿色和平组织具有影响力的人物，绿色和平委员会成员，曾经被誉为绿色和平的创始人。由于直接行动的战略与绿色和平组织委员会其他成员的非暴力战略相左，1977 年被逐出委员会，最终离开绿色和平组织。素食主义、生物中心主义的倡导者，曾

因激进活动遭受各国当局的追捕。著作有：《海洋牧羊人：拯救鲸鱼和海豹之路》《地球力量！地球勇士战略指南》等。（王聪聪）

保守党

Conservative Party

狭义上的保守党是英国两大政党之一。前身为 1679 年形成的托利党，1833 年正式定名为保守党。1783 ~ 1830 年作为主要执政党执政，代表土地贵族的利益。1868 年起与自由党轮流执政，形成第一次世界大战以前的两党政治体制。第一次世界大战期间，与自由党组成联合政府。战后工党逐渐壮大，取代自由党，保守党遂又与工党轮流执政，形成保守党—工党的两党政治体制。1945 年以前，保守党大部分时间处于执政地位。1945 年大选失败，变成在野党。此后 1951 ~ 1964 年、1970 ~ 1974 年、1979 ~ 1997 年、2010 年都在大选中获胜并组织政府。保守党组织由领袖、保守党总部、全国联盟、保守党议会党团等部分组成。领袖由下院议会党团选出，拥有最高领导权，不受党的任何组织机构的约束，党的年会和各种机构通过的决议，只供领袖参考。保守党总部是进行组织工作和政策研究工作的机构，由党的领袖直接控制。全国联盟全称为全国保守

主义与统一主义协会联盟，每年举行一次大会，是党从事议会外宣传和组织工作的机构。保守党议会党团由下院全体保守党议员组成，职责是组织内阁或影子内阁，实施保守党的各项政策，活动不受院外保守党组织的约束。保守党在青年和妇女中有专门组织，并有许多外国组织，如卡尔登俱乐部、樱草联盟等。广义上的保守党是奉行保守主义政治原则的资产阶级政党的总称。保守主义不是一个统一的思想派别，政治主张随历史发展、具体国情与现实要求的变化而变化。共同特点是：主张维持现状，保护既得利益，反对任何有损于现存政治经济秩序的革新。英国保守党是世界上成立最早的典型的保守党。17 ~ 19 世纪中叶，英国保守党主要代表土地贵族和王室的利益，反对新兴资产阶级掌权；19 世纪 60 ~ 70 年代起同自由党轮流执政，逐渐演变为代表垄断资产阶级、大地主和贵族利益的政党；进入 20 世纪后，又主要代表资本家、农场主的利益，与代表中小企业主、中间阶级的工党对垒。保守党目前一般都反对激进主义和社会主义，维护现存资本主义制度。这些党有的使用保守党名称，有的则不使用这一名称，如日本自由民主党等。（李庆）

保守主义

Conservatism

保守主义内部从一开始就存在着明显的差异。欧陆代表是法国思想家梅斯特尔，他反对任何形式的改革思想，具有明显的专制和反动性；在英美，以埃德蒙·伯克为代表，信奉“为了保守而变迁”原则，演变成谨慎和灵活的保守思想。依据它的历史发展形态，存在古典保守主义、现代保守主义、新保守主义和新右派等理论形式。概括地讲，早期保守主义“保守”的是旧秩序、旧制度；后来的各种保守主义“保守”的是古典自由主义的传统。保守主义的基本思想要素包括：传统观（传统是以往智慧的积累，代表着久经检验的制度和实践，传统赋予个人以归属感，促进社会稳定）、实用主义（我们只能依据环境和目标实施我们的行为，怀疑人类的理性能力，反对宏大的社会改造方案）、人性论（一切罪行和混乱的根基在于人类的个人本性，而不在于社会制度，持悲观主义态度）、社会有机论（社会是有机整体，根据自然需要形成，它的制度和结构维护着社会的稳定和安全运转）、等级观念（在有机的社会中，社会地位的等级化是自然而然的，人们根据相互义务和责任结合在一起）、权威观念（权威是实践和经验的结果，它是社会凝聚力的源泉，自由也是以接受义务和责任为前提）、财产观念（财产私有是人的个性的外化，是个人抵抗政府的手段，它会增进人们的权利和责任意识）。（李庆）

保亭生态环境保护协会

Baoting County Ecological Environmental Protection Association

海南省保亭黎族苗族自治县的生态保护社会人士、项目开发企业、公司和县政府有关部门、企事业单位及个人自愿参加组成的非营利性社会组织，从事保亭生态环境保护的社会公益团体，2012 年成立的海南省第一个生态环境保护协会。本着独立、平等、互相尊重的原则参加国家生态保护活动，接受地方政府支持。宗旨和任务是：普及生态文化知识，宣传生态文明理念；传播绿色生产、生活方式，引导绿色消费；丰富生态文化产品，繁荣生态文化产业。（席溢）

《抱朴子》

The Works of Bao Pu Zi

晋代葛洪撰。葛洪（284 ~ 364），东晋道教学者、著名炼丹家、医药学家。字稚川，自号抱朴子，晋丹阳郡句容（今江苏句容县）人。《抱朴子》全书《内篇》20 卷、《外篇》50 卷。现存宋绍兴二十二年（1152）临安刊本、明正统《道藏》刊本、敦煌石窟写本残卷等，以清孙星衍《平津馆丛书》本较为通行。清代学者多有校勘。今人王明集前人所校并加注释，著成《抱朴子内篇校释》，中华书局1985年出版，2007年重印。全书内容涉猎广泛，在哲学、医学、宗教、伦理、政治、教育等方面都有论述，其中《内篇》讲述神仙方药、鬼怪变化、养生延年、消灾祛病等，涉及道家基本思想及养生；《外篇》论及各种社会事务，如时政得失、人世变迁等，涉及道家治国理政思想。全书征引丰富，总结战国以来诸神仙家理论，确立道教神仙理论体系，继承和推进魏伯阳的炼丹理论。在道教经典体系中具有重要地位，是研究中国晋代以前道教史、炼丹术及哲学思想史的重要文献。今人研究在医学与哲学领域较为专门。（雷爱民）

北爱尔兰绿党

Northern Ireland Green Party

曾是英国绿党的组成部分，1983年创建，1990年作为独立组织机构运作。基本政治原则是社会正义、可持续发展、基层民主、非暴力和和平。选举政治实力相对有限。2005年北爱尔兰地方选举中实现选举突破，在2007年北爱尔兰议会选举中以1.7%的选票和1个议席的成绩首次进入北爱尔兰议会。2011年北爱尔兰议会选举中获得0.9%的选票和1个议席，再次进入北爱尔兰议会。在此前1998年和2003年的北爱尔兰大选中，均未获得议会代表权。1983、1987、1997、2010、2015的英国议会大选中，北爱尔兰绿党未能获得任何议会席位，无缘全国议会。北爱尔兰绿党是欧洲绿党的成员党。（王聪聪）

北大西洋公约组织

North Atlantic Treaty Organization, NATO

简称北约，根据1949年4月4日在华盛顿签订的《北大西洋公约》建立的北美西欧国家间军事政治性组织，也是西方国家的区域性军事同盟。创始成员国有12个，后增至16个成员国。北约组织的目的，是建立北大西洋地区的集体安全体系，在《布鲁塞尔条约》组织及后来的西欧联盟基础上扩大而成。《公约》第5条规定，“各缔约国同意，对欧洲或北美一个或几个缔约国的武装攻击，应被视为对全体缔约国的攻击。因此，缔约国同意，如果发生这种武装攻击，每个缔约国应根据《联合国宪章》第51条所承认的行使单独或集体自卫的权利，单独或会同其他缔约国采取其认为必要的行动，包括使用武力，以恢复和维持北大西洋地区的安全”。近年，由于国际形势的变化，北约组织的战略目标做了修改，同原苏联东欧国家建立起新的关系。公约组织最初设两个机构：理事会和防务委员会。1951年后防务委员会并入理事会。理事会根据《公约》第9条赋予的权力，下设几个委员会，主要有防务计划委员会、政治委员会、军事委员会和秘书处。理事会为最高决策机构，通常由外长或外长代表组成，有时也可能由成员国政府首脑组成，其决定需要一致同意。秘书处设秘书长1人，他同时也是理事会主席。北约总部最初设在巴黎，1966年法国退出北约军事机构后（但未退出《公约》）迁至布鲁塞尔。（李庆）

《北极熊保护协议》

Polar Bear Protection Agreement

加拿大、丹麦、挪威、苏联和美国等5个在北极拥有领土主权的国家，1973年11月15日在挪威奥斯陆签订的国际协议。《协议》承认，北极熊是北极地区的重要资源，需要额外保护，作为北极区域内的国家有责任协调各方行动以保护北极熊。除在有限的目的和通过有限的方法以外，禁止狩猎、屠杀和捕获北极熊。各缔约方承诺，保护北极熊的生存环境，尤其是北极熊洞穴区域和觅食区域以及迁徙地带的缔约国，要进行相关物种的管理和养护研究，协调这种研究并交换资料。根据《协议》规定，本多边条约只允许北极国家参加。《协议》最初有效期5年，此后，除非任何缔约国在5年内要求终止，否则该《协议》一直有效。《协议》签订后，北极熊数量趋于稳定，在有些地区有所增加。这是国际社会最早签署的致力于稀有动物保护的国际协议之一。（刘中华）

北京2014年生态文明建设状况

Eco-Civilization Construction in Beijing in 2014

2014年北京生态文明指数（ECI）得分为95.28，名列全国第2位，具体二级指标得分状况及排名情况见表1。去除ECI社会发展指标后，绿色生态文明指数（GECI）得分为74.80，全国排名第5位。北京生态文明建设属于均衡发展型，社会发展指标在全国处于领先水平，生态活力指标属于第2等级，协调程度指标位居第1等级，环境质量指标位于第3等级。生态活力方面，北京市建成区绿化率位列全国第1名，但湿地面积占国土面积比重及森林质量是北京生态活力中的短板，排名靠后。环境质量方面，北京市地表水体质量、水土流失率、环境空气质量、农药施用强度、化肥施用超标量指标等三级指标多处全国中下游水平。社会发展方面，北京市人均国内生产总值、人均教育经费投入等指标持续保持全国领先水平。协调程度方面，烟（粉）尘排放变化效应、化学需氧量排放变化效应、氨氮排放变化效应排在全国前三位，其他指标也都处于上游水平。综合而言，作为全国政治、经济、文化中心，北京的生态文明建设处于全国领先地位。但也面临诸多难题，如北京目前的人口密度已经大大超出北京的生态环境承载力，环境空气质量、水资源状况、交通状况都不甚理想，人口对资源环境的压力巨大，城市历次规划确定的人口控制目标屡屡被突破。这些问题与北京未来世界城市的目标相距甚远，也是北京城市发展的短板和瓶颈。

表1　2014年北京生态文明建设二级指标情况汇总

二级指标	得分	全国排名	等级
生态活力（满分为43.20分）	27.77	7	2
环境质量（满分为36.00分）	19.60	21	3
社会发展（满分为21.60分）	20.48	1	1
协调程度（满分为43.20分）	27.43	2	1

表2　北京2014年生态文明建设评价结果

一级指标	二级指标	三级指标	指标数据	排名
生态文明指数（ECI）	生态活力	森林覆盖率	35.84％	16
		森林质量	24.24立方米/公顷	29
		建成区绿化覆盖率	47.10％	1
		自然保护区的有效保护	7.97％	13
		湿地面积占国土面积比重	2.86％	25
	环境质量	地表水体质量	76.60％	13
		环境空气质量	45.75％	23
		水土流失率	24.95％	17
		化肥施用超标量	302.14千克/公顷	29
		农药施用强度	15.94千克/公顷	25

续表

一级指标	二级指标	三级指标	指标数据	排名
生态文明指数（ECI）	社会发展	人均国内生产总值	93213.00 元	2
		服务业产值占国内生产总值比例	76.90%	1
		城镇化率	86.30%	2
		人均教育经费投入	3652.95 元 / 人	1
		每千人口医疗机构床位数	4.92 张	10
		农村改水率	99.56%	2
	协调程度	环境污染治理投资占国内生产总值比重	2.22%	8
		工业固体废物综合利用率	86.62%	8
		城市生活垃圾无害化率	99.30%	5
		化学需氧量排放变化效应	65.88 吨 / 千米	3
		氨氮排放变化效应	6.40 吨 / 千米	2
		氮氧化物排放变化效应	3.11 千克 / 公顷	6
		二氧化硫排放变化效应	1.90 千克 / 公顷	6
		烟（粉）尘排放变化效应	2.10 千克 / 公顷	3

（参考：严耕等：《中国省域生态文明建设评价报告（ECI2015）》第 121 ~ 126 页，北京：社会科学文献出版社，2015 年。**徐保军**）

北京地球村环境教育中心

Beijing Global Village Environmental Education Center, GVB

即北京地球村。以传播乐和理念，建设生态文明为宗旨的民间环保组织，1996 年成立。以推动公民参与构建和谐社会、建设生态文明的国家战略为己任，倡导身心境和为内涵的乐和理念，践行以乐和社区与乐和家园为特色的城乡生态社区建设。通过提供能源及化学品安全等环境教育服务和乐和社工的技能培训，营造以关爱留守儿童、建设农村社区为内容的乐和之家。自成立以来，一直致力于绿色生活的倡导和绿色社区的建设，关注中国生态乡村的建设和乡土文化的学习。1996 年在中央电视台 7 频道独立制作电视专栏节目《环保时刻》，每周播出 1 次，前后持续 5 年时间。1997 年在北京西城区建立第 1 个垃圾分类试点，助推北京有关政策的实行。1998 年与环保部联合出版《公民环保行为规范》《儿童环保行为规范》。2000 年作为北京奥申委和奥组委的环境顾问，深度参与绿色奥运行动计划的制定和实施，作为唯一的民间组织代表随北京奥申委代表团赴日内瓦参与北京申奥。（**王聪聪**）

北京第 4 届世界妇女大会

The 4th World Conference on Women in Beijing

1995 年 9 月 4 ~ 15 日在北京中心举行联合国第四次世界妇女大会，来自 189 个国家和地区的代表，以及联合国系统各组织和专门机构及有关政府间和非政府组织的代表共 1.7 万余人出席会议。会议分为全会和两个委员会会议同时进行。全会进行一般性辩论，两个委员会会议分别负责磋商《北京宣言》和《行动纲领》。会议审查《到 2000 年提高妇女地位的内罗毕前瞻性战略》的执行情况，制订并通过加速执行《内罗毕战略》的《北京宣言》和《行动纲领》，指出提高全球妇女地位的主要障碍，制订今后的战略目标和具体行动。第四次妇女大会是联合国历史上规模空前、人数最多的盛会，也是中国政府承办的规模最大的全球性国际会议。本次大会通过《北京宣言》和《行动纲领》，对促进男女平等、提高妇女地位，对21世纪人类的和平与发展产生积极深刻影响，是世界妇女发展史上的重要里程碑。（申森）

北京环境科学学会

Beijing Society For Environmental Science

北京市环境科学专业社团组织，1979年成立。受北京市科学技术协会、北京市社团行政主管机关领导和监督，北京市环境保护局主管，接受中国环境科学学会业务指导。现有团体会员近50个，个人会员数2000多人。主要任务是：开展国内外环境保护学术交流；组织技术咨询、科技成果的鉴定与推广；开展厂会协作、科技培训；普及环境保护科学知识；组织专家为市政府环保工作建言献策；反映科技工作者的呼声和要求，维护科技工作者的合法权益等。学会提供的科技服务主要包括：提供农村环境污染治理和生态保护的咨询服务，组织农村环境与发展学术研讨会，举办活动或培训农民普及环保科学知识，提供空气、水质、土壤监测服务、协助农村编制发展规划、向有关部门反映农村环保需求等。（席溢）

北京林业大学生态文明博士生讲师团

Beijing Forestry University Ecological Civilization Doctoral Lecturer Group

北京市高等教育学校的讲师团之一，2013年3月成立，以“传播绿色文化，引领生态文明”为宗旨，紧密围绕基层实际要求，利用博士生的专业知识，深入全国各地基层街道社区、大中小学及相关企事业单位，开展生态文明志愿宣讲活动。目前，共有博士生讲师66名，可提供生态文明相关主题讲座52项，累计深入基层开展活动220场，直接覆盖人群超过20000余人，活动范围遍及全国18个省市自治区，被各级媒体报道40余次，先后获得教育部第7届高校校园文化建设优秀成果二等奖、人民网第3届全国大学生社会实践活动二等奖、2014年首都高校社会主义核心价值观宣传教育优秀项目奖等。（代富宇）

北京林业大学生态文明研究中心

Research Center on eco-civilization, Beijing Forestry University

北京林业大学人文学院的专业学术机构，2008年1月成立，下设14个研究小组，研究领域涵盖森林文化、园林文化、非物质木文化、生态文化、林业史、绿色经济、绿色传播与绿色文化、绿色行政、绿色教育、绿色校园文化、生态法制、生态文学美学、环境心理学、马克思主义生态思想等。近年来，研究中心学术团队通过构建中国省域生态文明建设评价指标体系（ECCI），于2010年起连续出版《中国省域生态文明建设评价报告》，在我国的生态文明理论研究和政策完善等方面发挥重要作用。（张沥元）

北京绿十字生态文化传播中心

Beijing Green Cross Ecological Culture Communication Center

在民政局注册登记的非营利性民间环保组织，2003年12月成立。宗旨是：关注生态，关爱自然，保护环境，珍爱地球家园，培育人们的环境意识和节约资源的文明行为。关注领域：城乡生态环境建设；资源循环、再生利用；青少年环境、文明、道德教育。工作领域：1. 联合恒基中心、利乐中国、金色啄木鸟在恒基中心设立恒基公益柜台，倡导资源循环再利用，开展废纸兑换再生纸制品，在社区和学校设立大学生公益柜台。2. 在湖北省襄樊市谷城县五山镇堰河村、田河村，

与当地政府合作试点实施五山模式。五山模式核心概念是，改变先发展后治理模式，从村民的衣食住行入手，先生活后生产，让农民从改善生态环境、发展健康经济中得到收益。五山模式得到当地政府和民众的认可，世界银行支持培训干部和村民，编辑《五山专刊》。3. 与联合国研 D 教育项目和北京绿洲公司合作，在朝阳区 30 所学校开展以回收软包装为主的资源回收宣传教育活动，在社区和其他公共场所进行资源分类回收，以推动垃圾减量，把资源回收再生利用的意识落实到人们的行为习惯之中。4. 绿十字与雁园鹏发房地产开发公司、神堂峪村合作，在北京怀柔区雁栖湖镇建立神堂峪生态度假村，把环境、生态、文明、娱乐理念融为一体。5. 由 GGF 支持，出版《绿十字通讯》，反映城市环境保护和农村生态村建设信息，分享国内外环境保护理念和成功经验，介绍具体案例和环保知识。（席溢）

北京清洁燃料行业协会

Beijing Clean Fuel Industry Association

为贯彻落实国务院出台的《北京市大气污染防治条例》，节能减排，绿色环保，在京津冀地区推动清洁燃料的使用，满足全社会对蓝天白云的新期待，切实保障人民群众身体健康，北京清洁燃料行业协会于 2016 年 5 月成立。北京清洁燃料行业协会集中了本行业经营规模最大和最具代表性的企业。会员的经营范围涵盖了清洁发电、天然气、乙醇燃料、甲醇燃料、生物质燃料、燃料电池、煤清洁利用等清洁燃料产品。目前，北京清洁燃料行业协会有会员 200 余家，包括了清洁燃料生产、销售、仓储、运输、配套设备、科研院所等各类企业和组织。北京清洁燃料行业协会的会员代表了清洁燃料行业的整体实力和水平。（任秀娟）

北京生态文化协会

Beijing Eco-Culture Association

由北京地区从事生态环境建设、经营、管理、研究的企事业单位、科研院所、大专院校、新闻出版单位以及关心和有志于推动首都生态事业发展的社会各界人士自愿组成的非营利性社会团体，2013 年成立。宗旨：遵守宪法、法律、法规和国家政策，遵守社会道德风尚，弘扬生态文化，倡导绿色生活，共建生态文明。大力宣传生态文明观念，倡导尊重自然、保护自然、合理利用自然资源的理念和行动，促进人与自然的和谐；发展绿色产业，构建资源节约、环境友好的制度体系，形成节约能源和保护生态环境的发展方式和消费模式；牢固树立科学发展观，推动北京经济社会可持续发展，联合北京社会各界的力量，共同推进生态文明建设。（席溢）

北京生态学学会

Ecological Society of Beijing

北京地区生态学科技工作者的群众团体组织，北京市科学技术协会主管业务，20 世纪 80 年代初期成立，90 年代初期挂靠中国科学院植物研究所。宗旨：团结和动员生态学科技人员，积极参与首都北京及周边地区的生态学研究、生态学原理宣传和生态学知识科学普及，促进科教兴国和可持续发展国家战略的实施，促进科学技术人才的成长和事业的繁荣与发展，促进科学技术与首都社会和经济发展结合，为首都城市发展和生态建设提供咨询意见和论证服务。为北京生态学科技工作者开展学术交流提供服务，为会员与政府有关部门牵线搭桥，为反映会员意见和要求以及维护会员合法权利服务。业务范围：开展生态学理论研究与新产品开发；组织学术交流和科学考察活动；进行科技成果转让、业务咨询和项目论证服务；生态学知识的宣传普及和专业培训；编辑专业学术刊物和科普读物。（席溢）

北京市节能环保低碳系列宣讲活动

Beijing energy saving and environmental protection low carbon series preaching activities

由北京市发展和改革委员会主办的系列宣传活动。每年一届，至 2015 年已举办三届。活动常年引领各相关单位参与，以不同载体在普通群众中普及节能减排理念。同时吸收公众优秀理念及创新思路，扩大宣讲活动功能与结构。活动推动全民共同参与节能减排活动，推广节能减排理念。（代富宇）

北京天恒可持续发展研究

Beijing Tianheng Institute for Sustainable Development

致力于环境保护事业的非政府、非营利机构。使命：推动可再生能源概念的公众认知度和可再生能源的商业化进程。奉行宗旨：争取国际资助，联合国内机构，促进中国及周边发展中国家的绿色环保事业，特别是推动可再生能源的广泛使用，为中国及周边发展中国家的可持续发展贡献绵薄之力。目标：为改善农村人口与城市居民的生活环境，保护自然资源和动植物的生存空间。领域：愿意从事、参与一切有利于环境保护与可持续发展有关的活动。实施项目有：四位一体沼气综合利用技术商业化发展示范项目、内蒙古风电调研项目、高产优质水稻种植和沼气综合利用技术项目等。（席溢）

北京野生动物保护协会

Beijing Wildlife Conservation Association

野生动物保护管理工作者、科技人员和为保护野生动物做出积极贡献人员的群众性组织。1986 年成立，1987 年在市民政局登记注册。1993 年 9 月依据有关规定在市民政局注册法人社团，由北京市林业局主管。多年来积极开展合作和交流，借鉴国内外经验，有力促进北京市野生动物保护事业的发展。宗旨：团结和组织会员认真宣传贯彻国家关于保护野生动物资源的法律法规、方针政策，为保护、发展、合理利用野生动物资源，维护自然生态平衡，倡导社会新风尚，推动社会主义精神文明和物质文明作出努力和贡献。任务：1. 遵照国家宪法、法律、法规和政策开展各项活动，维护国家的根本利益，促进国民经济发展和社会进步。2. 组织、指导会员和野生动物经营、利用单位认真执行《野生动物保护法》，协助野生动物行政主管部门开展法制宣传、科普教育活动。3. 支持、鼓励会员开展野生动物的科学研究、学术交流和科学普及活动。4. 开展野生动物相关业务咨询和技术服务。5. 加强与全国各省级协会和国内外野生动物和自然保护组织的联系，参与有关的合作与交流。（席溢）

《北美环境合作协定》

The North American Agreement on Environmental Cooperation, NAAEC

20 世纪 70 年代开始，北美主要国家美国、加拿大和墨西哥逐渐关注严重跨界环境污染问题，焦点集中在酸雨现象。1993 年 3 国签订《北美环境合作协定》，通过规定环境保护的条约义务、建立专门的环境工作机构和寻求环境争端的妥善解决等各种方式，实施区域内环境保护。《协定》的部长级理事会每年至少举行 1 次会议，其中至少有 1 次必须向公众开放，至少在 1 次会议中组织 3 国环境部长与公众对话，回答与环境保护有关的问题，接受与环境保护有关的投诉和建议。所有的理事会决定都必须向公众宣布。《协定》的联合公众咨询委员会，是直接促进公众参与环境保护的机构，每年就各种环境论题开展公众咨询。《协定》解决争端的主要手段是合作与制裁，但只有当成员国持续不实施环境法规时才使用制裁手段。《协定》的北美环境合作委员会有权召集技术顾问调解和向各方提出建议，寻求圆满解决方案。允许成员国的公民或团体向北美环境合作委员会秘书处提出申诉，控告某一国未能有效地执行其环境法规。（申森）

北美环境教育联盟

North American Association for Environmental

Education, NAAEE

美国推进环境教育的专业组织。以普及和推进环境教育事业为职业的专业团体，在美国环境教育中的地位和作用可与全美科学教育协会（NSTA）在科学教育中的地位和作用相媲美，对推进2000年美国教育战略的教育改革具有积极作用，是领导美国环境教育的先驱组织。成员包括美国大学和中学教师、教育行政官员、自然保护政府组织及非政府组织的职员、自然中心及博物馆等校外机构的人员等，还有加拿大和墨西哥的环境教育专家。为使环境教育的发展跟上全美教育改革的总体步伐，1998年北美环境教育联盟制定《为了环境教育的卓越性的全美计划》（NPEEE）。《计划》由4项事业构成：制订教材开发及选择的评价标准、制作高质量的环境教育教材目录、制定中小学环境教育大纲、培训教师和环境教育工作者以及制定继续教育计划。（参考：刘继和：《北美中小学环境教育大纲要点及特征》，《环境教育》2001年第2期第38～41页。王薛时）

北美自贸区环境合作委员会

North American Free Trade Area Commission for Environmental Cooperation

为保证环境保护目标得以实现，北美自由贸易区在美国、加拿大和墨西哥三国建立北美环境合作委员会。北美环境合作委员会由3个机构组成：部长级理事会、秘书处和联合公众咨询委员会。理事会由3国部长级官员组成，每年至少召开1次例会；秘书处负责日常事务的处理及为理事会执行协议提供具体的技术支持；联合公众咨询委员会由15名来自各成员国的环境以及工商界代表组成，负责向理事会就环境事务提供咨询服务，主要包括年度工作计划和预算。北美环境合作委员会主要致力于提高公众的环保意识，提升环境保护能力。主要职责：促进三国空气质量管理合作；开发提高北美空气质量的技术和战略工具；制定3国空气质量改善计划。主要工作包括：协调环境、经济和贸易的关系，生物多样性维护，防治污染，保护公众健康和环境法律政策管理。通过联系政府官员、专家顾问、学术界人士及关心环境的公众，共同推动地区性的环境改善。在跨界大气污染治理方面，主要通过协议合作来解决跨界大气争端。（申森）

北美自由贸易区

North American Free Trade Area, NAFTA

美国、加拿大和墨西哥3国建立的自由贸易区，1994年根据1992年签署的《北美自由贸易协定》和1993年签署的关于劳工和环境两个附属性协议而成立，是世界上最大的自由贸易区。宗旨：取消贸易壁垒，创造公平贸易条件，增加投资机会，保护和强化知识产权，建立执行协定和解决争端的有效机制，促进三边、区域和多边合作。目标：在15年内消除所有贸易壁垒。最高决策机构：由三国内阁级别代表组成的自由贸易委员会，每年至少举行1次会议，下设秘书处负责日常事务，另设有多个专门委员会、工作组和专家组。它的建立对地区贸易的发展和世界经济贸易都具有重要影响。（李庆）

北欧绿色左翼联盟

The Nordic Green Left Alliance

北欧绿色左翼政党的政治联盟组织，2004年在冰岛雷克雅未克成立。北欧绿色左翼是北欧国家特色的社会主义，即主张将环境主义和女性主义等“新政治”要素与传统社会主义政治相结合的“红绿”政治。成员包括：丹麦社会主义人民党、法罗群岛共和党、芬兰左翼联盟、格陵兰岛人民共同体、冰岛左翼绿色运动、挪威社会主义左翼党以及瑞典左翼党。这些政党均在国内议会中拥有议会席位，是北欧各国政坛中较为稳定的左翼力量，还有不少政党拥有全国政府执政的经历。除芬兰左翼联盟以外，大部分成员都没有加入欧洲左翼党，但北欧绿色左翼联盟是欧洲左翼党的观

察员。（王聪聪）

贝恩指数

Bain Index

美国经济学家乔贝恩提出的表示某一行业超额利润率的指数。贝恩通过对企业的超额利润衡量来判断市场垄断的程度或强度，超额利润率越高，垄断程度越强。由于基础数据容易得到，贝恩指数可以简单反映市场的垄断程度。但贝恩指数不能完全包括市场的所有真实情况，所以具有不确定性。（代富宇）

贝尔德·卡里科特

Baird Callicott, 1941 ~

美国著名环境哲学家、环境伦理学家。生于田纳西的孟菲斯，1972 年在雪城大学获得哲学博士学位，早年曾积极参加南部民权运动，现任北德克萨斯大学教授，曾任孟菲斯大学、威斯康星大学史帝文分校、耶鲁大学、夏威夷大学、佛罗里达大学等的访问教授。在世界范围内于 1971 年首次讲授环境伦理学课程，后任国际环境伦理学会会长。被认为是利奥波德大地伦理的当代继承者、捍卫者。代表作是《捍卫大地伦理》（1989）和《超越大地伦理》（1999）。1994 年出版《地球的洞见》，被学界普遍认为对比较环境哲学领域做出重要贡献。（徐越）

备忘录

Memorandum

在国际交往实践中指国家间或外交代表机关之间使用的外交文书，实际上是口头通知或谈话记录。备忘录以前曾称为“节录”，本意是帮助记忆，一般指将讨论摘录下来的外交文件，用于说明某一问题在事实上或法律方面的细节，或明确会谈中的谈话内容；陈述、补充自己的观点，或反驳对方的观点；既可将谈话内容预先准备妥当，谈后面交对方，也可在事后送交。备忘录的多种用途包括：传达信息、通知决定、发出请求、回应问题、做出建议、提出非正式报告，提出议题的解决方案，或记录以备将来使用的参考等。（申森）

背山面水而居

Dwell with Fronting Water, Hills on the Back

背山面水而居是中国古人在长期的生产生活实践中总结出来的人居生态经验，也是中国传统风水学意义下的人类居住和建筑选址的基本观念。中国古人在人居选址上讲究“背山面水，负阴抱阳”，因为背山面水有助于形成良好的生态环境和局部小气候。背山面水而居，从生态学意义的环境要素看，优势和价值体现在：建筑靠山而建，地势高，向阳开阔，林木葱郁，有利于抵挡从山后吹来的寒风；面向流水，方便引水、田园灌溉、舟楫交通、蓄水养殖等生产生活，还有利于得到充足的阳光日照，避免水淹洪涝，住所周边的植被等也可以得到较好的滋养，从而保持水土温润，调节人居小气候。背山面水而居体现了中国古代“天人合一”、人与自然和谐共生的生态观。（雷爱民）

倍加红利效应

The Double Dividend Effect

又称双赢，指通过征收环境税获得收入用来降低现存税制对资本和劳动产生的扭曲作用。一方面，通过征收环境税加强污染治理，提高环境质量；另一方面，由征税获得的净经济利益可以形成更多的社会就业、GDP 总值以及持续的 GDP 增长。环境税收政策的推行，使政府实现双重目标，既改善环境质量，又降低扭曲性税收的超额税收负担，产生倍加红利效应，实现双赢。倍加红利效应同时对其他经济决策和行为选择具有影响，主要表现为：对生产投入要素的影响，影响经济效率，与现有税制形成互补效应，增加社会就业，税收会在不同税负者之间进行再分配，体现税收公平原则，符合环境税效率标准。（蔡越）

被选举权

The right to be elected

公民依法律规定条件享有被推举为国家代表机关代表或某些国家机关领导人的权利。被选举权是公民基本政治权利之一。公民享有被选举权的条件，各国宪法都有不同的规定，资本主义国家对候选人的资格的规定有严格限制，在财产、身份、教育程度、居住期限等方面必须符合一定条件，使很多人不能享有被选举权。《中华人民共和国宪法》规定，公民享有被选举权，不受上述条件的限制。根据宪法规定：凡年满 18 岁的公民，不分民族、种族、性别、职业、家庭出身、宗教信仰、教育程度、财产状况、居住期限，都有被选举权，但依法被剥夺政治权利和不列入选民名单的精神病患者除外。在通常情况下，有选举权的公民，就有被选举权。但选举国家重要领导成员时，有选举权的公民就未必享有被选举权。根据宪法规定，有选举权和被选举权、年满 45 周岁的公民，可以被选为国家主席或国家副主席。为了有效地实行被选举权，我国《选举法》规定了必要的物质保障和严格的司法保障，禁止非法剥夺被选举权。一旦被选举为人民代表，要向人民负责，受人民监督，保障每个公民能真正行使当家做主的权利。（李庆）

本 · 阿格尔

Ben Agger, 1952 ～ 2015

加拿大生态马克思主义学者，“生态马克思主义”概念的提出者。生前执教于美国得克萨斯大学，是著名生态马克思主义学者威廉 · 莱斯的追随者。在《论幸福和被毁灭的生活》《西方马克思主义导论》等著作中，进一步阐发莱斯的观点，系统论述生态马克思主义的基本主张。根据马克思消灭经济危机和异化劳动的实现方式，构想出消灭异化消费和生态危机的社会变革模式，即通过期望破灭的辩证法（dialectic of shattered expactations）或期望破灭理论，实现稳态经济的社会主义。（徐越）

比德之说

Chinese Aesthetic Ideas of Cohesive Moral

春秋战国时期出现的关于自然美的美学理论观点。基本涵义是：自然美之所以为美，在于作为审美客体的自然物象可以与人“比德”，即从其中可以意会到审美主体的某些品德美。当时的人们对自然美的欣赏，多是将自然界的审美对象作为人的品德美或精神美的象征。自然物的各种形式属性，如色彩、线条、形状、比例均衡、对称与蓬勃生气等，在审美意识中并不占主要地位。人们更多地注意到自然物的象征意义，忽视其自然属性。这是中国古代美学不同于西欧古代美学之处，是中国古代美学的显著特点之一。因此，现存先秦美学资料中记载的自然美欣赏实例绝大多数是“比德”。“比德”说的提出，在当时具有划时代的意义，对后来的美学思想和艺术创作的发展产生巨大影响。今天“比德”说对我们研究和理解自然美的本质、自然美的社会性及审美主客体的关系等重要美学问题，很有启发意义。（参考：钟子翱：《论先秦美学中的“比德”说》，《北京师范大学学报》1982 年第 2 期第 1 ～ 8 页。王薛时）

比较政治学

Comparative politics

通过对不同国家和不同政治体系的描述、分类和比较，探求政治现象的一般特征和规律的政治学分支学科。比较政治学与政治学有着同样悠久的历史。19 世纪末 20 世纪初在西方国家形成传统的比较政治研究，特点是集中地比较研究美国和西欧几个主要国家的政治制度与政府形式，努力使这些国家的政治模式化。第二次世界大战后，世界政治结构发生很大变化，客观上推动比较政治的研究。一些学者对当代世界政治体系提出新的分类和分析框架，使比较政治学得到迅速发展，成为政治学的重要分支学科。比较政治学的内容和范围极为广泛，包括：1. 对各种政治体系的比较研究；2. 对各国政府机构的比较研究；3. 对其他与政府机构没有直接联系的组织形式的比较研究。当代比较政治学日益重视搜集、整理来自世界各个不同文化区域的有关政治体制的研究资料，以及不同层次的政治结构与世俗化方面的研究资料。在研究中，研究者愈来愈对政治体制的适应和转复发生兴趣，把重点放在整个政治体制与其国内外环境的交互作用上。比较政治学的研究对政治学的发展有积极的推动作用，丰富了研究内容，拓展了研究领域。对于政治社会的研究，不可能进行试验，只有通过对历史的和他国的政治实践、政治现象进行比较研究，才能对某些政治原理进行验证。通过科学比较，可以提高人们的政治认识和政治判断的能力，扩大人们政治抉择的幅度，从而在政治实践中借鉴并吸取有益的政治经验，避免不必要的政治挫折和失误。比较政治学现已成为世界各国政治学界研究的重要领域。（李庆）

比利时绿党

The Belgian Greens

20 世纪 70 年代西欧环境运动和社会运动的直接产物，西欧最成功的绿党之一。与比利时

其他政党一样，由于语言的差异，绿党也是区域性政党，即在荷兰语区和法语区分别存在一个绿党。佛兰德地区或荷兰语区的绿党代表是阿加莱弗党，正式成立于 1982 年 3 月，后更名为绿党；瓦隆地区或法语区的绿党代表是生态党，正式成立于 1980 年 3 月。1981 年，阿加莱弗党和生态党共同参加了比利时全国大选，分别获得两个议会席位，成功进入议会，也成为第二个进入全国议会的欧洲绿党。在此后的全国大选中，这两个绿党的选举支持稳中有升，成为比利时国内稳定的政治力量，牢固确立在比利时选举舞台上的地位。1999 年大选中，阿加莱弗党和生态党分别获得 6.3% 和 7.4% 的选票，成功进入全国政府执政。同年，这两个政党也分别进入佛兰德区域政府和瓦隆区域政府执政。2003 年比利时大选中，阿加莱弗党遭遇了选举失利，未能获得议会席位。这次选举挫败后，阿加莱弗党决定重新塑造政治形象，将政党名称改为绿党。2014 年国内大选中，绿党和生态党分别获得 8.46% 和 8.89% 的选票，各获得 6 个议会席位。作为传统的绿党，阿加莱弗党的核心价值观为生态学、和平、参与民主，20 世纪 80 年代后更加强调多样性与社会主义的价值观。当前，阿加莱弗党（绿党）围绕党的三个核心价值观，提出集中于生活质量的纲领。生态党的纲领强调社会正义、环境正义、民主等价值观。（王聪聪）

比例代表制

Proportional Representation System

政党在议会中赢得的席位严格按照其得票比例分配的选举制度。基本理念是，将全国作为一个大选区，各个政党推出自己的候选人名单参加其中所有议席的竞争，所获得的议席数量与自己的全国性选票比例大致相同。这种制度下，一个政党赢得议会多数而具有组阁权的情况很少见，往往都是联合执政。这种选举制度分为候选人名单制和单记移让式比例投票法。前者的基本程序是根据政党的候选人名单投票，在大多数国家选举人也可以对名单中的某一人表示支持，比如以色列和大多数欧陆国家。后者的基本程序是投票排序候选人；第一轮计票中所得票数超过定额的

选举人即可当选，而他所获得的多余选票可以转移到投票人的第二选择中；如果没有候选人的选票可以达到定额，排位最后一个候选人就被淘汰，他（她）所获得的选票也可以转移，持续这个程序直到全部席位填满，如澳大利亚上议院。（李庆）

彼得 · 辛格

Peter Singer, 1946 ~

澳大利亚和美国著名伦理学家，世界动物保护运动的主要倡导者，曾任国际伦理学学会主席，现任教于澳大利亚莫纳什大学哲学系。代表

作《动物解放》一书自 1975 年出版以来，已被翻译成 20 多种文字，在几十个国家出版，其中英文版重版多达 26 次。1946 年 6 月 6 日出生于墨尔本。父母是希特勒攻占奥地利后的犹太难民。早年就读于墨尔本大学，1967 年以优异成绩获得学士学位，1969 年获得哲学硕士学位，后往英国牛津大学学习，1971 年获得博士学位。先后在牛津大学、纽约大学和墨尔本的拉特洛布大学执教。1977 年成为在墨尔本城郊的莫纳什大学的哲学教授。1999 年成为普林斯顿大学生物伦理学系的教授。与他人共同编辑出版《生物伦理学》期刊。《动物解放》开创了现代动物权益保护运动。辛格用“物种歧视”这个词，把它与种族歧视和性别歧视联系起来，表明他的“人类支配非人类动物”观点。他将人道地对待动物的运动比作女性和黑人解放运动，从哲学视角反驳《圣经》中人类支配动物的观念。他的《实用伦理学》（1979）一书被广泛用作应用伦理学的教科书。（徐越）

庇古

Pigou, 1877 ~ 1959

英国经济学家，剑桥学派主要代表人物，发展马歇尔的福利思想，提出系统的福利经济学。福利经济学的主要贡献在于提出资源最优配置的

条件，外部影响对资源最优配置的干扰，从而论证由政府干预资源配置以及收入分配对于提高全社会经济福利的重要性。庇古认为，在私有制条件下，资源配置通过私人的自发行为实现，当边际私人净产值在任何用途上恒等于边际社会净产值，私人的自发行为将导致资源的最优配置。由于经济行为的外部性影响存在，即使排除垄断的自由竞争条件下，也无法像亚当 · 斯密设想的那样，使私人追求自身利益最大化的行为，导致社会福利的最大化。因此，政府干预是实现资源最优配置必不可少的手段。庇古进一步探讨政府干预的方式，主张运用税收或津贴来克服外部影响造成的边际私人净产值对边际社会净产值的偏离。代表著作《福利经济学》（1920）提出著名的庇古税方案，现多用来研究解决环境治理问题。（蔡越）

庇古税

Pigou Tax

指可以解决外部性问题的税收手段，英国经济学家庇古 1920 年首次提出。通过税收手段解决环境外部性问题是庇古税的实质意义。它是现代环境税的前身。庇古税用途广泛，解决环境问题只是其中之一。环境污染造成外部负效应，可以采用征税的方法对污染者收税，即通常所说的“排污者付费”原则，从而将外部成本内部化。由于外部性的存在，导致私人福利与社会福利不一致，致使“市场失灵”现象出现，故征收庇古税可用于调节私人与社会二者间的利益平衡。当存在正的外部性时，采取补贴的方法；当存在负的外部性时，可用征税的方法。庇古税的征税主体是中央政府，政府引导市场。不是在任何情况下都可以征收庇古税，只有市场信息足够充分，市场主体数量足够充足，在损害成本同质的条件下征收庇古税才有效。庇古税大部分应用消除外部性带来的负面影响，即应用于社会福利。（蔡越）

秘鲁利马气候大会

United Nations climate change conference in Lima, Peru

2014 年 12 月，《联合国气候变化框架公约》第 20 次缔约方会议（COP20）暨《京都议定书》第 10 次缔约方会议在秘鲁首都利马举行，大会通过的最终决议就 2015 年巴黎气候大会协议草案的要素基本达成一致。最终决议进一步细化了 2015 年协议的各项要素，为各方进一步起草并提出协议草案奠定了基础。（席溢）

边际成本

The Marginal Cost

指每一单位新增产品（或者购买产品）带来的总成本增量。表明每一单位产品的成本与产品总量有关。考虑到机会成本，随着生产量的增加，边际成本可能会增加。生产一辆新的汽车，所用材料可能有更好的用处，所以尽量用最少的材料生产出最多的车，提高边际收益。边际成本定价是销售商品时使用的经营战略，是商品可以销售的最低价。理论上边际成本可以使企业无损失继续运转。（史月田）

边际收益递减规律

The law of Diminishing Marginal Utility

指在短期生产过程中其他条件不变的前提下，不断增加某种生产要素的投入，并不会使产出效益持续增加，反而会导致效益增加量的递减。前提是生产技术水平和其他生产要素的投入数量保持不变。造成这种情况的原因是由于随着可投要素投入量增加，可变要素的投入量与固定要素的投入量之间的比例在不断变化。在开始阶段，可变要素投入远低于固定要素，随着可变要素的投入增加，边际产量递增。在二者比例恰当时，边际产量达到最大。在其他要素数量固定时再加大可变要素的投入，会造成边际产量的递减。（代富宇）

边际效用

Marginal Utility

指某种物品的消费量每增加一单位所增加的满足程度。边际的含义是增量，指自变量增加所引起的因变量的增加量。在边际效用中，自变量是某物品的消费量，因变量是满足程度或效用。消费量变动引起的效用变动即为边际效用。边际效用的特点包括：1. 边际效用大小与欲望强弱成正相关。2. 边际效用大小与消费数量多少反向变动。由于欲望强度有限，并随满足程度的增加而递减，因此，消费数量越多，边际效用越小。3. 边际效用是特定时间内的效用。由于欲望具有再生性、反复性，边际效用具有时间性。4. 边际效用永远是正值。在理论上有负效用，但实际上当产品边际效用趋于零时，具有理性的消费者必然会变更消费方式满足其他欲望以提高效用。5. 边际效用是决定产品价值的主观标准。边际效用价值认为，产品需求价格不取决于总效用，取

决于边际效用。消费数量少，边际效用高，需求价格也高；消费数量多，边际效用低，需求价格也低。（史月田）

边缘海

Marginal Sea

指大陆和大洋之间的过渡地带，又称陆缘海，如黄海、东海、南海、白令海、日本海、加利福尼亚湾等。边缘海一侧是大陆，另一侧以岛屿、

半岛或岛弧与大洋相隔，通过水道或海峡与大洋水域进行水流交换。边缘海的潮流和波浪直接来自外海，水文特征受到陆地影响，变化比大洋大。边缘海按主轴方向可分为纵边缘海和横边缘海，世界上最大的边缘海是珊瑚海。边缘海有大陆架、大路坡、中央深海平原等地貌类型，蕴含丰富矿产资源，开发利用具有重大意义。作为人类活动频繁的海洋区域，边缘海的生态保护备受重视。（韩铮）

边缘群体

The marginal population

指社会中某一类价值取向与社会主导规范相异的群体，相对于被社会认可并有主导地位的群体而言。西方学者往往把外籍人、少数民族、有色人种、妓女、流浪者和无业游民等当作边缘群体的主要人员构成。由于边缘群体的价值规范同社会相冲突，社会关系受到极大限制，人格受到歧视，政治经济地位得不到保证，就业机会减少，被社会视为异己人群，成员中有相当数量的人被迫沦为犯罪者或处于犯罪边缘。边缘群体的存在，同经济、社会地位不平等有着本质联系。对边缘群体，应采取各种社会措施救助与疏导，使之走上正常轨道，以防止违法犯罪。（李庆）

边缘效应

Edge Effect

指相邻的两个或多个生态系统之间相互作用，相交边缘地带由于受某些生态因子或系统属性差异等因素的影响，生态交错带内的生物种类和个体数目比邻近生态系统多的自然现象。边缘效应地带的群落结构复杂，物种多样且活跃，生产力较高，以竞争开始，以和谐共生结束，从而形成相对稳定的多层次高效率的生态共生系统。边缘效应分为动态边缘和静态边缘。动态边缘有外界持久的物质能量输入，相对稳定；静态边缘没有稳定物质能量输入，具有暂时性。边缘效应对于野生动植物的多样性研究具有重要意义，是生物保护学和生态学的研究重点。（韩铮）

边缘种

Edge Species

指两个或多个生态系统相交叉的边缘地带内的共有物种或独特物种，又称边缘物种。边缘种的数量及种群密度与边缘区群落每单位面积的边缘尺度成正比，通常情况下边缘种密度比其他领域物种密度高，但实际上许多物种存在相反的情况，例如森林边缘交错区的树木密度明显比群落里小。（韩铮）

变性作用

Denaturation

即蛋白质的变性作用，指蛋白质分子天然结构和性质在高温等物理作用或强酸、强碱等化学作用下发生变化的现象，是不可逆的化学反应。因此通过控制变性作用条件，如控制温度和酸碱度等因素，可以控制蛋白质的变性作用向着有利于人类需求的方向进行，目前被应用于医疗、食

品、重金属水污染治理等领域。（韩铮）

辩证唯物主义

Dialectical Materialism

辩证唯物主义又称辩证唯物论，是马克思主义哲学理论的组成部分之一。唯物主义和辩证法有机统一起来的科学世界观。在19世纪40年代被马克思主义学者归纳，是唯物主义的高级形式。辩证唯物主义认为世界在本质上是物质的。恩格斯说："世界的真正的统一性是在于它的物质性"。（《反杜林论》，《马克思恩格斯选集》第1版第三卷第83页）物质是第一性的，意识是第二性的，意识是高度发展的物质人脑机能对客观物质世界的反映。辩证唯物主义认为物质世界按照它本身固有的规律运动、变化和发展，揭示事物发展的根本原因在于事物内部的矛盾性。事物矛盾双方又统一又斗争，促使事物不断地由低级向高级发展。因此，事物的矛盾规律，即对立统一的规律，是物质世界运动、变化和发展的最根本的规律。

辩证唯物主义包括4个方面：1. 世界的物质统一性。在哲学史上，物质和意识的关系问题是哲学基本问题，根据对这一问题的不同解决把哲学划分为两大不同的基本派别：凡是认为意识第一性、物质第二性、世界统一于意识的哲学派别属于唯心主义阵营；凡是认为物质第一性、意识第二性、世界统一于物质的哲学派别属于唯物主义阵营。辩证唯物主义实现了唯物主义和辩证法的有机结合，建立科学的实践的观点，彻底唯物主义地解决哲学基本问题，科学地论证世界的物质统一性。辩证唯物主义认为物质存在具有无限复杂的多样性和丰富多彩的运动形式，物质世界处在永恒的运动、变化、发展之中，时间与空间是运动着的物质的存在形式。物质运动有自身的客观规律。意识是物质高度发展的产物，是高度组织起来的物质人脑的反映特性，是物质在地球这一特定条件下经历从无机物到生物、从低等动物到高等动物、从猿到人的漫长岁月的发展而产生的最高产物。劳动实践在从猿到人的发展过程中起着决定性的作用。劳动实践使猿脑变成具有抽象思维能力的人脑。人在劳动实践中改变自然界也改变人自身，人的智力是按照人如何学会改变自然界而发展的。人的思维规律是人类在长期的社会实践发展过程中，经过亿万次重复而形成的对客观规律的自觉反映。意识和思维的内容是对客观物质世界的反映；意识和思维存在的形式是语言，语言的外壳则是由物质空气的震动产生的声音。无论从哪一方面看，意识都不能离开物质而独立存在；物质却是存在于意识之外，可以为意识所反映，而又不依赖于意识的客观存在。"物质和意识的对立，也只是在非常有限的范围内才有绝对的意义，在这里，仅仅在承认什么是第一性的和什么是第二性的这个认识论的基本问题的范围内才有绝对的意义。超出这个范围，物质和意识的对立无疑是相对的"（《列宁选集》第2版第2卷第147～148页）。物质和意识是对立的统一，它们统一于物质。统一的物质世界中原本没有意识，物质和意识的对立产生于实践，它们的统一又在实践中实现。马克思主义承认社会意识在社会存在发展中的巨大作用，但又明确指出，社会意识归根结底只决定于社会存在，人类社会的发展是由物质力量即生产力的发展决定的。"只有把社会关系归结于生产关系，把生产关系归结于生产力的高度，才能有可靠的根据把社会形态的发展看作自然历史过程。不言而喻，没有这种观点，也就不会有社会科学"（《列宁选集》第2版第1卷第8页）。社会历史也是统一物质世界中的具有自身客观规律的运动形式，是物质运动的最高形式。

2. 物质世界是普遍联系和永恒运动的。统一的物质世界中的万事万物都处在相互作用的普遍联系之中，都处在不断产生、不断消亡的运动、变化和发展的永恒的过程之中。统一物分为两个互相排斥的对立面，对立面之间的相互制约和相互作用是普遍联系的最本质的内容，同时又是事物自我发展的根本原因。对立面的统一和斗争是辩证法的实质和核心。质与量是事物的两个相互联系的属性。一定的量规定一定的质，一定的质也规定一定的量。质变和量变是事物运动发展的两种基本形式。量变引起质变，质变又引起新的量变。事物在肯定自身存在的同时又包含着促使自身消亡的否定的方面，辩证的否定构成从旧事物向新事物的转化。辩证的否定是对旧事物的既克服又保留，包含着肯定因素的否定。肯定与否定是对立面的统一。肯定与否定的统一和斗争构成事物的否定之否定的螺旋式上升的发展过程。对立统一规律、质量互变规律、否定之否定规律是辩证法的三个基本规律。范畴是认识客观世界普遍联系之网的网上纽结，它以概念的形式反映事物自身所包含的种种矛盾关系的各个侧面，是人对自然界认识的各个环节。物质与意识、运动与静止、时间与空间、斗争与统一、质与量、肯定与否定，以及原因与结果、必然性与偶然性、可能性与现实性、内容与形式、本质与现象等等，这些范畴都是对立的统一。范畴可以帮助人们从事物的各个不同的侧面分析事物的矛盾，从而达到对事物的较全面的认识。矛盾分析法是辩证法的根本方法。

3. 认识是辩证发展的过程。认识是人类在社会实践中对客观世界的能动的反映。认识的对象是普遍联系的、充满矛盾的、永恒运动变化和发展着的客观世界。认识的主体是物质世界自身发展的最高产物人类。思维和意识都是人脑的产物，而人本身是自然界的产物，是在自然界的环境中并且和这个环境一起发展起来的，因此，人脑的产物归根结底亦即自然界的产物，并不同自然界的其他联系相矛盾。在世界的物质统一性原理中包含着思维和存在统一的原理，即世界可知性的原理。当人们能够根据某一客观过程所需要的条件使这一过程产生出来，并使它为人们的目的服务时，证明人们确实认识这一过程。实践的观点是辩证唯物主义认识论的首要的基本的观点。劳动实践使猿脑变成了人脑，从而创造认识的物质器官。认识产生于实践的需要。客观世界不能自然地满足人的生活和发展的需要，为了生存和发展，人必须改造客观世界，为了成功地改造世界必须正确地认识世界。恩格斯说："社会一旦有技术上的需要，则这种需要会比十所大学更能把科学推向前进"（《马克思恩格斯选集》第 1 版第 4 卷第 505 页）。认识产生于实践的需要，并必须回到实践以满足实践的需要，因此实践又是认识的最终目的和最后归宿。实践扩大人们的视野，使人们接触和感知越来越多的现象，为认识提供了可能。只有通过改造客观事物的实践活动才能拨开笼罩在事物表面的现象的迷雾而暴露事物的本质。洞察事物本质的理论思维能力是在人类长时期的实践发展的历史中形成和提高的。人类在实践中不断地创造出各种仪器，扩大和增强了人感知现象的能力，人类还在实践中创造了电子计算机作为人们理论思维的得力助手。正是实践才使人类有了动物所没有的认识能力，离开了实践既无法感知事物的现象也无法理解事物的本质，因而也不可能有认识及其发展。实践又是检验认识是否正确即认识是否具有真理性的唯一标准。认识是在实践基础上不断发展的辩证过程，是从不知到知、从知之不多到知之较多、从知之不深到知之较深的过程，它是从相对真理到绝对真理的过程。真理是不可穷尽的。真理是同谬误相比较而存在、相斗争而发展的。人们在认识和改造世界的过程中，"通过实践而发现真理，又通过实践而证实真理和发展真理。从感性认识而能动地发展到理性认识，又从理性认识而能动地指导革命实践，改造主观世界和客观世界。实践、认识、再实践、再认识，这种形式，循环往复以至无穷，而实践和认识之每一循环的内容，都比较地进到了高一级的程度。这就是辩证唯物论的全部认识论，这就是辩证唯物论的知行统一观"（《毛泽东选集》第 2 版第 1 卷第 273 页）。

4. 辩证法、逻辑与认识论的一致。唯物辩证法是客观事物发展的规律，又是认识的规律，也是思维辩证发展的规律。客观事物的辩证法是客观辩证法，是支配外部世界的辩证发展的规律，认识规律、思维规律的辩证法是主观辩证法，是对前者的反映，即辩证的思维规律。这两个系列的规律在本质上是统一的，但是在表现上是不同的，这是因为客观世界的辩证发展规律是不自觉地、以外部必然性的形式、在无穷无尽的表面的偶然性中为自己开辟道路的；而认识发展的规律和逻辑理论思维的规律是人们对客观辩证规律的自觉反映。马克思主义的认识论是在实践的基础上把辩证法应用于认识领域的理论，它在认识的过程中自觉地反映客观辩证法。而认识既是人对客观世界的反映，又是通过一系列逻辑思维的抽象过程进行的，即通过概念的矛盾运动进行的。逻辑的主要内容就是概念的矛盾运动。因此，逻辑学同时又是辩证法。马克思主义哲学在唯物主义的基础上实现了辩证法、认识论和逻辑学三者的统一。它们在内容上一致的基础是客观世界的辩证发展即客观辩证法；自觉地实现三者一致，把它们统一起来的基础是社会实践。人类在认识过程和逻辑思维中自觉地反映客观辩证法，就有可能在实践中自觉地按客观规律办事，推动社会的发展。

辩证唯物主义的诞生结束了从原则出发构造体系、建立凌驾于一切专门科学之上并包括一切专门科学的哲学。辩证唯物主义在总结各门科学优秀成果的坚实基础上建立了科学的世界观。它把唯物主义的路线贯彻到社会历史的领域，科学地解释了实践在社会存在和社会意识发展中的基本作用，克服了旧唯物主义的不彻底性和直观性。它坚持理论和实践统一的原则，以实践为检验真理的唯一标准，在实践中不断修正错误发展真理。辩证唯物主义并没有结束真理而是开辟了在实践中不断发展真理的道路。马克思主义特别强调哲学在改造世界中的作用，指出"理论一经群众掌握，也会变成物质的力量"（《马克思恩格斯选集》第 1 版第 1 卷第 9页）；特别强调哲学在人类从私有制、剥削制度统治下解放出来的斗争中的作用。辩证唯物主义不同于以往一切哲学，它是彻底革命的、批判的哲学，是唯物主义和辩证法的统一，是唯物主义自然观和唯物主义历史观的统一。（参考：黄楠森：《辩证唯物主义世界观只会被发展而不会被消解》《北京大学学报》（哲学社会科学版）2001 年第 2 期第 23 ~ 30 页。**徐越**）

表面流人工湿地

Free Water Surface Constructed Wetland

又称自由表面流人工湿地系统，目前被广泛应用于污水治理的人工湿地之一。表面流人工湿地由具有良好透水性的基质层、适合在基质层生长的植物、好痒或厌氧微生物群、无脊椎或脊椎动物、水体等部分组成。污水处理系统包括预处理单元和人工湿地单元，其中基质、湿地生物和微生物发挥去污功能，污水中有机物通过土壤微生物去除，重金属、硫、磷等污染物通过土壤、植物作用降低浓度。表面流人工湿地具有建造和运用费用相对低廉、氨氮去除率高、间歇式运行和维护无须现场管理等优势；同时存在占地面积大、设计参数不精确、冬季北方水面易结冰、夏季易滋生蚊虫等缺点。（**韩铮**）

滨海湿地生态系统

Coastal Wetland ecosystem

指海岸地带陆地生态系统和海洋生态系统交错影响形成的过渡生态系统。滨海湿地主要有天然或人工沼泽地、淤泥质滩涂、红树林湿地或浅海水域等形式，上限为大潮线之上与内河流域相连的淡水或半咸水湖沼以及海水上溯未能抵达的入海河的河段，下限为海平面以下 6 米处。我国有 1.8 万千米的大陆海岸线，跨越温带、亚热带及热带多个气候带，形成浅海水域、潮下水生层、珊瑚礁、岩石性海岸、潮间沙石海滩、潮间淤泥海滩、潮间盐水沼泽、红树林沼泽、海岸性咸水湖、海岸性淡水湖、河口水域、三角洲湿地等12种滨海湿地类型。滨海湿地的水文土壤特征独特，成为生物多样性最为丰富的湿地之一，生产力高，在改善气候、抵御海洋灾害、维持生物多样性、保护海洋生态系统、控制海岸线侵蚀等具有重要的生态意义。（**韩铮**）

《濒临失衡的地球》

Earth in the Balance

美国前副总统阿尔·戈尔的重要作品，旨在讨论生态危机与人类文明的整体关系，1992年出版。全书分为《失衡的危险》《寻求平衡》和《获取平衡》3个篇章。循着人类文明与地球生态关系脉络，作者将亲身感受和最新科学研究结合起来，致力于探索生态系统与人类文明共同面临困境的产生根源和应对之策，以此引发读者对环境与生态问题的真实关切和深刻思考。书中把大量翔实的环境数据纳入全球的观察视野，勾画出地球生态危机的全景图。水土流失，热带雨林毁坏，全球变暖，水和空气污染，臭氧层变薄，洋流和暖流的紊乱，融化的冰川，不断上涨的海洋等。运用因果逻辑推论，清晰列举出问题如何由区域扩展至全球，深入浅出地得出地球濒临大灾难的结论：北极在消融，物种在消退，生物链在变异。作者用铁证如山的科学研究资料和数据，直面千疮百孔的地球，直面残酷严峻的人为灾害及其后果。中译本译者陈嘉映，中央编译出版社1997年出版。（**王薛时**）

《濒危野生动植物物种国际贸易公约》

Convention on International Trade in Endangered Species of Wild Fauna and Flora

又称《华盛顿公约》。1973年3月3日在华盛顿通过，1975年7月1日生效，为保护和拯救有灭绝危险的野生动植物物种而订立的关于国际贸易的全球性公约。第二次世界大战以后，世界范围内的野生动植物贸易不断发展。由于这种贸易的增长对野生动植物保护十分不利，1963年国际自然和自然资源保护同盟呼吁制定国际公约予以控制。1973年2月召开关于缔结濒危野生动植物物种国际贸易公约的全权代表会议。《公约》要求各国政府通过实施协调一致的许可证和证明书制度，管理其附录所列的野生动植物的国际贸易，进而达到保护濒危野生动植物物种不致由于国际贸易而遭到过度开发利用的目的。《公约》对缔约国具有法律约束力。《公约》不能取代缔约国的国内法律，但缔约国必须调整本国法律执行《公约》相关规定。《公约》有25条4个附录。附录1列入所有受到和可能受到贸易影响而有灭绝危险的物种800种。这些物种标本的贸易必须加以特别严格的管理，以防止进一步危害其生存，并且只有在特殊情况下才能允许进行贸易（包括出口、进口、再出口和从海上引进），一般应禁止贸易。附录2列入所有那些目前虽未濒临灭绝，但如对其贸易不严加管理以防止不利影响可能变成有灭绝危险的物种，和为使这些物种中的某些标本的贸易得到有效控制，而必须加以管理的其他物种，共包括2.7万种。对此类物种的贸易应严加限制。附录3列入任一成员方认为属其管辖范围内，应进行管理以防止或限制开发利用而需要其他成员国合作控制贸易的物种。这三类物种不断变化，越来越多的物种被纳入第二类和第一类的范围。（**申森　史月田**）

《濒危野生动植物物种国际贸易公约》第21条的修正案

Convention on International Trade in Endangered Species of Wild Fauna and Flora, the Twenty-first Amendment

1983年4月30日在博茨瓦纳首都哈博罗内

签订，我国政府于 1988 年 7 月 7 日交存接受书。阿根廷、澳大利亚、巴哈马、巴西、加拿大、智利、中国等共 48 个国家参与会议，以与会者三分之二多数票表决通过《濒危野生动植物物种国际贸易公约》第 21 条的修正案，在“保存国政府”后面加上下列五段：1. 各主权国承认的区域经济联合组织可以加入《公约》。这些组织有权由其成员国转交他们与《公约》相关国际协议进行谈判、缔结和执行工作。2. 这些组织应在他们加入《公约》的文件上申明对《公约》管辖事宜的权限范围。如果对权限范围做出任何实质性修改，应通知保存国政府。保存国政府应把各组织就《公约》规定的权限及他们所作的任何修改转发给各成员国。3. 这些组织应在权限范围内行使并履行《公约》对各成员国规定的权利和义务。在这种情况下，该组织的成员国不得单独行使这类权利。4. 各区域经济联合组织在权限范围内投票的次数应与《公约》成员国投票的次数相等。如果这些组织的成员国已经投过票，则不再享有投票权，反之，则可投票。5. 本《公约》第 1 条第 H 款中所指的“国家”或“各国”或“缔约国一方”或“缔约国各方”，都应看作包括有权参与谈判、缔结和执行国际协议的区域经济联合组织的一方。（代富宇）

《冰川冻土》

Journal of Glaciology and Geocryology

由中国地理学会、中国科学院寒区旱区环境与工程研究所主办，创办于 1979 年。我国冰、雪、冻土和冰冻圈研究领域唯一的学报级期刊，支持在冰、雪、冻土和冰冻圈及全球变化基础研究和应用研究中，具有创造性、高水平和面向国民经济建设的新思想、新观点、新方法和新学说，促进国内外学术交流，传播与冰冻圈和全球变化相关的科学知识，为寒区国民经济建设服务。有计划地组织和系统报道本学科具有开创性、方向性及对国民经济发展产生重大效益的研究项目进展和成果，促进和引导学科发展。学科覆盖包括冰川学、冻土学、水文学、地理生态学、生态经济学、寒区生物学，重点在冰冻圈资源、环境、工程和全球变化。双月刊，ISSN：1000-0240。（席溢）

冰岛绿党

Icelandic Green Party

20 世纪 70 年代西欧新社会运动在冰岛集中体现在妇女运动的发展。1983 年具有后物质主义色彩的妇女联盟成立，在当年的大选中获得 3 个议席，进入全国议会。冰岛绿党创立于 1987 年。1991 年大选在 2 个选区提出候选人，获得 0.3% 选票，未能进入议会。妇女联盟从 80 年代末开始陷入持续衰退，绿党也未能获得政治进展。1995 年冰岛议会选举中，绿党没有取得选举突破。目前，冰岛国内具有“红绿”色彩的政党是成立于 1999 年的左翼绿色运动（Left-Green Movement）。该党倡导民主社会主义、女性主义和环境主义的价值观。冰岛没有政党隶属于欧洲绿党。（王聪聪）

波兰波兹南气候大会

United Nations Climate Change conference in Poznan, Poland

2008 年 12 月《联合国气候变化框架公约》第 14 次缔约方会议（COP14）暨《京都议定书》第 4 次缔约方会议（MOP4）在波兰波兹南举行。会议总结了《巴厘岛路线图》以来的进程，正式启动 2009 年气候谈判进程，同时决定启动帮助发展中国家应对气候变化的适应基金。8 国集团领导人就温室气体长期减排目标达成一致，声明寻求与《联合国气候变化框架公约》其他缔约国共同实现到 2050 年将全球温室气体排放量减少至少

一半的长期目标，在《公约》相关谈判中与这些国家讨论并通过这一目标。（席溢）

波兰华沙气候大会

Uwited Nations climate conference in Warsaw, Poland

2013 年 11 月《联合国气候变化框架公约》第 19 次缔约方会议（COP19）暨《京都议定书》第 9 次缔约方会议（MOP9）在波兰首都华沙举行。本次会议取得成果：1. 德班增强行动平台基本体现共同但有区别的责任的原则。2. 发达国家再次承认应出资支持发展中国家应对气候变化。3. 就损失损害补偿机制问题达成初步协议，同意开启有关谈判。（席溢）

波兰绿党

Partia Zieloni

由波兰的环境主义者、女性主义者、和平主义者等社会运动活动分子组建，2003 年成立。最初政党名称为“绿党 2004”，2003 年后改名为“波兰绿党”（Partia Zieloni）。支持波兰加入欧盟、反对伊拉克战争等社会活动的重要组织者。2005 年波兰议会大选中与波兰社会民主党组建选举联盟，获得 3.89％选票，其中绿党获得 0.17％选票。在 2004 年欧洲选举中获得 0.27％选票。在 2009 年欧洲选举中没有实现选举突破。在地方选举中占有地方议会少量议席。目前在国内众议院中有 1 名议员。2003 年成立大会上发布《绿色宣言》，阐释绿色政治的基本原则：社会正义与团结，公民社会，环境保护和可持续发展，性别平等，尊重自然、文化和宗教多样性，保护少数群体权利，非暴力的冲突解决方案。党的领导人是玛格丽特·索耶（Malgorzata Tracz）和亚当·奥斯托斯基（Adam Ostolski）。波兰绿党是欧洲绿党的成员党。（王聪聪）

波兰生态俱乐部

Polish Ecological Club

由波兰新闻记者及研究人员创立，1980 年成立于克拉科，波兰第一个独立的大众性环境压力组织，苏联地区最早的绿色团体之一。最初活动重点是组织关于环境污染和生态保护的讨论与论坛，宣传与揭露波兰的环境恶化现状，抨击波兰政府由于长期经济增长战略带来的生态失衡和环境灾难。多次组织公众的生态抗议运动，后来成为波兰绿党，是中东欧国家第一个绿党的创立者和初始成员。（王聪聪）

波兰团结工会

Polish Solidarity Campaign

20 世纪 80 年代初苏联地区的第一个独立工会，1980 年 8 月在格但斯克列宁造船厂成立，领导人莱赫·瓦文萨（Lech Walesa）。多次发动非暴力社会抗议，1981 年 6 月成立人与环境委员会，通过委员会强化国内环境保护、合理利用自然资源。人与环境委员会与生态俱乐部同其他环境团体展开合作。1981 年底波兰共产党政府开始对团结工会实施戒严和政治迫害，试图取缔团结工会，人与环境委员会的政治影响逐渐减弱。与此同时，生态俱乐部由于生态关切在社会上扩大政治影响。（王聪聪）

波特假说

Potter hypothesis

新古典经济学认为，环境保护政策会提高私人生产成本，降低企业竞争力，从而抵消环境保护给社会带来的积极效应，对经济增长产生负面效果。波特等学者认为不能将环境保护与经济发展的关系简单对立起来。他们认为，适当的环境规制可以促使企业进行更多的创新活动。这些创新将提高企业的生产力，抵消由环境保护带来的成本增加并且提升企业在市场上的盈利能力，这就是波特假说。波特假说认为环保政策对经济产生影响的主要途径是促进企业进行技术创新或采用创新性技术，虽然可能在短期内增加成本，但在长期内可以提升企业生产效率，增加企业竞争力，促进经济增长。波特假说肯定了政府在协调经济增长与环保政策关系中的作用。首先，企业很难拥有对环保创新技术的充分信息，政府在获得相关信息方面拥有天然优势，所以政府应该积极提供企业在进行环保相关技术创新和技术引进时需要的信息。其次，在解决环境问题时，政府应该设计适当的机制，利用市场力量，引导企业在最大化自身利益的同时，执行环保政策。（牟世晶）

剥削

Exploitation

社会上一部分人或集团凭借其对生产资料的占有和垄断，无偿占有另一部分人或集团的剩余劳动，甚至部分必要劳动的现象。剥削不是从来就有的，而是人类社会发展到一定时期的产物。由于社会分工的发展，私有制的产生，社会划分为不同阶级以后，才产生了剥削。原始社会生产力非常低下，人们的全部劳动产品只能维持生存，没有剩余劳动和剩余产品，没有人剥削人的可能条件。原始公社末期，游牧部落分离出来，生产有所发展，劳动产品有所剩余，使剥削成为可能。生产资料私有制的出现和社会分为不同阶级，使剥削成为现实。在人类社会发展过程中，先后存在过奴隶占有制、封建制和资本主义三种剥削制度。它们的共同点是，凭借占有生产资料，占有失去生产资料的人们的剩余劳动乃至部分必要劳动。它们的区别点是占有别人剩余劳动的具体形式不同：奴隶主既占有生产资料又占有奴隶，奴隶的全部劳动成果都归奴隶主所有，奴隶得到的只能像牛马一样的被饲养。封建地主占有土地，农民的剩余劳动和部分必要劳动以地租形式交给地主。资本家占有生产资料，以占有剩余劳动的形式剥削工人，工人的必要劳动转化为工资，掩盖了剥削的实质。剥削是一个阶级统治和压迫另一个阶级的经济根源，是剥削阶级发财致富和被剥削阶级生活贫困的根本原因。剥削不是永恒的经济现象。资本主义是人类社会最后的一个剥削制度。社会主义消灭生产资料资本家所有制，建立生产资料公有制，劳动人民成为国家和企业的主人，从而消灭一个阶级剥削另一个阶级的经济基础。消灭剥削是社会主义制度优越性的重要标志之一。（李庆）

伯约恩·洛姆伯格

Bjørn Lomborg, 1965 ~

丹麦环境经济学家，哥本哈根商学院兼职教授。洛姆伯格的环境主义思想中有极强的普罗米修斯主义意蕴，对科学技术解决生态危机的能力抱有较强的信心，对当前生态科学家强调难以用技术手段解决气候变化的观点提出质疑。认为与其把大量资金投入到很难短期见效的全球变暖问题上，还不如把同样的资金投入到眼前可以解决的饥饿、贫困和教育问题上。2009 年被评为“世界上最受敬仰的全球变暖怀疑论者”，著有畅销书《怀疑的环境主义者》（2001）。（徐越）

《柏林纲领》

Berlin Programme

德国社会民主党 1989 年通过的政党基本纲领，在很多方面对《哥德斯堡纲领》做出重大修改和补充。在坚持传统凯恩斯经济管理模式的基础上，努力寻找与新社会运动的切合点，吸纳更多新社会运动的思想资源，试图回应变化的新世界，特别是回应生态现代化。这表明德国社会民主党努力寻找中间化的意识形态，以赢得中间阶层以及新政治群体的支持。重申社民党的意识形态社会民主主义的基本价值理念，提出社民党政策的新范式，同时对经济进步和增长做出重新评价。《纲领》的另一个创新点是提出生态现代化和有质量增长的理念，展现社民党积极的环境政策立场。《柏林纲领》集中体现德国社会民主党关于社会民主主义政策更新的共识，以及关于现代化和进步观念的新的政治愿景。两德统一的政

治进程冲淡了人们对新纲领的关注，纲领也没有给社会民主党的政策和实践带来实质性改变。（王聪聪）

柏林自由大学环境政策研究中心

Berlin Free University Environmental Policy Research Centre, FFU

德国柏林自由大学下设的研究机构，世界著名绿色智库之一。柏林自由大学属于德国精英大学，社会科学（特别是政治科学）排名位居世界前列。中心在国际社会拥有较高知名度，是比较国际环境和可持续能源政治与政策研究机构。中心由社会科学国际研究者与学生组成，为环境和可持续能源的政治和政策提供政策建议。中心主要进行学术和政策相关的研究，同时还为本科生和研究生提供广泛的社会科学教育项目，包括能源和环境领域。中心目前拥有 30 多名研究学者、100 多个硕士生和博士生在国际和多语言环境中学习和工作。环境保护和新能源是当前的最大挑战之一，中心研究学者从事气候变化、环境和能源、可持续发展战略和生态多样化等研究议题。作为社会科学机构，中心探究行为体、结构、过程和战略的角色，以及环境政策在国际、国家和共同体层面的结果。中心侧重研究环境领导者身份、政策扩散、生态现代化和创新、政策一体化和评估、环境评估。中心与欧洲、亚洲、北美和南美的众多研究机构和大学、非政府组织有合作关系。马丁·耶内克 1986 年在柏林自由大学奥托—苏尔研究所框架下创办这一研究中心。2007 年 10 月米兰达·施罗伊尔斯担任中心主任。（徐越）

博弈论模型

The Game Theory Model

模型包括：1. 纳什均衡。假设有 n 个局中人参与博弈，给定其他人策略的条件下，每个局中人选择自己的最优策略，从而使自己利益最大化。这种策略组合由所有人参与最优策略组成，即在给定别人策略的情况下，没有人有足够理由打破这种均衡。纳什均衡是非合作博弈均衡。在博弈过程中，无论对方策略选择如何，当事人一方都会选择某个确定的策略，则该策略被称作支配性策略。如果两个博弈的当事人的策略组合分别构成各自的支配性策略，那么这个组合就是纳什均衡。2. 智猪博弈模型。假设大猪和小猪住在一个猪圈里，只要去踩踏板，进食口就会自动补充食物，但是每次小猪去踩踏板，赶到进食口前大猪就会把食物吃完，如果是大猪去踩踏板，小猪在大猪赶到进食口前至少可以吃到一些。这样几次踩踏板的结果会是小猪再不会去踩踏板，不踩反而可以吃多点，大猪想进食必须去踩踏板。3. 零和博弈。指参与博弈的各方，在严格竞争下，一方的收益必然意味着另一方的损失，博弈各方的收益和损失相加总和永远为零，双方不存在合作的可能。非零和博弈在生活中表现为情侣分手。4. 囚徒困境模型。设想困境中两名理性囚徒会如何做出选择：若对方沉默，背叛对方供认他的罪行会让我获释；若对方背叛指控我，我也要指控对方才能得到较低的刑期。理性囚徒各自从自身理性分析判断最终会选择背叛指控对方，结果是双方一起被拉下水。（史月田）

薄膜太阳能电池

Thin-film Solar Cell

指采用半导体薄膜（玻璃、塑料、陶瓷、石墨、金属片等）当基板制造的太阳能电池。可产生电

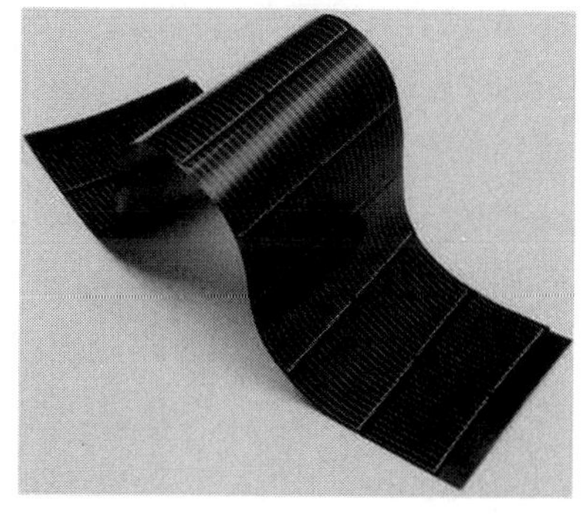

压的薄膜厚度仅需数微米，目前转换效率最高可

达 13%以上。除平面外，因具有可挠性可以制作成非平面构造，与建筑物结合或是成为建筑物的附加部分，应用非常广泛。可以分为硅基薄膜电池、碲化镉（CdTe）薄膜电池、铜铟镓硒（CIGS）薄膜电池、砷化镓（GaAs）薄膜电池、染料敏化太阳能电池（DSSC）五类。1. 硅基薄膜电池包括非晶硅薄膜电池、微晶硅薄膜电池、多晶硅薄膜电池。目前市场主要是非晶硅薄膜电池产品。非晶硅薄膜太阳能电池由 Carlson 和 Wronski 在 20 世纪 70 年代中期开发成功，80 年代生产曾达到高潮，约占全球太阳能电池总量的 20%左右。非晶硅薄膜电池具有低成本、能量返回期短、大面积自动化生产、高温性能好、短波响应优于晶体硅太阳能电池等优点，目前存在效率较低、稳定性不强、成本较高等问题。非晶硅薄膜电池主要应用于大规模发电站（如 1996 年美国 APS 公司在美国加州建的 400 千瓦的非晶硅电站），与建筑相结合、建造太阳能房，太阳能照明光源，弱光下使用（如太阳能钟、太阳能手表、太阳能显示牌等）。2. 碲化镉薄膜电池是最早发展的太阳电池之一，由于工艺过程简单，制造成本低，实验室转换效率已超过 16%，大规模效率超过 12%，远高于非晶硅电池。由于镉元素可能对环境造成污染，使用受到限制。近年来美国 First Solar 公司采取独特的蒸气输运法沉积等特殊措施，解决污染问题，开始大规模生产，并为德国建造世界最大的光伏电站提供 40MW 碲化镉太阳电池组件。3. 铜铟镓硒薄膜电池是近年发展的新型太阳电池，通过磁控溅射、真空蒸发等方法，在基底上沉积铜铟镓硒薄膜。薄膜制作方法主要有多元分布蒸发法和金属预置层后硒化法等。基底一般用玻璃，也可用不锈钢作为柔性衬底。实验室最高效率已接近 20%，成品组件效率已达到 13%，是目前薄膜电池中效率最高的电池之一。4. 砷化镓薄膜电池是在单晶硅基板上以化学气相沉积法生长 GaAs 薄膜所制成的薄膜太阳电池，直接带隙 1.424eV，具有 30%以上的高转换效率，很早应用于人造卫星的太阳电池板。然而砷化镓电池价格昂贵，且砷是有毒元素，所以极少在地面应用。5. 染料敏化太阳电池是太阳电池中相当新颖的技术产品，由透明导电基板、二氧化钛（TiO2）纳米微粒薄膜、染料（光敏化剂）、电解质和 ITO 电极所组成。目前仍停留在实验室阶段，实验室最高效率在 11%左右。（参考：章诗等：《薄膜太阳能电池的研究进展》，《材料导报》2010 年第 9 期第 126 ~ 131 页。**朱配辰　石艳峰**）

补偿深度

Compensation Depth

是指光照可以达到的水生群落昼夜光合作用产生与消耗氧气相平衡的水层深度。随着水体向下光线变弱，光合作用也随之减弱，当深度达到沉水植物光补偿点时，即该水域的补偿深度，也是该水域水生光合植物垂直分布的下限。补偿深度与水体透明度有密切的关系，水体透明度越高补偿深度越深，反之亦然。目前，我国过快的经济发展导致水体污染加重，很多湖泊生态系统被破坏，尤其是水体的富营养化问题突出，水体透明度下降，影响沉水生物的生长。沉水植物不仅是湖泊生态系统的重要组成部分，也是治理水体富营养化的关键。因此，关于水体补偿深度的研究开始被应用于治理水体污染，特别是根据影响补偿深度空间分布的因素来研究沉水植物的保护和恢复，利用沉水植物净化污染等。（**韩铮**）

补偿正义

Compensation justice

分配正义的公平价值要求根据每个人的功绩、价值来分配财富、官职、荣誉等，是以承认人天生的体力和智力的不平等性为前提。补偿正义反映的是人们之间的绝对平等关系，它以人的等价性为依据，对任何人都一样看待。一般说，分配正义的公平价值是实质正义，在于通过这种形式达到事实上的价值和利益的相称分配。补偿正义又称交换正义，主要是在商品交换过程中形成的契约性的正义原则。强调重心是纯形式上的平等，要求在利益分配上考虑因为自然和社会带给个体的差异，对于因为这种差异导致的差别给予必要的弥补。补偿正义的价值取向是机遇应当首先向社会最不幸的弱势群体和阶层倾斜。只有当社会制度设计和实践体现这种价值取向，才向和谐社会迈出实质性一步。这种关于分配正义中公平价值与公正价值的正义划分方法及思路，对于我们进行和谐社会建设的制度设计有十分重要的现实意义。（参考：蔡振亚：《论和谐社会语境中补偿正义对分配公平的校正》，《湖湘论坛》2007 年第 6 期第 97 ~ 99 页。牟世晶）

补选

By-election

补缺选举的简称，又称特殊选举。当选举产生的国家代表机关代表或其他公职人员由于死亡或退休等原因而退出公职时，为补充空缺议席而举行的选举。美国、菲律宾、阿根廷、马来西亚、巴基斯坦、土耳其等国实行此种选举。《中华人民共和国全国人民代表大会和地方各级人民代表大会选举法》第 42 条规定，代表在任期内，因故出缺，由原选区或原选举单位补选。地方各级人民代表大会代表在任期内调离或迁出本行政区域的，其代表资格自行终止，缺额另行补选。县级以上的地方各级人民代表大会闭会期间，可以由本级人民代表大会常务委员会补选上一级人民代表大会代表。补选出缺的代表时，代表候选人的名额可以多于应选代表的名额，也可以同应选代表的名额相等。补选的程序和方式，由省、自治区、直辖市的人民代表大会常务委员会规定。（李庆）

捕捞限额制度

The Fishing Quota System

国际渔业管理制度中的重要管理措施之一，以保障渔业资源合理、可持续利用为目的，以渔业资源捕捞量与鱼类资源可再生量之间的动态平衡理论为理论基础，对一年中某一时段以及某一海域进行渔业作业严格控制的渔业管理制度。源于 1982 年第 3 次联合国海洋法大会通过的《联合国海洋法公约》确立的专属经济区制度。专属经济区即国家将主权扩展至相邻 200 海里的海域以实现自然资源的开发和保护。为实现专属经济区渔业资源的保护，《联合国海洋公约》要求实行捕捞限额制度，由沿海各国确定专属经济区内的渔业资源可捕量，通过合理的控制和管理保障经济区渔业资源捕捞量与鱼类资源可再生量之间的平衡，实现渔业的可持续发展。捕捞限额制度本质上是产出控制的管理方法。随着专属经济区确立，各沿海国对区内海洋资源重视程度增强，逐渐从直接控制、投入控制等管理措施转变为以渔获量做为管理对象的产出控制管理措施。由于国情的特殊性，沿海各国的总可捕量及其实施方式存在区别。按照是否存在总可捕量的分配，捕捞限额制度可分为总可捕量制度和配额管理制度。配额管理制度又可分为社区配额制度和个人配额制度。个人配额制度还可分为个别可转让配额制度以及个别不可转让配额制度。（参考：万芳：《捕捞限额制度施行效果及实施对策的初步研究》，中国海洋大学 2009 年硕士学位论文第 12 ~ 22 页。欧阳文川）

捕食—被捕食模型

Predator-prey Model

描述捕食者与被捕食者系统内种群数量动态变化的微分方程。生物种群的捕食与被捕食行为是生态系统最基本的关系，因此以模型为工具研究捕食者与被捕食者之间的关系对于研究生物种群数量变化具有重要生态意义。目前国际公认经典模型是 Lotka-Volterra 系统。这一模型建立在美国生态学者 Lotka1921 年提出的化学研究和意大利数学家 Volterra1923 年提出的鱼类竞争研究基础上，做了 3 个简单化假设：1. 相互关系中仅有一种捕食者与一种猎物。2. 如果捕食者数量下降到某一阈值以下，猎物种数量就上升；捕食者数量如果增多，猎物种就下降。3. 如果猎物数量上升到某一阈值，捕食者数量就增多；猎物种数量如果很少，捕食者数量就下降。从模型得出的结论符合自然界真实情况的捕食者与被捕食者之间的关系，两者种群处在动态平衡循环过程。目前这一模型应用于生态学研究生态平衡问题。（参考：马玲：《捕食—被捕食模型的协同学研究及数值模拟》，辽宁工程技术大学 2012 年硕士学位论文第 1 ～ 3 页。韩铮）

《捕鱼和养护公海生物资源公约》

Convention on Fishing and Conservation of the Living Resources of the High Seas

关于捕鱼和养护公海生物资源的国际公约，1958 年 4 月 29 日在瑞士日内瓦签订，1966 年 3 月 20 日生效。《公约》的目的是规范各国在公海捕鱼和保护公海的生物资源。《公约》规定，当事各国需要根据海洋生物资源开发技术的发展，使人类愈益能够供应世界人口的食物需要，但必须保证防止若干资源过度开发，鉴于养护公海生物资源所涉问题，需要各相关国家尽可能在国际合作基础上协力解决。（申森）

不参政

Not participating in politics

19 ～ 20 世纪之交罗马天主教关于禁止意大利信徒参政的规定。19 世纪 60 年代初，都灵记者马尔戈蒂首先提出教徒不选举、不竞选，动员虔诚的天主教徒抵制选举，以抗议意大利政府没收教徒领地。1868 年罗马教廷将“不参政”列为教规。后又规定，地方政府选举不在此禁令范围之内，以防止左派趁机发展势力。1904 ～ 1905 年，教宗庇护十五世实际上已经废除此令。1919 年，教宗本笃十五世正式废除此令，批准建立意大利人民党。此后，意大利天主教徒作为一支有组织的政治势力进入政治生活。（李庆）

不贵难得之货

Pay No Attention to Rare Goods

语出《道德经》：“不尚贤，使民不争；不贵难得之货，使民不为盗；不见可欲，使民心不乱。是以圣人之治：虚其心，实其腹，弱其志，强其骨。常使民无知无欲，使夫智者不敢为也。为无为，则无不治。”不贵难得之货是老子思想中圣人治天下的重要方面。他主张在社会中不推崇所谓珍贵之物，不使民趋向实物之利，不催生民众的贪欲，常使民无知无欲，从而达到老子所说的“无不治”的境地。使民无知无欲是让民众保持在素朴状态中，主张用“无欲”“为无为”的方式实现“无不治”的治国目标。（雷爱民）

不结盟运动

Non-Aligned Movement, NAM

第三世界国家发起的以独立自主、不结盟、非集团原则为主要内容的国际联合与合作运动。1961 年 6 月的不结盟国家会议筹备会议，提出了参加不结盟运动国家的条件：1. 该国的政策应是或符合和平共处和不结盟基础上的独立原则。2. 支持民族解放运动。3. 不是卷入大国冲突的集体军事联盟的成员国。4. 不应是同一个大国签订双边联盟的成员国。5. 该国领土上不应有该国同意的外国建立的军事基地。几十年来，不结盟运动的具体内容不断发展和丰富。从反对老殖民主义发展到反对霸权主义，从政治斗争发展到经济斗争。近 20 年来，不结盟国家和政府首脑会议共召开了 8 次会议。参加不结盟运动的国家从 25 个发展到 100 多个，包括了世界上 2/3 的国家，占世界人口总数的一半。此外，还有 18 个国家和组织的观察员参加不结盟国家首脑会议。不结盟运动内部虽然对世界问题的观点不尽相同，但在重大问题上能够求大同存小异，对国际经济政治秩序产生着日益扩大的影响。（李庆）

不可再生资源

Non-renewable resources

又称不可更新资源。指自然界蕴藏量有限，不具有再生机能，人类不断取用将会导致耗尽的资源。包括自然界各种金属矿物、非金属矿物、岩石、固体燃料（煤炭、石煤、泥炭）、液体燃料（石油）、气体燃料（天然气）等。不可再生资源相对再生资源而言，主要指经过漫长的地质年代形成的矿产资源（金属矿产和非金属矿产）。由于人们对土壤的不合理开发和利用，造成土壤资源的流失；尤其是土壤被污染，会造成土壤成分、结构、性质和功能的变化，失去肥力和净化能力，或是发生沙漠化。这些都是在短期内不能恢复的。因此，有人认为需要漫长的岁月才能形成的土壤也属于不可再生资源。不可再生资源基本上没有更新能力，但是有些可借助再循环而被回收，得到重新利用（如各种金属矿物）；有些是一次耗竭性的，既不能再循环，也不能被回收（如能源矿物）。因此，这类资源又分为可回收的耗竭性资源和不可回收的耗竭性资源两类。地球上储藏的矿产资源有限。由于人类不断地越来越大量地开采，储量逐渐减少，有的已接近枯竭。因而人类必须重视对不可再生资源的合理开发利用问题。（朱配辰）

不透水层

Impervious Surface

指渗透系数小于 0.001 米 / 昼夜的岩层或城市下垫面，位于透水层之下的不透水层对透水层形成含水层具有重要的作用。不同的地质条件，不透水层的分布不同，尤其是随着城市化的发展，城市土地利用和植物覆盖率的变化导致该区域不透水层的分布发生变化，不透水层的增加成为城市发展的重要特征。研究表明，不透水层对于城市环境问题起着重要作用，不透水层的增加导致城市的热岛效应、地面沉降、洪涝灾害等问题加重，城市不透水层的空间格局和动态变化容易引发城市点源污染和水质面源污染，影响城市水文过程和城市植被覆盖率等环境问题。因此研究城市不透水层及其演变，对城市规划及环境治理、建设可持续发展城市有着重要意义。目前多使用卫星遥感技术对城市的不透水层进行监测和研究。（韩铮）

不完全合同理论

The Incomplete Contract Theory

又称不完全契约理论，由格罗斯曼和哈特（Gross man&Hart,1986）、哈特和莫尔（Hart & Moore，1990）共同创立。这一理论又称 GHM 理论或 GHM 模型，即 Grossman — Hart — Moore模型，GHM模型或称所有权—控制权模型。国内学者一般把他们的理论称为不完全合约理论或不完全契约理论。该理论以合约的不完全性为研究起点，以财产权或（剩余）控制权的最佳配置为研究目的，是分析企业理论和公司治理结构中控制权的配置对激励和对信息获得的影响的最重要分析工具。GHM 模型直接承继科斯、威廉姆森等开创的交易费用理论，并对其进行批判性发展。1986 年的模型主要解决资产一体化问题，1990 年的模型发展成为资产所有权一般模型。不完全契约理论认为，由于人们的有限理性、信息的不完全以及交易事项的不确定性，使得明晰所有产权的成本过高，不可能拟定完全契约，不完全契约必然而且经常存在。（史月田）

《不完全竞争经济学》

The Economics of Imperfect Competition

作者琼·罗宾逊，英国著名经济学家，新剑桥学派最有影响的代表人物之一，世界级经济学

家中唯一的女性。本书被誉为垄断经济理论的奠基性著作之一。不完全竞争，又称为有效竞争，最早由美国经济学家 J·M·克拉克针对完全竞争

概念提出。克拉克认为完全竞争虽然被精确定义和阐述，但是其在现实中不可能存在。不完全竞争可分为垄断竞争、寡头竞争和完全垄断 3 种类型，其中完全垄断同完全竞争一样，在现实中无法存在，仅仅是理论上的抽象概念。中译本 2012 年 1 月由华夏出版社出版，王翼龙译。（代富宇）

布尔什维克主义

Bolshevism

俄国社会民主工党中以列宁为代表的马克思主义者，俄语“多数派”的音译。在 1903 年召开的俄国社会民主工党第 2 次代表大会上，以列宁为首的马克思主义者同马尔托夫等机会主义者在制定党纲、党章和选举党的领导机构时，展开激烈斗争。列宁等主张在党纲中列入无产阶级专政、农民问题和民族自决权条文，在党章中列入党的组织性和纪律性条文。最后，在选举党中央领导机构时，因以列宁为首的马克思主义者在中央委员会和《火星报》编辑部获得多数票，被称为布尔什维克。马尔托夫等机会主义者只得到少数票，被称为孟什维克（俄语“少数派”的音译）。两派在政治上、思想上已分裂并展开激烈斗争，但在组织上仍在一个社会民主工党内。直到 1912 年第 6 次党代表会议才将孟什维克清除出党，组成布尔什维克独立政党。1918 年党的第 7 次代表大会根据列宁的提议，将俄国社会民主工党改名为“俄国共产党（布尔什维克）”。自此，布尔什维克便成为共产党人的同义语。1925 年党的第 14 次代表大会又将名称改为“苏联共产党（布尔什维克）”，简称“联共（布）”。以列宁为首的布尔什维克在同孟什维克、取消派等形形色色的机会主义分子以及国内外各种反对派和第二国际修正主义的激烈斗争中，捍卫和发展马克思主义关于无产阶级革命和无产阶级专政的理论和策略，把马克思主义推进到一个新的阶段。因此，这个理论和策略便被称为布尔什维克主义。（李庆）

布哈林平衡论

Buhalin’s Balance Theory

平衡论涉及哲学、伦理学、社会学、政治学、经济学、经济学、法学等广泛领域。在经济领域，俄国布哈林给平衡做出定义：“某种体系如果不能自动地，即没有从外面加给它的能，改变本身的状态，人们就说它处于平衡的状态。比如说，要是给某个物体施加数个互相平衡的力，它就处于平衡状态；要是减少或增加其中的一个力，平衡就被破坏了。”布哈林在《历史唯物主义理论》中将社会与自然视为平衡与不平衡的动态体系。在这个动态体系中，包含着人、物和观念等要素之间的动态平衡。在平衡理论中，人及人类社会本身都是自然界的产物，是这个巨大无限的整体的一部分，自然界是人类社会存在的基础。人类和自然之间的冲突及为化解冲突所做的努力，即平衡与不平衡的辩证关系推动人类社会前进。（李雪姣）

布莱恩 · 多尔蒂

Brian Doherty, 1968 ~

英国基尔大学政治社会学教授、政治研究中心主任，1991 年获得曼彻斯特大学博士学位，博士论文主题是绿党的意识形态。研究领域是环境

运动中创新观点和行动之间的关系。曾获得英国经济和社会研究理事会的资助项目。研究涉及环境主义、绿党、地方环境抗议者、非政府组织、英国和其他国家的环境直接行动、抗议和社会运动等议题。主要著作有：《超越边界：环境运动

与跨国政治》《民主与绿色政治思想》《绿色运动的观念和行动》等。最新著作是《环境主义、抗争和团结一致》，分析主要环境非政府组织如何跨国行动。作者选取国际地球之友的74个国家分支机构，经过调研和访谈等，分析国际地球之友如何发展为较有影响力的国际环境组织，以及为什么其中也存在着地区间、南北间的差距。作者强调，国际地球之友的团结一致保证其有能力克服内部危机，从而追求共同目标。（徐越）

布赖恩·托卡

Brian Tokar

20世纪80年代以来生态行动主义活动家、作家，现为佛蒙特的社会生态学研究所所长和环境研究讲师。生年不详。代表作有《绿色选择》（1987/1992）、《销售地球》（1997）、《气候正义：气候危机与社会变迁视角》（2010/2014）。（徐越）

布里斯·拉龙德

Brice Lalonde, 1946 ~

法国著名政治家和绿色活动分子，曾担任法国环境部长，1990年创立绿党生态一代。1968年5月参与并领导著名的“五月风暴”。曾担任法

国全国学生联盟的主席，提出“让消费社会见鬼去吧”等激进的环保口号。活跃于绿色和平组织的反核运动之中。1970年参与创建绿色团体土地之友社（Les Amis de la Terre），1981年作为候选人参加总统大选，1988 ~ 1990年担任法国环保部秘书，1990 ~ 1992年担任法国环境部长；1995 ~ 2008年担任法国西北部布列塔尼地区小城海滨圣布里亚克（Saint-Briac-sur-Mer）的市长。2007年被任命为法国气候变化大使，将大量精力投入到气候变化谈判中。2010年被任命为联合国秘书长潘基文的秘书，以及联合国可持续发展大会（Rio+20）执行委员会的协调员。生态一代在1992年的选举中获得历史性成绩，此后逐渐落后于法国绿党。1995年再次参加法国总统大选，但未能跨越500个民选代表签名的门槛。2002年卸任生态一代党的领导职务。（王聪聪）

布伦特兰夫人

Gro Harlem Brundtland, 1939 ~

国际知名女政治家、外交家。生于奥斯陆，毕业于奥斯陆大学和哈佛大学。1974 ~ 1979年担任挪威环境部长。在政治生涯中一直重视国内

环境保护，取得举世瞩目的成效。1983年担任联合国环境和发展委员会主席，领导环境和发展委员会1987年递交题为《我们共同的未来》工作报告。报告首次正式提出“可持续发展”理念，为这一理念定义为：“既满足当代人的需要，又不对后代人满足其需要的能力构成危害的发展”。这一定义得到广泛接受，成为1992年巴西里约联合国环境与发展大会的主基调，世界各国政府的共识。除可持续发展概念外，她还在报告中提及

其他解决全球环境问题的根本指导方针和原则。指出：环境和发展问题涉及世界各国后代人的利益，需要长远规划；人口、资源、环境和发展是不可分割的，需要综合考虑；不同的政治制度、发展阶段、文化背景和宗教信仰的国家，尤其是发达国家与发展中国家需要进行广泛合作等。1981 年出任工党政府首相，是挪威历史上第一位女首相。在 1986 年和 1990 年再次出任挪威首相。1993 年挪威大选工党再次获胜，连任首相，1996 年辞去首相职务。曾担任世界卫生组织总干事、联合国基金会董事会副会长等职务。1994 年被授予德国查理曼和平奖。2014 年 9 月获得第一届唐奖永续发展奖。参见**格罗 · 哈莱姆 · 布伦特兰**。（王聪聪　李雪姣）

布依族生态文化

Buyi ecological culture

布依族人热爱自然、保护自然环境的生态思想和实践行为体现在方方面面。物质文化、饮食文化、服饰、建筑、精神信仰、生活习俗等都直接或间接表达和承载布依族人的生态伦理思想。在饮食上，布依族人对食物的选择和搭配体现良好的生态习惯。布依族人自古种植水稻，主食以大米为主，以玉米、小米、麦子、高粱等为辅。地势稍高、雨水相对较少的地方，土豆、白薯常常摆上餐桌。在布依族的居住文化中，房屋的选址、造型、结构、用材等等都与生态环境密切相关。他们根据自己的生存环境因地制宜，就地取材建造最能适应当地气候和环境的房屋。布依族人由于大多生活在山区，可耕之地相对较少，所以在选择宅基地时，一般选择小山坡或在半山腰，从而减少对可耕之地的占用。布依族人约定俗成或制定大量的宗教禁忌、乡规民约习惯法、礼仪礼俗等，其中蕴含的生态伦理思想在调节布依族人与自然的关系中发挥着巨大的作用。布依族文化中普遍存在大量宗教禁忌，对于保护生态起着不可估量的作用。这些禁忌的作用是为禁止某类行为模式，而通过树立超验的存在，宣称如有违者，必然受其惩罚，由此使信众心生恐惧，产生趋吉避凶、趋利避害的心理效应，使其明白哪些行为是禁止或允许的，从而约束自己。（牟世晶）

部长级会议

Minister-level meeting

不同国家间或地区合作的较高级别的会议和机制，由各国部长及其他相关人员参加。通过定期举行部长级例会，讨论加强国家间或地区内部在政治、经济、安全等议题领域的合作，回顾论坛或行动计划执行情况并制订新计划，或就共同关心的地区和国际问题交换意见等。（申森）

C

财 参 草 策 岑 差 查 察 拆 禅 产 长 常 偿 畅 超 潮 车 沉 陈
成 城 惩 持 赤 崇 重 臭 初 除 雏 传 船 创 垂 慈 次 从 粗 村

财产权

Property Right

民事权利体系中的基本类别，它是以财产为标的，以经济利益为内容的权利。包括物权、知识产权、债权和继承权等。财产权是人身权的对称，财产权与人身权的两分法以及物权、债权的二元结构，是传统财产权制度体系构建的基本范畴。中国自改革开放以来，为适应不同时期社会经济发展的需要，1982 年开始《宪法》明确规定公民财产所有权，历经几次修改，有关保护私有财产的法律也逐渐完善。（代富宇）

财政偿还能力分析

Fiscal Solvency Analysis

财政金融领域对资产负债的基本分析。1. 对各类债务进行科学的事前论证，对资金的借用还进行整体规划，按照“谁举债谁偿还”的原则，严格确定偿债责任单位，确保落实偿债资金来源，按合同规定按期还本付息。2. 建立项目评审制度，对建设项目的规模、资金来源、成本和偿债资金来源、建设项目效益等进行评审论证，避免举债的盲目性和随意性。3. 结合债务偿还期限，分析国民收入总额和政府可支配收入及其增长趋势是否具有支撑能力，可以用负债率、债务率、偿债率等指标进行反映：负债率 = 债务余额 / 当年地区生产总值；债务率 = 债务余额 / 当年可支配财力；偿债率 = 年度还本付息额 / 当年可支配财力。按照要求，各地应将负债率控制在 10% 以内，债务率控制在 100% 以内，偿债率控制在 15% 以内。4. 是否具有充足的偿债资金来源。就目前情况来看，地方政府偿还负债的资金来源主要为土地出让收入，其收缴是否及时、是否到位，直接影响政府负债还款来源的稳定性和正常性。可以从国家宏观调控政策因素、现有土地存量、存量土地的性质、土地市场价格，测算政府可收取的土地出让金净收入、土地出让金收缴率、土地价格升降趋势等指标，分析地方政府未来一定时期的土地出让收入情况，政府负债的主要偿还资金是否充足。但在具体分析时，还要结合国家宏观调控政策、财政政策、金融政策等国家经济政策变动的不可测因素。（史月田）

财政收支平衡原则

Basic balance principle of budgetary revenues and expenditures

指在一定时期内（通常为一个财政年度）财政收入与财政支出之间的等量对比关系。事实上，财政收入与支出在总量上的平衡，只有在编制预算时才能存在，预算执行结果收入与支出恰好相等的绝对平衡状态是很少见的，通常不是收大于支，就是支大于收。由于超过收入的支出在资金和物资上是没有保证的，往往会给经济带来不利影响。所以，为了稳妥起见，人们往往在习惯上把收大于支、略有结余的情况称之为财政平衡。但另一种观点认为，既然预算执行结果无法做到收支绝对平衡，那么略有结余或略有赤字都应视为财政平衡。各国有所不同，差别主要表现在如何处理国债收支上。有的国家把国债收支列入财政收支平衡的范围，如苏联；有的国家则不列入，如美国；也有的国家在计算财政平衡时把一部分建设国债包含在正常收入之内，把为弥补赤字而发行的国债视为财政赤字，如日本；中国把国债收入列入正常收支范围，而不视为赤字。（史月田）

财政政策

Fiscal Policy

指国家根据一定时期政治、经济、社会发展的任务而规定的财政工作的指导原则，通过财政支出与税收政策的变动影响和调节总需求。根据财政政策调节经济周期的作用来划分，可分为自动稳定的财政政策和相机抉择的财政政策；根据财政政策调节国民经济总量和结构中的不同功能来划分，可分为扩张性财政政策、紧缩性财政政策和中性财政政策。从内容上看，包括财政收入政策和财政支出政策。财政政策的作用包括：控制赤字、增收节支、推进改革、调整结构。（代富宇）

参议院

The senate

美国国会两院之一。1787 年根据《美利坚合众国宪法》建立，1789 年正式开始工作。议员议席按州分配，每州不论大小均有两个议席。当选参议院议员必须年满 30 岁，具有 9 年以上公民资格。国会参议员初由各州议会选出，1913 年改为各州选民直接选举，任期 6 年，每 2 年改选三分之一。参议院议长由副总统担任。在机构设置上，参议院设常设委员会及若干临时委员会，处理日常立法工作。在职能方面，除征税法案外，可以对任何问题提出立法建议，同时独享通过或否决条约、审讯被弹劾的官员、批准或驳回总统的任命等权力。如无副总统候选人获得多数选举人票，还可选举副总统。（李庆）

参与

Participation

20 世纪 60 年代初首先由欧洲共同体国家广泛使用的一个概念，用以强调在机构内部实行民主决策的必要性。它的基本内容包括：受到各种社会和政治机构决策影响的人们，都必须有权参与这些决策的制定过程。西方学者认为，现代社会的规模及其复杂性，政治权力的强化和官僚体制的发展，经济权力的高度集中和垄断，都意味着必须加强传统的西方民主制的各种保障措施，否则，对于少数人或小集团以国家或地方当局或某个庞大公司的名义制定的各种影响人们生活的重大决策，社会就不可能进行有效的监督和检查。有了人们的更多参与，就可能在保障实行民主决策方面发挥一定的作用。一般认为，“参与”在西方并不是一个新概念，它在资本主义国家的政治学研究中早已出现，但只是在第二次世界大战以后，这个概念才进入经济、文化、教育以及其他社会生活领域，具有了普遍的意义。1952年，联邦德国政府为了缓和劳资矛盾，首先提出由雇员代表参加有关企业的管理决策。不久，类似形式的措施迅速为西欧一些国家竞相采纳，欧洲经济共同体也提出以此作为它的目标。参与概念从此在经济领域得到广泛应用。60年代末和70年代初，西欧发生大规模青年和学生运动，第一次把“参与”口号引进文化教育领域，进一步扩大这个概念的使用范围。此后，参与作为一种民主形式，基本上为西方社会一切领域所公认，工人参与、政治参与、民主参与等一系列类似概念，实际上都是由参与本身派生而来的。当然，参与理论为资本主义国家所接受，绝不意味资产阶级的政府将甘心情愿地让工人阶级参与决策，损害资本的利益；充其量，不过是缓和国内各种矛盾的一种手段。（李庆）

参与媒体

Participatory Media

新媒体引导公众不断参与媒介传播过程和渠道，形成新时代下参与媒体。从媒体演进的进程来看，日益呈现出内容与介质的分离、应用与承载的分离。从媒体传播的规律来看，内容—渠道—人的广播式传播时代，是“内容为王”的时代；随着网络的泛在化、终端的智能化，内容与内容、内容与人、人与人之间的连接，使人和内容本身都成为重要的传播载体，而不再依赖于渠道，进入了“内容＋关系为王”的时代。视频网站、手机电视、IPTV、OTT TV、有线高清互动电视、微博/微信对视频的传播分享、视频APP等等改变了视频节目收看的渠道、终端及方式，由单向广播变成了双向互动、点播，由整频道观看变成了可以碎片化选择观看，由电视频道有限的播出时间变成了通过视频服务器的无限内容提供。但其商业模式并没有实质意义的改变，仍是广告为主，辅以少部分的付费。在参与媒体时代，用户直接参与到内容的生产、制作、播出环节，能够影响甚至改变节目的进程与结果，才能真正拉动用户的黏性，用户也会主动对他参与的节目进行社会化的传播，甚至，可以参与节目的投资。可以说，只有用户深度参与其中的媒体，才是真正的新媒体。（张惠娜）

参与美学

Participation Aesthetics

生态美学的重要审美观。融生态学与美学于一体的审美方式与观察视角，试图突破传统的“无利害的、静观式的”美学模式，认为对自然环境的审美是人与自然环境相融合的审美参与，审美者需要深入参与到自然环境当中，形成包含多种感觉经验与多种价值体验于其中的包容性审美体验，从而形成一种具有包容性的、整体性的生态审美观。阿诺德·柏林特是西方当代环境美学的代表人物。他的“参与美学”为学界所熟知，他倡导大环境观，强调人们生活于其中的大环境，主张体验生活环境的自然过程，建立在艺术和自然之间具有连续性和相似性的大环境。参与美学强调感知经验，强调体验过程，它实质上是体验美学。参与美学理论对西方现代美学、环境美学影响较大。柏林特倡导的审美参与理念、大环境观、经验融合、连续性等都为环境美学提供视角，为生态美学发展提供方向。（雷爱民）

参与型政府

Participatory Government

又称政府的参与模式或授权模式。基本理念是：在官僚机构的低层有巨大潜能和才能被压抑而没有充分发挥出来，以公共部门的科层制和规章制度为基础的管理是妨碍政府管理与效率的严重障碍，赋予被排除在决策过程之外的低层官员和公民更大的参与权，是改善公共行政的重要路径。在管理过程方面，参与模式首先主张低层官员和公民被直接吸收到管理决策过程中来，高层管理者用很小的参与权换取低层官员更高的劳动生产率和忠诚，以及公民更多的支持。在公共决策方面，参与模式并不认为按照集权的方式进行决策，然后通过法律和相对严格的官僚层级加以实施，就会取得最好的政府管理效果。参与模式主张决策过程的权力下放，即自下而上而不是自上而下的决策。在公共利益方面，参与模式认为，公共利益取决于公民在政策选择过程中的参与程度。换言之，参与本身是公共利益的组成部分。同时，参与被认为是实现公共利益的最好机制。由于一线官员直接同环境打交道并最了解情况，自下而上的决策程序无疑会使政府的决策更为客观；参与使公民对政府决策施加重大影响，公民有权反映自己的愿望和要求，并同持不同政策观点的其他公民进行直接的辩论，由此公共利益得以实现。（刘中华）

参政党

Party Participating in Government

尤其指在中国除了中国共产党之外的民主党派。中国共产党是执政党，各民主党派是参政党，中国共产党与各民主党派是亲密友党。中国共产党领导的多党合作和政治协商制度，是中国特色的政党制度，也是我国的一项基本政治制度。中国共产党执政的实质，是代表广大人民掌握人民民主专政的国家政权。各民主党派参政的基本特点是：参加国家政权，参与国家大政方针和国家领导人选的协商，参与国家事务的管理，参与国家方针、政策、法律、法规的制定和执行。中国共产党和民主党派是通力合作、共同致力于社会主义事业建设的亲密友党。（李庆）

草地承载力

Grassland Carrying Capacity

指一个地区的草地生态系统在维持其持续发展的前提下所能承养的最大数量牲畜的能力。草地资源是发展畜牧业的主要生产资料，由于草地生态系统的脆弱性，过度放牧破坏地表植被，极易导致草地的退化与荒漠化。对草地承载力的研究为实施草畜平衡制度提供重要依据。（任傲尘）

草地生态农业模式

Grassland Ecological Agriculture Pattern

模式遵循植被分布的自然规律，按照草地生态系统物质循环和能量流动的基本原理，运用现代草地管理、保护和利用技术，在牧区实施减牧还草，在农牧交错带实施退耕还草，在南方草山草坡区实施种草养畜，在潜在沙漠化地区实施以草为主的综合治理，以恢复草地植被，提高草地生产力，遏制沙漠东进，改善生存、生活、生态和生产环境，增加农牧民收入，使草地畜牧业得到可持续发展。模式包括牧区减牧还草模式、农牧交错带退耕还草模式、南方山区种草养畜模式、沙漠化土地综合防治模式、牧草产业化开发模式等类型。（史月田）

《草地学报》

Acta Agrestia Sinica

1991年创刊。中国科学技术协会主管、中国草学会主办、中国农业大学草地研究所承办的草学领域高级中文学术刊物，兼发英文文章。旨在

报道草学领域最新科研成果，促进学术交流，推动草业发展。宗旨：主要刊登国内外草地科学研究及相关领域的新成果、新理论、新进展，以研究论文为主，兼发少量专稿、综述、简报和博士论文摘要，为从事草地科学、草地生态、草地畜牧业、草坪与城市绿化及相关领域的高校师生和科研院所的科研人员服务。主要栏目：特邀专稿、综合评述、研究论文、研究简报等。双月刊，ISSN：1007-0435。（席溢）

草根性环境非政府组织

Grassroots Environmental Non-Governmental Organ

ization

相对于政府支持的环境非政府组织而言，指由公众在自愿基础上建立的环境非政府组织。这类环境非政府组织，通常得不到政府的特别支持，同时，它们受到政府的直接控制也相对较少，具有较强的独立性。中国较早建立的草根环境非政府组织，是1991年成立的辽宁省盘锦市黑嘴鸥保护协会和1994年成立的自然之友。其他草根性环境非政府组织，还有北京地球村环境文化中心、绿家园志愿者、绿色江河等。草根性环境非政府组织，或者注册为社会组织或民办非企业单位，或者是工商登记的非营利性企业，还包括一些未注册的团体，如绿色知音。草根环境非政府组织或民间环保组织在进行公民环境素质教育并提高公民环境意识、开展监督及为环境事业建言献策、维护社会及公众的环境权益、扶贫解困并推动发展绿色经济、保护珍稀濒危野生动物等方面发挥着积极的作用。2002年，北京地球村、自然之友、绿家园志愿者等12个草根环境非政府组织，赴南非约翰内斯堡参加联合国可持续发展世界首脑会议的边会，这是中国草根环境非政府组织第一次参会。虽然中国的草根环境非政府组织越来越引人关注，但依然难以享受组织登记和税收减免等方面的优惠政策，资金困境更是草根环境非政府组织最主要的瓶颈。与国际环境非政府组织成熟的运作和网络联盟相比，中国环境非政府组织团体依然处于初级阶段。（王聪聪）

《草原法》

Grassland Law

见《中华人民共和国草原法》。

草原改良技术

The Technology of Grassland Improvement

针对退化草原采取农艺、化学和生物等措施进行人工修复的技术。我国退化草原改良研究始于20世纪80年代。农艺改良措施包括浅耕翻改良技术、松土改良技术、火烧改良技术、施肥改良技术、灌溉改良技术等。生物改良措施包括补播改良技术、施枯草或秸秆改良技术等。化学改良则应用酸性盐类化学物质改变盐碱土的性质，是治理重度盐碱化土壤的有效措施。草原改良技术的实地应用中，生物措施具有比化学及农艺措施成本低、见效快、易推广、材料来源广泛等优点。一般情况下往往将农艺、化学和生物措施结合使用，构成复合改良措施，可以取得比单一措施更好的效果，通常的形式有松土加补播、浅耕翻加补播、松土加施肥加补播、施肥加灌溉等。（参考：李存焕、何为平：《草甸草原生产力、承载力及改良技术研究》，《畜牧与饲料科学》1996年第3期第5～8页。刘阳）

草原禁牧休牧制度

Graesland Grazing Prohibition and fallal system

指通过每年特定时间的禁止放牧行为恢复草原植被生产力的政策总和，是草原生态系统功能恢复与重建、防止草地退化沙漠化的重要途径和手段。休牧、禁牧是恢复草地生产力、草地生态功能的常用方法，是人类主动调节和管理草地生态系统的手段。天然草场是畜牧业的重要生产基地和农牧民赖以生存的基本生产资料，也是重要的区域生态屏障。然而，长期的超载放牧以及不合理的生产经营方式严重影响了草地植被的自然更新与恢复，使草地生物群落受到负面影响，草原生态功能受损。牧区草地生态系统的严重受损不仅会影响牧区的生态平衡和经济发展，由此带来的连锁反应甚至会威胁到国家的生态安全。中国是草原大国，拥有近4亿公顷的天然草场，占到国土面积的41.7%和全球草原面积的13%。直至20世纪90年代中期，由于丰富的草场资源，我国草畜矛盾尚未被凸显，草原生态保护未得到充分重视，禁牧休牧制度停留在起步阶段。20世纪末和21世纪初，国家相继实施天然草原植被保护与恢复、京津风沙源治理、草原围栏、优质牧草种子基地、退牧还草等一系列草原建设工程，禁牧休牧制度得到进一步发展。2002年9月国务院颁布《关于加强草原保护与建设的若干意见》，草原禁牧休牧作为一种制度被明确提出，次年修订的《中华人民共和国草原法》为草原禁牧休牧制度提供法律依据。（参考：时彦民：《我国为何要推行草原禁牧休牧轮牧》，《中国牧业通讯》2007 年第 9 期第 22 ~ 26 页；李玉洁等：《休牧对草原生态系统影响研究进展》，《农业环境与发展》2013 年第 4 期第 63 ~ 68 页。欧阳文川）

草原生态系统

Grassland Ecosystem

以各种草本植物为主体的生物群落与其环境构成的功能统一体，是由草原地区植物、动物、微生物和草原地区非生物环境构成，进行物质循环与能量交换的基本机能单位。我国草原生态系统是欧亚大陆温带草原生态系统的重要组成部分，主体是东北—内蒙古的温带草原。根据自然条件和生态学区系的差异，大致可将我国的草原生态系统分为：草甸草原、典型草原、荒漠草原。主要特点为：分布在干旱地区，年降雨量少。与森林生态系统相比，草原生态系统的动植物种类要少得多，群落的结构也不如前者复杂。在不同的季节或年份，降雨量很不均匀。因此，种群和群落结构也常常发生剧烈变化。由于过度放牧以及鼠害、虫害等原因，我国草原面积正在不断减少，有些牧场正面临着土壤盐碱化、沙漠化的威胁。因此，必须加强对草原的合理利用和保护。利用科学管理与技术，建立人工草场，进行分区轮放的放牧制度，合理利用草场，保护和恢复生态草原系统结构和功能。（李雪姣　代富宇）

草原生态学

Grassland Ecology

主要研究对象是以经营草食动物生产，获取动物产品为目标的草原生态系统。随现代畜牧业的发展而产生，核心是研究并阐明草原生态系统的结构、功能及各个亚系统之间的生态关系和调控途径，为充分发挥草原资源的生产潜力和建立优化生产体系提供依据。（李雪姣）

草原土壤

Grassland Soils

通常被称为黑土、黑钙土、软土或均腐土，是草原和森林草原植被下形成的富含有机质、盐基饱和呈中性的暗色土壤，具有深厚的均腐殖质层，通体无石灰反应，土壤自然肥力高，生产潜力大。这类土壤面积约占全球 13％的陆地，主要分布于欧洲、亚洲和美洲，是粮食生产的重要基地。我国草原土壤约 76 万平方千米，主要分布在小兴安岭和长白山以西，长城以北、贺兰山以东的广大地区，集中在内蒙古、黑龙江、新疆和吉林等省（区）内；且由东向西，在温带范围内依次有黑钙土、栗钙土、棕钙土，在暖温带范围内依次有黑垆土、灰钙土，土壤从不含碳酸钙到含有碳酸钙。（王晴晴）

草原文化

Grassland culture

中华民族许多文化传承的源头可以追溯到草原深处。草原是中华文明曙光升起的地方，是中华文明的发祥地。草原文化作为具有鲜明地域特点的文化类型，在漫长的历史年代中与中原文化、南方文化共存并行，互为补充，为中华文明的演进不断地注入生机与活力。中华民族的草原文化，从广义角度分析，包括北方草原（今蒙古草原）、西域地区、青藏高原三大版块；从狭义角度分析，专指北方草原。草原文化以草原民族的游牧文化为主体。在北方草原，以主要发源于蒙古高原西部的匈奴、突厥、回纥（回鹘）、维吾尔、黠嘎斯（柯尔克孜）、哈萨克族系，发源于蒙古高原东部至大兴安岭的东胡、乌桓、鲜卑、契丹、蒙古族系，主要发源于大兴安岭以东的肃慎、女真、满族族系等三大族系的草原民族形成、发展过程中创造的生产、生活、意识形态、风俗习惯的总体，构成北方草原的原生文化，包括北方草原民族与中原民族、西域民族、藏族及南亚、中亚、西亚、欧洲等民族交往中，特别是北方草原民族入主中原、建立中央王朝后创造的次生文化，也包括自古以来生活在北方草原、却并非游牧民族的人们创造的共生文化。（牟世晶）

草原饮食文化

Grassland food culture

草原饮食文化出现的历史大致可以追溯到距今 50 万年前。草原饮食文化从一开始就具有地域性的文化特征。在游牧民族诞生以后，由于自然环境、经济环境和社会文化环境的不同，草原饮食文化在内涵上呈现出草原区域性和民族性的双重属性。在外来文化影响下，具有多样性的特点。草原饮食文化研究，是站在饮食人类学的视野中，研究草原地区人类社会发展过程中的饮食生产、饮食生活、饮食行为、饮食理论、饮食相关文化现象等，将之上升到学科的角度。（牟世晶）

策略理念

Strategy Idea

指特定社会组织生产经营活动或发展行为（包括战略管理活动在内）的指导思想，即为社会组织发展所确定的价值观、信念和行为准则。具体的策略理念，是以社会组织健康发展为宗旨、训示以及基本，通过发展方针、经营纲要等口号表达。一般来说，可通过各种不同的方式表达策略理念。第一类从该社会组织重视的价值观、存在意义、组织成员的态度与行动规范三个方面来表达。第二类从该社会组织宗旨、基本经营方针两方面来表达。策略理念的形成，首先分析和挖掘该社会组织存在的目的、意义和价值。其次分析经营和管理者的人生观与创业动机，从以往经营和管理过程中提炼总结出引导事业活动成功的原理、原则，结合外在环境变化和该社会组织发展方向与实际能力，将其融合到战略理念中，作为指导今后事业发展的指针。策略理念的制定，一方面要符合管理者的经营哲学和价值理念，也要获得该社会组织成员的认同，真正运用到该社会组织发展的组织架构和运行中去，得到社会的关注和认可。（张惠娜）

岑可法

Cen Kefa, 1935 ~

工程热物理学家，能源环境工程专家。广东南海人，1956 年毕业于华中理工大学，1958 年公派到苏联莫斯科包曼高等工业大学留学，1962 年

获副博士学位后回国。浙江大学机械与能源工程学院院长、浙江大学热能工程研究所所长，教授、博士生导师，1995 年当选为中国工程院院士。研究领域涉及化石燃料的能源高效清洁利用、废弃物（生活垃圾和医疗废弃物）资源化能源化利用、可再生能源开发与利用、生物质能利用与制氢技术、洁净煤燃烧与气化技术、水煤浆燃烧技术、流化床燃烧发电技术、能源利用过程中多种污染物协同脱除技术等，为我国新能源产业做出突出贡献。其中，洗煤泥流化床燃烧发电技术、预热层燃烧技术等为国际领先成果，并且在煤的清洁、高效燃烧及强化传热、煤炭多联产综合利用及污染防治等方面的研究已达到国际先进水平。主要论著有：《锅炉燃烧试验研究方法及测量技术》（1987）《工程气固多相流动的理论和计算》（1990）《燃烧流体力学》（1991）《煤浆燃烧、流动、传热与气化的理论与应用技术》（1997 年）《循环流化床锅炉理论设计与运行》（1998）等。（石艳峰）

差额选举

Competitive Election

与等额选举对称，又称不等额选举，即候选人名额与应选名额不相等的选举，分为多额选举与缺额选举两种形式。多额选举指候选人名额多于应选名额的选举；缺额选举指候选人名额少于应选名额，选民除了可选择已确定的候选人外，还可以选择其他符合法定条件的人选。我国 1953 年《选举法》规定实行等额选举。1979 年《选举法》（1982 年、1986 年修正）则规定，全国和地方各级人大代表的选举实行差额选举，候选人名额应多于应选名额，并具体规定了差额选举比例的两种情况：由选民直接选举的代表候选人名额，应多于应选代表的 1/3 至 1 倍；由地方各级人大选举上一级人大代表候选人名额，应多于应选名额的 1/5 至 1/2。这一选举制度的重大改革，使选民或代表在选举时有了更大的选择余地，进一步扩大了社会主义民主的范围。（李庆）

查尔斯·罗伯特·达尔文

Charles Robert Darwin

英国生物学家，进化论创始人。1809 年 2 月 12 日出生于什罗普郡郡治（Shropshire Co.），1882 年 4 月 19 日逝世，葬于威斯敏斯特大教堂。恩格斯将进化论视为与细胞学说、能量守恒转化定律并列的 19 世纪自然科学三大发现之一。达尔文早年在苏格兰爱丁堡大学攻读医学（1825 ~ 1827），后在英国剑桥大学攻读神学（1828 ~ 1831），此后乘坐贝格尔号军舰进行环球考察，对大量动植物以及地质地理结构做了研究（1831 ~ 1836）。1837 年，达尔文开始创作他的物种演变笔记。从 1837 年直至 1859 年《物种起源》发表的 20 多年时间，达尔文断断续续创作了关于进化论的主要论文。除《物种起源》外，达尔文分别在 1868 年发表《家养动物和培育植物的变异》、1871 年发表《人类起源和性选择》、1872 年发表《人类和动物情感的表达》、1880 年出版《植物的运动力》。《物种起源》全称为《论借助自然选择（即在生存斗争中保存优良族）的方法的物种起源》，是达尔文创作的最具影响力的学术专著。在书中，达尔文首次提出进化论观点，认为生物体的发展是在自然环境的作用下由简单到复杂，由低级到高级的进化过程。在对生命体大量实证研究的基础之上，达尔文否认神创论和物种不变论的生物生成观，第一次从科学的角度研究生物与环境之间的动态关系。20 世纪 40 年代，霍尔丹（Haldane）和杜布赞斯基（T. Dobzhansky）在达尔文进化论的启发下创立现代进化论。（欧阳文川）

查苏利奇

Вера Ивановна Засулич, 1849 ~ 1919

全名维拉·伊万诺夫娜·查苏利奇，俄国早期社会主义运动女活动家，孟什维克首领之一。1849 年 7 月 27 日生于俄国斯摩棱斯克省格扎茨

克地区，父母都是贵族出身。3 岁丧父，被送养在亲戚家。4 岁入住母亲表姐的庄园。1866 年进入莫斯科寄宿学校学习，第一次接触学生激进分子，毕业后在莫斯科郊区小镇做法官助理。1868 年前往彼得堡与当地激进派学生取得联系，认识革命者涅洽耶夫，帮助他做通讯工作，因此 1869 ~ 1875 年遭监禁和流放。1877 年重返彼得堡加入土地与自由社，随后执行刺杀彼得堡市长计划。由

于辩护律师的雄辩和民众的支持，被判决无罪，但沙皇推翻判决并要求重新逮捕，遂流亡海外。民粹派活动的失败使俄国的恐怖主义暗杀行动进入高峰期。19世纪80年代初从民粹派转向马克思主义。1883 ~ 1884年参与创建劳动解放社，是该社最活跃成员之一。在此期间，曾把马克思和恩格斯的许多重要著作译成俄文，对马克思主义在俄国的传播起到推动作用。1900年参加《火星报》和《曙光》杂志编辑部工作。1903年成为孟什维克首领之一。1905年返回俄国，斯托雷平反动时期是取消派的首领之一。第一次世界大战期间持社会沙文主义立场。1917年俄国二月革命后参加孟什维克统一派，反对十月社会主义革命。主要著作有：《国际工人协会史纲》《论让·雅克·卢梭》等。查苏利奇对俄国的社会主义革命运动做出重要贡献，她在马克思主义的宣传和理论研究领域的工作卓有成效。查苏利奇的名望，还在于她与马克思的书信往来引发的资本主义的卡夫丁峡谷问题。

查苏利奇1881年2月16日向马克思写信，代表较迟加入劳动解放社的同志们，请求马克思谈谈他对俄国历史发展的前景，特别是对俄国农村公社的命运的看法。马克思在准备给查苏利奇回信的过程中曾拟过4个草稿。把这4份草稿综合起来，是一份内容极其丰富的关于俄国农村公社、农业生产集体形式的综合性概述。此后，因查苏利奇提问而得名的马克思《复信》和《复信草稿》成为学术界的关注重点。对于资本主义卡夫丁峡谷问题，马克思指出：《资本论》对资本主义生产的起源分析，明确地限于欧洲各国；俄国由于历史条件不同，历史必然性不适用于俄国。在西欧，“是把一种私有制形式变为另一种私有制形式”（马克思：《给维·伊·查苏利奇的复信草稿》,《马克思恩格斯全集》第19卷第268 ~ 269页，北京：人民出版社,1974年）；在俄国，以土地公有制为特征的农村公社依然存在。一方面，“土地公有制使它有可能直接地、逐步地把小土地个体耕作变为集体耕作，并且俄国农民已经在没有进行分配的草地上实行着集体耕作，俄国土地的天然地势适合于大规模地使用机器。农民习惯于劳动组合关系，有助于他们从小土地经济向合作经济过渡”（同上）。另一方面，“和控制着世界市场的西方生产同时存在，使俄国可以不通过资本主义制度的卡夫丁峡谷，而把资本主义制度的一切肯定的成就应用到公社中来”（同上）。（参考：孙永亮：《查苏利奇与俄国社会主义运动》，陕西师范大学2010年硕士学位论文第14 ~ 54页；孙来斌：《跨越资本主义“卡夫丁峡谷”20年研究述评》，《当代世界与社会主义》2004年第2期第121 ~ 125页。**徐越**）

察布查尔渠

Qapqal Canal

察布查尔渠是位于察布查尔锡地区的一条灌溉渠道，始建于清朝。察布查尔在当地锡伯族语中的意思是粮仓，这和察布查尔渠的历史有着密切的联系。清朝乾隆年间，中央政府征调东北盛

京的锡伯军民共3275人西迁新疆伊犁，进驻察布查尔屯垦戍边，成立锡伯营。锡伯族军民到达新疆伊利之后，清政府停发锡伯营口粮，令其自食其力。从此，锡伯族人民在十分困难的条件下开始建立家园。他们首先着手修复废弃很久的绰合尔渠，开垦荒地1万多亩。随着人口增长，耕地不敷使用。在严重缺乏粮食、种子的情况下，锡伯族人民经受了自然灾害的长期侵扰，为生存下去，开始把伊犁河南岸的荒原变成良田。在锡伯营总管图伯特的支持下，经过多次的失败和挫折，当地军民于嘉庆七年（1802年）开始在察布查尔

山口开山修凿大渠，引伊犁河水灌溉。察布查尔渠的开凿花费6年时间，最终在1808年竣工。全渠总长100千米，渠深3.3米，宽约4米，最初称“锡伯渠”，后因大渠龙口处的山崖名叫察布查尔，与锡伯语“粮仓”一音相近，故更名“察布查尔大渠”。察布查尔渠一直到现在还能发挥效益，总灌溉面积近2万公顷。（参考：马荣：《新疆察布查尔县农业生态系统若干问题研究》，新疆师范大学2009年硕士学位论文第5～30页。朱配辰）

拆迁补偿费

Demolition Compensation

指拆建单位依照规定标准向被拆迁房屋的所有权人或使用人支付的各种补偿金。主要包括房屋补偿费、周转补偿费和奖励性补偿费：1.房屋补偿费（房屋重置费）：用于补偿被拆迁房屋所有权人的损失，以被拆迁房屋的结构和折旧程度划档，按平方米单价计算。2.周转补偿费：用于补偿被拆迁房屋住户临时居住房或自找临时住处的不便，以临时居住条件划档，按被拆迁房屋住户的人口每月予以补贴。3.奖励性补偿费：用于鼓励被拆迁房屋住户积极协助房屋拆迁或主动放弃一些权利如自愿迁往郊区或不要求拆迁单位安置住房。房屋拆迁补偿费的各项标准由当地人民政府根据本地的实际情况和国家有关法律政策加以确定。（史月田）

禅定之法

The Way of Keeping Still and in Deep Meditation

佛教重要的修行方式。佛教有“戒、定、慧”修持三宝，禅宗六祖说“禅定者，外在无住无染的活用是禅，心内清楚明了的安住是定”。外禅内定，是禅定一如。对外，面对五欲六尘、世间生死诸相能不动心，就是禅；对内，心里面了无贪爱欲念。修习禅定者须持戒去恶，通达佛理，方可入于禅定。通常，佛门弟子需修习一禅二诵，通过禅定探求生存奥秘，获得世界真相，禅与定皆被认为要修习者专注于某一对象，达心不散乱，从而净化心灵、获佛果智慧，进而进入诸法实相境界。在佛教徒的修行上，禅定非常关键，它既是修身良法，也是养性妙方，更是由戒入定，得佛果智慧的重要门径。（雷爱民）

禅宗美学

Chanzong meixue, Zen Aesthetic

佛教流派禅宗对生命存在、意义、价值的诗性之思。禅宗美学是对人生存在的本体论层面的审美之思，在本质上是追求生命自由的生命美学。禅宗美学的理论基础是人生哲学。作为佛教中国化的禅宗，哲学的出发点和归宿点重在人生哲学。它在人生真谛、人生价值、人生目的、人生态度、人生修养等方面，都提出主张。禅宗美学把“心”作为本体范畴，作为自己在终极信仰中安身立命的源点，以此为逻辑起点建构自己的理论体系。从慧能开始，已把“禅”视为代表“本性”（自性、佛性、法性）的本体属性的概念，代表宇宙人生的本体属性的概念。禅宗美学有明确的人生境界追求。在中国传统哲学中，所谓境界，指心灵境界，即“心境”之异同或高低。所谓人生境界，指人在寻求安身立命之所的过程中形成的精神状态。它能反映人格的高低，审美境界是人生境界的极致，是心灵对世俗物欲的超越与升华。（参考：皮朝纲：《禅宗美学的独特性质、人生意蕴及其当代启示》，《西安民族学院学报》2001年第1期第56～62页。王薛时）

禅宗生态哲学思想

Zen Ecological Philosophy Thoughts

禅宗生态哲学思想把自然山水作为佛性的体现，认为构成自然界生态系统的要素如水、火、天、地、风、日、月，阴阳、明暗等都是生态系统的内在要素和有机成分之一。在人与自然之间的关系上，禅宗寻求人与自然的和谐、人与自然的浑然一体。禅宗既有佛教原生的“明暗”思想，又吸收中国传统的“阴阳”观念，认为自然各个要素之间互动变化，自然界各要素之间有相应的动力机制，将自然看成一个自运行的系统，主张保持与自然的圆融和谐状态。禅宗生态哲学将人与自然纳为一体，认为自然法则即人的法则，主张亲近和尊重自然，“休养生息”。禅宗提出“即心即佛”的命题，强调“明心见性”，认为把握“本心”可成佛，“心”与“佛”之间可直接体验通达，强调对宇宙本体的直觉体验。这种体验和直观融内景观察和思维活动于一体，认识主体与认识对象融为一体，与中国传统的“天人合一”思想相符合。（雷爱民）

产能过剩

Excess Production Capacity

产能过剩指：1. 一国或地区的总供给能力大于总需求能力。2. 现有的产出水平未达到生产能力（最大产出数量）。从市场供求关系的角度来看，产能过剩是市场经济现象，是在经济周期性波动中市场供求关系的特殊表现。它是潜在的生产能力过剩，只有当实际生产能力超过有效需求达到了一定程度并对经济运行产生危害时，才被称为产能过剩。从生产厂商的视角出发，工厂由于存在固定资本利用程度问题，对产能过剩内涵的界定表现为最大生产能力并未得到充分的实现，进而存在资源闲置的状况。最大生产能力指在现有资源投入下，结合现有技术水平所能达到的最大产出。以生产能力的利用程度测度均衡条件下现实产量与最大生产能力之间的差异，可用生产能力利用程度表述。当实际生产能力小于最大的生产能力时，可以称为生产能力过剩。（李雪姣）

产品生命周期理论

Product Life Cycle, PLC

产品的市场寿命，即一种新产品从开始进入市场到被市场淘汰的整个过程。产品生命周期理论是美国哈佛大学教授雷蒙德·弗农（Raymond Vernon）1966 年在其《产品周期中的国际投资与国际贸易》一文中首次提出（如图）。弗农认为，产品生命指市场的营销生命，产品和人的生命一样，要经历形成、成长、成熟、衰退的周期。就产品而言，要经历开发、引进、成长、成熟、衰

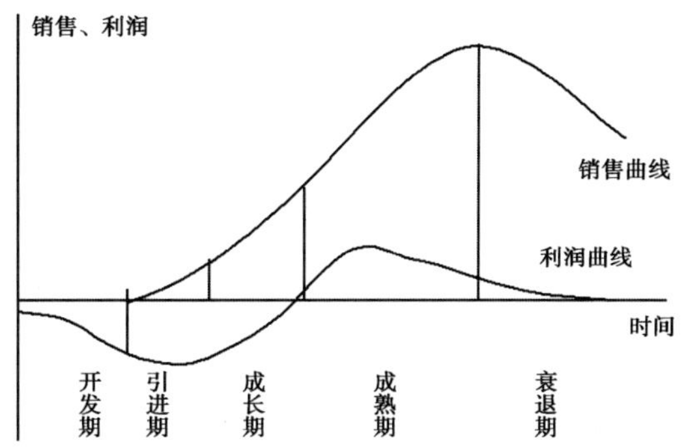

退的阶段。这个周期在不同的技术水平的国家里，发生的时间和过程不一样，期间存在较大的差距和时差。正是这一时差，表现为不同国家在技术上的差距。它反映同一产品在不同国家市场上竞争地位的差异，从而决定国际贸易和国际投资的变化。产品生命周期是重要概念，它和企业制定产品策略以及营销策略有直接联系。管理者要想使产品有较长的销售周期，以便赚取足够利润补偿在推出产品时所做出的一切努力和经受的一切风险，必须认真研究和运用产品的生命周期理论。此外，产品生命周期也是营销人员用来描述产品和市场运作方法的有力工具。（李雪姣）

产权

Property Rights

财产权利的简称。指财产所有权以及与财产所有权有关的财产权利。产权的基本内涵包含占有权、使用权、收益权和处分权等，是涵盖一组权利的整体。从这个意义上讲，产权的总和相当于所有权的概念。但是，产权和所有权并不是对等的关系。在所有权的内在权能发生分离的情况下，所有权只是产权的一种而不是唯一的表现形式。产权代表着与产权客体处置有关的一组财产权利。在这组财产权利中，所有权处于核心地位，其他一切财产权利都是从所有权中派生出来的。

产权的功能：1. 保障产权主体的合法权益。产权具有排他性，产权所有者的权益受法律的保护，他人不得侵犯。产权的这种功能是维护社会的所有制与生产关系，稳定社会经济结构的重要法权支柱和基础。2. 有利于资源的优化配置。产权具有可让渡性和可分性。任何一项交易活动实质上就是不同产权之间的交易，明确界定的产权可以提供一种对经济行为的规范或约束。3. 为规范市场交易行为提供制度基础。产权强调的是规则或行为规范，它规定了财产的存在及其使用过程中不同权利主体的行为权利界限和约束关系。产权关系的复杂化和明晰化乃是市场经济的重要特征，也是其顺利运行的法权基础。4. 有助于解决外部性问题。外部性是指经济当事人之间一方对另一方或其他诸方利益造成的损失或提供的便利不能用价格来准确衡量，也难以通过市场价格进行补偿或支付。对一些外部性问题，通过明晰产权，并在此基础上进行谈判，当事人有可能找到各自利益损失最小化的合约安排。（史月田）

产权超越理论

Beyond Property Rights Theory

指基于对产权理论有效性的怀疑而提出来的理论。超产权理论不满意产权理论提出的通过产权改变、完善企业治理机制、引入利润激励机制从而不断提高企业的效益。超产权理论认为企业效益与市场结构有关，即与市场竞争程度有关。在竞争比较充分的市场上，企业私有化后的平均效益有显著提高；在垄断市场上，企业私有化后的平均效益改善不明显。它是市场竞争“放大器”，企业面临生与死的关口，是一种生存激励，驱动企业改善机制，提高竞争力，由此得出利润激励，与经营者努力投入必是正向关系。企业持久成功与否取决于治理机制能否不断改善以适应市场竞争。超产权理论没有具体的治理设计方案，主张随竞争环境的变化调整治理机制。超产权理论在接受产权论对产权作用分析的同时，更加强调外部环境的竞争对企业绩效的作用。（史月田）

产权经济学

Economics of Property Rights

一般认为从产权结构或产权制度的角度研究资源配置率，研究如何通过界定、变更产权安排，创造或维持一个交易费用较低从而效率高的产权制度。著名产权经济学家威廉姆森把产权经济学命名为“新制度经济学”。只要以制度分析方法去分析经济制度及其对经济运行影响的经济学，都可以归属于“制度经济学”。所谓产权的界定、变更和维持，其实是产权制度的建立或确认，产权制度的变革和维护降低交易费用就是降低制度的运行费用，从而提高资源配置的效率。因此，产权经济无疑属于制度经济学。（史月田）

产权虚置

Virtual Property Rights

又称财产权的虚设或者财产权缺位，指由于社会主义公有制产权的模糊，产权只是名义上有归属主体，但是现实中却没有具体的行使主体。即名义上人人都是所有者，但是人人都不能享受财产权，也不对财产的损益负责。由于缺乏追求财产增殖的内在动因，导致没有一个主体真正为财产增殖的权利和义务负责，造成社会主义公有制财产的虚置。（代富宇）

产业布局理论

The Industrial Layout Theory

指产业在一国或一地区范围内的空间分布和组合的经济现象。产业布局在静态上指形成产业的各部门、各要素、各链环在空间的分布态势和地域组合。在动态上，产业布局表现为各种资源、各生产要素甚至各产业和各企业为选择最佳区位而形成的空间地域流动、转移或重新组合的配置与再配置过程。产业布局理论在 19 世纪初至 20 世纪中叶形成。1926 年法国经济学家杜能撰写著名的《孤立国同农业和国民经济的关系》，提出著名的孤立国同农业圈层理论。他认为：在农业布局方面起决定作用的是级差地租，首先是特定农场（或地域）距离城市（农产品消费市场）的运近，亦即集中化程度与中心城市的距离成反比。为此，他设计孤立国 6 层农业圈。尽管杜能的理论忽视农业生产的自然条件，也没有研究其他产业的布局，但他的农业区位理论给西方许多工业区位理论的研究者以深刻启发。杜能因第一个研究区位问题，被誉为产业布局学的鼻祖。阿尔弗雷德·韦伯（Alfred Weber）认为，运输费用对工业布局起决定作用，工业的最优区位通常应选择运费最低点上。韦伯还考虑了其他影响工业布局的因素：1. 对劳动费在生产成本中占很大比重的工业而言，运费最低点不一定是生产成本最低点。当存在劳动费最低点时，它同样会对工业区位产生影响。2. 聚集力指企业规模扩大和工厂在一地集中所带来的规模经济效益和企业外部经济效益的增长。（史月田）

产业发展理论

Industrial Development Theory

指研究产业发展过程中的发展规律、发展周期、影响因素、产业转移、资源配置、发展政策等问题的理论。对产业发展规律的研究有利于决策部门根据产业发展各个不同阶段的规律采取不同的产业政策，也有利于企业根据这些规律采取相应的发展战略。产业结构同经济发展相对应而不断变动，在产业高度方面不断由低级向较高级演进，在产业结构横向联系方面不断由简单化向复杂化演进。这两方面的演进不断推动产业结构向合理化方向发展。配第—克拉克定理是科林·克拉克（C.Clark）于 1940 年在威廉·配第（William Petty）关于国民收入与劳动力流动之间关系学说的基础上提出的。随着经济的发展，人均收入水平的提高，劳动力首先由第一产业向第二产业转移；人均收入水平进一步提高时，劳动力便向第三产业转移；劳动力在第一产业的分布将减少，而在第二、第三产业中的分布将增加。人均收入水平越高的国家和地区，农业劳动力所占比重相对较小，而第二、第三产业劳动力所占比重相对较大。反之，人均收入水平越低的国家和地区，农业劳动力所占比重相对较大，而第二、第三产业劳动力所占比重则相对较小。库兹涅茨（Simon Kuznets）在配第—克拉克研究的基础上，通过对各国国民收入和劳动力在产业间分布结构的变化进行统计分析，得到新的理解与认识。基本内容是：1. 随着时间的推移，农业部门的国民收入在整个国民收入中的比重和农业劳动力在全部劳动力中的比重均处于不断下降之中。2. 工业部门的国民收入在整个国民收入中的比重大体上是上升的，但是，工业部门劳动力在全部劳动力中的比重则大体不变或略有上升。3. 服务部门的劳动力在全部劳动力中的比重基本上都是上升的，然而，它的国民收入在整个国民收入中的比重却不一定与劳动力的比重一样同步上升，综合地看，大体不变或略有上升。技术升级与产业链延伸在没有新的产业形式出现的情况下，通过产业技术的不断升级而对传统产业进行改造，不断提升产业自身的质量，在某种程度上也算是一种产业升级。对现有产业的价值链进行延伸，增加附加值也是产业结构升级的一种方式，如培育与现状主导产业有前向、后向和侧向联系的其他产业等。区域分工理论从区域分工的角度确定城市产业发展定位是城市发展的客观要求。从区域角度分析城市在区域中的优势、劣势和发展潜力等，确定城市在区域中所发挥的作用、扮演的角色，进而确定城市产业，避免就城市论城市的产业确定方式。（史月田）

产业关联理论

Industrial Relevance Theory

又称产业联系理论或投入产出理论，侧重于研究产业之间的中间投入和中间产出之间的关系。这些主要由里昂惕夫的投入产出法解决，能很好地反映各产业的中间投入和中间需求，这是产业关联理论区别于产业结构和产业组织的主要特征。产业关联理论还可以分析各相关产业的关联关系（包括前向关联和后向关联等），产业的波及效果（包括产业感应度和影响力、生产的最终依赖度以及就业和资本需求量）等。产业关联理论的创始人里昂惕夫，1925 年在德国基尔的《世界经济》上发表《俄国经济的平衡——一个方法论研究》。在上述理论的基础上，1928 年发表产业关联理论的早期成果，提出把生产、流通和消费的各个方面作为经济过程的整体进行描述的两部门投入产出系统。1932 年进入哈佛大学从事投入产出研究，于 1936 年在哈佛大学《经济学和统计学评论》上发表《美国经济系统中的投入产出数量关系》一文，以均衡理论的经验运用作为副标题，标志着产业关联理论的初步形成。1941 年出版他的成名作《美国经济结构 1919 ~ 1929》，系统阐述投入产出理论的基本原理及发展，标志着这一理论的正式形成。从而，构成了把复杂经济体系中各部门之间的相互依存关系系统数量化的方法。在以上著作中，里昂惕夫提出进行投入产出分析的基本模型，通过该模型可以派生其他模型（如行模型、列模型、相对价格模型等），并进行一系列系数的计算，从而加以运用。综上所述，里昂惕夫在理论上吸收古典经济理论、马克思的再生产理论、全部均衡论和国民收入理论的部分思想；受魁奈经济表、原苏联国民经济平衡表中棋盘式表格的启示，从而在前人理论的基础上创立产业关联理论。这一理论诞生后由里昂惕夫指导运用于美国劳工部编制的第一张官方投入产出表。20 世纪 50 年代开始，在世界许多国家得到广泛运用并取得长足发展。（史月田）

产业化主导型生态农业模式

Industrialization of Ecological Agriculture Model

产业化主导型生态农业模式是以构建产业基地为基础，以加工转化为龙头，以商品市场为载体，以效益农业为目标，坚持基地化建设、专业化生产、区域化布局、商品化经营原则，寓产业化于生态农业的规划开发建设之中，通过生态农业建设打基础，延伸产业化链条，以市场化经营实现农业生产的高产、优质、高效和可持续发展。（史月田）

产业结构理论

Industrial Structure Theory

指在社会再生产过程中，一个国家或地区的产业组成（资源在产业间配置状态）、产业发展水平（各产业所占比重）以及产业间的技术经济联系（产业间相互依存相互作用）的方式。产业结构理论的思想可以追溯到 17 世纪。W. 配第在 17 世纪第一次发现世界各国国民收入水平的差异和经济发展不同阶段的关联原因是由于产业结构的不同。他 1672 年出版的《政治算术》通过考察得出结论：工业比农业收入多，商业又比工业的收入多，即工业比农业、商业比工业附加值高。重农学派的创始人 F. 魁奈分别于 1758 年和 1766 年发表重要论著《经济表》和《经济表分析》。他根据自己创立的纯产品学说，提出关于社会阶级结构的划分：生产阶级，即从事农业可创造纯产品的阶级，包括租地农场主和农业工人；土地所有者阶级，即通过地租和赋税从生产阶级那里取得纯产品的阶级，包括地主及其仆从、君主官吏等；不生产阶级，即不创造纯产品的阶级，包括工商资本家和工人。他在经济理论上的突出贡献是他在纯产品学说的基础上对社会资本再生产和流通条件的分析。在配第之后，亚当·斯密在《国富论》中虽未明确提出产业结构（Industrial Structure）概念，但论述了产业部门（Branch of Industry）、产业发展及资本投入应遵循农工批零商业的顺序。当时恰处工业革命前夕，重商主义阻碍工业进步的局限性和商业繁荣的虚假性已暴露出来。就此而论，配第、魁奈及亚当·斯密的发现和研究是产业结构理论的重要思想来源之一。（史月田）

产业经济思想

Industrial Economic Thoughts

春秋末年范蠡提出“农末俱利”的思想有重

要意义。首先，他提出谷贱伤民、谷贵伤末问题，通过把价格调整到一定范围内而做到“农末俱利”。这样既可以促进农业发展，又有利于工商业的发展，使国民经济各部门能够协调发展。其次，他明确提出商品价格对生产与流通的作用，尤其是处理好谷价与其他商品价格的关系对生产与流通的作用。（史月田）

产业经济学

Industrial Economic Theory

应用经济学领域的重要分支。现代西方经济学中分析现实经济问题的新兴应用经济理论体系。产业经济学从作为一个有机整体的产业出发，探讨在以工业化为中心的经济发展中产业间的关系结构、产业内企业组织结构变化的规律以及研究这些规律的方法。产业经济学的研究对象是产业内部各企业之间相互作用关系的规律、产业本身的发展规律、产业与产业之间互动联系的规律以及产业在空间区域中的分布规律等。以产业为研究对象，主要包括产业结构、产业组织、产业发展、产业布局和产业政策等。探讨资本主义经济在以工业化为中心的经济发展中产业之间的关系结构、产业内的企业组织结构变化的规律、经济发展中内在的各种均衡问题等。通过研究为国家制定国民经济发展战略，为制定产业政策提供经济理论依据。产业经济是居于宏观经济与微观经济之间的中观经济，是连接宏微观经济的纽带。产业经济学以产业为研究逻辑起点，主要研究科技进步、劳动力等要素资源流动、空间发展与经济绩效的学科以及产业的动态变动规律，主要研究工具有计量经济学工具（用 sas、spss、eviews 等软件运算），主要分析方法有博弈论分析方法、各种力量博弈、均衡与非均衡分析方法，主要思想来源是哲学中的矛盾对立统一思想、辩证法思想，主要模型来源于自然科学模型（社会科学与自然科学在根本联系上是相通的、一致的），构建由微观开始经中观层次到宏观层次的知识体系和逻辑大厦，试图寻求产业的发展规律性。产业经济学是研究实体经济的踏实的学问。实体经济决定虚拟经济。虚拟经济是引擎，实体经济则是轮胎。产业发展必然由非均衡趋向均衡，东部、中西部经济发展失衡，经济危机对东部冲击是最大的。产业经济学是预测性较好的学科。（史月田）

产业升级

Industrial Upgrading

指产业结构的改善和产业素质与效率的提高。产业升级的关键是依靠技术进步。产业结构的改善表现为产业的协调发展和结构的提升；产业素质与效率的提高表现为生产要素的优化组合、技术水平和管理水平以及产品质量的提高。产业结构包括第一、二、三产业在国民经济中的比例，以及各产业内部配置，如轻工业与重工业、劳动密集型与资本密集型等。简单地说，产业升级就是从目前的产业结构升级转移到利润更高的产业结构，如从传统的工厂发展为高技术企业。（史月田）

产业生命周期理论

Industry Life Cycle Theory

产业生命周期理论在 20 世纪 60 年代由美国经济学家雷蒙德·弗农提出。他认为企业具有生命周期，产业也存在形成、成长、成熟、衰退的周期。在产业的形成阶段，某类产品原潜在需求逐渐被认可，并转化为现实需求。经过预测，此产品将有较好的市场前景，生产过程已经开始，此时可认定生产此产品的产业处在形成期。此后产业的产出迅速增加，在国民生产总值中的比例逐渐上升，增速加快，市场占有率升势猛烈，收入显著增加。产业在整个产业结构中的作用和影响明显扩大。此时产业已从形成期进入成长期。产业经过一段快速发展后，产品趋于平稳，增速减慢，市场需求几近饱和，此时表明产业已从成长期进入成熟期。因技术进步，新产业的产生不可避免，在市场集中度没有达到完全壁垒的情况下，接纳新产品也是必然的。随着新产品的成长，老产业的产品逐渐被替代，市场占有率逐步下降，产品进入寿命的最后期。这标志着产业进入衰退阶段。产业生命周期理论是预测产业发展的趋势的有力工具。（李雪姣）

产业生态化

Industrial Ecology

指以生态学的系统观考察经济发展中产业的健康状况以及与按照自然生态系统的循环模式构建产业生态系统，达到资源循环利用，减少污染物排放，促进产业与自然环境和谐发展的过程。产业生态化中的产业指的并非宏观经济学或国民经济学中产业划分中的第一产业、第二产业和第三产业，而是特指其中的工业产业。因为在与自然生态的关系上，工业产业具有突出的重要性。从目的论的角度理解，产业生态化指工业产业依据自然生态的循环原理建立将不同工业企业以及与之相关的不同产业之间类似生态链的关系，进而达到充分利用资源，减少废物产生，消除环境破坏和提高经济发展质量的目的。从过程角度理解，产业生态化是将产业当作生物圈的有机组成部分，在生态学的指导下，按照生态循环的共生原理对产业内和产业间的各组成部分进行耦合化处理，建立高能效、低能耗、无污染并与生态环境相协调的产业生态体系的过程。从这个角度看，产业生态化是全程生态化，是将过去的产后生态化向全过程的扩张。从系统论的角度理解，产业生态化将作为物质生产过程中的产业活动纳入生态系统的循环中，将产业活动中对自然资源的消耗和环境影响纳入生态系统的总交换过程中，实现产业活动与生态系统的良性循环。产业生态化的核心在模仿自然生态系统构建产业的生态系统，以实现产业发展和环境的和谐。（参考：张文龙、邓伟根：《产业生态化：经济发展模式转型的必然选择》，《社会科学家》2010 年第 7 期第 44 ~ 48 页。朱配辰）

产业生态系统

Industrial ecosystem

依据生态学、经济学和系统科学的基本原理，把产业系统视为有赖于自然界提供的资源和服务，具有物质、能量、系统流动的特征分布的生态系统。作为社会—经济—自然复合生态系统中的子系统，产业生态系统是以产业企业及其生产活动为主体的人工生态系统。与自然生态系统的组成结构一样，产业生态系统有 4 个基本组成部分：非生物环境指自然资源及原材料，生产者指初级产品生产者及高级产品生产者，消费者指消费产品并提供生产力和服务的行业，分解者指将生产副产品和废物进行处置、转化的产业公司。产业生态系统具有和自然生态系统相似的结构，即个体—企业—同类型企业—某范围内产业体系—产业体系—外部环境。它具有与自然生态系统中种群间相似的作用关系：1. 竞争关系，即在市场竞争的推动下，产业企业优胜劣汰，使得资源得到优化配置。2. 协作关系，即多个企业相互合作形成产业生态群落，群落内企业围绕区域内优势资源展开生产活动，形成共生关系。3. 优势物种，即产业生态系统中起到稳定推动作用的核心企业。4. 多样性，即产业生态系统由多种不同类型企业组成，从而形成互补，保持产业生态稳定。与传统产业系统相比，产业生态系统具有 3 个特征：1. 循环性，即仿照自然生态规律，产业系统内重构组织资源—产品—再生资源—再生产品的循环利用模式，有效地将经济发展纳入自然生态系统的物质循环中。2. 群落性，产业生态系统由多个彼此相互关联的产业共同体组成，产业共同体内部由中心企业主导，群落内的企业相互合作，相互协调，形成一个稳定的共生环境。3. 增殖性，即产业生态系统中存在着类似自然生态系统中的网状或链条状生态经济关系。在这个产业生态链的作用下，原料、能源、废料流动循环，大大提高资源的利用率，使得产业系统内企业都能获得经济效益。（参考：苗泽华：《论工业企业生态工程及其实施途径》，《生态经济》2010 年第 3 期第 110 ~ 113 页。朱配辰）

产业生态学

Industrial Ecology

指研究各种经济系统、产业系统及其产品与自然系统之间相互关系的跨学科研究领域。产业生态学最早出现于20世纪50年代的科技文献中，指模拟自然生态系统中有机部分的构成、物质与能量之间相互转换过程，以重构传统产业结构和发展模式。主要研究社会生产活动中自然资源从源、流到汇的全代谢过程及其组织管理体制，以及生产、消费、调控行为的动力学机制、控制论方法及其与生命支持系统的相互关系，通过重组和调整工业系统，将环境因素整合到经济过程之中，使之与生物圈相兼容，从而能持久生存下去。在60年代以后的一些发达国家，如日本、一些欧洲国家，已经在研究将产业发展与生态保护相结合。日本产业机构委员会于1972年提出“产业生态学：生态学引入产业政策的引论”的报告，比利时政治研究与信息中心在80年代出版《比利时生态系统：产业生态学研究》。产业生态学作为一门学科真正发展成熟以1989年Frosch和Gallopoulos共同发表的《制造业的战略》为标志。产业生态学的研究内容包括产业系统与自然生态系统研究、产业系统结构分析与生态系统模拟、产业系统生态机能分析（生命周期和代谢研究）等。研究方法为工业代谢和生命周期评价，工业代谢指模拟自然生态系统能量转化、物质代谢的系统方法，生命周期评价是对产品及其生产工艺与环境之间的相互影响进行量化的评估方法。产业生态学要达到的目标是物质能量循环的系统闭合，即“三级生态系统”以及产业发展观范式的最终转变。它关注未来的生产、使用、再循环技术的潜在的环境影响，追求经济效益、社会效益和生态效益的统一。它不仅要考虑人类产业活动对区域、地区的环境影响，更要考虑对人类和地球生命保障系统的重大影响，重点是区域性、全球性的具有持久性和难以处理的问题。（参考：袁增伟：《产业生态学最新研究进展及趋势展望》，《生态学报》2006年第8期第2710～2714页。欧阳文川　李雪姣）

产业政策

Industrial policy

又称工业政策。政府为实现一定的经济和社会目标而对产业形成和发展进行干预的各种政策的总和。干预包括规划、引导、促进、调整、保护、扶持、限制等方面。第二次世界大战以前，西方经济学理论认为，市场经济的价格机制已经起到资源优化配置的作用，政府无需对厂商具体经营何种行业进行干预。到20世纪70年代末，美国出现关于产业政策讨论的热潮。主张实行产业政策的代表人物有：银行家罗哈丁、政治家哈特、经济学家瑟罗和赖克等。他们的主要论点是：1. 美国经济正处于非工业化过程中，制造业产值在国民经济中所占的比例趋于下降，主要的重工业尤其如此，使得美国产品在国际市场上的竞争力日渐减退。这反映了经济结构存在着严重的缺陷，市场经济体制已不能引导私营企业进行方向正确的投资活动，有发展前途的新兴工业得不到风险资金，传统重工业更陷于缺乏新的大量投资的困境。这反过来阻碍了研究与发展工作，工人得不到在业培训的机会，缺乏新的技能，找不到高工资的就业机会，因而降低了整个社会的生活水平。2. 某些工业化国家，特别是日本的政府实行提高工业活力的政策，指导私营企业发展新兴工业，在国际竞争中获得了成功。这些国家帮助传统工业调整结构，增强其竞争能力，使它们继续生存下去。美国应该效法这些国家，由政府积极干预经济活动，以恢复经济繁荣。政策主张集中在两个方面：一是要高瞻远瞩地确定有发展前途的高技术工业，提供研究与发展资金，加强基础研究，以高技术领先，提高产品的竞争力；二是要保护重要的传统工业，如钢铁、橡胶及机床工业，由政府提供资金，更新设备，同时使某些夕阳工业有组织地转业。后来，一般意义上的工业政策或产业政策，成为世界各国政府促进经济发展的重要政策内容，在所谓的新兴经济体国家尤其如此。产业政策的功能主要是弥补市场缺陷，有效配置资护幼小民族产业的成长，熨平经济震荡，发挥后发优势，增强适应能力。产业政策包括产业组织政策、产业结构政策、产业技术政策和产业布局政策，以及其他对产业发展有重大影响的政策和法规。各类产业政策之间相互联系、相互交叉，形成一个有机的政策体系，是国家加强和改善宏观调控抑制固定资产投资过快增长，制止部分行业盲目扩张，有效调整和优化产业结构，提升产业素质，保持国民经济持续、快速、健康发展的重要手段。（李庆　史月田）

产业政策理论

Industrial Policy Theory

为制定产业政策的经济理论。通过对产业政策的研究，为产业政策的制定与选择，提供原理、原则和方法。产业政策理论的核心部分是产业结构政策理论，以产业资源的分配政策作为研究对象，在探讨产业结构演变规律及其原因的基础上，通过对产业结构的历史、现状及其未来的分析，寻找产业结构的发展变化规律，为制定合理的产业结构政策服务，是产业经济理论中重要组成部分。产业政策的概念产生于第二次世界大战之后，但在此之前产业政策的思想及其实践就已经出现了。19 世纪 40 年代，德国历史学派的代表李斯特（F. Liszt）发表了他的名著《政治经济学的国民体系》，从历史的角度对各国的经济与政策进行比较分析，并特别对比英国的自由贸易政策与海外扩张政策，以及美国的关税保护与产业扶植政策，提出国家应在经济发展的不同时期采取不同的经济政策。日本是世界公认的提出并实施产业政策且卓有成效的国家。日本在第二次世界大战中惨遭失败，战后日本经济危机重重，人民生活极端贫困，日本政府面临着恢复经济的考验。通过实施产业复兴政策与产业合理化政策，日本成功实现钢铁、煤炭、海运、电力、合成纤维等许多工业部门产业重建与经济复兴的目的。1955 年以后，日本经济开始振兴并迅速接近欧美发达国家水平。这一时期的产业政策主要是规划产业结构高度化目标和发展序列，确定战略产业并通过政府的经济计划、经济立法、经济措施扶植战略产业成长，带动整个经济起飞。由于产业政策的有效作用，日本经济在 20 世纪 60 ~ 70 年代获得高速增长，一跃成为世界经济强国。随着日本经济奇迹的出现，产业政策越来越引起各国实业界与经济理论界的广泛关注。1970 ~ 1972 年，联合国经济合作与发展组织（OECD）曾经编写了 14 个成员国有关产业政策的系列研究报告，使产业政策第一次在世界范围内被普遍接受。当时日本经济学界为给产业政策的制定与实施提供理论依据，对产业经济理论进行广泛而深入的研究，取得大量成果，如小宫隆太郎的《日本的产业政策》、筱原三代平的《产业结构论》、宫泽健一的《产业经济学》等。日本学者将以往的西方产业经济理论高度概括为新的理论体系，编撰出第一本以《产业经济学》命名的著作，这标志着新的经济学分支产业经济学的诞生。（史月田）

产业转移

Industrial Relocation

指企业将产品生产的部分或全部由原生产地转移到其他地区的现象。产品生命周期理论认为，工业各部门及各种工业产品，都处于生命周期的不同发展阶段，即经历创新、发展、成熟、衰退等不同阶段。此后威尔斯和赫希哲等对该理论进行验证，并做了充实和发展。区域经济学家将这一理论引入到区域经济学中，产生区域经济发展梯度转移理论。发生在不同经济发展水平区域之间的重要经济现象，指在市场经济条件下，发达区域的部分企业顺应区域比较优势的变化，通过跨区域直接投资，把部分产业的生产转移到发展中区域进行，从而在产业的空间分布上表现出该产业由发达区域向发展中区域转移的现象。产业转移对于区域经济结构调整及区域间经济关系的优化具有重要意义，可以促进区域产业结构调整、促进区域产业分工与合作、改变区域地理环境、改变劳动力就业的空间分布，进而影响部分企业的战略决策。产业转移一词散见于各类报纸、杂志，但是学术界有关产业转移的一般性研究还不多见，产业转移的形式、动因等基本问题还没有明确的统一的认识。（史月田　李雪姣）

产业组织理论

Industrial Organization Theory

指20世纪30年代以来在西方国家产生和发展起来的，以特定产业内部的市场结构、市场行为和市场绩效及其内在联系为主要研究对象，以揭示产业组织活动的内在规律性，为现实经济活动的参与者提供决策依据，为政策的制定者提供政策建议为目标的一门微观应用经济学。这一理论自产生以来一直对西方国家产业组织政策的制定产生重要影响。近年来，随着世界经济一体化进程和国际经济贸易往来活动的加强，国际产业经济活动准则也在不断发生变化，由此引起产业组织理论的一系列新变化。西方产业组织理论在发展过程中出现过3个主要学派：哈佛学派（Harvard School）、芝加哥学派（Chicago School）和20世纪80年代受交易费用理论影响的新产业组织理论（new industrial organization）。长期以来，人们对资源配置的认识是建立在亚当·斯密关于“看不见的手”和市场机制学说基础上的，即在完全竞争的市场条件下，一切资源的流动都以均衡价格的高低为导向，在不受外界因素干扰情况下，这一流动过程将持续到社会各部门的利润平均化时才会停止，此时资源的配置便达到最佳均衡状态。厂商在均衡价格体系的调节下，只需按照边际成本等于边际收益的基本原则进行投资和生产，便可以使成本达到最低，产量达于最佳，生产出来的产品刚好能够满足社会的需求，消费者也可以得到最多的剩余。这种古典理论包含的政策含义是：在完全竞争条件下，市场是实现资源配置的最佳方式，任何人为干预市场的做法都是不必要的。19世纪末期，以马歇尔为代表的新古典经济学看到现实经济活动中存在的垄断现象，指出垄断会带来垄断利润的产生或均衡价格的上升，妨碍资源的最优配置。但他们又认为垄断不过是竞争过程中的暂时现象，在长时期中，垄断企业终将因技术进步受到阻碍而无法维持垄断地位，从而恢复到完全竞争状态，所以长期当中调节市场均衡的决定力量仍然是市场机制这只看不见的手。直至1936年，张伯伦（E. H. Chamberlin）和罗宾逊才在他们颇具影响的垄断竞争理论中提出，由于存在产品的差异性，现实当中典型的市场结构并非完全竞争，而是垄断竞争。在垄断竞争市场结构中，厂商具有一定的决定价格的市场力量。这种力量会使垄断利润长期大于0。因此，单靠市场机制的自发作用是不足以实现资源最优配置的，必须由政府出面对垄断势力加以干预，才能确保市场的适度竞争。垄断竞争理论的提出引发人们对一系列现实问题的深入思考，例如：政府应该用什么样的管制方法才能减少垄断势力对市场机制的逆向影响？什么样的市场结构才能保持适度竞争？市场结构合理化的评价标准是什么？等等。正是在对这些问题的研究和解决过程中，产业组织理论得以产生和发展起来。最早的产业组织理论见于哈佛大学梅森（E. Mason）教授和其弟子乔·贝恩（J. Bain）的相关研究中。1959年，贝恩所著的第一部系统阐述产业组织理论的教科书《产业组织》出版，标志着哈佛学派正式形成。哈佛学派以实证截面分析方法推导企业的市场结构、市场行为和市场绩效之间存在单向的因果联系：集中度的高低决定企业的市场行为方式，后者决定企业市场绩效的好坏。这是产业组织理论特有的“结构—行为—绩效”（structure-conduct-performance，SCP）分析范式。按照这一分析，行业集中度高的企业总是倾向于提高价格、设置障碍，以便谋取垄断利润，阻碍技术进步，造成资源的非效率配置。要想获得理想的市场绩效，最重要的是通过公共政策调整和改善不合理的市场结构，限制垄断力量的发展，保持市场适度竞争。哈佛学派建立的SCP分析范式，为早期的产业组织理论研究提供了一套基本的分析框架，使该理论得以沿着一条大体规范的途径发展。在后来的发展中，SCP分析范式的内涵发生很大变化。20世纪60～70年代，美国经济在国际上的竞争实力趋于下降，经济出现“滞胀”现象，不少研究者和分析家将招致经济不景气的主要原因归咎于哈佛学派主张的强硬的反垄断政策，于是从20世纪70年代后期开始，以斯蒂格勒（J. Stigler）为代表的一些芝加哥大学学者对哈佛学派的观点展开激烈抨击，逐渐形成产业组织理论中的芝加哥学派。（史月田）

长波辐射

Long Wave Radiation

电磁波谱中波长大于4微米肉眼不可见的红外辐射。气象学中指集中在4～120微米之间的地面和大气的辐射。辐射光谱与温度有关，地面和大气温度比太阳低很多，地表面的实际平均温度约为300开，对流层大气的平均温度约为250开，因此地面与大地的辐射集中在这个范围内。在地球辐射中，由地面向上发射的长波辐射称为地面辐射或地面射出辐射，大气发射的长波辐射称为大气辐射，大气向下发射的长波辐射称为大气逆辐射。在地震预警、卫星监测、建筑节能设计等许多方面有应用研究。（朱雨晨）

长春社

The Conservancy Association

成立于1968年，为香港最早成立的环保团体。以积极倡议可持续发展的理念、保育自然、保护环境和文化遗产为使命。主张倡导合适的政策、监察政府工作、推动环境教育和带头实践公众参与，促进可持续发展。工作内容：举办各类环保教育活动；在香港地区和中国内地进行自然保育计划；倡议湿地、树木的保育工作；对政府政策提出意见；保护历史文物等。（席溢）

《长江生态报告》

Changjiang Shengtai Baogao

哲夫著，旨在描写长江生态状况的长篇纪实文学。作家哲夫随中华环保世纪行记者团从上海出发，溯长江而上直抵长江源头沱沱河，中途跨13个省，历时108天，行程2万多千米，实地考察长江的生态状况，以对现实和历史负责的精神，客观真实地反映长江遭遇的严峻生态问题，以及“南水北调”、三峡大坝建设的始末和各界人士的不同看法等等。作者不仅描述长江流域的自然生态环境的破坏污染状况，而且调研沿江所有的人文和现状，采访沿江十几位有影响的作家，通过他们观照现在和过去。该书从十三重门长江的尾闾写起，一直推开重重大门，走到青藏高原收尾。其独特的结构、精当的笔致、冷静的描述、严正的批判、婉转的规劝、形而下的叙述、富有哲学思辨色彩的人类思考，交相辉映，相得益彰。《长江生态报告》由花山文艺出版社于2006年出版发行。（王薛时）

长江水利委员会

Changjiang Water Resources Commission

水利部在长江流域和澜沧江以西（含澜沧江）区域内行使水行政主管职能的派出机构，总部位于湖北省武汉市，成立于1950年2月，前身是扬子江水利委员会。长江委主要负责区域内的水行政执法，水资源统一管理、节约、配置和保护，流域规划，防汛抗旱，河道管理，流域控制性水利工程建设与管理，河道采砂管理，水土保持，水文科研，以及有关国有资产的运营、监管等工作。半个多世纪以来，长江水利委员会完成以长江流域综合规划为代表的大量的流域综合规划和专业规划，先后承担荆江分洪、丹江口、隔河岩、万安、江垭、葛洲坝和三峡、南水北调、长江重要堤防等一系列大型水利水电工程的勘测、规划、设计、科研、监理和建设工作。（张沥元）

长期国债

Long-term Treasury Bonds

指偿债期限在10年或10年以上的国债，可以使政府在更长时期内支配财力，但持有者的收益将受到币值和物价的影响。一般被用作政府投资的资金来源，在资本市场上有着重要地位。（史月田）

长沙市野生动植物保护协会

Changsha Wildlife Conservation Association

成立于2004年，是由野生动植物保护管理、科研教育、驯养繁殖、引种栽培、自然保护和本市热心于野生动植物保护的人士自愿组成的专业性、非营利性、具有独立法人资格的社会团体，是发展长沙市野生动植物保护事业的重要社会力量，是党和政府联系广大热衷于野生动植物保护人士的桥梁和纽带。目标是：团结广大热心于野生动植物保护的人士，在国家野生动植物保护方针的指导下，组织和联合社会力量，通过广泛的宣传教育和科学普及活动，提高全市人民的自然保护意识；提供经营管理野生动植物资源的技术业务咨询，加强与国内外野生动植物保护组织的交流与合作，促进野生动植物保护科学技术的发展，拯救珍稀濒危物种，保护生物多样性，推动长沙地区野生动植物保护事业的全面发展。宗旨和理念是：以关爱野生动植物为出发点，放眼全世界，致力于以全民参与的方式，透过自然教育、野生动物救助行动，推动长沙及湖南全省野生动植物保护工作，为我们及下一代缔造美好，期许让每个人将自然美好的感动转化为环境守护的行动，保护我们的地球母亲。关注所有野生动植物的生存需求，包括我们人类自己认为，人的问题比自然的问题优先处理。只有人心先改变，生活方式才能改变。而只有当“与大自然和谐相处”的心成为大多数人的心愿，环境压力才有希望减轻，地球才得以永续。（席溢）

常乐常适之说

Chinese Aesthetic Ideas of Maintaining in an Enjoyment and Fitness Mood

北宋画家郭熙的画论思想。郭熙在其著作《山水训》言：“丘园养素，所常处也；泉石啸傲，所常乐也；渔樵隐逸，所常适也；猿鹤飞鸣，所常亲也；尘嚣韁锁此人情所常厌也；烟霞先圣，此人情所常愿而不得见也。直以太平盛日……然则林泉之志，烟霞之侣，梦寐在焉，耳目断绝，今得妙手郁然出之，不下堂筵，坐穷泉壑；猿声鸟啼，依约在耳；山光水色，滉漾夺目；此岂不快人意，实获我心哉？此世之所以贵夫画山水之本意也。”郭熙认为自然山水风景对人有着“常乐”“常适”“常亲”等诸多功效。但真正美丽的山水常地处僻远，往游不便。所谓有修养的君子总爱接近大自然的美景而厌恶尘世的喧嚣，然而身处太平盛世，人不可能脱离社会生活而隐退山林、超然独处。这种对于林泉烟霞的怀念形诸梦寐，难以割舍，这种矛盾怎样解决呢？此时山水画的效用就体现出来了，万水千山付诸笔端，流于画面，竖画三寸当千仞之高，横抹数尺体百里之迥，以达到心领神会、神超理得的境界。（王薛时）

《偿还生态欠债：人与自然和谐探索》

Changhuan Shengtai Qianzhai: Renyuziran Hexie Tansuo

生态学研究专著。姜春云主编。中国社会科学院2006年“偿还生态欠债研究”课题成果。主编者在卷首《前言》中说：本书“坚持科学发展观和人与自然和谐、友好的理念，在深入调查研究的基础上，吸取中外有关生态、环境问题研究的最新成果，就我国的环境情势、生态欠债及其根源，如何看待‘欠债还债’，偿还生态欠债的总体目

标、任务要求、战略举措、实施途径和对策，前景预测以及应当吸取的经验教训，作了比较全面、系统、深入的研究、探讨和论证，从理论与实践的结合上，破解、回答了根治生态、环境痼疾所面临的种种困惑和难题，并从中获得了不少新的认识、新的理念、新的观点、新的思路和见解。”全书分为 12 个篇目。《生态情势篇》实事求是地评估与剖析中国生态、环境问题的现状。《发展理念篇》以科学发展观为准则，批评“唯速度论”“资源无限论”“破坏难免论”“环保包袱论”“还债过早论”“利益至上论”6 种非理性发展观。《增长模式篇》批评传统粗放的经济增长模式，指出这是造成生态赤字环境欠债的根本原因，就转变经济增长方式、调整产业结构、优化区域布局、发展循环经济和清洁生产进行详尽的探讨和论证。《适度消费篇》批评奢侈豪华的消费行为，提倡合理、适度、文明的消费方式。《休养生息篇》主张给生态系统降压减载，恢复和强化生态系统功能，有针对性地提出具体对策和建议。《环保投入篇》就国家、企业、社会、公民加大生态治理投入的责任、机制提出专门建议和意见。《环境政策篇》系统研究、论证环境保护政策的导向、体系等问题。《人口战略篇》具体论述应对我国人口现状的增长、素质、结构、布局、教育、就业、老龄化问题。《政绩考评篇》批评片面追求国内生产总值增长的错误倾向，就如何建立绿色国内生产总值政绩考核评价体系做出系统论证。《道德文化篇》指出我国生态环境的恶化和负债，与人们生态道德缺失、环境文化知识薄弱有关，要提高全体公民特别是公职人员的生态道德和环境知识文化水平，提出新见解。《环境法制篇》全面分析评价我国的生态环境法制基本状况，对完善法制体系、强化执法力度、提高执法效率提出具体对策。《前景展望篇》全面审视、评估影响生态环境的基本因素，得出结论：我国根本扭转生态恶化趋势是长期的战略性任务。21 世纪初基本遏制生态恶化趋势并整体好转，到 2030 年生态环境明显改善，到 2050 年基本实现全国山川秀美。据《前言》，“偿还生态欠债研究”课题得到中国社会科学院、国家发改委、农业部、国土资源部、水利部、国家环保总局、国家林业局、国家海洋局、国家统计局、国家保密局、新华社等部门和单位的支持与协作。编审委员会成员有毛如柏、潘岳、肖万钧、于友民、杨雍哲、李育才、刘成果、程湘清等近 30 人，特约顾问有孙政才、陈雷、周生贤、贾治邦、曲格平、房维中、腾藤等 10 余人。北京，新华出版社 2007 年出版。（白建新）

畅神

Praising God

我国古代关于自然审美观的一种代表性观点。“畅神”说是晋宋以后产生并在自然审美观中占主导地位的审美观念。当魏晋时期儒家的思想体系解体，人们的精神从汉代儒教礼法的统治下挣脱出来之后，把自然美看作是人们抒发情感、陶冶性情对象的“畅神”自然审美观也就应运而生了，其实质是把自然山水看作是独立的观赏对象，强调自然美可以使欣赏者的情感得到抒发和满足，亦即可以“畅神”。畅神说的核心是要求艺术创作要使所表现的对象呈现出一种内在的生命力，这种生命力又只能来自于主体精神的贯注。这种贯注是源于主体与对象之间的水乳交融。畅神说体现出审美经验的终极旨归在于帮助主体寻找到人生的意义和价值真谛。（参考：周均平：《“比德”“比情”“畅神”——论汉代自然审美观的发展和突破》，《文学研究》2003 年第 5 期第 51 ～ 58 页。王薛时）

超级大国

Superpower

具有绝对超出其他国家实力的经济军事力量，以谋求世界霸权为目的的大国。它们依靠强大的实力，在世界范围内大肆进行经济掠夺、政治压迫、军事侵略或控制。一般专指美国和苏联这两个国家。这两个国家都（曾）具有摧毁对方以及任何一个国家的超强军事实力，同时为了各自的利益，在世界范围内进行了各种形式的相互争夺。它们都有各自掌控的实力集团和势力范围。随着冷战的最终结束和苏联的解体，美国成为当今世界唯一的超级大国，对世界经济政治秩序有着超乎寻常的影响。（李庆）

超临界二氧化碳

Supercritical Carbon Dioxide Solvent

超临界二氧化碳是指温度和压力均高于其临界值的二氧化碳流体。超临界流体具有类似气体的扩散性及液体的溶解能力，同时兼具低黏度、低表面张力的特性。从环保、经济和社会需要的角度出发，化学工业因使用和产生有毒有害物质，已不适宜，应大力研究与开发从源头上减少和消除污染的绿色化学。超临界二氧化碳由于价格低廉，无毒，不易燃烧等优点，成为取代传统挥发性有机溶剂和助剂的理想替代品。超临界流体萃取技术近 30 年来引起人们的极大兴趣，在医药、化工、食品及环保领域均取得成果，如台湾的公司运用超临界二氧化碳萃取技术进行大米农药残留及重金属的萃取与去除。（朱雨晨）

超验主义

Transcendentalism

指 19 世纪上半叶在美国新英格兰地区逐渐形成的文学和哲学思想运动。创始人是著名思想家、散文和诗人爱默生。除爱默生外，超验主义的倡导者还包括女权主义者及社会改革家玛格丽特·富勒（Margaret Fuller）、牧师西奥多·帕克（Theodore Parker）、教育家布朗森·奥尔科特（Bronson Alcott）和作家亨利·大卫·梭罗（Henry David Thoreau）。他们经常聚会，讨论共同关心的哲学和神学问题以及美国的社会现状。1836 年超验主义俱乐部成立，出版综合性刊物《日晷》。爱默生担任杂志主编，广为传播超验主义思想，不断加以补充完善。超验主义者的理论和实践吹响了美国精神独立的号角。作为文化领域里的运动，超验主义思想家们没有给人们提供完整的思想体系，他们也无心开创新的文学流派。但是，从他们的主要作品中去看，超验主义的核心思想体现在自然观和人生观两个方面。（参考：杨晓峰：《超验主义思想的自然观与人生观》，《河南师范大学学报（哲学社会科学版）》2005 年第 3 期第 116 ~ 117 页。牟世晶）

超验自然主义

Transcendental Naturalism

超验主义者对大自然的看法别具一格。在超验主义者眼里，大自然不仅仅是日月星辰，树木花草，飞禽走兽或江海湖泊。他们对大自然怀有近似宗教虔诚的崇敬和仰慕。喧闹混沌中，他们仿佛在大自然里看到人的灵魂与宇宙的直接联系。浑噩平庸中，他们在大自然里感受神的力量和上帝的存在。在他们眼里，大自然不仅仅是物质的，也是精神的。大自然充满上帝的精神，是“超灵”的外衣，所以，能够对人产生某种健康的修炼性的影响。爱默生认为，宇宙是大自然与人的灵魂的结合，人通过灵魂与自然和谐一致。只有接近自然感受自然，人的灵魂才可以真正体会到存在的价值。爱默生在《论自然》中说：“在一片林子里，一个人能把他的年龄抛开，就像蛇把它的皮全部蜕下……站在空旷的土地上，我的头脑沐浴在清爽的空气里，思想被提升到那无限的空间，所有的卑鄙和自私都消失了。”基于这一认识，超验主义者对风行于欧洲大陆的物质文明持尖锐批评态度，提倡人们远离物质社会，远离现代化的诱惑，接触自然，回归自然，以获得人的最高的精神体验。（参考：杨晓峰：《超验主义思想的自然观与人生观》，《河南师范大学学报（哲学社会科学版）》2005 年第 3 期第 116 ~ 117 页。牟世晶）

《超越边界：环境运动与跨国政治》

Beyond Borders: Environmental Movements and Transnational Politics

英国基尔大学政治社会学教授布莱恩·多尔

蒂和蒂莫西·道尔共同编辑出版的专题文集，2008年出版。多尔蒂认为，全球化是关于跨国的政治。即政治正往国家边界的次级、上级扩展，以及如跨国公司的其他实体大量涌现，环境组织改在跨国空间中运作，相应地，环境运动政治也被确立为流动性、模糊性和认同、任务与结构的巨变。书中首先阐明边界的本质，以及跨国集体行动和跨国机构如何影响边界的界定，然后区分环境运动和环境主义的社会运动，接着说明环境主义的多样性。在书中，环境运动政治被认为是该新现象的最为明显的例子。作者凭借欧洲、亚洲、美洲、非洲和中东的田野调查，分析一系列跨国过程建构共同跨国议程的努力，环境抗议者新议题的扩散，环境组织在构建新的环境治理模式的角色，新自由主义如何影响地方政府激进主义，界定环境正义与后殖民环境政治的困境等。（徐越）

超越个体生态学

Transpersonal Ecology

比尔·戴维尔和乔治·塞森斯在《深生态学：充分尊重自然的生活》、比尔·戴维尔在《手段简单而意义丰富：实践深生态学》等著作中提出的生态中心主义价值理论，始于特殊的世界或宇宙图画，即我们事实上是不断展开的生命之树上的树叶，然后扩展到对所有现象的心理认同。借助宇宙学和心理学的方法，着力于我们体验世界的方式，希望通过与其他事物普通的和日常的心理认同过程，超越个人利己主义的、以自我为中心的、个体的自我感，形成包括所有存在的扩大的自我感。因此，沃威克·福克斯称之为“超越个体的生态学”。超越个体生态学适宜于社会从下而上、而不是从上而下的改变，要求扩大人类同情与尊重其他物种的范围，超越自己特殊的家庭、朋友和人类社会，直到包括整个生态系统。这一过程的实现，将导致人们对我们个人或个体命运是与其他存在命运连在一起的事实的认可。因此，它被认为是形成中的新的世界观、新的文化与个性、新的政治视野的重要组成部分，更多地表达了“深绿色”生态政治理论中文化更新和重新审视我们在自然界中地位置等本质性的方面。（徐越）

《超越极限》

Beyond the Limits

罗马俱乐部在著名的《增长的极限》报告20年之后发表的另一个同一主题的研究报告，但没有产生同样大的社会与学术影响。由原作者组成的研究团队对照现实世界验证1972年报告的主要结论后认为，当时的三个结论仍然有效，但需要加以补充。报告将原来的3个主要结论改写为：1. 人类消耗许多不可缺少的资源和产生各种污染的速度，已经超越了物理上可持续的速度。如果再不大幅度削减物质流和能量流，几十年之后，人均粮食生产量、能源消费量和工业生产量，仍会不可控制地衰退。2. 这种衰退不是不可避免的。为此需要进行两项改变：首先是广泛地改变现行的增加物质消费和人口增长的政策和实际做法；其次是尽快地、大幅度地提高原料和能源的利用率。3. 实现可持续的社会在技术上和经济上都是可能的。为了转变到可持续的社会，需要在长期目标和短期目标之间慎重权衡。应重视发展的充分性、公平性和生活质量方面，而不是产量的多寡。（徐越）

超越论

Transcendentalism

清华大学环境哲学教授卢风在《生态文明新论》中把生态文明理论区分为两派。他认为一派是超越论，一派是修补论。持超越论的生态文明理论对现代性与现代工业文明进行激烈批判，认为现代性的根本信念（如自然观、价值观、知识论）是错误的，现代工业文明的各个维度都是反自然的、反生态的，主张彻底超越现代工业文明，建设崭新的生态文明，生态文明将是人类文明发展的新阶段。超越论认为现代工业文明缺失生态文明这一维度，现代工业文明在物质层面导引工业产品对环境的污染，制度层面的资本逻辑刺激人们的消费欲望与物欲贪念，在科技上高扬工具理性精神，追求征服自然，诸如此类的信念在超越论看来都是错误的。超越论认为现代工业文明的基本架构与生态文明建设不相容，我们应该从当代人类的思想观念、生活方式、制度建设等方面进行全面修正与超越，只有这样才能建设不同于现代工业文明的人类生态文明。（雷爱民）

《超越增长：可持续发展的经济学》

Beyond Growth：the Economics of Sustainable Development

美国著名生态经济学家赫尔曼·E. 戴利的著作。作者提出著名的可持续发展理论，阐述可持续发展概念的革命意义，对生态、社会、经济三

个方面优化集成。以为社会人均福利奋斗为中心原则，要求足够的生态规模、公正的社会分配和效率的经济配置各方面同时起作用。该书提出的理论具有深刻性、系统性、革命性，对传统经济学发起挑战，对社会政治与经济都产生巨大深刻的影响。中译本译者诸大建，上海，上海译文出版社 2006 年出版。（代富宇）

潮间带生态学

Intertidal Ecology

研究海岸带高低潮线间自然环境，特别是潮汐变化和干湿交替条件与生物群落及个体活动相互关系的学科。研究内容包括：1. 潮区、海域和生境的划分及区系分析研究。2. 种群结构、种类和数量组成及分布特点的研究。3. 群落生态学研究。潮间带有丰富的生物资源，其中不少动植物具有重要的经济和药用价值，底栖海藻中不少种类是制胶工业的原料。因此做好潮间带生态学研究，对潮间带的自然资源进行可持续的开发利用尤为重要。（朱雨晨）

潮流能

Tidal Current Energy

海洋中潮流水平运动中蕴含的动能，主要分布在流速大的海湾湾口、岛屿之间的海域，资源丰富，开发前景非常可观。潮流能的优点包括：1. 能量密度集中，相较于太阳能与风能，潮流能的能量密度高得多，其能量密度约为风能的四倍，太阳能的三十倍。2. 可预测性强，根据地球、太阳与月亮的相对运动和引潮力，可准确预测海域中的潮流能量，其能量相对稳定，波动性约为波浪能的五百分之一。3. 潮流能的开发不污染环境，不需要造坝，对海洋环境影响小。（任傲尘）

潮汐能

Tidal Energy

潮汐是在月球、太阳等引力作用下形成的海水周期性涨落现象，潮汐能是伴随潮汐现象产生的能量，是可再生的清洁能源，主要应用于发电。潮汐发电的工作原理与常规水力发电的原理类似，利用潮水的涨、落产生的水位差所具有的势能发电。在中国，潮汐能资源的地理分布十分不均，可开发的潮汐能约 90% 分布在潮差较大的浙、闽两省和长江北口，年发电量约 560 亿千瓦，可装机约 2000 万千瓦，为我国华东地区提供了大量能源。早在 20 世纪 50 年代，中国已开始利用

潮汐能，在这一方面是世界上起步较早的国家，在几十年的发展中先后研建了多座潮汐能电站、潮流能试验电站，但技术水平和整体开发规模等与国际先进水平仍有较大差距。（任傲尘）

车载自动诊断系统

On-Board Diagnostics, OBD

车载自动诊断系统根据发动机的运行状况随时监控汽车尾气是否超标，一旦超标，会马上发出警示。当系统出现故障时，故障（MIL）灯或

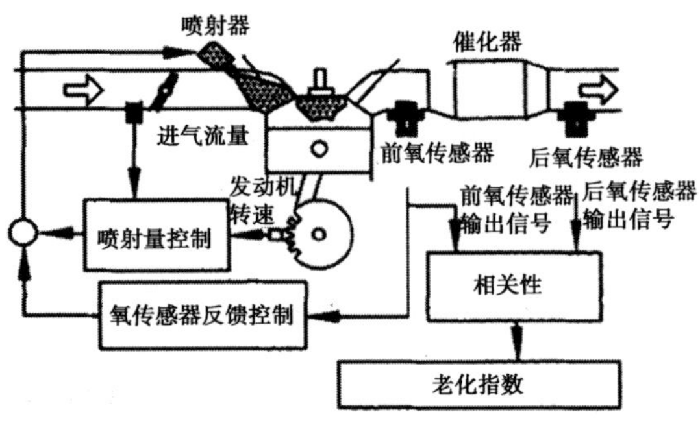

检查发动机（Check Engine）警告灯亮，同时动力总成控制模块（PCM）将故障信息存入存储器，通过一定的程序可以将故障码从PCM中读出。根据故障码的提示，维修人员能迅速准确地确定故障的性质和部位。其工作原理是：通过各种与排放有关的部件信息，连接到电控单元（ECU），ECU具备检测和分析与排放相关故障的功能。当出现排放故障时，ECU记录故障信息和相关代码，并通过故障灯发出警告，告知驾驶员。ECU通过标准数据接口，保证对故障信息的访问和处理。20世纪80年代，美、日、欧等各大汽车制造企业开始在其生产的电喷汽车上配备OBD，初期的OBD没有自检功能。到20世纪90年代中期，更先进的OBD-Ⅱ产生，美国汽车工程师协会（SAE）制定了一套标准规范，要求各汽车制造企业按照OBD-Ⅱ的标准提供统一的诊断模式。20世纪90年末期，进入北美市场的汽车都按照新标准设置OBD。车载自动诊断系统在我国的起步较晚，2008年6月24日，环境保护部发布《车用压燃式、气体燃料点燃式发动机与汽车车载诊断（OBD）系统技术要求》，并宣布此要求从2008年7月1日起实施。（石艳峰）

沉默的螺旋理论

The Spiral of Silence

由德国女传播学家伊丽莎白·诺尔－诺依曼（E·Noelle-Neumann）于20世纪70年代提出。描述这样一个现象：人们在表达自己想法和观点的时候，如果看到自己赞同的观点受到广泛欢迎，就会积极参与进来，这类观点因此得到越发大胆地发表和扩散；而发觉某一观点无人或很少有人理会，即使自己赞同它，也会保持沉默。意见一方的沉默造成另一方意见的增势，如此循环往复，便形成一方的声音越来越强大，另一方越来越沉默下去的螺旋发展过程。“沉默的螺旋”假说具有以下特点：1.这个假说中的舆论与传统的舆论概念不同，与其说是公共意见或公众意见，倒不如说是公开的意见。2.从传播效果研究的角度而言，沉默的螺旋理论强调大众传播具有强大的社会效果和影响。这里反映的强大影响已经不止于认知阶段，而是包括了“认知→判断→行动”的全过程。这个假说认为传播媒介具有“创造社会现实”的巨大力量。（参考：［德］伊丽莎白·诺尔－诺依曼著，董璐译：《沉默的螺旋》，北京：北京大学出版社，2013年。张惠娜）

陈克复

Chen Kefu, 1942 ～

制浆造纸工程专家。广东海丰人，1966年毕业于复旦大学力学专业，植物资源化学与化工国家级科技创新平台首席科学家兼主任，北京工商大学双聘院士、北京工商大学北京市植物资源研究开发重点实验室学术委员会主任，华南理工大学教授、博士生导师，2003年当选为中国工程院院士。长期从事制浆造纸工程和环境工程的科研和教学的工作，研究方向为纤维悬浮液流动力学及流变学、中高浓纸浆技术、纸页形成技术、涂料与涂布技术、废纸脱墨制浆技术及造纸废水处

理。其中，中高浓纸浆少污染漂白技术与成套装备的研发，解决了我国造纸工业资源与环境的瓶颈约束问题，为我国造纸工业清洁生产做出突出

贡献。主要论著有:《造纸机湿部浆料流体动力学》（1984）《制浆造纸机械与设备》（上、下册）（2003）《我国造纸工业节水的意义及重要节水技术》（2004）《循环经济与我国制浆造纸工业的实践》（2006）《中高浓制浆造纸技术的理论与实践》（2007）等。（*石艳峰*）

陈清泉

Chen Qingquan, 1937 ~

电机电力驱动和电动车专家。福建漳州人，

1957 年毕业于北京矿业学院。1959 年在清华大学获硕士学位，1982 年获香港大学哲学博士学位，1993 年获乌克兰敖德萨理工大学荣誉科学技术博士学位。先后担任香港大学讲座教授，中国矿业大学信息与电气工程学院院长，世界电动车协会主席，亚太电动车协会主席等职务。1996 年获匈牙利电工技术学会优秀成就奖，同年被评为香港工程科学院院士，1997 年被评为英国皇家工程院院士、中国工程院院士和乌克兰工程科学院院士。被 *Global View*（《全球视野》）期刊誉为“亚洲电动车之父”，被印度尼西亚誉为“电动车技术之祖”，被国际电动车同行誉为“世界电动车三贤士之一”。发明多种电动车专用的特种电机及其控制装置，研发出多种类型电动车并成功研制出智能化电动车能量管理系统，提高电动车的能源效率和行驶里程。在电动车技术革新方面有诸多科研成果，多次获得国际大奖，其中有 9 项研究成果获英国专利。将自己的科研成果在中国和美、欧、亚各国之间进行推广，以推进中国及国际的技术交流。通过演讲将自己在电动车领域的研究成果传播到国际上。主要论著有：《电动汽车——清洁有效的城市交通工具》（1999）《21 世纪的绿色交通工具——电动车》（2000）《现代电动汽车技术》（2002）《未来是电动汽车时代》（2004）《现代电动车、电机驱动及电力电子技术》（2005）《电动汽车的现状和发展趋势》（2005）等。（*石艳峰*）

成本收益分析

Cost Benefit Analysis

政府监管分析的重要工具。将待评估的政府监管政策可能产生的收益和成本用货币单位量化，为政策决策者判断备选方案提供清晰明确的指引。成本收益理论是综合运用经济学的分析方法，对法规或政策建议可能对经济、社会、环境产生的影响，进行成本、收益量化或者货币化的分析评估方法，实质是预测法规实施后产生的社会总成本、总收益和净收益。最大特点是将成本和收益货币化，进而进行比较，以收益大于成本或者收益能够证明成本的正当性作为决策规则。

成本收益分析为组织和分析信息提供有用的分析框架，并增加成本和收益的可比性，从量化政府监管的成本和收益角度讲，成本收益分析可提高政府监管的效率。（李雪姣）

城邦观念

Concept of City State

古希腊自由人特有的政治、法律、伦理三位一体的观念。由于古希腊城邦国家是在没有外部干涉的情况之下，纯粹从氏族演化而来，所以人们对于城邦仍保持着像原来对于氏族那样的依赖意识。在古希腊人看来，城邦就是自己生活中的一切，城邦及其法律和伦理都是自然生成的，必须绝对服从它们。相反，脱离城邦是不可想象的事。这种城邦观念，在当时的思想家们那里有着强烈的反映。亚里士多德把人说成是城邦动物（又译“猪群城邦”）；认为不从属于城邦者，不是神仙，便是野兽。苏格拉底被宣布死刑后，坚决不离开雅典城邦，而宁愿受死，认为城邦的法律和对他的判决都是天意，因而不能表示不顺从。古希腊的自然法思想，就是这种城邦观念的产物。（李庆）

城邦民主制

City State Democracy

古代奴隶主阶级国家的民主共和制度。城邦即古代城市国家，曾广泛地存在于奴隶社会的早期阶段，通常以一个城市为中心，由若干血缘相同或毗邻的农村公社结合组成，领土面积狭小，居民人数有限。城邦国家的政治形式多种多样，城邦民主制是其中的一种，特点是国家公职人员通过选举或抽签产生，有一定任期限制，由公民大会实际掌握国家最高权力。在古代希腊和世界其他某些地区，都有一些城邦国家曾实行过这种政体，在古希腊的雅典得到充分发展。公元前6世纪雅典经过梭伦改革和克利斯提尼改革，国家最高权力由贵族院转移到公民大会，确立了典型的城邦民主制，并在公元前5世纪中期的伯里克利时代达到极盛。公民大会定期举行，奴隶主和所有享有公民权的自由人皆有权参加，但奴隶以及自由的妇女和外邦人无权参加，一般的穷苦自由公民也往往难以赴会。所有国家机关均隶属于公民大会，公民大会有权决定国家一切重大问题：制定法律，宣布战争，缔约结盟，处理财政，决定军事，选举执政官、将军及其他高级官员。公民大会的常设机关和执行机关是五百人议事会，主要负责准备和审议供大会讨论通过的议案，决定议事日程。由10名将军组成的十将军委员会，负责统帅军队，并掌管财政和外交，是重要的行政机关。由6000名陪审官组成的公民陪审法庭，是最高司法机关，负责审理重大诉讼案件，并可对立法表示赞成或拒绝。贵族院丧失了原有的大部分权力，成为只负责审理某些刑事案件的机关。（李庆）

城隍

Town God

城隍，原指护城河，后成为中国古代民间信仰的神灵，有的地方称城隍爷，是古代汉族民间信仰中普遍祭祀的重要神祇，也是道教信奉的守护城池之神。城隍产生于古代祭祀，经道教演绎成为地方守护神，远在周代时就将水庸（城隍土地）列入岁末蜡祭大典。唐朝时城隍信仰广泛传播全国各地，宋初城隍祭祀正式纳入国家官方祭祀大典。（雷爱民）

城市安全

Urban Safety

指对自然灾害以及社会突发事件（包括人为灾害和袭击破坏）具有有效应对的能力和措施，使城市的环境、政治、经济、文化以及市民人身安全等方面处于动态的平衡与稳定状态之中，从而为城市居民营造一个和谐安宁舒适的生活空间。城市安全的建设应从文化安全文化建设、安全科技建设、安全法制建设、安全监管建设以及安全资源保障建设等方面进行。在城市安全研究中，由于城市安全问题涉及广泛，可能包含一些容易被忽略的安全领域和范围，因此不同学者研究的侧重点都有所不同。城市安全理论体系理应是一个开放的体系，因为随着社会经济的发展，人与自然环境之间的关系会更加复杂，不同类型的环境问题会不断凸显，另外城市化过程中人口增长、人口流动也会造成更多地社会问题，比如恐怖主义的兴起对城市公共安全形成新的挑战。这种背景下城市中必然会不断出现不同于以往的安全问题，应承认可能的未知安全因素。目前为止，城市安全领域研究主要包括城市灾害研究、城市灾害预警系统研究、城市公共安全系统研究、城市生态安全研究（以水生态系统安全为重点）、城市经济安全研究、城市文化安全研究、城市能源安全研究、城市人口安全研究、城市应急机制研究、城市安全规划研究以及与城市安全相关的政策法律制定研究。（参考：李彪：《城市安全规划的可视化技术研究》，《中国安全科学学报》2003 年第 11 期第 28 ~ 29 页；张翰卿等：《城市安全规划研究综述》，《城市规划学刊》2005 年第 2 期第 38 ~ 42 页。欧阳文川）

城市安全规划

City Safety Programming

指通过调整城市危险源和城市安全应急力量的地理布局来防护居民生命健康财产安全以及其他需要防护的保护对象，通过尽可能降低安全风险、缩小危险可能带来的影响以及提高应急救援防护能力来达到城市安全风险指数处于较低的状态。城市安全的危险因素主要来自于人为故意因素以及自然因素，包括非人为故意造成的技术危害。因此城市安全规划必须同时将人为与非人为因素同时予以充分考虑。城市安全规划的主要内容为城市安全风险源的辨识以及城市安全风险评估两部分。城市安全风险源辨识是城市安全保障工作的基础工作，主要通过信息收集、现场查看以及数据分析等手段对安全风险做出定性分析；城市安全风险评估侧重于对安全风险进行定量以及定性评估。一般来说，城市安全建设应从安全文化建设、安全科技建设、安全法制建设、安全监管建设以及安全资源保障建设等方面进行，而城市安全建设规划应当将这些因素进行整合与统筹。目前，城市安全因素的整合正在融入城市社区的综合发展规划之中。（参考：李彪：《城市安全规划的可视化技术研究》，《中国安全科学学报》2003 年第 11 期第 28 ~ 29 页；张翰卿等：《城市安全规划研究综述》，《城市规划学刊》2005 年第 2 期第 38 ~ 42 页。欧阳文川）

城市边缘区

Urban Fringe Area

指在城市与乡村地域体系基础上衍生出的新型过渡性区域，介于城市生态系统和乡村生态系统之间，是城市和乡村共同作用的结果。城乡景观融合的脆弱生态交错过渡地域，是特征、结构及功能都十分独特的地域单元。早期城市与乡村的景观特征差异明显，随着城市化进程的推进，越来越多毗邻乡村地区的土地从原先的农业用地转化为工业、商业、居住区及其他用地，建设有各种城市服务设施，从而形成城市边缘区。城市边缘区兼具城市与乡村的特征与功能，非农产业较发达，人口密度介于城市与乡村之间。城市边缘区对于整个城市系统的作用：1. 它是城市生态环境的天然屏障，对城市环境污染具有自净及缓冲效用，可以稳定城市系统。2. 它是城市活动所需原料的重要供给源，为城市提供新鲜蔬果、清洁淡水及工业原料等，是城市发展的空间腹地。城市边缘区的生态环境变化呈现复杂性、易变性、过渡性和脆弱性等特征，土地利用变化尤其活跃，是城市生态环境的敏感地带，被认为生态环境变化研究的天然实验室。（蔡越　任傲尘）

城市大气污染

Urban Air Pollution

指因城市特殊的下垫面条件和边界层结构以及污染源集中而造成的空气污染。由于人类活动（如工业废气、生活燃煤、汽车尾气的排放）和自然过程（如森林火灾）引起某种空气污染物质介入大气中，达到足够浓度和时间长度，进而危害人体的健康，导致环境污染。城市大气污染造成灰霾、光化学污染、酸雨、煤烟等环境问题的产生，其中主要污染物质有 PM2.5、PM10、臭氧、一氧化碳、二氧化氮、二氧化硫、氮氧化物、挥发性有机化合物、氨等。我国城市大气污染目前呈现污染物复杂化、污染方式轻型化、污染范围扩大化、污染时间持续化的特点。（任傲尘）

城市电磁污染防治

Urban Electromagnetic Pollution Precaution

针对城市中过量电磁辐射造成的电磁污染而采取的防御与治理措施。城市电磁污染一般指人为电磁辐射造成的污染，各类电磁波发射系统、工频辐射系统，利用电磁能的工业、科学、医疗设备，包括部分家用电器均是城市电磁污染的污染源。防治措施有：1. 完善电磁污染防治法规与标准，与时俱进更新相关管理方法；2. 提高电磁辐射环境监管能力，严格执行国家相关法律法规；3. 采用电磁辐射控制技术，通过产品设计、优化基站、屏蔽辐射、滤波技术和开发防电辐射材料等方法减少电磁污染；4. 增加城市绿地面积与绿化设施，吸收电磁辐射；5. 普及电磁辐射知识，增强公众的辐射防护意识，掌握降低居室电磁辐射的防护方法。（任傲尘）

城市风

Urban Wind

指城市热岛效应和街道峡谷效应共同作用形成的大城市特有的风。现代大中城市中，由于工业生产和居民生活燃烧化石燃料释放出的大量热和污染物集中等原因，导致市中心的温度比郊区要高，温度高时空气上升，上升后由郊区的冷空气填补，城市和郊区之间形成小型的热力环境。对城市风场、流性天气、降水和干湿分布都有影响，形成城市许多特有的气候特征。由于城市风的出现，城区口排出的污染物随上升气流笼罩在

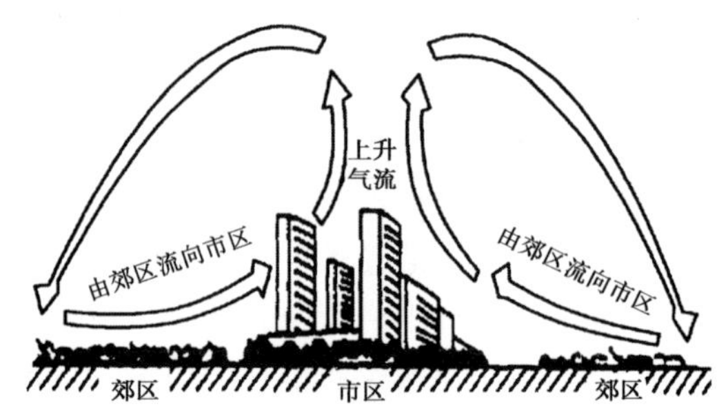

城市与郊区之间的热力环游图

城市上空，从高空流向郊区，到郊区后下沉，下沉气流又从近地面流向城市中心，将郊区工厂排出的大气污染物汇集到市区，导致市区污染浓度增高。城市两侧高楼林立的街道，以及屋顶与“峡谷”内受热情况的差异都会导致小尺度的街道风环流。（王晴晴）

城市腹地

City Hinterland

指一个地区发展到一定程度后，在资源最优化配置和环境工程整合原则的作用下，形成的跨越原有行政界线而重新建构的具有经济、文化、生态等多种形态的城市功能区。腹地概念最早由 George Chisholm 在其主编的《商业地理手册》中首次引入德语词汇“hinterland”，即背后的土地，意指港口周围的物资集散地。20 世纪 50 年代后，腹地被定位于内陆或港口等各类经济中心城市的附属地区。城市腹地的区域及该区域内经济发展的方向和形态都与经济中心地带有密切联系，长江三角洲经济带便是典型的经济中心、城市腹地分布格局。有关城市腹地的理论主要由中心地理论、空间极化发展论、中心—外围论和空间相互作用论。中心地理论认为，城市的基本功能是作为服务中心，为腹地的居民提供各种商品和服务。整个中心地区及其服务的市场区域是由一层层六边形网络嵌套完成。高一级的中心城市其腹地可以是次一级城市，而不必定是城市周围的乡村地

区。依照中心地理论，上海周边的南京、苏州、无锡、宁波、嘉兴、杭州都是上海的城市腹地。中心—外围理论认为，中心区域和外围区域是因为其发展程度而逐渐形成的。中心地区在发展中会给外围地区即腹地带来经济、社会、生活各方面的压力，比如工资水平、服务要求、公共设施建设等，进而带动腹地的经济发展，从而缩小腹地与中心城市之间的差距。空间相互作用论认为，城市中心地区和腹地之间的相互作用是通过人流、物流、资金流、信息流和技术流形成的引力和斥力调节来实现的。当两者之间的引力大于斥力，空间结构就会不断调整，中心城区规模扩大，城市密度高，聚集效益明显；当引力小于斥力时，会出现郊区化、逆城市化、卫星城的发展。只有在非平衡状态下，区域和城市才会不断调整和优化。（参考：尹君、潘竟虎：《城市腹地及其界定的研究动态与发展趋势》,《商丘师范学院学报》2011 年第 12 期第 79 ~ 84 页。**朱配辰**）

城市公益用地

City Public Benefits Land Using

指用以促进和增加社会公共利益以及民众集体福利的各类城市建设用地的总称。公益用地的建设目的在于建立和增加公共福祉，为社会发展以及人民生活水平提高提供基础条件。常见的城市公益用地包括基础设施建设用地（包括城市防灾设施、供排水设施、电力设施、燃气设施、公交设施、邮电设施、环境卫生设施和道路广场等）、公共设施用地（包括体育设施、医疗卫生设施、教育科研设施、社会慈善福利设施、宗教设施、文物古迹、博物馆、图书馆和文化馆等用地）、国家机关及外交和军事用地、城市公园绿地和城市自然保护区域（包括公共绿地、防护绿地、河湖水系、山林和湿地等），以及国家重点支持的能源、交通、水利设施用地等等。城市公益用地按照类别一般分为居住型公益用地、工作型公益用地、交通型公益用地以及游憩型公益用地。城市公益用地具有一般公益用地的共同特征，如公共性、外部性以及组织构成的系统性。公益用地具有公共物品的特征，由于公益用地旨在促进公共利益和福祉，因此其具有公共物品的非竞争性以及非排他性。公益用地也具有外部性特征，具有外部经济效应或者具有正外部性效应，即任何人对公益用地的享用都无须付出任何代价，这决定了公益用地建设无法产生经济效益。公益用地的组织构成具有系统性，即公益用地具有一定的层次和结构。它是由产生不同作用、相互联系和影响的各类不同公益用地组合而成的。公益用地是否能高效提供社会公共性服务，很大程度上取决于内部组成部分的设计合理性和科学性。此外，城市公益用地还具有空间利用的垄断性、市场价值的隐含性以及建设时序的先导性等特征。空间利用的垄断性指城市公益用地因其通常能够提供足量的服务或者丰富的产品，能够在特定区位中达到规模性的经济垄断优势。市场价值的隐含性指城市公益用地具有公共物品的特性和外部性，并且对公益用地划拨通常具有严格的法律规定。因此市场在此情形中无法显示出其价值，普通公众也难以识别城市公益用地的价值。建设时序的先导性指城市公益性用地由于是城市生产和生活的基本物质载体，并且由于规模较大，需要较长的建设周期，因此城市公益性用地建设一般都优先于其他非公益建设工程；另一方面由于城市公益性用地是产生积聚效应的决定性因素，对营利性建设项目起着引导作用，城市非公益性建设一般都以公益性用地为中心进行开发建设。（参考：陈佳骊：《城市公益性用地问题初探》，浙江大学 2004 年硕士学位论文第 19 ~ 25 页、第 43 ~ 47 页。**欧阳文川**）

城市固体废物污染

Solid Waste Pollution in Cities

城市固体废物污染指生活垃圾、一般工业固体废物、危险废物和废旧电器对环境的污染。对城市固体废物的不合理收集、利用和处理将会对土壤、大气、水体和人类造成危害。固体废物长期露天堆放，其有害成分在地表径流和雨水的淋溶、渗透作用下通过土壤孔隙向四周和纵深的土壤迁移，对土壤和其中的动植物产生污染，其溶解出的有害成分会污染水环境。废物中的细粒、粉末在废物运输及处理过程中释放有害气体和粉尘，直接进入大气，通过呼吸道、消化道或皮肤摄入人体，使人致病。这些都会对人类生活产生危害。（任傲尘）

城市光污染防治

Prevention Ways of Urban Light Pollution

对城市中超过各种生物正常生存承受的光辐射造成危害的防治对策。城市光污染防治内容有：1. 制定防治光污染的标准和规范与相关法律法规；2. 推广照明节能技术，优先选择减少光污染的灯具设备；3. 加强城市规划与管理，改善照明条件，合理设计光源位置；4. 提高人们防治光污染的意识，向公众宣传光污染危害，使人们自觉减少光源的使用。（任傲尘）

城市化

Urbanization

农村不断被城市同化的过程，即城市的先进生产力、现代文明不断向农村传播和扩散，最终达到城乡共享的过程。城市化是社会生产力发展的必然产物，许多国际组织如世界银行，已经将城市化水平作为衡量一国生产力发展与经济增长的重要标准之一。从时间维度看，城市化是人类社会从城乡分野到城乡对立最终过渡到城乡融合的漫长的自然历史过程。从物质要素转化的角度看，城市化是农村人口转化为城市人口的过程，农村地域向城市地域转化和集中的过程，农村社区生产生活方式向城市社区生产生活方式转化的过程。从精神要素转化的角度看，城市化过程是由乡村社会、乡村文明逐步转变为城市社会、城市文明的自然历史过程。城市化过程不是社会发展的结果，而是社会发展的经历过程，它的涵义：1. 乡村不断发展成城市并被城市同化；2. 乡村自身内部的城市化；3. 城市自身发展的城市化；4. 作为整体运动化过程的城市化。因此，城市化概念的外延还包括城市城市化、农村城市化、抽象城市化。从实施过程角度看，城市化要经历的阶段：1. 起步阶段。因为生产力发展水平、城乡差距大等因素，城乡二元结构明显，城市化发展进程缓慢。2. 快速发展阶段。随着经济发展和生产力水平的提高，劳动力开始快速流向城市，城乡对立逐渐转变为城乡联系。城市化主要表现为城市地域的扩大和小城镇数量的增加以及城市人口的增加。3. 基本实施阶段。此阶段城乡联系逐步变为城乡融合，劳动力出现双向流动，城市化量化速度减慢。4. 完全实现阶段。社会生产力高度发达，城乡差别消失，城乡融合加深，城乡居民共享高度发达的物质文明和精神文明。（参考：范海燕、李洪山：《城乡互动发展模式的探讨》，《中国软科学》2005 年第 3 期第 155 ~ 159 页。朱配辰）

城市环境污染

Urban Environmental Pollution

指在城市的生产和生活过程中，直接或间接向环境排放的污染物超过自然环境的自净能力，导致自然环境各种因素的性质和功能产生变异，对人类的生存与发展及生态系统造成不利影响。目前，我国主要存在的城市环境污染有大气污染、噪声污染、垃圾污染、电磁波辐射污染和水污染。大气污染以煤烟型为主，主要污染物是二氧化硫、二氧化碳和烟尘。噪声污染主要来源是交通噪声、工业噪声、建筑噪声、社会噪声（人们的社会活动、家用电器、音响设备）。垃圾污染主要指工业废弃物、建筑垃圾和生活垃圾等。电磁波辐射污染指人为的或天然的有害电磁辐射。水污染主要是由人类活动产生的污染物造成的，包括工业污染源、生活污染源。（王晴晴）

城市环境污染综合防治

Comprehensive Prevention and Control of Urban

Environmental Pollution

结合多学科专业原理方法，对城市环境污染采取与当地相适应的技术、经济、行政、文化手段实行预防与治理措施，保障城市可持续发展的综合方法。它要求对城市的污染源、环境质量和城市生态影响进行考量，结合城市的自然地理、技术经济和社会发展状态进行环境保护与区域规划。具体内容有：1. 制定城市环境污染源的分类指标和评价标准；2. 实行与当地城市技术经济水平相适应的污染源防治措施；3. 开发以能源、资源为中心的技术领域；4. 进行当地城市重大建设和科研项目的可行性分析。（任傲尘）

城市环境综合整治定量考核制度

Quantitative Assessment System of Urban Environmental Comprehensive Improvement

指运用系统工程的理论和方法，将城市看作一个整体，对城市环境规划、管理和控制等环境建设与管理水平进行定量化的考核评价的制度。1988 年国务院环境保护委员会发布《关于开展城市环境综合整治定量考核的决定》，规定城市环境综合整治定量考核工作自 1989 年 1 月 1 日起实施。1989 年第三次全国环境保护会议上，把定量考核作为环境保护工作的重要制度纳入地方政府的工作内容，在全国大范围展开。它将城市环境治理的基本内容分为：大气环境保护、水环境保护、噪声控制、固体废物处置和绿化。根据对环境影响的不同，又将每个方面列出若干指标，总共有 21 项指标，每项指标有着不同的分数，按最后总分数实行评价。国家环保总局负责对全国各个直辖市、省会城市、计划单列市、重点旅游城市、沿海开放和经济特区进行考核，其余由省、自治区和直辖市政府负责考核。年终各城市政府要将各项考核指标的完成情况汇总分析，以市政府名义上交国家，由国务院环委会组织专人进行审核，评定各城市名次。它的实行，促进了各有关部门都来关心和改善城市环境，推动了城市环保事业的发展。（刘中华）

城市建成区绿化覆盖率

Rate of Green Coverage in Urban Area

指城市建成区的绿化覆盖面积占建成区总面积的百分比，反映城市的绿化水平。绿化覆盖率是绿化垂直投影面积之和与占地面积的百分比。绿化覆盖面积指统计区域内的乔木、灌木、草坪等植被的垂直投影面积，包括公共绿地、居住区绿地、单位附属绿地、防护绿地、生产绿地、道路绿地、风景林地等绿化种植覆盖面积以及屋顶绿化面积、零散树木的覆盖面积。增加建成区绿化覆盖率有益于城市生态环境，可以弱化城市热岛现象、减少城市污染、美化城市景观并带来一定的经济效益。计算公式为：建成区绿化覆盖率 = 建成区绿化覆盖面积 / 建成区总面积 ×100%。（任傲尘）

城市建设用地

Urban Construction Land

指城市内居住用地、公共管理与公共服务设施用地、商业服务业设施用地、工业用地、物流仓储用地、道路与交通设施用地、公用设施用地、绿地与广场用地的统称。根据用地分类体系，城市建设用地共分为 8 大类 35 中类 42 小类。

1. 居住用地，即住宅和相应服务设施的用地，又分为三类。一类居住用地指设施齐全、环境良好，以低层住宅为主的用地。它包含的住宅用地指住宅建筑用地及其附属道路、停车场、小游园等用地；服务设施用地指居住小区及小区级以下的幼托、文化、体育、商业、卫生服务、养老助残设施等用地，不包括中小学用地。二类居住用地指设施较齐全、环境良好以多、中、高层住宅为主的用地。它包含的住宅用地指住宅建筑用地（含保障性住宅用地）及其附属道路、停车场、小游园等用地；服务设施用地指居住小区及小区级以下的幼托、文化、体育、商业、卫生服务、养老助残设施等用地，不包括中小学用地。三类居住用地指设施较欠缺、环境较差，以需要加以改造的简陋住宅为主的用地，包括危房、棚户区、临时住宅等用地。它包含的住宅用地是指住宅建筑用地及其附属道路、停车场、小游园等用地；服务设施用地指居住小区及小区级以下的幼托、文化、体育、商业、卫生服务、养老助残设施等用地，不包括中小学用地。

2. 公共管理与公共服务设施用地指行政、文化、教育、体育、卫生等机构和设施的用地，不包括居住用地中的服务设施用地。1）行政办公用地指党政机关、社会团体、事业单位等办公机构及其相关设施用地。2）文化设施用地指图书、展览等公共文化活动设施用地。图书展览用地指公共图书馆、博物馆、档案馆、科技馆、纪念馆、美术馆和展览馆、会展中心等设施用地。文化活动用地指综合文化活动中心、文化馆、青少年宫、儿童活动中心、老年活动中心等设施用地。3）教育科研用地指高等院校、中等专业学校、中学、小学、科研事业单位及其附属设施用地，包括为学校配建的独立地段的学生生活用地。高等院校用地指大学、学院、专科学校、研究生院、电视大学、党校、干部学校及其附属设施用地，包括军事院校用地。中等专业学校用地指中等专业学校、技工学校、职业学校等用地，不包括附属于普通中学内的职业高中用地。特殊教育用地指聋、哑、盲人学校及工读学校等用地。科研用地指科研事业单位用地。4）体育用地指体育场馆和体育训练基地等用地，不包括学校等机构专用的体育设施用地。体育场馆用地指室内外体育运动用地，包括体育场馆、游泳场馆、各类球场及其附属的业余体校等用地。体育训练用地是指为体育运动专设的训练基地用地。5）医疗卫生用地指医疗、保健、卫生、防疫、康复和急救设施等用地。医院用地指综合医院、专科医院、社区卫生服务中心等用地。卫生防疫用地指卫生防疫站、专科防治所、检验中心和动物检疫站等用地。特殊医疗用地指对环境有特殊要求的传染病、精神病等专科医院用地。其他医疗卫生用地指急救中心、血库等用地。6）社会福利用地指为社会提供福利和慈善服务的设施及其附属设施用地，包括福利院、养老院、孤儿院等用地。7）文物古迹用地指具有保护价值的古遗址、古墓葬、古建筑、石窟寺、近代代表性建筑、革命纪念建筑等用地，不包括已作其他用途的文物古迹用地。8）外事用地指外国驻华使馆、领事馆、国际机构及其生活设施等用地。

3. 商业服务业设施用地指商业、商务、娱乐康体等设施用地，不包括居住用地中的服务设施用地。商业用地有零售商业用地、批发市场用地、餐饮用地和旅馆用地。商务用地有金融保险用地、艺术传媒用地及贸易、设计、咨询等技术服务办公用地。娱乐康体用地有剧院、音乐厅、电影院、歌舞厅、网吧以及绿地率小于65%的大型游乐等设施用地和赛马场、高尔夫、溜冰场、跳伞场、摩托车场、射击场，以及通用航空、水上运动的陆域部分等用地。公用设施营业网点用地指零售加油、加气、电信、邮政等公用设施营业网点用地。其他服务设施用地有业余学校、民营培训机构、私人诊所、殡葬、宠物医院、汽车维修站等其他服务设施用地。

4. 工业用地指工矿企业的生产车间、库房及其附属设施用地，包括专用铁路、码头和附属道路、停车场等用地，不包括露天矿用地。分三类：一类工业用地指对居住和公共环境基本无干扰、污染和安全隐患的工业用地；二类工业用地指对居住和公共环境有一定干扰、污染和安全隐患的工业用地；三类工业用地指对居住和公共环境有严重干扰、污染和安全隐患的工业用地。

5. 物流仓储用地指物资储备、中转、配送等用地，包括附属道路、停车场以及货运公司车队的站场等用地。分三类：一类物流仓储用地指对居住和公共环境基本无干扰、污染和安全隐患的物流仓储用地；二类物流仓储用地指对居住和公共环境有一定干扰、污染和安全隐患的物流仓储用地；三类物流仓储用地指易燃、易爆和剧毒等危险品的专用物流仓储用地。

6. 道路与交通设施用地，即城市道路、交通设施等用地，不包括居住用地、工业用地等内部的道路、停车场等用地。

7. 公用设施用地指供水、环境、安全等设施用地。供水用地指城市取水设施、自来水厂、再生水厂、加压泵站、高位水池等设施用地。供电用地指变电站、配电所等设施用地，不包括电厂用地。高压走廊下规定的控制范围内的用地按其地面实际用途归类。供燃气用地指分输站、门站、储气站、加气母站、液化石油气储配站、灌瓶站和地面输气管廊等设施用地，不包括制气厂用地。供热用地指集中供热锅炉房、热力站、换热站和地面输热管廊等设施用地。通信用地指邮政中心局、邮政支局、邮件处理中心、电信局、移动基站、微波站等设施用地。广播电视用地指广播电视的发射、传输和监测设施用地，包括无线电收信区、发信区以及广播电视发射台、转播台、差转台、监测站等设施用地。环境设施用地即雨水、污水、固体废物处理等环境保护设施及其附属设施用地。排水用地指雨水泵站、污水泵站、污水处理、污泥处理厂等设施及其附属的构筑物用地，不包括排水河渠用地。环卫用地指生活垃圾、医疗垃圾、危险废物处理（置）以及垃圾转运、公厕、车辆清洗、环卫车辆停放修理等设施用地。安全设施用地指消防、防洪等保卫城市安全的公用设施及其附属设施用地。此外，还包括施工、养护、维修等设施用地。

8. 绿地与广场用地即公园绿地、防护绿地、广场等公共开放空间用地。（参考：蒋大卫：《关于〈城市用地分类与建设用地标准〉》，《城市规划》1990 年第 1 期第 55 ~ 58 页。朱配辰）

城市交通污染

Urban Traffic Pollution

指城市中因过量汽车、火车、飞机等运输工具产生大量废气，超出自然净化能力，对人类与自然环境产生的危害，主要包括交通废气污染和交通噪声污染。车辆排放出的烟尘和有害气体对动植物有致病危害，大量烟尘微粒使空气混浊，导致热岛效应。交通运输工具产生的噪声也是市区声环境的主要污染源。这些噪声声源是流动性的，干扰范围大，严重影响居民的正常生活。（任傲尘）

城市经营性用地

City Productive Land Using

与城市公益性用地相对的建设用地。指用以促进和增加社会公共利益以及民众集体福利的各类城市建设用地的总称，包括基础设施建设用地、公共设施用地、国家机关及外交和军事用地、城市公园绿地和城市自然保护区域，以及国家重点支持的能源、交通、水利设施用地等等。因此城市经营性用地是指以营利为目的的各种建设用地的总和。通过与城市公益性用地的比较可以得出城市经营性用地的特征。首先，城市经营性用地与城市公益性用地之间存在竞争关系。土地资源作为稀缺资源，在特定时间和特定区域中都是有限的，而城市公益性用地是城市生产和生活的基本物质载体，并且规模较大，需要较长的建设周期，因此城市公益性用地建设一般都优先于城市经营性用地。这种情况下，城市经营性用地建设往往以城市公益性用地为导向进行开发和管理。然而在城市土地使用制度改革和土地价值日益明晰化的情况下，城市公益性用地的优先性也会改变，主要表现在城市高地租区位的土地被城市经营性用地占据。这种现象的发生是市场自发逐利行为的表现。政府在城市土地使用改革中遵循市场规律对土地利用结构进行调整，依据市场规律实现土地资源的优化配置。但是，城市经营性土地与城市公益性土地依然存在相互依存的关系，在土地功能上二者不可截然分离。城市土地规划是宏观层面的整体规划，经营性用地与公益性用地在功能上相互补充和契合。在土地容量层面，城市公益性用地的服务、产品规模应与经营性用地的需求相互适应；如果二者不相匹配，则会造成城市用地整体容量降低。在土地价值层面，城市经营性用地的价值取决于公益性用地的价值，一方面表现为公益性用地对于土地总量的绝对占据增加剩余土地价值，另一方面公益性用地的质量影响经营性用地的价值，如建设好的学校能吸引更多地产资金注入学校周边。同时，公益性用地的价值也取决于城市经营性用地价值，如我国城市公益性用地的资金来源主要是土地出让金、城镇土地使用税等。（参考：周立：《城市经营性用地规划控制研究——以无锡市为例》，南京农业大学 2006 年硕士学位论文第 26 ~ 30 页、第 33 ~ 37 页。欧阳文川）

城市景观

Urban Landscape

指城市布局的空间结构和外观形态，包括城市区域内各种自然要素的外观形态和人文设施的外观形态。自然景观要素主要是指自然风景，如大小山丘、古树名木、石头、河流、湖泊、海洋等。人工景观要素主要有文物古迹、园林绿化、艺术小品、商贸集市、建构筑物、广场等。构成城市景观的基本要素包括路、区、中心点、边缘、标志 5 项。1. 路：一个城市有主要道路网和较小的区级路网。城市公路网是城市间的通道。路的图像主要是连续性和方向性，因此应构成简单的系统，起点和终点要明确。路旁的建筑和空间特性是方向性的基础，有助于对距离的判断。2. 区：它是较大范围的城市地区，一个区应具有共同的特征和功能，并与其他区有明显的区别。城市由不同的区构成，如居住区、商业区、高等学校教学区、郊区等等。但有时它们的性质是混合的，没有明显的界限。3. 中心点：中心点也可看作是标志的另一种类型，标志是明显的视觉目标，而中心点是人们活动的中心。空间四周的墙、铺地、植物、地形、照明灯具等小建筑物的布置和连贯性，决定了人们对中心点图像的形成能力。4. 边缘：区与区之间的界限是边缘。有的区可能完全没有边缘，而是逐渐混入另一区。边缘应能从远处望见，也易于接近，提高其形象作用。如绿化地带、河岸、山峰、高层建筑等都能形成边缘。5. 城市景观的标志：即城市中令人产生印象的突出景观。有些标志很大，能在很远的地方看到，如电视塔、摩天楼；有些标志很小，只能在近处看到，如街钟、喷泉、雕塑。标志是形成城市图像的重要因素，有助于使一个区获得统一。一个好的标志既是突出的，也是协调环境的因素。城市景观的基本特征：复合性城市中既有自然景观又有人工景观，既有静态的硬体设施又有动态的软体活动，城市景观表现为各要素的交织与并演。远景设计研究院专家谈到说城市景观艺术是一门时空的艺术，它随观察者在空间中的移动而呈现出一幅幅连续的画面。城市整体景观由各个局部景观叠合而成。历时性城市是历史的积淀，每个城市都有其自身的产生、发展过程，经历一代又一代人的建设与改造，不同时代有不同的产生风貌。城市景观只是一个过程，没有最终结果。城市景观随着城市的发展而变化。每个城市都有其特定的自然地理环境，有各自的历史文化背景，以及在长期的实践中形成的特有的建筑形式与风格，加上当地居民的素质及所从事的各项活动等等，这些构成了城市特有的景观。（参考：李团胜、石铁矛：《试论城市景观生态规划》，《生态学杂志》1998 年第 5 期第 63 ~ 67 页。朱配辰）

城市景观美学

Aesthetics of Urban Landscape

城市建设和景观美学相交叉的新兴学科。在城市景观美学的讨论视域中，城市是人类改造自然的成果，是人文环境的核心。人与自然的关系是城市建设必须面对的问题之一，人文环境与自然环境的矛盾贯穿城市建设始终。从美学的观点看，如何评估城市环境本身，如何处理人文环境与自然环境的关系，这是城市景观美学考察问题的基本理论前提。城市景观美学着重分析人文环境与自然环境相互关系中的基本原则。城市景观美学的基本观点是：在人与自然的关系中，人类不是无所作为、不加干预，而是有时候必须深刻地改造大自然的蛮荒状态。在改造自然的同时，人类需要设法而且也能够保持自然的生态多样性。从有益于人类的角度看，人工改造后的自然能够明显优于蛮荒的自然，并且越变越好。从审美的眼光来看，改造后的自然能够比蛮荒的自然更加赏心悦目，感觉上更好。更重要的是，人类能够深刻地改变地球表面而又不破坏地球。人类创造新的持久的生态价值而能够与自然和谐共处。（参考：代迅：《城市景观美学：理论架构与发展前景》，《西南大学学报》2011 年第 4 期第 173 ~ 180 页。王薛时）

城市可持续交通

Urban Sustainable Transportation

指以较小的资源投入、最小的环境代价、最大限度地满足当代城市发展所产生的合理交通需求，并且不危害满足下一代人需求能力的城市综合交通系统。应具有的特征：安全、畅通、舒适、环保、节能、高效率和高可达性。高效率的交通运输系统，能够大大降低生产成本、促进实现区域经济圈及经济带发展战略、降低物流成本、提高国际竞争力。高可达性是指综合交通系统的覆盖率高、利用方便、可选性好，体现公平性原则。城市可持续交通的发展目标包括满足交通需求、优化资源利用、改善环境质量、促进社会和谐、提高安全水平，从而实现社会、经济、交通和环境的良性循环。（李雪姣）

城市矿产

Urban Mining

指在城镇化和工业化过程中，经过生产、流通、消费等环节后不再具有原有使用价值，但依然以各种形态存在着且具可回收利用价值的物品。城市矿产是对城市废弃物中的资源回收利用及规模体系化发展的形象比喻。随着城镇化和工业化的发展，矿产资源消费增加，资源紧缺。许多废弃电子产品和废弃金属制品中蕴含着大量可以回收利用的资源，如废弃的电缆、汽车、家电、通讯工具、有色金属制品中可回收利用的钢铁、有色金属、橡胶、塑料等资源。这些废弃物因为可以通过回收循环利用使其获得新的使用价值，对于缓解矿产资源的短缺具有重要的意义。（韩铮）

城市垃圾资源化处理

Resourceful Treatment of Municipal Garbage

对城市垃圾进行一系列处理措施，使垃圾转化成新的可用资源，实现资源的持续利用。包括：1. 将垃圾收集，结合分拣设备与人力投入，对可重新利用的废品如金属、纸张、玻璃、塑料等进行分类。2. 从垃圾中制取出新的物质形态，如易腐有机物生产堆肥、垃圾制砖等，形成垃圾的物质转化。3. 通过焚烧可燃物将热能回收，对厨余垃圾进行厌氧发酵后产生甲烷用作清洁能源，完成垃圾中的能量转换。（任傲尘）

城市蓝线黄线

The Blue and Yellow Line of City

城市蓝线指城市规划确定的江、河、湖、库、渠和湿地等城市地表水体保护和控制的地域界线。我国 2005 年颁布《城市蓝线管理办法》（中华人民共和国建设部第 145 号）对加强城市水系的保护和管理，保障城市供水、防洪防涝和通航安全，改善城市居民生态环境起到重要推动作用。城市蓝线由直辖市、市、县、人民政府组织编制各类城市规划时指定，与城市规划一同报批。根据《办法》，城市蓝线内禁止填埋占用，禁止排放污水，禁止爆破、采石、取土等。城市蓝线内的各项建设必须符合批准的城市规划。城市黄线指对城市发展全局有影响的、城市规划中确定的、必须控制的城市基础设施建设用地的控制界限。我国 2005 年出台了《城市黄线管理办法》（中华人民共和国建设部令第 144 号）。该办法指明城市基础设施的范围包括城市公共交通运输基础设施，城市取水工程设施，城市排水设施，城市气源和燃气储备设施，城市热源设施，城市发电、变电设施，邮政、电信、卫星接收、广播电视等通信设施，消防指挥设施，防洪设施，避震疏散

场所等。（参考：中华人民共和国建设部令：《城市蓝线管理办法》《城市黄线管理办法》。朱配辰）

城市绿地

Urban Green Space

城市中保持着的自然景观，或自然景观得到恢复的地域，是城市自然景观和人文景观的综合体现，城市景观的重要组成部分。城市绿地的功能是改善城市生态环境，维持城市生态平衡，营造城市景观风貌。西方城市规划中不使用城市绿地概念，而是使用敞开空间概念。美国将其定义为城市内保持着的自然景观，或自然景观得到恢复的地域。日本定义为具有公共需求的以土地、水为主的永久性非建筑空间。虽然各国定义不同，但是都突出强调城市土地的自然属性。城市绿地根据属性和样式的不同分为：1. 公共绿地。即由城市园林部门投资建设和管理的，为全市居民、外来游客提供享用的绿地。公共绿地有规模大、综合性强、设施完备、绿化水准高的特点。主要包括公园绿地、广场绿地等。2. 生产绿地。即城市中以经济效益为主要目的，以种植绿色植物为主要手段且绿地比例占主导地位的城市用地。主要包括苗圃、花圃和果园林场。3. 防护绿地。即为改善城市自然条件和卫生条件所设立的绿地，主要作用是防护自然灾害和公害，包括城市防风林带、卫生防护林带、完全防护林带。4. 居住区绿地。即城市居民居住场所的绿地，包括小区游憩园、宅旁绿地、居住区内道路绿化用地等。5. 道路绿地。即城市道路广场用地内的绿化用地，包括道路绿化带、交通岛绿地、停车场绿地等。6. 城市周边绿地。即城市周边的生态保护地、经济林地和防护林地。（参考：徐恩凯：《基于3S技术的城市绿地景观评价——以漯河市绿地系统为例》，河南农业大学2009年硕士学位论文第1～40页。朱配辰）

城市群

Urban Agglomeration

又称城市集聚区，指在特定的地域范围内，具有相当数量的不同性质、类型和等级规模的城市，依托一定的自然环境条件，以若干个特大或大城市作为地区经济的核心，借助于综合运输网的通达性，发生与发展着城市个体之间的内在联系，共同构成相对完整的城市集合体。按城市群的空间分布，有以下基本类型：1. 单核心城市群，即以一个大城市或一个特大城市为核心的城市群。它是城市群中结构比较简单的一种形式。单核心城市群体系内部等级差别较大，居核心地位的城市一般在经济、政治等方面对群体内其他城市具有支配及辐射作用，而其他城市又对核心城市具有一定的补充和依存作用，成为互相依存、互相补充的经济区域。2. 双核心城市群，即有两个大城市或一个大城市与一个特大城市或两个特大城市居于核心地位的城市群。这种城市群一般都处于经济发达地区，空间结构特点是条状与块状两种分布形式相结合，城市职能综合化，具有多功能作用。3. 多核心城市群，即由3个以上的规模等级相差不大、职能作用大小相当、距离较近的大城市为核心组成的城市群体系。多核心城市群是城市规模等级比较齐全、功能比较齐备的城市群体系，是城市化发展到一定程度的历史产物。目前，世界规模巨大的城市群有：美国东北部大西洋沿岸波士顿—纽约—华盛顿城市带，美国五大湖沿岸城市带，日本东京至北九州的太平洋沿岸城市带，德国鲁尔区城市群，英国以伦敦为中心的英格兰南部城市群，俄罗斯以莫斯科为中心的城市群，乌克兰顿巴斯和乌拉尔城市群。21世纪初，我国严格意义上的城市群还没有出现，但城市群作为城市区域化的高层次形态，在城市现代化达到一定水平后，将进入全面建设阶段。我国具有超大型城市群雏形的有沪杭宁、珠江三角洲、京津唐地区、辽中地区等。这些超大型城市群的建设将走在最前列。中西部地区的一些开放强度较大的省会城市有可能成为第二批城市群建设重点。这些城市有：以重要经济腹地为依托的武汉、长沙、西安、成都等为中心城市的城市群，以资源开发和边贸开放为重点的哈尔滨、昆明、乌鲁木齐等为中心城市的城市群，以交通枢纽为中心的郑州、南宁等为中心城市的城市群。城市群的建设，将使相应地区的经济资源得到再度开发和组合，产生一批新的各具特色的产业带，在国民经济发展中发挥先导作用。（参考：戴宾：《城市群及其相关概念辨析》，《财经科学》2004 年第 6 期第 101 ~ 103 页。朱配辰）

城市热岛比例指数

Urban-Heat-Island Ratio Index, URI

城市热岛比例指数是通过计算城市不同温度等级的面积与建成区面积的比例，以权重表示城市热岛现象严重程度的指数，可以科学地比较不同年份之间的城市热岛变化。城市热岛比例指数的公式：$URI=\frac{1}{100m}\sum_{i=1}^{n}w_i p_i$。城市热岛比例指数的值介于 0~1 之间，当城区全部由最高温度等级的斑块组成时，城市热岛比例指数达到最大值 1；当城区不存在热岛效应时，其值为 0。（任傲尘）

城市热岛效应

Urban Heat Island Effect

指城市地表及大气温度高于周边非城市环境温度的现象。城市地区由水泥、沥青等所构成的下垫面导热率高，加之空气污染物多，能吸收较多的太阳能，有大量的人为热进入空气；与此同时因城市建筑物密集，不利于热量扩散，形成高温中心，并由此向外围递减。在近地面温度图上，郊区气温变化很小，城区是高温区，就像突出海面的岛屿。由于这种岛屿代表高温的城市区域，所以被形象地称为城市热岛。许多研究表明，土地利用和植被覆盖变化是城市热岛效应形成、演变的主要原因。1833 年英国气候学家赖克·霍华德（Luke Howard）在对伦敦城区和郊区的气候进行观测后发现，城区气温高于郊区气温，首次在《伦敦的气候》一书中记载热岛效应的气候特征。这是人类有文字记录的研究城市热岛效应的开始。随着城市建设的高速发展，城市人口过于集中，工业发达，交通拥塞，大气污染严重，绿地面积减少；城市建筑大多为石头和混凝土建成，其热容量低且热传导率高；建筑物对风的阻挡或减弱作用，使城市年平均气温比郊区高约 2℃。这些使得城市热岛效应愈演愈烈，特别是在人口密集、经济活动强度大和建筑物密集的地区表现更为明显。其影响因素主要有城市下垫面、城市建筑物密度和负荷、大气悬浮颗粒物、城市水循环、城市立体绿化以及城市大气污染。热岛效应提高了城市温度，降低了城市舒适度，危害城市居民的健康，危害有：1. 使大量污染物聚集在热岛中心，刺激人们呼吸道黏膜，诱发呼吸系统疾病，还会刺激皮肤、眼睛与神经系统等；2. 造成空调、电扇等电器的过度使用，增加居民的经济负担；3. 危害动植物健康，破坏城市生态系统平衡。目前，城市热岛研究的方法主要有：地面气象资料观测法、遥感检测法和边界层数值模拟法。减缓城市热岛效应要合理进行城市规划，增加城市绿化设施，减少人为热的排放。（参考：白杨等：《城市热岛效应研究进展》，《气象与环境学报》2013 年第 2 期第 101 ~ 106 页。朱配辰　任傲尘）

城市热污染防治

Prevention Ways of Urban Heat Pollution

指对城市中自然与人类各种活动排出废热导致的环境污染进行预防与治理的措施。城市热污染的成因包括气候异常和人为造成的过度热量释放。城市热污染防治是利用生态学原理对热污染成因进行分析后制定出解决此问题的方法与途径，主要有：1. 发展生态建筑，最大限度地利用自然资源；2. 加强管理，制定排放废热标准并监督实施；3. 合理规划，限制城市生态容量；4. 完善城市绿化系统，保证绿地面积等。只有综合运用各种方法，从城市人口容量、建筑空间密度、绿化系统等诸方面考量，才能有效防止城市热污染。（任傲尘）

城市生活垃圾处理技术

Treatment Technology of Urban Living Wastes

指城市生活垃圾处理的应用方法。主要有：1. 卫生填埋法。卫生填埋要合理选择场址，实行防渗技术措施，对填埋场地进行生态恢复，减少二次污染。2. 垃圾焚烧法。严格控制焚烧炉质量标准，对焚烧产生的热能回收利用，控制烟雾废气排放。3. 堆肥法。将垃圾有机物制成生物有机肥，堆肥过程中产生的残余物可进行焚烧处理或卫生填埋处理。4. 回收利用，对生活垃圾进行分类，对废纸、废金属、废玻璃、废塑料等材料回收利用，完善旧物资回收网络。5. 蚯蚓床法。蚯蚓能够吞食大量有机物，在新陈代谢过程中将这些有机物分解转化。利用蚯蚓强大的消化分解能力处理城市生活垃圾，无二次污染。（任傲尘）

城市生活垃圾无害化处理率

Urban Living Wastes Harmless Processing Rate

指经无害化处理的城市市区生活垃圾数量占市区生活垃圾产生总量的百分比。公式如下：生活垃圾无害化处理率 = 生活垃圾无害化处理（万吨）/ 生活垃圾产生总量（万吨）× 100%。（任傲尘）

城市生活污水处理

Urban Domestic Sewage Treatment

指对城市中的生活污水进行一系列处理措施，以达到相应标准，减少其对水资源与水环境的影响。城市生活污水主要包含糖类、蛋白质、油脂和纤维素等有机物质，氯化钠、钙离子、镁离子等重金属，各类含氮和含磷等有害环境的化工产品。这些污染成分互相交叉作用，严重危害城市生态环境。处理内容包括：1. 建立严格的制度规范，对污水处理和排放监督管理，遏制污水违规处理和乱排现象。2. 合理建设和配置城市污水处理设施，有效整合城市污水收集管网与污水处理厂的相关设施。3. 发展现代先进污水处理技术，充分挖掘城市生活污水处理潜能，提高再生水利用效率。污水处理技术包括膜处理技术、强化一级处理技术、生物处理技术等。（任傲尘）

城市生态安全

Urban Ecological Security

生态安全是生态学中新兴的研究方向，目前研究重点主要集中于自然和农业生态安全，研究内容主要是生态安全评述以及评价指标等方向。城市生态安全尚未得到充分研究，但相关问题已经得到重视。生态安全不仅包含生态系统本身的安全的含义，也包含系统对于人类社会的生态效益和服务价值的含义。因此城市生态安全指在城市化进程中，城市生态系统及其组成部分对于自身功能的维持和保存，并以此服务城市正常需要和运转的状态。城市作为自然—人工的复合系统，生态安全要求生态系统对城市正常运转和发展提供服务和保障。然而，在我国快速推进城镇化的过程中，城市用地的激增导致对生态系统的干扰，造成城市生境呈破碎化状态。这是当前我国城市生态安全的主要问题。城市生态安全格局规划是解决城市生态安全的重要途径。生态安全格局规划要求打破城市规划学科与生态学之间的界限，充分借鉴规划学中的经验和方法。我国城市生态安全格局规划存在一系列需要解决的问题，如对城市用地生物多样性的信息缺乏，以及对生态系统效益和功能认知的缺乏等。（参考：任西锋：《城市生态安全格局规划的原则与方法》，《中国园林》2009 年第 7 期第 73 ~ 77 页。欧阳文川）

城市生态公园

Urban Eco-park

指位于城市城区或近郊，保留或者模仿地域性自然生境，构建和保护自然生境生态系统的结构和功能，以此提供集休憩、娱乐等多重目的活动的园林。1971 年联合国教科文组织提出人与生物圈计划，倡导城镇化中对自然生态的保护以及人与自然和谐共生的理念，加上环境运动的兴起，城市生态保护和重建活动兴起，城市生态公园的相关设计和规划开始出现。较具典型意义的城市生态公园有英国的 William Curtis 以及 Camley Street Natural Park 生态公园。1990 年的国际生态城市会议和 1992 年的联合国环境发展大会之后，城市生态公园的研究和实践更加高涨。我国城市生态公园的建设发生在 20 世纪 90 年代中期，主要集中于东部大中城市，如北京、上海和广州等地，较典型的有北京妫水公园、上海闵行环城生态公园、广州芳村葵篷城市生态公园等。城市生态公园与一般城市景观公园有区别。在建设目的上，城市生态公园以维护、修复区域性生态系统为目标；城市景观公园主要以市民休憩、游览和娱乐为目的而建设。从公园环境建构讲，城市生态公园以保留或者模仿自然生境为主；城市景观公园以人工或半人工的环境改造，适应游客需求为主。（参考：邓毅：《城市生态公园的发展及其概念之探讨》，《中国园林》2003 年第 12 期第 51 ～ 53 页。欧阳文川）

城市生态规划

Urban Ecological Planning

在城市中合理规划人类活动，使之与自然协调，减少对自然的破坏，是对生态规划理论的继承与发展。城市生态规划是应用生态学原理和整体综合思想对城市生态系统各要素的组成、结构、关系的规划，建立在研究客观现实的基础上，周密分析地域自然环境潜力与环境限制对土地利用与地方经济体系的影响及相互关系。在规划中注重人类与环境之间联系的复杂性与综合性。城市生态规划要求人们从调查—分析—规划方案建立的过程中，掌握规划区域自然资源和自然环境性能和环境容量，立足于当地社会经济与资源条件和潜力，从人类生产、生活活动与自然环境的生态过程关系出发，追求城市的整体优化，实现人类活动、社会经济、历史文明与自然生态系统的协调统一，强调经济发展的持续性，避免单纯追求经济高速增长。（任傲尘）

城市生态竞争力

Urban Ecological Competitiveness

指城市之间对于资源争夺、价值创造以及为居民提供福利的能力。为市民提供尽可能多的福利，使市民生活及工作舒适愉快是城市竞争力的归宿。城市生态环境及其资源、城市劳动力、城市产业力以及城市文化力是构成城市竞争力的核心要素。生态环境及其资源是城市竞争力的基础和前提。这种基础地位首先取决于人的生理结构和需要，即人作为一种生物，需要适宜生存和发展的环境生态条件，尤其在生活水平较高的现代化社会中，居民对于生活环境有更高的要求。其次这种基础地位取决于人与社会可持续发展的需要，城市的发展逐渐从过去以牺牲环境为代价而追求局部和短期经济利益的发展模式向追求人与社会、自然之间全面、协调和可持续发展的模式转变。因此，生态与环境不仅是城市公共安全研究领域的重要内容，也是实现城市可续发展的关键因素。城市生态竞争力与城市竞争力内容构成的其他要素也相互联系和相互作用，是增强其他构成因素的重要方面。城市生态竞争力大小可以用生态评价指标体系衡量，总体来说分为环境友好度、资源节约度和社会文明度。环境友好度可从城市污染集中处理率、环保投资占国内生产总值总量比重、生活垃圾无害化处理率以及市区集中饮水水源地水质达标率 4 个指标衡量；资源节约度可以用单位国内生产总值耗能、万元工业增加值耗能、每平方千米产值、森林覆盖率、人均公共绿地面积、千人拥有医院病床数 6 个指标衡量；社会文明度可以用人均国内生产总值、城市居民可支配收入、农民人均收入、城市居民人均住房面积、广播电视网络覆盖率、教育支出占财政支持比率、科技成果 7 个指标衡量。（参考：宋小芬：《生态环境与城市竞争力》，华南师范大学 2003 年硕士学位论文第 11 ～ 13 页、第 26 ～ 32 页。欧阳文川）

城市生态可持续性

Urban Ecological Sustainability

从整体上把握和解决环境—人口—经济—社会子系统之间以及城市系统与周边区域等外部系统间协调发展的能力，促进城市生态系统的最优化发展，在结构上表现为增长与规模的适度性和协调性，在过程上表现为发展的可持续性和高效性，在功能上表现为资源利用与环境状况持续改善、社会经济活动和自然环境高度和谐、城市居民福利不断提高。城市可持续性包含：1. 社会子系统、经济子系统和环境子系统的可持续性；2. 社会、经济、环境三个子系统相互之间的协调性；3. 城市系统与外界环境的协调性。城市生态系统是受人类活动干扰最强烈的地区，已经演化为人工生态系统，其生态环境由自然成分和社会成分共同组成。因此，城市生态可持续性应基于自然—社会—经济这一复合系统进行考虑。城市生态可持续性不仅意味着为人类提供生态服务的由自然环境和人工环境组成的生态系统可持续发展，还意味着城市居住者健康和社会、经济活动的和谐共生。城市生态可持续性的核心在于环境与发展、自然与社会、人类需求与生态整体性的相互协调，不仅涉及更少的环境污染、更少的资源能源消耗与更高的资源能源利用效率，还包涵更大的社会进步、更多的经济效益、城市居民更健康的成长、更完善的政策调控制度。回归城市生态系统的基本属性，生态环境有效改善和资源能源集约利用是城市生态可持续性的实质。经济高效公平增长和城市居民健康成长是城市生态可持续性的主要动力。政策和制度调整与完善是城市生态可持续性的依托保障。社会民生和谐进步是城市生态可持续性的最终表现。（参考：蒋涤非等：《城市生态可持续性的内涵及其支持系统评价指标体系研究》，《生态环境学报》2012 年第 2 期第 273 ~ 278 页。**朱配辰**）

城市生态空间

Urban Ecological Space

指对生态系统空间关系进行研究的理论。广义上生态空间指生态系统中某种生物维持基本生存和繁衍所需的空间、环境条件，即物种在宏观角度下处于稳定状态时所需要的空间综合；狭义上生态空间指自然生态系统所需要的空间容量或地域范围。结合生态空间的含义，可以将城市生态空间定义为为维持城市中人与其他生物物种的生存和发展而提供的良好生态环境空间。城市生态空间区别于传统空间概念的关键点在于它是建立在生态学原理和系统论相结合的基础之上形成的空间理论。由于城市是人工—自然复合系统，因此，城市生态空间更加注重强调自然环境与社会环境之间的协调和均衡。城市生态空间包括城市中未被建筑覆盖的空地、城市中的林地、草坪等区域。城市生态空间的构成要素为：背景，即对整体自然环境的部分改造构成城市；场所，即具体的城市生活场所；路径，指城市空间内部以及其与外部诸要素之间相互联系的状态；边界，联结路径与场所诸要素之间的联结；地标，空间中给人以深刻印象的要素；行为领域，即由特定传统和规范所制约的社会范围联结而成的空间系统。（参考：史津：《城市生态空间》，《天津城市建设学院学报》2002 年第 1 期第 9 ~ 13 页。**欧阳文川**）

城市生态美学

Urban Ecological Aesthetics

生态美学的现世展现与城市范畴内的实体固化。生态城市是生态学在城市发展、规划、建设和管理领域渗透的结果。生态学由于对人与自然发展关系这一基本命题的特别关注和科学探讨，已成为现代科学体系中最具活力的一面。国外学术界甚至已经把生态学看作整个当代科学体系的基础和方向，认为“当代自然科学的主导趋势是它的生态学化”。生态城市可以被视为生态学与城市学及城市规划等相关学科的结合，它有助于从新的角度和新的方面研究解决当前日益严重的城市问题。生态城市作为一个科学概念已经提出

20余年，生态标准作为城市规划和建设的重要原则也已有一个多世纪，但我们对生态城市的认识依然停留在模糊的、表象的、感知的层次上，尚缺乏明确的、规范化的、体系化的理论框架。（参考：李哲：《生态城市美学的理论建构与应用性前景研究》，天津大学2005年博士学位论文第100～101页。王薛时）

城市生态失衡

Urban Ecological Imbalance

指由于城市中的水、土、气及噪声的严重污染和绿地的贫乏，导致城市生态环境、城市生产活动和居民生活的破坏。我国城市化进程中城市生态系统内部失衡的表现有：1. 城市绿地贫乏。2. 水资源短缺。3. 大气污染。4. 城市噪声污染。5. 垃圾围城，大量增长的固体废弃物，侵占大量土地，破坏地貌和植被，露天堆存长期受风吹、日晒、雨淋，有害成分不断渗入地下，污染土壤及水体，而且破坏散生物的生存条件，阻止动物的生长发育，造成巨大的经济损失和资源能源的浪费。6. 城市热岛效应。7. 城市贫富差距呈扩大之势。8. 交通阻塞及事故频繁。9. 其他如滥垦、滥牧、滥伐、滥采现象普遍，使水、空气、土壤、植被等生态系统受到严重威胁及破坏的现象。（朱配辰）

城市生态适宜度

Urban Ecological Suitability

指城市土地利用中居民与城市生态环境的最佳关系。主要有：城市自然生态系统（如土地、空间、大气、水体和生物等）适宜人类生活；城市社会生态系统（包括城市基础设施、社会经济环境、就业、供应等）适宜人类生产和生活；城市排放污染物总量不超过城市生态系统的自净能力；城市具有优美、洁净、卫生的环境，宜于人类居住。城市生态适宜度是城市发展与城市生态环境协调发展关系的度量，反映城市生态系统满足城市人口生存和发展需要的潜在能力和现实水平。城市生态适宜度高的地区，表现为生态系统结构合理、经济发展高效、生活条件舒适和生态环境良好，城市可持续发展的能力与潜力大。评价体系包括4个基本层次：目标层、系统层、指数层和代表性指标层。目标层以城市生态适宜度作为综合指标，全面衡量城市生态发展总体水平与系统协调程度。系统层是为达到经济、社会、生态环境全面、协调发展的目的而设立。指数层和代表性指标层用来反映目标层的具体内容，由数量众多的单项评价因子体现。城市生态适宜度的主要评价指标有：1. 生产位指标。生产位是衡量城市系统生产能力大小和经济发展水平的基本指标之一，也是实现城市社会经济发展，改善区域生态环境的物质保障。主要评价指标有人均国内生产总值、单位国土经济密度、科技进步贡献率、国内生产总值年增长率、第三产业比重、绿色产业占国内生产总值比重。2. 生活位指标。生活位指标的设计从城市人口结构、基础设施、收入水平和社会保障诸方面考虑。代表性指标有：人口自然增长率、万人高等学历数、人均住房面积、人均用水量、万人拥有公交车数、城市化率、人均可支配收入、恩格尔系数、城镇失业率等。3. 环境位指标。环境位反映城市自然资源保障条件与环境支持程度的综合指标，其大小成为衡量城市发展质量、发展水平和发展程度的主要客观标准。具体指标有：人均用水、人均能耗、人均耕地资源、建成区绿地率、人均绿地面积、自然保护区覆盖率、城镇空气质量指数、地表水环境质量指数、城市区域噪声指数、工业废水达标率、垃圾无害化处理率、环保投入占国内生产总值比重。（参考：马顺圣、张沛琪等：《城市生态适宜度评价及实例分析》，《南京林业大学学报（自然科学版）》2011年第4期第51～57页。朱配辰）

城市生态位

Urban Niche

城市生态系统理论在生态位理论中的具体应用。生态位是生物与其所在的生态系统之间的一种适宜性关系，确切地说，是生态系统中对于某种生物生存所必需的生态因子的集合或者生态系统中其他生态因子对于该种生物而言的适宜性程度。城市生态系统与纯粹的自然生态系统不同，它不是一个只具有单纯属性的生态系统，而是一个复合型，即自然与人工两种属性集合而成的有机统一体。因此城市生态位的内涵应该至少有3个层面，即自然生态位、社会生态位和经济生态位，后两者也可等同为生活生态位和生产生态位。此外，城市生态位还可以以城市为单位进一步划分为狭义层面上的单个城市生态系统和一定区域内城市之间的大的生态系统。因此，从狭义层面理解，城市生态位指在一定空间和时间内所占据和利用资源的总和，是在更大范围的区域生态系统（城市之间）中所处的功能和资源位；从广义层面理解，城市生态位泛指单个城市对所占据和利用资源的总和。它由具有不同属性和功能的生态因子组合而成，不同性质的生态因子的集合是不同属性的城市生态位。（参考：赵维良：《城市生态位评价及应用研究》，大连理工大学2007年博士学位论文第38页。欧阳文川）

城市生态系统

Urban Ecological System

在城市建设和设计的过程中按照人类意愿建立起来的人工生态系统。从一定意义上说，是城市内的居民同周围环境相互作用、相互影响的复杂关系的综合。完整健康的城市生态系统不仅意味着城市内自然环境和人工环境的健康和完整，更涉及城市居民的健康。城市生态系统涉及6个基本要素：1. 城市人群的健康状况，以及他们在不同区域的分布；2. 城市区域内社会福利、政府管理有效性、公平程度等；3. 人居环境质量，包括居住条件、交通状况、饮用水状况、公园设施条件等；4. 城市自然环境质量，包括空气、水、土壤、噪声状况等；5. 城市内其他生物物种的健康状况，包括栖息地环境质量、物种多样性等；6. 城市生态系统对广义的自然生态系统的影响。从空间结构上看，城市生态系统是在人工要素（建筑、街道）及自然要素（地貌、河湖水）的作用下形成的一定形态的人类生存空间。城市生态系统不仅有生物组成要素（植物、动物和细菌、真菌、病毒）和非生物组成要素（光、热、水、大气等），还包括人类和社会经济要素，这些要素通过能量流动、生物地球化学循环以及物资供应与废物处理系统，形成具有内在联系的统一整体。城市生态系统中的生产者是数量有限的植物，来自纯人工种植；消费者是人类；分解者是数量有限的微生物。由于城市生态系统呈倒金字塔形，因而比较脆弱。城市生态系统的特征有：人口高度密集；食物链单一，生态系统不稳定；绿色植物少，高楼耸立的硬质景观多。城市生态系统的核心是人。人口的结构在一定意义上影响着城市生态的健康程度。城市生态系统与自然生态系统的本质区别在于城市的活跃的经济政治生活及其高强度的物质信息生产交换过程。经济结构是否合理、人们生活水平是否不断提高，这些都是衡量城市生态系统的重要指标。城市生态系统具有的功能：1. 生产功能，即城市生态系统具有利用区域内外各种资源生产出物质、精神产品的能力；2. 生活功能，城市生态系统为城市居民提供生活的全面需求，直接决定区域内居民的生活水平和质量；3. 还原功能，即城市生态系统还具有净化和还原城市垃圾的功能，对于维持城市生态平衡具有重要作用。（参考：陈程、石惠春：《白银市城市生态系统健康评价》，《甘肃农业大学学报》2013年第4期第94～99页。朱配辰　牟世晶　蔡越）

城市生态系统健康评价体系

Urban Ecosystem Health Evaluation System

对城市生态系统的健康状况进行全面系统评价的体系。包括：1. 城市生态系统的整体性。系统的整体性是系统中各个组成部分在整合之前所不具备的性质，它使得城市生态系统中的各个成分之间有紧密的内在联系。因而整体性是城市生态系统健康的基础。在考察城市生态系统的整体性时，首先应当分析生态子系统的整体性以及它们之间的相互关联，然后将这些子系统的完整性进行综合评估。2. 城市生态系统的开放性。城市生态系统的开放性表现在三个方面：1）城市生态系统内部各个子系统之间的开放，即各个子系统之间的交流、作用和往来程度；2）城市社会经济系统与城市自然系统之间的开放，这主要体现在社会经济系统在运作过程中对自然资源的利用和影响；3）城市生态系统作为一个整体的全方位开放，即从外部系统获取能量、物质、信息，并向外部系统输出产品、信息等。城市生态系统的开放性越高，对外界系统的依赖度就越大，对外部环境造成的压力也越大；反之，开放性程度低，则势必影响城市各方面的发展升级。因此应当将城市生态系统的开放性保持在一定的合理区间。3. 城市生态系统的脆弱性。与自然生态系统的自我调节和相对稳定性不同，城市生态系统作为人工生态系统，其稳定性通过人的合理组织和调控得到，因而是依赖性强、独立性弱的生态系统。与自然生态系统的金字塔不同，城市生态系统的生产者（绿色植被）远远少于消费者（城市人类），生态系统中的物种多样性少，循环方式单一，自我调节能力低。这些都决定了城市生态系统的脆弱性。因此在城市规划、建设过程中怎样尽可能地做到自然因素的占比和优化是改善其脆弱性的关键。（参考：荣四海：《基于属性理论的城市生态系统健康评价》，《华北水利水电学院学报》2009 年第 3 期第 92 ~ 95 页。朱配辰）

城市生态学

Urban Ecology

研究城市及其群体的发生、发展与自然、资源、环境之间相互作用的过程和规律的科学，是生态学的分支学科。研究对象是城市生态系统，通过对系统结构、功能、行为的研究，为城市生态系统的发展、调控、管理等活动提供决策依据，使城市生态系统向着有利于人类发展的方向演替。城市生态学采用系统思维方式，用整体、综合、有机、协同等观点研究城市生态系统。城市生态系统的研究内容有：1. 在微观上阐释城市与自然、资源、环境之间的关系，是还原论思想指导下的城市与自然、资源、环境之间相互作用具体机制和过程的研究；2. 在宏观上研究城市生态系统的结构、功能和调节机理，是在整体论思想指导下对城市系统的生态研究。由于人是城市中生命成分的主体，城市生态学也可以说是研究城市居民与城市环境之间相互关系的科学。研究对象包括：1. 城市居民变动及其空间分布特征；2. 城市物质和能量代谢功能及其与城市环境质量之间的关系（城市物流、能流及经济特征）；3. 城市自然系统的变化对城市环境的影响；4. 城市生态管理方法和交通、供水、废物处理；4. 城市自然生态的指标及其合理容量等。（石艳峰　牟世晶）

城市生物多样性分布格局

Urban Biodiversity Distribution Pattern

生物多样性是表达自然界多样性程度的概念，包含内容广泛。通常说生物多样性的构成内容为遗传多样性、物种多样性以及生态系统多样性，近些年也有观点将景观多样性列入生物多样性范畴。在此意义上，城市生物多样性是在城市生态系统中各种生命形式的丰富程度。由于是自然—人工的复合系统，所以在功能与结构方面城市生态系统不同于自然生态系统。生物多样性为城市生态系统提供不同性质的生态效益和服务，然而一系列原因（诸如全球气候变暖、城市化进程中出现的城市生境丧失和片段化以及其他人类活动干扰）改变了生物多样性的格局，导致生物多样性表现出数量减少、物种趋于单一以及生物入侵等现象。从另一个层面来看，影响城市生物多样性分布格局可分为生物性原因和非生物性原因，或者内部原因和外部原因。生物原因指生物之间的竞争关系，包括本地物种以及外来物种与本地物种之间的竞争关系；非生物原因指包括气候、地形以及因人类活动造成的城市污染和景观格局的变化。因此，城市景观格局的变化对生物多样性分布格局同样产生影响。（参考：毛齐正等：《城市生物多样性分布格局研究进展》，《生态学报》2013年第4期第1051～1054页。欧阳文川）

城市声环境质量

Urban Sound Environmental Quality

城市的声音环境对于人和生物生存的适宜程度。声环境是人们感受到的最直接的环境因子之一，噪声污染是环境污染问题之一。随着城市噪声污染的日益严重，城市声环境质量日益受到人们的重视。我国评估城市声环境质量主要包括：交通声环境质量、城市区域声环境质量和城市功能区声环境质量。城市噪声声源包括交通噪声、工业噪声、施工噪声、社会生活噪声和其他噪声。在这些噪声源中，社会生活噪声在构成中占比较大，强度最大的是交通噪声。为给城市居民营造更加良好的居住环境，我国制定《城市区域环境噪声标准》，对噪声污染进行分级、分类与评估。对于城市声环境的改善，可通过改善交通规划、改善城市规划、改善建筑规划来实现。"绿色屏障"是既可以阻隔噪声传递又可以美化环境的生态措施。（朱雨晨）

城市湿地生态系统

Urban Wetland Ecosystem

指城市区域内的海岸、河口、河岸、潜水湖沼、水源保护区、自然和人工池塘以及污水处理厂等具有水陆过渡性质的生态系统。因为受城市影响，城市湿地具有不同于自然湿地的人工、半人工或城市建设的痕迹。依照国际《湿地公约》，自然湿地指自然或人工、长久或暂时性的沼泽地、泥炭地或水域地带，静止或流动的淡水、半咸水、咸水体，包括低潮时不超过6厘米的水域。城市湿地作为特殊的生态系统，具有重要的生态环境和社会服务功能。它对于城市环境的调节、资源供应、灾害防止以及人居环境的美化等方面具有不可或缺的作用。在环境调节方面，城市湿地可以涵养水源、降解污染物、中水利用、调节气候；在资源供应方面，城市湿地带动城市用水，提供能源生产和水运交通；在灾害防控方面，城市湿地具有蓄洪防旱、防止风暴潮的作用。除此之外，城市湿地还为野生动物提供栖息地，提高城市区域内的物种多样性，从而提高城市生态健康水平。目前我国城市湿地面临的问题有：1. 伴随经济的快速发展，城市湿地被大量城市建筑取代，城市水面积逐步降低，不透水面积逐步扩大，城市湿地生态环境不断恶化。2. 随着城市工业产业的高度集中，大量污水进入湿地区域，大大降低湿地自身的净化能力，城市湿地水质不断受到严重污染，富氧化加剧。3. 近年来随着对外开放程度的加深，外来物种随着国际贸易和交流进入本土，对城市湿地造成严重危害，使湿地中的本土物种大量灭绝，给农林渔牧业造成惨重的经济损失和高额的防护费用。（参考：宋于侬：《城市湿地的生态保护》，《科技研究》2014年第15期第47页。朱配辰）

城市水体污染

Pollution of Urban Water Body

城市中的水体因某种污染源介入造成水质恶化，影响水资源利用，危害人类健康和生态环境的现象。城市水体污染的主要来源是工业废水、生活污水以及降雨径流带来的面源污染。工业废水是造成水环境污染的重要污染源，具有以下突出特点：1. 污染物成分复杂，差异性大；2. 污染物浓度范围广；3. 毒性污染物种类多，浓度大，难降解；4. 水质标准差别大。生活污水来自于家庭生活设施使用产生的废水，污染物浓度相较于工业废水较低，成分主要是各种洗涤污水与粪便，含氮、磷、硫较多，也常含有致病细菌。受污染水体的逐年增加加剧水资源短缺，已成为制约城市可持续发展的重要因素。（任傲尘）

城市水文学

Urban Hydrology

城市水文学又称都市水文学，为水文学的分支，是研究受城市化影响的城市环境内外的水文过程的综合性学科，对城市规划与建设、环境保护、市政管理以及工商企业的发展和居民生活意义重大。我国城市水文学的研究始于 20 世纪 80 年代，早期关注重点为城市排水工程设计等水文计算问题。21 世纪以来随着城市化进程的加快，城市水文学面临的问题趋于复杂，学科研究领域逐渐拓宽，包括城市水资源配置与高效利用、城市防洪减灾等方面。目前研究内容主要为城市化的水文及其伴生效应、城市化水文过程机理与模拟。涵盖以下研究内容：1. 城市化的水文效应；2. 城市化伴生的水环境及水生态效应；3. 城市水文过程机理；4. 城市水循环模拟。（任傲尘）

城市水污染防治

Prevention and Cure of Urban Water Pollution

对城市中水体污染危害环境的现象进行预防与治理的措施。城市水体污染的主要来源是工业发展中超标排放的工业废水与城市生活污水。我国城市水污染防治在污染源控制、地下水资源保护、体制监管等方面仍需完善。城市水污染防治内容主要有：1. 完善工业废水与生活污水排放相关法规，严格控制污水排放标准；2. 因地制宜建立城市污水治理模式，提高污水处理能力与效率，同时重视污泥的无害化处置与资源利用，防治二次污染；3. 运用经济手段加快城市污水防治市场化进程；4. 提高市民节水环保意识，使人们自觉使用对环境破坏性小的洗涤产品。（任傲尘）

城市土壤污染防治

Prevention and Cure of Urban Soil Pollution

对城市土壤中含有超过土壤自净能力范围的污染物进行预防与治理的措施。土壤中的有害物质和其分解产物在土壤中积累，由土壤中转移到植物与水体中，间接被人体吸收，会危害人体健康。防治土壤污染主要是控制和消除土壤污染源，对已污染的土壤，采取一切有效措施，清除土壤中的污染物，控制土壤污染物的转移。城市土壤污染防治有：1. 完善土壤污染防治的法律法规；2. 加强土壤可持续利用评价，实现土壤质量的动态监测与综合防治；3. 加强污水、固体污染物排放监管；4. 合理使用化肥、农药、化学除雪剂等对土壤危害严重的化学试剂。（任傲尘）

城市维护建设税

Urban Maintenance and Construction Tax

简称城建税。城市维护建设税是我国为加强城市的维护建设，扩大和稳定城市维护建设资金来源，对有经营收入的单位和个人征收的税种，是 1984 年工商税制全面改革中设置的税种。凡缴纳产品税、增值税、营业税的单位和个人，都是城市维护建设税的纳税义务人，都应当缴纳城市维护建设税，以纳税人实际缴纳的产品税、增值税、营业税税额为计税依据，分别与产品税、增值税、营业税同时缴纳。城建税实行差别比例税率，即按照纳税人所在地的不同，实行了三档地区差别比例税率，具体分为：城市市区的税率为 7%；县城、建制镇的税率为 5%；不在城市市区、县城或者建制镇的，税率为 1%。（代富宇）

城市污水处理

Urban Sewage Treatment

城市水体污染主要源于超标排放的工业废水和大量未经处理直接进入水体的生活城市污水。城市污水处理一般分为三个级别：污水一级处理、污水二级处理、污水三级处理。一级处理主要是物理方法，即用格栅、沉砂池、沉淀池等构建物去除污水中不溶解的污染物和寄生虫卵。二级处理是生物方法，即通过微生物的代谢作用进行物质转化的过程，将污水中各种复杂的有机物氧化降解为简单的物质。这种方法对污水水质、水温、供氧量等有一定要求。三级处理是生物化学处理法，即用硝化—反硝化法、碱化吹脱法或离职交换法除氮，用化学沉淀法除磷，用臭氧氧化法、活性炭法或超过滤法去除难降解有机物，用反渗透法去除盐类，用氯化法消毒等单元过程的一种或几种组成的污水处理工艺。目前，我国现有城市污水处理厂 80%以上采用的是活性污泥法，其余采用一级处理、强化一级处理、稳定塘法及土地处理法等。（王晴晴）

城市新区建设
Urban New District Construction

随着城市化进程的扩展，许多城市开始出现一系列经济、社会和环境问题，包括绿地缺乏、城市环境质量差、交通堵塞、失业人口增多、治安问题、老城区落没、传统城市文化丧失等。为此，一些城市开始尝试新区建设解决上述问题。首先考虑的是如何分散城市职能、改变布局，将大城市中心区的人口、工业等向新城区扩散，以避免或减少大城市中心区人口和工业过分集中带来的诸多难题和矛盾。城市新区具有相对独立性、系统性等特点，同时又依托城市整体，承担老城区的部分功能。新城区在地域空间上有着明确的集中化城市区域，与老城区的功能相辅相成，是城市复杂系统中的一个子系统。（张沥元）

城市雨污分流系统
Diversion of Rain and Sewage Water of Urban Drainage System

一种将城市中的雨水和污水分开输送、排放和后续处理的排污方式。城市雨污的排水系统分为三种类型：截流式合流制排水系统、分流制排水系统、混合制排水系统。分流制排水系统可有效降低城市污水对水体的污染，同时也使污水厂的运行易于控制，提高污水处理的可靠性。雨污分流改造是艰巨而复杂的工程，必须根据污染源的特征和排水系统的现状特点，分步骤、分片区循序渐进地改造，最终实现整个排水系统的雨污分流。现阶段雨污分流的目标是为雨水利用提供准备条件。国内城市雨污分流案例有江苏省南京市雨污分流系统改造。南京市经过多年建设施工，基本从源头上实现雨污分流，避免污水流入秦淮河。（朱雨晨）

城市园林绿地
Urban Garden Green Space

城市建设中各种绿地的总称。绿地是城市中最重要的用地，它在改造自然、消除自然灾害、保护环境方面起着重要的作用，有利于城市环境美化、防阻风沙、保持水土、抵抗自然灾害的侵袭、净化空气、调节气候、降低噪声。根据使用性质、规模和位置，城市绿地可分为：1. 公共绿地，包括市、区级公园，街心花园，动物园，开放性植物园，林荫道；2. 专用绿地，如各种防护林、防风林、水源保护林、水土保持林、苗圃、花圃、菜园、陵园、植物园；3. 附属绿地，包括居住街区、公共建筑和机关、学校、工厂、仓库等用地内的绿地，道路绿化用地等；4. 风景游览、休疗养绿地；5. 其他绿地，如河滨、湖、海岸及不适于建筑的地段上的绿地。（朱配辰）

城市灾害
Urban Disaster

指发生在城市范围内的自然灾害和人为灾害，包括地质灾害、气象灾害、火灾、生物灾害、各种交通灾害等等。城市灾害具有经济及社会危害性（城市人口多，财富集中，致使面对灾害的脆弱性突出，容易造成重大人员及财产损失；城市功能网整体性强，一个功能失效，常波及整个体统的功能）、突发性及高度扩张性、多样性及复杂性等特点。灾害风险构成的基本要素包括风险源、风险载体、人类采取的防灾减灾及其有效性即人类对灾害风险的干预。（王晴晴）

城市灾害预警系统
Urban Disaster Warning System

建设城市安全的重要组成部分。城市灾害研究以及城市灾害预警系统研究都是城市安全研究中的重要研究领域。城市灾害预警系统是针对城市自然灾害的集灾害预报、灾害监测、灾害警告等功能为一体的安全系统。城市灾害系统凭借先进的科学技术与科学方法对城市各种自然现象进行实时监测和数据分析，在第一时间预测城市安全风险系数，及时联合城市相关职能部门向市民发布城市安全风险情况，避免造成更严重的损害。具体说，城市灾害预警系统由灾害监测、灾害预测、灾害预警、救灾方案、灾后评估等内容和技术功能构成。灾害监测使用无线传感技术进行灾害监测，将数据返回数据库并自动与历史数据作对比分析。灾害预警利用数据挖掘技术发现数据异常，地理信息系统系统自动定位至数据异常区域并以视频图像资料进行实时监测，并利用无线或有线广播系统、短信传送系统、网络系统等信号系统向城市居民发布灾害警告信息。救灾方案和灾后评估需要提取数据库中的预订方案，并就此进行商议、决策和指挥。（参考：潘峰等：《城市灾害预警系统初探》，《微计算机信息》2010年第6期第52～54页；高惠瑛等：《我国城市灾害预警系统建设的思考》，《灾害学》2010年第S1期第321～323页。欧阳文川）

城市噪声污染

Urban Noise Pollution

当城市中的噪声达到对人及周围环境造成不良影响的程度时，便形成城市噪声污染。城市噪声主要包括：交通噪声、工业噪声、建筑施工噪声、社会生活噪声。这些噪声严重影响居民的生活、工作和休息，威胁人们的健康，甚至会引发疾病和噪声性耳聋。交通噪声包括机动车辆、飞机、火车和轮船的噪声，这种噪声是流动的，影响范围较广。工业噪声是工厂车间动力机械设备等辐射的噪声，这类噪声不仅会给生产工人带来危害，还会使附近居民受到影响。建筑施工噪声是城市内建筑施工现场的噪声，这类噪声在城市中较为常见，并且噪声A声级都在90分贝以上，严重超出居民对于吵闹干扰的容许值（日间为40～60分贝，夜间为30～50分贝）。社会生活噪声包括群众集会、文娱宣传活动、人声喧闹、家用电器（如收音机、电视机、洗衣机、空调机）等所产生的噪声，如近年来十分流行的广场舞，对广场附近生活的居民产生很大影响。（石艳峰）

城乡差别

Difference Between Town and Country

城市和乡村之间在经济、文化水平和社会经济关系上的不同与差异。它产生于原始公社制度解体时期，随着社会分工、阶级分化和城市的形成而出现。城市和乡村在历史上成为不同类型的居民点，其基本特征是居民职业的类型不同：城市居民主要从事手工业、工业生产和商业，而在农村则主要从事农业生产。这在历史上促进了社会生产力的发展，但在私有制为基础的阶级社会中表现为对立关系。城市集中了政治和经济权力，通过垄断价格、赋税制度、商业诈骗、高利贷等，在经济上剥削农村。城乡之间生产力发展水平的差距，居民劳动条件和物质、精神文化生活条件的差距，日益加深。在资本主义社会，工业的原始积累依赖于对乡村的掠夺，工业劳动力来源于破产的农民，资产阶级对乡村土地、工业原料和消费品市场的争夺，加深了城乡之间的对立。在国际上，这一对立表现为发达的资本主义国家，试图使经济发展落后的第三世界国家沦为原料基地和消费品的市场。社会主义社会建立以工农联盟为基础的无产阶级专政，消灭了城乡对立的经济基础和政治基础，得以建立一种相互支援、互相促进的新型关系。但是，由于历史上长期形成的乡村落后于城市的状况，以及城市和乡村在生产力水平、劳动条件、生活水平和科学文化程度上的不同，城市和乡村之间的诸多差别仍然存在。只有通过长期的努力，随着社会生产力的发展，积极稳妥地推进城镇化，实现城乡经济的协调发展，才能不断缩小城乡差别。（李庆）

城乡规划

Urban and Rural Planning

统筹城市和乡村建设的综合部署。指为实现

社会和经济发展的一定目标，各级政府针对城市和乡村的关于土地利用以及空间布局建设活动进行的统一安排和协调。因此，城乡规划是对城乡各项经济建设活动的规范，是保障经济社会整体可持续发展的重要举措。城乡规划具有多方面特征：1. 首先它是综合性科学。城乡规划是跨社会科学、自然科学以及工程技术科学的综合性学科，它要求规划设计融合技术、科学和审美等多重因素。这要求规划者不仅应具备优秀的理论素质和综合分析能力，还要有较好的文化素养和艺术修养。2. 城乡规划是一种政治职能。政府通过科学合理的城乡规划实现对经济社会发展的宏观调控。3. 城乡规划具有较高的民众参与性。城乡规划与民众的生活和工作紧密相连，因此在决策制定过程中，民众参与、协商和监督都是规划中必不可少的要素。4. 城乡规划是公共政策。政府通过城乡规划使人口、环境、资源等要素融入经济社会的长期发展规划之中，实现公共利益最大化。作为政府宏观调控的重要手段，城乡规划对于城乡建设和管理具有指导作用；对于规划过程中涉及的多方利益具有协调作用；对于城乡土地利用以及空间管理具有重要调控作用；对于公共利益的维护具有重要的制度保障作用。城乡规划按行政层级分为国家级规划、省（区、市）级规划、市县级规划；按对象和功能类别分为总体规划、专项规划、区域规划；按覆盖时间的长短分为长期规划和短期规划。总体规划是国民经济和社会发展的战略性、纲领性、综合性规划，是编制本级和下级专项规划、区域规划以及制定有关政策和年度计划的依据，其他规划要符合总体规划的要求。专项规划是以国民经济和社会发展特定领域为对象编制的规划，是总体规划在特定领域的细化，也是政府指导该领域发展以及审批、核准重大项目，安排政府投资和财政支出预算，制定特定领域相关政策的依据。区域规划是以跨行政区的特定区域国民经济和社会发展为对象编制的规划，是总体规划在特定区域的细化和落实。跨省（区、市）的区域规划是编制区域内省（区、市）级总体规划、专项规划的依据。国家总体规划、省（区、市）级总体规划和区域规划的规划期一般为 5 年，可以展望到 10 年以上。市县级总体规划和各类专项规划的规划期可根据需要确定。（参考：王宁：《城乡规划建设的监督管理研究》，西安建筑科技大学 2011 年博士学位论文第 23 ~ 27 页、第 31 ~ 67 页；陈有根：《城乡规划法律制度研究》，重庆大学 2007 年硕士学位论文第 10 ~ 12 页；万艳华：《我国城乡一体化及其规划探讨》，《华中科技大学学报（城市科学版）》2002 年第 2 期第 266 ~ 268 页。欧阳文川　朱配辰）

城乡规划学

Urban and Rural Planning Science

原名城市规划学。我国于 1952 年建立城市规划学，在学科架构中隶属于工学门类一级学科建筑学下的二级学科。2011 年，城市规划学更名为城乡规划学，从原来的二级学科调整为一级学科，这种变化反映了当今我国城镇化快速推进过程中城乡统筹的必要性以及区域协调可持续发展的重要思想和规划重点。新中国成立至今，尤其是改革开放的几十年中，我国城镇化进入高速发展阶段。这是以乡村环境和资源的巨大损失为代价的，城镇化发展对建筑材料、能源、土地资源、水资源以及劳动力的需求使广大乡村及其民众在一定程度上成为城镇化发展的资源和劳动力源泉。城镇化总结的经验教训是城市和乡村不能截然分离和看待，离开任何一方，另一方都无法健康持续发展，只有将城市与乡村的发展协调统筹，才能真正实现经济社会的可持续发展。因此，城乡规划学作为一级学科的建立是我国对于城镇化发展的历史总结和经验教训的结果。城乡规划学以城乡社会经济和城乡物质空间发展为研究对象；以社会经济发展和物质空间形态的科学统一为研究方法；以区域与城市社会经济和物质空间的融贯和协调作为研究理念。城乡规划学一级学科现有下设的二级学科分别为：区域发展与规划、城乡规划与设计、住房与社区建设规划、城乡发展历史与遗产保护规划；城乡生态环境与基础设施规划、城乡规划管理。（参考：赵万民等：《关于“城乡规划学”作为一级学科建设的学术思考》，《城市规划》2010年第6期第46～52页；杨贵庆：《城乡规划学基本概念辨析及学科建设的思考》，《城市规划》2013年第10期第53～58页。欧阳文川）

城乡基础设施建设一体化

The Integration of Urban and Rural Infrastructure Construction

城乡一体化的重要内容之一。指在城乡之间实现包括经济性基础设施（交通、供电、供水、能源、信息等）和社会性基础设施（包括教育、医疗卫生、公共文化等）在内的基础设施网络接轨。城乡一体化指打破城市和乡村之间的经济、文化等元素的壁垒，在城乡规划的宏观层面促进生产要素、文化和社会要素在城市与乡村之间自由流通，通过对要素的合理布局和分配，充分发挥城市与乡村各自的功能和结构优势，缩小城乡之间的经济、文化等方面差距的过程。城乡基础设施建设一体化是实现城乡一体化的重要物质基础。城乡基础设施是城市和乡村进行横向联系的中介和载体，是城乡一体化工程中首先应解决的基本问题。相反，如果城乡基础设施达到一体化，城市和乡村在经济、文化等方面的交流在客观条件上就不存在障碍，有利于实现城乡资源的快速流通和优化配置，有利于发展水平较落后的乡村实现快速发展，从而为实现城乡全面一体化夯实基础。此外，城乡一体化的推进也有利于城乡一体化的发展，城乡一体化在客观上要求城乡基础设施功能和结构的完善，并且通过一体化过程中对乡村经济文化的提升，刺激乡村居民经济水平和文化程度等各方面综合素质得到加强，这又会促进居民对乡村基础设施建设改善的需求和城乡基础设施建设一体化的推进。因此城乡一体化与城乡基础设施建设一体化相互促进和推进。目前我国阻碍城乡基础设施一体化的因素主要有农村基础设施建设投资总量不足、城乡基础设施投资融资机制不完善、城乡基础设施投资融资平台建设体制不健全、城乡金融体系健全程度差距较大、城乡投资融资环境差距大等。（参考：李姬：《城乡发展一体化背景下的基础设施建设研究——以湖北省松滋市为例》，华中师范大学2014年硕士学位论文第16～30页。欧阳文川）

城乡生态环境建设

Urban and Rural Ecological Environment Construction

统筹城乡生态环境建设是统筹城乡发展的有机组成部分。统筹城乡发展是党的十六届三中全会提出的旨在完善社会主义市场经济的“五个统筹”的一部分，是要充分发挥工业对农业的支持和反哺作用、城市对农村的辐射和带动作用，建立以工促农、以城带乡的长效机制，促进城乡协调发展。城乡生态建设以党的十七大关于构建生态文明社会的内容为目标；以建设生态型城市、发展循环经济、建立统筹协调机制和保障以及建设生态文明社会为主要内容。统筹城乡生态环境建设的基本表征为和谐性、高效性、持续性、整体性和区域性。统筹城乡生态建设不仅是完善社会主义市场经济的内在要求，也是落实科学发展观内容，建设生态文明社会，实现社会可持续发展的必然要求。城乡生态环境建设建立于城乡二元结构的解除，长期以来我国的制度设计以城乡隔离、重城轻乡的思想路线作为依据，城乡之间巨大的差距现已成为制约社会整体发展的重要因素。因此，城乡生态建设主要围绕5个方面展开：1. 针对农村居民相较于城市居民生态意识薄弱的情况，应统筹城乡生态维护和环境保护的理念，以增强城乡居民的生态环境保护意识的责任感和使命感。2. 针对乡村环境保护法律法规的相对薄弱，统筹城乡环保法律制度建设，加强农村的环境立法以及环境执法。3. 针对乡村生态环境体制的缺漏，统筹城乡生态环境建设与保护管理体制，以城市相对完善的环境保护与生态维护体制引导乡村的相关体制建设。4. 针对乡村环境保护和生态维护资金短缺的情况，应加大资金和技术扶持力度，国家可通过政策倾斜以及相关奖惩制度刺激地方政府对乡村的资金投入。5. 将环境保护与生态维护纳入城乡干部政绩考核体系之中，以此来遏制单纯追求经济增长的政绩考核标准。（参考：李金国：《九龙坡区统筹城乡环境保护与生态建设研究》，重庆大学 2008 年硕士学位论文第 11 ~ 19 页。欧阳文川）

城乡生态环境失衡

Imbalance of Urban and Rural Ecological Environment

城乡发展中的一种非正常状态，也是城乡失衡的表现内容之一。城乡失衡以及城乡二元社会结构是城市中心主义造成的后果，同样也是造成城乡生态环境失衡的原因，表现为农村的环境立法缺位、农村的环境监管不力、区别于城市的环境管理制度。具体来说重城市、轻农村的城乡发展规划往往将高耗能、高污染的企业转移至农村，在农村环境保护建设中农村居民需要通过缴纳税费的方式承担环保设施建设的专项费用，客观情况导致农村公共卫生设施落后并缺乏，环境保护和生态维护处于无人监管的境地。此外，伴随城市经济发展水平的提高，城市居民更加倾向于追求除了物质财富以外的精神需要，追求生活质量的全面提升。注重环境和生态保护的生态文化是城市文化发展过程中的特殊形式，然而农村由于物质经济水平与城市存在较大差距，因此农村居民更加注重物质财富的积累，对环境保护和生态维护则相对轻视，这是城乡之间生态价值观差异的体现。城市与乡村之间在资源、环境以及区位等层面存在紧密联系，城乡失衡以及城乡生态环境失衡都会对整个社会的可持续发展的产生影响，由此将统筹城乡生态环境发展纳入统筹城乡发展整体规划中有其必要性。（参考：王雪：《县域生态环境的城乡失衡与统筹研究》，湖南师范大学 2011 年硕士学位论文第 16 ~ 18 页、第 29 ~ 36 页。欧阳文川）

城乡失衡

Imbalance of Urban and Rural Areas

指在现代化建设中，由于城市和乡村较大的经济、文化差距或者政府扶持政策对城市的倾斜，在短时间内难以使现代化进程扩展至以广大乡村为重点的全国所有地区，导致在传统社会中形成以城市为重点的规模和范围都极有限的现代化，以及国家范围内传统与现代的分化，城市与乡村之间在更大程度上隔离，造成城乡之间的二元结构，具体表现为城乡贫富差距扩大和城乡关系恶化。我国的城乡失衡现象较为明显，除了有深刻的历史根源以外，改革开放后政府宏观调控政策的失误也是重要原因。较为典型的政策原因有政府由于财政收入有限而优先发展城市经济，对于乡村的财政拨款无法满足其生产需要。在有限的乡村财政拨款中还存在资金截留、挤占和挪用的现象，严重影响支农资金的正常执行。支农资金的使用普遍存在支出结构不合理的现象，这体现在农业生产性支出比重下降，农业事业性支出比重上升；农业发展资金管理存在行政效率低下的现象。农村金融缺乏支持，在国家整体信贷资金充裕的情况下，银行对农村信贷的投入资金规模却不足，呈现逐年下降的趋势，使城乡金融差距进一步扩大。农村土地征用制度不合理，土地征收补偿费无法满足农民的基本需求。农村教育投资严重不足，教育硬件设施差，没有足够资源引进优秀的教师。城乡分治依旧明显，乡村居民在城市中无法得到与城市居民同等的就业、医疗、养老等方面的福利待遇，城乡二元结构依然存在。（参考：黄衍电：《我国城乡失衡的政策分析与破解之道》，《福建论坛（人文社会科学版）》2005 年第 10 期第 13 ~ 16 页。欧阳文川）

城乡土地置换

Urban and Rural Land Replacement

指城市化进程中出现的涉及城镇与农村土地所有权及土地使用权之间的权属置换，以及不同土地用途之间的用途置换。置换方式包括将原有限制建设用地或未利用土地开垦为耕地的开垦置换和对闲置建设用地的盘活置换两种方式。城乡土地置换主要包括两个方面的内容：一是非农建设用地的土地置换，即建设用地单位或个人出资将现有分散的建设用地复垦成可耕地后，经过相关单位验收合格的，允许其在本行政区域内的其他城市、村庄、集镇规划区范围内置换不超过复垦耕地的面积，土地级别相当的建设预留用地或待置换同等质量的农用地。二是农民宅基地拆迁复垦置换，即农民在向中心城区聚集的过程中，对旧址复垦增加的农用地，可与新址占用农用地面积进行等量置换。城乡土地置换应以农村居民点缩并为前提，实行城镇发展与农村居民点缩并挂钩。目前，由于呈现土地管理体制完全不同，城乡土地置换的重点在于城乡土地统一规划管理机制。一是建立有效的土地使用权流转机制，鼓励进城农民将土地承包经营权转让，在自愿放弃土地承包经营权的前提下，通过适当途径获得与城市居民同等的最低生活保障。二是对城乡居民一户一宅动态管理，在城镇购房落户后应退出农村宅基地，杜绝城乡双重占地。三是加大经济适用房建设，同时允许农民在城镇集资建房。四是严格控制农村住宅建设，每户宅基地面积不能超出标准，达到或超过用地标准的村庄实行土地冻结。（参考：王静：《小城镇土地置换初探》，四川师范大学2003年硕士学位论文第6~28页。朱配辰）

城乡一体化

Urban and Rural Integration

指打破城市和乡村之间的经济、文化的壁垒，在城乡规划的宏观层面促进生产要素、文化和社会要素在城市与乡村之间自由流通，通过对要素的合理布局和分配，充分发挥城市与乡村各自的功能和结构优势，缩小城乡之间的经济、文化等方面的差距，从而使城市与乡村均衡发展和共同繁荣，实现社会整体可持续发展的目标。城乡一体化的内容包括城乡规划一体化、城乡服务一体化和城乡市场一体化等。城乡一体化不是指城市变为乡村或者乡村变为城市，而是通过资源的合理、公平配置达到城乡的共同发展，实现以城带乡，工农互惠的新型城乡关系。实现城乡一体化，要求社会经济、城市化水平已经处在相当高的水平。它是逐渐推进的过程，不是最终的结果。它是双向补充和提高，不是乡村城市化或者城市乡村化的单向演变。一体化包括物质和精神双方面。它不是用来减小城乡差距的手段，因为城乡差距是由二者不同的经济社会结构造成的。城乡一体化在19世纪中期在西方已成为社会经济发展的主流形式。我国直到20世纪80年代末期随着城乡差距的进一步扩大，社会经济矛盾开始显现后，才开始重视城乡失衡现象。我国城乡一体化是针对城乡失衡，具体来说针对城乡之间的户籍、劳动用工、社会福利、住房政策、教育政策以及土地使用制度等不同政策形成的城乡二元结构而提出的。（参考：李姬：《城乡发展一体化背景下的基础设施建设研究——以湖北省松滋市为例》，华中师范大学2014年硕士学位论文第15~16页；崔西伟：《城乡一体化的理论探索与实证研究——以成都市为例》，西南财经大学2007年硕士学位论文第13~15页。欧阳文川）

城镇化

Urbanization

从地理学角度界定农村地域向城市地域转化和集中的过程。中央政府将城镇化作为国家规划的重点内容，是在综合分析国情的基础上做出的重大战略选择。与欧美发达国家的城市化过程不同，我国城市化发展程度低，城市数量少，吸纳劳动力的能力有限，与此同时农村滞留上亿的剩余劳动力。因此，通过城镇化吸纳和转移农村剩余劳动力是我国城市化的必然选择。同时，由于我国城市规模体系不合理，大中小城市的金字塔规模结构根基不牢，城市规模升级困难。推进城镇化建设，选择一批重点小城镇升级发展成小城市，小城市发展成大城市，依次推进，能够促进我国城镇体系的良性发展。推进城镇化建设可以促进城市和乡村之间的良好结合，诱导农村生产、生活方式的改变。通过促进小城镇发展推进农业人口非农化的同时，协调农村工业化发展。因此，城镇化的过程必然伴随农业人口向非农业人口转化的非农化，以及农业产业、生产方式向城市产业、生产方式转变的农村工业化和农业现代化。目前，我国城镇化过程的工作重点以城镇量化为主，积极发展小城镇作为农村城市化的突破口。（朱配辰）

城镇品牌生态位

Urban Brand Niche

城镇品牌是社会公众和权威机构对城镇综合实力的整体印象和整体评价，它是城镇经济、社会、文化、教育、环境和自然各方面情况的集中反映。城镇品牌本身是城镇的竞争性资源要素，是城镇环境、产业、制度或者政府等多方面的综合实力反映。品牌生态位是生态位原理在产品品牌理论中的拓展，1996 年美国的莫尔（James F. Moore）首次将生态学原理运用于商业系统，为品牌生态系统的理论奠定基础。品牌生态位可以定义为：在品牌生态系统中，品牌在一定空间内对保持竞争力所必需的市场资源占有情况或者其他市场资源对于该品牌的适宜性程度。该空间是品牌与其他市场要素、资源相互作用、产生关系的空间，是适宜品牌发展的空间。在城镇生态系统的研究中，将城镇外部环境等同于生态系统，将某个城镇视为生态系统中的某种有机组成部分，生态系统中生物存续对其外部生态因子的依存性可以类比为城镇在复合人类生态系统中为占据有利地位而与其他系统要素的关联关系。因此，城镇在人类复合系统中所占的一定资源空间就是其生态位。城镇品牌生态位由此可以理解为：在人类复合生态系统中，由城镇品牌资源（包括城镇功能、市场、环境等要素）作为生态因子在系统中关于成长和发展的位置。（参考：于树青：《基于生态位理论的城镇品牌价值链构建研究》，中国海洋大学 2012 年博士学位论文第 23 ~ 28 页。欧阳文川）

城镇体系规划

Urban System Planning

指研究城市的未来发展、城市的合理布局和综合安排城市各项工程建设的综合部署。是一定时期内城市发展的蓝图，城市管理的重要组成部分，城市建设和管理的依据，也是城市规划、城市建设、城市运行管理的龙头。要建设城市，必须有统一的、科学的城市规划，并严格按照规划进行建设。城市规划是政策性、科学性、区域性和综合性很强的工作。根据建设部颁布的《城市规划编制办法》，在城市总体规划纲要阶段，即应原则确定市（县）域城镇体系的结构和布局。市域和县域城镇体系规划的内容包括：分析区域发展条件和制约因素，提出区域城镇发展战略，确定资源开发、产业配置和保护生态环境、历史文化遗产的综合目标；预测区域城镇化水平，调整现有城镇体系的规模结构、职能分工和空间布局，确定重点发展的城镇；原则确定区域交通、通信、能源、供水、排水、防洪等设施的布局；提出实施规划的措施和有关技术经济政策的建议。我国已经形成一套由国土规划—城镇体系规划—城市总体规划—城市分区规划—城市详细规划等组成的空间规划系列。城镇体系规划处在衔接国土规划和城市总体规划的重要地位。城镇体系规划既是城市规划的组成部分，又是区域国土规划的组成部分。城镇体系规划要达到的目标：通过合理组织体系内各城镇之间、城镇与体系之间以及体系与其外部环境之间的各种经济、社会等方面的相互联系，运用现代系统理论与方法探究整个体系的整体效益。（史月田）

城镇土地使用税

Urban and Rural Land Use Tax

以开征范围的土地为征税对象，以实际占用的土地面积为计税标准，按规定税额对拥有土地使用权的单位和个人征收的资源税。制定目的是合理利用城镇土地，调节土地级差收入，提高土地使用效益，加强土地管理。在城市、县城、建制镇、工矿区范围内使用土地的单位和个人，为城镇土地使用税的纳税人，应当依照相关法律的规定缴纳土地使用税。（代富宇）

惩罚观

Punishment View

基督教惩罚观认为，人类的自我救赎能力十分有限，人类只有信仰上帝才能得救。人类从出生就受惠于上帝以及上帝所创造的一切自然万物，如果人类无限自大，不敬畏和信仰神的存在，对大自然破坏无节，就会遭到来自上帝的惩罚。上帝会通过降灾于人类来惩罚和警示人类，将地上的水都变成血水，使人类豢养的牲畜遭受瘟疫，让人世出现冰雹和蝗虫灾难等，提醒人类尊重自然，严守戒律和宗教信条，与自然和谐相处，不断自救和走向自我救赎。（雷爱民）

持久性有毒污染物

Persistent Toxic Substances, PTS

指难以在环境中降解，可远距离转移并随食物链在生物体与人体中累积、放大且具有很强毒性的污染物。具有环境持久性、生理生态毒性、广泛迁移性、潜在性与半挥发性等特点。因其对环境安全和人体健康均有极大伤害，国际上启动多项针对 PTS 的环境项目。1978 年美国和加拿大签订《大湖水质保护协定》（*Great Lakes Water Quality Agreement*，*GLWQA*），较早界定了持久性有毒污染物。目前联合国环境规划署（UNEP）界定 27 种持久性有毒污染物，包括艾氏剂（Aldrin）、氯丹（Chlordane）、滴滴涕（DDT）、狄氏剂（Dieldrin）等有毒污染物。现在，持久性有毒污染物已经与臭氧层破坏以及温室效应并称为 21 世纪影响人类生存与健康的三大环境问题。（任傲尘）

持久性有机污染物

Persistent Organic Pollutants, POPs

能持久性存在于环境中并通过生物食物链（网）累积，最终对环境安全及人类健康造成有害影响的人工合成化学物质，是持久性有毒污染物的一种。持久性有机污染物污染具有致癌、致畸、致突变三致效应，其危害有隐蔽性和突发性的特点，一旦发生污染事件对人类的危害是灾难性的，甚至会持续威胁几代人的健康。2004 年生效的《关于持久性有机污染物的斯德哥尔摩公约》列出 12 种持久性有机污染物：包括艾氏剂（aldrin）、狄试剂（dieldrin）、异狄试剂（endrin）、滴滴涕（DDT）、氯丹（chlordane）、毒杀芬（toxaphene）、灭蚁灵（mirex）、六氯苯（hexachlorobenzene）、七氯（heptachlor）等化学物质。2014 年 3 月，《关于持久性有机污染物的斯德哥尔摩公约》修正案对我国生效，加上新增受控物质后共有 22 种有机污染物在列。（任傲尘）

赤潮

Red Tide

指海洋中的微型浮游藻类或单细胞浮游生物在特定条件下短时间内大规模增长和积聚浓度骤增，使海水变成红色、绿色、灰色等不同颜色或

者产生毒素，从而导致海洋生物死亡的现象。是在特定的环境条件下的灾害性生态异常现象，海水 pH 酸碱度值会升高，黏稠度也将增加。赤潮一词最早来自日本，形容海洋中大规模藻类积聚使海洋变为红色的特殊现象，西方世界将之称为“有害藻华”。藻华指微型浮游藻在短时间内的

急剧增加现象，对海洋生物造成危害时称为有害藻华。有害藻华相比于赤潮的名称来说更加强调微型藻的有害性质。有害藻华的危害有时并不一定是大规模的数量积聚条件下所产生的，相反有时相对较少的藻华与较多的藻华相比会产生更严重的危害。具体说，产生危害的藻华分为三种情况：第一种是具有毒性的微藻，其产生的有毒物质会对海洋生物产生危害。第二种情况是由于微藻的大规模、高密度积聚改变海洋的物理或化学特性会对海洋生物造成危害，尤其当藻华退散后藻细胞腐烂影响水体的溶解氧水平，从而威胁海洋生物的生存。第三种情况是第一种与第二种情况的混合，即微藻不仅大规模在海中积聚，与此同时还具有毒性。赤潮现象呈逐年增多趋势，大致原因有有害赤潮藻种大面积传播、人类活动造成海岸带富营养化、气候变暖造成的水体温度上升等原因。治理赤潮的方法主要有：物理法，国际公认的撒播黏土法；化学法，利用化学药剂对藻类细胞产生破坏以及抑制生物活性；生物学方法，利用鱼类、水生高等植物、微生物控制藻类生长。（参考：周名江等：《有害赤潮的形成机制、危害效应与防治对策》，《自然杂志》2007 年第 2 期第 72 ~ 75 页。欧阳文川　石艳峰）

赤潮治理技术

Technology of Ride Tide Control

针对海域中某些浮游植物、原生动物或细菌爆发性增殖和高度聚集而引起水体污染的治理技术。主要的治理技术包括物理法、化学法和生物防治。1. 物理法：散播黏土法，是国际上的公认方法，采用混凝剂如铁盐、铝盐、黏土等混凝剂沉降赤潮藻类，黏土作用机理以吸附作用为主，在黏土中还可溶出铝离子，杀死赤潮生物细胞，有效消除赤潮藻类；超声波破坏赤潮藻细胞方法等。2. 化学法：利用化学药剂对藻类细胞产生破坏和抑制生物活性，控制赤潮生物，具有见效快的特点。最早使用的化学药剂是 CuSO4，易溶于水，但在使用过程中极易造成局部浓度过高而危害渔业，同时在海水的波动下迁移转化太快，药效持久性差，也易引起铜 Cu 的二次污染。有机化合物在淡水除藻中具有药力持续时间长、对非赤潮生物影响小等优点。3. 生物防治：以鱼类控制藻类的生长；以水生高等植物控制水体富营养盐以及藻类；以微生物控制藻类的生长。（任傲尘）

赤道原则

Equator Principles

原名“格林威治原则”，是 2002 年 10 月由花旗集团、荷兰银行、巴克莱银行、西德意志银行等 9 家全球性主要银行在参考世界银行环境准则和国际金融公司社会政策的基础之上共同起草并发起的一套行业基准。赤道原则由金融机构自愿接受，旨在确定、评估和管理项目融资过程中所涉及的环境风险和社会风险的金融行业指标。同意、接受并采纳赤道原则的银行则为赤道银行。目前，赤道银行主要集中在北美和欧洲发达国家，这说明社会经济发展水平越高，则银行所承受的社会风险管理压力越大。银行在进行借贷业务的同时，融资项目中潜在的环境污染可能性使银行不仅要承担较大的信贷风险，还要蒙受由此带来的巨大的社会负面影响。因此，赤道原则是应对和规避借贷业务中环境和社会风险的重要行业准则。赤道原则不仅有利于金融机构预防由环境污染引发的借贷风险，提高风险管理水平，还有利于提高整个业界的生态责任以及生态道德。从长期来看，对其他性质的国际机构和组织的政策和制度发明具有启发意义。（参考：杜明明：《赤道银行：领跑中国绿色金融》，《现代商贸工业》2011 年第 16 期第 147 页。欧阳文川）

重庆 2014 年生态文明建设状况

Eco-Civilization Construction in Chongqing in 2014

2014 年重庆生态文明指数（ECI）为 78.24 分，排名全国第 18 位。去除社会发展二级指标后，重庆绿色生态文明指数（GECI）为 64.29，全国排名第 17 位。具体二级指标得分及排名见表 1。重庆生态文明建设属相对均衡型：环境质量、协调程度居全国中下游水平，生态活力、环境质量居全国中上游水平。生态活力方面，重庆的森林覆盖率、森林质量、建成区绿化覆盖率、自然保护区的有效保护均居中上游水平，湿地面积占国土面积比重全国排名靠后。环境质量方面，化肥施用超标量、农药施用强度处于全国中上游水平，地表水体质量、环境空气质量居全国中游水平，水土流失率偏高。社会发展方面，除人均教育经费投入（位列第15）居全国中游水平外，其余各项三级指标，人均国内生产总值（位列第12）、服务业产值占国内生产总值比例（位列第12）、城镇化率（位列第10）、每千人口医疗机构床位数（位列第7）、农村改水率（位列第9）均居全国中上游水平。协调程度方面，重庆城市生活垃圾无害化率、化学需氧量排放变化效应、氨氮排放变化效应均居全国领先水平；工业固体废物综合利用率、二氧化硫排放变化效应、氮氧化物排放变化效应全国排名均中等偏上；环境污染治理投资占国内生产总值比重位列18，全国中等偏下；烟（粉）尘排放变化效应排名靠后，位列全国第23位。综合来看，重庆地处三峡库区腹心地带，是长江流域的重要生态屏障和我国水资源战略储备库，生态区位非常重要。生态活力方面，重庆保有良好态势，森林覆盖率、森林质量一直处于稳步上升状态，三峡库区生态脆弱、生态建设与恢复任务繁重也是不争的事实。社会发展方面，重庆产业结构仍在调整之中，科技进步对转型支撑不足，重庆以煤为主仍是不争事实，煤炭高硫、污染重特征势必给环境带来巨大压力。

表1　2014年重庆生态文明建设二级指标情况汇总

二级指标	得分	排名	等级
生态活力（满分为43.20分）	27.77	10	2
环境质量（满分为36.00分）	20.40	19	3
社会发展（满分为21.60分）	13.95	10	2
协调程度（满分为43.20分）	16.11	20	3

表2　重庆2014年生态文明建设评价结果

一级指标	二级指标	三级指标	指标数据	排名
生态文明指数（ECI）	生态活力	森林覆盖率	38.43%	12
		森林质量	46.30立方米/公顷	13
		建成区绿化覆盖率	41.66%	7
		自然保护区的有效保护	10.25%	11
		湿地面积占国土面积比重	2.51%	26
	环境质量	地表水体质量	68.30%	16
		环境空气质量	56.71%	17
		水土流失率	55.74%	25
		化肥施用超标量	49.88千克/公顷	8
		农药施用强度	5.22千克/公顷	8

续表

一级指标	二级指标	三级指标	指标数据	排名
生态文明指数（ECI）	社会发展	人均国内生产总值	42795 元	12
		服务业产值占国内生产总值比例	41.40％	12
		城镇化率	58.34％	10
		人均教育经费投入	1726.46 元／人	15
		每千人口医疗机构床位数	4.96 张	7
		农村改水率	91.04％	9
	协调程度	环境污染治理投资占国内生产总值比重	1.37％	18
		工业固体废物综合利用率	85.25％	9
		城市生活垃圾无害化率	99.43％	4
		化学需氧量排放变化效应	53.00 吨／千米	4
		氨氮排放变化效应	6.03 吨／千米	3
		二氧化硫排放变化效应	1.18 千克／公顷	12
		氮氧化物排放变化效应	1.42 千克／公顷	12
		烟（粉）尘排放变化效应	−0.62 千克／公顷	23

（参考：严耕等：《中国省域生态文明建设评价报告（ECI2015）》第 243 ~ 247 页，北京：社会科学文献出版社，2015 年。徐保军）

重庆市环境科学学会

Chongqing Society for Environmental Sciences

由重庆市环境科技工作者、环境工程技术人员、环境宣传教育工作者和环境管理工作者等自愿结成并经过民政部门核准、依法注册登记成立的地方性、非营利性的民间环境科技社会团体（民间组织），是党和政府联系重庆环境科技工作者和科技实业家的纽带和桥梁，是重庆市发展环境科技事业的重要社会力量，是重庆市环境保护领域的重要组成部分，是重庆市科学技术协会的组成部分。宗旨是遵守宪法、法律、法规和国家政策，遵守社会道德风尚。坚持以马克思列宁主义、毛泽东思想、邓小平理论和“三个代表”重要思想为指导，全面落实科学发展观，坚持“百花齐放、百家争鸣”的方针，倡导献身、求实、创新、协作的精神，遵守民主办会原则，团结广大环境科技工作者、环境管理工作者和环保科技实业家，发挥学科交叉、人才荟萃和横向联系广泛的优势，以经济建设为中心，独立自主、积极主动、认真负责地开展工作，促进环境科学技术进步和创新，促进环境科学技术的普及、推广，促进环境科技人才的成长和提高，为经济社会发展服务，为环境科技工作者服务，为提高全民科学素质服务，推动重庆市环保事业的发展，为构建社会主义和谐社会、加速实现我国的社会主义现代化贡献力量。会业务主管单位为重庆市科学技术协会，挂靠重庆市环境保护局，登记管理机关是重庆市民政局。接受上述部门的指导和监督。业务范围：1. 开展国内外学术交流和研讨，推动自主创新，促进学科发展。2. 组织环境科技工作者进行重大环保项目的调研、考察、评估和论证，组织开展有关重点课题研究，为加速环境科技的发展提出建设性意见和建议，并在环境战略、发展规划和科技政策等方面为政府提供咨询服务。3. 开展民间国际环境科技交流，建立和加强国内外非政府组织间的友好往来与合作。4. 接受政府有关部门的委托，组织有关专家进行专业技术职务任职资格的评定；环境标准网络管理；有关环保资质的认定和咨询；进行科技项目论证，技术成果鉴定等。5. 开展青少年环境科技教育活动，普及环境科学知识；编辑出版环境学术、科普书刊和论文专辑；开展继续教育和人员培训。6. 开展环保科技咨询和技术服务，促进环保科技成果推广应用，为企业的污染防治环保产业发展提供中介服务。7. 反映广大环境科技工作者得意见和要求，维护其合法权益，表彰、奖励优秀环境科技工作者、优秀环境学会工作者、优秀科技实业家，举荐人才。8. 承担政府委托或转移给学会的其他工作任务。（*席溢*）

重庆市绿色志愿者联合会

The Green Volunteer League of Chongqing

成立于 1995 年，以宣传环保为理念，推进公众环保运动为目的的非政府组织。执行“少说多做，身体力行”的行动准则，争取、团结公众及社会团体关心环保事业，身体力行参与环保活动，开展可持续发展教育，倡导绿色文明。宗旨：团结社会各界人士，保护环境，倡导绿色文明，推动环保运动，促进西部社会和经济的可持续发展。口号：全世界环保志愿者联合起来，拯救地球家园！重庆市绿色志愿者和政府的关系是永远的朋友，是永远的对话，永远的合作。（*席溢*）

重庆市万州绿色三峡志愿者协会

Wanzhou Volunteers' Association for Green Three Gorges, Chongqing

2004 年由一批致力于三峡库区环境保护和扶助贫困的各界人士发起筹备，于 2005 年 5 月经万州区民政局正式登记成立。业务主管部门是万州区环保局，活动接受万州区环保局和民政局的业务指导和监督。是万州各界有志于环境保护和扶助贫困的人士自愿结成的联合性的、公益性的、地方性的和非营利性的社会组织。宗旨：通过组织志愿者开展环境保护、扶助贫困等公益活动和项目，推动区域间的信息和技术，倡导绿色文明、传播友爱精神，尽己所能为社会提供服务，为三峡库区的可持续发展做出贡献。每年 3 月 12 日植树节和 6 月 5 日世界环境日是该协会的固定活动安排时间。主要活动：已初步建立“绿色三峡林”示范项目；每年开办一次环保影展和图片展；扶助农村贫困失学儿童；发动志愿者和社会各界人士参加经常性的宣传活动。（*席溢*）

崇明岛生态经济区

Eco-economic Area of Chongming Island

崇明岛地处长江口，是中国第三大岛，也是中国最大的河口冲积岛和最大的沙岛，地势平坦，土地肥沃，林木茂盛，物产富饶，是著名的鱼米之乡。2014 年联合国环境规划署发布《崇明生态岛国际评估报告》，高度评价上海崇明岛的生态经济建设，建议在崇明岛建设生态文明特区。同时，联合国环境规划署把崇明生态岛建设作为典型案例，编入 UNEP 的绿色经济教材。《报告》明确指出，在生态岛建设第一轮三年行动计划（2010 ~ 2012 年）实施过程中，崇明岛在自然资源保护、环境经济和废弃物综合利用等 6 个领域共投资约 140 亿元，各项生态指标达标率为 96 %，在水环境整治与湿地保护、人居生态环境营造、生态农业保障与物种资源保护等方面的关键技术体系已初步形成。（*张沥元*）

臭氧层保护议题

The Ozone Layer Protection Issue

全球性重大生态环境议题之一。1974 年美国加利福尼亚大学研究人员发现，大气臭氧层已遭到严重破坏，造成地球温室效应加剧，如长期发展下去，将会严重影响全球的气候、生态平衡和农业生产活动。从此，保护臭氧层免遭破坏受到国际社会重视。1987 年 9 月 16 日，联合国环境规划署在加拿大蒙特利尔召开国际臭氧层保护大会，通过《关于消耗臭氧层物质的蒙特利尔议定书》（简称《蒙特利尔议定书》），对控制全球破坏臭氧层物质的排放量和使用提出具体要求。根据《蒙特利尔议定书》的规定，各签约国分阶段停止生产和使用氯氟烃（CFCs）制冷剂，发达国家要在 1996 年 1 月 1 日前停止生产和使用氯氟烃制冷剂，其他所有国家都要在 2010 年 1 月 1 日前停止生产和使用氯氟烃制冷剂，现有设备和新设备都要改用无氯氟烃制冷剂。此后，各国为保护臭氧层进行关于氟利昂替代物的研究、开发和推广应用工作。为唤起公众环境保护意识，联合国规定从 1995 年起，每年的 9 月 16 日为国际臭氧层保护日。我国政府于 1989 年和 1991 年分别签署《保护臭氧层维也纳公约》和《关于消耗臭氧层物质的蒙特利尔议定书》，成为缔约方。（申森）

臭氧层破坏

Ozone Depletion

臭氧由三个氧原子构成，大多分布于距离地面 20~50 千米的大气之中，分布于大气中的臭氧形成臭氧层。当大气中的氧气分子受到太阳光线中的短波照射时会分解为氧原子，由于氧原子易于其他物质相结合，因此当其与氧气结合时便形成了臭氧。由于臭氧比重大于氧气的缘故，形成后的臭氧会不断向臭氧层的底层降落，在下降过程中受到高温的影响会再度还原为氧，这样就形成了臭氧与氧之间的动态平衡，也因此形成了大气中较为稳定的臭氧层。臭氧层对被誉为地球的“保护伞”，对紫外线中具有较强生物损害性的强效应波长具有很好的屏蔽作用，因此臭氧层的破坏会对地球生物造成恶劣影响。目前一致认为氟氯烃是造成臭氧层破坏的主要因素。氟氯烃稳定性较好且具有较少毒性，被认为是比较安全理想的工业化学品，常被用来制作制冷剂、喷雾剂、发泡剂和清洗剂等。1974 年加州大学欧文分校的马里奥和舍伍德首次提出臭氧的减少与氟氯烃的使用存在关系，氟氯烃化合物进入大气平流层可以持续存在几十年之久，因此对臭氧的破坏具有相当长期的持续性。臭氧层的破坏导致地球生物受到更多的具有较强损害性的紫外线强效应波长，对人类健康产生极大威胁。经研究证实，过度被紫外线强效应波长照射后对人的皮肤、眼睛和免疫系统都有极大危害，此外对于其他生物和农作物也具有较大负面影响。（参考：夏治强：《臭氧层破坏的起因危害及对策》，《城市环境与城市生态》1993 年第 4 期第 37 ~ 41 页；胡耐根：《臭氧层破坏对人类和生物的影响》，《安徽农业科学》2010 年第 11 期第 6068 ~ 6072 页。欧阳文川）

臭氧发生器

Ozone Generator

用于制取臭氧气体（O_3）的装置。臭氧具有不稳定性，易分解，很难实现瓶装储存，因此需要现产现用。按照臭氧的产生方式划分，臭氧发生器主要有：高压放电式、紫外线照射式、电解式。臭氧发生器被广泛应用在饮用水处理、污水工业氧化、食品加工和保鲜、医药合成、空间灭菌等领域，可在家庭生活中使用，也可用于工业生产中。家用臭氧用于食物净化、饮用水净化、消毒灭菌、空气净化、养鱼、浇花、果蔬保鲜、防霉、除臭等方面。120 千克 / 小时大型臭氧发生器及其系列产品可广泛应用于工业废水处理、烟气脱硝、纸浆漂白、精细化工氧化等方面。臭氧发生器是中国在饮用水安全、环境保护和节能减排等方面的重要发展方向，也是中国面向环保工程应用并可替代进口的重大技术装备。（石艳峰）

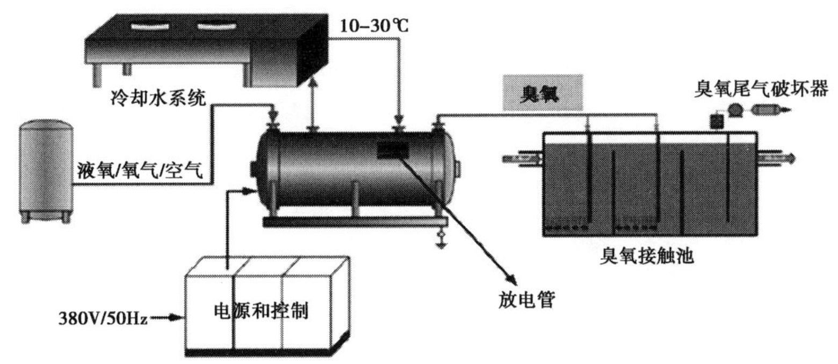

臭氧空洞

Ozonosphere Hole Depletion of O-zone Layer

指地球大气上空平流层（臭氧层）的臭氧由于空气污染物质，特别是氧化氮和卤化代烃等气溶胶污染物的扩散、侵蚀，造成大气臭氧层破坏和递减的现象。1984 年英国科学家法尔曼等人在南极哈雷湾观测站发现臭氧洞，由于臭氧层中臭氧的减少，使照射到地球表面的太阳光紫外线增强，其中波长为 240 ~ 329 纳米的紫外线对生物细胞具有很强的杀伤作用，对生物圈中的生态系统和其他生物有机体产生不利的影响。目前，臭氧层破坏最严重的地方是：北极、南极、青藏高原。1998 年南极臭氧空洞面积已达历史最高记录，为 2720 万平方千米，大约是南极大陆面积的两倍。（王晴晴）

初始水权分配

Initial allocation system for Water

是水权制度基本内容之一，也是水权制度建设的基础。简单来说，初始水权就是指用水者按照法定水权分配程序所获得的水资源使用权。水资源作为一种财产，水权就是以其所有权为基础的一系列权利，包括水资源的使用权、管理权和获益权。按照现行对水资源的利用方式，水权就是以国家为水资源所有权的所有者，以国务院和各级行政单位为水资源管理权的所有者，以单位和个人为水资源占用权、使用权和获益权的所有者的法律权利。科学合理的初始水权分配体系可以促进水资源供需平衡和优化配置，并实现区域和国家的水资源公平高效使用。目前我国的初始水权分配体系以行政力量为主导，采用取水许可证制度，实行用水总量控制和定额管理相结合的措施。欧美国家较典型的水权分配体系为以河岸权为原则的初始分配体系和以先占用为原则的初始分配体系。以河岸权为原则的初始分配体系即以河岸土地所有权或使用权为水权初始分配的主要原则，该原则在英国和法国等地较为流行，然而更适合水资源充沛的区域，在水资源分配不均衡或者水资源用量大的区域容易造成水资源供需紧张；以先占用为原则的水权初始分配体系指以水资源占用时间的先后顺序为水权的确定标准和水权之间优先地位的确定原则，美国西部各州较多运用这种分配体系。一般来说初始水权分配构建应遵循水权优先权原则、可持续利用原则、公平及高效等原则。水权优先权原则指对于生活用水优先、水源地用水优先、粮食用水优先等；可持续利用原则指从时空尺度保证水资源的可再生性；公平及高效原则指水资源初始分配应保障用水者之间权利的平等性以及经济效益。（参考：柴方营：《中国水资源产权配置与管理研究》，东北农业大学 2006 年博士学位论文第 74 ~ 94 页；李新等：《水权与初始水权分配研究综述》，《长江科学院院报》2011 年第 2 期第 1 ~ 5 页。欧阳文川）

《初真十戒》

Ten Commandments of Taoism

《初真十戒》是中国道教对入道修行教徒的

基本戒律，也是入道者必须遵守的金科玉律。它被认为是入道的门户和修道起点，包括“不得阴贼潜谋、不得杀害含生、不得淫邪败真、不得败人成功、不得谗毁贤良”等内容，要求教徒“十恶不生，无思无为，一念修道，去掉凡心，以戒为师”。《初真十戒》十分注重道教徒的品德修养，把中国传统的忠、孝、济世、节俭、利人等品性以及清修节目作为道教徒修道养性的基本前提和洁身修行的基本规范。（雷爱民）

除尘设备

Dust Removal Equipment

指从含尘空气中分离并收集粉尘的装置。按照工作原理，除尘设备可分为机械式除尘、电除尘、过滤式除尘和湿式洗涤 4 种。代表性除尘设备有沉降室、惯性除尘器、旋风分离器、湿式除尘器、电除尘器、袋式除尘器等。随着技术发展和不同原理的交叉结合，已出现新型的更加高效的除尘设备，如膜电除尘器技术和表面过滤技术。从粗除尘到高效除尘的一系列除尘技术及设备，减少了飘尘对人体健康的危害，起到防治大气污染、洁净空气环境的作用。（朱雨晨）

雏菊世界模型

Daisy World Model

雏菊世界模型是生物群落对温度调节的模型，由英国科学家詹姆斯·洛夫洛克（James Ephraim Lovelock）借助计算机模拟出的地球孪生兄弟。雏菊世界里埋着无数等待发芽的种子，这些种子只能纯种繁衍出两种生物：一种是深色雏菊，另一种是浅色雏菊。深色雏菊吸收热量的能力非常出色，浅色雏菊则天生善于反射阳光。两种雏菊在太阳能量的作用下，此消彼长，动态调节平衡。此后，洛夫洛克还将其他生物引入这个世界中进行模拟。雏菊世界模型成功验证洛夫洛克在 20 世纪 60 年代提出的盖亚假说。（朱雨晨）

《传播的偏向》

The Bias of Communication

传播学加拿大派开山鼻祖哈罗德·伊尼斯（Harold Innis，1894 ~ 1952）1951 年出版的传播学著作。全书 8 章题名：《密涅瓦的猫头鹰》《传播的偏向》《时间的诉求》《空间的问题》《译者产业主义与文化价值》《18 世纪的英格兰出版业》《美国的技术与公共舆论》《挑剔的批评》。作者试图回答心理学提出的问题，用大量篇幅描写学习过程中的口头法和书面法的对立。在《挑剔的批评》章中他说：“我偏向于口头传统，尤其是希腊文明中反映出来的口头传统。我认为有必要重新把握其神韵。”中译本译者何道宽，北京：中国人民大学出版社 2003 年出版。（张惠娜）

传播机制

Mechanism of Transmission

传播机制是传播中的传播模式、传播层次、传播类型的总体概括，是信息传播的形式、方法以及流程等各个环节，包括传播者、传播途径、传播媒介以及接收者等构成的统一体，是从信息发布者到接受者渠道的总体概括。（张惠娜）

传播渠道

Communication Channels

指传播过程中传受双方沟通和交流信息的各种通道，如人际传播渠道、组织传播渠道、大众传播渠道。一方面指传递信息的手段，如电话、计算机及网络、报纸、广播、电视等媒体；另一方面指从事信息的采集、选择、加工、制作和传输的组织或机构，如报社、电台和电视台等。不同的传播渠道需用不同的传播媒介相配合，不同的传播媒介又对不同的传播渠道定型。人际传播渠道是人与人面对面的交流，决定了只能使用人体器官媒介和空气媒介。信息通过广播、电视传播成为大众传播渠道。人际传播媒介可以随意进入各种传播渠道，并与特定媒介配合使用而不会改变其渠道形态。大众传播渠道作为技术手段传播渠道，其发达程度决定社会传播的速度、范围

和效率。组织机构的传播渠道制度、所有制关系、意识形态和文化背景如何，决定了社会传播的内容和倾向性。（张惠娜）

传播生态

Ecology of Communication

将生态思维以及由人的活动介入的自然、社会、精神的复合性生态系统的存在状态植入传播学研究中，把传播系统作为复杂的系统整体，进行层次性、结构性分析，在多样化的整体构成的关系中解析、把握传播生态的系统特性。传播生态的基本框架是信息技术、传播范式和社会行为。随着传播学的大力发展以及传媒影响力的日趋增强，公众对于媒体影响、媒介变迁以及社会生态格局等的关注，使关于传播生态的整体研究逐步纳入学界视野。传播生态研究，是以传播学与生态学知识为主要学术支撑的一门交叉学科研究。（参考：徐萍：《传播生态的系统构建》，《现代传播》2006 年第 1 期第 150 ~ 152 页。张惠娜）

传媒并购

Media Mergers and Acquisitions

传媒企业间的兼并与收购，通过转移传媒公司所有权或控制权的方式实现资本扩张和业务发展的手段。并购能为传媒企业带来协同效应和超常规的发展，同时也带来很多不可预测的风险，如支付溢价高导致资产减值风险、对赌协议风险以及产品不稳定导致的并购后风险，可能最终导致整个企业破产。在并购前，慎重评估，认真确定每个参数，了解产品市场未来发展，系统分析产业未来发展趋势，综合权衡产业估值溢价风险。在并购中，积极制定融资策略，确保并购资金来源；变对赌协议为激励措施，降低期权补偿违约风险。在并购后经营中，保证人员稳定，减少直接干预，维持企业文化，提供平台与经验助其发展，努力推动产业整合，丰富产品组合，分散市场风险。（参考：谢耕耘：《传媒并购与反并购》，《新闻界》2005 年第 3 期第 33 ~ 35 页。张惠娜）

传媒产品

Media Products

指传媒组织能够提供给目标使用者、受众的产品。传媒产品在生产方式、流通方式、产品形态和消费效用等方面不同于一般的物质产品，它既有政治属性，也有经济属性。传媒产品的生产投入更多的是智力劳动，要消耗掉更多的劳动时间。与一般商品不同，传媒产品通过媒介，如网络、电视、报纸等传播，从生产领域进入消费领域。从产品形态说，一般物质产品是有形的，传媒产品很多是无形的。传媒产品与一般产品的消费效用也不同。一般产品是满足消费者的生理需要，传媒产品满足的是消费者的精神需要。传媒产品具有产权特性，具有排他性特征。（参考：方林佑、李松龄：《传媒产品的商品属性及其产权特征》，《经济评论》2005 年第 6 期第 21 ~ 30 页。张惠娜）

传媒产业

Media Industry

指传播各类信息、知识的传媒实体部分构成的产业群，是生产、传播各种以文字、图形、艺术、语言、影像、声音、数码、符号等形式存在的信息产品以及提供各种增值服务的特殊产业。作为一个产业，传媒产业既有与其他产业相近或相同的共性，也有区别于其他产业的特殊性和内在的规定性。传媒产业由若干个子系统构成，包括传媒信息服务、传媒制造、相关信息资源服务和多种经营等，各系统互为条件、相互补充和支持。传媒产业中，信息服务是主导。传媒产业经营主体是传媒企业或企业型组织。在健全的传媒市场中，传媒产业发展不仅需要政府宏观引导，更依赖于完善的市场机制。传媒生产力要素依赖市场途径进行组织。除公共传媒产品外，一般传媒产品消费完全商品化。通过价格引导传媒资源向效率高、效益好的部门或传媒机构集中，从而有效提高传媒资源的利用价值，促进传媒产业结构优

化，满足受众对传媒产品的需要。（张惠娜）

传媒产业生态链

Ecological Chain of Media Industry

传媒业发展到高级阶段的产物，把内容生产、技术开发、营销手段等诸多环节紧密联系在一起，形成上游开发、中游拓展、下游延伸的产业集群。由资源供应链、产品生态链、市场销售链和信息反馈链4部分共同组成传媒产业生态系统的链条。上一个环节制约着下一个环节，为下一个环节提供充分的营养和动力，链条上的各个环节实现资源的互补与共生。通过生态链上的资源循环利用，使传媒产业生态系统的物质流动和能量转换得以实现，传媒产业的生态平衡得以实现，营造健康的传媒产业生态链。（参考：邢彦辉：《制约传媒产业生态链形成的因素分析》，《青年记者》2006年第22期第75～76页。张惠娜）

传媒产业赢利模式

Profit Model of Media Industry

传媒产品的信息特性决定的盈利模式。包括：1. 二次销售模式，挖掘第一次销售带来的经济潜力，在第二次售卖中出售受众的注意力资源。《读卖新闻》《朝日新闻》没有停留在一次销售上，收益的更大部分来自第二次销售。2. 单一广告模式，是仅出售广告资源，产品免费提供，如免费提供报纸和电视广播节目，传媒收益完全依靠广告。这是表面现象，实际上受众在接受此类产品时付出了时间和注意力这种更稀缺的资源。3. 单一产品模式，即只出售内容产品实现利润。（参考：青记：《传媒产业具有独特的盈利模式》，《青年记者》2007年第22期27～28页。张惠娜）

传媒垂直供应链

Media Vertical Supply Chain

传媒产品生产和供应的垂直链条。传媒产业的活动包括许多不同的职能和环节，从上游生产过程到下游的产品加工和包装，到向顾客供应和销售的环节，即为传媒产品制作发行的垂直链条。在传媒的垂直供应链中，各个环节相互依存。产品如果没有传递给大众就毫无意义，发行渠道没有内容可传播同样没有价值。传媒垂直供应链中的各职能和环节不可分割。若供应链中的任何一个环节出现问题，所有与这条供应链相关的环节都会出现问题。（张惠娜）

传媒反并购

Media Anti Merger and Acquisition

与传媒并购相对应而存在。在对目标传媒企业进行并购时，可能会引起目标传媒企业的两种不同反应，即同意和不同意。目标传媒企业同意被并购，称为善意并购；目标传媒企业反对被并购，并购方不顾目标方意愿，无意放弃并购企图，这种并购称为恶意并购或故意并购。传媒反并购的预防策略包括建立合理的持股结构，在章程中设置反收购条款。一般而言，反收购策略分为经济手段、法律手段以及其他手段，包括提高收购者的收购成本，降低收购者的收购收益，增加收购者的收购风险以及收购者。（参考：谢耕耘：《传媒并购与反并购》，《新闻界》2005年第3期第33～35页。张惠娜）

传媒接近权

The Right of Access To Mass Media

指大众皆有接近、利用媒介发表意见的自由，是公民的基本权利。核心内容是要求传媒必须向受众开放。公民有权接近和利用大众传播媒介发表自己的主张、意见，有权要求大众媒介刊登或播放其意见、广告、声明、反驳等，有权要求大众媒介刊登自己想要传播的有关信息。从法学角度看，媒介接近权成为媒介表达渠道权，指公民或社会组织享有的，由法律认可和保障的公开发表、传达意见、主张、观点、情感等内容的权利。从传播学角度，受众接近权的强调意义深远。传媒接近权妥善解决信息源和传播者之间的关系，为信息赢得一定的主动性和独立性。（参考：石

磊《新媒体概论》第 129 ~ 130 页，北京：中国传媒大学出版社，2009 年。张惠娜）

传媒经济学

Media Economics

又称媒介经济学。以传媒经济产生和发展为基础，致力于经济和金融对传媒影响的研究，作为独立学科的出现具有广泛基础。研究对象是市场经济条件下传媒生产以及同传媒生产直接相关的经济行为、经济关系和经济规律，包括传媒产品和服务生产、交换、消费过程中的规律。研究方法是经济学研究方法在传媒领域中的具体运用。解析经济影响力指导或限制传媒活动，对传媒市场产生的宏观影响。传媒对社会影响力的扩大是传媒经济学产生的社会基础。政府管理和控制传媒的经济行为是传媒经济学产生的政治基础。传媒经济的规模化和规范化发展是传媒经济学产生的经济基础和实践基础。大众传媒的产生是传媒经济学走向独立的关键点。（张惠娜）

传媒内部结构优化

Internal Structural Optimization of Media

传媒内部结构在满足约束条件下按预定目标求出最优方案的设计方案。结构优化理论是结构功能理论的深化和发展。传媒内部实现结构优化，可达到最优的传播效果和目标。为实现传媒内部结构优化，要加强传播过程中要素的优化配置和组合，其中关键是对传播过程中传播主体的优化，保证传播信息的客观性。受众的知识结构和心理状态对信息的接受有重要影响。反馈是传播过程的重要环节，有效反馈能提高传播活动效果，达到系统优化的目的。错误消极的反馈会抑制传播活动的进一步进行。（张惠娜）

传媒融资

Media Financing

指向传媒企业内部或外部、直接或间接筹集资金，并将资金用于传媒企业经营发展的行为。融资问题是目前传媒产业发展面临的重要问题。融资方式包括使用留存利润、合作经营、债务融资、上市融资、风险投资等。传媒业融资方式包括内源融资和外源融资。内源融资是企业通过内部积累获取资本进行投资，包括留存收益（由提取的公积金和未分配利润形成）和定额负债（指按照财务制度程序结算的方法导致企业内部形成的延期支付款项）。外源融资指企业通过某种方式从外部获取资本进行投资，包括政府财政投入、债务融资、上市融资等。财政投入资金来源于财政直接划拨、具有政策性的贷款以及行政部门的相关资助。债务融资一般指向银行申请贷款或发行公司债券。上市融资可分为国内上市融资、借壳上市融资以及境外上市融资。（参考：罗昕：《我国传媒产业融资问题浅析》，《新财经》2010 年第 10 期第 275 页。张惠娜）

传媒上市

Media Listing

传媒企业通过证券交易所首次公开向投资者发行股票，以期募集发展资金的过程。有利于融资和资源整合，规范管理，完善治理结构；有利于提升传媒知名度和影响力、公信力。根据现行的政策，报纸、电视等传媒企业的上市过程均采取剥离模式，即将内容制作环节与经营环节剥离，将经营性资产上市。经营性资产依托的采编环节运作独立于上市公司之外，成为上市公司的实际控制人。传媒上市公司是传媒集团的部分资产。因此，传媒上市公司在高管人员安排以及公司内部治理结构上实际均受到传媒集团的直接控制。这种治理架构显然增加传媒上市公司的运作风险。采编环节与经营环节的剥离，使两者之间的沟通与协调成本高昂，一旦运转不畅，造成的潜在风险不可估量。传媒上市公司供养采编环节的模式，赋予传媒上市公司极大的话语权。采编与经营之间微妙的动态平衡，是传媒上市面临的最大制度性风险之一。（参考：胡旭：《传媒业上市热潮中的冷思考》，《新闻战线》2008 年第 2

期第 64 页。张惠娜）

传媒生态发展

Media Ecology Development

媒介组织作为有机主体围绕信息活动展开的发展，包括信息与受众层面的生态、媒介组织层面的生态、媒介控制层面的生态。传媒生态处于不断发展变化过程中。我国传媒生态发展经历政府严格管制到逐步放开的发展过程。随着改革开放的深入，商业化意识浓厚的氛围成为传媒生态发展的组成部分，甚至出现迎合受众低级趣味的传媒生态环境。随着我国传媒产业发展的逐步规范和政府对传媒生态环境的监管，传媒生态环境正在健康发展。（张惠娜）

传媒生态化

The Ecologicalization of Media

运用现代生态学理论和技术改造和重组传媒经济结构，把生产活动对传媒资源的消耗和环境的影响置于大生态系统内物质、能量的总交换过程中，实现传媒生态系统的良性循环和持续发展。传媒生态化遵循公平性、持续性、协调性，参照生态系统的自我调节、循环再生、生态平衡等基本原理，形成可持续发展模式。这是传媒今后生存和发展的主要经营思想。它要求传媒经营管理者具有生态传媒的意识。传媒生态化的内容包括资源生态化、产品生态化、生产工艺生态化和管理方式生态化。（参考：邢彦辉：《传媒生态化与生态传媒》，《东南传播》2007 年第 9 期第 40 ~ 42 页。张惠娜）

传媒无形资本

Media Intangible Capital

与传媒有形资本对应，指具有资本特性的传媒无形资产，核心是商誉，还包括企业经营机制、管理能力、关系渠道、营销网络、频道资源、频率资源、栏目品牌、节目形式和内容、播出时间等等。在西方发达国家，无形资本已成为传媒的核心竞争力。传媒无形资本运营，指传媒对自身拥有的各类无形资产的使用进行运筹和规划，通过融资、对外投资等活动使其合理流动，实现价值的最大增值的活动。无形资本运营是传媒整个经营活动中极其重要的组成部分。当前，世界范围内兼并、重组浪潮风起云涌，无形资本运营正在成为企业实施全球化战略的重要手段。在传媒业，无形资本经营比有形资本经营具有更大的运营空间。传媒业无形资产的升值比有形资产的扩张具有更快速度、更大空间。无形资本经营是传媒资本运作的高级阶段。知识经济的到来，一方面使传媒业无形资本占全部资本的比例越来越大，无形资本日益成为创造财富的主动力。另一方面，由于经济全球化，刺激世界各地对国际品牌的需求，加速无形资本在全球的扩张。（参考：谢耕耘：《传媒无形资本运营探析》，《新闻界》2005 年第 2 期第 18 ~ 20 页。张惠娜）

传媒心生态

Ecological Psychology

特定传媒影响新闻传播与接受的心理因素和环节的统称。传媒产业是经营人心的产业，媒介技术满足人心需求。传媒产业间竞争围绕人心展开竞争。媒介与受众的互动建立在人心互动形态中。传媒生态以人心为线索展开认识“心”生态。它存在于传播者和受传者心中，存在于技术与产业、受众和社会传媒生态各要素中。传媒心生态的研究，针对离不开“人心”的产业性质，以心理分析为线索，分析媒介组织内部心理问题，分析媒介与媒介之间心理影响，分析受众心理场，以及媒介与受众之间互动心理状态和外部影响因素等。（参考：王乃考：《“传媒心生态”研究》，《民办高等教育研究》2008 年第 2 期第 84 ~ 91 页。张惠娜）

传媒业资本运作

Capital Operation of Media Industry

指在利益最大化原则下使资本在再生产过程

中实现保值和增值，并能不断实现资本扩张。它的特殊性表现在传媒产品、行业性、传媒环境等方面。在国际传媒巨头的发展史，新闻集团、迪士尼、贝塔斯曼、时代华纳等，无一不是通过兼并收购等资本手段，成为国际化传媒集团。在传媒业相对发达国家，传媒资本运作活跃。通过资本运作扩张规模、整合资源，已成为我国媒介产业发展的必由之路。（参考：韩建中：《传媒行业资本运作的紧迫性分析》，《声屏世界》2006年第5期第43～44页。张惠娜）

传媒资本

Media Capital

指传媒业具有经济价值的物质财富或社会关系，包括人才资本、实物形态资本、价值形态资本和无形资本。现代传媒资本运营是把媒体拥有的可经营性资产，包括有关广告、发行、印刷、信息、出版等产业，媒体经营的其他产业，都视为可以经营的价值资本。通过价值成本的流动、兼并、重组、参股、控股、交易、转让、租赁等途径运作，优化资源配置，扩张资本规模，最大限度实现资本增值的经营管理方式。（张惠娜）

传统城镇化发展模式

Traditional Development Model of Urbanization

在传统发展观指导下与传统工业化和粗放经济发展方式相适应的城镇化发展模式。以城乡二元体制为基础，由政府主导推动，以经济增长为核心目标，以工业化为发展主线，以土地城镇化为主要内容，强调数量增加、规模扩大和空间扩张、发展方式粗放低效的不可持续的城镇化。这种发展模式引发资源能源过度消耗、经济社会发展不协调、大中小城市和小城镇不协调、区域发展和城乡发展失衡、生态退化等一系列问题。我国工业化和城镇化处于中期快速发展阶段，随着科学发展观的提出，传统城镇化发展模式已经开始被以人为本，追求公平共享、集约高效、协调可持续的新型城镇化发展模式更替。城镇化发展水平不仅包括城镇人口增加、地域扩大、数量增加等量的内容，还包括城镇功能完善、居民生产生活方式的文明程度、农民工市民化进程、城镇化与工业化、信息化和农村现代化的协调、城乡公共服务的均等化等质的内容。城镇化发展是量的增加和质的提升的统一。（参考：王素斋：《科学发展观视域下中国新型城镇化发展模式研究》，南开大学2014年博士学位论文第76～79页。刘阳）

传统媒体

Traditional Media, Legacy Media

相对新兴网络媒体而言的传媒方式。传统媒体一般是通过机械装置定期向社会公众发布信息或提供教育娱乐的平台，包括报刊、户外、通信、广播、电视等。传统媒体的传播机制是一对多，或者说是点对面的传播机制。在这种传播机制下，媒体人掌控更多的话语权。进入新媒体时代，传统媒体的发展面临诸多挑战，受众从被动接收信息，转变为新闻信息的制作和发布者，传统媒体的话语权被削弱。防止侵权成为传统媒体发展面临的另一难题。如何从新闻信息服务中获得更多的收入，也是传统媒体从业者不得不面对的问题。面对新媒体的严峻冲击，传统媒体纷纷采取各种方式进入新媒体，或联手与新媒体合作。在这种情形下，多媒体的发展不能完全取代传统媒体。新媒体快速发展的同时，给传统媒体的发展带来机遇。传统媒体也认识到与新媒体融合发展的必要性。（张惠娜）

传统农业

Traditional Agriculture

指在自然经济条件下，以铁器农具为主要生产工具，以人力、畜力为主要农业动力，采用历史上沿袭下来的耕作方法和农业技术，以自给自足的自然经济居主导地位的农业。与现代农业相比，传统农业具有的特征是：1. 农业经济活动中技术水平长期不变；2. 生产者对各种技术投入要素的偏好和动机保持稳定；3. 传统生产要素的需求和供给处于长期低水平的均衡状态。这些特征促使传统农业具有很强的封闭性，任何外界新因素的加入不但不能提高劳动生产率，反而会引起劳动生产率的下降。传统农业的低稳态平衡、自给自足、封闭保守等特点，与外界很少发生联系，因此没有形成刺激农民增加储蓄及投资的动机和物质基础。低稳态的传统农业很少发生效率严重不足的资源配置，虽然各种生产要素的投入水平低，但相互配合十分有效。（参考：李燕琼：《我国传统农业现代化的困境与路径突破》，《经济学家》2007年第5期第61～66页。刘阳）

传统园林

Traditional garden

古代遗留下来保存古人对自然生态审美趣味的园林景观。传统园林建筑的功能有：1.突出实用性。亭、榭可供人停留赏景，又可以按需要兼做小卖亭、游船码头等用途。2.强调独特性。如亭、轩、榭之类有的完全没有墙，或者只有一面墙，几根柱子顶着屋顶，内外完全通透，打成一片。3.提升园林意境。传统园林通常在园名、匾额、楹联中反映意境。传统园林建筑的特点有：与山水风景相适宜的协调曲线；为适宜山水地形的高低曲折变化而多变的布局；追求宁静自然、简洁淡泊、朴实无华、风韵清新的建筑风格。传统园林材料的选用主要以就地取材和对天然材料的利用和简单加工为主。在古代，由于各地木材和石材均能方便获取，大都以木、石为主要材料构筑建筑，通过掇山叠石创造景观。石材在现代工程技术发展中作为各种建筑、道路、小品的建筑材料，种类更多。将许多区域性、地方性材料使用起来，具有独特的美学效果，使建筑具有明显的地域特色。南方园林大多用太湖石和黄石。在北方园林中，同样是用石，以用北方盛产的北太湖石和青石居多。传统园林建筑的风格含蓄。传统园林建筑多以自然山水式园林为主，一般来说，园中以自然山水为主体。这些自然山水经过人为加工，有自然天成之美。这是中国传统园林追求的意境。根据宗法和等级观念，尊卑、长幼、男女、主仆之间在住房上体现出明显差别。这是传统礼教在园林建筑布局上的体现。南方建筑宜于通风和除湿，北方建筑要考虑保暖，一般墙体较厚，设有取暖设备。这是传统园林建筑在不同地域所表现出来的不同风格。传统园林建筑的形式：传统园林建筑立面和屋顶有方形、长方形、三角形、六角形、八角形、十二角形、圆形、日型、月型、桃形、扇形、梅花形、菱形等；屋顶的形式有平顶、坡顶、圆拱顶、尖顶等；坡顶中又分为庑殿、歇山、悬山、硬山、攒山等种类，还有的把几种不同的屋顶形式相结合成复杂曲折、变化多端的样式。传统园林建筑的应用：在中国古典园林中，园林建筑占有很大的比重，成为组织空间的重要手段。传统园林建筑在设计时采用浓厚民族风格的各种建筑物，以独具匠心的艺术构思、精湛的工程技术手段将建筑物与自然环境融为一体，因势、随形、相嵌、得体，着力创造出千姿百态的园林景观，从而达到“虽由人作，宛自天开”的艺术境界。（参考：李辉等：《浅谈中国古典园林建筑的应用》，《中国科技博览》2010年第22期第76～77页；岑晓冬：《浅谈中国古建筑欣赏》，《大众科技》2010年第2期第105～107页。朱配辰）

船舶垃圾处理

Ships Garbage Disposal

船舶垃圾处理是对船舶生活垃圾与生产垃圾的处理措施。一般分为垃圾暂时收存法、垃圾粉碎法和垃圾焚烧法。1.垃圾暂时收存法，将垃圾分拣、分类处理，打包压实，暂时储存，船舶进港后送交岸上处理单位处理，或航行到非限制海域时投弃入海。2.垃圾粉碎法，大部分船舶垃圾如金属、纸制品、玻璃、陶瓷等经过粉碎后可在距陆地一定海里数范围内处理入海，如距最近陆地3海里以外，可将被粉碎且直径小于25毫米的食品垃圾处理入海。3.垃圾焚烧法，将可燃垃圾送入焚烧炉内燃烧，得到的废渣灰烬可排放入海或贮存后到岸上进行处理。船舶垃圾处理时需注意任何塑料制品垃圾，包括合成纤维绳和渔网，各种包装用塑料纸、绳、袋、容器、捆扎啤酒罐的塑料环以及存放垃圾的塑料袋等都严禁在任何水域投弃。（任傲尘）

创世观

The Creation Theory

创世观是基督教的基本教义。它宣称在人类产生之前上帝已经创造了世间的各种物类，上帝在造物的最后一天按照自己的形象创造了人。上帝是最高的存在，是创造万有的主宰者，大自然与生存于其中的人类都是上帝的创造物。人与自然的关系由上帝来裁判，人不能随意改变自然，上帝是一个至高无上的监督者，人不能随意破坏自然环境。上帝创造世界，而不会随意破坏其创造物。（雷爱民）

创新

Innovation

坚持创新发展，必须把创新摆在核心位置，不断推进理论创新、制度创新、科技创新、文化创新等各方面创新。把发展基点放在创新上，形成促进创新的体制架构，塑造更多依靠创新驱动、更多发挥先发优势的引领型发展。培育发展新动力，优化劳动力、资本、土地、技术、管理等要素配置，激发创新创业活力，推动大众创业、万众创新，释放新需求，创造新供给，推动新技术、新产业、新业态蓬勃发展。（史月田）

《创造进化论》

Creative Evolution

法国哲学家亨利·柏格森（Henri Bergson，1859 ~ 1941）的代表作，阐述生命哲学体系，1907 年出版。作者因为此书在 1927 年获得诺贝尔文学奖。伯格森对于传统哲学关于存在的理论进行批判，认为存在既不是唯物论者的物质实体，也不是唯心论者的精神、心灵实体，所谓存在只是一种流动状态，时刻处于变化和生成之中。宇宙是动态的连续变化的，事物不是独立存在而是相互联系的。在此基础上，作者在书中将存在运动视为生命之流，时刻处于流动状态，其中不仅包含过去，也预示未来。生命之流中连续出现的状态与状态之间虽然彼此相连，但却是质的不同。生物进化来源于生命冲动。生命冲动的内在本性是自由的且极具创造性。《创造进化论》在此显示出与《物种起源》对于生命进化原因的不同看法。伯格森批判达尔文的自然选择进化论，主张生命发展并不由外部环境决定，而是由于生命本身的冲动决定。此外，生命冲动是短时间内的创造活动，生物进化是突变，不是在自然环境作用下的渐变。在进化方向上，生命之流既向顺时针方向运动，也向逆时针方向运动。向顺时针方向运动时，生命之流通过紧缩和凝聚形成生命有机体；向逆时针方向运动时，生命之流分散和扩张，出现无生命物质。《创造进化论》中的生命之流虽然区别于传统形而上学的实体学说，但与上帝无异。伯格森将神归结为生命力，后期倾向于外物有灵论。（参考：赵敦华：《现代西方哲学新编》第 33 ~ 35 页，北京：北京大学出版社，2000 年。欧阳文川）

垂体绿化

Wall Greening

又称垂直绿化、立体绿化。由于城市土地有限，为此要充分利用空间，在墙壁、阳台、窗台、屋顶、棚架等处栽植各种植物或高攀藤本植物，以增加绿化覆盖率，改善居住环境。垂体绿化具有降低噪声、美化环境、净化空气、提高城市环境质量、增加绿化覆盖率、改善城市生态环境等作用。垂直绿化不仅占地少、见效快、绿化率高，而且能增加建筑物的艺术效果，使环境更加整洁美观、生动活泼。主要形式有墙面垂直绿化、庭院垂直绿化、住宅垂体绿化、护坡绿化、室内绿化等。垂直绿化对所用的植物材料要求比较严格，应选择浅根、耐贫瘠、耐旱、耐寒的强阳性或强阴性的藤本、攀缘和垂吊植物。（王晴晴）

垂直村落
The Vertical Village

当代著名建筑师勒·柯布西耶提出的建筑设计新概念。1952 年法国现代主义建筑运动的主将勒·柯布西耶建造的马赛公寓，首次表征垂直村落的概念。公寓大楼内有商店街、电影院、幼儿园、健身房，如同一座小城。1959 年荷兰建筑事务所 MVRDV 正式提出“垂直村落”概念，意在推动构建多元、有机的城市景观。经济发展和空间局限带来的城市密度加大，以及传统城市村落的撤退是我们不得不面对的问题，集合了高密度和优良社区品质的垂直村落是解决现代城市发展困境的良方。在垂直村落的设计中，MVRDV 将“人人都是城市建设者”的理念发挥到极致，反映民主的建筑观。每个垂直村落都是密集居住的向三个维度发展的立体社区。在垂直村落中有管理员设定和使用者设定这两套控制体系。（王薛时）

垂直流人工湿地系统
Vertical-flow Constructed Wetland System

指具有上下行流复合水流方式的新型人工湿地系统，常用作污水处理。垂直流人工湿地的组成部分包括水生植物、基质和微生物等。污水处

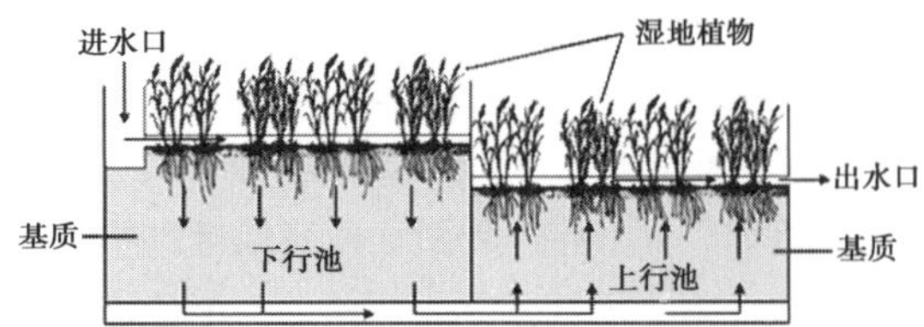

理机制为将污水从湿地表面纵向流向填料床的底部，流经不饱和状态的床体，氧气通过大气扩散和植物传输进入湿地系统内，利用微生物分解污水中的有害有机物。与水平潜流人工湿地系统相比，垂直流人工湿地的硝化能力较强，但是去除有机物能力较低，适合用于处理氨氮含量较高的污水。垂直流人工湿地系统的落干与淹水时间较长，控制相对复杂，夏季容易滋生蚊虫。（韩铮）

垂直绿化
Vertical Greening

指利用攀缘植物绿化墙壁、栏杆、棚架、杆状及陡直的山石等。在实际应用中，垂直绿化的概念有多种含义，与攀缘绿化、屋顶绿化等多个

感念之间的界限模糊。广义的垂直绿化指在不占用或很少占用规划用地的情况下，对各类构筑物的垂直或平行于地面的立面、顶面的绿化。狭义的垂直绿化指利用攀缘植物对建筑物立面或顶层的绿化。垂直绿化的兴起与攀缘植物的栽培有着密切的联系。早期的垂直绿化以棚架类型为主，即在花园中设置供观赏的花架、凉棚等。墙面式垂直绿化的起步较晚，我国在 1920 年前后开始广泛运用墙面绿化形式，即在教堂、图书馆等建筑物外墙种植爬山虎。屋顶及阳台垂直绿化最早兴起于古巴比伦，公元前 604 年巴比伦国王建造的高台园林式建筑广泛使用植物建造屋顶花园。我国自 20 世纪 60 年代开始研究建造屋顶花园、屋顶绿化，代表建筑是广州东方宾馆 10 层的屋顶花园。垂直绿化的类型有：1. 建筑外墙与实体围墙绿化型；2. 棚架、栏柱绿化型；3. 立交桥、高架桥及山石护坡绿化型；4. 屋顶、阳台、平台、窗台绿化型。其中建筑物外墙型绿化材料以藤本植

物为主。相应地墙面绿化形式分为扶壁式、搁架式、垂挂式等。最为常见的墙面绿化植物为爬山虎、五叶地锦、常春藤、薜荔等。棚架篱栏式绿化多采用小型藤本植物或细长的灌木，例如葡萄、各类瓜果、牵牛、豆类。立交桥、护坡类绿化多选择小型藤本植物或蔓性灌木。屋顶花园绿化的植物选择大都是使用功能且栽植形式各异的精美类型，所以通常不选用冠大荫浓的乔木种类，而是多用姿态优美的小乔木或盆景树。（参考：冀松岭：《城市高层建筑垂直绿化植物选择配置探讨》，《绿色科技》2012年第11期第24～26页。朱配辰）

慈悲为怀

Mercy Follows

慈悲为怀是佛教的重要教理。佛教认为“一切佛法中，慈悲为大”，主张“大慈与一切众生乐，大悲拔一切众生苦”。慈者爱利众生，给予其快乐，悲者怜悯众生，拔其苦痛，二者合称慈悲。通常佛教所谓慈悲有“生缘慈悲、法缘慈悲、无缘慈悲”。生缘慈悲即观一切有情众生之悲苦，愿其离苦得乐，助其拔苦得乐。法缘慈悲即识得“诸行无常，诸法无我”真理而起之慈悲。无缘慈悲为超越分别见，观一切法空，了无分别执见，以无分别心而起平等绝对之慈悲之心。慈悲为怀是佛教对其教徒修行的要求。（雷爱民）

次生环境问题

Secondary Environmental Problems

相对于原生环境问题而言，指人类为满足生存需要和不断提高生活质量而对自然界进行过度开发，在此过程中产生一系列的环境问题，一般包括环境污染和生态破坏两大方面。常见的次生环境问题有环境污染（水、土壤、大气）、水土流失、土地荒漠化和石漠化、地面沉降、全球气候变化和臭氧层破坏等。随着工业化进程在全世界积极扩展，人类在技术上不断突破，也加速了对自然界的开发力度。在技术理性主导的工业化世界，次生环境问题以不同于以往任何历史阶段的面貌出现在人类面前。目前，我国大力提倡的生态文明的基本国策是对这种粗放型工业发展模式的积极回应与转型探索，体现次生环境问题亟待解决的迫切性。（刘阳）

次生演替

Secondary Succession

在洪水、泥石流、森林火灾、工业污染等自然因素或人为因素对生态系统的影响消退后，利用土壤残存的根系、种子等繁殖体重新生长而发生的演替。影响次生演替速度的因素有：1. 外界因素对生态系统发生作用的性质、方式及其作用的强度和持续时间。2. 原生植物群落受破坏的面积。3. 次生群落中对原生群落的植物成分和土壤特性的保留程度。4. 植物繁殖体的来源（种类、数量、距离等）、土壤种子库对演替早期植被的恢复具有重要的作用，对次生演替中同期发生演替产生一定影响。5. 所在地气候、土壤及地形状况等。次生演替与原生演替构成生态演替的两大类型。（参考：葛振鸣、王天厚、施文彧等：《崇明东滩围垦堤内植被快速次生演替特征》，《应用生态学报》2005年第9期第1677～1681页。刘阳）

从做中学

Learning by Doing

20世纪美国著名实用主义教育家杜威关于教育的核心原则。他把它贯穿在教学领域的各个方面，诸如教学过程、课程、教学方法、教学组织形式等，都以“从做中学”的要求为基础。“从做中学”以他的经验论哲学观和本能论心理学为依据。在杜威看来，“经验包含着行动或尝试和所承受的结果之间的联结”，“知”和“行”是紧密相连的，没有行就没有知，知从行来。只有从“做”得来的知识，才是“真知识”，杜威还把“做”看作是人的生物本能活动。他指出人有4种基本的本能：制造、交际、表现和探索。这是与生俱来，无须经过学习、自然会知的。这 4 种本能产生了人的 4 种兴趣。这些本能与兴趣提供学习活动的心理基础的动力。其中制作的本能与兴趣最为突出。因此，他主张“教学应从学生的经验和活动出发，使学生在游戏和工作中，采用与儿童和青年在校外从事的活动类似的形式”。要求学校科目相互联系的真正中心，不是科学，不是文学，不是历史，不是地理，而是儿童本身的社会活动。学校要设置车间、实验室、农场等让学生在活动中学习实际知识和技能，以此改变传统学校的形式主义。（王薛时）

粗放型经济

Extensive Economy

指通过扩大生产要素投入量的方式进行社会生产的经济发展类型。该词最早出现在农业生产中，指在土地投入生产要素数量不变的前提下，将在不同地块上分散使用的经验称为粗放型经验。粗放型经济特质在经济发展中片面追求生产要素投入量的增加，追求投资规模扩大的经济发展类型。一般认为，粗放型经济发展是在原有技术水平、人员素质、产品标准不变的条件下，通过增加设备、扩大规模、扩充市场、增加劳动力的方式实现经济增长。从一定意义上说，粗放型经济看重产出的数量、生产速度、投入规模，轻视经济生产过程中质量、效率、人员素质的提高。它是很多经济体在发展市场经济初期经常采用的经济增长方式。对于较晚推行市场经济制度的国家而言，先进的生产技术、人员素质、产品质量水平都需要一定时间的积累才能够达到。在短时间能够提高产量进而改进国家经济发展和人民生活水平的要素投入只有原材料、人员、土地等基础要素投入。只有经过粗放型经济发展之后，在一定生产要素积累效益的作用下，人员的普遍素质、产品标准等才能建立起来。粗放型经济的发展带来的问题：1. 经济效益低下，因为单一要素的提高必定带来效益的低下。2. 资源配置效率差，资源浪费严重，环境问题突出。3. 投资不断增加，进而导致经济发展总量的失衡。4. 产品质量低下，缺乏竞争力。（朱配辰）

村寨水林生态文化传统

Village Water Forest Ecological Cultural Tradition

在中国 56 个民族的传统文化里对绿色和树的崇拜无处不在，几乎所有的少数民族都在居住的村寨边选定葱绿茂密的山林作为风水林或水源林。村寨居民对这片山林至尊崇拜，严禁任何人砍伐和破坏。村寨中的苍天古树也成为村中的神树加以崇拜和保护。这种生态文化传统是朴素的生态伦理观，倡导生态善美观、生态良心、生态正义和生态义务等生态道德规范。中国村寨风水林体现了生态美学和生态道德，有深刻的自然保护意义。中国村寨风水林文化是优秀的传统生态文化。（牟世晶）

D

达 打 大 傣 代 戴 丹 单 淡 氮 当 挡 党 刀 道 稻 德 等 邓
低 迪 地 帝 第 蒂 电 丁 顶 东 动 冻 洞 都 独 杜 段 对 多

达米安 · 怀特

Damian White

英国埃塞克斯大学博士，现任罗德岛设计学院社会学教授，历史哲学和社会科学系主任。生年不详。博学且涉猎丰富的社会学家和政治理论

家，主要领域是生态社会学、政治生态学、环境社会学、现代政治理论、社会批判理论等等。此外，还在建筑设计、资源循环利用、城市景观与社区环境等方面有所建树。（徐越）

达生

Life Achievement

《庄子》中的篇名。用寓言和对话方式表达出“达生”思想。达生是庄子对通达人生的思考和探索，通过对“道”的追求，内外兼修，形神相济，从养生到养神，以期达到和顺通达、“与道为一”的人生境界。庄子认为人生“通达”要遵循自然之道，坚持“无为”，持守质朴的生命真谛，超越外物役累，保持精神独立和自由，内外兼养，适而不过。庄子“达生论”思想顺应性命之情，通达生命本真，“无累于世”，“复精全形”，“与天为一”，达到“物我两忘”，无所不适的境地。（雷爱民）

达沃斯世界经济论坛

Davos World Economic Forum

非官方国际组织，总部设在瑞士日内瓦。现任论坛主席瑞士日内瓦大学商学院教授施瓦布1971年创建欧洲管理论坛，后更名为世界经济论坛。论坛的年会，每年1月底至2月初在瑞士的达沃斯召开，故称达沃斯论坛。宗旨是通过全球政治界、经济界、知识界和企业界领导人的接触，探讨世界经济问题，交流经验和看法，以促进和加强国际经济合作。论坛设立以来，随着全球经济一体化程度的进一步推进，规模扩大，日益成为全球政要、经济和企业界人士研讨世界经济问题最重要的非官方聚会和进行私人会晤、商务谈判的场所。由此，达沃斯世界经济论坛又被喻为非官方的国际经济最高级会议。中国从1979年起每年都应邀参加达沃斯世界经济论坛。（申森）

《打破边界：走向女性主义的绿色社会主义》

Breaking the Boundaries: Towards a Feminist Green Socialism

生态女性主义主要代表人物之一玛丽·梅洛的代表著作 ,1992 年出版。书中阐述社会主义、生态学和女性主义之间的内在性关联，尽管她本人更愿意被称之为社会主义者而不是生态女性主义者。（徐越）

大地共同体

Earth Community

“大地共同体”是利奥波德大地伦理学思想最为重要的概念之一。他在《沙乡年鉴》一书中多次提出并解释这个概念。利奥波德把土壤、山川、大气层等地球的各个组成部分，看成是地球的各个器官，或者是动作协调的器官整体，其中每一部分都具有确定的功能。“大地伦理只是扩大了这个共同体的界限，它包括土壤、水、植物和动物，或者把它们概括起来：大地”。人“是一个由各个相互影响的部分所组成的共同体的成员”。在这个共同体内，每个成员都有继续存在的权利，或者“至少是在某些方面，它们要有继续存在于一种自然状态下的权利”。因此，他的大地伦理学是通过阐述大地共同体的概念，激发人们对大地的热爱，从而在人与大地之间建立起道德责任和义务。大地是一个共同体，这是生态学的基本概念。大地是可爱的且应受到尊重，这是伦理学的一种扩展。大地伦理在扩大共同体边界的同时，也促使人类的地位发生变化——人从大地共同体的征服者转变到他只是其中的普通一员。这意味着，人类对大地共同体的义务也要有所改变——人类应该尊重他的生物同伴，而且也应该以同样的态度尊重大地共同体。（牟世晶）

大地景观规划

Earthscape Planning

以地球地表为载体，在比区域规划更大的范围内，从生态系统的角度协调人与自然和谐共存的环境规划。大地景观是自然地貌、水体、动植物构成的总体景象和人类活动形成的景象及构筑物的总称。大地景观规划是园林学与环境科学、生物科学、地学相结合的进一步发展。在实际生活中，风景园林涉及的大地景观包括欲开发城市化地区、游憩活动区，修筑公路、水库、开辟水道所影响的地区以及其他有文化审美价值地域范围内的一切景观内容和物质环境内容。风景园林范畴的大地景观规划工作内容包括：对计划利用地域及其周边原有自然景观和文化遗产的生态、科学、审美社会价值及生物多样性、生态稳定性进行调查，并按等级分区，分别评价它们对不同利用途径的适宜性。对人为改变某些构成因素将引起的生态连锁变化进行分析推断。根据调查评价结果划分不同的生态敏感程度地区，确定对它们的合理利用方法；制订对原有景观的保护和培育计划，设计计划利用部分的内容、活动方式和容量。预防环境污染措施，以及在施工过程中防止造成景观与环境破坏的有效方法；对影响到水质、水文的地区要延伸到上下游流域地带；对大气质量的分析要扩大到整个影响范围。有些大地景观规划在理论上和实践上还涉及资源地理、经济地理、聚落地理、民族地理、文化地理、旅游地理等相关学科。（参考：李嘉乐：《现代风景园林学的内容及其形成过程》，《中国园林》2002年第2期第3～6页。朱配辰）

大都市区

Metropolis area

指在一定历史阶段、一定地域范围内以经济发达的中心城市为核心，具有一定结构和功能的高度城市化的经济地域。大都市区是20世纪50年代欧美发达资本主义工业化后期的城市化产物。一个典型的大都市区，应该经历充分的工业化过程，生产力高度发达，劳动地域分工高度发达，专业化和社会化综合发展。从静态角度看，大都市区是地球表层系统的特定单元，是反映地理各要素或组成部分在城市地域空间上的分类和组成所形成的地域实体，是人地相关系统在城市空间组合过程中形成的具有特定结构、功能、特定腹地范围的城市地域单元。从动态角度看，大都市区是人地矛盾运动过程中大都市地理要素、现象从产生、发展、成熟到消亡的空间范围或界限。广义的大都市区指中心城区、城乡接合部及辐射区域。狭义的大都市区指中心城区和城乡接合部。从规模上看，大都市区可以分为一般都市区、超级都市区和巨型都市区。从都市区的功能腹地范围看，可以分为全球性、全国性、跨区域性和区域性大都市区。从辐射功能看，大都市区可分为政治型、经济型、文化型、科研型等不同层次的都市区。从产业布局看，大都市区又可分为工业制造、商品服务、生态展会、商务旅游、电子产业等不同类型的都市区。（参考：曹传新：《大都市区形成演化机理与调控研究》东北师范大学2004年博士学位论文第1～60页。朱配辰）

大海环保公社

Ocean Protection Commune

成立于2005年7月11日，是国内第一家民间海洋环保社团。公社宗旨：1. 积极开展国际海洋环保交流合作，意在提升中国海洋环保水准；2. 利用有效媒介（文学、艺术、网络、影片等）对国人展开保护海洋的宣传教育传播；3. 针对生活在沿海大中城市人口及近1700万中国渔民展开保护海洋的项目推广；4. 发展朴素生活环保基金，奖励那些为环保事业奉献的集体和个人。（席溢）

大陆法系

Continental Legal System

又称民法法系、罗马法系或成文法系，指欧洲大陆大部分国家从19世纪初以罗马法为基础，以《法国民法典》和《德国民法典》为代表的法律制度，以及其他国家或地区仿效这种制度而建立的法律制度。它是西方国家中与英美法系并列的渊源久远和影响较大的法系。大陆法系国家和地区包括法国、德国、奥地利、比利时、荷兰、瑞士、意大利、西班牙、美国的路易斯安那州、英国的苏格兰、明治维新后的日本，以及亚非拉部分法语语系、日耳曼语系、拉丁语系国家和地区。古罗马以成文法为主要形式，反映和调整了罗马奴隶制社会高度发达的简单商品生产和商品交换的法律关系，以完备的法律形式维护私有制，对后世国家的民主立法具有深远的影响。近代资本主义制度确立后，比较完整地采纳了罗马法的体系、概念和原则，加以继承、修改和发展，以适应资本主义的需要。1804年拿破仑亲自指导制定的《法国民法典》和德国统一后1896年制定的《德国民法典》，是这一法系中最有代表性的两部法典。大陆法系的特点包括：1. 以成文法典为主要法律渊源，原则上不承认判例的约束力，强调立法是议会的权限，法官只能适用法律，不能创造法律。2. 重视法律的理论概括，强调法典总则部分的作用。3. 强调国家的干预和法制的统一，讲求规定的逻辑性、概念的明确性和语言的精炼性。4. 在审判制度上，除轻微案件由一人独立审理外，一般都采取合议制，不实行陪审制度，而是参议制，即陪审员与法官共同组成审判庭。（李庆）

大陆架生态系统

Continental Shelf Ecosystem

大陆架生态系统又称浅海生态系统，位于离陆地 100 ～ 200 米的海洋内，水深在 200 米左右。这里接受了河流带来的大量有机物，光线充足，温度适宜，故栖息着大量生物，是海洋生命最活跃的地带。大陆架生态系统的主要生产者是大量的单细胞浮游藻类，如各种绿藻、硅藻等；初级消费者是草食性的浮游动物。浮游植物和草食性浮游动物为其他更高营养级上的动物提供了充足的食物。（朱雨晨）

大陆架制度

Continental Shelf System

1982 年第 3 次联合国海洋法会议通过的《联合国海洋法公约》（以下简称《公约》）中确定的重要制度之一。受 1969 年北海大陆架案判决结果的影响，《公约》以国家陆地领土的自然延伸原则作为大陆架范围确定的准则，其中《公约》第 76 条规定沿海国的大陆架包括其领海以外依其陆地领土的全部自然延伸，扩展到大陆架边缘的海底区域的海床和底土，如果从测算领海宽度的基线量起到大陆边的外缘的距离不到 200 海里，则扩展到 200 海里的距离。200 海里的距离标准只有当根据自然延伸原则不能满足时才能适用。为了避免沿海国大陆架过宽导致资源配置失衡的公平问题，《公约》也对大陆架超过 200 海里的外部界限划定做出限制规定，规定 200 海里以外的大陆架自然资源开发的缴费问题。关于大陆架划界原则问题在第 3 次联合国海洋法会议上的讨论存在严重分歧，最终按照公平原则与等距离原则之间的这种方案确定。大陆架制度可以追溯至 1945 年 9 月 28 日美国总统杜鲁门宣布的《美国关于大陆架的底土和海床的自然资源的政策的第 2667 号总统报告》（简称《杜鲁门公告》）。《杜鲁门公告》符合沿海各中小国家，尤其是拉美国家对于近海资源开发的利益，从此各国纷纷制定相似政策，1958 年联合国海洋法会议最终缔结《大陆架公约》。《大陆架公约》对于大陆架的定义按照 200 米水深标准和可开发标准界定，缔约国可根据自身情况选择其中一个标准；《大陆架公约》也对大陆架范围做出限制，即大陆架应与其沿岸国相衔接并且具有可开发性。《大陆架公约》无论是对于大陆架的定义还是限制规定都存在很大漏洞，为以后的修订和扩充留下了空间。（参考：季国兴：《论大陆架和专属经济区两种制度及中日东海划界》，《上海交通大学学报（哲学社会科学版）》2007 年第 5 期第 14 ～ 18 页；金永明：《专属经济区与大陆架制度比较研究》，《社会科学》2008 年第 3 期第 123 ～ 131 页。欧阳文川）

《大湄公河次区域生物多样性保护走廊行动计划》

The Greater Mekong Subregion Biodiversity Conservation Corridors Initiative

旨在推动保护生物多样性，使其成为经济发展的重要组成部分，支持自然资源的可持续利用的区域性国际合作行动计划。主要目标包括：通过加强连通性维护生态系统的质量，同时恢复和保护生态完整性。计划旨在确保共有自然资源的可持续利用，减少贫困和提高人们的生活水平。大湄公河次区域由中国、柬埔寨、老挝、缅甸、泰国和越南组成。大湄公河次区域涉及 3 亿人口，丰富的人力和自然资源使其成为亚洲经济发展的潜力地区，并有着全球最为重要的自然森林和生物物种，包括亚洲象、苏门答腊犀牛、越南金丝猴和亚洲虎等。该计划是亚行支持的大湄公河次区域核心环境规划的一部分，项目为期 10 年。在第一阶段即 2005 ～ 2008 年，根据生物物种的重要程度和脆弱程度，项目在 6 个湄公河国家选择 9 个重点区域，在选定区域的试点区建立保护走廊，恢复和维持现有国家公园和野生生物避难所之间的联系。第二阶段即 2009 ～ 2011 年的工作规划，是扩大建设规划，在重点地区建立更多的走廊。第三阶段即 2012 ~ 2014 的重点，是巩固可持续的自然资源使用和环境保护带来的收益。（申森）

《大漠狼孩》

Damo Langhai

郭雪波所著描写人与狼之间关系的长篇小说。在《大漠狼孩》刻画的人与狼的对峙中，有人自然基本的天性，追求自由，坚毅不屈，舐犊情深，血脉相融。作者关注兽性与人性，野性与文明的对峙，用极其深情的笔触讴歌狼孩与母狼之间生死共存的情感。作者感情细腻，在他的笔下，有公狼面对众人围攻的果决刚毅，有母狼拼命救出狼孩的视死如归，有白耳竭力护主的赤胆忠心。然而，与狼性中这些可贵品质相对应的，是人性的贪婪凶残、卑鄙无耻以及相互间的肆意倾轧。作为草原精神的传承者，作者没有从农牧民族文化对比的角度上来理解并拓展狼性。他的立论简单质朴：狼与人是平等的，人类的文明在某些方面甚至要比狼最基本的野性逊色。如母慈子孝在狼性中本属自然，但在人类社会中偏要加上责任、道德等一系列文明衍生产物，显得矫揉造作。狼孩虽然是人类，但却没有必要一定要回归社会，浸染了狼性的他，最好的也是最适宜的归宿便是自然。最终，狼孩与母狼一起葬身于冰河。这是狼孩的幸运。毕竟，他体会了深邃浩瀚的母爱，享受了纵横苍野的自由，他隐于冰面下纯真质朴的脸上应该是没有遗憾的。《大漠狼孩》由中国文联出版社于 1999 年出版发行。（王薛时）

大气二次污染物

Atmospheric Secondary Pollutants

大气污染物分为一次污染物和二次污染物，共有 100 多种。大气二次污染物又称继发性污染物，是各种一次污染物在大气中相互作用或与大气的正常组分发生化学反应，或在太阳能参与下引起光化学反应而发生的，与一次污染的理化性状完全不同的新的大气污染物。大气二次污染物的毒性一般比一次污染物高，对生物和人体的危害也更严重，如 SO_3（H2SO$_4$）、HNO_3、硫酸盐、硝酸盐、丙烯醛、过氧乙酰硝酸酯（PNA）、臭氧（O_3）等。大气二次污染物的源头分为固定源和流动源两类：固定源指位置和地点固定不变的污染源，主要指工矿企业在生产中排放的大量污染物；流动源指交通工具在行驶时向大气中排放的有害气体而形成的污染源。大气二次污染物根据污染物的化学性质及其存在的大气状况，分为还原型大气污染和氧化型大气污染；根据燃料性质和污染物的组成，分为石油型、混合型和特殊性等。（王晴晴）

大气环境监测

Atmospheric Environmental Monitoring

大气环境监测是对某地区大气中的主要污染物进行布点采样和分析，对大气环境中污染物的浓度及其变化进行观察和分析，并对其环境影响进行测定的过程。按照大气污染物的存在状态，大气环境监测分为粒状污染物监测和气态污染物监测两大项目。监测的分子状污染物主要有硫氧化物、氮氧化物、一氧化碳、臭氧、卤代烃、碳氢化合物等；颗粒状污染物主要有降尘、总悬浮微粒、飘尘及酸沉降等。大气环境监测基本环节包括：1. 现场调查和资料收集；2. 选择监测项目；3. 确定监测范围；4. 设置监测站点；5. 监测样点数目；6. 采集大气样品；7. 测试与分析。大气环境监测通常根据一个地区的规模、大气污染源的分布情况和源强、气象条件、地形地貌等因素，进行规定项目的定期或持续监测。（任傲尘）

大气环境监测仪器

Atmospheric Environmental Monitoring Instrument

大气环境监测仪器主要包括大气环境质量监测仪器、污染源监测仪器及应急监测仪器。大气环境质量监测仪器一般包括大气采样器和环境空气质量自动监测系统。前者是采集大气中细微颗粒物、二氧化硫和氮氧化物等样品的仪器，后者一般由中心站、工作子站和监测中心三部分组成。监测项目包括：气象参数监测（风向、风速、温度、湿度、大气压等）和大气污染物（如二氧化硫、二氧化氮等）的监测。大气污染源监测仪器主要包括烟尘、烟气采样器及烟气在线连续监测系统等，如烟气二氧化硫自动分析仪、烟气氧化氮自动分析仪等。环境应急监测仪器包括便携式气相色谱仪、有毒有害气体监测仪、报警装置以及环境应急监测车载系统等。当前，我国已进入环境污染事故高发期，大气环境监测仪器的使用能及时提供污染物现状和环境污染现状以及污染发展趋势和后果预测，并建议政府提供相应控制措施，把污染事故对环境和人类健康造成的危害降低到最低限度。（参考：李虹杰、马建武、范新峰：《大气环境监测仪器研究进展》，《科技创业月刊》2009 年第 2 期第 75 ～ 77 页。刘阳）

大气污染

Air Pollution

通常指由于人类活动和自然过程引起某种物质进入大气中，呈现出足够的浓度，达到足够时间并因此危害人体的舒适、健康和福利或危害环境的现象。大气污染主要发生在离地面约 12 千米范围内，随大气环流和风向移动而漂移。造成大气污染的污染源主要有工业污染、生活污染、交通运输污染、森林火灾污染等。污染物主要包括二氧化硫、氮氧化物、碳氧化物、颗粒物等。污染类型按化学性质分为还原型和氧化型，按染料性质可分为石油型、煤炭型、混合型、特殊型。大气污染物由于可以直接被人体吸入或附着在表面，会从不同程度上对人类、动植物及自然环境造成危害。目前为了防治大气污染，采取的主要措施包括减少污染排放量、增加绿化面积、提高工业环保技术、开发新能源等。（代富宇）

大气污染防治

Prevention of Air Pollution

指采取防治措施以避免大气污染发生并降低其带来的危害。大气由一氧化碳、二氧化碳、氧、氮、氩、二氧化硫等组成。在一定范围内，大气中出现了以前没有的物质，使空气质量变差，这种物质叫作大气污染物。当大气污染物的浓度达到一定程度时，会给生态系统、人类的正常生活带来威胁，这种现象就是大气污染。常见的大气污染物有颗粒物和有害气体两类：颗粒物主要包括粉尘、酸雾、气溶胶等；有害气体主要有二氧化碳、氮氧化物、碳氢化物等。这些大气污染物主要来源于汽车尾气、工厂废气排放、农垦烧荒等。2000 年 4 月 29 日，第九届全国人民代表大会常务委员会第十五次会议通过《中华人民共和国大气污染防治法》。该法律对大气污染防治的监督管理、防治燃煤产生的大气污染、防治机动车船排放污染、防治废气尘和恶臭污染的法律责任等做出具体规定。（石艳峰）

《大气污染防治行动计划》

Action Plan for Air Pollution Prevention

2013 年国务院颁布。该计划致力于改善全国的污染天气和空气质量，尤其是京津冀、长三角、珠三角等区域的空气质量。具体目标是：到 2017 年全国地级及以上城市可吸入颗粒物浓度比 2012 年下降 10％以上，优良天数逐年提高；京津冀、长三角、珠三角等区域细颗粒物浓度分别下降 25％、20％、15％左右，其中北京市细颗粒物年均浓度控制在 60 微克 / 立方米左右。该计划提出关于大气污染防治的 10 条举措，即大气 10 条：1. 加大综合治理力度，减少污染物排放。2. 调整优化产业结构，推动产业转型升级。3. 加快企业技术改造，提高科技创新能力。4. 加快调整能源结构，增加清洁能源供应。5. 严格节能环保准入，优化产业空间布局。6. 发挥市场机制作用，完善环境经济政策。7. 健全法律法规体系，严格依法监督管理。8. 建立区域协作机制，统筹区域环境治理。9. 建立监测预警应急体系，妥善应对重污染天气。10. 明确政府企业和社会的责任，动员全民参与环境保护。（张沥元）

大气污染生物修复

Bioremediation of Air Pollution

指利用生物的生命代谢活动减少人类活动给大气环境带来的有毒有害物，使其无害化，从而使被污染的环境能够部分或者完全恢复到原初状态的过程。生物修复根据其所利用的生物种类，可以分为微生物修复、植物修复、动物修复。大气污染的生物修复技术以植物修复和微生物修复为主，植物修复利用植物的同化或超同化功能，净化大气。对于粉尘，植物有滞尘作用，滞尘量与种植情况和气候条件有关。对于大气中的化学污染，植物具有持留和去除作用。微生物修复利用微生物对于大气中的有毒有害气体进行生物降解，根据不同的工艺分为生物吸收法和生物过滤法两类。（朱雨晨）

大气污染物扩散模型

The Model of Air Pollutant Dispersion

大气污染物扩散模型是一种用以处理大气污染物在大气中（主要是边界层内）输送和扩散问题的物理和数学模型。为预测与计算各种条件下污染物浓度在传输过程中的时空分布规律，要将污染源在当时气象要素以及下垫面条件下的污染物扩散过程模型化，并确定模型计算中所需的参数。影响其参数确定的因素有大气湍流的作用时间和强度、大气空气湿度、气体组分、气压状况等。根据扩散过程的气象条件、地形、下垫面状况及污染本身的复杂性，可将扩散模型分为大气环境下点源连续排放扩散模型、线源扩散模型、面源扩散模型。大气污染物扩散模型的数据分析结论主要有：1. 空气能自由流动的区域，扩散速度快，污染物不容易富集，并且每个污染源附近都存在污染物高浓度区，污染源下风方向尤为明显。2. 有风的情况下，建筑物对风场影响很大，垂直距离上越远离建筑物，被干扰的风场范围越小，在气流形成的漩涡处，污染物容易被卷夹，在此容易形成污染物富集区。3. 对于绝大部分的气体（不与水蒸气发生化学反应），其扩散系数随空气湿度的增大而增大，即在空气湿度比较大的天气比在空气湿度相对不大的天气更容易扩散等。（参考：庞赟佶：《城市大气风场及污染物扩散的模拟研究》，内蒙古科技大学 2008 年硕士学位论文第 35 ~ 36 页。刘阳）

大气污染物综合排放标准

Atmospheric Pollutant Emission Standard

本标准规定了 33 种大气污染物的排放限值，同时规定了标准执行中的各种要求。规定了最高允许排放浓度、最高允许排放速率和无组织排放监控浓度限值三项限制指标。制定时，以众多企业的排放数据结合“最佳实用治理技术”制定排放浓度限值；以环境质量要求以及全国大部分地区的中性气象条件为依据确定排放速率限值；以污染源周边环境空气浓度达到质量标准要求确定无组织排放限值。（代富宇）

大气污染源

Source of Atmospheric Pollution

即大气中污染物的来源，可分为自然污染源和人为污染源。大气自然污染源指自然原因向环境释放污染物的现象，如森林火灾、火山喷发、土壤和岩石风化及生物糜烂等。大气人为污染源为大气污染物的主要来源，指人类生活与生产活动形成的污染源，如工业企业排放的废气、家庭炉灶与采暖设备排放的废气、交通运输排出的废气、农业废气等。大气人为污染源有不同的分类：1. 按空间分布可分为：点源，即污染物集中于一点或相当于一点的小范围排放源；面源，即相当大面积范围内多个污染物排放源；线源，即污染物成线状排放或者由移动源构成线状排放的污染源。2. 按人类社会活动功能不同，可分为生活污染源、工业污染源和交通运输污染源三类。3. 按污染源的位置可分为固定源与移动源。（任傲尘）

大卫·梭罗

Henry David Thoreau, 1817～1862

美国作家、哲学家，超验主义代表人物，也是废奴主义及自然主义者。1837 年毕业于哈佛大学，曾协助爱默生编辑评论季刊《日晷》。写有许多政论，反对美国与墨西哥的战争，一生支持废奴运动。思想深受爱默生影响，提倡回归本心，亲近自然。1845 年在距离康科德 3 公里的瓦尔登湖畔隐居两年，自耕自食，体验简朴和接近自然的生活，以此为题材写成的长篇散文《瓦尔登湖》，成为超验主义经典作品。梭罗才华横溢，一生共创作 20 多部一流的散文集，被称为自然随笔的创始者。文字简练有力，朴实自然，富有思想性，在美国 19 世纪散文中独树一帜。《瓦尔登湖》在美国文学中被公认为是最受读者欢迎的非虚构作品。其他作品有政论《论公民的不服从义务》（1849）《没有规则的生活》《马萨诸塞的早春》（1881）《印第安人笔记》（1847-1861）《马萨诸塞州的农奴制》（1854）等。（王薛时）

大西洋主义

Atlanticism

美国在第二次世界大战后提出的对西欧资本主义国家的对外政策理论。大西洋主义的基本思想是：北美和西欧资本主义国家在军事、政治、经济上的团结，是维护资本主义制度的保证和同社会主义国家抗衡的主要条件。美国最初提出大西洋主义，是想建立由美国控制的超国家组织。后由于 1958 年欧洲经济共同体建立，西欧国家反对美国控制的趋势加强，大西洋主义的内涵也有所变化。肯尼迪政府提出，在平等伙伴关系基础上建立防御联盟，建立大西洋共同体，通过加强政治上的联系，巩固同西欧国家的经济关系和军事关系，建立更为紧密的资本主义国家联合体。20 世纪 70 年代初，西欧同美国的经济上的矛盾加剧，美国进一步提出大西洋区域的经济伙伴关系，同时，美国和西欧的联盟应对世界事件的进程有能力施加决定性影响。尼克松政府提出了“成熟伙伴关系”，以此要求西欧盟国承担一部分军费，共同分摊“负担和责任”，巩固美国在北约中的领导地位和协调对社会主义国家的政策。70 年代中期，美国又提出把日本拉到大西洋体系中来，建立由美国、西欧、日本三方组成的“三边委员会”。卡特政府也强调，首先搞好同盟国的关系，形成北美、西欧、日本的共同体，在此基础上再同苏联、中国打交道。如今，虽然随着冷战结束西欧的战略地位有所下降，跨大西洋同盟关系仍是欧美双边关系中最为重要的一个。（李庆）

《大宪章》

Great Charter

亦称《自由大宪章》，1215 年 6 月英王约翰在大封建主的胁迫下签署的文件。它规定：国王必须遵守教会选举自由的原则；非经领主代表会议同意，国王不得向领主征收协助金、盾牌钱等款项；国王不得逮捕领主或剥夺其财产；国王不得干预封建领主法庭的裁判权；组成由 25 名领主参加的委员会，监督国王对宪章的实施。如有违反，领主将诉诸战争。《大宪章》限制了王权，赋予封建领主以若干经济、司法和政治的特权，教会、骑士和上层市民也获得少许好处，农民的地位则无任何改变。但是，约翰并不想把《大宪章》付诸实施。1216 年、1217 年、1225 年和 1297 年，几位英国国王相继对《大宪章》加以修改，废除了其中许多条款。不过，《大宪章》确立了国王必须遵守所制订的法律的原则。英国资产阶级革命时期，《大宪章》成为资产阶级争取权利的法律依据，并成为英国君主立宪制的宪法性文件之一。（李庆）

大选

General Glections

资本主义国家在全国范围内定期举行的最重大的选举活动。在实行责任内阁制的国家，由于某个政党只要取得议会多数席位就成为执政党，因此议会选举成为大选。有些实行两院制的国家，上议院议员不是选举产生的，只有下议院的选举成为大选。在实行总统制的国家，以各政党竞选总统的胜败来区分执政党和在野党。因此，总统的选举成为大选。还有的国家，议会两院议员、国家主要公职人员乃至省议会议员同时进行选举，这种选举也称为大选。各国的大选一般都由法律规定每隔几年定期举行，但有些议会制国家，执政党可以通过政府要求国家元首解散议会，宣布提前举行大选；反对党如果在议会通过对内阁的不信任案或使议会拒绝通过有关政府重要政策的议案，也能迫使执政党提前举行大选。（李庆）

大学环境教育

University Environmental Education

大专院校进行环境教育的理论、方法和内容的总称。任务是对在校大学生普及环境科学教育，培养环境科学研究的专门人才，并为各类中等教育培养环境教育师资。世界各国的大学环境教育通常采用的形式：1. 设立跨学科的环境科学系，实行教学与科研相结合，培养跨学科的环境科学技术人才，以适应环境科学的高度综合性。2. 在与环境科学关系密切的传统学科中制定环境教育计划，如：理科往往在生物系、地理系，或者两系合作共同制定环境教育计划。3. 对非环境专业的学生开设环境保护概论课。4. 承担在职的环境科学、技术、管理人员和在职中小学教师的进修和培训任务，编写环境教育方面的教材。（王薛时）

大学生生态文明观教育途径

College Students' Ecological Civilization Education Method

向大学生传递生态文明观的方式和方法。大学生是未来社会发展的重要力量，他们能否拥有与社会发展相适应的观念，能否把生态文明观作为自觉的理念，能否具有科学的生态道德意识和健全的生态道德人格，将直接关系到生态文明建设的成败。大学生生态文明观教育是以人与自然和谐相处为出发点，以科学发展观为指导思想，旨在培养具有生态文明观念、生态文明知识、生态文明态度，能正确认识和处理人、自然、社会之间的关系，进而形成健康生产、生活、消费的行为，最终具备综合素质和全面发展能力的大学生。对大学生开展生态文明观教育至关重要。大学生生态文明教育途径是关键，主要有：1. 开展科学发展观与生态文明教育。2. 汲取中华民族生态文明思想精华。3. 诠释、学习生态保护经典。4. 增强环境保护体验。生态文明教育需要社会实践。生态文明建设既是理论问题，更是实践问题；既是认识世界的问题，又是改造世界的问题。因此，不仅要把教育和约束作为生态文明建设的基本方式，而且要强化实践环节，把生态文明实践作为生态文明建设的重要途径。（参考：段海超：《论大学生生态文明观教育》，《思想教育研究》2011 年第 10 期第 93 ~ 95 页。张惠娜）

大众媒体

Mass Media

在信息传播过程中处于传播者和大众之间传递信息的大众传播媒介，又称大众传媒或大众传播媒介。指一个国家或地区中具有大量受众的传播媒体，具有宣传、新闻传播、舆论监督、实用和文化积累 5 项功能。包括 20 世纪上半叶大量出现的无线电广播、报纸、电视和杂志等传统媒体，以及目前以互联网和计算机为基础的网络媒体，具有速度快、范围广、影响大等特点。包括两层涵义：一是指信息传递的载体、渠道、中介物、工具或技术手段；二是指从事信息的采集、加工、制作和传播的社会组织，即传媒机构。除了通常意义上的报纸、广播、电视和互联网 4 大媒体外，还包括书籍、刊物、广告、电影、通讯社、报社、

电视台、网站等。可分为印刷类和电子类两大类：印刷类主要包括报纸和杂志，电子类主要是各种网络平台。（刘中华　张惠娜）

大众文化

Mass Culture

指兴起于当代都市的，与当代大工业密切相关的，以全球化的现代传媒——尤其是电子传媒——为介质，大批量生产的当代文化形态，是处于消费时代或准消费时代的，由消费意识形态来筹划、引导大众的，采取时尚化运作方式的当代文化消费形态，是现代工业和市场经济充分发展后的产物。在市场经济社会，是一种趣味的时尚化的消费文化。大众文化的生产、流通的每一个环节都必须遵照生产经营规则，把握文化市场脉搏，顺应社会大众的消费心理和消费口味，以适应市场的风云变幻，最终达到把文化产品销售出去的目的。大众媒介的应用，拓展了大众文化的公共领域和大众文化的对象、范围。高新技术的引进、器材设备的更新，尤其是电脑技术的使用，提高了大众文化的质量。同时，大众文化的制作方式纳入了工业程序化的生产流程，日趋社会化和集团化。因此，大众文化能够进行程序化、规模化、批量化和标准化的生产，有明显的标准化和齐一化特征，缺乏个性特征；突破了艺术与非艺术、审美活动与日常生活的界限。（张惠娜）

大自然保护协会

The Nature Conservancy

世界上最大的国际自然保护组织之一，1951年成立，总部位于美国弗吉尼亚州阿灵顿市。一

直致力于在全球范围内保护具有重要生态价值的陆地和水域，维护自然环境，提升人类福祉。希望通过保护代表地球生物多样性的动物、植物和生态群落赖以生存的陆地与水域，实现对这些动物、植物和自然群落的保护。目前实践项目已遍及全球35个国家，拥有100多万会员，在全球监护着超过5050万平方千米的1600多个自然保护区，8000千米长的河流以及100多个海洋生态区。关注4个重点领域：气候变化、海洋保护、淡水保护和保护地。通过自然设计保护工程（CbD）甄选优先保护区域，制定保护方案。作为国际性环保团体和公益慈善机构，获得公益慈善监督团体高度评价：连续两年获得全球NGO双四星，被美国慈善研究会评为A级慈善公益集团。（王聪聪）

《大自然的权利》

The Right of Nature

作者罗德里克·弗雷泽·纳什是美国资深的思想史学者。作者多年潜心研究撰著此书，详细叙述环境伦理学的兴起与发展历程，成为环境伦理学研究的开山之作。作者区分并命名两种看似相像实则完全不同的生态保护观念：人类中心主义的生态观和环境中心主义的生态观。循着这两种生态观历史演绎的线索，梳理近现代西方思想史中完全不同的生态保护观念。面对残酷对待野生动物这个事实，作者认为两种生态观都是错误的。第一种生态观认为这样做有害于人类；第二种生态观则认为它的错误在于侵害了动物的权利。第一种生态观从人类长远利益出发，认为人们有权享有健康的生态系统，认为保护大自然是正确的，滥用大自然是错误的。第二种生态观从动植物的角度出发，认为大自然拥有内在价值，生态系统本

身拥有存在的权利，人类没有理由和资格滥用自然。作者1967年出版的《荒野与美国人的心灵》曾两次再版，被公认为是研究这一课题的经典著作。中译本译者杨通进，青岛，青岛出版社2005年出版。（史月田　代富宇）

大自然学校

Whole Earth Nature School

于1982年在日本成立，资金来源于各项活动收入。口号是“保护自然，人人践行，传播理念，共创未来”。借鉴企业运营方式，致力于在全球范围内实践和推广人与自然和谐共处的生活方式，建立人人都对大自然心怀感谢的社会。项目主要有：

1. 生态观光。组织生态观光活动，让参与者亲近大自然，体验绿色环保生活，养成健康的生活方式。2. 旅游开发。帮助政府和企业打造生态观光景点和产业链，推广绿色环保理念，使环保产业和经济效益相结合。3. 社会救灾。灾后派遣救灾队伍到前线抗灾赈灾，参与灾后灾区重建工作。4. 循环农业。在农场里首先实现资源循环利用型的农业发展模式并加以推广。（席溢）

傣族生态文化

Ecological Culture of the Dai Nationality

傣族自古重视生态环境的保护，认为人与自然必须和谐相处，人与自然的排列顺序是林、水、田、山、人。傣族的生态文化观源自傣族的森林文化与宗教文化。傣族的生态观认为：没有森林就没有水，没有水就没有农田，没有农田就没有粮食，没有粮食就没有人赖以生存的条件。傣族人民对生态平衡有深刻的认识，认为人与动植物、动物与植物、动物与动物、植物与植物之间存在着相互依存、相互制约的关系。傣族生态文化具有鲜明的自然环境和民族文化特征，在宗教、稻作、饮食、服饰、建筑、文学艺术等方面都有所体现。宗教上认为万物有灵，傣族原始宗教的崇拜对象是与人们的生存关系最密切的自然物和生产、生活资料，如太阳、山水、土地、树木、村寨、粮食等。认为万物都有魂，负责农业生产的有谷魂；负责保护耕牛的有牛魂；负责保护森林的有树魂等。为了求得生存和发展，对自然物的神灵都要定期祭祀。（牟世晶）

代际公平

Intergenerational Justice

指一代人与另一代人或另几代人的公平，是生态伦理学领域中人际伦理关系的基本概念和核心内容。代际公平是可持续发展原则的重要内容，是当代人为后代人的利益保存自然资源的需求。这一理论最早由美国国际法学者爱迪·B. 维斯提出。代际公平中有一个重要的托管概念，认为人类每一代人都是后代人的受托人，在后代人的委托之下，当代人有责任保护地球环境并将它完好地交给后代人。代际公平由3项基本原则组成：1. 保存选择原则。每一代人应该为后代人保存自然和文化资源的多样性，避免限制后代人的权利，使后代人有和前代人相似的可供选择的多样性。2. 保存质量原则。每一代人都应该保证地球的质量，在交给下一代时，不比自己从前一代人手里接过来时更差。3. 保存接触和使用原则。即每代人都应该对其成员提供平行接触和使用前代人的遗产的权利，并且为后代人保存这项接触和使用权。代际公平有两种类型：一种是处在相同时空下，具有现实联系的代与代之间的公平；另一种是处于相同时空、具有现实联系的各代人与他们尚未存在的后代之间的公平。前者可称为“在场各代之间的公平”，后者可称为“在场各代与其后代之间的公平”。代际公平问题可以从资源、收入角度加以考察，但现实情况下人们更多地关注于社会资源，尤其是自然资源的代际公平问题。考察范围可包括微观层面（家庭），但宏观层面（社会）一般更受关注。“在场各代之间的公平”问题由于考察对象处于同一时空下，具有可见的现实联系，各代人之间的权利与义务是不容置疑的，需要讨论的仅仅是各代人分别应具有何种权利与何种义务，因而相对来说更容易解决。然而，“在场各代与其后代之间的公平”问题由于考察对象处于不同时空之下，不具备现实联系，因而直到目前为止还存在较大争议。比如，对于当代人来说，后代人是谁以及何为他们的权益都无法确定，这样也就无法确定当代人应该对哪一代人负责以及应负什么责任。目前，对代际公平的辩护大致有三种路径：第一种是功利主义路径，即当代人应为后代人最大总量的幸福负责；第二种是情感主义的路径，即虽然理性要求人做出利己的行为，然而人的情感却要求人为后代人的利益考虑；第三种是自由主义的路径，即应肯定和尊重后代人应具有的权利。然而这三种辩护路径都有各自的理论缺陷，都无法为代际公平做出合理的证明。虽然如此，它们的辩护都以承认后代人的权利为前提，相应的，去证明后代人理应具备同当代人相同的权利也是为代际公平问题辩护的关键所在。（参考：廖小平：《论代际公平》，《伦理学研究》2004 年第 4 期 25 ~ 29 页。欧阳文川 牟世晶）

代际正义

Inter-generational Justice

关于当代人和后代人之间如何公平地分配各种社会和自然资源、享有和传承人类文明成果的正义问题。最早提出代际正义理论的，是美国国际法学者爱迪·维斯。维斯认为，代际公平的首要原则是保存选择原则。每一代人应该为后代人保存自然和文化资源的多样性，避免限制后代人的权利，使后代人有和前代人相似的可供选择的多样性。在罗尔斯的《正义论》出版后，代际正义成为人们关注的热点，至今不衰。综观国内外当下的观点，代际正义涉及的关系有：活在当下的人与已经去世的人之间的关系；活在当下的老、中、青、少、幼各代之间的关系；活在当下的人与尚未出生的未来人之间的关系。这种与世代所处时间位置紧密相关的正义形式，随着现代社会文明的进步和科学技术的发展，已经成为包括法学在内的各个学科必须面对的重大而困难的问题。（徐越）

代价补偿价值论

The Value of the Cost Compensation

经济学的一种价值理论。指：1. 耗费的代价必须得到补偿。补偿要通过获得效用实现，因此价值论将耗费论与效用论统一起来，补偿的形式是自给自足或者交换。这两种形式都可以使耗费者获得相应的物质效用，从而实现补偿。2. 耗费的代价趋向最小化而获得的补偿则趋向最大化。因此代价补偿价值论认为价值是最小化与最大化的统一体，耗费作为耗费必须最小化；效用作为效用必须最大化。但是，一个人的耗费补偿不能由另一个人领受，从而产生耗费与补偿之间的缺失，如企业赢利的同时不能将污染成本由社会大众承担。（史月田）

代内公平

Intra-generational Fairness

指在相同时空之下，具备现实联系的人与人之间的公平，即在同一场域下不同代人之间的公平。代际公平包含“在场各代之间的公平”和“在场各代与后代之间的公平”两层含义，其中“在场各代之间的公平”应与代内公平做区分。代内公平侧重于社会横向的代内关系，即不以年龄段作为唯一标准来分析，而以年龄段、性别、社会经济地位、文化程度、民族、国家等要素作为研究当代人之间的公平问题。而“在场各代之间的公平”侧重于社会纵向的代内公平，即主要以年龄段作为公平问题的参考要素。代内公平是可持续发展原则的重要内容，是同一代人不论国籍、种族、性别、经济水平和文化差异，在要求良好生活环境和利用自然资源方面，都享有平等的权利。代内公平原则是 1992 年联合国环境与发展大会的主题之一，也被许多国际条约和文件认可。从历史和现状来看，代内不平等的情况非常严重，发达国家的富裕大多建立在对发展中国家自然资源的剥削和掠夺之上，并且将发展中国家视为转嫁污染的“垃圾场”。发达国家不顾环境的快速发展也使环境问题日益严重，使环境危机危及整个人类的生存。同代人之间的平衡要求一国在开发和利用自然资源时必须考虑到别国的需求，还要求考虑各个国家如何分担环境保护责任。这种公平，不是绝对数上的公平，而是从历史、现状来分析的一种公平，那种主张一切国家不加区分地分担环境责任的公平，其实是一种真正的不公平。代内公平问题涉及经济收入和环境正义等重大问题，基于环境正义的代内公平是代内公平更为核心的问题。环境正义产生于环境保护引起的歧视问题，引起歧视的根本原因在于环境保护引发的利益和负担的分配并不作用于相同的主体之上。保护环境引起的经济成本，即控制污染往往会引起生产成本和消费成本的增加，或者政府治理污染的成本增加，凭借税收充抵。经济成本的增加对于低收入群体意味着由环境保护得到的利益与为其承受的负担是不成比例的。此外，环境治理引起的环境风险会转嫁到弱势群体之上，如将有毒害的物品从一地运往另一地进行掩埋处置，对于当地人来说就是承担了“外来”的风险。不同国家由于经济发展水平的不同，在环境保护的问题上也会产生代内公平的问题。要真正实现代内公平，必须重新调整各国利益，建立新的国际经济秩序和全球伙伴关系。这是一个充满政治、经济、社会困难的长远过程。（欧阳文川　牟世晶）

代赎

Atonement

基督教的重要教义，指基督耶稣把自己献祭出去，钉死在十字架上，以此赎尝人类之前所犯下的全部罪恶，为人类洗净罪污，为世人赎罪。神让其独子为世人的罪行代赎，神的恩典赐下基督替人类受罪，基督自己的恩典使他愿意舍己为人。代赎的观念是上帝对人类恩典和救赎的方式。代赎是一次性的、永久性的。（雷爱民）

代议民主制

Representative Democracy

亦称代表制，直接民主制的对应物，近现代社会广泛实行的政治统治形式。在这种制度下，公民通过选举产生的代表所组成的权力机关管理国家事务。这是一种间接民主制，实行这种制度是因为地域辽阔、人口众多，不可能由人民直接行使国家权力。近代的代议制起源于中世纪英国的封建等级代表会议。17 世纪资产阶级革命后，英国逐步确立了代议制，后为其他资本主义国家相继采用。资产阶级国家代议制普遍采用议会制度的形式，即由选举产生的议员组成议会作为代议机关，资产阶级通过议会实现其政治统治，由议会制定、修改和废除法律，并对政府进行监督。议会制度在反对封建专制制度的斗争中曾起过积极的作用，但终究是资产阶级统治的工具。无产阶级夺取政权以后，废除了议会制度，但保留了代议机构，形成了各具特色的社会主义的代议制，如苏维埃制、代表团制、人民代表大会制等。（李庆）

戴村坝

Daicum Dam

古代重要的水利堤坝，位于东平县东部大清河与大汶河分流处。大坝长 400 多米，为石砌结构，石与石之间采用束腰扣结合法，铁扣将大坝锁成

一体，气势磅礴，雄伟壮观。据史料、碑文记载，戴村坝初建于明永乐年间。明成祖即位后迁都北京，首先考虑江南物资北运，以供京师所需的问题，因而决定首先治理大运河。永乐九年（1411），

工部尚书宋礼、刑部侍郎金纯等奉命疏浚运河。当时从济宁到临清的运河地段多丘陵，地势高，宋礼等官员采纳治水专家白英提出的“引汶绝济”的建议，废除元代修建的堽城坝，使汶水不再流入洸河，迫使汶水西行，在其下游的大清河东端修成长5华里的全桩型土坝，取名戴村坝。大坝修成之后，拦汶水顺小汶河南下，流向南旺运河最高处，再分水南北。一般情况，三分南注，七分北流，即所谓“七分朝天子，三分下江南”之说。从此，妥善解决了丘陵地段运河断流的现象，使船只畅通无阻。明成祖迁都北京后，大运河成为交通大动脉，每年从东南运粮米等物资数百万石供养京师。后人称戴村坝是京杭大运河的心脏，船只南来北往的中心。新中国成立初期，戴村坝列入国家重点治理工程，请来苏联专家设计，后因苏联专家不了解当地地理情况，设计了错误的工程方案，导致黄河下游严重淤积，增加了淮河的流域面积，加重淮河水灾，造成京杭大运河复航的失败。后由周总理下令炸掉修建的位山大坝。最后一次对戴村坝的修复是从2002年开始，由于洪水的冲击造成了部分堤坝垮塌。随后经历3年修复，2005年完工。目前戴村坝防洪效益可靠，社会效益明显。（参考：李殿奎：《略论戴村坝—南旺枢纽工程》，《联合日报》2007年11月23日。朱配辰）

戴夫·福雷曼

Dave Foreman, 1947 ～

美国著名的环保活动家，激进环境团体“地球第一！”的联合创始人。20世纪70年初投身于环保运动，整个70年代都在新墨西哥州的“荒野社会”任职。与迈克·卢瑟勒（Mike Roselle）等人在1980年一起创立“地球第一！”环境组织。1982～1988年间担任《地球第一》杂志的编辑工作。后因不满于“地球第一！”的发展方向离开组织。1997年参与创建“新墨西哥荒野联盟”。2003年，在新墨西哥荒野联盟的基础上，创建一个环境类智库，致力于北美地球的环境保护。此外，编辑出版一系列环境类著作和论文集，有《野生动植物的杀戮》等。（王聪聪）

戴维·哈维

David Harvey, 1935 ～

第二次世界大战后西方最有影响、最具代表性的地理学家之一，在社会科学的很多领域有突出贡献，实证主义地理学的集大成者，激进地理

学、马克思主义地理学的代表人物和后现代地理学的领军人物。生态正义思想是他的马克思主义理论的重要组成部分，在新马克思主义及西方地理学马克思主义中都占有独特的地位。从马克思的某些基本立场和方法出发，将正义问题置于更为广泛的讨论视野中。在坚持空间研究的基础上，在自然与环境、时空及场所认同与差异等关系中，探讨生态正义问题。理论研究的突出特点，是从社会主义的立场出发，在生产与再生产、社会结构动力以及日常生活实践之间关系的框架内，对人与自然关系、空间的生产等进行分析，努力建构生态正义思想。生态正义思想表达社会生态的

辩证乌托邦理想，通过对基本信念及实践的批判，为人们理解资本逻辑导致的全球化背景的时间、空间提出理论阐释，使人们的政治行为更有意义、更富创造性。坚持认为表达环境问题需要社会主义语言，努力建构政治辩证法和历史唯物主义语言。提出新社会、生态改革的辩证法，认为人作为地球上的物种与其他物种一样，都用自己的能力与力量改变周围环境。代表作有《地理学中的解释》（1969）《社会正义与城市》（1973）《资本的城市化》（1985）《后现代性状况》（1990）《正义、自然和差异的地理学》（1996 年）《新帝国主义》（2003）等。（徐越）

戴维·佩珀

David Pepper, 1940 ～

生态马克思主义学派主要代表人物，晚年担任英国牛津布鲁克大学地理系教授。先后就读于英国利物浦大学、牛津大学圣约翰学院和伦敦国王学院，分别于 1963 年、1965 年和 1969 年获得地理学学士、硕士和博士学位。1969 年起开始在牛津技术学院（1992 年升格为牛津布鲁克斯大学）任教，从事地理学及相关学科的教学与研究工作。20 世纪 80 年代以前主要以地理学的教学与研究为主，此后更多关注环境主义、生态社会主义和环境政治理论、可持续发展理论等。环境方面的著作有：《现代环境主义的根基》（1984）《环境主义：批判的概念》（2003）《环境主义：批判的概念》（2003）《生态社会主义：从深生态学到社会正义》（1993）等。其中《生态社会主义：从深生态学到社会正义》和《现代环境主义导论》已经翻译成中文。（徐越）

丹·莱昂斯

Dan Lyons

英国环保活动家，“动物与社会正义中心”负责人，生年不详。著有《动物实验政治》。在谢菲尔德大学获得学士、硕士学位，2006 年在该校获得博士学位，主要从事动物学、动物权利哲学、动物权益政治代表等研究。目前是谢菲尔德大学的荣誉研究员。1993 年成为英国著名的反对动物实验团体“出笼运动”（Uncaged Campaigns）的负责人。在此期间，因撰写关于动物器官移植的《绝望日记》报告而享有盛誉。2011 年与罗伯特·加纳（Robert Garner）、阿拉斯代尔·科克伦（Alasdair Cochrane）等共同创建动物与社会正义中心，继续推动英国动物保护运动。（王聪聪）

丹·雅科波维奇

Dan Jakopovich, 1985 ～

原名马拉登·雅科波维奇，生于克罗地亚的萨格勒布市，现居伦敦。曾用笔名“Dan”，目前笔名是“Daniel”。作为青年学者和编辑，涉猎广泛，在政治经济学、比较政治学、英国与欧洲政党政治、国际关系和中东欧研究领域都有建树，是 Novi Plamen 杂志的创办者和主编。他的绿色工联主义思想体现在两篇文章中。第一篇题为《团结起来赢得胜利：劳工环境联盟》，《资本主义、自然、社会主义》2009 年第 2 期刊载；第二篇题为《绿色工会主义的理论与实践》，《综合 / 革新》2007 年春季号（总 43 期）刊载。前者重点分析在（反）全球化背景下劳工运动与环境运动政治联合的必要性及其意义，认为在经济全球化背景下，尽管二者依然存在组织风格、行动战略和成员期望等方面的差异，利益取向的劳工运动与价值取向的环境运动，应该在新的基础上实现政治和解与政治联合，以反抗共同的敌人新自由主义的资本主义。后者回顾绿色工联主义理论与实践，详细分析以澳大利亚悉尼建筑工会致力于保护古典建筑，美国“地球第一”创始人朱迪·巴里组织伐木工人与环境主义者联合行动为代表的“绿色禁令”。认为关键性问题是环境主义者必须自觉认识到工人阶级的利益关切与政治愿望，尤其不能采取将环境保护的代价没有任何补偿地置于工人阶级肩上的战略，实现二者之间的主动联合。（徐越）

丹麦哥本哈根气候大会

United Nations Climate Change conference in Copenhagen, Denmark

2009 年 12 月，《联合国气候变化框架公约》第 15 次缔约方会议（COP15）暨《京都议定书》第 5 次缔约方会议在丹麦首都哥本哈根举行。大会分别以《联合国气候变化框架公约》及《京都议定书》缔约方大会决定的形式发表《哥本哈根协议》，决定延续《巴厘路线图》的谈判进程，授权《联合国气候变化框架公约》及《京都议定书》两个工作组继续进行谈判，在 2010 年底完成工作。尽管《哥本哈根协议》是一项不具法律约束力的政治协议，但它表达了各方对气候变化的政治意愿，锁定了已达成的共识和谈判取得的成果，推动谈判向正确方向迈出了第一步。同时提出建立帮助发展中国家减缓和适应气候变化的绿色基金。（席溢）

丹麦绿党

De GrØnne

成立于 1983 年，是欧洲绿党的创始成员党。丹麦政党较早开始不同程度绿化，特别是左翼的社会主义人民党（Socialist people' s party），20 世纪 70 年代中后期采取绿色左翼立场，在很大程度上抑制丹麦绿党的发展。在 20 世纪 80~90 年代，由于组织不力、缺乏有凝聚力的领导人，在历次国内大选中都未能进入议会。在 1989、1994 和 1999 年的欧洲大选中，加强与共产党以及其他激进左翼政党的合作，共同组成反对欧盟的团结名单（Unity List），并在 1994 年和 1999 年的选举中，分别获得 6 个和 5 个议席。2008 年，因试图在即将到来的欧洲大选中与对抗欧盟人民运动合作，被驱逐出欧洲绿党。此后加入欧洲联合左翼—北欧绿色左翼党团。2014 年 12 月丹麦绿党宣布解散。（王聪聪）

丹麦社会民主党

Danish Social Democrats, SD

1871 年成立，1884 年首次进入全国议会。是 20 世纪初丹麦议会中的最大政党，这一地位保持了 77 年。丹麦社会民主党 1924 年在索瓦尔德·

斯陶宁（Thorvald Stauning）带领下，首次进入全国政府执政。斯陶宁政府期间，社会民主党对丹麦社会的发展产生重大影响，奠定丹麦社会福利国家的基础。核心政治原则是自由、平等和友爱，这些价值观贯穿政党纲领中。多次组阁，2011 年大选后再次执政，获得 10 个内阁席位。2015 年大选后成为在野党。由于较早与工会在新能源和退出核能问题上取得共识，20 世纪 80 年代在纲领更新中，已涵盖内容广泛的环境纲领，绿色政策较为成功地融入政党纲领中。（王聪聪）

丹麦社会主义人民党

Socialistisk Folkeparti, SF

丹麦国内的绿色左翼政党，1959 年成立。从丹麦共产党分立出来的政党，力求成为区别于民主社会主义和共产主义的新型政党。在 20 世纪 60 ~ 70 年代接近新政治，整合和平运动、反核运动、环境运动、女性运动等，进行政党的转型和政治革新。致力于绿色政治和民主社会主义，政策主张包括改革福利国家和医疗保障制度，更好的就业和工作计划以及环保政策等。在选举政治层面，自成立以来都保持较好的选举成绩，一直拥有全国议会席位，是丹麦较为稳定的政治力量。2011 年大选后达到政治权力高峰，进入全国政府执政，获得 6 个内阁部长职位。2015 年丹麦大选中损失一半的选票，仅获得 4.2% 的选票和议会中的 7 个议会席位。在欧洲议会中，2004 年之前参与欧洲联合左翼—北欧绿色左翼党团，2004 年欧洲选举之后加入绿党—欧洲自由联盟。目前，丹麦社会主义人民党是

欧洲绿党的成员。（王聪聪）

丹尼尔·布莱拉兹

Daniel Brélaz, 1950 ~

瑞士政治活动家，瑞士绿党与欧洲绿党的第一个全国议会成员。生于洛桑，2002年起担任洛桑市市长。曾是教师，20世纪70年代投身于环境保护运动。1978年沃州地方议会选举中成功当选为议员，成为最早一批绿党议员之一。1982 ~ 1983年再次当选为沃州议会议员。1979年成为瑞士第一个进入联邦议会的绿党议员。1989年在洛桑城市委员会任职，负责工业部门。2001年后负责洛桑市的金融事务。在2006年沃州议会选举中再次成功当选。2007年再次成为全国议会议员，依然保留洛桑市的职务。2011年洛桑市镇选举中又一次高票当选，担任洛桑地区公共交通部门的副主席。（王聪聪）

丹尼尔·科恩—本迪特

Daniel Cohn-Bendit, 1945 ~

生于法国的蒙托邦，父母是德籍犹太人，14岁时加入德国国籍。曾是法国“五月风暴”的领导者之一，成为学生运动的传奇式人物。是政治激进主义分子，20世纪80年代加入德国绿党，1988年出版《我们如此热爱革命》一书。1994年当选欧洲议会议员（德国绿党代表），加入欧洲绿党—欧洲自由联盟党团。1999年以法国绿党领导人的身份再次当选欧洲议会议员。2004年以德国绿党成员身份当选欧洲议会议员；2009年代表法国绿党再次当选欧洲议会议员。从2002年开始担任欧洲绿党—欧洲自由联盟党团的联合主席（2002 ~ 2014）。此外，他还担任过欧盟—土耳其联合议会委员会主席（1999 ~ 2002）、文化、青年、教育与媒体委员会副主席（1994 ~ 1995）等职务。他的超越传统欧洲政治中左右分野的政治话语，使他在法国比在德国更受欢迎。他经常遭遇来自左翼和右翼的批评，右翼分子批评他的自由移民政策、软性毒品合法化、放弃核电等政策，左翼分子则批评他的亲自由市场政策、支持波斯尼亚和阿富汗的军事干预等。（王聪聪）

丹尼尔·科尔曼

Daniel Coleman

美国绿党运动北卡罗来纳分部的创立者、全美绿党纲领的制定者之一，著名环境政治学者。生年不详。科尔曼在生态政治学领域的观点和主张，一定程度上与马克思主义的历史解释原则相契合，因而促进了环境政治学研究从浅绿到深（红）绿的视野转变，尽管他的思想中含有一定程度的生态乌托邦意味。科尔曼的代表作，是《生态政治：建设一个绿色社会》（1994）。（徐越）

单边主义

Unilateralism

大国在对外关系中不顾国际规范、条约和国际社会的意愿，单方面采取有损他国利益的政策和行为。主体是在国际体系中占主导地位的大国，目的是增加国家自身利益，表现形式是违反公认的国际准则和已有的国际条约或违背国际社会的共同意愿，结果是对他国利益造成损害。霸权国家尤其是具有压倒性优势的大国经常采取的方式，在实施过程中往往受到国际社会和本国民众的反对。（李庆）

单位国内生产总值能耗

Energy Consumption per Unit of GDP

指一定时期内一个国家（或地区）生产单位国内生产总值所消耗的能源总量，计算公式为：单位国内生产总值能耗（e）= 能源消费总量（E）/ 国内生产总值（GDP）。从定义上看，单位国内生产总值能耗宏观上描述一个国家（或地区）经济社会发展对能源消耗的依赖程度。这项指标是我国"十一五"经济社会发展规划提出的约束性指标之一，由各产业单位增加值能耗、产业结构、单位国内生产总值生活能耗三个因素决定。"十一五规划"提出单位国内生产总值能耗到2010年下降20%的目标，督促政府通过合理配置公共资源和有效运用行政力量，实现能源利用率的提高和绿色化能源的升级。这一约束性指标使各地企业和政府更加重视科学发展、可持续发展，加快了我国新型工业化道路的步伐，引导人们过更加绿色、低碳的环境友好型生活方式。（参考：白泉：《关于单位GDP能耗指标的再认识》，《中国能源》2011年第3期第9～13页。刘阳）

《单向度的人》

One Dimensional Man

书名，全称《单向度的人：发达工业社会意识形态研究》，是美国哲学家赫伯特·马尔库塞1964年发表的哲学专著。面对当时发达资本主义社会的表面繁荣，作者在书中进行尖锐批评，表示对社会前景的担心。他把发达的工业社会称作"单面社会"，把生活于其中的人称为"单向度的人"。单向度的人，即丧失否定、批判和超越能力的人。作者始终关注着现实的社会和现实的人，关注着人的本质和价值。为此，着眼于整个社会视域，把思想的触角置于政治、经济、文化等各个领域。作者认为，当今发达工业社会成为新型的极权主义社会，它和传统的政治集权社会不同，不是以暴力进行统治，而是借助技术力量进行控制。技术理性有效地抑制社会中的反对派和反对意见，变成一种意识形态，一种肯定性的思维方式，使整个社会失去否定性和批判性的思维原则。他指出："一种舒舒服服、平平稳稳、合理而又民主的不自由在发达的工业文明中流行，这是技术进步的标志。"在政治领域内，技术理性导致的明显后果是无产阶级的革命性已经消失殆尽。发达工业社会依靠高度进步的科学技术，实现生产自动化，减少大量肮脏、繁重的体力劳动，工人的生活水平也得到很大提高。他们有自己的住宅、自己的汽车，还有一些高档的家用设备，和资本家一样分享着消费社会的舒适。因此，在马尔库塞看来，无产阶级和资产阶级的界限好像已经消失，在大多数工人身上看到的，不是革命的意识，反而是反革命的意识占主导地位。他看到"发达工业文明的奴隶是受到抬举的奴隶，但他们毕竟还是奴隶。因为是否是奴隶'既不是由服从、也不是由工作难度，而是由人作为一种单纯的工具、人沦为物的状况'来决定的。作为一种工具、一种物而存在，是奴役状态的纯粹形式。"工人的劳动强度虽有所降低，但和工厂的依存关系更加

紧密，工人总是作为一种工具、一种物而存在。可见，发达工业社会在政治领域趋向单向性，这其中预示着人的单维性。马尔库塞认为，人们虽然过上舒适、富裕的物质生活，精神生活却是贫乏、空虚的。他指出："在这个社会中，生产装备趋向于变成极权性的，它不仅决定着社会需要的职业、技能和态度，而且还决定着个人的需要和愿望。因此，它消除了私人与公众之间、个人需要和社会需要之间的对立。

在思想和文化领域也同样存在着单面性。马尔库塞认为，正如在政治领域革命性因素的丧失一样，在文化领域，技术理性逐步清除西方高层文化中的对立性因素，"高层次文化被现实所拒斥，现实超过了它的文化"。什么是高层文化？"西方的高层文化——工业社会仍承认其道德、美学、和思想的价值——在功能的意义上和编年的意义上曾是一种前技术文化。"高层文化是超越现实，对现实进行批判的文化。技术理性将高层文化中的否定性因素消除，使其成为大众传媒控制下的文化，成为统治阶级维护统治的工具。艺术与其他事物一样也发生严重异化。他说："不断发展的技术现实不仅使某些艺术'风格'失去其合法性，而且还使艺术的要旨失去其合法性。""发自心灵的音乐可以是充当推销术的音乐。"马尔库塞分析现代哲学，他认为"理智地消除甚至推翻既定事实，是哲学的历史任务和哲学的向度"。语言分析哲学和实证哲学在英美等国家的流行，标志着人们思维方式发生重大变化。在发达工业社会里，人们不再进行否定性思维，而是肯定性思维占主导地位。所谓肯定性思维，就是单向度的思维，肯定现在的社会现实，不再怀疑它的合法性。

在《单向度的人》中，马尔库塞比较了发达工业社会和以前的社会，认为以前社会的公共生活没有完全占领和控制私人生活的领域，人们在私人生活中可以自主选择，因而社会是双向度的。现在，人的第二向度即否定性和批判性丧失，完全承认现实社会生活的合理性，放弃对社会的否定和批判和对理想生活的追求，成为单向度的人。人的生活被社会统治完全同化，成为和资本主义社会一体化的人，丧失自己的思考，没有自己的选择，也失去自身的兴趣，可以说，在某种程度上人的主体性已丧失。主体性丧失最典型的表现是人们满足于"虚假的需求"。与虚假的需求相对的是真实的需求。马尔库塞认为真实的需求是适合个人发展的需求，是真正意义上对自由渴望的需要，"发达工业社会的显著特征是它有效地窒息了那些要求自由的需要"。虽然发达国家总是标榜民主、自由，实际上却是把民主、自由作为幌子，作为有利于自己的统治工具。因为民主、自由总是人们所向往的，对人们有着巨大的诱惑力。在发达工业社会，"决定人类自由程度的决定性因素，不是可供个人选择的范围，而是个人能够选择的是什么和实际选择的是什么……在大量的商品和服务设施中所进行的选择就并不意味着自由。何况个人自发地重复强加的需要并不说明他的意志自由，而只能证明控制的有效性"。可见，发达工业社会阻碍人们对自由的追求，人们完全丧失对现实社会进行否定和加以拒绝的需求。发达工业社会阶段，生产出生活必需品也不是由于人们对必需品的真实需要，而是统治阶级出于自己统治的需要，是为加强对广大人们控制的目的，是为维护社会的正常运转。因为不论人们购买什么东西，总是依据大众传媒的宣传，总是受到外在因素的支配，不能根据自己意愿进行真正自由的选择。马尔库塞认为在资本主义社会，人彻底成为消费工具，变成生产消费的附属品，消费品成为社会的轴心。不仅如此，人还成为机器大生产中社会分工的工具。他认为机器消灭人的个性，使人变成机器。这就是说，在资本主义社会中，由于科学技术发展，实现机械化、电气化和自动化，虽然给人们带来物质享受和生活水平的提高，但人只是作为工具、作为物而存在，人被异化，个人丧失批判社会现实的能力。

《单向度的人》描述发达工业社会里个人消失、不存在具有独立思想的自由的个人，而是只存在“国民”，总之，发达工业社会原则上瓦解个人生活，而被社会生活所取代，社会生活已经全方位、多方面地渗透到私人的生活空间。科学技术越发达，生产出的产品越多，人对社会的依赖性就越强。人与物的关系颠倒了，不是物为人服务，而是人为物而存在。人完全拜倒在物的魅力之下，人与人之间的竞争、排挤和残杀越来越剧烈。总之，一切都成为手段而不是目的。中译本译者刘继，上海译文出版社 2014 年出版。（参考：石红英：《马尔库塞和他的〈单向度的人〉》，《延安教育学院学报》2006 年第 3 期。徐越）

《单一欧洲法令》

Single European Act, SEA

又称《单一欧洲协定》，是对《罗马条约》的进一步修订和补充。1985 年欧共体在卢森堡召开理事会议，为制定全面改善共同体制度的《单一欧洲法令》展开谈判，次年 2 月 17 日成员国签署旨在走向欧洲统一市场的《单一欧洲法令》，1987 年 7 月 1 日正式生效。基本内容是：1. 改进共同体表决制度，由协商一致改为特定多数投票表决，以加快立法进程。2. 强化共同体机构的权利，扩大欧洲议会和公民参与共同体决策。3. 在 1992 年以前实现商品、资本、人员、服务的自由流动，建立内部统一大市场，在此之后开始实施经济货币联盟计划。4. 加强外交政策方面的合作，采取有效措施促进这一合作。5. 加强共同体各机构，特别是欧洲议会的职能，明确欧洲政治合作机制的地位，为欧洲共同体的政治合作确定法律框架。（申森）

单一制行政体制

Unitary Administrative System

指一个国家的中央政府在行政上对该国领土内所有地区和国民行使全权的国家行政结构形式。其不排除地方或其他政府机构拥有中央政府委任或授予的某些行政权力的可能性，但是，这些权力是由中央政府授予认可的，所有的行政权力都来源于中央政府，本质上都属于中央政府，并且中央政府的行政权力优先于地方或其他政府机构，地方政府要服从中央的领导和接受中央的监督。在对外关系上，只有统一的国家才能作为国际法上的主体。中央行政权力一般都通过行政立法和公共财政等手段获得保证。需要注意的是，它并不等同于中央集权式行政体制，在联邦或地方自治的国家，同样可以出现。它最早出现于欧洲，在 17 ~ 18 世纪初步成型。英国、法国是历史上最早向现代单一制转变的国家。目前，世界上大部分政府行政结构都是单一制，如中国、英国、法国、日本、意大利、韩国等国家。按中央集权程度的不同，可以将其按历史顺序分为四种，即地方自治单一制、中央集权单一制、中央地方均权单一制和民主集中单一制。其中，前两种历史最悠久，影响也比较大。（刘中华）

单元演替顶级学说

Monoclimax Theory

指在同一气候区域的所有生境中最终的顶级群落是同一的，即气候顶级。这一理论由克莱门茨（Clements）提出。单元演替顶级学说认为，演替是指地表上同一地段内，依次出现的各种不同生物群落的时间过程。任何演替都要经过 6 个阶段，即迁移、定居、群聚、竞争、反应、稳定。稳定即为演替的终点。达到稳定阶段的群，是与当地气候条件相适应、相协调和平衡的群落。在同一气候区内，不论演替初期条件有何不同，植被总是朝向顶级方向发展，使得生境适合于更多生物生长。不论是水生型生境还是旱生型生境，最终都趋向中生型生境，都会发展成为相对稳定的气候顶级。然而在同一气候区内，还会出现由土壤、地形、人为因素所决定的稳定群落。按照克莱门茨的观点，如果给予足够的时间，这些群落也均会发展成为气候顶级。就演替方向而言，克莱门茨认为，自然状态下的演替总是向前发展的，是进展演替，而绝不是后退的逆行演替。（石艳峰）

淡水生态系统

Fresh Water Ecosystem

淡水中生物群落及其与环境的相互作用所构成的自然系统。淡水生态系统不仅能为人类提供宝贵的资源，而且它是重要的环境因素，具有调节气候、净化污染、保护生物多样性等功能。淡水生态系统较为复杂，容易被破坏，且破坏之后难以恢复。复杂性体现在：1. 水体类型的复杂性，其可以分为静水生态系统和流水生态系统两种类型。静水生态系统主要包括淡水湖泊、沼泽、池塘和水库等，流水生态系统主要包括河流、溪流和水渠等。2. 水体形成的复杂性，根据形成方式的不同可以划分为火山口湖、冰川湖、构造湖、岩溶湖、海成湖、风成湖等。3. 水生生物的多样性，有真菌、细菌、高等水生植物、低等藻类、水生昆虫、原生动物、软体动物、鸟类、两栖类、爬行类等。4. 结构、功能的复杂性，每一种水体类型都有“生产者—分解者—消费者”这样的有机排列结构，并且每个系统下又有自己的诸多子系统，每个子系统又有其特有的结构和功能。5. 格局、过程的复杂性。6. 影响的复杂性。7. 能量流动过程的复杂性。8. 人类干扰的复杂性，如城市生活污水、农业废水、工业废水等。目前淡水生态系统面临的严重威胁表现为：水环境的恶化和富营养化。（石艳峰）

淡水生物学

Freshwater Biology

淡水生物学是运用物理学、化学、气象学和生物学等理论研究内陆水域特别是淡水水域的生物产量及影响产量因素的新兴学科。研究内容包含水的碱度、混浊度、面积、深度及透光度，水域底层的性质，族群的数量和水中的植物、动物等。淡水生物群落一般分为流水群落和静水群落两大类。淡水生态系统也可分为流水生态系统和静水生态系统，前者包括江河、溪流和水渠等，可细分为急流生态区和缓流生态区，后者包括湖泊、池塘和水库等，通常是互相隔离的。（参考：马振波：《淡水生物学研究及其经济效益》，《科技管理研究》1984 年第 6 期第 24 ~ 27 页。刘阳）

氮循环

Nitrogen Cycle

氮是自然界中的丰富元素，空气中含有大约 78%的氮气。绝大部分的氮元素，主要以氮气的形式存在于大气中，以有机氮的形式存在于沉积物中，以溶解氮的形式存在于海水中。氮的循环过程是氮素不断进行生物、生物化学、物理、物理化学变化的过程，也是不断进行氮素形态变化的过程，是生物圈内基本物质循环之一。大气中的氮经微生物等作用进入土壤，植物利用根系从土壤中吸收硝酸根离子或铵离子以获得氮素，土壤通过氮的获取和损失进行着反复循环，最终又在微生物的参与下返回大气中。同时，在无氧或低氧的条件，厌氧细菌最终将硝酸中氮成分还原成氮气归还到大气中去，这一过程即为氮循环。构成陆地生态系统氮循环的主要环节包括生物体内有机氮的合成、氨化作用、硝化作用、反硝化作用和固氮作用。（王晴晴）

《当代多重危机与包容性民主》

The Multi-dimensional Crisis and Inclusive Democracy

希腊政治哲学家塔基斯·福托鲍洛斯 2005 年出版的重要著作。书中根据自治民主传统（激发的基本目标是所有权力形式，主要是政治和经济权力的平等分配）与他治传统（总是生产和再生产出建立在权力集中基础上的各种形式的社会组织）之间的历史冲突，展示当代多重危机的根本原因是权力在所有层面上的不断集中。这一现象是他治现代性（即市场经济和代议制民主）制度动力的必然结

果。提出将古典民主与社会民主两大传统相结合，同时吸纳激进绿色运动、女性主义运动和南方国家自由运动思想的新型民主概念——包容性民主，将社会与经济、政治和自然重新统一起来的社会组织形式。作者认为，现实社会主义的崩溃不意味着资本主义的胜利。当前普遍存在的制度是注定要给世界上绝大多数人带来痛苦和不安，以生物灾难的方式危及人类和地球的不合法社会制度。社会民主主义者宣称的西方“社会主义”国家主义战胜东方“社会主义”国家主义，并非如此。社会民主主义形式（通过积极的国家干预实现充分就业、福利国家、倾向于社会弱势群体的收入和财富的再分配）已经死亡，取而代之的是新自由主义共识（灵活的劳动力市场、安全网和有利于特权集团的收入和财富的再分配）。作者认为，新的解决方案应当是对民主主义和社会主义两种主要历史传统的综合与超越，代表着当代解放运动（反全球化运动、绿色和女权运动、本土的与激进的第三世界运动）内的反制度潮流。中译本译者李宏，济南，山东大学出版社 2012 年出版第 2 版，《环境政治学译丛》子目。（徐越）

当代国际环境教育

Contemporary International Environmental Education

国际环境教育在当代的发展。可持续发展思想的提出是当代国际环境教育时期的开始。1987 年世界环境与发展委员会发表了著名报告——《我们共同的未来》，报告将“可持续发展”定义为“满足当代人的需要而又不损害后代满足其自身需要的能力的发展”。报告系统论述了人类面临的重大经济社会和环境问题，指出决定人类前途和命运的是环境。在巴西里约热内卢召开的第 2 次人类环境会议联合国环境与发展大会，是人类历史上关于环境与发展问题的第 2 座里程碑，使国际环境教育进入成熟阶段，也标志着环境教育的高级阶段——可持续发展教育的开始。大会通过的《21 世纪议程》指出环境教育要重新定向，以适应可持续发展的需要。联合国教科文组织于 1994 年提出了“为了可持续性教育”的国际创意：环境、人口和教育计划（EPD）。这一创意的提出，使环境教育的内容更趋于综合性、系统性，着眼点更注重人类社会的整体和谐发展。持续发展理论的诞生和 1992 年联合国环境与发展大会以后，关于环境教育的界定和认识又有了新的突破，进入新的发展阶段。（王薛时）

当代生态艺术思潮

Contemporary Ecological Art Ideological Trends

当代艺术的一个重要创作流派。20 世纪 90 年代初具有观念性的艺术家，大部分作品涉及生态环境的反思及其艺术表征。生态艺术的概念性定义，包涵自然生态、社会生态和文化生态三组相关的内容和探讨话语。自然生态是人类赖以存在的物质环境，可持续发展的有机资源。社会生态即人类现存的法学意义上的外在制度系统。文化生态是人类生存的精神依据，包括人文传统及其对传统加入的共时性创造意识。在这三组逻辑关系中，社会生态受文化生态的意识制约，进而影响并改变自然生态。艺术家为当代艺术输入有关生态艺术的观念，尽管在形式、材料、媒介、场景和方法上纷繁多样、面相殊异，但最终的意义实现，都是上述原点和背景的题中应有之义，这是生态艺术根本的文化逻辑。（王薛时）

当代西方生态文化

Contemporary Western Ecological Culture

当代西方生态文化由西方马克思主义理论、深层生态学理论、西方环境伦理学理论三部分构成。西方马克思主义理论是伴随 20 世纪中叶以后西方生态环境危机日益严重的背景下广泛开展应对生态危机的策略讨论之中产生的一个理论流派。西方马克思主义者将马克思主义与生态主义及其原理相结合，以期在马克思主义思想指导下解决人类社会经济发展同自然环境保护之间的矛盾，发现生态危机解决的新道路。一部分生态马克思主义学者将早期生态马克思主义理论早期确立的原则运用于社会政治问题，到后来逐渐形成了生态社会主义理论，生态社会主义理论除了涉及社会政治外，还涉及生态学、经济学、社会学等理论。A·高兹、W·里斯、B·阿格尔是早期生态马克思主义代表人物，他们认为生态环境危机同社会政治经济问题一样，其根本原因都在于资本主义的制度弊端，即资产阶级为了缓和与劳动者之间的阶级矛盾，扩大生产和销售，尽可能多地满足人的各种需要，由此导致了商品的过度消费，解决生态危机的出路在于应按照真实需要而不应按照利润来进行生产。生态社会主义者同样认为生态矛盾蕴含于资本主义性质的生产方式之中。他们将生态环境问题还原为人的问题，生态危机的原因产生于资本主义制度下人对人的压迫和剥削以及将相应的社会治理结构、管理方式和思维方式复制到了人与自然之间的关系中。因此人对自然的控制和剥削就是人对人控制和剥削的反映。

深层生态学理论是一种生态整体主义的世界观，起源于20世纪60年代的环境运动以及由此引发的对环境危机的反思。由挪威哲学家阿伦·奈斯（Arne Naess）在其著作《浅层生态运动和深层、长远的生态运动：一个概要》首先提出，此后经过美国学者德韦尔（Bill Devall）、塞申斯（George Sessions）以及澳大利亚学者福克斯（Warwick Fox）等人的发展而日趋成熟，成为与女性生态主义、社会生态学和生物区域主义并列的激进生态主义。深层生态学是对生态和环境危机出现根源的深层追问，不仅是从政策制度和技术应用方面去追问，更是从社会历史背景、人类精神和意识以及世界观和价值观方面的追问，试图从形而上的层面去反思和解答生态问题的理论学派。这种探究问题的方式从根本上构成了深层生态学的理论前提和理论架构，因此，是一种与浅层生态学恰好相反的理论流派。浅层生态学没有脱离人类中心主义立场，它将自然环境问题的解决视为人的问题的解决，人依靠自然生存，因此自然问题应由人来解决。因此浅层生态学的解决办法只是浮于表面的制度性或者技术性的问题，并没有深入挖掘生态危机由以出现的人的精神根源和社会历史背景。深层生态学区别于浅层生态学的根本之处在于从人的精神领域寻找线索，重新定位人与自然的关系。

现代西方环境主义伦理学由现代人类中心主义环境伦理学、生物中心主义环境伦理学、动物权利论的环境伦理学以及生态中心主义环境伦理学构成。现代人类中心主义即理性人类中心主义，其肇始于文艺复兴之后理性主义的兴起。人相信理想是真理的标准，是一切事物的衡量标准，并且可以解决一切问题。人类历史本质上是人类理性不断发展和成熟的历史。人可以按照自身的利益要求去征服、控制、利用任何物种而不必思考其行为的合理性，其他物种对于人类而言本质上并不具备任何权利。生物中心主义的理论基础是生态学的互利共生和物种间平等的原则。它认为人以外的其他物种具有和人一样自然赋予的生命，生命不分贵贱高低，一律平等，因此动物、植物以及其他生物都有其内在价值，人应该承认并且尊重这种价值，敬畏一切生命。动物权利论强调人对于动物生存权利的尊重和满足，主张众生平等，是非人类中心主义的直接产物。生态中心主义同样是一种整体主义的生态理论，代表人物为奥尔多·利奥波德（Aldo Leopold）与罗尔斯顿（Holmes Rolston III）。利奥波德在其著作《大地伦理》提出著名的生态主义金律，即只有当一件事物能够同时使生命共同体的各个组成部分都趋于完整和稳定时才是正当的，否则就是不正当的。罗尔斯顿（Holmes Rolston III）依据其自然价值论认为生态系统中的一切组成部分都有其客观价值，组成部分对于系统整体的稳定而言具有其固有价值，对于其他组成部分又同时具有工具价值，然而系统整体作为生命的创造者和承载者，又具有超越部分本身固有价值和工具价值的系统价值。人类从生命体角度而言具有更大价值，然而其根本来说还是生态系统整体的产物。（参考：陈剑澜：《西方环境伦理思想述要》，《马克思主义与现实（双月刊）》2003年第3期第96～

101 页。欧阳文川）

当代新道家

Contemporary Neo-Taoism

由董光璧 1991 年在《当代新道家》一文中提出。他认为新道家指那些受道家思想启发做出卓越贡献的科学家，如物理学家、科学史家汤川秀树、李约瑟、卡普拉等；后来陈鼓应等人将新道家概念进一步拓展，把当代一切从事道家道教研究的专家学者都认为是当代新道家；宫哲兵认为凡是认同“道”，继承道家传统，在新时期信奉和弘扬道家思想的人都可以称为当代新道家。当代新道家是一批研究道家道教的学者主动提出的，虽然这一提法已经得到学界认同，但实际上当代新道家还在建构过程中，理论尚未成熟，真正意义上成体系的当代新道家人物还没有出现。当代新道家学说的构建认为需要回归自然（倡导人与自然的和谐）、回归朴实（倡导自然朴实的人性，反对扭曲的人性）、回归和谐（倡导自然、社会与人的精神和谐），从道论、修养论、社会和谐论、社会国家治理学说等方面构建系统的新道家学说。（雷爱民）

当代中国生态美学奠基者

The Founder of the Ecological Aesthetics in Modern China

曾繁仁是当代中国生态美学的奠基人。在生态美学研究方面，曾繁仁教授作为国内生态美学的主要倡导者之一，做了一系列开拓性的工作。从 2001 年开始进行当代生态美学研究，自觉以生态文明理论建设目标为指导，紧密结合中国经验，致力于建设具有中国特色的生态美学理论。先后在《人民日报》《光明日报》《文学评论》《文艺研究》《文史哲》等重要报刊发表有关论文 30 多篇，出版专著《生态存在论美学论稿》（再版 1 次），分发生论、基本内涵论、资源论与理论基础论 4 编，全面论述与初步构建当代具有中国特色的生态美学体系。曾繁仁教授于 2007 年开始正式为研究生开设生态美学研究课程。课程的教学内容已以《生态美学导论》为书名在商务印书馆出版。曾繁仁教授长期从事美学与文艺学专业的教学、科研工作，在生态美学、审美教育、文艺美学研究方面在国内处于领先水平，在西方美学研究方面处于国内前列。（王薛时）

挡风抑尘墙技术

Dust Suppression and Wind Proofing Wall Technology

采用新型材料利用空气动力学原理搭建墙体，为制止粉尘对环境危害的技术措施。现代工业的发展对煤炭、各类矿石的需求量越来越大。

这类物料一般都为粉粒状，且大都是露天堆放，在风力作用下，产生大量的粉尘，对环境造成污染。以往主要是通过喷淋和表面结壳剂来治理，但是效果不理想。使用方式是根据现场条件将挡风板组合成“挡风抑尘墙”。关键机理是降低来流风的风速，最大限度地损失来流风的动能，避免来流风的明显涡流，减少风的湍流度，降低煤堆表面的剪切应力和压力，从而减少堆起尘率。风速越大，挡风抑尘墙的抑尘效率越高，控制扬尘的效果越佳。同时整齐美观的挡风抑尘墙建成后，可使原来污染严重的堆料场变成美丽的绿色环保景观。（参考：陈强、王克军：《挡风抑尘墙技术研究及其应用》，《北方环境》2012 年第 2 期第 125 ~ 127 页。朱雨晨）

党政同责

Party and Government Accountability

具体指中央和地方各级党委与政府，包括从省一级到乡镇街道一级的党政机关，在环境保护管理或监管方面承担同样的责任。它不同于过去在环境保护问题上，政府承担直接责任，处罚较重，党委承担间接责任，处罚较轻。当出现严重生态环境问题或明显不达标时，党政主要负责人将会获得相同的纪律和行政处罚。它实质上是在环境保护责任上的共同承担，以便解决各级党委和政府在环境保护方面的分工协作问题，让两者基于各自职责，共同做好环境保护工作，要求各级行政机关负责人对上级党委或政府的要求和安排要贯彻落实，对同级党委常委会的环境保护决议要认真执行，对本行政区域的事项要负全责。在发生环境事故或环境保护目标没有实现时，行政首脑要成为政府系统的第一责任人，要承担政治责任、纪律责任甚至法律责任。如果发生重特大环境保护事故或环境保护目标没有实现，党委负责人则要成为党委系统内的第一责任人，承担政治领导不力方面的责任。（刘中华）

刀耕火种

Slash and Burn Cultivation

刀耕火种是古老原始的农业耕作方式，又称迁移农业，有些地方称为“打游击农业”。这种耕作方式没有固定的农田。农民先把地上的树木全部砍倒，对一些大树有时先割去一圈树皮，让它枯死，然后再砍倒。已经枯死或风干的树木被火焚烧后，农民就在林中清出一片土地，用掘土的棍或锄，挖出一个个小坑，投入几粒种子，再用土埋上，靠自然肥力获得粮食。当这片土地的肥力减退时，就放弃它，再去开发一片，所以称为迁移农业。迁移农业的耕作十分粗放。在一片土地上种的作物的品种不一，种植的方式杂乱无章，不成垄也不成行，作物长得有高有矮，看上去是落后现象，其实是对热带雨林环境的一种适应。另外，多种作物混杂，成熟的时间各不相同，可供食用的时间先后交错，避免了储存粮食的困难。土地的养分除了作物吸收外，还经雨水冲刷和细菌快速分解，使由焚烧植被留下的灰分营养元素逐步减少，维持生长的年限不断缩短，更替的速度加快。如此恶性循环，最后导致生态平衡的破坏。（李雪姣）

《道藏》

Collected Taoist Scriptures

道教经典的总集，包括自周秦以来道家子书以及六朝以来的道教典籍。中国古代编纂《道藏》的历史较为久远，版本也较多，现存最早的道藏是明朝的版本，原藏于北京白云观，现由中国国家图书馆收藏。道书正式集结成“藏”，始于唐朝开元年间，此后宋、金、元、明诸朝皆曾编修《道藏》，清代编有《道藏辑要》，当代编有《藏外道书》《敦煌道藏》《中华道藏》。《开元道藏》是中国历史上第一部正式的、完整的道藏。中国现当代又出现重修《道藏》的呼声。（雷爱民）

《道藏辑要》

A Collection of the Taoist Scriptures

中国清代康熙年间，彭定求收集道书，按二十八宿字号，分为二十八集，成书共近300册，编成《道藏辑要》。《道藏辑要》是继明代《正统道藏》和《万历续道藏》之后收书最多的道教丛书，辑录道书共297种，其中辑自明正、续《道藏》者204种，新增93种，其中绝大部分是明清时代新出的著作。这部分著作的收录为研究明清道教留下珍贵文献资料。同时，《道藏辑要》还保存许多稀有资料，具有较高的文献价值。《道藏辑要》所收道藏已有之书，不尽按原貌转录，或不分卷，或删减较多。《道藏辑要》选书标准反映了清代道教学说与道教信仰的时代特征。（雷爱民）

道法自然

Tao Imitates the Nature

语出老子《道德经》：“人法地，地法天，

天法道，道法自然。”自然即自然而然，道法自然指“道”效法、遵循、顺应万物自身的发展过程和内在秩序，不强加干预。道法自然，其中“自然”并非今日所说的自然界，而是指“自然而然，自己如此”。“自然”是道的运行方式和内在属性，建立在“道法自然”的基础上。老子要求“人法自然”，从“道法自然”的天道观出发，下落到人生领域要求“自然无为”。表现为“无为而无不为”的人生观，要求人们“不妄为”，“不私为。“无为”与“自然”是相连的，对立面是“有为”和“人为”。老子反对“人为”“妄为”，反对人为的强制干预，强调以“自然”为法的“无为”。“道法自然”倡导“自然无为”，一方面可以启示个体生命顺遂各自德性，成就自身；另一方面启示人们运用它调节人与自然的关系。道法自然、清静无为可以为保护自然、维持生态和谐提供丰富的生态思想与文化资源。（雷爱民）

道格·麦克亚当

Doug McAdam, 1951 ~

著名社会学家，美国斯坦福大学社会学教授。1979 年获得博士学位，2001 ~ 2005 年担任行为科学高级研究中心主任。主要著作包括《政治过

程与黑人暴动的发展，1930-1970 年》(1982)《自由之夏》(1988，曾获得 1990 年赖特·米尔斯奖)《社会运动的比较观点》(1996)《斗争的动力》(2001)《社会运动和组织理论》(2005) 等。研究领域包括政治社会学、美国政治、集体行动和社会运动、比较和历史社会学、定性研究方法、种族和人种，被引用率最高的研究议题是社会运动分析的政治过程模式。对美国社会运动研究现状不满，通过研究社会运动的组织本身，提出政治过程模式，从而关注抗争政治的所有类型，如革命、民族主义运动和民主化。2003 年被评为美国艺术和科学学院院士。（徐越）

道格拉斯·陶格逊

Douglas Torgerson

加拿大著名政治理论学者，多伦多大学教授。生年不详。先后毕业于加利福尼亚大学伯克利分校和多伦多大学，1981 年以来任教于多伦多大学。曾担任多伦多大学理论文化和政治研究中心主任，主持大量研究项目，如文化研究、环境和资源研究等。主要研究领域为政治理论、文化理论、文化政治和环境政治。除对政治理论颇有研究外，还关注政治行动，特别是其文化、美学及工具维度。近年来将政治意义纳入到文化政治中，在公共领域和社会运动的话语下，检验它们的文化张力与战略导向。相关著作包括《管理利维坦：环境政治和行政国家》《绿色政治的承诺：环境主义与公共领域》(2000)《绿色运动的道别？政治行动和绿色公共领域》(2000) 等。（徐越）

道家人文生态观

The Taoist cultural ecology

道家的人文生态观体现在：1.“道法自然”的生态自然观。“道”是道家思想体系的核心范畴、最高范畴，“道生一，一生二，二生三，三生万物”。道不仅在天地万物生成之前就已经存在，是宇宙的本源，而且是天地万物产生的根源。2.“物无贵贱”的生态平等观。“以道观之，物无贵贱，以物观之，自贵而相贱”。从“道”来看，万物都是道的物质展示，彼此相关相通、相互平等，无贵贱之分。3.“无以人灭天”的生态行为原则。庄子极力反对“以人灭天”，即破坏

自然的行为，认为生物之间的不同生存方式都是“性不可易，命不可变”的。庄子从天理的角度，主张人要顺从自然，不要“以人易天”。4.“知常知和知止知足”的生态认识与发展观。“知常曰明”，是说人类的最高智慧就在于认识和把握天地万物运动变化的规律。“知和曰常”是指和谐是事物存在和发展的根本规律。“知止知足”是指时刻不放纵自己的欲望，时刻使人的欲望与自然界的承受能力保持合理的张力。道家认为，人类除了要“知常”（认识自然规律）、“知和”（懂得自然界必须保持和谐循环的状态）、“知止”（向自然界索取必须适可而止），最后还要“知足”（克制自己的欲望而不脱离实际）。所谓“知足”，并非消极保守、不求进取，而是进取中要讲究实际，讲究限度，尊重规律，不追求虚荣、为所欲为、贪得无厌，否则只能招致更大的祸患。（牟世晶）

道家生态道德观

Ecological Morality Views of Taoism

道家生态道德观可归纳为“贵生”。“贵生”是道家以及道教思想中最为基本、同时也是极其重要的观念。道家讲究“养生”、“保生”和“乐生”，“生”指生命，道教的终极理想更是“长生不死”。道家认为生命来源于自然，是自然万物的有机组成部分，人对待生命的正确态度应是“贵生”，即珍惜和爱护生命，尽一切办法延长生命、促进生命的发展，使万事万物各享其生、各尽其年。由于出于自然，生命对于道家来说没有高低贵贱之分，宇宙万物都有平等的生存权利，因此珍惜生命、万物平等是“贵生”思想的本质内涵。首先，从“道”来看，物无贵贱，《庄子・秋水》说：“以道观之，物无贵贱。以物观之，自贵而相贱。以俗观之，贵贱不在己。”世间之所以存在贵贱之分，完全是由于人自身的主观评判。其次，宇宙万物都有其固有的内在价值，“普天下有形之物各有其功，各有其能，各有其才，各有其用”。既然事物都有各自特殊功用，万物的生命就都有其特殊价值，无所谓高低贵贱。在《吕氏春秋》中，对于尊重生命和无物贵贱的思想同样体现了生态道德的伦理意义。其中《尽数篇》中说：“圣人查阴阳之宜，辨万物之利，以便生。故精彩安乎形。而年寿得长焉。非短而续之也，毕其数也。毕数之务，在乎去害。”这表示尊重生命的首要方式是尽量延长、保全、维持生命。生态文明正式要求承认和尊重自然万物的生命及其应有价值，达到人与自然的和谐共生，道家“贵生”思想对于如何对待自然和尊重自然具有重要借鉴价值。（参考：陈红兵：《传统儒家、道家哲学生态观比较》，《管子学刊》2005 年第 4 期第 59 ~ 63 页。欧阳文川）

道家生态伦理

Ecological Ethics of Taoism

道家生态伦理以“生而不有、为而不恃”的“道”之存在为前提，认为“道”生天地万物，道法自然。道为宇宙万有存在与运行的依据，天地万物皆为“道”所生，万物之间相辅相成。道家信奉者遵循“道法自然、清静无为”的修道方式，追求“清静无为、无欲无求”的原初状态，主张达到与万物并作而不相害、天地人我并生的和谐境界。（雷爱民）

道家生态智慧

Taoism Ecological Wisdom

道家的生态智慧对当代生态伦理构建以及生态环境保护具有重要的启示与现实意义。道家推崇“道法自然”，认为“天地与我并生，万物与我为一”，要求人们“知足不辱”、“知止不殆”、“知常知和”，追求天人和谐之乐，主张“慈爱利物”、“俭啬有度”和“知和不争”，强调以顺应自然的态度去对待自然万物、合理利用自然万物，同时主张“返璞归真”的人生宗旨和“相生相养”的社会准则。道家的生态智慧对我们确立整体的生态观、适度的发展原则、合理的消费观念等具有积极的参考价值与现实意义。（雷爱民）

道家生态自然观

Ecological Natural Views of Taoism

“道法自然”是道家理论的生态自然观。道家的“道”是指天地万物产生、存在、变化、发展的最终依据，是本体论、宇宙论上的“本源”。同时，“道”也是人所追求的最高价值目标，是人的崇高价值理想的体现。“道法自然”指“道”是天地日月、阴阳更替的本质规律，这是道家生态自然观的集中体现。“天道”即自然规律，“天道”运行有其固有法则，因而有其内在价值，人作为天地间的有机组成部分，同样应遵循“天道”而行事，去顺应自然，即老子所说的“人法地，地法天，天法道，道法自然”。“人道”是“天道”在人类社会中的体现，因此前者理应顺应后者。虽然如此，“人道”与“天道”又是和谐统一的，人对自然规律的服从并不意味着一味顺从，人在认识并遵循自然规律的基础上可以利用其为生活和生产服务。人与“道”同一，才能达到“乘天地之正，而御六气之辩，以游无穷者”的自由境界。“道法自然”这种人与自然辩证统一的关系是人类社会与自然环境和谐共存的基础。（参考：肖华玮：《浅议道家的生态观》，《改革与开放》2011 年第 2 期第 116 页。欧阳文川）

道教风水生态哲学

The Taoism Geomancy Ecological Philosophy

风水理论是中国古人朴素的生态和谐观的独特展现。古代人观风水有两大原点：一是关注人的原点，即主动寻求人在自然中的和谐生存；一是自然的原点构成，主要依据自然的地质、气候、地貌、水文、景观、环境（狭义的）等因素，并寻求这些因素在时间与空间的有机合理的运转。风水是旨在促进人与环境保持生态和谐关系的实用学科。作为古老术数，它产生在道教之前，属于阴阳五行之类众多方技中的一种。道教为风水的发展做出了贡献。风水所依托的阴阳、五行、八卦理论在道教象数学中得到充分的申发，众多的道教人士进行过堪舆实践且有风水理论著作流传。道教风水一方面是出于道教徒自身修炼需要，另一方面也有利于道教的传播，其所考虑的不仅是吸取自然界之精华，同时也有社会、经济、文化发展方面的考量。因而风水后来成为道教五术之一，成为道教人士用来体道、证道和救世济人的一种方式。（参考：王巧玲：《道教风水生态哲学初探》，《广州大学学报（社会科学版）》2011 年第 7 期第 69 ~ 74 页。牟世晶）

道教和环境保护

Taoism and Environmental Protection

道教是中国的本土宗教，它把“道”视为最高信仰，认为“道”是化生万物的源头与推动者，推崇“道法自然、清静无为”等理念，追求长生久视，修道成仙。道教对当代环境保护与生态文明建设具有重要启示。一方面道教推崇的“道法自然”“天人合一”“重生贵德”等理念可以为现代生态伦理学的建构提供理论支持与重要启示，另一方面道教的修行方式及道教宫观建设包含的生态和谐境况可以为环境保护提供典范案例。道教主张“天地人”三才之道自然共生，主张维护世界过程的自然本性。“道法自然”“天人和谐”“重生贵德”，要求人类主动关心和爱护自然，自觉承担生态义务，尊重生命，善待自然。主张慈心于万物，少私寡欲，奉道而行。道教的生态伦理强调自然之道，和谐之美，是人与自然和合共生的生存之道。这种生态伦理思想与相应的实践活动是当今人类社会需要大力提倡和推广的。它是当代社会环境保护的宝贵文化资源。（雷爱民）

道教生态观

Taoism Ecological Views

道教生态观强调人与生态环境、自然万物是同生共体的，强调生态系统的自然和谐，尊重生命、爱护自然万物，强调天、地、人之间的生态平衡关系，主张“道法自然”“天人合一”“清静无为”“尊德贵生”“慈心于物”“知止知足”归真返璞“相生相养”等。“人法地，地法天，

天法道，道法自然”可集中表达道教的生态观，它崇尚生命系统与生态系统、自然环境相互协调，效法于道。（雷爱民）

道教宇宙观

Taoism Cosmology

道家宇宙观认为道生化自然万物，道法自然，整个宇宙是一个整体，这个整体的生成变化是由阴阳变化所致，阴阳的分合相推便形成了自然万物，自然现象千变万化，其基本原因是阴阳互动所生。《道德经》说：“道生一，一生二，二生三，三生万物，万物负阴而抱阳，冲气以为和。”道教《常清静经》说：“大道无形，生育天地；大道无情，运行日月；大道无名，长养万物。”道教认为道是一切宇宙万物的源头，它生成和涵养宇宙万物，宇宙的形成过程经历了“洪元、太初、太始”三个不同的大世纪。（雷爱民）

道教自然观

Taoism Conception of Nature

道教自然观是建立在道家自然观基础上形成的宗教性的宇宙观、天人观、生命观等。道家主张“道法自然”“自然而然”，道教自然观以“道”为基础，“道本自然”“道法自然”是道教自然观的思想基础。道教对待人与自然坚持“天人合一”“天人感应”思想，认为“天、地、人”同源同体，为一气分化所生。道教自然观认为宇宙间万物都有其合理性与平等的存在地位，主张让宇宙万物自在自然，自足其性，对自然之存在与发展人当无为、勿加干预，认为天道无为，任物自然，无亲无疏，无彼无此。道教反对在人与自然之间分出高低贵贱，或强行把人与自然对立起来，要求摒弃人类中心主义思想，倡导与自然打成一片，从而进入天人相合的境地。（雷爱民）

道无所不在

Tao Is Omnipresent

“道无所不在”的思想是老庄道家的基本思想，认为大道在宇宙之间无处不在，无时不有。《道德经》论述“道”说：“有物混成，先天地生，寂兮！寥兮！独立而不改，周行而不殆，可以为天下母，吾不知其名，字之曰道，强为之名曰大。”《庄子·知北游》说：“所谓道，恶乎在？庄子曰：无所不在。”庄子不仅强调“道”的无处不在，进一步认为“物无贵贱，道通为一”，认为“道”普遍地寓于万事万物之中，所谓高贵的事物体现“道”，卑下的事物同样体现“道”。庄子借“道在屎溺”的比喻说明自然界的事物都是“道”的体现，都有各自的性状和用处，没有高低贵贱之分，从而试图从“道通为一”“天道无亲”的立场打破人们惯常的把自然界和人类社会看成贵贱高低有别的等级世界的看法。（雷爱民）

稻改旱工程

A project to deal With Drought Through Abandoning Planting Rice

密云水库地处北京市密云县城北，是北京市最大的饮用水源地。潮河、白河源于河北省，汇入密云水库，是密云水库的两大入库河流。一直以来，潮白河流域的农民因种植水稻，消耗大量水源，并施用化肥和农药，使流域内水质受到污染。2007年潮白河流域稻改旱工程启动，北京市政府付钱给上游农民，要求改变生产方式，种植耗水量较少的玉米。这不仅可以降低上游水源消耗，还能使化肥更容易停留在土壤里，减轻水质污染。农民的收入通过政府补贴和种植玉米得以保障，清洁的水质为下游人民带来好处，政府的净水工程取得双赢效果。政府支持的力度与可持续性，是该工程取得长期成效的关键。（张沥元）

稻田养虾

Raising Shrimps in Paddy

稻田养虾是充分利用稻田的空间资源蓄养小龙虾，构建利稻利虾的复合生态、生产系统的新型农田种养结合生产模式。通过稻虾共生连作可以产出无公害、高品质的水稻和龙虾。这对综合利用水土资源、发挥稻田增产增效潜力、减少农药化肥污染、发展环保循环农业、提高农产品质量安全水平、促进农（渔）业结构调整和农民增收致富等都具有重要的现实意义。国内稻田养虾生产模式主要有稻虾连作、稻虾共生（同作）、稻虾轮作、稻虾同作加连作等几种。目前国内稻田养虾主要集中在湖北、安徽、江苏等几个主产省份。（参考：何玉明、张天虎：《我国克氏原螯虾稻田养殖发展现状及对策》，《科学养鱼》2011 年第 3 期第 1 ~ 2 页。朱雨晨）

稻田养蟹

Raising Crabs in Paddy Field

稻田养蟹是根据水稻生态特征与河蟹的生物学特性设计出的一种高效立体种养模式。稻田水质清新，水温适宜，能促进浮游生物生长，为河蟹提供饵料资源。稻株茂盛又为河蟹提供栖息、隐蔽的场所。喂蟹剩余的残饵、河蟹粪便，可增加土壤的有机质含量。河蟹可以吃掉稻田中的杂草，减少病虫害的发生。由于河蟹的觅食、爬行，又松动了土壤，增加了水中溶解氧和土壤含氧量，有利于水稻的生长，经济效益是单作稻的 3 ~ 5 倍。（朱雨晨）

稻田养鸭

Feeding Ducks in Paddy Field

利用鸭子的生物特性提高水稻有机化程度，减少公害，实现水稻绿色生产的技术。中国于 2003 年从韩国引进并在实践基础上探索出一套实用技术，在稻田里发挥鸭子的吃虫、除草、净水作用，实现稻鸭双丰收。主要技术要点是：在稻田里用有机肥料如牲畜的粪便等代替化肥、农药；利用鸭子旺盛的杂食性吃掉稻田内的杂草、害虫；鸭子不间断的活动，帮助按摩、疏松土壤，刺激水稻植株分蘖，产生浑水肥田的效果。稻田养鸭，不仅大大节省成本，还培肥地力，保护生态环境，符合生态型农业的发展要求。（朱雨晨）

稻田养殖泥鳅

Raising Loaches in the Paddy Field

将养殖业与种植业有机结合起来的生态生产模式。这种方式不仅可以促进水稻增产，也可以使泥鳅产量增加。稻田不仅能为泥鳅提供生存所

需的水域环境，还可以为泥鳅提供藏匿场所，提供部分食料。泥鳅在田间钻松泥土，促进肥料分解，能吃害虫，使得水稻果实饱满，实现水稻和泥鳅的双丰收。泥鳅身体的适应性较强，是稻田生态渔业的优良品种。稻田养泥鳅的方式主要有精养和粗养两种。稻田精养应该选择弱酸性土壤，选择不旱不涸，不易被大雨淹没的田块。稻田粗养主要适用于连片稻田，田间设备较简单，不需要挖鱼沟和鱼溜，放养前加高加固田埂即可。（石艳峰）

德昂族生态文化

De' ang Ecological Culture

德昂族多居住在山区和半山区，旱地居多，为保证土地肥力，对山坡上的旱地多采用轮歇耕种方式。德昂族信仰佛教，在他们的观念中，认为弄死任何生命都是有罪。这种观念在行动上体现为德昂族极少打猎，即便偶尔打猎，也是因为鸟兽对庄稼的危害。德昂族民间流传大量民谚和俗语，反映出保护生态对人类的重要意义，如“缺了树林就断了水源”“砍了大青树断了水源”“有了大青树就有村寨和人家”等。这些俗语既体现出德昂族对保护生态的认识，同时也包含生态伦理观念，无形中对保护生态起到引导和规约作用。（牟世晶）

德班平台

Durban Platform for Enhanced Action

2011年11月28日至12月11日，联合国气候变化框架公约第17次缔约方会议在南非德班召开，大会通过《德班一揽子决议》，决定建立德班增强行动平台特设工作组，成立绿色气候基金。德班增强行动平台由会议主席、南非国际关系与合作部长马沙巴内提出，是欧盟联合小岛国联盟和最不发达国家联盟共计120个国家共同推出的《欧盟路线图》，旨在将所有国家纳入共同的具有法律效力的减排框架。平台要求缔约方国家兑现到2020年全球每年温室气体排放方面的减排承诺，全球平均气温增加不高于2℃。（申森）

德国波恩气候大会

United Nations Climate Change Conference in Bonn, Germany

1999年10月至11月《联合国气候变化框架公约》第5次缔约方会议在德国波恩举行。会议通过《公约》附件所列缔约方国家信息通报编制指南、温室气体清单技术审查指南、全球气候观测系统报告编写指南，就技术开发与转让、发展中国家及经济转型期国家的能力建设问题进行协商。商定《京都议定书》有关细节的时间表，但在《议定书》确立的重大机制上未取得进展。（席溢）

德国柏林气候大会

United Nations Climate Change Conference in Berlin, Germany

1995年3月至4月《联合国气候变化框架公约》第1次缔约方会议在德国柏林举行，会议通过《柏林授权书》等文件。文件认为，现有《气候变化框架公约》规定的义务不充分，同意立即开始谈判，就2000年后应该采取何种适当的行动保护气候进行磋商，以期最迟于1997年签订一项议定书。议定书应明确规定在一定期限内发达国家应限制和减少的温室气体排放量，要求工业化国家和发展中国家尽可能开展最广泛的合作。（席溢）

德国地球之友

Friends of the Earth Germany, BUND

非政府非盈利的绿色组织，“地球之友”在德国的分支机构，1975年成立。目前拥有48万成员和支持者，80%运营资金来自资助和会费。

主要宗旨是“保护环境、保护地球”，工作主要集中于解决环境政策挑战。致力于大力推广可再生能源，反对转基因食品，减少日常生活中有毒物质排放，主张实施符合生态的交通政策、土地政策和化学品政策等。定期组织在欧盟议会的抗议活动，发起关于环境问题的公共辩论，在国际气候谈判会议上与代表们举行非正式会谈。曾组织“退出核能的自我行动”抗议活动。近年来共组织约2200次活动，倡议人们以实际行动抗议破坏自然和地球。（王聪聪）

德国公务员制度

Civil Service System in Germany

指德国对公务员选拔管理的制度。德国公务员是在各级政府部门中工作的行政官员，不受政党是否执政的影响。德国是世界上最早建立公务员制度的国家之一，早在17世纪中叶，作为德国前身的普鲁士王国就开始采用考试方法选取国家官员，统一后于1879年颁布职业文官的考试录用标准，第二次世界大战后先后颁布一系列法律和法令，如《德国公务员法》《联邦公务员法》《联邦公务员工资法》等，建立完善的公务员制度。主要内容有：1. 完善的录用方式。德国公务员的录用方式主要有考任制、聘任制和委任制。考任制坚持公平竞争、机会均等、择优录取、长期任用的原则，由主管机构对申请担任职位的人进行测试。聘任制主要针对社会上有一定名望的专家学者，由政府机关通过合同书等契约聘用专门的人才。委任制是政府行政机关的领导人直接委任自己的助手、秘书等。2. 严格的考核和管理制度。公务员分为四级，即高级公务员、中级公务员、初级公务员和普通公务员。《联邦公务员法》对每一种公务员都规定了特定的条件，只有符合条件，才能依次晋升。公务员考核每年至少鉴定一次，考核内容向公务员宣布，并征求他们的意见。公务员的具体管理权基本都下放给各州政府，联邦政府只保留对公务员通用的、框架性的法律以及决定公务员工资、福利、津贴等的权力。（刘中华）

德国古典哲学自然观

German Classical Philosophy View of Nature

德国古典哲学自然观分为两个派别：一是以康德、谢林、黑格尔等人为代表的唯心主义辩证自然观，二是以费尔巴哈为代表的直观唯物主义的自然观。德国古典哲学唯心主义辩证自然观包括两方面内容：一方面，自然是精神发展的产物，自然必须通过精神才能获得理解；另一方面，自然是辩证运动的有机整体。康德在探讨宇宙的起源问题时，提出著名的星云假说。在这一假说中，康德运用辩证的、生成的和发展的观点看待自然，描绘宇宙万物辩证运动、变化和发展的图景。黑格尔继承并发展先前自然观的辩证法因素，把自然看作由各个发展阶段组成的体系，其中每个阶段以前一阶段为基础。他们关于自然的这些辩证理解，部分地克服以往自然观的机械论或形而上学的缺陷。费尔巴哈的直观唯物主义的自然观在批判黑格尔哲学的基础上，提出自然主义的人本主义学说。费尔巴哈重新理解自然以及自然与人的关系问题。首先，费尔巴哈从思维与存在关系的角度，指出自然是整个世界（包括人）的根据。其次，费尔巴哈从科学研究的角度，指出自然是哲学和科学的基础和对象。最后，费尔巴哈非常强调对象的地位与意义，认为人只有通过对象才能实现自身本质。这一观点已经非常接近马克思主义哲学的自然人化思想。由于费尔巴哈从直观的角度理解人与对象之间的关系，他最终未能从感性活动的角度理解人与自然的关系问题。（牟世晶）

德国环境教育

Environmental Education in Germany

德国中小学有序开展环境教育可追溯到 20 世纪 70 年代，到 80 年代开展环境教育已成为整个联邦德国的共识。各州在讨论课程时都一致同意，环境应当成为整个中小学课程体系中的必须置于优先战略地位的重要内容。1980 年 10 月 17 日，西德各州文化教育部长联合会议宣布，环境教育是德国中小学教育的义务，所有学校都必须实施环境教育；一致认为，环境教育是攸关人类生存的重要举措。会议指出：对于我们每个人和全人类而言，与环境的关系已成为生存问题。因此，各学校有责任培养学生的环境意识，使他们自觉维护环境管理，在课后养成有益于环境的有责任心的行为。德国的环境教育课程内容主要有：大自然的多样性、个性和美丽，文化景观的重要性及其历史，基本的生态法则，环境、社会、政府和经济之间关系，环境负担的类型和程度，使科学技术面临挑战的环境问题，作为伦理学挑战的人与环境的关系，个人生活方式和环境，环境问题的由来。（参考：祝怀新：《环境教育的理论与实践》第 140 页，北京：中国环境科学出版社，2005 年。王薛时）

德国环境与自然保护联盟

League for the Environment and Nature Conservation, Germany

德国环境保护与生态保育非营利组织，1975 年 7 月 20 日由多名环保人士发起成立，原名德国自然与环境保护联盟，1977 年改为今名。由于属国际地球之友的德国伙伴组织，因此在其标志下亦有地球之友作为附属名称。目前从事的议题有：法律、水资源、废弃物、森林、能源、旅游、交通、景观与基因改造等。有近 40 万名会员与支持者，

是德国最大的环保团体之一。如同德国联邦体制，联盟也分为 16 个邦分会组织以及超过 2000 个区域地方团体。（席溢）

德国联盟 90/ 绿党

Bündnis 90/Die Grünen

成立于 1993 年，由西德的绿党（Die Grünen）和东德的“联盟 90”（Bündnis 90）合并而成。德国绿党是欧洲最有影响力和最具代表性的绿党。西德绿党成立于 1980 年，在 1983 年议会大选中获得联邦议会席位。1985 年德国绿党与社会民主党在黑森州联合执政，此后绿党在柏林、下萨克森州、勃兰登堡州等联邦州也先后进入联合政府执政。德国统一后，绿党先后实现与东德绿党以及联盟 90 的合并。1994 年德国联邦大选中，联盟 90/ 绿党获得 7.3% 的选票和议会中的 49 个席位，表明该党已从 1990 年的大选失利中恢复过来，成为德国政坛中稳定的政治力量。1998 年议会大选中，联盟 90/ 绿党获得 6.7% 的选票和 47 个议会席位，与社会民主党组建全国性的“红绿”联盟政府，从而达到权力的高峰（1998 ~ 2005）。2013 年议会大选中，联盟 90/ 绿党获得 8.4% 的选票和 63 个议会席位，成为议会中的第四大党团。联盟 90/ 绿党的基本价值观是：生态学、个人自决、扩大平等、有活力的民主，价值观的基石是人权和非暴力。赞同者认为，德国绿党成功地将绿色理想转化为现实，但也有批评家认为，绿党在数十年的向制度内进军过程中牺牲了几乎所有的理想，并为权力出卖了环境友好的灵魂。（王聪聪）

《德国联盟 90/ 绿党：政党纲领与原则》

Bündnis 90/Die Grünen: Party Program and Principle

2002 年 3 月柏林代表大会上通过的德国联盟 90/ 绿党的基本纲领。集中阐述德国绿党的基本价值观，以及实现绿色政治理念的施政方案。指出联盟 90/ 绿党的基本政治价值观是：生态学、个人自决、社会平等、充满活力的民主，价值观的基石是人权和非暴力。在联盟 90/ 绿党看来，环境保护是一个正义问题，生态与民主密不可分。德国联盟 90/ 绿党希望德国的现代化道路能以绿色为导向，将可持续发展原则贯穿于经济制度和生活方式之中。该纲领分别从迈向太阳能时代、迈向生态时代、实践市政层面的可持续发展、实施解放性的社会政策、构建生态和社会市场经济、构建知识社会、实现性别平等的社会、更新民主制度等层面，系统阐述党的自然政策、环境政策、能源政策、气候政策、动物保护政策、经济政策、社会政策、教育政策、外交政策、移民政策、文化政策、欧洲政策等。（王聪聪）

德国联盟 90/ 绿党联邦执委会

Bündnis 90/Federal Executive committee of the Greens CDie Grünen

德国绿党的政策建议、协调机构，由党内 16 名高级别政治家组成。在代表大会闭会期间，联邦执委会负责协调联邦政党、政治团体以及全国团体之间的工作，提出并规划共同的政策倡议。联邦执委会 16 个委员中的 13 名，由绿党代表大会选举产生。另外 3 名联邦执委会成员是：联盟 90/ 绿党的两名主席杰姆・厄兹代米尔（Cem Özdemir）与西蒙娜・彼得（Simone Peter），以及绿党的政治经理人迈克尔・凯尔纳（Michael Kellner）。2013 年 10 月德国联邦议会大选后，联盟 90/ 绿党在柏林召开党的代表大会，选举产生了新的联邦理事会和第 16 届联邦执委会。厄兹代米尔再次当选为联盟 90/ 绿党主席，萨尔州前环境、能源和运输部长彼得首次当选为联盟 90/ 绿党主席。本尼迪克特・梅耶（Benedikt Mayer）再次当选为联邦财务官。联邦执委会的成员还包括克劳迪娅・戴尔波特（Claudia Dalbert）、丽贝卡・哈姆斯（Rebecca Harms）、格哈德・希克（Gerhard Schick）等人。（王聪聪）

德国联盟 **90/** 绿党州理事会

Bündnis 90/State Council of The Greens

联邦党代表大会闭会期间的最高决策机构，负责执行绿党代表大会所确定的政策，并协调联邦政党、议会党团以及州政党之间的工作。州理事会隶属于联邦执委会，成员主要来自州政党代表或发言人、联盟 90/ 绿党在联邦议会党团的代表、联盟 90/ 绿党在欧洲议会党团的代表、联邦青年绿党的代表，以及联邦工作小组的代表。德国联盟 90/ 绿党州理事会至少每年召开一次代表大会。德国联盟 90/ 绿党在 2015 年 4 月召开的州理事会，主要讨论欧洲经济和政治政策，以及安乐死等议题。此次州理事会代表大会还通过了《欧洲的未来：我们的绿色新政》等一系列政策文件。文件指出，为了全面回应当前欧洲的经济、社会、环境、生态危机，欧洲需要绿色新政，即依赖于生态创新的长期投资策略、杜绝企业所造成的环境破坏、可持续的商业模式、社会公正而非社会鸿沟等。（王聪聪）

德国绿色和平

Green Peace Deutschland

绿色和平组织在德国的分支机构，1980 年成立，总部位于德国汉堡市。国际绿色和平组织和分支机构之间，是协调与合作的关系。成立 30 多年来，一直致力于推动德国的绿色发展之路与和平之路，是德国重要的环境非政府组织。近年来组织多次抗议活动，抗议德国的能源政策，呼吁大力发展可再生能源，全面关闭煤炭发电。2012 年 1 月 29 日，通过燃烧二氧化碳的大字，来抗议勃兰登堡州以褐煤为主的能源政策；2012 年 5 月 31 日，提出德国到 2040 年为止全面关闭煤炭发电站的方案；2014 年 4 月 13 日，联合国政府间气候变化专门委员会在德国柏林发布了第五次评估报告第三工作组报告，德国绿色和平组织抗议活动，呼吁退出煤炭发电。（王聪聪）

德国社会民主党

Social Democratic Party of Germany, SPD

1863 年成立，德国议会中历史最悠久的政党，世界著名的建立在马克思主义理论基础上的政党之一。与中右翼的基督教民主党 / 基督教社会党，

并称为当前德国政坛两大群众性政党。1959 年通过了著名的《哥德斯堡纲领》，由工人阶级政党转型成为现代社会民主党。此后又出台《柏林纲领》和《汉堡纲领》。核心政治原则是自由、社会正义和社会团结。这些政治原则和价值观构成社会民主主义的基础。在 20 世纪 60 ~ 70 年代没有将环境议题看作战略性议题。70 年代的反核运动和生态运动的崛起，使党内出现分歧。1983 年在联邦德国大选失败，促成社民党纲领的全面更新。1988 年纲领草案中，明确了环境和生态议题的重要性，表示反对核能。这成为社民党环境政策转向的重要标志。1989 年通过《柏林纲领》，明确提出生态现代化和有质量增长的理念。1998 ~ 2005 年与绿党联合执政，使党的环境政策进一步绿化。2013 年起出任与基督教民主党 / 基督教社会党的联合政府的环境部长。（王聪聪）

德国生态民主党

Ecological Democratic Party of Germany, ÖDP

德国较为保守的绿色政党，1982 年由绿色政治团体未来绿色行动创始人、绿党成员赫伯特·

格鲁尔建立。生态民主党不赞成绿党党内由马克思主义派别占主导的社会变革主张，强调纯粹的绿色倡议，强调尊重个人的权利和尊严，希望解决生态危机、经济危机、文化、社会和伦理等方面的挑战，建立“生活—友好”的世界。大部分绿色主张都与绿党的主张相似，主要的区别在于其较少支持移民，希望限制国家权力，对于女性主义的观念也不相同。相对于绿党，生态民主党具有明显的纯环境主义或保守主

义性质。生态民主党主要的选举基地在德国南部的联邦州，如巴伐利亚、巴登—符腾堡。曾因在巴伐利亚州反对捷克建设梅特林核电站而声名大噪。总体而言，生态民主党的社会与政治影响力相对较弱。目前，该党没有获得联邦议会的代表权。2014 年欧洲议会选举中，生态民主党获得了 0.7%的全国选票，在欧洲议会获得 1 个议会席位。克劳斯·布希纳(Klaus Buchner)作为独立候选人，加入了绿党—欧洲自由联盟党团。（王聪聪）

德国市民生态组织联盟

The federal alliance of citizens' initiatives for envirowmental protection in Germany（BBU）

20 世纪 60 ~ 70 年代成立的德国绿色环境组织，德国绿党的创始成员团体。20 世纪 60 ~ 70 年代，随着环境运动、反核运动的发展，很多绿色团体相继成立。独立德国人行动委员会成立于 1965 年，由自由主义和保守派的生态学家组成；未来绿色行动成立于 1978 年，领导人为奥古斯特·豪斯莱特（August Haussleiter）和赫伯特·格鲁尔（Herbert Gruhl）。德国市民生态组织联盟成立于 1972 年，是德国最大的反核组织和生态组织，领导人为佩特拉·凯利。为迎接 1979 年的欧洲议会选举，这三个环境团体决定成立绿党联合会，以加强德国绿色组织的选举力量。1979 年 3 月，德国独立德国人行动委员会、未来绿色行动和德国市民生态组织联盟的领导人，在法兰克福召开绿党联盟成立大会，选择政治联盟——绿党正式成立。1980 年 1 月，选举联盟正式组建为政党，在卡尔斯鲁厄召开了德国绿党的成立大会。（王聪聪）

德国新联邦制改革

New Federal System Reform in Germany

指德国自默克尔政府以后对联邦制进行的改革。2005 年德国联邦议院大选后，默克尔担任总理的大联合政府上台，随后 2006 年 6 月 30 日和 7 月 7 日，联邦议院与联邦参议院先后通过《基本法修正案》与《联邦制改革法》，拉开德国新联邦制改革的序幕。指导思想是全面整合国家法制资源，逐步剥离并消除妨碍决策民主与施政绩效的联邦与州政府之间过度纠缠的政治现象，厘清各级政府之间的功能范畴，构筑清晰化的责任平台。具体措施上，德国政坛与学术界集中于如何摆脱以往的政治纠缠，如大幅度削减联邦政府与联邦议院倡议立法议案与决策方略所需获得的源自联邦参议院审核与批准的数目，明令禁止联邦政府以各种形式向基层市镇政府转让或移交事务性的职责与功能，全面调整各级政府主体之间的立法权限分布状况，强化不同行政主体的立法空间与决策能力等。（刘中华）

德国自然保护联盟

Nature and Biodiversity conservation, Germany; Naturschutz bund Deutschland, NABU

德国的国际性非政府组织，致力于环境保护，具体项目是保护河流、森林及动物种群。联盟由总部、地方分部和单个团体构成。联盟的青少年机构德国自然保护青年团，积极参与各项工作，是德国最活跃的青年团体之一。德国自然保护青年团每年举行“体验春天”活动。联盟总部有超过 30 个义务专家小组和工作小组致力于专门主题。各种主题有：昆虫或鸟类、森林与荒野、绿色水果、环境政治、交通、垃圾、能源、化学。总部国际专家小组在中亚、高加索、非洲开展大量活动，有候鸟保护、蝙蝠保护、绿色水果、昆虫学、真菌研究。出版专业杂志，提供大量相关服务。1971 年以来，联盟每年选出年度鸟。（席溢）

德国自然保护青年联盟

Nature and Biodiversity conservation, Junion, Germany; NAJu

德国自然保护联盟旗下的独立青年组织。它是德国最大的以自然和环境保护为主旨的青少年组织，创立于 1982 年。致力于通过一系列积极措施，保护生物多样化和人类自然基地。拥有超过

75000名成员，主要从事青少年课外环境教育、环境保护和实践，行动遍及德国各地，通过16个官方社团和超过1000个小组开展行动，与德国及其他国家的相关组织保持广泛合作。行动目标是保护自然，通过帮助年轻人体验自然，参与到自然保护和环境政策制定中。帮助当代年轻人争取可持续发展的环境，向年轻人普及植物、动物知识，帮助他们理解生态系统的工作机理。持续不断地培训和团队的开发能力，确保提供的环境教育常变常新，水平一流。密切关注环境政策的动向，给年轻人发出号召，鼓励他们参与环境相关的辩论、项目、行动以及政治请愿。身体力行，向公众展示可持续的消费和生活方式。（席溢）

德国左翼党

The left party in Germany

由民社党和从社民党分裂出来的“选举替代—劳动与社会正义党”（WASG）合并而成，2007年成立。民社党是前东德执政党统一社会党的后继党。20世纪90年代，该党成功塑造了德国东部地区利益捍卫者的形象，从而站稳政坛；在西部选举支持较弱。左翼党的成立，为拓展西部地区的选举支持奠定基础。目前，德国左翼党在全国16个州的13个州议会中拥有议席。在2005年、2009年和2013年德国联邦大选中，分别获得8.7%、11.9%和8.6%的选票和议会中的54个、76个和64个议会席位。意识形态是民主社会主义。2011年纲领中提出“社会—生态转型”的目标。环境政策包括：通过公共投资来促进基础设施建设，进而实现社会生态改造，如建筑物的节能减排、环保的运输模式等；反对因能源转型而带来的居民生活成本的提高，提倡能源转型的民主控制；大力发展可再生能源，退出核能等。（王聪聪）

DIE LINKE.

德里克·沃尔

Derek Wall

英国当代生态社会主义者，伦敦大学金史密斯学院政治系客座导师，教授政治经济学，在达夫米勒高级中学教授经济学。生年不详。1980年加入英国生态党，2006～2007年担任英格兰和威尔士绿党首席发言人，是英国左翼报刊《晨星报》《红辣椒》的定期撰稿人和《社会主义抗拒》的咨询编审。生态社会主义学者和活动家。作为学者，在生态社会主义和绿色政治理论方面著述颇丰。1990年出版《实现绿色社会的步骤》和《20世纪90年代的绿色宣言》。1994年出版《绿色历史——环境文学、哲学和政治学读物》，梳理生态学发展史上的重要著作，评述历史上的绿色思想和绿色运动，呼吁人们重视环境问题以及采取必要的环保行动。1998年完成博士论文《英国、地球优先的政治学》，获得政治经济学博士学位。1999年出版《地球优先和反道路运动：激进环境主义和比较社会运动》，重点研究英国及世界重要的社会学和政治问题。21世纪以来，出版两部重要的生态社会主义著作：《巴比伦及其超越：反全球主义的、反资本主义的和激进的绿色运动的经济学》（2005），介绍反资本主义运动的发展和特点；《绿色左翼的兴起：一种世界生态社会主义者的观点》（2010），概括和总结左翼尤其是拉丁美洲等发展中国家的生态社会主义实践，旗帜鲜明地呼吁非暴力的武装运动。（徐越）

《德意志帝国宪法》

Constitution of the German Empire

1871年4月16日德意志帝国议会通过的君主立宪的联邦制宪法，系在1867年北德意志联邦宪法基础上稍加修改而成。它规定，帝国为联邦国家，各邦可保有一些自治权，但军事、外交、海关和银行立法、货币、度量衡、铁路和水路运输、邮电、民法刑法等，都归入中央政府的权限范围；立法权由联邦议会（上院）和帝国议会（下院）行使，联邦议会由各邦任命的代表组成，共58名（其中普鲁士有17名，后又加上阿尔萨斯和洛林代表3名），实际掌握国家权力，帝国宰相兼任联邦议会主席；帝国议会由普选产生，每5年选举一次，有权提出法案并行使审查预算权，但立法权大受限制，其通过的法律只有取得联邦议会赞同并经皇帝批准才能生效；普鲁士国王为世袭联邦主席，享有德意志帝国皇帝称号，统帅武装部队，对外代表国家，有以帝国名义宣战、媾和、同外国缔结同盟及条约的权力，有权任免帝国宰相；宰相负责帝国事务，由皇帝颁布的命令和指示须经宰相副署才能生效，宰相不对议会负责；国旗以普鲁士的黑、白两色加上汉萨同盟的红色，成为黑红白三色旗。该宪法保证了普鲁士在德国的统治地位，确立了德意志帝国国家制度的基础，但保存了小邦的特权和分离主义残余。（李庆）

《德意志意识形态》

German Ideology

《德意志意识形态：对费尔巴哈、布·鲍威尔和施蒂纳所代表的现代德国哲学以及各式各样先知所代表的德国社会主义的批判》，是马克思和恩格斯于1845～1846年合写的著作。这部著作约有50印张的手稿，共两卷。第一卷的内容是研究历史唯物主义的基本原理和批判费尔巴哈、鲍威尔、施蒂纳的哲学观点。第二卷的内容是批判各种“真正的社会主义”的代表。马克思和恩格斯在世时，仅发表了第二卷第四章。

《德意志意识形态》是思想内容非常丰富的著作。在这部书中，历史唯物主义的探讨占据主要地位。马克思和恩格斯提出并论证人们社会存在决定人们社会意识的原理，指出生产方式在人们的整个社会生活中的决定作用。在《德意志意识形态》中，第一次阐述生产力和生产关系发展的最一般的客观规律。在这部著作中已经包含社会经济形态这个非常重要的概念，并对历史上相继更替的各经济形态的基本特点作了简短分析。马克思和恩格斯创立理论的某些基本概念，在《德意志意识形态》中使用的是不太确切术语，后来他们用比较确切表达这些新概念的内容的另一些术语代替了这些术语。例如，生产关系这个概念在这里是用“交往方式”、“交往形式”、“交往关系”等术语表达；“所有制形式”这一术语实际上包含着社会经济形态这个概念。

马克思和恩格斯在分析社会发展的客观规律时指出，政治和思想的上层建筑，归根结底是由历史发展的每一阶段上所存在的经济关系决定的。在《德意志意识形态》中揭示出国家的作用，指出国家是经济上占统治地位的阶级的权力工具。马克思和恩格斯指出，阶级斗争和革命是历史发展的动力。马克思主义关于无产阶级的世界历史作用的最重要的原理，在《德意志意识形态》中有比较详尽的科学论证。马克思和恩格斯在这部著作中第一次提出无产阶级夺取政权的任务。在马克思和恩格斯的这一原理中，已包含着他们的无产阶级专政学说的萌芽。马克思和恩格斯在论证这一结论后，概括地阐述无产阶级革命的主要的经济、政治和思想前提，指出无产阶级革命和以前的一切革命的根本区别，这种区别首先在于：以前的一切革命都是用一种剥削形式代替另一种剥削形式，与此相反，无产阶级革命要消灭一切剥削；无产阶级革命归根到底是要消灭任何阶级的统治以及消灭这些阶级本身。

马克思和恩格斯在《德意志意识形态》中揭示城乡之间对立以及脑力劳动和体力劳动之间对立的产生和发展的原因，指出这些对立将在无产阶级革命改造社会的过程中被消灭掉。虽然马克思和恩格斯在《德意志意识形态》中没有专门研究经济关系，但在这部著作中阐明一系列马克思主义政治经济学的极重要的基本原理。他们在制定辩证唯物主义和历史唯物主义时，不仅完成哲学和历史观中的根本变革，而且用真正科学的研究方法武装政治经济学。在《德意志意识形态》中，表达了对经济规律和范畴的客观性质的明确理解。资产阶级的经济学家把资产阶级社会的经济规律和范畴看作是永恒不变的。与资产阶级经济学家相反，马克思和恩格斯认为这些经济规律和范畴是受到历史限制的、暂时性的社会关系在理论上的表现。“地租、利润等这些私有财产的现实存在形式是与生产的一定阶段相适应的社会关系”。

马克思和恩格斯第一次提出社会经济形态这一马克思主义的政治经济学非常重要的概念。他们在《德意志意识形态》中指出在不同的历史发展阶段上，个人之间的相互关系“根据个人与劳动的材料、工具和产品的关系”而如何不断地改变，指出所有制的各种历史形式——按照马克思和恩格斯当时所使用的术语，就是部落所有制、古代所有制、封建所有制和资产阶级所有制——如何相互更替。马克思和恩格斯揭示这些所有制形式之间的差别，同时指出社会发展的承续性。这种承续性表现在新的一代继承着先辈遗留下来的生产力。一定的生产关系（“交往形式”）的总和是在一定时期的生产力的基础上产生的，它适合于生产力的性质，构成生产力发展的条件，其后又逐渐成为阻碍生产力进一步发展的桎梏，与生产力发生矛盾。解决这个矛盾的办法是“已成为桎梏的旧的交往形式被适应于比较发达的生产力的……新的交往形式所代替”。此后，这一规律在马克思的《政治经济学批判》中获得经典性的表述。马克思和恩格斯应用这一规律分析资本主义。在说明资本主义社会时，他们把它看作是一种客观上必然的同时也是历史上暂时的“交往形式”。马克思和恩格斯证明，生产力发展到一定程度时，生产资料的私有制会成为束缚生产力的桎梏，这种桎梏将必然为共产主义革命所摧毁。这种革命将使生产关系适合于生产力的状况。他们描绘了未来共产主义社会的某些基本轮廓。马克思和恩格斯认为这个社会的特点是：在共产主义制度下，人们将自觉地利用客观经济规律，从而有能力支配生产，支配交换，支配自己的社会关系。只有在共产主义制度下，每一个人的才能和天资才会得到充分的和全面的发展。（参考：中央编译局：《马克思恩格斯全集》第3卷，北京：人民出版社，1995年。李庆）

等额选举

Single Candidate Election

差额选举的对称。候选人名额与应选人名额相等的一种选举方式。我国1953年《选举法》颁布后，各级人民代表大会代表的选举，普遍采取这种方式。这种方式的缺点在于，选民自由选择的余地受到一定限制。因此，1979年《选举法》规定实行差额选举。目前，选举人大代表和某些地方国家机关领导人时，既可实行差额选举、也可实行等额选举的情况有：1）由选区或选举单位补选出缺的人大代表；2）地方各级人大选举本级人大常委会主任、秘书长、人民政府正职领导人、人民法院院长、人民检察院检察长；3）地方各级人大补选本级人大常委会组成人员、人民政府正副职领导人、人民法院院长、人民检察院检察长。此外，目前实行等额选举的情况，包括全国人大常委会委员长、副委员长、秘书长、国家主席、副主席、中央军委主席、最高人民法院院长、最高人民检察院检察长的选举。（李庆）

等级制

Hierarchy

美国社会生态学家默里·布克金提出的生态无政府主义理论的重要概念。指社会等级比经济学中的阶级概念更具有基础性地位，早在资本主义制度出现之前社会等级就已经长期存在。借助等级制度，一个社会阶层统治着另一个阶层。实际上，是社会等级制催生了统治自然观念的产生。因此，等级制概念与布克金致力于发展的社会生态学有着密切联系。布克金不是第一个论述等级制的自由进步主义社会学家，但他无疑是将其作为重要的社会政治概念详尽阐述的人。在《自由生态学》中，他详尽地、辩证地分析这一概念。（徐越）

邓飞

Deng Fei, 1978 ～

中国知名的调查记者。湖南沅江人。湖南大学新闻专业毕业，中欧国际工商学院2013届EMBA

学员，现任《凤凰周刊》编委、记者部主任。从业10年写下100多篇调查报告。2011年转身公益，利用移动互联网工具，先后发起微博打拐、免费午

餐、中国乡村儿童大病医保、暖流计划、女童保护、让候鸟飞、中国水安全计划等多个公益项目。创建“e农计划”社会型企业，动员和组织社会各界投身公益，在乡村儿童、乡村环保和乡村经济领域致力帮助中国乡村儿童获取基本公平和保障，支持乡村儿童有尊严成长，尤其是免费午餐影响中央政府每年投入160亿元改善乡村儿童营养状况。在邓飞的倡导和实践下，透明公益、人人公益理念深入人心，有力推动中国公益慈善事业转型，自下而上助力社会成长，联合政府、企业持续有效解决一个又一个重大社会问题。（张惠娜）

邓肯·利斐伦克

Duncan Liefferink

荷兰内梅亨大学社会地理、空间规划、环境社会政治科学系教授，研究领域为国际关系、比较政治学、科学技术与环境政治学。生年不详。代表作有：《欧洲一体化和环境政策》，阐述欧洲一体化背景下的欧洲（盟）环境政策的历史演进及其决策机构与机制。（徐越）

《低碳》

Low Carbon

我国低碳领域权威性、专业性的期刊。中国低碳协会主办，坚持高层次、宽视野的办刊方针，以科学视角深入报道、分析和观察低碳产业最新发展动态，宣传国家低碳方针政策，传播绿色经济技术、市场和信息，推广发展低碳产业典型经验。内容涵盖政治、经济、文化、公益、国际合作以及气候、能源、科技、节能环保、城市、金融、工业、建筑、交通、教育、农村、清洁发展机制、太阳能、新能源汽车等广泛领域。杂志栏目设置：全球视角、国际动态、环球碳讯、要闻聚焦、行业透视、政策走向、高端访谈、节能环保、低碳农业、低碳城市、低碳人物、低碳园区、低碳技术、低碳金融、森林碳汇、会议会展、低碳文化、地方聚焦、企业纵横、专家在线、低碳生活、公益活动、低碳沙龙等。致力于推动低碳技术创新，走绿色低碳发展道路，促进低碳产业、低碳科技快速发展，为低碳企业和低碳产业可持续发展服务。信息面广、报道量大，多有启迪文章。顾问指导委员会汇集曾任职于国家发改委、环保部、科技部、工信部、住建部、交通运输部、国务院发展研究中心、国务院参事室及能源局等相关部门领导及业界权威专家、学者、教授、企业精英、优秀记者，是环保领域较有影响力的杂志。双月刊，大16开，彩色四封。（张惠娜）

低碳办公

Low-carbon Office

低碳经济活动的重要组成部分，倡导在办公全程中尽量减少碳的排量，节约资源，降低能耗，减少污染物的产生和排放等。要求企业或政府不仅需要针对降低碳排量采取具体的措施，也要转变办公的理念，建立绿色高效低能耗的办公模式。政府或企业在采购办公用品的过程中要尽量选择低碳产品，鼓励工作人员在办公的过程中养成节俭的习惯，从身边的小事做起，如纸张双面使用、用再生铅笔代替签字笔、随手关灯关电源、减少一次性纸杯的使用、绿色出行等等。低碳办公鼓励政府或企业进行制度改革和创新，营造良好的办公环境，低成本高效办公。低碳办公对于建设生态文明具有重要意义，同时也有利于提高政府和企业的形象，促进可持续发展。（韩铮）

低碳产品

Low-carbon Product

指生产和使用过程中符合节能减排标准的产品。与普通产品相比，除产品本身具有的使用价值外，还具有超使用价值，即环境价值。随着低碳经济的发展，产品的生产和使用也要求逐渐符合低碳的标准，以促进企业生产和大众消费向低碳生产模式转变。同时一系列关于低碳产品的认证也陆续出台，以引导和规范企业和大众通过生产和消费参与到应对全球气候变化中。目前，低碳产品的消费仍处于起步阶段，对低碳产品环境价值的兴趣和消费也因人而异。随着我国人均收入水平提高，低碳产品的超越价值功能的比重逐渐增加。按可持续发展理念，低碳消费终将成为社会消费的导向与主流，消费群体会从完全注重商品的使用特性逐步转变为注重环境的心理满足。（韩铮）

低碳产品认证

Low Carbon Product Certification

指以产品为链条，通过向产品授予低碳标志，披露产品的碳排放信息，有效引导消费者购买行为，从而向社会推出以顾客为导向的低碳产品采购和消费模式。以公众的消费选择引导和鼓励企业开发低碳产品技术，向低碳生产模式转变，最终达到减少全球温室气体的效果。低碳产品认证以综合性的环境行为指标为基础，低碳指标为特色。开展低碳产品认证，可以对生产领域中各类活动的温室气体设定相关限值标准，有助于产业自身节能减排和提高竞争力；同时可以成为联系公众与可持续发展战略的纽带，为社会树立良好的消费价值导向，有助于构建全方位的生态消费体系和形成新的消费价值观。国际上低碳产品认证项目近年不断出现。德国、英国、日本、韩国等国家已经实行低碳产品认证。中国环境保护部在参考国际低碳产品认证发展模式基础上，制定了低碳产品认证标准。按照原有中国环境标志认证体系，对通过认证的低碳产品授予中国环境标志，表示该类产品对减少碳排放、保护气候方面的积极作用。（蔡越　代富宇）

低碳产业

Low-carbon industry

低碳产业是指生产与消费中低能耗、低污染、低排放的产业模式。它是以碳减排量或碳排放权为资源，以节能减排技术为基础，从事节能减排产品研究、开发、生产的综合性产业集合体。狭义讲，低碳产业是提供以减少二氧化碳排放为目标的服务和产品的行业。广义讲，低碳产业是指有助于节能减排的所有行业类别，通过提供节能技术服务以间接减少二氧化碳排放的行业，如清洁生产技术、森林碳汇、服务于碳排放权交易市场的所有行业等。低碳产业来自于低碳经济的发展，以低碳技术为核心，是低碳经济发展模式下的新兴产业模式。低碳产业涉及电力、交通、建筑、冶金、化工、石化等部门，包括可再生能源及新能源、建筑节能技术、煤的清洁高效利用、油气资源和煤层气的勘探开发等各个领域，几乎涵盖所有支柱产业，甚至还包括为低碳技术行业服务的上下游产业。（任傲尘）

低碳产业规划

Low-carbon Industry Planning

低碳产业是低碳经济的重要组成部分。产业低碳化包含两方面的含义，一是发展本身就是低能耗、低排放的产业类型；二是发展以低碳技术为载体的产业类型，如新能源产业等。要实现低碳经济的目标，必须进行以产业转型为先导的城市经济社会转型，并传递到城市空间形态的变化，实现城市产业转型与空间重构的良性互动。国际上，英、德两国的低碳产业规划主要通过调整产业结构，建设示范低碳发电站，发展清洁煤、碳储存等技术；欧盟积极探索新能源技术，推动以新能源产业为代表的产业结构调整；美国重点发展新能源和清洁能源产业，改变对石油的过度依赖；日本则持续投资化石能源的减排技术研发与装备制造。我国的低碳产业战略规划包括优化产业结构、严格控制高耗能产业发展、积极发展第三产业三个方面；从宏观（低碳技术）、中观（低碳产业）、微观（低碳政策）三个层面提出产业结构调整的方向；从技术创新的角度，提出淘汰高投入、高耗能、高污染的低效益产业，大力发展低能耗、低污染、高效益的战略性新兴产业调整，同时提倡大力发展碳汇产业。（韩铮）

低碳城市

Low-carbon City

可持续发展思想在城市发展中的具体化。实施低碳城市发展战略，按照低碳城市理念确定新型城市发展模式。首先，低碳城市发展模式要求改善能源开发、生产、输送、转行和利用过程中的效率并减少能源消耗。在保障发展速度的同时，减少对能源的需求及对能源结构中仍占主导地位的化石燃料的依赖。其次，低碳城市发展模式需要降低经济发展必不可少的能源中的碳含量和开发利用产生的碳排放，从而实现全球大气环境中温室气体环境容量的高效合理利用。此外，低碳城市发展模式还意味着调整和改善全球大气环境中的碳循环，通过增加自然碳汇来抵消短期内无法避免的化石燃料燃烧所排放的温室气体，最终实现稳定大气中温室气体浓度的目标。（李雪姣）

低碳城镇品牌

Low Carbon Urban Brand

低碳城镇是低碳经济在全球盛行的背景下提出的。2003年2月24日，英国颁布能源白皮书《我们能源的未来：创建低碳经济》，首次明确提出低碳经济的概念，2009年哥本哈根联合国气候大会后，发展低碳经济成为时代潮流。低碳经济的实质是发展清洁能源、提高能源利用率、减少能源消耗和降低碳排放，促进产业结构低碳化转型和经济社会的可持续发展。在此意义下，低碳城镇是以低能耗、低污染、低排放为经济发展特征的城镇，是打造城镇品牌的必然要素。城镇品牌是社会公众和权威机构对一个城镇综合实力的整体印象和整体评价，是城镇经济、社会、文化、教育、环境和自然各方面情况的集中反映。我国对低碳城镇的研究始于2010年，同年科技部批准上海崇明区为可持续发展试验区，次年计划将其建设成为低碳示范城镇。城镇品牌与低碳主题的结合是目前发展生态型城市与实现城市经济社会可持续发展的必然趋势。低碳城镇除经济发展模式低碳化这层含义以外，还包括城镇居民低碳型生活方式，如低碳消费方式和低碳出行方式等等。此外，还包括政府行政机关的低碳型行政理念、低碳型决策、低碳型管理，在实际生活中则具体表现为低碳型的法律和低碳型的制度等等。（参考：于树青：《基于生态位理论的城镇品牌价值链构建研究》，中国海洋大学2012年博士学位论文第45～47页。欧阳文川）

低碳传播

Low-Carbon Transmission

大众传媒对人们低碳观念的形成，低碳技术知识的了解掌握，具有不可替代的重要作用，成为低碳传播的重要媒介。媒介化时代，大众传媒以广泛覆盖面和强大渗透力，对社会生活产生重要影响。低碳传播相关资讯，更需要传递资讯背后的价值理念。需要做好相关策划，对信息深加工，选择受众喜闻乐见的形式传播表达。将新闻事件与日常生活结合起来，在潜移默化中强化受众的认知与理解。传媒传播低碳观念，通过具体数据分析、具体事实形象展示让受众接受。（张惠娜）

低碳发展

Low-carbon Development

指以低耗能、低污染、低排放为主要特征的可持续发展模式。对于经济和社会的可持续发展来说，具有重要的路径与手段意义。发展低碳经济有利于资源节约型、环境友好型的社会建设，从而达到人与自然的和谐相处。低碳发展是低碳与发展的有机结合，一方面要尽量降低二氧化碳的排放，另一方面要努力实现经济社会的发展。低碳发展的核心并非是简单削减二氧化碳的排放总量，而是要通过新的经济发展模式，在减少碳排放的同时提高效益或竞争力，促进经济社会全面发展。低碳发展是我国推进生态文明建设的“三个发展”战略之一（另外两个战略是绿色发展和循环发展）。（徐越）

低碳技术

Low-carbon Technology

低碳技术通常指所有能够降低人类生产活动中产生的碳排放的技术。相对于产生大量碳排放物及相关产物的传统高碳技术，低碳意味着较低或更低的温室气体的排放。广义上的低碳技术是指为实现低碳经济而采用的技术；狭义上的低碳技术则是指降低碳排放的技术，其主要目的是降低大气中的碳含量。低碳技术涉及的领域较广，包括电力、交通、建筑、冶金、能源等部门。一般而言，低碳技术可分为三类：一是源头控制上的无碳技术，即具有无碳排放特征的清洁能源技术，主要包括太阳能发电技术、风力发电技术、水力发电技术、地热发电技术、核能技术等；二是生产消费过程中减少碳排放技术，即在电力、热力、石油加工、交通、建筑等高耗能、高排放行业发展节能减排技术等；三是末端去碳技术，如二氧化碳捕获与埋存（CCS）以及利用技术等。（韩铮）

低碳技术发展路线图

Low-carbon Technology Development Route Map

将路线图引入低碳技术发展的结果，即低碳技术的利益者共同推动制定的，关于低碳技术发展的轨迹与趋势的预测，是对低碳技术未来蓝图和前景的勾勒。低碳技术路线图提供了低碳技术在某一特定时刻达到最高值的方法和途径，通常使用简洁的图形、表格或文字来表示。低碳路线图具有前瞻性和系统性，对于低碳技术领域的发展具有重要的指导意义。不仅总结了之前的发展，而且指出了未来的发展方向，还为其发展提供了理论依据，帮助相关人员深入了解低碳技术的发展历程。低碳技术路线图有效地将低碳技术与技术路线图相结合，很好地推动了低碳技术的发展。（韩铮）

低碳家庭

Low-carbon Family

为了促进低碳经济的发展，我国积极推进低碳家庭的建设，提倡低碳生活。低碳家庭的理念倡导低能耗、低开支、节能减排的生活方式，从生活的点滴做起，重塑家庭的消费和生活模式。低碳家庭将低碳技术运用到日常的生活中，在减少碳排放的基础上，从衣食住行各个方面入手，提高人们的生活质量，如：使用环保家电如节能灯、太阳能热水器等，注重垃圾分类处理和回收利用，绿色出行，合理膳食，简约生活等。低碳家庭的建设有助于促进低碳经济和技术的发展，也是人们践行低碳理念的重要表现形式。（韩铮）

低碳建筑

Low-carbon Building

新兴的环保节能的建筑模式。低碳经济是以减少温室气体排放为目标，以低能耗、低污染为基础的经济模式，实质是能源高效利用、清洁能源开发、追求绿色 GDP，核心是能源技术和减排技术创新、产业结构和制度创新以及人类生存发展观念的根本性转变。低碳建筑被认为是实现尽可能少的温室气体排放的建筑。依据低碳经济概念，可将低碳建筑定义为：在建筑的全生命周期内，以低能耗、低污染、低排放为基础，最大限度地减少温室气体排放，为人们提供具有合理舒适度的使用空间的建筑模式。低碳文明是人类社会继农业文明、工业文明之后的又一次重大文明进步。在政府、企业与个人的共同参与和努力下，低碳建筑将会伴随可持续发展步伐进入社会生活，并对建筑业可持续发展、建筑经济增长、建造技术、建造方式等带来革命性变革。（参考：

李启明、欧晓星：《低碳建筑概念及其发展分析》，《建筑经济》2010 年第 2 期第 41 ～ 43 页。王薛时）

低碳交通

Low-carbon Transportation

以低能耗、低污染、低排放为特征的交通发展模式，属于低碳经济的有机组成部分。城市低碳交通是在最大限度地满足社会经济发展对城市交通运输需求的基础上，以尽可能少的化石能源消耗和尽可能减少温室气体排放，为人流和物流提供安全、便捷、舒适和公平的服务。低碳交通的内涵包括：1. 城市低碳交通不是一种新的交通方式，而是一种新的发展理念。其核心在于提高交通运输的能源效率，改善交通运输的用能结构，优化交通运输的发展方式，引导人们合理出行。其目的是在降低能耗和减少碳排放量的同时，增加运载能力，为人流和物流提供安全、便捷、舒适和公平的服务，不断满足人们的生产和生活对城市交通运输的需求。2. 城市低碳交通建设是一项系统性工程。规划、建设、维护、运输、交通工具的生产、使用、相关制度、技术保障措施、人们的出行方式和运输消费模式等等都需要用“低碳化”的理念予以改造和优化，实现交通领域的全周期全产业链的低碳发展。3. 城市低碳交通建设是实现城市可持续发展的一种有效途径，要与当地的人文发展水平相适应。随着中国城镇化的加速和人们生活品质的提升，居民对机动化的出行方式追求越来越高，在加快城市交通建设的过程中，需要转变主要依靠土地、化石能源等高投入高碳排放的粗放型发展方式，现阶段尤其需要加大节能减排力度，实现城市交通可持续发展。4. 在城市交通基础设施建设和交通方式选择上鼓励低能耗的交通工具和方式，以尽可能少地消耗能源并尽可能减少温室气体排放，实现尽可能多的人和物的流动，使得社会经济、城市交通和资源环境相互协调发展。城市低碳交通体现在陆路低碳交通、水上低碳交通和空中低碳交通三种形式上，其中陆路交通是城市交通的主要形式，城市陆路低碳交通建设主要从城市道路系统、城市（客货）运输系统和交通管理系统三个方面来进行。城市低碳陆路交通从地域上来看，体现在对外低碳交通和内部低碳交通上，前者以城市为单元，泛指一个城市与其他城市或地区之间的陆路交通联系低碳化，后者指城市内部各交通产生点和吸引点之间的陆路交通联系低碳化。城市内部交通总体上可分为市内客运交通和货运交通，市内客运交通方式主要有步行、自行车、摩托车、小汽车、常规公交、出租车、大运量快速公交和轨道交通。客运交通是城市交通中面临的矛盾和问题最突出的部分，是城市低碳交通建设的主体。低碳交通发展的实现途径：1. 单种运输方式效率提升，通过技术创新研发新型的交通工具和清洁燃料。2. 交通运输结构优化，包括对网络方面和运输方面的优化。对网络结构的优化包括各种运输方式网络规模的比例结构、布局结构、不同层次的网络结构等。对运输结构的优化包括各种运输方式完成的运量比例结构、不同距离的运输比例结构、不同服务层次所占比例结构等。为达到实现低碳交通的目标，对交通运输结构进行优化，需要进行多方式组合与互补，优先发展低碳运输方式。3. 交通需求有效调控，通过运输服务供给的可获得性与可选择性影响社会交通运输活动的自主行为方式。以资源占用少、能耗低、污染小的现代化运输方式为主导，大力发展公共交通，高度重视铁路发展，通过结构优化和需求引导，以可承受的代价来有效满足经济增长与社会进步所产生的交通运输需求。4. 交通运输组织与管理创新，通过货运物流化、交通智能化、系统信息化、工作高效化提高交通运输的组织、管理及服务水平，从而实现交通资源集约利用，减少温室气体排放，实现低碳交通。我国城市低碳交通建设面临的主要问题：建成区面积迅速增加，公交路网密度整体下降；城市公共交通投资严重不足；城市交通结构机动化增强，非机动化程度降低；城市交通管理体制与城市低碳交通建设不相适应；

城市交通节能减排的科技创新和技术推广力度不够。（参考：宿凤鸣：《低碳交通的概念和实现途径》，《综合运输》2010年第5期第13～17页。朱配辰　韩铮）

低碳经济

Low-carbon Economy

通过低碳技术创新和经济制度变迁，改变人类以碳基能源消费为主的结构，高效率利用化石能源，发展可再生能源为主的能源结构，减少二氧化碳等温室气体排放，实现人类经济可持续发展的新型生产方式。低碳经济概念包括低碳农业、低碳工业和低碳服务业。低碳经济概念最早出现在英国贸易工业部2003年发表的《能源白皮书》上，副标题是“我们能源的未来——构建低碳经济”。英国提出发展低碳经济后，欧盟各成员国均认同这一理念，并于2007年通过欧美能源技术战略计划，鼓励发展低碳能源技术。美国政府也致力于气候变化和低碳经济的政策发展。2007年美国国会通过《美国气候安全法案》，2009年提出《绿色能源与安全保障法案》。日本特别重视低碳经济的发展，日本前首相福田康夫的施政议题是全球气候变暖问题。我国政府2007年将可再生能源作为国家未来能源发展的重要组成部分，明确提出发展低碳经济。2009年哥本哈根大会和2010年坎昆会议的召开，标志着低碳经济时代的全面到来。低碳经济不仅成为全球气候变暖的应对之策，而且是新一轮世界经济的增长点和各国竞争的焦点。发达国家发展低碳经济的措施之一是开征碳税与碳关税。低碳经济的含义较为宽泛，包括低碳生产、低碳消费、低碳生活。低碳经济的特征是：1. 低碳排放指标，即二氧化碳、二氧化硫、甲烷等温室气体的排放值。降低碳排放的方式一方面是提高化石能源的利用率，引导化石能源向清洁能源方向发展；另一方面是发展新能源产业，包括风能、太阳能、生物质能等。2. 社会低碳理念的树立。低碳经济必须落实成为每一个人提倡并践行的生活方式，以低碳消费、低碳交通定义我们新的生活。中国重视新能源产业发展，创新发展可再生能源技术、节能减排技术、清洁煤技术及核能技术，大力推进节能环保和资源循环利用，加快构建以低碳排放为特征的工业、建筑、交通体系。中国政府提出到2020年我国单位国内生产总值二氧化碳排放量在2005年水平上减少40%～50%的减排目标，表明中国经济社会发展的低碳之路正式铺开。（参考：李国亮等：《低碳城市规划理论研究》，《山西建筑》2010年第34期第24～28页。朱配辰　蔡越）

低碳经济建设

Low-carbon Economy Construction

又称低化石燃料经济建设，指通过技术更新、制度创新、产业转型、新能源开发等手段，减少化石能源消耗和温室气体排放，兼顾经济社会发展和生态环境保护的经济发展形态。其中，温室气体尤指二氧化碳。低碳经济建设以减少温室气体排放为目标，构筑低能耗、低污染为基础的经济发展体系，包括低碳能源系统、低碳技术和低碳产业体系，通过使用清洁能源代替化石能源、开发和利用清洁煤技术和二氧化碳捕捉及储存技术、发展低碳产业来减少二氧化碳的排放。2010年，国家发改委在广东、辽宁、湖北、陕西、云南5省和天津、重庆、深圳、厦门、杭州、南昌、贵阳、保定8市发展低碳产业、建设低碳城市、倡导低碳生活的试点工作，要求试点省和城市要将应对气候变化工作全面纳入本地区的“十二五”规划，研究制定试点省和城市的低碳发展规划，并做到认真贯彻实施。（张沥元）

低碳酒店

Low-carbon Hotel

指酒店业发展必须建立在生态环境的承受能力之上，符合当地的经济发展状况和道德规范。低碳酒店是将环保低排放理念植入酒店建设和经营之中，体现在：1. 通过节能、节电、节水、合理利用自然资源，减缓资源的消耗。2. 减少废料和污染物的生成和排放，促进酒店产品的生产、消费过程与环境相融，减低整个酒店对环境危害的风险。低碳酒店设计的重要概念：1. 酒店的功能布局和房间布局。充分利用自然采光，既能节约能源，同时可以创造贴近自然的环境和氛围。2. 建筑材料的选择。尽量用具有保温、隔声、节能低碳、防水、隔热功能的新型材料。3. 供水系统。酒店应当选择节水用具和设备，如变频恒压供水设备，公共场所采用感应式自控温度水龙头，以及中水处理设备、锅炉回水循环利用等设备和技术。4. 低碳照明系统。以减少温室气体排放为目标，构筑低能耗、低污染为基础的照明发展体系，以降低能源的功耗，同时降低温室气体的排放。主要包括天然采光、智能化的照明控制、采用节能的照明设备等，建立科学的低碳照明的评估和设计标准。5. 制冷系统。（李雪姣）

低碳农业

Low-carbon Agriculture

低碳农业是低碳经济的重要组成部分，指以农业减排为目标，以适应气候变化和减排固碳技术为手段，通过提高土壤有机质、加强农田水利等基础设施建设、产业结构调整、发展农村可再生生物质能源等农业生产和农民生活方式转变，实现低能耗、低污染、低排放、高碳汇、高效率的现代农业。低碳农业在种植、生产、运输、废物处理过程中注重降低温室气体的排放，最大限度提高农业经济效益，其核心是低碳农业技术，通过新农业技术的使用，实现农业经济的低碳高增长。（韩铮）

低碳社区

Low-carbon Community

低碳城市建设的基础组成部分，是建设低碳城市，实现城市和谐、可持续发展的重要载体。低碳社区是可持续发展模式下的居住形式，打破了传统社区高能耗、相对封闭的状态和功能分区，对经济发展方式转变具有促进作用。低碳社区着眼于绿色发展，依靠公共交通联系，减少小汽车使用，优化社区结构，发挥城市地缘性作用。能源的绿色化是低碳社区建设的核心，通过充分利用能源资源、优化内部结构减少污染物和降低碳排放，最大限度利用自然资源和能源，减少环境破坏与污染，实现零化石能源使用目标，实现能源需求与废物处理基本循环利用的居住模式。低碳社区的建设涉及新能源技术、节能建筑技术、新材料技术等，这些技术的应用推动城市低碳经济的发展，促进城市可持续发展。（韩铮）

低碳省区和城市试点

Pilots of Low-carbon Provinces, Regions and Cities

2010 年，国家发改委根据地方申报情况，统筹考虑各地工作基础和试点布局的代表性，首先启动广东、辽宁、湖北、陕西、云南 5 省和天津、重庆、深圳、厦门、杭州、南昌、贵阳、保定 8 市的试点工作。发改委明确规定试点省区和城市的具体任务是：编制低碳发展规划，制定支持低碳绿色发展的配套政策，加快建立以低碳排放为特征的产业体系，建立温室气体排放数据统计和管理体系，积极倡导低碳绿色生活方式和消费模式。2012 年 12 月，发改委启动了第二批试点省区和城市，包括北京市、上海市、海南省和石家庄市、秦皇岛市、晋城市、呼伦贝尔市、吉林市、大兴安岭地区、苏州市、淮安市、镇江市、宁波市、温州市、池州市、南平市、景德镇市、赣州市、青岛市、济源市、武汉市、广州市、桂林市、广元市、遵义市、昆明市、延安市、金昌市、乌鲁木齐市，并进一步明确工作要求。截至 2015 年，中国低碳试点省市总数已经达到 42 个。我国的低碳城市建设已进入实践阶段，低碳城市发展是未来城市发展必经之路。（张沥元　任傲尘）

低碳示范工程

Low-carbon Demonstration Project

为了减少温室气体排放和应对全球气候异常，世界各国纷纷为减少二氧化碳等温室气体的排放制定规范，开始提倡低碳发展。低碳发展要求改变传统的能源使用结构，提高能源利用率，减少煤炭等传统能源的使用，开发新能源如太阳能、风能等。低碳示范工程是响应城市低碳发展做出的计划：即在城市开发低碳产业的示范园区研发生产太阳能电力等低碳产品；同时在该城市商业核心区打造零排放绿色中心商务区，商务区内建筑应用的产品正是来自于该产业园区，最终实现两区联动发展，从而达到降低碳排放的发展模式。（韩铮）

低碳文化

Low-carbon Culture

低碳经济是在全球变暖的时代背景下提出并产生的，工业社会对化石能源的依赖和大量使用导致空气中二氧化碳急剧增多，进而形成“温室效应”，导致全球变暖，由此带来一系列生态环境灾害，人类生存状况也因此受到极大影响。此外，化石能源的有限性促使人们急于寻找经济发展的能源替代品，新能源产业因此受到重视。在这种背景下，发展低碳经济成为人们普遍的呼声。2003 年 2 月 24 日，英国颁布能源白皮书《我们能源的未来：创建低碳经济》，首次明确提出低碳经济的概念。2009 年哥本哈根联合国气候大会之后，发展低碳经济更是成为时代潮流。低碳经济的实质是发展清洁能源、提高能源利用率、减少能源消耗和降低碳排放，促进产业结构低碳化转型和经济社会的可持续发展。低碳经济跨出经济层面反映在社会生活当中，形成低碳文化，如低碳消费、绿色交通。低碳文化是在低碳经济下催生的经济社会全方位的意识和行为低碳化转变，一方面经济发展模式和道路向绿色经济转变，另一方面在社会生活中，低碳环保成为一种共识，人们承认并尊重低碳生活方式的科学性。因此，低碳文化是一种社会文明的表现形态。（参考：宁小勇：《低碳企业文化与品牌竞争力》，华东师范大学 2011 年硕士学位论文第 10 页。欧阳文川）

低碳消费

Low-carbon Consumption

指对产品和服务进行消费的同时，更加注重资源节约和环境保护，减少碳的排放量以维护正常的生态系统碳循环。是一种基于文明、科学和安全的生态化消费方式，实质是消费者对低碳产品的选择、购买与消费的活动。低碳消费是绿色生活方式的一种形式，是以适应低碳经济为需要而出现的消费模式，是建设生态社会和可持续发展社会的重要组成部分。低碳经济、低碳消费和低碳生活方式是顺应全球环境保护和绿色发展的潮流而形成的热门词汇。2010 年世界地球日主题为“低碳经济，绿色发展”，相应的我国的地球日主题为“珍惜地球资源，转变发展方式，倡导低碳生活”。“低碳”逐渐成为民众生活品质的象征。虽然如此，对低碳消费的理解和定位不同和宣传不到位等因素仍然阻碍民众对低碳消费的准确认知和进一步的实践，现阶段的低碳消费很大程度上只是停留在口号宣传上，我国居民的消费习惯和企业生产模式并没有产生质的改变。究其原因，国家政策和金融系统没有为低碳经济提供充分的扶持是重要因素，市场准入、认证制度以及监督体系因而不能到位。在此情况下，低碳经济很难形成规模，低碳消费也就不容易打破传统高碳型消费结构和消费模式。发展低碳经济和低碳消费，需要明确目标并积极落实，将之纳入国家经济社会发展总纲之中，职能部门需要完善政策体系和机制建设，并且加大低碳消费的宣传范围和力度，尤其应以中青年人为宣传、引导重点，以此来促进经济社会的健康、可持续发展。低碳消费包含 5 个层次，分别是恒温消费、经济消费、安全消费、可持续消费及新领域消费；蕴含 3 层含义：1. 在产品购买阶段，绿色产品应是消费者的首选；2. 在消费过程中注重低碳处理，尽量降低环境污染；3. 转变消费观念，崇尚资源节约与环境友好的理念，以实现可持续发展。（参考：陈晓春：《略论低碳消费需要》，《消费经济》2010 年第 4 期第 83 ~ 84 页。欧阳文川　蔡越）

低碳责任

Low-carbon Responsibility

指在可持续发展理念下，通过技术创新、制度创新、产业转型、新能源开发等多种手段，尽可能地减少煤炭石油等高碳能源消耗，排放二氧化碳为主的温室气体。低碳责任的实现应从政府、企业、社会、公民四位一体的强化模式全面推进。首先在政府层面，政府应明确低碳责任，加强对企业高碳行为的监管力度，科学规范地方政府发展，实行严格的执法和过错追究制，在全社会倡导低碳生活，加强低碳责任教育。其次在企业层面，企业应培育低碳责任理念和生态伦理意识，明确自身为低碳责任主体，发展低碳经济，革新技术创新机制，构建企业文化向度，倡导低碳的思维模式和生产观念。再次在社会层面，社会应加强媒体监督，打造特色低碳品牌文化，建立相关低碳政策，健全法律法规，引导企业发展低碳经济，清洁生产、提高能效。最后在公民层面，低碳是一种道德理想，树立低碳节约的社会价值观是每位公民必然选择，日常生活中从每件小事做起，提倡节约，不浪费，追求低碳生活。（蔡越）

《低碳周刊》

Low-carbon Weekly

面向房地产全行业的电子读物。致力于推进中国绿色、低碳、健康住宅产业化发展，大力推广低碳住宅技术集成和产品应用。由中国房地产研究会住宅产业发展和技术委员会指导，北京住博会科技发展有限公司主办。依托“绿色低碳之星”培育计划，与中房网、《中国建设部·中国住房》、“低碳之星”官网联动，宣传推广低碳技术，共同推动低碳省地节能环保型住宅在中国的发展。栏目有：专题策划、市场动态、案例透视、技术论坛、推荐产品、专家观点、域外传真、人物访谈、专题报道、案例解读等，从多个方面宣传、展示低碳住宅在我国发展低碳经济中的重要作用。不仅为读者提供丰富的资讯，也为新型建材与部品生产企业、成套集成技术研发企业及房地产开发企业提供广阔的展示舞台及合作契机。（张惠娜）

低碳资本主义

Low-carbon Capitalism

气候资本主义的另一种说法或代称。认为低碳或低碳化已成为资本主义经济及其竞争力的新的或核心性方面，因而在某种意义上构成当代资本主义发展的新阶段。参见**气候资本主义**。（徐越）

低温等离子体技术

Non-Thermal Plasma Technology

集光、电、化学等多种氧化于一体的新型水处理技术，在降解有机废水方面有重要的作用。气体放电产生的具有高活性的电子、原子、分子和自由基与各种水体中有机、无机污染物分子进行碰撞和反应，使污染物分子键断裂，形成低毒或无毒的小分子化合物。低温等离子体技术在环保方面的应用有：1. 低温等离子体有机废气净化设备。该设备可以使有机废气在低温下完成转化，被用于溶剂厂、印染厂、油漆厂等有机废气排放源。2. 低温等离子体废水净化设备。该设备可用于处理皮革厂、造纸厂、印染厂、游泳池等排放的废水。3. 低温等离子体汽车尾气净化技术。该技术可以降低汽车尾气中有机物及一氧化碳等有害物的排放量，可降低发动机噪声，时其运转平稳，可降低汽车发动机百千米耗油量等。（石艳峰）

迪克·理查德森

Dick Richardson

美国环境政治与政策学者，得克萨斯州大学奥斯汀分校环境和地理学院教授。1965 年获得北卡罗来纳州立大学博士。代表作包括《绿色挑战：欧洲绿党的发展》（1995）《可持续发展的政治》（1997）。《绿色挑战》比较分析西欧、南欧和中欧绿色政党的兴起、发展及选举表现，尤其比较分析不同绿党在各自国家中的发展状况。（徐越）

迪特·鲁赫特

Dieter Rucht, 1946 ~

德国著名社会学家，曾担任柏林社会科学研究中心的欧洲市民社会公民身份和政治动员研究

小组联合主席（2005 ~ 2011）、柏林社会科学研究中心的政治沟通和动员研究小组主席（2001 ~ 2004），德国柏林自由大学社会学荣誉教授，英国肯特大学社会学系主任（1998 ~ 2000），柏林自由大学社会学系主任（1996 ~ 1997）等。鲁赫特对 20 世纪 80 年代末到 90 年代末德国环境运动的发展做了全面深入的分析，从议题、形式、组织规模、资源等方面阐述德国环境运动的动员水平和组织结构及其变化。主要研究领域包括政治社会学、社会变迁、政治参与、社会运动、环境冲突、欧洲一体化和跨国政治动员等。代表性著作包括《塑造堕胎话语：德国和美国的民主和公共空间》《世界对战争说不》等。（徐越）

地方病

Endemic

指特定地区的居民过量或者过少吸收某种微量元素而引发一定数量居民身体正常功能的紊乱，导致疾病和死亡。地方病与特定地区的具体地质环境存在紧密关系。一定地质环境中的微量元素通过土壤、水、植物、食物、人体这个食物链进入人体之中，当地质环境中某些微量元素存在过多或者过少的情况，就会通过食物链间接影响人的身体健康，严重时会发生恶性疾病或者死亡。因此，从环境地质学的角度来说，地方病源于地壳中元素的分布状况，如果某些元素分布过于集中或者极度缺乏，生活于当地的居民就极易因此患病。具体来说，特定地区的地形地貌、地质构造、地层岩性、土壤与水文地质条件都对地质化学元素的组成和结构存在不同程度影响，因此都与地方病的发生存在一定关系。地形地貌很大程度上反映了当地地表化学物质的组成；地理构造与地方病病带关系密切；岩石中的碘元素是人体获取的主要途径，因此地层岩性与碘缺乏病密切相关；土壤是地质环境中元素转化循环的重要环节，其元素含量与地方病的发生存在直接关系；水源中的微量元素极易被人体吸收，因此水中的微量元素含量也直接影响地方病的发生。（参考：孙殿军：《中国地方病病情与防治进展》，《疾病控制杂志》2002 年第 2 期第 97 ~ 99 页；王艳：《我国地方病监测信息管理现状及建议》，《中国地方病学杂志》2006 年第 3 期第 335 ~ 336 页。欧阳文川）

地方行政体制

Local Administrative System

指国家地方行政机关行政区域的划分、机构的设置、权利的划分、组织机构和运行方式等方面的组织制度的总和。国家行政制度在地域上的体现，是国家实施行政管理的重要组成部分。它的合理性、科学性与否，影响着整个国家的行政管理体制。我国的行政区域一般实行省（自治区、直辖市）、设区的市（自治州）、县（自治县、市）、乡（民族乡、镇）划分的四级制为主，直辖市、区划分的二级制和省（自治区、直辖市）、县（自治县、市）、乡（民族乡、镇）划分的三级制为辅的划分制度。具有以下的特点：1. 地方各级行政机关都是同级国家权力机关即人民代表大会的执行机关，由国家权力机关选举产生，向权力机关负责，接受权力机关的监督。2. 国家各级行政

机关都接受中国共产党的领导。3. 国家各级行政机关的领导体制是首长负责制，并坚持下级服从上级、地方服从中央的原则。（刘中华）

地方政府

Local Government

中央政府的对称，设置于地方各级行政区域内负责行政事务的机关。资本主义国家中，有的地方政府由地方议会选举产生，实行地方自治，主要管理辖区内的城市建设、交通、教育、文化、卫生、消防、环境保护和社会福利等事务；有的中央政府有权任命和撤换地方政府官员，或通过财政拨款等方式控制地方政府；有的实行与中央分权的制度，地方政府或多或少享有一定自治权利。单一制国家的地方政府，一般直接受中央政府的领导与管辖，中央与地方关系紧密；联邦制国家的地方政府，在不脱离中央政府领导和管辖的前提下，有着较大的自主权力。如，美国联邦政府与各州政府依法实行分权，各州以下的地方政府也享有一定的自主权。中国是单一制国家，地方各级人民政府是地方各级国家权力机关的执行机关，是地方各级国家行政机关，由本级人民代表大会选举产生，对本级人民代表大会常务委员会负责并报告工作。县级以上的地方各级人民政府在本级人民代表大会闭会期间，对本级人民代表大会常务委员会负责并报告工作。全国地方各级人民政府都是中央人民政府即国务院统一领导下的国家行政机关，都服从于国务院。民族自治地方的人民政府，在接受中央人民政府统一领导、行使中华人民共和国宪法和有关法律规定的一般地方国家行政机关的职权的同时，还依照宪法、民族区域自治法和其他法律规定的权限行使自治权，根据本地方实际情况贯彻执行国家的法律、政策。中国按照各级行政区划设置的地方政府有：省、自治区、直辖市人民政府，（自治）县、市、区人民政府，（民族）乡、镇、街道人民政府。根据《中华人民共和国宪法》第三十一条的规定设立的特别行政区政府，也是中华人民共和国的地方政府。在特别行政区内实行的制度，按照具体情况由全国人民代表大会以法律规定。（李庆）

《地方自治主义：理性社会国际学报》

Communalism: International Journal for a Rational Society

又译《公社主义：理性社会国际学报》，挪威选择性民主研究中心创办的期刊。挪威环境政治学者埃里克·艾格拉德是主编和主要撰稿人。进入 21 世纪后，日益受到默里·布克金的自由进步的市镇自治主义的影响。（徐越）

《地理环境教育国际研究》

International Research in Geographical and Environmental Education

地理和环境教育期刊。1992 年创立，每年 3 期。主要发表地理教育范围内的论文，包括：对环境影响有倾向性的文章，欢迎具有国际水准的各方面环境教育相关的文章。编辑部设在澳大利亚昆士兰州州立工业大学应用环境研究中心（Center for Applied Environmental Research, Queensland University of Technology, Locked Bag No. 2. Red Hill, Brisbande, Queensland 4059, Australia）。（参考：［英］帕尔默著，田青、刘丰译：《21 世纪的环境教育：理论、实践、进展与前景》第 149 页，北京：中国轻工业出版社，2002 年。王薛时）

地理环境决定论

Geographic Environmental Determinism

确认自然条件（即地理环境）是人类社会发展的决定性因素的观念，以自然过程的作用解释社会和经济发展的进程，从而归结于地理环境决定政治体制。这一论点萌芽于古希腊时代，希波克拉底（Hippocrates）认为人类特性产生于气候，曾广泛流行于社会学、哲学、地理学、历史学的研究中。19 世纪地理环境决定论成为社会学中的学派，主要代表人物是德国的 F. 拉采尔。他认为，地理因素特别是气候和空间位置，是人们的体质和心理差异、意识和文化不同的直接原因，并决定各个国家的社会组织、经济发展和历史命运。在拉采尔思想影响下，19 世纪末 20 世纪初德国产生以 K. 豪斯贺费尔为首的地理政治论学派。鼓吹优等民族有权力建立世界新秩序。地理政治学为每个国家规定生存空间，从而为法西斯主义向外扩张和侵略制造理论根据。地理环境决定论在 18 ~ 19 世纪是流行的自然主义思潮的一部分。这种思潮曾在反对宗教神学、探索社会发展的客观性方面起过一定的历史作用。但它夸大自然环境对社会生活和社会发展的作用，以自然规律代替社会规律，则是错误的。地理环境是社会存在和发展的经常的、必要的外部条件，对社会发展具有影响作用，但不是社会发展、国家制度的决定性因素，不能决定社会性质和社会制度的更替，它的作用和影响受社会的生产水平和社会制度的制约。（牟世晶）

地理环境污染

Pollution of Geographical Environment

是人类向地理环境释放影响人类和其他生物正常生存和发展的物质和能量的现象。地理环境污染有多方面的影响，它可以直接影响人体健康、危害生态平衡、破坏自然资源。根据环境要素的不同，地理环境污染可以分为大气污染、水体污染和土壤污染；按照污染形态不同，可以分为废气污染、废水污染、固体废物污染、噪声污染、辐射污染等；按照污染产生原因可以分为生产污染（包括工业污染、农业污染、交通污染等）和生活污染；按污染物性质可以分为物理污染、化学污染和生物污染；按污染物分布范围可以分为全球性污染、区域污染和局部污染。地理环境污染首先发端于历史悠久、人口众多、手工作坊发达的城市，早期对地理环境的影响并不大。但是产业革命后，在一些工业发达的城市和工矿区，废弃物排向地理环境中的数量急剧增加，环境污染事件频发。第二次世界大战之后，生产力在全世界范围内发生飞跃式发展，排向地理环境中的污染物数量和种类都急剧增加，环境污染问题更加严重。例如日本的 Hg、Cd 污染事件，造成公害事件“水俣病”。温室效应引起气候变化、导致地理环境中化学物质迁移能力的变化，严重影响人类的健康和生态系统的平衡。（石艳峰）

地理环境作用论

Theory of the Role of Geographical Environmental

是俄国第一位马克思主义者格奥尔基·瓦连廷诺维奇·普列汉诺夫（Георгий Валентинович Плеханов）基于马克思主义唯物史观而提出的人类社会发展理论，主要体现在《论一元论史观之发展》（1905）一书中。地理环境作用论立足于马克思主义唯物史观。普列汉诺夫认为，唯物史观是马克思站在唯物主义的立场上吸收德国古典哲学的唯心主义哲学辩证法而创立的。“马克思的伟大功绩在于，他完全从相反的方面去接近问题，他把人的天性看作是历史运动的永远地改变着的结果，而历史运动的原因在人之外。为了生存，人应该维持自己的集体，从他的周围的外间自然中摄取他所必需的物质。可是，在作用于外界自然时，人改变了自己本身的天性”。普列汉诺夫指出，马克思科学地回答了人的天性、人的知识、人的制造工具的能力的由来等一系列令人迷茫的问题，从而形成了唯物史观。由此可见，对于唯物史观，普列汉诺夫持肯定态度。然而，普列汉诺夫同时强调地理环境在历史发展中的重要作用，这是他对马克思主义的补充和发挥。

地理环境作用论的基本观点如下：第一，地理环境决定人手的形成和使用。普列汉诺夫引用了达尔文的话说：“如果不适用双手这个异常听他意志指挥的工具，人永远也不会在宇宙间达到统治的地位。”随后他指出，“人的双手是从哪里来的呢？大约，他们是由某种地理环境的特点形成的，这种环境使得前肢和后肢之间的肢体分工成为有利的。理性的成功是这个分工的辽远的结果，在同样有利的外界条件之下，它又反过来成为人的器官、劳动工具的使用的最近的原因。”正是由于地理环境的特点和变化，导致了人的双手成为劳动工具；手的出现进一步促进了人的理性的进步，理性的进步又反过来促进人的双手和劳动工具的进一步发展。第二，地理环境决定着人本身和人类社会的发展。普列汉诺夫认为：首先，地理环境为生产工具的改进提供必需的材料；其次，地理环境为改进的工具提供加工对象；再次，地理环境决定人们相互交往的可能性和形式；最后，地理环境的特点决定人们的自然分工以及人的需要、能力、生产手段和方式的多样化。通过上述论证，普列汉诺夫的结论是：“只是由于地理环境的某些特殊的属性，我们的人类的祖先才能提高到转化为 tool making animals（制造工具的动物）所必要的智慧发展的高度。和这完全相同的，也只有地理环境的某些特点，能够给这个新的制造工具的能力以使用和改造的余裕。”普列汉诺夫为凸显地理环境作用论，显然夸大了地理环境的客观作用，削弱人的能动性和创造力。按照他的观点，制造工具的能力和改进工具能力的提高，主要是由地理环境的特点和运动所决定的。这很容易形成地理环境决定论（Geographic Environmental Determinism），这也与他所肯定的马克思主义唯物史观的思想——在作用于外界自然时，人改变了自己本身的天性——相违背。（参考：聂耀东：《马克思主义哲学导读》，北京：人民大学出版社，2009 年。**徐越**）

《地理科学进展》

Progress in Geography

中国科学院地理科学与资源研究所和中国地理学会主办，科学出版社出版的综合性学术期刊。主要刊登地理学及其分支学科的最新研究成果，反映国内外地理学最新研究动态。发表论文的领域为资源与环境、全球变化、可持续发展、区域研究及地理信息系统等方面的成果与新技术。主要栏目有论文、综述、专家论坛、研究方法、学术动态、成果报道、重大课题进展、院系介绍及书评、书讯等。读者对象为地理科学研究人员，高等院校地理系和相关学科师生，规划、经济、农业、林业、水利、环保、地质、气象等部门或机构的管理人员。月刊，ISSN：1007-6301。（**席溢**）

地理学科与环境教育

Geographical Discipline and Environmental Education

环境教育中多学科模式的具体形式。地理学科研究的主题从来都与社会发展的主要趋势密不可分，并通过地理学自身的研究、发展和实践活动，积极引导和促进社会发展。地理学科及地理课程的改革是在人类探索人口、经济、社会、环境和资源相互协调的可持续发展道路的背景下进行的。可持续发展是现代人类社会发展的共同目标，地理学科要培养学生的地理实践能力和探究意识，激发学生学习地理的兴趣和爱国主义情感，使学生确立正确的人口观、资源观、环境观以及可持续发展观念，这是时代赋予中学地理教育的使命。地理学科目标从区域及人地关系的视角，以探究自然环境各要素之间、人与自然之间和谐与共的可持续发展规律为核心，是现代地理学的重要特点。随着可持续发展观越来越受到社会的广泛关注和认可，以及人们对探索环境教育方法和策略的需求，人们要求中学地理教学担负起重要角色。（参考：祝怀新：《环境教育的理论与实践》第 70 页，北京：中国环境科学出版社，2005 年。**王薛时**）

《地理研究》

Geographical Research

创刊于1982年。中国科学院地理科学与资源研究所主办的综合性地理学学术期刊，以展示、交流中国地理科学研究的成果为办刊宗旨，主要刊登地理学及其分支学科、交叉学科的具有创新意义的高水平学术论文，以及对地理学应用和发展有指导性的研究报告、专题综述与热点报道等。为推动我国地理科学基础理论的研究，加强我国地理科学界对中国经济建设和人口、资源、环境领域出现的重大问题的深入研究与探讨，提供开放性的学术平台；为中央与地方政府为制定相关决策，发展国民经济、产业结构布局与调整、合理利用资源、保护环境生态、促进可持续发展，提供科学与理论依据。月刊，ISSN：1000－0585。（席滋）

地埋式污水处理设备

Buried Sewage Treatment Equipment

是可地埋设置的成套有机废水处理装置。该设备采用20世纪90年代后期国内外先进工艺和生产制造技术，以玻璃钢、不锈钢为主要原料制造而成。目的主要是使生活污水和与之类似的工业有机废水经该设备处理后达到用户要求的排放标准。设备主要用于居住小区（含别墅小区）、高级宾馆、医院、综合办公楼和各类公共建筑的生活污水处理，经该设备处理的出水水质，达到国家排放标准。全套设备均可埋设于地下，故亦称地埋式生活污水处理设备。该设备具有诸多优势：能够处理生活系统综合性废水及其相类似的有机污水；采用玻璃钢、不锈钢结构，具有耐腐蚀、抗老化等优良特性，使用寿命长达50年以上；全套装置施工简单、操作容易，所有机械设备均为自动化控制，全部装置可设置于地表以及地下。（石艳峰）

地貌

Geomorphology

地貌是地球表面各种自然形态的总称，是自然环境最基本的组成要素。地球生成过程中，分别在大气圈、岩石圈、水圈交界面上进行一系列物质迁移、能量转化和耗散，地壳长期受到内、外力地质作用，从而影响地貌的形成。地貌在不同尺度上制约着气候、植被、土壤、水文等其他自然环境要素的变化，进而控制着自然环境的分异。翁文灏和李四光将我国地貌按形态特征划分为高山（山地）、高原、丘陵、平原和盆地等5类。近年来国际上流行按形态成因原则分类，将地貌分为构造地貌、流水地貌、风沙地貌、冰川地貌、河口与海岸地貌等5类。（参考：林畅松，夏庆龙，施和生等:《地貌演化、源—汇过程与盆地分析》，《地学前缘》2015年第1期第9～20页。刘阳）

地貌景观

Geomorphologic Landscape

地表诸多地理要素的综合反映。在成因和发育历史上相互关联的各种地理要素相互组合，由于这些要素在空间的变化和组合，地貌景观呈现异常的复杂性和多样性，常以主导的一或两种自然地理要素来命名，如山地景观、海岸景观、荒漠景观、岩溶景观等。在分布规律上表现为纬度地带性和垂直地带性。我国分布着丰富并且独特的地貌景观，如喀斯特地貌、丹霞地貌等，都已开发为重要的旅游资源。（朱雨晨）

地面沉降

Land Subsidence

在一定地表面积内发生的地面水平面降低的现象。地面沉降的形成可分为地质原因与人为原因。地质原因有：1. 重力作用下，地表松散地层或半松散地层变为致密的、坚硬或半坚硬岩层时，地层厚度减小造成的地面沉降。2. 地质构造作用导致的地面凹陷。3. 地震导致的地面沉降。人为原因包括人类过度开采石油、天然气、固体矿产、地下水。地面沉降的危害甚多：沿海地区沉降使地面低于海平面，致使海水倒灌；港口城市因码头、堤岸沉降丧失或降低港湾设施建设能力；桥墩下沉，影响水上交通。地面沉降严重地区会发生地面垂直沉降和较大水平位移，威胁地面及地下构筑物的安全；损害设备，给城市建设、生产活动带来危害。作为自然灾害，地面沉降发生受一定地质因素的影响，但近年来人类经济生产活动已成为地面沉降频繁，沉降面积越来越大的主要原因。（任傲尘）

地球村
Global Village

加拿大传播学家 M. 麦克卢汉 1967 年在他的《理解媒介：人的延伸》一书中首次提出。他在"媒介是人的延伸"思想基础上认为，随着广播、电视、互联网和其他电子媒介的出现，和各种现代交通方式的飞速发展，国际交往日益频繁便利，人与人之间的时空距离骤然缩短，整个世界紧缩成一个"村落"。在麦克卢汉看来，"地球村"的主要含义不是指发达的传媒使地球变小了，而是指人们的交往方式以及人的社会和文化形态发生重大变化。麦克卢汉的地球村理论，是全球化理论的萌芽，对后来研究全球化的学者产生深远影响。这一理论打破传统的时空观念，迫使新闻传播媒介更多关注受传者的兴趣和需要，更加注重时效性和内容上的客观性、真实性。地球村是信息网络时代的集中体现，是知识经济时代产生的新观念。（张惠娜）

地球第一！运动
Earth First! Movement

起源于美国激进环保团体，戴夫·福雷曼（Dave Foreman）、迈克·卢瑟勒（Mike Roselle）等人于 1980 年创立。受卡逊《寂静的春天》、利奥波德的土地伦理等著述的影响，以福雷曼为首的环境主义者聚集倡议"毫不妥协地捍卫地球母亲"，同时乘坐公共汽车环绕美国进行生物圈保护宣传运动。地球第一！运动扩展到英国、加拿大、荷兰、比利时、德国、法国等国家和地区。20 世纪 80 年代中后期，美国地球第一！运动开始推崇由阿恩·奈斯、比尔·德沃尔等人提出的深生态学理念，认为地球上所有形式的生命都具有相同的价值。20 世纪 90 年代以后，地球第一！运动越来越受到无政府主义思潮的影响，这使地球第一！运动越来越具有社会运动的特质，不再是社团组织。地球第一！运动的抗议活动，包括占领森林木材的销售区以及其他受威胁的自然区域。在许多抗议运动中，活动分子将自己的身体锁在树木、推土机和书桌上，或用特殊的锁具将自己固定在保护对象上，因而经常被官方机构或主流媒体认定与描绘为生态恐怖活动。（王聪聪）

地球观察研究所
EarthWatch Institute

1971 年成立，以保护全球环境为己任的世界上最大的国际非营利性野外科研志愿者组织。由许多不同背景的人组成，包括科学家、教师、学生、商人和探险者等各种职业人士，合作共同进行科学考察。在美国、英国、澳大利亚和日本等国拥有 150 多名工作人员，每年支持 130 多位科学家的科研项目。迄今为止，共组织 9 万多名志愿者为科学家义务工作，使分布在全球 119 个国家和 40 个地区的 4000 多个科研项目受益。这一独特的模式，正在改变着公众对科学在环境可持续性方面作用的看法。将全球科学界与教育界的人士号召到一起，推广环境可持续的理念与行动。认为教育和科普是系统性分析、解决当今社会面临的纷繁复杂的环境与社会问题的最好的方法。在研究层面上，支持与可持续发展相关的实地科学考察，由带队科学家进行，涵盖宽泛的多个领域研究。在教育层面上，通过包括直击现场等模式，提高地理教学的质量，通过网络虚拟科考，将教学内容传递到世界各地的课堂等方式，推进环境教育。（申森）

地球奖
Earth Prizes

1997 年由环保部直属的中国环境新闻工作者协会和香港“地球之友”共同设立，属于民间环境保护奖项，主要奖励在提高社会公众环境意识方面做出突出贡献的集体和个人，以弘扬社会环境教育的敬业精神，激励更多的新闻、教育和各界人士投身到社会公众环境教育。目前分 4 个奖项类别：教育奖、新闻奖、综合奖和青少年奖。评奖名额：每年评选获奖人员最多10名，宁缺毋滥。奖金数额：奖项部分不分档次，每个获奖单位给予奖金 2 万元并颁发奖状及证书。（张惠娜）

地球理事会
Earth Council

1992 年 9 月在哥斯达黎加圣约瑟成立，是地球问题首脑会议和 1992 年 6 月里约热内卢联合国环境与发展大会的直接结果。宗旨是负责调查环境与发展问题；支持人们提出有关执行地球问题首脑会议成果的倡议；保证将基层的经验、关心和兴趣转到各级政府决策者手里；努力保证使关于环境和发展问题的对话获得成功。主要机构：理事会、顾问委员会、秘书处。主要负责人包括主席、执行主任和秘书长。主要活动有：执行首次会议通过的行动计划，监督执行各项《里约协定》的后续行动和采取措施，方便人们就持续发展提出倡议；关注土著民族、青年和妇女的需要和利益；注意发展农业和能源，召开相关会议。（申森）

地球民族主义
Earth Nationalism

当代环保运动主义中一个派系的观点。第二次世界大战以后，日本出现许多新的佛教派别，其中日莲正宗系统的创价学会影响很大，宣扬佛法民主主义、人性社会主义、地球民族主义的第三文明论，组织政治组织公明党。公明党是日本国会中的第三大政党。他们站在佛教的立场，主张以地球为整体，站在整个地球村的立场反对不同国家和民族以各自利益为出发点的民族主义环保观点，认为超越民族与国家的地球生态才是正确的生态保护与环境正义立场。（雷爱民）

地球日
The World Earth Day

世界性的爱护地球、保护地球的纪念日。旨在动员全世界人们重视环境保护，参加环境保护运动，为人类创造更好的生存环境。1970 年 4 月 22 日是第一个地球日。当天，在美国开展了全美国约万所中小学、2000 所高等院校和各社会团体，共有 2000 多万人参与的保护环境活动。这次活动的形式包括游行、集会、讲演、展示并发放宣传品等，产生广泛影响。运动的成功，使在每年 4 月 22 日组织环保活动成为惯例。因此，1970 年 4 月 22 日美国的第一届地球日活动，被普遍认为是世界上最早的大规模群众性环境保护活动。这次活动促进了发达国家环境保护立法的进程与人类现代环境保护运动的发展，直接催生 1972 年联合国第一次人类环境会议。1970 年活动的组织者丹尼斯·海斯，被人们称为“地球日之父”。（申森）

地球神学
Earth Theology

生态神学思想。主张将地球环保运动作为教会世俗工作的切入点，要求教会和社会共同承担生态义务，认为生态神学并非简单的关注实际生态危害，而要关注违反天地万物固有秩序的生活模式。认为上帝创造地球万物，人类应该与其他被创造物和平共处，保护其他被造物；人类不能滥用自然资源，不能逃避对大地和对一切由上帝恩赐的自然资源照顾的责任；

人类需要革新和巩固人和环境之间的盟约；仔细剖析全球经济决策，加强生态管理，同情和爱护人类本身。（雷爱民）

地球卫士

Champions of the Earth

联合国环境规划署于2004年设立的年度国际环境奖项。表彰通过自身行动力和影响力展现对环境领导力的承诺和愿景的个人。从2004年始，

联合国环境规划署停止了1987年设立的“全球500佳”评选，而代之以“地球卫士”。宗旨是从不可持续的经济行为迈向全球绿色经济的重要转型需要依靠政府、商界、组织、个人和民间社会的共同努力才能完成。这个过程需要承诺、远见以及全新的思维方式；更需要正在捍卫并将继续捍卫地球的卫士们。旨在表彰对环境保护做出杰出贡献的组织和个人，并在每年世界环境日颁发该奖项。每年评选一次，由环境署颁发给6名在环境领域有杰出贡献的个人或组织（单位），亚洲及太平洋、非洲、欧洲、北美、南美、西亚6个区域各1名。获奖者获得联合国环境署的表彰并出席颁奖仪式。目前已表彰了几十位优秀的环保领袖，其中包括美国前副总统戈尔、巴西前环境部长 Marina Silva 以及国际奥委会主席罗格等。2005年，中华全国青年联合会及其名誉主席周强获得联合国环境规划署首届“地球卫士奖”。2010年4月22日，联合国开发计划署中国亲善大使周迅获得2010年“地球卫士”称号，成为全球第一位摘得该奖项的演艺界明星。（张惠娜）

地球系统科学联盟

Earth System Science Partnership

由世界气候研究计划（WCRP）、国际地圈生物圈计划（IGBP）、国际全球变化人文因素计划（IHDP）、国际生物多样性计划（DIVERSITAS）4大全球环境变化计划组建的，对地球系统进行集成研究的联合体。使命是促进地球系统集成研究和变化研究，以及利用这些变化进行全球可持续发展能力研究。设立了4项联合计划：全球碳计划（Global Carbon Project）、全球水系统计划（Global Water System Project）、全球环境变化与食物系统计划（Global Environmental Change and Food System）、全球环境变化与人类健康计划（Global Environmental Change and Human Health）。（席溢）

地球一小时活动

Earth Hour Activities

全球性的节能倡议活动，于每年3月的最后一个星期六当地时间20:30，提倡人们关闭不必要的电器设备1小时，以推动节约用电，减少能源消耗，唤起人们以实际行动应对全球变暖的意识。地球一小时活动被认为是全球最大规模的应对气候变化公众倡议行动之一，已成为全球性并持续进行的活动。活动最初由环境非政府组织世界自然基金与澳大利亚《晨锋报》联合发起，于澳大利亚悉尼当地时间2007年3月31日20:30～21:30举行第一次活动。2007年的地球一小时活动有近220万人参与，大约节省悉尼市当天2.2%～10.2%的用电量。2008年，活动被推广到世界各地，全球172个国家和地区的个人、企业和城市在当地同一时间参与地球一小时活动，自愿熄灯1小时，以共同关注气候变化问题。（申森）

《地球政治学：环境话语》

The Politics of the Earth: Environmental Discourses

西方生态政治学的权威性学者之一、澳大利亚国立大学社会与政治学理论教授约翰·德赖泽

克（John Dryzek）的代表著作，牛津大学出版社1997年出版。书中全面阐述在过去40多年中主导环境政治事务讨论的4种主要理论方法或环境话语，即生存主义、环境难题解决、可持续性和绿色激进主义。经过修订的2005年新版本，对现行环境政治理论或地球政治学的系统清晰的评述，特别适合环境政治与政策专业的学生和对环境议题感兴趣的人士阅读。中译本译者蔺雪春、郭晨星，济南，山东大学出版社2008年出版，《环境政治学译丛》子目。（徐越）

地球之友国际

Friends of the Earth International

著名的国际环境非政府组织，1971年成立，成员包括70余个国家成员组织和个体性非政府组织。各国家成员组织，都是一个自治机构，有着各自的资金和战略。地球之友国际是邦联制的联盟团体，国家成员组织的年度大会选出地球之友国际的执行委员会。国际秘书处设在阿姆斯特丹，在协调信息交流、联合行动、发展网络和筹集资金等方面，发挥至关重要的作用。成员组织有英国地球之友、韩国环境保护运动联盟、德国环境与自然保护联盟等。（申森）

地区分裂主义

Regional Separatism

指旨在破坏国家领土完整，包括把国家领土的一部分分裂出去或分解国家而使用暴力，以及策划、准备、共谋和教唆从事上述活动的行为。由于国际环境、意识形态、历史、社会、政策等因素的影响，当今分裂主义的存在，有着复杂的国际背景，具有分离或分离倾向的民族就有上千个之多，几乎涉及国际社会的所有成员，直接影响着国际安全。分裂主义从出现之日起，就是一种政治行为，而不是一般的思潮。分裂主义的核心推动力，通常来自该国具有领土认同、群体认同和文化认同的某少数族群，手段包括政治诉求、暴力恐怖甚至武装对抗等，目标是构建独立国家。它的表现方式是单方面宣布独立，其分离成功的标志，一般是为国际大多数国家正式承认并成为联合国正式成员。比如，由于文化不认同，要求“使文化和政体一致，努力让文化拥有自己的政治屋顶”，为民族型的分裂主义和统一主义提供了借口。在许多民族问题一直没有得到彻底解决的国家中，部分民族独立分子利用同一民族的共同心理煽动民族独立。当代中东的库尔德人、斯里兰卡泰米尔的分裂主义运动等，都是这种类型的代表。再比如，民族或地区间经济差别长期得不到改变，甚至扩大，不仅会导致经济权利的政治化，而且会成为危及民族和解与地区稳定的因素。贫困落后与封闭，不仅是孕育专制独裁的肥沃土壤，而且是极端民族主义的温床。一些民族主义者，就是利用贫困问题来煽动同一民族的仇外心理，酿成民族间的冲突。意大利北部的分离运动、捷克和斯洛伐克的分离运动、加拿大魁北克的分离运动等，都是基于经济的因素。（郇庆治）

地区性紧急事故的意识与防备

Awareness and Preparedness for Emergencies at Local Level

1988年由联合国环境规划署（UNEP）提出，要求从事危险化学药品生产、使用、运输和仓储的企业必须制订化学事故的应急救援预案或污染应急计划。UNEP制订的AEPLL手册由5章和10个附录组成。5章包括：APELL计划的背景、探索和范围；计划的主要目标和基本概念；怎样开始APELL计划；论述公共意识；概述实施APELL计划的方法。10个附录列出了附加的指导和信息。我国从1988年5月开始实施APELL计划，通过加强与各国的交流和合作，逐步扩大APELL计划实施的范围。旨在提高公众对恶性污染环境事件的了解和认识，对地区内可能发生的工业事故所造成的环境紧急事件提前做好准备，组织制订应急计划，确保地区内人民的生命健康和财产安全，保护生态环境。（代富宇）

地区主义

Regionalism

亦称区域主义。地理上相邻或相近的一组国家为了特定的共同目标而推动相互间整合的理论和实践。强调地区内国家在共同观念的基础上形成一系列规制，通过共同行动实现一体化；既可以是安全、经济、社会等方面的，也可以是综合性的。第二次世界大战后在欧洲、非洲等地开始发展，欧共体即是其典型产物。20世纪80年代以来，在全球化浪潮中得以复兴，其广度和深度都有所增强。目前在世界各地具有广泛影响，各种地区性组织纷纷建立。（郇庆治）

地热能

Geothermal Energy

地热能是由地壳抽取的天然热能。这种能量来自地球内部的熔岩，以热力形式存在，是引致火山爆发及地震的能量。地热能是可再生的新型洁净能源，储量大，大部分集中分布在构造板块边缘一带。该区域也是火山和地震多发区。地热能来自地球深处的熔融岩浆和放射性物质的衰变。地球内部的温度高达7000℃，在距地表80至100千米处，温度会降至650~1200℃。透过地下水的流动和熔岩涌至离地面1~5千米的地壳，热力得以被传送到接近地面的地方。高温的熔岩将附近的地下水加热，这些加热了的水最终会渗出地面。地热能还有一小部分能量来自太阳，大约占总地热能的5%。地热能是无污染的清洁能源，如果热量提取速度不超过补充的速度，地热能是可再生的。运用地热能最简单和最合乎成本效益的方法是直接取用这些热源抽取能量。由于分布相对分散，地热能在开发上存在难度。（韩铮）

地上成层现象

Ground Layer Phenomenon

指群落的成层性。包括地上成层和地下成层，以植物的同化器官在地面以上不同的高度所形成的垂直结构，称为地上成层现象。地上成层现象在森林群落里最为明显，通常以温带阔叶林和针叶林的分层最为典型。热带森林的成层结构最为复杂，通常根据生长型划分为乔木层、灌木层、草本层和由苔藓、地衣构成的地被层等4个基本层次。各层可再按同化器官的高度划分相应的亚层。草本群落通常只有草本层和地被层。附生、寄生、藤本等生长型的植物，依附于各种植物体上，在整个群落的各层次内都有分布，因而被称为层间植物或层外植物。（王晴晴）

地位级

Site Class

森林生产力的指标，是评价立地质量的定量指标，常在地位级表中查定。它反映立地条件，主要是气候、土壤对树种的适宜程度，特别是土壤肥力的状况。广泛应用于森林资源调查、森林间伐量和主伐量预测、森林收获量模型建立、收获表编制、经营类型组织等森林经营管理工作。（王晴晴）

地下水污染

Groundwater Pollution

指人类活动引起地下水化学成分、物理性质和生物学特性发生改变而使水体质量下降的现象。地表以下地层复杂，地下水流动极其缓慢，因此地下水污染具有过程缓慢、不易发现和难以治理的特点。地下水污染方式包括直接污染和间接污染。直接污染是污染物直接进入含水层，在污染过程中，污染物的性质不变。间接污染是地下水并非由于污染物直接进入含水层引起，而是由于污染物作用于其他物质，使这些物质中的某些成分进入地下水造成。地下水的污染物主要来源有危险废物处置场、化粪池、地下污水管泄漏、农田径流中携带的农药和化肥残留物、城市垃圾和高速公路的废物（如化雪用盐）、地下或露天矿场、受污染的地表水、地下贮油罐与输油管泄漏以及有机液体的事故性泄漏等。污染结果是地下水中的有害成分（如酚、铬、汞、砷）、放射性物质、细菌、有机物等的含量增高，对人类健康和工农业都有危害。（王晴晴）

地下水污染事件

Groundwater Pollution Incident

地下水不同于地表水，被喻为人类的生命水，一旦遭受污染，治理需千年的时间。一些企业为了逃避查处，将污水通过高压水井直接注入地下，人们因饮用受污染的地下水而染上怪病。2011年，环保部、国土部与水利部联合公布《地下水污染防治规划》，预计到2020年对典型地下水污染源实现全面监控，地下水污染防治体系基本建成。然而，防治的速度远远落后于污染的速度。2013年，地下水严重污染事件被频频爆出。继山东潍坊地下水污染事件后，《华北平原地下水污染调查评价》结果显示，华北平原浅层地下水综合质量整体较差，污染较为严重，直接可以饮用的地下水仅占22.2%。地下水污染，不仅危害居民的生命健康安全，而且会造成社会恐慌。媒体舆论已开始呼吁公开各地地下水的监测数据。（张沥元）

地源热泵

Ground Source Heat Pump

利用清洁可再生能源的技术，采集浅层地热能源（也称地能，包括地下水、土壤或地表水等的能量），既可供热又可制冷的高效节能系统，通过输入少量的高品位能源（如电能），实现由低品位热能向高品位热能转移，进行能量转换的供暖制冷空调系统。地源热泵的概念最早由瑞士的专家于1912年提出，这项技术的提出始于英国和美国。地源热泵已成功利用地下水、江河湖水、水库水、海水、城市中水、工业尾水、坑道水等各类水资源以及土壤源作为地源热泵的冷、热源。地源热泵可分为开式系统，即直接利用水源进行热量传递的热泵系统；闭式系统，是指在深埋于地下的封闭塑料管内注入防冻液，通过换热器与水或土壤交换能量的封闭系统。（王晴晴）

地植物学

Geobotany

又称植物群落学、植物地理学。地植物学一词最早出现于1866年，至19世纪90年代，沃明（E.Warming）和希姆帕尔（A.F.w.Schimper）的经典著作进一步发展了地植物学，到20世纪初期形成了植物群落的生态外貌、动态演替及区系成分分析等不同的地植物学派，近期则以几个学派的相互渗透为特色。地植物学是研究植物群落间关系及其与环境间相互关系，阐明植物群落的形成、种类组成、结构、生态、分类、动态演替及地理分布的基本规律，是自然地理学与植物学间的边缘学科，是植物地理学的组成部分。地植物学研究有关地球上的植物分布（植物区地理学）、对植物作用的外界因素的地区性问题（植物生态地理学）以及地球的地史变化与植物的关系植物史等。（王晴晴）

地质公园

Geopark

指具有特殊地质科学意义、稀有的自然属性、较高的美学观赏价值，具有一定规模和分布范围的地质遗迹景观为主体，融合其他自然景观与人文景观构成的独特的自然区域，是地质遗迹景观和生态环境的重点保护区，地质科学研究与普及的基地。地质公园具有生态、历史和文化三重价值，是为人们提供具有较高科学品位的观光游览、度假休息、保健疗养、科学教育、文化娱乐的场所。因此，地质公园是保护地质遗迹、向公众普及地球科学知识和促进地方经济可持续发展的重要形式。地质公园可划分为 4 级：县市级地质公园、省地质公园、国家地质公园、世界地质公园。由联合国教科文组织组织专家实地考察，经专家组评审通过，经联合国教科文组织批准的地质公园，称世界地质公园（Global Geoparks Network，简称 GGN）。中国的国家级地质公园，通称国家地质公园，由国土资源部正式批准授牌。中国国家地质公园的计划是联合国教科文组织等机构推动的全球地质景点计划的试点计划。全球地质景点计划于 1972 年在法国巴黎召开的联合国教科文组织第 17 届大会提出，1989 年正式启动。截至 2010 年 10 月，我国共批准建立国家地质公园 138 处（4 批），其中被联合国教科文组织列入世界地质公园的共计 24 处。（参考：李晓琴、赵旭阳、覃建雄：《地质公园的建设与发展》，《地理与地理信息科学》2003 年第 5 期第 96 ~ 99 页。朱配辰）

地质遗迹

Geological Heritage

指在地球演化的漫长地质时期，在内外地质动力的作用下，形成、发展并遗留下来的能客观反映地球史、生物史及成矿规律的珍贵且不可再生的自然遗产。地质遗迹的特点：1. 不可再生，一旦遭到破坏，就意味着永远失去，不可能恢复。2. 独特的不可替代的天然性，任何经过人工改造的地质体及其景观都不能称为地质遗迹。地质遗迹的保护内容包括：1. 对追溯地质历史具有重大科学研究价值的典型层型剖面（含副层型剖面）、生物化石组合带地层剖面、岩性岩相建造剖面及典型地质构造剖面和构造形迹。2. 对地质演化和生物进行具有重要科学文化价值的古人类与古脊椎动物、无脊椎动物、微体古生物、古植物等化石与产地以及重要古生物活动遗迹。3. 具有重大科学研究和观赏价值的岩溶、丹霞、黄土、雅丹、花岗岩奇峰、石英砂岩峰林、火山、冰山、陨石、鸣沙、海岸等奇特地质景观。4. 具有特殊学科研究和观赏价值的岩石、矿物、宝玉石及其他典型产地。5. 有独特医疗、保健作用或科学研究价值的温泉、矿泉、矿泥、地下水活动痕迹以及有特殊地质意义的瀑布、湖泊、奇泉。6. 具有科学研究意义的典型地震、地裂、塌陷、沉降、崩塌、滑坡、泥石流等地质灾害遗迹。7. 需要保护的其他地质遗迹。地质遗迹种类：据地质遗迹的内容，可将其划分为 4 大类：1. 地质构造类。包括各种地质剖面、构造形迹、岩矿石、宝玉石及古冰川遗迹、陨石坑、鸣沙等。2. 生物化石类。包括各种古人类及古脊椎动物化石、其他古生物化石、遗迹化石及其遗址。3. 地质景观类。包括山岳景观及水体景观，其中前者又包括岩溶、石英砂岩峰林、丹霞等；后者包含湖泊、温泉矿泉、冰川等。4. 地质灾害遗址类。包括地震、崩塌、滑坡、泥石流、地裂缝、地面塌陷等灾害遗址。截至 2011 年底，我国共建有地质遗迹自然保护区 91 个，占全国自然保护区总数的 3.45%，面积 1182018 平方千米，占我自然保护区陆域总面积的 8.25%，类型涉及地层类、构造类、岩石类、矿产类、古生物类、地质灾害类、地质地貌类和水体类等所有类型。（参考：赵汀、赵逊：《地质遗迹分类学及其应用》，《地球学报》2009 年第 3 期第 309 ~ 324 页。朱配辰）

地质遗迹保护区

Geological Heritage Protection Zone

对具有国际、国内和区域性典型意义的地质遗迹，可建立国家级、省级、县级地质遗迹保护段、地质遗迹保护点或地质公园，统称地质遗迹保护区。地质遗迹保护区的分级标准：1. 国家级。能为一个大区域甚至全球演化过程中某一重大地质历史事件或演化阶段提供重要地质证据的地质遗迹；具有国际或国内大区域地层（构造）对比意义的典型剖面、化石及产地；具有国际或国内典型地学意义的地质景观或现象。如蓟县中上元古界地质剖面自然保护区、昌黎黄金海岸国家自然保护区、山旺"万卷书"地质自然保护区、"蓝田人”遗址地质自然保护区等。2. 省级。能为区域地质历史演化阶段提供重要地质证据的地质遗迹；有区域地层（构造）对比意义的典型剖面、化石及产地；在地学分区及分类上，具有代表性或较高历史、文化、旅游价值的地质景观。如周口店北京猿人遗址自然保护区、天津市滨海贝壳堤自然保护区、白洋淀自然保护区、吉林省大阳岔地质遗迹自然保护区、吉林省伊通火山群自然保护区、嘉荫恐龙化石产地地质自然保护区等。3. 县级。在本县的范围内具有科学研究价值的典型剖面、化石产地；在小区域内具有特色的地质景观或地质现象。如内蒙古阿尔山温泉自然保护区、达尔罕茂明安联合旗艾不盖河水源自然保护区、大连金州金石滩地质自然保护区、东方市猕猴洞自然保护区、文昌市七星岭自然保护区、清镇市红枫湖自然保护区、兴义市马别河天星桥瀑布群自然保护区等。地质遗迹保护程度的划分包括：对保护区内的地质遗迹可分别实施一级保护、二级保护和三级保护。一级保护，即对国际或国内具有极为罕见和重要科学价值的地质遗迹实施一级保护，非经批准不得入内。经设立该级地质遗迹保护区的人民政府地质矿产行政主管部门批准，可组织进行参观、科研或国际交往。二级保护，即对大区域范围内具有重要科学价值的地质遗迹实施二级保护。经设立该级地质遗迹保护区的人民政府地质矿产行政主管部门批准，可有组织地进行科研、教学、学术交流及适当的旅游活动。三级保护，即对具一定价值的地质遗迹实施三级保护。（参考：董颖等：《中国地质遗迹资源保护》，《中国地质灾害与防治学报》2010 年第 2 期第 114 ~ 117 页。朱配辰）

地质灾害

Geological Disasters

指在自然或人为因素的作用下，形成的对人类生命财产造成损失、对环境造成破坏的地质现象。2004 年国务院颁发的《地质灾害防治条例》规定，地质灾害包括自然因素或者人为活动引发的危害人民生命和财产安全的山体崩塌、滑坡、泥石流、地面塌陷、地裂缝、地面沉降等与地质作用有关的灾害。地质灾害按照人员伤亡、经济损失的大小，分为特大型、大型、中型和小型 4 个等级。按致灾地质作用的性质和发生处所进行划分，常见地质灾害共有 12 类，包括地壳活动灾害，斜坡岩土体运动灾害，地面变形灾害，矿山与地下工程灾害，城市地质灾害，河、湖、水库灾害，海岸带灾害，海洋地质灾害，特殊岩土灾害，土地退化灾害，水土污染与地球化学异常灾害，水源枯竭灾害等。（王晴晴）

帝国式生活方式

Imperial Mode of Living

奥地利维也纳大学政治系教授、环境政治学者乌尔利希・布兰德提出和阐发的学术术语。帝国式生活方式含义与约翰・贝拉米・福斯特和布雷特・克拉克所指称的生态霸权主义颇为接近，尤其指北方发达资本主义国家的帝国式的或奢靡性的生活方式，因为这种生活方式是基于对别国资源、空间、劳动力和污水池（环境自净能力）的无限占用，以政治、法律和暴力的形式确保实现。帝国式生活方式是从霸权理论视角出发，尝试解释帝国主义南北关系，彰显人们根深蒂固的日常习惯、国家与公司战略、生态危机和国际关系之间的关联，有助于理解不断加剧的全球性环境危机和经济政治危机之间的内在一致性。（徐越）

《帝国与传播》

Empire and Communication

加拿大学者哈罗德・伊尼斯（Harold Innis,1894 ~ 1952）的学术著作。本书开启了一个新的传播学派，即“媒介决定论”学派，伊尼斯成为这个学派的开山祖师。本书原是一部讲稿，共 6 章，成书出版时，补写了一篇绪论。伊尼斯在书中说：“我这些讲稿有一个总的题目叫‘帝国与传播’，说的是帝国经济史。从这个题目一望而知，在我们的文明中，我们不仅关怀各种文明而且还关怀各种帝国。”麦克卢汉非常推崇这本书，欣然为之作序。他称伊尼斯是“最好的老师”，说伊尼斯的“每一句话都是一篇浓缩的专论。他的每一页书都包含一个小小的藏书室，常常还包含一个参考文献库。如果说，老师的职责是节省学生的时间，那么伊尼斯就是历史上有记录的最好的老师”。中译本译者何道宽，北京，中国人民大学出版社2003年出版。（张惠娜）

帝国主义

Imperialism

垄断占统治地位的资本主义，也称垄断资本主义、现代资本主义或资本帝国主义。按照列宁的观点，它是资本主义发展的最高和最后阶段，形成于19世纪末20世纪初，具有五大经济特征：生产和资本的集中形成了在经济生活中起决定作用的垄断组织；银行资本和工业资本融合形成金融资本和金融寡头；资本输出具有重要意义；瓜分世界的资本家国际垄断同盟形成；最大资本主义列强已将世界领土分割完毕。垄断是帝国主义的实质和根本经济特征。垄断统治决定了帝国主义的腐朽性、寄生性，并加剧了三大矛盾，即帝国主义国家内部无产阶级和资产阶级之间、帝国主义和殖民地以及发展中国家之间、帝国主义各国之间的矛盾。同时，垄断使生产、管理和资本高度社会化，为向更高级的社会经济结构过渡准备了条件。因此，帝国主义又是垂死的资本主义。当然，第二次世界大战以来的历史表明，帝国主义的灭亡并不是在短期内可以实现的，帝国资本主义和社会主义作为两种政治制度，在世界范围的竞争还将持续很长时间。（李庆）

第比利斯国际环境教育大会

Intergovemmental Conference on Environmental Education, Tbilisi, USSR

全称“环境教育第比利斯政府间会议”。国际上第一次部长级的环境教育会议。由联合国教科文组织和环境规划署筹办，1977年10月14日～26日在苏联格鲁吉亚共和国首都第比利斯市举行，有68个国家的政府代表参加。联合国教科文组织将会议成果总结为《最终报告》，1978年4月在巴黎发表。《最终报告》由序言、一般报告、委员会的报告、会议宣言及建议和附录5个部分组成。一般报告包括关于环境诸问题、教育的任务、已往环境教育工作中的努力和成就、地区及国际协作和联合国环境规划署事务总长的报告，共40项条文。委员会报告国家环境教育战略，共37项条文。第比利斯会议提出的《会议宣言和建议》，明确规定环境教育的任务、目的、目标、指导原理以及国家水平的环境教育发展战略等，确立国际环境教育的基本理念和体系。这个基本理念和体系继承和沿袭《贝尔格莱德宪章》的基本思想。贝尔格莱德会议是专家层次的准备会议，第比利斯会议是政府层次的专门性国际环境教育会议。《会议宣言和建议》确立的国际环境教育的基本理念和体系，受到了各国高度评价，成为许多国家推进环境教育事业发展的基本方针。《会议宣言和建议》认为，教育在促使人们认识并更好地理解环境问题方面应发挥主要作用。教育必须培养人们对待环境和利用国家资源方面的正确态度。环境教育应面向各个层次的所有年龄的人，并应包括正规教育和非正规教育。环境教育应是一种全面的终身教育，能够对这一瞬息万变的世界中出现的各种变化做出反应。环境教育必须面向社会。会议就环境教育的教学内容、方法作了进一步探讨，突出了在职和职前培训的地位，继续强调了规划和策略信息传播的重要性，并指出了实现环境教育目标应采取的行动途径。（参考：刘继和：《国际环境教育发展历程简顾——以重要国际环境教育会议为中心》，《环境教育》

2000 年第 1 期第 38 ~ 41 页。王薛时）

第二次绿色革命

Second Green Revolution

又称“基因革命”。指通过国际社会共同努力，运用以基因工程为核心的现代生物技术，培育既高产又富含营养的动植物新品种以及功能菌种，促使农业生产方式发生革命性变化。在促使农业生产及产品增长的同时，确保环境可持续发展。这一概念最早由世界粮食理事会第 16 次部长会议于 1990 年首次提出，相对于 20 世纪 60 年代第一次绿色革命而言，其目的在于运用国际力量，为发展中国家培育既高产又富含维生素和矿物质的作物新产品。第二次绿色革命的特点是绿色增长、多元化与可持续，即在增加食品保健与安全，促进农业向多样性、人本化方向发展的同时，促进环境可持续发展。（王晴晴）

第二次全国环境保护会议

The Second National Conference on Environmental Protection

1984 年 12 月 31 日 ~ 1985 年 1 月 7 日在北京召开，国务院副总理李鹏在会上作环境保护工作报告。报告指出，到 20 世纪末我国环境保护的奋斗目标是：力争全国环境污染基本得到解决，自然生态基本恢复良性循环，城乡生产生活清洁、优美、安静，全国环境状况基本上能够同国民经济的发展和人民物质文化生活水平的提高相适应。开展环境保护工作的指导思想是：经济建设、城乡建设和环境建设要同步规划、同步实施、同步发展，实现经济效益、社会效益和环境效益的统一。（王薛时）

第二代生物燃料

Second Generation Biofuels

指不再利用粮食作物如玉米等作为原料转化为生物燃料，代之以农林废弃物为原料来发展纤维素乙醇。第二代生物燃料与第一代生物燃料最主要的区别在于是否以粮食作物作为原料。第二代生物燃料主要以纤维素乙醇和生物柴油等为代表。纤维乙醇主要取材于秸秆、枯草、稻壳、甘蔗碎屑、木屑等作物废弃物与非粮作物。生物柴油的主要取材于动物脂肪与藻类。第二代生物燃料与第一代相比，不仅具有循环利用，有利于可持续发展的优势，而且对降低温室气体的排放更有效，相较于第一代生物燃料平均降低 20% 的温室气体排放，第二代生物燃料平均降低 96% 的温室气体排放。（朱雨晨）

《第二性》

The Second Sex

西蒙娜・德・波伏娃 1946 ~ 1949 年创作的经典著作，1949 年出版后在西方世界引起极大反响，被誉为“有史以来讨论妇女最健全、最理智、最充满智慧的一本书”，甚至被誉为是西方妇女的“圣经”。涵盖哲学、历史、文学、生物学、古代神话和风俗文化等内容。分上下两卷。上卷从女性群体角度讨论妇女问题，是全书的理论框架，下卷讨论不同年龄、不同身份的女性在不同境遇下的生理、心理变化，得出结论：妇女要得到解放就必须正视与男人的关系，建立手足关系。以马克思主义为指针，全方位俯瞰整个女性世界，以无所畏惧的姿态讨论女性权利问题。以个人经验和对其他妇女的观察，对妇女的社会地位问题进行历史的哲学的思考，提出更高层次意义上的性别平等。以多角度深刻分析妇女现状及形成原因，揭示妇女文化运动，向性别歧视开战，鼓舞女性在男权社会的觉醒。对 20 世纪女权运动发展产生深远影响。（徐越）

第二自然

Second Nature

第二自然的第一种含义指文学艺术创造的世界，虚构的世界，主观的世界。意大利艺术家、文艺理论家达·芬奇（1452 ~ 1519）谈到画家应该研究普遍的自然，这样，“他的心就会像一面镜子，真实地反映面前一切，就会变成好像是第二自然”。这是强调艺术对自然的逼真模仿。奥地利哲学家波普尔的世界 2 则更为广泛，不限于文学艺术家，也不问是否符合客观对象，包括人的全部感性知觉和认识经验，指的是全部意识状态和主观经验世界。它们是正存在于活着的头脑中的，不包括文学艺术作品中的反映。这是要将世界 2 与第二自然区别的地方。第二自然的第二种含义指客观世界中人类的认识与实践所及的部分，即马克思《1844 年经济学哲学手稿》中提到的“人化自然”，将人类社会称作第二自然，以区别人类社会之外的自然世界。德国诗人歌德在谈到沃尔夫创作倾向的主观毛病时说，他必须对客观事物有足够的认识，熟悉它，掌握它，那么“客观事物对他才成为一种第二自然”。这种认识与把握到了的客观事物相当于康德的“为我之物”。歌德从“我”出发，康德从“物”出发，都是从认识的角度将对象看作第二自然的（参阅**第一自然**）。艺术作品中描绘的自然景物，又称“人化了的自然”。这种自然景物取之于自然，但又经过作家，艺术家的加工，带有作家、艺术家的主观因素，是客观的自然与作者主观情意的统一体，是一种源于自然，但又“超越自然”“高于自然”（《歌德谈话录》）的“人化了的自然”。达·芬奇《笔记》：“画家应该研究普遍的自然，就眼睛所看到的东西多加思索，要运用组成每一事物的类型的那些优美的部分。用这种办法，他的心就会像一面镜子真实地反映面前的一切，就会变成好像是第二自然。”第二自然的术语不仅准确地表述了文学艺术作品中所描绘的自然景物与生活中实际存在的自然景物的联系与区别，而且深刻地揭示了一切艺术创作都必须遵循的一条重要原则。作家、艺术家“既是自然的主宰，又是自然的奴隶”（《歌德谈话录》）。文学艺术作品对自然，对生活的描写、反映，首先要忠于自然、忠于生活，同时又不能对自然和生活作纯客观的、自然主义的机械模拟和简单照相，而应当以自己的心镜照景，或以作品中人物的心境照景，创造出一种既符合自然的本来特征，又溶解、渗透着作家、艺术家思想感情的“人化了的”“第二自然”，一种基于生活真实而又高于生活真实的艺术真实。意大利达·芬奇在《论绘画》中提出，艺术中典型化的自然与现实中“普遍的自然”相对。认为艺术家在模仿自然的同时，还应当细心观察事物，“把比较有价值的事物选择出来”，集中“普遍的自然”中的“优美的部分”加以典型化、理想化，使艺术家创造出真实反映自然事物的“好像是第二自然”的作品。这一概念已涉及艺术想象、艺术概括和典型化问题。（参考：张坤：《文艺美学视域中的“第二自然”论析》，《名作欣赏》2010 年第 8 期第 109 ~ 111 页。朱配辰）

《第三次浪潮》

The Third Wave

美国未来学家、社会学家阿尔文·托夫勒的著作，1980 年 3 月出版，引起学术界和社会的巨大反响。作者在书中将人类社会发展划分为三个浪潮。第一次浪潮为农业时代，第二次浪潮为工业时代，第三次浪潮为信息化时代。此即是著名的三次浪潮理论。作者认为第三次浪潮已经来临，一个高度文明、极其多样化、崭新的社会即将出现。第三次浪潮正在迫使人们考虑和回答各种各样的新问

题，迫使人们去探索新世界。只有了解第三次浪潮的形态和性质，才能制定合理的策略去应对。中译本出版后，在国内同样引起轰动。最早中译本译者朱志焱，北京，三联书店1983年出版。（代富宇）

第三世界
The Third World

相对于较为发达的第一世界和第二世界而言，由亚洲、非洲、拉丁美洲以及其他地区的发展中国家构成。这些国家数目众多（现有130多个），土地辽阔（约占世界陆地的60%），人口众多（约占世界人口的73%），拥有丰富的自然资源，但经济社会发展水平较低。第三世界国家历史上长期遭受帝国主义和殖民主义的侵略、压迫和剥削，经济基础比较落后。尽管它们中大多数国家已宣告独立，但仍受到帝国主义特别是个别超级大国的经济渗透、政治控制和军事威胁，面临着完全实现政治和经济独立的任务。它们强烈要求摆脱发达资本主义国家的干涉和控制，要求建立新的国际经济秩序。由于共同的经历、共同的利益和共同的斗争目标，发展中的社会主义中国属于第三世界。（李庆）

第三世界网络
Third World Network

致力于积极参与发展第三世界和南北事务的国际非营利性联盟组织，1984年11月在马来西亚槟城成立。宗旨是为第三世界国家的权利和需求，公平地分配世界资源，形成可持续的生态发展以满足人类需要，发出更清晰的声音。具体活动目标是通过对经济、社会、法律规定等事务的研究，组织和参加交流研讨，在国际层面搭建能够更加广泛代表第三世界国家利益和观点的平台。国际秘书处设于马来西亚槟城，地区秘书处位于乌拉圭的蒙特维多和加纳的阿克拉，并在印度果阿、瑞士日内瓦和中国北京设有办公室。在第三世界国家如印度、菲律宾、孟加拉、泰国、马来西亚、加纳、南非、乌拉圭、墨西哥、埃塞俄比亚、秘鲁和巴西有着关联性机构，也与发达国家的非政府组织进行协作。按照宗旨积极地投入和参与到与第三世界国家相关的研究、出版、会议交流、组织、研讨中。（申森）

第三世界运动
The Third World Movement

指发生在亚洲、非洲、拉丁美洲等第三世界国家的，以争取国家发展权、反对国家霸权、试图改变全球旧秩序为主要内容的民族民主运动。第二次世界大战后，很多第三世界国家获得了民族独立，但在国际经济旧秩序中依然处于弱势地位，属于所谓世界经济体系的外围国家。因而，第三世界国家希望改变国际经济旧秩序，争取民族经济的独立发展权。根据运动的内容，第三世界运动分为不结盟运动、发展运动、反独裁和争取民主的运动等。此外，第三世界运动也指发生在欧美发达国家的呼吁尊重第三世界国家主权与权益的大众性社会政治运动，是20世纪60～70年代兴盛一时的新社会运动的一部分。（王聪聪）

第三条道路
Quaternary Sector of Industry

综合了许多不同的意识形态传统，包括现代自由主义、保守主义、现代社会民主主义等的欧美国家中左翼政党的新意识形态和政治战略。它在不同的国家也有不同的版本，如英国布莱尔政府的第三条道路、美国克林顿政府的第三条道路、德国施罗德政府的新中间道路等。按照通常的理解，它指的是既非资本主义，也非社会主义的第三种替代性思想，倡导在传统社会民主主义和新自由主义之间寻找新的政策支柱。克林顿政府和布莱尔政府倡导的第三条道路，宣称是一种新革新主义，致力于建立以机会平等、个人责任、公民的社区动员为基础的新的结构。事实证明，第三条道路更多是混合糅杂的政治主张和意识形态，甚或是政治口号，很难带来欧美经济社会制度的重大改变。（李庆）

第四产业

Fourth Industry

对克拉克大分类法 3 种产业分类的延伸。1962 年，美国经济学家马克卢普第一次提出了知识产业和信息服务的概念，将教育、通信媒介、信息服务等归为第四产业。美国另外一位经济学家马克·波拉特继承了马克卢普的观点，首次提出了 4 次产业划分法，并被一些发达国家采用。我国一些学者对第四产业也提出了自己的看法，认为第四产业是精神产品再生产过程领域的各种社会行业，还有学者认为第四产业是绿色产业或智慧产业。产业划分对于经济制度的制定及经济政策的实施具有重要意义。（代富宇）

《第四次浪潮》

The Fourth Wave

在托夫勒所著《第三次浪潮》的基础上，很多专家学者包括托夫勒本人，都提出了第四次浪潮理论。美国作家甘哈曼及中国作家丁正耕都出版了《第四次浪潮》，对托夫勒的三次浪潮理论进行了进一步发展。其中丁正耕将第四次浪潮定义为低碳化浪潮，指出当今人类对能源过度依赖，导致二氧化碳过度排放，高碳经济对全球环境气候带来了巨大影响，危及人类生存。低碳化浪潮是解决世界气候问题和环境问题的根本途径，也是人类发展的必由之路。（代富宇）

第一自然

First Nature

指本真的自然。它是客观的原始的第一性的，是人类一切科学认识、艺术灵感、想象创造的本源。在现实中，人们理解和使用这一概念并不完全一样。最广义的一种理解，即把人类赖以存在的全部客观世界称为第一自然。这与奥地利哲学家波普尔三个世界理论中的“世界 1”相当。“世界 1”指物理客体和状态的世界，它包括整个宇宙间的物质和能量以及一切生物体。它包括人类的创造物，如建筑；而不包括储存人类思想文化的客体，如书籍。狭义的第一自然，是不包括人类社会的。在哲学上，按照马克思《1844 年经济学哲学手稿》中自然人化的理论，人化的自然才是第一自然。关于第一自然的观点大致有两种。一种是将完全无人状态下的自然称作第一自然。另一种是将有人类足迹的自然称作第一自然。马克思在承认两种自然的划分下，将有人类足迹的自然称作第一自然。（参考：尹虹潘：《开放环境下的中国经济地理重塑——“第一自然”的再发现与“第二自然”的再创造》，《中国工业经济》2012 年第 5 期第 18 ~ 30 页。朱配辰）

蒂姆·海沃德

Tim Hayward

英国爱丁堡大学教授、政治学与国际政治系主任。生年不详。主要研究领域为政治哲学和环境伦理学。致力于研究如何理解环境价值和生态原则，并将二者融入社会与政治理论。代表作包括：《生态思想导论》（1995）《政治理论与生态价值》（1998）。（徐越）

电除尘

Electrostatic Precipitator

又称静电除尘，一种气体除尘方法。原理是利用正、负电离子中和尘埃中的离子，当含尘气体经过高压静电场时被电分离，尘粒与负离子结合带上负电后，趋向阳极表面放电而沉积。电除尘具有除尘效率高、可净化较大气量、可净化温度较高含尘烟气、能够除去的粒子粒径范围较宽等优点。这种气体除尘方法被应用在冶金、化学等工业中，用来净化气体、回收有用的尘粒，如锡、锌、铅、铝等

的氧化物。还被应用于以煤为燃料的工厂和电站，以收集废气废烟中的煤灰和粉尘。（*石艳峰*）

电磁辐射

Electromagnetic Radiation

能量以电磁波形式发射到空间的现象，又称电子烟雾。电磁辐射具有电场和磁场两个分量的振荡，在相互垂直的方向传播能量。来源主要有天然和人为的两种：天然电磁辐射主要来源于雷电、太阳黑子的活动等；人为的电磁辐射主要来源于微波、脉冲放电、工频交变磁场等，如生活中使用的电脑、手机、家用电器等。电磁辐射已经被世界卫生组织列为继水源、大气、噪声之后的第四大环境污染源。长期电磁辐射会对人的免疫系统、生殖系统、神经系统等造成伤害，引发皮肤病、糖尿病、心血管疾病、癌症等。它对人的影响主要分为热效应和非热效应两种。热效应指当人体受到电磁辐射作用时，身体中的水分会相互摩擦，造成机体升温，影响器官的正常工作。非热效应则指原本处于平衡状态的人体微弱电磁场，由于受到外界电磁场的干扰而被破坏，虽然体温没有明显升高，但是人体的血液、淋巴液、细胞原生质会因此发生改变，影响人的免疫、代谢、生殖等。（*石艳峰*）

电袋复合除尘器

Electrostatic Fabric Filter

新型的综合除尘器。将静电除尘和布袋除尘优势结合起来，吸尘效率高，对吸收 PM2.5 具有一定效果。主要组成部分包括：集气吸尘罩、进气管道、排灰装置、风机、电机、消声器和排气烟囱等。它利用风机产生的动力，将含尘气体从尘源经抽风管道进入除尘设备内净化，净化后的气体经排气烟囱排出，回收的粉尘由排灰装置排出。目前世界上主要有两种类型的电袋复合型除尘器，一种是由美国电力研究所（EPRI）Ramsay Chang 博士开发的 COHPAC，另外一种是美国南达科他大学的能源与环境研究中心（EERC）研发的 Advanced Hybrid。前者已经被 Hamon Raseareh-Cottrell 公司实现工业化应用，而后者结构较为复杂，目前还没达到实例应用。电袋复合除尘器的优势明显，它可以保障近、中、长期的环保排放要求；能够最低成本、最快速地实现工程范围、工程量以及工程周期的改造；易于实现细微颗粒物等多污染物的协同控制等。（*石艳峰*）

电动力学修复技术

Electrokinetic Remediation Technology

新型的高效去除土壤和水中污染物的技术。去污机制是将电极插入受污染的土壤中并通入直流电，在直流电的作用下，土壤中的污染物定向移动到电极处累积，带正电的离子向阴极移动，带负电的离子向阳极移动，隔一段时间将电极取出，处理掉污染物即可。污染物的迁移量和迁移速率不仅受污染物浓度、土壤粒径和含水量、污染物离子的活性、电流强度的影响，还与土壤孔隙中的界面化学性质及导水率有关。利用电动力学修复技术对受污染土壤进行修复具有良好效果，体现出明显优势：1. 对环境不会产生二次污染，影响较小；2. 可吸附低渗透性土壤；3. 重金属污染物可以回收再利用，经济可行；4. 能耗低，操作简单；5. 可以与其他修复技术联合使用，如电动力学－可渗透反应墙（PRB）联合修复技术、电动力学－吸附联合修复技术、电动力学－离子交换膜联合修复技术、电动力学－超声波联合修复技术等。（*石艳峰*）

电力环境保护

Power Environmental Protection

通过科学管理和技术创新减少电力行业发展对环境破坏的措施。我国电力行业对环境的破坏问题较为突出，以煤炭为主要能源的电力工业发展受到污染和生态影响的严重制约。我国目前的煤炭产量约有 50% 用于发电，电力的 80% 由燃煤产生，燃煤电厂排放的二氧化硫、氮氧化物和烟尘是主要的大气污染源之一，同时还有其他大量的废水、废渣及噪声污染等。水力发电则无法回避生物生存环境破坏，水域断流，气候改变等环境问题。针对电力行业的特点，贯彻“预防为主，防治结合，综合治理”的方针：1. 全面规划、合理布局，将环保的目标纳入电力行业的发展规划中来；2. 电厂对环境的影响要做深入调查，开展环境影响评价；3. 提高能效，减少生产过程中污染物的排放；4. 加强科技开发，将先进的除尘技术、二氧化硫控制技术、废水废物的综合利用技术发展起来，推动污染治理。（朱雨晨）

《电网企业全额收购可再生能源电量监管办法》

The Regulatory Approach of Full Acquisition of Renewable Energy Power for Power Grid Enterprises

本办法于 2007 年 7 月 17 日由国家电力监管委员会主席办公会议审议通过，自 2007 年 9 月 1 日起施行。本办法是为促进可再生能源并网发电，规范电网企业全额收购可再生能源电量行为，根据《中华人民共和国可再生能源法》《电力监管条例》和国家有关规定而制定。主要内容包括：总则、监管职责、监管措施、法律责任、附则等。本办法所称的可再生能源发电是指水力发电、风力发电、生物质发电、太阳能发电、海洋能发电和地热能发电。（石艳峰）

电子政府

E-government

指在信息网络化背景下，通过在政府内部采用电子化和自动化技术等，利用现代信息技术和网络技术，对传统政府的行政职能、组织结构和业务流程进行改进，建立起网络化的政府信息系统，并用这个系统为政府机构、社会组织和公民个人等提供更加方便、高效、廉洁、公平、低成本的政府服务的构建服务性政府的模式。简单说，通过在互联网上建立政府网站，构建虚拟政府为社会提供公共产品和服务。我国的电子政府建设，最早可追溯到 20 世纪 80 年代的政府机构办公自动化工程。当时，中央 40 多个部委先后建立信息中心，为后来电子政府的进一步建设奠定了良好的软硬件基础。1998 年国家信息产业部在全国启动政府上网工程，将 1999 年定为政府上网年。2006 年，国新办又下发《国家电子政务总体框架》。2007 年，中国共产党的十七大报告中明确提出推进电子政务。（刘中华）

电子政务

E-government Affairs

指政府运用现代通信和信息技术手段，将管理和服务通过网络技术进行优化重组，超越时空和部门设置之间的分隔限制，建成精简、高效、廉洁、公平的政府运作管理模式，向社会提供优质的、全方位的、规范透明的、符合国际水准的服务。最早是由美国总统比尔·克林顿提出，联合国经济社会理事会进一步将其定义为，政府通过信息通信技术手段的密集性和战略性应用组织公共管理的方式，旨在提高效率、增加政府的透明度、改善财政约束、改进公共政策的质量和决策的科学性，建立良好的政府之间，政府与社会、社区以及政府与公民之间的关系，提高公共服务的质量，赢得广泛的社会参与度。它是系统工程，包含以下基本条件：1. 必须借助于现代电子信息化硬件系统、网络和相关软件技术等的综合服务系统，如网络专用线路、大型数据库管理系统、服务管理系统等。2. 处理政府内部管理事务和对外服务事务的综合系统，如立法、司法部门以及其他一些公共组织的管理事务、社区事务等。3. 新型的、先进的、革命性的政务管理系统，不是简单地运用互联网对政府事务进行传统管理，而是要对结构和运行流程进行重组和再造。（刘中华）

电子政务测评

E-government Affairs Assessment

指由专门的组织机构依据相关的客观事实和数据，按照严格的规范、程序和特定的指标体系，通过定量定性的对比分析，对政府的电子政务建设所做出的相对客观的评价。随着近年来各国电子政务建设的迅速推进，电子政务测评逐渐从相关信息测评中独立出来，成为一项专门的测评。目前国际上已经有的电子政务测评，大体上可分为政府外评估和政府内评估两种。前者是指由政府以外的第三方国际组织、咨询公司、大型 IT 跨国企业以及学术机构等开展的测评，后者是由政府机构对自身电子政务开展的测评。目前，关于电子政务测评的指标体系在各个国际组织、国家等中并没有统一的标准，国际上比较著名的有联合国电子政务报告的测评法、加拿大 KPMG 电子政务能力检测法和中欧国家电子政务测评的 EIU 方法等。国内学者有的将电子政务测评体系分为基础支撑度、环境保障度、应用完善度、服务成熟度、公众参与度等 5 个标准，有的则提出以电子集中、电子安全、电子管理、电子服务、电子决策等为基本内容的电子政务评价指标体系，有的还提出了以公共信息、公共事业、市民服务、企业服务、投资服务、政府工作和民主服务等 7 项指标为核心的测评指标体系。（刘中华）

电子政务策略

E-government Affairs Strategy

指由相关行政系统决策的在电子政务建设过程中所应遵循的原则和方法。通过分析比较电子政务基本策略涉及的目标优先顺序和实施特点等方面内容，可以大体将其区分为如下 5 种：1. 技术应用型策略，指信息技术在政务中的应用策略，包括电子政务信息基础设施建设、电子政务信息技术和应用、电子政务相关产业发展、电子政务技术标准、法规和政策建设以及电子政务技术培训等。2. 管理信息化型策略，指在技术应用基础上实现政府管理信息化。3. 扁平服务型策略，指行政运行机制从科层制的职能型政府向扁平化的流程型政府转变的电子政务策略。4. 电子民主型策略，指将信息化和民主建设结合起来的电子政务策略。5. 全面响应型策略，指公共管理中社会对公民个性化需求没有时空缝隙的互动响应，它区别于民主型电子政务，有无缝隙响应和个性化服务两个突出特点。这 5 种典型的策略是依次展开和递进的阶段性策略，它们之间存在着历史和逻辑上的联系。在历史演进上，它们分别代表了电子政务发展从低到高的 5 个不同阶段；在逻辑关系上，它们分别代表着电子政务完整概念的不同环节。（刘中华）

电子政务行政生态学指数法

E-government Administrative Ecology Index, EGAEI

由中国社科院信息化中心针对旧有电子政务评测系统存在问题提出的新的电子政务评测方法。具体内容包括就绪评价与能力评价、环境评价、绩效评价、用户评价。就绪评价与能力评价指基于就绪状态与能力状态测度的电子政务事实判断，是电子政务评估中最基本最常用的方法。环境评价是强调资源禀赋要与所在条件相匹配的价值判断，资源禀赋包括不同的资金投入、物质投入和人力投入，当它与所在环境的条件匹配越高时，得分也就越高。绩效评价指以政务目标和战略为参照系的电子政务的有效性评价判断，即电子政务对实现既定的政务目标和战略是否有着有效的作用。用户评价指有电子政务需求方社会民众所给予的评价，它不是从电子政务提供方角度提供的评价，最终落脚于政务服务的对象，可以对电子政务实行有效的监督。这种测评方法目前还不能涵盖所有同电子政务效果有关的子系统。它构建的评价系统从最关键的方面，解决投入越多得分越高等违反建设有效益信息化原则问题的出现。（刘中华）

丁德文

Ding Dewen, 1941 ～

海洋生态－环境科学与工程专家，寒区资源－环境科学与技术专家。1994 年当选为中国工程院院士。辽宁辽阳人，1965 年毕业于大连理工大学应用物理专业，国家海洋局第一海洋研究所研究员、学术委员会主任，国家海洋局海洋环境保护研究所名誉所长，海洋生态环境科学与工程国家海洋局重点实验室主任，海洋环境监测污染控制国家海洋局重点实验室学术委员会主任。我国

寒区工程热学奠基人，创立冻土热学学科，解决了高原冻土路基稳定性，开创了超深人工冻结凿井的热土工艺、冻土区地下管线保温－防腐优化结构、高原冻土区第一条长距离热水回流式供水技术等。1992年开始转向海洋生态环境科学研究、技术开发与工程设计工作。开设我国工程海冰学研究方向，率先开展海洋生态环境的复杂性与非线性问题研究工作。主要论著有：《保护海洋环境和资源促进海洋经济可持续发展》(1998)、《工程海冰学概论》(1999)、《黄河河口－近海环境系统安全及修复对策》(2003)、《微生物修复辽东湾油污染湿地研究》(2005)、《公众参与环境保护的博弈分析》(2006)、《海岸带生态安全的概念与内涵——兼论海岸带系统科学与工程学科的构建》(2008)等。(石艳峰)

顶级格局假说

Climax Pattern hypothesis; population pattern climax Theory

又称种群格局顶级理论，是指各种类型的顶级群落，不是截然呈现离散状态，而是连续变化的，形成一个顶级群落连续变化的格局。这一理论的代表人物是惠特克(Whittaker)。惠特克认为，任何一个区域内的环境因子都是连续不断变化的，随着环境梯度的变化，各类型的顶级群落，如土壤顶级、气候顶级、火烧顶级、地形顶级，会形成连续的顶级类型，构成顶级群落连续变化的格局。在这一格局中，存在优势顶级，即分布最广泛并且通常位于格局中心的顶级群落。这一顶级群落最能反映本地区的气候特征，相当于单元演替顶级学说的气候顶级。惠特克还提出识别顶级群落的方法：1. 群落中的种群处于稳定状态。2. 达到演替趋向的最大值，即群落总呼吸量与总第一性生产量的比值接近1。3. 与生境的协同性高，相似的顶级群落分布在相似的生境中。4. 不同干扰形式和不同干扰时间所导致的不同演替系列都向类似的顶级群落汇聚。5. 在同一气候区内最占优势。6. 在同一区域内具有最大的中生性。7. 占有发育最成熟的土壤。(石艳峰)

《东北大西洋海洋环境保护公约》

The Convention for the Protection of the Marine Environment of the North-East Atlantic

简称《奥斯陆—巴黎公约》，1992年生效并取代1974年签订的《防止陆源海洋污染公约》。《公约》扩大陆源定义的外延，界定为陆上点源、散源或海岸，包括通过隧道、管道或其他同陆地相连的海底设施和通过位于缔约国管辖权之下的海洋区域的人造结构故意处置污染物质的源。《公约》要求缔约国采取控制陆源污染的计划和措施，对点源要求应用最佳可得技术，对点源和散源要求应用最佳环境惯例。此外，还规定所有的污染物质的排放必须事先得到许可。为了促进和规范海床地层的二氧化碳封存，使其中的措辞与《伦敦议定书》修正案的措辞相一致，2007年又对该《公约》的附则2和附则3进行修正。缔约各方颁布涵盖二氧化碳海洋地层封存的修正案，规定封存的绝大多数成分应是二氧化碳。修正案要求签发二氧化碳封存许可证之前，必须应用具体的

二氧化碳准则。考虑到潜在的负面影响，修正案放弃将二氧化碳封存到海洋水层和海底的方案。（申森）

东方美学的泛生态意识特征

Pan-Ecological Consciousness Characteristics in Eastern Aesthetics

东方文化在历史展开过程中逐渐形成的具有典型特征的美学思想。东方美学是农业文明的产物，它贯通着生态意识，渗透着对自然生命的崇拜与赞美，是广义上的东方文化的重要内容：以整体的、和谐的、有机的生态维度观照天地山川、自然万物，诉求天地人合一的大美之境。东方美学的泛生态意识主要表现在：1. 自然是一个大的有机统一整体。自然是有机统一的整体的思想，集中体现为中国的“天人合一”思想。人与自然相互贯通是东方民族审美文化的最基本的自然文化哲学根基。2. 生机盎然的自然是美的。东方民族都珍视生命，以生机勃勃的自然生命为美。认为凡是显示旺盛生命力的东西是美的，凡是给予人类及其他生物以生命的东西，促进生命繁殖的东西是美的。3. 自然理想美应是天人和谐的生态美景。在东方的美学思想中，自然和谐美是很重要的主题，强调人与自然之间的和谐美。东方民族将自然本身看成是一个和谐美的所在。（参考：彭修银、张子程：《东方美学中的泛生态意识及其特征》，《中南民族大学学报》2008 年第 1 期第 148 ~ 152 页。王薛时）

东盟 +3

The Association of Southeast Asian Nations,

即东盟与中日韩领导人会议，又称 10+3，源于 1995 年在泰国曼谷召开的东盟首脑会议，会议建议举行东盟与中日韩领导人会议。1997 年马来西亚作为东盟轮值主席国，承办第 2 届东盟首脑非正式会议，积极促成东盟与中日韩领导人非正式会议的召开。这一合作机制在 1999 年确定下来，成员包括东盟 10 个成员国，即文莱、柬埔寨、印度尼西亚、老挝、马来西亚、缅甸、菲律宾、新加坡、泰国、越南与中国、日本和韩国。自那时以来，东盟与中日韩合作建立 60 多个对话与合作机制，形成以领导人会议为核心，以部长会议、高官会、东盟常驻代表委员会与中日韩驻东盟大使会议（CPR+3）和工作组会议为支撑的合作体系。领导人会议是最高层级机制，每年举行一次，主要对 10+3 发展做出战略规划和指导。17 个部长级会议机制负责相关领域的政策规划和协调。高官会负责政策沟通。CPR+3 负责就合作具体问题进行协调。此外，10+3 框架还建有官、产、学共同参与的东亚论坛及东亚思想库网络，为 10+3 合作提供智力支撑。（申森）

《东盟环境可持续发展城市框架》

ASEAN Urban Framework for Environmentally Sustainable Development

2003 年 11 月 17 日到 28 日在缅甸仰光召开的第九次东盟环境部长会议上批准的区域性共同战略与行动计划。该框架计划提出了包括清洁的空气、清洁的水和清洁的土地方面应对环境可持续能力挑战的地区性设想。该框架在总结经验和教训的基础上提出了一系列最佳实践方案，为其全面实施提供了指导性方法。东盟成员国邀请各国提名城市参与了该框架的制定。（申森）

《东盟跨境烟雾污染协定》

ASEAN Cross-border Smog Pollution Agreement

1997 ~ 1998 年东盟部分国家发生严重的烟雾事件。经过数年对解决跨境烟雾污染问题的艰难协调与各个地区之间的努力，2002 年 6 月 10 个东盟成员国签署《东盟跨境烟雾污染协定》。2003 年 11 月 25 日，协定经 6 个东盟成员国批准生效。这 6 个国家是泰国、越南、文莱、马来西亚、缅甸以及新加坡。《协定》是东盟地区第一个具有法律约束力的，已经生效的环境协定，被联合国环境规划署称赞为解决跨境问题的成功的全球性解决框架。为更好地推动地区和国家之间关于跨境烟雾污染问题的解决，《协定》规定各当事方防止和控制可能导致烟雾污染的与土地及森林火灾相关的活动，规定行动方式为国家行动以及国与国的联合行动，统一预防、评估和监测土地和森林火灾导致的跨境烟雾污染。（申森）

《东盟文化遗产宣言》

ASEAN Declaration on Cultural Heritage

2000 年 7 月 24 ～ 25 日，东盟 10 国外长在曼谷举行的第 33 届外长会议上签署《东盟文化遗产宣言》。签署宣言的目的，是意识到由于经济与技术等方面的原因，对文化遗产的保护绝非一国所能胜任，因而需要东盟各国的集体努力和国际社会的广泛支援，通过持续的、日趋密切的地区团结与合作，推进文化遗产和文化权利的保护与弘扬。《宣言》指出，东盟 10 国应对丰富的文化资源和文化遗产的生命力及完整性给予必要的保护、保存与弘扬。文化的创造力和多样性，是东盟社会得以生存和发展的根本保证。文化传统是东盟文化遗产的重要组成部分，是团结东盟人民并认同东盟地区一体化的最有效手段。东盟成员国应携手对东盟文化遗产进行全面保护，保护国宝和文化遗产，维护有价值的生活传统，保护古往今来的学术、艺术和知识遗产，保护历史上传承下来的通俗文化遗产及民间传统，肯定东盟的文化尊严，加强文化遗产保护政策及文化遗产保护法的制定，尊重公共知识产权，禁止非法转移和占有文化遗产。（申森）

东南亚国家联盟

Association of Southeast Asian Nations

简称“东盟”，东南亚国家的区域性国际合作组织。1967 年 8 月 7 ～ 8 日，印度尼西亚、马来西亚、菲律宾、新加坡和泰国等 5 国外长在曼谷举行会议，发表《东南亚国家联盟成立宣言》（即《曼谷宣言》），东南亚国家联盟正式成立。东盟活动的宗旨，是加速地区的经济增长、社会进步和文化发展，促进地区的和平与稳定，并在平等和合作的基础上建立繁荣、和平的东南亚共同体。组织机构有：部长会议，负责筹备和主持外长会议；有权代表东盟发表声明的常务委员会；负责研究和实施部长会议决议的常设委员会；负责研究处理有关东盟经济合作和对外经济关系中的一些特殊问题的特别委员会和秘书处（设在雅加达）。部长会议是最高决策机构，每年轮流在成员国举行一次例会。1976 年 2 月，东盟第一次首脑会议在印度尼西亚的巴厘岛举行。会议签署了《东南亚和睦合作条约》和《东南亚国家联盟协调一致宣言》两个文件，加强了成员国之间的团结。1977 年 8 月，第二次首脑会议在吉隆坡举行。会议批准东盟扩大区域性经济合作的计划，同意东盟同美国、日本、澳大利亚、新西兰和欧洲共同体的对话与合作，并和平地解决了菲律宾与马来西亚两国长达 140 年之久的争端。经过近半个世纪的演进，东盟日益成为地区一体化的主要领导者和国际政治经济合作舞台上的重要力量。（李庆）

东钱湖

Dongqian Lake

东钱湖位于宁波市东南，是浙江最大的淡水湖。全湖由谷子湖、南湖和北湖组成，东西宽 6.5 千米，南北长 8.5 千米，环湖一周达 45 千米，面

积有 20 平方千米，相当于杭州西湖的 4 倍，被誉为“华夏沿海第一湖”。东钱湖是远古时期形成的海迹天然潟湖，历代以来被广修普缮。唐天宝年间鄮县县令陆南金最早率众在东钱湖修筑坝堤，后宋代王安石、李夷庚、吕献之等地方官员建设堤坝，使东钱湖成为造福于民的综合调节水域。东钱湖四周有 72 条溪汇流；东有三峡溪，西

有泉月溪，南有郭童溪、象坎溪，纵横贯注，因而素有“西子风光，太湖气魄”之称。东钱湖是宁波地区重要的水利工程，环湖有七堰九塘，其中七堰是钱堰、梅湖堰（废）、粟木堰（废）、莫枝堰、平水堰、大堰、高秋堰；九塘为梅湖塘、梅湖堰塘、粟木塘、莫枝堰塘、大堰塘、平水塘、钱堰塘、方家塘、高湫塘。东钱湖一带属亚热带季风气候，年平均降水量约1400毫米，最低气温零下8.3℃，最高气温38.5℃，年平均所温为16.2℃。由于湖水调节气温，宜于农业精耕细作，旱涝保收，同时利于航运和消暑避寒。东钱湖水灌溉鄞县、奉化、镇海8个乡50余万顷农田，使环湖农田岁岁丰登。（参考：甬旅：《东钱湖：西子风韵，太湖气魄》，《新农村》2013年4期第1页。朱配辰）

东亚共同体

East Asia Community

效仿欧盟和非盟，试图在东亚地区建立紧密型的区域合作组织的一体化努力，主张先以形成东亚地区共同经济圈作为目标，然后再以欧元为榜样导入统一的区域货币体系。20世纪90年代亚洲金融危机爆发后，1997年年末，东盟与中日韩三国领导人在马来西亚首都吉隆坡举行会议，自此启动10+3区域合作机制。2001年11月，东亚展望小组向第5次10+3领导人会议提交的研究报告中，首次提出将建立东亚共同体作为东亚合作的长期目标。2005年12月，第9次10+3领导人会议和首届东亚峰会同时在马来西亚首都吉隆坡召开，两个会议分别发表《吉隆坡宣言》。10+3领导人会议发表的《吉隆坡宣言》宣称，10+3机制是实现东亚共同体的主要途径，这一框架与区域内其他论坛和机制相辅相成，是整个地区框架不可分割的组成部分；促进地区和国际社会和平、安全、繁荣和进步的东亚共同体，是东亚各国的长期目标，各国要为实现这一长期目标而共同努力。东亚峰会发表的《吉隆坡宣言》宣布，要建立开放的、透明的、包容的、具有普遍价值的东亚共同体。（申森）

东亚经济体

East Asia Economy Community

1990年12月，马来西亚总理马哈蒂尔在会见到访的中国总理李鹏时，首次提出并阐述他的东亚经济集团构想，这一构想成为东亚共同体的雏形。1993年在会见日本客人时，马哈蒂尔介绍这一构想，并明确指出，集团包括的成员将只限于东亚各国，期望日本能够起到主导性作用。由于构想是排他性的区域一体化构想，遭到了以美国为首的亚太其他国家的强烈反对。作为美国的盟国，日本在处理亚洲问题时始终难以摆脱美国因素的干扰，所以消极对待马哈蒂尔的东亚经济集团构想。直到亚洲金融危机爆发，日本对亚洲的投资和贸易受到严重冲击，才意识到亚洲团结和经济合作的重要性。（申森）

东亚领导人峰会

East Asia Summit

1999年11月，中国总理朱镕基、日本首相小渊惠三、韩国总统金大中，在菲律宾出席东盟与中日韩10+3领导人会议期间，举行早餐会，正式启动三国在10+3框架内的首次合作。2000年，三国领导人在第2次早餐会上决定在10+3框架内定期举行会议。2007年11月，第8次中日韩三国领导人会晤，各方就三国轮流定期举办独立峰会达成协议。此前，中日韩三国外长已经建立定期会晤机制。独立的中日韩三国领导人峰会，由韩国国民议会议长金炯旿向日本众议院议长河野洋平和中国全国人大常委会委员长吴邦国致信提出，希望定期举办中日韩国三国领导人峰会。2008年12月，首次10+3框架外的中日韩领导人峰会在日本福冈举行。2012年后由于双边尤其是中日关系、日韩关系方面的障碍，峰会暂时中断。（申森）

东亚生态学会联盟

East Asian Federation of Ecological Societies

由中国生态学学会、日本生态学会和韩国生态学会共同发起，于 2003 年 1 月在北京召开的第一次工作会议上宣布成立。目前开展的主要活动为：召开国际学术大会、工作会议及其他活动，以期能促进东亚地区生态科学和社会的发展。该联盟欢迎来自东亚其他国家的生态学家的加入，扩大联盟。（席溢）

东亚酸雨网

East Asia Acid Rain Network

2001 年 1 月由日本发起和正式启动，从财政、技术层面提供支持的东亚区域内专门针对酸雨问题的监测合作机制。由于日本对近年东亚地区经济高速增长导致构成酸雨的大气污染物大量排放的关注，并且预计这种趋势将有增无减，带给本地区的影响令人担忧，因而呼吁东亚各国为携手解决东亚地区酸雨问题建立区域性合作机制。截至目前，东亚酸雨监测网络共有柬埔寨、中国、日本、老挝、马来西亚、缅甸、蒙古、菲律宾、俄罗斯、韩国、泰国、越南以及印度尼西亚等 13 个成员国。（申森）

东亚野生物贸易研究委员会

TRAFFIC East Asia

国际野生物贸易研究组织在东亚的分支机构，监测东亚野生物贸易市场并保护野生物资源。1976 年在英国成立，由世界自然保护联盟（IUCN）和世界自然基金会（WWF）共同资助，也接受个人的捐款和私人基金会的拨款。口号是“确保野生物贸易不会威胁到自然资源保育”。在中国的项目主要有：1. 老虎的前生今世和未来。对虎、豹等动物产品的非法贸易进行调查，为管理部门制订更有效的管理措施提供参考。2. 保护濒危物种红豆杉。为改善目前已经濒危的药用植物的生存状况而努力。3. 野生药用动植物的贸易。收集并分析这些动植物的生物性资料和贸易资料，同时研究并传播有关药用野生动植物贸易的讯息，提供这方面的建议。4. 渔产品贸易。确保渔产品的贸易不会危害到海洋或淡水中野生物族群的长期生存，收集、分析及传播相关知识与保育意义。5. 木材及其相关木制品的贸易。整理、搜集森林及木材制品贸易的相关资讯与保育意义，支持建立健全的森林保育政策与行动。6. 促进《华盛顿公约》的成效与其他野生物贸易的管制。促进并协助野生物贸易管制措施的有效发展与运用，尤其重视《华盛顿公约》的实行，以确保这些措施对野生贸易物种的保育有真正的贡献。7. 林业贸易项目。完成项目中“保持合法木材贸易”（Keep it legal）的中国部分，分析中国林产业的管理流程图和相关的法律法规的优缺点。（席溢）

东亚展望小组报告

East Asia Vision Group Report

1998 年 12 月，第二次 10+3 领导人会议就建立由各国知名学者组成的东亚展望小组共同研究东亚经济合作达成协议。2001 年 11 月，东亚展望小组向第五次 10+3 领导人会议提交研究报告，建议召开东亚领导人会议，将 10+3 机制向东亚一体化机制过渡，将建立东亚共同体作为东亚合作的长期发展目标。（申森）

东亚自贸区

East Asia Free Trade Area, EAFTA

中日韩三国在东亚共同体长远目标和 10+3 合作机制下提出的经贸一体化设想。按照设想，中日韩自由贸易区将是由人口超过 15 亿的大市场构成的三国自由贸易区。自由贸易区内关税和其他贸易限制将被取消，商品等物资流动将更加顺畅，区域内厂商可以降低生产成本，获得更大的市场和收益，消费者获得价格更低的商品，中日韩的整体经济福利都会有所增加。（申森）

动态平衡规律

Dynamic Balance Law

依据系统理论，任何一个具有自我发展能力的事物，都是一个具有自我组织功能的系统。它的自组织功能在于使系统从无序趋向有序，不断克服系统内部因素和系统与环境之间的无序状态，使系统结构以及系统与环境之间经常保持相关联动的良性动态平衡关系。只有这样，才能获得系统优化效应，既保持系统的稳定，又使系统从外部获得源源不断的物质能量信息，从而使系统功能不断趋向最佳化。这就是动态平衡规律的含义。因此，动态平衡规律是任何开放系统发展的根本规律。动态平衡规律作为自然、社会、思维有机开放系统发展的根本规律，同辩证法的对立统一规律既有联系，又有区别。二者都被视为事物（系统）“自己运动”的规律，都将不断解决矛盾、克服不平衡作为事物（系统）发展的根本动力。在这里它们是一致的。但就辩证法将事物（系统）的对立面（矛盾、不平衡）归结为“统一物之分为两个互相排斥的对立面以及它们之间的互相关联”和把事物发展的根本动力归结为内部矛盾而言，二者又是大异其趣的。（参考：徐慧萍：《现代社会发展的根本规律——动态平衡规律》，《福建论坛》（文史哲版）1989 年第 3 期第 35 ~ 38 页。牟世晶）

动物崇拜

Zoolatry

泛灵论的自然崇拜。在万物有灵的观念支配下，人们以动物或幻想中的动物作为崇拜对象，认为动物和人一样有思想、感情、灵魂，将自然界中的动物神圣化，对一些特别的动物心存敬畏感，并加以膜拜，从而产生动物崇拜。动物崇拜是原始宗教的体现。（雷爱民）

动物福利

Animal Welfare

动物福利是指动物如何适应其所处的环境，满足其基本的自然需求。科学证明，如果动物健康、感觉舒适、营养充足、安全，能够自由表达天性并且不受痛苦、恐惧和压力威胁，则满足动物福利的要求。高水平动物福利需要疾病免疫和兽医治疗，适宜的居所、管理、营养、人道对待和人道屠宰。1965 年，英国政府为回应社会诉求，委托布兰贝尔教授对农场动物的福利事宜进行研究。根据研究结果，1967 年成立农场动物福利咨询委员会（1979 年改组为农场动物福利委员会）。委员会提出动物都会有渴求“转身、弄干身体、起立、躺下和伸展四肢”的自由，其后确立 5 大动物福利：享受不受饥渴的福利，保证提供动物保持健康和精力所需要的食物和饮水；享有生活舒适的福利，提供适当的房舍或栖息场所，让动物能够得到舒适的睡眠和休息；享有不受痛苦、伤害和疾病的福利，保证动物不受额外的疼痛，预防疾病并对患病动物进行及时的治疗；享有生活无恐惧和无悲伤的福利，保证动物避免遭受精神痛苦的各种条件和处置；享有表达天性的福利，被提供足够的空间、适当的设施以及与同类伙伴在一起。（牟世晶）

动物化学生态学

Zoochemical Ecology

研究动物之间以及动物与环境之间化学联系及作用机制的学科。动物之间相互联系主要依靠物理信号和化学信号，其中从原生动物到人类都需要化学物质传递信息。动物化学生态学主要是以这种化学物质信息为研究对象，尤其是昆虫的信息素。动物化学生态学研究对了解动物间的信息传递、领地划分、亲属识别、防御、捕食、生殖等具有重要意义，昆虫信息素的研究对于解决森林病虫害和生物入侵具有积极作用。（韩铮）

《动物机器》

Animal Machines：The New Factory Farming Industry

作家露丝·哈里森（Ruth Harrison）2013年出版的关于动物福利的著作，由出版商CABI发行。作者在书中指出从事动物产业的人经常像对待非生命的机器一样对待动物，这种行为不人道。《动物机器》在当时产生很大影响，结果之一是英国政府成立了以布兰贝尔教授为主席的布兰贝尔委员会专门调查这个问题。当年布兰尔贝教授发表具有深远影响的关于农场动物福利状态的报告，其中指出要依据动物的需求给予动物多项自由。布兰贝尔委员会的报告为农场动物保护委员会提出农场动物的五大自由提供了依据。由于当时对动物福利的研究开始以实验事实为基础，关注于可控条件下的单一变量的作用，使得一小部分科学家开始承认动物福利是一门新兴的科学，但大部分科学家依旧不认为这是一门严谨的自然科学。《动物机器》暂无中文译本。（王薛时）

动物解放理论

Animal Liberation Theory

起源于18～19世纪阻止对动物残暴的各种人道社团相对独立的环境政治派别。现代动物解放运动始于对非人自然中一定数量存在的内在价值的承认，因而应当是第一个明确走出人类中心主义局限的生态政治流派。动物权利保护的大众化，在一定程度上是由杰里米·边沁（Jeremy Bentham）建立的现代道德哲学功利学派的实践运用。为扩大传统道德理论的领域，人类道德义务应扩大到所有能感受欢乐与痛苦的存在，而不管它们是否具备其他特征。当代动物解放理论家皮特·辛格（Peter Singer）受边沁启发，在《动物解放》一书中提出，感觉尺度是最关键的尺度，所有感觉存在的利益都应给予平等的道德考虑，着重批评人们在实践中忽视动物在工厂饲养与解剖中的痛苦，而更多考虑残疾人、未成年人、老年人等人类群体利益的不公正，认为这也是一种物种主义：支持自己物种成员的利益与偏好而反对其他物种的利益。动物解放理论的特色在于，它使用人类普遍接受的趋利避害原则，将动物保护看作人类长期以来不断追求解放的一系列运动中的一部分。生态中心主义哲学家批评它仍是一种原子主义道德哲学，强调个体或种的利益而忽视不同自然区域、系统和种群之间的复杂关系，并未提出系统的生态中心主义观点。动物解放理论最先通过指出人类中心主义的内部逻辑不一致性而向其提出挑战，实现对非人自然中感觉动物内在价值与道德权利的承认，构成向生态中心主义哲学政治观的理论过渡。（徐越）

动物伦理

Animal Ethics

关于人与动物关系的伦理信念、道德态度和行为规范的理论体系，尊重动物的价值和权利的新的伦理。所谓动物伦理学是新的伦理学说，它不是传统伦理学理论在人与动物关系中的应用，而是一门针对人与动物关系的实践产生的实践伦理学。其实践本质是创新的，因此又属于创新伦理学。动物伦理包括的主要概念：动物福利、动物解放、动物权利。动物福利一般指动物（尤其是受人类控制的）不应受到不必要的痛苦，即使是供人用作食物、工作工具、友伴或研究需要。动物权利，或称动物解放，是人类发起的保护动物不被人类作为占有物来对待的社会运动。这是一种比较激进的社会思潮，宗旨不仅要为动物争取被更仁慈对待的权利，更主张动物要享有精神上的基本“人”权。动物权利的观点包括：所有（或者至少某些）动物应当享有支配自己生活的权利；动物应当享有一定的精神上的权利；动物的基本权利应当受法律保障。这些观点反对将动物当作一般财货或是为人类效力的工具，动物福利主义仅仅关心动物不受虐待，而不试图保障动物精神上的权利。动物权利主义者并不主张动物与人类享有完全同等的权利，例如，他们不认为家禽应该享有选举权。（牟世晶）

动物权利论

Animal Rights Theory

动物权利并不同于人的法定权利，人的法律权利在于行为或者不行为的权利，而动物的权利在于人类满足动物生存的利益和需求，需要通过规制人的一些行为才能达到。因此，动物权利的实现需要人履行动物保护的义务和责任。动物权利论的哲学基础在于非人类中心主义的环境伦理学，非人类中心主义环境伦理是针对人类中心主义环境伦理而言的。人类中心主义环境伦理学认为除人以外，自然界的动物、植物、无机物都不具备内在价值，其唯一具有的价值是相对于人而言的利用价值和使用价值。非人类中心主义认为人与自然界平等，一切物种都具有固有的内在价值，人应承认并尊重这种价值。动物权利论强调人对于动物生存权利的尊重和满足，主张众生平等，是非人类中心主义的直接产物。虽然动物权利论都承认动物的权利，但是其理论内部又有不同流派，主要是激进动物权利论和动物福利论。激进动物权利论主张在彻底改变现有体制和观念的基础上实现动物权利，动物福利论则主张在现有体制和观念条件下给予动物相应权利。比较而言，动物福利论更受推崇。总体而言，动物权利论具有“非人类中心主义”将人类道德同情心拓展的特征，是人类对现阶段环境和生态危机的反思的理论与实践，然而由于动物不符合权利主体的特征，因此，“动物成为权利主体”难以得到法理学的支持。（参考：孔曙光：《“动物权理论”批判》，中国海洋大学 2012 年硕士学位论文第 18 ~ 20 页。欧阳文川）

动物生境选择

Animal Habitat Selection

指动物对生活地点类型的选择或偏爱。所有动物都只能生活在环境的一定空间范围之内，动物的现实分布状况的形成同动物对生境的选择有关。生态学家 David Lack 对动物生境选择进行开创性研究。Lack 在研究鸟类和环境之间的关系时发现，鸟类能识别环境中的某些特征，并依据这些特征主动选择生活环境。动物生境选择行为形成的原因很复杂。动物生境可以看成是一处集合众多生态因子的地理单元，包括生物的和非生物的、种内的和种间的、稳定的和不稳定的因子。这些因子在生境选择中除单独起因外，也会相互作用。近几十年来，随着人类活动范围的不断扩大，野生动物赖以生存的环境大面积消失，生境日趋消失和破碎化，严重影响动物的生存和繁衍。因此，生境选择研究成为近年逐渐兴起的热门研究领域之一。（参考：李宇：《秦岭山系大熊猫在不同地理区域和生活史特殊阶段的生境选择研究》，西北大学 2006 年硕士学位论文。朱雨晨）

动物生理生态学

Animal Physiological Ecology

利用生理学手段研究动物对环境生理功能反应及如何适应特殊环境的交叉学科。研究涉及进化生物学、行为学、种群生态学、系统生态学等多个领域，对野生动物的分布和种群丰度具有重要的意义。研究内容包括：动物在不同环境中的适应性、动物如何应对环境变化、环境对于动物分布和行为的限制以及环境对动物行为的限制对于动物生物学特征的影响等方面。有学者认为动物生理生态学以后的研究是解决达尔文问题，即解释动物进化问题。随着生态破坏日益严重，动物繁殖与生存已经不只是自然选择的结果，因此动物生理生态学研究对于动物的生存进化以及生态平衡等问题具有重要的意义。（韩铮）

《动物生态学杂志》

Journal of Animal Ecology

创刊 1932 年，是动物种群和群落生态学方面的重要的国际性期刊。发表动物生态学各个方面在原始研究中最好的文章。刊载文章范围为有关种群生态学、行为生态学、群落生态学、生理生态学和进化生态学，陆地生态系统、淡水生态系统、海洋生态系统等的野外、实验室及理论的研究，同时鼓励使用应用生态学问题去检验和发展基础生态学理论的来稿，诸如分子生态学方面新出现的问题。双月刊，ISSN：0021-8790。2014 年影响因子为 4.504。（席溢）

《动物世界》

Animal World

中央电视台栏目，1981 年 12 月 31 日开播，主持人赵忠祥。主旨在于向电视观众介绍大自然中的种种动植物，使观众足不出户就可以了解和认识地球上生存的各种生命，认识自然对人类的影响。没有说教的语言，通过专家的讲述、优美的画面、感人的故事，使观众认识到我们不能没有动物。观众不仅能学到许多动物知识，欣赏大自然天然的美，而且明白动物世界和人类世界一样，充满机遇和竞争。（张惠娜）

动物微生态学

Animal Microecology

研究微生物与微生物、正常微生物与动物体内环境（包括陆上动物、水生动物、特种动物和实验动物）、动物体与外界环境之间相互关系和影响的多学科交叉的新兴边缘学科。动物微生态学具有独特的理论体系和方法学，其研究重点包括正常微生物所寄居的动物、微生物对动物的生理效应（微生态平衡）、病理效应（微生态失调）以及改善微观环境等。基本理论包括空间结构理论、三流运转学说、微生态失调理论、微生态营养理论和微生态防治理论等。动物微生态学研究对于维持微生态平衡具有重要意义，目前被应用于微生态制剂的生产等领域。（韩铮）

冻原生态系统

Tundra Ecosystem

又称苔原生态系统（Tolar Ecosystem），指由极地平原和高山苔原的生物群落与其生存环境组成的生态系统。根据分布区域不同，可分为极地冻原生态系统和高山冻原生态系统。冻原或苔原指分布在北极和高山地区的无林土地。生态系统的最大特点是永久冻土层的存在，全世界冻原集中分布在北极地区以及北半球中、高纬度地区的少量山地和高山。我国目前仅在东北的长白山和西北的阿尔泰山的高山带有高山冻原。由于冻原生态系统常年低温、降水量少且蒸发弱、环境极端恶劣等原因，动植物稀少，植被多为地衣、苔草和低矮灌木等，动物以极地动物为主。经过长期演替形成的相对稳定的极地动植物群落十分脆弱，因而冻原生态系统是全球气候变化的最敏感地带，它的存在对维持极地生态系统或高山高寒地区生态系统的稳定性、地貌特点、生物多样性等具有重要意义。（韩铮）

洞天福地

Cavern of Heaven and Place of Blessing

洞天福地是道教对宇宙认知与人间世界的看法。道教认为在人类居住的宇宙中（即大天世界）并存着三十六所相对隔绝、大小不等的世界（即十大洞天、三十六小洞天）及七十二处特殊地域（即七十二福地），洞天福地涵盖洞天、福地、靖治、水府、神山、海岛等；洞天福地与人间世界有各种各样的联系，同时它又相对隔绝。洞天福地具有独特的时空构造，被认为是大天之内道教的神圣空间。洞天福地也被认为是修道解脱前的修炼场所，道教仙境的一部分。多以名山为主，或兼有山水，有神仙主治，有众仙居住，道士居此修炼或登山请乞，则可得道成仙。洞天福地多有实指，入口大多位于中国境内的大小名山之中或之间，历代道士多往其间建立宫观，精勤修行，由此留下不少人文景观、历史文物和神话传说。（雷爱民）

《都柏林宣言》

Dublin Declaration

1981 年，丹麦政府鉴于饮料容器空瓶的增多带来的不良影响，首先推出《包装容器回收利用法》。这一法律的实施违背欧共体内部各国货物的自由流动协议，影响成员国的利益。于是，一场“丹麦瓶”官司打到欧洲法庭。1988 年，欧洲法庭判决丹麦获胜。欧共体为缓解争端，1990 年 6 月召开都柏林会议，提出充分保护环境的思想，制定《废弃物运输法》，规定包装废弃物不得运往他国，各生产国应对其废弃物承担责任。（申森）

都江堰

Dujiang Weir

位于我国四川省都江堰市岷江上的大型引水枢纽工程，也是现存世界上历史最长的无坝引水工程。始建于秦昭王末年（约公元前 256 ~ 前 251），由李冰主持兴建。建设初期，都江堰名称

叫“湔堋（jian peng）”。因为都江堰旁的玉垒山，秦汉以前叫“湔山”，而那时都江堰周围的主要居住民族是氐羌人，他们把堰叫作“堋”，都江堰就叫“湔堋”。《宋史》中第一次提到都江堰：“永康军岁治都江堰，笼石蛇决江遏水，以灌数郡田。”都江堰是全世界迄今为止年代最久、唯一留存、以无坝引水为特征的宏大水利工程。工程以灌溉为主，兼有防洪、水运、城市供水等多种效益。都江堰水利工程由鱼嘴分水堤、飞沙堰溢洪道、宝瓶口引水口三大主体工程和百丈堤、人字堤等附属工程构成，科学解决了江水自动分流、自动排沙、控制进水流量等问题，消除了水患，使川西平原成为“水旱从人”的“天府之国”。两千多年来，一直发挥着防洪灌溉作用。截至目前，都江堰灌溉范围已达 40 余县。（参考：夏清：《从都江堰谈“两纲”教育的学科特色》，《生物学教学》2008 年 12 期第 69 ~ 70 页。朱配辰）

都市农庄

Urban Farm

以山林、田园、湖泊、溪流、水库等自然景观资源为依托，以农、林、牧、渔等特色农业生产、加工、经营为基础，以乡土文化、农作生产、农村生活为引线，集生产、加工、经营、观光、娱乐、运动、住宿、餐饮、购物等功能于一体，以建设生态文明为基础的农业产业开发和农村经济发展模式。起源于经济发达国家，如德国的市民家园、法国的专业化农场、新加坡的农业科技园等，主要以观光为主。都市农庄由现代农业、生态林业、休闲农业和新农村建设组成，是未来城郊农业发展的主要方向。主要类型包括农业公园型、观光农园型、市民农园型、休闲农场型、教育农园型、高科技农园型、森林公园型、民俗节庆型、民宿型等。（王晴晴）

独立国家联合体

Commonwealth of Independent States

简称“独联体”。苏联解体后，由其中的 12 个独立国家组成的区域性联合组织。1991 年 12 月 8 日，俄罗斯、乌克兰、白俄罗斯三国首脑在白俄罗斯明斯克签署了建立“独立国家联合体”

协议，宣布“苏联作为国际法的主体和地缘政治现实将停止存在”，三国自愿组成独立国家联合体。12月21日，俄罗斯、乌克兰、白俄罗斯、摩尔多瓦、阿塞拜疆、亚美尼亚、哈萨克斯坦在哈萨克斯坦首都阿拉木图会晤，签署了《关于建立独立国家联合体协议的议定书》等6项文件，正式宣布独立国家联合体成立。设立国家元首理事会和政府首脑理事会，定期开会，协调外交及各成员国间关系，从法律上确定了独联体的生存与活动机制。至1994年12月，除波罗的海沿岸三国外，苏联12个加盟共和国均已成为独联体成员。独联体是独立主权国家的协调组织，以主权平等为基础。它的宗旨是，为各成员国进一步发展和加强友好、睦邻、信任、谅解和互利合作服务，为各成员国在国际安全、裁军、军备监督和军队建设方面协调政策。（郇庆治）

独立环境监管机制

Independent Environmental Supervision Mechanism

指保证环境监管或行政执法部门有着依法规定权限的、并得到立法与司法部门有效配合的法治监管体制和机制。独立环境监管或执法机制的目的，是在完整、严格的污染防治制度体系框架下形成相对独立的行政管理体制机制。该机制是污染防治制度体系中的核心性要素，是摆脱各级地方政府及其相关部门妨碍环保法律的有效实施、干预环境保护部门依法监督污染环境行为的体制机制保障。（张沥元）

《独立宣言》

The Declaration of Indepedence

18世纪美国13个英属殖民地宣布脱离英国殖民统治的文件，也是美国人民关于其民主政府的权利的第一份正式声明。主要起草人为美国政治家、政治思想家托马斯·杰弗逊。1776年7月2日在美国费城召开的大陆会议上通过，7月4日起实施。该宣言以欧洲资产阶级政治思想为理论基础，申明天赋人权和政府契约学说，列数英国殖民者的种种逆行及其给美国人民带来的苦难，进而证明了美国人民反对英国殖民者，进行独立战争的正义性。作为美国开国的奠基性文献，《独立宣言》对美国政治的发展产生了深远而巨大的影响。作为18世纪资产阶级政治革命的重要文件，它在人类政治思想史上占有重要地位。（李庆）

独龙族生态文化

Derung Ecological Culture

独龙族主要聚居在独龙江流域，江东为高黎贡山，江西是担当力卡山。高山峡谷相间，形成明显的垂直气候带谱和生物带谱。长期以来，因山高谷深、交通不畅，使这里成为一个封闭的地理单元。在这块近2000平方千米的地区，生息繁衍着数千独龙族人，按人均占有资源的比例来看，独龙族居住的地区可以说没有生态环境退化的隐忧。独龙族人在长期的生产实践中，形成了自己的生态保护文化，主要特征是人工植树恢复地力和适度狩猎。独龙族长期依靠刀耕火种的生产方式维持生计，由于经济社会发展滞后，人体需要的动物蛋白大都靠猎取野生动物来获得。独龙江峡谷两岸的担当力卡山和高黎贡山上，生长着野牛、野猪、岩羊、麂子、马鹿、老熊等种类繁多的野生动物。独龙族生产水平不高，对野生动物的需求比其他民族更多，也更为急迫。独龙族人却有超乎寻常的理智，他们在观念上没有可持续利用的认识，但在狩猎行为中却充分体现“适度”和“可持续”的原则。独龙族独特的生产生活方式，保护了当地的自然生态，形成了独龙族的生态文化。（牟世晶）

杜邦杯环境好新闻

DuPont Cup Environment Good News

始于1996年，由国家环保总局主办，中国环境新闻工作者协会承办，杜邦中国集团有限公司协办。旨在鼓励广大新闻工作者积极宣传环境保护基本国策和可持续发展战略，推动中国环境保护事业的发展，提高公众的环境意识。每年评选一次。为鼓励更多的新闻工作者参与该项评选活动、进一步保证获奖作品的质量，自第5届评选活动开始，获奖名额由原来的70名扩大到100名；评选范围由原来的省市级以上新闻单位扩至地、市级以上；评选办法由原来的评委会一次性评选，改为初评和终评两级评选制，即由各省、自治区、直辖市环保局宣教部门组织初评，评委会对各地报送的初评结果进行终评。杜邦杯环境好新闻评选活动在加强环境保护宣传教育，提高环境新闻报道质量，促进舆论监督方面起到了一定的作用。还促进新闻媒体积极参与环境新闻报道，宣传环境保护基本国策，提高全民族的环境意识。（张惠娜）

杜祥琬

Du Xiangwan, 1938 ~

河南开封人，中国工程院副院长，中国科协常委，中国工程物理研究院研究员，博士生导师，国家能源专家咨询委员会副主任和国家气候变化

专家委员会主任，1997年当选为中国工程院院士，研究领域包括天文学、数力学、核物理、激光、能源等。2002年开始主持中国能源发展战略咨询研究工作，发表多篇会议论文阐释自己的观点和最新研究成果。主要会议论文有：《中国能源的可持续发展之路》（2006）《哥本哈根会议和中国低碳能源战略》（2010）《我国应发展三种概念绿色能源》（2007）《中国应走能源可持续发展之路》（2007）《应对气候变化为中国发展带来机遇》（2011）等。（石艳峰）

段宁

Duan Ning, 1949 ~

四川成都人，清洁生产专家。1975年毕业于同济大学给排水及暖通工程系，1981年获清华大学环境工程系硕士学位，1988年获美国得克萨斯州立大学奥斯汀分校土木工程系博士学位。现任中国生态经济学会工业生态经济与技术

专业委员会副理事长，中国工业节能与清洁生产协会副会长，中国环境科学研究院典型金属湿法电解过程清洁生产工程技术中心主任，北京理工大学环境工程博士生导师，2011年当选为中国工程院环境与轻纺工程学部院士。长期致力于清洁生产的支撑技术、基础数据获取技术和工程技术的研究，引进我国第一个与国际接轨的大型清洁生产项目，组建我国第一个专门从事清洁生产研究的机构，开展我国第一个产排污系数定量研究项目。研发的电解锰清洁生产技术和技术型清洁生产模式，推动了我国电解锰行业整体性污染减排和技术进步。主要论著有：《循环经济的物质基础》（2005）《清洁生产技术：破解中国

环境污染难题的基本技术》（2010）、《重点企业强制性清洁生产审核在中国的探索和实践》（2011）等。（石艳峰）

对话

Dialogue

指在政治领域，不同国家间、地区间和政治组织之间，就政治、经济、社会、环境等方面的重要议题所进行的正式或非正式的，以达成某种共识为目的的交流活动。如欧盟与中国之间通过换文的形式，正式升级欧盟—中国的政治对话框架，换文本身则为当前的政治对话提供了法律基础。欧中对话框架涉及的领域日趋广泛，覆盖从防止武器扩散到亚洲的安全形势，从全球气候变暖到打击非法移民和贩卖人口等。（申森）

多边合作机制

Multi-lateral Cooperation Mechanism

相对于双边合作机制而言，指多个不同的国家或地区之间（而不是单一国家或地区），在政治、经济、社会、环境等议题领域合作，共同处理问题、解决纷争的机制。多边合作机制还体现为国家行为体的行为方式，尤其是对国际普遍的行为准则和规制的重视和遵守。作为着眼于培育国家行为体之间良性互动的制度性安排，协调与合作是多边合作机制的基本特征。多边合作机制有助于化解相关国家相互间的矛盾和分歧，从根本上摆脱彼此间的安全困境，从而创设广泛的和平稳定的地区安全环境。（申森）

多边主义

Multi-lateralism

多个国家通过国际制度协调各自行为的方式。主体是三个或三个以上的国家，基础是这些国家所认同或制定的一系列原则、规范和程序等，目的在于协调各国的政策和行动。各种国际会议和国际组织都是多边主义的表现形式。多边主义的概念和理论，从20世纪90年代以来进一步得到重视，即使是国际体系中的霸权国家，也经常采用多边主义的方式实现自己的利益。多边主义对于扩大国际共识、促进国际合作具有积极意义，有助于推动国际问题的解决。（李庆）

多层次治理

Multi-level Governance

主要是指欧洲一体化进程中出现的一种新型政治治理模式。它突破了传统的国家主体治理模式，转变成由次国家的、国家的和超国家的多重政府共同负责的治理，这些各种不同性质的机构之间相互制约和平衡，彼此合作与互动，共同构成欧盟的组织制度框架，并致力于欧盟的治理和发展。欧洲联盟的超国家机构主要有欧盟委员会、欧洲议会和欧洲法院，以及欧洲审计院和欧洲中央银行等具有超国家性质的行政组织。它们代表欧盟的整体利益，使得欧洲联盟明显地高于一般性国际组织，具有联邦政府机构的特点。此外，欧洲理事会和部长理事会在代表与维护成员国利益的同时，决定着欧洲一体化或欧盟治理的方向。次国家机构包括各成员国的地方政府以及代表并维护联盟内利益团体和地方利益的经济社会委员会和地区委员会，它们处于多层次政治治理的底层。它是欧盟从经济一体化向政治一体化转变的政治治理模式，以网状概念为核心，以协商谈判为主要方式，以权力让渡为实质内容，以欧盟法、宪法和条约等为保障，促进了欧盟作为一个整体的发展。（刘中华）

多党制

Multi-party System

指存在着两个以上的竞争性政党角逐政府权力的政党制度，降低了一党执政的可能性。当今世界大多数国家实行多党制，如法国、德国、意大利、西班牙、土耳其、印度和巴西等。多党制形成的原因比较复杂，一般说来，多党制反映的是这个国家社会政治力量结构呈现多元化特征，传统社会势力、新兴工业力量和工人阶级并存，各自都有自己的强有力代表。各个力量都难以形成对政治的绝对控制，于是便形成了多党制。另外，选举制度也是强化多党制的重要因素。多党制国家的议会选举一般实行比例代表制，议席按照所得选票的比例进行分配。在这种制度下，一些小党（比如德国绿党）有很大的竞选活动余地。它们可以集中各自的选票，使自己的候选人当选，从而保证了多党制的存在。在多党制下，通常没有哪个政党可以长期保持绝对优势，执政党或是偶然获得相对多数，或是联合获得选举多数的政党联盟。法国和意大利是多党制的典型。一般而言，多党制不利于实现政府稳定。（李庆）

多环芳烃化合物

Polycyclic Aromatic Hydrocarbons

指由若干个苯环稠合在一起或是由若干个苯环和戊二烯稠合在一起组成的稠环芳香烃类化合物，由于其分子中含有许多个 π 键形成的共轭体系，使得整个分子体系比较稳定。正因为多环芳烃化合物具有比较强的稳定性，且大多数多环芳

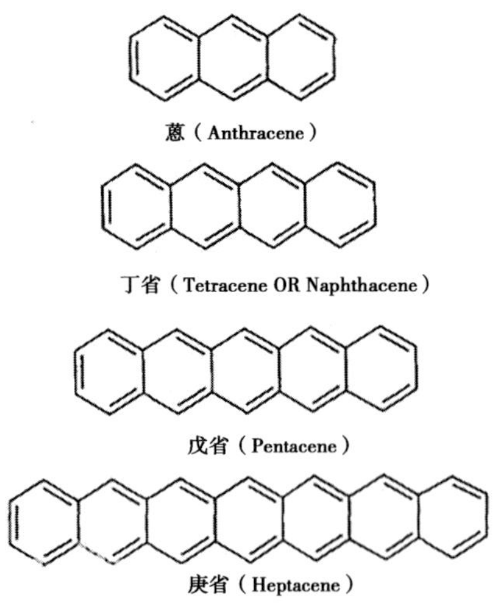

蒽（Anthracene）

丁省（Tetracene OR Naphthacene）

戊省（Pentacene）

庚省（Heptacene）

烃在常温下是固态的，使得这类物质能够广泛地存在于人类的生活环境如空气、水体、土壤和生物体中。多环芳烃化合物根据其苯环的连接方式可以分为联苯及联多苯类、多苯代脂肪烃和稠环芳香烃，是一类致癌性和致畸性的有机毒物。多环芳烃的来源可以分为自然和人为两大类。天然源主要包括地质的成岩作用、森林和草原火灾、火山爆发以及陆生和水生植物、微生物的合成作用。人为来源包括化石燃料和生物质等的不完全燃烧以及化石燃料自然挥发或泄漏等过程。（参考：张丹，颜崇淮：《多环芳烃化合物生物监测的研究进展》，《国外医学：卫生学分册》2008 年第 1 期第 28 ~ 31 页。刘阳）

多晶硅

Polycrystalline Silicon

纯硅固体可以无定形、多晶和单晶 3 种形态存在。当硅晶体由若干取向不同的小单晶颗粒组成时称为多晶硅。与单晶硅相比，多晶硅没有固定的晶向，结构完整性差，因而绝大多数器件都用单晶硅制作。用氢还原或硅烷热分解等方法制得的多晶硅棒主要用来作为拉制单晶硅的原材料。近年来用化学汽相淀积法生长的多晶硅膜得到了广泛的应用。它具有独特的性质。非掺杂的多晶硅有很高的电阻率、一般为 106 ~ 107 欧姆·厘米，半绝缘多晶硅的电阻率可高达 1010 ~ 1011 欧姆·厘米。在多晶硅中，由于晶粒间界的存在，使多晶硅的电阻率与掺杂浓度的关系远不如单晶硅那样简单，往往与生长条件密切相关。在相同的掺杂程度下，多晶硅的电阻率比单晶硅高，晶粒间界的存在可以减少载流子浓度、降低其迁移率、使杂质扩散系数增大。多晶硅膜被广泛地用于集成电路中作为器件间的介质隔离、槽填充支持体。半绝缘多晶硅可用来作钝化膜，提高器件的稳定性和可靠性。在 MOS 电路中，用掺杂多晶硅作栅极比用铝作栅极可提高集成度。此外，还可用多晶硅制作低成本的太阳能电池等。（参考：郭瑾、李积和：《国内外多晶硅工业现状》，《上海有色金属》2007 年第 1 期第 20 ~ 28 页；蒋荣华、肖顺珍《国内外多晶硅发展现状》，《半导体技术》2001

年第 11 期第 7 ~ 10 页。朱配辰）

多媒体融合

Multimedia Convergence

最早由美国马萨诸塞州理工大学教授浦尔提出，原意是指各种媒介呈现多功能一体化的趋势。狭义的概念是指将不同的媒介形态融合在一起，产生质变，形成新的媒介形态，如电子杂志、博客新闻等等。广义的媒介融合范围广阔，包括一切媒介及其有关要素的结合、汇聚甚至融合，不仅包括媒介形态的融合，还包括媒介功能、传播手段、所有权、组织结构等要素的融合。多媒体融合是信息传输通道多元化下的新作业模式，是将报纸、电视台、电台等传统媒体，与互联网、手机、手持智能终端等新兴媒体传播通道有效结合起来，资源共享，集中处理，衍生出不同形式的信息产品，然后通过不同的平台传播给受众。多媒体融合是信息时代背景下媒介发展的理念，是在互联网迅猛发展的基础上传统媒体的有机整合。这种整合体现在两个方面：技术的融合和经营方式的融合。（张惠娜）

多米尼克·沃内特

Dominique Voynet, 1958 ~

法国政治家，法国欧洲生态绿党的成员，出生于法国蒙贝利亚尔。曾任法国参议院议员、法

国环境部长、法国绿党总统候选人、法国蒙特勒伊市市长。20 世纪 70 年代投身环保运动和反核运动，反对建立费瑟南核反应堆，由此成为法国绿党的创始人之一。在 1989 年欧洲议会选举中当选为欧洲议会议员。1995 年作为绿党候选人，参加法国总统大选，在第一轮选举中获得 3.32%的选票，知名度迅速上升。1997 年法国绿党进入政府，沃内特被任命为若斯潘政府的环境与地区规划部长，2001 年辞职。2004 年当选为塞纳—圣但尼省的参议院议员。2008 年法国市政选举中，当选为蒙特勒伊市市长。2007 年法国总统大选中，再次以绿党候选人的身份参选，但未能晋级第二轮。2013 年 11 月，沃内特表示不会继续连任蒙特勒伊市市长职务，决意退出政坛。（王聪聪）

多纳苔拉·德拉泡塔

Donatella della Porta, 1956 ~

意大利政治学家、欧洲大学学院政治学和政治社会学教授。获得欧洲大学学院的政治与社会

科学博士学位，先后任教于佛罗伦萨大学、欧洲大学学院等。研究领域为社会运动、腐败、政治暴力和公共秩序与警察。主持欧盟委员会资助的欧洲民主和社会动员等项目，担任《欧洲政治学评论》等学术期刊编委。认为腐败交换是公方与私方之间的非法交换，体制交换是政客与国家代理人之间的非法交换。在社会运动、政治暴力问题上，提出对政治暴力的性质和结构的经验研究，通过比较研究方法，运用官方文献和深度访谈，解释事件参与者对外部政治现实的构建。主要著

作包括《社会运动、政治暴力和国家——对意大利和德国的比较分析》（1995）《跨国抗议和全球行动主义》（2005）和《管治跨国抗议》（2006）等。（徐越）

多瑙河保护国际委员会

The Internaitonal Commission for the Protection of Danube River

1998 年 10 月成立，目的是执行《多瑙河保护公约》，是欧洲最大的流域管理国际组织。流域内各个国家都积极参与委员会工作，在管理跨越多个国家的流域系统中，取得诸多进展。委员会的目标是，推动平等的可持续的水资源管理发展。包括 6 个部门：防洪部（发展可持续的防洪规划）、流域管理部（实施欧共体水框架协议）、生态部（负责与水资源相关的生态事宜）、排放部（控制点和面排放源上的污物）、水质部（负责检测和评估水质）、事故控制与预防部（发展减少事故危险的策略与规划，执行事故预警系统）。委员会还同时与许多国际组织、非政府组织和科研机构合作。（郇庆治）

多瑙河委员会

The Danube Committee

根据 1948 年 8 月 18 日在贝尔格莱德签订的《多瑙河航行制度公约》，1949 年 5 月成立的管理多瑙河航行工作的国际组织，总部设在布达佩斯。第二次世界大战后，美国企图在国际化的名义下获得多瑙河的实际管辖权，遭到苏联等国的强烈反对。1946 年 12 月 4 日，美、苏、英、法 4 国在纽约外长会议上达成协议，决定召开国际会议，建立多瑙河航行机构。1948 年 7 月 30 日，多瑙河沿岸的苏、奥、罗、保、捷、匈、南和美、英、法的代表在贝尔格莱德召开多瑙河会议。会议否决美、英、法 3 国提案，8 月 18 日签订《多瑙河航行制度公约》。公约于 1949 年 5 月 11 日生效。根据公约规定，苏、保、罗、匈、捷、南 6 个多瑙河沿岸国成立多瑙河委员会。成立委员会的目的在于，在尊重多瑙河沿岸各国主权和利益的前提下，保证多瑙河自由航行。委员会的管辖范围为多瑙河自联邦德国的乌尔姆至罗马尼亚苏利纳运河入海口的可航部分。主要职权为监督《多瑙河航行制度公约》各项规定的实施，制订为便利航行所需的主要工程总计划，建立统一的航标体系，统一河流监督规则，协调有关多瑙河的水文气象服务，向沿岸国家提供有利于航行的咨询及建议，出版有关航行的指导、地图及资料等。委员会的组织机构包括最高权力机关委员会会议、秘书处与工作组。委员会会议由各个多瑙河国家的 1 名代表组成，每年召开 1 次会议，选举主席、副主席、秘书各 1 人，任期为 3 年。执行机关为秘书处，负责处理委员会的日常工作。工作组主要负责准备列入会议日程的各项具体问题。（申森）

多瑙河小组

Dunakör

又称“蓝色”（Blues），1984 年成立，匈牙利较早的环境团体之一。多瑙河小组的建立，直接源自 20 世纪 80 年代初匈牙利政府修建卡波西克沃—纳吉玛劳斯水电大坝项目的决定。为反对这一水电大坝项目，多瑙河小组组织多次群众性抗议活动，社会影响迅速扩大。80 年代中后期，匈牙利国内纷纷成立一批环境压力团体。多瑙河小组联合其他环境团体，积极组织和参与批评政府政策的研讨会，以及环境政策倡议活动。这些活动得到很多国际绿色机构如医生自然基金会、国际水网，甚至是政府的支持。为匈牙利绿色运动的政治化，特别是匈牙利绿党的成立，奠定了深厚的社会基础。（王聪聪）

《多少算够》

How Much Is Enough

由美国作者艾伦·杜宁所著。作者在书中通过对消费主义的批判，揭示人们过度消费背后隐藏的巨大危机和恶性循环：过度开发和利用资源，不会给人类带来更多的幸福，只会带来无穷的灾难和痛苦。作者通过本书，使人们认识到消费主义的弊端，让人们放慢脚步去思考，怎样才能实现人与自然的协调发展。中译本译者毕聿，长春，吉林人民出版社 1997 年出版。（代富宇）

多数代表制

Majority Representation

世界各国采用不同的议会选举制度，大致可分为多数代表制和比例代表制。在多数代表制下，候选人要想赢得选举，就必须获得特定选区的多数选票，它的典型代表是英、美、加等国实行的得票多者当选（first past the post）制度。它建立在地域推举代表的传统观念之上，与全国划分成与议会议席等量的若干个选区，各个政党推举自己的代表参与每一个选区的竞争，获得一个选区多数的政党候选人将拥有这个议席，而获得全国议席多数的政党就可以组成政府。多数代表制除了英国版本的简单多数制外，还有澳大利亚众议院和法国总统选举中实行的绝对多数制。澳大利亚众议院选举的基本程序是选民投票排序候选人，如果无人得票超过半数，首先淘汰得票排在最后的候选人，然后根据所涉选民的第二意愿进行重新计票，依此反复，直到某个候选人获得多数通过。法国总统选举的程序是如果没有哪个候选人获得绝对多数，得票最多的两个候选人进行新一轮对决。（李庆）

多数决原则

Majority Rule

又称多数公决原则，指选举、通过议案或对其他问题进行表决时，根据多数人的意愿做出决定的民主原则。多数决作为议事方法，在原始社会中普遍存在，但作为国家政治生活中的一项原则，则与民主宪政不可分离。该项原则最早见于古希腊、罗马的共和时期，封建社会晚期通过英国宪政传播于全世界。实现多数决原则的方式有 3 种：1. 相对多数法。一方的人数或票数只要比对方多 1 人或 1 票，即按多数方人员的共同意愿做出决议或决定。2. 绝对多数法。按照半数以上人员的共同意愿做出决议或决定。3. 特别多数法。根据 3/4 或 2/3 以上人员的共同意愿做出决议或决定。（李庆）

多态现象

Polymorphism

指物种群体内存在着两种或两种以上截然不同且占有一定比例的可遗传形态的变异现象。通常体现在物种的形态、生理和行为特征等方面，受遗传控制，所以也称遗传多态现象。对于研究物种遗传、进化和变异具有重要意义，如鸟类羽毛的多态现象对于研究鸟类的进化体制具有重大作用。从群体遗传学角度可分为稳定性多态现象和过渡性多态现象两种。稳定性多态指通过平衡选择可以长久保持的。过渡性多态指基因频率尚未达到稳定的平衡点，因此具有短暂性。（韩铮）

多学科渗透环境教育

Multidisciplinary Environmental Education

环境教育课程的多学科模式，也称为渗透模式。是将环境教育内容渗透到各门学科课程之中，通过各门学科的课程实施，化整为零地实现环境教育目标。这种课程发展模式，便于将环境领域的各方面内容分门别类，使学习者在各学科学习中获得相应的环境知识、技能和情感。它无须专门的环境教育的师资和教学实践，因而对一些环境教育条件尚不成熟的地区、学校较为有利。但它难以协调各个领域相关的环境内容的衔接。环境学科知识本身是由涉及各个知识领域的各种因素整合而成，多学科课程的发展，人为地割裂了各个方面因素的联系，从而使学习者难以从整体上来掌握和理解环境知识与概念。此外，由于环境内容的分散，给环境教育的综合课程评价带来困难，不利于较快地改进和提高环境教育的课程质量和教学效果。（王薛时）

《多样化的环境主义》

Varieties of Environmentalism: Essays North and South

印度著名环境史学家拉马昌德拉·古哈的主要著作之一。直到最近，对环境运动的研究主要由西方世界掌控。对于大多数历史学家和社会学家来说，一个基本假设是，对自然环境保护或生态多样化议题的关切是西方的独享，即消费者社会的终极奢侈品。因此，世界最贫穷国家的民众不可能从此类环境关切中获得任何智慧，他们太过贫困而难以关注环保，因为他们更关切最为紧要的生存问题。然而，环境运动在某些亚洲和拉丁美洲的最贫穷国家中扩延，虽然它们的起源与形式不同于西方国家。在多样化的环境主义中，古哈试图表达贫穷国家的环境主义的价值和方向，继而分析在 1992 年里约峰会中表现出来的南方和北方相冲突的优先议题。通过利用档案和田野数据，书中分析了北美和南美、亚洲和欧洲的环境冲突和意识形态。作者阐述环境运动的历史与本质，说明该类运动背后的议题和过程。书中着重论述三个开拓性人物，即甘地、罗根和芒福德，认为理解他们有助于促成更大的跨文化环境运动。（徐越）

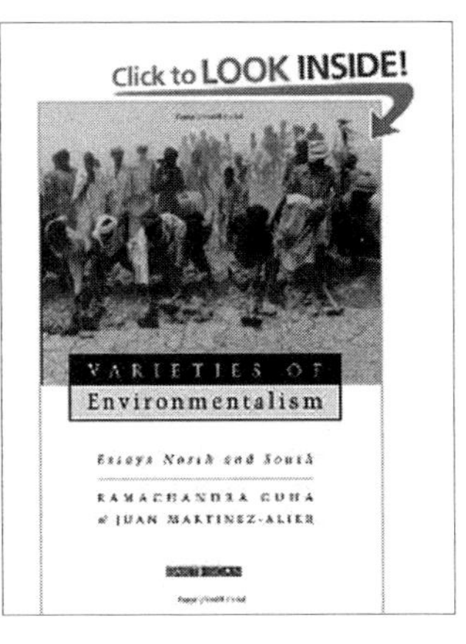

多元演替顶级论

Polyclimax Theory

指同一气候条件下形成的演替等级是多样的。这一理论针对克莱门茨的单元演替顶级学说而提出，主要代表人物是坦斯利（A.G.Tansley）。多元演替顶级论认为，不仅气候条件，而且土壤条件导致的稳定群落也是顶级群落，在同一气候条件下可能存在着若干个顶级群落，即由于地形差异、风化程度、母岩性质等土壤局部因素的不同，可以形成不同的顶级群落。只要一个群落在较长时间内保持稳定状态，能够与环境达到协调程度，都可以认为是顶级群落。除了气候顶级外，还有可能存在动物顶级、土壤顶级、地形顶级，还可能存在如地形 - 土壤顶级和火烧 - 动物顶级这样的复合型顶级。与单元演替顶级学说的相同之处在于，两种学说都承认顶级群里是经过单向变化而达到稳定状态的群落；都认为顶级群落在时间上的变化和在空间上的分布都是和生境相适应的。（石艳峰）

多元一体世界

Pluralistic and Integrated World

绿党追求建立的国际新秩序。绿党最初主张未来社会应该是世界范围内的社区之间自由自主的联合，是非民族国家基础上的公正与团结的国际社会。基于区域而不是民族国家基础上的多样化的欧盟，反映绿党构建多元一体化世界的欧洲版本。事实上，欧盟的发展历程没有像绿党期望的那样以市民社会为基础进行发展，而是逐渐成为以成员国为基础的超国家实体。相应地，绿党将立场逐渐调整为创建更加多元化、非军事化、更加民主与公正的欧洲，以及更加公正与团结的世界。（徐越）

多中心治理

Polycentric Governance

由美国著名学者奥斯特罗姆夫妇为代表的制度分析学派提出的公共资源的治理理论。具体含义是在对地方公共资源的治理中，由许多在形式上独立的决策中心共同进行，这些决策中心通过各种各样的合约或机制解决彼此间的冲突，共同合作，实施对地方公共资源的管理和使用。主张治理活动应当主要由底层的行政治理层次承担，更高的行政治理层次主要承担辅助性的功能。公共资源治理应当由一群相互依赖的委托人将自己组织起来进行自主治理。它事实上是复合型的治理模式，在奥斯特罗姆看来，可以有效弥补集权制度和分权制度的缺陷，从而避免在两者之间做两难选择。（刘中华）

E

俄 额 厄 鄂 恩 二

俄罗斯国家环境保护委员会

Russian National Environmental Protection Commission

1998 年 9 月 22 日由俄罗斯联邦国家环境保护和自然资源委员会正式改组成的主管环境保护的中央政府部门。职责是在环境保护、生态安全保障方面制定国家政策、进行协调和职能调节，对处于管辖范围内的自然保护区和特别保护区进行管理。（刘中华）

俄罗斯联邦生态与自然资源部

Russian Federation Ministry of Ecology and Natural Resources

俄罗斯联邦的执行权力机关，负责制定在自然资源研究、利用、发展、保护方面，水库、水经济综合系统和水利设施的安全保障和利用方面，地下资源利用的安全管理、工业安全、核能利用安全、电热力设备及网络的安全、生产安全、工业爆炸物的存放和使用安全方面，水文气象及相邻领域，环境监测和污染方面的国家政策和规范性法律文件，以及制定和落实环境保护（包括自然保护区和生态鉴定）方面的国家政策和规范性法律文件。下设机构有联邦自然利用监督局，联邦生态、技术和原子能监督局，联邦水利署，联邦水资源署，联邦水文气象和环境监测局。（刘中华）

俄罗斯联邦自然资源部

Russian Federation Ministry of Natural Resources

1996 年 8 月 14 日，在撤销俄罗斯联邦环境保护和自然资源部、俄罗斯联邦水资源管理委员会、俄罗斯联邦地质和地下资源利用委员会的基础上，成立的两个政府部门之一。主要职责是：1. 作为联邦执行权力机关，负责在地下资源研究、利用、再生产和保护领域制定国家政策和实施法律调节的职能，包括管理国家地下资源和林业资源，利用和保护水资源，利用、保护和防护林业资源和森林再生产，使用水库及综合意义的水利系统、防护性水利系统及其他水工设施（行船水工设施除外），并保障其安全，利用生物界客体并保护其生存环境（除了狩猎范围内的生物界客体），保护特别自然保护区，及在环境保护领域的工作（生态监察领域除外）。2. 对管辖的联邦自然资源利用监察局、联邦地下资源利用局、联邦林业局和联邦水资源局的工作实行协调和监督。3. 在工作中遵守俄罗斯联邦宪法、宪法法律、联邦法律、俄罗斯联邦总统及俄罗斯联邦政府法规，以及俄罗斯联邦国际合同。4. 同其他联邦执行权力机关、联邦主体执行权力机关、地方自治机关、社会团体及其他组织协同进行工作。（刘中华）

俄罗斯绿党

The Russian Greens

俄罗斯的绿党组织几经分合重组，出现了包括雪松生态建设运动、圣彼得堡绿党、俄罗斯绿党、绿色俄罗斯、公民联合绿色选择、俄罗斯绿党联盟、俄罗斯“绿色”生态党等诸多绿色政党。其中，雪松生态建设运动参加 1990、1993 年的俄罗斯议会选举，支持率均不足 1%，在 1995 年议会大选中获得 1.39% 的选票，未能进入议会。圣彼得堡绿党是圣彼得堡市的地区性绿党，曾是俄罗斯绿党组织在欧洲绿党联盟的唯一代表。俄罗斯绿党旨在成为经济人道主义的政党，参加社会民主人民党、社会民主党等在内的俄罗斯社会民主联盟。1995 年俄罗斯杜马选举前，包含雪松生态建设运动、俄罗斯绿党、圣彼得堡绿党等在内的 18 个环境团体组成“绿色俄罗斯”选举联盟，但未能获得足够的竞选签名支持。“公民联合绿色选择”成立于 1991 年，原是俄罗斯的地区性绿色政党。2005 年，公民联合绿色选择重组为“绿色选择”（GROZA），成为欧洲绿党的成员党。俄罗斯绿党联盟是俄罗斯社会自由党—亚博卢集团的生态派别，2005 年作为独立政党成立，2006 年重新加入亚博卢集团。俄罗斯绿党联盟的领导人是 20 世纪 80 年代苏联绿色和平的奠基人阿列克谢·雅布洛科夫（Alexey Yablokov）教授。目前俄罗斯绿党联盟是欧洲绿党的观察员，在欧洲议会和国内议会中都没有获得议席。俄罗斯“绿色”生态党起源于 1992 年成立的“建设性生态党”，2002 年转型为俄罗斯“绿色”生态党。2007 年萨马拉科夫地区选举中，“绿色”生态党获得 7.58% 的选票，成功进入地方议会。2007 年联邦议会大选中，该党未能通过俄罗斯选举委员会的审核。（王聪聪）

俄罗斯社会生态联盟

Social-ecological Union

1988 年由玛利亚·切尔卡索瓦（Maria Cherkasova）等环境主义者建立的莫斯科地区环境团体。成立后不久迅速发展为全国性的绿色环保组织。旨在通过发动群众抗议活动和环境政策的管理与监督，改善国家的自然环境，同时提高苏联人民的生态环境意识。组织很多全国性的生态抗议运动，如反对伏尔加—顿河与伏尔加—琼格里河的运河项目。联盟的成立及其组织的群众性生态抗议运动，对苏联政府造成压力，大大促进苏联人民的生态意识觉醒。（王聪聪）

《额尔古纳河右岸》

The Right Bank of the Argun

作家迟子建的代表作品。第一部描述东北少数民族鄂温克人生存现状及百年沧桑的长篇小说。女作家迟子建以年届九旬的鄂温克族最后一位酋长女人的自述口吻，讲述这个弱小民族顽强的抗争和优美的爱情。小说语言精妙，以简约之美写活了一群鲜为人知、有血有肉的鄂温克人。小说以小见

大，以一曲对弱小民族的挽歌，写出人类历史进程中的悲哀。其文学主题具有史诗品格与世界意义。该部小说在《收获》杂志上登载以来，受到读者和评论家的热切关注，被媒体称为“最值得期待的书”之一，获第七届茅盾文学奖。比较流行的版本由北京十月文艺出版社于 2005 年出版发行。（王薛时）

厄尔尼诺现象

El Niño/Nino Phenomenon

指赤道东太平洋地区表层海水大范围持续升温变暖的现象，是受地球自转速度影响的自然现象。厄尔尼诺在西语中意为“圣婴”，原来指秘鲁沿岸一支与正常寒流相反的从北向南的暖流，这支暖流在有些年份温度会升高，导致寒流带来的鱼类和鸟类大量死亡，影响秘鲁地区渔业的发展，其发生时间多在一年中的圣诞节前后，因而又被秘鲁人称为“厄尔尼诺”（圣婴）。研究发现厄尔尼诺现象与地球自转减速有关，在某些年份的影响范围扩大，导致东太平洋地区表层海水温度发生变化，可比常年高出 3 ～ 6℃，从而影响洋流和大气循环，导致某些地区反常降水和另一些地区严重干旱，给很多地区带来灾害天气，如飓风和强台风等。通常认为海水表层温度连续 3 个月高出平均值 0.5℃以上就是一次厄尔尼诺现象。厄尔尼诺现象对全球气候变化产生重要影响，对于厄尔尼诺现象的监测已经成为气候监测中重要项目。（韩铮）

厄瓜多尔环境教育

Environmental Education in Ecuador

厄瓜多尔开展环境教育的基本状况。厄瓜多尔的环境教育分为两个部分：正规教育系统和非正规教育系统。正规教育系统从两个角度开展工作：一是以帮助发展和加强地区学校教育系统的环境教育基础设施为目标。诸如课程开发、师资培训、教育材料生产、提高校内教师实施环境教育与交流的积极性；另一个角度是以加强学校与社区联系为目标，以共同努力得出两个群体都可以实行的与环境需要相关的解决办法。非正规的教育系统寻求为广泛的民众创建机会以使之得到讲授与训练，用以实施社区对话、共识和协商。内容是环境问题的建构与解释，人们日常应当进行的活动，包括防止污染、保护环境、节约自然资源和保护野生物种。（参考：［英］帕尔默著，田青、刘丰译：《21 世纪的环境教育：理论、实践、进展与前景》第 230 页，北京：中国轻工业出版社，2002 年。王薛时）

鄂伦春族生态文化

Ecological Culture of Oroqen

鄂伦春人早期形成乌力楞社会组织。乌力楞是以血缘关系维系的社会组织。凡是两个氏族的三五家人在一起居住的自然单位，就叫作乌力楞。斜仁柱反映了鄂伦春人的居住文化。斜仁柱一般建在背风、朝阳、有水干柴多及打猎方便的地方。鄂伦春人世世代代以狩猎为生，但他们并非是完全无节制的，而是自觉地保护他们赖以生存的山林。热爱自然是鄂伦春族的母体文化。鄂伦春世世代代敬畏自然并崇尚自然，这是鄂伦春人的自然价值观。鄂伦春人先祖认定自然和人的价值相等，甚至认为自然有超然的能力。鄂伦春人逐渐把握并顺应自然规律，顺时敬生。顺时指鄂伦春人的生产实践活动顺应动植物的生物习性和季节性特征的可持续发展思想。敬生指在对待植物方面，不砍伐幼树，尊重植物的生命权利；在对待动物方面，任何生物都有各自的善。（牟世晶）

恩格斯

Friedrich Von Engels, 1820.11.28. ～ 1895.8.5.

德国哲学家、思想家、革命家、教育家，国际共产主义运动的伟大导师和领袖、近代共产主义的奠基人。马克思主义的创始人之一，马克思的亲密战友。与马克思共同撰写《共产党宣言》，共同创立科学共产主义理论，共同参加第一国际的领导工作。马克思逝世后，承担整理和出版《资本论》遗稿工作，领导国际工人运动。除同马克思合撰著作外，代表著作有《自然辩证法》《家庭、私有制、国家的起源》等。

弗里德里希·恩格斯生于德国莱茵省巴门市（今伍珀塔尔市），少年时期就读于巴门市立学校，

1834年转入爱北斐特理科中学。中学期间在父亲老弗里德里希的坚持下，1837年9月辍学经商。1839年春在《德意志电讯》发表《乌培河谷来信》，揭露封建专制制度和宗教虔诚主义的黑暗，表达对劳动人民的同情。1841年9月至1842年10月在柏林炮兵部队服兵役，旁听柏林大学哲学讲座，参加青年黑格尔派的活动。期间先后发表《谢林论黑格尔》《谢林和启示》以及《谢林——基督教的哲学家》等册子，尖锐批判宣扬天启哲学的唯心主义哲学家谢林；著文揭露以德皇威廉四世为代表的德国封建专制制度，逐渐成长为坚定的革命民主主义者。

青年时期，1841年接受费尔巴哈的唯物主义思想。1844年8月拜访侨居巴黎的马克思建立友谊。同年9月与马克思合写《神圣家族》一书，批判黑格尔哲学中的唯心主义，阐述辩证唯物主义和历史唯物主义的重要原理。1845～1846年与马克思合著《德意志意识形态》，第一次系统阐述历史唯物主义。1845年创作《英国工人阶级状况》，第一次明确指出无产阶级的政治经济地位必然推动它争取自身解放；社会主义只有成为工人阶级的政治斗争目标时才会成为一种政治力量。1846年初与马克思在布鲁塞尔建立共产主义通讯委员会，宣传科学社会主义。1847年与马克思一同应邀加入德国工人的秘密组织正义者同盟，积极支持其改组工作。同年，出席同盟在6月召开的第一次代表大会，向大会阐述科学社会主义基本原理，将旧的同盟改组为共产主义者同盟。1847年12月～1848年初，与马克思合著《共产党宣言》，第一次公开树起共产主义运动的旗帜，标志马克思主义的诞生。

1850年重返曼彻斯特经商，长期接济马克思一家生活。工作之余研究自然科学和军事科学，就各种理论问题同马克思交换意见，撰写大量军事、政治论文。极其关心欧美各国工人运动的发展和被压迫民族的解放斗争，专门写作论述波兰问题，在《波斯和中国》《俄国在远东的成功》等文章中，揭露沙皇俄国和英国对中国的侵略，预言今后必将看到整个亚洲新纪元的曙光。1870年9月从曼彻斯特迁居伦敦。10月当选为第一国际总委员会委员。发表《论权威》，总结巴黎公社革命的经验，批判巴枯宁派的无政府主义思潮。1877～1878年创作《反杜林论》，深刻批判E.K.杜林唯心主义先验论的哲学、庸俗的政治经济学和假社会主义，第一次系统论证马克思主义的哲学、政治经济学和科学社会主义原理，被誉为马克思主义的百科全书。1880年将《反杜林论》一书理论部分中最重要的内容改编成《社会主义从空想到科学的发展》小册子，在法国和其他国家的工人中广为传播，马克思称之为“科学社会主义的入门”。

作为马克思主义创始人之一，恩格斯将创立马克思主义的主要功劳归功于马克思，谦逊地认为自己是“第二小提琴手”。马克思以理论创建为主要工作，恩格斯更倾向于以实际工作为工人阶级谋求权益。1883年马克思逝世后，恩格斯继续领导国际工人运动达12年之久，1889年成立第二国际。工人阶级的导师恩格斯1895年8月逝世。（参考：中央编译局韦建桦主编.《马克思恩格斯文集》第10卷。

北京：人民出版社，2009 年。徐越）

恩格斯的生态学思想

Engels'ecology ical Thought

指以恩格斯的著作为依据，由恩格斯提出和由后世研究者发掘的恩格斯著述中的生态学思想的总和。恩格斯的生态学思想，集中体现在《社会主义从空想到科学的发展》《反杜林论》《自然辩证法》《英国工人阶级状况》等著作中。国外学术界对《英国工人阶级状况》的评价更高，认为是城市福利生态学的奠基之作。国内学术界更强调《自然辩证法》的重要性，认为是辩证唯物主义自然观或唯物主义自然本体论的经典。（徐越）

恩斯特·海克尔

Ernst Haeckel, 1834 ~ 1919

恩斯特·海因里希·菲利普·奥古斯特·海克尔（Ernst Heinrich Philipp August Haeckel），德国动物学家和哲学家。海克尔将查尔斯·罗伯

特·达尔文的进化论引入德国并在此基础上继续完善人类的进化论理论。恩斯特·海克尔出生在波茨坦的一个律师家庭，在学校时阅读了细胞学说创始者之一，德国植物学家施莱登（Matthias Jacob schleiden）的著作《植物及其生存》和生物进化论创立者达尔文的《一个博物学者的环球航行》。这些有关生物学的书籍激发了海克尔对大自然探索的激情和热爱，他时常收集有价值的植物标本，并希望向施莱登学习植物学知识。海克尔早年依照父亲的要求在柏林、维尔茨堡等地学习医学，尽管医学并非海克尔所钟爱，但其习得的医学知识对他后来生物学的研究提供了帮助。在柏林时，海克尔受教于生理学家穆尔（Johannes Muller），对解剖学和胚胎学产生兴趣，并开始研究海洋动物学。在实地考察的基础之上，海克尔 1857 年发表第一部专著《论甲壳类动物的组织》，由此获得博士学位，并在次年通过国家医学考试。1859 至 1860 年期间，海克尔在对放射虫的专题研究中接触到了达尔文《物种起源》等进化论著作。1862 年，他发表成名作《放射目》。海克尔在书中表达了对达尔文的自然进化学说的敬佩，并对其理论深信不疑，将达尔文的进化论思想视为对当时政治和宗教领域保守势力攻击的有力武器，致力于传播达尔文思想。1866 年海克尔出版《生物普通形态学》，用进化论观点阐明有机体发展。1868 年出版进化论科普著作《自然创造史》。在 1874 年出版的《人类的发生》一书中，将生命起源以及人类演变一同纳入进化论中，提出生物重演律，是对达尔文进化论的进一步拓展和深化。1899 年，海克尔将其科学生涯进行哲学式的总结，出版《宇宙之谜》，对 19 世纪自然科学，尤其是生物进化论做了系统总结，依据当时科学的最新成果，对物种、人类和生命的起源和发展做了认真探索。（参考：刘学礼：《具有哲学探索精神的生物学家——海克尔》,《生物学通报》1989 年第 4 期第 37 ~ 38 页。欧阳文川　徐越）

恩斯特·维茨泽克

Ernst Weizsäcker, 1939 ~

德国著名环境经济学家、政治家，罗马俱乐部现任共同主席之一。出生于瑞士苏黎世，曾任布伦学院院长和德国卡塞尔大学校长、欧洲环境政策研究所负责人，罗马俱乐部成员之一。研究领域为环境经济学和地球政治学。提出著名的倍（系）数理论，认为科学技术的不断发展可以导

致资源能源消耗成倍减少、物质财富产出成倍增加的效果，因而属于生态环境问题应对的乐观学派。正因如此，他的观点遭到生态社会主义者如萨拉·萨卡的批评。（徐越）

二次颗粒物

Secondary Particulate Matters

指自然和人为排放的一次污染物（primary pollutants）进入大气，经过积聚、生长、化学反应等过程形成的新颗粒物。大气中二次颗粒物的化学组分主要包括硫酸盐、硝酸盐、铵盐、黑炭（BC）以及大部分有机碳（OC）。是大气细颗粒物 PM2.5 的主要组成部分，并且在不同时间、地点、气象条件形成的二次颗粒物成分各异。这与各地区发展规划中的产业结构比重分配关系密切。许多全球性的环境问题如气候变化、酸雨、灰霾、光化学烟雾等以及大气污染对生态与人体健康的影响，都与二次颗粒物的形成有关。（参考：叶兴南，陈建民：《大气二次细颗粒物形成机理的前沿研究》，《化学进展》2009 年第 Z1 期第 288 ~ 296 页。刘阳）

二次能源

Secondary Energy

又称次级能源、人工能源，属于过程性能源和含能体能源，是由一次能源经过加工或转换得到的其他种类和形式的能源，包括煤气、焦炭、汽油、煤油、柴油、重油、电力、蒸汽、热水、氢能等。一次能源无论经过几次转换所得到的另一种能源都被称为二次能源。在生产过程中排出的余能，如高温烟气、高温物料热、可燃气和有压流体等，亦属二次能源。在日常生产和生活中经常利用的能源多数为二次能源。二次能源比一次能源的利用更为有效、清洁、方便。电能是二次能源中用途最广、使用最方便、最清洁的一种。（王晴晴）

二噁英

Dioxin

二噁英是由垃圾焚烧、农药化学品残留、纸浆生产、尾气排放、钢铁生产等过程中产生的一种有毒物质，对人体及动植物危害很大。化学分类上，二噁英并不是一种单一物质，而是结构和性质都很相似的包含众多同类物或异构体的两大类有机化合物氯化苯并二噁英和氯化二苯并呋喃的总称，有 209 个异构体。目前科学界认为二噁英是一种强力致癌物，它会导致人体内分泌紊乱，影响动物的生殖及免疫能力，产生畸形儿。在毒性方面，二噁英是剧毒化学物质氯化钾的 1000 倍。由于二噁英可溶于脂肪，所以能在生物体能积累，在生态系统中通过食物链达到相当高含量的积蓄。1977 年，荷兰阿姆斯特丹大学的 Kees Olie 教授首次在垃圾焚烧炉的排气和飞灰中检测出二噁英。1983 年，日本立川凉教授也在东京垃圾焚烧中检测出二噁英。因为垃圾中含氯元素成分较多，最为普遍的聚氯乙烯、氯代苯、五氯苯酚等都是二噁英的前驱体，在垃圾焚烧过程中，通过分子重组、自由基缩合、脱氯等热化学反应，产生出大量二噁英。电炉炼钢过程中产生二噁英的机制也同样如此，作为原料的废钢中含有大量油气、塑料等有机化合物和氯元素，在高温燃烧中必然产生大量二噁英、氯苯类有毒物质。目前我国正在制定二噁英排放标准和二噁英综合防治办法。（参考：刘洁、戈有慧、程宗强：《来宾垃圾发电厂二噁英的控制对策和措施》，《中国科技博览》2010 年 25 期第 27 页。朱配辰）

二氧化硫

Sulfur Dioxide

无色有辛辣气味易溶于水的气体，分子式是 SO_2，又称亚硫酸酐，有毒。在大自然中，火山爆发时会喷出这种气体，目前空气中的二氧化硫主要来源于含硫燃料的燃烧和采用含硫原料的工业生产。二氧化硫主要用来制硫酸、硫酸盐及消毒剂、防腐剂、漂白剂，液态二氧化硫可做致冷剂。二氧化硫是主要大气污染物之一，窒息性气体，有腐蚀作用，能刺激人眼结膜和鼻咽等黏膜。二氧化硫与空气中水分结合，形成亚硫酸，并缓慢形成硫酸，刺激作用加强，形成"酸雨"降到地面，对人、畜、农作物危害更大。二氧化硫与大气中的烟尘有协同作用，如伦敦烟雾事件和马斯河谷事件等烟雾事件，都是这种协同作用造成的危害。（朱雨晨）

二氧化硫税

Sulfur Dioxide Tax

指对排放到空气中的二氧化硫征收的一种税，是环境税的一种。为了控制二氧化硫的排放量，早在1972年美国就开始征收二氧化硫税，随后法国、瑞典、丹麦等国家也陆续开始征收。二氧化硫税可分为直接和间接两种，对生产者和消费者也产生了不同影响。由于我国是世界上最大的煤炭生产国和消费国，长期使用煤炭资源造成严重的二氧化硫污染，控制二氧化硫排放量势在必行。通过对国外经验的借鉴，结合自身情况，我国制定二氧化硫税收对策，同时增强增值税的调节作用、强化资源税保护生态的功能，旨在消减二氧化硫排放量。（代富宇）

二氧化碳

Carbon Dioxide

无色无味无臭气体，分子式 CO_2，又称碳酸气、碳酐，无毒，比空气重，密度是空气的1.5倍。二氧化碳在自然界中含量丰富，是大气组成的一部分，其体积约占大气的0.04%，主要来自有机物的完全燃烧与动物的新陈代谢，同时也包含在某些天然气或油田伴生气中以及碳酸盐形成的矿石中。固态的二氧化碳称为干冰，常被用于工业和消防上的降温。二氧化碳溶于水，与水反应生成碳酸，但不稳定，容易再分解成水和二氧化碳。二氧化碳是大气温室气体之一，随着工业化的发展，二氧化碳的排放量越来越高，引起的温室效应直接导致全球气候变暖，严重影响自然界的碳循环。世界各国日益重视这一问题，呼吁全球控制二氧化碳的排放。1997年12月在日本京都签署的《联合国气候变化框架公约的京都议定书》就是各国合作控制温室气体排放的典型事例。（朱雨晨）

二元产品市场

Dual Product Market

报纸期刊作为媒介产品，具有物品市场和广告市场两个维度。它运作的第一个市场是物品市场，即通常说的内容产品市场，出售的是内容商品。第二个市场是广告市场，实际上是读者带来的市场，出售的是受众商品。报纸期刊向读者出售新闻内容，同时也向广告主出售广告版面。双重出售理论揭示了报纸期刊经营的秘密。在报刊市场上，读者购得报纸期刊，但要的并不是作为载体的报纸期刊，而是报纸期刊上登载的信息内容。为此，受众愿意按市场原则来购买。同时，广告主按价值原则来购买广告版面，只要通过报纸期刊的读者资源带来的实际利益足够大，广告主就愿意付出足够高的价格来购买广告版面，从而使报刊社得到广告收入。报纸期刊具有内容商品与受众商品一体两种商品。将内容商品与受众商品分开实际上是从形式上对报刊的划分。前者主要关注信息如何转化为可在市场买卖的商品，后者则是强调由前者衍生而来的受众也是报刊的主要商品。报纸期刊在营销过程中必然要注重这种独特的双重出售方式。第一次出售时，报纸期刊价格一般小于价值，但实质是为第二次出售支付成本。为报刊社赚取资金的最终产品是由其内容商品所吸纳到的受众，也就是说，报纸期刊的真正利润来源于第二次出售过程——将受众卖给外在客户。某份报纸或刊物服务的受众越受广告商青睐，其广告版面就越是价高客多。（张惠娜）

二元论

Dualism

二元论徘徊于唯心主义一元论和唯物主义一元论之间，企图调和两者的根本对立。古希腊唯心主义哲学家柏拉图认为世界有两个本原：理念和事物，即理念世界和事物世界。他认为感性的具体事物不是真实的存在，在物质世界之外有一个永恒不变的、独立的、真实存在的理念世界；变化不定的具体事物相对地具有某种性质，是由于模仿成分有离开个体事物而绝对存在的理念，全部理念构成一个常住不变的理念世界，存在于事物之外。理念被柏拉图夸大成了脱离具体事物的独立的实体。近代西方哲学创始人之一R. 笛卡尔认为有两个实体：灵魂和形体。他提出“我思故我在”的著名论题，认为“我”的本质是思想，即灵魂，是认识的主体，是精神实体；我会怀疑，我的存在是不完满的、有限的，但心中有一个最完满的上帝的观念，所以说上帝存在。上帝创造了“形体”，又把“形体”的观念放到我心中，那么“形体”也就是真实可靠的实体。笛卡尔肯定了灵魂和形体是世界上彼此独立存在的两个不同的实体，灵魂的本质在于思想，形体的本质在于广延，两者完全独立，不能由一个决定或派生另一个。二元论无论是何种表现形式，本质是共同的：否认世界的物质统一性。在唯心主义与唯物主义两条基本的哲学路线之外，二元论不能形成第三条路线——中间路线。二元论肯定独立的精神世界的存在，同唯心主义相联系；又肯定物质世界的独立存在，包含了某种唯物主义的因素。但是，在物质和精神的相互关系上，二元论将精神说成是唯一具有能动性的力量，把物质说成是消极的、受精神支配的东西，并将那种使精神与物质结合起来的力量看成是高于一切的神的力量。归根到底，二元论必然倒向唯心主义。（牟世晶）

F

发 法 反 返 泛 范 方 防 仿 放 非 斐 废 分 芬
丰 风 封 冯 佛 弗 浮 涪 福 负 妇 复

《发达工业社会的文化转型》

Cultural Shift in Advanced Industrial Society

美国著名政治学家罗纳德·英格哈特的主要著作之一，1989年出版。书中以英格哈特领导的对西方20多个发达工业国家的价值观调查（数据主要来源于欧洲晴雨表调查、欧洲价值体系研究小组开展的世界价值观念调查以及三国小组研究项目等）为基础，探讨经济与社会政治发展如何影响文化价值的变迁，以及文化对经济、社会和政治系统的反作用。其中，文化价值变化包括宗教信念、工作动力、政治冲突和对待家庭与孩子的态度，对待离婚、堕胎和同性恋态度等的变化。认为这种观念变化属于较大范围的文化变化，对政治有极大影响，能够改变社会的经济增长和经济发展模式。书中雄心勃勃地分析什么因素能够影响政治发展方向，特别是在后现代时期，发现文化转型的重要性。指出文化转型并非局限于阶级层次。系统阐述文化变迁的理论，解释大众文化的变迁是如何发生的，以及变迁的具体机制是什么。在此基础上进一步阐述变迁后的文化如何反作用于社会政治发展。该书填补以往政治文化研究中的理论空白地带，有重要学术与社会影响。（徐越）

发达国家

Developed Country

又称工业发达国家或工业化国家。泛指一般生产力发达的国家，特指生产力发达的资本主义国家。主要标志是生产高度社会化，在生产上广泛运用先进的科学技术，有较高的工业生产水平和劳动生产率。当前，资本主义世界主要发达国家有美国、日本、德国、英国、法国、意大利、加拿大和澳大利亚等。资本主义经济的发展，在很大程度上得益于三次技术革命。第一次技术（工业）革命发生在18世纪60年代到19世纪40年代，以蒸汽机的发明和利用为主要标志，使资本主义生产由工场手工业转变到机器大工业。第二次技术革命发生在19世纪后期和20世纪初，以电力的发明和使用为主要标志，使资本主义生产跨入了电气时代。从战后50年代到60年代，以原子能、电子计算机和空间技术的发明与利用为主要标志的第三次革命，是人类历史上规模空前、影响深远的一次技术革命。它不仅进一步促进了工业和运输业的现代化，而且实现了农业的现代化，推动了商业、服务业等非物质生产部门的现代化。因此，尽管这并未改变资本主义社会的基本矛盾，但欧美发达资本主义国家在当今世界经济政治秩序中依然占据着主导地位。（李庆）

发现学习
Discovery Learning

学生根据教师提出的一些事实和问题，积极思考，独立探究，自行发现并掌握相应的原理的学习方式。20世纪60年代美国认知教育心理学家和教育学家布鲁纳所极力倡导。它的指导思想是以学习者为主体，在教师的启发下主动探索，发现事物的发展起因和内部联系，从中找出规律，自己得出结论。布鲁纳认为，要培养具有创造才能的人，重要的是发展学生对待学习的探究性态度。发现不限于寻求人类尚未知晓的事物，还包括用自己的头脑亲自获得知识的一切方法。这种指导发现学习与一般科学家所谓的独立发现学习有区别，学生的发现学习主要属于前者。他指出发现学习的四大益处：激发智慧潜力；培养内在动机；养成探究态度；促进知识巩固。发现学习更适用于年级较高、具备一定知识经验和思维能力的学生，因其耗时较多，没有必要应用于所有学科知识的学习。（王薛时）

发展环保市场
The Development of Environmental Protection Market

生态文明建设的重要制度创新与改革目标之一。指针对过去的粗放型的发展模式，为促进我国经济结构转型和发展方式转变，在生态治理、环境保护过程中运用市场手段，通过加快资源环境价格改革和税费改革，完善生态环境补偿机制，发展环保市场，推进节能量碳排放权、排污权、水权交易制度等，从而构建起系统、完备的生态保护市场化机制，推进环境保护的第三方治理。适当引入和科学运用环境经济手段，是大力推进生态文明建设的重要政策议题。（张沥元）

发展教育
Development Education

20世纪60～70年代，联合国、教会和慈善机构在日益关注第三世界贫困问题时应运而生的教育理论。起初，发展教育着眼于发展中国家的困境。近年来，发展教育一直致力于了解某一特定国家的发展水平，使研究全球经济和政治系统成为必要；了解所有国家内和国家之间的发展过程；证明对某个国家适当的发展，而对另一个国家不一定是必要的；证明在发展方面西方有很多东西要向非西方国家学习；证明第三世界不只是描述经济贫困国家的代名词；也包含由于经济和政治因素而日益边缘化的地区和群体，如妇女、老人、无家可归者、失业者、少数民族、土著人，以及富裕国家中的穷人、偏远地区的人和弱势群体。（参考：[英]帕尔默著，田青、刘丰译：《21世纪的环境教育：理论、实践、进展与前景》第34页，北京：中国轻工业出版社，2002年。王薛时）

发展生态建筑学
The Development of Arcology

生态建筑学的重要功能在于逐步完善城市环境，特别是正在崛起和未被开发的小城镇或乡村建设。积极地有计划地发展小城镇，建立卫星城等，注重生态环境建设，完善的中小型生态聚落环境的发展亦有深远的历史意义。第四产业革命是以电子工业、遗传工程等新兴工业为基础，它的发展主要取决于知识和信息，特征是人类聚落环境及企业趋向于多样化、个人化和小型化，这必将促进大城市的解体，使大量的中小城镇、卫星城和小村镇跃居重要地位。无论现在还是长远趋势，研究和发展生态建筑学，吸取发达国家的历史教训，针对我国国情，在建筑环境发展中合理保护环境，协调人与自然生态的关系，使新的建筑环境更适宜人类的生存与行为发展。（参考：荆其敏：《生态建筑学》，《建筑学报》2000 年第 7 期第 6 ~ 11 页。**王薛时**）

发展性环境教育评价
Evaluation of Developmental Environmental Education

环境教育评价的类型之一。以学生在完成学习与生活活动中所表现出的各种能力和心理特征的动态信息为主要方式，以形成性评价为主要途径，为学生各方面的发展情况提供全面的、多元的评价信息。这种信息的提供不仅是为教育、教学提供依据，更是为学生自己能掌握自己发展过程中的情况服务。一般而言，教育评价是以教育目标为基本依据的。为了便于评价，美国心理学家布卢姆将整个教育目标分为认知领域、情感领域和操作技能领域。同样，作为培养受教育者综合环境素质的教育过程，也要努力使学生在情感、认知（包括认知技能）和操作技能得到发展。因此，发展性环境教育评价应当把握的评价内容包括：情感发展评价内容；认知发展评价内容；操作技能发展评价内容。（参考：祝怀新：《环境教育的理论与实践》第 112 页，北京：中国环境科学出版社，2005 年。**王薛时**）

发展中国家
Developing Country

指在经济上比较落后而正在逐步发展的国家。包括亚、非、拉和其他地区的第三世界约 140 多个独立的国家。中国也是发展中国家之一。主要特征是：生产力较为落后、生产结构片面单一、科学技术水平较低、劳动生产率较低、人均国民生产总值和国民收入较少等。发展中国家历史上大多遭受过帝国主义、殖民主义的压迫和剥削。国家独立后，普遍面临着反对霸权主义、帝国主义的侵略干涉、欺侮和掠夺，维护民族独立和国家主权的任务，又要努力发展自己的民族经济，建设自己的国家。发展中国家在发展民族经济过程中，大都面临着技术设备落后、资金缺乏、人才短缺等问题。因此，一方面，发展中国家必须在独立自主、自力更生的基础上，实行对外开放，以解决国民经济发展过程中所遇到的各种困难，加快社会和经济的发展。另一方面，发展中国家必须联合起来，反对帝国主义和霸权主义。当前，在发达资本主义国家转嫁经济危机、奉行贸易保护主义、提高贷款利率和初级产品价格下降等因素的冲击下，许多发展中国家的经济贸易条件和国际收支状况正趋于恶化。因此，加强南南合作，促进南北对话，已成为当今世界和平与发展主题中的一项重要内容。（**李庆**）

发展中国家环境与发展部长级会议《北京宣言》
Beijing Declaration of Ministerial Conference on Environment and Development in Developing Countries

1991 年 6 月 18 ~ 19 日，由来自 41 个发展中国家部长级代表团、10 个国际组织特邀代表和 9 个发达国家观察员参加，在中国北京举行的发展中国家环境与发展部长级会议上通过的宣言，又称《北京宣言》。分为《总则》《各领域问题》《跨领域问题》《关于 1992 年联合国环境与发展大会》《发展中国家在环境与发展问题上的协调与合作》等 5 个部分。列举全球环境保护方面存在的问题，认为全球环境的迅速恶化与人类经济和社会活动密切相关，主要是由难以持久的发展模式和生活方式造成的。《宣言》指出，发展中国家的问题根源在于贫困，改变贫困和环境退化恶性循环并加强发展中国家保护环境能力的出路，在于持续的发展和稳定的经济增长；必须充分承认发展中国家的发展权利，保护环境是人类的共同利益；鉴于发达国家对环境恶化负有主要责任，考虑到它们拥有较雄厚的资金和技术能力，它们必须率先采取行动保护全球环境，向发展中国家提供充足的、新的和额外的资金，以及优惠的或非商业性条件的环境无害技术转让，帮助发展中国家解决面临的问题，而发展中国家应提升相互间的技术合作和技术转让程度。（申森）

发展主义

Developmentalism

指第三世界国家对内不择手段地促进GDP增长、对外极力扩大国际市场经贸份额的经济至上化发展理论。在该理论的支撑下，以GDP高速增长为核心的经济繁荣或发展，不仅在相当程度上取代了经济发展的目的，而且已经演变成为政治意识形态，表明某种政治体制或发展模式的合法性。发展主义的最大问题或缺陷，是往往忽视国内民生与民主意义上的更广泛性大众需求，导致社会公正与生态可持续性上的诸多严重挑战；忽视所处其中的相对不利的世界经济政治秩序或框架，结果是某种程度的初始阶段成功之后的瓶颈效应或中等收入陷阱。（张沥元）

法国巴黎气候大会

United Nations Climate Change Conference in Paris, France

2015年11月30日至12月11日，《联合国气候变化框架公约》第21次缔约方会议（COP21）暨《京都议定书》第11次缔约方大会在巴黎北郊的布尔歇展览中心举行。已有184个国家提交了应对气候变化国家自主贡献文件，涵盖全球碳排放量的97.9%。超过150个国家的元首和政府首脑参加本次气候大会的开幕式。大会目的是促使196个缔约方（195个国家＋欧盟）形成统一意见，达成一项普遍适用的协议，并于2020年开始付诸实施。大会主要成果：《巴黎协定》。近200个缔约方一致同意通过《巴黎协定》。根据协定，各方将以“自主贡献”的方式参与全球应对气候变化行动。发达国家将继续带头减排，并加强对发展中国家的资金、技术和能力建设支持，帮助后者减缓和适应气候变化。从2023年开始，每5年将对全球行动总体进展进行一次盘点，以帮助各国提高力度，加强国际合作，实现全球应对气候变化长期目标。（席溢）

法国共产党

French Communist Party, PCF

曾是法国国内最强大的左翼政党，1920年成立。20世纪70年代后逐渐落后于社会党。东欧剧变后少数坚持共产主义的欧洲共产党。20世纪

90年代罗伯特·余（Robert Hue）成为主席后，开始进行重大意识形态和组织结构革新。改革没有改变法共衰落的趋势。2007年和2012年法国议会选举中得票率分别为2.60%和1.72%。20世纪90年代以前对绿色政治没有深度回应，最绿的纲领是1972年与社会党共同发布的《联合纲领》。近年对环境政策的强调日益增多。在2009年法国总统大选中，法共纲领的9个章节都包含“生态规划”内容，强调能源部门的国有化，倡导建立全国的公共供水体系，促进公共交通的新政策以及绿色交通等。（王聪聪）

法国绿党

Europe Écologie–Les Verts

法国绿色运动历史悠久，基本特点是派别林立。20世纪70年代，法国生态主义者开始在几乎所有的选举中推选自己的候选人。整体而言，

在1974～1984年的第一个10年当中，法国绿党呈现分散状态，部分源于激进的绿色分子反对建立稳定的政党组织。尽管如此，1984年法国的生态党和土地之友社两个大的绿色流派，合并成立绿党（Les Verts）。1990年创始人布里斯·拉龙德脱离绿党，建立另一个绿色政党“生态一代”（Génération écologie）。绿党的分裂使其公众形象受到严重损害。然而，

1997 年法国议会选举中，绿党以 5.1% 的选票重获选举支持，在历史上第一次进入中央政府。2010 年，绿党与由生态主义者、地区主义者、社会活动分子组成的欧洲生态党合并成为欧洲生态—绿党（Europe Écologie - Les Verts）。欧洲生态党曾在 2009 年的欧洲大选中获得 15 个议席。2012 年国民议会选举中，欧洲生态—绿党获得全国 5.5% 的选票和 18 个议席，该党在参议院中也有 12 个议席。2014 年欧洲选举中，欧洲生态—绿党获得 8.95% 的选票和 6 个议席。在国际上，欧洲生态—绿党是欧洲绿党的成员党。法国绿党的主要政策主张包括：减少二氧化碳排放、废除核能、发展可再生能源、绿色就业、生态友好型城市规划、可持续农业等。（王聪聪）

法国全国旅游工会

French National Tourism Workers' Union, CNT

法国的无政府工联主义组织，由西班牙无政府主义流亡团体和法国全国旅游工会—工联革命（CGT-SR）前成员于 1946 年建立，名称来源于西班牙全国旅游工会。法国全国旅游工会和西班牙全国总工会（CGT）在 20 世纪 90 年代初，首次使用绿色工联主义的术语，较早开始劳工运动和生态学运动相结合的有益尝试。目前，法国有两个组织共同使用“全国旅游工会”的名称，即“全国旅游总工会—维格诺尔斯”（CNT-Vignoles）和“国际工人联合会法国支部”（CNT-AIT）。（王聪聪）

法国社会党

Socialist Party of France, PSE

1969 年成立，当今法国政坛的两个主要政党之一。1981 年大选中获得胜利，第一次进入政府执政，弗朗索瓦·密特朗当选总统。1988 年总统选举中，密特朗再次当选连任总统。1997 年社会党领袖利昂内尔·若斯潘出任法国总理（1997 ~ 2002）。在野整整 10 年之后，2012 年总统大选中社会党领袖弗朗索瓦·奥朗德成功当选。与法国共产党一样，法国社会党在整个 20 世纪 70 年代对环境议题的反应都很迟钝，认为环境问题是资本主义制度缺陷的重要表现，资本主义倡导的零增长和适度增长将最终损害工人阶级利益。这一时期社会党最绿的纲领，是 1972 年与法共出台的《联合方案》。这一纲领阐述环境问题的根源及其解决方案。在 1981 年大选中，密特朗承诺当选后废弃在普洛戈夫具有争议性的核电站，对反核运动做出初步回应。在 20 世纪 80 年代，法国社会党基于环境主义的政策调整相对较小。（王聪聪）

法国生态一代

Génération Écologie

曾任法国环境部长的布里斯·拉龙德组建，1990 年成立。1992 年地区议会选举中，法国绿党政治支持出现高峰。生态一代和绿党分开参选，共获得 14% 选票。1993 年议会选举，生态一代获得 7% 选票，未能赢得任何议席。1993 年大选相对失望的选举结果，导致法国绿色运动继续分裂为众多的组织、派别。与大部分绿党将自己定位于左翼政党不同，生态一代将自己看作是一个中右翼的生态政党。虽然该党曾与社会党合作，但基本意识形态偏于保守。2004 年法国大选后，生态一代开始与国内其他政治组织如联邦党等展开合作。拉龙德卸任主席后，法兰丝·加梅尔（France Gamerre）担任该党领导人，参加 2007 年法国总统大选。与前任命运相同，加梅尔也未能跨越 500 个民选代表签名门槛。2009 年欧洲议会选举中，生态一代加入独立生态运动参与竞选，赢得 3.63% 选票，未能获得任何议席。目前，该党在国民议会和欧洲议会中都没有议员代表。（王聪聪）

法国土地之友社

Les Amis de la Terre

1969 年成立，法国著名的环保组织，世界环保组织地球之友在法国的分支机构。在全国各地拥有 30 多个地方机构，共同致力于实现环境正义和社会正义。法国最早推动环境议题政治化的环境社团之一。1974 年推选伦内・杜蒙作为生态主义候选人参加总统大选。1983 年开始将侧重点放在社团本身的活动，导致很多环境主义者离开，创建法国绿党与生态一代绿党。基本宗旨是保护人民和环境，主要议题领域包括生态转型、农业、生物多样性与城市、经济正义、能源政策等等。近年来联合其他环保组织如气候行动网络，组织过数次大规模环境抗议运动。（王聪聪）

法国宪法

French Constitutions

法国宪政史上多部宪法的总称，包括 1791 年宪法、1793 年宪法、1795 年宪法、1799 年宪法、1801 年宪法、1803 年宪法、1814 年宪法、1830 年宪法、1848 年宪法、1852 年宪法、1875 年宪法、1946 年宪法和 1958 年宪法。其中比较有代表性的有 3 部：第一部是 1793 年宪法，由雅各宾派控制的国民公会所制定，经公民投票通过，又称《雅各宾宪法》。它是法国第一部比较完整地体现资产阶级政治要求并在一定程度上反映小资产阶级和工人农民利益的宪法。全法分两部分：人权宣言和宪法正文。人权宣言是以 1789 年的《人权宣言》为基础，做了某些修改，由 17 条增至 35 条。宪法正文 124 条，主要内容为确立三权分立制度，设立议会、执行会和大理院，分掌立法、行政和司法权。第二部是 1848 年宪法，由资产阶级共和派制定。其主要内容为，宣布国家为民主共和国；规定了公民的基本权利和义务；设立一院制的国民议会；总统为国家元首和最高行政长官，普选产生，任期 4 年。第三部是 1958 年宪法，又称《第五共和国宪法》或《戴高乐宪法》。1960 年、1962 年、1963 年、1974 年和 1976 年先后对该法做了某些修改。它共 15 章 92 条，主要内容为：建立法兰西共同体，由法兰西共和国与它原来的一些殖民地附属国组成；扩大总统职权，使之成为兼有议会制、总统制特色的“半总统制”；详细规定了议会的组成、职权和工作程序；规定了公民的基本权利与义务；设立宪法委员会、最高司法会议、特别高等法院、行政法院等机构。（李庆）

法利・莫厄特

Farley Mowat, 1921 ～ 2014

加拿大著名作家。出生于安大略省，参加过第二次世界大战，1949 年毕业于多伦多大学。他的作品显示出对环境保护以及面临消亡的各种社会文化的强烈关注。第一部作品《鹿之民》以凄凉的笔调描绘因纽特人价值观念的消亡，以及因纽特传统生活方式的灭绝。指责政府和传教士由于无知或出于利己的目的，对这些社会组织的生活结构进行破坏。在《下面是灰色的海》和《屠海》等作品中，作者探索人类与大自然的相互影响。最著名的描写动物生活的作品有《与狼共度》（1963）和《被捕杀的困鲸》（1972）。《鸟儿也匿声了》（1979）《我父亲的儿子》（1993）和《赤条条来到人世》（1993）是他的回忆录。（王薛时）

法人治理结构

Corporate Governance Structure

又译为“公司治理”。现代企业制度中最重要的组织架构。狭义的公司治理指公司内部股东、董事、监事及经理层之间的关系，广义的公司治理包括与利益相关者（如员工、客户、存款人和社会公众等）之间的关系。按照《公司法》的规定，法人治理结构包括：1. 股东会或者股东大会，由公司股东组成，体现的是所有者对公司的最终所有权，是公司的最高权力机构。2. 董事会，由公司股东大会选举产生，对公司的发展目标和重大经营活动做出决策，维护出资人的权益，是公司的决策机构。3. 监事会，是公司的监督机构，对公司的财务和董事、经营者的行为发挥监督作用。4. 经理，由董事会聘任，是经营者、执行者，是公司的执行机构。公司法人治理结构的组成部分都是依法设置，它们的产生和组成、行使的职权、行事的规则等都在《公司法》中有具体规定。公司法人治理结构是以法制为基础，按照公司本质属性的要求形成的。（张惠娜）

法西斯主义

Fascism

“一切为了国家”概括了它的思想。认为个人必须完全融入国家和集体，无条件地效忠国家，为国家尽责和牺牲，成为国家的英雄是个人全部价值所在。法西斯主义是对西方主流社会的文化和价值观念的全面反动，理性主义、自由、平等、进步等价值遭到颠覆。相对于其他几个主流意识形态而言，它具有反派特征。20 世纪 20 ～ 30 年代，它成为意大利墨索里尼政府、德国希特勒政府和其他军国主义国家的相信民族国家至上的极右的官方意识形态。它的产生是极其复杂的历史现象，可大致归结为：第一次世界大战的失败促发了战败国民族主义和军国主义的情绪，欧洲独裁主义价值的部分存在、有产阶级对社会革命的恐慌和资本主义经济危机加剧了人们的不安全感。随着第二次世界大战的结束，法西斯主义大体上走向灭亡。20 世纪末期，一些国家出现了新法西斯主义，往往和反移民、反全球化的狭隘民族主义相关联，然而由于其历史上的名声太坏，不太可能在大众中激发太多同情。（李庆）

法治

Rule of Law

主张依照法律制度治理国家的政治思想，最早产生于奴隶制时期。我国古代管仲、商鞅、韩非为代表的法家，为反对“礼治”和世袭特权，提出了法治思想。韩非是法家的杰出代表，他集法家思想之大成，形成了较完整的法治理论，明确提出“以法为本”的主张，认为“治强生于法，弱乱生于阿”（《外储说右下》），必须以法作为人们行为的准则。韩非在前人法治思想的基础上，还将法、术、势三者结合起来，认为这三者中法治是核心，法是帝王所制定而严令臣民遵守的统治手段。他还强调执法要做到“法不阿贵”“刑过不避大臣，赏善不遗匹夫”。这些论述有法律面前人人平等的思想因素。韩非等人的法治思想，在历史上有一定进步意义，但他们强调法治的作用，不过是为了巩固君主集权统治的需要。在西方，法治最早由亚里士多德在名著《政治学》一书中提出，说“法治应当优于一人之治”，法治比人治好。资产阶级革命时期，为了反对封建特权，也强调法治的作用，提出法律代表“全民意志”“法律面前人人平等”、法律与自由等法治原则。资产阶级取得政权以后，将上述法治原则，在法律条文上作了明确的规定，对反对封建专制制度，维护资产阶级民主和统治秩序起了重要的积极作用。资本主义进入帝国主义阶段以后，警察专横和军事镇压，使资产阶级的法治原则实际上发生了变化。无产阶级专政的国家性质，决定了必须运用法律治理国家，坚持在法律面前人人平等的原则，使国家一切活动严格按照法律办事，做到有法可依，有法必依，执法必严，违法必究，以确立有利于无产阶级和人民群众的社会秩序，巩固人民的政权，促进社会的稳定和进步。（李庆）

反代赫里大坝运动

The Anti-Tehri Dam Movement

代赫里大坝位于印度北部阿克德邦的帕吉勒提河之上，是印度海拔最高的大坝，也是世界海拔最高的大坝之一。代赫里大坝的投资和建设，始于 20 世纪 60 ～ 70 年代。大坝的修建，在印度国内引起很多抗议。印度著名环境主义者桑德拉尔·巴胡古纳从20世纪80年代开始，数十年如一日地反对代赫里大坝建设。巴胡古纳采用非暴力的手段，多次在巴吉拉蒂银行前组织绝食抗议游行。1995年，在印度总理纳拉辛哈·拉奥（Narasimha Rao）承诺重新评估代赫里大坝的生态影响后，巴胡古纳的示威游行暂停45天。在印度总理德韦·高达（Deve Gowda）任职期间，巴胡古纳又在拉吉加特地区组织为期75天的抗议活动，提供自己的项目评估。这一事件在最高法院搁置数十年，最终，代赫里大坝项目于2001年恢复建设，巴胡古纳本人在2001年4月被捕入狱。反代赫利大坝运动只是印度众多反坝公众抗议运动中的一个。（王聪聪）

反弹效应

Rebound Effect

指虽然技术进步能够提高能源的使用效率而节约能源，但同时也促进了经济的快速增长，增加了对能源的需求，最终导致因效率提高所节约的能源被因经济快速增长带来的额外消耗（部分地）抵消。这就是著名的Khazzoom-Brookes假说（K-B假说）。反弹效应可分为直接效应、收入相关效应、生产替代效应、要素替代效应以及转换效应。目前关于反弹效应的估算没有统一的标准，大体有以下几种估算方法：1. 利用古典增长理论模型进行估算。应用这一方法的有：Saunders（1992）用C-D生产函数和内嵌CES生产函数模拟了如果能源效率持续地以每年1.2%的增长，经济产出和能源消费会发生什么变化。基于参数值的一系列假定，Saunders认为在古典增长理论的框架内，C-D生产函数中模拟的能源生产率的提高并没有节约能源，能源消费的增长率和产出增长率密切相关，能源效率的提高总是会导致能源消费的增长。也就是说，无论参数如何设定，使用C-D生产函数很有可能产生“回火效应”（即反弹效应大于1）。2. 借助时间序列等计量经济学方法来估算。应用这一方法的有：在运用标准的生产理论的基础上，Jongenson发展了一个四要素的生产函数（资本、劳动、能源、原材料）来描述生产者行为，并且从计量上检验了美国35个行业的数据。结论是，美国大部分行业的能源上的技术进步的偏差是正的，也就是说，在美国，大部分行业的技术改变增加了能源在产出中的份额。3. 利用可计算一般均衡模型进行估算。CGE模型利用模拟的方法模拟改进的能源效率是如何在经济体内发生作用，这些模拟研究包括生产的和消费的能源效率。4. 利用混合宏观经济模型来估算。如Barker等人（2007）用MDM-E3模型估计了英国的宏观反弹效应，其所用的模型是多部门、动态性的，所以考虑了部门间随时间变化的相互作用。（参考：国涓等：《中国工业部门能源消费反弹效应的估算——基于技术进步视角的实证研究》，《资源科学》2010年第10期第1839～1844页。朱配辰）

反核能运动

Anti-nuclear Power Movement

指反对各种形式的核能技术及其应用的社会政治运功。反核运动通常由环保团体以及专业人士发起，包括提倡核裁军，反对核能应用以及核废料处置。反核运动是20世纪60～70年代西方新社会运动中的重要组成部分，到80年代，绿党也成为反核能的重要主体。反核人士对核能的顾虑，主要源于对可能的核事故的担忧、核废料的处理、核扩散、核恐怖，以及由此给公民带来的安全隐患。特别是核事故和核废料处理是人们最关注的两个议题。至今核废料的处理主要靠填

埋。每一次核事故之后，都会爆发大规模的反核抗议运动：1979 年三里岛核泄漏事故后，美国发生反核大众抗议；1981 年德国布罗克多夫核电站的反核运动；1982 年美国发生反核运动；1986 年切尔诺贝利事件后世界各地的反核抗议；2011 年日本福岛核事故后，世界各地爆发的大规模反核运动，等。日本福岛核事故使很多国家的核电计划拖延。考虑到气候变化、电力需要、清洁能源等因素，很多国家依然将发展核电作为重要政策。（王聪聪）

反既存政治党

Anti-Establishment Party

指 20 世纪 60 ~ 70 年代末产生的，反对现有政治、经济、社会原则的不合理性，反对现存政治、经济与社会制度的政党，尤其是绿党。顾名思义，反既存政治党的核心，是反对现存的政治经济制度基本框架，因而往往成为反对党，甚或“反对党的党”。这种政党在参与现实政治的过程中可以逐渐成为现实政治或既存政治的一部分。典型例证是绿党。最初被普遍理解为反既存政治党。经过数十年的发展后，绿党已经成为议会民主政治中的普通小规模政党。（徐越）

反全球化运动

Anti-globalization movement

一种反对或抗议全球化发展趋势以及当前资本主义经济全球化的社会政治运动，又称全球正义运动或反新自由主义运动。当今全球化进程中存在的贫富分化、日益严重的环境问题、经济不平等发展等问题，是造成反全球运动迅速兴起的重要原因。反全球化运动中既有反对跨国公司对全球金融与贸易操控的社会运动，也有反对全球化进程中的新自由主义意识形态与政策的运动，还有反对战争的示威游行。反全球运动中的重要组织团体，包括墨西哥的萨帕塔民族解放运动、海地的拉乌拉斯之家、巴西的无家可归的工人运动、南非的失地人民运动等。近些年来，每当重大国际会议召开之际，常会发生反全球化抗议运动。1988 年柏林国际货币基金会议、1989 年巴黎 G7 峰会、1999 年美国西雅图世界贸易组织部长会议、2000 年法国尼斯欧盟首脑会议、2001 年意大利热那亚 G8 峰会等，会场外面都是反全球化的抗议人群。（王聪聪）

反人类中心主义

Anti-anthropocentrism

所谓人类中心主义，是以人为本，主张在人与自然的相互作用中将人类利益置于首要地位，强调人类利益应成为人类处理自身与外部生态环境关系的根本价值尺度。反人类中心主义认为，人类中心主义是生态破坏和环境污染的罪恶之源。反人类中心主义包括各种流派，有动物权力论、大地伦理学、深生态学、生物区域主义、生态女性主义等，实质是生物中心主义、生态中心主义。这种争论的国际政治背景，是绿色运动中红色绿党和绿色绿党两大阵营之争。红色绿党主张人类中心主义，又称绿色社会主义，将社会主义理论同生态运动结合起来，是当代社会主义运动中的重要政治力量，主要成员是马克思主义者和社会民主主义者。绿色绿党主张反人类中心主义、生态中心主义，在生态运动中以无政府主义

为理论基础，主要成员基本上是生态原教旨主义者、生态无政府主义者。（牟世晶）

反渗透技术

Reverse Osmosis Technology

20世纪60年代兴起的新型分离技术，是目前最为先进的膜分离技术之一。反渗透是渗透的逆过程，它是在压力推动下，借助半透膜的截留作用，迫使溶液中的溶剂与溶质分开的膜分离过程。反渗透技术效果的好坏，取决于半透膜材料的渗透通量和截留率。目前技术应用中常见的半透膜主要是非对称反渗透膜和复合反渗透膜。因为反渗透具有设计和操作简单的优势，加上所具有的净化效率高、建造周期短以及环境友好等优点，已广泛应用于海水和苦咸水淡化、纯水和超纯水的制备、饮用水净化、工业用水处理、废水处理，以及医药、化工和食品等工业料液处理和浓缩等领域。（参考：许骏、王志、王纪孝等：《反渗透膜技术研究和应用进展》，《化学工业与工程》2010年第4期第351 ～ 357页。刘阳）

《反思生态女性主义政治》

Rethinking Eco-feminist Politics

美国社会生态学家詹尼特·比尔的代表作之一，黑玫瑰图书出版社1991年出版。书中对生态女性主义思想做了系统的批判性分析。从社会学视角出发，批评生态女性主义过于强调女性与自然之间的神秘联系，忽略女性自身的现实条件的不足之处。在批评生态女性主义的神秘主义倾向的同时，展现对女性的切实关心和帮助。认为女性的灵性和行动应该在生态女性主义中得到有机结合。（徐越）

反体系党

Anti-system Party

指受意大利学者阿瑞吉反体系运动理论和其他社会思潮影响，在世界反体系运动中形成的、致力于反对资本主义体系在世界范围内扩张的政党。这里的体系，指资本主义世界体系，也涉指其他体系，如殖民体系、霸权主义体系、市场经济体系、政党体系等。欧洲绿党在20世纪70年代末兴起时，曾被指为反体系党。（徐越）

反文化运动

Counter-culture Movement

20世纪60年代中后期到70年代初发生在欧美等主要西方国家的全球性反文化运动。出现原因和促动因素是多方面的，既有经济、社会和技术的进步，也有人们观念的变化。第二次世界大战后的婴儿潮，导致60 ～ 70年代不满现实的青年人群增多；战后经济的繁荣，使他们不必像父辈一样只关注经济议题而是转向文化领域。冷战大背景和美国白人与黑人关系的紧张以及越南战争，都进一步加剧了青年对西方社会民主制度和主流文化的不满。他们通过参加各种文化反叛活动，希望能够重新引领社会的发展方向。反文化运动一方面表现在政治、社会、文化领域内的抗议运动，包括1955 ～ 1968年的黑人民权运动、1964年与1965年伯克利学生的自由权利运动、1964年美国校园的反战运动、女性主义运动、1969年发生在美国纽约的石墙骚乱（Stonewall Riots）同性恋者权利运动，以及反核运动和环境运动；另一方面反文化运动表现在中产阶级的年轻人渴望挣脱一切传统桎梏的嬉皮士，追求性解放、吸食毒品、嬉皮文化、摇滚音乐等文化。反文化运动首先出现在美国和英国，后来几乎扩展到每个西方国家。一些学者在反思垮掉的一代留给后代的遗产时认为，20世纪60 ～ 70年代是极端的年代，左右翼学者也有着明显不同的立场。右翼学者认为，反文化运动标志着现代自由主义和美国的衰老，自由主义和左翼学者认为，应该从希望的年代、愤怒的日子中寻找建设性元素。（王聪聪）

返璞归真

Returning to One's Original Nature

也作返朴归真。返璞归真思想是道家的重要观念，指去除各种私欲牵绊，回到淳朴类似婴儿的状态，即回到原初的、本真的、未受到世俗干扰的生命状态。老子说“复归于婴儿”“见素抱朴，少私寡欲”。《战国策》说“君子曰：‘归真返璞，则终身不辱’”。它成为后世道家和道教的重要教义。道教的学道修行，目的是要通过自身修炼，使生命复归原初状态。道教认为人原初的本性淳朴纯真，近于“道”，即天真无邪。由于这种原初的状态被打破，思虑欲念萌动，声色货利影响，它不断消耗人原有的生命真元，严重损害个人的身心性命，从而与“道”背离。学道修道是要使心性和生命重返纯朴、纯真的状态。（雷爱民）

泛灵论

Animism

也称物活论、万物有灵论。泛灵论认为天地万物都有灵魂或精神，能够通过灵魂或精神影响其他自然现象的生成变化，自然现象与精神现象一样能影响人类社会与人类行为，自然万物与人类具有同样的价值与权利。泛灵论被认为是宗教信仰的一种，也被解释为泛神论。英国人类学家、西方近代宗教学奠基人 E.B. 泰勒著有《原始文化》一书，从民族学和宗教学资料出发，阐述万物有灵论观念的起源和灵魂观的产生过程。泰勒认为灵魂观念是一切宗教观念中最重要、最基本的观念，是整个宗教信仰的源头和赖以生存的基石。（雷爱民）

范达娜 · 诗娃

Vandana Shiva, 1952 ~

印度环境哲学家、第三世界生态女性主义者的杰出代表。1978 年获得科学哲学博士学位，在邦加罗尔的印度管理学院从事研究工作。1982 年在新德里发起成立科学技术与生态研究基金会。1993 年获得有另类诺贝尔奖之称的正确生活奖，提出怜惜自然、捍卫生命尊严的生态主义思想。从穷人和女性视角，尖锐指出资源开发与全球化引发的各种矛盾。作为来自第三世界的亚洲女性学者，为地球和人类做出重大贡献。曾与德国学者玛利亚 · 米斯合著《生态女性主义》（1993），专著有：《坚强生存：妇女、生态和发展》（1988）《绿色革命的暴力》（1992）《心灵的变化：生

物多样性，生物技术和农业》（1993）《大地民主：根植于地球与生命多样性的民主主义》（2005）《坚强生存：妇女、生态和发展》（2010）等。（徐越）

范维唐

Fan Weitang, 1935 ~

著名采矿专家，清华大学 BP 清洁能源研究与教育中心顾问委员会主任。湖北鄂州人，1956

年毕业于北京钢铁学院采矿系，1956 年 9 月至 1959 年 9 月在北京外语学院、北京矿业学院、北

京钢铁学院进修，1959年赴苏联莫斯科矿业学院攻读研究生，1963年，获技术科学副博士学位。1994年5月当选为中国工程院首批院士。1995年当选为中国能源研究会副理事长、理事长。致力于研究中国煤矿综合机械化开采技术、中国可持续发展能源战略、洁净煤技术等。在中国可持续发展能源战略方面，提出必须要科学引导能源的需求与消费；必须优化经济结构；必须开发和采用先进的能源技术等观点。在发展洁净煤技术方面，认为煤炭是最可靠、最廉价、可以被清洁利用的能源。曾主持第一次全国洁净煤技术研讨会，推动洁净煤技术发展纲要的起草及实施；还主持了中国主办的国际洁净煤技术研讨会，提出优化终端能源结构和解决能源安全问题的有效途径——发展高效、洁净的燃煤发电技术，发展煤炭液化、气化。主要论著有：《中国能源工业的发展与展望》（1995）《洁净煤技术的发展与展望》（1995）《跨世纪煤炭工业新技术》（1997）《中国可持续能源发展战略研究》（1998）《中国资源利用战略研究——煤炭资源的合理开发利用》（2002）《中国科学院2002年高技术发展报告——中国煤炭资源勘探、高效开采与洁净利用》（2002）《第二届国际甲烷与氧化亚氮减排技术大会论文集》（2003）等。（石艳峰）

方精云

Fang Jingyun, 1959 ~

安徽怀宁人，1982年毕业于安徽农学院林学系，同年考入北京林学院教育部政府派遣出国研究生。现任北京大学生态学系主任、教授、长江学者，中国科学院植物研究所所长，国家气候变化专家委员会成员，全球陆地碳观测（TCO）工作组成员，2005年当选中国科学院院士，2008年被评为第三世界科学院院士。他长期从事植被生态学、全球气候变化以及植物生物地理学方面的研究，在国内外发表学术论文210余篇，其中SCI刊物70余篇，在学术界产生很大影响。建立研究我国陆地植被和土壤碳储量的方法，并系统研究我国陆地生态系统的碳储量及其变化，较早进行碳循环主要过程的野外观测，建立中国第一个国家尺度的陆地碳循环模式，为我国陆地碳循

环研究做出重要贡献。此外，还深入研究长江中游湿地50年来的生境变迁及其生态后果。主要论著有：《中国陆地生态系统的碳库》（1996）《温室效应》（2001）《长江中游湿地生物多样性保护的生态学基础》（2006）*Terrestrial vegetation carbon sinks in China*, 1981 ~ 2000（1981 ~ 2000年中国陆地植被碳汇的估算，2007）《“八国集团”2009意大利峰会减排目标下的全球碳排放情景分析》（2009）等。（石艳峰）

防风固沙

Wind-breaking and Sand-fixing

指旨在防止土地沙漠化，保护农田、牧场、交通与居民点等区域免受风沙侵袭危害的生态工程。防风固沙工程分为防风与固沙两个部分，通过降低风速削弱风沙流强度固结沙面，控制沙表风蚀过程的发展。防风固沙的防治措施包括：1. 植物措施，利用根系发达的耐旱植物分层为乔木、灌木进行治沙，重点在于选择适合的树种和科学的林带结构，常用的防风固沙植物有沙枣、沙棘、沙柳、柠条、白刺、胡杨、红柳等。2. 机械措施，设置沙障如草方格沙障、黏土沙障、篱

笆沙障、立式沙障、平铺沙障，利用砂砾石或黏土压沙等。3. 化学措施，喷洒各种化学加固剂，流沙改良化学剂等。（任傲尘）

防风固沙型生态功能区

Windbreaking and Sandfixing Ecological Function Area

依据《全国生态功能区划》，全国有防风固沙生态功能三级区 27 个，面积 204.77 万平方千米，占全国国土面积的 21.33%。其中，对国家生态安全具有重要作用的防风固沙生态功能区，包括科尔沁沙地、呼伦贝尔沙地、阴山北麓—浑善达克沙地、毛乌素沙地、黑河中下游、塔里木河流域，以及环京津风沙源区等。类型区的主要生态问题包括：过度放牧、草原开垦、水资源严重短缺与水资源过度开发导致植被退化、土地沙化、沙尘暴等。类型区生态保护的主要方向为：在沙漠化极敏感区和高度敏感区建立生态功能保护区，严格控制放牧和草原生物资源的利用，禁止开垦草原，加强植被恢复和保护；调整传统的畜牧业生产方式，大力发展草业，加快规模化圈养牧业的发展，控制放养对草地生态系统的损害；调整产业结构、退耕还草、退牧还草，恢复草地植被；加强西部内陆河流域规划和综合管理，禁止在干旱和半干旱区发展高耗水产业；在出现江河断流的流域禁止新建引水和蓄水工程，合理利用水资源，保障生态用水，保护沙区湿地。（张沥元）

防护林

Shelter Forest

为保持水土、防风固沙、涵养水源、调节气候、减少污染所经营的天然林和人工林，是陆地生态系统的主要组成部分。建造防护林有助于防御自然灾害、维护基础设施、保护生产、改善环境和维持生态平衡。防护林分为人工营造（连片林地、林带和林网）和天然林（如水源涵养林、水土保持林等）两类。根据防护目的和效能，防护林又可以被分为若干具体林，如《中华人民共和国森林法》分为水源涵养林、水土保持林、防风固沙林、农田牧场防护林、护路林、护岸林等。我国的东北、华北、西北防护林体系建设工程用以减缓荒漠化和水土流失，被称为“绿色长城”，号称世界上最大的生态工程。（王晴晴）

防渗漏技术

Anti Leakage Technology

渗漏问题是很多房屋建筑工程项目普遍存在的问题，为提升房屋建筑质量，避免房屋建筑出现渗漏情况，不仅需要开展防渗设计，选用优质的建筑材料，更重要的是使用正确的施工手段，以有效提升房屋建筑工程项目的施工质量，防止房屋建筑工程项目出现渗漏情况。地下室、卫生间、外墙、窗洞口、屋面、管道、水箱间等一般容易出现渗漏，因此，防渗漏技术主要从屋面、外墙、厨房卫生间、门窗工程、管道工程以及地下室防水等方面进行防渗漏控制。1. 屋面工程。屋面铺卷材的规定：基层表面宜干燥；卷材长边不应小于 100 毫米，短边不应小于 150 毫米，上下两层和相邻两幅卷材的接缝错开，上下层卷材不得垂直铺贴；铺贴附加层，即在立面与平面的转角处铺贴两层同样的卷材或一层抗折强度较高的卷材，卷材的接缝应留在平面上距立面不小于 600 毫米处；粘贴卷材时应展平压实。细部构造处理要求。卷材防水层错槎接缝的处理：卷材应用错槎接缝，上层卷材盖过下层卷材不应小于 150 毫米。防水层与管道埋设件连接的处理：卷材防水层与穿过防水层管道的连接处，如预埋套管带有法兰时，应将卷材粘贴在法兰上，粘贴宽度至少为 100 毫米，并用夹板将卷材压紧。屋面排气口、立管构造处理：在立管根部用水泥砂浆做成圆角，铺设二道卷材附加层，然后，砌挡水台，挡水台与立管留设 10 ~ 20 毫米缝隙，用浮性密封胶封闭。2. 墙面渗漏，窗台、窗框等处渗漏预防措施。墙面渗漏主要是穿墙洞处渗漏，必须对穿墙管、脚手架眼进行处理；幕墙渗漏的预防：幕墙封缝材料选择柔软、浮性好、使用寿命长的耐候性密封材料并经试验，一般采用硅酮密封胶；女儿墙根部渗漏水的预防：防水卷材收头设在压顶下，压顶做防水处理；收头用沥青胶等密封材料封固；压顶做滴水线（槽）坡向屋面；转角处找平层做成圆弧或钝角；泛水高度高于250毫米；阴阳角卷材做附加层，卷材分层搭接，采用防水涂膜增强层；窗台窗框等处渗漏：施工中要严格把好进场材料关。3. 卫生间渗漏预防措施。管根、地漏等渗漏：施工时卫生间必须做防水层，管根、地漏等处的防水要认真施工，堵洞必须支设好模板，用微膨胀细石砼或水泥砂浆分两次进行封堵密实，待到一定强度后，24小时蓄水试验无渗漏后再进行找平层施工；套管或立管周边设置止水片；管周边的泛水高度应符合要求；套管与管的环隙用防水油膏等密封材料填塞；套管高度高出地面50毫米；管周边做与套管同高度的砼防水台。卫生间倒泛水：基层施工时，均要弹出水平线，控制标高和泛水坡度，地漏标高要严格控制，施工完毕逐个进行泼水试验；地漏应低于排水表面5毫米，成喇叭口形，地面与排水管成口结合处严密平顺；地面坡度应平顺并朝向地漏，坡度必须满足排除液体要求，确保地面不倒返水、不积水。4. 各种管道防渗漏。防治落水口和立管洞处渗水的措施，接浆处理等。防治管道漏水的措施：包括剔除砂眼和裂缝的管道，废水和污水管接头用石棉水泥镶嵌密实，上水管道接头、落水口马桶水箱铜管两端等处用白漆麻丝裹紧等。5. 地下室防渗漏主要技术措施包括：设置好后浇带；控制好水泥和外加剂用量；严格建材的质量控制；加强对商品混凝土生产现场的质量控制；合理安排开浇时间，避开高温时段；控制拆模时间，加强养护；适当延迟顶板混凝土浇筑时间，以利于应力释放；尽早完成地下室侧面土方回填；地下室外墙防水施工及三元乙丙防水卷材施工等。（参考：项民生：《建筑工程中关于防渗漏技术探究》，《科技创新导报》2012年第21期第72页；朱磊明：《谈建筑施工中防渗漏技术》，《山西建筑》2012年第29期第122～123页。**朱配辰**）

《防止船舶和飞机倾倒废物污染海洋公约》

Convention on the Prevention of Marine Pollution by Dumping of Wastes and Other Matter

为控制从船舶、飞机、平台或其他海上人工构造物将废弃物或其他物质倒入海中而造成污染海洋，1972年在伦敦召开关于海上倾倒废物的政府间会议上讨论通过的国际公约，简称《伦敦倾废公约》，1975年8月30日生效。中国1985年9月6日加入，1985年12月15日《公约》对中国生效。《公约》的目的，是采取一切切实可行的步骤，防止倾倒废物及其他物质造成海洋污染。《公约》对倾废的定义是：所有来自船舶、飞机、海上平台或其他人工建筑物的各种拟在海上处置的物质，包括船舶、飞机、海上平台或其他人工建筑物本身。（**申森**）

《防止地球变暖计划》

Plan for Preventing Global Warming

又称《绿色行星计划》。日本内阁于1990年6月18日通过《关于当前地球变暖对策研究》，并制定《防止地球变暖计划》。《计划》分为6个部分：1. 背景、意义及指导思想。指出防止地球变暖对于人类生存和发展具有重大意义，应本着可持续发展的原则，在谋求经济发展的同时，综合治理全球变暖问题，着重提出在保证日本国内森林面积的同时，扩大全球森林面积，进行技术革新，防止全球变暖。2. 问题重点是日本提倡全球协调发展，环保与经济发展并行。3.《计划》的目标是在2000年以后的日本人均二氧化碳排放量稳定在1990年的水平上，甲烷等其他温室其他排放量不得超过1990年。4.《计划》的实施时间是从1990年至2010年，其中2000年为中间目标。5. 提出的对策包括控制温室气体的排放，扩大二氧化碳的吸收源，科学的调查研究和观测监视，加强技术开发与普及，加强宣传教育，促进国际协作等。6. 在《计划》实施方面，注意细节的讨论与制定，国家为《计划》的实施提供方便和支持，鼓励民众的参与等。（**韩铮**）

《防止陆源海洋污染公约》

Convention on the Prevention of Marine Pollution from Land-based Sources

1974 年 6 月 4 日比利时、丹麦等 12 个欧洲国家及欧洲经济共同体在巴黎签订，1978 年 5 月 6 日生效。《公约》适用范围包括北纬 36° 以北、西经 42° 以东和东经 51° 以西，除波罗的海和地中海以外的大西洋和北冰洋。《公约》的附件第 1 部分规定了各种陆地污染物，要求缔约国应致力于减少陆地来源的现有污染和预先防止任何新的污染；在未列入的陆地来源物质造成严重污染时，各缔约国应商订合作协定；要求缔约国制订相互配合的科技研究方案，建立并操作永久性的监测系统；规定设立缔约国委员会，以监督《公约》的执行情况，审查《公约》地区的海洋状况。1992 年，《公约》被新生效的《保护东北大西洋海洋环境公约》取代。新的《保护东北大西洋海洋环境公约》，扩大了陆源定义的外延，界定为陆上点源、散源或海岸，包括通过隧道、管道或其他同陆地相连的海底设施和通过位于缔约国管辖权之下的海洋区域的人造结构故意处置污染物质的源。新《公约》要求缔约国制订控制陆源污染的计划和措施，对点源要求应用最佳可得技术，对点源和散源要求应用最佳环境惯例，还规定所有的污染物质的排放必须事先得到许可。（**申森**）

《防止倾倒废物及其他物质污染海洋公约》

Convention on the Prevention of Marine Pollution by Dumping of Wastes and Other Substances

1972 年 12 月 29 日为控制因倾倒行为导致的海洋污染而订立的全球性国际公约，在伦敦、墨西哥城、莫斯科和华盛顿通过并向各国开放签字，1975 年 8 月 30 日正式生效，1978 年 10 月 12 日在伦敦通过修正案，1979 年 3 月 11 日生效。目的在于依缔约国科学、技术及经济能力，个别地和集体地采取有效措施，以防止因倾倒而造成的海洋污染，并在这一领域进行政策协调。《公约》共 12 个部分 22 个条目及 1 个附件。《公约》规定：禁止倾倒附件 I 所列物质，附件 Ⅱ、Ⅲ 所列物质须得到特别许可和普通许可才能倾倒；在缔约国设立主管当局，执行核发许可证、记录和监测任务；各缔约国应为实施本公约采取必要措施；应订立区域协定以补充公约。中国于 1985 年 9 月 6 日决定加入该公约。（**申森**）

仿生学

Bionics

生物学和电子学之间的跨界学科，J.E. Steele 将其命名为“Bionics”，指研究生命系统功能的学问。20 世纪 60 年代初我国学者将其命名为仿生学，意为对生命系统的结构和功能进行模仿，并将其运用于其他领域技术和设计原理。具体说，仿生学指以生物的生命活动为研究对象，揭示生物与其所处生态系统之间的物质转化、能量交换、基因演替和信息流动的原理和规律，并将其与现有技术结合用以改造和创新各种机械、仪器和设备的新兴学科。仿生学的主要研究方法为实验和模型，研究主要分为原型研究、数学分析和实物模拟。原型研究指根据实际技术需要有针对性地获取有关生物相关的生命体数据；数学分析指对原型研究阶段获取的生命体数据按照具体要求，使用数学方法析取数据的内在联系，得到用以实物模拟的可用数据；实物模拟指在已经获取数学模型的数据基础之上，结合工程实践建立物理模型。仿生学起源于 20 世纪 40 年代出现的调节理论和控制论。控制论是研究包括人在内的生物和机器内部的控制与通信一般规律的理论。N.Wiener 在其专著《控制论》中将生物的通信控制原理运用于机器的通信控制，为仿生学的确立奠定理论基础。（参考：张伟：《企业仿生学探讨》，《经营管理者》2011 年第 18 期第 120 页。**欧阳文川**）

放牧生态学

Grazing Ecology

研究草地放牧系统中草畜关系的草地科学的分支学科。主要研究内容包括家畜的采食行为、牧地草丛中物质和能量循环、家畜与牧地草丛的关系及其相互作用、高经济效益和生态效益的牧场管理模式。研究对象是草地放牧生态系统。草地放牧生态系统的初级生产者是牧草，主要消费者是家畜。草地生态系统物质循环的主要转化环节分别是：草本的生长、积累；家畜对草本的消费利用；畜产品的生产。在草地放牧生态系统中，草地是主体，家畜是条件，二者相互影响。放牧草地为家畜提供食物和活动空间，家畜则通过采食、排泄等生理活动影响草木的生长。（石艳峰）

放射性废物

Radioactive Waste

指含有放射性核素或者被放射性核素污染的物质，当其浓度或比活度大于国家审管部分规定的清洁解控水平，并且预计不再利用时，被认定为放射性物质，包括放射性废水、废气和固体废物。尽管放射性废物种类较多，但是具有共同特点：1. 含有放射性物质。这种物质不能用一般的物理、化学或者生物的方法除去，只能依靠放射性核素自身的衰变。2. 具有射线危害。放射性核素释放的射线通过物质时会发生电离和激发，会对生物体造成辐射损伤。3. 热能释放。当放射性核素衰变时，会释放出大量能量，当废液中的放射性核素含量较高时，这些能量会使废液温度上升，甚至会导致沸腾。放射性废物主要来源于核燃料生产过程、反应堆运行过程、核燃料后处理过程，还有可能来源于核工业部门退役的核设备、核武器生产。放射性废物具有毒性危害，包括物理毒性、化学毒性和生物毒性，其中以物理毒性为主。物理毒性即为辐射作用。有些核素也会具有化学毒性，如铀。混合废物中通常会含有有毒有害的化学污染物。放射性废物对人体危害极大，既可以在人体外造成外照射损伤，也可以通过食物和呼吸进入人体内造成内照射损伤，会引发白血病、骨癌、肺癌及甲状腺癌。（石艳峰）

放射性污染

Radionuclide Contamination

指人类活动排放的放射性物质，改变了环境放射性水平，使环境质量恶化，危害人体健康或破坏生态环境的现象。放射性污染物包括天然放射性物质和人工生产或合成的放射性物质。一般情况下，由天然放射性核素造成的人体内照射剂量和外照射剂量都很低，对人类的生活不会表现出不良影响。经人工开采运输、冶炼和储存的放射性物质，以及含有放射性物质的废水、废气、废液和固体废物等，会对当地人居环境构成较大威胁。2003 年 6 月 26 日，第十届全国人大常委会第三次会议通过《放射性污染防治法》，成为我国放射环境领域防治放射性污染的第一部法律，于 2003 年 10 月 1 日正式施行。放射性污染是电离辐射污染，具有的主要特征：1. 绝大多数放射性核素毒性，按致毒物本身重量计算，均远高于一般的化学毒物；2. 按辐射损伤产生的效应，可能影响遗传，给后代带来隐患；3. 放射性剂量的大小只有辐射探测仪方可探测，非人的感觉器官所能察觉；4. 射线的辐照具穿透性，特别是 γ 射线可穿过一定厚度的屏障层；5. 放射性核素具有蜕变能力，当形态变化时，可使污染范围扩散；6. 放射性活度只能通过自然衰变而减弱。（参考：石晓亮、钱公望：《放射性污染的危害及防护措施》，《工业安全与环保》2004 年第 1 期第 6 ~ 9 页。刘阳）

放生

Liberation for Survival

佛教对其信众修行的要求。多指用钱买来被捕的飞禽走兽鱼鳖等，将其放归森林、旷野或湖泊及其他领域，使其重获自由。放生是佛教徒保护动物的积极行为，护生是从不杀生的持戒状转变成积极地拯救生命。在佛教理念中放生被认为是积累功德、消除罪孽的有效方式，放生蕴含着

佛教众生平等、尊重生命、善待生命、普度众生的慈悲宗旨。（雷爱民）

放生会

Association of Liberation for Survival

放生会是佛教徒组成的以保护和营救动物生命为宗旨的组织，主张尊重和保护生命，解救和帮助陷入困境的动物等回归生命正常状态。放生会在中国境内不同地区都存在，不定期地举行活动，筹集善款，购买物命，集中放生，主张素食，慈悲万物等。（雷爱民）

放松管制

Deregulation

又称为取消管制。指放松或者取消一些管制，将有关企业进入、定价和投资一些领域的相关管制从许可制变为申报制。主要是取消经济性的管制，特征是将竞争机制引入受管制行业，从而提高其服务质量，降低收费水平，使费率结构更加合理，促进技术创新。放松管制出现的主要原因是由于 20 世纪 70 年代政府过度管制市场，导致各国经济处于停滞和衰退状态，赤字不断扩大。为促进市场化竞争，打破垄断，西方各国开始放松一些行业管制。（代富宇）

非暴力不合作运动

Nonviolence Movement

20 世纪上半叶印度领袖甘地领导印度人民反对英国统治的长达数十年的非暴力斗争，最终取得成功。非暴力不合作运动的主要特点，是采取非暴力和不合作的形式抵制政府、抵制英货、罢工、罢业，进行和平的政治抗争。甘地在 1919 ~ 1922 年、1929 ~ 1930 年、1930 ~ 1934 年，以及第二次世界大战期间，领导和发动多次轰轰烈烈的非暴力不合作运动，如抵制洋布、反对英国食盐专卖、提倡印度教和伊斯兰教的团结等。甘地领导的非暴力不合作运动，沉重打击英国的殖民统治，为印度独立奠定基础。因此，甘地被看作是非暴力运动的创始人之一。通过其著作和活动，启发很多人采取非暴力形式实现政治、社会目标。（王聪聪）

非暴力原则

Non-violence Principle

指参与、推动社会政治变革时拒绝使用暴力手段的理念。作为介于被动接受与武装斗争之间的形式，非暴力方式参与的政治变革，包括非暴力反抗、公民抗命或不合作对抗等众多形式。20 世纪中叶以来，非暴力、非暴力抵抗作为推动社会变革的主要形式之一，产生了日益广泛的社会政治影响。如圣雄甘地为争取印度独立领导的不合作运动，美国人权运动领袖马丁・路德・金领导的争取非裔美国人公民权利的斗争，1986 年菲律宾爆发的人民革命运动。部分是由于与 20 世纪 60 ~ 70 年代大众性新社会抗议运动的渊源关系，大多数西方绿色或绿党政治最初都将非暴力原则作为基本政治原则之一（另外 3 个原则是生态学、基层民主和社会正义），后来逐渐为女性主义所代替。（徐越）

非传统安全

Non-conventional Security

相对传统安全威胁因素而言的，除军事、政治和外交冲突以外的其他对主权国家及人类整体生存与发展构成威胁的因素。非传统安全问题主要包括：经济安全、金融安全、生态环境安全、信息安全、资源安全、恐怖主义、武器扩散、疾病蔓延、跨国犯罪、走私贩毒、非法移民、海盗、洗钱等。非传统安全问题有以下主要特点：1. 跨国性。非传统安全问题从产生到解决都具有明显的跨国性特征，不仅是某个国家存在的个别问题，而是关系到其他国家或整个人类利益的问题；不仅是对某个国家构成安全威胁，而是可能对别国的国家安全不同程度地造成危害。2. 不确定性。非传统安全威胁不一定来自某个主权国家，往往由非国家行为体如个人、组织或集团等所为。3. 转化性。

非传统安全与传统安全之间没有绝对的界限，如果非传统安全问题矛盾激化，有可能转化为依靠传统安全的军事手段来解决，甚至演化为武装冲突或局部战争。4. 动态性。非传统安全因素是不断变化的，如随着医疗技术的发展，某些流行性疾病可能不再被视为国家发展的威胁，而随着恐怖主义的不断升级，反恐成为维护国家安全的重要组成部分。5. 主权性。国家是非传统安全的主体，主权国家在解决非传统安全问题上拥有自主决定权。6. 协作性。应对非传统安全问题应加强国际合作，以便将威胁减到最低限度。（李庆）

非传统能源

Non-conventional Energy

指与煤炭、石油这两样传统主要能源不同的，在能源效益、清洁程度等方面有所突破的新能源。目前已经使用和推广的非传统能源有原子能、风能、水能、潮汐能、太阳能等，但这些能源占比不高。经济效益需要前期高投入，后续效益会因自然环境的变化而产生波动。从经济效益和实际可行性而言，太阳能、风能都无法实现对传统能源的替代。虽然原子能技术先进、经济效益高，但是随着核泄漏给人与自然带来的不可逆的危害不断显现，很多国家计划减少并关停核电站。因此，基于环境和经济压力对传统能源的研发和升级也在同步进行，怎样在现有水平上实现传统能源最优化的使用是当前研发的重点。对于非传统能源而言，各国的投资方向和规划都不同。美国目前主要的投资方向是页岩气技术研发，因为页岩气与传统能源相比，在实用性和衔接上有其他传统能源无法相比的优势。就目前实际勘测得出的数据可知页岩气的存储量不亚于传统能源的储量，这利于后续能源的稳定开采和持续使用。日本依据其海洋优势，大力研发深海可燃冰技术。2013 年，日本石油天然气公司试验小组从爱知县附近的可燃冰层中提取出甲烷，成为首个掌握海底可燃冰采掘技术的国家，预计 2010 年日本可将可燃冰技术投入使用。目前我国对非传统能源的推广面临的主要问题是如何打破传统利益集团和相关利益链条，以及改变消费者对传统能源的依赖思维。（朱配辰）

非点源污染

Non-point Source Pollution

指时空上无法定点监测的通过降雨径流的淋溶和冲刷作用，使大气、地面和土壤中的污染物进入江河湖泊、水库、海洋等水体，造成水体污染的现象。非点源污染与大气、土壤、水、植被、地质地貌地形等环境要素以及人为要素密切相关。非点源污染物主要有泥沙、细菌、重金属、微量有机物等。城市中的垃圾和农田中的化肥农药都会造成为非点源污染。污染的表现为水体悬浮物浓度升高，有毒害物质浓度增加，水体富营养化和酸化等。非点源污染的主要特征有：1. 受水文循环过程影响和支配；2. 污染物质的地表分布广泛；3. 很难或不可能监控污染源；4. 对环境的影响是积累的过程，会从量变到质变，生态风险性很大；5. 与传统的点源污染治理不同，消除非点源污染的手段主要集中在土地和地表流失物的管理方法上。（朱雨晨）

非人类中心主义

Non-anthropocentrism

非人类中心主义与人类中心主义相对存在。人类中心主义与非人类中心主义的争论不断，非人类中心主义反对人类中心主义，主张不从人类出发思考生态环境问题，力图从公允的、没有物种偏好的立场建构环境伦理学，将伦理关怀的范围由人扩充到自然物，认为人对自然物负有直接的道德义务。人类中心主义强调人是万物的尺度，主张将人类置于首位，强调人类应成为处理自身与生态环境关系的价值尺度。非人类中心主义对人类中心主义持尖锐批判态度，认为人类中心主义是生态环境破坏和污染的思想源头。非人类中心主义流派和观点众多，如动物解放论、大地伦理学、深层生态学、生态女性主义等，共同观念集中体现为生物中心主义、生态中心主义。非人类中心主义思潮指涉甚广，观点与立场已不再是简单的环保问题，政治化倾向比较明显，具体表现为绿党、生态女性主义等思潮。（雷爱民）

非物质文化遗产

Intangible Cultural Heritage

根据联合国教科文组织《保护非物质文化遗产公约》的规定，非物质文化遗产指被各群体、团体有时为个人所视为其文化遗产的各种实践、表演、表现形式、知识体系和技能及其有关的工具、实物、工艺品和文化场所。因此，非物质文化遗产的种类包括：表演艺术、社会礼仪、节庆活动、传统手工艺、特殊语言等。非物质文化遗产得到世界上众多国家的尊重不是一蹴而就的，经历了漫长的认识和发展过程。1972年联合国教科文组织在巴黎通过《保护世界文化和自然公约》，确定世界遗产的类型有：文化遗产、自然遗产以及文化与自然双重遗产。从此，历史文化遗产得到世界各国的普遍关注和重视。1992年联合国教科文组织世界遗产委员会16届会议将文化景观作为文化遗产的类型，这进一步扩大了文化遗产的范围。之后，非物质文化遗产开始得到世界各国的认识和尊重。非物质文化遗产的申报条件有：艺术价值、濒危情况、是否有完整的保护计划。联合国教科文组织分别于2001年、2003年、2005年、2009年、2010年、2011年、2013年命名了7批世界非物质文化遗产。目前我国列入非遗目录的项目31个，是世界上拥有世界非物质文化遗产数量最多的国家。它们分别是昆曲、古琴急速、新疆维吾尔木卡姆艺术、蒙古族长调民歌、羌年、黎族传统纺染织绣技艺、中国木拱桥传统营造技艺、中国蚕桑丝织技艺、福建南音、南京云锦、安徽宣纸、贵州侗族大歌、广东粤剧、《格萨尔》史诗、浙江龙泉青瓷、青海热贡艺术、藏戏、新疆《玛纳斯》、蒙古族呼麦、甘肃花儿、西安鼓乐、朝鲜族农乐舞、书法、篆刻、剪纸、雕版印刷、传统木结构营造技艺、端午节、妈祖信俗、京剧、中医针灸、新疆的麦西热甫、福建的中国水密隔舱福船制造技艺以、中国活字印刷术、皮影戏、赫哲族伊玛堪说唱、珠算。（参考：黄丽：《湖南非物质文化遗产的知识产权保护研究》，湖南师范大学2008年硕士学位论文第6～30页。朱配辰）

非政府组织

Non-Governmental Organization, NGO

人们为一定的目的和按照一定原则组织起来从事经济活动或社会公共事务的社会组织的总称。它既非国家机构，也非市场主体，而是人们在自愿、自主、自治原则基础上成立的非营利性社会组织。它不依赖政府拨款、政府给编、政府定级，以跨部门、单位、所有制横向联系，广泛自主经营，代表会员利益，为会员、政府、社会提供服务。在中国，非政府组织是特定概念，是由一定数量的自然人、法人或其他社会组织，依照法律，遵守一定宗旨，自愿持续结成的，从事社会公共事业的民间组织，一般以协会、学会、联合会、研究会、基金会、联谊会、促进会、商会等命名。它可分为人民群众团体、行业性团体、学术性团体、文化艺术体育团体、教育卫生团体、社会公益团体、联谊团体、宗教团体、基金团体等。中国非政府组织的发展，目前仍处于比较初级的阶段，发展、成长、壮大是社会系统工程，需要政府推动、配套制度的跟进和社会公众的大力支持。（李庆）

非洲非政府组织环境网络

African NGO Environment Network

非洲地区的环境非政府组织网络，1982年成立。目前已经发展成为能够最大限度利用资源、知识流动的非政府组织的工作平台网络。一直致力于促进非洲地区草根社区组织以及各国志愿组织在可持续发展相关领域的合作与发展。工作重点集中于两个方面，一是推动非洲自下而上的民众环境保护运动，二是对政府机构的政策建议。通过自身的团体组织活动与民众动员，提供环境信息、科学研究、环境检测与培训以及国际合作，以保障非洲的经济、政治、社会和生态环境的稳

定。（申森）

非洲联盟

African Union

全非洲性的区域性国际合作组织，简称非盟。前身是1963年5月25日成立的非洲统一组织（非统）。1999年9月9日，非统第4次特别首脑会议决定成立非盟。2002年7月，非盟正式取代非统。每年的5月25日和9月9日，分别被确定为非洲日和非洲联盟日。2004年，它有成员国53个。总部设在埃塞俄比亚的首都亚的斯亚贝巴。（李庆）

非洲绿党联盟

Federation of African Green Parties

非洲绿党的国际联合组织，全球绿党的分支。成员包括南非、索马里、尼日利亚、摩洛哥、几内亚、喀麦隆、科特迪瓦、肯尼亚、毛里求斯、贝宁等国的绿党。2010年，非洲绿党联盟第一次代表大会在乌干达坎帕拉召开。2012年，非洲绿党联盟在布基纳法索登记为国家政治协会，秘书处设在瓦加杜古。建立非洲绿党联盟的想法源自2001年在澳大利亚堪培拉召开的第一次全球绿党大会。2008年第二次全球绿党大会以后，非洲绿党的建立逐渐提上日程。全球绿党通过非洲绿党能力建设项目，帮助非洲绿党联盟的建立。非洲绿党联盟组建不久，2012年在塞内加尔的达喀尔主办了第三次全球绿党大会。这次大会旨在推动北非地区的民主化进程、经济改革、绿色新政，强化全球绿党间的合作和提高共同行动能力。非洲绿党联盟的首任主席是来自卢旺达的弗兰克·哈比内扎（Frank Habineza）。（王聪聪）

《非洲自然保护公约》

African Convention on the Conservation of Nature and Natural Resources

简称《非洲公约》，非洲统一组织建议制定，由29个非洲国家在阿尔及尔签订的关于养护、利用土壤、水、动植物的国际公约。1968年9月15日签署通过，1969年6月16日生效，向所有非洲国家开放。《公约》宗旨是为当今和未来人类福利，从非洲实际情况出发，明确将环境与发展结合起来，将保护环境资源与合理利用有机统一。《公约》规定如下基本原则：1. 各缔约国应依照科学原则并顾及人民最佳利益，采取确保土壤、水、植物和动物资源养护、利用和发展的必要措施。2. 应采取有效措施以养护和改良土壤，控制侵蚀和土地利用。3. 制定养护、利用和发展水源，防止污染和控制用水的政策。4. 应保护植物群落，确保森林的最佳利用和管理，对焚烧、清除地面植物，过度放牧进行管制。5. 应养护和明智利用动物资源，管理动物群及其生境，管理狩猎、捕获和捕捞，禁止在狩猎中使用毒药、炸药和自动武器。6. 严密控制动物标本贩卖，防止非法捕杀动物的标本买卖以及建立和保持养护区。由于没有强制约束力，《公约》的实际效果缺乏保障。（申森）

斐迪南·穆勒—罗密尔

Ferdinand Müller-Rommel, 1952 ~

德国著名绿党政治学者，吕内堡大学政治系教授。1981年获得柏林自由大学政治学博士学位，1982 ~ 1983年担任联邦总理政策顾问，1984 ~

1985年为哈佛大学访问学者，1992年在吕内堡大学获得讲师资格。先后在吕内堡大学、杜塞尔多夫大学、加利福尼亚大学欧文分校、加利福尼亚大学圣塔巴巴拉分校、欧洲大学学院、意大利锡

耶纳大学等任教或访学。担任多个期刊或书籍的编委，如《比较政治系列》《政党政治》和《欧洲政治研究期刊》等。研究领域包括比较政党和政府研究、精英和领导地位、制度设计和民主、公共管理的现代化。主要著作有《欧洲的政党政治和民主》《新欧洲的政党政府》《管治新欧洲民主》《欧洲执政绿党》《新欧洲的政治》等。（徐越）

斐迪南·佩鲁蒂埃

Fernand Pelloutier, 1867 ~ 1901

法国无政府主义者，1895 年开始担任法国证券交易所和劳工协会的领导人。他的理论推动了革命工联主义在意大利的发展，是 19 世纪末重要的社会活动家和社会理论家。（徐越）

废旧干电池污染及防治

Pollution and Prevention of Waste Dry Battery

指干电池被废弃后，其中有害成分如汞、镉、镍、铅等重金属和酸碱电解液逐渐泄漏出来，通过对水体、土壤较长时间的污染，再经过植物、动物的积累效应，最终以食物链形式进入人体，影响人体健康。目前，废干电池的物理处理方式有混合收集处理和分类收集处理两种：与垃圾混合收集的废电池一般进行堆放、填埋、焚烧等处理；分类收集的废电池会被储存、填埋和回收利用。但简单填埋仍将电池直接暴露在自然界中，填埋时进行的固化处理也只是临时措施，对环境依然具有危害性。目前国内主要采用的化学处理工艺有焙烧—浸出—电解法，利用废旧电池生产化工产品氧化锌与电池级二氧化锰的工艺，利用废旧干电池生产硫酸锌和立德粉的工艺，利用废干电池生产锌锰复合肥工艺、选矿法处理废干电池，多步酸浸法等。（参考：王颖：《废旧干电池的环境污染防治及回收利用》，《辽宁科技学院学报》2001 年第 3 期第 36 ~ 38 页。刘阳）

废弃物生产指标

Waste Generation Index

废弃物产生量指标表示单位产量的废弃物产生量，指标值愈高表示愈不清洁。WGI= 废弃物产生量 / 产品产量。其中，废弃物为产品制造过程中产生的所有废弃物，包括废气、废水、固体废弃物、废弃的原材料、包装材料等，单位是千克。废弃物产生量指标的优点是易于计算，工厂可以经过简单的计算得出目前的清洁程度，经过一段时间的改善或实施清洁生产技术后，还可以再计算一次并进行改善前后比较。（李雪姣）

《废物进口环境保护管理暂行规定》

The Interim Provisions on the Environmental Protection and Management of the Waste Imports

由国家环境保护局、对外贸易经济合作部、海关总署、国家工商行政管理局、国家商检局于 1996 年 3 月 1 日共同颁布的管理规定。主要目的是为了控制及加强对废物进口的环境管理，防止废物进口污染环境。各个职权部门应按照规定对进口废物及其经营活动实施监管管理。（代富宇）

废物利用

The Use of Waste

将原本打算废弃的物品，通过一定的方法处理后，重新再利用。废物利用可以变废为宝，实现废物资源化。美国早在 1965 年制定《废物处理法》，1970 年修订成《资源回收法》，1976 年又修订为《资源保护再生法》。明确规定各种废物尤其是固体废物不准随意弃置，必须作为资源重新利用。欧洲国家在 20 世纪 70 ~ 80 年代大力发展跨国废物交换体系。德国化学工业协会与奥地利、卢森堡、荷兰、比利时、丹麦等合作，签订《废物交换协议》。西欧建立废物交换市场，北欧建立废物交换所。此外，各国研制废物利用的工艺，将废物、废渣、废液在一定条件下转化为资源。如城市垃圾中有大量有机物，通过分类和加工，可做成煤的辅助燃料，也可经过高温分解制取成燃料油；生活垃圾中的可回收物，如易拉罐、塑料瓶、废纸等可以制作成手工艺品；工业中的废液和废渣，通过微生物的降解制成沼气和优质肥料；从工业废烟中可以回收锗等高价金属。（石艳峰）

废物资源化

Reclamation of Wastes

通常指退出生产环节或消费领域的固体物质，通过技术、经济手段与管理措施，在实现无害化处置和减少污染物排放的同时，回收大量有价值物质，提高废物综合利用率，具有公益性和经济性双重特性。这些废弃物包括某些再生资源、工业固废及垃圾与污泥。其中再生资源指可从中回收钢铁、有色金属、稀贵金属、稀土、塑料、橡胶等的废旧机电、报废汽车、废旧电子电器产品、报废铅锌电池、废旧高分子产品等社会消费领域废物。工业固废指排放量大、环境污染重、资源化潜力突出的粉煤灰、煤矸石、氧化铝赤泥、脱硫石膏、钢铁废渣、重金属冶炼废渣、工业生物质废物等工业固体废物。垃圾与污泥指城市生活垃圾、市政污泥等有机质含量丰富、能源化资源化潜力大的量大面广的生物质废物；同时也包括产生量巨大的建筑垃圾。根据 2012 年 4 月 13 日由科技部、国家发改委等 7 部门联合印发的《废物资源化科技工程“十二五”专项规划》，目前国外废物资源化技术主要有再生资源利用技术、工业固废资源化技术、垃圾与污泥资源化技术、废物资源化全过程控制支撑技术。在再生资源利用技术方面，主要是废旧金属再生利用技术、废旧电子电器拆解技术、废旧机电产品再造技术及废旧高分子材料（一般指塑料、橡胶、纺织品等废旧物品）高值利用技术等。在工业固废资源化技术方面，主要有粉煤灰和煤矸石资源化利用技术、金属废渣综合处置技术、工业副产石膏综合利用技术、工业生物质废物资源化利用技术等。在垃圾与污泥资源化技术方面，主要有城市生活垃圾资源化利用技术、建筑垃圾资源化利用技术、污泥处置与资源化利用技术等。在废物资源化全过程控制支撑技术方面，主要有废物资源化标准标识、废物资源化全过程监控技术等。（参考：孙汉文、安建华、梁淑轩、康林：《固体废物污染状况分析与废物资源化的思考》，《河北大学学报（自然科学版）》2006 年第 5 期第 506 ~ 514 页。朱配辰）

分布式能源

Distributed Energy Resource, DER

分布式能源是高效冷热电联供系统中的一种。分布式能源又称分布式供能、分散式发电、冷热电三联系统。在低碳城市能源系统中，分布式能源有三种形式。第一种是热电（冷）联产系统，第二种是利用可再生能源的分布式供电系统，第三种是以热泵为核心技术的低品位未利用能源（untapped energy）的应用系统。美国能源部给出的 DER 定义是：“小型、模块化、分散、不考虑是否互联网的能源系统，该系统位于用能地点或附近。该系统为集成系统，包括发电、储能和输送等有效措施。”美国能源部界定的 DER 可应用的技术 / 设备是：往复式发电机、燃气（油）轮机、微燃机、燃料电池、光伏系统、聚焦式太阳能发电、风力发电系统、小型模块式生物质发电系统、储能系统。我国开展 DER（主要是燃气 CCHP）最早和项目数量最多的是上海市。项目遍及医院、宾馆、工厂、交通枢纽、办公楼宇等。目前分布式能源系统主要以燃气为主要能源，在此基础上将制冷、供热和发电过程一体化。（参考：侯健敏、周德群：《分布式能源研究综述》，《沈阳工程学院学报》2008 年第 4 期第 289 ~ 293 页；吴大为、王如竹：《分布式能源定义及其与冷热电联产关系的探讨》，《制冷与空调》2005 年第 5 期第 1 ~ 6 页。朱配辰）

分配和谐伦理

Distribution of Harmonious Ethics

指将对于人类有益的一切“善”（包括生命、自由、尊重、财富以及各类自然资源等）公平地分配给本国内所有公民或者世界范围内所有公民以及公平分配给尚不存在的后代人，因此按照空间尺度分类，分配和谐伦理包括分配的国内和谐以及分配的国际和谐，按照非空间尺度分类可分为分配的代内和谐以及分配的代际和谐（这里的代指生存着的所有人类，不考虑其年龄差距）。在生态文明社会中，分配和谐伦理一般特指自然资源层面的公平分配，即狭义的生态分配和谐伦理。分配的国内和谐是指城市与城市、乡村与乡村以及城市与乡村之间的分配和谐。它首先要求经济、文化落后的城市和乡村分享经济、文化较发达的城市和乡村的经济和文化成果。经济的失衡主要源自于分配的失衡，在多数国家中都缺乏公平和谐的分配机制，发达地区对于资源的控制和利用拥有更多的支配权，这造成地区之间的巨大经济和文化差距。此外经济发达的地区往往将环境污染转移至经济欠发达地区，这对于居住在经济落后地区居民的利益造成严重侵犯。分配的国内和谐，就是要建立起公平的分配机制，按对经济发展的贡献率、生存需求与和谐发展需求、分配正义等原则来分配人类从自然界获取的资源和产品，以此来平衡经济发达与经济欠发达地区的利益关系。同样，国际的分配和谐伦理与国内的分配和谐伦理在原则上一致。代际和代内间的分配和谐依据同样的原则，并且按照广义上的代与代之间的公平，既包括在世的人类之间的和谐分配，也包括不在世的，即未来的人类之间的和谐分配。在代与代之间的和谐分配同样要求公平和有效率的分配原则，赤贫者和穷人缺乏最基本的生活保障并不是由于经济发展水平不够，原因在于没有和谐的分配制度安排。1943 年孟加拉饥荒当年的粮食产量甚至好于往年。其次，南亚和非洲大部分饥荒的发生也都是由于不合理的分配制度。这揭示了贫困、饥荒的更深层次原因，因此建立和谐的分配制度是保障大多数人生存和发展权利的重要途径。（参考：苏宝梅：《论分配和谐伦理》，《山东经济》2005 年第 5 期第 18 ~ 21 页。欧阳文川）

分权制衡

Check and Balance of Power

资产阶级关于国家权力分配、政权组成结构和国家机关相互关系的政治学说与基本制度。在资产阶级革命之初，由英国的洛克首创，然后由法国的孟德斯鸠和美国的杰弗逊等加以发展完善。分权制衡学说以英国的君主立宪政体为蓝图，以自然法学派的思想和社会契约论为基础。它产生之后，最先为取得资产阶级革命胜利的美国、法国的宪法所确认，后被其他资产阶级国家普遍采用。这个学说和制度的主要内容是：国家权力必须分由不同的机关来行使，一种权力的行使必须受到另一种权力的制约，否则就会导致权力的腐败和被滥用。因而把国家权力分为立法、行政、司法三部分，分别由议会行使立法权，总统或内阁行使行政权，法院行使司法权。这三个机关地位平行，行使权力时互相制约，保持平行制衡关系。人们通常称之为“三权分立”，实质上包括分权与制衡两项原则。分权制衡学说在促进资产阶级限制和反对封建王权、推翻封建专制统治以及建立资产阶级民主制度等方面，发挥了巨大的作用。然而，随着资本主义发展到垄断进入帝国主义阶段后，行政权力不断膨胀，议会和法院的权力则逐渐萎缩。（李庆）

分散社会

Decentralized Society

指以分散主义意识形态为基础，强调去中心化而与集权社会相对应的未来社会模式。一般说来，各种形式的生态主义理论或环境政治社会理论，都主张现代社会经济与政治权力的适当分散化或非集中化，其中生态无政府主义或生态区域自治主义尤其如此。（徐越）

分子生态学

Molecular Ecology

分子生态学是 20 世纪 90 年代以来新兴的运用分子生物学的原理和方法来研究生物与周围

环境关系的生态学原则与分子机制的学科，属于生态学的分支。它的研究对象是核酸和蛋白质等组成生命有机体的基本物质。其研究内容主要包括生物的遗传多样性和遗传结构在分子层面的表现，环境因子变化对生物大分子的影响以及生物因子体现出的生态现象的分子缘由等。在学科的发展中，分子生态学认识到基因突变与基因多态的根源是环境因子与基因的相互作用，所以在分子水平上研究生物多样性的环境影响因素是目前分子生态学的重要研究方向。（朱雨晨）

《分子生态学》

Molecular Ecology

发表利用分子基因技术来解决生态学、进化学、行为学和保护学之间问题的文章，也发表一些评论、观点性文章。研究领域包括：种群结构和种群分布、生态对策、亲缘关系和选择、性别集合、种群遗传理论、分析方法的发展、保护遗传学、种群遗传学、个体和生物识别、微生物的生物多样性、基因标记发展、OTLs 的进化动力学、生态相互作用、分子适应性和环境基因学以及突变基因有机体的影响。月刊，ISSN：0962-1083。2014 年影响因子为 6.494。（席溢）

《分子生态资源》

Molecular Ecology Resources

2001 年创刊，原名 *Molecular Ecology Notes*，2008 年改为 *Molecular Ecology Resources*。期刊内容覆盖解决生态学、进化学、行为学、保护学问题的工具和技术的发展。是分子生态学方面的权威期刊。双月刊，ISSN：1755-098X（印刷版），ISSN：1755-0998（电子版）。2014 年影响因子为 3.712。（席溢）

芬兰绿党

Vihreät De Gröna

成立于 1987 年 2 月，由芬兰的环境、女性等社会运动团体发展而来。1987 年大选获得 4%的选票和 4 个议席，1991 年议会选举赢得 10 个议席；1995 年议会选举赢得 9 个议席。1995 年加入包括社会民主党、保守党、左翼联盟、瑞典人民党在内的彩虹联盟政府，成为欧洲绿党中第一个进入全国政府执政的政党。2002 年 5 月由于不满政府做出建设新核电站的决定，退出联合政府。芬兰政坛稳定的政治力量，得票率维持在 7%～8%之间。2007 年议会选举获得 15 个议席，加入中右政府。2011 年议会选举获得 10 个议席。2015 年议会选举取得历史最好成绩，获得 8.53%的选票和议会 15 个席位。在欧洲议会中也一直拥有席位，是欧洲绿党的成员党。将自己定位于社会自由派，在党纲中既批评市场经济，也批判社会主义。在芬兰的政治光谱中，绿党大致位于芬兰左翼联盟和芬兰社民党之间的位置。2012 年拉彭兰塔代表大会通过的政党基本纲领《芬兰绿党的基本原则》指出，党的基本价值观和原则是：环境责任、所有人的自由和对其他人的关怀。（王聪聪）

Vihreät De Gröna

芬兰左翼联盟

Left Alliance（Finland）

由芬兰人民民主联盟发展而来，1990 年成立。芬兰人民民主联盟的前身，是成立于 1918 年的芬兰共产党。芬兰共产党与法共、意共等都是第二次世界大战后西欧重要的共产党。芬兰人民民主联盟是冷战时期为数不多的参与全国政府的共产党。东欧剧变后，芬兰人民民主联盟转型成为左翼联盟，将意识形态由共产主义调整为结合民主社会主义和绿色新政治的“红绿”意识形态，打造绿色左翼政党的形象。芬兰左翼联盟将社会平等、自由、可持续发展和民主作为政党的根本价值观。在选举政治层面，左翼联盟一直拥有较为稳定的支持率，在全国议会中拥有议会席位。1995 年芬兰大选后进入包含社民党、保守党的彩虹政府执政（1995—2003）。2011 年和 2015 年芬兰大选中分别获得 8.15%和 7.13%的选票，以及议会中的 14 个和 12 个席位。（王聪聪）

丰饶论

Cornucopian Views

出自希腊神话五谷丰登故事，意指食物会源源不断地从盆子里流出来。有时又称兴旺论。通常与未来主义和技术乐观主义相联系，认为未来人类各种物质需求可以通过不断的技术进步得以满足。丰饶论者认为，将来会有足够的物质和能量养活世界上不断增加的人口，满足他们不断增长的物质文化需要。与之相反，马尔萨斯学派被称作末日论者。（徐越）

风景名胜区

Landscape and Famous Scenery

风景名胜区是指具有观赏、文化或者科学价值，自然景观、人文景观比较集中，环境优美，可供人们游览或者进行科学、文化活动的区域。分为国家级风景名胜区和省级风景名胜区。国家级风景名胜区指自然景观和人文景观能够反映重要自然变化过程和重大历史文化发展过程，基本处于自然状态或者保持历史原貌，具有国家代表性；省级风景名胜区是具有省级代表性的反映重要自然变化过程和重大历史文化发展过程的自然景观和人文景观。风景区在中国肇始于农耕与村落形成的时代，西周时期的风俗中即有野游活动，称为“修禊”。魏晋南北朝时期，文化艺术活动逐渐融汇于风景区之中，使山水胜景更有丰富的内涵。在中国现有的 60 多个著名风景区中，有四分之一是在这个时期发展起来的。同时，因受宗教的影响，出现许多宗教活动兴盛的名山。隋唐时期是风景区全面发展时期，不仅数量与类型增多，分布范围也大为扩展，内容更进一步充实完善，社会功能与作用更为加强。宋代风景区达到极盛时期，全国各州府纷纷建立“八景”，构成当时中国的风景建设的高潮。风景名胜区的价值：1. 生态价值。在于它是完善的绿地系统和良好的生态环境，是人类的供氧宝库，恢复身心健康的野外休憩场所。2. 科学价值。指它在地质构造、地貌、水文、稀有生物以及古代建筑、民族乡土建筑等方面的典型性和代表性，是许多学科研究、科普教育的实验室和课堂。3. 历史价值。指它保存大量文物史迹、摩崖石刻、古建园林、诗联匾额、壁画雕塑等实物资料，对研究文学史、革命史、艺术史、科学发展史、建筑史、园林史等具有重要的意义。4. 文学艺术价值。指它保存有丰富的山水诗、山水画、山水园林等山水文学艺术作品和民间故事、神话传说、名人事迹，是从事文学艺术研究和教学的基地。5. 游览观赏价值。指它具有良好的生态环境和美的景象，能吸引众多游客前往观光。6. 经济价值。指它通过旅游经济开发活动，如满足游人食住行玩买等旅游服务需求而产生经济效益。（参考：卢玉平：《风景名胜区规划中旅游定位研究》，《北京第二外国语学院学报》2012 年 3 期第 40 ~ 46 页。朱配辰）

《风力发电科技发展“十二五”专项规划》

The 12th Five-Year Special Plan of Wind Power Technology Development

为了贯彻落实《国家中长期科学和技术发展规划纲要（2006–2020 年）》《国民经济和社会发展第十二个五年规划纲要》《国家战略性新兴产业发展规划》《国家“十二五”先进能源技术

领域战略》等国家相关可再生能源战略部署而提出。《专项规划》包括现状、形势与需求、总体思路、重点方向、重点任务和保障措施等 6 部分。重点包括：风能资源基础理论研究、公共试验测试系统及测试技术、海上风电场建设、大容量风电机组及其关键零部件产业化等多项内容。设置七大类重点任务，包括：基础研究类、研究开发类、集成示范类、成果转化类、公共服务体系建设、人才培养和国际科技合作等。每类重点任务又包含若干方面。（石艳峰）

风能

Wind Energy

风能是由空气流动而产生的能量，属于可再生能源。空气对流的速度越快，风的动能越大。据科学计算，抵达地球的太阳能里，虽然只有大约有 2% 转化为风能，但总量十分可观。全球风能的总功率约为 2.74×1012 千瓦，其中可利用的功率为 2.1×1010 千瓦。在风能获取和利用的手段上，利用风车可以将风的动能转化为有用的机械能，帆船的风帆也是人类利用风能来获取推动力的方式。用风力发动机可以发电，原理是涡轮叶片将气流的机械能转为电能。最好利用的风力为 3 ～ 6 级，我国中蒙边境、青藏高原、东南沿海，这 3 个风区，年平均风力处于 3 ～ 4 级之间，很有开发前景。（朱雨晨）

风能功率密度

Wind Power Density

风功率密度指与风向垂直的单位面积中风所具有的功率，数值取自风机监控系统采集的给定时间周期内的平均值。单位为：瓦特 / 米 ^{2}。风功率密度等级：美国风能资源等级划分：4 级以上风区适合于大部分轮毂高度的风机，3 级适合于轮毂高度较高的风机；2 级贫瘠；1 级不适于开发。1 级风 30 米高度风功率密度≤ 160 瓦特 / 米 ^{2}，50 米高度功率密度≤ 200 瓦特 / 米 ^{2}；2 级风 30 米高度风功率密度≤ 240 瓦特 / 米 ^{2}，50 米高度功率密度≤ 300 瓦特 / 米 ^{2}；3 级风 30 米高度风功率密度≤ 320 瓦特 / 米 ^{2}，50 米高度功率密度≤ 400 瓦特 / 米 ^{2}；4 级风 30 米高度风功率密度≤ 400 瓦特 / 米 ^{2}，50 米高度功率密度≤ 500 瓦特 / 米 ^{2}；5 级风 30 米高度风功率密度≤ 480 瓦特 / 米 ^{2}，50 米高度功率密度≤ 600 瓦特 / 米 ^{2}；6 级风 30 米高度风功率密度≤ 640 瓦特 / 米 ^{2}，50 米高度功率密度≤ 800 瓦特 / 米 ^{2}；7 级风 30 米高度风功率密度≤ 1600 瓦特 / 米 ^{2}，50 米高度功率密度≤ 2000 瓦特 / 米 ^{2}；风功率密度等级的基本依据为美国《风能资源评估手册》，分 10 米、30 米、50 米高度，给出 7 个级别，依此作为风能资源评估的参考判据。认为 4 级以上风区可以很好地应用并网风力发电。（朱配辰）

风能密度

Wind Energy Density

指气流单位时间内垂直穿过单位截面的流动空气所具有的风能，计算公式为 W=0.5 ρ V3 瓦 / 米 ^{2}。其中，由于风速是变化的，风能密度的大小随时间变化，一定时间周期（例如一年）内风能密度的平均值称为平均风能密度，计算公式为 W=1/T ∫ 0.5 ρ V3dt（W：该段时间 0 — T 内的平均风能密度；ρ：空气密度，可以忽略不计；V：对应 T 时刻的风速）。在实际风能利用中，对于那些不能使风能转换装置如风力发电机启动或运行的风速，例如 0 ～ 3 米的风速不能使风机启动，超过风机运行风速将会给风机带来破坏，故这部分风速也无法利用。除去这些不可利用的风速后，得出的平均风速求出的风能密度称之为有效风能密度，计算公式为 W= ∫ 0.5 ρ V3P（v）dv。其中：V1：启动风速，V2：停机风速，P（v）：有效风速范围内的条件概率分布密度函数。（参考：唐大凯、刘美凤：《风能密度快速推算法》，《太阳能》1988 年第 1 期第 4 ～ 5 页；刘静、俞炳丰、姜盈霓：《乌峭岭地区风速数据分析及风能密度计算》，《干旱区资源与环境》2007 年第 5 期第 10 ～ 13 页。朱配辰）

风能汽车

Wind Energy Vehicle

又称风力交通工具、新能源汽车。主要是汽车在行驶状态下，对空气中所产生的风能进行利用。它利用安装在汽车车头、发动机、汽车顶棚等位置上的风轮、导流板、发电机风筒等筒式高效风力发电装置产生的强大电流，为汽车上的电动机及其他用电系统提供动力。与传统汽车相比，风是可再生能源，风能汽车具有低消耗、低污染、低成本且环保的特征，有助于解决能源紧缺，降低环境污染，符合能源安全战略及可持续发展战略。世界首款风能汽车是由德国工程师德克·吉昂和斯特凡·赛默尔研制，该汽车 36 小时内行驶约 4828 千米，成本约 13.5 美元，且零排放。据我国发改委公告定义，新能源汽车包括混合动力电动汽车、纯电动汽车（包括太阳能汽车）、燃料电池电动汽车、其他新能源（如超级电容器、飞轮等高效储能器）汽车各类型产品等，目前涉及风能汽车方面较少，相比发达国家，我国仍处于相对落后的状态。（王晴晴）

风能资源储量

Wind Energy Content

即风能资源有效储量，是年平均风能密度与有效风速小时数的乘积。风能资源储量的研究对象为大区域，如部分海域、包含风电场的区域等。我国风资源丰富，开发前景广阔，主要分布在 4 个区域：1. 东北、华北、西北地区：内蒙古、东北三省、甘肃、青海、河北、西藏以及新疆等地的风功率密度为 200 ～ 300 瓦特 / 米 ^{2}，有的甚至达到 500 瓦特 / 米 ^{2} 以上，这一地带近 200 千米宽，可开发利用风能储量约 2 亿千瓦，约占全国可利用储量 79%。该地区地形平坦、交通方便、无破坏性风速，是我国最大的风能资源区，有利于风电场的大规模开发。风电场建设过程中必须注意低温以及沙尘暴的影响。2. 东南沿海地区：受台湾海峡影响，由于狭管效应，每当冷空气南下到达台湾海峡风速便会增大。冬春季冷空气以及夏秋台风都会影响沿海及其岛均，带来丰富风能资源。我国海岸线长达 1800 千米，岛屿多达 6000 多个，风能开发利用前景广阔。这一地区是风能丰富带，年有效风功率密度在 200 瓦特 / 米 ^{2} 以上，沿海岛有效风功率密度在 500 瓦特 / 米 ^{2} 以上，如台山、平潭、东山、南鹿、大陈等，可利用小时数平均在 7000 ～ 8000 小时。东南沿海地区，海岸向内陆丘陵连绵，风能丰富地区距海岸不到 50 千米。3. 内陆局部地区：内陆地区除以上两区域外，风功率密度一般低于 100 瓦特 / 米 ^{2}，可利用小时数小于 3000 小时。但由于湖泊和特殊地形影响，一些地区风能也较丰富，如鄱阳湖地区较周围风能大，湖南衡山、湖北的九宫山、河南的嵩山等等也较平地风能大。4. 海上风能：我国海上 10 米高度可利用风能资源 7 亿多千瓦。海上风速高，静风期少，可有效利用风电机组发电容量。海上风能端流强度低，无复杂地形对气流影响，可减少风电机组疲劳载荷，延长使用寿命。据估计，海上一般风速比沿岸平原高 20%，可增加 70% 发电量，设计寿命 20 年的陆上风机在海上可达 25 ～ 30 年。随着海上风电技术发展的日趋成熟，海上风能将成为重要的可持续能源。（参考：朱成章：《关于中国风能资源储量的质疑》，《中外能源》2010 年第 4 期第 34 ～ 38 页。朱配辰）

风水信仰

Geomancy Belief

风水信仰是民俗文化现象，它是中国人探讨与人事生、事死相关时空“宜忌”“吉凶”的一种数术和信念。风水术将人们未来生活的吉凶与生前死后的时空活动联系起来，从而形成独特的民间信仰。风水说的核心内容是对人们居住环境进行选择和处理的理论。风水信仰作为民间信仰，讲究风水宜忌已成为广大中国民众日常生活的重要内容。秦汉时期被认为是风水史上重要的发生阶段，其中用风水推演吉凶的基本思路是运用和发挥阴阳五行学说。阴阳五行学说是秦汉时期人们阐释世界万物发展变化的理论基础，阴阳、五行、八卦以及表示时空方位的四时、四方、天干、地支等要素，构成人们认知和解释宇宙万物时空合一的框架。这些思想是风水学与风水信仰的理论基础。（雷爱民）

风险社会

Risky Society

在全球化发展背景下，由于人类实践导致的全球性风险占据主导地位的社会发展阶段。在风险社会里，各种全球性风险对人类的生存和发展产生着严重的威胁。风险社会与现代性密切联系。乌尔里希·贝克（Ulrich Beck）将现代性的特征归结为风险社会。安东尼·吉登斯（Anthony Giddens）在对现代性的分析中引入时空特性。吉登斯认为，现代性与前现代性的区分界线，是现代性意味着社会变迁步伐的加快、范围的扩大和空前的深刻性。在风险社会中，社会进步的阴暗面越来越支配社会和政治。吉登斯提出，人类面临着由社会所制造的、威胁其生存的风险，如工业的自我危害及工业对自然的毁灭性的破坏。因此，一些学者将现代社会称为风险社会。在风险社会中，怀疑与信任、安全与风险，无法达成长期平衡，二者永远处于紧张状态，需要通过持续不断的反思进行调适。在这样的社会中，新的需要越来越多，新的问题不断涌现。（徐越）

风险社会理论

Risk Society Theory

风险社会理论是德国社会学家乌尔里希·贝克在其1986年出版的《风险社会》一书中，阐释“风险社会”概念的理论。贝克认为，风险指完全脱离人类感知能力的放射性、空气、水和食物中的毒素和污染物，以及相伴随的短期的和长期的对植物、动物和人的影响。它们引致系统的、常常是不可逆的伤害，而且这些伤害一般是不可见的。贝克从生态环境危机这一角度出发分析社会，将风险问题与现代社会本质问题结合起来思考，提出风险社会理论。风险社会有一系列特殊的社会、经济、政治和文化因素。这些因素具有普遍的人为的不确定性原则的特征，它们承担着现在社会结构、体制和社会关系向着更加复杂、更加偶然和更易分裂的社会组织转型的重任。风险社会的概念阐明3个尖锐的问题，即经济增长的可持续性、有害技术的无处不在以及还原主义科学研究的缺陷。风险社会理论的阐释，为人们观察、认识和理解当代社会提供全新视角，加深人们对于现代社会规定性问题和风险问题的理解，为人类反思自身提供新的思路。（参考：杨文晓：《科技风险的国内外研究现状》，《中国电子商情：通信市场》2012年第4期第226～228页；张红：《风险农业：问题、成因与消解——基于关中X镇陈文村的调查》，《科技管理研究》2012年第11期第93～98页。朱配辰）

风险预防原则

Risk Prevention Principle

最早源于联邦德国的Vorsorge法则，核心内容是社会应当通过认真的提前规划和阻止潜在的有害行为避免环境破坏。当今，风险预防原则已成为环境法中用以预防具有科学不确定性的环境风险，保护人类和环境的重要原则。从20世纪80年代起，风险预防原则在国际环境法中逐渐得到肯定和采用，开始频繁出现在环境保护的国际条例中。在20世纪90年代，风险预防原则得到全面的发展和落实，被更多的国家理解并接受，适用范围越来越广，成为可持续发展思想的重要组成部分之一。在21世纪初，已有很多国家立法确认风险预防原则的地位，应当归功于国际环境法对于各国环境法的指导作用。（代富宇）

《封闭的循环》

The Closing Circle

美国生物学家、生态学家和教育家巴里·康芒纳的著作。巴里·康芒纳是美国20世纪60年代和70年代在生态、环境保护问题上最有见解的学者之一。在环境污染的问题上，这部著作区别于其他同类著作通常关注人口膨胀和经济增长所带来的问题，更多地将视角放在科技进步所带来的负面效应上。作者认为70年代的美国被各种环境问题所困扰，如笼罩城市的光化学烟雾、农业和工业生产的废弃污水以及由核电站引发的对辐射的恐惧等等。作者进一步认为这些问题源自于第二次世界大战后生产体系的巨大变革，如光化学烟雾是汽车发动机排放的氧化氮经过光化反应而产生的，污染农业作物的是美国50年代为了增加粮食产量而使用的杀虫剂和化肥，而辐射对人带来的威胁是由于核能被广泛开发的结果，人体内铅元素的升高是为提高汽车引擎效率而在汽油中添加的。所有这些由技术带来的改变都是人出于无知而发生的，这些技术也是因为无知而被应用的。50年代的美国大多数人没有意识到自然环境与人类生存将会因此受到威胁。巴里·康芒纳要求进行技术革新，在不阻碍人类社会发展的前提下以此取代旧有的破坏生态自然的技术。作者认为其他国家同样遇到了与美国类似的问题，这需要更多的人去关注。中译本译者侯文蕙，长春：吉林人民出版社1997年出版。（参考：雷毅：《现代化的“生态警钟”——评〈封闭的循环：自然、人和技术〉》，《绿叶》2007年第5期第76页。欧阳文川）

封闭人口

Closed Population

指一定地域范围内没有迁移变动，长期保持不变的人口。资本主义社会前，自给自足的自然经济占主导地位，商品经济不发达，氏族、部落、村社之间人口流动很少，影响人口数量变化的主要是出生和死亡。所以农业时代的地方性人口大多数是封闭人口。随着工业革命的推动，人们进入工业社会，地区、国家间的人口流动加快，封闭人口主要用于描绘工业文明不发达的，带有很浓厚农业文明时代特色的地区人口变更情况。目前，随着科学技术的发展，数学模型逐渐应用于人口研究，运用计算机等先进技术进行封闭型人口研究，将为人口资源、自然资源的开发利用和环境治理，提供快速、准确的科学依据。目前，我国正在积极推进社会主义市场经济发展，从人口结构方面，政府正在积极推动封闭式人口结构向开放式人口结构转变，努力打通封闭人口流通的渠道。全力推动的新型城镇化建设是打开人口流动格局在社会结构方面的努力。（参考：谭同学：《流动人口与半封闭型村庄的秩序整合——以湖南清塘村为个案》，《社会》2003年第8期第24～28页。朱配辰）

封闭生态系统

Enclosed Ecosystem

指不与外界进行物质交换的生态系统。封闭生态系统设计的要求是：系统内一种生物新陈代谢产生的任何废物必须能被另外至少一种生物利用。实际意义上，封闭生态系统不是封闭的，因为能量（指太阳的光能和日能）在食物链的传递中，呈现单向、不循环、逐级递减的特征，所以能量必须在这个生态系统中进出。科学家开始研究封闭生态系统，是为在地球环境日益恶劣的背景下，打造一艘可以自救的“挪亚方舟”。苏联在1963～1972年间建成了Bios-3生命支持封闭系统模型，美国在1983～1991年间建成自己的生物圈2号微型人工生态循环系统，最终都因技术不成熟和经费问题在进行几次试验后停滞。（朱雨晨）

封建主义

Feudalism

一种土地占有制，主要为中世纪欧洲的特征，封臣从领主手中获得地产，同时必须为领主服军役并宣誓效忠。在公元8～9世纪，封建主义随着西欧公有制的瓦解而形成。国王和大领主都分封终生土地权与职位，要求受封人发誓效忠与服务以作为回报。这种做法发展成为以服军役为条件分封世袭封地或采邑（拉丁词为*feodum*，feudalism一词来源于此）。结果是，权力分散，封建军队迅速发展，导致私战频繁，城堡发展成为行政和军事中心，由地方领主施行的私人审判增多。从12世纪开始，封建土地占有制的这些影响受到西方统治者日益增长的权力的挑战，尤其在英国，1661年废除封建土地占有制。统治者的政府越来越依赖于皇家官僚和雇佣军，而不是封建军队。在封建体系之外，城镇日渐发展，也促使了封建主义的衰落。（李庆）

封坡育草

Close the Slopes for Promotion of Grass-growing

将山坡或呈山坡状态的地形封固起来，通过人工种草防治水土流失。在荒坡和草原地区，人们以畜牧业为生，有的还会开垦耕地发展农业。过度放牧和扩大耕地引起草场退化，造成水土流失和土地沙化。为解决这一问题，需要进行封坡育草。具体做法是：根据草原划管、轮封轮牧的原则，以乡或村为基本单位，将现有的草坡分成若干片，一部分进行放牧，另外一部分用木桩和铅丝做成围栏圈起来进行保护。通过草地自我修复能力恢复草类生机的同时，选择比较好的地面进行人工种草。待被封禁区域的草长好之后，再开放进行放牧，之前放牧的区域继续封禁，等待草长好。如此轮封轮牧，形成良性循环，有效防止水土流失和土地沙化。（石艳峰）

封山育林

Afforestation

以山林封禁为基本手段，促进森林形成的措施。即把长有疏林、灌丛或散生木的山地、滩地等封禁起来，借助林木的天然下种或萌芽逐渐培育成森林，是培育森林资源重要的营林方式。分为全封、半封、轮封3种方式。封山育林具有用工少、成本低、见效快、效益高等特点，对扩大森林面积，提高森林量，促进社会经济发展发挥着重要作用。通过封山育林形成的林分植被种类增多，生物多样性增加，涵养水源、保持水土的能力增强，森林病虫害减轻，林分质量提高。随着对封山育林认识的日益提高，在现代林业指导思想下，封山育林技术措施日趋科学化，“封”与“育”有机结合，注重不同阶段的育林技术研究。（任傲尘）

冯永锋

Feng Yongfeng, 1971 ~

生于福建，毕业于北京大学中文系，《光明日报》资深环保记者，环保团体自然大学的主要发起人和创始人。创立达尔问自然求知社，旨在

使之成为环境问题的发现者和干预者。2006年和2008年分别出版环保科普报告文学《拯救云南》和《没有大树的国家》。此外，积极参与环保实践活动。2006年，联合国内的民间环保组织共同创办自然大学，推动社会公众进入自然界课堂，探索自然，感受自然之美。之后，创办达尔问自然求知社，致力于环境质量检测与研究、环境现状和环境伤害事件调查、公众环保知识传播等。（王聪聪）

冯宗炜

Feng Zongwei, 1932 ~

森林生态学和环境生态学家。浙江嘉兴人，中国科学院生态环境研究中心研究员，中国环境学会高级会员，中国生态学会顾问，博士生导师。1954年毕业于南京林业大学，1957 ~ 1958年在

苏联科学院森林研究所、植物研究所进修。1999年当选中国工程院院士。长期从事生态环境问题研究，为环境与生态规划领域的战略目标、方向任务及生态网络建设提供科学的基础。最早提出改大面积皆伐为择伐，保护东北天然红松林的学者之一，为保护我国西双版纳热带森林和大兴安岭特大火灾后生态恢复工程献计献策。我国酸雨研究奠基人之一，阐明我国酸雨的生态影响机制，开拓我国酸雨生态影响和生态恢复工程的研

究领域，首次定量提出我国酸雨区农、林生态系统危害损失和受害森林生态系统生态恢复配套技术。主要论著有：《模拟酸雨对七种森林植物生物量的影响》（1989）*Biomass and production of Chinese forestry ecosystem*（《生物量和中国森林生态系统的保护》，1999）《中国森林生态系统的植物碳储量和碳密度研究》（2001）《黄土高原小麦田土壤呼吸对强降雨的响应》（2008）等。（石艳峰）

佛家生态伦理观

Ecological Ethical Views of Buddhist

众生平等是佛教的生命观。众生平等意味着众生皆有佛性，佛与众生、众生之间都没有贵贱之分，所谓“青青翠竹，尽是法身；郁郁黄花，无非般若”。我国佛家诸流派，包括华严宗、天台宗和禅宗都持相同观点。主张众生平等，无物贵贱，表明佛家的生态伦理观将人、自然界、佛（圣）视为具有相同的价值和地位。自然界的万事万物与人类相比，同样具有固有的内在价值，这与人类中心主义的主张恰好相反。人类中心主义认为除人以外，自然界的动物、植物、无机物都不具备内在价值，唯一具有的价值是相对于人而言的利用价值和使用价值。佛家认为众生皆有佛性，众生因此平等。缘起观认为宇宙万物都互为条件和因果，没有哪一类事物可以独自存在。因此人以及人类社会对于自然界而言没有任何优越性。（参考：李琳：《佛家环境伦理与生态智慧》，《东岳论丛》2010年第7期第27～30页。欧阳文川）

佛家生态实践观

Ecological Practice Views of Buddhist

“普度众生”是佛家生态观在实践层面的体现。佛家相信万事万物皆有佛性、众生平等，因此反对杀生。杀生对于佛家来说是一切罪恶中最为严重的罪行。人不仅不能互相残杀，同样也不可伤害动物和植物，因为它们具有佛性、具有内在价值。杀生必然导致恶报。杀生的目的很大程度上在于食肉，因此佛家主张食素，反对食肉。杀生是最大的罪行，同时，放生对于佛家来说也是最大的功德。佛教理论认为放生可以积善积德，因此倡导佛门弟子放生，寺庙的放生池及其举办的放生法会，说明佛教对于放生的重视程度。因此，放生和食素是佛家生态观的具体实践方式。此外，佛教的净土思想在很大程度上反映对于良好生态关系的向往。佛教对极乐世界的描述为充满秩序、丰富的树木鲜花以及优质水、优美的音乐、繁多的鸟类、有益健康的花雨。这是佛教理性中的世界，也是一幅优美的生态图景。现实生活中，佛教弟子通常将寺庙建立在植被茂密、鸟语花香、山清水秀的地方。因为佛教将意境解脱视为心净解脱的前提，即处在景色秀丽、生态优美的地方有益于参佛悟道。（参考：李琳：《佛家环境伦理与生态智慧》，《东岳论丛》2010年第7期第27～30页。欧阳文川）

佛家生态自然观

Ecological Natural Views of Buddhist

佛教生态伦理观的核心思想是缘起论，缘起论认为世间一切事物都是互为条件和互为因果的，事物及其条件都是时刻变化的，因此没有一成不变的存在，客观世界就是这样一个由各种事物和各种条件相互联系而成的现象世界。缘起论有明显的整体性观念，这种整体性观念运用于人与自然界的关系时就形成了佛家的生态自然观。缘起论表明在佛家的自然观中，万事万物都相互包含、互为条件、互为因果，你中有我，我中有你，自然界是一个有机整体，其中某一部分的缺失都会导致其他一系列事物和条件的连锁反应或改变，从而会影响作为整体的自然界。人是自然界的有机组成部分，因此人的行为无疑会对自然界的其他事物及其整体产生影响。人不是超越于自然界而存在的独立物种，自然界的任何改变反过来都会作用于人本身。因此，人与自然界相互紧密联系，人的行为造成的后果不是单向的，人只有依据自然规律行事，与自然休戚与共，才能继续保持自身存在；另一方面，人如果希望自身过得更好，需要明白自然界的整体性，掌握其规律，才能利用规律造福于自己。（参考：李琳：《佛家环境伦理与生态智慧》，《东岳论丛》2010 年第 7 期第 27 ~ 30 页。欧阳文川）

佛教的环保理念

Buddhism Environmental Protection Ideas

佛教缘起论认为世间万物都是因缘合和而生，从因缘的角度强调世间万物的相互关联、一体无隔。佛教认为众生皆有佛性，主张众生平等，尊重生命，提出不杀生、护生、放生、素食等主张。佛国净土是佛教徒共同追求的理想境界，“庄严国土，利乐有情”是佛教的环保理念，主张保护好国土环境，使人与自然和谐共存，追求人与自然和谐是佛教环保传统的主流。认为保护自然、美化环境不仅可以“庄严国土”，更可以“利乐有情众生”。（雷爱民）

佛教环保思想

Buddhism Environmental Protection Thoughts

佛教环保思想很丰富，佛教的慈悲观要求人们慈爱众生，平等对待万物，呼唤人们的同情心，主张万物一体，与有情众生感同身受，促成有情众生离苦得乐，利乐众生。佛教持不杀生戒律，要求慈悲护生，尊重生命，保护动物，保护人类，保护大自然，使一切有情和谐相处，佛教的善恶业报观要求人们扬善抑恶，注重修行积德，不破坏环境。（雷爱民）

佛教环境伦理实践

Buddhism Environmental Ethics Practice

佛教有丰富的环境伦理思想，主张自然万物、一切众生平等，对众生怀慈悲之心。佛教环境伦理倡导尊重生命，爱护环境。佛教环境伦理不仅在理论层面有相应的观念支撑，在实践层面也有相应的行为规范。佛教倡导放生、素食、不杀生等。放生活动是汉传佛教的传统之一，素食体现佛教尊重生命的观念，戒杀生是佛教的大戒，是佛教“五戒”之首，还有不杀鸟兽虫蚁、不乱折草木等。总之，放生、素食、不杀生等体现佛教慈悲心主张。（雷爱民）

佛教普遍平等观

Buddhism Concept of Universal Equality

佛教说“心佛众生，三无差别，平等平等”。佛教普遍平等观立足于缘起论、性空论、佛性平等论。佛教所说的平等不单说人与人平等，佛与佛平等，还认为人与佛、人与动物、人与神鬼等都是平等的；不单说有情平等，还认为有情与无情，一切心法，一切色法，一切心法与色法，无不平等。佛教从缘起论角度说明宇宙万有平等。宇宙现象互为缘起，一概如此；万有之间互为因果，宇宙万物普遍联系，形成整体。每一事物都是宇宙大化因果链条中的一环，具有同等的作用与价值，因此宇宙万有平等。佛教从性空论说明宇宙万有平等，宇宙万有虽然千差万别，但其本性则是相同的，即无性自空。从这个意义上看，宇宙万法平等，没有差别。佛教还从无情有性以及佛性平等角度认为，不仅有情众生有真如佛性，无情万物亦同样具有真如佛性。佛教主张平等心、平等性、平等法、平等事，提倡普遍平等。（雷爱民）

佛教生命观

Buddhism Life Philosophy

佛教认为众生平等，主张尊重每一个生命，认为所有生命种善因得善果，种恶因得恶果，因果报应，丝毫不爽。所有生命都有其成长过程，从低等、无知的到较高的生命形态，直至完成生命成长全过程。佛教认为一切生命都具有佛性，即每一个生命都有成佛的潜在力量。由于佛性平等，人人具有，佛教主张尊重一切生命，认为世间一切生命是相互依赖的。佛教认为人世间最宝贵的是生命，认为“人身难得，佛法难闻”；一切有情众生中只有人能修行解脱，要求弟子珍惜自己的生命，同时更要关爱他人的生命，慈悲为怀，不自杀和杀生，亦不教唆他人杀生，善待生命，严持净戒。（雷爱民）

佛教生态德性论

Buddhism Ecological Virtue Theory

佛教生态德性论认为，人可以通过主体自身的德性修养，离苦得乐，获得人生解脱。佛教理论包括解脱论、心性论、修行观、缘起论等内容，贯穿其中的主线被认为是主体的德性修养，进而认为佛教生态哲学必须紧扣主体自身的德性修养，将德性修养与生态环境保护结合起来，从德性修养的价值论取向、心性论基础、修养法门和修养途径等方面建构佛教生态哲学体系。佛教心性论被认为是佛教生态德性论的人性论基础，佛教关于心性染净的说法被认为对克服现代自然主义人性论具有借鉴意义。佛教心性论可以为佛教生态智慧提供人性论基础，佛教净佛世界的生态哲学论建立在主体自我身心净化、度化有情众生的德性修养论基础上。佛教德性论蕴含独特的美德体系，佛教美德论包含丰富的生态环保智慧。在佛教生态哲学研究中，佛教德性论是相对于缘起论的重要观点。佛教生态哲学到底是建立在缘起论基础上，还是建立在德性论基础上，是当前国内外佛教生态哲学研究中存在的两种不同立场与观点。（雷爱民）

佛教生态观

Buddhism Ecological Views

佛教生态观由佛教文化及其宗教信条引申出来。佛教认为有情众生皆有佛性，佛性俱足而平等，因而倡导众生平等。它是佛教生命伦理的核心思想与基本信条。佛教主张慈悲为怀，主张关心有情众生的悲苦，主张不杀生，帮助众生离苦得乐。它是佛教徒修行实践中的具体要求与行为规范。佛教主张因果报应、缘起性空、生命轮回，认为世界上没有任何事物可以离开因缘而独立产生和存在，每个人都与众生息息相关。宇宙间的生命实质上是一个整体，众生具有存在的同一性、相通性，因而注重整个世界的因缘生发过程。这是佛教整体论的生态观与宇宙图式。（雷爱民）

佛教生态伦理

Ecological Ethics of Buddhism

佛教生态伦理认为众生平等，天地万物、有情众生皆平等，修习者应秉承慈悲为怀的理念普度众生，不杀生、爱生、护生，珍惜和尊重一切生命，严守戒律，从而出离生死，不堕轮回，修身成佛。（雷爱民）

佛教生态思想

Buddhism Ecological Thoughts

佛教生态思想建立在佛家缘起论基础上。缘起指现象界的一切都是由各种条件和合生成，事物之间彼此不是孤立的，宇宙中没有不变的实体；由于条件不断变化，事物也在不断变化之中。佛教将自然界看作是佛性的显现，认为世界万物都有佛性，都具有价值，无情有性，珍爱自然是佛教自然观的基本精神。大乘佛教认为众生都有佛性，众生不仅包括有情识的动物，也包括没有情识的植物、无机物等。佛教提倡善待一切生灵，主张戒杀、放生、报众生恩、清净国土等。因而佛教生态实践中提倡戒杀生，提倡放生，提倡素食，提倡造林、护林、栽花种草，提倡俭朴生活，注重修行。因果报应论是佛教的重要观念。因果报应论即业报论，业报论是佛教的重要理论，它对于保护人类自身及生态环境具有不可估量的作用。（雷爱民）

佛教文化与生态文明

Buddhism Culture and Ecological Civilization

佛教文化与现当代生态伦理学有诸多契合之处，它对人类生态文明建设具有十分积极的意义。佛教主张众生平等，它包含对自然界及众生起平等心；主张众生皆有佛性，它包含对众生起恭敬心；主张慈悲为怀，它包含对众生起同情心。佛教主张的许多观念与宗教信条对于形成人与自然、人与人、人与社会的和谐共生、良性循环、可持续发展等都具有积极的建设意义。大乘佛法的无我、平等、慈悲，禅宗对天人合一观念的理解，以及它对中华传统道德礼义的吸收和继承，佛教徒对简朴生活方式的认同以及不杀生、食素等生活方式的弘扬，为当今人类的生态文明建设提供了理论和实践的双重启示。（雷爱民）

佛教因果报应论

Buddhism Karma Theory

佛教因果报应论认为世间一切事物都由因果关系支配，强调个人善恶不同的行为必定会给自身的命运带来不同影响，从而产生相应的善恶报应。善恶报应在人的前世、现世和来世不断转化和轮回。佛教所谓“因”就是原因，也叫因缘，“果”即结果，也叫果报，“业”就是一切身心活动等，“报”即“业”的报应，即善恶不同的“业”导致不同的结果。佛教的因果报应论强调不同性质的“业”必有结果不同的报应，根据众生生前善恶行为不同而在六道中显现、转化和轮回。佛教的因果报应论告诫信徒弃恶扬善，持戒修行，从而脱离生死苦海，超越六道轮回。（雷爱民）

佛教与环保

Buddhism and Environmental Protection

佛教被认为内蕴极强的环保意识。佛教认为有情众生，皆有佛性，情与无情，同圆种智。佛法的环保思想主张不仅要对人有爱心，对山河大地也要爱护。认为世间万物都是缘起性的存在，都处在相互依存的关系之中。佛教要求信众不杀生，尊重有情生命，积极放生，营救和度化一切有情生命。有佛教高僧提出佛教徒可以从 4 个方面为环保做出贡献：1. 心灵环保，即保护自己的心灵不受干扰及污染；2. 生活环保，简朴整洁，少制造垃圾；3. 自然环保，不浪费资源，对大地和一切有情众生心怀感恩；4. 礼仪环保，净化行为，促进社会祥和。这为佛教健康发展注入现代环保意识，成为当代佛教在环保领域的行动指南。（雷爱民）

佛教宇宙图式论

Buddhism Universe Schema Theory

佛教宇宙图式论提出了“三千大千世界”的宇宙图式，主要论点认为宇宙分为两大部分，一部分是由欲界、色界以及无色界所构成的世俗世界；另一部分是佛国净土。在宇宙起源及本质问题上，认为万法是由因缘，即各种因素和条件聚合在一起而形成。因缘归根到底是心识问题。宇宙万法不是自己产生的，不能独立自存和自我主宰，其自性为空，表现为假有之名，故宇宙万法本质上是一种性空假有的存在。佛教从宇宙图式的意义上对三千大千世界，包括人的生存环境，即从众生生存环境的物质结构上进行描述。同时，佛教从其宗教立场出发将宇宙一分为二，即分为世俗世界和佛国净土两个部分，从而形成佛教的宇宙结构论。三千大千世界并不是三千个世界，而是集一千个世界为一小千世界，集一千个小千世界为一中千世界，集一千个中千世界为一大千世界，因其中含有三个千的倍数，故称三千大千世界，其中包含着十亿个世界。（雷爱民）

佛教自然观

Buddhism Views of Nature

佛教自然观受缘起论思想决定。佛教教理认为缘起性空，众生平等，无情有性，万物同一。从佛教缘起论角度看，宇宙中所有事物都是因缘和合，互相依存，人无法与万物分离，人与万物有紧密的关系；六道众生都是平等的，万物的出现与发展自有其因缘与生发过程。佛教自然观认为，世界上任何东西都是相依相持，互为因缘的存在。佛教要求人类认识缘起性空的世界本性，珍爱一切众生，尊重生命，重视自然，爱护自然。佛教认为宇宙万物都遵循因果规律，是一种和合互生关系，主张保护自然界一切众生。透过缘起法，佛教要求人类认识到自己是因缘所生法中的一分子，因而人类与其他部分以及世界整体相依为命，人类没有绝对的自我利益，只有自我与世界整体利益的和谐一致，倡导建立和实现人间净土。（雷爱民）

佛蒙特社会生态学研究所

Vermont, ISE, Institute for Social Ecology

主要创建人默里·布克金，位于美国佛蒙特州的伯灵顿市，1974年成立。作为独立的教育与学术研究机构，研究所主要致力于社会生态学的理论研究与实践推广。广泛涉猎哲学、政治学、社会学、人类学、历史学、经济学乃至自然科学等多个学科交叉领域，对美国的绿色社会运动与政治有重要影响。2005年以来的学术新进展主要体现在如下两个方面：一是布克金逝世前后对他著述的进一步编辑出版及相关评述，二是布赖恩·托卡等新一代社会生态学家的新著述。（徐越）

佛性缘起论

Buddhism Formation Theory of the Universe

缘起论是佛法的理论基石，是佛教各家各派展开其理论与实践的根本依持。佛教将缘起视为世界的根本大法，认为世间一切事物和现象都处在普遍的因果关联之中，都依一定的条件而生起。佛教缘起论强调一切事物和现象的生灭变化都是因缘和合的结果，都是各种因素在一定条件下聚合的产物。认为一切事物和现象都没有不变的自性，没有独立自存的实体或主宰。《杂阿含经》说："此有故彼有，此生故彼生；此无故彼无，此灭故彼灭。"总之，缘起论是佛教的基本教理与世界观的总描述。（雷爱民）

弗莱堡太阳能城市

Freiburg Solar City

欧洲最具生态意识的德国小城。弗莱堡以太阳能的利用闻名全球。早在20世纪的70年代，弗莱堡开始致力于发展成为环保城市。1986年在使用环保能源方面已经初具规模。1996年，城市通过一个提案：到2010年，弗莱堡使用的能源（包括居民、商业、工业）和交通二氧化碳排放量将减少25%。城市电能主要来自热电混合蒸汽系统和生物燃气，生物热能则用于化工业。凡是建于城市的房屋都要符合低能源且有效的设计标准。虽然房屋造价超出了3%，但是能源的花费和二氧化碳的排放量却能减少30%。公共交通增长100%，35%的城市居民选择不使用小汽车。弗莱堡以太阳能建筑闻名全球。城市建筑利用太阳能供暖和制冷，可节省大量电力、煤炭等能源，而且不污染环境。这片25万人口聚居的地域被冠以"阳光地带"的名号，其收集的太阳能几乎等于整个英国的太阳能源总额。（王薛时）

弗兰茨·帕皮

Franz Pappi, 1939～

德国著名政治学家和社会学家，德国曼海姆大学政治学教授，2010年获得康茨坦茨大学荣誉博士学位。先后在曼海姆大学调查研究与方法研究中心、科隆大学、基尔大学、曼海姆大学欧洲社会研究中心担任教职。研究领域包括选民行为

理论（特别是策略性投票、选举体系效应和政策选举）、结盟理论（特别是欧盟成员国与德国州政府）。关注理性选择理论及其在国际谈判中的应用，政治社会学的跨学科研究，力主超越社会科学学科的相互界限。特别是选举的实证经验研究、定量政策方法的网络分析和实证政策分析等。致力于社会系统的结构分析、政治制度和决策过程。开发 SONIS 的通用网络分析程序，作为政治学实证研究的标准方法之一。主持参与大量研究项目，如民主治理、民主和市民身份、民主和多层治理、欧洲社会的社会结构发展、国际谈判协商体系的国际化等。（徐越）

弗兰克 · 比尔曼

Frank Biermann

著名的全球环境政治与政策学者，荷兰阿姆斯特丹自由大学政治学与环境政策学教授，隆德大学地球系统管治学的访问学者。生年不详。著作有《全球变化综合征：和平与冲突的研究分类》（1999，与 Pattburg 等人合著）、《气候变化和人类移民》（2012）等。（徐越）

《弗兰肯斯坦》

Frankenstein

英国诗人雪莱的妻子玛丽 · 雪莱创作的小说，被认为是世界第一部真正意义上的科幻小说（1818）。原名 *Frankenstein*，第一版由出版商 Lackington，Hughes，Harding，Mavor & Jones 出版发行。小说描写科学家弗兰肯斯坦在科学探索

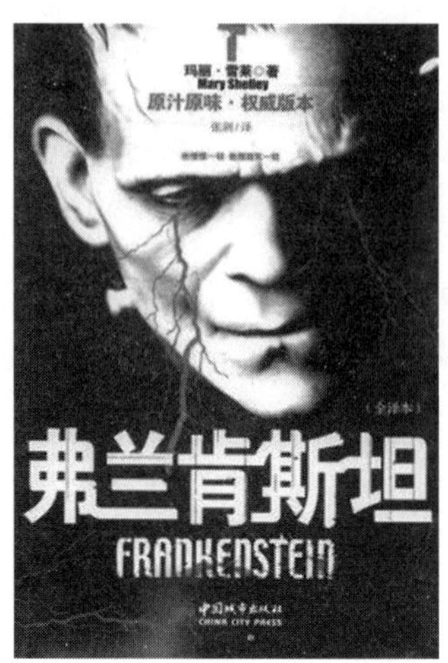

狂热和获取声誉渴望的推动下，用死人骸骨创造出一个巨人般的怪物。这个怪物很快就成为一种异化力量，它以残杀弗兰肯斯坦的弟弟、好友、妻子和其他无辜者的方式胁迫科学家满足它的要求。《弗兰肯斯坦》堪称人类第一部优秀的生态小说，也是第一部反思和批判科技的杰出作品。它预言人类企图以科技发明主宰自然却反过来被自己创造的科技怪物所主宰的悲剧，预言与自然为敌的科技发展必然导致生存危机。小说在英美等国频频再版，长盛不衰，拥有广泛的读者，并被改编成戏剧。自 20 世纪初以来，这部小说被改编成数十部电影，在西方世界产生很大影响。《弗兰肯斯坦》比较流行的中译本由刘新民翻译，上海译文出版社于 2007 年出版发行。（王薛时）

弗朗斯瓦 · 魁奈

Francois Quesnay, 1694 ～ 1774

法国重农主义经济学派的创始人和代表人物，西方古典政治经济学重要奠基人之一。重农主义的理论核心是重视对自然法则的倡导与遵循。魁奈认为，自然法是最高亦是最基本的法则，自然秩序在人类经济活动中的体现是对农业的重视，对土地增加财富的重视。在重农思想的出发点上，魁奈企图通过经济分析的方法，探索和掌握经济规律，找出解决法国财政与经济危机的政策与措施。在重农的内容上，魁奈的重农思想寄希望通过自然秩序基础上的公平、正义以及遵循经济发展规律，增加社会财富，理顺人口、消费、

需求、价格、价值的关系，由此繁荣社会的生产、流通。在实行效果上，由于魁奈反对重商主义者将货币与财富等同起来的观点，明确将货币财富

与一般财富区别开来，强调私有财产的地位，倡导自由放任，自由通行概念，对近代自由资本主义贸易及工业发展起到了积极的促进作用。著有《经济表》（1758）、《农业哲学》（1763）等著作。（蔡越）

弗朗索瓦兹·德奥波妮

Francoise d'Eaubonne, 1920 ～ 2005

法国著名生态女性主义者，西方生态女性主义早期代表人物，1974 年出版的《女性主义还是毁灭》，是生态女性主义最早的理论著作。她既强调女性主义和生态批评在理论上相互借鉴，也强调女性解放与生态保护之间实践上的鱼水关系。这种观点于 20 世纪 80 年代形成时代思潮，迎来随后的生态女性主义的蓬勃发展。（徐越）

弗雷德·玛格多夫

Fred Magdoff

美国生态马克思主义学者，佛蒙特大学植物与土壤学系教授，著名社会主义评论家哈里·玛格多夫（Harry Magdoff，1913 — 2006）之子。生年不详。主要研究方向为生态马克思主义、农业政策等，是新一代的社会生态学家。发表《理性农业与资本主义制度不相容》《生态文明》等论文。此外，与美国著名的生态马克思主义学者《每月评论》编辑约翰·贝拉米·福斯特（John Bellamy Foster）共同发表过多篇文章，有《美国阶级战争蓄势待发》《美国工人阶级的困境》《每个环境主义者需要知道的资本主义》等。2010 年和布赖恩·托卡（Brian Tokar）共同出版《农业和粮食危机：冲突、抵抗和革新》一书。（王聪聪）

弗里乔夫·卡普拉

Fritjof Capra, 1939 ～

美国著名学者，科学家、哲学家和生态学家。出生于奥地利维也纳。1966 年在维也纳大学获得理论物理学博士学位，后在法国巴黎大学从事理

论物理学博士后研究。1968 年到美国加州大学的圣塔克鲁兹分校从事粒子物理学研究。物理学领域的高深造诣，使他领悟到现代物理学反映的新世界观。以全球面临的种种危机作为现实缘由，以诸多的前沿科学理论和东西方的生态智慧作为学理背景，用广义有机系统论和生态学的方法、非线性思维去分析问题，在当今世界许多方面都恰逢新旧范式更替的大转折时期，适时构建广义系统论的生态哲学思想体系。在批判笛卡尔—牛顿机械世界观的基础上，紧紧把握住新旧范式的转折，形成自己的广义系统论思想，以广义系统论的思维方式对全球面临的种种危机提出尝试性的解答。因而，他的广义系统观和笛卡尔—牛顿的机械世界观不同，主要表现在二者的科学和哲学基础不同。（徐越）

浮山堰

Fushan Weir

浮山堰位于今江苏泗洪与安徽五河、嘉山交界处，淮河三峡第三道峡口浮山峡。南朝梁天监十五年（516），梁武帝萧衍为引淮河水灌注寿阳

的北魏军队，在这里修建的当时世界上最高的土石坝工程。史书记载，梁武帝为夺取寿阳，率领民工20万余人，南起浮山，北抵河山，从两端填筑土方，于公元516年节流成功。浮山堰建成时，其长九里，下阔一百四十丈，高二十丈，是我国大坝工程中关于防浪墙最早的记载。浮山堰的建成对魏军的威胁很大。蓄水不久，寿阳城便被水围困，魏军被迫放弃寿阳。由于淮河被切断，上游几百里一片汪洋，开始威胁下游地区。魏军果断开凿山体，引水北注，挖掘两条泄洪渠。泄洪渠的修建使进入雨季的浮山堰出现溃决的危险。516年淮水暴涨，建成4个月的浮山堰被洪水冲垮，下游淮阳地区的数十万居民死于非命。从历史角度看，浮山堰工程的规模在当时举世无双。根据现有地形和发现的遗址估算，主坝高40米，水域面积700平方千米，积水覆盖今天的五河、泗县、凤阳、蚌埠、寿县以及霍邱等县市的大部分地区，总需水量100亿立方米。浮山堰作为土石坝，代表了当时水利工程的最高水平。国外的土石坝到12世纪才突破30米，比浮山堰晚600多年。限于当时的历史条件和人们对自然认识的程度，浮山堰只存在了几个月，但是它在中国科技史上写下了不可磨灭的一页。（参考：张卫东：《浮山堰》，《中国水利》1985年第11期第36～37页。朱配辰）

浮游动物生态学

Zooplankton Ecology

以浮游动物为研究对象的生态学分支学科。与其他水生生物相比，浮游动物几乎存在于各种类型的水体中，其个体较小但数量众多，多以浮游植物、细菌和动植物碎屑为食，代谢活动强，同时又是水中其他动物的食物来源，并参与水中有机物的分解和循环。浮游动物对水环境变化的敏感度高，尤其是一些浮游动物对污染物极为敏感，且有积累和转移作用，从而使它们在生态毒理和水环境保护等研究方面具有重要的意义。浮游动物生态学的研究重点包括浮游动物的种类和分组、捕食生态研究、温度等因子对浮游动物的影响等方面。目前浮游动物学研究从以分类、形态为主的研究阶段发展到以自然生态为主，并与实验生态相结合的研究阶段，向着微观和宏观两个方面发展。微观方面进一步对藻类进行遗传生态学研究；宏观方面则将资源卫星、遥感、地理信息系统和计算机应用到浮游动物于环境关系的生态调查中，有助于生态问题的解决。（韩铮）

浮游植物生态学

Phytoplankton Ecology

以浮游植物为研究对象的生态学分支学科。浮游植物是水生态系统中的初级生产者，也是整个水生态系统中物质循环和能量流动的基础。浮游植物通常是指浮游藻类，包括蓝藻门、绿藻门、硅藻门、金藻门、黄藻门、甲藻门、隐藻门和裸藻门等8个门类的浮游种类。在不同营养状态的水体中，分布着不同种群结构的浮游植物，所以浮游植物的种群结构能够综合而真实地反映水体的生态条件和营养状况。浮游植物对水体营养状态的变化能迅速做出反应，其种类组成与数量的变化与其生活水域的水质状况密切相关，因此浮游植物生态学研究在控制和治理水体污染方面，尤其是研究水体赤潮等问题具有重要的生态意义。（韩铮）

涪陵石鱼

Fishlike Stone of Fuling

涪陵石鱼，又名白鹤梁，是四川涪陵县城北长江河道中的古代枯水位石刻标志。在涪陵县城北长江河道中有一处沙质岩礁石，长约1600米，

宽16米，称白鹤梁。在梁的倾斜面上是鱼形图案与文字题记纵横交错的石刻群。石鱼常年淹没在水下，只在某些年份冬春水位最低时，才露出江心。石梁上刻有自唐广德元年（763）至当代的石刻题记164段，其中水文题记108段；石鱼图14尾，其中作水文标志用的有3尾。已发现的鱼图中有3处是康熙二十四年（1685）刻的清代双鱼。根据宋代题记上溯唐广德二年（764）所刻鱼图，具有相当于现代水尺的作用，是历代记录不同年代不同枯水位的固定标志。在已发现的宋元明清164条题记中，除记年月外，往往记有“双鱼已见”“水至此鱼下五尺”“水去鱼下七尺”等字样。涪陵石鱼题刻、图像断续记录1200余年间72个年份的历史枯水位情况，对研究长江中上游枯水规律、航运以及生产等，均有重大的史料价值。1974年在巴黎召开的国际水文工作会议上，中国代表团以《涪陵石鱼题刻》为题，向大会提交报告，白鹤梁的科学价值遂得到世界公认。葛洲坝水电站和三峡大坝水电站都参考白鹤梁水文题刻数据，如175米水位高程是以白鹤梁1200年的洪水纪录为依据。唐代的石鱼眼睛为长江中上游的零点水位，相当于海拔137.91米高程。此水文纪录比英国在武汉江汉馆设计的水尺标点早1100年。因此享有“世界第一古代水文站”之誉。（参考：李雨洁、李多修：《水下文物原址保护施工技术与造价分析》，《铁路工程造价管理》2006年第5期第22～25页。朱配辰）

福建2014年生态文明建设状况

Eco-Civilization Construction in Fujian in 2014

2014年福建生态文明指数（ECI）得分为90.93，排名全国第3位。具体二级指标得分及排名情况见表1。去除“社会发展”二级指标后，福建绿色生态文明指数（GECI）得分为77.20，全国排名第2位。福建生态文明建设属于均衡发展型，协调程度居于全国领先水平，生态活力、环境质量与社会发展均居全国中上游水平。生态活力方面，福建森林覆盖率居全国第一。建成区绿化覆盖率、森林质量均居全国上游水平，但自然保护区的有效保护不足。环境质量方面，福建环境空气质量全国最优，地表水体质量较好，但水土流失率较高，尤其是化肥施用超标量多、农药施用强度大。社会发展方面，人均国内生产总值、城镇化率、农村改水率都处于全国中上游水平，但服务业产值占国内生产总值比例、人均教育经费投入、每千人口医疗机构床位数均居全国中下游水平。协调程度方面，工业固体废物综合利用率、城市生活垃圾无害化率、化学需氧量排放变化效应、氨氮排放变化效应居全国上游水平，但二氧化硫排放变化效应、烟（粉）尘排放变化效应、环境污染治理投资占国内生产总值比重三个指标均居于全国中下游水平。综合而言，福建拥有良好的生态基础优势，尤其是林业资源丰富，连续37年稳居全国第一，从长远来看，其经济社会发展能否突破现有中上游水平，实现经济腾飞是福建生态文明建设能否跃上新台阶的关键。因此，福建一方面要继续抓好林业生态建设，保护好丰富的森林资源，维持良好的生态基础。另一方面，福建要着力发展经济，并解决发展中长期存在的环境质量瓶颈问题，实现经济发展和生态保护的协调发展。

表 1　2014 年福建生态文明建设二级指标情况

二级指标	得分	排名	等级
生态活力（满分为 43.20 分）	27.77	8	2
环境质量（满分为 36.00 分）	22.00	11	2
社会发展（满分为 21.60 分）	13.73	11	2
协调程度（满分为 43.20 分）	27.43	3	1

表 2　福建 2014 年生态文明建设评价结果

一级指标	二级指标	三级指标	指标数据	排名
生态文明指数(ECI)	生态活力	森林覆盖率	65.95%	1
		森林质量	75.87 米^3/公顷	6
		建成区绿化覆盖率	42.77%	3
		自然保护区的有效保护	3.09%	30
		湿地面积占国土面积比重	7.18%	13
	环境质量	地表水体质量	85.60%	8
		环境空气质量	93.97%	1
		水土流失率	10.58%	8
		化肥施用超标量	301.01 千克/公顷	28
		农药施用强度	25.22 千克/公顷	29
	社会发展	人均国内生产总值	57856.00 元	9
		服务业产值占国内生产总值比例	39.10%	18
		城镇化率	60.77%	8
		人均教育经费投入	1705.60 元/人	16
		每千人口医疗机构床位数	4.14 张	24
		农村改水率	91.87%	8
生态文明指数(ECI)	协调程度	环境污染治理投资占国内生产总值比重	1.30%	21
		工业固体废物综合利用率	88.39%	6
		城市生活垃圾无害化率	98.16%	7
		化学需氧量排放变化效应	31.06 吨/千米	8
		氨氮排放变化效应	3.32 吨/千米	9
		二氧化硫排放变化效应	0.78 千克/公顷	15

续表

一级指标	二级指标	三级指标	指标数据	排名
生态文明指数(ECI)	协调程度	氮氧化物排放变化效应	2.19 千克 / 公顷	10
		烟（粉）尘排放变化效应	-0.51 千克 / 公顷	21

（参考：严耕等：《中国省域生态文明建设评价报告（ECI2015）》第 191 ～ 196 页，北京：社会科学文献出版社，2015 年。徐保军）

福建省环境科学学会

Fujian Province Society For Environmental Sciences

成立于 1981 年 5 月，由全省环境科技工作者、环境工程技术人员，环境教育工作者、环境管理工作者和社会各界关心环保事业的人士及有关单位、团体自愿结成并依法登记的学术性、非营利性社会团体。宗旨是遵守中华人民共和国的宪法、法律、法规和国家政策，遵守社会道德风尚，遵守民主办会的原则，团结全省环境科技工作者，倡导献身、创新、协作的精神，积极开展环境科学学术交流、环境科学技术普及以及环保科技咨询活动。认真贯彻落实科学发展观，坚持可持续发展方针，努力提高福建省环境科学技术与管理水平，保护和改善环境，服务国民经济又好又快发展。为建设资源节约型，环境友好型社会，为建设海峡西岸经济区做出积极贡献。业务主管部门为福建省科学技术协会，并接受社团登记管理机关福建省民政厅的指导和监督管理。业务范围：1. 积极开展环境科学学术交流，组织学科优秀论文评选，推荐优秀科研成果、优秀科技人才，活跃学术思想，推动自主创新，促进学科不断发展。2. 开展环境科普宣传，普及环境科学知识，积极创办学会会刊和学会网站，提高全民环境意识和可持续发展的观念。3. 开展环境科学研究和各类技术咨询、技术服务；接受委托进行有关环保项目的论证、项目评估、优秀科技成果鉴定和环保技术评审，为环境与发展综合决策做好技术服务工作。4. 组织科学考察，举办为环境科学工作者服务的各种事业和活动，发展同国内外的环境科学技术团体和科学技术工作者的学术交流和友好往来，促进福建省环保事业发展。5. 充分发挥桥梁和参谋作用，积极主动地向各级政府和环保行政主管部门建言献策，提出环境保护工作的建议；。6. 反映环境保护科技工作者的意见和要求，维护其合法权益，举办各种为会员服务的活动，将环境学会办成环境科技人员之家。7. 承担政府委托或转移给学会的其他工作任务。（席溢）

福建省绿家园环境友好中心

Fujian Green Home Environment Friendly Center

于 1998 年成立，2006 年于福建省民政厅正式注册的非营利性环境保护公益机构，主管单位是福建省科学技术协会。经费来自社会支持。由福建电视台环保科教栏目《绿色家园》发展而来。自 1998 年开始，“绿家园”着力发挥电视强势媒体的作用，通过研讨、培训、讲座、电视专题片、网站等形式开展环境保护工作。“绿家园”组织策划的环保活动达 170 多场；其中，拍摄的 300 多部环保科教片在中央电视台以及全国十几个省级电视台交流播出。成立后下设分支机构 10 家，其中福州、泉州、石狮等地成立以离退休老人、在校大学生为群体的环境志愿者俱乐部。各分支机构的志愿者在当地积极开展各类不同形式的环境保护工作。目标：以环境教育和自然保护为基础，关注本土环境问题；致力于保护生态环境，传播具有中华民族特色的生态文化，倡导绿色文明；搭建公众参与环境保护的平台，开展公众环境教育，提升公民环境意识；推动政府服务社会，成为政府与民间沟通的桥梁，并协助政府强化监管

力度；引导企业承担社会责任；促进中国生态环境与和谐社会的可持续发展为宗旨。（席溢）

福建省三明市生态文明建设

Eco-civilization Construction in Sanming, Fujian Province

2003 年福建省三明市为摆脱环境污染、资源锐减困境，提出“生态兴市”口号，将绿色产业作为未来发展的重要方向，推动三明市从资源优势向经济优势、环境优势向竞争优势、潜在优势向现实优势的转化。2007 年三明市政府下达《关于印发三明生态市建设总体规划纲要的通知》，对建设三明生态市的有利和不利环境进行分析，明确生态市建设的指导思想和目标、生态市建设的任务和重点、生态市建设的功能区划和重点区域，提出生态市建设的政策措施。2011 年三明市政府发布《三明市“十二五”环境保护与生态建设专项规划》，旨在凸显三明市在海峡西岸经济区建设中的地位，阐明发展海西生态型城市的未来五年环境保护与生态建设领域的总体要求、目标任务和政策措施。基于此，近年来三明市的生态经济实现较快发展，现代新兴产业、环保节能产业迅速兴起。经过各方面努力，三明市城市环境质量不断改善：市辖区内闽江流域水系水质一直保持优良，尤其是沙溪、金溪、尤溪水系的水质连年为优；全市全年空气质量达到优、良的天数高达 98.1%，空气中主要污染物的年日均值已经连续 3 年达到国家二级标准；城镇人均公共绿地面积达到 12.5 平方米。目前，三明市致力于实现林在城中，城在林中，林水相依，林路相融的长远生态宜居愿景。（张沥元）

福柯生存美学

Existence Aesthetics of Foucault

福柯生存美学的核心是“关心自己”，本质是“追求自由”。福柯认为关心自己比认识自己更为基础。福柯通过谱系学考察认为，真善美不可分地存在于生存经验的内部，生活是生命的常态，不需要被问题化。福柯认为，关心自己是伦理主体的基础，提出重建审美与道德的统一体，认为伦理主体是主体与自身关系，倡导生存美学的主体性原则。福柯的生存美学吸收尼采的哲学思想。福柯认为生存美学是个体的生存实践，主张通过自律和自我约束，实现人的自由。主张自我超越，形成独特的生存风格。将伦理关注重点从个人与他人、个人与社会关系转向个人与自身的关系，强调自我的主动性、创造性，强调自我塑造，而非他人、社会、意识形态对自我的塑造。主张每个人形成自己的生活风格。福柯认为只有在审美超越中才能达到人所追求的最高自由，也只有在审美自由中才能同时地实现创造、超越、满足个人审美愉悦以及更新自身生命的历程。（雷爱民）

福特汽车环保奖（中国）

Ford Motor Company Conservation & Environmental Grants

世界上规模最大的环保奖评选活动之一，前身是 1983 年在英国首次发起的亨利·福特环保奖。宗旨是鼓励各阶层人士提出或参与有助于保护本地环境、传统和自然资源的计划与项目。目前，已推广到全球 50 多个国家和地区。2000 年度在中国首次举办的评奖奖金总额定为 100 万元人民币（不包括台港澳地区）。福特汽车环保奖强调对自然环境的关注，大大扩展获奖范围，评选机制不断与时俱进，以能支持和激励更多、更广泛的团体与个人，推动环境保护成为更为普及和深入的共识。15 年间，累计资助 382 个优秀环保团体及个人，授予奖金 2010 万元人民币，有超过 400 个团体和个人接受《绿色晋级计划》的培训、辅导或孵化。不仅通过奖金支持具有引领性、示范性的环保项目，同时帮助获奖项目赢得当地政府、媒体和公众更多

的关注，提升社会影响力和整合资源的能力。（张惠娜）

负责任消费

Responsible Consumption

指人们在消费时除考虑自身直接得益外，还要考虑消费行为对其他消费者、公众利益的相关者、地球生态等方面的影响，从而整体考虑消费观念与消费行为。绿色消费是典型的负责任消费。负责任消费是一种可持续消费。它与过度追求经济增长、消费者主权、资源浪费、无节制物质积累等观念不同。可持续消费要求既满足当代人的需求，又不损害子孙后代的需要。它的核心是消费者责任。它要求消费者积极参与市场治理，克服市场经济的完全利益导向；通过选择性消费行为影响价格机制，从而调整生态环境与社会资源的稀缺性之间的矛盾，实现需要生产的产品都处于负责任消费者行为控制范围内。可持续消费从道德伦理角度反对不可持续的消费行为和消费模式。消费者可以通过道德责任引导、市场规制承担、法律规范运用促使政府、企业、个体消费者、环保组织、社会和社区承担起相应的消费责任，实现绿色消费和负责任消费。（雷爱民）

《妇女与自然：发自内心深处的呼喊》

Woman and Nature: The Roaring inside Her

生态女性主义者苏珊·格里芬1978年出版的著作，20世纪70年代中后期兴起的生态女性主义的代表作之一。着力阐述欧洲中心主义男性自我的异化、沉湎于对“其他”的控制、其工具逻辑与思维的认识论基础，强调文化变革而不是经济非正义的重要性，主张将理性与情感重新连接起来。（徐越）

复合生态系统

Complex Ecosystem

复合生态系统是以人为主体的社会经济系统和自然生态系统在特定区域内通过协同作用而形成的复合系统，即社会—经济—自然复合生态系统。复合生态系统的组成要素：宏观层次包括社会子系统、经济子系统和自然子系统。社会系统包括政治、经济、文化等多种因素。经济系统由为数众多的产业、厂商、市场等许多因素构成；厂商内含有资本、劳动、产品、利润等诸要素，系统内部各要素之间以及系统与外部环境之间存在着复杂的非线性相互作用。自然生态系统是包括特定空间中的全部生物和物理环境的统一体。这3个子系统在时间、空间、数量、结构和秩序等方面的生态耦合关系和相互作用机制决定复合生态系统的发展与演替方向。理论的核心是生态整合，通过结构和功能的整合，协调3个子系统及其内部组分的关系，使3个子系统的耦合关系和谐有序，实现人类社会、经济与环境间复合生态关系的可持续发展。复合生态系统的衡量包括社会系统的效益、经济系统的利润、自然系统的合理性3个指标。复合生态系统的类型包括：1. 城市生态系统：又包括工矿生态系统和街道生态系统。2. 农村生态系统，是由农田、集镇、村庄、森林、草原、陆地水体、荒漠等生态系统复合而生，一般包括农业生态系统、村庄生态系统、集镇生态系统等。1）农村生态系统的特点：两个核心并存，即系统的稳定机制（森林生态系统）和人类的经济利益；2）天然演替过程和人为控制演替过程并存，前者是自然界自我调节、自我修复、自我维持和自我发展的过程，通过自然界的大气循环、地质循环、水分循环和生物循环以及这些循环中所表现的物质转移和能量转换按自然规律演替；后者是在人类定向干预下进行，人控制系统中物质和能量的交换。3）边缘地带的特殊性，边缘地带是指农村生态系统与城市、海洋等生态系统的交界处，还包括农村生态系统内农田、村庄等各子系统的交界处。3. 市郊生态系统，主要功能有：提供食品和原料，发挥农副产品基地的功能，提供蔬菜、瓜果、乳品、花卉等；提供地域和劳动力，发挥腹地功能，安置不宜在市区的工业企业或其他设施，成为城市的工业扩散和人口疏导腹地；提供环境，发挥生态调节的功能，利用市郊的土地、山水来建设风景区、防护林带、公园、休养疗养地、水源保护区等，为改善城市生态系统提供有力的协调。目前，复合生态系统的指标体系包括：1. 社会生态指标：人口年末到达数，人口自然增长率，研究生招生数，普通高校招生数，中专学校招生数，科技人口占总人口的百分数，电视混合覆盖率，广播混合覆盖率，医院病床年末到达数，卫生技术人员占总人口数，出版总印张数，运动竞赛会次数，失业率，农民人平纯收入。2. 经济生态指标：工农业总产值，国民生产总值，国民收入，财政收支，全社会固定资产投资，农业主要产品产量，工业主要产品产量，运输邮电，社会商品零售总额，劳动工资，社会总产值。3. 自然生态指标：森林覆盖率，水土流失治理率，工业废水处理率，城区大气中二氧化硫达标率，固定废弃物处理率，食品农药残留量，土地利用分配，矿产利用。复合生态系统的动力学机制来源于自然和社会两种作用力。自然力的源泉是各种形式的太阳能，它们流经系统的结果导致各种物理、化学、生物过程和自然变迁。社会力的源泉有3个方面：经济杠杆（资金）、社会杠杆（权利）、文化杠杆（精神）。资金刺激竞争，权利诱导共生，精神孕育自生。三者相辅相成构成社会系统的原动力，自然力和社会力的耦合导致不同层次复合生态系统特殊的运动规律。（参考：马世骏、王如松：《社会—经济—自然复合生态系统》，《生态学报》1984 年第 1 期第 1 ～ 9 页；王如松：《论复合生态系统与生态示范区》，《科技导报》2000 年第 6 期第 6 ～ 9 页；王如松、欧阳志云：《社会—经济—自然复合生态系统与可持续发展》，《中国科学院院刊》2012 年第 3 期第 337 ～ 343 页。朱配辰　韩铮　牟世晶）

G

盖 干 甘 橄 干 纲 高 哥 格 镉 个 根 耕 工 公 功 宫 共
供 古 固 故 寡 关 观 官 管 光 广 归 规 贵 国 果 过

盖尔·奥姆维特

Gail Omvedt, 1941 ～

美国印籍社会活动家、作家、研究员，出生于美国的明尼阿波利斯，1983 年获得印度国籍，现定居印度。积极投身于宗教研究、环境新社会运动和女性运动，撰写大量文章反映印度人民（特别是女性）的抗争活动。主要著作有《性别与技术：新兴的亚洲愿景》（1994）、《印度的佛教：婆罗门和种姓的挑战》（2003）等。（徐越）

盖哈·施罗德

Gerhard Schröder, 1944 ～

德国著名政治家，1998 ～ 2005 年担任德国总理。步入政坛前是律师。1963 年加入德国社会民主党，1978 年成为社民党青年社会主义者联合主席。1980 ～ 1986 年间担任联邦议会议员。20 世纪 80 ～ 90 年代长期担任下萨克森州社民党的主席及下萨克森州总理一职（1990 ～ 1998）。1998 年成为德国社民党联邦总理候选人，击败执政达 16 年之久的赫尔穆特·科尔，成功当选德国总理。组建德国历史上联邦层面的第一个“红绿”联盟政府。两届“红绿”联盟政府（1998 ～ 2005）取得很多成就，如推动德国福利制度和税收制度改革、促进可再生能源发展、分阶段退出核能、双重国籍改革等。但是，以劳动力市场和养老金制度改革

为主的“2010 议程”，造成社民党的分裂以及选民的流失。施罗德是继勃兰特之后，德国社会民

主党另一位充满个人魅力的总理，被公认是一个富有领袖才华和魅力的政治家，也以“媒体总理”而闻名，拥有良好的公众形象。（王聪聪）

《盖亚的复仇》

The Revenge of Gaia: Why the Earth Is Fighting Back - and How We Can Still Save Humanity

英国科学家、环境学家詹姆斯·洛夫洛克(James Lovelock)的代表作品之一，2006 年出版。作者在书中进一步解释盖亚假说理论，认为人类没有给予地球母亲盖亚应有的尊重，作为有生命力的有机体，地球将对人类的不合理行为进行报复和惩罚。人类对森林和生物多样性的破坏都是对地球自我调节能力容忍性的考验。与气候变暖相同，南北极海洋温度一直在升高，从而阻碍表层海水与深层海水的营养交换，影响海洋藻类生长。藻类是减少温室气体的重要环节，如此形成恶性循环。作者在书中预测，21 世纪中叶热带沙漠将大面积扩张，

地球大部分地区将不适宜人类和其他生物的生存，为减少温室气体的排放，应大力发展核能。这一理论一经提出就受到很多质疑，也有环保运动者依然认为洛夫洛克的理论具有重大意义。（韩铮）

盖亚假说

Gaia Hypothesis

指地球是一个生命有机体，在生命与环境的相互作用之下，能使得地球适合生命持续的生存与发展。由英国学者詹姆斯·洛夫洛克（James Ephraim Lovelock）在 20 世纪 60 年代提出。盖亚是古希腊神话中大地女神的名字，主神宙斯之母，在此代表创生万事万物的地球。洛夫洛克受盖亚含义的启发，在研究大气中氧气与二氧化碳的比例与平衡关系的过程中，将其与火星大气成分相比较发现，仅用化学过程来解释地球大气圈的自我调节作用是不充分的，还应考虑地表生物系统的作用。盖亚假说作为一种新的生态伦理学理论，直指日趋严重的全球生态问题，为协调人与生物圈的伦理关系提供了新的思考维度。（朱雨晨）

《盖亚与上帝：一种使地球康复的生态女性主义神学》

Gaia and God: An Ecofeminist Theology of Earth Healing

美国民主社会主义者、生态女性主义者、天主教神学家罗斯玛丽·鲁特尔的代表著作，1994 年出版。书中讨论的主题：创造、破坏以及统治。认为这 3 个神秘主题至今依然影响着西方社会与文化。从生态女性主义的视角阐明女性与自然之间的关联；试图从宗教中寻找适合世界发展的途径，认为研究女性问题、生态问题和宗教问题富有教益。专业性较强，适合有一定神学和生态学思想基础的读者阅读。（徐越）

《干旱区地理》

Arid Land Geography

原名《新疆地理》，1978 年创刊。现由中国科学院新疆生态与地理研究所和中国地理学会主

办，科学出版社出版。刊载范围包括：自然地理、区域地理、全球变化、地理信息与遥感技术的应用、土壤学、水文与水资源，环境变化、气候、气象、植物生态与植物地理以及植被恢复、动物生态学与动物地理学、干旱区生态与及其生态系统建设、灾害与防治、资源开发与利用、干旱区与大气圈、水圈、生物圈、岩石圈和人类活动之间的相互作用，特别是干旱区资源环境研究重大科学问题：即干旱区生态系统与演化机制、干旱区生态建设与环境治理、资源开发利用与区域发展，并反映干旱区地理学的研究成果，干旱区研究报道，为促进国内外学术交流、繁荣和发展干旱区地理学提供论坛，同时还欢迎对《干旱区地理》发表的文章进行讨论和评论。主要读者对象：地理工作者、高等院校师生、中学教师，以及农、林、牧、水利、气象、地质、工交、贸易、城建、旅游、规划等部门的科技工作者和决策者和国内外科技工作者。双月刊，ISSN: 1000-6060。（席溢）

《干旱区资源与环境》

Journal of Arid Land Resources and Environment

中国自然资源学会干旱、半干旱区研究委员会主持下的综合性学术刊物。现为国内自然科学与社会科学两大系统的核心期刊之一。主要面向国内外干旱、半干旱地区，探讨干旱地区（包括半干旱地区）的形成、演变等一般特征，以及各种资源合理利用与环境整治的途径，尤其重视干旱地区绿洲建设与绿洲化的理论与实践经验，产业结构布局与调整的理论方面的研究成果。月刊，ISSN：1003-7578。（席溢）

甘地主义

Gandhiism

莫罕达斯·卡拉姆昌德·甘地（Mohandas Karamchand Gandhi，1869 ~ 1948），是第一次世界大战后印度民族独立运动的杰出领袖和主要领导人，领导印度人民反抗英国的殖民统治长达数十年之久。甘地领导的非暴力不合作运动在世界民族解放斗争历史上具有重要的地位。甘地主义指甘地提出的思想和倡导的原则，其中重要的是非暴力抵抗。有学者指出，甘地主义不是形而上学或某种政治哲学，更像是一种政治信仰、经济学说、宗教观、道德戒律，或者说是一种世界观。甘地主义与其说是系统化的政治智慧，更不如说是基于人之善良本性的改造社会的尝试。甘地主义由宗教泛爱主义和人道主义的政治哲学、争取印度独立的政治思想、经济正义和经济平等的农村经济思想、印度民族文化和爱国主义等所组成。但是，甘地本人并不赞成甘地主义的提法。（王聪聪）

甘肃 **2014** 年生态文明建设状况

Eco-Civilization Construction in Gansu in 2014

2014 年甘肃生态文明指数（ECI）得分为 66.41，名列全国第 28 位。具体二级指标得分情况及排名情况见表 1。去除 ECI 中“社会发展”指标后，甘肃绿色生态文明指数（GECI）得分为

56.29，排名全国第28位。甘肃生态文明建设属低度均衡型，生态活力、环境质量、社会发展和协调程度均居全国下游水平。生态活力方面，甘肃自然保护区的有效保护处于全国领先位置，森林覆盖率虽然比较低，但是整体森林质量处于全国中游水平，建成区绿化覆盖率、湿地面积占国土面积比重均排名靠后。环境质量方面，甘肃除化肥施用超标量排名靠前，地表水体质量、环境空气质量、水土流失率和农药使用强度居全国中游或中下游水平。社会发展方面，甘肃服务业产值占国内生产总值比例、每千人口医疗机构床位数、人均教育经费投入居全国中等水平，人均国内生产总值、城镇化率、农村改水率处于全国下游水平。协调程度方面，除环境污染治理投资占国内生产总值比重较高，居全国领先水平外，工业固体废物综合利用率、城市生活垃圾无害化率等其他三级指标均居全国中游或下游水准。甘肃号称“雍凉之地”，是黄河、长江水系的重要途经地，是中国西北重要的生态屏障，在全国生态系统中占据非常重要的位置；在全国国家重点生态功能区目录中，甘肃省有37个市县进入目录，分别承担祁连山冰川与水源涵养生态功能区、三江源草原草甸湿地生态功能区的生态保护与恢复功能，承担水源涵养态功能区、水土保持功能区、生物多样性功能区三大功能。甘肃生态安全的重要意义不言而喻，但甘肃生态脆弱性高，水土流失率高达64.13%，水土流失严重，水体质量较差，是国家水土流失重点治理区、地质灾害重点防治区重点攻坚区。气候干旱、植被稀少、人口增加、资源过度开发、经济增长困境等诸多不利因素对甘肃的生态布局与经济布局形成了不小挑战。

表1　2014年甘肃生态文明建设二级指标情况汇总

二级指标	得分	排名	等级
生态活力（满分为43.20分）	22.63	27	4
环境质量（满分为36.00分）	19.60	24	3
社会发展（满分为21.60分）	10.13	29	4
协调程度（满分为43.20分）	14.06	27	3

表2　甘肃2014生态文明建设评价结果

一级指标	二级指标	三级指标	指标数据	排名
生态文明指数(ECI)	生态活力	森林覆盖率	11.28	27
		森林质量	42.28米^3/公顷	16
		建成区绿化覆盖率	32.07%	28
		自然保护区的有效保护	16.42%	4
		湿地面积占国土面积比重	3.73%	22
	环境质量	地表水体质量	63.50 %	17
		环境空气质量	52.88%	20
		水土流失率	64.13%	29
		农药施用强度	18.71千克/公顷	27
		化肥施用超标量	2.89千克/公顷	4

续表

一级指标	二级指标	三级指标	指标数据	排名
生态文明指数(ECI)	社会发展	人均国内生产总值	24296 元	30
		服务业产值占国内生产总值比例	41 %	15
		城镇化率	40.13%	29
		人均教育经费投入	1407.14 元/人	21
		每千人口医疗机构床位数	4.49 张	20
		农村改水率	66.15%	25
	协调程度	环境污染治理投资占国内生产总值比重	2.81 %	5
		工业固体废物综合利用率	55.86%	21
		城市生活垃圾无害化率	42.29%	30
		化学需氧量排放变化效应	4.50 吨/千米	25
		氨氮排放变化效应	0.81 吨/千米	18
		二氧化硫排放变化效应	0.14 千克/公顷	26
		氮氧化物排放变化效应	0.40	23
		烟（粉）尘排放变化效应	−0.25	16

（参考：严耕等：《中国省域生态文明建设评价报告（ECI2015）》第 281 ～ 285 页，北京：社会科学文献出版社，2015 年。徐保军）

甘肃省环境科学学会

Gansu Society For Environmental Sciences

经甘肃省民政厅批准成立，隶属甘肃省环保局直属单位。由全省环境科技工作者，环境管理人员和环境科技实业家自愿组成的学术性社会团体，属甘肃省科学技术协会的组成部分，是全省发展环境科学技术事业的重要社会力量。遵守我国的宪法、法律、法规和国家政策，遵守社会道德风尚。坚持“百花齐放，百家争鸣”，坚持独立自主、民主办会的原则，以“环境保护是我国的一项基本国策”为总方针，倡导献身、求实、创新、协作的精神，团结广大环境科技工作者，以经济建设为中心，促进环境科技繁荣、发展，推动全省环境建设的发展。业务范围：1. 针对本省、国内和世界上在环境中存在的主要问题，开展国内外学术交流；2. 组织环境科技工作者开展重点学术课题的探讨和学术考察，为重点科技攻关课题的研究，提出较高层次的建设性意见；3. 对部门或地区的环境发展规划、计划，对国土及自然资源的综合利用等进行的技术和经济论证，为环境发展战略、科技政策、宏观规划等方面提供决策服务；4. 对工程建设项目、技术改造、技术引进项目进行可行性研究，或对可行性研究方案进行咨询等；5. 接受委托进行科技项目论证，为有关部门和个人的技术成果组织鉴定、推广和转让；6. 组织评选甘肃省环境科技进步奖即“环境杯”；7. 编辑出版环境科技书刊，传播先进的环境科学技术和管理方法；8. 大力普及环境科学知识，积极开展青少年环境科技活动；9. 开展继续教育，推动知识更新，进行技术培训，开拓智力资源，发现人才举荐人才；10. 向党和政府反映科技工作者的意见和要求，维护科技工作者的合法权益，服务会员，并开展表彰奖励活动。（席溢）

甘肃省生态文化协会

Gansu Province Eco-Culture Association

2012 年 8 月 15 日成立。旨在弘扬生态文化，倡导绿色生活，共建生态文明。将在大力宣传生态文明理念，倡导绿色生活，发展绿色产业，尊重自然、保护自然、合理利用自然，促进人与自然和谐相处，形成节约资源及保护环境的发展方式和消费模式，推动甘肃经济社会可持续发展等方面起到积极的作用。（席溢）

甘肃省生态学会

Ecological Society of Gansu Province

2014 年 4 月 26 日在兰州成立，挂靠兰州大学。由我国著名生态学家、兰州大学教授杜国祯发起，旨在充分发挥省内生态学领域的人才优势，构建人才合作的新模式，服务于西部生态保护，维护国家生态安全。（席溢）

甘肃省野生动植物保护协会

Gansu Wildlife Conservation Association

1984 年成立，常设机构为秘书处。秘书处设在甘肃省野生动植物管理局，业务上受省林业厅领导。是具有广泛代表性的野生动植物保护社会组织，拥有地、市、县级团体会员 110 多个，拥有个人会员 7000 人左右。由野生动植物保护管理、科研教育、驯养繁殖、自然保护区工作者和广大野生动植物爱好者组成的群众团体，宗旨是推动省野生动植物保护事业的发展，为保护、拯救濒危、珍稀动植物做出贡献。主要任务是组织会员贯彻国家保护野生动植物的方针、政策、法令，开展拯救和保护珍稀野生动植物的宣传教育，开展保护野生动植物的科学研究、学术交流，提供经营管理野生动植物资源的技术业务咨询，与全国各省自然保护组织和机构建立联系，参与有关合作与交流。（席溢）

甘孜州生物多样性保护与生态文化协会

Tibetan Autonomous Prefecture of Garzê Biodiversity Conservation and Ecological Culture Association

致力于雪域高原、江河源头康巴地区的生物多样性保护和优秀传统生态文化的传播。会员中有许多科技工作者，还包括藏学研究人员、文化工作者、政府官员、环保机构人员、自然科学研究者和少数高僧大德、农牧民群众。关注青藏高原的可持续发展。宗旨：立足甘孜州，弘扬本土文化，促进康巴地区内外公众参与，实现生物多样性保护和可持续发展。（席溢）

橄榄树政党联盟

Oliver Tree Party Alliance

1995 ～ 2007 年意大利政坛中的中左政党的政治选举联盟的别称。橄榄树政党联盟的倡议者是前总理罗马诺·普罗迪。他与阿图罗·帕里西于 1995 年共同提出“橄榄树联盟”称，设计了橄榄树图标。1996 年，橄榄树政党联盟赢得意大利国民议会大选，组建第一届普罗迪政府（1996 ～ 1998）。联盟主要包括民主左翼党、意大利人民党、意大利重建党、绿党联盟、意大利社会党、民主联盟、意大利重建共产党等。1998 年，由于意大利重建共产党退出该联盟，导致普罗迪政府倒台。1998 ～ 2001 年，橄榄树联盟中的民主左翼党领导人马西莫·达莱马和朱利亚诺·阿马托先后出任意大利总理。在 2001 年意大利大选中，弗朗西斯科·鲁泰利领导的橄榄树联盟不敌西尔维奥·贝卢斯科尼领导的中右政党的自由联盟。在 2004 年的欧洲选举中，橄榄树联盟获得 31.1% 的选票。2005 年，包含橄榄树联盟在内的更大的政治选举联盟得以组建，其中包括左翼民主党、民主即自由党、意大利民主社会党、欧洲共和运动等 2004 年橄榄树联盟的成员，以及意大利重建共产党、意大利共产党人、意大利价值党、绿党联盟等。在 2006 年的国民议会选举中，橄榄树联盟以 31.2% 的成绩赢得大选。普罗迪再次出任意大利总理。（王聪聪）

干部考核制度改革与生态文明建设

Reform of the Cadre Evaluation System and the Construction of Eco-civilization

近年来，尤其是十八大之后，国家高度重视干部生态环境考核机制的构建，推行许多与生态文明建设考核相关的政策，将生态文明建设因素引入考核机制改革中，以促进我国的社会主义生态文明建设。如《省级政府耕地保护责任目标考核办法》《关于实行最严格水资源管理制度的意见》《全国主体功能区规划》中的“主体功能区的差别化绩效考核”《“十一五”节能减排综合性工作方案》中的“节能减排的问责制和‘一票否决’制”、国务院《关于加强环境保护重点工作的意见》中提出的“地方各级人民政府生态绩效考核”与“实行环境保护一票否决制”等。另一方面，也必须看到，目前仍存在很多地方领导干部过度纠结于地区 GDP 的总量与增速，将经济建设与生态文明建设对立起来，认为加大企业治污力度是对欠发达地区的过高要求，导致很多地区耕地、水资源、大气等资源环境类指标在政绩考核中被刻意淡化，单纯以地区生产总值及增长率来衡量各省（自治区、直辖市）发展成效，系统完整的绿色考核内容、标准、程序和方法仍没有建立，对因决策失误造成重大环境损害的领导干部仅是偶有问责，对环评行业“红顶中介”“花钱办证”、未批先建、擅自变更等违法违规现象也无责任追究机制。同时，生态文明建设主管部门不明确，生态文明建设考评处于无主无序状态，多头监管和政策真空地带同在。领导干部绿色政绩考核什么、谁来考核、如何考核等问题均不够明确。为此，十八大及三中全会明确要求“建立体现生态文明要求的目标体系、考核办法、奖惩机制”，十八届四中全会《决定》要求用严格的法律制度保护生态环境。随着上述决定及要求的不断贯彻落实，我国逐步建立起更为完善的生态文明干部考核机制，加上多元、立体化的社会评价机制和公众参与机制，社会主义生态文明建设的步伐不断加快。（刘中华）

纲领党

Program Party

相对于选举党而言，指某个政党通过制定被大多数成员认可的纲领，说明如何有计划地改变、改组社会，使改变后的社会能更符合党所代表的社会群体的政治愿望，并且在选举政治和政府治理中遵循自己的纲领。纲领党的主要特征是：1. 党以实现自己的纲领为最高目标，不是以赢得各级选举或获得各级议会议席为最高目标。2. 党的纲领是明确且有别于其他党的纲领，党纲需要经过严格的程序得以制定或修改。以德国社民党为例，它在很长时间内是典型的纲领党。自成立以来，它就一直具有明确的党章和明显区别于其他政党的党纲，而且相对严格地遵循其政党纲领，尽管有时也会遭到来自党内外的关于政治机会主义的批评。（徐越）

高标准基本农田建设

High Standard Basic Farmland Construction

以建设高标准基本农田为目标，依据土地利用总体规划和土地整治规划，在农村土地整治重点区域及重大工程、基本农田保护区、基本农田整备区等开展的土地整治活动。其中，高标准基本农田是指一定时期内，通过农村土地整治建设形成的集中连片、设施配套、高产稳产、生态良好、抗灾能力强，与现代农业生产和经营方式相适应的基本农田。包括经过整治的原有基本农田和经整治后划入的基本农田。农村土地整治是指对农村地区低效利用和不合理利用的农用地、建设用地以及未利用土地，通过田、水、路、林、村综合整治，增加有效耕地面积，提高耕地质量，改善农村生产生活条件和生态环境的土地利用活动。高标准基本农田建设目标：优化土地利用结构与布局，实现集中连片，发挥规模效益；增加有效耕地面积，提高高标准基本农田面积比重；提高基本农田质量，完善田间基础设施，稳步提高粮食综合生产能力；加强生态环境建设，发挥生产、生态、景观的综合功能；建立保护和补偿机制，促进高标准基本农田的持续利用。高标准基本农田建设条件包括：1. 基础条件，即符合国家法律、法规，符合土地、农业、水利、环保等部门的有关规定；水资源有保障，水质符合农田灌溉标准，土壤适合农作物生长，无潜在土壤污染和地质灾害；建设区域相对集中连片；具备建设所必需的水利、交通、电力等骨干基础设施；地方政府高度重视，当地农村集体经济组织和农民群众积极性高。2. 建设区域有：土地利用总体规划确定的基本农田保护区和基本农田整备区；土地利用总体规划确定的土地整理复垦开发重点区域及重大工程；土地整治规划确定的土地整治重点区域及重大工程、基本农田整理重点县。限制区域区域包括：水源保护区及水资源严重贫乏区域；水土流失易发区、沙化严重区等生态脆弱区域；因挖损、塌陷、压占等造成土地损毁并难以复星为耕地的区域；污染严重难以恢复的区域；易受自然灾害损毁的区域。禁止区域：地形坡度大于 25° 的区域；自然保护区、退耕还林区、退耕还草区；行洪河道、河流、湖泊、水库水面。涉及滩涂开发、湿地开垦、围海造田等区域，应经过相关部门论证，并获得批准。（参考：李少帅、郧文聚：《高标准基本农田建设存在的问题及对策》，《资源与产业》2012 年第 3 期第 189 ~ 193 页。朱配辰）

高承载植草地坪

High Bearing Grass Floor

集草坪和硬化地面优点于一身，具备环保、

低碳功能的停车场植草地坪。高承载植草地坪简称植草地坪，源于英国，广泛流行于欧美国家。大量实践证明，高承载植草地坪对于水土保持能起到独特的事半功倍的效果。高承载植草地坪的特点有：1. 高承载性，最高可承载重量达到 60 吨；2. 高绿化率，采用曲面设计，使混凝土更易被植被覆盖；3. 高成活率，所有植草孔腔都是彼此联结的，并与地层直接联结，植草的成活率可以大大提高；4. 保持水土，可以很好应对暴雨冲刷导致的水土流失问题，可用于建设绿色生态的防洪、防汛和泄洪设施；5. 高耐用性，生态植草地坪系统性能稳定、持久耐用，无须维护。（朱雨晨）

高耗能产业

High Energy Consuming Industries

是生产中大量消耗能源的产业，包括钢铁及有色金属冶炼及加工业、建材业、化工业等，主要产品如钢铁、有色金属、水泥、化肥、乙烯等。由国家统计局公布的《2010 年国民经济和社会发展统计公报》指出高耗能行业分别为：化学原料及化学制品制造业、非金属矿物制品业、黑色金属冶炼及压延加工业、有色金属冶炼及压延加工业、石油加工炼焦及核燃料加工业、电力热力的生产和供应业。化工原料及其产品因包含的行业较多，故其总能耗最多；作为单独行业，钢铁工业的能耗最大，水泥工业次之，石油及炼焦工业居第三。我国经济增长对高能耗行业需求很大。市场对高耗能行业的强劲需求，增加了工业能耗总水平，也使得一些地方发展高耗能产业的动力不减。随着环境资源稀缺性的增强，中国高能耗产业可持续地节能减排是必然要求。相比于传统的行政手段，此类产业在清洁发展机制下与发达国家开展排污权交易，可增强节能减排的内生动力。但目前该机制并不能确保企业将相关资金投入到清洁生产技术的创新与应用中，因而，难以确保企业节能减排能力的提升，而这恰恰是该产业可持续节能减排的关键。倘若清洁发展机制相关资金与清洁生产技术之间的“转换”渠道不畅，甚至可能导致相关主体单纯追逐“收益”的新的“市场失灵”。此类产业在参与清洁发展机制的过程中，与节能减排专业化主体开展分工合作，则可疏通“转换”渠道，提升此类产业节能减排的能力。在此基础上，引入行业协会或企业联盟以及发挥政府引导的独特作用，有利于降低相关交易成本，从而构建以多重激励相容为特征的新型清洁发展机制，促进此类产业节能减排的效率提升与可持续性。（参考：张小蒂等：《中国高能耗、高污染产业节能减排的可持续性》，《学术月刊》2008 年第 11 期第 79 ~ 86 页。朱配辰）

高家堰

Levee of Hongze Lake, Gaojia Weir

高家堰大堤是我国第四大淡水湖洪泽湖的东岸堤防。最早可追溯到东汉建安时期，至今已经有 2000 多年的历史。虽然高家堰历史悠久，但是

直至明代中期，高家堰依然只是一条长仅二三十里的低矮土堤。明朝正德年间开始，黄河主流南下夺淮河入海，黄淮合一，淮河中下游水患频繁。当时朝廷采用南岸疏浚、北岸筑堤的做法，虽解除部分险情，但苏北地区的河道频繁决堤，河患严重。明万历年间，潘季驯被三次启用总理河漕军务。在总结前人经验的基础上，潘季驯明确筑堤束水，以水攻沙的指导思想。根据淮河清、黄河浊，淮河弱、黄河强的特点，在原本土堤的基础上，建筑高家堰大堤，蓄淮河之水于洪泽湖内以抬高水位，使淮河水从青口出，以抵挡黄河水强的问题，达到蓄清敌黄的目的。清朝雍正年间，国家财力逐渐充裕，中央政府认为应当治理作为黄淮漕运关键枢纽的高家堰。于是陆续拨款修高家堰，主要以大石筑墙，通身石工。该工程一直持续到咸丰五年（1855）黄河决口铜瓦厢改道大清河北上入渤海为止才宣告结束。此时的高家堰已是长 120 里、底宽 20 丈，顶宽 10 丈有余的水上长城。高家堰自清代中期建成后，不断受到洪泽湖水陆持续抬高的压力和洪水的考验。洪水期的洪泽湖水面高出东侧里下河地区 10 余米，成为名副其实的地上悬湖。洪泽湖的万顷湖水全部依赖湖东侧的高家堰作为屏障，虽然危险，但是大坝经历风浪至今保存完好，目前仍然发挥着重要的作用。高家堰大堤南北绵亘百多千米，堤高体壮，蔚为大观，其体积甚至超过著名的万里长城。它在结构设计上合乎科学原理，颇有创意，显示我国古代水利建设者的高超智慧。一是堤身多弯。堤身的多弯设计主要是聪明的建设者们考虑到当地地形对风浪的影响，通过堤身的故意弯曲，让大堤避免洪泽湖风浪的正面冲击，减轻湖水对堤身的冲击力。二是石料丁顺间砌，石砖土三位一体。传统堤坝的砌石技术最重要的在于丁顺间砌，才能有利彼此联结，增强抗冲性。高家堰石工墙每丈搭三块丁石，“每层顺砌一丈，例用丁头石三块，每块长三尺六寸，庶与衬里砖石里外牵扯，方资巩固。”（《石工说》）石块之间首尾凿孔，再加以燕尾状铁销相连，左右贯穿，使通身之石，宛若一体。三是植树挡浪，栽草护堤。堤根处栽种芦苇，待芦苇丰茂后，即有风不能鼓浪。同时在堤坡上种草，其作用是草长茂盛大雨不能冲刷泥土。（参考：卢勇：《明清时期洪泽湖高家堰大堤的建筑成就》，《安徽史学》2011 年第 6 期第 109 ~ 112 页。朱配辰）

高碳能源

High Carbon Energy

指经济发展中的能源结构以煤炭为主的经济模式。当前中国能源消费主要包括煤炭、石油、天然气、核电、水电、太阳能和风能等，多煤贫油少气的资源能源赋存特点，决定我国能源结构必然以高碳性强的煤炭为主。在一次能源消费中，煤炭几乎占到 70%，石油占 20%，天然气只占 3.5%。二次能源电力的消费中，燃煤火电占

77%，水电占到 20%。碳能源的发展方向是要实现低碳化。煤在相当长的历史时期内仍将是我国的主要能源。要高度重视和加强高碳能源的低碳化，实现煤炭的高效洁净利用。高碳能源低碳化的基本要求是高效率、低排放、少污染，实现的方式包括从源头、过程到终端的全生命周期，即加大原煤入洗比重，减少原煤输出和直接燃烧，从源头上控制污染物排放；加快煤炭高效转化技术开发，如多联产、先进燃烧、低碳产品合成等技术，降低煤炭消费强度，减少转化过程中的污染排放；加大煤炭及煤基产品消费环节污染物排放控制与治理技术的研发，如二氧化碳的捕集、利用和储存，实现煤炭及煤基产品的清洁化利用。除此以外，为实现高碳能源低碳化利用这一目标，需要采取综合的保障方式，包括技术的、经济的、法律的。法律具有强制性、稳定性、权威性和规范性的特征。法律的功能优势在诸多保障方式中起到基础性的作用。高碳能源低碳化利用包括的含义：1. 高碳能源供应安全（High-Carbon Energy Supply Security），指在技术上达到高碳能源资源低碳化利用，在公平合理稳定的范围内，有丰富充足的高碳能源资源供应以满足国家或者地区在社会发展、经济发展及社会稳定的需要。2. 高碳能源经济效率（High-Carbon Energy Economic Efficiency），指在技术上达到高碳能源资源低碳化利用，处理好经济发展与能源利用的关系，将节约放在首位，最大限度提高高碳能源资源使用效率，实现可持续发展。3. 高碳能源环境保护（High-Carbon Energy Environmental Protection），指实现高碳能源资源低碳化利用，减少高碳能源对环境和气候变化的影响，协调好能源资源战略与环境保护的关系，做到在生态环境保护中开发利用高碳能源资源，在高碳能源资源低碳化利用中保护生态环境。高碳能源资源低碳化利用是在各个不同层次的监督协调下不同程度的高碳能源资源生产、运输、分配、利用、科研等一整套的体系，在环境容许的范围内基本保障国家或不同地区的高碳能源资源供应安全。（参考：申宝宏等：《高碳能源低碳化利用途径分析》，《中国能源》2010 年第 1 期第 10 ~ 13 页。朱配辰）

高效立体种养技术

Efficient Stereo Planting Technology

指应用于林业农业中的交错型高效立体种植和养殖结合的模式。根据不同植物的物候期不同的特点，通过错开时间季节，充分利用林间空地，套种其他作物，同时发展林下经济养殖业。既可经济合理地使用土地，又能提高光能利用率，减轻长期种植单一作物对土壤产生的毒副作用，提高土地的综合产出效益，更重要的是解决单纯种植业生产短期见效难的弊端，达到以短补长的目的。（朱雨晨）

高效生态农业

Efficient Ecological Agriculture

高效生态农业是集约化经营与生态化生产有机结合的现代农业。它以绿色消费为导向，以理念创新、结构创新、科技创新、体制创新为动力，以提高农业市场竞争力和可持续发展能力为核心，以资源节约、环境友好、产品安全、经济高效、技术密集、人力资源得到充分发挥为本质特征的新的现代农业发展模式。（朱雨晨）

高新技术产业

High-tech Industry

指利用前沿科学和先进技术在研究、开发、应用、扩散等过程形成的科学技术群。我国在“863”计划中分别选择了 8 个高新技术领域：信息技术、生物技术、新材料技术、能源技术、农业高新技术、先进制造技术与自动化技术、海洋技术和民用高新技术。高新技术产业的发展过程主要表现在两个方面：1. 随着高新技术的出现、研发和应用形成全新的产业部门，如信息产业、新能源和新材料产业等，也就是学者在三大产业之外定义的第四产业；2. 高新技术与传统技术的融合，应用高新技术对传统产业进行渗透、改造、提升，促使传统产业结构升级、协调、优化，通过技术创新和多学科技术交叉，在传统产业中发觉新的经济增长点。高新技术产业的发展能够提高我国的劳动生产率，减少资源消耗，提升产业优势，进而促进整个国民经济的持续发展，有利于环境和资源在经济增长下的平衡。（参考：刘林：《高新技术产业可持续发展模式研究》，哈尔滨理工大学 2009 年博士学位论文第 32 ~ 33 页。刘阳）

高新技术园

High-tech Garden

指以高新技术为基础，产品主导技术属于确定的高技术领域，包括高技术领域中处于技术前沿的工艺或技术突破的集中园区。高新技术产业主要包括信息技术、生物技术、新材料技术三大领域。高新技术园是国家和地区实现高新技术产业化、促进经济增长和社会持续发展的有效方式和重要手段，主要发展领域有：电子与信息技术、生物工程和新医药技术、新材料及应用技术、先进制造技术、航空航天技术、海洋工程技术、核应用技术、新能源与高效节能技术、环境保护新技术、现代农业技术以及其他在传统产业改造中应用的新工艺、新技术等。高新技术园最早出现于美国，后逐步在欧洲和日本出现，如波士顿 128 公路地区、日本筑波科技城、法国索菲亚科技园、硅谷等。我国高新技术园建设起步较晚，始于 20 世纪 80 年代。高新技术园分类：1. 企业孵化器。高新技术园可以在企业创办初期给予提供研究、生产、经营的场地，旨在对高新技术成果、科技型企业和创业企业进行孵化，以推动合作与交流，使创业者将发明和成果尽快形成商品进入市场，提供综合服务帮助新兴的中小企业成熟长大形成规模，降低创业企业的风险和成本，提高企业成活率和成功率，最终使企业做大，为社会培养成功的企业和企业家。2. 科技工业园。即将已完成基础设施建设的地块，销售给生产企业和科研机构，使其在园区内建立高新技术企业，从事高新技术产品的科研开发。3. 大学科技园。从广义上讲，大学科技园是以成果转化理论和现代科技创新理论为依据开创的加速科技与经济一体化发展的创新机制。从狭义上说，大学科技园是以主办大学为核心，以有利于发挥大学科技优势和促进地方经济发展为前提形成的高新技术园区。4. 科学园。指从事企业支持和技术转化行为的区域，包括鼓励和支持创新导向的、高增长性的和基于知识的企业在创办、孵化和成长；提供环境使大型跨国企业通过它与某个知识创新中心建立起紧密的互动，以达到双赢的目的；与大学或其他高等研究机构具有正式的和运作上的联系。高新技术园的特点：1. 高投入、高风险。高新技术园的建设属于投资先导型建设，它的建设和运营需要前期投入大量的资源、资金、人力和物力。2. 高回报。高新技术产业园的研发实力和研究成果对国家的政治、经济、国防等诸多方面具有重要意义。3. 对人才的高需求。高新技术产业是高度的人才密集型产业，对高新技术人才有很大的依赖。（参考：陈先运：《高新技术园的竞争力指标体系的构建与模型研究》，《山东理工大学学报》（自然科学版）2004 年第 1 期第 24 ~ 28 页。朱配辰）

高新区产业集群

High-tech Industrial Cluster

高新区产业集群涉及产业集群和高新技术产业两个概念。产业集群是指在特定区域中，具有竞争与合作关系，且在地理上集中，有交互关联性的企业、专业化供应商、服务供应商、金融机构、相关产业的厂商及其他相关机构等组成的群体，代表着介于市场和等级制之间的新的空间经济组织形式。由于产业集群存在外部经济和集体效应，从而降低成本，尤其是降低交易成本，提高生产力。国家级高新技术产业开发区是指经国务院或省级人民政府批准建立，旨在促进高新技术及其产业的形成和发展的特定区域（在国际上称为科技工业园区）。它通过实施高新技术产业的优惠政策和各项改革措施，推进科技产业化进程，形成我国发展高新技术产业的主要基地。世界科技园区产业集群发展的经典模式有：硅谷模式，中国台湾新竹模式，印度班加罗尔模式。硅谷的史丹佛园区，是通过内部资源开发而内生高技术产业的自主创新模式。它有着竞争合作的价值观念和共生共享的开放氛围；鼓励冒险、宽容失败的价值观念和创新创业的企业家精神。另外还有着成功的制度创新：1. 具有完善的创新体系。以大学和科研院所为主创新源头和产业需求终端之间不断互动的创新环境。2. 由美国的全国证券交易商自动报价系统股票市场和风险投资构成的硅谷高技术公司融资环境提供了创业最重要的资金和管理经验。3. 以股票期权为特征的知识股权制度和人才激励环境，可以说硅谷新思想、新创意的不断出现就是得益于以股票期权为主的强有力的激励机制。中国台湾的新竹科技园是首先依靠政府发展产业集群，民间资本进入高科技产业，然后参与全球竞争，形成创新体系。印度的班加罗尔模式是依靠完善的信息产业技术教育和培训体系，积极吸引大量外国投资，质量管理的国际化、标准化与系统化。（参考：谢永琴：《产业集群理论与我国高新区发展研究》，《生产力研究》2004 年第 1 期第 124 ~ 126 页。**朱配辰**）

哥本哈根气候大会

United Nations Climate Change Conference in Copenhagen, Denmark

2009 年 12 月 7 ~ 18 日在丹麦首都哥本哈根召开《联合国气候变化框架公约》缔约方第 15 次会议，来自 192 个国家的环境部长和高级官员，商讨《京都议定书》一期承诺到期后的后续方案，就未来应对气候变化的全球行动签署新的协议。这次会议被广泛视为人类遏制全球变暖行动的“最后一次机会”。大会议题包括：1. 确立减少温室气体排放的具体目标。2. 如何资助发展中国家应对气候变化。3. 决定新协议及《京都议定书》的前途。4. 其他技术性议题，包括森林保护、碳交易与洁净技术转移等。然而，几经周折后，哥本哈根气候大会最终达成的成果，仅是一个没有法律约束力的《哥本哈根协议》，令国际社会尤其是环境主义者大失所望。（**申森**）

《哥本哈根协定》

The Copenhagen Accord

《哥本哈根协定》是由 193 个国家代表于 2009 年 12 月 7~18 日在丹麦哥本哈根召开的 UNFCCC 第 15 次缔约方大会上就未来应对气候变化的全球行动签署的协议，主要商讨各国二氧化碳的排放量问题。《哥本哈根协定》共有 12 个条文及 2 个附件，主要内容包括以下：1. 各缔约国应以全球气候升幅不应超过 2 摄氏度为目标稳定温室气体在大气中的浓度。2. 依照 IPCC 第四次评估报告所述愿景，将全球气温升幅控制在 2 摄氏度以下。3. 建立减少滥砍滥伐和森林退化产生的碳排放（REDD+）的机制，支持技术开发和转让，提高减排能力。4. 建立哥本哈根气候基金，并将该基金作为缔约方协议的金融机制的运作实体，以支持发展中国家包括 REDD+、适应性行动、产能建设以及技术研发和转让等用于延缓气候变化的方案、项目、政策及其他活动。5. 建立技术机制（Technology Mechanism），以加快技术研发和转让，支持适应和延缓气候变化的行动。协议还规定，应当支持并实行旨在降低发展中国家受害程度并加强其应对能力的行动，发达国家应当提供充足的、可预测的和持续的资金资源、技术以及经验，以支持发展中国家实行对抗气候变化举措。协议内容将在 2015 年结束以前完成对该协议及其执行情况的评估。该协定以“共同但区别的责任”为基本原则，首次将美国纳入承诺温室气体强制减排的轨道，并促使包括中国在内的发展中国家和新兴经济体承诺更有力度的削减排放目标，还在解决发达国家向发展中国家、小岛屿国家和最不发达国家提供财政援助的资金来源上向前迈进了一步，而且在减排透明度和尊重发展中国家主权以及绿色气候基金的设立等方面达成了框架性的协议，为2010年的墨西哥城谈判打下基础。《协议》没有具体规定发达国家到2020年的中期减排目标和到2050年的长期减排目标。因而，《协议》被认为是进展与力度有限的协议。（参考：曹明德：《哥本哈根协定：全球应对气候变化的新起点——兼论中国在未来气候变化国际法制定中的策略》，《政治与法律》2010年第3期第2～10页。朱配辰　申森）

《哥德斯堡纲领》

Bad Godesberg Programme

德国社会民主党1959年制定的政党纲领，是社民党发展史上的重要里程碑。明确放弃马克思主义的阶级斗争和唯物史观理论，正式放弃马克思主义意识形态的唯一指导地位，将马克思主义作为社民党意识形态的来源之一。《哥德斯堡纲领》标志着德国社会民主党意识形态的重大转折，以及社民党由"阶级党"向"人民党"的转型。《纲领》不再将推翻资本主义作为奋斗目标，而是致力于改革资本主义制度，也不再强调国有化是社会主义的主要原则。《纲领》的出台，旨在扩大政党的阶级基础，吸引中间阶层的支持，使政党由纯粹的工人阶级政党向更广意义上的人民党转变。1989年《纲领》被《柏林纲领》取代。值得指出的是，在《哥德斯堡纲领》中没有明显的环境友好立场，支持使用核能，认为核能的和平利用能造福人类。（王聪聪）

格劳丽亚·奥林斯坦

Gloria Orenstein, 1938 ～

美国南加州大学比较文学与性别研究系荣誉退休教授。主要研究领域为：现代艺术中的女性研究、文学与文化、文学中的女性主义、魔幻现实主义。代表著作是《重构世界：女性主义的兴起》（1990）。（徐越）

格雷厄姆·珀切斯

Graham Purchase

加拿大绿色工联主义学者，致力于绿色劳工运动和生态无政府运动（生态区域自治）在政治学方法论的理论和实践相结合。生年不详。主要代表著作有：《无政府主义和环境生存》（1996）、《深生态学与无政府主义》（1997）等。（徐越）

格罗·哈莱姆·布伦特兰

Gro Harlem Brundland, 1939.4.20. ～

挪威政治家、外交家、物理学家，挪威首相、世界卫生组织总干事，国际可持续发展及公共卫生专家，1994年被授予德国查理曼和平奖。2014年9月获得第一届永续发展奖。1987年，在担任主席的联合国世界环境与发展委员会的报告《我们共同的未来》中，提出可持续发展的概念，并将可持续发展定义为"既满足当代人的需要，又不对后代人满足其需要的能力构成危害的发展"，这一定义得到广泛接受。此外，她在报告中提及其他解决全球环境问题的根本指导方针和原则。指出，环境和发展问题涉及世界各国后代人的利益，需要长远规划；人口、资源、环境和发展是不可分割的，需要综合考虑；不同政治制度、社会发展阶段、文化背景和宗教信仰的国家，尤其是发达国家与发展中国家需要进行广泛合作等。后来这些思想都被纳入1992年里约热内卢首脑会议文件的可持续发展战略中。参见**布伦特兰夫人**。（李雪姣）

格鲁吉亚绿党

Green Party of Georgia

格鲁吉亚的环境主义政党，领袖为乔治·加切奇拉泽（Giorgi Gachechiladze）。在1992年大选中，格鲁吉亚绿党实现较大选举突破，获得235个议席中的11个议席，在1995年成功进入联合政府。但没有因此成为国内稳定的政治力量。在1999年大选中，绿党仅获得0.55%的选票，未能取得任何议会席位。2003年大选中，绿党支持爱德华·谢瓦尔德纳泽（Eduard Shevardnadze）联合政府，认为当次大选是格鲁吉亚历史上最为透明的选举。目前，与格鲁吉亚之梦、格鲁吉亚之梦—民主格鲁吉亚、我们的格鲁吉亚—自由民主党、格鲁吉亚共和党、格鲁吉亚保守党等政党，都拥有国内议会议席。同时，格鲁吉亚绿党也是欧洲绿党的成员党。（王聪聪）

格特·斯帕加伦

Gert Spaargaren, 1954 ～

环境社会学家，荷兰瓦格宁根大学教授、编辑、作家。1983 年获得瓦格宁根大学社会学博士，1985 年在瓦格宁根大学开始职业生涯。1999 ～

2003 年，在荷兰蒂尔堡大学获得教授职位，讲授环境教育政策。1999 年以《生产和消费的生态现代化》一文获得瓦格宁根大学的讲师资格。荷兰气候研究开发平台的成员。讲授可持续性的环境政策和消费模式等课程，主要研究领域为消费者研究和环境政策、环境社会学、可持续消费和行为、环境改革的全球化等。斯帕加伦是生态现代化理论的荷兰代表人物之一。主要著作包括《管理环境流动：社会理论的全球挑战》《碳流动、碳市场和低碳生活方式》《生产和消费的生产现代化》等。（徐越）

格物致知

Investigation of Things,to Extend Knowledge

中国古代儒家思想的重要命题。“格物致知”语出《礼记·大学》：“古之欲明明德于天下者，先治其国；欲治其国者，先齐其家；欲齐其家者，先修其身；欲修其身者，先正其心；欲正其心者，先诚其意；欲诚其意者，先致其知，致知在格物。格物而后知至，知至而后意诚，意诚而后心正，心正而后身修，身修而后家齐，家齐而后国治，国治而后天下平。”格物致知是《大学》三纲领八条目中的重要环节。格物致知主要指对“修齐治平”内容的研究和学习等。格物致知的意涵和诠释，从最早为《大学》作注的东汉郑玄起，直到中国近现代的儒家学者，一直争论不休，明末刘宗周说：“格物之说，古今聚讼有七十二家！”时至今日，解家更多，其中朱熹对“格物致知”的解读在理学的崇高地位的影响之下成为后世普遍流行的观点，朱熹认为“格物致知”即“穷究事物之理，以至其极”，“格，至也；物，犹事也；穷至事物之理，欲其极处无不到也”。格物致知现在也常被用来指代分科治学意义上的普遍求知以及相关学科。（雷爱民）

镉大米事件

Cadmium Rice Incident

2013 年湖南攸县的大米被查出镉含量超标，原因在于当地重金属污染导致镉在农作物中积累，在公众中产生较大反响。镉对人体健康危害

很大，长期摄入会导致慢性重金属中毒，人体在几十年后才会出现临床反应。镉大米问题不仅是食品安全问题，更是环境问题。据数据显示，我国大米污染已覆盖四川、贵州、广西、广东、湖南、辽宁、浙江、江西、福建等省的局部地区，市场中约有 10% 的大米污染物超标严重。而且，除稻米外其他农作物同样有可能受到重金属超标的污

染。重金属污染通过土壤进入农作物，继而进入人体。这些地区的受污染农作物仍在市场上销售。环保部门承认，中国土壤污染的总体形势相当严峻，全国每年受重金属污染的粮食达 1200 万吨，造成的直接经济损失超过 200 亿元。（张沥元）

个人所得税法

Personal Income Tax Law

见《**中华人民共和国个人所得税法**》。

个体生态学与群体生态学

Autecology and Synecology

个体生态学是以生物的个体及其栖息环境为研究对象，研究有关环境因子对生物个体的影响，以及生物个体在形态、生理、生化和行为方面的生态适应机制，阐明生物个体与其生存环境之间的相互关系和作用规律。由于个体生态学涉及生物个体的生活方式以及物种的生存和进化，所以可定义个体生态学是研究生物的个体发育、系统发育及其与环境关系的生态学分支。群体生态学是研究一定栖息地范围内同种或异种生物群体与环境之间的相互关系的科学。群体生态学是相对个体生态学而言的，群体生态学又分为种群生态学（population ecology）和群落生态学（community ecology）两部分。也有人把群体生态学与群落生态学等同。有的书中把生物群落学（biocenology）、生物社会学（biosociology）或群落生态学都作为群体生态学的同义词。（牟世晶）

个体主义

Individualism

个体主义是一整套包含政治、经济、道德、信仰等认知与主张在内的哲学系统。它重视个人自由，强调自我支配、自我控制、不受外来约束的个人权益，认为个人利益是决定个体行为的主要因素，个人是社会的终极目标。个体主义强调个人独立，反抗权威以及所有试图控制个人自由的行动，尤其反对由国家或社会施加给个人的强制力量。个体主义反对将个人置于社会或共同体之下的集体主义，个体主义包含相应的价值信念、人性判定以及对政治、经济、社会和宗教行为的总体态度和立场。个体主义认为，它作为一种生活方式、人生观、世界观、价值观，它具有整体性和普遍意义。个体是信奉者把握自我与外界关系的出发点和基本方式。具体说，个体主义可以渗透在社会生活的方方面面，大致归纳起来表现为哲学上的人本主义、政治上的民主主义和平等主义、经济上的自由主义、文化上个性独立主义等内容。（雷爱民）

根与芽

Roots & Shoots

致力于培养青少年环境保护观念的公益组织。于 1994 年在北京成立，资金来源于国际人道对待动物协会、社区伙伴、康菲石油、迪士尼、

金鼎轩等以及个人捐款者的资助。口号是“给予青年动力 共创绿色未来”。用参与式的环境教育方式为青少年组建课外活动的平台，鼓励根与芽小组开展各种形式的关心环境、关爱动物和关怀社区的活动和项目。项目有：1. 心田计划。心田计划有机农耕教育项目带领青少年通过亲自种植去了解食物是从哪里来的，从农田到餐桌经历怎样的过程，并思考应该选择怎样的生活方式。2. 水地图。根与芽水地图环境教育项目带领大家探索不一样的湿地，了解湿地与人类居住的生态环境的关系。大家通过亲身探索与调查，用水地图展现湿地中的美。3. 护鲨签名行动。签名护鲨行动呼吁更多的学生和公众加入到保护鲨鱼的行列中。4. 大象守护者。2014 年根与芽北京办公室发起大象守护者项目，旨在让青年人在了解象牙真相的基础上行动起来，传递不要购买象牙的声音，进而提高公众的大象保护意识，推动消费观念和行为的改变。5. 童享自然环境教育项目。旨在为打工子弟学校的孩子们提供基础的环境课程、丰富的教学资源以及在大自然

中学习的机会。（席溢）

耕地保护

Cultivated Land Protection

指运用法律、行政、经济、技术等手段和措施，保障耕地的数量和质量，禁止破坏耕地行为。我国耕地保护的目标是保证现有耕地的面积不再减少，耕地的质量有所提高。我国先后制定一系列涉及保护耕地的法律、法规，如1986年党中央和国务院发出《关于加强土地管理、制止乱占耕地的通知》；1992年党中央、国务院发出《关于严格制止乱占、滥用耕地的紧急通知》；1994年发布《基本农田保护条例》；1997年中共中央、国务院发出《进一步加强土地管理，保护耕地的通知》（11号文件）；1998年，耕地保护写进《刑法》，增设“破坏耕地罪”、“非法批地罪”和“非法转让土地罪”。此外，还有《土地管理法》《基本农田保护条例》等，对违反土地管理法律、法规破坏耕地的行为作了明确的处罚规定，同时也规定对保护耕地面积、提高土壤肥力成绩突出的单位和个人给予奖励。耕地保护涉及的内容有：1. 基本农田保护。基本农田是按照一定时期人口和社会经济发展对农产品的需求，依据土地利用总体规划确定的长期不得占用的耕地。2. 土地整理。耕地保护的一个重要方面是大力推进土地开发整理工作。土地整理是通过采取工程、生物等措施，对田、水、路、林、村进行综合整治，增加有效耕地面积，提高土地质量和利用效率的活动。3. 保障被征地农民合法权益。国土资源部明确提出征地要坚持4个必须：必须按规划、计划征地；必须征求被征地农民对征地补偿安置的意见；必须在补偿安置费用足额到位后才能动工建设；必须公开征地政策、补偿标准、补偿费用管理使用情况。凡征收土地方案未征求被征地农民意见、补偿安置不符合法律规定、没有妥善解决失地农民长远生计的，一律不得报批。我国耕地保护的现实问题包括：1. 耕地需求无序竞争。粮食生产、农业结构调整与耕地非农化尤其是其过度性损失及生态保护间的竞争，是当前耕地保护面临的现实困境。这主要由具有特定功能耕地的稀缺及耕地功能需求的竞争所致。2. 耕地边际化。耕地边际化是指现存社会经济结构中，在社会、经济、政治及环境因素的驱动下，特定区域内的耕地停止其当前利用活动的过程。耕地边际化意味着当前或较近的未来该耕地的直接经济用途的丧失。3. 耕地生态系统退化。退化的驱动因素主要包括：1）农业专业化生产引起的耕地利用均质化；2）农业过度集约经营引起的耕地生态系统承载能力下降甚至被突破；3）以线型交通基础设施及点状农村居民点建设扩张为代表的人类建设活动干扰引起的耕地破碎化。退化的主要影响包括：耕地质量下降，从而导致商品性生产功能的衰退；非商品性生产功能如生态功能的退化，从而导致耕地利用负的外部性增强；对区域生态安全构成威胁。（参考：谈明洪、吕昌河：《城市用地扩展与耕地保护》，《自然资源学报》2005年第1期第52～58页。朱配辰）

耕地保护补偿机制

Compensation Mechanism of Cultivated Land Protection

建立耕地保护补偿机制是国家运用经济手段加强耕地保护工作的重大举措，是建立耕地保护长效机制的核心内容，事关广大农民的切身利益，事关国家粮食安全和社会稳定。耕地保护的补偿理论依据包括：1. 外部性及其补偿理论。外部性的概念由剑桥大学的马歇尔和庇古首先提出：某种外部性是指在两个当事人缺乏任何相关的经济交易的情况下，由一个当事人向另一个当事人所提供的物品束；运用庇古的说法，当私人成本与社会成本不相等或者私人收益和社会收益不相等时，就会存在外部性问题。耕地保护具有非常显著的外部性并具有一定的机会成本，导致区域内的农民和地方政府缺乏保护耕地的积极性。2. 公共物品理论。耕地生态社会效益的消费具有完全的非排他性、完全的非竞争性和非拒绝性，符合公共物品的3大特征。这意味着公共物品如果由市场提供便会产生“搭便车”问题，使得土地开发区的效益与成本分离，造成“公地悲剧”。3. 公共选择理论。耕地保护制度相关法律法规由各级政府制定的，因此由政府决策并作为执行主体的耕地保护制度。地方政府公共决策偏向、内部性以及寻租行为是导致耕地保护中的政府失败的原因。4. 比较优势理论。禀赋比较优势说（H-O定理）认为，如果各国家或地区生产并出口那些能比较密集地利用其比较丰富的生产要素的商品，进口那些需要比较密集地使用其比较稀缺的生产要素的商品，必然会有比较利益的产生。5. 可持续发展理论。可持续发展的宗旨是“既满足当代人的需要，又不损害后代人满足其需要能力”。耕地保护必须考虑时间与空间的关联性，即综合考虑代内、代际公平和区际公平问题。6. 生态环境价值论及生态系统服务理论。生态系统服务功能是指人类从生态系统获得的效益。由于耕地保护的生态效益和社会效益被置于公共领域，具有强烈的外部性和公共物品属性，使得耕地生态和社会效益未能纳入到耕地利用收益之中。因此，耕地保护的关键就是维持生态系统服务功能，不超出耕地资源与环境的承载力。7. 委托—代理理论。委托－代理理论模型的主要思想认为委托－代理合约签订后可能会出现事后的信息不对称即道德风险，从而损害对方的利益；现有的委托－代理理论模型主要是信息经济学的直接应用，在耕地保护领域运用的很少。8. 激励约束理论。耕地保护补偿机制实质上就是将耕地社会、生态功能保护的外部性内部化，从而为耕地保护主体进行耕地社会、生态服务功能的保护提供良好的激励机制。目前，国内对耕地保护补偿中的激励问题研究还较为欠缺。9. 交易成本理论。耕地保护涉及中央政府与地方政府的层层委托代理关系，由于信息不对称，则必然存在交易成本。如农地非农化指标转移等类似政策制定应充分考虑制度成本和交易成本。耕地保护补偿的主体：遵循“谁受益谁补偿”的原则，耕地保护补偿主体应为分享了耕地保护效益，但未承担耕地保护任务的地区、部门(企业)及个人。耕地保护补偿的对象：耕地的直接利用者，即农民；耕地流转的权利人或责任人，包括农村集体经济组织以及过多承担耕地保护任务地区的地方政府。耕地保护补偿标准：价值标准和面积标准。价值标准包括经济补偿、生态补偿和社会补偿。（参考：陈会广等：《耕地保护补偿机制构建的理论与思路》，《南京农业大学学报》（社会科学版）2009年第3期第62～66页。**朱配辰**）

耕地保护经济补偿机制

Economic Compensation Mechanism of Cultivated Land Protection

指基于外部性、公共品、机会成本、耕地价值、公共选择以及可持续发展等理论，对耕地保护经济补偿做出运行规则或制度安排，使补偿体系各个组成要素之间相互联系相互作用以实现耕地保护经济补偿的内在工作方式，属于一种基于生态效益外部性内部化的补偿类型。公平性原则、激励相容原则、社会福利帕累托最优原则以及可持续发展原则是其建立的4个基本原则。耕地保护经济补偿分为保护区内和保护区际两个部分。对耕地保护区内经济补偿方式有：1. 常规经济补偿，一般包括资金、实物和技术上的补偿。2. 社会保障，主要是利用多功能外溢效应补贴的农户补偿机制，这是在微观上解决耕地保护的动力问题。3. 农业保险，降低农业风险，补偿农业损失，提高耕地经营主体的积极性。对于耕地保护区际，首先，要建立发展机会成本补偿的耕地保护区域平衡机制，健全上级政府宏观调控职能，维持中央到地方的利益稳定关系，形成耕地保护与占用成本之间的状态均衡；其次，完善经济补偿协商机制，搭建区域间协商沟通平台，及时形成协调方案。（**蔡越**）

耕地保护经济补偿效应

Economic Compensation Effect of Cultivated Land Protection

指在一定的经济补偿标准下，采用合适的补偿方式实施耕地保护经济补偿后所产生的效果的总称。这是在耕地保护经济补偿的概念、目的和类型基础上提出的概念。由于耕地保护经济补偿分为耕地保护的区内经济补偿和区际经济补偿，因此，其效应也表现为区内经济补偿效应和区际经济补偿效应。耕地保护的区内经济补偿效应主要表现为在实施补偿后，经济补偿接受主体（主要为农户）的耕地保护意愿、态度、行为的变化及其对耕地收益水平和生活水平的影响。耕地保护的区际经济补偿效应则主要表现在实施耕地保护区际经济补偿后，耕地保护目标较低区域（或经济发达地区）对耕地建设占用的抑制效应，以及耕地保护重点区对耕地保护的积极性。耕地保护区内经济补偿效应和区际经济补偿效应具有显著差异性，区内经济补偿效应的反应主体为耕地利用（经营）主体，主要为农户，而区际经济补偿效应的反应主体为耕地保护目标不同的各级行政区域（地方政府）。（蔡越）

耕地保护目标责任制

Farmland Protection Target Responsibility System

指确定一个区域、一个部门和一个单位的耕地保护目标任务，措施到位，责任到人，运用目标化、定量化、制度化管理方法，规范各级人民政府、部门以及各级领导的耕地保护工作行为，确保耕地保护基本国策贯彻落实的制度。自 1990 年以来，耕地保护目标责任制建设在全国范围由点到面、由部门到政府得到逐步推进。目前，全国三分之二的省、市、自治区建立地方政府耕地目标责任制。在根据土地利用总体规划确定省级政府耕地保护目标和任务后，根据各地区情况，分解耕地保护指标，由上级政府与下级政府、上级国土部门与下级国土部门分两条线逐级签订耕地保护责任书，明确责任制的具体内容和指标。由上级政府及国土部门定期考核目标责任制完成情况，并在考核的基础上建立耕地保护奖惩制度，调动各地保护耕地的积极性。今后要进一步强化地方政府领导保护耕地的责任意识，在完善土地调查统计制度和土地利用动态监测体系的基础上，建立反映各地工作实际效果的考核指标体系，对各省（区、市）耕地保有量和耕地占补情况进行考核并公布考核考核结果，使目标责任制切实对耕地保护起到促进和保证作用。（朱配辰）

耕地保护制度

Arable Land Protection System

指通过土地规划或者制定法律、法规等手段保障必要的耕地数量和质量，以此保障国家的粮食安全以及经济的可持续发展的政策总和。耕地属于农业用地的一种，指进行农作物耕作和耕耘的土地，或者指休闲地、新开荒地以及抛荒满三年的土地。总体来说，耕地的概念是动态的，随着人类土地利用和开发技术的发展不断变化。在工业化、城市化快速推进的社会背景下，大量农田用地被占用作为经济建设用地。然而，耕地数量的减少和质量的降低从长远来说有害于整个社会，尤其是在基本国情地少人多的国家。耕地保护制度通过明确的耕地产权和规划，以及相应的政策措施和管理手段保障耕地的合理使用，以此保障农业和社会稳定、可持续发展。从 20 世纪 50 年代西方学者开始关于耕地保护制度的研究，至 70 年代，相关研究进入兴盛阶段。一般来说，耕地保护制度研究包括耕地产权制度、土地用途管制制度、耕地总量动态平衡制度等内容。具体来说，耕地产权制度包括土地承包制度、耕地承包经营权流转制度和耕地征收、征用制度；土地用途管制制度包括土地利用规划制度、耕地转用用途管制和建设用地审批制度；耕地总量动态平衡制度包括耕地占补平衡制度、基本农田保护政策和土地开发、整理、复垦政策等。我国的耕地保护制度建设经历了从孕育（1978 ~ 1985）、产生（1986 ~ 1996）、发展（1997 ~ 1999）到成熟（2000至今）的发展阶段。（参考：李雪芬：《我国耕地保护制度研究》，河南大学2008年硕士学位论文第9～27页。欧阳文川）

耕地红线

The Red Line of Farmland Area

指经常进行耕种的土地面积的最低值，有国家耕地红线和地方耕地红线。现行中国耕地红线是18亿亩，因此又称18亿亩耕地红线。18亿亩耕地是根据五组数据测算出来的：1. 耕地数。美国卫星图片测出中国耕地有21亿多亩，调查测算后得出，净耕地数量是19.7亿亩。2. 人口数。根据权威部门预测，到2040年或2050年，人口高峰为15亿～16亿。届时城市人口有10亿多，农村人口5亿左右。3. 城乡建设用地数。当前城乡建设用地有3.8亿亩，参照美、日等发达国家实际占用水平，根据近年城乡建设新占用土地中耕地与非耕地比例，到2040年，城乡建设用地还要占用耕地2亿多亩。还有退耕、灾毁等减少耕地1亿多亩。4. 耕地后备资源数。全国适宜开发耕地的资源，包括农田整理、废弃地整治，满打满算有2亿多亩。第三与第四组数据增减相抵，到2040年，能保有耕地18亿亩。5. 粮食需求数。按世界中等发达国家人均消费水平，参照世界粮农组织提出的每人每日需要的食物热量（中等需要量），每年人均需要粮食500公斤，15亿人需要7500亿公斤。但是中国粮食总产量多年徘徊在5000亿公斤。如果能提高土地质量和农业科技水平，50多年时间，增加2500亿公斤粮食量是可能的，18亿亩耕地保15亿或16亿人吃饭是可以的。《全国土地利用总体规划纲要（2006—2020年）》提出未来15年土地利用的目标和任务是，中国耕地保有量到2010年和2020年分别保持在18.18亿亩和18.05亿亩，确保15.6亿亩基本农田数量不减少，质量有提高；主要指标有：耕地保有量、基本农田保护面积、城乡建设用地规模、新增建设占用耕地规模、整理复垦开发补充耕地义务量、人均城镇工矿用地等。耕地红线保护的对象是耕地（基本农田），划定的耕地数量是动态平衡的（在1.2亿公顷底线不触犯的前提下，遵循“占补平衡”这一基本原则，是可以动态调整的）。18亿亩耕地红线是根据我国工业化、城镇化发展速度对耕地需求量的影响，结合我国目前人口增长对粮食需求量增长速度的影响及未来耕地产量增长速度做出的预测，内含着科学发展、理性发展、有序发展的理念，要求必须实现4个统一：耕地数量保护与耕地质量保护的统一，耕地产能保护与耕地健康保护的统一，耕地生产、生态与文化价值保护的统一，以及耕地保护与耕地建设的统一。（参考：颜玉华：《耕地红线是我国粮食安全生命线》，《调研世界》2011年第4期第29～33页。朱酡辰）

耕地生态补偿制度

Cultivated Land Ecology Compensation System

指为保护耕地资源及其生态效益，保护农田及其生态环境的制度，通过资金、物资、技术、减免赋税等形式为耕地生态功能保护者或者利益受损者提供补偿援助。耕地因其独有的生态服务功能和能够提供粮食作物、纤维物的经济和社会效益，对维护生态平衡、保障粮食安全、促进经济发展、维护社会稳定起着不可忽视的作用。具体来说，耕地具有净化空气、涵养水源、调节气候、防止水土流失、维护生态多样性及休闲娱乐等多种服务功能，对我国地少人多的特殊国情，更具有保障粮食安全和维护社会稳定的重要政治功能。然而在现实中，由于区域土地产出具有差异性，农民维护耕地生态功能可能成本高于收益，或者由于经济外部性的原因导致耕地破坏，而且在城镇化的过程中，大量耕地被转为城市用地，这些情形下，只有通过耕地生态补偿才能维护耕地生态安全、维护社会稳定。我国政府高度重视耕地生态补偿，实行非常严格的耕地保护制度，但目前为止主要以经济手段来保护耕地面积，农业补贴也只是出于产业结构调整的原因，总体来说还需借鉴国外的研究成果和实际经验。在耕地生态补偿的研究和政策制定中，耕地生态价值的定量估算、耕地生态保护成本核算、耕地生态补偿效率分析、农业空间外部性等问题应做重点考虑。（欧阳文川）

耕地占补平衡

Balance Between Requisition and Compensation of Cultivated Land

指占用耕地与开发复垦耕地之间的平衡。在我国，为保护耕地不减少，国家实行占用耕地补偿制度，即非农业建设经批准占用耕地的，按照“占多少，垦多少”的原则，由占用耕地的单位负责开垦与所占用耕地的数量和质量相当的耕地。没有条件开垦或开垦的耕地不符合要求的，应按规定缴纳耕地开垦费，专款用于开垦新的耕地。耕地占补平衡政策是实现耕地总量动态平衡的有效措施，是贯彻落实保护耕地基本国策的基本制度之一。在实际的政策执行过程中，耕地占补平衡出现占优补劣、以次充好、边补充边抛荒等问题。主要表现在：1. 在以县为主的地方经济发展体制之下，携带有中央政府意图的耕地占补平衡政策没有完整彻底地贯彻到基层，被地方政府有选择性地执行和不执行。2. 条块纵横的地方政府组织形式在一定程度上增加了政策执行的组织成本，削弱政府贯彻落实国家政策的能力，从而有可能降低耕地占补平衡的政策绩效。3. 在项目制下，作为政策对象的农民参与耕地占补平衡政策的积极性严重不足，从而影响这一政策的实施及其效果，普遍显示出国家能力的不足。（参考：徐艳、张凤荣、颜国强、安萍莉：《关于建立耕地占补平衡考核体系的思考》，《中国土地科学》2005 年第 1 期第 44 ～ 48 页；肖碧林、陈印军、陈静：《当前中国耕地占补平衡的宏观形势与特征》，《中国农学通报》2009 年第 8 期第 299 ～ 302 页。朱配辰）

耕地占补平衡制度

Cultivated Land Dynamic Balance System

又称占用耕地补偿制度，是耕地保护的一项基本制度，指经过审批进行非农建设而占用耕地的单位，应负责开垦与所占用耕地数量和质量相当的耕地作为对国家耕地进行占用而使之减少的补偿，如果不具备开垦耕地的条件或者所开垦耕地的数量及质量与所占用耕地的数量和质量存在不符，应按照所在地区标准交纳开垦费用，由省级政府组织人员开垦并进行验收。耕地占补平衡制度是针对我国人多地少、耕地资源需求紧张且相对不足的特殊土地国情而提出的，对于缓解我国耕地锐减、土地资源可持续利用具有重大意义。耕地占补平衡制度首次在 1997 年中共中央、国务院发布的《关于进一步加强土地管理，切实保护耕地的通知》中提出，内容中将耕地占用开发与重新开垦相连接，1998 年《土地管理法》将耕地占补平衡制度写入其中，正式确立其法律地位。此后国土资源部分别在 1999 年发布的《关于切实做好耕地占补平衡工作的通知》和 2001 年发布的《关于进一步加强和改进耕地占补平衡工作的通知》中进一步将耕地占补平衡制度的内容细化。制度实施以来改善了农业生产环境，增加了农业耕地的有效面积，遏制了因非农生产占用耕地而引起的耕地锐减趋势，然而耕地占补平衡制度设计本身和制度实施过程之中尚存在问题，没有达到预期效果。如制度的实施主要依靠地方政府，而制度的监管主要依靠国家，实际工作中容易出现占多补少和占优补劣的情况；耕地开发过程中缺乏系统的生态评价；耕地的补充过多依赖后备资源；补充耕地的范围限定致使资金使用效率不高；补充耕地质量与建设占用耕地的质量和产出量差距大等。（参考：王世忠等：《我国耕地占补平衡制度的研究》，《农机化研究》2007 年第 8 期第 13 ～ 14 页；岳永兵等：《耕地占补平衡制度存在的问题及完善建议》，《中国国土资源经济》2013 年第 6 期第 13 ～ 15 页。欧阳文川）

耕地占用税

Farmland Occupation Tax

国家对占用耕地建房或者从事其他非农业建设的单位和个人，依据实际占用耕地面积、按照规定税额一次性征收的税。耕地占用税的纳税人，为占用耕地建房或者从事非农业建设的单位或者个人。从1987年4月1日国务院发布《中华人民共和国耕地占用税暂行条例》起实施，目的是为合理利用土地资源，加强土地管理，保护耕地，限制非农业建设占用耕地，建立发展农业专项资金，促进农业生产的全面协调发展。税收主要用于提高耕地质量、扩大耕地数量、兴建小型农田水利工程、繁育推广优良品种等等。（代富宇）

耕作层剥离再利用

Tillage Layer Stripping and Reuse

耕作层指经长期耕种已经熟化的表土层，是农作物赖以生存的基础，是经过长期自然演化和人工培育的宝贵资源，是粮食综合生产能力的根本。耕作层剥离再利用是一项维持我国耕地资源平衡、保证粮食产量在合理范围内波动的系统工程，涉及环境保护、生态安全、土地资源可持续发展、农业经济等多个方面。耕地耕作层土壤剥离的要求：耕地耕作层土壤的剥离，应在项目或建设动工之前进行，采取正面分层剥离方法，剥离深度应为20厘米以上，一般分两层剥离并分开堆放，在剥离过程中不能造成土壤和环境污染。耕地耕作层土壤剥离再利用的基本原则：1.谁占用谁剥离再利用原则；2.先补后占，占一补一原则；3.就近利用原则；4.经济效益、社会效益、生态效益相统一原则。耕作层剥离再利用的具体操作程序是剥离、储存和利用。在实施剥离以前需要对拟剥离区土壤质量、厚度、面积等进行评估，若剥离耕作层后将会对区域生态环境造成影响，或是拟剥离区域土壤污染严重，该区域将被划为不适应剥离再利用区，其表土将不在作为剥离可利用耕作层处理。之后再编制耕作层剥离方案，在按项目组装程序依次进行。剥离后的耕作层土壤应该按照方案编制的地点就近统一堆放，国土、农业部门要加大对已剥离耕作层土壤储存的管理监督力度，防止优质土壤荒废和流失。剥离后的耕作层土壤主要用于土地开发复垦、城镇绿化、中低产田改造等方面，重点用于劣质耕地改造、被污染土地改良以及石漠化治理，具体利用需结合区域实际进行。（参考：程从坤：《耕作层土壤剥离再利用模式研究—以安徽省为例》，《安徽农业科学》2014年第23期第8017～8019页；徐艳等：《关于耕作层土壤剥离用于土壤培肥的必要条件探讨》，《中国土地科学》2011年第11期第93～97页。朱配辰）

工会

Trade Union

工人阶级为保护自身的正当权益，利于向资本家进行斗争而自愿结合的群众组织。工人阶级在与资产阶级斗争过程中建立和发展起来。最早的工会，出现在18世纪中叶的英国，此后在其他国家相继建立。它可分为产业工会和职业工会。前者按产业系统建立，凡同一企业内的所有职工，都组织在同一产业工会内；后者按职业原则组织，凡从事同一职业的熟练工人，不论在什么企业内工作，都组织在同一个职业工会内。在资本主义国家，有些工会由无产阶级政党和进步人士领导，它们坚持工人阶级立场，争取、保卫工人阶级的经济利益和政治权利，反对帝国主义和统治阶级的反动政策；有些工会则被工人贵族、右翼社会党人所把持，他们推行改良主义，分裂、破坏国内工人运动和国际工人阶级的团结，成为资产阶级和帝国主义统治的工具，这种工会一般称为黄色工会。在社会主义国家，工会是共产党领导下的职工自愿结合的工人阶级群众组织，是共产党联系工人群众的纽带，是工人群众学习共产主义、学习联合和团结、学习在行政上和技术上管理生产、学习保护自己利益的学校。社会主义国家的工会，在一般情况下，活动目标和国家的努力方向是一致的。（李庆）

工具价值

Instrumental Value

指彼此相关的不同价值主体之间的利他性价值。工具价值的特征在于为他者主体的价值生成提供手段或条件，它本身却不是自己的目的。如，牲畜被人驾驭并非牲畜自己的目的，而完全是利他的。正因如此，如果不尊重一定的规则和限度，破坏不同价值主体内在尺度的兼容性，便容易导致内在价值与工具价值的冲突。假如人只顾为自身利益而驾驭牲畜为自己役使，完全不顾牲畜的死活，拒绝供给牲畜起码的生命能源和生存的休息需求，超出牲畜的生命限度，那么，这样的工具价值就必然不可持续而难以如愿。这就是所谓用人的尺度排斥物的尺度。近代以来，人们在利用现代化技术手段改造自然、满足自身物质欲望的同时，严重破坏自然界的生态平衡，彻底颠覆整个自然生态系统，从而给人类带来了沉重的生态灾难。（参考：张云霞：《内在价值、工具价值、系统价值辩证关系初探》，《河南师范大学学报》（哲学社会科学版）2011 年第 3 期第 27 ～ 30 页。牟世晶）

工业“三废”

Industrial Three Wastes

是指工业生产所排放的废水、废气、固体废弃物。工业“三废”含有许多有毒的、对人体有害的物质。工业废气中含有二氧化碳、二硫化碳、硫化氢、氟化物、氮氧化物、一氧化硫、硫酸（雾），还会有粉尘等，排放到大气中会造成大气污染。工业废水中含有随水流失的工业生产用料、中间产物、副产品以及生产过程中产生的污染物，排放到水体中会造成植物营养物质污染、重金属污染、碱污染、病原体污染等。工业固体废弃物可以分为两类，一类是一般工业废物，如高炉渣、粉煤灰、煤渣、硫酸渣等；另一类是工业有害固体废物。工业废物污染环境，粉状物还会污染大气。（石艳峰）

工业代谢分析

Industrial Metabolism Analysis

基于模拟生物和自然界新陈代谢功能的系统分析方法，能够协助建立生态工业。通过分析生态系统结构，进行功能模拟，分析输入输出信息流，研究工业生态系统的代谢机理。工业代谢分析理论依据质量守恒定律，旨在揭示经济活动纯物质的数量和质量规模，展现构成工业活动的全部物质的流动与贮存情况，同时还指出它们的物理和化学状态。与以往的系统分析方法相比，工业代谢分析的最终考察目标是环境，是对提炼、工业加工和生产、消费、消费后变成废物等整个过程中的资源和环境进行追踪，分析物质和能量的流动和流量，评价出工业系统造成的污染，并找到产生污染的原因。工业代谢分析方法常被用于国家性和区域性工业生产分析。（石艳峰）

工业共生

Industrial Symbiosis

根据自然生态系统的共生作用机理而建立。自然生态系统中各类生物种群依据其在系统中的生态位，通过其功能作用相互之间发生能量与物质交换，生产者、消费者和分解者以生物链为关系纽带形成有机统一的生态系统。生态系统凭借其中的各要素间相互作用、相互影响而保持其均衡稳定性。任何要素的缺失和功能异常都会导致整个系统的失序和紊乱。结合生态系统的生物共生原理，不同性质的企业以副产品为纽带建立相互衔接、依赖的产业系统，从而在产业系统稳定运行的基础上达到资源节约和环境保护的作用。因此工业共生的本质就是企业间的优化合作。工业共生以副产品交换、生态工业园、集团式生态工业园和产业生态网络等为表现形式。副产品交换指资源的循环利用，既包括废物流的集中，也包括废物间的交换利用。生态工业园指以经济和环境平衡发展为目标，具有生产依存关系的工厂和企业以资源为纽带形成类似生态系统的具有空间集中分布的产业群落。集团式生态工业园指集团公司内部的子公司之间构成的类似普通生态工业园的产业系统。产业生态网络指强调经济和环境效益均衡发展的类似自然生态系统的工业共生组织。生态工业园的工业共生关系是目前工业共生研究的主要方向。（参考：王军花：《区域生态产业链规划研究》，河北工业大学 2007 年硕士学位论文第 8 ~ 9 页。欧阳文川）

《工业社会和新左派》

Industrial Society and New Left

由法兰克福学派的主要代表人物马尔库塞和南斯拉夫实践派哲学家马尔科维奇等人的 6 篇文章构成的专题文集。马尔库塞的思想因其形成和发展期间经历了资本主义的全面经济危机，使他的研究指向资本主义社会中人的问题，吸收弗洛伊德的精神分析学说作为其理论基础，寻找人本学、普遍的人的不可改变的本质特征。书中收录的文章将精神分析的方法运用于社会学领域，研究和分析当代资本主义社会的社会问题，分析和总结西方资本主义国家 20 世纪 60 年代的新左派运动。书中关注的核心问题是“马克思主义是否正确地解决了自由与压迫的问题，社会主义是不是和过去声称能带来自由的思想的彻底决裂”。对此，马尔库塞给出否定的答案，认为马克思主义对现存的旧世界批判得不够，否定得不够，对于未来则空想得不多，对压迫和解放的问题没有做出深刻的论述，并未将这一问题的讨论深入到对个体的讨论中去，因此必须用另一种形式的唯心主义的否定的辩证法，代替马克思主义的唯物主义的辩证法，用对个人本能结构的分析代替历史唯物主义，用弗洛伊德补充马克思主义。书中的基调激进且否定资本主义，但和马克思主义对资本主义的否定并无共同之处。中译本译者任立，北京，商务印书馆 1982 年出版。（徐越）

工业生态系统

Industrial Ecosystem

工业生态系统与传统的工业系统不同，它是更为一体化的生产方式。在工业生态系统里，能源和材料的消费被最优化，不存在实质意义上的废物，一个过程的排放物可以作为另一个过程的原材料。工业生态系统的主要策略包括：1. 生态系统唯一的来源是太阳能；2. 浓缩的有毒物质正在当地使用；3. 通过物种的相互之间的关系和高度的多样性，生态系统具有一定弹性，它不是自上而下的控制，而是通过自我组织过程维持；4. 在生态系统内，每一物种都独立活动，它们的活动模式与其他物种的模式形成网络，相互竞争和合作使生态系统保持平衡；5. 效率、生产率与弹性之间处于动态平衡，如果过多强调前两点而忽略弹性，生态系统就会比较脆弱甚至导致崩溃。（李雪姣）

工业生态学

Industry Ecology

指研究人类工业结构和产业系统对与生态自然环境之间相互作用和影响的学科，是反思人类经济活动对生态环境所造成的胁迫和损害而产生的学科。工业生态学产生于 20 世纪 90 年代，是工业发展和生态约束理论相结合的学科，具有明显的跨学科特点。工业生态学基础研究领域包括社会物质代谢、工业共生、基础设施、城市与区域经济、发展特性等。其中社会物质代谢是工业生态学研究领域中起源最早，也最成熟的部分，包括对社会物质划分、物质流动和物质账户的分析；工业共生是工业生态学中最有特色的研究领域，包括对其理论和实践的分析；基础设施、城市与区域经济学是生态工业学中以空间角度界定的研究领域；发展特性指出了经济发展的多样性、复杂性和可持续性等特征。然而，有学者认为生态工业学的研究领域具有无限扩大的模糊性和没有独特研究对象的两种尴尬倾向。工业生态学的研究领域如果包容太多，则必然造成和其他学科纠缠的情形，如需和发展经济学、生态经济学等学科进行不断解释；如果研究领域太过具体，则有可能导致理论僵化。因此，在工业生态学的发展中必然要不断寻找其存在的意义，即需要重新界定学科定义和内涵。（参考：石磊：《工业生态学的内涵与发展》，《生态学报》2008 年第 7 期第 3357 ~ 3362 页。欧阳文川）

《工业事故跨界影响公约》

Transboundary Impact Convention of Industrial Accident

指 1992 年 3 月 17 日在芬兰首都赫尔辛基签署的关于预防工业事故以及工业事故跨界影响评价的公约。缔约国为欧洲经济委员会的成员国家，《公约》在 2000 年 4 月 19 日正式生效。《公约》是在此前的《关于跨界内陆水意外污染的行为守则》《跨界环境影响评价公约》和《预防重大工业事故业务守则》等一系列处理工业事故和事故跨界影响文件的启发下制定的，是历史上第一个关于处理工业事故跨界影响的国际性区域公约，因此是事故跨界影响的预防和评价制度上的先驱和里程碑。1986 年瑞士一家化工厂的废水泄漏进入莱茵河，造成 70 千米长的污染带，流经瑞士、法国、德国和荷兰，导致 50 万条鱼死亡，酿成欧洲历史上严重的具有跨境影响的环境灾难。这个事件促使联合国欧洲经济委员会启动谈判，促进各国管辖范围内或者控制下的活动不至于损害其他国家或者管辖范围以外地区的环境。《公约》制定原则的根据，是《联合国人类环境会议宣言》有关条款，特别是《21 世纪议程》对污染的规定，污染者负担的国际普遍原则和睦邻、对等、不歧视与善意原则。《公约》定义工业事故指与危险物质有关的活动，以及在此基础上无法控制导致的事件。《公约》致力于预防工业事故、保护公众和环境免受工业事故带来的危害、促使对于工业事故的预防和治理的国际合作。对于预防工业事故跨界影响的公约，目前国际上只有《预防重大工业事故业务守则》和《工业事故跨界影响公约》两个区域性的文件，并没有形成更大范围内甚至全球范围的预防工业事故跨界影响文件，并且在关于事故跨界影响来源方对被影响方的责任没有确切的规定，虽然《公约》有关于阐明事故责任方面的《条例》，然而没有进一步阐明责任的实体性或程序性规则，因此预防和治理工业事故跨界影响制度仍然是国际合作有待进一步完善的领域。（参考：林灿琳：《工业事故跨界影响的国际法分析》，《比较法研究》2007 年第 1 期第 126 ~ 130 页。欧阳文川　申森）

工业文明

Industrial Civilization

以机械生产为标志的人类社会文明形态。美国未来学家阿尔文·托夫勒（Alvin Toffler）将工业文明称为第二次浪潮文明。主要特点表现为工业化、城市化、法制化与民主化，社会阶层流动性增强，教育普及，消息传递加速，非农业人口比例大幅度增长，经济持续增长等。工业文明的发展遵循 6 大基本原则：劳动方式最优化，劳动分工精细化，劳动节奏同步化，劳动组织集中化，生产规模化，经济集权化。人类文明在 18 世纪 60 年代，即英国工业革命出现之时，开始向工业文明转变。工业文明带来社会文明各方面的大发展，同时也带来环境污染、生态破坏、资源枯竭、社会贫富分化等问题。21 世纪的后工业化时代，人类开始谋求可持续发展的循环经济和人与自然和谐发展的新模式。（朱雨晨）

公地悲剧

The Tragedy of the Commons

指当资源或财产有许多拥有者，他们每一个人都有权使用资源，但没有人有权阻止他人使用由此导致资源的过度使用。公地悲剧是公共资源过度使用的结果。最初由美国学者哈定 1968 年在

《科学》杂志上发表的题为《公地的悲剧》的文章提出来：公地原指英国的封建主在自己的领地中划出一片尚未耕种的、作为牧场无偿向牧民开放的土地。在有些地方，一个村庄的公共牧场，村里的任何成员都可以自由放牧，免费使用。由于土地数量以及牧草生长速度存在限制，每个牧场每年有最合适的放牧数量。当超过这个数量的牛羊进入牧场，牧草会变得稀疏，草场受到破坏。如果这个牧场是属于某一个牧民拥有的，多放牧得不偿失，自然不会做这样的蠢事。可是，如果这个牧场属于全体村民共同所有。从每个牧民的角度来看，多放牧一头牛羊的好处是属于他自己的，草场稀疏的原因是由村民平均分摊的，个人的得益大于需要付出的成本。因此，每个牧民可能都会多放牧牛羊。最终，过度放牧有可能把这个公共牧场给毁掉了。哈丁在《公地的悲剧》一文开头写道："人口问题不是科学技术能够解决的，它需要广大人民基本道德感的扩张。"在他看来，解决公地悲剧的关键，是改变公地的性质，使草场不再是公共的，而成为有着明确所属权的草场，这样才可以避免对草场的过度使用。哈丁在文中的主要观点包括：1. 人口、资源、环境问题没有技术解决方法。有关公地悲剧的命题，首先是针对"所有问题都有技术解决方法"这种流行观点而提出的。2. 公地悲剧的概念冲击了亚当·斯密的理性人假说。在没有技术解决办法的前提下，许多问题的解决就需要冲破传统的某些前提性假设。公共利益的管理需要采取私有化或国有化的方式。公地的悲剧体现了市场失灵，对传统经济学是重要的矫正。公地悲剧说明的是资源产权不明，使得企业和个人使用资源的直接成本小于社会所需付出的成本，导致资源被过度使用，发展变为不可持续。如，对清洁空气的无偿共享导致空气被严重污染；对河流的公共所有导致许多家庭向其中倾倒垃圾，企业向其中排放污水；对森林资源的共享导致林木被乱砍乱伐；对渔业资源的共享则鼓励滥捕滥捞的行为，等等。一般认为，避免公地悲剧的简单有效的办法之一，是尽可能地使资源的所有权明晰，制定相应的政策法规，明确责任和义务。此外，公地悲剧的根本原因在于私人使用该资源的成本小于社会成本。政府可以通过征税增加企业或个人使用该资源的成本，使个人成本和社会成本达到一致；也可以通过发放许可证、直接规定污染的排放量、渔船的捕捞量等来控制公有资源的使用。（参考：安宇宏：《公地悲剧》，《宏观经济管理》2009 年第 12 期第 67 页。朱配辰　徐越）

公共安全

Public Security

指社会组织或公众进行生活、工作、学习等活动时的安全、有序的外部环境。公共安全的具体内容有信息安全、食品安全、公共卫生安全、避难者行为安全、人员疏散的场地安全、建筑安全和人身安全等。良好的公共安全条件，可以最大限度地避免各种灾难对公共生命、财产安全等的伤害，使公民的生命财产、身心健康、民主权利和自我发展等都有着安全的保障。妨碍社会公共安全的因素可以分为：1. 突发性灾害因素，如地震、滑坡、崩岸、泥石流等地质灾害和暴雨、洪涝等气象灾害。2. 生态环境因素，如赤潮、海岸带侵蚀、树林病虫灾、森林火灾、水土流失等生态问题和废气、废水、废渣、噪声、毒气害等环境污染问题，都会对公共安全造成危害。3. 社会因素，如打砸抢烧等刑事犯罪和暴乱、非法集会游行等社会动乱。4. 公共卫生因素，如传染病、职业病、突发病、中毒和流行病等人体卫生及动植物危害。5. 经济因素，如爆炸、空难等各种生产、交通事故和信贷危机、股市崩盘等金融事故。6. 信息因素，如国家机密、计算机信息、商业秘密等。7. 技术因素，如克隆技术、转基因技术等高新技术的负面危害等。（刘中华）

公共安全政策

Public Security Policy

指权威的国家机构或企业等社会组织为维护

公民、社会团体组织安全、有序的外部环境而制定的相应行为规范或准则。科学合理的公共安全政策制定过程，一般包括制定、实施和反馈三个步骤。目前我国正处在社会转型期，公共安全面临的形势较为严峻，但公共安全政策却还不够完善，公共安全保障体系也没有建立健全，应对公共安全问题和社会风险的能力还远远不够，公共安全问题产生的影响也日益扩大。需要不断增强公共安全危机管理意识，建立健全公共安全管理机构，完善公共安全管理法规，建立完善的公共安全管理制度，增强社会尤其是政府的公共安全管理能力。（刘中华）

公共财政

Public Finance

指建立在市场经济体制基础上，国家（或政府）集中部分社会资源，为满足公共和市场的需求，提供公共产品和公共服务的法制化、规范化的政府财政模式。具有以下特征：1. 目标是满足社会公共需求。社会公共需求是区别于私人需求的、由社会作为整体或以整个社会为单位而提出的需求，公共财政的目标是为满足社会公共的需求，而不是盈利等其他目的。2. 弥补市场失灵缺陷。市场经济是市场机制在资源配置中发挥主导性作用的经济形式，能够在社会大部分领域有效运行或发挥作用。社会中还存在着诸多市场无法有效配置资源或发挥作用的领域，这是市场失灵现象。这时需要由政府及财政介入加以解决或纠正，否则社会经济体系将难以有效运转。3. 提供公平公正的服务。政府及财政活动直接作用于市场活动主体，直接影响他们的市场行为。因此，政府及财政就要公平公正地对待所有的市场活动主体。4. 法制化、规范化财政。政府的活动和行为，应当置于法律的根本约束和规范之下，公共财政作为政府直接进行活动的工具，在市场经济下显然也是必须受到法律的约束和规范的。公众通过相应的法律程序，可以决定、约束、规范和监督政府的财政行为。（刘中华）

公共财政收支

Public Financial Income and Expenditure

即公共财政的收入和支出两个方面。公共财政的收入指国家为实现其职能的需要，依据国家权力，遵循相应的法规程序，从社会产品分配中筹集的资源。在不同历史时期和社会制度下，由于社会经济制度和国家性质不同，财政收入构成和内容也不同。现代国家公共财政收入主要形式有：1. 税收收入。税收收入是现代国家最重要的公共收入形式，是世界各国公共收入的主要来源。2. 债务收入。债务收入包括国内发行的公债、国库券、经济建设债券，向国外政府、各级组织和商业银行的借款等。3. 国有资产收益。国有资产收益是政府凭借资产所有权取得的股息、红利、租金、资金占有费、土地批租收入、国有资产转让及处置收入等。4. 政府费收入。指政府各部门收取的各种费用和基金性收入，包括行政执法过程中收取的各种规费和公共财产使用费，是地方政府的主要收入。5. 其他收入形式。指上述几种收入之外的政府各项杂项收入，如罚没收入、捐赠等。公共财政支出指国家为满足公共需要，实现其职能，根据既定的政策、制度，把集中起来的财政资金有计划地使用于不同的方面。财政支出是实现国家职能的重要保证。目前我国的财政支出大体包括以下用途：1. 维持国家各个机构的正常运转。公共财政支出要保证国防外交、行政管理（各级行政机关）、社会治安（公检法部门）等方面正常运转需要的人员、设备等经费。2. 公共基础设施和服务的投资建设。公共基础设施和服务一般具有投资规模大、耗时长、低回报甚至没有回报等特点，难以由私人进行投资建设，因此只能由公共财政进行支持。3. 公共事业和公共福利的支出。如普及教育、基础科学研究、卫生防疫、环境治理和保护等领域的支出，虽然并不排斥私人资金加入，但主要由国家公共财政提供相关的资金支持。（刘中华）

公共财政预算

Public Financial Budget

也称国家预算，指政府部门按照一定的政策和标准，将一定期限内的财政收入和财政支出做出预测、计划和安排，将各项收支分门别类地列入特定的收支分类表格之中，以清楚反映这段时期政府的财政收支状况和执政的策略目标等。作为重要的管理工具，被广泛运用于政府的行政管理过程中。公共财政预算一般按照年度制定。世界各国批准预算的权力基本都属于立法机关。在市场经济国家批准预算的具体机构是议会，预算审核工作由议院的各常设委员会及下属的各小组委员会进行，最后将意见交议院大会审议表决。在我国，实行的是人民代表大会制度，由各级人民代表大会进行审查和批准国家预算及其执行情况报告的工作。公共财政预算草案审批，一般要进行两个阶段的表决：一是就预算总量的投票表决；二是对拨款和部门资源配置的投票表决。它实际上是具有法律效力的文件，各国政府一般制定有专门的预算法规，对公共财政预算的编制、执行和决算的过程进行规定和监督。公共财政预算是政府调节经济的重要工具。在市场经济条件下，当市场难以保持自身均衡发展时，政府可以根据市场经济运行状况选择适当的预算总量政策，用预算差额去弥补社会总供求缺口，以保持经济的稳定增长。透过公共财政预算，可以使人们了解政府活动的范围和方向，也可以体现政府政策意图和目标。（刘中华）

公共财政政策

Public Financial Policy

指政府为达到预期的政治、经济、社会发展目标而确定的财政战略和策略，具体表现为通过财政支出与税收政策的变动影响和调节总需求。制定和执行的主体是以中央政府为主的各级政府，行为是否规范，对于政策功能的发挥和政策效应的大小都具有关键性作用。具体表现形式有社会总产品和国民收入分配政策、预算收支政策、税收政策、财政投资政策、财政补贴政策、国债政策、预算外资金收支政策等。公共财政政策对国家、社会具有非常重要的作用。好的公共财政政策可以惠及全体国民，使人民享受到国家的福利，增强国家的凝聚力，使国家走向繁荣、富裕、强大。不良的公共财政政策则使人民遭受重大福利损失，削弱国家凝聚力，使国家走向衰败。尤其是在市场经济制度下，公共财政功能的正常发挥主要取决于财政政策的适当运用。财政政策运用得当，可以保持经济的持续、稳定、协调发展；财政政策失当，则会引起经济的失衡和波动甚至引发社会动荡，严重的失当，甚至可能导致政府倒台。（刘中华）

公共财政政策工具

Policy Tools of Public Finance

指国家为达到一定的预期目标而采取的财政手段和措施。一般分为 3 类：财政收入、财政支出和财政预算。具体有税收、公债、财政支出和财政预算 4 种。1. 税收。税收是最重要的财政政策工具之一，对社会资源的有效配置、经济稳定、收入公平分配和其他更为具体的财政政策等有着重要的影响。调节社会总供给和总需求的关系以及分配关系两方面的内容，通过税收比率确定、税负分配（包括税种选择与税负转嫁）以及税收优惠和税收惩罚发挥作用。当社会总供求不平衡时，政府可以通过调节税率进行宏观调控。政府提高税率，会对民间部门经济起收缩作用，相应的民间部门的需求将下降；反之，政府降低税率，会对民间部门经济起扩张作用，需求将相应的上升，产出也相应地减少。税种的选择，制定的差别税率以及税负转嫁等，都会影响个人与企业的生产经营活动以及各经济主体的行为，从而调节收入分配关系。2. 公债。公债刚产生的时候是政府组织收入、弥补财政赤字的重要手段。随着现代国家信用制度的发展，它已成为调节货币供求、协调财政与金融关系的重要政策工具。主要通过国债规模、持有人结构、期限结构、国债利率等实现国家财政政策目标。3. 财政支出。财政支出一般分为购买性支出和转移性支出两类。购买性支出可分为财政投资支出和财政消费支出两种。财政投资支出是政府用于固定资产方面的支出，财政消费支出是政府用于产品和劳务的经常性支出。政府通过购买性支出，直接增加或减少社会总需求，调整国民经济结构。转移性支出是政府将财政资金用于社会救助、社会保险和财政补贴等费用的支付。4. 财政预算。财政预算调节经济的作用主要反映在财政收支的规模和收支差额上。赤字预算体现的是扩张性财政政策，在有效需求不足时，刺激总需求的增长。盈余预算体现的是紧缩性财政政策，在总需求过旺时，抑制需求的膨胀。（刘中华）

公共参与原则

Principle of Public Participation

明确广大民众参与环境保护管理权力并保障公众行使这种权利的基本原则，环境法的基本原则之一。生态环境的保护与自然资源的合理开发利用需要依靠社会公众的广泛参与，公众有权通过一定的程序或途径参与解决生态问题的决策过程，并且参与环境管理，对环境管理管理部门以及单位、个人与生态环境有关的行为进行监督。环境的保护与治理与每个公民息息相关，对与自己的切身利益密切相关的生活和工作环境，公众会在改善与保护环境的过程中发挥积极作用。环境的质量好坏，直接关系到每个人的生活质量，人们在享受良好生活环境的同时，也应当承担保护和改善环境的义务，依法参与环境管理。（代富宇）

公共服务

Public Service

指由政府组织或非政府组织、个人等提供的具有公共消费性质的公共产品和服务的活动。按照我国官方定义，具体指提供公共产品和服务，包括加强城乡公共设施建设，发展社会就业、社会保障服务和教育、科技、文化、卫生、体育等公共事业，发布信息等，为公众生活和参与经济、政治、文化等活动提供保障和创造条件。它是21世纪全球公共行政和政府改革的核心理念之一，强调政府的服务性、城乡公共设施建设和公民的权利等。分类有多种，根据内容和形式可以分为维护性公共服务、经济型公共服务和社会性公共服务；按照专业属性，分为国防建设、文化经济产业开发建设、国内与国际公共救助与灾害援助、工业化建设、法律法规政策规范、精神文明和物质文明建设、信息化建设、标准化建设、城镇化建设、特色产业建设、金融保险与消费建设、职业化和专业化发展建设等；按照工程专业属性可以分为国防工程、公用设施工程、民生工程、安居工程等。目前，我国政治体制改革的重要目标之一是建立服务型政府。（刘中华）

公共服务社会化

Socialization of Public Service

指政府在公共服务领域引入社会力量，让各种私营机构、非营利组织机构和社会公众等参与到公共服务和公共产品的提供中。力求将政府和社会的力量组合起来，共同为社会大众提供公共服务和公共产品。主要做法有：1. 合同出租的方式。政府通过投标者的竞争和履约行为，将原来垄断的公共产品和公共服务的生产权和提供权，转让给私营公司、非营利组织和社会公众等社会力量。2. 以私补公的方式。政府通过制定优惠的政策，吸引鼓励私人资本投入到政府垄断的公共服务和公共产品的提供领域，以弥补政府财力及服务能力的不足。3. 授权社区的方式。政府以授权的方式鼓励各社区建立老人院、收容院、残疾人服务中心等公益事业。4. 提倡鼓励的方式。政府通过宣传鼓励等举措，激励社会公众参与志愿者服务，从而使社会公众加入公共服务和公共产品的供给行列中。（刘中华）

公共服务市场化

Marketization of Public Service

指在公共服务领域中引入市场机制和政府外组织的参与，通过招投标、合同承包、特许经营等市场运作方式，让原本由政府承担的一部分公共服务职能转交给私营、非政府等市场组织。在这个过程中，政府首先按照一定的流程做出决策，确定公共服务和公共产品的供给数量和质量标准，然后通过市场机制，调动私营组织、非营利组织等参与竞争，为社会公众提供公共服务和公共产品。目的是在政府部门不放弃公共政策决策责任的前提下，通过对社会力量的引导、组织、管理实现公共服务的市场化，从而在不扩大政府规模、不增加政府开支的情况下改善公共服务的质量，提高公共服务的效率，实际上是致力于政府权威和市场交换的有机结合，将两者的优势结合起来，更好地为社会公众提供公共服务和公共产品。（刘中华）

公共关系传播

Dissemination of Public Relations

有组织、有计划、有规模的信息交流活动，是组织通过报纸、广播、电视等传播媒介，辅之以人际传播手段，向组织内部及外部公众传递有关组织各方面信息的过程，是社会组织开展公共关系工作的重要手段。公共关系传播的主体是组织，目的是建立传播者与公众之间的信息联系，使组织在公众中树立良好的形象。公共关系传播的客体由组织内部公众和组织外部公众组成。公共关系传播可利用的媒介包括会议、讲演、传单、海报、展览或表演等。通过沟通、疏导组织内部上下之间、成员之间的信息联系，消除各种不利因素，为组织发展创造有利条件。（张惠娜）

公共管理

Public Management

指以政府为核心的公共组织和以维护公共利益为导向的非政府组织或公民个体，为实现公共利益，向社会提供的公共产品和服务，以及对公共事务进行的管理活动。20 世纪 40 年代这一概念首次出现于美国政治学界。20世纪70年代以后，在美国的公共政策学院推动下，成为学者们频繁使用的词汇。这时公共管理的概念基本等同于公共行政。从 20 世纪 90 年代开始，西方国家兴起的政治改革运动，逐渐扩散到全球范围，成为以制度创新为核心的公共行政改革和实践浪潮，形成新的公共管理概念，与公共行政区别开来。新的公共管理概念最早由英国公共管理学家胡德在《一种普适的公共管理模式》中阐明，强调不仅要为社会提供高效优质的服务，还应当注重社会公平。公共管理的主体不仅限于政府和非政府组织，公民个体也可以参与并成为公共管理的主体。（刘中华）

公共行政

Public Administration

指公共管理组织依法对社会公共事务进行的有效管理活动。主体是公共管理组织，除国家行政机关外，还包括依法成立的、具有一定行政权的独立行政机构和法定组织。客体是社会公共事务，包括国家事务、共同事务、地方事务和公民事务等。现代公共行政一般原则：1. 法制原则。依法行政是公共行政的核心内容，任何行政法规、措施等都不得与已有法律冲突，政府的任何抽象行政行为也必须要有法律依据。2. 服务原则。公共行政本质上是为给社会大众提供服务。3. 效率原则。政府活动需要有实际效果，追求的目标是以尽可能少的投入取得尽可能大的产出。4. 责任原则。政府的行为要对社会大众负责。轻率鲁莽的不计后果的行政行为，是需要政府承担相应责任的。5. 公开透明原则。政府机关的行政行为，除必要保密和涉及个人隐私的信息外，都有义务向社会公众公开。（刘中华）

公共行政管理

Public Administration Management

指国家行政组织依据相应的法规对社会公共事务和其自身组织结构等进行的管理活动。主体只能是国家行政组织，关注的重点是行政组织本身机构的设置、运行的程序和过程等，属于公共管理中的分支部分。追求社会公共利益，一般要求政府部门提供高效、公平、正义、合法、多样、透明的社会公共行政管理行为。高效是要求公共行政机关处理公共事务时要快速、有效，不可拖沓敷衍。公平是要求行政人员对待公众、处理公共资源时要做到公正无私、一视同仁，不能厚此薄彼，以权谋私。正义是要求公共行政管理要追求以符合正义原则的方式进行。合法是要求公共行政管理活动中的行为要符合相应的法规，不能超越法律规定的权限和程序，肆意妄为。多样是要求公共行政行为满足不同人和组织对公共服务的多样化要求，并提供适应时代的新的管理服务。透明是要求公共行政管理过程中除法律特殊规定的情形外，有义务向社会公共进行公开。按照上述原则，政府行政管理机构需要不断改善自己的行政管理行为，提升自己的治理能力，为公众提供更高质量的社会公共服务。（刘中华）

公共行政行为

Public Administration Behaviour

也称外部行政行为。与国家行政机关管理其内部行政事务的行为相对应，指国家行政机构管理社会行政事务，向社会公众提供公共产品和公共服务的行政行为，如治安管理行为、工商管理行为、司法管理行为等。主体不同于公共管理，只能是国家行政机关。它是政府行政机关与民众进行联系的主要途径，直接关乎社会公众对政府的评价，因此具有非常重要的意义。目前由于我国正处在社会转型期，社会价值观多元化，各种法律规章制度等尚不完善，在我国政府的公共行政行为中，存在很多失范现象，如权力寻租、执法不公、公款吃喝、贪污受贿、不作为等，对社会造成了消极的影响，需要我们不断提高公共行政人员的素质和完善各项法律规章制度。（刘中华）

公共环境服务

Public Environmental Services

指政府以满足社会环境需求为目的，为全体社会成员提供环境物品和环境服务的公共活动。作为基本公共服务体系的重要构成部分，公共环境服务本质上是公共资源的分配。它通过提供公共福利设施满足公众的环境需求。公共环境服务要求诸如公园、绿地、河流改造和污水排放系统以及风景区、自然保护区等这些由公共资金支持和提供的环境设施应当平等地考虑所有社会成员的环境处境，由此产生的环境价值和利益能够平等、公平地在公众个体之间分配。公共环境服务具备 5 种主要特征：公共性、消费竞争性、强区域性、稀缺性和自然垄断型。公共环境服务分为 3 类：1. 按照公众对公共环境服务需求层次，可分为生存性和舒适性；2. 按照公共性的强弱可分为纯公共性和准公共性；3. 按照政府职责可分为基本的和非基本的公共环境服务。（蔡越）

公共利益

Public Interest

为某个民族、国家、阶级、集团所共同享有的经济政治利益。人总是在一定的社会中生活，脱离社会就无法生存。即使在阶级社会中，尽管不同阶级有着不同的利益，但只要他们共同生活在一个社会里，仍然有着公共利益。不过，建立在生产资料私有制基础上的公共利益，只是剥削阶级达到利己目的的手段。无产阶级革命胜利之后，建立起生产资料公有制，为全社会的共同利益奠定了基础。在当代中国，公共利益有社会利益（即国家利益）和集体利益之分。前者为整个社会所有，为全体公民享用，后者为某部分人所有，为部分人享用。随着社会主义建设的发展，全社会的公共利益将日益发展，为全体公民所享用的权益将日益扩大。在社会主义现代化建设中，教育人们关心公共利益、爱护公共利益、合理享用公共利益和反对损公肥私的行为，是社会主义精神文明建设的重要内容。（李庆）

公共利益理论

Public Interest Theory

由美国经济学家施蒂格勒首先提出。政府管制的公共利益理论是为抑制市场的不完全性缺陷，维护公众利益，由政府对行业中的微观经济主体行为进行直接干预，达到保护社会公众利益的目的。公共利益理论的发展可分为保护生产者本身的利益和保护消费者利益两个阶段。其本质属性是与私人利益相对应的，是一种价值取向或抽象的概念，同时具有不被人们之间利益影响的客观性。（代富宇）

公共绿地

Public Green Space

指满足规定的日照要求，向公众开放、有一定游憩设施的绿地。包括公园绿地和街头绿地。其中，公园可分为综合性公园（市级、区级、居住区级），专业性公园（动物园、植物园、儿童公园、纪念性公园、古典园林等）和花园。以居住区公共绿地为例，功能有：构建居住室外自然生活空间，满足居民各种休憩的需要；绿化美化净化居住环境，运用各种环境因素如树木、花草、山水地形、建筑小品等提高环境质量与品位；为防灾避难留有隐蔽疏散的安全防备。在实际操作中的公共绿地，一般要求居住区公共绿地的绿化面积（含水面）不宜小于70%，即在有限的用地内争取最大的绿化面积，使绿地内外通透融为一体。布置在住宅间距内的组团及小块公共绿地的设置应满足“有不少于1/3的绿地面积在标准的建筑日照阴影线范围之外”的要求，以保证良好的日照环境，同时要便于设置儿童的游戏设施和适于成人游憩活动。我国公共绿地的设计安排都得到比较高的重视，不仅公园绿地独具匠心，而且街头绿地的设计也与街道、公路和小区融为一体。目前存在的主要问题是公共绿地的保养和维护。因为公共绿地较分散，同时又要满足各聚集地人口的需求，从而给公共绿地的卫生及生态维护提出要求。随着生态文明的推进，我国公共绿地已从建设期进入维护期。（参考：徐波、赵锋、李金路：《关于“公共绿地”与“公园”的讨论》，《中国园林》2001年第2期第6～10页；沈悦、齐藤庸平：《日本公共绿地防灾的启示》，《中国园林》2007年第7期第6～12页。朱配辰）

公共危机事件

Public Crisis Events

指危及全体社会公众生活和共同利益的突发性、灾难性事件，涉及的领域有城市、农村、民族、宗教、生态、安全、卫生医疗等。具有6个特征：1. 爆发突发性。指具有极大的偶然性和随机性，难以预估其产生的社会影响和震撼程度，其是否发生，在什么时间、地点，以何种形式发生以及爆发的程度等，人们事先都无法完整把握预测。2. 价值中立性。它的产生可能带来解决整个事件的契机，但也可能造成更严重的后果，关键皆在于如何处置。如果处理得当，则会促进整个事件朝有利于解决问题的方面转机；如果处理不当，或是没有得到及时处置或处理，都可能造成人员伤亡和财产损失，从而加深危机事件造成的人员伤亡和财产损失，特别是在经济全球化时代。3. 责任承担性。指尽管有些公共危机事件难以避免，但不能成为公共管理机构作为推诿责任的借口，决策者必须在日常的管理过程中，采取相应的措施，预防与妥善处置，并且在整个危机事件的发生过程中，往往孕育着妥善处置机遇。4. 时间紧迫性。发生过程中决策者和危机管理者必须在很短时间内，依靠有限的信息，做出重大判断。5. 过程持续性。在整个人类的文明进程而言，它从来就没有停止过，并且不会突然来临消失，事件一旦爆发，总会持续一段时间，即表现为潜伏期、爆发期、高潮期、缓解期、消退期五个阶段。6. 指向破坏性。它对过去稳定状况构成一定的威胁，通常以人员伤亡、财产损失为标志。不管什么性质和规模的公共危机事件，都会不可避免地给国家、集体、个人带来经济上、精神上的损失，或组织结构的破坏，还有可能会冲击社会的某些核心价值观念，进而渗透到社会生活的各个层面。公共危机事件按照不同标准划分为不同类型。按起因可以分为非人为和人为的事件或自然灾害和公共灾害，前者如流行病、地震、风暴等自然灾害，后者如恐怖袭击、集体骚乱、重大事故等；按可避免性可分为有避免可能的公共危机事件（主要是人为公共危机事件，如重大责任事故、集体行为等）和无法避免的公共危机事件（主要是非人为的公共危机事件，如地质灾害、洪水、飓风等）；按影响范围分为全球性公共危机事件、地区性公共危机事件和局部性公共危机事件；按复杂程度可分为单一性公共危机事件和复合型公共危机事件。（刘中华）

公共物品

Public Goods

狭义上指物品的消费同时具有非排他性与非竞争性，即纯公共物品；广义上指物品具有非排他性或者非竞争性。公共物品有 4 项特征，包括非排他性、非竞争性、非抗拒性和外部性。布坎南（Buchanan）扩大广义的公共物品，提出俱乐部物品的概念，指相互的或集体的所有权安排，奥斯特罗姆（Elinor Ostrom）提出公共池塘资源理论，指一种具有非排他性和消费共同性的特殊物品。1954 年萨缪尔森（Paul A. Samuelson）首先将物品分为私人物品和公共物品。公共物品在产权上不具备竞争性和排他性，任何人对公共物品的消费都不会减少其他人可能得到的消费水平，例如道路、广播、国防等。与公共物品相对应的私人物品在产权上则具有排他性和竞争性，对其消费需要付费，并且在消费过程中其他人不能再进行消费，如一般的商品。公共物品具有消费上的非竞争性和非排他性是由于其同时具有不可分割性。公共物品的不可分割性指对其进行消费就是对其所有进行消费。公共物品生产提供的可消费数量即是每个人的可消费数量。公共物品可由政府、私人、自愿或组织联合 4 种方式供给。在经济学的研究领域，公共物品是导致市场机制失灵的主要因素。因此，公共物品的资源配置研究一直是经济学研究中值得关注的重点，如由此衍生而来的搭便车问题、排他成本问题、公地悲剧问题以及融资与分配问题等。（参考：沈满洪等：《公共物品问题及其解决思路——公共物品理论文献综述》，《浙江大学学报》（人文社会科学版）2009 年第 7 期第 135 ~ 142 页；张梦龙：《基于公共物品属性视角的铁路改革结构特性研究》，北京交通大学 2014 年博士学位论文第 45 ~ 56 页。欧阳文川　蔡越）

公共选择理论

Public Selection Theory

指主要运用经济学的研究工具和分析方法，研究政治决策机制如何运作的理论。产生于 20 世纪 40 年代末，是介于经济学和政治学之间的新兴交叉学科，代表人物有英国经济学家邓肯·布莱克（公共选择理论之父）、美国著名经济学家詹姆斯·布坎南（因在公共选择理论方面的贡献获得 1986 年的诺贝尔经济学奖）等。布坎南对公共选择理论的定义为：在其非立宪的研究方面集中于分析各种政治选择结构及在这些结构内的行为，也包含了侧重研究规则的行为和过程的立宪经济学。缪勒所著《公共选择》，对公共选择理论的发展也产生了重要影响，并把公共选择定义为对非市场决策的经济学研究。它把政治运转理解为市场运转模式，把选民、官僚和政治家视为政治大市场中的博弈者，把选民的选票看成是货币。公共选择理论的基础是理性经济人假设和交易政治。理性经济人的含义是指人都是理性的自私自利者，会在一定的约束条件下使自身利益最大化。把经济学中的理性经济人假设运用到政治学中，认为政治活动实际上就是交易活动，包括选票在内的各种利益和好处，都可以拿到政治市场上进行交易。经济市场与政治活动的实质差别，不是个人追求的价值或利益的种类，而是个人追求其不同利益时所处的条件和手段。（刘中华　代富宇）

公共舆论空间

Public Opinion Space

又称舆论空间或公众意见。当相当数量的公民对某一问题具有共同倾向性的看法或意见，就形成公共舆论空间。是社会意识形态的特殊表现形式，往往反映一定阶级、阶层、社会集团的利益、愿望和要求。公共舆论空间的形成，可来自群众的自发，也可来自有目的的引导，如国家、政党、社会团体以及大众传播工具（报刊、广播、电视等）的有目的的影响。现实中，公共舆论的形成往往是两种来源相互转化，即先从群众中来，然后经有关权威方面加以传播；或先由有关权威方面提出，然后在群众中传播。公共舆论是众多群众的意见，它对社会政治生活有重要的影响，既可促进社会的稳定和发展，又可影响政治的稳定和政权的巩固。进步的舆论常常成为革命的先导。政府和各种政治利益群体都重视公共舆论，它们往往采用各种方法对公共舆论进行引导和控制。为公众打造合理的舆论空间，是公众表达民意和评价的重要渠道。（张惠娜）

公共政策

Public Policy

源自政治学的重要概念，是研究行政学和政策科学的基础。指国家权力机关针对社会公共问题通过制定法律法规来规范和解决，并由国家职能部门行政人员负责执法和实施，最终实现社会公共问题的解决和公共利益的保障。公共政策是伴随人类社会发展出现的特殊历史现象。政府的产生是其产生的根源，因此具有古老的历史。一般来说只要是国家权力机构制定的法律法规，以及战略、规划、计划、条例、实施细则等，只要是为解决公共问题并且产生一定社会影响，都属于公共政策的范畴。公共政策的基本特征包括：公共性、合法性、价值性、目标性、时效性等。公共政策是政府行为的表现。公共性既表现在政策制定主体，即国家权力机关的公共性，又表现在政策的制定目的、实施对象是社会公共利益以及社会公共事件和公众。合法性指公众对公共政策的认同和理解程度，即公共政策的施行以公众对公共政策的认同和理解为前提，无论是因为符合其利益的主动认同和理解还是由于与其利益向左的被动、强制的认同和理解。价值性本质上是社会问题的价值性，任何时代任何社会都存在社会价值及其选择和分配，政府出现以后就担任社会价值的抉择和调配者。目标性指公共政策的制定和实施目的在于解决社会问题、调节社会价值和分配社会利益，即公共政策的制定都是为解决特定社会目标。时效性指任何公共政策都有其生命周期，其效果的实现都有阶段性，一般来说从政策实施起，效力要经过从低到高，再从高到低的过程，因此政策执行机关因以时效性为原则争取在合适的时机最大程度发挥公共政策的效力和影响。（参考：王宁：《城乡规划建设的监督管理研究》，西安建筑科技大学 2011 年博士学位论文第 23 ~ 27 页。欧阳文川）

公害

Public Nuisance

是指人类活动导致的环境污染和生态系统破坏对公众的健康、安全、生命、公私财产等造成严重危害。“公害”一词最早出现于日本1896年《河川法》，指河流侵蚀、妨碍航行等危害。1967年《公害对策基本法》将公害定义为：由于事业活动和人为活动产生的相当范围内的大气污染、水质污染（包括水的状态以及江河湖海以其他水域的底质情况的恶化）、土壤污染、噪声、震动、地面沉降（采掘矿物所造成的下陷除外）以及恶臭，对人体健康和生活环境带来的损害。中国 1978 年颁布的《中华人民共和国宪法》中首次使用“公害”这个词。世界著名的公害事件有：马斯河谷烟雾事件；洛杉矶光化学烟雾事件；多诺拉烟雾事件；伦敦烟雾事件；四日市哮喘病事件；水俣病事件；富士通通病事件；爱知米糠油事件；博帕尔毒气事件；切尔诺贝利核污染事件等。（王晴晴）

公害教育

Environmental Pollution Education

指通过生物学教学和经常教育，广泛宣传公害的危害性和环保工作的重要性，加强环保道德观念，努力提高全民保护环境、防止公害的自觉性。18世纪产业革命带来巨大的生产力，同时形成一些公害。公害的发展分为3个阶段：第一阶段为公害发生期。18世纪～20世纪初，以煤烟尘、二氧化硫对大气的污染，以及矿冶、制碱对水质的污染为主。第二阶段为公害发展期。20世纪20～40年代，煤炭型污染继续发展，同时，又增加石油及其产品、有机化学工业造成的污染。第三阶段为公害泛滥期。20世纪50年代直到现在。除以上污染外，又增加放射性污染和噪声污染等。这一时期，相继发生伦敦毒雾事件、洛杉矶光化学污染、酸雨、赤潮等。科学家预计，未来将发生更严重的紫外线污染。在我国，把空气污染、水污染、土壤污染和噪声污染统称为新四害。（王薛时）

公害输出论

Environmental Pollution Output Theory

又称污染转嫁。指经济发达国家将本国的污染转移给其他国家的行为。最早对公害输出概念进行界定的，是日本学者饭岛伸子在研究公害初发期致害与受害关系时提出。她认为这种公害输出行为导致公害问题地域不断扩大，公害由国内向其他落后国家转移，具有明显的国家间的受害与致害关系。公害输出的方式：1.将本国不能开办的污染企业和产品生产转移至其他国家开办和生产；2.将本国不能销售的污染产品出口到他国出售；3.将在本国难以处置的废弃物转移到他国处置。公害输出的结果使输入国的人民遭受公害，同时加剧整个地球环境的污染。为防止污染转嫁，国际环境法对公害输出已作出限制性规定，许多国家的国内法律也明确规定禁止外国污染输入本国。中国在多部法律法规中规定防止国外污染转嫁到中国国内的措施。（参考：包智明：《环境问题研究的社会学理论——日本学者的研究》，《学海》2010年第2期第85～90页。朱配辰）

公民

Citizenship

现代社会中，公民是对摆脱自然状态进入文明社会，权利受法律规定和保护的社会成员的称谓。指具有积极参与公共事务能力的政治行动者。公民与国民、居民有别。国民是具有某国国籍或长期生活在某国领土上的、对该国的文化传统、政治生活、习惯风俗都有较强认同感、忠诚感和依恋感的人们的统称。国民更加强调人们与国家之间的情感联系。居民的内涵就更加宽泛，只要是固定地居住在某一个国家的人们，就可以称为该国的居民，居民是具有地理特征、描述人们生活和居住状态的概念。公民的定义有着法律、社会和政治向度。理解法律向度的关键是理解公民与宪法的关系，即规定公民个人必不可少的基本权利和不可免除的义务是现代国家宪法的重要内容。社会向度包括对人们作为文明社会的成员的资格认定和人们对社会共同体产生的归属和认同。政治向度指的是承认公民具有参与公共事务的资格。（李庆）

公民不服从运动

Campaign of Civil Disobedience

一种抵制、拒绝遵守某些被认为是不合于公义的法律、政策、政府行政指令的大众性抗争活动。“公民不服从”拒绝的是特定的法律与政策，而不是整个系统，是一种公开的、政治性的、自知可能违法的非暴力的抗争行为。1984年，美国作家梭罗最先系统阐述公民不服从的理念。公民不服从是民族独立运动和民权运动中的重要策略。甘地在印度独立运动中，利用公民不服从追求政治目标，因而被看作是公民不服从运动的导师。20世纪60年代美国的民权运动中，马丁·路德·金等效法甘地，领导争取黑人公民权利的公民不服从运动。20 世纪 70 年代以来，很多抗议活动都采取公民不服从这一形式，来实现其政治、经济、文化和社会的目标。（王聪聪）

公民环境意识

Citizen Environmental Awareness

根据人类社会经济发展对环境的依赖关系以及环境对公民活动的制约作用，理解或看待公民与自然关系的理论、思想、情感、意志、知觉等意识要素与观念形态的总和。包括环境理论、环境保护思想及对策、绿色观念以及宣扬环境保护的宗教教义等。现代工业造成公民与环境的尖锐冲突，公民不再像传统的环境观念那样认为环境是可以随意征服的对象，终于认识到必须改变经济模式、生活方式以及价值体系调整和约束自己，以求适应环境的限制而不致毁灭自身生存和发展的自然基础。因此，当代环境意识特别强调公民与自然和谐相处，注意保护环境，根据环境的可能条件发展社会经济。（王薛时）

公民教育

Civil Education, Paedeia

西方的一种教育主张，国家公民教育的简称。一般指国家或社会根据有关的法律和要求，培养其所属成员具有忠诚地履行公民权利和义务的品格与能力等素养的教育。在不同时代和不同国家有不同的具体内涵。最早提出公民教育的是古希腊。随着资产阶级民族国家的形成和发展，一些资产阶级思想家如黑格尔、费希特等都强调推行公民教育，其中最著名的代表人物是德国教育家凯兴斯泰纳。基本思想是：教育要以培养“公民”为目标，为国家利益服务。认为国家是至高无上的，任何团体与个人都要绝对服从国家利益，各种学校都应该由国家管理。对学生进行有关公民知识的教学，使他们了解国家的任务，激发公民责任感及对祖国的热爱；进行职业训练，培养学生的职业智能；进行性格陶冶，养成公民应有的道德品质。凯兴斯泰纳还将公民教育与劳作教育相结合，把对劳动人民子女进行初等义务教育的国民学校改为劳作学校。希腊政治哲学家塔基斯·福托鲍洛斯此后提出的包容性民主理论中的重要概念。不同于现实中的公民知识与权益教育。这种源自古希腊城邦时期的公民教育，不仅指代一般意义上的知识教育，还包括公民个性发展和全方位的知识技能教育，也是作为合格公民的个体教育。这种形式的公民教育，是古希腊的城邦民主以及包容性民主理论设想的未来基层民主的基础。（王薛时　徐越）

公民经济与社会权利

Citizen of Economic and Social Rights

人的社会价值得以积极肯定和充分发展的权利，包括生存权、劳动权、受教育权等。国家和政府不只是对这些权利做消极的承认和不侵犯，还要采取积极的行动为这些权利的实现创设社会条件。从 1919 年德国《魏玛宪法》起，各国宪法逐渐把经济与社会权利确认为公民的基本权利，这被认为是 20 世纪人权发展的重要方面。（李庆）

公民民事权利

Citizen of Civil Rights

法律赋予民事主体享有的利益范围和实施一定行为或不为一定行为以实现某种利益的权利。它包括：权利人直接享有的某种利益（如人身权）和通过一定行为获得的利益（如财产权）；权利人自己为一定行为或不为一定行为和请求他人为一定行为或不为一定行为，以保证其享有或实现某种利益；在权利受到侵犯时，能够请求有关国家机关予以保护。在中国，民事权利具有的基本特点：1. 平等性。每个公民不分年龄、性别、民族、宗教信仰、职业、地位等，都享有平等的民事权利。2. 连续性。公民的民事权利从其出生至其死亡，法人的民事权利从其成立至其消灭，自始至终都享有法定的民事权利。3. 真实性。由于我国社会主义强大的物质基础，使民事主体所享有的民事权利得以保障。民事权利依不同的标准可分为财

产权和人身权，绝对权和相对权，请求权、支配权、形成权和抗辩权，主权利和从权利等。（李庆）

公民权

Citizenship

指一国公民在该国法律上所拥有、为政府所保障的公民的基本权利。它是根据宪法、法律的规定，公民享有参与公共社会生活的权利。像“人权”一样，“公民权”也是外来词汇，在外文中往往以不同的术语表示，英语中 civil rights，法语中 droits civiques，西班牙语中的 derechos civiles，德语中的 B ü gerrecht。我国《辞海》给公民权的界定是“公民依法享有的人身、政治、经济、文化等方面的权利”。但实际上，公民权还意指“公民资格”或“公民身份”的意思，这在环境或生态公民权中会导致十分不同的诠释。（郇庆治）

公民权利运动

Civil Rights Movement

指 20 世纪 50 ~ 80 年代在世界范围内争取平等权利的大众性社会政治运动。公民权利运动主要发生在北爱尔兰、非洲、加拿大、美国、法国、

德国等国家和地区，人们通常采用静坐、抗议游行等非暴力的形式追求政治目标，最著名的即美国的黑人民权运动。美国的黑人民权运动发生在 20 世纪 60 年代，主要目标是结束对黑人的种族隔离和歧视，在联邦宪法和联邦的法律中承认并保障黑人的基本权利。1955 年，罗莎帕克斯在公共汽车上拒绝把她的位置让给白人，因此而被逮捕。之后，蒙哥马利州和亚拉巴马州的黑人开始拒绝乘坐公共汽车，拉开美国公民权利运动的序幕。1955 ~ 1968 年间，各种形式的非暴力抗议和公民抗争席卷美国，最终促进活动家和政府部门的积极对话。美国黑人民权运动的积极成果，是促成 1964 年美国《民权法案》的通过。该法案规定，禁止基于种族、肤色、宗教、性别或民族出身而在就业、工作场所、公共场所、学校等进行歧视。公民权利运动的重要遗产是，它鼓励更多争取平等权利的运动，如妇女运动、同性恋运动等。（王聪聪）

公民社会

Citizen Society

古典公民社会主要指建立了国家的文明社会，相对于野蛮部落而言。近代公民社会指国家控制之外的社会经济生活，相对于国家政权而言。当代政治学中的公民社会概念，主要是就其近代含义而言的，并以之作为对国家与社会关系的理解。据此，全部社会生活领域划分为公共领域和私人领域两个基本部分，公共领域指国家，私人领域指由个人活动和个人交往为内容的公民社会，既包括人们的分工协作和贸易等经济关系，也包括言论、结社、迁徙和安全等社会交往关系。（李庆）

公民义务

Duties of Citizens

指宪法和法律规定的公民必须遵守和履行的行为准则。《中华人民共和国宪法》规定：公民必须拥护中国共产党的领导，拥护社会主义制度；维护祖国的统一和各民族的团结；遵守宪法和法律；保守国家机密，爱护公共财产，遵守劳动纪律，遵守公共秩序，尊重社会公德和优良风俗习惯；维护祖国的安全、荣誉和利益；保卫祖国，抵抗侵略，依法服兵役和参加民兵组织；依法纳税等。这些规定体现了公民权利和义务的一致性。（李庆）

《公民与环境》

Citizenship and the Environment

英国著名环境政治学者安德鲁·多布森的代

表性著作之一。多布森在书中系统讨论20世纪90年代以来广泛讨论的一个议题，环境公民权或责任，即与保护和改善生态环境相关联的公民政治权利、授权或义务责任。多布森在书中讨论3个问题：1. 后世界主义公民权范畴是环境公民权的理论基础。2. 环境公民权是后世界主义公民权的典型例证或体现，进而对环境公民权和生态公民权概念做了进一步的区分。3. 在当代自由民主社会中如何培育符合或有利于生态可持续性的环境公民权。基于一种更多体现与追求正义原则意义上的分配性世界主义即后世界主义的阐释，多布森具体划分了三种类型的公民权：自由主义公民权、公民共和主义公民权和后世界主义公民权。在此基础上，多布森首先分析主流公民权理论即自由主义、公民共和主义和世界主义公民权理论试图吸纳环境议题的努力，然后对环境公民权概念做了环境公民权和生态公民权之间的严格意义上的区分。多布森对环境公民权理论涵盖的对好生活的价值性追求与自由主义政治声称的价值中立性之间的不相容性进行了辨析。多布森认为，尽管许多学者对自由主义价值中立性的非绝对性消解是有意义的，但正是自由主义声称的所谓价值中立性构成其应该明确支持强可持续性原则或生态公民权的理由。（徐越）

公民政治权利

Citizen of Political Rights

公民依法享有的参与国家政治生活、管理国家以及在政治上表达个人见解和意见的权利，是公民基本权利的重要组成部分。从各国宪法规定看，通常包括选举权、被选举权、担任公职、参加国家管理的权利和享受荣誉称号等权利。《中华人民共和国宪法》规定，凡年满18周岁的公民，除依法被剥夺政治权利的人除外，都享有选举权和被选举权；国家保障人民参加管理国家事务、管理经济和文化事业、管理社会事务、监督国家机关及其工作人员等权利；公民有言论、出版、集会、结社、游行、示威等自由，以及有批评和建议、申诉、控告或检举的权利。其他国家的宪法也都规定并保障公民享有一定的政治权利。公民享有政治权利的多少，取决于社会各阶级政治力量的强弱对比。（李庆）

公社

Commune

通常指一个较小规模的基层组织或社区，其中所有成员能够分享其共同的利益并参与治理。法文里的“commune”指法国的一级基层行政区域，中文现译为市镇或公社。市镇在大多数情况下是最小的行政划分区，对应一个乡村公社或区域。（徐越）

公司观察

Corp Watch

是成立于1997年通过调查和揭露企业渎职的问责机制，提升跨国企业透明度的非营利性非政府组织，总部设在美国加利福尼亚旧金山。宗旨是促进全球正义、督促中立的媒体报道，提升企业内部民主管理，揭露跨国公司的不当利润以及战争、环境、人权和其他问题，为大众提供了解和监督民主制度的重要信息。作为研究性非政府组织，主要关注消费主义和商业主义、腐败问题、环境健康、人权、劳动、私有化等现实问题或议题。（申森）

公务员

Public servants

经国家特别选任的依法从事公务的人员。公务员一词从英文Civil Service意译而来，原意为文职服务人员，也有人译为文官。在西方国家，公务员多指在政府中从事公务的人员，他们在政治上不与内阁共进退。公务员的任职，需要经过公开竞争考试，择优录用。录用后如无过失，会长期任职。公务员的范围，各国的规定不一。在美国，公务员最大的概念为政府雇员，包括职类公务员、非职类公务员和军事人员三部分，其次是文官，再次是职业文官，均分为职类和非职类两种。在法国，公务员分为适用公务员法的公务员和不适用公务员法的公务员两类，均为国家机关工作人员。在我国，公务员是指国家依法定程序选任的，在各级国家机关从事公务的人员。根据我国法律的规定，国家公务员的任用采取选任、考任、委任和调任四种方式，其中考任方式越来越占有重要的地位。法律规定，考任国家公务员须遵守以下程序和步骤：公告、通知、报名、资格审查、笔试、口试、体检、取得公务员资格（即被录用）。公务员的法律地位表现为：在行政法律关系以外，公务员代表国家行政机关，以所在行政机关的名义行使国家行政权；在行政法律关系内部， 公务员作为一方当事人与行政机关发生法律关系；在行政诉讼中，公务员不能作为原告和被告，不具有诉讼当事人的法律地位（以公民身份除外）；在行政法制监督法律关系中，公务员作为监督对象和一方当事人，与行政监督主体发生关系。根据我国《国家公务员暂行条例》，公务员享有的权利包括：职位保障权、执行职务权、工资福利权、参加培训权、批评建议权、申诉权、辞职权，以及宪法和法律规定的国家公务员的其他权利；公务员履行的义务包括：遵守法律、依法办事、联系群众、维护国家的利益、忠于职守、保守秘密、廉洁奉公，以及宪法和法律规定的国家公务员的其他义务。（李庆）

公益传播

Public Welfare Communication

指具有公益成分、以谋求社会公众利益为出发点，关注、理解、支持、参与和推动公益行动、公益事业，推动文化事业发展和社会进步的非营利性传播活动。如公益广告、公益新闻、公益网站、公益活动、公益项目工程、公益捐赠等。新媒体时代的公益传播主要以包含声音、语言、动画等多媒体表现形式，以多种社会化媒体为平台，向公众宣传包含有公益成分，推动公益行动和社会进步的非营利性传播活动。公众可探讨关于公益活动的内容，并走到现实开展公益活动。本质是对社会的自觉奉献和无偿馈赠，宣传的通常是能够代表多数社会成员共同利益的行为或观念，以公众利益和提高福利待遇为目的。公益传播主要参与者包括政府组织、媒体和非政府组织（NGO）。公益传播能不断汇集全社会各阶层的共同努力，最大限度地增进公众利益；能加强公民的社会责任感和使命感，促进社会主义核心价值观的构建；能传播和强化公民美德和社会道德，有利于社会的稳定团结和社会主义和谐社会的形成与发展。（张惠娜）

公益教育

Public Welfare Education

在公益活动的实施中获得能力和责任意识的教育方式。公益教育是将书本知识与社会服务实践整合，通过多元化、体验式的学习经历，采用学习和发展的开放性学习方式，培养学生积极的人生态度和高素养公民意识。通过课内和课外、校内和校外、正规和非正规等教育途径，从小提高孩子的公益意识，培养孩子的公益行为与能力，让他们从自我做起，从自己身边的小事做起，用自己的力量参与到改善家庭、学校和社区的公共事务中来，从而树立起责任感和主人翁精神。通过公益生活的参与，使学生正确地认识社会、关心社会，并积极负责任地参与到社会事务中，培养学生积极正确的公民价值观和良好的公民素养。公益教育既注重社会实践服务过程，又注重知识学习过程，既满足社区的实际服务需要，又有明确的学习目标，既关注社会基本价值，又关注社会发展问题，既促进学生的积极社区参与，又促进家庭、学校、社区的互动协作教育。（参考：张志红：《公益教育的概念、内涵与特点》，《中国校外教育》2013年第24期第37～38页。王薛时）

公益用地

Public Benefits Land Using

指用以促进和增加社会公共利益以及民众集体福利的各类建设用地的总称。公益用地的建设目的在于建立和增加公共福祉，为社会发展以及人民生活水平提高提供基础条件，常见的公益用地包括基础设施建设用地、公共设施用地、国家机关及外交和军事用地、公园绿地和自然保护区域，以及国家重点支持的能源、交通、水利设施用地等等。公益用地具有公共物品的特征，由于公益用地旨在促进公共利益和福祉，因此其具有公共物品的非竞争性以及非排他性，即任何人对公益用地的使用对不会妨碍或者减少其他人的享用，以及任何人对其进行的“消费”都是对其所有价值的消费。公益用地也具有外部性特征，公益用地具有外部经济效应或者具有正外部性效应，即任何人对公益用地的享用都无须付出任何代价，这决定了公益用地建设无法产生经济效益。公益用地的组织构成具有系统性，即公益用地具有一定的层次和结构，它是由产生不同作用、相互联系和影响的各类不同公益用地组合而成的，因此公益用地是否能高效地提供社会公共性服务，很大程度上取决于其内部组成部分的设计合理性和科学性，这在客观上要求公益性用地建设由强有力的政府组织和推动，群众的积极参与以及巨额资金和庞大物资作为后盾。用公益性用地相对的是非公益性用地，非公益用地是指以营利为直接目的的建设用地，这决定了他的非公共性的私人利益性质。非公益用地具有营利性和市场性等特征。客观上来说，公益性用地与非公益性用地相互依存并且相互竞争，土地资源作为一种稀缺性资源，以公共利益或者私人利益为目的进行开发和利用总是对土地资源的绝对占用，因此二者呈此消彼长的关系；此外，公益用地和非公益用地只有在其功能以及容量上相互协调和补充，才能实现土地资源的高效利用。（参考：周洪文：《农地非公益征收控制研究》，西南大学2011年博士学位论文第42～52页。欧阳文川）

公意

Public Will

法国思想家卢梭提出并阐发的基本概念，指公共意志。公意的概念，在17世纪是作为神学的概念，而不是作为政治概念出现的，指上帝的意志。1762年，卢梭在《社会契约论》中完整地阐述了他的政治思想。他认为，为了保证个人的自由和平等，人民必须通过新的社会契约，建立一个共同体，即合理的国家。在这个过程中，每个人把自身的一切权利全部转让给共同体，国家会以更大力量保全自己的所有，实质上，每个人又获得了他所让渡的同样权利。卢梭把国家设想为一个公共人格，拥有自己的生命和意志。国家全体成员的经常意志叫作公共意志，即公意。公意不同于个人的私意和反映个人利益总和的众意，它以人民的公共利益为出发点，只着眼于共同的目标，所以永远是公正的。个人作为全体不可分割的一部分，必须服从公意，达到服从自由的同一。他指出，主权实质上是由公意构成。由于公意只能是人民集体的意志，是绝对的、神圣的、不可侵犯的，所以主权具有不可转让、不可分割、不可被代表的性质。他还主张，法律是公意的行为。社会契约赋予国家以生命，立法赋予它以行动。人民是法律的制定者，有权改变自己的法律。立法权同样是不可转让的，任何个人擅自发号施令，都不能成为法律。法律的对象是全体人民，绝不考虑个别的人和个别的行为。（李庆）

公园运动

Park Movement

为应对伴随城市环境危机的调整而加快以城市公园为主要目标的城市绿色空间建设运动。19

世纪初工业的迅猛发展，造成大城市绿色的匮乏。1848 年美国造园师唐宁为满足公众对绿地休憩的需要，提出建立大众均可进入享用的公共公园（public park）的看法，以区别于当时私人或贵族所专用的庭园。城市公园不仅可为广大民众提供消除疲劳、寻求慰藉，接触自然的环境，给大城市引进绿色天地，发挥其使用价值，得到广泛的拥护和支持。在 19 世纪下半叶形成了一股社会浪潮，称为公园运动。纽约的中央公园，波士顿的富兰克林公园，芝加哥的哥伦比亚博览会等大城市的公园均由此形成。城市公园在我国出现的历史还比较短暂，真正成为人们生活必不可少的场所是民国成立之后的事情。目前，随着我国城市化建设的加快，密集型城市集群的建设使得城市环境生态问题日益凸显，城市公园建设的重要性也日益凸显出来。（参考：孙群郎：《美国城市美化运动及其评价》，《社会科学战线》2011 年第 2 期第 94 ~ 101 页。朱配辰）

公约

Convention

国际条约的一种类型，通常指多个国家之间为政治、经济、文化、技术等重大议题而举行国际会议并缔结的多边条约。“公约”这一用语的用法，同一般性用语“条约”一样，包括所有国际协定。因此，公约是更一般性用语条约的同义词。公约是开放性的，非缔约国可以在公约生效前或生效后的其他时间加入。公约的内容一般是专门性的，所以在重要性上往往不如条约。在 20 世纪，公约通常用于双边协定，现在则普遍用于具有众多缔约方的正式多边条约。公约一般开放供整个国际社会参加，或供众多的国家参加。公约的内容主要是立法性的，规定国家应遵守的一些行为规则和制度。如 1961 年的《维也纳外交关系公约》、1982 年的《联合国海洋法公约》等。公约根据约束对象的不同可以分为世界性公约、国家与地区之间的公约等。（申森）

公众参与

Public Participation

从狭义上讲，公众参与即公民在代议制政治中参与投票选举活动，即由公众参与选出代议制机构及人员的过程，这是现代民主政治的一项重要指标，也是现代社会公民的一项重要责任。从广义上讲，公众参与除了公民的政治参与外，还必须包括所有关心公共利益、公共事务管理的人的参与，要有推动决策过程的行动。在实际的活动中，泛指普通民众为主体参与，推动社会决策和活动实施等。公众参与是一种有计划的行动。它通过政府部门和开发行动负责单位与公众之间双向交流，使公民们能参加决策过程并且防止和化解公民和政府机构与开发单位之间、公民与公民之间的冲突。公众参与是一个连续的双向地交换意见过程，以增进公众了解政府机构、集体单位和私人公司所负责调查和拟解决的问题的做法与过程。公众参与的内容可以分为立法层面的公众参与、公共决策层面的公众参与，公共治理层面的公众参与。中国当前公众参与的主要领域有包括立法决策层面、政府管理层面和基层治理层面。（张惠娜）

公众环境研究中心

Institute of Public & Environmental Affairs, IPE

2006 年成立，在北京注册的公益环境研究机构。开发并运行中国污染地图数据库，推动环境

信息公开和公众参与。运营主要项目包括污染地图、绿色选择倡议、IPE 公告。中国水污染地图、中国空气污染地图，集中展现中国各地区环境质量、污染物排放和污染源监管等 3 大类别的数据。中国水污染地图是公益数据库，用户可通过点击数字地图，检索全国各省级行政区和超过 300 家地市级行政区的水质信息、污染排放信息和污染源信息，包括超标排放企业和污水处理厂信息。

绿色选择倡议是公众环境研究中心联合自然之友、地球村、绿家园志愿者、全球环境研究所、天津绿色之友等多家环境非政府组织推动的，由大型企业将供应商环境表现纳入采购标准，以实现绿化全球供应链的项目。IPE 公告是关于企业环境监管记录的公告，以及定期发布的 IPE 公告，如中国 120 城市污染源环境公开指数评价报告。公众环境研究中心旨在通过活动，助力公众有效参与环境治理，推动全球生产和采购实现绿色转变，为清除污染寻找终极动力。（王聪聪　席溢）

公众问责

Public Accountability

指社会公众作为问责主体，对政府部门及行政工作人员在公共义务和责任履行过程存在的问题进行监督和追究的制度。政府机关和有关的行政工作人员，权力来自人民，社会公众有权就政府部门及行政工作人员在公共义务和责任履行过程的存在的问题提出质询，要求相关部门或工作人员予以正确解释，并承担失责惩罚的结果。（刘中华）

《功能生态学》

Functional Ecology

英国生态学会创建的生态学界最年轻的期刊，着重于生理生态学、进化生态学、生物物理学和群落生态学、生物功能基因、生态系统功能方面。接受实验性、理论性、观测性的研究文章，还接受标准科研论文、描述性报告和评论文章，发表新思想、新观念或对已发表文章的评论。双月刊，ISSN：0269-8463。2014 年影响因子为 4.828。（席溢）

功能主义

Functionalism

指将功能概念视为第一解释要素的理论。在不同的学科领域，具体内涵有所不同。在政治科学领域，功能主义的代表有伊斯顿、阿尔蒙德、李普塞特等。伊斯顿的政治系统输入～输出模型及相应的政治系统概念是分析典范，一直被广泛使用。阿尔蒙德等人的政治功能分析，借鉴了由孟德斯鸠提出，并由麦迪逊、汉密尔顿等发展的分权学说。19 世纪晚期，政党、有组织的利益集团和新闻传媒力量的兴起，给传统的三分法带来了挑战。为此，阿尔蒙德、鲍威尔等人发展了一种功能三分方案：一系列系统功能（社会化、政治录用、政治沟通）描述了政治系统自身维持、适应变化的种种方式；一系列政策功能（利益表达和整合、决策、政策实施和裁定）描述了政治系统是如何决策的；一系列过程功能（提取、限制、分配和象征性输出）描述了政治系统对社会和国际环境的影响。政治领域的功能主义遭到了两方面的批评：一是批评其只注重维持政治平衡或政治秩序，因而保守主义倾向明显；二是认为其模糊了国家和政治机构的重要性。尽管如此，功能主义的积极作用仍不容忽视。（李庆）

宫崎骏的生态思想

Miyazaki Hayao’s Ecological Idea

宫崎骏（1941 ～）是日本三代画家中承前启后的精神支柱，第一位将动画上升到人文高度的思想者。在他一系列重要作品中，例如《幽灵公主》《风之谷》《天空之城》等，深入探讨人与自然的关系，通过夸张的造型和奇异的构思，表现当代社会人们对生态问题的忧虑，在商业和艺术上都获得成功。宫崎骏的成就与他的生态观和人文困惑之间形成的艺术张力密不可分。他的生态电影的魅力突出的表现在 4 个方面：表现神奇的大自然；规诫野心勃勃的人类；思考自然与人类不可调和的矛盾斗争关系；通过清醒的救世英雄的悲剧形象表达他的人文困惑。宫崎骏影片中的大自然作为典型环境，宛若世外仙境，充满种种神异。大自然的力量神秘莫测，具有不可遏制的生命力和起死回生的神性。在宫崎骏的影片中，怀有征服欲望的人类是大自然的异己，他们予取予求，永无止境，贪婪而野心勃勃，自恃技术的力量可以征服一切，不懂得相互之间和谐相处，不但与大自然争斗，而且各个利益集团之间也充满着流血冲突，但到头来是自讨苦吃。（参考：杨晓林：《论宫崎骏的生态观和人文困惑》，《电影评介》2006 年第 9 期第 32 ～ 34 页。王薛时）

《共产党宣言》

The Communist Manifesto

《共产党宣言》是马克思主义奠基之作，也是马克思主义最重要、影响最深广的经典著作，具有划时代意义。它的问世标志马克思主义作为成熟的科学理论正式诞生。从此，国际共产主义运动有了科学理论指导。第一版 1848 年 2 月在伦敦出版。

在《共产党宣言》中，马克思恩格斯以雄辩而尖锐的笔锋和深邃的思想，深刻揭示资本主义制度的本质、发展规律和必然走向灭亡的趋势，论证无产阶级肩负的历史使命。正如列宁所说，“这部著作以天才的透彻而鲜明的语言描述了新的世界观，即把社会生活领域也包括在内的彻底的唯物主义，作为最全面最深刻的发展学说的辩证法以及关于阶级斗争和共产主义新社会创造者无产阶级肩负的世界历史性的革命使命的理论。”

1.《共产党宣言》阐明的最基本的思想，首先是关于人类社会结构及社会运动规律的思想。正如《共产党宣言》1883 年德文版序言中指出的，“贯穿《宣言》的基本思想：每一个历史时代的经济生产以及必然由此产生的社会结构，是该时代政治的和精神的历史的基础”。在 1888 年英文版序言中，又进一步指出，“构成《宣言》核心的基本思想”就是“每一历史时代主要的经济生产方式和交换方式以及必然由此产生的社会结构，是该时代政治的和精神的历史赖以确立的基础，并且只有从这一基础出发，这一历史才能得到说明”。这也就是在 1859 年《政治经济学批判》序言中所阐述的关于生产力和生产关系矛盾运动以及社会形态及其更替规律的基本思想。关于“两个必然”、阶级和阶级斗争以及共产主义基本特征等等，都是从这个最基本思想派生出来的。也可以说，这是《宣言》的最深刻的世界观和方法论基础。

2. 关于“两个必然”的原理。这是马克思主义创始人用上述历史唯物主义观点和方法，分析资本主义社会矛盾运动及阶级关系而得出的科学结论。资本主义制度在其发展过程中，曾创造过辉煌，起过重大的历史作用，但是，同任何事物的发展一样，它在自己生命过程中同时包含着自身的否定因素。正如恩格斯所说：“资产阶级从它产生的时候起就背负着自己的对立物；资本家没有雇佣工人就不能生存。”他还说，“赋予新的生产方式以资本主义性质的这一矛盾（指社会化生产与生产资料资本主义占有之间的矛盾），已经包含着现代的一切冲突的萌芽。”《共产党宣言》正是用马克思刚刚形成的唯物史观，深刻地剖析了资本主义的生产力与生产关系、资本与雇佣劳动的关系，得出结论说：“随着大工业的发展，资产阶级赖以生产和占有产品的基础本身也就从它的脚下被挖掉了。它首先生产的是它自身的掘墓人。资产阶级的灭亡和无产阶级的胜利是同样不可避免的。”这就是我们通常所说的“两个必然”的原理。在 1882 年俄文版序言中，更明确地指出，“《共产党宣言》的任务，是宣告现代资产阶级所有制必然灭亡。”

3. 关于阶级存在和阶级斗争的原理。这是一个十分重要的思想，它像一条红线一样贯穿《共产党宣言》的始终。恩格斯在评价这一重要思想时指出："在我看来这一思想对历史学必定会起到像达尔文学说对生物学所起的作用"，并指出马克思在1884年春天以前已经考虑成熟了。阶级和阶级斗争是人类社会发展到一定历史阶段的必然产物，是不以人们主观意志为转移的客观存在。在马克思以前这个思想就已经被提出了，正如马克思在致约·魏德迈的信中所说，关于阶级的存在和阶级斗争，在他以前很久，资产阶级历史编纂学家和经济学家就已经发现了。他所加上的新内容是："（1）阶级的存在仅仅同生产发展的一定历史阶段相联系；（2）阶级斗争必然导致无产阶级专政；（3）这个专政不过是达到消灭一切阶级和进入无阶级社会的过渡。"马克思的科学论断非常准确地揭示了阶级存在这一历史现象，说明了阶级斗争学说的科学价值。

4. 关于共产主义基本特征的原理。这是马克思主义创始人分析资本主义生产方式和社会矛盾而得出的重要理论结论。这些原理包括政治的、经济的和思想的，《共产党宣言》对此都做了极为深刻而精辟的阐述。这里的核心首先是关于消灭私有制的思想。空想社会主义者已经认识到，私有制是资本主义社会一切弊病的"根源"，并开始从理论上思考消灭私有制的问题。马克思和恩格斯用历史唯物主义观点和方法，科学地阐明了私有制的发生、发展和社会本质，解决了空想社会主义者提出而不能解决的任务。《共产党宣言》指出：消灭私有制不是某个世界改革家所发明的，"这些原理不过是现存的阶级斗争、我们眼前的历史运动的真实关系的一般表述。废除先前存在的所有制关系，并不是共产主义所独具的特征。""共产主义的特征并不是要废除一般的所有制，而是要废除资产阶级的所有制。"因为，现代资产阶级私有制是建立在阶级对立之上、建立在少数人对多数人的剥削之上的产品和占有的最后而又最完备的表现。不废除资产阶级的私有制，无产阶级就不可能真正获得解放，更谈不上解放全人类了。所以，《共产党宣言》以最鲜明的语言向世人宣告："共产党人可以把自己的理论概括为一句话：消灭私有制。"《共产党宣言》最后还特别强调，"所有制问题是运动的基本问题，不管这个问题的发展程度怎样。"科学社会主义这一基本特征是任何人都否定不了的，如果否定了《共产党宣言》的这一核心思想，就无异于抽掉了科学社会主义赖以存在的理论基石。（参考：靳辉明：《〈共产党宣言〉的问世及重大历史意义》，《中国社会科学报》2010年8月17日第2版。李庆）

共产主义

Communism

无产阶级的思想体系和人类理想的社会制度。作为思想体系的共产主义是由马克思、恩格斯创立并由列宁等马克思主义者不断发展的科学。它反对资本主义剥削和压迫，揭示了资本主义的弊病和矛盾，主张在公有制的基础上消除阶级对立和各种不平等现象，号召无产阶级和劳动人民进行革命，推翻资本主义，建立无产阶级专政，进而进行社会主义建设，不断发展社会生产力和人们的思想觉悟，最终实现共产主义。这一完整的思想体系建立在工人运动实践的基础上，并形成了严密的科学理论，故又称科学共产主义或科学社会主义，它是马克思主义的重要组成部分。作为社会制度的共产主义有广义和狭义两种含义。广义上指包括社会主义和共产主义两个阶段在内的新社会制度。社会主义是共产主义的第一阶段，它将建立无产阶级专政和以公有制为主体的经济基础，初步实现人与人之间的平等，但它仍存在一些旧社会的痕迹，只有到了共产主义高级阶段，才能完全消除一切旧社会的痕迹。狭义上指高级阶段的共产主义社会，即建立了共产主义公有制，社会生产力高度发展，社会产品极大丰富，劳动成为人们生活的第一需要，实现了按需分配原则，人们具有高度的思想觉悟和道德品质，彻底消灭了阶级，消灭了三大差别，国家自行消亡，人与人之间实现了完全的平等。这时，社会的基本矛盾将反映为先进与落后、正确与错

误之间的矛盾。共产主义制度是人类社会历史发展的必然结果，是自有人类以来最美好、最理想的社会制度。（李庆）

共和制

Republicanism

君主制的对应物，指通过选举产生最高国家机关或国家元首的政治制度，通常与代议民主制通用。共和制作为政权组织形式，与选举制度密切联系。由于选举制度有不同的阶级性，共和制也具有不同的阶级性。在奴隶制时代，古希腊和古罗马都曾实行过共和制，出现过贵族共和制和民主共和制。贵族共和制是在少数奴隶主阶层中选出豪绅显贵执掌国家权力；民主共和制是在公民中选举产生国家政权机关。中世纪欧洲有城市共和国，由城市公民选出贵族富商掌握政权，如意大利的威尼斯、热那亚，法国的马赛，俄国的诺夫哥罗德等都曾采用共和制。在封建制度下，封建君主制占统治地位，这时的共和制实质仍然是封建地主阶级专政。欧洲新兴资产阶级为反对封建专制制度而提出的资产阶级民主共和制，创始于 16 世纪，至 18 世纪有了普遍的发展。大多数现代资本主义国家都采用这种制度。共和政体主要有两种形式：议会制和总统制。议会是最高国家权力机关，政府由议会中占多数席位的政党或政党联盟组成，并对议会负责的政权形式，是议会制共和国。法国的第三、第四共和国是典型的议会制共和国。总统是国家元首兼政府首脑，由公民选举产生，不对议会负责的政权形式，是总统制共和国，如美国。在资本主义制度下，无论是议会制共和国还是总统制共和国，性质都是资产阶级专政。在社会主义制度下建立的共和国，是工人阶级领导的广大人民群众按照民主集中制原则，选举产生的新型国家政权，是实现无产阶级专政的形式。这种与无产阶级专政相适应的民主共和制，与剥削阶级国家的共和制有本质的区别。中国民族资产阶级经过 1911 年辛亥革命，推翻了封建君主制，幻想建立资产阶级民主共和国。但在半殖民地半封建的社会条件下，中国的资产阶级民主共和国并未实现。1949 年，随着中国共产党领导的新民主主义革命的胜利，建立起人民民主专政的中华人民共和国。中国人民有了社会主义的民主共和制，真正成为国家的主人。（李庆）

共和主义公民

Republican Citizenship

从政治传统看，公民身份（权）理论有自由主义和共和主义的区分。共和主义公民身份，源自古希腊，强调的是责任和义务。共和主义公民强调公共性至上，公共利益先于个人利益，公共生活先于私人生活，共同体的自由先于个人的自由等；强调参与公共事务，共和主义的核心是公共性，公共权利为全体公民所共享，公共事务由全体公民来共治；强调践行公民德行，公民的政治德行高于个人德行；强调法律和制度对公民私利的约束。共和主义公民身份对克服自由主义公民身份所导致的孤立原子主义与激进个人主义、政治市场化与公民的消费者倾向、弱势民主与温和的专制主义等弊病，培养造就好公民、促进民主良性运转和提高制度改革绩效等，都具有重要的价值和意义。但是，共和主义公民身份随着后现代化和全球化的发展，遇到了诸多难题，如精英主义、男性主义和形式过于单一等。（徐越）

共生共荣

Co-existence and Common Prosperity

佛教《杂阿含经》说："有因有缘集世间，有因有缘世间集；有因有缘灭世间，有因有缘世间灭"。缘起指因缘和合而生起，即认为任何现象都不是天生的，都是相关的众多因素与条件共同作用引起的。佛教认为一切世间法都遵循缘起论，进而认为宇宙人生万事万物都是互相联系、互相依存、互为因果的，事物的生起、发展、变化、消亡都是缘起。共生共荣观念，从佛教的因果论与缘起论来看，人与人、人与自然、人与宇宙万物是互利共生、相互关联的统一整体。人类只有认识世界、认识自然，揭示自然界万事万物之间的运行规律，寻求人类以及人类与其他生物之间和谐的生存方式，才能如实认知和体味自然、感受自然，维护自然万物的生存权利和生命尊严。人们应该不以人类的分别为分别，不以人类的喜好为喜好，从而对自然界的山水万物怀报恩之心。佛教对万物的深情感念，是建立在佛性平等下的深切体悟与理解，它是导向平等共存、共生共荣的重要理由。（雷爱民）

共生理论

Symbiosis Theory

“共生”一词来源于生物学，指不同属种的动植物之间通过互相利用各自的特性和优势共同生存的现象。德国真菌学家德贝里（Anton de Bary）于1879年首次提出生物界广义共生概念，认为共生是不同生物密切生活在一起（Living together），引起生物界的广泛关注。20世纪中叶以来，许多学者提出共生并不只是生物现象，也是普遍的社会现象，共生理论开始应用于社会科学领域。这一理论主要是运用共生现象普遍性的观点来看待人类社会中的政治、经济、文化等的关系，更加深刻地理解和把握这些关系存在的客观性，以促进其关系优化和转变，从而实现社会的可持续发展。共生理论主要应用在经济领域、医学领域、社会科学研究等。这些学者认为，在科技文明高度发达的现代社会生活中，人与人之间的关系和接触越来越密切，人与人之间、人与物之间已经形成了相互依赖的共同体。应用共生理论的目标是双赢和共存，如在经济全球化下企业和企业之间的依赖与合作充分体现这种观念。随着科技的发展和人类对自然的进一步认识，共生理论在人与自然的关系问题上得到应用，主张转变人对待自然的观念，与自然的关系要向和谐共生转变，实现人与自然的和谐相处。（韩铮）

共时态的生态文明

Synchronic Concept of Ecological Civilization

指在一定历史时期之内，人类社会与生态系统之间和谐相处的状态。建设共时态的生态文明需要地球上同一历史时期内不同地区的人们共同承担保护生态环境的责任与义务，由于生态系统的整体性与互动性，决定地球上一定历史时期内某一生态要素受到影响，其他地区也可能相应地发生连锁反应。因此，共时态的生态文明要求同一历史时期内的人类社会整体共同承担保护生态环境的责任。（雷爱民）

共同但有区别的责任原则

Common but differentiated responsibility principle

1992年6月通过的《联合国气候变化框架公约》中的核心原则。基本意涵是：承认气候变化的全球性，要求所有国家根据其共同但有区别的责任和各自的能力及其社会和经济条件，尽可能开展最广泛的合作，参与有效和适当的国际应对行动。因此，发达国家与发展中国家在发展程度不一的前提下，应当承担共同但有区别的责任。1997年《京都议定书》第10条确认这一原则，以法律形式予以明确细化。规定发达国家应承担减少温室气体排放的量化义务，没有严格规定发展中国家应当承担的义务。2002年通过的《德里宣言》明确承认，发展经济和消除贫困是发展中国家的首要任务，最终确立共同但有区别的责任原则。这一原则在之后的巴厘岛路线图和《哥本哈根协议》等重要文件中，进一步得以确定并继续沿用，但日益遭到主要来自发达国家的挑战。发达国家与发展中国家所处阶段不同，发达国家在历史上和目前都是温室气体排放最大的国家，而发展中国家人均碳排放量也远远低于发达国家，发达国家要承担起更多的环境责任。坚持共同但有区别的原则，就可以有针对性的抑制当今环境危机，解决环境问题。（申森　代富宇）

共同进化

Co-evolution

指生物物种间因长期相互作用，彼此为相互

适应而引起双方进化的现象。包含两层含义：一是不同物种间的共同进化，二是生物与无机环境之间的相互影响和共同演变。主要类型有：1. 竞争物种间的共同进化。当两个或两个以上物种共同利用同一资源而受到干扰或抑制时，称为种间竞争。2. 捕食者与猎物的共同进化。捕食者进化一整套适应性特征，如锐齿、利爪、尖喙、毒牙等工具，诱饵追击、集体围猎等方式，以便更有力地捕食猎物。另一方面，猎物也形成了一系列行为对策，如保护色、警戒色、拟态、假死、快跑、集体抵御等以逃避被捕食。3. 寄生物与寄主的共同进化。4. 食草动物与植物的共同进化。食草动物对植物的捕食特点是：植物不能逃避被食，而动物对植物的危害只是使部分机体受损害，留下的部分能够再生。5. 互利共生生物的共同进化。互利共生多见于需要极不相同的生物之间，两物种长期共同生活在一起，彼此互相依赖，相互共存，双方获利，因此互利共生能增加合作双方的适合度。互利共生可以分为营养方面、防卫方面、散布方面等三类。1）营养方面的互利共生指双方在获取能量和营养时有专门的互补性，如豆科植物和根瘤菌之间的关系。2）防卫上的互利共生包括一方从另一方获得食物或隐蔽场所，同时回报给对方安全，例如蚂蚁和金合欢的互利共生，有些蚂蚁保护金合欢使其免受植食动物的取食，它得到的回报是食物和营巢地。3）散布方面的互利共生包括动物在花朵之间传送花粉，得到的回报是花蜜等，或者吃植物的果实并把果实中的种子散布到适宜地点。互利共生的进化可能发生在两个具有直接关系的物种中，如来自寄生物—寄主的关系、捕食者—猎物的关系，或发生在没有协作或相互利益的紧密共栖者之间。6. 生物与无机环境的共同进化。生物能够适应一定的环境，也能够影响环境。生物与无机环境之间是相互影响和共同演变的。如，蓝藻在地球上出现以后，地球的大气中才逐渐含有氧，从而使地球上其他进行有氧呼吸的生物得以发生和发展。大气中的一部分氧会转化成臭氧。臭氧在大气上层形成的臭氧层，能够有效地滤去太阳辐射中对生物具有强烈破坏作用的紫外线，从而使水生生物开始逐渐在陆地上生活。经过长期的生物进化过程，最后才出现广泛分布在自然界的各种动植物。（参考：P.C. 卡尔宾斯卡娅、亦舟：《人与自然的共同进化问题》，《国外社会科学》1989 年第 4 期第 24 ~ 29 页。朱配辰）

共同体主义

Communitarianism

即社群主义。共同体是 20 世纪 80 年代前后在西方盛行的共同体主义政治哲学的重要范畴。共同体主义与政治自由主义相对立，共同体主义的哲学基础是新集体主义。它反对新自由主义把自我和个人当成理解和分析社会政治现象、政治制度的基本变量，认为个人及自我最终是由他所在的社群决定。主要代表人物有桑德尔、麦金太尔和沃尔策等。在环境伦理学领域，克里考特反对诺顿等人的看法，发展和修正利奥波德的大地伦理学，提出不同于政治哲学范畴的生态共同体概念。他认为生态共同体不仅包括人，还包括各种非人自然物，自我与共同体是相互依赖的，每一个体都是嵌入不同层级的共同体的自我，也是嵌入自然的自我。自然是最大的生命共同体，自我价值的实现与共同体的和谐是相互依赖的。（雷爱民）

共享

Share

坚持共享发展，必须坚持发展为了人民、发展依靠人民、发展成果由人民共享，做出更有效的制度安排，使全体人民在共建共享发展中有更多获得感，增强发展动力，增进人民团结，朝着共同富裕方向稳步前进。按照人人参与、人人尽力、人人享有的要求，坚守底线、突出重点、完善制度、引导预期，注重机会公平，保障基本民生，实现全体人民共同迈入全面小康社会。增加公共服务供给，从解决人民最关心最直接最现实的利益问题入手，提高公共服务共建能力和共享水平，加大对革命老区、民族地区、边疆地区、贫困地区的转移支付。实施脱贫攻坚工程，实施精准扶贫、精准脱贫，分类扶持贫困家庭，探索对贫困人口实行资产收益扶持制度，建立健全农村留守儿童和妇女、老人关爱服务体系。提高教育质量，推动义务教育均衡发展，普及高中阶段教育，逐步分类推进中等职业教育免除学杂费，率先从建档立卡的家庭经济困难学生实施普通高中免除学杂费，实现家庭经济困难学生资助全覆盖。促进就业创业，坚持就业优先战略，实施更加积极的就业政策，完善创业扶持政策，加强对灵活就业、新就业形态的支持，提高技术工人待遇。缩小收入差距，坚持居民收入增长和经济增长同步、劳动报酬提高和劳动生产率提高同步，健全科学的工资水平决定机制、正常增长机制、支付保障机制，完善最低工资增长机制，完善市场评价要素贡献并按贡献分配的机制。（史月田）

供给定理

Supply Theorem

也称供给法则。指在其他条件不变的情况下，某商品的供给量与价格之间成同方向的波动，即供给量随着商品本身价格的上升而增加，随商品本身价格的下降而减少。现实中，在商品的其他条件不变的情况下，商品价格与供给量存在着同方向的变动关系，当一种商品的价格上升时，这种商品的供给量增加，价格下降时供给量减少。供给定理是说明商品本身价格与其供给量之间关系的理论。（代富宇）

供养性活动

Provisioning Activity

指劳动仅为养活本人和家人的实践活动，像原始土著居民或自给自足自然经济条件下有限度的采集或狩猎活动。供养性活动是生态女性主义赞成的劳动实践。在供养性活动中，作为主体的人（特别是女性）与自然之间形成合乎生态平衡的物质交换关系，因而是可持续的实践活动。基本特征是经济的、可持续的、自治的。相比商品性活动或市场活动来说，供养性活动追求的是使用价值。乔治·卡芬特齐斯在其著作《贫穷的终结：一种政治观点》中，曾经为供养性活动形象举证：的确存在许多这样的乡村，居民的基本需要得到满足，但他们的人均年收入却低于每日 1 美元……如在很多非洲村庄中，成年人（在很多地区也包括妇女）能够自由进入那用来维持生计的土地（尽管并没有所有权）。这是一种不能被异化因而没有交换价值的巨大财富（使用价值）……这对于儿童来说也是一样。在非洲的很多地方，儿童被村庄或扩大的家庭供养，他们的实际收入低于每日人均 1 美元。（徐越）

《古兰经》

The Koran

《古兰经》是伊斯兰教的圣典。穆斯林认为《古兰经》是世界上现存唯一的真主启示录，认为《古兰经》是真主安拉的旨意，是真主传达给人类的永久性法典；《古兰经》是伊斯兰教信仰和教义的最高准则，是伊斯兰教教法的渊源和立法依据，也是伊斯兰国家和地区的社会生活、宗教生活和道德行为的基本准绳，是伊斯兰教神学各教派的理论基础。《古兰经》要求穆斯林信安拉、天使、经典、先知，信后世，信前定。它规定伊斯兰教徒必须遵循的善功和五项宗教功课：清真言、礼拜、斋戒、天课、朝觐五功。（雷爱民）

古热带植物区系

Palaeotrophic Region

又称旧热带植物区，简称古热带区，范围包括非洲中南部、马达加斯加、印度—马来西亚及波利尼西亚等热带植物分区，是陆地第二大植物区。区内的植物分区包括几内亚－刚果植物区、苏丹－赞比亚植物区、卡鲁－纳米布植物区、阿森松和圣赫勒拿植物区、马达加斯加植物区、印度植物区、印度支那植物区、马来西亚植物区、斐济植物区、波利尼西亚植物区、夏威夷植物区以及新喀里多尼亚植物区等。本区气候属于热带气候，有些区域终年炎热多雨，季节变化不明显，植物全年生长，故植物区系种类十分丰富且多特有科属植物，如苏铁科（Cycadaceae）、猪笼草科（Nep-enthaceae）、芭蕉科（Musaceae）、鞭藤科（Flagellariaceae）、露兜树科（Pandanace-ae）、龙脑香科（Dinterocarpaceae）等。主要的生态系统有热带雨林、季雨林和稀树草原等。本区除具泛热带和古热带成分的植物种类外，在北部（主要在高山上）还楔入泛北极成分，在南部具有好望角植物成分（在非洲）和泛南极成分及澳大利亚成分（在太平洋）。（韩铮）

古树名木文化

Ancient and Famous Trees Culture

古树是指树龄在100年以上的树木，名木是稀有、名贵的或具有历史价值和纪念意义的树木。古树名木承载着特定时期的历史事件，是悠久历史文化的见证者。古树年轮内记载着树木生长过程中所经历的气候和环境的变化，对古代木制品年代确定、古气候和古环境重建等方面具有重要科学价值。对古树名木的保护关系到我国生物资源和历史遗产保护的双重意义。古树名木大多生长在寺庙、名山、公园、园林、名人故居等地。作为活的文物，将自然景观和人文景观、古代文化与现代文化巧妙融为一体，以顽强的生命传达着人世的沧桑巨变。即使是生活在一个不出名的小村庄里的古树，同样记载村庄成长的历史与独特的文化。古树名木以其丰富内涵体现中华民族悠久的历史和灿烂的文化。古树名木还记载着城市的文明发展史、城市建设史及政治兴衰史。古树名木所具有的历史文化价值是重要的创意元素。（牟世晶）

古希腊自然观

The ancient Greek view of Nature

最早对“自然”作哲学思考的是活动于古希腊伊奥尼亚的米利都城的泰勒斯、阿那克西曼德和阿那克西美尼三位哲学家。米利都哲学家思考的问题是：事物是由什么构成的。他们一致认为，宇宙万物是由单一的物质性本原构成，他们的任务就是去找出这个本原是什么。泰勒斯认为本原是“水”，阿那克西曼德认为是“无定”（一种虚拟物质），阿那克西美尼认为是“气”。宇宙万物的生成、变化是物质性的本原“浓聚”或“稀散”的结果。这种哲学是简单的、素朴的。将宇宙万物的生成、变化的原因或根源诉诸自明性，并不是米利都哲学家们的疏忽或有意地回避，而是当时希腊民族对自然界的普遍信念使然。按照希腊古老的自然宗教传统，自然界充满灵魂。这种观念被人类学家称为“物活论”或“万物有灵论”。“物活论”是原始人类基于对生命现象的自我体验类推自然的产物。米利都哲学家们的思考正是在这一文化背景下开始的。赫拉克利特认为,宇宙的本原是“火”,火化生万物依据的是“道”（logos，又译“罗各斯”，有规律、理性、语言、尺度等多重含义）。“道”是本原火所固有的属性，火按照它自身的“道”燃烧、熄灭，生成万物，由火产生的一切事物都必然普遍地遵循“道”。希腊哲学的第一个完整的自然观告以形成。主要内容是：自然界的一切事物都是由单一的本原生成的；本原不仅是构成自然事物的元素，而且是事物运动、变化的源泉和事物间秩序的赋予者；由本原产生出的自然界是充满内在活力和秩序的整体。（牟世晶）

固定资产投资方向调节税

Fixed Asset Investment Direction Adjustment Tax

指国家对在我国境内进行固定资产投资的单位和个人，就其固定资产投资的各种资金征收的一种税。国务院于1983年发布《中华人民共和国建筑税征收暂行办法》来配合国家投资计划管理、控制投资规模和调整投资结构。又于1987年发布《中华人民共和国建筑税暂行条例》，对原建筑税暂行办法作了修改。1991年，国务院又颁布

《中华人民共和国固定资产投资方向调节税暂行条例》，并于同年 1 月 1 日起施行，同时废止了建筑税。如今，根据《中华人民共和国固定资产投资方向调节税暂行条例》，已于 2000 年 1 月 1 日暂停征收。取消投资税，有利于发挥市场经济体制的优势，对于抑制生产过剩和调整投资结构具有积极意义。（代富宇）

固体废物处理技术

Technology of Solid Waste Treatment

针对城市生活垃圾、有害有毒固体废物和无毒无害固体废物等进行无害化和资源化的处理技术。我国固体废物处理技术主要有：1. 卫生填埋技术，主要可分为厌氧填埋、半好氧填埋、好氧填埋三种，垃圾填埋涉及转运、推铺、压实、覆盖、复垦、渗滤液处理、沼气处理、防渗、防恶臭等步骤，我国城市生活垃圾主要以填埋法进行处理。2. 焚烧技术，属于热化学处理技术的一种，可以实现热能资源的回收再利用，具有环境污染小、操作简单、占地面积小、资源回收率高等优点。3. 堆肥技术，利用微生物会将固体废物中的有机物降解，生成稳定、高肥效的腐殖质，是一种生物处理技术。（参考：赵由才、龙燕：《固体废物处理技术进展》，《有色冶金设计与研究》2003 年第 3 期第 10 ~ 14 页。刘阳）

固体废物污染

Solid Waste Pollution

指由一般工业固体废物、生活垃圾、危险废物（具有毒性、腐蚀性等）等对大气、水体、土壤、地表景观以及环境卫生造成的污染。我国在 2004 年修订通过《中华人民共和国固体废物污染环境防治法》，并于 2005 年 4 月 1 日实施。该法对固体废物进行明确的规定：是指在生产、生活和其他活动中产生的丧失原有利用价值但被抛弃的固态、半固态和置于容器中的气态的物品、物质以及法律、行政法规规定纳入固体废物管理的物品、物质。目前，我国对固体废物的处理方式单一，可回收资源浪费现象严重。国内产生的生活类固体废物（如生活垃圾）70% 以上都以填埋为主的方式处理，而以焚烧、焚烧制能、堆肥、再次回收利用等方式处理的所占比重相当低。（参考：张少婷：《我国固体废物污染防治法律制度研究》，重庆大学 2013 年硕士学位论文第 12 ~ 16 页。刘阳）

《固体废物污染环境防治法》

Environmental Control of Solid Waste Pollution Law

见**《中华人民共和国固体废物污染环境防治法》**。

故常无欲，以观其妙

No Desire Always, See Excellence Often

语出老子《道德经》："故常无欲，以观其妙；常有欲，以观其徼。"老子主张清心寡欲，力图劝世人超越耳目口腹之欲，不为世俗名利、欲望牵累，认为只有这样，才可以体会到大道之微妙玄通。"故常无欲，以观其妙"，由于断句不同，也读为："故常无，欲以观其妙；常有，欲以观其徼"，这种断句强调和突出"有无"问题，与"故常无欲，以观其妙；常有欲，以观其徼"意思不同。（雷爱民）

寡头统治铁律

The iron law of oligarchy

德裔意大利籍著名政治社会学家罗伯特·米歇尔斯（1876 ~ 1936）提出，后来成为政党社会学研究领域的经典性分析原理。原理认为，"正是组织使当选者获得对于选民、被委托者对于委托者、代表对于被代表者的统治地位，组织处处意味着寡头统治"。结合 19 世纪末欧洲特别是德国社会主义政党组织的发展实践，米歇尔斯发现，即使强烈信奉社会民主原则的社会主义政党，也难逃走向寡头统治的命运。寡头统治是任何试图实现集体行动的组织的必然结果，是任何有着良好愿望的人们无法改变的"铁律"。虽然米歇尔斯低估大众的实际能力而对民主的未来有点过于悲观，并且对寡头范围的定义过于扩大化，但仍不影响寡头统治铁律成为现代政治社会学领域一个经典论断。该论断成为后来许多学者分析官僚政治、组织行为、政党以及代议民主制的主导框架，从而奠定米氏在社会学和政治学领域内经典作家的稳固地位。（李庆）

关君蔚

Guan Junwei, 1917 ～ 2007

水土保持学家，水土保持教育的开拓者。辽宁沈阳人，1941 年毕业于日本东京农工大学林学科获技术士学位。1957 年创办中国高等林业院校

第一个水土保持专业，1980 年建立水土保持系，1992 年于北京林业大学成立水土保持学院，建立具有中国特色的水土保持学科体系。关君蔚院士长期致力于中国水土保持、防护森林体系的教学和科研，主编《水土保持学》（1952 年纳入林业专业教学计划并成为重点专业课之一）、《水土保持原理》（1966）、《我国防护林的林种和体系》等试用教材，并被评为院士科普书系。1978 年被指名参加第二次全国科学大会并获奖；1987 年获林业部科技进步一等奖；1988 年获国家二等奖。1995 年当选中国工程院院士并于 1998 年转为资深院士。主要贡献有：科学界定水土流失和水土保持两个名词的基本概念；在泥石流研究领域取得显著成果；探索出一条山区建设方面适合中国国情的道路；首次提出水土保持林体系的概念；筹备中国水土保持学会的工作等等。主要论著有：《山地利用和农林牧业的划分》（1954）《水土保持原理》（1966）《中国水土保持类型的特点的研究》（1979）《山区建设和水土保持》（1983）和《中国的“绿色革命”》（1990）等。（石艳峰）

《关贸总协定》

General Agreement on Tariffs and Trade, GATT

全称是《关税及贸易总协定》，是政府间的有关关税和贸易规则的多边协定。1947 年 10 月 30 日签订，于 1948 年 1 月 1 日临时生效。总部设在日内瓦。宗旨是通过多边贸易谈判的方式，依最惠国待遇、互惠原则，降低或撤除会员国间的关税与非关税贸易障碍，促进国际贸易自由化。设有大会、参事会、秘书处、委员会与各工作小组，并设有国际贸易中心。在关贸总协定框架下，举行了 7 次多边贸易谈判，1947 年在日内瓦、1949 年在法国安南西、1951 年在英国托揆、1956 年再度于日内瓦、1960 ～ 1961 年为日内瓦狄伦回合谈判、1964 ～ 1967 年为甘乃迪回合谈判、1973 ～ 1979 年则是东京回合谈判，最后一次贸易谈判是开始于 1986 年的乌拉圭回合谈判。1994 年 1 月 12 日，128 个缔约方在日内瓦举行最后一次会议，宣告其历史使命终结，由 1995 年 1 月 1 日成立的世界贸易组织所取代。（李庆）

《关于持久性有机污染物的斯德哥尔摩公约》

Stockholm Convention on Persistent Organic Pollutants

2001 年 5 月 22 日在瑞典首都斯德哥尔摩获得通过，2004 年 5 月 17 日正式生效的国际性公约。目标是铭记《里约宣言》确立的预防原则，保护人类健康和环境免受持久性有机污染物的危害。共 30 项条款 2 个附件。定义持久性有机污染物为

"存在于或堆积于动植物体内的、在自然环境中长期循环的对人类有害的化学品物质"。明确界定各缔约国减少或消除源自有意生产和使用的排放持久性有机污染物的措施以及具体实施计划、争端解决方式，决定设立审查委员会作为监督机构，设立缔约方大会与秘书处。附件 A 与附件 B 分别对特定豁免的持久性有机污染物做了说明。（申森）

《关于出席联合国环境与发展大会的情况及有关对策的报告》

The Circumstance and Countermeasure Report of Attending United Nations Conference on Environment and Development

由中共中央和国务院批准，并由中共中央办公厅、国务院办公厅转发外交部、国家环境保护局的政策文件。文件提出了针对我国发展和环境领域十大问题的对策，是我国环境保护工作的指导性和纲领性文件，是今后一个相当长时期内的工作重点和指南。《报告》是继 1992 年巴西里约热内卢世界环境与发展大会之后我国制定的第一个关于环境保护与发展方面的专门性文件，因此具有里程碑意义。《报告》的鲜明特色就是强调环境保护和经济发展的协调共同发展，以及实行可持续发展战略的必要性。《报告》在坚持可持续发展道路的基础上重申"三同步"战略方针和"三同时"制度的内容和必要性；阐明了四项重点战略任务，即防治工业污染、深入开展城市环境综合整治并认真治理城市"四害"污染、提高能源利用效率，改善能源结构，推广生态农业切实加强生物多样性保护；提出了思想战略措施，即大力推进科技进步积极发展环保产业、运用经济手段保护环境、加强环境教育、健全环境法制，强化环境管理。与此同时，文件依照 1992 年世界环境发展大会精神，制定了包括《中国环境保护战略》《中国逐步淘汰破坏臭氧层物质的国家方案》《中国 21 世纪议程》《中国生物多样性保护行动计划》《中国温室气体排放控制问题与对策》等行动计划。（参考：刘耀棋：《〈十大对策〉我国环保工作的基本纲领》，《中国环境管理》1993 年第 2 期第 4 ~ 7 页；《我国环境与发展十大对策》，《环境工程》1993 年第 2 期第 3 ~ 4 页。欧阳文川）

关于动植物色彩的自然体验

Nature Experience with the Color of Animals and Plants

自然教育方法实例。关于动植物色彩的自然体验活动的目的是使学生认识到野外动物的颜色与它们的生存密切相关。首先，在户外寻找野生动物，例如蝴蝶、蜻蜓、瓢虫、蛾子、蝗虫、蜘蛛、蜜蜂、蚂蚁等，看看它们是什么颜色，它们的颜色与环境的颜色有什么关系。然后开始下列活动：1. 让学生自由说出一种具有明亮色彩的动物的名称，并描述它的样子。讨论这些动物的颜色和花纹是如何保护它们生存的。2. 开始"制造"一种多彩的野生动物。要求学生应用蜡笔、颜料、粉笔、硬纸、剪刀、胶水等描绘出、涂抹出或是折叠、剪贴、组合成一种具有多种颜色的动物。让学生说明，自己所想象的动物的颜色与它的生存有什么关系。3. 把学生们的作品摆放到一起，向全班展示。4. 标出想象出来的动物的名字，并说明它们的主要特征，列成一张词汇表。5. 为学生提供一本有彩图的野生动物词典，让学生对照一下，他们"制造"的动物实际上是什么样子的。6. 让学生说一说，他们了解哪些关于野生动物的知识。引导他们归纳、总结出野生动物丰富的颜色与动物生存的关系。（参考：马桂新：《环境教育学》第 259 页，北京：科学出版社，2007 年。王薛时）

《关于环境保护的南极条约议定书》

Treaties of Antarctica Protocol on the Environmental Protection

即《马德里议定书》，1991 年 12 月 4 日签订，1998 年 1 月 14 日生效。《议定书》旨在保护南极的生态环境，严格禁止对南极生态环境的破坏。《议定书》有27条和5个附件。5个附件包括《南极环境评估》《南极动植物保护》《南极废物处理与管理》《防止海洋污染》和《南极特别保护区》，从不同角度细化对南极的环境保护规定。《议定书》将南极指定为仅用于和平和科学目的的自然保护区，确定南极环境保护的原则：在计划和进行南极活动时，应当减轻对南极环境及其生态系统的有害影响，防止受威胁或危害的种群遭到进一步的危害，避免严重危及或减损在生物学、科学、美学等方面具有重要意义的区域；在进行或计划南极活动时，具备的资料应当足以进行这类活动对南极环境及其生态系统可能影响的预测评价和鉴定。另有附件6《环境紧急状况下的责任》于2005年6月在斯德哥尔摩通过，尚待各国批准。（申森）

关于环境的教育

About the Environment Education

卢卡斯模式中环境教育的3个维度之一。伦敦大学国王学院的卢卡斯教授构建的环境教育模式广受欢迎和普遍接受，其中包括3个方面的内容：关于环境的教育；为了环境的教育和在环境中的教育。关于环境的教育旨在提高学生有关环境的知识，发展理解、分析、解决环境问题的技能；这个层面侧重知识、技能的传授。一般而言，有关环境教育的课程中均涉及了有关环境的内容，如气候、水、土壤、能源、动植物、工业化与废弃物、人与社区等等。这些主题将通过科学、技术、地理、历史等学科的教学进行。英语、数学等基础学科有助于增强学生对环境问题及其解决方案的理解、表达、交流、调查、计算等技能。此外，公民教育有利于培养学生对环境的责任感和道德感；体育则通过户外运动有助于形成学生的环境情感等。通过开展关于环境的教育，能更有效地实现国家课程委员会制订的《课程指南7：环境教育》中提出的3大目标中的知识目标与技能目标。（参考：祝怀新：《环境教育的理论与实践》第134页，北京：中国环境科学出版社，2005年。王薛时）

《关于加快推进坚强智能电网建设的意见》

Opinions on Accelerating the Construction of a Strong Smart Grid

《关于加快推进坚强智能电网建设的意见》是国家电网公司2010年出台的1号文件。本文件明确2010年坚强智能电网建设的总体目标，即“一完善、两完成、五突破、五深化”。“一完善”即完善公司智能电网工作体系；“两完成”即完成国家电网智能化规划和支撑智能电网试点工程的关键标准制定；“五突破”即实现智能电网调度技术支持系统、智能变电站、电动汽车充电设施、用电信息采集系统、“多网融合”等5项试点工程建设的突破；“五深化”即实现设备研制、专题研究、商业模式、管理创新、宣传交流等5个方面的工作深化。此外，本文件还对2010年坚强智能电网建设的主要任务和重点工作进行具体说明。（石艳峰）

《关于建立国际委员会以防止莱茵河污染的议定书》

Protocol on the Establishment of an International Commission to Prevent the Pollution of the Rhine

1963年4月29日由法国、德国、卢森堡、荷兰、瑞士及欧洲经济共同体在伯尔尼签订的国际协定，又称《关于莱茵河防止污染国际委员会的伯尔尼协定》，1976年和1979年两次修正，是莱茵河流域国家防治莱茵河污染的重要跨国公约。《公约》规定成立保护莱茵河的国际委员会；委员会负责研究污染的性质、重要性和来源，并建议各缔约国采取保护莱茵河的措施；委员会每年应将研究成果向各缔约国提出报告，并与其他有关水污染的组织合作。（申森）

《关于特别是作为水禽栖息地的国际重要湿地公约》

Convention on Wetlands of International Importance Especially as Waterfowl Habitat

简称《湿地公约》或《拉姆萨公约》，1971

年2月2日在伊朗的拉姆萨签署通过，1975年12月21日正式生效，是国际保护水禽及其栖息地的重要公约。《公约》的宗旨是承认人类同环境的相互依存关系，通过协调一致的国际行动，确保作为众多水禽繁殖栖息地的湿地得到良好保护而不至于丧失。《公约》由序言和13个条款组成，对湿地做出明确界定，规定建立国际重要湿地名册以及通报制度。《公约》规定：考虑到湿地调节水分循环，维持湿地特有植物特别是水禽栖息地的基本生态功能；相信湿地是具有巨大经济、文化、科学及娱乐价值的资源，损失将不可弥补；期望现在及将来阻止湿地的被逐步侵蚀及丧失；承认季节性迁徙中的水禽可能超越国界，因此应被视为国际性资源；确信远见卓识的国内政策与协调一致的国际行动相结合，能够确保对湿地及其动植物的保护。1982年12月3日各缔约国在巴黎通过《修订议定书》，规范公约文本的翻译和公约的修订程序，无实质性内容。（申森）

《关于在国际贸易中对某些危险化学品和农药采用事先知情同意程序的鹿特丹公约》

Convention on International Prior Informed Consent Procedure for Certain Trade Hazardous Chemicals and Pesticides in International Trade Rotterdam

简称《鹿特丹公约》，联合国环境规划署和联合国粮农组织1998年9月10日在荷兰鹿特丹制定的在国际贸易中对某些危险化学品和农药采用事先知情同意程序的国际公约，2004年2月24日生效。目标是通过就国际贸易中的某些危险化学品的特性进行资料交流、为此类化学品的进出口规定一套国家决策程序并将这些决定通知缔约方，以促进缔约方在此类化学品的国际贸易中分担责任和开展合作，保护人类健康和环境免受此类化学品可能造成的危害，并推动以无害环境的方式加以使用。由30条正文和5个附件组成。核心是要求各缔约方对某些极危险的化学品和农药的进出口，实行一套决策程序，即事先知情同意程序。《公约》明确界定化学品、禁用化学品、严格限用的化学品、极为危险的农药制剂等术语，规定其适用范围是禁用或严格限用的化学品、极为危险的农药制剂，并在附件3中确定第一批极危险化学品和农药清单。（申森）

观光农业

Sightseeing Agriculture

指在满足农业生产性功能的同时改善生态环境质量，为人们提供观光、休闲、度假功能的新型产业。观光农业以农业活动为基础，是农业与

旅游业相结合的产物，具有生产性、观赏性、娱乐性、参与性、文化性与市场性等特点。在德、法、美、日、荷兰等国和中国台湾省的实践，观光农业发展成熟。20世纪90年代，中国农业观光旅游在大中城市迅速兴起。观光农业的形式和类型很多，主要有5种：1. 观光农园，在城市近郊或风景区附近开辟特色果园、菜园、茶园、花圃等，让游客入内摘果、拔菜、赏花、采茶，享受田园乐趣。这是国外观光农业最普遍的一种形式。2. 农业公园，即按照公园的经营思路，把农业生产场所、农产品消费场所和休闲旅游场所结合为一体。3. 教育农园，这是兼顾农业生产与科普教育功能的农业经营形态。4. 森林公园。5. 民俗观光村，到民俗村体验农村生活，感受农村气息。观光农业充分利用农业资源，让游客了解农业生产活动，享受农业成果，缓解城市压力；同时优化了农业结构，扩大农产品销售市场和劳动就业，保护和改善农业生态环境。（任傲尘　李雪姣　史月田）

观天之道

On the Way of Heaven

语出《阴符经》："观天之道，执天之行，尽矣。故天有五贼，见之者昌，五贼在乎心，施行乎天，宇宙在乎手，万化生乎身。"所谓观天道，指观天地阴阳五行变化之道。《朱子语类》说："《阴符经》所谓自然之道，故天地万物生，天地之道浸，故阴阳胜；阴阳相推，变化顺矣"，"一阴一阳曰道，阴阳相推曰行"。观天之道在致中，执天之行在致和，致中和，天地位焉，万物育焉。（雷爱民）

官僚制

Bureaucracy

又称科层制，是政治学、行政学和社会学的重要概念，指高度依赖条例和规定来管理组织的等级制权力结构。最早使用这一术语的是法国经济学家德古尔内（1712 ~ 1759）。19 世纪以后，随着国家干预的增加，这一术语在欧洲学者中逐渐得到广泛使用，但主要用于说明政府和政府官员的统治。最早使官僚制成为社会学研究课题的，是德国社会学家和政治经济学家韦伯。他的遗著《经济与社会》强调，在工业社会中，官僚制是任何组织实现理性目标的必要条件。韦伯认为，现代世界的主流是理性化的发展，即传统的、自发的和凭经验来进行估计的社会组织方法，日益被抽象的、明确的和经过认真核算的规定和手续所取代。韦伯以后的许多社会学家，指出了官僚制所固有的许多反功能，即妨碍官僚制机构发挥效能的功能。美国社会学家默顿的《官僚制结构和个性》、怀特的《组织人》和克罗泽的《官僚现象》都揭露了官僚制的消极作用。这些反功能主要包括：1. 盲目恪守现有规定而导致工作人员变得思想呆滞、墨守成规，丧失个人的创造性和想象力。2. 官僚制机构的权力结构是不平等的等级结构，有可能导致独裁主义，造成组织内的冲突。3. 组织内的上传下达渠道，使上层人物难以了解最底层的实际问题，也使下层人物有可能将事实真相瞒过上级。4. 这种组织结构可能使工作人员念念不忘具体的规定和手段，却忘记了组织的终极目标。如今，官僚制及其改革仍是社会科学界研究的热门课题。（李庆）

《管子》生态观

Ecological Views of *Guan Zi*

《管子》一书是春秋时期法家学派代表人物管仲（公元前 723 ~ 公元前 645）及其学派的著作集。《管子》是法家思想的代表性著作，书中包含大量治国方略、国防和战争策略，是研究先秦法家文化的重要典籍。《管子》中不乏关于保护环境、合理使用资源和认识并遵循自然规律的生态思想理论，集中表现了以管仲为代表的法家学派对于农业生产和自然环境之间协调发展的生态平衡思想。在对人与自然各自的定位以及二者之间的关系方面，管子主张"人与天调，然后天地之美生"，天或者自然规律是独立且客观存在的，人虽然也有其独立性，但是应与天、自然规律相适应，人只有按照自然规律行事才能成功，因此在农业生产方面，管子说："春十日不害耕事，夏十日不害芸事，秋十日不害敛实，冬二十日不害处田，此之谓时作。"因此，人在天面前并不是束手无策、一味服从，而是在遵循自然规律的前提下总结生产经验，积极服务于农事。管子立足与人类农业生产，主张自然生态系统的正常运行是其他一切人类生活得以顺利进行的前提和基础，即"天行其所行而万物被其利"，天在其自我调节、运行中为人提供其所需便利，人不得干扰生态系统的平衡，否则会得到惩罚，如《管子》中有"以春日至始，数四十六日，春尽而夏始"，这时"毋聚大众，毋行大火，毋断大木，毋斩大山，毋戮大衍。灭三大而国有害也"。除了在季节上应遵循生态规律，水利建设和农业生产本身都必须自然规律。《管子》的"人与天调"和"万物均衡"思想强调天、自然对于人而言的基础性地位，以及生态系统本身应具备稳定性和平衡性，不顾自然规律，扰乱生态运行，人类社会的发展无从谈起。（参考：王曙光：《〈管子〉“人与天调”的生态观》，《管子学刊》2006年第3期第10～13页。欧阳文川）

光伏产业

Photovoltaic industry, PV

以硅材料的应用开发形成的光电转换产业链条，包括高纯多晶硅原材料生产、太阳能电池生产、太阳能电池组件生产、相关生产设备的制造等。已基本形成涵盖多晶硅材料、铸锭、拉单晶、电池片、封装、平衡部件、系统集成、光伏应用产品和专用设备制造的完整产业链。光伏产业在发电来源、生产过程、运行方式等方面有如下特征：1. 太阳能光伏发电的能源来源具有可持续性。随着大规模工业开采和不断增长的能源消费需求，全世界都将面临化石能源日益枯竭的巨大压力。太阳辐射能取之不尽，在地球上分布广泛，受地域影响较小，且太阳能光伏发电所用的硅元素在地球中的含量也十分丰富，为大力发展太阳能光伏发电提供了有利条件，从战略上为彻底改善能源结构提供保障。2. 太阳能光伏发电能量回报率高。太阳能光伏发电的生产过程是直接从光子到电子的转换，没有中间过程（如热能到机械能、机械能到电磁能的转换等）和机械运动，根据热力学分析，具有很高的理论发电效率，最高可达80%以上，技术开发潜力大，与煤电方式相比，具有较高的能量回报率。另外，由于太阳能光伏发电站没有机械旋转部件，不存在机械磨损，可实现无人值守，维护成本低，能够在较长的时间内使用。3. 太阳能光伏发电生产装备置技术要求高、成本高。传统能源发电装置（以火电为例）主要有锅炉、汽轮机和发电机等组成，在生产技术方面壁垒相对较低，大多数国家和企业已掌握其生产技术，电力产品成本较低。太阳能光伏产业涵盖太阳光能转化为电能的一系列过程，而装备是贯穿整个产业链的基础，是太阳能光伏产业发展的核心。因设备的技术要求高而导致成本高是光伏产业发展的重大制约因素。特别是太阳能电池是系统中核心的部件，由于技术壁垒较高、生产市场具有垄断特征，生产成本也较高，占整个光伏系统价值的30%左右。4. 储能技术是太阳能光伏发电应用的关键。太阳能光伏发电是利用白天的太阳辐射能转变为电能，而负荷系统是全天候用电，因此，如何达到白天和晚上发电的互补，储能技术是光伏发电应用的关键。目前，储能技术还不成熟或是由于成本过高未能达到实际应用，只有当太阳能储能技术彻底解决了，光伏产业迈进大型储能阶段，实现白天、晚上发电的互补，光伏产品才能在全国普及应用。5. 太阳能光伏发电不排放温室气体和其他废弃物质，对环境的污染少。中国在一次能源消费的结构中以煤炭发电为主，燃煤造成的二氧化碳和烟尘排放量约占排放总量的70%～80%，二氧化硫排放形成的酸雨面积已占国土面积的三分之一。环境污染给社会经济发展和人民健康带来严重的影响。光伏发电不会产生传统发电技术（如煤电）带来的污染排放和安全问题，没有废气或噪声污染，系统报废后也很少有环境污染的遗留问题，发展太阳能光伏发电有利于环境的改善和保护。6. 太阳能光伏发电网络布局灵活，节省空间和成本，保障供电的普遍性。光伏发电上网系统可以采取不与常规电力系统网络相连的孤立光伏发电系统，这种发电系统，可以建设在远离电网的偏远地区或作为野外移动式便携电源，解决偏远无电地区的用电问题。（参考：耿亚新、周新生：《太阳能光伏产业的理论及发展路径》，《中国软科学》2010年第4期第19～28页。朱配辰）

光伏发电

Photovoltaic power generation

光伏发电是根据半导体的光生伏特效应原理，利用太阳电池将太阳光能直接转化为电能。1839年法国科学家贝克雷尔（Becquerel）发现，光照能使半导体材料的不同部位之间产生电位差。这种现象后来被称为“光生伏特效应”，简称“光伏效应”。基本原理是：光子照射到金属上时，它的能量可以被金属中某个电子吸收，电子吸收的能量足够大，能克服金属内部引力做功，离开金属表面逃逸出来，成为光电子。光伏发电系统主要由太阳电池板（组件）、控制器和逆变器组成。它们主要由电子元器件构成，不涉及机械部件。1. 独立光伏发电也叫离网光伏发电。除由太阳能电池组件、控制器、蓄电池组成外，若要为交流负载供电，还需要配置交流逆变器。独立光伏电站包括边远地区的村庄供电系统、太阳能户用电源系统、通信信号电源、阴极保护、太阳能路灯等各种带有蓄电池的可以独立运行的光伏发电系统。2. 并网光伏发电是太阳能组件产生的直流电经过并网逆变器转换成符合市电电网要求的交流电后直接接入公共电网。光伏发电实例可以分为带蓄电池的和不带蓄电池的并网发电系统。带有蓄电池的并网发电系统具有可调度性，可以根据需要并入或退出电网，还具有备用电源的功能，当电网因故停电时可紧急供电。带有蓄电池的光伏并网发电系统常安装在居民建筑。不带蓄电池的并网发电系统不具备可调度性和备用电源的功能，一般安装在较大型的系统上。并网光伏发电有集中式大型并网光伏电站，一般都是国家级电站，主要特点是将所发电能直接输送到电网，由电网统一调配向用户供电。但这种电站投资大、建设周期长、占地面积大，还没有太大发展。分散式小型并网光伏，特别是光伏建筑一体化光伏发电，由于投资小、建设快、占地面积小、政策支持力度大等优点，是并网光伏发电的主流。3. 分布式光伏发电系统，又称分散式发电或分布式供能，指在用户现场或靠近用电现场配置较小的光伏发电供电系统，以满足特定用户的需求，支持现存配电网的经济运行，或者同时满足这两个方面的要求。分布式光伏发电系统的基本设备包括光伏电池组件、光伏方阵支架、直流汇流箱、直流配电柜、并网逆变器、交流配电柜等设备，另外还有供电系统监控装置和环境监测装置。运行模式是在有太阳辐射的条件下，光伏发电系统的太阳能电池组件阵列将太阳能转换输出的电能，经过直流汇流箱集中送入直流配电柜，由并网逆变器逆变成交流电供给建筑自身负载，多余或不足的电力通过连接电网来调节。（参考：赵晶等：《太阳能光伏发电技术现状及其发展》，《电气应用》2007 年第 10 期第 6 ~ 10 页。朱配辰）

光伏发电技术

Photovoltaic power generation Technology

光伏发电技术是利用半导体界面的光生伏特效应将光能直接转变为电能的技术。半导体受到光的照射时会产生电动势，称为光生伏特效应，光伏发电技术是利用半导体界面的这种特殊效应生成电能。最基本元件是太阳能电池，如单晶硅、多晶硅、非晶硅和各种类的薄膜电池等。目前光伏发电技术主要有：1. 晶体硅太阳能电池，目前应用范围最广，有转换率高、占地面积小的特点，但硅耗大、成本高，适用于城市地区；2. 薄膜太阳能电池，主要品种有：非晶、纳米晶、微晶等硅薄膜、铜铟镓硒组成的薄膜等，用硅量少但转化率低；3. 聚光太阳能电池，引入现代光学技术，核心技术是聚光，转化率高，但由于设备会按照最弱的光源来发电，所以无法使用分散的阳光。光伏发电技术具有安全可靠、无污染、无噪音、无地域限制、无机械转动部件、安装维护简便、故障率低等优点，是具有持续发展前景的能利用可再生能源的技术。应用主要有：1. 独立、并网、混合光伏发电系统；2. 建筑集成系统；3. 农村电气化工程；4. 野外、荒漠、军事通讯检测系统等。（任傲尘）

光伏蔬菜大棚

Photovoltaic Vegetable Greenhouse

光伏蔬菜大棚是将光伏发电技术与农业生产结合的科技产品。光伏蔬菜大棚在普通蔬菜大棚顶部安装薄膜电池板和太阳能玻璃，在利用植物所需的太阳能的同时，将太阳能转化为电能。光伏发电板产生的电能会储存在汇流箱中，通过逆变器转换为工业用电或生活用电。普通的蔬菜大棚调节温度不便，冬季需要依靠设施升温，夏季因高温导致蔬菜无法正常生长，光伏蔬菜大棚中的光伏发电板折射率高，在保持室内温度均衡的同时能阻止紫外线对植物的伤害。光伏蔬菜大棚在发电过程中有效利用可再生能源，具有无污染、抗虫害、防止恶劣天气对作物伤害、节省土地资源等特点，它将农业种植与发电结合，既满足作物的生长需要，又实现光电转换，可提高农民的经济收益。（任傲尘）

光合有效辐射

Photosynthetically Active Radiation, PAR

是太阳辐射中能够被绿色植物利用以进行光合作用的那部分能量，波长为 380 ~ 710 纳米，符号是 Qp，单位为瓦 / 平方米。它能够使叶绿素分子呈激发状态，是植物生命活动、有机物质合成和产量形成的能量来源，影响着植物的生长、发育、产量和质量。光合有效辐射是绿色植物进行光合作用的关键因素，在碳循环和碳驱动机制的研究中发挥重要作用。其敏感性对全球气候系统有重要影响，在不同的陆地生态系统模型中都是重要的输入参数。（石艳峰）

光降解塑料

Light Degradable Plastics

指被光照射后能发生降解的塑料。制品一旦埋入土中，失去光照，降解过程则停止。分为共聚型和添加型两类。共聚型光降解塑料是用一氧化碳或含碳单体与乙烯或其他烯烃单体合成的共聚物组成的塑料，由于聚合物链上含有羰基等发色基团和弱键，易于进行光降解。添加型光降解塑料是在通用的塑料基材中加入如二苯甲酮、对苯醌等光敏剂后制得，制造技术简单。光敏剂能吸收 300nm 波长的光线，与相邻的分子发生脱氢反应，将能量转给聚合物分子，引发光降解反应，使分子量下降。光降解塑料配方中所含组分主要为光降解剂和光降解树脂两大类。光敏剂是一类可以促进或引发聚合物发生光降解反应的物质。常用的光降解剂为羰基化物和有机金属化合物两类。其中，对于有机金属化合物类光敏剂，此类光敏剂的光降解效果好于碳基化合物类，其中过渡金属的光降解效果依次为：Co>Mo>Cu>Fe>V。除此之外，还有光降解聚合物，主要是大分子链上含有羰基或双键的一类聚合物；光降解调节剂，目的是调节光降解塑料的诱导期长短，以适应不同场合的需要。（石艳峰）

光盘行动

Clean Plate Campaign

由腾讯微博认证名称为“徐霞客”的网友徐志军于 2012 年 4 月 22 日世界地球日发起的全民网络公益行动，当日他发布微博“珍惜资源别成口号，就从餐桌浪费开刀”，活动在 2013 年 1 月 16 日进入高潮，随即成为舆论和新闻热点。2013 年 1 月 16 日“徐霞客”发表微博“天天光盘节，有一种节约叫光盘，有一种公益叫光盘，有一种习惯叫光盘！所谓光盘，就是吃光你盘子里的东西！吃饭时间到，一起参与光盘行动吧！俺今天开会开到中午一点多，食堂没饭了，只有方便面。这是我今天中午‘舌尖上的大餐’！希望成为‘光盘行动志愿者’的同学请举手！”微博发布后得到了各界人士的认可和参与，引发了“光盘行动”的热潮。众多餐厅推出免费打包服务，并为顾客提供半份菜、小份菜以及热菜拼盘等形式多样的服务，以鼓励顾客将食物吃完。1 月 17 日习近平总书记在《网民呼吁遏制餐饮环节“舌尖上的浪费”》新华社参考报道上批示：“要求严格落实各项节约措施，坚决杜绝公款浪费现象，使厉行节约、反对浪费在全社会蔚然成风。”各地各部门都因此引起重视，各大报社也作相关专题报道，光盘行动也因此得到了更加广泛的支持。（欧阳文川）

光污染

Light Pollution

指影响自然环境，对人类正常生活、工作、

休息和娱乐带来不利影响，尤其是对人的视觉环境和身体健康产生不舒适感的各种光，又称干扰光、光害，是一种环境污染源，主要由近年来流行的新型建筑材料——玻璃幕墙引起。光污染主

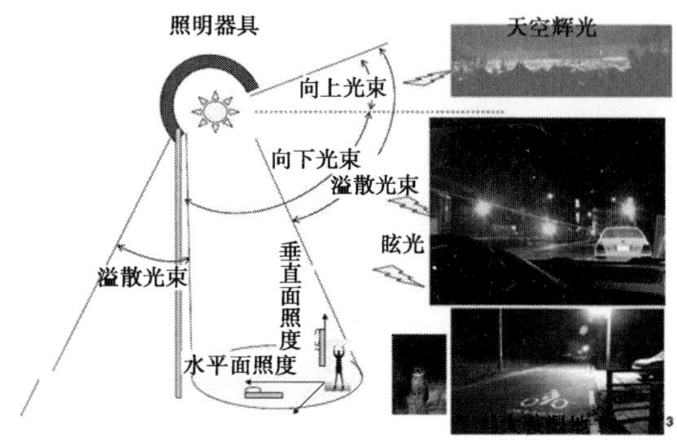

要分为白亮污染、人工白昼污染和彩光污染等。波长十纳米至一毫米的光辐射即紫外辐射，以及可见光和红外辐射，在不同的条件下都可能成为光污染源。在日常生活中，光污染多表现为由镜面建筑反光导致的行人和司机的眩晕感，以及夜晚不合理灯光给人造成的不适感，损害人体健康。（王晴晴）

广东 2014 年生态文明建设状况

Eco-Civilization Construction in Guangdong in 2014

2014 年广东生态文明指数（ECI）得分为 86.83，位居全国第 5 位。各项二级指标得分及全国排名见表 1。广东绿色生态文明指数（GECI）得分为 70.86，排名全国第 9 位。广东生态文明建设属社会发达型，生态活力、社会发展、协调程度三方面普遍较好，均处于全国第二等级，但环境质量还处于第三等级。生态活力方面，森林覆盖率、建成区绿化覆盖率和湿地面积占国土面积比重居全国上游水平，构成广东旺盛生态活力的基础；森林质量、自然保护区有效保护程度居全国中游水平。环境质量方面，环境空气质量和水土流失率保持全国领先水平，地表水体质量较好，排在全国第 11 位，但化肥、农药的施用强度较大。社会发展方面，人均地区生产总值、城镇化率、服务业产值占国内生产总值比例全国排名靠前，人均教育经费和农村改水率居中，每千人口医疗床位数排名全国第 30 位，有较大提升空间。协调程度方面，环境污染治理投资占国内生产总值比重、城市生活垃圾无害化率、烟（粉）尘排放的变化效应全国排名靠后，工业固体废物综合利率、化学需氧量排放、氨氮排放、二氧化硫排放和氮氧化物排放效应全国排名靠前，均在前十，见表 2。总体而言，广东的生态系统能给经济社会发展较强支撑，生态活力、社会发展和协调程度都处于全国上游水平，统筹生态、经济、社会三个领域，广东能够立足较高的经济社会发展平台，用更多的资源投入和细致工作提高生态承载力，增强发展后劲，续接相对合理的产业布局，探索制造业发展高端化、清洁化、绿色化的新路，不断提高从自然资源到经济成果的转换率形成三个领域相互促进、相互引领的发展格局。

表 1　本年度广东生态文明建设二级指标情况

二级指标	得分	排名	等级
生态活力（满分为 43.20 分）	28.80	6	2
环境质量（满分为 36.00 分）	20.80	16	3
社会发展（满分为 21.60 分）	15.98	6	2
协调程度（满分为 43.20 分）	21.26	8	2

表 2　广东 2014 年生态文明建设评价结果

一级指标	二级指标	三级指标	指标数据	排名
生态文明指数（ECI）	生态活力	森林覆盖率	51.26%	6
		森林质量	39.38 立方米 / 公顷	20
		建成区绿化覆盖率	41.50%	8
		自然保护区的有效保护	7.21%	16
		湿地面积占国土面积比重	9.76%	8
	环境质量	地表水体质量	80.70%	11
		环境空气质量	70.96%	7
		水土流失率	8.08%	6
		化肥施用超标量	294.16 千克 / 公顷	27
		农药施用强度	23.43 千克 / 公顷	28
	社会发展	人均国内生产总值	58540 元	8
		服务业产值占国内生产总值比例	47.80%	6
		城镇化率	67.76%	4
		人均教育经费投入	1794.06 元 / 人	13
		每千人口医疗机构床位数	3.55 张	30
		农村改水率	88.38%	10
	协调程度	环境污染治理投资占国内生产总值比重	0.57%	31
		工业固体废物综合利用率	84.98%	10
		城市生活垃圾无害化率	84.62%	24
		化学需氧量排放变化效应	37.21 吨 / 千米	7
		氨氮排放变化效应	4.16 吨 / 千米	6
		二氧化硫排放变化效应	1.47 千克 / 公顷	8
		氮氧化物排放变化效应	3.91 千克 / 公顷	4
		烟（粉）尘排放变化效应	−1.01 千克 / 公顷	25

（参考：严耕等：《中国省域生态文明建设评价报告（ECI2015）》第 225 ~ 230 页，北京：社会科学文献出版社，2015 年。徐保军）

广东省佛山市生态学会

Ecological Society of Foshan Guangdong

佛山地区生态科技工作者自愿结合的学术性和非营利性的社会团体，是佛山市面向世界、服务全国、提升国际竞争力、发展中国特色社会主义先行地的重要社会力量之一，是广东省生态学会的重要成员之一。下设 8 个专业委员会。会员来自不同的社会背景，有研究单位，生态工作者，企业单位，企业家，决策管理人员和行业精英等，专家顾问团队由大佛山地区的学者，大学的教授等组成。学会现挂靠在佛山年丰投资有限公司。宗旨：坚持物质文明、精神文明、政治文明和生态文明协调发展的原则，遵守国家法律和社会公德，团结广大生态科技 工作者，高举中国特色社会主义旗帜，贯彻邓小平理论和“三个代表”重要思想，学习实践科学发展观，运用生态学观点，开展保护生态环境和合理利用各种自然资 源的学术研究和科学普及，联合社会工作者、企业家和兄弟学会，促进科技进步和生态科学的繁荣与发展，推进社会、经济和生态环境的协调发展，争当科学发展的排头兵和参谋部。业务范围：1. 积极开展国内外生态科学领域的学术交流；2. 开展厂会协作，努力开展技术开发、推广、培训、测评论证及咨询服务活动，提供生产环境监测，生产环境环评；3. 积极开展生态旅游和生态文明的推广活动；4. 积极进行生态文明文化的宣传，引导企业与大众认识生态环境与人文环境的种种关系，共建和谐的自然文化企业和社会；5. 设立与生态学相关的专业委员会，具体进行有效的帮扶与教育宣传工作。对学会发展起推动作用；6. 积极向党和政府及广东省生态学会反映会员的意见，提出相应的建议。（*席溢*）

广东省环境科学学会

Guangdong Society of Environmental Sciences

是广东省环境科技工作者、环境管理工作者、环境教育工作者、环境工程技术人员、环保科技实业家以及热爱环保事业、积极参与和支持学会工作的社会各界人士、团体和企业自愿组织，经过民政部门核准依法注册登记成立的非营利性学术社会团体，是广东省科学技术协会的组成部分，是党和政府联系广大环境科技工作者和科技实业家的纽带和桥梁，是推动广东省环境科技事业发展的重要社会力量，是能够独立承担民事责任的社会团体法人。接受业务主管单位广东省环境保护厅、社团登记管理机关广东省民政厅的业务指导和监督管理，是广东省科学技术协会团体会员，接受省科协对本团体业务活动的相应指导。有顺德区、东莞、中山市等地方学会。（*席溢*）

广东省生态学会

Ecological Society of Guangdong Province

于 1981 年成立的省级重点学会，受广东省科协领导的科技社团法人。由中山大学、华工、华农、华师、暨大和华南植物园等广东和广州地区高等院校及科研单位的专家队伍和技术力量为依托组成。现有会员 1500 多人。出版期刊《生态科学》杂志。多年来团结广大生态工作者，紧密配合广东省和广州市关于“青山、碧水、蓝天、绿地”工程开展了一系列活动，特别是在白云山改造、珠江水治理、红树林保护，以及生态环保、生态旅游、生态县村的建设等方面取得了显著成绩。设有森林生态、海洋生态、淡水生态、湿地生态、园林与景观生态、农业生态、生态健康人居与生态工程、人文生态专、可持续旅游与生态管理专业委员会和青年、科普工作委员会。（*席溢*）

广东省野生动植物保护协会

Guangdong Wildlife Conservation Association

1984 年广东省野生动物保护协会成立，为广东省野生动物保护事业做出巨大贡献。野生动物和野生植物都是森林资源的重要组成部分，在新形势下，为了保护、发展和合理利用野生动植物资源，保护生物多样性，维护生态平衡，协会相应增加了野生植物的内容，2014 年 3 月更名为广东省野生动植物保护协会。聚集各方面的专家、学者、领导以及保护野生动植物的支持者、爱好者，并通过这些会员联系着社会各方面的人民群众。将组织调动社会力量参与野生动植物保护事业，在宣传教育、学术交流与合作、培植繁育、经营利用以及表彰奖励等方面开展活动，推动野生动植物保护事业的发展，建设生态文明，为全面推进新一轮绿化广东做出新的更大贡献。（*席溢*）

广告报酬制度

Advertising Reward System

指广告主向广告代理公司支付佣金的方式。多年来逐渐形成的广告代理制度，是 15%的交易额作为佣金的制度被新的制度取代，新的交易制度表现为花费制、成果报酬制或激励制，还有将代理制、服务费制、奖励制结合在一起的混合制。广告报酬制度大致归纳为佣金制、实费制和特殊型制 3 种：佣金制是广告代理公司为广告主完成某项业务，可获得相当于媒体广告费一定比例的佣金。实费制是广告主与广告公司在事先契约的基础上，广告主向广告公司提供服务费。实费制有 3 种表现形式：全面实制费，即双方预先商定一定期间内必须完成的服务内容，再据此确定费用金额；实费合同书，即双方在一定的广告计划基础上，签订广告业务合同：媒体费与制作费分别商定；成本费用式是在成本上加上一定比率的利润作为广告代理报酬。特殊型制主要有两类，包括最小费用协议式和鼓励安排式。（张惠娜）

广告代理制

Advertising Agency System

广告公司在广告经营中处于主体和核心地位，为广告主全面代理广告业务，向广告主提供以市场调查为基础、广告策划为主导、创意为中心、媒体发布为手段、同时辅以其他促销手段的全面性服务。在广告客户、广告公司与广告媒介三者之间，确立广告公司为核心和中介的广告运作机制。在广告业的三位一体——广告主、广告公司和广告媒介中，广告公司占据中间位置，是广告主与广告媒介联接的桥梁，一头是需要做广告的客户，另一头是能提供广告手段的媒介单位。广告公司实质上实行双重代理，代理广告主开展广告宣传工作，代理广告媒介，寻求客户，扩展广告业务量，增加媒介单位的广告收入。国际通行的广告经营与运作机制，可以使广告业内部形成良性运行秩序，最大限度地发挥广告主、广告公司与媒体的长处。（张惠娜）

广告媒体评估

Advertising Media Evaluation

对报纸、杂志、广播、电视、户外广告及网络广告等媒体的媒体效果的监测与评估，具体内容包括各广告媒体“质”的特征、媒体投资效益评估、媒体选择与分配研究、媒体组合是否恰当、媒体近期视听率、阅读率、点击率有否变化和媒体执行方案的确定与评估。方法包括媒体投放同时监测，广告运动中媒体效果追踪监测评估。媒体投放同时监测广告刊播时消费者对广告之暴露和反应。最大特征是用于测验一般电视节目播出 24 小时后，在最自然的收视环境中（例如家中）的广告吸引力。普遍的方法是电话访问——用以确认广告讯息是否达到正确的目标市场，以获知资讯如何传播以及传递什么资讯。通过反映广告商品品牌的正确指认能力，将获取的分数比较，以决定所测试之广告是成功或失败。广告运动中媒体效果追踪监测评估一般是在广告播出 60 天后进行，主要用于每千人成本监测、品牌知名监测和评估和销售效果监测和评估。（张惠娜）

广西 2014 年生态文明建设状况

Eco-Civilization Construction in Guangxi in 2014

2014 年广西生态文明指数（ECI）得分为 86.58, 位居全国第 6 位。各项二级指标的得分和全国排名见表 1。剔除“社会发展”指标，自治区的绿色生态文明指数（GECI）得分为 76.23, 排名全国第 3 位。广西生态文明建设属环境优势型，环境质量和协调程度都处于全国第一等级，生态活力和社会发展处于全国第三等级。生态活力方面，全自治区的森林覆盖率为 56.51%，高居全国第 4 位，但其他几项指标都排在全国 20 名以后。环境质量方面，地表水体质量、空气环境质量和水土流失率都处于全国上游水平，但化肥施用超标量和农药施用强度都排在全国第 20 名左右。社会发展方面，人均国内生产总值、服务业产值占国内生产总值比例、城镇化率、每千人口医疗床位数和农村改水率全国排名均中下游。协调程度方面，环境污染治理投资占国内生产总值比重、工业固体废物综合利率、城市生活垃圾无害化率、二氧化硫排放处于全国中游水平，烟(粉)尘排放、化学需氧量排放和氨氮排放变化效应均居全国上游水平，氮氧化物排放变化效应排名靠后，居全国第30位，见表2。总体来看，广西环境容量大，北回归线穿境而过，光、热、水自然资源充沛，自然生态活力旺盛，具备发展现代农林业的较好条件，资源禀赋较强，但广西的经济发展水平长期较为滞后，因此，广西的生态文明建设必需紧紧抓住全自治区正处于工业化中期的实际，以协调促发展，以发展增活力，以发展惠民生。

表1　广西生态文明建设二级指标情况

二级指标	得分	排名	等级
生态活力（满分为43.20分）	25.71	13	3
环境质量（满分为36.00分）	24.80	4	1
社会发展（满分为21.60分）	10.35	26	3
协调程度（满分为43.20分）	25.71	4	1

表2　广西本年度生态文明建设评价结果

一级指标	二级指标	三级指标	指标数据	排名
生态文明指数（ECI）	生态活力	森林覆盖率	56.51%	4
		森林质量	37.94立方米/公顷	21
		建成区绿化覆盖率	37.65%	20
		自然保护区的有效保护	5.99%	20
		湿地面积占国土面积比重	3.20%	24
	环境质量	地表水体质量	95.60%	4
		环境空气质量	75.34%	6
		水土流失率	4.39%	5
		化肥施用超标量	191.64千克/公顷	21
		农药施用强度	11.25千克/公顷	18
	社会发展	人均国内生产总值	30588元	27
		服务业产值占国内生产总值比例	36.00%	23
		城镇化率	44.81%	25
		人均教育经费投入	1278.47元/人	25
		每千人口医疗机构床位数	3.97张	25
		农村改水率	68.28%	24

续表

一级指标	二级指标	三级指标	指标数据	排名
生态文明指数（ECI）	协调程度	环境污染治理投资占国内生产总值比重	1.52%	15
		工业固体废物综合利用率	70.68%	15
		城市生活垃圾无害化率	96.44%	10
		化学需氧量排放变化效应	77.41 吨 / 千米	2
		氨氮排放变化效应	5.80 吨 / 千米	4
		二氧化硫排放变化效应	1.02 千克 / 公顷	13
		氮氧化物排放变化效应	-0.19 千克 / 公顷	30
		烟（粉）尘排放变化效应	0.33 千克 / 公顷	6

（参考：严耕等：《中国省域生态文明建设评价报告（ECI2015）》第 231 ~ 236 页，北京：社会科学文献出版社，2015 年。徐保军）

广西环境科学学会

Xinjiang Society of Environmental Sciences

成立于 1980 年 12 月，是在广西从事环境科学和环境保护的工作者（包括单位、团体等）自愿结成的学术性、地方性的群众团体，也是广西最早的环境保护专业社团组织，学会办公地点设在广西南宁市教育路 5 号广西壮族自治区环境保护局内。学会挂靠广西壮族自治区环境保护局。学会主要开展环境科学学术交流活动，加强环境科学和其他科学、科技工作者、科学技术团体的联系，总结交流环境科学技术，开展环境科学技术咨询服务活动，推广环境科技成果，促进广西环境科学的发展。（席溢）

广西生态文化协会

Guangxi Eco-Culture Association

成立于 2014 年。是一家非营利性社会团体，由从事生态环境建设、经营、管理、研究的企事业单位，科研院所、大专院校、新闻出版单位，以及关心和有志于推动广西生态文化发展的社会各界人士自愿组成。协会宗旨为弘扬生态文化、倡导绿色生活、共建生态文明。（席溢）

广西自治区野生动物保护协会

Guangxi Autonomous Region Wildlife Conservation Association

是广西野生动物主管部门服务职能的补充和延伸，每 5 年为一届。通过组织科技下乡、举办科普知识展览和知识竞赛等活动，向社会传播野生动物科普知识。通过精心组织策划的“爱鸟周”、“野生动物宣传月”活动，使野生动物保护意识逐步深入人心。（席溢）

广州市绿点公益环保促进会

Guangzhou Green Point Public Welfare and Environmental Protection Association

简称绿点。2003 年发起成立，是立足广州的环境保护培训、交流及活动的公益平台。绿点致力于推动环保志愿者，尤其是大学生环保志愿者实地了解及亲身参与环境保护事业，系统提升环保意识，理性树立生态观念，从而有效推动整个社会的可持续发展。绿点关注本地的环境问题，通过教育、倡导、调研等形式，增进沟通，缓解矛盾，促进合作，为绿色广州建言献策。2012 年 8 月，绿点正式在民政局部门登记，成为广州市第一家民间注册的环保社会团体。主要工作：1. 环境教育，组织大学生为中小学生开展环境教育活动，并为大学生提供讲师能力培训；

2. 环保调研，联合各界开展各种环保调研项目，包括校园环境问题调研、农村环境调研、民众环境意识调研等；3. 环保组织能力建设，推动高校环保社团的可持续发展以及参与社会环保建设，现有五十多个高校环保社团加入绿点。4. 社会活动，协助政府、企业及团体开展各类环保活动及项目，包括协助“绿色社区”及“绿色学校”创建工作；5. 跨界环保合作，推动环保跨领域跨区域合作。宗旨：绿点是一个环保志愿者学习、交流以及联合活动的平台，绿点关注本地的环境问题，通过教育、倡导、合作等形式，为建设可持续发展的广州而努力。（席溢）

归江十坝

Ten levee in Huaihe river

淮河上重要的古代水利枢纽工程。它们分别是：1. 拦江坝，在新运盐河（通扬运河新道）越河口下，宣泄新运盐河过量洪水入芒稻河归江；

2. 褚山坝，在越河入老运盐河（通扬运河）口之右，挡各坝宣泄的水量不入通扬运河下游，宣泄拦江坝以下越河水入芒稻河归江；3. 金湾坝，在金湾引河头，宣泄运河水入董家沟、芒稻河归江；4. 东湾坝；5. 西湾坝，在太平河头，二者并列，宣泄运河水至石羊沟入廖家沟归江；6. 凤凰坝，在凤凰河头，宣泄运河水入廖家沟归江；7. 新河坝，在瓦窝铺新河河头，宣泄运河水入廖家沟归江；8. 壁虎坝；9. 湾头坝，在古运盐河与淮扬运河相接处，宣泄运河水经古运盐河，入廖家沟，芒稻河归江；10. 沙河坝，在扬州城东沙河河头，宣泄运河水入沙河归江。新中国成立后，1950 年，毛主席发出“一定要把淮河修好”的号召，淮河入江水道及里运河开始进行大规模治理，先后改归江坝为归江闸，改小船闸为大船闸。至 1977 年，归江河道先后建成廖家沟万福闸（1961 年）、运盐河闸及邵仙闸洞（1964 年）、芒稻河闸及船闸（1965 年）、古运河瓜洲闸及套闸抽水站（1970 年）、太平河闸（1972 年）及金湾河闸（1973 年）。同时，随着江水北调的江都水利枢纽工程的兴建、1961 年京杭大运河施桥段直入长江改道和大船闸的建成、1972 年扬州城古运河北端扬州闸及套闸挡洪工程的建成，扬州城古运河（北自扬州闸，南至瓜洲闸）不再成为淮河入江排洪河道。至 1973 年，归江十坝全部被现代归江各闸代替，完成历史使命。归江各坝自明清至新中国 300 多年的历史作用，将永远载入史册。（参考：张崇旺：《明清时期江淮地区水利治灾工程述论》，《北大史学》2007 年第 1 期第 105 ~ 125 页。朱配辰）

规范经济学

Normative economics

指依据一定的价值判断，提出分析和处理经济问题的标准，以此树立起经济理论的前提，作为经济政策制定的依据。在西方经济学看来，由于资源的稀缺性，因而在有多种用途时必然面临选择问题，选择就存在选择标准，选择标准就是经济活动的规范。可以看出，规范经济学要解决的是“应该是什么”的问题。在关于实证经济学与规范经济学之间关系的看法上，实证主义经济学家仍然坚持规范经济学及经济学的技术不可能独立于实证经济学。经济学所企求的神圣目标是科学本身的方法。规范经济学从属于实证经济学，实证经济学的发展决定着整个经济学的发展。但另外一些规范主义经济学家却坚持认为，任何经济理论都是在一定伦理规范基础上建构起来的，伦理规范是决定实证经济学发展的基础，不仅如此，它更是整个经济学发展的基础。不过规范主义经济学家的上述看法在实证经济学家看来却是不能够被接受的。他们认为，规范经济学所强调的伦理规范缺乏可靠的证据和可重复的检验，无法证明那些影响人们经济行为的伦理道德是稳定的和可靠的，更无法证明这些伦理道德在学理上是可以超越证明本身而怎样先验存在的，因而规范经济学是不可能形成像实证经济学那样在逻辑上严密、在方法上可行、在辩术上信服的方法论体系的。因此，对规范方法的使用将不可避免地降低对经济规律理解的能力，并最终阻碍经济学理论的发展。（牟世晶）

规制

Regulation

又称管制，依据一定的规则，对社会的个人或群体的活动进行管理和规范的行为。一般来说，规制的主体有私人和社会公共机构两种。私人间进行的规制，即私人约束私人的行为，如父母约束子女的行为，称为“私人规制”。由社会公共机构进行的规制，即由司法机关、行政机关等进行的对私人或社会群体行为的规制，称为“公共规制”。在经济活动方面，公共规制是指在以市场机制为基础的经济体制条件下，以矫正市场机制内在的问题（市场失灵）为目的，政府干预经济主体（特别是企业）活动的行为。这主要包括如下政策：1. 以保证分配的公平、经济增长和稳定为目的的政策，主要有财政、税收、金融政策等。2. 提供公共物品（公共设施及公共服务）的政策，主要有公共事业投资、社会公共服务的提供、福利政策等。3. 应对不完全竞争的政策，主要有反垄断法、商法、依据民法产生的规制企业活动的政策等。4. 以处置自然垄断为目的的政策，主要有公益事业领域的进入、退出、价格、投资等方面的规制政策。5. 以应对非价值性物品和外部不经济性为目的的政策，主要有防止和缓解在经济活动中产生的社会问题的规制政策等。6. 以应对信息不对称为目的的政策，主要包括保护消费者权益、公开信息、知识产权的赋予等方面的政策。7. 与产业发展相关的政策，主要有产业政策（新兴产业政策、不景气产业的结构调整政策、中小企业政策等）和科技振兴政策等。8. 其他政策。特别是劳动政策（与劳动转移、劳动条件、工会、劳动环境等相关的政策），以及与土地等自然资源相关的政策等。在经济活动中，公共规制可分为直接规制和间接规制。以防止不期望出现的市场结果为目的，以政府认可和许可的法律手段、行政手段直接介入经济主体决策的规制，称为“直接规制”；不直接介入经济主体的决策，而以有效地发挥市场机制职能并建立完善的制度为目的的规制，称为“间接规制”。（李庆）

贵生重生

Value and Respect Life

贵生重生思想是道家道教的重要思想与基本信念，他们主张珍重生命，主张贵生、重生、乐生、尊生，一方面重视个体生命的自然本性与特殊价值，另一方面主张天、地、人三才并生，人应持“天道无亲”的立场爱护自然界的其他存在物。贵生重生思想在中国古代出现较早。《吕氏春秋》有《贵生》《本生》《全生》《重生》等专文，主张“圣人之虑天下，莫贵于生”。生命是道的体现与承载者，贵生重生是道家道教的核心思想之一。老子在《道德经》中提出“贵身”思想，提出诸如自爱、摄生、贵生等内容和命题。杨朱主张贵己重生，提倡重生贵生的生存观。贵生重生思想之下，主张知足知止、抱朴守一，不戕害生命。贵生重生思想可以启示当今人类重视生命价值，回归生命本真，重建人类生命家园。《道德经》中强调的尊道贵德、贵生重生、无为自化、利而不害等思想与现代生命伦理与生态伦理尊重生命与保护生态环境的宗旨和原则不谋而合。（雷爱民）

贵阳生态文明国际论坛

Eco Forum Global Guiyang

2008 年贵州省为贯彻落实党的十七大提出的建设生态文明的决定，普及生态文明理念，积极推动生态文明实践，筹备举办生态文明贵阳论坛。2009 年第一届贵阳生态文明国际论坛召开。作为经中央批准，中国唯一以生态文明为主题的国家级、非官方、国际性高端会议，该论坛致力于汇聚官产学媒民及其他各界决策者开展交流与合作，传播生态文明理念，分享知识与经验，促进政策的落实与完善，抓住绿色经济转型的机遇，应对生态安全的挑战，形成国际、地区和行业议程，从而有助于构建资源节约、环境友好型社会，推动人类生态文明建设的进程。2015 年 6 月 25 日论坛发布三大生态文明智库报告：《六度理论》《绿色新政》和《双赢战略》。这三本智库报告分别从不同角度阐释生态文明。首次提出生态文明六度理论，提出以绿色新政引领中国经济新常态的理论观点，深度解读贵阳市坚守发展与生态两条底线的双赢战略。（张沥元）

贵阳市生态文明建设

Eco-civilization construction in Guiyang

2007 年贵州省第十次党代会通过了实施环境立省战略的部署。2007 年末中共贵阳市委八届四次全会通过《关于建设生态文明城市的决定》，承诺创建生态文明的贵阳模式，即：生态环境良好、生态产业发达、文化特色鲜明、生态观念浓厚、市民和谐幸福、政府廉洁高效。《决定》提出，从八大方面开展生态文明城市建设：贯穿生态文明理念，做好生态文明城市规划；加强基础设施建设，完善生态文明城市功能；发挥比较优势，做大做强生态产业；实施四大治理工程，加强生态环境建设；实施“六有”民生行动计划，提升城乡居民生活满意度；弘扬生态文化，培育城市精神；创新机制，为建设生态文明城市提供有力保障；建立责任体系，强力推进生态文明城市建设，力争将贵阳模式打造成为贵阳最独特的、也是最大的比较优势。2012 年贵州省政府发布《贵阳建设全国生态文明示范城市规划（2012 ~ 2020 年）》，科学系统地总结贵阳市经济、生态环境、人民生活、文明意识和体制机制等现状；明确四大战略定位，把贵阳建成全国生态文明示范城市、创新城市发展试验区、城乡协调发展先行区、国际生态文明交流合作平台。2013 年 2 月 4 日贵阳市第十三届人民代表大会第三次会议通过《贵阳市建设生态文明城市条例》，自 2013 年 5 月 1 日起施行。该条例就贵阳生态文明建设总体规划、保障措施、法律责任等做出详细规定。（张沥元）

贵州 2014 年生态文明建设状况

Eco-Civilization Construction in Guizhou in 2014

2014 年贵州生态文明指数（ECI）得分为 76.05，排名全国第 20 位。具体二级指标得分及排名情况见表 1。去除“社会发展”二级指标后，贵州绿色生态文明指数（GECI）得分为 64.57，全国排名第 16 位。贵州生态文明建设属环境优势型，环境质量居于全国领先水平，生态活力、社会发展和协调程度均居于全国中下游水平。生态活力方面，森林质量、森林覆盖率居于全国中游水平，自然保护区的有效保护、建成区绿化覆盖率和湿地面积占国土面积比重则较低，排名靠后。环境质量方面，化肥施用超标量、农药施用超标量、环境空气质量处于全国领先水，地表水体质量居中，水土流失率表现较差，处全国中下游水平。社会发展方面，服务业产值占国内生产总值比例位于全国上游水平，每千人口医疗机构床位数、农村改水率位于全国中游水平，人均教育经费投入、城镇化率和人均国内生产总值均位于全国下游水平。协调程度方面，二氧化硫排放变化效应位于全国领先水平，居全国第 4 位，烟（粉）尘排放变化效应、城市生活垃圾无害化率和环境污染治理投资占国内生产总值比重位于全国中游水平，氮氧化物排放变化效应、氨氮排放变化效应、工业固体废物综合利用率和化学需氧量排放变化效应均表现不佳，处于全国下游水平，见表 2。总体来看，贵州生态承载能力较大，环境质量整体水平较高，但典型的喀斯特地形导致贵州水土流失、滑坡、泥石流等地质灾害频繁，生态脆弱，土地资源短缺，限制了工农业的发展，且贵州人口分布不均，城镇化主要集中在黔中贵阳地区。贵州可以因地制宜，根据国家主体功能区划确立发展目标，在积极承接东部产业转移的同时，建立转移产业负面清单，确保经济绿色增长，守住环境底线，也可扩大生态畜牧区，促进协调发展。

表 1　2014 年贵州生态文明建设二级指标情况

二级指标	得分	排名	等级
生态活力（满分为 43.20）	23.66	25	3
环境质量（满分为 36.00）	24.80	5	1
社会发展（满分为 21.60）	11.48	24	3
协调程度（满分为 43.20）	16.11	21	3

表 2　贵州 2014 年生态文明建设评价结果

一级指标	二级指标	三级指标	指标数据	排名
生态文明指数（ECI）	生态活力	森林覆盖率	37.09%	15
		森林质量	46.03 立方米 / 公顷	14
		建成区绿化覆盖率	34.46%	27
		自然保护区的有效保护	5.01%	24
		湿地面积占国土面积比重	1.19%	30
	环境质量	地表水体质量	19.80%	12
		环境空气质量	76.16%	5
		水土流失率	41.39%	24
		化肥施用超标量	−44.27 千克 / 公顷	2
		农药施用强度	205 千克 / 公顷	2
	社会发展	人均国内生产总值	22921.67 元	31
		服务业产值占国内生产总值比例	46.60%	7
		城镇化率	37.83%	30
		人均教育经费投入	1300.34 元 / 人	24
		每千人口医疗机构床位数	4.76 张	13
		农村改水率	73.34%	19
	协调程度	环境污染治理投资占国内生产总值比重	1.37%	19
		工业固体废物综合利用率	50.77%	26
		城市生活垃圾无害化率	92.23%	17
		化学需氧量排放变化效应	3.66 吨 / 千米	27
		氨氮排放变化效应	0.37 吨 / 千米	26
		二氧化硫排放变化效应	2.36 千克 / 公顷	4
		氮氧化物排放变化效应	0.27 千克 / 公顷	25
		烟（粉）尘排放变化效应	−0.29 千克 / 公顷	17

（参考：严耕等：《中国省域生态文明建设评价报告（ECI2015）》第 254 ~ 260 页，北京：社会科学文献出版社，2015 年。徐保军）

贵州省环境科学学会

Guizhou Society of Environmental Sciences

贵州省环境科技工作者、环境工程技术人员、环境教育工作者、环境管理者、关心支持环保科技工作的科技实业家及社会知名人士和相关团体自愿结成并经过贵州省民政厅核准、依法注册登记的、非营利性的环境科技社会团体（民间组织）。是党和政府联系广大环境科技工作者的纽带和桥梁，是贵州省发展环境科技事业的重要社会力量，是全省环境保护系统的重要组成部分，也是贵州省科学技术协会的组成部分。宗旨是遵守国家宪法、法律、法规和政策，遵守社会公德、坚持以马克思列宁主义、毛泽东思想、邓小平理论和“三个代表”重要思想为指导，全面落实科学发展观，贯彻实施科教兴国和可持续发展战略；坚持“百花齐放，百家争鸣”的方针，发扬学术民主，坚持实事求是、与时俱进的科学态度和优良学风；遵守民主办会原则，为广大会员服务，团结环境科技工作者和环保科技实业家，发挥学科交叉、人才荟萃和联系广泛的优势，独立自主、积极主动、认真负责地开展工作；促进环境科技创新与社会经济的结合，普及环境科学技术知识、推荐环境科技人才，为经济社会发展服务，为环境保护事业的发展和构建社会主义和谐社会贡献力量。（席溢）

贵州省生态学会

Ecological Society of Guizhou Province

于 1996 年 7 月 4 日成立。旨在为团结各方面的科技力量进行生态科学研究，保护生态环境进行生态建设成立了生态学会。主要任务是开展学术交流，促进民间国际科技合作，对贵州省经济建设中的重大决策进行科技咨询，接受委托进行科技项目论证、科技成果鉴定等。（席溢）

贵州省野生动植物管理站

Guizhou Wildlife Conservation Management Station

即贵州省珍稀动物救护中心。宗旨：为全省野生动物和森林植物保护提供管理和服务。业务范围：贯彻执行《野生动物保护法》及有关的政策、法规，监督管理猎枪弹具的销售，办理有关证件等；组织对全省野生动物、森林植物的监督、监测和调查，并建立野生动物和森林植物档案；依照野生动物保护协会章程，向全社会宣传普及野生动物保护的重要意义和知识，协调野生动物保护的管理工作；开展资源保护和物种研究工作；为伤、残和受到威胁的珍稀濒危野生动物提供救护、饲养场所，对经济价值较高的动物进行饲养、繁殖、驯化等方面的开发研究工作。（席溢）

国防经济

National Defense Economy

指国家为战争和国防需要而进行的经济生产以及相应的经济关系总和，是研究国防与经济之间以及国防与经济各自内部规律的科学，主要包括军事装备生产部门以及军事劳务部门，其研究对象为国家军事需要以及国防经济内部关系。国防经济与国家安全紧密联系，国家安全包括国家政治安全、国家经济安全、国家文化安全和国家军事安全等要素，指维护国家存在和安全以及保障其根本利益的各种要素的总和，是国家生存与发展的前提。国防经济出于国家安全的需要将国防与经济相结合，一方面国防经济的研究目的就在于为保障国家安全的国防、战争等活动提供人力、物质资源，使国家安全不受任何威胁，另一方面，国防经济又是国民经济体系的一个分支。国防经济评价体系是对国防经济运行状况的检测和评估，并且对未来的趋势做出预判，从而为职能部门提供管理和决策依据。国防经济评价指标体系可以从其规模、结构、布局、体制和效益等主要方面制定。国防经济的规模评价标准是所有评价指标中的基本指标，是一定时期国防实力的重要评判标准；国防经济的结构评价标准主要以一定时期的国防工业结构为参考；国防生产力布局除了关系到国家安全状况以外，还关系到社会经济的整体发展以及区域产业结构；国防经济体制评价指标应依据国家国防与经济状况的具体特点来安排；国防经济效益评价指标是对国防经济整体情况的量化显现，是对国防经济各系统运行工作状况的直观判断依据之一。（参考：徐菱涓等：《当代国防经济评价指标体系的构建》，《南京政治学院学报》2005 年第 5 期第 50 ~ 53 页。欧阳文川）

国际标准化组织

International Standardization Organization

世界上最大且最具权威的非政府性的国际标准化专门机构，简称为 ISO。国际标准化组织的目的和宗旨为“在全世界范围内促进标准化工作的发展，以便于国际物资交流和服务，并扩大在知识、科学、技术和经济方面的合作”。主要工作为制定国际标准，协调世界范围内的标准化工作，组织各成员国和技术委员会进行情报交流，以及与其他国际组织进行合作，共同研究标准领域的问题。1946 年 10 月，包括美国、苏联、英国、法国和中国在内的 25 个国家共 60 名代表集会于英国伦敦，共同组建国际标准化组织。1947 年 2 月 23 日，国际标准化组织的章程获得 15 个国家标准化机构的承认，标志着其正式成立，总部设于瑞士日内瓦，至今与超过 600 个国际组织保持密切联系。国际标准化组织成员国分为团体成员和通信成员。团体成员指具有国际级的标准化机构的国家，团体成员国每个国家只能有一个标准化机构参加国际标准化组织。通信成员指尚未有国家标准化组织机构的国家或者地区。通信成员国不能参加国际标准化组织的具体工作，但有权利了解国际标准化组织的工作情况。在国际贸易高速发展的背景之下，国际标准化组织的作用和功能更加明显。（参考：《国际标准化组织简介》，《环境技术》2003 年第 3 期第 44 页。欧阳文川）

《国际捕鲸管理公约》

International Convention for the Regulation of Whaling

1946 年缔结的关于捕鲸管理的国际公约，1948 年开始生效。各成员国接受《公约》所属的科学小组委员会就控制捕鲸数目所作劝告，并由委员会会议做出决定。委员会工作的目的，是为防止鲸类减少而实行数量控制，同时协调行业内各国及各部门的利益。1972 年开始，委员会要求限制猎捕种类，仍受到自然保护组织的批评。在欧美各国，委员会成员国逐渐从代表行业利益转为代表舆论，使捕鲸面临停止状态。1977 年以后，各捕鲸国更加处于孤立地位。1982 年委员会做出暂时停止捕鲸的决议，委员会的性质、宗旨也发生重大变化。停止捕鲸，对保护鲸类、维护地球生态平衡无疑具有重要意义。（申森）

国际臭氧层保护日

International Ozone Layer Protection Day

随着人类活动的加剧，地球表面的臭氧层出现了严重的空洞，尤其是 1985 年发现南极周围臭氧层明显变薄。1995 年 1 月 23 日，联合国大会决议把每年的 9 月 16 日定为“国际臭氧层保护日”。旨在纪念 1987 年签署的《关于消耗臭氧层物质的蒙特利尔议定书》，要求所有缔约国根据“议定书”及其修正案的目标，举办具体活动来纪念这个日子。面对臭氧层被破坏的严峻形势，1985 年联合国环境规划署理事会，制定了《保护臭氧层维也纳公约》，确定了保护臭氧层的原则；1987 年联合国环境规划署在加拿大蒙特利尔举行了国际臭氧层保护大会，通过了《关于消耗臭氧层物质的蒙特利尔议定书》，确定了全球保护臭氧层国际合作的框架。历年国际保护臭氧层日的主题（9.16）基本围绕保护臭氧层就是保护蓝天和地球生命的理念，如 2004 年的主题是“拯救蓝天，保护臭氧层：善待我们共同拥有的星球”。我国的国家臭氧层纪念活动以“加速淘汰消耗臭氧层物质行动”为主题。（王晴晴）

国际地圈生物圈计划

International Geosphere-Biosphere Programme

在生物圈计划（International Biological Program）、人与生物圈计划（Man and the Biosphere Program）基础上组织起来，由国际科学理事会1986年建立。旨在制定区域和国际政策、讨论关于全球变化及其所产生的影响。该计划的主要科学目标是：描述和认识控制整个地球系统相互作用的物理、化学和生物学过程；描述和理解支持生命的独特环境；描述和理解发生在该系统中的变化以及人类活动对它们的影响方式。其应用目标是发展预报理论，预测地球系统在未来十至百年时间尺度上的变化，为国家和国际政策的制定提供科学基础。该计划具有高度综合和学科交叉的研究特点，标志着地球科学和宏观生物学的研究跨入新的深度和广度。由8个核心研究计划和3个支撑计划所组成。3个支撑计划为全球分析、解释与建模，全球变化分析、研究和培训系统，数据与信息系统。8个核心研究计划分别为：1. 国际全球大气化学计划（International Global Atmospheric Chemistry Project）；2. 全球海洋通量联合研究计划（Joint Global Ocean Flux Study）；3. 过去的全球变化研究计划（Past Global Changes）；4. 全球变化与陆地生态系统（Global Change and Terrestrial Ecosystems）；5. 水文循环的生物圈方面（Biospheric Aspects of the Hydrological Cycle）；6. 海岸带的陆海相互作用（Land-Ocean Interactions in the Coastal Zone）；7. 全球海洋生态系统动力学（Global Ocean Ecosystem Dynamics）；8. 土地利用与土地覆盖变化（Land Use and Land Cover Change）。（席溢）

国际法学

International law

研究国际法这一部门法的学科，是法学的分支。国际法来源于罗马的万民法。现代意义的国际法，起源于15～16世纪的欧洲。被西方学者誉为“国际法之父”的荷兰法学家和外交家格劳修斯于1625年发表的国际法名著《战争与和平法》，不但为国际法作为独立的法律体系奠定了基础，而且对国际法学的建立产生了重大影响。随着国际贸易关系的变化和发展以及科技的发展，国际法学作为一门学科在近代建立了起来。目前在西方，由于对国际法的根据有不同的看法而形成了不同的国际法学流派。“国际法”一词，早在清朝末年便被中国学者所接受，但对于国际法学这门学科的研究，在中国仍属刚刚起步。国际法学的特点是其阶级性、现实性和普遍性。国际法学和国际私法学、国内法学有着密切的联系。国际法学的研究对象是国际法。一般认为，国际法学的体系是：1. 概论部分。内容主要有国际法的概念、特点、渊源、性质和作用；国际法和国内法、国际私法的关系等。2. 专论部分。内容主要有国际法、国际法主体、国际法上的承认和继承、国际法上的国家责任、国际法上的国家领土、海洋法、空间法、外交机关、领事、国际条约、国际组织、国际争端的解决、战争规范等。（李庆）

《国际防止船舶污染公约》及其议定书

International Convention for the Prevention of Pollution From Ships and its protocols

1973年国际政府间海事咨询组织于伦敦召开海洋污染国际会议，通过《国际防止船舶污染公约》，是第一个全面控制船舶造成海洋污染的全球性公约。《公约》通过时的文本，由正文20个条款和《关于涉及有毒物质事故报告的规定》等2个议定书及《防止油污规则》等5个附则组成。由于1973年签订的文本一直没有达到法定生效条件，为使公约能为大多数国家接受，决定进行修改。1978年2月6日国际政府间海事咨询组织召开油轮安全与防止污染国际会议，签订《关于1973年国际防止船舶污染公约的1978年议定书》。《议定书》1978年2月17日在伦敦通过，1983年10月2日生效。《议定书》由正文9个条款和

1个附则组成。由于1978年议定书对1973年公约做了重要的修订与补充，因而也是公约不可分离的组成部分。其中，附则题为《对1973年国际防止船舶造成污染公约的修订与补充》。（申森）

《国际防止海上油污公约》

International Convention for the Prevention of Oil Pollution

为防止船舶排放油类污染海洋订立的国际公约。1954年5月12日在伦敦签署通过，1958年7月26日生效，1962年4月11日和1969年10月21日两次修订，最后修正本1979年1月20日生效。《公约》有适用和不适用禁止排放的具体规定，要求缔约国在港口和载油站提供适当的设施，规定所有船舶应配备油类记录簿，填写操作记录。《公约》有21条和2个附件，目的旨在要求各缔约国采取行动，防止船舶放油污染海洋。《公约》适用于所有在缔约国领土内注册或缔约国所有的船舶。《公约》同时规定一些例外情况，是第一部全球性防止海上油污的重要国际公约。（申森）

国际工人联合会

International Workingmen's Association

即第一国际。1864年成立于伦敦，由左翼社会主义者、共产主义者、无政府主义政治团体、工会组织等组成的国际性工人协会。国际工人联合会的指导思想是科学社会主义，马克思是创始人之一，为大会起草了《国际工人协会成立宣言》和《协会临时章程》。国际工人联合会成立的背景，

是19世纪50～60年代欧洲工人运动和民主运动高涨。1863年的波兰起义，是国际工人联合会成立的直接推动因素。为声援波兰人民的正义斗争，英国工联和法国工联加强合作，发表《英国工人致法国工人》的呼吁书。1864年9月28日，英国、法国、德国、意大利等国的工人代表，决定建立国际性的工人联合会。1866年9月的日内瓦代表大会上通过了国际工人联合会的纲领《国际工人协会章程》。《章程》指出，无产阶级的目标是推翻资本主义，建立无产阶级政权，组织原则是民主集中制。第一国际成立后，支持各国工人的罢工运动，领导西欧无产阶级反对资产阶级的斗争，声援被压迫民族的解放斗争。1871年，第一国际领导并参加巴黎公社运动。随着巴黎公社运动的失败，第一国际于1876年解散。国际工人联合会在国际共运史上具有重要的地位，它不仅促进了马克思主义的传播，也为各国建立无产阶级政党奠定了坚实的基础。（王聪聪）

国际关系理论

International relations theory

研究处理和调整国际各种关系的原则、方法和艺术等方面的系统性学说。国际关系内容广泛、复杂多变，受各国对外政策的综合作用影响和左右。从理论上阐明国际关系变化的背景、原因、影响及其走向，对于正确把握国际关系大势，制定正确的对外政策，获得发展时机和条件具有重要的意义。国际关系理论是对国际交往和事件的概括和抽象，属于国际政治学的范畴，在我国起步较晚。依据研究方法和核心概念的不同，国际关系理论又分为理想主义、现实主义、制度主义、建构主义、一体化理论等学术派别。（李庆）

国际关系学

Science of International relations

以研究国家关系和国际社会关系，特别是国家间的政治关系和军事关系为主要内容的学科。它对于不断变化的重大国际现象进行综合性比较研究，力图找出具有较普遍意义的规律性，从而为有关国家政府提供制定战略和策略的理论根据，同时预测国际关系近期以至中长期发展趋势。国际关系学作为独立的研究领域，它的研究内容随着国际关系的变化而发展。在20世纪30年代

以前，它以战争与和平问题为主要研究对象，曾提出建立超国家的国际机构，通过理论和道德解决国际争端，通过国际组织的活动为世界和平创造条件。30年代，特别是第二次世界大战结束以后，资本主义经济的大萧条以及德、意、日法西斯主义的兴亡，使西方的国际关系研究者认识到，只有权力和利益才是一切国际关系问题的最终决定因素，人类为争夺权力而联合或斗争，为谋求利益而携手或抗衡；权力和利益既是冲突产生的根源，又是妥协达成的基础。因此，这一时期的国际关系学以有关权力和利益问题的研究为中心。最近20多年，行为主义研究方法进入一系列学术研究领域，它在国际关系学中也逐渐扩大了影响，加上各种跨学科的理论与方法（最突出的是系统论、控制论和博弈论等）日益为人们所接受，极大地扩大了国际关系学的研究范围，一切与国际形势发展和国家关系变化有关的重大问题，几乎都列入了议程。国际关系学的研究内容和范围仍处于不断发展变化的过程中。（李庆）

国际关系研究

International Relations Study

政治（科）学的分支学科，主要研究领域为战争与和平、合作、一体化、国际组织等国际体系层面的政治现象。国际关系既是学术领域，也是公共政策领域。作为政治学的一部分，国际关系学和哲学、经济学、历史学、法学、地理学、社会学、人类学、心理学的研究紧密联系。从全球化到领土纠纷、核危机、民族主义、恐怖主义、人权，都是国际关系学研究的议题。国际关系的思想雏形，散见于古典政治哲学家，但专门探讨过国际政治问题的很少。第一次世界大战可以视作国际政治创立的直接动因。1919年威尔士阿伯斯威大学设立国际政治讲席，被视为该学科正式创立的标志。学科发展90多年以来，经过四次范式间的争论，目前学界形成了三大主要流派：现实主义、自由主义和建构主义。国际关系学的研究对象包括主权国家和国际组织等。（李庆）

国际海事组织

International Maritime Organization, IMO

原为1958年3月成立的政府间海事咨询组织，1959年起成为联合国下属的专门机构。1982年5月第9届大会决定改名为国际海事组织，总部设在英国伦敦。宗旨是为促进各国间的航运技术合作，鼓励各国在促进海上安全，提高船舶航行效率，防止和控制船舶对海洋污染等方面采取统一的标准，处理有关的法律问题。专门负责改善船只在海上安全和防止海洋污染，同时促进各国政府和各国航运业界在改进海上安全、防止海洋污染与及海事技术合作。职能是创建监管公平和有效的航运业框架，并普遍推广实施，具体涵盖船舶设计、施工、设备、人员配备、操作和处理等方面，确保这些方面的安全、环保、节能。（申森）

国际河流网络

International Rivers Network

非盈利的非政府环保人权组织，1985年由环保与社会积极分子提议成立，总部位于美国加利福尼亚的伯克利。宗旨在于联络受水坝影响的人们抵制破坏生态平衡的大坝，提升水资源与能源的可持续利用。与全世界的政治经济领域的科学家以及可持续发展专家、民众和志愿者合作，在60多个国家宣传水库的危害与后遗症。最重要的贡献是参与国际反水库运动的组织活动，引导全球反水库运动在两年时间内，对79个国家中的1000个水坝进行深入研究与调查。同时强调破坏性水库建设的原因和结果，开展重点关注水库对气候变化的影响、政策的修改以及国际金融机构监督的活动，推广水与能源问题的解决方案。（申森）

国际鹤类基金会

International Crane Foundation, ICF

非盈利的民间自然保护组织。1973年让·索伊和乔治·阿其博创建，总部设在美国威斯康星。宗旨是保护各种鹤类和它们赖以生存的湿地，通过向人们提供经验、知识，激发兴趣，让人们参与解决生态系统的危机。目标是成为全球领先的鹤类研究和保护中心，认为鹤类的兴衰是鹤类生存的湿地和草地生态系统整体是否健康的绝佳指标，鹤类是一种旗帜物种。保留一套被捕获的各种鹤类以供科学研究之用，也繁育鹤类以便放归野外。支持研究和公众教育活动以及全球的湿地和草地保护。管理由 26 人组成的董事会负责，还有 21 名国际知名的鸟类学家和鹤类研究者组成的专家组。（申森）

国际化学能源矿业工人联盟

International Federation of Chemical, Energy, Mine and General Workers’ Unions,ICEM

全球性的工会联合组织，代表 132 个国家 467 个工会的 2000 万产业工人利益，1995 年成立。联盟总部位于瑞士的日内瓦。联盟代表着很多工业部门产业工人的利益，涵盖能源、采矿、化工、生物科学、造纸、橡胶、宝石和珠宝、玻璃、水泥、环保等领域。理查德·克劳彻（Richard Croucher）著《全球工会，全球工业》一书，将国际化学能源矿业工人联盟作为案例进行详细研究。2012 年国际化学能源矿业工人联盟加入了工业全球联盟。（王聪聪）

国际环保亦酷展

Cool Exhibition of International Environmental Protection

2011 年首届国际环保亦酷展在上海举行。环保亦酷是由触动传媒发起并主办的环保艺术创作比赛，向社会征集用垃圾创造的艺术作品，可以是音乐、时尚、视频、多媒体多种艺术形式。活动的举办目的是让公众重新认识垃圾，减少垃圾的产生，增加垃圾的回收和再利用。2011 年首届国际环保亦酷展在上海悦达 889 广场举行，展出来自中国 9 个城市和世界 13 个国家的比赛优秀获奖作品，是 100 多件极具特色的变废为宝的垃圾艺术品。宗旨是鼓励人们减少垃圾量，废物循环再利用。比赛的冠军作品是来自新西兰的 Monica Liaw 的《环保小提琴》，是用废纸、塑料管和易拉罐等废弃材料制成的作品。（张惠娜）

国际环境保护组织协会

International Environmental Protection Organization Association

成立于 2007 年。业务范围：组织和联系文化艺术界及社会各界知名人士，开展环境保护交流活动；联系和团结各类文化团体、非政府环境保护组织为环境保护事业服务；策划举行环境保护公益活动与演出；承办环境保护方面的评奖、论坛、演出、比赛等活动；开展环境保护领域的国际交流与合作；承办“环保形象大使”的评选工作，组织环保大使开展环保公益活动；开展企业环境文化方面的宣传、策划、咨询、服务工作；开展环境保护民间国际交往和海峡两岸人员交往；编辑出版有关环境文化的出版物、宣传品，编辑发行《美丽花园》杂志。（席溢）

国际环境法

International Environmental Law

调整国际自然环境保护中的国家间相互关系的法律规范的总称，当代国际法的新分支。从内容看，国际环境法由世界各国为保护自然环境而缔结的一系列条约组成；从时间看，国际环境法诞生的标志是 1972 年在瑞典斯德哥尔摩举行的联合国人类环境会议。最基本和最重要的渊源是国际条约；国际惯例也是国际环境法的渊源之一。此外，环境保护国际会议及国际组织的宣言决议，对于制订新的国际环境法规，确认、固定、发展和解释现有的国际环境法起到显著作用。各种国际环境保护机构为保护特定自然环境通过的许多具体的纲领和决议，对国际环境法体系的完善起着推动作用。主要特点是：1. 法律体系尚不够完善。2. 保护环境措施适用差别待遇原则。3. 国际环境法通过非强制的协商程序来实施。涉及领域包括：海洋环境保护、空间环境保护、保护大气层原则、处置废弃物制度、海洋生物和野生动植物保护、国际环境影响评价等。（徐越）

国际环境犯罪

International Environmental Crime

国际上也没有被广泛接受认可的国际公约，因此尚未有统一的概念界定。国际组织对国际环境犯罪的研究界定尚局限于刑法总则部分，缺乏对相关犯罪的具体分类和惩罚研究，国际社会对国际环境犯罪也只有口号性质的禁止或者倡导性的规定，因而缺乏关于国际环境犯罪的专门国际公约。一般而言，国际环境犯罪是指某些国家违反国际环境保护法规，不遵守其国际义务，造成对包括空气、森林、海洋或河流等的污染和破坏，从而侵犯其他国家的相关环境利益的行为，或者对空气、森林、海洋或者河流的污染和破坏导致其部分或完全丧失生态功能，是其中的生物多样性遭受不同程度的损害。国际环境犯罪的危害具有损害波及范围广且不易预防、损害结果显露具有较长潜伏期且较严重、损害过程复杂等特征。具体来说，国际环境犯罪同一般环境污染破坏相似，污染方式和危害行为具有多样性，然而当污染和危害波及别国时，不但危害影响区域更大，而且由于对于抵御境外危险具有不可控性，因此国际环境犯罪难以预防。国际环境犯罪的重要形式之一就是非法国际贸易对生态环境的破坏，如野生动物的非法贸易，此类犯罪行为具有很强的隐蔽性，而且需要长时间才能显示出对生态系统的危害。此外导致国际环境犯罪的污染物质可以以多种形态存在，如物理、化学或者生物等形态，不同形态的污染物质对环境破坏造成的危害存在差异，并且环境本身的自净能力也因为不同的污染物质有所不同，此外造成国际环境犯罪的污染源具有复合性，即是一种以上的多种有害物质的混合污染源，这样就造成了国际环境犯罪损害过程的复合性。（参考：高玥：《国际环境犯罪防治研究》，吉林大学 2013 年博士学位论文第 16 ~ 29 页。欧阳文川）

国际环境非政府组织

International Environmental, NGOs

基于环境问题与环境关切，不根据政府间协议而自发建立的国际组织，是全球环境问题所催生的新的国际行为体，又称国际环境民间组织。国际环境非政府组织在构成上表现为：1. 由跨国成员组成。2. 在两个或两个以上国家设立办事机构。在活动内容上表现为：主要从事环境保护与资源保护活动，参与、影响并引导解决国际环境问题与环境冲突。20 世纪特别是第二次世界大战以来，环境问题迅速从地区性问题发展成为全球性问题。由于全球环境问题具有整体性、跨国性和长期性的特征，单靠一个国家的能力远远难以从根本上解决全球环境问题，这意味着全球环境问题需要国际社会的各种行为体的全面合作方有可能解决。国际环境非政府组织作为一种非国家行为体应运而生，在全球环境保护领域中首先得到长足发展。国际环境非政府组织的作用主要表现在：1. 教育作用。在国际范围内从事环境保护教育，为民众普及环境保护知识。2. 影响国家政策和行为。在某些国家不愿涉及或无法解决的特定环境议题中，国际环境非政府组织通过运用信息、说服和批评等手段来影响国家的相关政策，引导国家行为。3. 沟通与桥梁作用。国际环境组织可以通过自身的优势条件，沟通国与国之间在环境问题领域的交往与合作，强化联合国等相关国际组织的影响力。4. 推动相关社会问题的解决。近些年来，国际环境非政府组织在其活动中逐渐注重将环境问题同其他一些社会问题（如发展、扶贫、妇女解放、儿童福利、人道主义救援等）相结合，扩展国际环境非政府组织的活动领域，也扩大国际环境非政府组织对于民众、政府、社会组织的影响。（徐越）

国际环境合作

International Environmental Cooperation

即生态环境保护的国际化或全球化，主要表现为有关环境问题的国际公约的出现，以及发达国家环境标准的国际化。自20世纪70年代以来，国际环境合作经历长期的探索历程。1972年，联合国人类环境会议，正式揭开国际环境合作的序幕。在随后的20年里，一系列国际环境公约和协议的相继签署，有效地推动了国际环境合作的进程，如《关于保护野生生物资源的合作协议》（1979）、《有灭绝危险的野生动物国际贸易公约》（1980）、《保护臭氧层维也纳公约》（1989）、《控制危险废物的巴塞尔公约》（1990）、《关于消耗臭氧层物质的蒙特利尔议定书》（1991）等。1992年6月，联合国在巴西里约召开环境与发展大会，是继斯德哥尔摩会议之后又一次国际环境合作大会，大会所制定的《21世纪议程》要求各国制订和组织实施相应的可持续发展战略、计划和政策，迎接人类社会面临的共同挑战。会议指出，“没有任何一个国家能够单独实现可持续发展的目标，但只要我们共同努力，建立促进可持续发展的全球伙伴关系，这个目标是可以实现的”，这为推进国际环境合作提供了导向性意见。国际环境合作的经典性范例，是一系列世界气候大会的召开，它们是国际环境合作的主要表现形式和推动力量，如1997年京都世界气候大会、2005年加拿大蒙特利尔世界气候大会、2009年丹麦哥本哈根世界气候大会、2011年南非德班世界气候大会，等等。（徐越）

国际环境教育计划

International Environmental Education Programme

国际性环境教育合作计划，根据斯德哥尔摩人类环境会议的96号文件精神制定。自1975年开始，由联合国环境规划署（UNEP）和联合国教科文组织（UNESCO）共同实施。该计划着重于为联合国教科文组织成员国服务并参与其活动。它通过一系列的国际和地区会议来提高全球对环境教育必要性的认识；为官方和非官方的个人、机构提供信息和机会；交流政策、规划、活动、资料及出版物方面的经验，并用5种文字向全世界13000多个与环境业务有关的个人和机构免费发行国际性环境教育通讯《联系》。在国际合作领域内，国际环境教育计划卓有成效地帮助许多国家将环境教育纳入他们的教育计划、政策和改革之中，并在其国际环境资料来源查询系统上，建立了计算机化的信息系统。该系统数据库包含900个环境教育机构和数百个环境教育项目的信息。（王薛时）

国际环境联络中心

Environmental Liaison Center International

全球性的会员制组织，成员汇集来自世界各大洲超过800个民间组织。创立环境联络中心的构想，最初来源于1972年联合国主持在瑞典首都斯德哥尔摩举行的联合国人类环境会议。会议使各国意识到，保护环境是人类社会持续发展必不可少的条件。在会议基础上，1973年联合国环境规划署成立。同样是由会议提议，商定成立环境联络委员会，以方便联合国环境署与民间社会组织的交流与联络。1974年1月环境联络委员会成立，后更名为环境联络中心，1976年重新注册为国际环境联络中心，总部设在肯尼亚首都内罗毕。主要目的在于推动非政府组织与民间社会组织参与包括环境和发展大会、首脑会议、千年发展目标等在内的联合国环境可持续发展行动和举措。关注重点在于生物多样性、气候变化、环境和发展问题、国际水域、土壤退化、土地利用总体规划（自然资源管理）、可再生能源等议题领域。（申森）

国际环境情报系统

International Environmental Information System

隶属于联合国环境规划署的全球性环境情报交流网络。始建于1975年，1977年正式投入运行。系统规划活动中心设立于肯尼亚首都内罗毕的联合国环境规划署内，承担协调全系统的任务。目前共有155个成员国，分别由各国政府指定设立国家联络点。国际环境情报系统的主要任务是利用分散在全球各成员国的机构所拥有的信息和资源向用户及政府部门各层次决策人员提供及时、准确、可靠的环境信息和解决方案。同时，系统还提供《国际资料员概览》，供使用人员查询，每5年修订一次。国际环境情报系统所拥有的信息资源涉及1000多个环境主题，几乎覆盖环境与发展的每一个方面。我国在1977年6月加入该系统，同时将中国科学院生态环境研究中心指定为中国国家联络点。（代富宇）

国际环境问题科学委员会

Scientific Committee on Problems of the Environment, SCOPE

由国际科学联合会（ICSU）发起，是由关注全球环境问题的自然和社会科学领域的专家组成的综合体。SCOPE作为非政府、跨学科和科学家之间的国际性组织，综合和评估自然或人为环境变化及其对人类影响的有关信息；现存和潜在的环境科学问题的交叉融合；引导推动主要国际研究项目；促进科学和决策的交叉融合，为顾问层、政策制定层和决策层提供分析工具，促进科学管理和政策实践，同时就环境问题向各国政府以及非政府组织提供咨询和建议。其主要研究领域为：社会和自然资源的管理；生态系统过程和生物多样性；健康与环境。自1969年成立到现在，已经逐步发展成为由37个国家科学院、22个国际科学联盟、委员会和学会组成的世界环境科学网络，为国际环境相关科研机构和科技工作者提供了互相交流的良好平台，在国际环境科学发展和决策支持方面发挥着重要作用。（席溢）

国际环境与发展研究所

International Institute for Environment and Development, IIED

1971年成立，致力于全球可持续和公平发展的国际政策研究机构，非政府组织，总部设在伦敦。研究所通过与发展中国家的长期广泛合作而活跃于世界。具体工作由4个分工明确的研究小组负责。侧重于以下4个议题领域的研究工作：1. 气候变化项目。通过与合作伙伴组织和发展中国家个人的合作引领该领域的研究。2. 人类住区组项目。提高在拉美、亚洲和非洲的城市中心卫生和住房条件，旨在把促进良好治理和城市发展更加生态可持续地结合起来。3. 自然资源项目。目标是建立伙伴关系，提升可持续利用自然资源的能力和决策的公平性。首要任务是对当地的控制和对自然资源及其他生态系统的管理。4. 可持续市场项目。确保持续的市场动力，以保证市场有助于取得积极的社会、环境和经济成果。（申森）

国际环境组织

International Environmental Organization

具有国际性行为特征的正式环境组织，是两个或两个以上国家（或其他国际法主体）为实现共同的环境目的，依据其缔结的条约或其他法律文件建立的有一定规章制度的常设性机构。国际环境组织分为政府间环境组织和非政府环境组织，也可分为区域性国际环境组织和全球性国际环境组织。国际环境组织是国家间、政府间或非政府间的环境组织。它们的国际法主体资格，已经得到条约和国际法院的承认。它们能够独立地调节环境领域的国际关系、独立地进行环境领域的国际交往，直接地享有国际环境法所规定的权利并承担相应的国际环境法义务。国际环境组织是一类特殊的国际法主体。它们的权利能力和行为能力不是自身具有的，而是由成员国通过协议赋予的，是有限的而非完全的。国际环境组织在国际环境保护事业中发挥着重要作用。它们为各国提供关于国际环境合作和协调的平台，各国可以利用国际组织的会议和讲坛交流信息，对特定的环境问题形成一致的意见。国际环境组织可成为情报信息中心，它们从各国广泛收集有关环境问题的信息，将其散发到其他国家。国际社会充分肯定这种参与的重要意义，如《人类环境宣言》

所要求的“各国应确保各国国际组织在环境的保护和改善方面，发挥协调、有效和有力的作用”。在国际环境关系中，比较重要的国际环境组织有联合国、联合国专门机构、非联合国系统的普遍性国际组织、区域性国际组织和根据环境条约设立的国际组织。联合国及其专门机构环境规划署、联合国环境规划理事会、环境协调委员会和环境基金管理委员会，是全球一级负责推进环境保护的核心组织，很多解决全球环境问题的全球性努力都是在联合国的框架下进行的。联合国在建立协调和管理控制全球环境问题的组织体系上做了大量工作，组织召开全球环境会议讨论包括气候变暖问题在内的环境问题，与世界气象组织一道组织政府间气候变化专业委员会研究气候变化问题并发表评估报告，促进包括全球气候变化问题在内的国际环境法等。（徐越）

国际货币基金组织

International Monetary Fund, IMF

根据布雷顿森林会议通过的《国际货币基金协定》建立的国际金融组织。1945 年 12 月 27 日正式成立，1947 年 3 月开始活动，同年 11 月 15 日成为联合国专门机构。它是国际金融组织中成员最多、影响最大的机构。总部设在华盛顿。我国是该组织的创始会员国之一，1980 年 4 月 17 日恢复中华人民共和国的合法代表席位。宗旨是：促进国际货币合作，便利国际贸易的扩大和平衡发展，稳定国际汇兑，避免各国间的货币贬值竞争，消除妨碍世界贸易的外汇管制，以及通过贷款协调会员国国际收支的暂时失调。基金组织资金主要由会员国按规定份额缴纳，投票权及借款权的大小，均由份额的多少来确定。理事会为最高权力机构，各会员国指派理事和副理事各 1 人组成，每年与国际复兴开发银行举行一次年会。休会期间，由执行董事会行使权力。执行董事会由 24 名执行董事组成，其中认缴份额最多的美、英、联邦德国、法、日、沙特阿拉伯各任命 1 名，我国和俄罗斯单独选派 1 名，其余 16 名由其他会员国按地区推选。另设临时委员会，负责国际货币体系的管理和改革问题。同国际复兴开发银行联合设立发展委员会，讨论向发展中国家转移实际资源问题。国际货币基金组织、世界银行和世界贸易组织，是欧美国家主导的世界经济管治框架的重要构成部分。（李庆）

国际价值规律

International value Law

国际价值规律就是国际市场上的价值规律，是国内市场上发挥作用的价值规律在国际市场上的进一步发挥。其内涵为，国际市场上商品的价值由生产此种商品的世界必要劳动时间决定；商品交换以商品的国际价值为基础实行等价交换。国际价值规律的作用主要体现在：1. 调节国际分工。在垂直方面，国际价值规律在调节发达国家与发展中国家之间国际分工中起了重要的作用；在水平方面，国际价值规律对当今的国际水平分工即国际产品内分工也具有很大的影响。2. 加快产业的国际转移。3. 刺激贸易各国改进技术和管理，促进世界生产力的发展。通过国际竞争，促使各国生产力普遍提高，最终促进整个世界的生产力的巨大发展。4. 促使各国调整对外贸易策略。5. 加深世界各国间的不平衡发展。国际价值规律通过世界市场的作用，很大程度上加深不同发展水平国家间的两极分化。（李雪姣）

国际景观生态学会

International Association for Landscape Ecology

成立于 1982 年。学会组织每四年召开一次国际景观生态学学术研讨会，代表了当前国际景观生态学研究的最高水平，是探讨景观生态学的发展方向和前沿领域、推动不同地区之间学术交流的重要平台。以发展景观生态学作为分析、规划和管理全球景观的一个科学基石为目标。通过科学的、学术的、教育的和交流的方式，IALE 努力促进国际合作和交叉学科的联合。在全球各个角落都有活跃的分会，并且维系了一些工作小组。目前活跃的工作组有：3D 景观指标（3D Landscape metrics），景观生态学教育网络（Landscape Ecology Education Network），森林景观生态学国际工作组（International Working Group on Forest Landscape Ecology），生物文化景观(Biocultural Landscapes)，景观规划(Landscape Planning)，生物多样性和生态系统服务评估（Biodiversity and Ecosystem Services Assessments），历史景观生态学（Historical Landscape Ecology），外联工作组（Outreach Working Group）。其主办期刊为《景观生态学》（Landscape Ecology）。（*席溢*）

国际可持续发展研究所

International Institute of Sustainable Development, IISD

1990 年在加拿大成立，独立的非营利性非政府研究机构，总部设在温尼伯，在渥太华、纽约、日内瓦和北京设有办事处。在全世界 30 多个国家拥有超过 100 名工作人员，专门从事可持续发展政策的研究、分析及信息交流。通过与全球各地研究所在可持续发展领域创新合作，致力于沟通决策者、企业、政府、非政府组织和学术界之间的可持续研究。主要关注问题集中在国际贸易和投资、经济政策、气候变化和能源，自然和社会资本的管理等方面，以推进环境政策，促进可持续发展。（*申森*）

国际劳工组织

International Labor Organization, ILO

以追求社会正义为目标的联合国专门机构，1919 年成立。最初是国际联盟的一个部门，第二次世界大战后，国际联盟解散，联合国成立，随即成为联合国的一个机构。现在的宪章《费城宣言》从 1944 年起开始采用。国际劳工组织曾获得 1969 年的诺贝尔和平奖。主要任务是制定国际劳动公约以规范劳动关系以及劳动相关问题。总部设于瑞士日内瓦，秘书处称国际劳工局。宗旨是促进充分就业和提高生活水平；促进劳资双方合作；扩大社会保障措施；保护工人生活与健康；主张通过劳工立法来改善劳工状况，进而获得世界持久和平和建立社会正义。理事会决定国际劳工大会的议程，采用草案形式的方案草案和预算草案并提交大会议决，具体工作包括选举产总干事、请求成员国家提交有关劳工事宜的资讯、委任调查委员会和监督国际劳工局的工作等。（*申森*）

国际绿色生态合作组织

International Eco-green Co-operative Organization

致力于世界绿色生态（经济）和联合国事业的国际组织。在联合国和有关国际组织同意支持下，由相关机构、组织和个人发起成立，在中国香港注册，并在相关政府机构、社会组织、企业集团以及个人之间缔约成立的全球性组织。的宗旨和主要任务：1. 通过政府组织、社会组织、企业集团之间的合作，进一步实施沙漠治理，维护生态安全，保护生态环境，促进城市和人类的可持续发展，不断提高人居质量和改善人居环境。2. 积极开展荒漠化治理，改善生态环境，维护生态安全。3. 推广、介绍世界上先进的治沙和可持续发展的先进经验，提供设备、技术转让和最佳治理范例。4. 参与全球沙漠化治理和可持续发展的资源评估及规划。5. 为沙漠治理企业（单位）争取国际性资金支持，协助编制沙漠治理规划方案。6. 募集社会资金，开展荒漠化治理工作。（*席溢*）

国际绿十字会

Green Cross International

1992 年 6 月在巴西召开的世界各国首脑环境大会上提议，1993 年 4 月在日本东京成立，由全球 30 个所在地的全国组织构成网络，重点关注安全、贫穷和环境及三者间关系的世界性组织。强调人类面临的全球性威胁需要全世界共同团结面对，才能得到有效解决。致力于协调解决国家间的纠纷，鼓励彼此合作，希望依此改变价值观和培养全球互赖、责任共享的信念，为全人类以及这珍贵的地球确保公正、永续且安全的未来。目标是保护人类的自然环境，保证人类和一切生物的未来，通过一切有益活动促进价值的转变，建立适当的人与人、人与自然的关系。（申森）

国际民航组织

International Civil Aviation Organization, ICAO

联合国下属专责管理和发展国际民航事务的机构。前身是根据1919年巴黎公约成立的空中航行国际委员会。在美国政府邀请下，52个国家于1944年11～12月参加在芝加哥召开的国际会议，签订《国际民用航空公约》(通称《芝加哥公约》)。按照公约规定，成立临时国际民航组织。1947年4月4日《芝加哥公约》正式生效，国际民航组织正式成立。机构由大会、理事会和秘书处构成。职责包括：发展航空导航的规则和技术与预测和规划国际航空运输的发展，以保证航空安全和有序发展。国际范围内制定各种航空标准以及程序的机构，以保证各地民航运作的一致性。制定航空事故调查规范，这些规范被所有国际民航组织的成员国的民航管理机构遵守。（申森）

国际鸟类联盟

Birdlife International

简称鸟盟，1922年成立，旨在保护鸟类及栖息地和全球生物多样性的国际保护组织。在全球100多个国家和地区开展工作，在每个大陆上以区域开展项目。在全球范围内拥有4000多名工作人员250多万名会员，以及1000多万名支持者。工作目标与追求是，努力防止任何鸟类物种的灭绝，保护、改善以及扩大重要鸟类的生存环境和栖息地，通过保护鸟类间接保护生物多样性和改善人类生活质量，把鸟类保护融入人们可持续的生活方式中。国际鸟类联盟大约每隔4年举办世界大会或全球合作伙伴会议。会议决定联盟的具体战略、项目和方针，选举出全球理事会和地区委员会，理事会任命首席执行官领导下属的国际秘书处。致力于保护世界鸟类的未来，采取多种工作形式。认为最有效的解决方法，是向人们提供解决问题和出路的关键信息，以使人们产生自觉意识，从而为世界鸟类提供美好的栖息地及其未来。（申森）

国际全球大气化学计划

International Global Atmospheric Chemistry Project

国际地圈生物圈计划（IGBP）核心计划之一。该计划由IGBP及国际气象和大气科学学会所属的大气化学和全球污染委员会共同支持。目标是认识全球大气化学组成、陆地和海洋生物圈过程以及人类活动对它的影响，从而达到在全球尺度上预测自然和人为因素对大气化学组成的影响的目的。（席溢）

国际全球环境变化人类因素计划

International Human Dimension Programme on Global Environmental Change

跨学科的、非政府的国际科学计划，旨在促进和共同协调研究。最初由国际社会科学联盟理事会(ISSC)于1990年发起，时称“人文因素计划”（Human Dimensions Programme）。1996年2月，国际科学联盟理事会（ICSU）联同ISSC成为项目的共同发起者。侧重描述、分析和理解全球环境变化中的人文因素，主要研究由人类活动引起的环境变化的起因、变化导致的结果，以及人类对这些变化的响应，尤其侧重研究全球环境变化背景下土地利用/土地覆盖变化，全球环境变化的制度因素，人类安全，可持续性生产、消费系统，食物和水的问题，以及全球碳循环等重大问题。有7个核心科学计划：土地利用/土地覆盖变化（LUCC，与IGBP共同发起）、全球环境变化的制度因素（IDGEC）、全球环境变化与人类安全（GECHS）、工业转型（IT）、海岸带陆海相互作用（LOICZ II），以及新成立的城市化与全球环境变化（Urbanization and Global Environmental Change）和全球土地计划（GLP, 与 IGBP 共同发起）。国际全球环境变化人文因素计划（IHDP）与其他的关于全球环境变化的合作计划—国际地圈生物圈计划（IGBP）、世界气候研究计划（WCRP）、生物多样性计划（DIVERSITAS）合作，共同实施 4 个可持续性联合计划，即：全球环境变化与食物系统（GECAFS）、全球碳计划（GCP）、全球水系统计划（GWSP）、全球环境变化与人类健康。还参与发起了年轻人文因素研究者（YHDR）研究网络、人口环境研究网络（PERN）、山地研究计划（MRI）等。（席溢）

国际全球环境变化人文因素计划

International Human Dimensions Programme on Global Environmental Change

最初由国际社会科学联盟理事会（ISSC）于 1990 年发起，时称“人文因素计划”（Human Dimensions Programme）。1996 年 2 月，国际科学联盟理事会（ICSU）联同 ISSC 成为项目的共同发起者，项目名称则由 HDP 演变为 IHDP，秘书处设在德国波恩。结构设置围绕研究、能力建设、网络化 3 大目标进行的，包括科学委员会、核心科学计划、联合科学计划、秘书处、国家委员会等 5 大模块。研究行动都围绕以下 4 个关键问题展开：1. 脆弱性 / 恢复力。面对社会、自然系统的变化，决定耦合系统承受能力的因素是什么？这种变化对可持续性发展的影响是什么？ 2. 阈值 / 转型。当阈值超过后，我们如何认识长期的变化趋势？如何能够确保平稳的转型？ 3. 管理。我们如何能够牢牢地掌握耦合系统，使其朝着期望的目标前进？ 4. 学习 / 适应。为了维持稳定的耦合系统的动力学，我们如何激发社会的认知？ IHDP 核心计划：土地利用 / 土地覆盖变化（LUCC，与 IGBP 共同发起）；全球环境变化的制度因素（IDGEC）；全球环境变化与人类安全（GECHS）；工业转型（IT）；海岸带陆海相互作用（LOICZ II）；城市化与全球环境变化（Urbanization and Global Environmental Change）；全球土地计划（GLP, 与 IGBP 共同发起）。（席溢）

《国际热带木材协定》

International Tropical Timber Agreement

1983 年 11 月 18 日澳大利亚、奥地利、中国等 47 个国家及欧洲经济共同体在日内瓦签订的国际协定。宗旨是为热带木材生产成员和消费成员之间就热带木材经济的一切有关方面进行合作和协商提供有效机制，促进国际热带木材贸易的扩展和多样化，促进改善热带木材市场的结构状况，既考虑到消费的长期增长和供应的连续性，又考虑到价格足以使生产者获利和对消费者公平，同时促进改善进入市场的机会；促进并支持研究和发展，以求改进森林管理和木材利用；加强市场情报，以求保证对国际热带木材市场有更为清楚的了解。《协定》共 10 章 43 条，规定设立国际热带木材组织实施这些规定并监督协定的执行工作，通过国际热带木林理事会推行工作；理事会与联合国及其组织做出密切安排，进行协商和合作；理事会下设经济资料与市场情报委员会、更新造林与森林管理委员会和森林工业委员会。（申森）

国际森林研究组织联盟

International Union of Forestry Research Organizations

简称国际林联，以世界林业科学研究机构作为会员的国际性林业科学研究组织，1890 ~ 1892 年创建，非政府国际科学机构。宗旨是促进研究技术的合理化，测量系统的标准化，推动林业科学技术的国际合作。秘书处设在奥地利维也纳，是国际科学理事会的准成员。成员通过 8 个司和大约 260 个网络进行合作，以实现国际林联的目标。此外还有很多与森林繁殖材料相关的工作组。吸纳来自 100 多个国家 700 多个成员机构的 15000 多名科学家。第 1 次大会由德国、奥地利、瑞士发起，意大利和匈牙利均派代表参加。国际林联大会为国际林联最高权力机构，一般每 3 ～ 5 年召开一次，大会选举产生新的领导机构执行委员会，由主席、副主席、前任主席、秘书长、学部主任和 9 ～ 11 名地区性代表组成。（申森）

国际生态安全网

International Ecological Safety Network

隶属于国际生态安全合作组织，以共同维护全球生态安全、促进生态文明、携手应对全球气候变化与生态危机为宗旨，致力于打造一个集资讯、法规、经济、环境、社会、鉴定、典范、公益、生态文化及绿色旅游为一体的综合性、专业性、权威性、学术性的生态安全网络平台。网站分为资讯、资源、人文、专题四大栏目。资讯栏目包括国际生态安全合作组织的组织机构、会议论坛、国际奖项、生态要闻、政策法规、前沿科技、生态警钟和权威发布。资源栏目包括生态鉴定、生态合作和名企风采。人文栏目包括生态旅游、生态视频、人物专栏、生态公益、生态民生、生态文苑和国际生态文化艺术中心等内容。专题包括合作服务、生态资源数据库和生态安全鉴定等，是了解国际生态安全合作组织的重要窗口。（张惠娜）

国际生态环境教育

International Ecological Environment Education

是近半个世纪以来伴随全球性生态环境不断恶化，生物多样性出现严重危机，人类必需扭转这一趋势的紧迫的社会需求下，应运而生的一项新的教育内容。环境教育学家把国际生态环境教育分为自发阶段、推动阶段和全面开展三个时期。第一阶段：自发阶段 1950 ～ 1970 年。20 世纪中叶开始，由于蒸汽机、内燃机的发明和广泛使用，大工业日益发展的生产力有很大提高，环境问题随之发展且逐步恶化，造成上百乃至数千人中毒或死亡的环境公害事件不断发生，引起全世界的震惊和强烈关注。第二阶段：推动阶段 1970 ～ 1990 年。科技领域揭示出地球生物圈所发生的宏观危机，到 20 世纪 70 年代，已引起世界各国政治家的严重关切。联合国教科文组织（UNESCO）和联合国环境规划署召开一系列环境教育会议，对推动各国加强环境教育起了积极作用。1972 年，在斯德哥尔摩召开的第一次联合国人类环境会议中，提出环境教育的进行应采用跨学科途径，在校内、校外和各教育层次都需要进行。世界上许多国家的环境教育就从此逐渐开展起来。第三阶段：可持续发展的提出与环境教青的全面展开，20 世纪 90 年代以来。到 80 年代，世界人口激增、全球性的大气污染、大面积的生态破坏使生态环境问题超越国界，发展成为整个地球生物圈的危机，环境危机已威胁到全人类的未来。90 年代以来，可持续发展思想已被世界各国所接受和重视，迅速影响到人类社会的各个领域。各国政府都认识到教育对促进可持续发展和公众有效参与决策至关重要。（张惠娜）

国际生态经济学学会

International Ecological Economics Society

非营利的会员组织 ,1987 年在西班牙巴塞罗那成立，目前大约有 1200 名会员。学会通过出版《生态经济学》杂志（月刊）以及其他出版物，举办国际双年会，召开不定期的小型研讨会，支持生态经济学地区分会的活动，促进生态学家和经济学家的相互了解以及他们之间思想的融合。学会致力于将生态学和经济学结合成为跨学科的研究领域。由于经济学和生态学互相矛盾的观点已经导致经济政策和环境政策的冲突，所以，很有必要进行跨学科的研究。生态经济学关注的领域以及正在研究和讨论以下问题：1. 我们怎样才能使经济学的和生态学的模型更好地结合，以满足地区生物多样性、海洋渔业、全球（大气层）气候服务等方面管理的需要？ 2. 怎样平衡个人、国家、人类代际间可持续性发展的关系？ 3. 通过在传统经济指标（如 GDP）中增加生物物理的指标（如生态变化的印迹）和社会指标（如妇女受教育的程度），我们能改变发展的方向吗？ 4. 生态和社会系统的哪些特性对发展起了限制作用，人造资本（human-produced capital）能在多大程度上替代自然资本？ 5. 现行政策怎样通过资本流动影响自然资源配置，怎样通过国家管理环境系统的能力和福利的分配来促进发展？ 6. 我们能在多大程度上计量出由生态系统提供的非市场化服务的价值，我们怎样才能促进有关环境和社会价值的公众舆论？ 7. 怎样将可交易的环境许可证和环境债务系统与环境税收改革结合起来。（李雪姣）

国际生态社会主义网络

International ecological socialism Network, IESN

世界生态社会主义者为响应 2001 年乔尔·科威尔与迈克尔·洛威在巴黎《生态社会主义宣言》中成立国际性生态社会主义组织的提议而组建的社会网络性团体，2007 年成立。在许多生态社会主义者看来，《京都议定书》以及一系列后续国际会议不可能从根本上解决全球性生态危机，为欧洲绿色政治运动提供替代性的理论和实践选择。为此，2007 年 10 月 60 多名生态社会主义者在巴黎集会，宣布成立国际生态社会主义网络。同《生态社会主义宣言》一样，这一网络没有产生太大现实政治影响。（徐越）

国际生物多样性计划

An International Programme of Biodiversity Science, Diversitas

于 1991 年成立，由联合国教科文组织（UNESCO）、国际生物科学联合会（IUBS）和环境问题科学委员会（SCOPE）共同发起。1996 年迎来两个新的组织者，即国际科学联合会（ICSU）和国际微生物学会联盟（IUMS），因而现在是由 5 个国际组织共同发起的。主要任务是联合生物学、生态学和社会科学，开展与人类社会相关的研究，推动生物多样性科学的集成化发展；为更好地认识生物多样性减少问题提供科学基础，并为制订生物多样性保护和可持续利用的政策提供建议。由 3 个核心计划与几个交互网络（cross-cutting networks）组成。核心计划是生物多样性发现及其变化预测（BioDiscovery）、生物多样性变化的影响评估（EcoServices）、生物多样性保护与可持续利用的科学发展（Biosustainability）。交互网络计划包括全球入侵物种计划（GISP）、全球山地生物多样性评估（GMBA）、农业与生物多样性等（AB）和淡水生物多样性网络（FBN）等。研究领域有：生物多样性的生态系统功能；生物多样性的起源、维持和丧失；生物多样性的编目、分类及其相互关系；生物多样性监测与评价；生物多样性的保护、恢复和持续利用；土壤和沉积物的生物多样性；海洋生物多样性；微生物生物多样性；淡水生物多样性；生物多样性的人文因素。（席溢）

《国际微生物生态学学会会刊》

The International Society for Microbial Ecology Journal

2007 年创刊。是有关微生物生态学多个领域的期刊，反映了现代微生物生态学综合性。

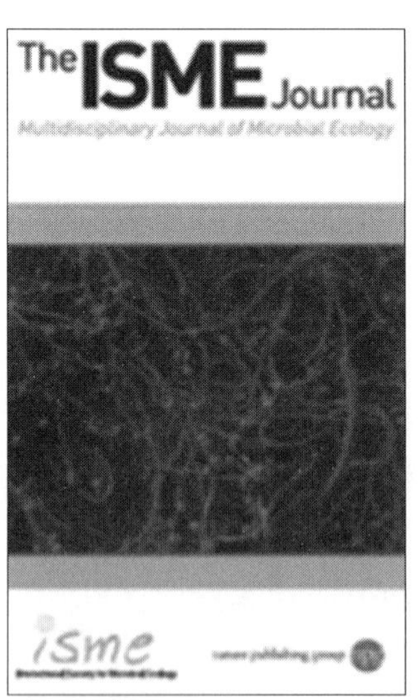

期刊特别感兴趣的主题是：微生物种群和群落生态学、微生物与微生物宿主相互作用、进化遗传学、微生物生态学的整合基因组学和后基因组学方法、微生物工程、微生物学和微生物地球化学循环的贡献、自然生境的微生物生态学和功能多样性、微生物生态系统的影响。月刊，ISSN：1751-7362。2014 年影响因子为 9.302。（席溢）

国际消除贫困年

International year for the eradication of Poverty

1995年3月联合国在丹麦首都哥本哈根召开社会发展世界首脑会议，联合国秘书长加利在开幕会上呼吁全世界向贫困开战。会议集中讨论消除贫困、社会融洽、促进发展的问题，通过《哥本哈根宣言和行动纲领》。这是联合国首次举行的以社会发展为主题的首脑会议。会议确定1996年为国际消除贫困年。同年12月18日联合国第50次大会正式宣布，1996年为国际消除贫困年。加利秘书长在会上呼吁，各国政府和人民行动起来，在1996年制定出消灭贫穷的战略计划和具体政策，以实现各国政府首脑对《哥本哈根宣言和行动纲领》的承诺。同年12月，联大将1997年至2006年定为第一个“国际消除贫困10年”。2000年9月，联合国千年首脑会议确立到2015年将世界极端贫困人口和饥饿人口减半的目标。2008年12月，联大再次确定，2008年至2017年为第二个“国际消除贫困10年”。（申森）

国际野生生物保护学会

Wildlife Conservation Society

原名纽约动物学会，世界上最大最有成就的保护组织之一，拯救野生生物及其自然栖息地。于1985年在美国成立。口号是“必须保持地球上生命的完整性”。在中国的项目主要有：1. 西部项目。成立西部项目拉萨办公室，选择具代表性的珍稀濒危物种作为关键物种，开展羌塘的生物多样性保护工作。2. 东北项目。在东北虎重要栖息地建立自然保护区；与国内外专家和机构合作开展调查和监测；推动相关保护政策的制定和交流；推动野生动物保护执法工作，严厉打击非法偷猎活动；开展自然保护的宣传教育，并积极推动社区参与保护的活动。3. 华南项目。开展包括市场调查与贸易评估，提升公众野生动物保护意识，协助政府开展执法能力培训等一系列工作，致力于减少和遏制非法野生动物贸易；4. 中国野生生物卫士行动。通过激励和资助在打击偷猎和非法野生生物贸易上做出杰出贡献的集体和个人，促进相关部门以及执法人员的能力建设，提升全社会保护野生生物的意识和行动。（席溢）

国际移民

International Migration

指任何一位改变了常住国的人。分为长期移民和短期移民，但因为娱乐、度假、商务、医疗或宗教等原因而短期出国者，不包括在内。长期移民系迁移到其祖籍国以外的另一个国家至少一年（12个月）以上，迁移的目的国成为其事实上的新的常住国。就移出国而言，此人是长期外迁的国际移民；就移入国而言，此人则为长期迁入的国际移民。短期移民系迁移到其祖籍国以外的另一个国家至少3个月以上一年（12个月）以下。但如果出国的目的是休闲度假、探访亲朋、经商公务、治病疗养或宗教朝拜则不包括在内。按照不同的标准，国际移民有不同的分类：以迁移的数量为准，可区分为：个别迁移、小群体迁移、大规模迁移等；以迁移的距离为准，可区分为：短程迁移、长途迁移；或跨洋迁移、洲际迁移等；以迁移的动机为准，可区分为：生存性迁移、发展性迁移；或自愿迁移、被动迁移等；以法律角度衡量，可区分为：合法迁移、非法迁移；或正规迁移、非正规迁移等；以时间为序，可区分为：短期迁移、长期迁移；或临时迁移、永久迁移等；以迁移者的身份为准，可区分为：独立迁移、依附迁移；或工作迁移、家庭团聚迁移、避难迁移、学习迁移等。当代国际移民的主要迁移类型有工作性迁移。可分为：1. 技术移民（Skilled migrant workers），即掌握符合接纳国相关规定的高技术移民工人，能够得到比其原居国更好的待遇或自认为更合适的发展机会，一般在居住期限、改换工作及家庭团聚等方面均享有优惠待遇。2. 合同移民工（Contract migrant workers），根据合同安排前往非祖籍国工作者，相关合同对于其所从事工作的种类、时间均有明确限制。也就是说，合同工人不得在未获移入国主管当局批准的情况下自行改换雇主，也不可以自行更换工作；合同到期后，无论其所从事项目是否结束，均必须回国；如果延期，则必须在到期之前就完成合同延期的相关手续并获得主管当局的批准。3. 季节性移民工（Seasonal migrant workers），即因为工作的季节性限制，仅在一年中的某个季节受雇于外国雇主。4. 非固定移民工（Temporary migrant workers），即在一定时期内，受雇于本人常住国以外的另一国家，担任某一特定职务，或从事某一特定工作。5. 临时移民，即工人可以更换雇主，可以在不离开受雇国的情况下延长雇佣期限。6. 项目制移民工（Project-tied migrant workers），即由移民工人的雇主带往他国、在一定时期内、从事特定项目工作的工人。雇主必须负责提供完成项目所需的资源。雇主或项目中介机构必须保证在项目完成后，所有因该项目而进入该国的移民工人必须离开该国。7. 边境工人（Frontier workers），即保持自己在本国国境内的居住地，但一般每天或至少每周一次往来穿梭于在邻国边境地区的工作地点与家庭所在地之间。8. 往返流动移民工（Itinerant workers），即因工作职业关系，虽然在一个国家有固定住所，但经常需要前往另一国家、或另一些国家短期工作的人。（参考：李明欢：《国际移民的定义与类别——兼论中国移民问题》，《华侨华人历史研究》2009 年第 2 期第 1 ～ 10 页。朱配辰）

《国际油污损害民事责任公约》

International Convention on Civil Liability for Oil Pollution Damage

简称《1969 年责任公约》，1969 年 11 月 29 日政府间海事协商组织在布鲁塞尔召开的海上污染损害国际会议上，为确保因船舶逸出或排放油类而受到污染损害的人员能获得充分的赔偿而订立的全球性国际公约，1975 年 6 月 19 日生效。1976 年 11 月政府间海事协商组织在伦敦召开会议，制定该《公约》的 1976 年议定书。《1969 年责任公约》共 21 条。主要内容包括：1. 定义公约用语，如船舶、油类、油污损害、预防措施、事件等。2. 公约仅适用于在缔约国领土和领海发生的污染损害，和为防止或减轻这种损害而采取的预防措施。3. 确立船舶所有人应对漏油或排油事件造成的油污损害负责，同时规定在某些情况下船舶所有人可不承担油污损害责任。4. 船舶所有人有权将其对油污损害的赔偿责任做出限定。（申森）

国际原子能机构

International Atomic Energy Agency, IAEA

国际原子能领域的政府间科学技术合作组织，1957 年 7 月 29 日成立，总部设在奥地利维也纳，有 153 个成员国。致力于监管地区原子能安全及测量检查，推广以和平方式使用核能，协调世界各国政府在原子能领域进行科学技术合作。目标是加速和扩大原子能对世界和平、人类健康以及全球繁荣的贡献。组织机构包括大会、理事会和秘书处。大会由全体成员国代表组成，每年召开 1 次会议；秘书处为执行机构，由总干事领导，下设政策制定办公室、技术援助与合作司、核能和核安全司、行政管理司等。决策机构是大会和理事会。这两个机构共同决定原子能机构的方案和预算、任命总干事。在核能、燃料循环利用以及核科学方面的计划，包括 3 项服务项目：即支持核动力项目、促进创新、为会员国提供能源分析与发展计划服务。（申森）

国际长期生态学研究网络

International Long-Term Ecological Research

以研究长期生态学现象为主要目标的国际性学术组织。于 1993 年在美国成立，现有 30 多个成员网络和中东欧、中南美、东亚以及太平洋、北美、南非及西欧 6 个区域网络。

在该网络中，中国生态系统研究网络（CERN）、美国长期生态学研究网络（US-LITER），英国

环境变化网络（ECN）处于领先地位。该网络的目标是：1. 加强全世界长期生态研究工作者之间的信息交流；2. 建立全球长期生态研究站的指南，例如为野外站确定必备的装置和设备清单，明确已存在的长期生态研究站的地点，并确定未来准备建立长期生态研究站的地点等；3. 建立长期生态研究合作项目；4. 解决尺度转换、取样和方法标准化等问题；5. 发展长期生态研究方面的公众教育，并以长期生态研究的成果去影响决策人。（席溢）

国际政治

International politics

国际政治作为一种政治现象，有着久远的历史。中国学者梁守德认为，国际政治指的是国际行为体间围绕权利、权力和利益实施外向决策的活动及相互作用形成的有机整体，是全球范围内战争与和平、冲突与合作、强权与民主、人权与主权、剥削与发展、结盟与不结盟、动乱与秩序等现象和关系的统称。一般认为，国际政治是国际行为体之间的政治关系及其一般规律。国际政治是变数复杂和多维的领域，不仅涉及政治因素，而且涉及军事、经济、文化、宗教、生态、法律、社会心理和意识形态等方面。国际政治作为学科名称，与国际关系、世界政治通常同义，并且与国际研究相通。在国际学术界，对这几个概念的使用并没有严格的区别。（李庆）

《国际政治的社会理论》

Social Theory of International Politics

美国著名国际关系学者亚历山大·温特的同名著作，于 1999 年出版。该书阐述了对国际关系的形成、稳定和变化的理解，把建构主义理论引入国际政治研究中，提出了国际政治的社会建构理论。该书提出了相对于个体主义和物质主义的建构理念主义的世界观，在此基础上构筑国际政治的文化理论。该理论使文化成为其中的基本的决定性因素，是建构主义国际关系理论的代表作之一。（李庆）

国际政治经济学

International political economy

西方关于国际政治和国际经济总和及其相互关系的新的国际关系理论。作为新现实主义流派，它主要有两派：一派以琼·斯佩罗为代表，重点研究国际政治关系的经济化；另一派以丹尼斯·皮雷斯奇为代表，重点研究世界经济的政治化。斯佩罗认为，自 20 世纪以后，国际政治经济细分为国际政治和国际经济两个独立学科。第二次世界大战后，布雷顿森林货币体系的形成和东西方冷战加剧，进一步加速了这种分离。到 70 年代中期两者重又融合。由于世界经济从两极趋向多极，苏联东欧实行不同程度的开放，第三世界提出更多的政治和经济要求，东西方关系出现缓和，经济问题重又成为国际关系的焦点。政治关系和经济关系的融合主要表现在：1. 政治制度决定经济制度，国际政治体系决定国际经济体系。冷战局面决定了国际经济体系中的西方相互依存、南北依赖和东西方独立这样三个结构。60 年代后多极世界出现，决定了区域性相互依存的经济关系正在逐步变成全球性相互依存的经济关系。2. 政治利害关系影响经济政策，重大经济决策往往服从于政治利益，如中东石油战争。3. 国际经济关系本身就是国际政治关系。皮雷斯奇则认为，新技术革命给国际社会带来了一系列新概念、新准则和新规律，经济关系的变化带来新的国际政治问题。因而，当今世界的经济政治学应是研究新技术革命后经济、生态、技术、伦理和政治的综合性理论，可细分为研究人口政治学、环境政治学、粮食政治学、能源政治学、矿产政治学、技术政治学、发展政治学和国际经济新秩序等 8 个领域或方面。总之，国际政治冲突中心从东西方关系转向南北关系，全球相互依存趋势不断发展，标志着强权政治学已转变为经济政治学。（李庆）

《国际植物保护公约》

International Plant Protection Convention

为维持并增进对植物产品病虫害管制的国际

合作，防止植物病虫害的跨国界引入和传播而订立的全球性国际公约。1951 年 12 月 6 日由阿尔及利亚等 19 个非洲国家、日本等 19 个亚洲国家、英国等 23 个欧洲国家、美国等 29 个美洲国家及澳大利亚等 4 个国家在罗马签订，1952 年 4 月 3 日生效。1979 年 11 月和 1988 年 11 月在罗马分别加以修正。《公约》规定：严格管制植物及其产品的进出口，必要时应采取禁止、检查和毁灭托销货物的办法；要求各缔约国设立官方的植物保护组织，对培植地区和国际贩运中植物病虫害的存在或发生进行检验，核发有关植物和植物产品的卫生条件和来源的证书，开展植物保护方面的科研工作。（申森）

国际中国环境基金会

International Fund for China's Environment

于 1996 年在美国由一批关注中国环境问题的科技及专业人士成立。资金来源于基金会、企业以及个人的捐款。宗旨是通过帮助中国解决环境问题来保护人类的环境和资源，促进可持续发展。其项目主要有：1. 四川阿坝若尔盖县现代畜牧业与环境恢复技术培训项目。保护生态环境，改善畜牧业生产；2. 社区健康与环境教育培训项目。提供环境与健康的知识培训，促进将环境与健康列入社区建设，使健康与环保的行为成为生活方式，提高城市社区环境质量与人们健康水平；3. 中国环境的国际合作。联络中国和国际的私营环境技术公司，提高有助于环境可持续发展的技术的转移和商业化；4. 非政府组织能力建设项目。赞助非政府组织的培训讲习班，为非政府组织的领导和工作人员提供培训。（席溢）

国际组织

International Organization

基于成员国的协议而建立起来的组织，作用在于协调各成员国的某些活动。19 世纪后期，由于科学技术迅猛发展，需要国际协作的范围日益扩大，出现了若干国际行政组织这样的国际机构。第一次世界大战后建立的国际联盟，是第一个世界性的国际政治组织。第二次世界大战后，随着国与国之间政治、经济和文化等交往的发展，国际组织也越来越多。按组织活动说，有政治性的（如联合国、美洲国家组织）和专业性的（如万国邮政联盟）；按范围说，有普遍性的（如联合国）和区域性的（如阿拉伯联盟）；按代表说，有政府间的（如欧洲共同体）和非政府间的（如国际红十字会）。根据《联合国宪章》的规定，与联合国发生关系的 17 个政府间国际组织，称为联合国专门机构，如世界卫生组织、国际民航组织等。（李庆）

国家

Nation State

尽管受到全球化浪潮的冲击，国家依然是人们分析和研究政治体系的基本单位，人们通常按照国家来划分政治体系。作为政治概念的国家，指的是一定地域之内建立主权并通过一系列持久的制度实施权威的政治共同体。因而，既可以从人民、领土、主权来概括国家的特点，也可以从其他角度来认识国家。它是一定居民组成社会的空间地域内相互联系的一系列制度安排的运转，从而形成了一个区别于私人领域的公共领域。它有效地垄断了在该地域内合法性使用武力的权力，从而界定社会成员，控制人口进出。它能够征税，使得其政务运转，并得到其他国家的承认。主权是其中至关重要的因素。它是一定地域内不受控制的绝对的政治统治权。依据不同的标准，可以对国家进行分类。以亚里士多德为代表的传统分类理论，依据掌握最高国家权力的人数和最高国家权力执掌者的产生方式和任职期限，把国家分为君主政体，贵族政体，共和政体；暴君政体，寡头政体，民主政体。在当代，人们依据政治制度、意识形态等多项因素，把世界上现存国家分为自由民主国家、威权国家、极权国家。但实际上，很多国家属于混合类型。单一制和复合制是国家结构的基本形式，即中央和地方、整体和局部的构成方式。单一制国家是由若干行政区域组成统一的主权国家，各行政区域宪法和法律统一，立法、行政和司法体系一致，统一的中央政权机关掌握国家最高权力，地方权力必须受中央权力管辖，国民具有统一的国籍，中央机关统一行使外交权。英国、法国、中国和日本都属于单一制。复合制国家是由若干独立的政治实体（如共和国、州、盟或联邦）通过协议组成的联合体。依据联合程度的不同，可以分为联邦制和邦联制。其中，联邦制国家的特点是，联邦政府行使国家最高权力，但地方政府和联邦政府之间不是隶属关系。国家虽然有统一的宪法，但联邦州也有自己的宪法和法律。联邦政府拥有外交权，但联邦组成单位也有一定的对外交往独立性。联邦主义承认中央政府的权威性，同时又努力限定其权限，有利于社会的多样化发展。邦联制实际上是一种国家联盟，并不是一个国家，而是近似一种国际组织。（李庆）

国家安全

National Security

指维护国家存在和安全以及保障其根本利益的各种要素的总和，是国家生存与发展的前提。国家安全是一个历史性极强的概念，因此概念外延会随着国家、国际形势的变化不断拓展。传统的国家安全一般指国家主权完整和领土完整，这意味国家的军事、国防安全是国家安全的主要内涵，在全球经济一体化进程不断发展的过程中，尤其在苏联解体、冷战结束以后，毒品交易、跨国犯罪、种族冲突、恐怖主义、环境恶化、人口增长、非法移民以及粮食短缺等问题成了国家安全需要认真研究的课题，其中经济因素及其产生的影响成为区别于传统国家安全的新国家安全的主要议题。国家安全作为一个专门概念 1943 年第一次出现在美国报纸专栏作家李普曼（Walter Lippmann）的著作《美国外交政策》中。1947 年美国国会颁布世界第一部《国家安全法》，并且据此成立国家安全委员会，至此国家安全概念开始在各国政府机构以及法律法规中频繁使用。概念的提出与二战后美苏冷战背景下的国际关系学和地缘政治学理论有关，因此国际安全概念的初衷在于改善和稳定国际关系以及避免战争。（参考：刘卫东等：《论国家安全的概念及其特点》，《世界地理研究》2002 年第 2 期第 1 ～ 6 页。欧阳文川）

国家高端绿库建设

National Advanced Green-tank Construction

指致力于生态环境问题研究，并能就生态环境保护提出科学见解和政策建议的思想库。绿库具备的特征包括：组织形态的实体化程度、涉指内容的综合性程度、与政府关系的自主性程度。我国目前的绿库主要分布于国家级研究院所、高校机构、学会、协会、研究所和民间研究机构等。其中研究院所、高校机构和联合会占多数，民间研究机构正处于起步阶段。建设国家高端绿库，有利于为我国生态文明建设的方方面面提供强大的理论和技术支持，是生态文明建设的必然要求。国家高端绿库建设主要从如下层面展开：完善全国绿库建设总体布局，有重点、分阶段地建设具有高水平的全国性、区域性绿库机构；鼓励绿库体制创新，拓宽政府与绿库机构的沟通渠道，允许各科研机构采取混合体制；鼓励和扶持绿库类型多元化发展，创建绿库间的良性竞争机制。（张沥元）

国家高新区

National New and High-tech Zones

中国的国家高新区是指在中国国土范围内，经国务院批准开发建设的“高新技术产业开发区”（简称“高新区”），是中国在一些知识与技术密集的大中城市和沿海地区建立的发展高新技术的产业开发区。这些高新区由科技部归口管理。

高新区以智力密集和开放环境条件为依托，主要依靠国内的科技和经济实力，充分吸收和借鉴国外先进科技资源、资金和管理手段，通过实施高新技术产业的优惠政策和各项改革措施，实现软硬环境的局部优化，最大限度地把科技成果转化为现实生产力而建立起来的集中区域。高新技术的范围包括：微电子科学和电子信息技术，空间科学和航空航天技术，材料科学和新材料技术，光电子科学和光机电一体化技术，生命科学和生物工程技术，能源科学和新能源、高效节能技术，生态科学和环境保护技术，地球科学和海洋工程技术，基本物质科学和辐射技术，医药科学和生物医学工程，其他在传统产业基础上应用的新工艺、新技术。高新技术范围将根据国内外高新技术的不断发展而进行补充和修订。我国首个试验性探索建设的国家高新区是“北京市新技术产业开发试验区”，于 1988 年 5 月 10 日经国务院正式批准成立。1991 年 3 月国务院下发了《关于批准国家高新区和有关政策规定的通知》后，开始了较大规模的高新区建设，当年就批准建设 27 家，1992 年再度新增批准建设 25 家。自 2010 年经过 3 年的地方高新区升级扩充，至 2012 年，经国务院批准建设的国家级高新区已达 105 家，范围遍及除西藏外的全国各个省区。高新区的原始概念起源于美国斯坦福大学科技园。以斯坦福科技园为代表的科技园区，其经典意义是在大学周围开辟一块地方，用以实现科技成果的转化。由于邻近大学，科技园区易于知识的供给和传播，同时也便于尚在大学实验室供职的专利持有者或成果获得者有空间和机会完成知识的商业化。（参考：汪涛、李祎、汪樟发：《国家高新区政策的历史演进及协调状况研究》，《科研管理》2011 年第 6 期第 108 ~ 115 页。朱配辰）

国家公园

National Park

国家公园，又称国立公园，亦称自然公园或天然公园，是为保护生物、自然风景和自然资源，由国家投资建立并以法律形式确定的需要加以特殊保护的综合性公园。国家公园的概念源自美国，由美国艺术家卡特林（George Catlin）首先提出。之后被全世界许多国家接受并使用。1974 年世界自然保护联盟（IUCN）认定的国家公园标准为：1. 面积不小于 1000 公顷的范围内，具有优美景观的特殊生态或特殊地形，有国家代表性，且未经人类开采、聚居或开发建设的地区。2. 为长期保护自然原野景观、原生动植物、特殊生态体系而设置保护区的地区。3. 由国家最高权力机构采取步骤，限制开发工业区、商业区及聚居地区，并禁止伐林、采矿、设电厂、农耕、放牧、狩猎等行为，同时有效执行对于生态、自然景观维护的地区。4. 维护目前的自然状态，仅准许游客在特别情况下进入一定范围，以作为现代及未来世代科学、教育、游憩、启智资产的地区。国家公园的特征：1. 自然状况的天然性和原始性，即国家公园通常都以天然形成的环境为基础，以天然景观为主要内容，人为的建筑、设施只是为方便而添置的必要辅助。2. 景观资源的珍稀性和独特性，即国家公园天然或原始的景观资源往往为一国所罕见，在国内甚至世界上都有着不可替代的重要而特别的影响。1872 年 3 月 1 日，美国建立世界上第一个国家公园——黄石公园（Yellow Stone），巴西、日本、印度、中国等许多国家相继建立了国家公园，19 世纪末，全世界有 12 个国家公园；20 世纪 50 年代增加到数百个，1975 年上升为 1200 个。欧洲的国家公园建立较晚。法国的瓦努瓦兹公园，建于 1963 年，是法国的第一个国家公园；英国第一个国家公园建于 1949 年。苏联战后也建立 70 多个国家公园。日本称国立公园，现在全国拥有 24 个国立公园。世界最大的国家公园是加拿大的伍德布法罗公园，面积达 400 万公顷。非洲的自然保护区比较大，平均每个占地 200 万公顷左右。国家公园的类型很多，有国家自然公园、国家历史公园、国家海岸公园、国家湖岸公园和国家森林公园。为保护园内的自然环境，不因受游览引起损害。国家公园内一般可分五个区：1. 特别保护区，以保护物种和自然生态系统的自然发展，严格控制或完全禁止游人进入及其他一切使用；2. 原野区，是保护原野状态的广阔地区，只容许少量适合荒野条件的旅游设施和分散性活动，机动车辆不准入内；3. 自然环境区，在不破坏天然情况下安排少量及低密度的室外活动，允许一定量的车辆入内；4. 娱乐区，进行教育活动，室外娱乐，如野餐、野营、远足旅行、登山、骑马、游泳、滑雪等；5. 服务区，是游人云集、允许车辆进入的服务中心区，出入口多设在娱乐区和服务区。我国属于国家级的国家公园有浙江的天月山、云南的勐仑、北京的松山、辽宁的千山等，属于地方级的较多，比较著名的有华山、九寨沟、黄山、镜泊湖、峨眉山、井冈山等。（参考：杨锐：《美国国家公园体系的发展历程及其经验教训》，《中国园林》2001年第1期第62～64页；陈安泽：《中国国家地质公园建设的若干问题》，《资源·产业》2003年第1期第58～64页。朱配辰）

国家公园理论

National Park Theory

国家公园的概念源自美国，最早由美国艺术家乔治·卡特林（Geoge Catlin）提出。是国家为保护一个或多个典型生态系统的完整性，为生态旅游、科学研究和环境教育提供场所而划定的需要特殊保护、管理和利用的自然区域。它既不同于严格的自然保护区，也不同于一般的自然景区。国家公园以生态环境、自然资源保护和适度旅游开发为基本策略，通过较小范围的适度开发实现大范围的有效保护，既排除与保护目标相抵触的开发利用方式，达到保护生态系统完整性的目的，又为公众提供旅游、科研、教育、娱乐的机会和场所，是能够合理处理生态环境保护与资源开发利用关系的行之有效的保护和管理模式。国家公园的基本特征：1. 区域内生态系统尚未由于人类的开垦、开采和拓居而遭到根本的改变，区域内的动植物种、景观和生态环境具有特殊的科学、教育和娱乐意义，或区域内含有一片广阔而优美的自然景观。2. 政府权力机构已采取措施以阻止或尽可能消除在该区域内的开垦、开采和拓居，并使其生态、自然景观和美学特征得到充分展示。3. 在一定条件下，允许以精神、教育、文化和娱乐为目的的参观旅游。（牟世晶）

国家公园体制

National Park System

生态文明建设的重要制度创新与改革目标之一。指国家为保护一个或多个典型生态系统的完整性，同时为生态旅游、科学研究等提供场所而划定的需要特殊保护和管理的自然区域。公园区域内与区域之间建立起有效的环境补偿机制，区域经济的发展依靠对当地自然资源的合理开发利用，各部门利益在区域管理与运行中得到良好协调。国家公园体制的作用，在于实现景观资源的保存和保护、进行资源环境的考察与研究、促进当地旅游观光业的可持续发展。这不仅是对视觉景观、更是对生物多样性的保护，更是积极的、多方参与的、系统协调的环境保护和资源开发机制。（张沥元）

国家环境保护模范城市

National Environmental Protection Model City

由原国家环保局根据《国家环境保护“九五”计划和2010年远景目标》提出，涵盖社会、经济、环境、城建、卫生、园林等方面内容，在已经具备全国卫生城市、城市环境综合整治定量考核和环保投资达到一定标准的基础上才有条件创造。环保部组织制定《国家环境保护模范城市创建与管理工作办法》，包括总则、创建申请、考核验收、公示公告、复核、监督管理和附则，共七章56条细则，自2011年1月27日起施行。对模范城市的考核内容分为4个部分：社会经济、环境质量、环境建设、环境管理。国家环境保护模范城市的优势在于水质、空气质量、绿化覆盖率、工业废弃物处置和循环利用、生活污水及生活垃圾的处

理及循环利用等方面，城市居民对城市环境满意率高于全国平均水平。（代富宇）

《国家环境保护总局关于加强农村生态环境保护工作的若干意见》

The State Environmental Protection Administration Certain Opinions on Strengthening the Work of Rural Ecological environmental protection

由原国家环境保护总局在1999年11月1日发布环发［1999］247号文件，目的是为了全面贯彻党的十五届三中全会精神，落实污染防治与生态保护并重的环境保护工作方针，促进农村地区生态环境质量的改善，现就加强农村生态环境保护工作。主要从六个方面提出了总体要求：明确农村生态环境保护的目标与任务；加强污染源防治，改善水体和大气环境质量；开展环境综合整治，创建生态文明村镇；加大生态示范区建设力度，推进区域生态经济发展；严格资源开发的环境管理，保护重要自然生态系统；提高农村生态环境保护的监督管理水平。自改革开放以来，农村经济飞速发展，环境问题伴随而生，环境污染与生态破坏问题日益突出，制定本文件对保护和治理农村环境具有必要性。（代富宇）

国家经济安全

National Economic Security

属于国家安全的范畴之一，国家安全包括国家政治安全、国家经济安全、国家文化安全和国家军事安全等要素，指维护国家存在和安全以及保障其根本利益的各种要素的总和，是国家生存与发展的前提。因此国家经济安全指作为独立主权国家的根本经济利益不受威胁和损害。所谓国家的根本经济利益就是能够影响主权国家的经济发展形势和前途的相关战略利益，具体来说，主要指国家基本经济制度、经济主权以及经济危机发生风险三个要素。国家基本经济制度是国家占统治地位生产关系的总和；经济主权是国家主权整体在经济层面的反映，对内表现在经济发展方针和制度的自主决策和制定、对国家经济资源的自主支配和调节以及对国家经济活动开展的监督与管理；经济危机发生风险是国家安全评价指标的重要参考，经济危机的发生意味国家经济发展处于衰退和停滞状态，不同于影响较缓和的经济发展不稳定状态。因此从这3个角度来看，国家经济安全也指国家基本经济制度和经济主权处于不受任何威胁或者有足够能力抵御风险的稳定状态，并且经济危机的发生可能性处于可控状态。（参考：叶卫平：《国家经济安全定义与评价指标体系再研究》，《中国人民大学学报》2010年第4期第93～98页。欧阳文川）

国家农业科技创新体系

National Agricultural Science and Technology Innovation System

指能够提升我国农业科技自主创新能力，巩固和提高农业综合生产力，推进社会主义新农村建设和创新性国家建设的农业科技创新体系。农业部联合科学技术部、财政部、国家发展和改革委员会、人事部、水利部、教育部及国家林业局等机构于2007年印发《国家农业科技创新体系建设方案》，正式提出建设国家农业科技创新体系的目标。加快建设国家农业科技创新体系，目的是发展现代农业和推进社会主义新农村建设；应对国际竞争和建设创新型国家；提高农业科技自主创新能力和农业自主发展能力。文件以合理布局、功能完备、运转高效、支持有力为总体建设目标，以高产、优质、高效、生态、安全为任务，提出加快建设我国农业科技创新体系的总体要求。（代富宇）

国家权力

Power of State

统治阶级运用国家机器实行阶级统治和公共事务管理的特殊社会力量，具有特殊的强制性和主权性。这种强制性具有实现阶级统治的性质，有军队、警察、法庭、监狱等有组织的暴力系统保证其实现；主权性表现为对内的至上性，对外的独立自主不受其他国家或组织的干预。国家权力具有鲜明的阶级性。在剥削阶级统治的国家，国家权力属于少数有产者或贵族。在专制国家，统治阶级把国家权力变成以君主为首的一小撮权贵和官僚的特权，并由君主总揽其成。在民主制国家，国家权力在公民的广泛参与和制约下依法运行。在社会主义国家，一切权力属于人民，人民通过选举产生的权力机关行使国家权力。（李庆）

国家生态工业示范园区

National Eco-industrial Demonstrative Region

依据循环经济原理和工业生态学原理设计的新型工业组织形态。在国家已批准的各类园区或大企业集团基础上，鼓励创建生态工业示范园区很有意义。为推动这项工作，实现社会、经济和环境的可持续发展，国家环境保护总局制定《国家生态工业示范园区申报、命名和管理规定（试行）》等文件。国家生态工业示范园区申报条件为：1. 建设单位设置相关工作机构和领导机构，得到地方人民政府的支持。2. 建设单位具有一定的经济实力和建设园区的基础条件。3. 园区建设能充分利用当地资源优势和区位优势。4. 园区建设在全国具有一定的区域或行业的代表性和示范性。5. 具有一定的生态工业雏形，具备形成产业生态链的条件，园区建设有利于区域可持续发展和区域环境质量的改善。6. 园区内生态环境质量较好，所有企业遵守国家法律法规，污染物排放达到国家或地方规定的污染物排放标准。（朱雨晨）

国家生态农业数据库

National Ecological Agriculture Database

指以现代信息技术为集体，对我国近 20 年来生态农业信息资源的研究和观测数据、历史演变数据进行有效的整理和融合。由此可以判断人类生产活动对农业生态系统的作用，同时为我国制定农业政策提供重要参考依据。国家生态农业数据库展示生态环境的演变过程，尤其是农业生态的演进，通过网络连接达到数据共享的目的；为我国生态农业向数字化、综合化、规范化发展，为探讨区域生态环境演变、农业生态建设的现状、技术以及发展趋势提供数据支撑。（王晴晴）

国家生态文明建设试点示范区指标

Indicators for state demonstration area of eco-civilization construction

2013 年 5 月环境保护部推出生态文明建设试点示范区的具体指标及其要求，包括县（市、区）、地（市、州）两级。如，生态文明建设试点县的指标包括参考性指标和约束性指标，对重点开发区、优化开发区和限制开发区的生态经济、生态环境、生态人居、生态制度、生态文化等 5 个方面做出具体规定。生态经济层面指标包括资源产出率、单位工业用地产值、再生资源循环利用率、生态资产保持率、单位工业增加值新鲜水耗、碳排放强度、第三产业占比、产业结构相似度；生态环境层面指标包括主要污染物排放强度、受保护地占国土面积比例、林草覆盖率、污染土壤修复率、生态恢复治理率、本地物种受保护程度、断水面水质达标比例、中水回用比例；生态人居层面指标包括新建绿色建筑比例、生态用地比例；生态制度层面的指标包括公众对环境质量的满意度、生态环保投资占财政收入比例、生态文明建设工作占党政实绩考核比例、政府采购节能环保产品和环境标志产品所占比例、环境影响评价率及环保竣工验收通过率、环境信息公开率；生态文化层面的指标包括公众节能、节水、公共交通出行的比例、特色指标。（张沥元）

国家湿地公园

National Wetland Park

主要使用于我国的概念，指国家批准建立的以保护湿地生态系统完整性、维护湿地生态过程和生态服务功能，发挥湿地功能效益的具有一定规模和范围的湿地公园。湿地公园可供科学研究、旅游开发、开展文化和教育活动等。自2005年2月第一个国家湿地公园试点杭州西溪国家湿地公园获批，截至2014年，我国已建立国家湿地公园试点431处。建设国家湿地公园，能够有效调动各级社会力量参与湿地保护，充分发挥湿地的多种功能效益，通过科学的管理和经营，达到保护湿地、促进经济可持续发展的目标。（张沥元）

《国家“十二五”科学和技术发展规划》

The National"12th Five-Year"Science and Technology Development Plan

为贯彻落实《国民经济和社会发展第十二个五年规划纲要》，依据国务院的部署要求，科学技术部会同国家发展和改革委员会、财政部、教育部、中国科学院、中国工程院、国家自然科学基金委员会、中国科协、国家国防科技工业局等有关单位，研究制定了《国家“十二五”科学和技术发展规划》。本规划明确提出“十二五”科技发展的总体目标是：自主创新能力大幅提升，科技竞争力和国际影响力显著增强，重点领域核心关键技术取得重大突破，为加快经济发展方式转变提供有力支撑。基本建成功能明确、结构合理、良性互动、运行高效的国家创新体系，国家综合创新能力世界排名由目前第21位上升至前18位，科技进步贡献率力争达到55%，创新型国家建设取得实质性进展。附则中对研发经费与国内生产总值的比例、每万名就业人员的研发人力投入、国际科学论文被引用次数、每万人发明专利拥有量、战略性新兴产业等重要指标和名词进行了具体解释。（石艳峰）

国家新型城镇化发展

National New Urbanization Development

我国城镇化是在人口多、资源相对短缺、生态环境比较脆弱、城乡区域发展不平衡的背景下推进的。国家新型城镇化的发展主要从3个方面进行：1. 加快绿色城市建设。将生态文明理念全面融入城市发展，构建绿色生产方式、生活方式和消费模式。严格控制高耗能、高排放行业发展。节约集约利用土地、水和能源等资源，促进资源循环利用，控制总量，提高效率。加快建设可再生能源体系，推动分布式太阳能、风能、生物质能、地热能多元化、规模化应用，提高新能源和可再生能源利用比例。2. 推进智慧城市建设。统筹城市发展的物质资源、信息资源和智力资源利用，推动物联网、云计算、大数据等新一代信息技术创新应用，实现与城市经济社会发展深度融合。强化信息网络、数据中心等信息基础设施建设。促进跨部门、跨行业、跨地区的政务信息共享和业务协同，强化信息资源社会化开发利用，推广智慧化信息应用和新型信息服务，促进城市规划管理信息化、基础设施智能化、公共服务便捷化、产业发展现代化、社会治理精细化。增强城市要害信息系统和关键信息资源的安全保障能力。3. 注重人文城市建设。发掘城市文化资源，强化文化传承创新，把城市建设成为历史底蕴厚重、时代特色鲜明的人文魅力空间。注重在旧城改造中保护历史文化遗产、民族文化风格和传统风貌，促进功能提升与文化文物保护相结合。（参考：赵雪芳：《新型城镇化的发展路径——访国家发改委国土开发与地区经济研究所所长肖金成》，《中国金融》2013年第4期第25～27页；琴韵：《完善工程建设标准体系助力国家新型城镇化发展》，《工程建设标准化》2014年第10期第40～41页。朱配辰）

国家元首

Head of State

主权国家对内对外的最高权威代表，是国家机构的重要组成部分。国家元首随国家的产生而出现，与一定的政治制度相联系。古代奴隶制国家和封建制国家的元首，通常由世袭产生，集国家权力于君主一身。人们称这些世袭君主为国王、皇帝、国君等。近现代社会，由于各国的国体、政体以及国情的不同，国家元首的名称和产生方式也不相同。在君主制和君主立宪制国家，一般称国王等。在共和制国家，国家元首一般称总统或国家主席；其中，实行委员会制的国家称国务委员会主席等。他们通常依宪法规定，由直接选举或间接选举产生，有一定任期。各国国家元首的职权由各国宪法规定，主要包括：公布法律权、发布命令权、任免权、召集议会权、外交权、统帅武装部队权、赦免权、荣典权等。各国政体不同，国家元首行使的实际权力也不尽相同。（李庆）

国家园林城市

National Garden City

中华人民共和国住房和城乡建设部颁布《国家园林城市标准》，共分为组织领导、管理制度、景观保护、绿化建设、园林建设、生态环境和市政设施7个方面，根据《标准》评选出国家园林城市。创建园林城市是为顺应社会进步与经济发展，改善城市生态环境，提高人民生活环境水平。建设优美的园林城市是全社会的责任与义务，需要全民积极参与到其中，注重科学规划，因地制宜，是建设资源节约型、环境友好型社会的重要环节。（代富宇）

《国家中长期新型城镇化发展规划》

National Mid and Long-term Plan on New-type Urbanization

2014年3月16日《国家新型城镇化规划（2014～2020年）》正式公布。《规划》是今后指导全国城镇化健康发展的宏观性、战略性、基础性规划。城镇化是现代化的必由之路，是保持经济持续健康发展的强大引擎，是加快产业结构升级的重要抓手，是解决农业农村农民问题的重要途径，是推动区域协调发展的有力支撑，是促进社会全面进步的必然要求。《规划》提出，到2020年常住人口城镇化率达到60%左右，户籍人口城镇化率达到45%左右，努力实现1亿左右农业转移人口和其他常住人口在城镇落户的总体目标；就公共服务、城镇基础设施、城镇集约发展和绿色发展，给出了以人为本的指标考核体系；着重强调城市群对经济发展的重要支撑，提出发展集聚效率高、辐射作用大、城镇体系优、功能互补强的城市群的要求。（张沥元）

国家重点生态功能区转移支付制度

National Key Ecological Function Areas Transfer Payment System

国家重点生态功能区转移支付设立在均衡性转移支付项之下，目的在于加强生态环境保护和推进基本公共服务均等化。制度框架为：在中央财政设立独立账户，即生态补偿基金；补偿对象是具有全国生态安全的重要生态功能区，以县为单位；补偿标准根据中央对资金使用进行的绩效考核；从受偿方面，生态转移支付制度分为纵向生态转移制度和横向生态转移支付制度，纵向生态转移制度是中央对地方的补偿，横向生态转移制度则是省级之间，由生态受益地区向生态提供地区支付一定的资金或以其他方式进行的补偿。我国生态转移支付制度起步较晚，近年来，国家对重点生态功能区的保护越来越重视，但是生态环境质量的改善程度和资金投入不成正比。（王晴晴）

国家自主创新示范区

National Independent Innovation Demonstration Area

指经国务院批准，在推进自主创新和高新技术产业方面先行先试、探索经验、做出示范的区域，是建设创新型国家和区域创新体系的重要载体。目的是为进一步完善科技创新的体制机制，加快发展战略性新兴产业，推进创新驱动发展，加快经济发展方式，为其他地区做出引领和示范。从2009年1月至2015年9月，经国务院批准的国家自主创新示范区共10个，如北京中关村国家自主创新示范区、武汉东湖国家自主创新示范区、上海张江国家自主创新示范区、深圳国家自主创新示范区、苏南自主创新示范区等等，其中苏南自主创新示范区，是中国第一个以城市群为基本单位的国家自主创新示范区，由9个国家高新区

组成，横跨了南京、无锡、常州、苏州、镇江 5 个创新性试点城市。（王晴晴）

国民账户体系

System of National Accounts, SNA

指旨在对各国在经济领域的运行状况进行系统全面的描述，从而对世界各国的国民经济核算工作进行具体指导而建立的核算手册。由联合国、

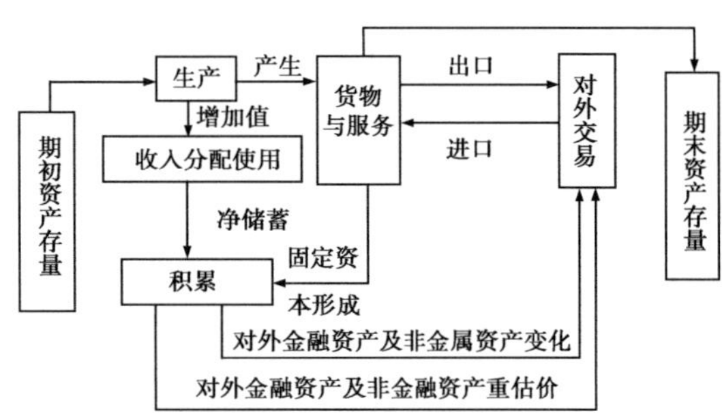

世界银行、国际货币基金组织、经济合作与发展组织、欧洲共同体委员会等 5 大部门共同编写。目前采用的是 2008 年版本，它以 GDP（国内生产总值）为核心指标，主要包括 5 大类核算，即生产核算、投入产出核算、资金流量核算、资产负债核算、国际收支核算，此外还附有价格核算、人口与劳动力核算等附属账户体系。SNA 借助于账户这一有力工具，将生产账户、收入分配与支出账户、资本账户、金融账户、国外账户以及资产负债账户利用平衡项前后有机连接起来，构成明确反映国民经济生产、分配、消费、积累及对外交易等经济活动状况的框架体系。（蔡越）

国内政治环境

Domestic Political Environment

与国内经济环境相对，指国内阶级矛盾和阶级关系，以及其他政治关系的发展状况，即国家、政党、社会集团和个人进行社会活动时所面临的政治状况。包括：阶级、阶级矛盾和阶级斗争状况，政局的稳定程度，党政机关及其领导人员的变动情况，法律、法令、方针、政策的制定及执行情况，人民群众的情绪及其与政府的关系，民族矛盾和民族关系的发展情况，领袖、政党、阶级、群众相互关系的发展状况，等等。国内政治环境不是静止不变的。要善于用辩证唯物主义观点去观察、研究其发展变化的特点及其规律性，以提高自己的预见性和应变能力，力求在重大的转折关头，在较大的政治风浪中，不迷失方向，不犯或少犯严重错误。（李庆）

国内政治形势

Domestic Political Situation

与国内经济形势相对，指国内政治关系发展的现状和趋势，即国内阶级矛盾和阶级关系，以及其他政治关系的现状及发展趋势。包括各个阶级的经济利益、政治倾向、组织状况、力量对比、活动方式、相互关系等方面的发展变化情况；代表一定阶级的政党、社会团体和其他社会势力在国家政治生活中进行活动，以及为此而制定的方针政策的变化发展情况；民族矛盾和民族关系的发展变化情况，等等。研究国内政治形势，要着眼于各种政治力量的发展变化。各级领导干部，尤其是从事政治活动的高中级领导干部应当密切注视这种变化，并根据现实斗争需要不断改变自己的战略和策略。（李庆）

国体

State System

国家的阶级本质，表明社会各阶级在国家中的地位，如哪个（些）阶级处于统治地位，哪个（些）阶级处于被统治地位，哪个（些）阶级是统治阶级的同盟或依靠的社会力量。任何国家都是一定阶级的专政，国体体现的是哪个阶级对哪个阶级的专政，即专政的主体与客体。历史上的剥削阶级类型国家都是少数人对多数人的专政，社会主义国家则是多数人对少数人的专政。我国是人民民主专政国家，对人民实行民主，对敌人实行专政。在现阶段，一切拥护社会主义、维护国家主权、主张国家统一的人都是人民，人民对极少数敌视

和破坏社会主义制度、国家主权和国家统一的敌人实行专政。国体归根到底是由阶级社会的经济基础决定的，经济上最强大的阶级必然要成为政治上最强大的阶级，掌握国家的统治权。（李庆）

国土安全

Homeland Security

泛指包括属于国家主权管辖内的领地、领水、领空以及底土四个层面的传统保障国家安全所必需的生存领域以及适应经济发展所需要的非传统国土安全生存空间领域，包括网域、太空领域以及经济海域等。国土安全的等级高低与否代表一个国家综合实力的强弱，也是衡量国家经济、军事、国防、科技、法制等水平的重要参考因素。在很大程度上，国土安全与“领土”安全极其类似，都表示包括土地、海洋和领空主权的完整性，不受任何外来势力的侵犯和武器的威胁，此外还表示国家关键基础设施建设的安全与完整，如电厂、铁路、公路、机场等等。然而，随着科学技术的发展，人类利用先进技术不断拓展属于非传统领域的生存空间，而这些非传统领域的生存空间往往不被任何国家的主权所控制，比如拥有航天技术的国家在太空中的飞船、太空舱等设备，以及处于现实空间之外的网络空间等。除此之外，传统上被认为是某些公共海域的地方也被国际社会承认为国家的“专属经济区”。如何考虑这些非传统意义上生存空间的划分是保障国土安全的重要因素。（参考：余飞：《“国土安全”是国家安全基础中的基础》，《法制日报》2014 年 4 月 26 日 04 版。欧阳文川）

国土空间

National Land Space

指由国家及其主权权利管理的地域空间，是国家公民得以生活和发展的立足地，包括空间内的陆地、陆上水域、内水、领海和领空等。从提供产品或者服务的方式和种类的不同出发，可以将国土空间划分为农业空间、城市空间、生态空间和其他空间 4 类。其中，从生态一词的广义角度出发以及因为其他空间都含有自然要素、自然系统在内，所以生态空间可以与农业空间、城市空间和其他空间相互包含。农业空间指提供农产品和其他农业资源的空间，可以进一步区分为农业生产空间和农业生活空间。农业生产空间指提供农业产品和服务，提供其他农业资源的空间，主要指耕地、园地以及其他农业用地。农业生活空间指供农业生产者居住和生活的地方。城市空间指提供工业产品和其他服务功能的空间，包括城市建设空间和工矿建设空间。城市建设空间指城市主体及其周边建成区，是城市人口生活和生产的主要聚集区，城市工业以及其他产业主要分布于此。工矿建设区指独立于城市建成区以外的工矿生产区。生态空间，指提供生态产品和其他生态服务的功能区。广义上生态空间指生态系统中某种生物维持基本生存和繁衍所需的空间、环境条件，即物种在宏观角度下处于稳定状态时所需要的空间综合；狭义上生态空间指自然生态系统所需要的空间容量或地域范围。（参考：金贵等：《国土空间分区的概念与方法探讨》，《中国土地科学》2013 年第 5 期第 49 ~ 52 页。欧阳文川）

国土空间分区

National Land Spatial Zoning

以国土空间各种自然资源、生态环境、社会经济等方面的分析、数据、结构、功能为基础划分的相互独立且相互联系和作用的多元主题空间，并有稳定的空间分区评价单元和标准体系。国土空间分区是国土空间规划的重要组成部分，以国土空间的优化配置为主要研究内容，为职能部门进行差别化国土资源和空间管理提供重要参考信息和管理标准。国土空间分区的意义在于为国土空间开发格局的科学规划、国土资源开发利用的科学管理、国土空间秩序的规范调整提供路线方针指导，有利于促进城乡区域结构调整和平衡发展。国土空间分区的基本研究问题为国土空间分区评价单元和国土空间分区指标体系，以国土分异规律为基础确定分区原则。为了实现国土空间分区的多主题、多功能融合，在具体分区方法上，采用包括空间叠置法、聚类分析法、专家分析、团体分析、理念分析以及模型应用等方法。（参考：金贵等：《国土空间分区的概念与方法探讨》，《中国土地科学》2013 年第 5 期第 49 ~ 52 页。欧阳文川）

国土空间开发

National Land Space Exploitation

在科学的国土空间规划和分区的基础上，通过人类建设活动对国土空间进行利用和改造，从而获得用于生存和发展物质资料的活动。国土空间指由国家及其主权权利管理的地域空间，是国家公民得以生活和发展的立足地，包括空间内的陆地、陆上水域、内水、领海和领空等。从提供产品或者服务的方式和种类的不同出发，可以将国土空间划分为农业空间、城市空间、生态空间和其他空间 4 类。因此相应的，国土空间开发也可分为农业空间开发、城市空间开发、生态空间开发和其他空间开发。科学的国土开发应该在国土规划和国土分区的基础上，对包括各种自然资源、生态环境、社会经济等国土空间诸要素的数据、结构和功能等方面进行分析，促进国土空间多元要素的相互融合和优化配置，并加快城乡区域结构调整和均衡发展。优化国土空间开发的基本思路为集约发展和高效利用，既要满足社会经济发展、人口增长、基础设施建设等因素对国土资源的要求，又要保障耕地生态安全和人民人体健康；因地制宜，优化配置国土资源，在适宜人口发展的地区集中开发和生产，在不适宜人口发展的地方加强环境、生态保护。（参考：肖金成等：《优化国土空间开发格局研究》，《经济学动态》2012 年第 5 期第 18 ~ 20 页。欧阳文川）

国土资源安全

National Land Resource Security

是具有动态性、综合型、整体性和系统性的概念，是国家安全的重要组成部分。广义上的国土资源安全指国土资源能够良好带动和支撑国家经济、社会等方面的持续性发展，不受来自任何势力的干扰、威胁和侵犯，具有自主性。狭义层面的国土资源安全从经济学视角来界定，指国土资源各要素的生产、分配、交换和消费等各环节都处于良性动态循环之中。国土资源同时具有自然属性和社会属性。国土资源的自然属性表现在资源属于自然要素的一部分，因此国土资源具有一系列自然资源的特征，如它具有生态功能和价值。同时这也决定了国土资源的地域差异性。不同区域和环境下的国土资源的形态、结构和功能都存在差异，具有不平衡性。国土资源的社会属性表现在一定主权管辖范围之内的国土资源，所有权都属于国家。国土资源安全研究内容广泛，这是由于国土资源本身的涵盖范围广泛所决定的，理论结构大致可分为 4 部分：1. 为国土资源安全的哲学或者国土资源的安全观，它为国土资源安全提供思想基础，指明研究方向；2. 为国土资源安全的基础科学，它是国土资源安全研究的基础和发展的动力；3. 为国土资源安全的技术科学，它研究国土资源安全的基本原理和方法，是国土资源安全研究的基础理论；4. 为国土资源安全的工程技术，它是国土资源安全研究的方法论基础。（参考：程敦伍等：《国家资源安全研究》，《安全与环境工程》2003 年第 3 期第 88 ~ 90 页。欧阳文川）

国土资源安全保障管理体系

National Land Resource Safeguard Management System

指以保障国土资源安全持续供应为目标，由土地资源安全保障体系、矿产资源安全保障体系和其他国土资源安全保障体系 3 部分内容构成的人工与机器相结合的现代化资源管理系统。国土资源安全保障管理体系的每一部分内容各由国土资源安全评价系统、系统资源安全保障管理系统、国土资源决策支持系统构成，其中每一个系统各由若干个子系统构成。其中国土资源安全评价系统由资源可供给性评价系统、资源安全预警监测系统等子系统构成，它们分别用来国土资源的安全评价以及监测；系统资源安全保障管理系统由资源开发与供给管理系统、新资源研制系统、资源保护与综合治理系统、资源储备系统、资源贸易管理系统等子系统构成，它们的作用在于以国土资源安全评价的结果为根据进行资源的科学高效管理；国土资源决策支持系统由国土资源规划、国土资源管理政策、国土资源安全战略三部分内容构成，其作用在于根据国土资源评价结果和反馈制定决策以实施资源管理。国土资源安全评价系统、系统资源安全保障管理系统、国土资源决策支持系统三部分相互之间呈动态联系，国土资源安全评价系统主要为国土资源决策支持系统提供决策制定根据，而国土资源决策支持系统指导系统资源安全保障管理系统和国土资源安全评价系统的工作与运行，同时系统资源安全保障管理系统要接受国土资源安全评价系统的评价结果作为管理依据。（参考：孟旭光：《关于国土资源经济安全若干问题的思考》，《地理学与国土研究》2000 年第 2 期第 1 ~ 6 页；程敦伍等：《国家资源安全研究》，《安全与环境工程》2003 年第 3 期第 88 ~ 90 页。欧阳文川）

国土资源经济安全

National Land Resource Economic Security

是国家国土资源安全保障和国家经济安全的重要内容，指一国的国土资源处于威胁、破坏国土资源安全可靠、经济有效供给的各种内外因素和情况，能够进行有效防御的状态，也可以指国土资源各要素的生产、分配、交换和消费等各环节都处于良性动态循环之中。因此国土资源经济安全是相对于国土资源供应和配给的危险和事故而言的。国土资源经济全具有保障供给的特征，指对于国家运行、工业生产和人民日常生活所需的国土资源都能安全足量供给；具有弹性应急机制，即在突然事件的冲击下，如战争、自然灾害等情况下，国土资源经济安全能够调整管理方式和生产供给手段，从而保障经济社会的稳定发展；具有可持续利用特征，即国土资源经济安全意味着不仅保障当前短时间内的国家、社会、人民生活方面的资源需求，同时还满足长期或者后代人的对于各类资源的不同需求，为经济社会的可持续发展提供动力。国土资源经济安全是在全球经济一体化和科技学术革命的背景之下兴起的，尤其是在欠发达国家面对发达国家的经济政治霸权时反经济垄断、反政治渗透等压力之下提出和产生的。此外，发展中国家普遍存在人口膨胀、粮食短缺以及资源短缺的发展瓶颈，国土资源经济安全也是在国家调和国内各方面资源需求矛盾的背景之下提出的。（参考：孟旭光：《关于国土资源经济安全若干问题的思考》，《地理学与国土研究》2000 年第 2 期第 1 ~ 6 页。欧阳文川）

国外传媒集团运作模式

Mode of Operation of Foreign Media Groups

传媒资本运营主要通过资本运作的方式，整合资源，扩张传媒资本的规模，优化传媒资源配置。国外传媒资本运营主要以股权收购为主要支付手段，兼并收购其他企业。跨媒体、跨行业、资本运营规模日益扩大。资本具有逐利性，当一国发展饱和或超出其资本市场消化能力时，它就要寻求更大的资本市场。也就是说，在全球化浪潮中，传媒资本不仅仅在国内市场，还需要在全球范围进行经营运作。国外传媒资本运营历史悠久，形成了很多大的集团，有很多独到之处。这里以迪士尼资本运营为例。迪士尼拥有合理的产业链机制，分为影视制作、影视内容的宣传和衍生产品、主题公园的开发和授权经营业务等。将影视内容生产作为发展中心，借助品牌优势向其他产业链延伸，再以文化传播的方式推向国内外市场，获得更大的利润，是迪士尼资本运营的方式。迪士尼乐园注重海外资本规模的开拓，坚持运营的多元化、本土化特征。注重整和各方资源优势，联合营销。还通过品牌连锁，经营传媒衍生消费产品，并注重通网络媒体的合作与并购。迪士尼乐园还明晰传媒资本运营的效益性，实现经营业务的多元化，迪士尼乐园注重培养复合型的资本运作人才。（参考：黄进：《中外传媒资本运营比较分析》，山东大学 2005 年硕士学位论文第 27 ～ 33 页。张惠娜）

《国务院关于加强环境保护重点工作的意见》

The State Council Opinions of Strengthening Environmental Protection key Work

指 2011 年 10 月 17 日国务院就“十一五”期间所面临的新形势和新任务，从贯彻落实科学发展观以及环境保护和生态维护事业发展的战略高度发布的新时期环境保护建设指导政策方针。《国务院关于加强环境保护重点工作的意见》思想性、指导性、可操作性强，是中国共产党对于新时期做好环境保护工作的重要纲领性文件，全文按照全面提高环境保护监督管理水平、着力解决影响科学发展和损害群众健康的突出环境问题以及改革创新环境保护体制机制为线索展开。在全面提高环境保护监督管理水平方面，主要内容为：1. 严格执行环境影响评价制度；2. 继续加强主要污染物减排；3. 强化环境执法监管；4. 有效防范环境风险和妥善处理突发环境事件。在着力解决影响科学发展和损害群众健康的突出环境问题方面，主要内容为：1. 切实加强重金属污染防治；2. 严格化学品环境管理；3. 确保核与辐射安全；4. 深化重点领域污染综合防治；5. 大力发展环保产业；6. 加快推进农村环境保护；7. 加大生态保护力度。在改革创新环境保护体制机制方面，主要内容为：1. 继续推进环境保护历史性转变；2. 实施有利于环境保护的经济政策；3. 不断增强环境保护能力；4. 健全环境管理体制和工作机制；5. 强化对环境保护工作的领导和考核。（参考：《国务院关于加强环境保护重点工作的意见》，《环境保护》2011 年第 21 期第 12 ～ 15 页。欧阳文川）

国有林区经营管理体制改革

Operation and management system reform of state-owned forestry areas

2015 年 3 月 17 日中共中央、国务院印发《国有林场改革方案》和《国有林区改革指导意见》，对国有林区改革的总体目标和具体内容提出要求。国有林区经营管理体制改革的总体目标是，基本形成功能定位明确、人员精简高效、森林管护购买服务、资源监管分级实施的林场管理新体制，确保政府投入可持续、资源监管高效率、林场发展有后劲。改革内容遵循渐进原则，适当考虑过渡性的体制安排；实行分区推进原则，将管理资金集中使用，逐个推进；改革成本上实行多渠道筹集原则，坚持国家投入为主、地方配套为辅、企业自筹一点的方式。（张沥元）

国有土地有偿使用制度

System of Paid Use of State-owned Land

指国家关于单位和个人使用国有土地应当缴纳一定费用的规定。国家对土地使用者征收一定费用，是行使土地所有权的一种表现，也是利用经济杠杆管理土地和保证土地合理利用的有效措施。根据我国《土地管理法》规定，国有土地有偿使用制度是国家调节其与土地使用者之间经济关系的一系列制度的总称，体现国家在土地使用者使用国有土地的过程中从土地使用者那里获得的经济收益。根据国家已经颁布的有关法规的规定，国有土地有偿使用制度要求，凡占用城市郊区菜地，要依法向国家缴纳新菜地开发建设基金；凡占用耕地要按规定向国家缴纳耕地占用税；对有经济效益的国有土地使用有征收土地使用税（费）；在出让和转让国有土地使用权时，受让人应按照法律规定和协议支付用地价款。目前，国家正在进一步健全这方面的具体规定。目前我国国有土地有偿使用制度主要由 5 种形式：1. 土地使用权出让，即将国有土地使用权在一定年限内让与土地使用者使用，土地使用者按照合同支付土地使用权出让金，出让方式有协议、拍卖和招标。2. 土地使用权出租，即国家将土地出租给承租人，承租人向国家缴纳租金。3. 土地使用权入股，即将土地使用权作价，作为企业出资，形成国有股份，国家从企业利润中取得相应股息。4. 土地使用权授权经营，即国家以一定年限的土地使用权作价后收入国家控股公司作为资本支配。5. 土地使用费收缴，即授予外伤投资者在我国取得土地使用权时外伤企业向我国政府缴纳的场地使用费。（参考：雷爱先：《国有土地使用制度改革、效应与走向》，《中国土地》2005 年第 6 期第 10 ~ 12 页；马齐林：《论我国的国有土地使用制度》，《前沿》2002 年第 4 期第 39 ~ 43 页。朱配辰）

果园养殖蚯蚓法

Orchard Breeding Earthworm Method

在果园养殖蚯蚓，可以通过蚯蚓将树叶、秸秆等转化为优质有机肥，消除农药残留，疏松土壤改善土壤结构。蚯蚓喜温、喜湿、喜暗、怕光，是高效的生物发生器，具有土地净化器的作用。养殖蚯蚓操作简便，费用少。果园养殖蚯蚓方法分为规则林法和不规则林法。规则林法是按横直规则的距离栽培的林木，根据具体情况开成“井”或“田”字形的沟进行养殖。不规则林法是单棵树可开半圆形的或圆形的沟进行养殖。有条件可以每年改换挖沟地方，有利于改良土壤和培肥地力。（王晴晴）

过去的全球变化研究计划

Past Global Changes

国际地圈生物圈计划（IGBP）核心计划之一。实施计划形成于 1991 年 3 月。它通过对历史资料和自然记录（如保存在树木年轮、湖泊和海洋沉积物、珊瑚、冰芯中的自然信息）的研究，借助于有效的现代物理、化学分析技术恢复过去环境的变化，并区分自然因素和人为因素的影响。以此为依据，检验未来全球变化预测模型。通过这些研究，能够回答下列问题：1. 在冰期和间冰期的哪些层序中存在着温室气体和地表温度是如何变化的？ 2. 在近 1000 年以来，区域和全球的地表温度是如何变化的？ 3. 地球系统的自然反馈在何种程度上可以影响温室气体的作用？ 4. 过去的人类活动在何种程度上改变气候和全球环境？目前集中于研究两个时间阶段，一是最近 2000 年的地球历史；二是晚第四纪的最后几十万年的冰期、间冰期旋回。也致力于研究下列五项跨计划的研究主题：古气候与古环境模拟；多种数据的恢复和解释技术的进展；古数据管理；古环境研究的改进的年代学的发展；南北半球古气候（PANASH）试验计划。（席溢）

H

哈 还 海 害 邗 韩 汉 旱 瀚 杭 好 郝 浩 合 和 河 荷 核 赫 褐 黑 恒 衡 红 宏 鸿 侯 后 胡 湖 蝴 互 户 护 花 华 化 划 怀 淮 环 缓 荒 黄 灰 挥 恢 回 浑 活 霍

哈伯特顶点

Hubbert's Peak

1953 年美国地质学家哈伯特（King Hubbert）提出著名预言：石油的生产会在一个时候到达巅峰。之后，即使价格再上升，石油产量也不会再增加，直到所有石油都被开采。当时，几乎世界上每一位能源专家都立刻反对这种观点，直到 1970 年初，这种情形真的发生了。美国原油产出于 1970 年达到最高水平，自那以后就一直下降。从此，这种现象便在石油界被称为“哈伯特顶点”。尽管它对我们以石油为基础的经济的前景具有重要意义，但数十年来，它却是鲜为人知的一种科学理论。即使是听说过它的人，也认为这不过是又一种疯狂的“世界末日”理论。当情况发生改变，它开始被学术界接受。基于这一预言，有专家研究指出，全球将于 2004 年和 2015 年之间达到哈伯特顶点，这种情形将导致空前的能源危机。（牟世晶）

哈佛晴雨表

Harvard Barometer

世界上第一个宏观经济晴雨表。由于这个晴雨表最先是由哈佛学会于 1919 年设计的，所以就被称为哈佛晴雨表。编制哈佛晴雨表的目的是为了找出一套能够评价、预测和监视宏观经济运行状态的指标体系。他们认为这套指标体系能具有与预测天气好坏的晴雨表相类似的功能，所以又被称之为一般商情（宏观经济）预测晴雨表。哈佛晴雨表的指标体系由三种指数组成：1. 投机指数。所谓投机指数就是指股票的平均价格指数。它是在纽约证券交易所的各种证券的平均价格的基础上编制而成的。2. 商情指数。所谓商情指数就是指商品的平均批发价格的指数。它是在商品批发价格的基础上编制而成的。3. 金融指数。所

谓金融指数就是指债券的平均价格指数。它是在支付固定利息的债券价格的基础上编制而成的。（李雪姣）

哈佛学派

Harvard School

是西方产业经济学三个学派之一。在 20 世纪 30 年代到 60 年代之间，由一批哈佛大学的学者形成的比较完整的产业组织理论，代表人物为梅森教授及其弟子贝恩。贝恩所著的《产业组织》，系统提出产业组织理论的基本框架，标志哈佛学派的正式成立。哈佛学派主张运用竞争策略对市场策略和市场行为进行干预和调节，以保持有效竞争。认为在一个部门内过高的生产集中程度会对市场产生负面影响，过高的产品差异程度会导致垄断的产生，高度的市场禁入制度对市场同样会产生负面影响。这些理论日后成为美国指定反垄断法的重要依据。（代富宇）

哈格罗夫

Hargrove

哈格罗夫是美国环境伦理学家，他于 1979 年创办了学术季刊《环境伦理学》，哈格罗夫认为美是一种主观性的内在价值，具有“善、存在”等规定性，人类可以在美的基础上为环境保护作辩护。他认为保护自然最强有力的伦理依据是大自然的美，哈格罗夫强调自然之美高于和优于人为之美，自然美是人为之美的原型，且美与善相统一，由于人类有责任和义务保护和促进善，因而人类就有义务保护自然和促进自然之美；他认为保护环境的伦理价值——其依据和理论主要是从风景画，同时也是从自然诗、公园艺术和博物学中发展出来的，哈格罗夫认为不同的环境伦理学家的观点受到各自传统中的自然历史、景观规划、山水画、自然诗歌、散文等影响，哈格罗夫主张从不同文化传统的相互理解与交融的前提出发建立一种普适的环境伦理思想。（雷爱民）

哈罗德 · 德姆塞茨

Harold Demsetz, 1930 ～

美国经济学家。从科斯的社会成本问题出发，首次完成对交易和交易费用的总结，得出产权形成是市场运作的先决条件这一结论。认为产权依

靠交易费用，交易费用又依靠获得市场信息的费用，因此产权理论与信息费用理论密切相关。雇佣关系基本是信息问题，雇主可以用失业威胁工人，用升级笼络工人。但这种做法不是在所有情况下都有效。这种不完全雇佣合同理论，又被称为委托代理问题，现已用于宏观经济学及劳动经济学的研究。关于产权理论的独特见解已应用于环境经济学研究中。主要学术成就是对产权理论的深入探讨研究。代表作品有《产权理论探讨》（1967）《生产、信息费用和经济组织》（1972）。（蔡越）

哈尼族生态文化

Hani Ecological Culture

哈尼族非常注重生态环境保护，视生态环境为其物质活动与精神活动的生命线，视生态环境为延续民族和传统文化的命脉。哈尼族的历史发展过程反映了她是从一个生态环境适应另一个生态环境的民族。在适应不同的生态环境中发展和丰富自己的物质文明和精神文明，这在哈尼族的

社会历史发展和现代居住的生态环境中得到充分的印证，体现着该民族的生存价值和生态价值。在生产方面，遵循自然规律开展生产生活。哈尼族先民们在长期与自然界的实践活动中总结积累了一套完整的与自然相融相谐的生产规律，谓之四季生产调，或十二月风俗歌，这套生产知识非常遵循自然发展规律和自然界物种的更替变化，并以此参照来指导生产活动的进程，以自然变化规律和自然界物象更替的循序渐进来指导梯田农耕活动。在人与自然关系层面，哈尼族非常重视人与自然的和谐相处，自然界为哈尼族生存供给源源不断的物质资料，因而视自然为其生存的源泉和命脉，对自然生态的保护不仅采取了身体力行的方式，而且还以超自然力量的手段和措施，让全体民众来遵守；而且认为人是生活在一定的自然环境之中的人，人生下来就不仅是有社会意义的生物，而且是有适宜自然生态环境意义的人，并将此理念贯穿于人生成长过程中的每项礼仪。（牟世晶）

哈萨克族生态文化

Kazak Ecological Culture

在新疆这一特定的自然环境下，由游牧民族诸先民们创造并不断演化、最终被哈萨克族所继承发展的、与这一环境相互适应的一整套的生产、生活方式与技能，这里面包含：1. 哈萨克族一整套与环境相适应的生产方式与技能有关这方面的内容，大体可分为对牲畜的管理、草场的使用、狩猎等几方面，其中包含的内容非常丰富。2. 哈萨克族一整套与环境相适应的生活方式与技能。处于特定自然环境中的人们一直在为彻底地适应环境，争取生存发展而努力，其中重要的是“适应”而非“改造”，其结果是获得了人与自然的“双赢”，游牧民族自身既创造了一整套与自然环境相适应的生存技能，又使自然环境始终保持一种良好的存在状态。在新疆这一人与自然相互需要的“自然的经济体”生态系统中，人作为其食物链中的最高一层，始终扮演着调节者和管理者的角色，有意地、主动地为这一系统的正常运转而竭心尽力。哈萨克族游牧文化的生产、生活方式及其技能是以与自然的适应作为前提条件的。但是适应是通过对牲畜及产品的利用来体现的，适应的目的在于利用。二者的关系也是辩证的，对牲畜及产品的利用的扩大体现了对自然的有效适应程度。对牲畜及其产品的利用行为的实质是造就了游牧文化中的物质生产的特征，进而决定了整个生产、生活方式的游移性、适应性、实用性、简约性、稳定性的基本特征。（牟世晶）

哈耶克

Hayek, 1899 ~ 1992

哈耶克，美国经济学家，20世纪西方自由主义最主要倡导者，代表著作有《货币理论与商业周期》（1929）、《奥地利学派的商业周期、价

格与生产理论》（1931）等。哈耶克的研究从个人主义和主观主义的方法出发，运用主观价值理论，研究价值理论、货币理论、经济周期理论等经济理论，构建整个经济理论体系。哈耶克的“自发－扩展秩序”理论的重要观点阐明，产权安排本身以及有关产权的立法和司法程序，都是习俗的产物。哈耶克的知识理论是其对经济学发展所做出的原创性贡献，他用“分立的个人知识”解释市场机制的优越性，并强调了价格体系和竞争机制对于信息的发现和传播的重要作用。他的货

币理论主要由中性货币理论和自由货币理论两部分组成，主张由私人银行发行货币，消除政府对货币发行权的垄断。在经济理论方面，哈耶克的经济周期理论建立在他的货币理论和资本理论相结合分析基础之上，他主张自由主义经济政策，强烈反对政府对经济的干预。（蔡越）

还原论

Reductionism

还原论或还原主义，是一种哲学思想，认为复杂的系统、事务、现象可以将其化解为各部分之组合来加以理解和描述。还原论主张把高级运动形式还原为低级运动形式的一种哲学观点。它认为现实生活中的每一种现象都可看成是更低级、更基本的现象的集合体或组成物，因而可以用低级运动形式的规律代替高级运动形式的规律。还原论派生出来的方法论手段就是对研究对象不断进行分析，恢复其最原始的状态，化复杂为简单。还原论信念是一种本体论预设、一种关于实在的观念与态度。还原论信念及其还原主义主要根源于一元论哲学，它声称某一种类的东西能够用与它们同一的更为基本的存在物或特性类型来解释。牛顿力学观盛行的 18 世纪至 19 世纪是还原论信念的高峰。古代有机的、生命的和精神的宇宙观把世界看作"钟表机器"的观念所取代。还原论信念的持有者相信客观世界是既定的，世界是由基本粒子等"宇宙之砖"以无限精巧的方式构成，宇宙之砖的性质与相互作用从根本上决定了世界的性质，最复杂的对象也是由最低层次（同时也是最根本）的"基本构件"组装而成。从德谟克利特的原子论构想，卢克莱修的原子和无限虚空说，到近代牛顿的具有一定质量和运动的物体，又经道尔顿的原子论，并最终发展到当代还原论者的对原子内部的基本粒子和能量的确认。既然世界由不同层次的基本单元构成，那么那个最终无法还原的最小实体就是宇宙的本质与本原。（牟世晶）

海岸带的陆海相互作用

Land-Ocean Interactions in the Coastal Zone

国际地圈生物圈计划（IGBP）核心计划之一。1995~2005 年实施的研究海陆结合地带动力相互作用特征，地球系统各部分的变化对海岸带的影响，评价海岸带受人类影响而发生变化等的国际海洋研究计划。侧重模拟和预测 10 年尺度上海岸带对全球气候变化的响应，为沿海地区的长期可持续发展、经济和社会政策服务。主要研究内容：1. 外力或边界条件的变化对近海通量的影响：汇水盆地的动力学及流量；大气向近海的输入物；陆架边缘能量和物质的计划；影响近海系统中物质的质量平衡的因素；近海中过去的变化的重建；发展海岸系统的陆地—海湾—大洋耦合模式。2. 海岸生物地貌学与海平面上升：生态系统在决定海岸带地貌的作用；对海岸带土地的利用、气候和人类活动的变化的生物地貌学响应；对不同的相对海平面变化方案的海岸地貌学的预测。3. 碳通量与痕量气体的排放：海岸系统内有机质的循环；海岸带一氧化二氮和甲烷净通量的估计；全球海岸带二甲基硫化物排放量的估计。4. 全球变化对海岸系统的经济和社会影响：在不同的全球变化方案下海岸系统的演化；海岸系统的变化对社会和经济活动的影响；发展管理海岸资源的完善的战略措施。（席溢）

海盗党

Pirate Party

进入 21 世纪以来在西欧国家中新出现的政党。之所以叫海盗党，是因为在英语中"海盗"和"盗版"是同一个词，所以又被称为盗版党。2006 年最先产生于北欧国家瑞典，2011 年 9 月，近 40 个国家都模仿建立了自己的海盗党。政党致力于改革关于著作权和专利的法律，倡导网络自由下载，主张强化使用者的隐私权；主张取消政党内常见的等级制度，发展基层民主，尤其是网络的促进民主与交往作用。2011 年 9 月 19 日，德国海盗党获得将近 9% 的选票，首次进入柏林

州议会。2010 年，在比利时布鲁塞尔召开的国际会议上，它们组建海盗党国际（PPI）的国际政党组织联盟。（李庆）

海德格尔美学理论

Heidegger's Aesthetics Theory

海德格尔美学理论被认为是在反对传统形而上学与主体哲学基础上建立起来的，海德格尔通过消解传统主体论，试图使人与世界本原合一，在“天、地、神、人”的神圣空间中，为“无家可归”的现代人找到“诗意栖居”的住所；他认为“艺术就是真理在作品中的自行置入”，是存在自动显现自己，美与“存在、真”都是无遮蔽的，真理是存在的真理，美不出现在真理之外，海德格尔认为艺术的价值在于揭示真理。现代科技的发展、主体性原则的膨胀给人类带来了严重后果，人被技术统治，成为商品和工具，丧失了完满人性，人类对大自然掠夺，破坏了人类生存环境，他认为艺术能维护人类生存的根基，认为艺术是超功利的，昭示存在的真理；艺术既是人的历史生存的创造，又是人的历史生存的保存，海德格尔主张诗意般地居住，不要掠夺和破坏这个世界，而是创造和丰富我们的世界，使大地和生命得到不断繁衍和繁荣，认为一切对我们这个世界非人的掠夺和破坏都必须停止，让所有人都能“诗意地居住”。（雷爱民）

海德科恩《生态社会主义宣言》

Headcorn *Declaration of Ecological Socialism*

2006 年英格兰与威尔士绿党的部分左翼人士在海德科恩成立“绿色左翼的、绿党内部的生态社会主义和反资本主义派别”团体时所通过的生态社会主义宣言。《宣言》中承诺，将忠诚地继承始于威廉·莫里斯的英国古老的生态社会主义传统，作为外围组织努力促进主流绿党政治与社会主义政治特别是工会运动和社会边缘群体运动等反资本主义政治力量的联合，致力于创造基于和平、生态平衡、经济平等与包容的新社会。绿色左翼的主要领导机构，是由相关政策委员和区域代表组成的 25 人左右的指导委员会，主要活动方式是举行每月一次的公开性政策论坛和不定期的委员会会议，发表对绿党有关政策或活动的政治声明。（徐越）

海口市野生动物保护协会

Haikou Wildlife Conservation Association

成立于 2013 年 4 月。由野生动物保护管理者、科普教育者以及野生动物保护爱好者等资源结成的专业性、地方性、非营利性的社会组织。经海口市林业局和海口市民政局批准。旨在宣传野生动物保护的相关法律法规，普及野生动物知识，保护、拯救濒危珍稀野生动物，并可持续性地研究开发及合理利用野生动物资源，以及推动野生动物保护事业健康、稳定、有序地朝着可永续地为人类谋福利而努力奋斗。（席溢）

海绵城市

Sponge City

新兴的城市设计理念。海绵城市是指城市能够像海绵一样，在适应环境变化和应对自然灾害等方面具有良好的“弹性”，下雨时吸水、蓄水、渗水、净水，需要时将蓄存的水“释放”并加以利用。海绵城市建设应遵循生态优先等原则，将自然途径与人工措施相结合，在确保城市排水防涝安全的前提下，最大限度地实现雨水在城市区域的积存、渗透和净化，促进雨水资源的利用和生态环境保护。在海绵城市建设过程中，应统筹自然降水、地表水和地下水的系统性，协调给水、排水等水循环利用各环节，并考虑其复杂性和长期性。建设海绵城市要扭转观念。传统城市建设模式，处处是硬化路面。每逢大雨，主要依靠管渠、泵站等“灰色”设施来排水，以“快速排除”和“末端集中”控制为主要规划设计理念，往往造成逢雨必涝，旱涝急转。根据《海绵城市建设技术指南》，今后城市建设将强调优先利用植草沟、雨水花园、下沉式绿地等“绿色”措施来组织排水，

以“慢排缓释”和“源头分散”控制为主要规划设计理念。（王薛时）

海南 2014 年生态文明建设状况

Eco-Civilization Construction in Hainan in 2014

2014 年海南生态文明指数（ECI）得分为 95.62，排名全国第 1 位。具体二级指标得分及排名情况见表 1。去除社会发展二级指标后，海南绿色生态文明指数（GECI）得分为 82.34，全国排名也是第 1 位。海南生态文明建设属均衡发展型，生态活力、环境质量和协调程度 3 个二级指标得分较为靠前，均处于第 1 等级，社会发展指标处于第 3 等级。生态活力方面，除了自然保护区的有效保护排名居中外，森林覆盖率、建成区绿化覆盖率等各项指标均排名靠前。环境质量方面，各指标的指数排名两极分化，地表水体质量、环境空气质量、水土流失率排名均在前 2，而化肥使用超标量和农药施用强度则在倒数 2 名以内，其中农药施用强度属全国之末。社会发展方面，除服务业产值占国内生产总值比例排名全国第 4 外，其余 5 项指标则处于中等或者偏下水平。协调程度方面，也出现了一定程度的两极分化情况。城市生活垃圾无害化率，化学需氧量排放变化效应，氨氮排放变化效应三项指标位列全国之首，但其余五项指标则处于中等偏下水平，环境污染治理投资占国内生产总值比重仅排第 29 位，需要注意的是二氧化硫、氮氧化物、烟（粉）尘的排放变化效应这三个主要影响空气质量的指标只居中等水平，见表 2。总体而言，海南生态环境基础好、承载量大，这是其生态文明建设的一大优势，但化肥和农药使用问题、社会发展问题是海南必须直面的问题。

表 1　2014 年海南生态文明建设二级指标情况

二级指标	得 分	排 名	等 级
生态活力（满分为 43.20 分）	29.83	5	1
环境质量（满分为 36.00 分）	24.40	6	1
社会发展（满分为 21.60 分）	13.28	12	3
协调程度（满分 43.20 分）	28.11	1	1

表 2　海南 2014 年生态文明建设评价结果

一级指标	二级指标	三级指标	指标数据	排名
生态文明指数（ECI）	生态活力	森林覆盖率	55.38%	5
		森林质量	47.42 立方米 / 公顷	11
		建成区绿化覆盖率	42.06%	6
		自然保护区的有效保护	6.96%	18
		湿地面积占国土面积比重	9.14%	10
	环境质量	地表水体质量	100.00%	1
		环境空气质量	93.70%	2
		水土流失率	1.25%	2
		化肥施用超标量	335. 82 千克 / 公顷	30
		农药施用强度	51.26 千克 / 公顷	31

续表

一级指标	二级指标	三级指标	指标数据	排名
生态文明指数（ECI）	社会发展	人均国内生产总值	35317.00 元	21
		服务业产值占国内生产总值比例	48.30％	4
		城镇化率	52.74％	15
		人均教育经费投入	1974.42 元 / 人	11
		每千人口医疗机构床位数	3.59 张	29
		农村改水率	81.45％	14
	协调程度	环境污染治理投资占国内生产总值比重	0．85％	29
		工业固体废物综合利用率	65.38％	17
		城市生活垃圾无害化率	99.90％	1
		化学需氧量排放变化效应	空	1
		氨氮排放变化效应	空	1
		二氧化硫排放变化效应	0.46 千克标准煤 / 公顷	20
		氨氮化物排放效应	0.83 千克 / 公顷	16
		烟（粉）尘排放变化效应	-0.37 千克 / 公顷	19

（参考：严耕等：《中国省域生态文明建设评价报告（ECI2015）》第 237 ~ 242 页，北京：社会科学文献出版社，2015 年。徐保军）

海南岛生态学会

The Ecological Society of Hainan Island

1981 年 10 月在海口市成立，在生态科学的学术探讨和宣传普及上，为维护生态平衡、合理利用自然资源、保护自然生态环境、促进社会主义物质文明和精神文明建设，积极开展了工作。如海南岛生态学会配合国家“海南岛大农业建设及生态平衡”的科学考察和学术讨论。（席溢）

海南国际旅游岛战略

Hainan International Tourism Island Strategy

海南省作为我国最大的经济特区，虽然建省以来经济发展取得一定成绩，但经济社会发展水平整体偏低，并面临着环境生态保护、经济结构调整等艰巨任务。为充分发挥海南的区位和资源优势，国务院于 2010 年 1 月 4 日发布《国务院关于推进海南国际旅游岛建设发展的若干意见》，海南国际旅游岛战略正式实施。海南国际旅游岛的战略定位是：力图建设中国旅游业改革创新的试验区；建设世界一流的海岛休闲度假旅游目的地；建设全国生态文明示范区；创建国际经济合作和文化交流的重要平台；打造南海资源开发和服务基地；建设国家热带现代农业基地。其战略总体目标为：到 2015 年，旅游管理、营销、服务和产品开发的市场化、国际化水平显著提升；到 2020 年，旅游服务设施、经营管理和服务水平与国际通行的旅游服务标准全面接轨，初步建成世界一流的海岛休闲度假旅游胜地。（张沥元）

海上风机

Offshore Wind Turbine

全称为海上风力发电机，是建造在海上的风力发电装置，在陆地风机的基础上发展而来。风能是取之不尽的清洁可再生能源，开发利用风力发电对于改善能源系统结构，保护生态环境具有深远意义。由于陆地风力发电占用土地资源、引起噪声污染，海上风力发电已成为风力发电的新趋势。海上风机由塔架、基础及连接部件形成支承结构，风机塔上部装有机舱、轮毂和叶片等设备。海上风机可使用的风力资源丰富，运行过程对城市噪音污染小，但安装成本高，维护困难，受天气因素制约严重，还要考虑海水腐蚀的问题。（任傲尘）

海水淡化

Seawater Desalination

海水淡化是指将海水中的多余盐分和矿物质去除得到淡水的工序，是实现水资源利用开源增量的技术。海水淡化给沿海居民提供了饮用水和农业用水，不但可以增加淡水总量，还不受时空和气候影响，并且水质好，价格渐趋合理。当前海水淡化方法有：海水冻结法、电渗析法、蒸馏法、反渗透法和碳酸铵离子交换法等。目前反渗透法以其设备简单，易于维护和设备模块化的优点迅速占领市场，逐步取代蒸馏法成为应用最广泛的方法。中国先后建成了日产百吨级、千吨级和万吨级反渗透海水淡化示范工程，开发形成了一批具有自主知识产权的工程技术，使我国一跃成为世界上掌握海水淡化技术的少数几个国家之一。（任傲尘）

海水倒灌

Sea Water Encroachment

海水倒灌是指海水沿地表进入陆地的现象。影响海水倒灌的因素主要有区域的地质结构、岩层密度与取水量等。其形成原因有：1. 低地势地区遇潮汐与巨浪；2. 地下水过度开采导致地质结构松散；3. 河流中上游农业生产用水过多导致下游水量减少，水位下降；4. 过度采沙，致使河床下降；5. 天文大潮。海水倒灌会破坏生态环境，影响经济发展，带来社会问题，其危害主要有：1. 改变土壤质量，造成土壤板结等土壤退化现象，使作为无法正常生长，阻碍农业生产。2. 腐蚀大型设备，威胁工业生产。3. 淹没街道，带来经济损失，影响人类正常生活。解决海水倒灌的问题，要做到控制地下水开采、节约水资源、实施截流集雨工程，增加地表水储水量和地下水补给量。（任傲尘）

海水综合利用

Comprehensive Utilization of Seawater

指用多种方法从海水中提取各种有用物质的生产过程。海水总不仅仅包含丰富的水资源，同时还包含多种化学元素（CI、Na、Mg、S、Ca 等）和微量元素。最基本的就是海水中盐的开发利用，包括盐田法、离子交换膜电解槽法、电解析法等。还包括对镁、溴、碘等元素的提取，需要采用更复杂的工序，包括结晶、电解、添加化学原料等方式。海水的综合利用，丰富了人类获取资源的途径，使我们在资源开发和利用中拥有更多选择。（代富宇）

《海豚湾》

The Cove

2009 年 7 月 31 日在美国上映，路易·西霍尤斯（Louie Psihoyos）执导，里克·奥巴瑞（Richard O’Barry）主演。记录日本太地町当地的渔民每

年捕杀海豚的经过。日本的太地町是风光秀丽的美丽海湾。然而，每年在这里有 23000 头海豚被日本渔民捕杀。《海豚湾》真实客观的记录这一残忍的行为。影片讲述在著名的海洋哺乳类动物专家的带领下，一群动物保护人士冒着生命危险、突破重重阻碍走进海湾，深入现场，记录下大量海豚被日本人屠杀的血腥场面。影片引发公

众对于日本捕杀海豚的关注，在其影响下，许多动物保护主义者参与到海豚的保护活动中去。（张惠娜）

海虾海龟案

Shrimp and Turtle Case

美国《濒危物种法案》将在美国海域内出没的海龟列为法案保护的对象之一，将一切占有、加工以及加害被捕虾网误捕或误杀的海龟的行为均视为非法，同时，美国研制开发一种名为 TED 的海龟隔离器，目的是在捕捞鱼虾的过程中保护海龟。美国禁止未使用 TED、以达到相应海龟保护标准的野生虾及虾类制品进入美国市场。1996 年 10 月 8 日印度、马来西亚、巴基斯坦和泰国共同向 WTO 争端解决机构提出，要与美国进行磋商以解决美国禁止进口这些国家捕捞的海虾的问题。专家组最后认定，美国的辩护理由与《关贸总协定》规定不符且不具备正当性，要求美国遵守 WTO 规则。此案的整个裁决过程，是 WTO 仲裁机构对贸易与环保目标进行协调的过程，对后来世界贸易中环保准则的不断引入产生了重要影响。（张沥元）

海洋波浪能

Ocean Wave Energy

海洋波浪能是海洋表面波浪所蕴含的能量，包括波浪的动能与势能，是清洁可再生资源。海洋波浪能的大规模开发利用有助于减缓资源危机和环境破坏。海洋波浪由于风力产生，海洋吸收太阳辐射后，地表海水升温，与深层海水之间形成温差，风吹过海洋时产生风波，风能以此方式进行能量转移，因此波浪能归根结底源于太阳能。影响海洋波浪的因素主要是风速、风时和风距，在它们作用之下波浪生成、发展和衰减。波浪能是海洋能源中能量最不稳定的一种能源，波浪不能定期生产并且能量时强时弱，不易采集。目前世界上已有多个国家建立了海上波浪发电装置，但普遍存在缺陷导致波浪放电技术仍未达到普及的应用标准。（任傲尘）

海洋船舶污染

Marine Pollution from Ships

指船舶在海上营运过程中直接或间接把一些物质或能量引入海洋环境，损害资源，危害人类健康，妨碍各种海洋活动进行，造成的海洋环境污染。海洋船舶污染源包括：1. 船舶污水，例如船舶中的含油压载水、洗舱水；2. 船舶有毒液体物质；3. 海运包装危险货物；4. 船舶生活污水；5. 船舶垃圾；6. 船舶排气。按照船舶污染的成因可分为船舶操作性污染和事故性污染。（任傲尘）

海洋放射性污染

Marine Radioactive Pollution

指人类活动产生的放射性物质在海洋中稀释、扩散、转移造成的较大范围的污染。海洋放射性污染的来源是：1. 核武器实验产生的放射性沉降物，这是目前海洋放射性污染的主要来源；2. 原子能工业排出的放射性废物；3. 核动力舰船排出的放射性废物和事故污染。海洋放射性污染危害海洋生物的同时也威胁了人类的健康与生命。放射性物质进入海洋后被浮游生物吸附，随后被鱼类等海洋动物摄入，人类通过食用海产品摄取海洋中的各种放射性同位素，长时间累积就会损害身体健康。（任傲尘）

海洋核污染

Marine Nuclear Pollution

海洋核污染是指海洋或海洋沿岸核设施在正常运行或事故情况下，大量放射性物质外溢进入海洋环境造成的放射性污染。其污染源主要包括射线、放射性尘埃。其主要表现为：1. 导致海洋生物自身发生基因突变，破坏海洋生物自然基因；2. 污染海洋生态环境，导致污染区域生物死亡，引发周边生态和经济损失；3. 对于受到核污染的海洋区域要投入大量人力物力进行长时间的清理工作，需要极大的经济、物质消耗；4. 受到

核污染的海洋区域会对在区域活动的居民造成射线伤害，危及当地居民身体健康乃至生命安全。（任傲尘）

海洋环境监测

Marine Environmental Monitoring

海洋环境监测是在一段时间和空间范围内，使用统一、可比的采用和监测手段收集海洋环境质量要素和陆源性入海物质资料，对其进行分析，以阐明其时空分布，变化规律及与海洋开发、利用和保护关系的复合过程。海洋环境监测用科学的方法监测海洋环境质量及其发展趋势，是海洋保护、海洋开发、海洋管理等工作的基础。海洋环境监测的内容包括：1. 海洋环境质量趋势性监测，包括海水、沉积物、海洋生物质量监测、海洋功能区监测和陆源入海污染物监测；2. 近岸赤潮监控区监测；3. 近岸海洋生态监控区监测，监测覆盖海湾、河口、滨海湿地、珊瑚礁、红树林等典型海洋生态系统；4. 河口及毗邻海域监测；5. 奥运帆船赛场监测；6. 海洋大气监测；7. 海冰监测等。（任傲尘）

海洋环境污染

Marine Environmental Pollution

是指人类由于生产和生活活动将大量有害物质，如废气、废水和废渣等，排入海洋环境，超过了海水环境对污染物质的净化能力，以致造成或可能造成损害生物资源及海洋生物，并危害人类健康。同时妨碍包括捕鱼和海洋其他正当用途在内的各种海洋活动，损害海水使用质量、不适合利用以及减损环境优美等有害影响。这一概念于 1972 年由海洋污染科学问题专家首次联合提出，并于 1982 年写进《联合国海洋法公约》中。海洋污染的来源根据污染物性质及其危害方式，主要分为以下两类：一类是海上石油开发活动引起的污染；另一类是由重金属、酸碱物、农药、放射性核素等物质引起的污染。海洋污染具有污染源广、持续性强、扩散范围广、治理难度大、危害性强等特点。（蔡越）

海洋经济安全

Marine Economic Security

是国家经济安全的重要组成内容。国家经济安全指作为独立主权国家的根本经济利益不受威胁和损害。所谓国家的根本经济利益就是能够影响主权国家的经济发展形势和前途的相关战略利益，具体来说，主要指国家基本经济制度、经济主权以及经济危机发生风险三个要素。海洋经济是指以特定海洋空间为尺度，以其所在海域所有海洋资源为开发、生产、经营、管理对象的经济活动的总称，因此海洋经济安全指海洋资源的开发、生产、经营以及管理活动能够不受外界干扰或者威胁的情况下自主有效进行，保障海洋资源产业稳定发展和海洋资源配置合理有序。具体来说，海洋经济安全可分为海洋产业安全、海洋资源安全以及海洋外部经济环境安全。海洋产业安全指与海洋经济相关各产业的安全开展，海洋产业包括海洋渔业、海洋养殖业、海洋油气业等，支柱型的海洋产业安全能够对整个海洋产业的发展发挥正面效应，而新兴海洋产业安全则最能够体现国家保障海洋经济安全的实力；海洋资源安全指海洋经济发展所需的资源，如海洋生物资源、海洋油气资源以及海洋空间资源等，保障海洋资源安全是保障海洋经济安全的重要内容，是海洋经济可持续发展的必要条件；海洋外部经济环境安全指对海洋经济发展产生重要影响的国家整体经济形势和经济状况，良好的宏观经济有利于海洋经济发展顺利进行。（参考：殷克东等：《海洋经济安全研究文献综述》，《中国渔业经济》2012 年第 2 期第 166 ~ 171 页。欧阳文川）

海洋垃圾

Marine Litter

海洋垃圾是海洋和海岸环境中具有持久性的固体废物，包含所有形式的人造或经加工的物质如塑料、木头、金属、玻璃、橡胶、衣物和纸张等，其中塑料制品占海洋垃圾的绝大部分。海洋垃圾主要来源于：船舶生活垃圾、船舶运营事故、旅游者和沿岸居民排放垃圾、渔业丢弃物、污水沟和地表排放倾倒垃圾、由暴风卷入或内河流入海洋的陆地垃圾等。海洋垃圾的危害主要包括：1. 威胁海洋生物构成，附着在垃圾上的有害物种会造成外来物种入侵，海洋垃圾中的塑料制品难以降解，常被海鸟、海龟、鱼类等海洋生物误食，使鲸类动物会遭受废旧渔网缠绕，鸟和海龟会被塑料薄膜覆盖而窒息等；2. 影响海洋水质，由海水运动推动，海洋垃圾在某些海域形成"塑料漩涡"，产生巨大的垃圾岛，海洋垃圾会分解出大量毒素进入海水，污染海洋环境；3. 威胁船舶航行安全，海洋垃圾中的塑料袋和废弃渔网会缠绕船只的螺旋桨，损坏船身和机器，引发海上事故给航运公司造成损失；4. 造成视觉污染，丢弃在海岸的垃圾和被潮汐带回海滩的垃圾会影响旅游者的审美感知，造成滨海旅游业萎缩等问题。（任傲尘）

海洋能源利用

Utilization of Marine Energy

海洋能源利用是包括波浪能、潮汐能、潮流能、海水温差能、海水盐差能等海洋能源的开发利用。波浪能是指对海洋表面波浪所具有的功能与势能的开发。潮汐能利用海水潮涨与潮落的势能发电。潮流能利用是将海洋中潮流水平运动中蕴含的动能转化为电能。海水温差能是利用海洋受太阳辐射加热的温暖的表层水与较冷的深层水之间的温差进行发电获取的能量。盐差能利用是海水和淡水之间或两种含盐量不同的海水相混发出的化学电位差能发电，主要存在于河海交界处。海洋能源利用清洁环保，无碳排放，有益于整个生态系统的平衡，具有可预测性，是开发再生能源的重要途径。（任傲尘）

海洋生态动力学

Marine Eco-dynamics

将各营养层生物的分布与变化、有机物的产生与食物条件、摄食和环境条件变化相关联的方法，是将物理过程、生物过程定量化相关的途径。基于物理、化学、生物过程的基本规律，借助计算机模拟，定量化各过程的相互作用机制，理解系统功能的总特征，是多学科交叉的纽带和工具。1949 年 Riley 耦合了浮游动物和浮游植物生物量和上混合层动力学方程建立了第一代生态系统动力学模型。随着计算机技术、海洋生物、物理海洋和化学海洋学的发展和有机结合，海洋生态系统动力学模型也经历了一个从零维模型到三维模型的发展过程，耦合生物过程、化学过程、物理过程的生态模型逐渐建立起来。目前主要的模型有：箱式模型、水柱模型、垂直一维模型、三维模型等。（参考：张志南：《水层－底栖耦合生态动力学研究的某些进展》，《青岛海洋大学学报》（自然科学版）2004 年第 1 期第 115～122 页。朱雨晨）

海洋生态环境安全

Maritime Ecological Environment Security

指海洋生态系统及其有机组成部分能够维持正常功能运作，保持系统平衡，使海洋生态系统本身、海洋生态系统与人类社会保持正常的功能与结构。海洋生态环境安全是经济社会可持续发展的重要内容，是生态文明建设的有机组成部分，它包括海洋生物安全、海洋环境安全和海洋生态系统安全三方面，其中海洋生态系统安全是核心要素。海洋生态环境安全的问题是在海洋污染和海洋资源破坏日益严重的背景下提出的；另外，传统国家安全观念的转变和非传统安全研究的拓展，使得人口、环境安全进入人们的视野；更重要的是，关于生态安全本身的研究使人们注意到环境和资源的破坏已经对人类社会的稳定和安全构成了巨大威胁。海洋生态安全问题的直接原因就是严重的海洋污染导致海洋生态系统的正常运作受到干扰。一般来说，陆源污染物（包括人类生活污水、有毒和放射性物质）、人口趋海移动和油船泄露或沉没等原因是海洋污染的最主要原因。海洋污染严重威胁海洋生物的生存和繁衍，影响海洋生态系统的平衡，与此同时，生态系统的破坏还进一步造成海洋经济的衰退。构建和宣传海洋生态意识以及建立海洋和沿海资源的综合管理制度是解决海洋生态环境安全的有效途径。（参考：杨振娇等：《海洋生态安全研究综述》，《海洋环境科学》2011 年第 2 期第 287 ~ 291 页。欧阳文川）

海洋生态环境保护

Protection of Marine Ecological Environment

海洋生态环境保护指对海洋生物群落及其所处环境的保护措施。人类对海洋保护的认识经历了三个阶段，第一阶段目的是防止海洋事故对海洋渔业造成的经济损失；第二阶段针对海域污染问题进行规范整治；第三阶段是在海洋生态保护的意义上，注重海洋资源利用的可持续性及海洋生态系统的重要性开展的保护活动。海洋生态保护的主要内容有：1. 完善海洋生态环境保护相关法规，严格实施海洋生态环境监督管理；2. 增强海洋环境监测，为海洋生态环境保护提供科学根据；3. 深入海洋生态环境理论研究，研发相关科技手段；4. 控制各类污染源排放，减少海洋环境污染，提高海洋生物多样性，稳定海洋生态系统平衡；5. 宣传海洋生态环境保护知识，更新人们对海洋资源认识的理念等。（任傲尘）

海洋生态文明建设试点示范区

Pilot Demonstration Areas of Oceanic Eco-civilization Construction

2013 年 2 月 16 日国家海洋局对外公示首批国家级海洋生态文明示范区名单。获得批准的 12 个示范区分别是山东省的威海市、日照市、长岛县；浙江省的象山县、玉环县、洞头县；福建省的厦门市、晋江市、东山县；广东省的珠海横琴新区、徐闻县、南澳县。海洋生态文明示范区建设的主要任务是，优化沿海地区产业结构，转变发展方式；加强污染物入海排放管控，改善海洋环境质量；强化海洋生态保护与建设，维护海洋生态安全等。海洋示范区建设的总体目标为：“十二五”前期积极探索示范区建设经验，在总结提高的基础上，各沿海省市全面推进，形成各具特色的科学发展模式，到“十二五”末建成 10 ~ 15 个国家级海洋生态文明示范区，并在全国范围内推广示范区建设经验，综合提升全国海洋生态文明建设水平。（张沥元）

海洋生态系统

Marine Ecosystem

海洋中的生物群落与其周围环境共同构成的生态系统。海洋占地球表面积的 71.8%，是地球上面积最大同时也是最繁复的生态系统。从海水表层到深层，随着水的深度、光照、温度、盐度和营养物质状况的不同，生物的种类、数量、活动能力等有较大差异，从而形成不同特点的次级生态系统。造成海域生态系统破坏的原因主要有：1. 人类的生产活动，如不当的海域资源开发，过度捕捞等；2. 航行导致的海洋污染，对海洋生物的生存影响极大；3. 自然环境的变化，如全球气候变暖与海平面上升等。（朱雨晨）

海洋生态学

Marine Ecology

研究海洋生物与其生存环境之间关系的海洋生物学分支学科，也是生态学的分支学科。其研究内容主要有海水的温度、盐度、透明度、压力、海水运动、海洋地质、地貌和海水化学成分等海洋环境条件对海洋生物的影响，以及海洋生物对环境条件的适应性和改变环境的本能作用，同时研究海洋生物之间相互依存，相互制约的内在联系，以便人类对海洋生物的科学捕捞、利用、控制和改造。（朱雨晨）

海洋生物多样性

Marine Biodiversity

海洋生物多样性指海洋生态系统中所有物种

及其遗传变异和海洋生态系统的复杂性的总称。包括海洋生物物种多样性、海洋生物遗传多样性、海洋生态系统多样性及海岸生态系统多样性。海洋生物物种多样性是一定面积区域内发现的物种数量，为海洋生物多样性的关键，其数目庞大，体现了生物之间及环境之间的复杂关系和生物资源的丰富性。海洋生物遗传多样性指海洋生物种内基因的变化。海洋生态系统是不同海域浮游植物、浮游动物、底栖动物、游泳动物的数量体现。海岸生态系统多样性包括沿海潮间带生态系统、海海岸带湿地生态系统和红树林生态系统等多样性。破坏海洋生物多样性的原因有：过度捕捞及误捕、生境破坏、海洋污染、外来物种入侵、全球环境变迁等。海洋生物多样性的重要性在于它可以为人类提供食物、医药，保护海岸防止洪水泛滥，调节气候，维护整个地球生态系统的完整性。（任傲尘）

海洋生物多样性保护

Protection of Marine Biodiversity

海洋生物多样性保护是保证海洋生态系统平衡的相关措施，旨在保持海洋生物物种、遗传、生态系统的多样性与稳定性。具体措施包括：完善海洋生物多样性保护的相关法规，在国家战略的高度强调海洋生态系统的重要性；加强海洋环境监测和科学调查研究，为海洋生态环境管理措施奠定基础；建设海洋自然保护区及相关管理工作；强调海洋开发中的可持续发展战略，控制渔业资源捕捞强度与时期；加强海洋污染防治措施，减少海洋污染对海洋生态系统的影响；宣传海洋生物多样性相关科学知识，使人们在开发海洋资源、享受海洋旅游业等境况下保护海洋生物多样性。（任傲尘）

海洋生物质能

Marine Biomass Energy

海洋生物质能是海洋中的植物利用光合作用将太阳能转化为化学能贮存起来的能量。海洋生物质能的主要来源是海洋藻类，如海洋微藻与大型海藻等。微藻生长迅速，光合效率极高，适应能力强可大规模生产，可以吸收废气废水，并且因其含有丰富的生物活性物质，可在制备生物燃料的同时进行高值产品开发。大型海藻含有丰富的碳水化合物，可以转化为燃料乙醇等，大规模栽培可有效吸收富营养化元素，因木质素含量比陆地植物小，机械强度不高，易绞碎消化，降低了生产燃料成本。在世界粮食危机下，生物质能的开发受到限制，农作物作为原料开发生物质能占用耕地面积与水资源，海洋生物质能的开发为这一难题提供了出路，是实现可持续发展的重要途径。（任傲尘）

海洋石油污染

Marine Oil Pollution

海洋石油污染指石油及其炼制品在开采、炼制、贮运和使用过程流入海洋而造成的污染。其污染源主要是陆源性排放，如工矿企业排污口，炼油厂、沿岸工程和输油管道排油等。油品入海途径还包括海底油田开发过程漏油，油船运输过程发生事故，大气中的低分子石油烃沉降，海洋底层局部自然溢油，船体石油泄露、特殊情况如海湾战争等。石油入海后即发生一系列复杂变化，包括扩散，蒸发，溶解，乳化，光化学氧化，微生物氧化，沉降，形成沥青球，以及沿着食物链转移等过程。使得海洋石油污染对海洋环境、生物、人类都造成了巨大的伤害，包括：1. 污染海洋环境，石油在海面形成油膜，对大气与海水间的气体交换起阻碍作用、影响海面对电磁辐射的吸收和反射、在极地加速冰面融化速度。2. 阻碍海洋植物生长，油膜会减弱太阳辐射，影响植物的光合作用。3. 沾污海兽皮毛和海鸟羽毛，使动物丧失保温、游泳或飞行能力。4. 石油烃对海洋生物毒害，影响生物正常生长。5. 严重污染会导致海洋生物死亡，改变海洋群落组成。6. 影响水产业发展，造成经济损失。7. 食用受污染的海洋产品损害人类健康等。（任傲尘）

海洋石油污染防治

Marine Oil Pollution Prevention and Cure

海洋石油污染防治是针对由人类活动如石油开采加工、废水排放、海上交通运输等将石油带入海洋，造成海洋生态系统的破坏所采取的防治手段。针对海面溢油事故，目前较常见的污染物清理修复手段有原位燃烧、喷洒溢油分散剂（又称消油剂）和生物修复等。原位燃烧的效果受污染事故发生现场中溢油的种类、现场的气象状况和海洋环境以及溢油乳化时间等因素的影响；溢油分散剂仅适用于10–15m深的水域，通过改变油水间的界面张力，使溢油污染物形成水包油的结构，使其分散形成微小颗粒，更易被海水中具有石油烃降解能力的微生物所降解。但是由于溢油分散剂能够改变海洋生物细胞膜的结构和抗氧化物酶系统的活性等，因此存在给海洋生态系统带来二次污染的风险；生物修复是指利用石油烃降解菌对石油污染物的降解能力，在溢油污染现场投放菌剂和供细菌生长的营养肥料，将石油污染物转化为二氧化碳和水，以达到清除溢油污染的目的。海洋石油污染的防治有利于海洋生态系统的健康运转，为海洋生物多样性提供了一个稳定的生存环境，同时也保护了沿海滩涂湿地及风景区的景观。（参考：尹建国：《结合国内外现状谈海洋石油污染防治技术及其应用》，《资源节约与环保》2013年第6期第53页。刘阳）

海洋碳汇

Ocean Carbon Sink

海洋碳汇又称蓝色碳汇，是指一定时间周期内海洋储碳的能力或容量。海洋储碳的形式包括无机的、有机的、颗粒的、溶解的碳等各种形态。海洋中95%的有机碳是溶解有机碳（DOC），而其中95%又是生物不能利用的惰性溶解有机碳，目前世界大洋中惰性溶解有机碳的储碳量大约是6500亿吨，储碳周期约5000年，它们与大气二氧化碳的碳量相当，其数量变动影响到全球气候变化。海洋碳汇有两种实现形式。物理泵，既二氧化碳从大气—海水表面—深海的水动力输送过程。生物泵，既海水中的二氧化碳通过海洋植物的光合作用，将无机碳转化成有机碳，并通过食物链能量传递，一部分海洋生物被人类捕获利用而实现碳转移，另一部分随着生物代谢和死亡，形成颗粒碳沉积于海底。海洋是除地质碳库外最大的碳库，也是参与大气碳循环最活跃的部分之一，海洋的固碳能力约为4000万亿吨，每年新增储存能力约5 ~ 6亿吨，碳元素在海洋中主要以颗粒有机碳、溶解有机碳和溶解无机碳3种主要形态存在。（李雪姣）

海洋温差能

Ocean Thermal Energy

又名海洋热能，是利用海洋受太阳辐射加热的温暖的表层水与较冷的深层水之间的温差进行发电获取的能量。在多种海洋能资源中，其资源储量仅次于波浪能，位于第二。目前对海洋温差能利用的主要方式是海水温差能发电，其基本原理是利用海洋表层的温海水直接作为工质，或作为热源对循环工质加热，工质汽化驱动汽轮机发电，再用深层低温海水冷却做功后的工质气体，使之重新变为液体进入下一转驱动循环。海水温差能发电根据所用工质及流程的不同，一般可分为开式循环系统、闭式循环系统、混合式循环系统、提升式循环系统等，主要由冷凝器、蒸发器、汽轮机、发电机组等组成。利用海洋温差能发电具有诸多优点，不会造成环境污染，还可得到作为副产品的优质淡化水，不受时间、季节等条件限制，能量供应稳定。海洋温差能发电是一项高科技项目，仍有诸多问题有待解决，但海洋温差能转换可提供海上就近供电，并能同海水淡化相结合，在可持续发展战略中具有美好的开发前景。（任傲尘）

海洋文化

Marine Culture

海洋文化，就是和海洋有关的文化；就是缘

于海洋而生成的文化，也即人类对海洋本身的认识、利用和因有海洋而创造出来的精神的、行为的、社会的和物质的文明生活内涵。海洋文化的本质，就是人类与海洋的互动关系及其产物。人类缘于海洋，因由海洋而生成和创造的文化都属于海洋文化；人类在开发利用海洋的社会实践过程中形成的精神成果和物质成果，如人们的认识、观念、思想、意识、心态，以及由此而生成的生活方式，包括经济结构、法规制度、衣食住行习俗和语言文学艺术等形态，都属于海洋文化的范畴。海洋文化中崇尚力量的品格，崇尚自由的天性，其强烈的个体自觉意识、强烈的竞争意识和开创意识，都比内陆文化更富有开放性、外向性、兼容性、冒险性、神秘性、开拓性、原创性和进取精神。海洋文化包罗万象，如海洋民俗、海洋考古、海洋信仰、与海洋有关的人文景观等都属于海洋文化的范畴。（牟世晶）

海洋污染

Marine Pollution

海洋污染指由于人类活动导致有害物质进入海洋造成的包括对海洋生态系统、海洋物种、海水质量等污染。流入海洋的污染物质主要有：1. 石油及其产品包括原油和从原油中分馏出的汽油、煤油、石蜡、沥青等，造成海洋石油污染；2. 重金属和酸碱，如因煤和石油的燃烧释放的微量汞，逸散到大气最终进入海洋；3. 农业用药，包括含有毒性的除草剂、灭虫剂等；4. 有机物质和营养盐类，包括生活污水中洗涤剂、食物残渣及粪便，工业排除的纤维素，有机化肥残渣等，易造成海上的富营养化；5. 放射性核素，由核工业释放出来的人工放射性物质；6. 固体废物，包括船舶废弃物、工业和城市垃圾、工程渣土等；7. 废热，工业排除的热废水等。海洋污染源主要是陆源污染、船舶污染、海上事故、海洋倾废与海岸工程建设。由于海洋污染中污染源繁多，污染持续性强，扩散广泛难以控制，破坏生态平衡，危害人类健康，影响经济收入，是如今环境污染的重要难题。（任傲尘）

海洋污染防治

Prevention and Cure of Marine Pollution

海洋污染防治是针对海洋污染问题的防御治理措施。海洋污染防治主要内容包括：1. 完善海洋污染防治相关法规，并严格实行监管制度；2. 从污染源入手，加强各行业排废治理，全面推行清洁生产；3. 提高污水处理厂的技术含量与处理能力；4. 发展生态农林业，控制化肥、农药的使用量；5. 注重海上石油开采、船舶运输的安全性，减少石油泄漏造成海洋污染。海洋污染具有诸多危害，影响植物的光合作用，阻碍二氧化碳的吸收加速全球变暖，造成海水富营养化和赤潮现象，使海洋生物数量减少，因食物链传递的污染物影响人类食物来源，损害人类健康，造成渔业经济衰退等。海洋污染防治是环境危机下重要的防御治理措施，对海洋生态系统维持平衡有巨大贡献。（任傲尘）

《海洋污染防治法》

Marine Pollution Prevention and Cure Law

见**《中华人民共和国海洋污染防治法》**。

海洋盐差能

Marine Salinity Gradient Energy

海洋盐差能是一种新型的可再生海洋能，主要存在于河流入海口处，海水和淡水之间或两种含盐浓度不同的海水之间的化学电位差能，可将其转换为有效电能。据估算全球可供利用的盐差能可达 26 亿千瓦。目前海洋盐差能的利用主要有 3 种方式：渗透压能法（PRO），利用淡水与盐水之间的渗透压力差为动力，推动水轮机发电。反电渗析法（RED），用阴阳离子渗透膜将浓、淡盐水隔开，利用阴阳离子的定向渗透在整个溶液中产生的电流。蒸汽压能法（VPD），利用淡水与盐水之间蒸汽压差为动力，推动风扇发电。盐差能发电是一项新兴的绿色能源，对环境零排放、零污染，但仍需技术的进一步成熟。（参考：刘伯羽、李少红、王刚：《盐差能发电技术的研究进展》，《可再生能源》2010 年第 2 期第 141 ～ 144 页。朱雨晨）

海洋有机物污染

Marine Pollution of Organic Substance

指进入河口近海的生活污水、工业废水、农牧业排水和地面径流污水中过量有机物质（碳水化合物、蛋白质、油脂、氨基酸、脂肪酸酯类等）和营养盐（氮、磷等）造成的污染（不包括石油和有机农药）。是世界海洋近岸河口普遍存在并最早引人注意的一种污染。与石油、重金属、农药等污染物不同，有机污染物不会在生物体内积累。通常在海水中排入适量的有机物和营养盐，有利于生物的生长，但过量排入辅以合适的环境条件则造成水体溶解氧的锐减或浮游植物的急剧繁殖。进入河口沿岸的有机污染物在潮流的作用下，不断稀释扩散，其中大多数都可以为细菌所利用并分解为二氧化碳和水等。细菌在有机物的代谢过程中，要消耗大量溶解氧。因而可被生物降解的有机物在海水中的浓度，常用在 20 摄氏度时 5 日生化需氧量（BOD5）来表示，有机物在水体中的浓度也可用化学需氧量（COD）或总有机碳（TOC）表示。（史月田）

海洋重金属污染

Heavy Metal Pollution of Marine

海洋重金属污染主要是指由于人类活动将重金属污染物排入海洋而造成海洋整体环境恶化的污染。海洋重金属的来源可分为天然来源和人为来源两大类。天然来源如海底火山喷发、地壳岩石风化等将重金属带入海洋，构成了海洋重金属的环境本底值；人为来源如矿山与海洋油井的开采、工农业污水、废水的排放（如电镀、冶金、蓄电池、涂料等）等，是海洋重金属污染源的主要来源。20 世纪 50 年代日本出现由镉引起的骨痛病和由甲基汞形成的水俣病以后，各沿海国家都十分重视重金属对海洋环境的影响。中国环保部近两年发布的《中国近岸海域环境质量公报》数据显示：2013 年，直排海污染源污水排放总量中约有石油类 1636 吨、汞 213 千克、六价铬 1908 千克、铅 7681 千克、镉 392 千克；而 2014 年，污水排放总量中约有石油类 1199 吨、汞 281 千克、六价铬 1611 千克、铅 5801 千克、镉 864 千克，可以明显看出随工业废水、综合污水直接排放入海的各种重金属总体在减少。（参考：夏娜娜，王军，史云娣等：《海洋重金属污染防治的对策研究》，《中国人口：资源与环境》2012 年第 S1 期第 343 ～ 346 页。刘阳）

《海域使用管理法》

Sea Area Use Management Law

见**《中华人民共和国海域使用管理法》**。

害虫抗药性

Insecticide Resistance

害虫抗药性是指农业害虫忍耐杀死正常种群大部分个体的药量，并通过遗传性状的改变在种群中稳定发展起来的能力。害虫抗药性的产生是害虫对不利生存环境的一种适应，它只是将同类类群中所固有的抗性潜能表现出来。如达尔文所指出，害虫只是在与其环境互相选择的过程中，保留了同环境相适应的某些性状，并在世代交替中予以传递。影响害虫抗药性的因素有害虫种群对药剂敏感性的遗传变异、杀虫剂剂量和频率造成的选择压力和害虫的繁殖和迁飞能力等。在害虫抗药性研究中，可将害虫分为敏感、抗性和杂合三种类型，目前化学药剂防治是大多数害虫防治的主要手段，所以产生抗药性的案例多为化学药剂。害虫抗药性治理手段一般可分为化学手段和非化学手段，前者包括适度治理、饱和治理和复合治理等，后者包括天敌抑制、昆虫病原物、农业防治措施和寄主抗性等。（参考：何秀玲：《害虫抗药性研究与治理状况概述》，《世界农药》2013 年第 5 期第 34 ～ 38 页。刘阳）

邗沟

Hangou Canal

邗沟又名渠水、韩江、中渎水、山阳渎、淮扬运河、里运河，南起扬州以南的长江，北至淮安以北的淮河，是联系长江和淮河的古运河。春

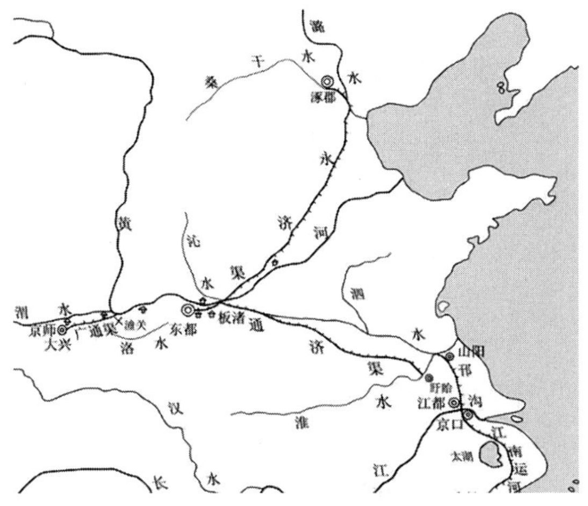

秋末年，吴王夫差北上争霸，于公元前486年筑邗城（今扬州市），开挖邗沟。最初南端自长江引水北流，向北绕经一系列湖泊，以较短的人工渠道相连接，航道弯曲，到末口入淮河。隋代两次重开此河，炀帝开挖通济渠时，又开邗沟，自山阳至江都入扬子江，沟通江、淮，成为隋代南北大运河的重要组成部分。唐代，长江中的沙洲扩大，并与北岸相连。开元二十二年（734），扬子镇以南接开伊娄河，经瓜洲入江。从此，瓜洲运口与仪征运口并用。北宋时期，邗沟上建有数十处闸、坝等建筑物，并且出现了世界上最早的船闸—复闸。元代开京杭运河，邗沟成为其中的一段，南口在瓜洲和仪征，北口在淮安北。今天运河上承中运河，北起淮阴水利枢纽的淮阴船闸，南到扬州市邗江区六圩入长江，过江在镇江市谏壁口与江南运河相接，长197千米，是苏北航运的主要干道、南水北调工程中的主要输水线路。（参考：王瑞平《从春秋战国时期的水利工程及其命名谈南水北调工程的命名》，《华北水利水电大学学报》（社会科学版）2014年2期第1～6页。朱配辰）

韩国环境教育

Korean Environmental Education

通过环境教育培育公民的环境意识，是韩国生态建设的重要途径。1989年韩国创立由全国幼儿园、中小学以及社会教育机构、环境教育研究机构等相关机构参与的“韩国环境教育学会”，并于1990年召开了“韩国的环境教育学术会议”，使得对于环境教育的议论和见解从个人层面上升到了学术和相关机构团体层面上，并使学校教育教学一线教师和教育管理人员以及研究人员紧密联系起来。1991年韩国教育开发院专门增设了下属机构——学校环境教育研究部，每年召开两次学校环境教育相关国际研讨会，并实施了幼儿园及中小学学生和教师对于环境教育的认识调查和《关于强化学校环境教育的实施方案》专题研究和政策研究。在经历了从无到有的发展历程后，韩国中小学环境保护教育已成体系，环境教育部分涵盖了幼儿园、小学、初中、高中、大学等各个阶段，发展成为体系健全、内容丰富、形式多样的有机整体。环境教育内容分布在生活、社会、自然、道德、劳动实践等科目中，尤其在社会和自然两门科目中出现的频次较高。其中，社会科目主要从国土开发使用和保护层面上，对资源、人口、环境以及由于产业化、城镇化、现代化所带来的环境污染问题以及相关处理应对措施等为主线展开。韩国环境教育的领域包括环境保护的相关知识及意识、技能、价值和态度、行动和参与实践等多个层面，主要包括：1. 环境保护概念的认知；2. 环境保护相关内容的介绍，涉及生物多样性保护、湿地保护、有害废弃物的国际间流动和有效处理、濒临灭绝的鸟类保护、人口问题、粮食安全问题以及合理利用和开发、可持续性的农业及农村开放等议题；3. 环境污染相关教育。环境教育课程内容随着年级的增高逐步由浅入深、由易到难。（张惠娜）

《汉堡纲领》

Hamburg Programme

德国社会民主党在2007年通过的最新的党

的基本纲领，也是社民党在第二次世界大战后制定的第三个纲领。《汉堡纲领》试图对全球化所带来的政治、经济、文化变化，对人口结构的变化，对世界秩序的变化等重大问题做出回应。主要包括四个部分：我们的历史、我们的价值观和理念、我们的目标和政策、我们的路径，集中阐明德国社会民主党关于和平政策、欧洲政策、公民社会和民主建设、性别平等、可持续发展和有质量的增长、创造就业、预防型福利国家、教育和家庭教育等方面的政策主张。如果说《柏林纲领》主要是向新社会运动开放，那么《汉堡纲领》则主要是为了在21世纪初，特别是在竞争日益激烈的全球化时代，拯救德国的社会保障体系。《汉堡纲领》重申社会民主党的基本价值观：自由、正义和团结，强调建设“预防型福利国家”，推崇以社会福利和社会公正为基础的政党纲领和政策。《汉堡纲领》继承《柏林纲领》积极的环境主义立场，强调21世纪的伟大任务是通过民主政治来塑造全球化，追求可持续发展，可持续性是政治、经济行为的唯一基本原则。（王聪聪）

汉斯皮特 · 克雷希

Hanspeter Kriesi, 1949 ～

瑞士环境社会学家。早年在伯尔尼大学学习社会学，1976年获得苏黎世大学社会学博士学位，1980年取得讲师职位，1984年在阿姆斯特丹

大学获得教授职位，1988年在日内瓦大学教授比较政治学。2002年担任苏黎世大学比较政治学教授，主持瑞士国家资助研究项目“21世纪民主的挑战”。研究兴趣包括比较政治学、政治社会学、政治行为、选举行为、政治沟通、政治参与和社会运动、利益集团、公共空间和媒体。著作有：《布莱克威尔的社会运动》《直接民主选择：瑞士的经验》《西欧新社会运动》等。研究对象涉及基于选举运动对克服权力职权的因素，何种战略能够被所有成功的挑战所分享，全球化过程能够引起何种类型的国家间和国家内部的结构性冲突等。（徐越）

旱涝盐碱综合治理

Comprehensive Control of Drought, Waterlogging, Salinization and Alkalization

是对旱涝和土壤盐碱化灾害同时存在和交错发生的地区所采取的水利和农业等各种治理措施。旱涝盐碱自然灾害，严重影响着农业生产。在我国以黄淮海平原地区尤其严重，这一地区主要属于黄河下游冲积平原。由于季风的影响，降水量的年变化和季节性变化都很大，旱涝灾害频繁，历史上河道多次变迁，地形多呈条状和碟状洼地，排水不畅，土壤积盐，地下水矿化度高，旱涝盐碱互为因果，交错发生。另外人为因素的影响使得旱涝盐碱灾害加剧，如：灌排失调，耕作粗放，地下水水位上升和表层土壤盐分积累加快等。旱涝盐碱综合治理措施主要依靠水利措施和农业措施两种。水利措施主要是运用工程和管理手段，合理开发利用水资源，调节控制土壤水和地下水，为农作物生长创造良好的水分条件。如：健全排水系统，防治涝碱灾害；发展灌溉，提高抗旱能力；提高河道的防洪排水能力，防治洪涝灾害等。农业措施主要是通过农业手段，改善土壤和地下水环境。如：增施有机肥料，改善土壤结构，提高土壤肥力；平整土地，精耕细作；适当调整农业结构，选择耐盐作物；发展林业，改善生态环境，减缓土壤水分蒸发，土壤耐盐作物等。（石艳峰）

瀚海沙

Hanhaisha

发起人是长期关注中国荒漠化问题的年轻社会人士，包括自然之友、绿网等民间环保组织的会员。瀚海沙很多志愿者都有多次专程到中国西北部考察荒漠化地区生态环境和社区状况，或是生长和生活在受荒漠化影响地区的经历。自2001年年底开始筹备，并于2002年3月份通过群发电子邮件和在自然之友、绿网论坛上发布招募志愿者消息，第一批有50多人申请加入（全国各地），后继不断有新的志愿者加入。宗旨：将努力与各方合作，共同保护当地特色的生态环境和民族传统文化，促进当地社区的发展。目标与使命：1. 努力成为相关生态知识及荒漠化防治措施的宣传者，通过开展社区和媒体宣传教育活动，引导人们反省日常的生活理念和消费行为，缓解对荒漠化地区的生态压力。2. 努力成为保留和发展荒漠化地区民族传统文化的倡议者，并将组织城市志愿者到荒漠化地区考察，唤起更多的人关心和帮助受荒漠化影响地区的发展。3. 努力成为荒漠化地区本土民间活动的支持者，为荒漠化地区草根组织联系更多的社会资源，为本土民间活动提供更广阔的发展空间；此外，希望成为共同关注荒漠化地区发展的相关各方的联络者和协调者，促进各方在保护荒漠的文化与生态多样性、防治荒漠化、保存民族传统文化和促进社区发展等问题上的交流与合作。工作方式：着眼于协调人与自然的关系，扎根于荒漠化地区来开展项目和活动。探索和宣传荒漠文化与生态多样性及支持荒漠化地区草根组织发展，将是其长期工作方向。（席溢）

杭州西湖水利

Water conservancy of West Lake, Hangzhou

闻名海外的杭州西湖不仅是风景名胜，它在我国历史上还是一座设备齐全、管理完善的灌溉济运水库。西湖水利工程和唐代大诗人白居易有着密切关系，西湖原为古海湾淤积形成的泻湖，当年白居易出任杭州刺史时察访民情，得知下塘一带千亩耕地都依靠西湖水灌溉，但当时西湖湖堤倒塌，湖水难以存蓄，导致农田连年干旱。据

记载，白居易在公元823年带人重修湖堤，建水闸，修渠道，增加了西湖的蓄水量，完善其供水和防洪工程，使之成为人工水库，同时以江南运河为灌溉干渠与下游湖泊联合使用，灌溉杭州、海宁一带土地千余顷。更为重要的是，为了更好发挥西湖水利的作用，白居易制定了严密的管理制度。如规定大雨季节要严密防范溃堤；水位过高时由预留的“水缺”泄水，再高时同时启放水闸和水涵。北宋时期，当地政府多次对西湖进行整治，其中以苏轼主持的治理最为著名。苏轼出任杭州知府时，湖中水草茂盛，淤积严重。于是他调军队进行疏浚，并利用疏浚的葑草和泥土修建西湖风景堤。后人为纪念苏轼的功绩，将该堤称为“苏堤”，如今的苏堤春晓仍然是驰名中外的西湖胜景。西湖由水利变旅游是从明代开始，明代杨孟瑛主持修缮西湖水利之后，泥沙淤积，陆地向大海推进，西湖向杭州城内供水作用减小。在其之后的西湖开发中，利用天然风光、园林建筑的旅游业日益兴旺，使西湖由综合利用的水利工程转化为举世闻名的旅游胜地。新中国成立后，中央政府对西湖进行了修正和开发，引钱塘江水作为西湖和城内河道水源，使西湖成了杭州重要的旅游和水利设施。（参考：邓俊《水利工程对西湖景观的造就》，《中国水利》2013年18期第1～2页。朱配辰）

郝吉明

Hao Jiming, 1946 ~

山东梁山人，1984年毕业于美国辛辛那提大学，获博士学位，环境工程专家，清华大学环境科学与工程研究院院长，教育部首批特聘教授，

曾于1996年获全国环境保护科技先进工作者荣誉称号，2000年获全国环保杰出贡献者称号，2005年当选为中国工程院院士。其主要研究领域为能源与环境、大气污染控制工程，并致力于全国酸沉降控制规划与对策研究，划定酸雨和二氧化硫控制区，为我国设立酸雨防治对策提供主导意见。他还建立了城市机动车污染控制规划方法，对大气复合污染特征、成因及控制策略进行深入研究，发展了特大城市空气质量改善的理论与技术方法。其主要论著有：《大气污染及其防治》（1987）《大气污染控制工程（第一版）》（1989）《大气污染控制工程（第二版）》（2002）《大气污染控制工程（第三版）》（2010）《燃煤二氧化硫污染控制技术手册》（2001）《燃烧源可吸入颗粒物的物理化学特征》（2008）等。（石艳峰）

好氧生物滤池

Biological Aerated Filter, BAF

即曝气生物滤池，是20世纪80年代末在欧美地区发展起来的新型污水处理技术。好氧生物滤池是由曝气系统、配水系统、生物滤池及动力系统组合而成，其最大特点是集生物氧化和截留悬浮固体于一体，节省了二沉池的操作工序，有去除悬浮物（SS）、化学需氧量（COD）、生化需氧量（BOD）、硝化及脱氮除磷的作用。世界上首座曝气生物滤池1981年诞生在法国。好氧生物滤池与普通活性污泥法相比，具有有机负荷高、占地面积小、资金投入少、不会产生污泥膨胀、氧传输效率高、出水水质好等优点；但它对进水SS要求较严，为了延长滤池的运行周期、减少反冲洗频率以降低能耗，曝气生物滤池处理污水时需对进水进行预处理。（参考：邓康、黄少斌、胡婷：《曝气生物滤池好氧反硝化脱氮的研究》，《环境科学》2010年第12期第2945 ~ 2949页。刘阳）

浩然之气

Noble Spirit

指盛大刚正的精神人格。典出《孟子·公孙丑上》：“我知言，我善养吾浩然之气。敢问何谓浩然之气。曰：难言也。其为气也，至大至刚，以直养而无害，则塞于天地之间。其为气也，配义与道；无是，馁也。是集义所生者，非义袭而取之也。行有不慊于心，则馁矣。”孟子的浩然之气与中医学上所说的血气以及自然科学之气不同，孟子区分了“志”与“气”，主张“以志帅气”，提出从仁义之心出发培养“浩然之气”，其修养方法包括“持志”与“养浩然之气”两个方面，孟子的“浩然之气”发自仁义之心的德性，它“至大至刚”，“塞于天地之间”；“养吾浩然之气”后来成为孟子以及中国历史上其他志士仁人培养崇高气节，挺立道德人格的重要精神资源，“养吾浩然之气”的思想对中国历史影响深远。（雷爱民）

合法性

Legitimacy

即正当性或正统性。合法性不等同于拥有法

律依据（如宪法）意义上的“合法”，后者更多是一个法制概念，指法律制定是否一般地符合宪法规定的程序和人民对法律规范的遵循与服从，并不在意法律本身的正义与否。政治学意义上的合法性，是指人们能否把法律当作合理的东西加以接受。换句话说，政治合法性就是政府在被民众认可原则之上实施统治的正统性或正当性，它通过民众对政权的认可和拥护程度表现出来。一个政权受到民众支持和认可，可能是根本制度合理，也可能是某个领袖受人爱戴，可能是人们偏爱某种意识形态，也可能是某一届政府受到欢迎，还可能是某一政策使民众受益。当政府具有合法性时，民众就会自觉服从，即使出现抵触，也不会危及统治。这种情况下，个别政策失误也不会造成政治体系崩溃。反之，政府的个别失误，都有可能造成自身的垮台和政治体系的全面危机。政治合法性至关重要，关系到政治统治的持久性。从理论上说，合法性资源严重不足的政府，往往是依靠暴力来维持统治的，所以社会秩序不会稳定。德国社会学家马克斯·韦伯对政治合法性的基础的经典论说，被广为接受。他构建了三种理想模型来说明高度复杂的政治统治和服从的基础：传统权威型、个人魅力型和法理型。（李庆）

和平与团结的社会

Society with Peace and Solidarity

非暴力是绿色或绿党的重要政治原则，实现和平与团结的社会，既是绿党非暴力政治原则的体现，也是其长期的安全目标。绿党反对传统的军事安全理念，即军事上的优势是实现国家安全的最有效手段，而是倡导反对军备竞赛，主张建立民族国家或地区性的以防御机制为主的体系，采用和平宣传、非暴力抵抗、不合作等形式反抗外来侵略。20 世纪 90 年代绿党安全政策逐渐发生改变，更多强调绿色安全观念的培养、改造现有安全机构、构建全欧洲集体安全体制等。（徐越）

和平运动

Peace Movement

以实现世界和平为最终目标的社会运动，包括各种反战运动、反枪支运动、反暴力运动、反对核武器运用运动等。和平运动倡导通过和平主义、非暴力、外交手段、和平示威、支持反战候选人、立法、裁军等手段解决世界冲突。和平运动是 20 世纪 60 ～ 70 年代西方新社会运动的重要组成部分。第二次世界大战后，和平运动有 3 次高潮。第 1 次高潮是 20 世纪 40 ～ 50 年代，以主张核裁军、核武器禁用为主。1954 年在日本建立的日本反对原子能氢弹委员会，1958 年英国数千人参加反对核武器的游行。第 2 次高潮发生在 20 世纪 60 ～ 70 年代，以反对美国侵越战争为中心。20 世纪 60 年代，美国发生多次反对越南战争的游行，主张美国从越南撤军，特别是 1965 年的和平抗议造成警察和示威者的大规模冲突引发骚乱，将反战运动推向高峰。第 3 次高潮发生在 20 世纪 80 年代，以反对美苏两个超级大国的军备竞赛为主要内容。进入 21 世纪以来，和平运动的大众性抗议活动仍时有发生。2003 年前后发生反对伊拉克战争抗议。但和平运动的影响趋于衰弱。（王聪聪）

和同思想

Thoughts of Harmony and Sameness

和同思想是中国哲学的重要观念，《国语》记载：“夫和实生物，同则不继”，“以他平他谓之和，故能丰长而物生之。若以同裨同，尽乃弃矣”；孔子主张“和而不同”，《论语》中说：“君子和而不同，小人同而不和”，“礼之用，和为贵。先王之道斯为美，小大由之。由所不行：知和而和，不以礼节之，亦不可行也”，和同思想强调了差异性与同一性之间的辩证统一关系。“和同”思想，《国语》借由阴阳五行、事物生成变化的道理导出君主治国应该“和而不同”，强调事物不同部分的有机结合、相互配合、均衡统一，从而达到和谐一致的目标；不同事物之间、异质性的功用相生相克，相互促成，相互包容，由此达到一种和谐共存的状态，这被中国古人认为是事物的生成之道；孔子用“中庸”去规范和导向“中和”境界，以儒家之“礼”作为标准和桥梁，调节相异相悖之事物，从而导向和谐共处的境地，贵和息争以维护人间人伦秩序的和美。（雷爱民）

和谐共生论

Harmonious Symbiosis Theory

当代的中心论已造成了人与自然的双重遮蔽，这种遮蔽不仅波及人与自然的关系层面，而且已触及到人与社会、人与人、人与自身精神、不同文明之间等各个方面。人与自然的遮蔽在这几个层面分别表现为当代的生态危机、社会危机、交往危机、心灵危机和文明危机。和谐共生论有助于这5重危机的根本解决。和谐共生论从人的尺度与物的尺度、人与自然历史的辩证统一的观点出发，突破传统伦理的局限，扩展伦理的范围，使得自然成为人自身的一个部分。其中共生理念、可持续理念、多元主体互动式交往理念和多元文明对话理念的有机融合构成的一个完整的思想体系就体现了当代“和谐共生论”的丰富内涵。只有这4大核心理念的全面把握才能真正使人与自然、人与社会、人与人、人与自身精神、不同文明之间等的关系回归到和谐之路，也才能使相应的生态危机、社会危机、交往危机、心灵危机、文明危机等得到最彻底的化解，也才能使“人”与“自然”得以真正的显现。（参考：李刚：《传统“中心论”向当代“和谐共生论”的复归——“人”与“自然”得以显现的必然路径》，《科学技术与辩证法》2005年第5期第4～7页。牟世晶）

和谐之美

The Beauty of Harmony

人们对日益严重的环境危机进行批判性反思在美学思想上的反映。在地球生态屡遭破坏的今天，人类向往的和谐社会正渐去渐远。人类是广阔的生态系统中的一员，人类社会的和谐构建与生态是一种相生相克的共生关系。和谐之美正是对这种相生相克的共生关系的刻画和描述。和谐之美的理论不是瞬时的概念生成，而是建立在整个生态系统良性循环的基础之上，是一种关系的生成。人类社会的和谐也不再是一种孤立的社会现象，而是整个生态系统平衡发展带来的良性运行的结果。（参考：陈才生：《生态与和谐——关于和谐之美的生态学思考》，《安阳师范学院学报》2011年第6期第138～141页。王薛时）

河北2014年生态文明建设状况

Eco-Civilization Construction in Hebei in 2014

2014年河北生态文明指数（ECI）得分为58.29，位居全国第31位。各二级指标分值及排名见表1。剔除“社会发展”指标后，河北绿色生态文明指数（GECI）得分为47.71分，居全国第31位。河北生态文明建设属低度均衡型，生态活力、环境质量、社会发展和协调程度四个方面都处在全国下游水平。生态活力方面，建成区绿化覆盖率居全国上游水平，森林覆盖率、湿地面积占国土面积比重位于中下游水平，森林质量、自然保护区占辖区面积比重位于下游水平。环境质量指标中，农药施用强度、化肥施用超标量和水土流失率居中下游水平，地表水体质量和环境空气质量均位于全国下游水平。社会发展指标中，农村改水率、人均国内生产总值和城镇化率居全国中游或中下游水平，每千人口医疗机构床位数、服务业产值占国内生产总值比例和人均教育经费投入均位于全国下游水平，尤其人均教育经费投入位于全国末位。协调程度指标中，环境污染治理投资占国内生产总值比重、氨氮排放变化效应、二氧化硫排放变化效应、化学需氧量排放变化效应、氮氧化物排放变化效应等居全国中游水平。城市生活垃圾无害化率、工业固体废物综合利用率和烟（粉）尘排放变化效应居全国下游水平。整体而言，河北是京津地区的生态屏障，生态系统的健康与否直接影响到京津地区的生态安全。河北应抓住京津冀协同发展机遇，大力营造生态公益林，扩大环境容量生态空间，加强生态环境保护合作；坚持节能减排，严格环境执法；推进 循环经济建设，实现经济可持续发展。

表 1　2014 年河北生态文明建设二级指标情况汇总

二级指标	得分	排名	等级
生态活力（满分为 43.20 分）	20.57	31	4
环境质量（满分为 36.00 分）	14.80	31	4
社会发展（满分为 21.60 分）	10.58	25	3
协调程度（满分为 43.20 分）	12.34	30	4

表 2　河北 2014 年生态文明建设评价结果

一级指标	二级指标	三级指标	指标数据	排名
生态文明指数（ECI）	生态活力	森林覆盖率	23.41％	19
		森林质量	24.53 立方米 / 公顷	28
		建成区绿化覆盖率	41.20％	9
		自然保护区的有效保护	3.69％	29
		湿地面积占国土面积比重	5.04％	18
	环境质量	地表水体质量	46.30％	23
		环境空气质量	13.42	31
		水土流失率	32.27％	21
		化肥施用超标量	153.37 千克 / 公顷	17
		农药施用强度	9.91 千克 / 公顷	16
	社会发展	人均国内生产总值	38716.00 元	16
		服务业产值占国内生产总值比例	35.50％	25
		城镇化率	48.12％	21
		人均教育经费投入	1166.75 元	31
		每千人口医疗机构床位数	4.14 张	23
		农村改水率	87.28％	11
	协调程度	环境污染治理投资占国内生产总值比重	1.73％	11
		工业固体废物综合利用率	42.40％	29
		城市生活垃圾无害化率	83.28％	25
		化学需氧量排放变化效应	8.35 吨 / 千米	18
		氨氮排放变化效应	0.78 吨 / 千米	20
		二氧化硫排放变化效应	0.40 千克 / 公顷	21
		氮氧化物排放变化效应	0.77	17
		烟（粉）尘排放变化效应	−0.55	22

（参考：严耕等：《中国省域生态文明建设评价报告（ECI2015）》第 132 ~ 136 页，北京：社会科学文献出版社，2015 年。徐保军）

河北绿色知音

Hebei Green Friend Association

河北省最早的民间环保组织。在媒体、公众和政府部门中有一定影响。工作介绍：1. 推动了河北省创建绿色学校活动。1999 年在河北省最大的民办中学精英中学启动环境教育，在校内外取得很好的影响，带动许多学校开展环境教育。精英中学被评为首批河北省绿色学校。2. 积极参加 2000 年地球日中国行动，与媒体合作向河北的公众介绍地球日的由来以及 2000 年地球日中国行动的具体内容，并开展了护林养树、校园环保、酒店环保等活动，还通过《燕赵都市报》开展“绿色生活承诺”。在此期间编辑《呼唤绿色》一书。2004 年起，绿色知音与《河北青年报》联合主办《绿色华北》专刊。3. 设立地球的女儿奖。在 2000 年地球日中国行动中，设立地球的女儿奖，以表彰鼓励河北省的女新闻工作者做好环保宣传工作。2002 年绿色知音得到香港乐施会资助，举办地球的女儿第二届评选活动。4. 举办记者培训班。早在 1996 年，与《河北日报》合作进行了河北省首次公众环境意识调查，从此与河北省的主要媒体建立了稳定的合作关系。现在该组织已成为报纸、电视台、电台环境专栏的主持人，合作策划环境宣传报道并发出自己的声音。2002 年举办河北省记者环境宣传能力培训班，全省有 70 多名记者参加培训，培训教师来自国家环保总局、清华大学、中国农业大学、中央人民广播电台等单位。这种培训在河北省是第一次。5. 2007 年开始参与全国“绿色出行”项目。（席溢）

河北省环境科学学会

Hebei Province Society for Environmental Sciences

成立于 1981 年 5 月，是河北省内环保系统唯一科技社团组织，具有跨部门、跨行业、横向联系广泛的优势和特点。业务主管单位为省科学技术协会，挂靠单位为河北省环保厅。宗旨：团结广大环境科技工作者，发挥学科交叉、人才荟萃的优势，积极促进环境科技的繁荣、发展、普及和推广，促进环境科技人才的成长和提高，为社会主义物质文明和精神文明建设服务，为河北省全面、协调、可持续发展做贡献。现有个人会员 3000 人左右，单位会员 130 个左右，全省 11 个设区市及部分县设有地方环境科学学会。下设办公室、学术交流部、科技推广部、技术咨询部、会员管理部五个部门。（席溢）

河北省农业生态科技协会

The Agricultural Ecological Science and Technology Association of Hebei Province

筹建于 2014 年。由河北农业大学、石家庄信息工程学院、河北正融集团、河北谷养谷集团、河北五色土集团联合发起成立的全省性、学术性、研究型、非营利性的社会组织。以生态立农、科技兴农、产业强农、开放活农为理念，致力于促进河北农业向科技化、产业化、生态化发展。

将围绕农业技术创新及新技术成果的应用开展国际和地区间的农业科技交流与合作，打造河北最大的生态农业经济网，将协会发展成河北省乃至全国领先的农业产业化、生态产业化共享平台，组织各类农业科技论坛、创新论坛、生态论坛、产研论坛等，为农业技术推广工作、农业生产和农村经济的发展做出贡献。主要的服务内容是由农业专家、农业企业家及致力于促进河北农业科技化、产业化、生态化发展的社会各界人士搭建生态科技农业平台；开展农业生态科技推广的理论研究和学术交流；组织各类管理、技术类辅导培训；推介优质生态化的农用产品和农产品。建立农企之间的有效信息交流平台；提供项目、技术、资金等方面的互助信息；逐步健全稳固的农副产品销售渠道；组织各类农业科技论坛、创新论坛、生态论坛、产研论坛。提供产前、产中和产后的系列农业生态技术服务，举办不同形式的生态农业博览会、农用产品展览展销会，开展国际和地区间的农业科技交流与合作。（席溢）

河口生态系统

Estuarine Ecosystem

河口生态系统从狭义上是指河流生态系统和海洋生态系统之间的生态交错带，具有咸淡水交汇、陆海邻接的特点；广义上则包括社会、经济、自然复合生态系统等组成部分。河口地区是人类活动最为频繁、环境变化影响最为深远的地区，具有典型的区域性特征，不仅陆海相互作用强烈，而且受河流系统、气候系统、海岸系统以及海洋系统的交互影响明显，河口水体中水动力、盐度、泥沙含量等特点给河口生物带来特殊的负荷。河口地区在经历自然变化的同时，人类在河口区的频繁活动，包括交通、贸易、水产等等都在影响着河口生态；河水中汇集了大量陆源污染物，直接威胁着河口生物的生存和繁殖，因此研究河口生态有助于更好地开发利用河口生物资源。（朱雨晨）

河口生态学

Estuarine Ecology

是以河口生态系统为研究对象的生态学新兴分支学科，主要研究内容包括河口环境、河口生物与环境的相互作用及河口生态系统的结构和功能特征等。河口是大陆流域物质的归宿，也是海洋的开端，所以是陆地海洋相互作用的集中地带，在河口水域，径流、潮流、风浪共存，水流和泥沙运动不稳定，从而形成了有别于淡水和海洋的独特河口环境，并且世界上许多河口地区都是经济发达、人口稠密地区，其环境受人类活动影响严重，生态系统敏感脆弱。因此河口生态学的研究内容包括河口生态系统的基本组分及特点、化学循环和能量流动、服务功能、保护措施和管理等方面。河口生态学为维持河口生态系统平衡、治理水污染等河口生态问题提供了理论依据。（参考：杨宇峰、王庆、陈菊芳等：《河口浮游动物生态学研究进展》，《生态学报》2006 年第 2 期第 576 ~ 585 页。韩铮）

河流生态系统

River Ecosystem

河流生态系统是指在江河、溪流等流水环境中生活的生物群落同其周围环境所构成的综合自然生态系统。河流生态系统是由陆地河岸生态系统、水生生态系统、湿地及沼泽生态系统等一系列子系统组成的复合流水生态系统，是陆地与海洋联系的纽带，具有调蓄洪水、积蓄水分、输送泥沙、水土保持、调节气候、维持生物多样性等生态功能，在生物圈的物质循环中起着主要作用。河流生态系统不仅为人类提供了生产生活基本用水，而且具有重要的服务功能，如河运、河流发电等，因而也是最易受人类活动影响的生态系统之一。人类对河源及河岸植被带的破坏、筑坝、分流、对水资源和水生物过度利用等活动，严重影响了河流生态系统，导致其生态环境恶化和服务功能退化。不同自然区域的河流和同一河流的不同段落，环境条件不同，生物群落也不一样。一般河流上游多流经山区，比降大，水流速急，曝气充分，水中溶氧量高，河床多砾石，水流清澈。生产者多以固着性藻类为主，如刚毛藻和大量硅藻。消费者以水生蚊虫、蜻蜓、蜉蝣和小型鱼类为主。上游一般受污染少，有机物含量低，水质清洁，多系贫养型水体。下游河床宽，比降小，水流平缓，水温较高，含氧量低，多为泥质或沙质底床。生产者除多为浮游性绿藻、蓝藻和某些硅藻外，在河汊与岸滩平广的浅水处常有高等植物成片分布。消费者多为浮游动物、穴居蠕虫、昆虫幼虫和鱼虾类，食物主要是以陆地和上游带来的有机碎屑。由于流水的作用，既给河中生物带来养分和食物，又将生物的废弃物送走。下游河水的流动较为缓慢，沉积在河底的有机物，除为底栖腐食生物吞吃外，依靠微生物的分解和动植物的自溶作用来完成物质再循环。河流一方面是重要的淡水资源，有巨大的水能资源，在灌溉、航运、水产养殖和旅游等方面都有重要意义。同时河流又是鱼类等生活、繁殖和洄游的场所，一直是水产品的重要生产基地。随着工农业生产的发展，排入河流中的污染物超过河流自净能力，出现水质发黑发臭，严重破坏河流生态系统，已使不少江河鱼产量锐减，甚至使水生生物绝迹。如图们江过去年产大马哈鱼 30 ~ 35 万千克，现在几近绝产。因此，有效控制河流污染源，是维护河流生态系统的重要环节。20 世纪 70 年代以来，世界各国在净化河流方面有所进展，但程度不一。据 1989 年中国环境状况公报，中国大江大河水质基本良好，仅流经城市的河段污染较重。（参考：唐涛、蔡庆华、刘建康《河流生态系统健康及其评价》，《应用生态学报》2002 年第 9 期第 1191 ~ 1194 页；王东胜、谭红武《人类活动对河流生态系统的影响》，《科学技术与工程》2004 年第 4 期第 299 ~ 302 页；肖建红、施国庆、毛春梅等：《河流生态系统服务功能及水坝对其影响》，《生态学杂志》2006 年第 8 期第 967 ~ 973 页。朱配辰 韩铮）

河流生态学

River Ecology

是研究河流生态系统中生物群落及其环境间关系的生态学分支学科。早期的河流生态学研究重点在河流生物种群的生活习性、形态及生物间的营养关系等；近年来，随着水文学、景观生态学、河流地貌学等学科的发展，河流生态学开始突破种群生态学的局限，从河流生态系统整体入手来研究河流生态问题。如改变了长期以原始的自然河流为研究对象的局面，将研究重点转向在自然力和人类活动双重作用下的河流生态系统的演替规律；运用信息技术如遥感技术和地理信息系统技术等来研究河流景观格局等；提出了如河流连续统概念（RCC）、洪水脉冲理论、潜流通道理论、序列不连续体概念等新理论。河流生态学为水资源开发和利用、河流生态系统保护和修复提供了理论依据，有助于指导人类合理开发保护利用河流生态系统。（韩铮）

河流文化

River Culture

河流是陆地表面经常或间歇有水流动的线形天然水道。河流是地球生命的重要组成部分，是人类生存和发展的基础。河流是地球上多样生态系统中最基本的存在形式之一。历史上人类及其社会生态系统的发生发展与河流相互依存，密不可分。河流不仅产生生命，也孕育和产生人类文化。河流的生命问题，不仅关系到陆地水生生物的繁衍、生息和生态稳态，也直接影响人类在长期历史传统中形成的对河流与人及其社会休戚相关的精神信仰、心灵形象和品位象征意义。人类社会文明源起于河流文化，人类社会发展积淀河流文化，河流文化生命推动社会发展。河流文化作为一种人类的文化、文明类型，被人们认知已经经历了很长的历史时期，人们把其称为“大河文明”，尼罗河、幼发拉底河、和底格里斯河流域的两河文明、印度河文明、黄河文明。这些大河文明与人类文明息息相关，是人类文明的源泉和发祥地。河流与人类文明的相互作用，造就了河流的文化生命。河流先于人类存在于地球上，供养生命，使地球充满生机。河流与人类社会的关系具有悠久的历史，河流文化生命概念的提出，扩展了社会调控范围，引起了一系列的变革。（牟世晶）

河南 **2014** 年生态文明建设状况

Eco-Civilization Construction in Henan in 2014

2014 年河南生态文明指数（ECI）得分为 64.30，位居全国排名榜第 30 位。各二级指标分值及排名见下表。剔除“社会发展”二级指标后，河南绿色生态文明指数（GECI）得分 54.17 分，位居全国第 30 位。河南生态文明建设属低度均衡型，生态活力、环境质量、社会发展和协调程度四方面都处在全国下游水平。生态活力指标方面，河南森林质量排名第 9，位于全国上游水平；森林覆盖率、建成区绿化覆盖率和湿地面积占国土面积比重这三项指标均位于全国中等偏后的位置；自然保护区占辖区面积比重位于全国第 26 位。

环境质量指标中，水土流失率和农药施用强度分别排名第12位和14位，位于全国中游水平；环境空气质量、地表水体质量和化肥施用超标量都处在全国下游水平。社会发展方面，服务业产值占国内生产总值比例位居全国第31位，排名最后；除每千人口医疗机构床位数排名还差强人意外，其余各三级指标都处全国下游水平。协调程度方面，工业固体废物综合利用率、氮氧化物排放变化效应、氨氮排放变化效应、二氧化硫排放变化效应、城市生活垃圾无害化率等指标位居全国中游水平；环境污染治理投资占国内生产总值比重、烟（粉）尘排放变化效应排名比较靠后。整体来看，河南地处平原地区，耕地面积占辖区面积50%以上，囿于先天“禀赋”不足，河南应当在提高森林覆盖率的同时，注重提高森林质量；在经济发展过程中，注意转变经营模式、控制大气和水体排污、严格环境执法；作为华夏文明滥觞之地，河南也可发挥优势，寻求切实可行的第三产业。

表1　2014年河南生态文明建设二级指标情况汇总

二级指标	得分	排名	等级
生态活力（满分为43.20分）	22.63	28	4
环境质量（满分为36.00分）	16.80	30	4
社会发展（满分为21.60分）	10.13	30	4
协调程度（满分为43.20分）	14.74	25	3

表2　河南2014年生态文明建设评价结果

一级指标	二级指标	三级指标	指标数据	排名
生态文明指数（ECI）	生态活力	森林覆盖率	21.50%	20
		森林质量	47.61立方米/公顷	9
		建成区绿化覆盖率	37.60%	22
		自然保护区的有效保护	4.42%	26
		湿地面积占国土面积比重	3.76%	21
	环境质量	地表水体质量	38.00%	24
		环境空气质量	36.71	29
		水土流失率	18.01%	12
		化肥施用超标量	261.17千克/公顷	25
		农药施用强度	9.08千克/公顷	14
	社会发展	人均国内生产总值	34174.00元	23
		服务业产值占国内生产总值比例	32.00%	31
		城镇化率	43.80%	27
		人均教育经费投入	1259.21元	28
		每千人口医疗机构床位数	4.57张	19
		农村改水率	61.73%	27

续表

一级指标	二级指标	三级指标	指标数据	排名
生态文明指数（ECI）	协调程度	环境污染治理投资占国内生产总值比重	0.90%	26
		工业固体废物综合利用率	76.62%	12
		城市生活垃圾无害化率	90.04%	19
		化学需氧量排放变化效应	5.85 吨 / 千米	21
		氨氮排放变化效应	0.82 吨 / 千米	17
		二氧化硫排放变化效应	0.49 千克 / 公顷	19
		氮氧化物排放变化效应	1.34	13
		烟（粉）尘排放变化效应	−0.92	24

（参考：严耕等：《中国省域生态文明建设评价报告（ECI2015）》第 210 ~ 214 页，北京：社会科学文献出版社，2015 年。徐保军）

荷兰工党

Labour Party of Netherlands, PvdA

1946 年成立，荷兰的主要政党之一，曾多次进入全国政府执政。2012 年荷兰大选后，工党再次获得政府组阁权，与自由民主人民党组建第二届鲁特内阁政府。

PARTIJ VAN DE ARBEID

20 世纪 60 ~ 70 年代，荷兰工党开始对新社会运动进行主动回应，更新了政党纲领，将妇女解放、环境保护、第三世界发展等理论纳入纲领政策中。工党内部一直存在着较为强大的支持环境保护的派别。由于荷兰工党较早实现了自身的“绿化”，采取很多环境政策，导致荷兰国内长期缺乏强大的绿党。此外，荷兰的议会制度也使工党在采纳环境政策等新政治议题方面，具有较大的适应性。20 世纪 90 年代，荷兰工党又对其纲领政策进行了现代化革新，包括改革福利国家、推动国有企业的私有化。2005 年荷兰工党通过了新的纲领，重申其中的左翼意识形态定位。（王聪聪）

荷兰海牙气候大会

United Nations Climate Change Conference in The Hague, Netherlands

2000 年 11 月《联合国气候变化框架公约》第六次缔约方会议（COP6）在荷兰海牙举行。会议无法达成预期的协议，只得中断会议给与会各方更多时间继续商讨谈判，以争取在复会后能够最终达成应对全球变暖具体措施的议定书。谈判形成欧盟—美国—发展中大国（中、印）的三足鼎立之势。美国等少数发达国家执意推销“抵消排放”等方案，并试图以此代替减排；欧盟则强调履行京都协议，试图通过减排取得优势；中国和印度坚持不承诺减排义务。2001 年 3 月，美国政府正式宣布退出《京都议定书》，理由是议定书不符合美国的国家利益。（席溢）

荷兰绿色左翼

Groenlinks

荷兰左翼政党由荷兰共产党、和平社会党、激进党、福音人民党合并组成，1989 年 3 月成立。“绿色左翼”的名称，是荷兰共产党、和平社会党、激进左翼党三个政党相妥协的结果，这一名称凸显党的核心政治理念，即环境可持续与社会正义的结合。

GROENLINKS

绿色左翼在荷兰 1989、1994、1998、2002、2003、2006、2010、2012 议会选举中的成绩分别为：4.1%、3.5%、7.3%、7.0%、5.1%、4.6%、6.7%、2.3%的选票和 6 个、1 个、11 个、10 个、8 个、7 个、10 个、4 个议席。1994 年以来的历届欧洲选举中，绿色

左翼都有不错成绩，一直拥有欧洲议会议席。目前，绿色左翼是在野党，没有进入全国政府。荷兰绿色左翼融合绿色政治理念与左翼政治理念，政治原则包括：保护地球、生态系统、保护动物；实现人类资源的公正分配以及代际公平；保障收入的公平分配以及工作、教育的平等权利；强化国际法；实现多元社会等。荷兰绿色左翼的政党理念，体现了几个构成政党的政党传统：社会主义和共产主义、环境主义和女性主义、进步的基督教精神等。荷兰绿色左翼是欧洲绿党的成员党。（王聪聪）

《核安全公约》

Convention on Nuclear Safety

国际原子能机构倡导，1994 年 6 月 17 日在维也纳举行的外交会议上通过的核安全国际公约。目的在于通过加强本国措施与国际合作，包括适当情况下与安全有关的技术合作，以在世界范围内实现和维持高水平的核安全；在核设施内建立和维持防止潜在辐射危害的有效防御措施，以保护个人、社会和环境免受来自此类设施的电离辐射的有害影响；防止带有放射性后果的事故发生和一旦发生事故时减轻此种后果。主要内容包括 4 章 35 个条款。对核设施的定义是：对每一缔约方而言，系指在其管辖下的任何陆基民用核动力厂，包括设在同一场址并与该核动力厂的运行直接有关的设施，如贮存、装卸和处理放射性材料的设施。还规定核设施的立法与监管框架，以及建议监管机构的目标。1996 年 4 月 9 日中国代表向国际原子能机构总干事提交国家批准书。自此之后的第 90 天起，《公约》对中国生效。（申森）

核裁军

Nuclear Disarmament

国际上要求裁减或限制热核武器的储备、生产，从而停止军备竞赛的政治主张与有关的行为措施。停止核武器生产、实现彻底销毁核武器的目标，是防止核战争爆发的重要步骤和维护世界和平的主要内容，但也指某些局部措施，如销毁某种类型（种类）核武器并禁止其生产。自第二次世界大战末美国在日本广岛、长崎第一次使用核武器以来，核裁军谈判从未中断，但经常由美苏两个核大国扮演主角，并由于两国坚持对各自有利的主张而使谈判处于停滞状态。冷战期间，这种谈判又成为国际宣传战的舞台。关于核裁军的谈判，较重要的为美苏战略核武器谈判、美苏欧洲中程核武器谈判等。我国在 1982 年第二届裁军特别联大上，就针对核国家停止和削减核武器问题提出建议，主张美苏两国率先停止试验、改进和生产核武器，并将其各种类型的核武器和运载工具减少 50%，然后所有有核国家都停止试验、改进和生产核武器，并按商定的比例和程序削减各自的核武库。冷战结束后，国际社会关于核裁军的讨论与关注都大大减少，尽管世界主要强权国家的核武器数量与种类都依然是人类和平的严重威胁。相比之下，个别国家核武器研发与生产风险成为国际关注与谈判的对象（如伊朗和朝鲜核问题）。（李庆）

核废料处置与核安全

Disposal of Nuclear Waste and Nuclear Security

指在核裂变反应中产生的包含放射性物质的废料。事实上，一些不与核工业直接关联的产业在生产活动中也会排放出一定数量的放射性废料。放射性废料按其单位体积或单位质量的放射性强弱，分为高、中、低三级，其中低放射性废物占据主要部分，中级与高放射性废物较少。放射性废料都含有放射性同位素，一类因原子核的不稳定而容易发生衰变的元素，它们以不同形式、不同强弱进行持续时间长短不同的衰变。衰变中产生的电离辐射，不论对人类生命健康还是对自然环境都会造成一定伤害。低放射性废弃物问题的解决办法在于，兴建处置设施将废弃物埋藏于地下，借助多重防护措施，安全地隔离放射性废弃物于人类生活环境之外。这种处置方式已获国际原子能总署的认可与推荐。核安全包括为防止核辐射事故以及限制发生事故的后果的措施。需要采取核安全措施的设施，包括核能发电厂和其他核设施，以及医用、发电用、工业用和军用的核物质的运输、使用与储存等。（申森）

核能

Nuclear Energy

又称原子能，是通过核反应从原子核释放出来的能量。核能的理论基础是爱因斯坦（Albert Einstein）的相对论。爱因斯坦的相对论用著名的

方程式 $E=mc^2$ 表示。核能可通过三种核反应释放：核裂变，较重的原子核分裂释放结合能；核聚变，较轻的原子核聚合在一起释放结合能；核衰变，原子核自发衰变过程中释放能量。世界上最早建立的核电站是 1957 年美国宾夕法尼亚州的希平港核电站和英国的卡德霍尔电站。与燃煤火电厂相比，核电站不会产生温室气体，它对环境的影响主要是放射性污染，包括放射性废水、放射性废气和放射性固体废物。由于核电站采用多重屏障保护，在正常情况下对其周围环境的放射性污染较轻微。只有在核电站反应堆发生堆芯融化等罕见事故时，才可能对环境造成严重污染。国际上已经有关于降低核能利用对环境影响的环保公约，其中影响最大的是《乏燃料管理安全和放射性管理安全联合公约》。我国主要通过行政、法律、经济、技术和教育五个方面的措施强化核能利用中的环境保护。（石艳峰）

核能发电

Nuclear Power Generation

核电是一种安全、清洁、经济、高效的能源。核能发电分为两种，一种是通过一些重原子核裂变释放出的能量，即核裂变能发电，现已达到工业应用的规模；另一种是核聚变能，是由两个轻原子核结合在一起释放出的能量，目前只实现了军用，即制造氢弹。通过有控制地缓慢释放核聚变能达到大规模和平利用的受控热核反应迄今尚未实现工业化应用。核能反应堆按照中子能谱可分为热中子堆和快中子堆。也可以根据载热剂的不同（水冷、气冷或液态金属冷却）和慢化剂类型不同（轻水、重水或石墨）来划分。目前应用核能发电最多、技术最成熟的是美国、法国和日本等国家。在役运行的核电站中有 90% 是水冷却型，其中压水堆约为 60%，沸水堆约为 21%，重水堆为 9%，剩下 10% 为气体冷却反应堆、石墨慢化型水冷反应堆或是快中子增殖反应堆。目前商业应用最为广泛的主要有压水堆、沸水堆和重水堆三种堆型。压水堆以高压轻水作为慢化剂和载热剂，将核裂变产生的热量导出，通过蒸汽发生器将热量传给二回路并产生蒸汽推动汽轮机发电，是现有核电站采用最多的一种堆型。沸水堆是用轻水作慢化剂和载热剂，但它不设置蒸汽发生器，一回路冷却剂直接在反应堆中将裂变产生的热量导出并转换为蒸汽送至汽轮机发电，因蒸汽直接从堆中产生，因此有一定放射性，对汽轮机设计、运行、维修有较高要求。重水堆，利用重水作慢化剂和载热剂，同样在蒸汽发生器中产生蒸汽推动汽轮机发电。由于重水本身成本较高，使重水堆的推广应用受到一定限制。从 20 世纪 50 年代核电站诞生以来，世界核电建设经历 3 个阶段：实验示范阶段：1965 年以前；高速推广阶段：1966 ~ 1980 年；滞缓发展阶段：1981 年至今。（参考：关根志、左小琼、贾建平：《核能发电技术》,《水电与新能源》2012 年第 1 期第 7 ~ 9 页。朱配辰）

核事故

Nuclear Accident

指由于核电厂、核反应堆、核燃料生产厂、核动力船舰等大型核设施发生意外安全事故造成核物质泄漏，以致相关生产工作人员遭受由此导致的放射性损伤和放射性污染，并且破坏当地生态环境，在污染更严重的情况下，还会导致核设施周边地区居民的生命健康受到威胁。国际原子能机构制定的核事故分级标准将核事故分为七个等级。第一等级为最低等级，第七等级为最高等级。国际原子能机构将第七等级描述为有大量核污染泄漏至工厂以外，并对健康和环境造成巨大危害。目前历史上发生的核事故只有 1986 年苏联切尔诺贝利核事故和 2011 年日本福岛核事故被国际原子能机构排在第 7 等级。历史上除了排在第 7 等级的两次核事故以外，产生较大影响的还有 1979 年美国三里岛核电站事故、1987 年巴西戈亚尼亚核事故、1993 年俄罗斯托木斯克核爆炸以及 1999 年日本东海村核事故。在核事故风险治理领域，国际社会形成了一系列相关多边国际公约，对核事故风险治理的国际协调与合作奠定了法律基础，比如《核安全公约》《乏燃料管理安全和放射性废物管理安全联合公约》等。（参考：赵洲：《论核事故风险及其全球治理》，《世界经济与政治》2011 年第 8 期第 127 ~ 131 页。欧阳文川）

《核事故或辐射紧急情况援助公约》

Convention on Assistance in the Case of a Nuclear Accident or Radiological Emergency

1986 年 9 月 24 日在维也纳召开的国际原子能机构特别大会上通过的国际公约。旨在进一步加强安全发展和利用核能方面的国际合作，建立有利于在发生核事故或辐射紧急情况时迅速提供援助，以尽量减少其后果的国际援助体制。《公约》规定，各缔约国应与国际原子能机构进行合作，以便在缔约国任何一个地区发生核事故或辐射紧急情况时能迅速提供援助，以尽量减轻这类事故的后果，保护生命财产和环境免受放射性影响，并且对申请援助的程序、援助条件、援助方式、援助国与受援助国以及国际组织的权利和义务做出了具体的规定说明。《公约》于 1986 年 10 月 27 日生效，1987 年 10 月 11 日对我国生效。对《核事故或辐射紧急援助公约》，中国政府声明：“一、在由于个人重大过失而造成死亡、受伤、损失或毁坏的情况下，中国不适用该公约第十条第 2 款；二、中国不受该公约第十三条第 2 款所规定的两种争端解决程序的约束。”（刘中华）

核心主题环境教育

The Core Theme Activity in Environmental Education

核心主题型或称环境专题型环境教育课程是指以与环境教育相关的内容及课题为核心主题，或者以理科、社会等为中心教科重建环境教育体系，或围绕某个特定环境课题或问题开展综合性环境学习。这种类型多见于课外活动或活动课，是目前广泛实行的课程模式之一。在日本，特别活动与教科、道德、“综合性学习的时间”一样，是构成基础教育课程体系的重要组成部分之一，也是开展环境教育的主渠道，它相当于我国的课外活动或活动课。与学科教育课程相比，这种课程形式的特点在于学生可以同伙伴密切交流与协作，共同探讨与解决环境问题，并发展学生民主理念，共享研讨成果。例如，在班会上，大家一起就某个共同感兴趣的环境话题开展讨论，从中发现自己没有意识到的环境问题，了解新的解决办法，同时通过班级同学有组织、有意识、有目的的交流、研讨、合作，还可以加深对问题的认识，获得超越预想的学习效果。（参考：马桂新：《环境教育学》第 251 页，北京：科学出版社，2007 年。王薛时）

赫伯特·基茨切尔特

Herbert Kitschelt, 1955 ~

著名政党政治学者，美国杜克大学国际关系教授。1979 年获得比勒菲尔德大学社会学博士学位。研究领域是比较政治政党和选举、比较公共政策和政治经济、20 世纪社会理论。主要学术贡献在于，重新定义西欧政党的竞争空间。认为政

党竞争的传统模式正逐渐被发达资本主义社会变化导致的新的政治分野所替代，即左—自由 / 右—威权。较早系统分析欧洲绿党的学者之一，同时也对后共产主义民主的政党体系中的欧洲新极右政党有所研究。认为后共产主义国家的政党竞争模式，有着不同于共产主义规则形式的合法性，反过来反映前共产主义的社会和国家结构。最近关注政党—社会联结和庇护主义。主要著作包括《政党形成的逻辑：比利时和德国的生态政治》（1989）、《西欧的激进权利：比较分析》（1997）、《后共产主义政党体系》（1999）等。（徐越）

赫伯特·马尔库塞

Herbert Marcuse, 1898 ~ 1979

西方马克思主义法兰克福学派第一代主要代表人物之一，弗洛伊德主义的马克思主义最有影响的理论家，对生态马克思主义的形成有重要贡献。生于柏林的犹太人家庭，年轻时参加社会民主党，1922 年获得弗莱堡大学博士学位，随后回到柏林，以售书为生。1929 年重回弗莱堡，在海德格尔指导下撰写博士论文。1933 年加入法兰克福社会研究所，随即离开德国。先后前往瑞士、美国，1940 年获得美国国籍。第二次世界大战中在美国战略服务办公室工作，参与分析德国情报。从 1952 年开始，作为政治理论家在哥伦比亚大学和哈佛大学授课。20 世纪 60 年代末，在西欧、

北美的资本主义国家爆发轰动一时的左翼学生造反行动中，积极支持青年学生运动，被誉为新左派哲学家、青年造反者的明星和精神之父。《理性与革命》是马尔库塞最负盛名的著作，旨在揭示当代发达工业社会型的极权主义特征。该书在英国和美国出版后，先后在德国和法国出版德文版和法文版，此后被译成多种文字在许多国家出版，被称为西方 60 年代末大学造反运动的教科书。马尔库塞的思想发展分为三个阶段：30 年代受存在主义影响较深，40 年代致力于揭示马克思主义与黑格尔主义的联系，50 年代以后主要是从弗洛伊德的精神分析学说出发解释马克思主义，致力于实现弗洛伊德主义与马克思主义的结合。一生著作很多。据初步统计，从 1922 年为博士学位提交的第一篇论文《论德国艺术小说》起，到 1979 年逝世前出版的《无产阶级的物化》，共出版著作、论文、论集、谈话录近百种。影响较大的有：《历史唯物论的现象学导引》《辩证法的课题》《黑格尔本体论与历史性理论的基础》《理性与革命》《爱欲与文明》《单向度的人》《论解放》《审美之维》。马尔库塞的生平和著作给人的鲜明印象是，始终站在反对资本主义社会实践斗争的最前列，始终把对哲学、文化、意识形态理论的批

判与对资产阶级社会的现实状况的批判结合起来。（徐越）

赫尔曼·戴利

Herman Daly, 1938 ~

美国著名的生态经济学家，环境经济与可持续发展领域的杰出学者。国际生态经济学学会的主要创建者之一，担任《生态经济学》杂志的副主编。1967 年获得范德比尔特大学经济学博士学位，1973 年受聘为路易斯安那州立大学教授；1988 ~ 1994 年任世界银行环境部高级经济学家，1994 年任马里兰大学公共事务学院高级研究学者。19 世纪 70 年代以来，新古典学派开创的关于效用和自利的经济学，在经济学中占据主流地位。以戴利为代表的经济学家突破主流经济学机械教条的禁锢，不懈探索生态与经济的相互关系，提出稳态经济学。1990 年提出可持续发展的 3 个操作性原则，认为只要一个国家或地区能够遵循这三个原则，那么就会实现可持续发展，即：1. 所有可再生性资源的开采利用水平应当小于等于种群生长率，即利用水平不应超过再生能力。2. 污染物的排放水平应当低于自然界的净化能力。3. 将不可再生性资源开发利用获得的收益区分为收入部分和资本保留部分，作为资本保留的部分用来投资于可再生的替代性资源，以便不可再生性资源耗尽时有足够的资源替代使用，从而维持人类的持久生存。获得许多奖项，包括格劳迈耶奖、海内肯环境科学奖以及另类诺贝尔奖。著作颇丰，主要著作有：《关于静态经济》（1973）、《静态经济学》（1977）、《经济学、生态学、伦理学》（1980）、《超越增长——可持续发展的经济学》（1996）等。（徐越　李雪姣）

《赫尔辛基协定》

Helsinki Agreement on Acid Rain

1985 年 7 月《跨国大气污染公约》（又称《酸雨公约》）执行局在赫尔辛基举行第 3 次会议时，已有 21 个签约国成为“30%俱乐部”成员国。这些缔约国明确宣布要竭尽全力最晚在 1993 年使各自国家的硫扩散物在 1980 年的水平上至少减少 30%，以实现控制酸雨污染的目标，但有 13 个国家未签署该协议。（申森）

赫哲族生态文化

Hezhen Ecological Culture

赫哲族生活的三江流域属于高寒地区，无法种植棉、麻等用于纺织的作物，只好用渔猎生产的副产品——鱼皮和兽皮来制作衣服和被褥，也正是由于这一特点，在古代被称之为“鱼皮部”或“狍皮部”。赫哲人传统的渔猎经济属于典型的索取型自然经济，对自然资源的依赖性极大。自然经济最重要的一个特点就是生产的目的主要是为了自身的需要，而不是为了交换，因而生产的规模是以能否满足自身需求为限度。这种原始经济建立起人类与自然的和谐关系，达到了人类与自然的完美结合，是历史上赫哲族渔猎生计方式能够长期延续的根本原因。另外，由于渔猎型民族是全面地并且是直接地以自然界存在的动植物资源为生，因此渔猎型民族生态文化所存在的地区大都是自然资源极为丰富的地区，并且也是在自然生态系统上自成一体的地区。同时，以渔猎为主要物质生产方式的民族，其生产力发展水平一般也处于较低的层次和水平。也正因为如此，渔猎型生态文化虽然是完全依赖动植物资源为生但却并不存在竭泽而渔的现象。保持着一种低层次的人与自然协调发展的状态。赫哲族先民对自然现象的敬畏产生了对自然的依赖和尊重，达到了人与自然的和谐发展。（牟世晶）

褐色经济

Brown Economy

指相对于绿色经济而言的传统经济，即以高能耗、高污染、高消费为特征的经济发展模式。绿色经济是以少污染、低排放、低能耗为特征的经济，既能够控制污染和保护环境，又能实现经济社会可持续发展的经济发展模式，包括循环经济、低碳经济和生态经济等内容。联合国等国际组织在对经济发展模式、资本使用类型、经济社会发展水平及其关系的对比研究中，将褐色经济定义为20世纪70年代至今的经济发展模式，是一种以大量牺牲自然资源为代价换取物质财富增长的经济发展模式。研究中建立了将自然资本引入生产函数的Threshold-21模型，模型数据说明在自然资本的环境收益方面，褐色经济是以自然资本的大量损耗为代价的，而绿色经济则使自然资本的损耗得到遏制；在物质资本的经济收益方面，前20年绿色经济带来的经济增长会稍慢于褐色经济带来的物质财富增长，但20年以后，由绿色经济带来的经济增长会远远高于褐色经济所带来的经济增长；在人力资本的社会效益方面，在2030年以前，绿色经济的发展模式比较褐色经济发展模式可能会导致就业率的小幅度降低，然而2030年以后，绿色经济发展模式下的就业率会与褐色经济发展模式下的就业率基本持平，甚至还有可能创造出比褐色经济高的就业率。（参考：诸大建：《绿色经济新理念及中国开展绿色经济研究的思考》，《中国人口．资源与环境》2012年第5期第40～43页。欧阳文川）

黑龙江 2014 年生态文明建设状况

Eco-Civilization Construction in Heilongjiang in 2014

2014年黑龙江生态文明指数（ECI）得分为80.71，排名全国第13位。去除“社会发展”二级指标后，黑龙江绿色生态文明指数（GECI）得分为68.11，全国排名第12位。具体二级指标得分及排名情况见下表。黑龙江生态文明建设属生态优势型，全国范围来看，生态活力处于第1等级，排名全国第2。环境质量处于第2等级；社会发展处于第3等级，协调程度则处于第4等级。生态活力方面，黑龙江作为一个绿色资源大省，森林覆盖率、森林质量、自然保护区的有效保护、湿地面积占国土面积的比重均居全国领先位置，建成区绿化覆盖率排名靠后。环境质量方面，化肥施用超标量排名靠前，地表水体质量排名靠后，环境空气质量、水土流失率和农药施用强度均居全国中游水准。社会发展方面，服务业产值占国内生产总值比例、城镇化率、每千人口医疗机构床位数全国排名中等偏上，人均国内生产总值处全国中游水准，人均教育经费投入、农村改水率全国排名靠后。协调程度方面，环境污染治理投资占国内生产总值比重、化学需氧量排放变化效应全国排名中等偏上，工业固体废物综合利用率、二氧化硫排放变化效应、氮氧化物排放变化效应全国排名靠后，城市生活垃圾无害化率处全国下游水准。综合来看，作为全国生态文明建设试点省份，黑龙江在生态文明建设方面取得了许多成效，主要表现在水资源的保护和森林、湿地的恢复及污染的防治等方面；但在社会发展和协调程度方面面临艰巨的任务。

表 1　2014 年黑龙江生态文明建设二级指标情况

二级指标	得 分	排 名	等 级
生态活力（满分为 43.20 分）	31.89	3	1
环境质量（满分为 36.00 分）	23.20	8	2
社会发展（满分为 21.60 分）	12.60	16	3
协调程度（满分为 43.20 分）	13.03	28	4

表 2　黑龙江 2014 年生态文明建设评价结果

一级指标	二级指标	三级指标	指标数据	排名
生态文明指数(ECI)	生态活力	森林覆盖率	43.16%	9
		森林质量	83.83 立方米 / 公顷	5
		建成区绿化覆盖率	35.99%	25
		自然保护区的有效保护	14.96%	5
		湿地面积占国土面积比重	11.31%	4
	环境质量	地表水体质量	52.40%	20
		环境空气质量	65.48	10
		水土流失率	21.97%	16
		化肥施用超标量	−24.23 千克 / 公顷	3
		农药施用强度	6.89 千克 / 公顷	10
	社会发展	人均国内生产总值	37509.27 元	17
		服务业产值占国内生产总值比例	41.40%	13
		城镇化率	57.40%	11
		人均教育经费投入	1261.91 元 / 人	27
		每千人口医疗机构床位数	4.93 张	8
		农村改水率	68.80%	23
	协调程度	环境污染治理投资占国内生产总值比重	2.08%	9
		工业固体废物综合利用率	68.01%	16
		城市生活垃圾无害化率	54.41%	29
		化学需氧量排放变化效应	15.85/ 千米	11
		氨氮排放变化效应	1.54 吨 / 千米	13
		二氧化硫排放变化效应	0.36 千克 / 公顷	24
		氮氧化物排放变化效应	0.42 千克 / 公顷	22
		烟（粉）尘排放变化效应	−0.34 千克 / 公顷	18

（参考：严耕等：《中国省域生态文明建设评价报告（ECI2015）》第 160 ~ 164 页，北京：社会科学文献出版社，2015 年。徐保军）

黑龙江省生态学会

Ecological Society of Heilongjiang Province

1981年建立，在黑龙江省科协和民政厅的关怀与指导下，在有关部门的大力支持、配合下，学会坚持以学术活动为中心，以社会效益为准绳，以为经济建设服务为目标，努力提高学术活动质量和水平。组织开展各种形式的学术活动，例如，先后组织召开了第一届和第二届全国植物分子生态学学术研讨会；又召开了首届全国植物生殖生态学学术研讨会，研讨植物生殖生态学的理论和方法及今后的研究方向；联合举办了桦树综合开发利用国际会议；开展了黑龙江省生态学会首届生态科学优秀论文、著作奖评审活动。学会还组织各种学术讲座，创造浓厚的学术气氛，努力使学会的学术活动上档次、上水平。（席溢）

黑龙江省野生动植物保护协会

Heilongjiang Wildlife Conservation Association

1984年成立，是由黑龙江省野生动物保护管理、科研教育、驯养繁殖、自然保护区工作者和广大野生动物爱好者组成的群众团体。目前，会员达一万多人。协会每年开展"爱鸟周"、"大学生社会实践活动"、"野生动物养殖培训班"及"学术交流"等活动，普及野生动物保护知识，提高全民的科学文化素质和生态保护意识。2011年11月"黑龙江省野生动物保护协会"更名为"黑龙江省野生动植物保护协会"。（席溢）

"黑绿"政党联盟

"Black-green" Party Alliance

指在德国政坛中由基督教民主联盟与绿党所组建的联盟政府，由于前者的颜色为"黑色"，后者的颜色为"绿色"，故二者的联盟被称为"黑绿"政党联盟。在德国历史上已出现两届"黑绿"联盟，2008－2010年的汉堡和2014年以来的黑森州"黑绿"联盟州政府。2008年汉堡州大选之后，汉堡的绿色替代名单（GAL）与基督教民主联盟组建了德国历史上第一个联邦州层面的"黑绿"联盟，该联盟终结于2010年。2009年，绿党在萨尔兰州与自由党、基督教民主联盟组建了联合政府，这一联盟也被称为"牙买加联盟"（"黑黄绿"联盟）。2014年黑森州大选之后，绿党与基督教民主联盟组建了德国历史上第二个联邦州层面的"黑绿"联盟，绿党获得了两个部长席位。绿党成员塔里克·阿尔—瓦齐尔（Tarek Al-Wazir）成为黑森州的副总理，兼任经济、能源、运输和地区发展部长，普雷斯卡·欣茨（Priska Hinz）担任环境、气候变化、农业和消费者保护部长。（王聪聪）

黑色生态意识

Black Ecological Consciousness

劳伦斯（D.H.Lawrence，1885 ~ 1930）的诗歌包含体现的一种意识。劳伦斯不仅承载着诗人独特而完整的生态意识，而且也以一种真实和彻底的方式来表达这一意识。劳伦斯用黑色喻指或表征基本涵盖了劳伦斯创作的主要主题，而这些方面又在很大程度上与生态批评所关注的主要内容和焦点是相合的，这说明黑色在劳伦斯的作品中既有着宽广的主题覆盖面，又有着深厚的绿色生态蕴意，这是我们采用黑色而非绿色来描述劳伦斯生态意识的理由。劳伦斯在诗歌中着力表现的三大主题"野蛮人"、动物、死亡都是从不同的侧面、以不同的方式表达了劳伦斯对生命的关怀：他对基督教一神教的摒弃、对"野蛮人"原始自然宗教的皈依是为了重新完善自我与自然的关系，促进自然生命的活跃和繁盛；他对"低等"和"有害"动物的肯定和理解、对人与动物之间平等互通的倡导和描写扩大了生命想象的范畴，激发了尊重每一个动物、敬畏一切生命的理念；他对永恒的质疑和否定、对自然暴力的肯定和褒扬是出于对死亡即再生的深刻思考。劳伦斯的生态意识是黑色的生态意识，劳伦斯笔下的黑色投射着一种自发的生态意识，散发出一种浓浓的绿意。通常所说的绿色生态意识不能有效表征劳伦斯生态意识的前瞻性、深刻性和独特性，而黑色生态意识无论从主题覆盖面的广度、生态蕴意的深度还是劳伦斯钟情于黑色、喜欢黑色来表征生命/生命力的反传统品格来看，都能很好地反映出劳伦斯生态意识的深刻内涵。劳伦斯的黑色生态意识本质上是一种深刻的生命意识，他的出发点和落脚点都是为了生命，是为了从不同侧面、以不同方式来表达他对生命的关怀。劳伦斯的生态思想已经绿到了深处，而绿到深处就变成了黑色，或至少是黑绿色，因而黑色要比通常所说的绿色更能标示出诗人生态意识的深度或“绿度”来。（参考：闫建华：《劳伦斯诗歌中的黑色生态意识》，上海外国语大学2010年博士学位论文第19～106页。张惠娜）

黑土资源

Black Soil Resources

寒温带地区草原化草甸植被下发育的富含有机质营养元素的黑色土壤。黑土是我国的叫法，国际上有暗沃土、生草黑钙土等名称。黑土的形成速度十分缓慢，每一寸黑土层的形成大约需要1200年，而且对纬度和地质条件有特殊要求，多分布在四季分明的寒温带且植被茂盛的区域。枯枝落叶在冬季寒冷状态下难以分解，经历千百年形成厚厚的腐殖质，腐殖质的主要成分颜色深暗，使得黑土外观呈现为黑色。黑土的显著特点为有机物质含量高，土层深厚，表层土壤颜色深暗，自然状态下生产力高，其有机质含量是黄土的十倍，最适宜农耕生产。全球最适宜耕种作物的黑土区主要有中国东北黑土区、乌克兰大平原黑土区和美国密西西比河流域黑土区三块，都是世界上重要的粮食产地。（朱雨晨）

恒定资源

Constant Resources

恒定资源又被称为“非耗竭性资源”或“无限资源”，是那些在很长一段时期内取之不尽、用之不竭的自然资源，如太阳能、风能、光能、潮汐能、海洋能、地热能等。这类资源数量丰富、性质稳定、无污染，通过利用先进技术并尽量加以开发利用的良性循环利用方式，可使能源多功能利用。尽管这类资源是难以耗尽的， 有的还在不断循环产生，但人类的不良活动所造成的环境污染不同程度地威胁着这类自然资源的利用，如大气污染影响太阳能的直接利用效率，全球气候变化造成风能、潮汐能的开发利用受到不良影响。目前，基于消耗性能源在开发和使用过程中出现的诸多生态问题，对恒定资源的利用已经成为全球能源产业的主要课题。我国在20世纪90年代开始大力发展水能、风能、潮汐能、太阳能等恒定资源的利用，其中风能和太阳能产业已经成熟。需要注意的是，尽管恒定资源的开发利用不会对生态环境造成影响，但是过度的开发利用会产生投资过剩，从市场角度看会打击恒定资源开发的持续性，从而在一定程度上对恒定资源产业造成打击。（参考：朱菲、李庆雷、明庆忠《可再生能源技术在我国旅游循环经济发展中的应用》，《资源开发与市场》2007年8期第722～724页。朱配辰）

衡水市地球女儿环保志愿者协会

Hengshui Earth Daughter Environmental Protection Volunteers Association

通过民政局正式注册的民间环保组织，由致力于环境保护的个人和组织自愿组成的社会团体。协会以倡导绿色消费和生态生活理念，唤起公众的环境危机感，普及并提高民众环保意识，呼吁全社会关注、参与环境保护事业为宗旨，致力于环保活动，赢得了社会各界的广泛好评。自1998年协会成立以来，在河北省团委和衡水市团委的领导下，以"保护衡水湖，传播绿色文明"为宗旨，积极加强国际合作，努力拓展与国际社会在环境问题上的民间交流。邀请包括联合国计划发展署官员、荷兰大使及夫人，部分驻中国大使馆参赞，以及国内外NGO同行计15000余人参观考察衡水湖，为衡水湖的可持续发展做出了突出贡献。衡水市地球女儿环保志愿协会的业务范围：1. 开展各种环境宣传与教育活动，提高公众环境意识，加强公众参与。2. 支持政府、社会组织及个人一切有利于环境保护及社会持续发展的政策、措施和活动，并愿与它（他）们合作；同时，根据条件，对与此相悖的事进行监督、批评，揭露和吁请有关方面予以制止。3. 开展环境保护方面的国际（地区间）民间合作；根据条件，参与全球环境保护活动。4. 开展环境教育，传播绿色文明的主要方式和手段是：学校课外教育、各种形式的成人教育、出版物、美术和音像作品、大众传媒、群众性活动等；特别注重通过各类活动在青少年中培养环境意识。5. 根据条件支持和组织会员开展环境科学和环境理论研究、收集环境信息，进行社会调查，以为其环保活动提供依据，并提高团体自身水平；通过各种方式，开展会员间的联谊和交流。（席溢）

弘毅生态农场

Hongyi Organic Farm

由蒋高明教授设计，在中国科学发展观研究开发中心（香港）等经费支持下成立的研究型试验农场，于 2006 年 7 月 18 日在山东省平邑县蒋家庄成立。核心思路是充分利用生态学原理，而非单一技术提高农业生态系统生产力，创建低投入、高产出农业，实现农业可持续发展。试验农场摒弃化肥、农药、除草剂、农膜、添加剂、转基因技术而增加生物多样性；利用生态学原理，从秸秆、害虫、杂草综合开发利用入手，种养结合，实现元素循环与能量流动；生产纯正有机食品，推动城市社区支持农业；增加农民收入，带动农民就业。（席溢）

《红胡椒》杂志

The Journal of Red Pepper

英国一家独立的“红绿”激进杂志，1995 年创刊。前身是名为《社会主义者》的左翼社会主义性质的双周报纸，后由于现实需要，改版为独立于任何政党团体的左翼月刊。自 2007 年起改版为半月刊，名称不变。受社会主义、女权主义和绿色政治影响较深，致力于构想和创造平等、团结和民主的世界。（徐越）

“红黄绿”政党联盟

“Red-yellow-green” Party Alliance

也称“交通信号组合”政党联盟。它源于德国政坛中由社会民主党、自由民主党和绿党组成的联合政府可能模式，由于这三个政党分别具有红色、黄色和绿色色彩，因而，这一联合政府模式也被称为“红黄绿”联盟或“交通信号组合”。在联邦州层面，德国已出现过两个“红黄绿”联盟：1990 ～ 1994 年的勃兰登堡州以及 1991 ～ 1995 年的不莱梅州。在联邦政府层面，德国至今并没有出现由社会民主党、自由党和绿党组成的“红黄绿”政府。卢森堡 2013 年大选之后，卢森堡社会主义工人党、民主党（自由党）和绿党组成了“交通信号组合”政党联盟。这一联盟也被称为“冈比亚联盟”（Gambia coalition），因为，这一政党联盟的政党色彩与冈比亚国家的国旗颜色相似（卢森堡的民主党使用蓝色而非黄色作为其政党颜色）。（王聪聪）

“红绿”社会政治理论

“Red-green” social and political theory

相对于深绿和浅绿理论而言，指着重探讨以生态马克思主义方法和生态社会主义理论为核心的绿色左翼政治思潮与社会运动的环境社会政治理论和实践。“红绿”社会政治理论的核心问题是阐明为什么资本主义市场经济体制和多元民主政治制度应该为当代世界的生态环境危机负责，并因而必须被一种新型的绿色未来社会所取代。总的来说，“红绿”社会政治理论各流派，在对资本主义的现实批判立场上是共同的，但对于资本主义的替代性社会的理解与主张，却有着许多歧义。生态马克思主义或生态社会主义，是其中

最为激进的理论流派，而其他流派也有着各自独特的看法，有绿色工联主义、生态女性主义和社会生态学等。（徐越）

“红绿”政党联盟

“Red-green” Party Alliance

这一术语最早出现于瑞典前首相卡尔·比尔特（Carl Bildt）和社会民主党领袖英格瓦·卡尔松（Ingvar Carlsson）的辩论中。在政党政治中，“红绿”政党联盟，主要是指有红色色彩的社会民主党或工党与有绿色色彩的绿党或北欧农业党所组成的政党执政联盟。“红绿”联盟通常建立在共同的左翼政治立场上，特别是基于对资本主义的质疑和挑战。当然，社会民主党主要侧重于争取工人阶级的利益，而绿党则侧重于环境利益。20世纪90年代以来，欧洲已出现了许多“红绿”政党执政联盟，德国1998～2005年由社会民主党和联盟90/绿党组成的“红绿”政府；法国1997～2002年由社会党、绿党、共产党组成的多元左翼政府；芬兰1995～2002年由社会民主党、绿党、左翼联盟等组成的利波宁彩虹政府等。此外，广义的“红绿”政党联盟，还包括激进左翼政党与绿党所组建的政治（竞选）联盟，比如希腊的激进左翼联盟，由希腊的绿色左翼政党、联合左翼政党等一些政党组合而成。（王聪聪）

“红绿”和“绿绿”分子

“Red-greens” and “Green-greens”

英国生态社会主义者戴维·佩珀在《生态社会主义：从深生态学到社会正义》中，经典性界定生态社会主义：一种（弱）人类中心主义形式、对引起生态危机原因的马克思主义（唯物主义和结构主义）分析、社会变革冲突与集体行动的道路、社会主义的未来处方与绿色社会的前景。据此将绿色政治运动区分为由主流绿色分子（绿党和环境运动团体成员）与生态无政府主义者、生态女权主义者等组成的深绿分子和由社会民主主义者、革命社会主义者等组成的红绿分子两部分。两者描述的激进生态变革主义者（同时包括个体价值观和社会制度变革），成为浅绿分子或环境改良主义者的对立面。其中，红绿活动分子更多立足于马克思主义传统，绿绿活动分子则更多受惠于无政府主义传统。（徐越）

红树林生态系统

Mangrove Ecosystem

指海岸潮间带森林生态系统，由生长在热带和亚热带海岸泥滩上的红树科植物与其周围环境共同构成的生态系统，主要植物种类有红树、角果木、海莲等。顾名思义，由于群落中的木本植物为红树科植物，所以称之为“红树林”。红树林生态系统是我国海岸带湿地生态系统的重要类型之一，是陆地生态系统向海洋生态系统过渡的最后一道“生态屏障”，在我国自然分布于海南、广西、广东、福建、台湾等省区。红树林生态系统的价值主要体现在：1. 为近海生产力提供有机凋落物生产；2. 可以供给原材料，主要是木材；3. 为许多海洋生物提供栖息、孵化、产卵觅食的场所，尤其是鸟类，这是红树林一个非常重要的功能；4. 具备干扰调解功能，可以抵抗洪水冲击、保护堤岸；5. 能提供废物处理服务，降解污染物，净化水体；6. 具有美学、科学等文化教育研究价值。红树林生态系统的价值是动态概念，它随着红树林造林面积的增加而增加。保护红树林生态系统的完整性，可为我国绿色国内生产总值增长提供增量和动力。由于处于海陆交界带，红树林生态系统既属于大陆生态系统的一部分，也属于海洋生态系统的一部分，对于全球气候的变化，红树林生态系统的反应非常显著，所以在人类研究海平面上升、全球变暖、大气中二氧化碳水平增加、降水量变化等气候变化现象方面具有重要意义。（蔡越 朱雨晨）

红树林生态系统保护

Protection of Mangrove Ecosystem

是对红树林群落与其所在的生境构成的生态

系统的保护措施。作为独特的海陆边缘生态系统，红树林在自然界的生态平衡中起到特殊的作用。红树林生态系统保护的主要内容有：强化海岸环境管理，禁止红树林滩涂改造农田、海产养殖场、盐场、城市建筑区等场所；深入红树林引种与造林技术研究以扩大红树林资源；加强红树林保护法律法规。对红树林生态系统进行保护可以抵抗潮汐和洪水对海岸的冲击、过滤内陆带出的污染物起到生物净化作用、为动物提供食物和栖息地。（任傲尘）

红树林湿地

Mangrove Wetland

是指以红树种类为建群种的处于海陆边缘的独特性湿地生态系统。由大气系统、陆地系统及水体系统共同作用形成，一般位于海陆交错带，主要集中于周期性遭受海水浸淹的海岸潮间带和滩涂上。红树林湿地是全球四大高生产力海洋生态系统中最具特色的一个，在全球生态平衡中起着不可替代的重要作用，具有独特的水文、生物地球化学和生态功能。红树林湿地直接经济价值不高，但具有物质生产、景观美学和环境生态三项重要功能，能为人类提供各种原材料、鱼虾等经济作物的养殖场所；具有森林旅游、观赏科研娱乐价值；减轻人类对湿地的开发利用，有利于防治海洋污染、保护海洋生态功能的重要作用。加强红树林保护与管理的重要措施是建立各级自然保护区，同时加强政府干预，做好宣传教育，以保证其长远利益得到维护，实现红树林湿地的未来可持续发展。（蔡越）

宏观生态经济管理

Macro Ecological Economic Management

是指以政府为管理主体、市场在自然资源配置中起基础性作用、经济手段为主要手段与政府协调互补的管理方式。首先，政府必须充分发挥其职能，制定推进法制、创造市场条件、弥补市场缺陷、把握宏观方向；积极参与决策，在各企事业部门之间发挥好协调作用，做好监督管理工作，推动生态环境保护基础设施建设及各项服务活动的开展；其次，发挥市场在生态环境资源配置方面的基础性作用，合理利用资源，实现永续发展；最后，建立政府与市场的协调互补模式以应对政府在资源优化配置方面有时失灵的困扰，有效减少损失，提高资源配置效率。我国宏观生态经济管理模式是从计划经济到市场经济的重大变革，对整个国民经济持续健康稳定发展具有重要意义。（蔡越）

鸿沟

Hong Canal

鸿沟是我国古代最早沟通黄河和淮河的人工运河，位于今天的河南省荥阳市，由战国魏惠王兴建，修成后经历秦、汉、魏、晋、南北朝，一

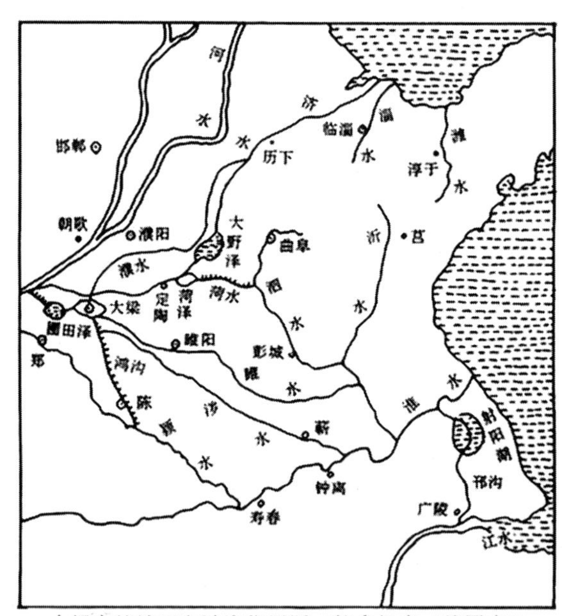

大梁自然地理和鸿沟位置图（摘自杨宽《战国史》）

直是黄淮间主要水运交通线路。西汉时期鸿沟改名狼汤渠，水流过程是在今河南省荥阳北引黄河水，东经开封北而折向南，经尉氏东、太康西、淮阳，分两支：南入颍水，东入沙水，二者皆入淮河。隋代开通济渠，即唐宋时的汴河，成为黄淮间的交通干道，当时鸿沟位置的蔡河仍部分起着沟通黄淮的作用。元代开始，建都北京，开始

大规模建设京杭运河，水运干线东移，鸿沟就湮塞了。我们了解的楚河汉界这个词语中的河界指的就是鸿沟，当年楚汉相争，历时八年，以鸿沟划地为界，东楚西汉，楚河汉界由此得来。鸿沟这个名词到了今天，就引申为两个人在思想上有分歧，价值观有距离等。如称界限分明为“划若鸿沟”。（参考：鲁先圣：《千年鸿沟》，《传承》2009 年第 15 期第 63 页。朱配辰）

鸿隙陂

Hongxibei Irrigation Engineering

鸿隙陂是汉代武帝时期修建的大型蓄水灌溉工程，位于今淮河干流洪水与南汝河之间，即河南省正阳县和息县一带。根据《水经注》的记载，陂水从淮河分出后，经鸿隙陂蓄积调节作用，与淮河支流慎水上的各个小陂塘汇合，再回归淮河。鸿隙陂是利用自然地势修建的用于蓄水灌溉的水库，在东汉初有陂塘四百里，周围有田数千顷。鸿隙陂的兴建，使大片的土地得到灌溉，并且可以种植水稻，汝南郡成了当时富饶天下的鱼米之乡。西汉永始至元延年间（公元前 16 世纪至公元前 9 世纪）因鸿隙陂失修，多次酿成水灾。丞相翟方进和御史大夫孔光派掾属视察鸿隙陂灾情，经过考察认为：决开堤坝，放掉积水，有三项好处：一无水患之忧，二省堤防之费，三可得到大片肥沃的土地。于是翟方进启奏汉成帝，罢毁了鸿隙陂。西汉末年大旱，百姓要求恢复鸿隙陂，后无果而终。东汉建武十八年（公元 42），许扬为汝南都水掾主持恢复鸿隙陂，当代百姓在其领导下，几年间修成堤塘四百多里才使得失修近百年的鸿隙陂得以重新使用。鸿隙陂的恢复使得当地灌溉得以恢复和发展，并连年丰收。后北魏时鸿隙陂还存在，隋唐以后不见记载。（参考：张文华《汉唐时期淮河流域水环境述论》，《南京林业大学学报（人文社会科学版）》2013 年 3 期第 79 ~ 91 页。朱配辰）

侯立安

Hou Lian, 1957 ~

江苏徐州人，环境工程专家，现任第二炮兵后勤科学技术研究所所长、教授，中国环境科学学会顾问，中国系统工程学会人 - 机 - 环境系统

工程专业委员会副主任委员，2009 年当选为中国工程院院士。主要从事环境工程领域的科学研究、工程设计和技术管理等工作。首次成功研发了具有自主知识产权的水处理及空气净化技术和系列装备，在饮用水安全保障、分散点源生活污水处理和人居环境空气净化等方面做出重要贡献；在军事环境工程领域的研究，推动我国国防地下工程密闭空间污染治理的发展。主要论著有：《纳滤和离子交换组合工艺去除模拟核及生物毒剂废水的试验研究》（2005）《纳滤膜的污染成因及防止技术研究》（2006）《高科技让人们喝到洁净的水》（2007）《CO_2 和 CS_2 的污染表征及净化技术研究》（2008）《基于可再生能源的海水淡化技术研究进展》（2012）《基于遥感技术的突发海上溢油污染预测研究》（2012）《纳滤膜技术净化制药用水的应用研究进展》（2012）《饮用水安全问题与膜法水处理》（2014）《发展膜技术推动非常规水源的开发利用》（2015）等。（石艳峰）

后工业社会

Postindustrial Society

是指工业化发展之后的社会形态。这一概

念学界普遍认为由美国社会学家丹尼尔·贝尔（Daniel Bell）首次系统提出，他运用知识中轴原理的范式，试图总结并加以预测。可以看出，后工业社会属于较晚出现的一种新的社会阶段，它不是工业社会的延长，而是在社会、技术组织及生活方式等方面形成了新的原则，它不同于以往任何一个社会形态，还处在生成发展过程中。后工业社会中存在两个最重要的特质，一是从产品生产经济向服务经济的转变；二是以信息为中心，知识技术起决定性作用。推动后工业社会来临的主要动因有科学技术进步和生产力水平的提高、企业规模的扩大、国际产业结构的新格局和消费结构的改变等。后工业社会理论可以为我国在知识经济发展、生产适度循环、提升物质文化品质、应对政府或市场失灵、福利社会建设、国际化合作等方面提供借鉴价值。（蔡越）

后京都政治

Post-kyoto Politics

《联合国气候变化框架公约》第11次缔约方大会2005年11月28日起在加拿大蒙特利尔召开。此次会议是自《京都议定书》于2005年2月生效后的第一次缔约方会议，标志着全球进入后京都阶段探讨期的开始。会议着重讨论后京都问题，即《京都议定书》第一承诺期在2012年到期后如何进一步降低温室气体的排放。后京都政治的最大特点，是发展中国家将承担起一定的减排温室气体责任，这正是会议讨论的焦点。因此，对于最大的发展中国家中国和印度等国而言，后京都时代意味着将不得不直面新的减排责任所带来的减排压力。（申森）

《后生态主义政治》

Post-ecologist Politics

德国环境政党与政治学者英格福尔·布吕道恩的代表作之一，2001年出版。在《后生态主义政治：社会理论和生态主义范式的衰退》一书中，布吕道恩提出了绿色政治或生态政治的独特分析视角，利用后现代主义社会学批判性分析既存的绿色政治理论。后生态主义政治基于尼克拉斯·卢曼的社会系统理论，以及对环境议题的建构主义重新阐释，强调生态主义和环境运动不得不被认为一种负隅顽抗的世界观。后生态主义政治理论提供了分析当代生态政治的独特分析框架，并指出了当前生态思潮与运动的诸多弱点。

布吕道恩认为，后生态主义政治是生态政治的描述性分析框架，而并非一种生态主义意识形态。另外，该书并没有将环境正义等概念纳入到作者的分析视野中。（徐越）

后套八大渠

Eight Channels of Houtao

后套八大渠是清代黄河后套八条引黄灌渠，位于现在内蒙古自治区巴彦淖尔市，南临黄河，北与乌加河交界。八大渠自西而东分别是：永济

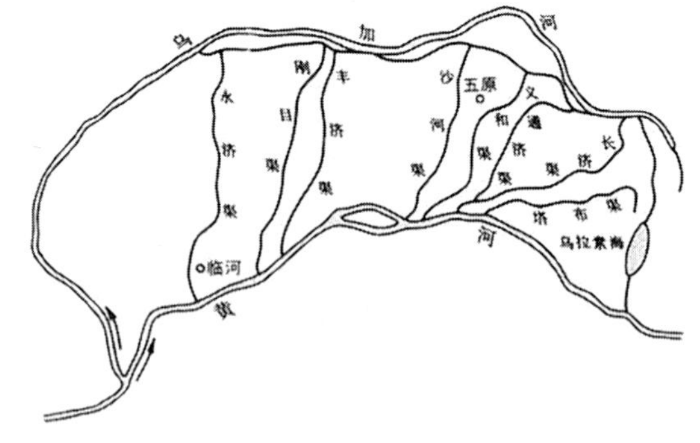

后套八大干渠分布图

渠（又名缠金渠）、刚目渠（又名刚济渠）、丰济渠、沙河渠（又名永和渠）、义和渠、通济渠（原名老郭渠）、长济渠（又名长胜渠）和塔布渠（原名塔布河渠）。各渠都从黄河引水，退水到乌加河。

黄河后套水利开始于汉武帝元朔年间（前126年前后），唐代也曾在此开辟陵阳渠等。清代乾隆时期以后，水利发展较快，但黄河水位常有变化，渠道也常淤断或重开，所以渠长及灌田面积，历年变化很大。这些渠道很多是由民间私人组织开凿，开一渠有历时十多年或几十年的，主要依据技术人员的经验进行施工。进口缺乏控制，引水量决定于黄河水位高程和主流流向，渠首比降较缓，清淤工程量很大。清光绪二十九年（1903）政府任命贻谷为垦务大臣，由国家强行赎买河套渠道和沿渠田地，统一灌区管理，进行较大规模整顿，增加了灌溉面积，订立了收取水费制度，灌区维修经费得到一定保证。932年冬包西水利局调查了灌区中十一大干渠主要技术数据。20世纪40年代刚济渠并入永济渠、黄土拉亥改名黄济渠，另加最西面之乌加河合称十大干渠。民复渠较小，且经常从塔布渠借水，不在十大渠之内。（参考：吴军、邓涌涌：《中国近代水利开发的新模式》，《水利经济》2002年第2期第16～20页。朱配辰）

《后天》

The Day After Tomorrow

又译为《末日浩劫》，2014年度20世纪福克斯公司投资1.25亿美元完成，由导演罗兰·艾默里奇（Roland Emmerich，1955～）执导，丹尼斯·奎德（Dennis Quaid，1954～）、杰克·吉伦哈尔（Jake Gyllenhaal，1980～）、艾米·罗森（Emmy Rossum，1986～）等主演。描绘以美国为代表的地球一天之内突然急剧降温，进入冰期的科幻故事。气候学家杰克霍尔在观察史前气候研究后指出，温室效应带来的全球变暖将会引发地球空前灾难。杰克霍尔曾警告政府官员采取预防行动，但警告显然已经太晚。杰克霍尔博士急告美国副总统宣布北纬30度以南全美民众尽速向赤道方向撤离，该线以北民众要尽量保暖。此时，博士得知儿子山姆只身前往纽约去营救女友，决定冒险前往纽约在冰天雪地中展开救援行动。这时候灾难从纽约开始，曼哈顿摩天大楼遭到强烈旋风的袭击。突然间，地铁隧道里涌出狂暴不止的汹涌洪水。大水吞噬纽约，淹没美国，欧洲在洪水之下不复存在。此后，冰层和白雪覆盖整个地球表面，冰期时代开始。当镜头再次回到美国时，那些侥幸生还的美国人都逃往墨西哥，请求进入那里的难民营。影片末尾处美国总统不得不叹息承认，他奉行的气候政策是巨大的败笔。影片唤起公众对于环境问题的关注。（张惠娜）

后土崇拜

Earth-God Worship

后土崇拜是一种自然崇拜，是中国古代的一种信仰形式。后土与大地相关，大地关系到人类自身的繁衍和发展壮大，关系到族群的生存和发展，大地因而被当作崇拜对象与生命之源，大地后来被人格化，即“母祖神”崇拜，“后土神”于是产生了，人们认为“后土神”掌管阴阳、孕育万物，是为大地之母，是地上之王；中国古代典籍关于“后土”神的传说和记载较多，彼此有差异，后世道教神话把“后土”列为四御、六御之一，与玉皇大帝管理天上相对，她是主宰大地之神，“后土”崇拜与中国古代先民对大地的图腾崇拜密切相关。（雷爱民）

后物质主义党

Post-materialism Party

对包括绿党在内的新政治党的价值倾向的代称。后物质主义价值观，指罗纳德·英格利哈特提出的西方国家不同代际间发生的后物质主义价值转向。基本看法是，在20世纪60～70年代的西方公众尤其是青年人中，出现从过去父母一代的注重物质利益与价值到新一代的更看重生态、少数种族与群体权利、第三世界权益等的转变。在他看来，正是这种大众政治文化的转变，构成对包括绿党在内的新政治党的民众支持基础。在传统政治与政党格局的变化过程中，一方面是传统政党体制的重组和结盟，另一方面是以后物质主义价值观为指导的新政治党（即后物质主义党）的产生。（徐越）

后物质主义价值转向假设

Post-materialism Transformation of Value Hypothesis

当代环境新社会运动的重要理论假设与观点之一。欧洲环境（生态）新社会运动学者，借用美国社会政治学者罗纳尔德·英格哈特 1977 年出版的《寂静的革命：西方公众变化中的价值观和政治方式》一书中提出的后物质主义概念，分析西方生态新社会运动的产生与发展，由此形成后物质主义理论。后物质主义价值转向假设的具体内容，是指随着西方资本主义的社会结构从工业社会向后工业社会的转变，或从现代社会向后现代社会的转变，人们的价值观相应地发生静悄悄的变化，即从物质主义的价值观转向后物质主义的价值观，依此为基础的政治文化和参与形式也将会发生变化，促成新社会运动与政治的兴起。（徐越）

后稀缺

Post-scarcity

美国社会生态学家默里·布克金提出的生态无政府主义理论的重要概念。指在当代西方社会中每个人都可以享有的闲暇时光并不必然会导致自满或资产阶级化，而是提供创造合作型社会的自由。高科技的发展消除各种各样的艰苦工作，从而打开各阶层人士参与政治的大门，工人阶级被解放出来，自动化的发展使过去由人完成的工作现在可以由机器来做。总之，强调后稀缺时代对于工人在社区内发挥政治主体作用的积极一面。（徐越）

《后稀缺时代的无政府主义》

Post-scarcity Anarchism

美国佛蒙特社会生态学研究所创始人默里·布克金的代表作之一，Ramparts 出版社 1971 年出版，被称为“对 1968 国际一代最有影响力的著作之一”。书中阐述基于物质充裕和科技高度发展的生态无政府主义的具体含义。后稀缺时代的无政府主义，指建立在生态社会学基础之上的经济体系。这种经济体系的特点是自治、自由和物质资源丰富。

布克金认为，后工业社会具有发展为后稀缺社会的潜力。在这个社会中，以技术手段为基础，可以实现巨大的社会和文化发展潜能。由于技术的进步，社会的自我管理与生态等的公共管理，将产生全新的可能性。在 1965 年撰写的《通往自由的科技》一文中，布克金已开始研究替代性能源和生态科技的作用。（徐越）

后现代建筑

Postmodern Architecture

现代以后各流派建筑的总称。20 世纪 60 年代以来，在美国和西欧出现了反对或修正现代主义建筑的思潮。第二次世界大战结束后，现代主义建筑成为世界许多地区占主导地位的建筑潮流。但是在现代主义建筑阵营内部很快就出现了分歧，一些人对现代主义的建筑观点和风格提出怀疑和批评。由此，后现代建筑应运而生。对于什么是后现代主义，什么是后现代主义建筑的主要特征，人们并无一致的理解。美国建筑师斯特恩提出后现代主义建筑有三个特征：采用装饰；具有象征性或隐喻性；与现有环境融合。一般认为，真正给后现代主义提出比较完整的指导思想的是被誉为“后现代主义之父”的文丘里。1966年美国建筑师文丘里在《建筑的复杂性和矛盾性》一书中，提出了一套与现代主义建筑针锋相对的建筑理论和主张，在建筑界特别是年轻的建筑师和建筑系学生中，引起了震动和响应。文丘里批评现代主义建筑师热衷于革新而忘了自己应是“保持传统的专家”。文丘里提出的保持传统的做法是“利用传统部件和适当引进新的部件组成独特的总体”，“通过非传统的方法组合传统部件”。他主张汲取民间建筑的手法，特别赞赏美国商业街道上自发形成的建筑环境。文丘里概括说：“对艺术家来说，创新可能就意味着从旧的现存的东西中挑挑拣拣”。实际上，这就是后现代主义建筑师的基本创作方法。（王薛时）

后现代科学

Post-modern Science

通常所谓的后现代科学，有三种不同含义，第一种是有机的后现代主义，第二种是科学知识权力学说，第三种是科学文本解构主义。有机论的后现代科学，主要是从自然观及其文化视角去反思现代性，用有机论的自然观代替机械论的自然观，强调自然发展的突变性。科学知识权力学说认为后现代社会的主要标志是“元叙事”神话的破灭，这些“元叙事”支撑着西方文明的普遍真理与客观真理说，“元叙事”方法被“语言游戏”所代替，每一游戏语言都有一套特殊的游戏规则，不存在客观真理与普遍的科学理性，从而主张解构客观性、真理性，认为科学是具有政治性的意识形态，政治问题不是反常的意识形态，它是真理自身。科学文本的解构主义否认任何意义上的确定性，解构主义认为文本是我们能够涉及的唯一实在，我们不能够涉及实在本身，文本限制我们进入实在，解构主义强调文本的“边缘”性，试图取消对文本的清楚和确定理解，解构主义是想破坏对科学文本解读与理解的任何确定性的规则，它试图破坏科学的认识论基础。（雷爱民）

后现代主义

Post-modernism

20世纪60年代以来在西方国家出现的具有反西方近现代体系倾向的哲学政治思潮。它是一个从理论上难以精准界定的概念，因为后现代主要理论家，均反对以各种约定俗成的形式，来界定或规范其主义。在理论上，具有反传统倾向的学者在现代西方的各个人文社科流派中都能找到。当代美国活跃的后现代主义者格里芬就认为，“如果说后现代主义这一词汇在使用时可以从不同方面找到共同之处的话，那就是，它指的是一种广泛的情绪，而不是一种共同的教条，即一种认为人类可以而且必须超越现代的情绪”。这样一来，不同时期具有这种反传统理论倾向的哲学理论流派，都可归于后现代主义，比如后结构主义、西方马克思主义等。在建筑学、文学批评、心理学、法律学、教育学、社会学、政治学等领域，均就当下的后现代境况，提出了自成体系的阐述。（李庆）

胡焕庸线

Hu Line

指中国著名人口地理分界线，又称黑河－腾冲线（Heihe-Tengchong Line）。1935年我国人文地理学家胡焕庸先生在其著作《中国人口之分布》中创制了我国第一张《人口密度图》，他在图上发现，沿黑龙江黑河向西南至云南腾冲作一条大致倾斜角为45度的直线，可把中国分为两部分：线之东南约36%的国土面积承载着全国总人口的96%；线之西北占全国面积的64%，但所包含人口仅占全国的4%；两部分平均人口密度比为42.6:1。中国东南地狭人稠、西北地广人稀，这条线廓清了这一分界，成为后来国内外学者研究和决策的重要参考依据，一直为国内外人口学者和地理学者广泛承认和引用，多年后，美国学者将之称为“胡焕庸线”。胡焕庸线同时还是一条中国生态环境界线，在胡焕庸线附近，滑坡、泥石流等地貌灾害分布集中，中段是包含黄土高原在内的重点产沙区，北段是土地退化发生最敏感的地带。新时期随着城市化发展，线的东西两部有了明显非均衡性，出现了“胡焕庸线的限制及挑战”，诸如国土资源、环境、粮食安全等问题需做出全局定位分析，随着对西部生态环境脆弱性的认识提高，西部开发亦需有重点、有选择地进行，这是事关长远发展的战略问题。（蔡越）

湖北 2014 年生态文明建设状况

Eco-Civilization Construction in Hubei in 2014

2014 年湖北生态文明指数（ECI）得分为 71.75，在全国位居 26 位。各项二级指标名次和分数见表 12-1。将“社会发展”二级指标删除后，其绿色生态文明指数（GECI）的分数为 59.37，全国排名第 25 位。湖北生态文明建设属相对均衡型，生态活力、环境质量和社会发展在全国的位置中等或偏后，协调程度在全国的水平靠后。生态活力方面，森林覆盖率、森林质量、建成区绿化覆盖率和湿地面积占国土面积比重四项指标处于全国中游水平。自然保护区的有效保护指标处于全国下游水平。环境质量方面，地表水体质量居于全国中游水平，环境空气质量、水土流失率、化肥施用超标量和农药施用强度四项指标居全国下游水平。社会发展方面，每千人口医疗卫生机构床位数居全国第 6 位，人均国内生产总值、城镇化率、农村改水率三项指标居于全国中游水平，服务业产值占国内生产总值比例居全国下游水平，人均教育经费投入居第 30 位。协调程度方面，工业固体废物综合利用率、化学需氧量排放变化效应、氨氮排放变化效应、二氧化硫排放变化效应和烟（粉）尘排放变化效应五项指标居全国中游水平，氮氧化物排放变化效应、环境污染治理投资占国内生产总值比重和城市生活垃圾无害化率居全国下游水平。总体来看，湖北生态文明建设问题重重，虽贵为“千湖之省”，但水质和水体生态恶化严重；城镇化进程中，资源过度消耗、环境污染等问题凸显，且湖北人口分布不均，湖北生态文明建设任重而道远。

表 1　2014 年湖北生态文明建设二级指标情况汇总

二级指标	得分	排名	等级
生态活力（满分为 43.20 分）	25.71	17	3
环境质量（满分为 36.00 分）	19.60	23	3
社会发展（满分为 21.60 分）	12.38	18	3
协调程度（满分为 43.20 分）	14.06	26	3

表 2　湖北 2014 年生态文明建设评价结果

一级指标	二级指标	三级指标	指标数据	排名
生态文明指数（ECI）	生态活力	森林覆盖率	38.40%	13
		森林质量	40.14 立方米 / 公顷	18
		建成区绿化覆盖率	38.12%	18
		自然保护区的有效保护	5.48%	22
		湿地面积占国土面积比重	7.77%	11

续表

一级指标	二级指标	三级指标	指标数据	排名
生态文明指数（ECI）	环境质量	地表水体质量	69.50％	15
		环境空气质量	44.11％	25
		水土流失率	32.31％	22
		化肥施用超标量	209.15千克/公顷	24
		农药施用强度	15.69千克/公顷	24
	社会发展	人均国内生产总值	42612.7元	14
		服务业产值占国内生产总值比例	38.10％	20
		城镇化率	54.51％	12
		人均教育经费投入	1188.72元/人	30
		每千人口医疗卫生机构床位	4.97张	6
		农村改水率	75.31％	17
	协调程度	环境污染治理投资占国内生产总值比重	1.02％	24
		工业固体废物综合利用率	75.74％	13
		城市生活垃圾无害化率	85.40％	23
		化学需氧量排放变化效应	13.16吨/千米	12
		氨氮排放变化效应	1.90吨/千米	12
		二氧化硫排放变化效应	0.55千克/公顷	18
		氮氧化物排放变化效应	0.66千克/公顷	18
		烟（粉）尘排放变化效应	−0.23千克/公顷	15

（参考：严耕等：《中国省域生态文明建设评价报告（ECI2015）》第215～219页，北京：社会科学文献出版社，2015年。徐保军）

湖北省野生动植物保护协会

Hubei Wildlife Conservation Association

主要开展工作：1. 加强野生动植物保护宣传，提高全民保护意识；2. 开展未成年人生态道德教育，提高未成年人生态道德素质；3. 弘扬生态文化，传播生态文明；4. 加强组织建设，壮大协会力量；5. 协助政府部门开展野保工作。下设未成年人生态道德教育、野生鸟类保护、观鸟、自然保护区、科普宣传、野生植物保育、野生动物驯养繁殖和生态摄影等8个分会，全省已发展个人会员近两万名，团体会员160个左右。（席溢）

湖滨带

Lake Littoral Zone

指陆地和湖泊之间的过渡带，属于水陆生态交错带的一种类型，是健康湖泊生态系统不可缺少的有机组成部分，历来是人类活动最集中的场所，也是地球上最脆弱的湿地生态系统之一。湖滨带的概念早期没有明确定义，后来随着人们对湖泊生态系统的深入了解而逐渐明确，将其定义为湖泊流域中陆地生态系统与湖泊水域生态系统之间的生态过渡带，是在湖泊水动力和周期性水位变化等环境因子的作用下形成的以水文过程为纽带、以湿地生物为特征的水陆生态交错带。湖滨带在生态环境方面主要有以下三个功能：1. 发挥缓冲带的护岸功能，起到截留净化污染物、控制泥沙沉积和侵蚀、调蓄洪水的作用；2. 捕集和抑制菌类、为野生动植物提供栖息地、提高生物多样性及生境保护的功能；3. 经济美学功能，湖滨带独特秀丽的自然景观为人类提供舒适的环境和多用途的旅游场所。（蔡越）

湖滨带生态恢复与重建

Lakeside Zone Ecological Restoration and Reconstruction

湖滨生态恢复与重建是指通过生态学原理，通过一定的生物、生态工程的技术与方法，依据认为设定的目标，使湖滨带生态系统的结构、功能和生态学潜力尽可能地恢复到原有的或更高的水平。主要是根据地带性规律、生态演替及生态位原理选择适宜的先锋植物，构造种群和生态系统，实行土壤、植被与生物同步分级恢复，以逐步使生态系统恢复到一定的功能水平。此外，还应考虑湖泊水位和水质条件的恢复，这是影响湖滨带生态恢复与重建成败的关键因素。湖滨带生态恢复与重建的总体目标是通过生境改善和物种的恢复及保护，逐步恢复湖滨带退化生态系统的结构和功能，最终达到湖滨带生态系统的自我维持和良好循环状态。由于不同地域湖滨带所强调的生态服务功能不尽相同，其生态恢复与重建的侧重点和要求也会有所不同，如农业流域和水土流失区的湖滨带应维持较大的缓冲带规模，并尽可能增强其污染物净化能力，使水体得到更好的保护和恢复；而城郊风景区的湖滨带则应充分发挥其防洪、护岸功能和美学景观功能。鉴于我国大多数湖泊富营养化和非点源污染的现状，在湖滨带生态恢复与重建过程中应优先考虑恢复其缓冲带功能，具体而言，基本目标和要求是：1. 实现湖滨带基底的稳定性。湖滨基底是生态系统发育和存在的载体，基底不稳定不可能保证生态系统的演替与发展。2. 恢复湖滨带良好的水状况，一是恢复湖泊正常的蓄水水位和水文条件；二是通过污染控制，改善近岸浅水区的水环境质量。3. 通过消除干扰，改善湖滨带的资源利用方式，调节生物、生境及其相互关系来改善其物质和能量流动状况是湖滨生态恢复设计的关键。由于湖滨带的水位经常波动，还有各种干扰（如风浪、水质污染等）存在，因此在湖滨带恢复时必须考虑这些干扰，并将其作为恢复中的一部分。4. 维持尽可能大的缓冲带和过渡带规模，增加物种组成和生物多样性。湖滨带恢复的系统等级越高，维持湖滨带生物多样性和生物净化的潜能就愈大。5. 根据湖滨带特有的圈层结构和生态敏感程度，采取分级规划、分区设计的思想，重点落实湖滨带核心区（水位变幅区）的生态恢复措施。6. 恢复湖滨带景观，增加视觉和美学享受。湖滨带生态恢复分为湖滨带生境恢复、湖滨带生物恢复和湖滨带生态系统结构与功能恢复 3 个部分。1. 湖滨带生境恢复与重建技术。湖滨带生境恢复包括湖滨带基底恢复、水文条件恢复、水质恢复和土壤恢复等。基底恢复技术包括物理基底改造技术、生态堤岸技术、水土流失控制技术、生态清淤技术等；水文条件恢复通常是通过调控湖泊水位、河流廊道恢复、配水工程等措施来实现；水质改善技术包括污水处理技术、湖泊富营养化控制技术等；土壤恢复技术包括土壤污染控制技术、土壤肥力恢复技术等。2. 湖滨带生物恢复与重建技术主要包括物种选育和培植技术、物种引入技术、物种保护技术、种群扩增及动态调控技术、种群行为控制技术、群落演替控制与重建技术、群落结构优化配置与组建技术等。其中先锋物种引入技术、物种保护技术、群落结构优化配置与组建技术在湖滨带恢复实践中得到较为广泛的应用。3. 湖滨带生态系统结构与功能恢复技术主要包括生态系统结构及功能的优化配置与调控技术、生态系统稳定化管理技术、景观设计技术等。目前生态系统结构与功能恢复技术尚未形成一套比较完整的理论体系，仍在不断的试验探索和发展中。目前已形成的相对比较成熟的湖滨带生态恢复工程模式有：滩地模式、河口模式、陡岸模式、鱼塘模式、农田模式、提放模式等。（参考：杨红军等：《湖滨带生态恢复与重建的理论与技术研究》，《农业环境科学学报》2006 年 S1 期第 819 ~ 824 页。朱配辰）

《湖泊科学》

Journal of Lake Sciences

创刊于 1989 年，由中国科学院南京地理与湖泊研究所和中国海洋湖沼学会联合主办。主要报道湖泊（含水库）及其流域在人与自然相互作用下资源、生态、环境变化的最新研究成果，刊载与湖泊科学有关的各学科（如物理学、化学、生物学、生态学、地质学、地理学等）以及湖泊工程、流域综合管理的理论性或应用性研究论文、简报和综述。双月刊，ISSN：1003-5427。（席溢）

湖泊生态系统

Lake Ecosystem

是指生活在以湖泊为代表的静水环境中的生物群落同其周围环境构成的生态系统。湖泊生态系统的水域由边缘向中心水深逐渐增加，形成了生态特点不同的沿岸区和湖心区两部分。沿岸区水位较浅、光照充足、水温较高、营养物质丰富，生物种群因此也更加丰富。沿岸区的生物群落呈水平分布的特点，由湖岸向中心可分为挺水植物带、浮叶植物带、沉水植物带，其中水生维管束植物和藻类是主要的有机质生产者，养育着丰富的动物种群，如螺、蚌、蛇、蛙、鱼、水鸟等。湖心区水位较深、水质清澈有机质含量较少。湖心区的生物群落呈现垂直分布的特征，表水层光照充足，深水层光线微弱。浮游藻类是湖心区主要生产者，养育着丰富的浮游动物、多种鱼虾和底栖异养生物等。湖泊生态系统除可以提供丰富的水产品之外，还有抗旱防涝和美化环境之用等。近代以来人类活动对湖泊生态系统的影响显著，盲目的围湖造田，工农业污水排放造成的水体富营养化，都严重破坏了湖泊生态系统的系统功能和生态平衡。人们开始重视对湖泊生态系统的合理开发利用和综合治理，如控制排污、疏浚底泥、引水灌溉等。（朱雨晨）

湖泊生态学

Lake Ecology

是指研究湖泊等静水水域中生物群落及其与环境间关系的生态学分支学科。湖泊生态系统是陆地水域生态系统的重要组成部分，不仅具有水源供给、洪水调蓄、维持生态平衡、调节气候、净化水质等生态功能，也在航运交通、水产养殖等人类生产生活方面发挥着重要作用。近年来，湖泊受人类活动影响，出现了如生物多样性减少、水质恶化、湖泊水面大幅萎缩甚至消失等生态问题。因此湖泊生态学研究以生态学为基础，综合湖沼学、水力学、水文学、分子生物学等多门学科方法，对湖泊生物群落的结构、功能和发展规律，及其与环境之间的关系进行深入研究，针对湖泊污染问题尤其是湖泊的富营养化和退缩问题提出了防治方法和措施，对维持湖泊生态系统平衡具有重要的理论意义。（韩铮）

湖泊湿地

Lake Wetland

是指包括湖泊水体本身的湖泊岸边或浅湖发生沼泽化过程而形成的湿地，它是陆表系统各个要素相互作用的节点，是地球上重要的淡水资源库，同时也是洪水调蓄库和物种基因库，在生态系统中占重要组成部分。湖泊湿地在维持人类赖以生存与发展方面功能显著，主要有以下三项：提供食物、水、材料等资源的供给功能；产生和维护生物多样性及其他服务的支撑功能；平衡气候、大气及温室气体的调节功能。可见，湖泊湿地与人类的生产生活息息相关，它不仅是人类社会经济的基础资源，还具有维系生态平衡、防洪减灾、休闲旅游、美学研究等多种生态功能，在整个自然界和经济社会持续发展中起着重要作

用。（蔡越）

湖南 2014 年生态文明建设状况

Eco-Civilization Construction in Hunan in 2014

2014 年湖南生态文明指数（ECI）得分为 82.50，在全国位居 10 位。各项二级指标的名次和分数见表 1。将“社会发展”二级指标删除后，其绿色生态文明指数（GECI）的分数为 70.80，全国排名第 10 位。湖南生态文明建设属相对均衡型，环境质量、协调程度居于全国上游水平，生态活力、社会发展居于全国中下游水平。生态活力方面，湖南森林覆盖率全国排名靠前，居第 8 位；森林质量、建成区绿化覆盖率、自然保护区的有效保护和湿地面积占国土面积比重四项指标居全国中下游水平。环境质量方面，地表水体质量、化肥施用超标量分别居全国第 3、第 11 位；水土流失率处于全国中等水平，环境空气质量居于全国中下水平，农药施用强度较重。社会发展方面，人均国内生产总值、服务业产值占国内生产总值比例、城镇化率、每千人口医疗卫生机构床位数和农村改水率居于全国中下游水平；人均教育经费投入排名全国第 29 位，居于下游水平。协调程度方面，化学需氧量排放变化效应、氨氮排放变化效应排名靠前，稳居全国第 1 位；城市生活垃圾无害化率居全国中游水平，工业固体废物综合利用率、氮氧化物排放变化效应和烟（粉）尘排放变化效应这三项指标居于中下游水平；环境污染治理投资占国内生产总值比重和二氧化硫排放变化效应居全国下游水平。总体来看，湖南生态文明建设居于全国上游水平，湖南河网密布，水系发达，矿产资源丰富，但重金属污染、能源消耗、矿产污染、农业生产污染等问题也不容回避，湖南应积极推进技术创新，适度增加环境污染治理投资占国内生产总值比重。

表 1　2014 年湖南生态文明建设二级指标情况汇总

二级指标	得分	排名	等级
生态活力（满分为 43.20 分）	23.66	23	3
环境质量（满分为 36.00 分）	22.80	9	2
社会发展（满分为 21.60 分）	11.70	21	3
协调程度（满分为 43.20 分）	24.34	5	1

表 2　湖南 2014 年生态文明建设评价结果

一级指标	二级指标	三级指标	指标数据	排名
生态文明指数（ECI）	生态活力	森林覆盖率	47.77%	8
		森林质量	32.71 立方米 / 公顷	26
		建成区绿化覆盖率	37.63%	21
		自然保护区的有效保护	6.06%	19
		湿地面积占国土面积比重	4.81　%	19
	环境质量	地表水体质量	98.20%	3
		环境空气质量	53.70%	19
		水土流失率	19.12%	14
		化肥施用超标量	61.93 千克 / 公顷	11
		农药施用强度	14.37 千克 / 公顷	22

续表

一级指标	二级指标	三级指标	指标数据	排名
生态文明指数(ECI)	社会发展	人均国内生产总值	36763元	19
		服务业产值占国内生产总值比例	40.30%	16
		城镇化率	47.96%	22
		人均教育经费投入	1211.05元/人	29
		每千人口医疗卫生机构床位	4.69张	17
		农村改水率	70.15%	20
	协调程度	环境污染治理投资占国内生产总值比重	0.95%	25
		工业固体废物综合利用率	64.19%	19
		城市生活垃圾无害化率	96.03%	12
		化学需氧量排放变化效应	96.94吨/千米	1
		氨氮排放变化效应	24.41吨/千米	1
		二氧化硫排放变化效应	0.09千克/公顷	28
		氮氧化物排放变化效应	0.48千克/公顷	21
		烟(粉)尘排放变化效应	-0.45千克/公顷	20

（参考：严耕等：《中国省域生态文明建设评价报告（ECI2015）》第220～224页，北京：社会科学文献出版社，2015年。徐保军）

湖南省绿色潇湘环境发展中心

Green Hunan

由湖南环保志愿者自发成立的湖南本土环保公益组织，成立于2007年2月11日，致立保护湖南生态环境，实现人与自然的和谐发展。主要从事湘江保护、农村社区环境改善、环保社团能力建设，推动公民社会建设等工作。目前，绿色潇湘开展了世界无车日环保调查宣传、湘江污染调查项目、高校社团能力建设培训项目、醴陵生态农村项目等。（席溢）

湖南省生态学会

Ecological Society of Hunan Province

湖南省生态科学技术工作者的学术性群众团体，自愿结成的非营利性的社会组织，湖南省科学技术协会的组成部分。成立于1980年1月，有团体会员7个，个人会员1000余人，学会成立以来一直挂靠在中国科学院亚热带农业生态研究所。接受中国生态学会、湖南省科学技术协会、湖南省民政厅的业务指导和监督管理。主要业务范围：组织会员开展有关生态科学领域的学术交流，组织重点学术课题的探讨，推动科学研究；接受有关生态科学技术研究项目的委托，组织科技成果评定，进行科技咨询服务；积极开展国内外学术交流，加强同国内外的生态学科学技术团体和科学技术工作者的友好联系；普及生态学科学技术知识，传播先进技术，举办各种培训班，努力提高生态学科技工作者学术水平；举办为会员服务的各种活动；反映生态学科技工作者的意见和呼声，维护科技工作者的合法权益；举荐人才，表彰奖励在生态学研究与技术推广领域取得优异成绩的科技工作者。（席溢）

蝴蝶效应

The Butterfly Effect

指世上许多看似无关的事情之间都存有因果

关系，一个看似不起眼的动作或原因，在层层传递和放大之后，会造成巨大的影响，混沌性系统对初值有极为敏感依赖性的形象化术语，假设今天在北京有一只蝴蝶扇动空气，可能改变下个月在纽约的风暴。20 世纪 60 年代初，美国著名气象学家洛仑兹发现：数值天气预报模式计算中，细微差异的初值输入可能会导致面目全非的输出。蝴蝶效应的发现和研究被引进到自然科学的研究中，警示人们在生态系统中，一个小的行为可能会对整个生态系统的产生不可估量的影响。（朱雨晨）

互联网政治生态

Internet Political Ecology

以社会政治为信息源的生态系统，在特定的时间和空间范围内，由互联网使用主体以及相应的网络信息平台和网络环境等要素组合而成的复杂系统，各要素分别发挥作用和影响，并且相互依赖和制约。互联网政治生态系统内，如果各要素相互对称，信息流在产生、流转、传递各环节达到动态平衡，则是稳定和良好的；否则就有可能造成生态危机，这时需要调节和疏导。互联网政治生态系统的大小、形式各不相同，小到个人微博，大到一个国家。具体来说，互联网政治生态系统由网络政治主体（如普通网民，包括手机用户）、媒体、网络社区、电子政府、相应网络法规和行动等要素组成。相应的，互联网政治生态系统可分为五大子系统，即网络政治舆情系统、网民系统、手机用户系统、传统媒体系统、电子政务系统。子系统之间相互影响、关联，形成调节与控制的关系。网民系统和手机用户系统是社会政治信息的网络来源和产生者。传统媒体系统是网民系统和手机用户系统的重要信息补充，对网络社会政治信息具有调节和控制作用。网络政治舆情系统是互联网生态系统的核心环节，是网络社会政治信息的集散地，社会政治信息汇集于此，相互产生作用。电子政务系统对网络舆情系统进行疏导和控制，对网民和手机用户系统、传统媒体系统进行监督和管理，确保整个互联网生态系统有序、良好地运行。（参考：史达：《互联网政治生态系统构成及其互动机制研究》，《政治学研究》2010 年第 3 期第 76 ~ 82 页。欧阳文川）

户外教学法

Field Trip

中小学环境教育普遍实施的教学方法。它是一种在环境中的教学过程，是根据教学需要，组织并指导学生外出亲自参加有关环境及环境问题的实地考察。户外进行实地环境考察，是对人类环境现象及其存在的问题的一种有计划、有目的的直觉过程。它可以丰富教学内容，把课堂传授的知识与实际的环境状况结合起来，因而是发展环境知识记忆、思维、想象的基础，也是培养和提高环境问题技能的手段。户外教学法不仅可以使学习者更好地理解知识，而且还有助于激发他们探索环境问题的兴趣，激发他们的求知欲望。此外，户外教学法也有助于促进学生关爱自然、保护自然的环境情感。传统的以教室、课本为中心的教育形式虽能在一定程度上有效地系统传授知识，但很难在真正意义上形成人们较高的环境素质。户外教学法已成为环境教育实施的基本方法之一，被普遍认为是实现环境教育的根本目的的一种重要的途径。（参考：祝怀新：《环境教育的理论与实践》第 91 ~ 92 页，北京：中国环境科学出版社，2005 年。王薛时）

护生

Life Protection

护生是佛教对其信众修行的一种要求，佛教认为六道众生根据各自的“业力”相互转化，倡导信众“爱护生命、和谐万物”，主张用心对待和保护身边的每一个生命，既要爱护人类生命，又要保护和利乐其他有情众生，和动物交朋友，和自然和谐相处；佛教慈悲救度的对象一开始就不局限于人类，它包括动物等在内的各种生命形式，主张保护和尊重一切生命。（雷爱民）

《护生画集》

Life Protection Album

《护生画集》是由中国近代著名佛教高僧弘一大师李叔同和他的学生丰子恺等人共同创作的一部旨在弘扬“佛法慈悲、戒杀护生”思想的绘画丛书，《护生画集》共6册，全书由丰子恺作画，第一、第二集的文字为弘一法师题写，第三集为叶恭绰撰写，朱幼兰题写了第四和第六集，虞愚撰写了第五集的文字，绘画集创作过程前后相继持续时间46年，其书的中心思想受中国佛教高僧弘一大师讲授的佛法思想影响，画集表现出佛教“因果业报、厚植善因、慈悲为怀、护生护心、惜福布施、素食简朴、依正不二、净心净土”等基本思想，《护生画集》在中国佛教界、文艺界和普通读者中广泛流传、影响深远。（雷爱民）

花园城市

Garden City

花园城市是指乡村环绕且在布局上拥有社区土地所有权、完备设施、充足娱乐空间的城市。花园城市是城市发展的理想化模式之一，19世纪末由英国人霍华德（E.Howard）提出。他认为，城市应与乡村结合，要控制城市盲目发展，消除大城市与自然隔离所产生的矛盾。英国工业革命造成城市长期过度拥挤，因此花园城市应运而生。最早的花园城市以莱奇沃思（1903）为典范，在欧洲广为仿造。第二次世界大战后，许多英国城市规划深受花园城市模式的影响。按照花园城市的理论，它是一个人口规模为32000人的小城，由一系列同心圆组成，可分为市中心区、居住区、工业仓库地带以及铁路地带，有六条各36米宽的放射大道从圆心放射出，将城市划分为六个等分面积，并使城市呈花型。市中心为中心花园，接着是市政府、音乐厅、剧院、图书馆、医院等，整个城市以绿化为主，作为疏散大城市工业和人口的理想的地方。可见，花园城市是卫星城理论的开端。“花园城市”模式将城市作为一个主体，注意了城乡之间的互相联系、工业、人口密度、绿化、环境等有关因素，对城市地域结构研究起到了一定的开创作用。（参考：谢华：《蓝天碧水中的花园城市——新加坡城市美化绿化之研究》，《城市规划》2000年第11期第35～38页；谢华：《新加坡“花园城市”建设之研究》，《中国园林》2000年第6期第33～35页。朱配辰）

华沙条约组织

Warsaw Treaty Organization

简称华约。1955年5月11日至14日，苏联、阿尔巴尼亚、保加利亚、民主德国、波兰、罗马尼亚、捷克斯洛伐克、匈牙利8个国家在华沙举行会议，缔结了《友好合作互助条约》，形成了与北约相对立的军事政治同盟。该条约规定：“如果在欧洲发生了任何国家或国家集团对一个或几个缔约国的武装进攻，每一缔约国应个别地或通过同其他缔约国的协议，以一切它认为必要的方式包括使用武装部队立即对遭受这种进攻的某一国家或几个国家给予援助。”阿尔巴尼亚于1968年9月13日宣布退出该组织。组织机构有：1. 政治协商会议。最高决策机构，由各缔约国党的第一书记、总理、国防部部长和外交部部长组成，负责协商和决定缔约国的国防、政治、外交和经济等重大问题。2. 国防部部长委员会。最高军事机构，负责研究共同的军事政策和联合武装部队的训练、演习、组织建设等问题。3. 外交部部长委员会。负责协调各缔约国的对外政策。4. 联合武装司令部。军事指挥机构，由苏联国防部第一副部长任总司令，负责对华约武装部队的领导、训练和调动等。1991年，随着苏联东欧社会主义集团的解体，华约组织宣布正式解散，终止活动。（李庆）

华夏生态文明建设研究促进联盟总会

Huaxia Ecological Alliance

即大中华生态文明建设研究促进联盟委员会，简称华夏生态联盟。是由中国新农村建设促进会、中国公共关系联合会、中国小康智库战略发展研究中心、中国小康资产管理委员会，在中国共产党新农村建设委员会、人民监督调查委员会的战略合作下，在全面深化农村改革发展指导委员会的指导下，为了更好地服务大中华人民生态文明建设和美丽中国、幸福乡村建设，以“贯彻四个全面精神、为生态文明建设美丽大中华、幸福全人类创造典范、为全面建成小康社会、世界和平与发展而努力奋斗！”为宗旨，联合成立的社会组织协作联合体。（席溢）

化肥污染

Fertilizer Pollution

化肥污染是在农业生产中，因化肥使用过量或不当造成的水体、土壤与大气等污染现象。化肥污染主要包括：1. 水体污染，化肥中含有大量氮、磷等元素，经农田排水和雨水冲洗会转移至河流、湖泊中对水体造成富营养化，通过淋溶在下渗过程中还可导致地下水污染。2. 土壤污染，长期使用化肥会破坏土壤结构，使土壤酸化、土地板结，造成微生物和蚯蚓等土壤生物死亡。3. 大气污染，大量使用化肥会增加氮氧化物含量，如氮肥会分解成氨气，反硝化作用产生二氧化氮。4. 农作物污染，化肥施用过多会使土地重金属富集，并使蔬菜、谷牧草中的硝酸盐含量增多，转化为亚硝酸盐影响植物正常生长，污染食品与饲料，引发人与牲畜中毒。化肥污染在影响环境质量的同时，危害人类健康，破坏生态系统平衡，减少农作物产量，增加了农民的经济负担。（任傲尘）

化肥污染防治

Prevention and Cure of Fertilizer Pollution

化肥污染防治是针对化肥污染的解决措施，包括技术与管理政策两个层面。化肥污染防治具体内容有：1. 科学、合理使用化肥，调整施肥结构，增施有机肥和新型缓释化肥，如有机肥中分解出的腐殖质可溶解吸收某些化学物质，缓解重金属污染，提高土地保水保肥能力。2. 改进施肥方法，不同种类的化肥选用不同方法，如铵态氮肥和尿素肥料提倡深施，能提高其利用效率，减少肥料遗留。3. 推广测土配方施肥，根据作物需要肥料的规律、土壤供肥性能和肥料效应，在提倡有机肥的基础上计算氮、磷、钾、微肥的适宜用量和比例，避免施肥过量，减少环境污染。4. 普及化肥相关知识，为农民树立科学施肥意识。5. 监管化肥的生产，严禁劣质化肥流入市场。6. 完善化肥污染监管机制。7. 制定激励性政策，鼓励发展生态农业，减轻化肥污染。（任傲尘）

化石能源

Fossil Energy

化石能源是指上古时期遗留下来的动植物的遗骸在地层下经过上万年的演变形成的能源。如煤（植物化石转化）、石油（动物体转化）、天然气等。化石能源是目前全球消耗的最主要能源，合计占全球现在使用能源总量的 85%以上。根据中国国家统计局的数据得出化石能源的使用量逐年增加，天然气的使用量最少，煤炭的使用量最多，且均逐年增加。随着化石能源的过度开采和利用，其中主要是煤矿的开采，使开采区生态遭到严重的破坏，带来了一系列的环境问题：1. 化石能源走向枯竭。化石能源是不可再生资源，作为人类生存和发展的重要物质基础，煤炭、石油、天然气等化石能源支撑了 19 世纪到 20 世纪近 200 年来人类文明的进步和经济社会发展。然而，化石能源的不可再生性和人类对其的巨大消耗，使化石能源正在逐渐走向枯竭。2. 对土地资源的浪费和破坏。由于化石能源的需求量大，各地纷纷建矿、建厂，占用了大面积的农田。我国的煤炭等化石能源开采以地下开采为主，因此地表塌陷是主要的问题，塌陷面积一般为开采面积的 1.2 倍左右。塌陷区常年积水使原有农田不能耕种，而且露天开采的煤矿，对土地资源的破坏更为严重，采场变大坑，排土场变乱堆，土地遭到彻底破坏。3. 对水体的污染对地下水资源的影响：化石燃料的开采破坏了地下水的均衡；由于塌陷等因素使地面裂缝，使地下水位降低。对地表水资源的影响：由于地面塌陷和断裂区域加大，地表水深入地下以及矿坑等区域，使地表水面降低。由于采矿引起的水资源变化，造成了一系列的环境问题，由于煤炭中含有大量的硫元素，在进行煤炭开采后，经过一系列的氧化和水解反应，使其成为硫酸和氢氧化铁，使水体呈酸性，形成酸性矿井水。腐蚀了水道、钢轨和水泵等设备，同时也对其他地表水和土地造成污染，危害其他生物生存和生长。4. 噪声污染。煤矿开采过程中，各种机械设备及通风机、鼓风机、引风机，各种水泵等产生噪声，成了主要的噪声污染源。煤矿噪声具有高强度、高密度、时间长的特点，对职工的听觉造成损伤，也会引起其他疾病，同时噪声不但会影响通信，导致信息无法正常顺利传输，可能会造成事故，而且噪声会影响周围居民的正常生活。（参考：霍雅勤：《化石能源的环境影响及其政策选择》，《中国能源》2000 年第 5 期第 17 ~ 21 页。朱配辰）

化学品审批登记制度

Chemicals Approval and Registration System

指对人体健康和生态环境可能造成危害的化学元素和化合物的生产和经营活动、运输和存储以及使用和处置等行为，在其实际操作和发生以前，向相关行政主管部门申请报批，并提交相关化学元素和化合物的详细资料和经营、生产信息，由主管部门审查通过后才能进行具体活动的法则、执行机制和机构的总称。我国化学品管理工作自新中国成立以后就开始施行，然而以环境保护为目的的立法工作可追溯到 1987 年国务院颁布的《化学危险物品安全管理条例》，此后国家环保局于 1994 年颁布了《化学品首次进口及有毒化学品进出口环境管理规定》，2002 年国务院颁布《危险化学品安全管理条例》，2005 年国家环保局又出台了《废弃危险化学品污染环境防治办法》，至此关于化学品管理的环境保护立法体系基本完成。另一方面，虽然我国化工行业发展迅速，然而某些化工企业、甚至某些化工行业仍存在技术落后陈旧、技术更新缓慢、管理制度低效的现象。此外，我国比较西方发达国家对于危险化学品的管理工作显得落后，已经被发达国家严格控制和限制使用的危险化学品在国内仍然未被禁止，因此化学品环境污染防治工作依然存在大量问题。（参考：罗植泓：《我国化学品环境管理法律制度研究》，西南大学 2013 年硕士学位论文第 3 ~ 6 页。欧阳文川）

化学生态学

Chemical Ecology

化学生态学是 20 世纪 60 年代化学与生态学相结合形成的交叉边缘学科，由于它早期的研究对象主要是动植物生化交互作用，因而曾被称为生态生物化学、植物化学生态学等。随着分子技术的发展，人们能够成功地分离、鉴定生态系统中的微量化学物质，从而促进化学生态学的发展。研究对象包括生物间的化学联系及其机制，生物与环境之间、生物交互作用之间起作用的生物化学物质等，为病虫治理、生物多样性保护和生物资源合理利用提供研究模式和理论依据，为控制病虫害及化学试剂的合理使用提供新的可能性。化学生态学涉及进化论、生态学、行为学、毒理学、分析化学、电生理学、细胞生物学、生物物理学、神经生物学、生物化学、分子生物学等学科的原理和技术手段，是学科交叉优势互补的典型范例。（韩铮　张惠娜）

化学性污染

Chemical Pollution

化学性污染主要是由农业化学污染物、食品

添加剂和工业废弃物中所含汞、镉、铅等重金属和氰化物等无机有毒化合物，以及各种有机农药、多环芳烃、芳香烃等有机化合物对环境造成的污染。化学性污染按对人体危害方式可分为环境荷尔蒙类、致癌、致畸、致突变类和急性致死类等。农业化学污染物的主要来源包括农药、化肥、除草剂、杀虫剂、灭鼠剂、保粮剂等；食品中化学性污染物主要有防腐剂、保水剂、动物或微生物产生的毒素等；室内常见的化学性污染物主要有：甲醛、三苯（苯、甲苯、二甲苯）、一氧化碳、总挥发性有机物（TVOC）和可吸入颗粒物等。（参考：如风：《化学污染的分类及防治方法》，《化工管理》2014 年第 7 期第 97 ～ 98 页。**刘阳**）

划区轮牧

Rotational Grazing

又称分区轮牧，是有计划地利用天然草场和人工草场的一种放牧方式，即把草场按春、夏、秋、冬划分成不同季节的放牧场，在每个季节放牧场内，以畜群为单位，再划成若干个放牧单元，然后在放牧单元内划分成若干个小区，在各个小区内依次轮回放牧，不断循环。划区轮牧，每个放牧单元和小区，都按计划留出一定的空牧时间，使牧草有较好的生长发育和繁殖的机会，以减轻牲畜对牧场的践踏程度，使牲畜在整个放牧期内获得品质优良的充足牧草；并便于对牧场和牲畜进行管理，减少寄生虫病对牲畜的危害。实行分区轮牧需根据畜群的数量、牧草生长情况和季节变化等因素，正确确定各季节放牧时间、轮放周期、放牧频率及轮牧小区的数目、面积和放牧时间，做到既有利于牧草生长，提高产量，又要保证牲畜得到充足的营养，提高畜群的生产能力。划区轮牧的核心是让草地间隔性休牧，进行再生恢复，为牲畜采食提供最佳营养状态的饲草。划区轮牧的优点有：1. 具有更高的饲草生产潜力并维持稳定的饲草产量。2. 连续获得高质量饲草及牲畜的高生长速率和收益。3. 减少牲畜选择性采食机会，降低不可食饲草比例并维持稳定的种类组成。4. 减少寄生虫侵染概率，保证牲畜更健康，产品质量更好。5. 减少斑块状采食，分散牲畜排泄，降低土壤侵蚀风险，维持地力。不足之处是需要花费划分区块所用的围栏及供水系统成本。实践中可以减少劳力支出及防虫灭鼠等成本。划区轮牧做法简单，但约束参数要求严格，放牧 4 个要素（放牧时间、载畜率、放牧频次及选择性采食）需要得到充分体现，如春季开始放牧时间需要在抽穗前期，休牧时间间隔（相关于放牧频次）不能少于牧草恢复期，这必须依据牧草再生速率确定，再如所划区块数及面积有基本的理论计算依据，不应该随意确定，这些在我们的研究和实践中都需要弥补。另外，饲养效益需以生长羊（羔羊）或泌乳牛为基准。划区轮牧协调了草地植物群落的生态学特征，使草地在利用中得到有效恢复，不仅能够提高家畜生产，有效防止草地退化，还能改善草地状况，提高草地质量和生态力；既兼顾经济发展与生态环境的保护，又使草原利用得到缓解与休整，实现草、土、畜三者健康良性的生态循环，被认为是实现草原可持续利用的有效放牧方法。（参考：周道玮等：《草地划区轮牧饲养原则及设计》，《草业学报》2015 年 2 期第 176 ～ 184 页；李勤奋等：《划区轮牧制度在草地资源可持续利用中的作用研究》，《农业工程学报》2003 年第 3 期第 224 ～ 227 页。**朱配辰 蔡越**）

怀特海

Whitehead, 1861 ～ 1947

英国数学家、哲学家和教育理论家。阿弗雷德・诺斯・怀特海出生于英国肯特郡，1885 ～ 1911 年任教于剑桥大学，1924 ～ 1937 年任教于哈佛大学。因其数理逻辑、科学哲学和形而上学方面的成就而闻名于世。与伯特兰・罗素合著的《数学原理》标志人类逻辑思维的巨大进步，创立自己的形而上学体系。怀特海是过程哲学的创始人，怀特海哲学又称机体哲学。在《历程与实在》中提出开放的、能动的、创造的无限宇宙观，认为宇宙最根本的东西是过程和事件。过程哲学强调过程就是实在，实在就是过程，试图把世界描述成事件个体的实际存在物的合生过程，认为其中每一种实际存在物都有它自身的自我造就能力。过程哲学倡导建立人与自然合一的生态环境，倡导个人的、社会的、全球的环境责任，倡导经济与社会整合的、可持续的发展模式。代表性著作有《自然之概念》（The Concept of Nature，1920）《科学与现代世界》（Science and the Modern World，1925）《历程与实在》（Process and Reality，1929）《观念之历险》（The Adventure of Ideas，1933）。（雷爱民）

怀特海的自然观

Whitehead's View of Nature

怀特海，全名阿弗雷德·诺斯·怀特海（Alfred North Whitehead,1861 ~ 1947）。英国数学家、哲学家。认为自然是人们通过感官在感知中所观察的东西，是人们意识到的某种非思想的并对思想来说是自我包含的东西。这意味着，自然可以被认为是一个封闭的系统，其间的相互关系是一种不需要它们是否被想到的事实。在感觉—知觉中，自然是作为复合的存在物而被揭示的，其相互关系无须参照心灵，即无须参照感觉—意识或思想，就能够在思想中得以表达。因此，在某种意义上自然是独立于思想的关系存在。自然具有自为性，并在自为的行为中生成关系，在关系中实现自身的价值。怀特海反对从人的自主性出发，人为地把自然二分为两个实在系统，即在意识中理解的自然（显现自然）和作为意识的原因的自然（原因自然）。他认为只存在一种自然，即在知觉经验中我们所面对的自然。与孤立静止的自然观不同，怀特海的自然观从相互依存的动态存在的自然本原出发将自然存在的关系性与运动性结合起来。他认为自然的基本特征就是流动性（passage）或称为创造性（creative advance）。宇宙自然从部分到整体都直接或间接地通过“事件”这个主体性存在在其他的存在物中显现自身。无论就其个体存在，还是整体存在，自然处于必然的联系和运动中，因而具有自进化性与和谐性。怀特海的自然观就是对物理世界的生物机理的哲学提升，自然的一切因素和过程都是“活体”或“活体”的行为，都具有生物属性，是关系体和运动体的统一。从生态学的角度来看，怀特海的自然观认为：自然主体间通过固有的内在链式关系进行选择和被选择，相互交换着物质、能量和信息，培养自身的需求与动力，自主创造创新条件，平等地推动着自然不断创新。整个自然都是生命有机体。（牟世晶）

《淮河的警告》

Huaihe de Jinggao

作家陈桂棣著写的生态报告文学。《淮河的警告》首次披露鲜为人知的淮河污染实例以及触目惊心的污染数据，并对污染原因、治理对策做了细致说明。本书辑入作者六篇优秀长篇报告文学作品。这些作品反映的是人们关心的社会热点问题，产生过一次又一次的轰动效应。这些作品洋溢着强烈的批判意识，参与意识，忧患意识和改革意识，深受广大读者欢迎和文学界的好评，曾获鲁迅文学奖、《当代》文学奖、（中华文学选刊）奖等奖项。《淮河的警告》的作者陈桂棣著有多部中长篇小说、文学剧本、长篇报告文学等。他善于将文学与现实生活紧密联系，通过描写平凡人物的平凡事例，来揭露现实社会中隐存的问题。其作品被译介到美国、日本、加拿大等国。现为安徽省合肥市作家协会主席，中国作家协会会员。《淮河的警告》由人民文学出版社于 1999 年出版

发行。（王薛时）

环保产品

Environment-Friendly Products

以控制环境污染、保护环境为主要目的的产品总称。内涵主要限于控制环境污染和为环境管理提供直接物质支持的产品，曾经有污染防治设备、环保设备、环保装备等不同名称叫法。环保产品不同于一般产品，只有具备以下两个基本属性的产品才属于环保产品，否则不属于。一是产品直接服务于环保设施工程建设和污染治理或环境监督管理，若离开环境保护，这类产品就失去了市场，二是多数产品的使用功能和环境功能一致。目前国际上趋于共识的是，都将直接服务于环境保护设施工程建设和污染治理或环境监督管理的产品作为环保产品的核心内容。（蔡越）

环保产品认定

Identification of Environmental Protection Products

是指证明环保产品符合相关的产品标准或技术要求的合格评定活动。按照我国对环保产品的界定和当前我国环保产品的发展情况，将环保产品认证的范围划分为以下七类：一，水污染治理产品，包括物理、化学、生物等方法处理设备等。二，空气污染治理产品，包括除尘及废气净化设备等。三，固体废物处理设备，包括废物安全处置及焚烧设备等。四，噪声与振动控制设备，包括各种消声、减振装置等。五，防护放射性和电磁波污染的产品。六，环境保护专用药剂和材料，包括各种药剂材料、声学材料、膜材料处理等。七，环境监测专用仪器设备，包括各种污染物分析仪、监测仪、控制仪等。环保产品认证不仅要对产品加工制造进行认证，而且要对产品使用性能、产品本身的环境保护性能进行认证，这也是不同于其他产品质量认证的地方。（蔡越）

环保产品认定管理

Environmental Protection Product Identification Management

指政府为提高环保产品质量及标准化水平，避免造成环境保护投资效益低及环保产品市场混乱，妨碍公平竞争等现象的出现，力图改变环保产品监督管理长期无主管部门以及缺乏有效的产品监督管理手段的历史现状而创立和实施的环保产品认定制度。我国国家环保总局对环保产品管理制定了较为系统完善的制度，尝试为环境管理提供了物质技术支持服务，也为规范环保产品市场、提高环境保护投资效益、引导环保产品技术进步起到了积极作用，为现行环保产品认证制度的实施打下了坚实基础。例如，2000 年国家环保总局下发的《关于调整环保产品认定工作有关事项的通知》及 2003 年国务院公布的《中华人民共和国认证认可条例》等。（蔡越）

环保产业

Environmental Protection Industry

指以防治环境污染、改善生态环境，以保护自然资源为目的而进行的技术开发、产品生产、商业流通、资源利用、信息服务、工程承包、自然保护活动为总称的相关产业领域。发达国家的经济合作和发展组织（DECD）由环保事业的发展提出来的，对环保产业定义分为：狭义上，是为环境污染控制与减排、污染清理以及废弃物处理等方面提供设备和服务的行业，即传统环保产业；广义上，既包括为环境保护提供生产、产品和服务的企业，还包括使污染最小化和效率最大化的清洁生产技术和产品。我国环保产业的狭义定义基本沿用发达国家的，广义定义是来自国务院《关于积极发展环境保护产业的若干意见》（国办发 {1990}64 号）的文件规定：环境保护产业是以防止环境污染、改善生态环境、保护自然资源为目的的所进行的技术开发、产品生产、商业流通、资源利用、信息服务、工程承包、自然保护开发等活动的总称。环保产业是增长性强、市场需求巨大，但又有待加强与扶持的朝阳产业。根据外部性和公共产品理论，环保产业的发展需要

国家财力支持，同时需要政府主导、制定一系列完善的环保产业促进政策相辅助，才能得到健康发展。（王晴晴　蔡越　李雪姣）

环保产业管理政策

Environmental Protection Industry Management Policy

指以构建和完善适应社会主义市场经济体制为要求；以加强宏观管理、健全环保产业发展机制和创新机制为重点；以环保产业发展中亟须解决的重要政策性问题，特别是以关系企业切身利益的政策性问题为切入点；建立一种突出重点，远近结合，切实可行的政策体系。环保产业管理政策主要包含三个方面：环保产业技术政策、环境服务业政策、产业优惠政策。其中，环保产业技术政策主要针对企业技术进步和创新力增强带动产业结构优化和发展；环境服务业政策作为新兴行业，有待提高环境服务总量和质量；而产业优惠政策主要包括税收减免、预算内财政补助、建立健全专项发展资金、技术引进减免关税、政府绿色采购以及投资信贷等各项相关政策。（蔡越）

环保产业技术政策

Environmental Protection Industry Technology Policy

指为环保产业的科技发展而制定的规划和措施，它是技术和经济发展应当遵循的准则，二者相辅相成。落后的技术政策会引起环保产业发展技术资源不足、关键技术核心问题受制于人等存在的相关瓶颈问题，相应地，良好的环保产业技术政策可以为企业的发展带来正面推动力，完善的技术政策会优化环保产业的技术结构，提高产业整体技术水平，增强技术创新能力，提高技术进步对产业发展的贡献率，经过多年发展，实现企业跨越式发展的质的飞跃。（蔡越）

环保产业结构

Environmental Protection Industry Structure

指国民经济结构中的新兴产业结构，继计算机产业结构和通讯产业结构之后发展起来。环保产业结构主要由以下五个方面组成，产品（服务）结构、产业技术结构、行业组织结构、投资结构以及市场环境。环保产业产品结构未来发展应避免低水平重复建设，要注重信息的丰富和流通；技术结构上的调整应提高技术含量，提升自动化程度；行业组织结构应注重各部门间协作，避免粗放封闭式发展；投资结构上的调整应加大国家财政对于环保建设的资金，重视运行和维护；市场环境上讲究公平竞争，避免地方保护主义，提高国内环保产业在国际中的整体竞争实力。（蔡越）

环保产业经济

Economy of Environmental Protection Industry

指在防治环境污染、改善生态环境、以保护自然资源为目的而进行的相关技术开发、产品生产、商业流通、信息服务、工程承包等活动为主的相关“产业”领域内，开展的产业之间和产业内企业之间的产业关系研究而形成的一门新兴经济学学科。环保产业经济的目标是在最大限度避免资源过度消耗、环境污染以及生态环境得到保护的前提下实现企业利润最大化和在经济总量基础上寻求结构效益最优化。我国环保产业经济的发展需要走科技环保产业之路、清洁生产之路、主导产业发展之路，充分挖掘环保产业的巨大潜力，使环保产业经济成为中国经济发展的新的增长点。（蔡越）

环保产业经济政策

Economic Policy of Environmental Protection Industry

指通过政府宏观调控主导，制定一些对环保产业的经济扶持政策，直接或间接刺激环保产业的快速发展。我国目前的环保产业正迎来快速发展的良好契机，但现有的包含财政、税收、金融以及价格四个方面在内的经济政策存在刺激力度不大、范围较窄、资金缺口大且来源单一等许多“瓶颈”问题，因此，应对其予以完善和创新，重点从以下五个方面入手：一，加大环保资金扶持和拓宽融投资渠道；二，设立更加优惠环保产业的税收条款；三，关注中小环保企业的生存和发展；四，提高排污收费征收标准、加强检测能力和监管力度；五，严格控制总量，规范开展排污权交易。经济政策的不断改进，会更加契合环保产业的发展，对加速推进中国经济结构调转方式和建设生态文明具有重要意义。（蔡越）

环保产业运行机制

Operation Mechanism of Environmental Protection Industry

指从动态角度反映在环保产业运行中一系列经济关系的协同过程，在宏观、中观、微观层面均存在内在机理。首先，在宏观运行环境下体现为经济运作机制的市场化、产业环保化、投资多元化、环保产业国际化以及公众普及文化的环保化；其次，环保产业信息化、产业管理规范化、产业结构合理化、环保产业经济规模化以及环保产业政策开放化构成了中观视野下的环保产业化；最后，污染治理集约化、产权股份化、融资社会化、科技成果产业化、服务社会化、运行市场化以及管理企业化是作为微观层面上的环保产业化。（蔡越）

环保产业运营模式

Environmental Protection Industry Operation Mode

指环保企业中的环保产品生产商主要通过生产、出售产品或提供综合服务来获取收益，业务模式相对简单。环保服务，包括工程和运营服务则从最初仅为客户提供工程设计、施工服务或环保设施运营服务的单一业务模式，逐步向周期性服务模式转变，新的服务模式不仅趋于国际行业发展的主流，也是我国环保行业保证工程质量、提高服务水平、节约成本及提高利润水平的内在要求。目前，环保产业常见业务模式主要包括：工程总承包模式、托管运营模式、工程总承包与系统托管运营二者相结合模式、建设－运营－转移模式以及建设－拥有－运营－维护模式五大类。（蔡越）

环保传播客体

Communication Object of Environmental Protection

狭义内涵上指环保传播的对象；广义外延上应包括环保传播的社会根源和社会心态。根据环保传播对象的来源，可以把环保传播的客体分为新闻报道型客体和互联网曝光型客体。新闻报道型客体是指由新闻媒体发布的社会重大事件和热点现象信息，在网络中所引发的舆论及传播，具有公开性、透明性和权威性等特点。根据新闻报道的内容，又可进一步分为：突发性事件客体、国家重大性事件客体和社会焦点性事件客体。互联网曝光型客体是指任何个人、组织或机构借助互联网发布的曝光信息，具有开放性、自由性、民间性和原生态性等特点。（张惠娜）

环保传播媒介

Environmental Protection Media

环保传播媒介主要是指报纸、杂志、广播、影视、互联网等，主要分为两大类：印刷类和电子类。这两类媒介都有各自的特点。印刷类传播媒介主要包括报纸和杂志。电子类传播媒介传播信息具有速度快、范围广、影响大等特点。环保传播媒介具有五项功能，即宣传功能、新闻传播功能、舆论监督功能、实用功能和文化积累功能。（张惠娜）

环保传播舆论场域

Public Opinion Field in Environment Protection Communication

时代条件的变化使环保传播由媒体本位的环境新闻报道向全民参与的环保传播新社会运动转变，其最终目的和功能就是在全社会形成环保传播舆论场域。媒体通过环保知识宣传普及、生态价值观的形成与维护、环保行动示范来引领与培育环保舆论，而公众则通过自我传播、视野控制以及舆论监督来产生与维护环保舆论，二者相互依存，交互推动，致力于环保传播事业，形成良好循环的环保舆论场域。全民参与式的环保舆论场域能够通过广泛的参与实现环境信息流与环保理念与知识信息流的有效传播，并向外输出社会舆论压力来约束环境危害行为，监督与规制环保过程。在环保传播引发舆论的实践过程中，具有环境关怀的媒体通过对环境问题与环保的关注、报道以及具体的环保习惯能动来引发公众参与，培育与引导环保舆论场域，具体表现为环保知识的宣传普及、生态文明价值观的形成和维护以及环保行动的示范与组织。环保传播舆论是公众集体一致性观点、态度与信念的集合体，公众始终是舆论的主人。在环保传播舆论的形成中，公众是决定性力量，他们通过自我传播、视野控制或制约和舆论监督来制造与维护舆论场域，以集体的社会舆论与道德压力规制不利于环保的理念与行为。良好绿色环保舆论的形成依赖于环保舆论场域内部的逻辑关系与相关机制。首先，构建畅通的社会诉求表达机制。诉求能够有效表达是环保舆论产生的前提基础。畅通的社会诉求表达机制包括媒体表达机制和公众诉求表达机制。其次，健全媒体监督机制，即构建全民参与的监督机制。最后，完善相关法律法规。其基本原则为更多限制公权力组织环境治理权力，更多赋予公众、社会组织环境治理权力。环保传播及其环保舆论场域从根本上说是生态文明在社会整体舆论中的具体体现和重要组成部分。因此，良好的社会整体舆论环境是环保舆论有效形成及其场域健康运转的必要条件（参考：吴柏林、许星伟：《环保传播舆论场域研究：媒体与公众二维视角》，《中州学刊》2014 年第 3 期第 172 ～ 176 页。张惠娜）

环保风暴

Environmental Protection Storms

2005 年 1 月 18 日国家环保局宣布叫停金沙江溪洛渡水电站等 13 个省市的 30 个违法开工项目，表示将通过法律手段彻底遏制低水平重复建设和无序建设，从而掀起全国第一场环保风暴。2006 年 2 月 7 日针对松花江水污染突发事件，环保总局决定对 127 个重点化工石化类项目进行环境风险排查，掀起第二次环保风暴。2007 年 1 月国家环保总局对全国 82 个环境违法违规项目进行区域限批，其中四大电力首当其冲，引起社会巨大反响，这是第三次环保风暴。2007 年 7 月环保总局对黄河、淮河、海河流域及长江安徽段水环境污染严重的 6 市 2 县 5 个工业园区实施流域限批，对 38 家企业实行挂牌督办，400 多个环境违法项目被叫停，这是第四次环保风暴。在历次环保风暴中，被环保总局叫停的违法违规项目，几乎都是投资额巨大、甚至经国务院或其他部委批准的项目，四次风暴在短期内解决十几年都解决不了的问题，其中大型环境突发事件是促成环保风暴的直接原因。但是，环保风暴是政府短期内实行的具有震慑作用的行政手段，难以保证在解除限批后新上项目会继续履行环保承诺，因此很难具有长期有效性。（张沥元）

环保高新技术产业

Environmental Protection High Tech Industry

指以高新技术支持环境建设的产业，从而使治理污染、保护生态得到大力发展。发展环保产业是解决环境问题的根本出路，是从环保产业迈进环保高新技术产业的主要推动力。加快环保高新技术产业化和商品化，注意经济结构调整，形成规模经济及环保骨干企业；具备引进、消化、吸收国外先进技术的企业竞争力；环保治理技术设备成套化、标准化，环保产业市场得到进一步规范；拥有健康良好的市场监督管理环境；发展自身高新技术拳头产品；建设有中介服务机构在内的环保产业服务体系；环保设施运营更趋于社会化、专业化和市场化。环保产业只有不断发展，逐渐具备以上七个特点，才能说环保高新技术产业日趋成熟化。（蔡越）

环保工程师

Environmental Protection Engineer

指经过考试获取《中华人民共和国注册环保工程师资格证书》，并依法注册取得《中华人民共和国注册环保工程师注册执业证书》和执业印章，从事环保专业工程设计及相关业务活动的专业技术人员。考试日期为每年的第三季度，环保工程师执业资格考试由基础考试和专业考试两部分组成，基础考试采取闭卷的方式，专业考试采取开卷考试。环保工程师适用于从事环保专业工程（包括水污染防治、大气污染防治、固体废物处理处置和资源化、物理污染防治、污染现场修复等工程）设计及相关业务的工作。（王晴晴）

环保公益广告

Pro-environmental Public Service Advertisement

和人们接触最密集、影响最深远的环保传播形式。通过各种传播媒体对环保知识、环保理念、环保行为进行传播，利用公益广告的方式唤醒公众的环保意识，引导公众积极参与环保行动，让环保深入人心，并呼吁人们以实际行动来解决或改善社会环境问题，实现人与自然的和谐永续发展。目标受众主要分两类：第一类为环境问题的直接责任群体，包括政府有关部门、与环境因素密切相关的企业、具有环境破坏行为的个人等，他们可以直接或已经造成环境破坏。第二类为环境问题的受影响群体。这部分人没有直接参与环境破坏，却直接或间接受到环境污染的影响。环保公益广告的作用机理在于从公众情绪和情感出发，争取注意，获得认同，从而实现记忆以及对行为的影响，达到其“润物细无声”的文化整合功能，使社会个体在共同的情感体验中结合成社会整体。观众在收看公益广告时，往往对其情节或人物进行认同后，才能产生心理共鸣，吸引注意，当人们处于注意状态时，其心理活动将有选择地朝向与当前活动相一致的有关刺激。被人们注意的事物，保持在脑中的印象就比较清晰，且可以控制公众的心理活动向一定的目标或方向进行，而当这种注意进入记忆层面，这种影响便具有了长久性。环保公益广告的主要作用方式，便是利用这一心理机制，使公众产生环保意识记忆，最终影响其环保行为。（张惠娜）

环保纪念日

Environmental Protection Day

各个国家和民族把一年里的某天用于纪念我们所居住的地球，我们将其称为环保纪念日。人类的健康与地球的健康息息相关，设立的每一个环境保护日都有助于唤醒人们的环保意识，环保不是一年一次纪念日，而是靠我们时时刻刻的行动，从身边的点滴小事做起。如 2 月 2 日，世界湿地日；3 月 21 日，世界森林日；3 月 22 日，世界水日；3 月 23 日，世界气象日；4 月 22 日，世界地球日；5 月 22 日，国际生物多样性日；5 月 31 日，世界无烟日；6 月 5 日，世界环境日；6 月 8 日，世界海洋日；6 月 17 日，世界防治荒漠化和干旱日等等。（王晴晴）

环保酵素

Garbage Enzyme

又称垃圾酵素，由泰国的乐素昆博士（Dr. Rosukon）发明。发酵过程的一种，是对混合了糖和水的厨余（鲜垃圾）经厌氧发酵后产生的有酸性刺激气味的棕色液体，其原材料转化为酸性物质，分解为由植物蛋白质、矿物质和保幼激素天然合成的有机化合物，具有净化地下水、净化空气等很好的环保效果。其生产过程中，将所有不同的酵素原料放在同一环境中，不使用任何化学合成物质，让它们相互促进、相互作用，构成一个复杂而稳定的具有多功能酵素生态系统，从而抑制有害微生物，尤其是病原菌和腐败细菌的活动。环保酵素制作过程简单，制作材料容易得到，节省金钱、通途广泛，还帮助减少垃圾量，对环保起着很大的作用，但是目前其使用主要由民间团体进行推广。（王晴晴）

环保科技

Environmental Science and Technology

指以先进污染防治技术为基础，从污染源的工艺、设备、生产、产品使用等着手监测和控制污染，从根本上防治污染，减少对生态环境的危害，引领环保事业的发展。环保科技分为：公共环保科技领域和私人环保科技领域。按照研究对象分为基础类研究和应用型研究。近年来环保科技工程以大工程发展为主，包括环境科技创新工程、环保标准体系建设工程、环境技术管理体系建设工程等。1978 年第 1 次全国环保科研工作会议，首次制定全国环境科学技术规划。2015 年环保总局、发改委制定《国家环境保护“十三五”科技发展规划》。截至 2014 年底，共有 450 项基础理论类、软科学类和应用技术类成果获得国家环境保护科技成果登记。（王晴晴）

环保科技成果转化

Transformation of Environmental Science and Technology Achievements

指将发展环保产业过程中应用高科技手段获得的创新成果推向市场，使之服务于其他社会行业，这是个商业化过程，需要技术市场中介的推动，同时具有周期长、不确定性和高风险等特点。拓宽环保科技成果的应用范围、避免科技成果与市场需求脱节、提高环保企业对科技计划的介入程度、加强科技中介机构的发展、完善配套政策机制，提高科技成果转化率是发展环保科技成果转化的主要目的。实现环保科技成果的转化本身就是一个创新过程，我们应在如下几方面不断探索：搭建成果全方位展示平台；构筑公共服务交易信息网；打造多层次多维度交易模式；不断进行技术整合；建立多元化金融服务体系；采取公开拍卖竞价交易模式、中介机构服务模式、在线交易模式等等。（蔡越）

环保科普走进移动传媒

Popular Science about Environmental Protection Enter Mobile Media

2011 年 11 月 1 ～ 5 日，两部环保科普作品开始移动传媒上播放。环保部科技司、中国环境科学学会联合出品的《生病的地球》《绿眼睛》两部环保科普主题 flash 短片在北京地铁、公交移动终端播出，开展了环保科普走进移动传媒活动。首次播出覆盖了北京所有地铁和公交线路，共播出 5 天，每天循环播出 10 次，受众达到上百万人次。两部短片通过不同角度，向公众传递了“污染减排、改善质量、节约能源”等环保政策措施，倡导“心环保，新生活”的环保公益理念。是环保科普走进移动传媒的尝试，为我国的环境保护传播开辟了新的渠道和领域。（张惠娜）

环保门诊

Environmental Protection Clinic

《北京晨报》设置的一个栏目，通过该板块内容，邀请环保领域专家，解答公众在家装等领域环保认知方面的一些疑惑和难题，给予公众一些如何挑选和购买绿色家居、如何防范甲醛危害等方面的建议，该栏目有贴近民生、服务百姓的特点，受到公众的好评。（张惠娜）

环保模范城市

Environmental Protection Model Cities

2011 年环保部根据《国家环境保护“九五”规划和 2010 年远景目标》，将聊城、吴江、上海青浦区、临沂、东莞、徐州、银川、宜昌、临安、淮安和佛山等 11 个城市，列为国家环境保护模范城市。这些城市已具备全国卫生城市称号，并通过了城市环境综合整治定量考核，城市环保投资达到一定的标准，此前的 68 个原国家环保模范城需要经过复核。审核环保模范城市的主要指标，包括社会经济、环境质量、环境建设、环境管理四个方面，环保模范城市的典型标志为：社会文明昌盛，经济快速发展，生态良性循环，资源合理利用，环境质量良好，城市优美洁净，生活舒适便捷，居民健康长寿，具体考核内容涵盖社会、经济、环境、城建、卫生、园林等方面。环保模范城市建设涉及面广、建设难度大，在促进转变经济发展方式、改进城市环保工作等方面都发挥了积极作用。（张沥元）

环保设备产业

Environmental Protection Equipment Industry

指以防止污染、改善生态环境、促进资源优化配置、确保资源永续利用为目的发展起来的、是机械工业中最富活力的新兴产业。我国环保产业随着环境保护事业的发展而逐步发展起来，环保设备在环保产业中占重要组成部分，主要包括大气污染防治设备、水污染防治设备、固体废弃物处理与回收设备、噪声与振动控制设备和环境监测仪器仪表及监测系统五个主导行业。环保设备产业的特征：1. 属于法规政策引导型产业；2. 是跨学科的综合性产业；3. 是技术密集型产业；4. 是环保产业的重要组成部分；5. 受国际环境的影响较大。我国环保设备产业未来发展要重视基地的做大做强；环保机械主要产品的性能需进一步优化；建立环保设备企业行业准入制度。（蔡越）

环保设施市场化运营

Market Operation of Environmental Protection Facilities

指专门从事环境保护设施运营或污染治理业务的环保企业接受排污单位的委托，进行环境保护设施专业化运营或污染物的处理；这是一种有偿服务，服务方自主经营，自负盈亏，承担委托责任，保证环境保护设施正常运行和污染物的达标排放。环保设施市场化运营以解决环保设施运营管理中存在的设施闲置、效益不高、环境污染得不到彻底改善等问题为目的，尝试将经济手段应用于市场体制，并成为最有效的环境管理手段，是社会化大生产发展的必然要求，同时也是我国治理环境污染的必须举措。（蔡越）

环保设施市场化运营模式

Market Operation Mode of Environmental Protection Facilities

指科技创新型环保企业及其运营队伍的工作方式，主要分为项目承包制和项目经理负责制两种。尤其在我国加入世界贸易组织后，该运营领域企业竞争更加日益激烈。目前参与运营市场的企业分为国有事业单位转型环保企业、环保工程技术型企业、环保设备制造型企业、环保咨询顾问投资公司等。运营公司与业主签订运营协议后，配备相应人员，选择合理运营方案，实施高效优质的管理，与业主交流信息，并接受环保部门的监督管理，及时做出相应的调整，以满足业主的生产要求和当地的环境质量。（蔡越）

环保设施运营管理模式

Environmental Protection Facility Operation Management Mode

指面向现代化、科学化、智能化模式发展，跳出原来计划经济体制的枷锁，不再由政府或企业承担环保基础设施建设费用及运营的新型管理模式。1. 新的模式需要加强内部管理；建立健全各项运营管理规章制度，强化岗位责任制，实行定岗、定员、定责、定职，提高效率，使环保设施运营管理制度化、规范化。2. 建立明确的经营目标；在保证双方利益的污染物达标排放的情况下降低运行成本，责权力关系明确。3. 建立一支专业化的运营管理制度；培养素质过硬、业务水平扎实的专业化队伍，保证运营管理达到高标准、严要求。4. 转变经营体制；将环境污染源治理由被动行为变为主动，把污染设施的运行推向市场，自主经营、自负盈亏，承担委托责任，走一条产业化道路并注意开发利用资源作为运营经费的补充。（蔡越）

环保设施运营社会化

Environmental Protection Facility Operation Socialization

指专门从事环境保护设施运营或污染治理业务的环保企业服务方接受排污单位或委托方的委托，进行环境保护设施专业运营或污染物的治理。环境保护设施运营社会化后，环保行动变为有偿服务，服务方自主经营、自负盈亏并承担委托责任，以保证环境保护设施正常运行和污染物的达标排放。环境保护设施，包括生活污水、工业废水、有毒有害废气、生活垃圾以及工业固体废弃物等的处理设施的运营社会化。实施环保设施社会化运营能从根本上解决过去那种非专业化的、效率低下的运营管理模式所带来的弊端，可以一劳永逸地解决委托方的环保问题，其重要性可见一斑。（蔡越）

环保设施运营市场化

Environmental Protection Facilities Operation Market

指将市场机制引入环保设施运营管理。排污单位（委托方）将环保设施委托给取得相应资质证书的环保运营公司（服务方）承包运营处理。根据“污染者负担，治理者受益”的原则实行社会化有偿服务，委托方付给服务方承包经费。服务方实行自主经营、自负盈亏、独立核算的企业化管理，保证环保设施正常和达标排放。实行环保设施运营市场化的关键是要找到委托方与环保运营双赢的合理平衡点；其次，必须遵循市场经济的利益原则、等价交换原则以及竞争原则。环保公司起着决定性作用，要做到以人为本，强化内部管理，改革运营项目管理，实行多种形式承包制度。在促进环保设施运营市场化过程中，法制手段同样不容忽视，要强化环保执法，建立激励机制，从机制上促进企业治理污染的积极性。（蔡越）

环保手抄报

Environmental Protection Hand-written Copy

环保手抄报是以保护环境知识、技术和政策宣传为内容的手抄报。在学校、社区和公共场所，环保手抄报是环境保护的很好的宣传工具，不仅省时省力，还可以提高受众对保护环境的意识。办环保手抄报，首先从总体上考虑，确立主题思想，做到主题突出，又丰富多彩。版面编排和美化设计也要围绕着环保主题进行，根据主题和文章内容决定形式的严肃与活泼，做到形式与内容的统一。（张惠娜）

环保制造业

Environmental Protection Manufacturing Industry

指将环境保护理念及手段措施运用于制造业发展过程中，如何使制造业尽可能少地产生环境污染，使企业在环境有限生产和资源最佳配置的平衡之间获得最大利润，成为未来制造业的可持续发展新模式。制造业所产生的环境问题主要来自两个方面，首先是制造业在将资源转变为产品的制造过程中，不能合理有效利用资源，产生了浪费；其次在产品使用和处理过程中，产生的废弃物排放对环境造成了污染。因此，合理有效利用资源，保证资源的可持续利用；严格把控废弃物的排放，最大限度地降低对大气的污染，是发展环保制造业所要重点解决的问题。环保制造业分为环保机械制造业和环保装备制造业，二者均是环保产业的重要组成部分，也是国民经济中战略性新兴产业。（蔡越）

环保中国产业联盟

China Environmental Protection Industry Alliance

又称环保中国。是致力推进“防治环境污染、改善生态环境、保护自然资源”的非法人活动性学术性组织。联盟由中华人民共和国环境保护部指导，由相关政府部门、行业协会、主流媒体、领袖企业共同发起主办，得到各级政府、社会各界的广泛关注与大力支持。环保中国产业联盟的目标是加速中国环保事业产业化发展，打造成熟环保产业链，整合政府部门、研究机构、环保企业、主流媒体等各方资源，促进环保产业上、中、下游企业有效融和，优化产业结构，推动经济发展。（代富宇）

环保专项资金

Environmental Protection Special Fund

指除事业经费外，由环保部和财政等部门用于环境保护的专用资金的安排。广义方面讲，指所有用于环境保护方面的资金，包括各级政府、机关团体、企事业单位和个人的资金。狭义方面讲，指政府部门向企业征收的排污费而形成的中央环境保护专项资金和地方环境保护专项资金。环保专项资金的构成包括：1. 排污费，国家规定排污费的征收和使用必须严格实行“收支两条线”，征收的排污费一律上缴财政，环境保护执法所需经费列入本部门预算，由本级财政予以保障，排污费应该全部专项用于环境污染防治，任何单位和个人不得截留、挤占或者挪作他用。2. 中央专项资金，主要来自财政部和环境保护部，用于工业污染防治补助、三河三湖、重金属污染防治、农村连片整治和基层环境监察、监测标准化能力建设项目等。3. 省级其他环保专项资金，省财政部门根据环境保护的需要和省级财力情况，还安排省级其他环保专项资金。省级环保专项资金主要来源于排污费，用于补助重点企业污染源治理，群众关注的热点难点环境污染问题整治，以及流域性、区域性污染防治。（王晴晴）

环保装备制造业

Environmental Protection Equipment Manufacturing Industry

指国家振兴装备制造业重点扶持发展的新兴产业，是环保产业的基础，同时是重点领域，具有政策导向性强、产业关联度高、产品覆盖面广、资金技术密集、社会责任重大等特点。它肩负着为发展循环经济，实现生态环境良性循环和资源永续利用提供技术和物质保障的重任。我国环保装备制造业主要由 3 部分构成：环境污染防治专用设备、环境监测专用仪器仪表和资源综合利用设备。目前已形成包括大气污染防治、水污染防治、固体废弃物处理、噪声与振动控制、电磁波及放射性污染防治、资源综合利用及环境监测专用仪器仪表等 7 类主导产品。环保装备制造业的发展分为 3 个阶段：第一阶段在 20 世纪 70 ~ 80 年代，初具规模；第二阶段在 20 世纪 90 年代，是战略性转变和技术、产品结构的调整时期；第三阶段从新世纪初开始，以为资源高效、循环利用和减少废物排放提供技术保障为发展目标。（蔡越）

环渤海发展战略

Circum-Bohai-Region Development Strategy

指环绕着渤海全部及黄海部分沿岸地区的经济区域，该区域以北京、天津两大直辖市为核心，以辽东半岛和山东半岛为两翼，主要包括北京、天津、河北、山东、辽宁，由 3 个次级的经济区（京津冀圈、山东半岛圈、辽东半岛圈）组成，是不同于珠江三角洲和长江三角洲的复合经济区。党的“十四大”报告提出，要加快环渤海地区的开发、开放，首次将该区域列为全国开放开发的重点区域之一。环渤海经济区凭借其地理、资源、交通、工业等优势，取得较大的经济发展成就，但同时也面临着发展困境，如区域内行政干预力量强，市场配置资源能力弱，体制创新动力不足；大型企业比重偏大，中小企业缺乏活力，国有企业比重高；行政利益主体条块分割严重，地区间经济协调发展成本高，资金、人才、技术等要素流通受阻等。针对以上问题，环渤海地区发展战略的重点在于：突破行政限制，全面清除阻碍要素流通的体制障碍；积极推动产业整合，进一步发展制造业，建立世界制造业基地；统筹决策、统一规划，促进环渤海一体化进程；支持民营经济发展，积极引进外资等。（张沥元）

环境、人口和可持续发展教育计划

Project on Education for Environment Population and sustainable Development, UNESCO

联合国教科文组织发起的环境教育项目。联合国教科文组织环境、人口和可持续发展教育项目（UNESCO Project on Education for Environment

Population and sustainable Development)，简称EPD。EPD教育项目是联合国教科文组织的跨学科计划，其内涵可以概括为：通过对青少年和全体社会成员进行环境教育、人口教育和可持续发展教育，促进改善环境、提高人口素质和社会的可持续发展。自20世纪90年代中期开始，联合国教科文组织开始在全球范围内推进环境人口和可持续发展教育项目，其目的在于通过全世界各国的努力，把可持续发展与环境、人口教育联系起来，动员广大青少年和全社会成员积极参与，以改善人类的生存环境，实现经济社会的可持续发展。自1998年以来，在中国联合国教科文组织全委会的高度重视与直接指导下，北京教科院科研人员组织北京市部分中小学在全国率先起步实施这一项目，取得了有效推进素质教育的显著成果。以此为基础，上海、江苏、山东、浙江、广东、湖南、河北、内蒙古等省市自治区陆续开展了EPD教育项目的实验研究，广泛推进了基础教育领域的教育教学模式创新。（王薛时）

环境安全

Environmental Security

指系统所在环境的安全。环境安全可以分为生产技术性的环境安全和社会政治性的环境安全两类。广义的环境安全，是指人类赖以生存发展的环境处于不受污染和破坏的安全状态，或者说人类和世界处于不受环境污染和环境破坏的危害的良好状态。它表示自然生态环境和人类生态意义上的生存和发展的风险大小。环境安全可用来检测环境事件对于个人、社区或国家的（潜在）威胁。它关注的焦点，可能是人类社会冲突和国际关系对环境的影响，也可能是跨越国界的环境问题。联合国2000年制定的《千年计划》为环境安全所做综合性定义是：所谓环境安全，是指支持生命的环境可行性。它包含3个子元素：1. 预防或修复对环境的军事伤害；2. 预防或应对环境引发的冲突；3. 保护环境因其内在的道德价值。环境安全主要是用来衡量个人、社区或国家应对环境风险、环境变化或冲突、有限的自然资源的能力。例如，全球气候变化可以看作是对环境安全的威胁。人类活动影响着二氧化碳的排放，影响区域和全球的气候和环境的变化，从而改变农业产量。这可能会导致食物短缺，还将导致政治辩论、种族紧张和民间动乱。在国际关系和国际发展领域，环境安全也是一个重要概念。（徐越）

环境安全共同体

Environmental Security Community

在共同的环境利益和相似的环境诉求之下，为实现环境安全而结成的集体或集体组织。环境安全共同体，可以由不同的个人、社会组织、国家乃至整个世界，根据共同的环境利益（主要指环境安全）而结成的群体集合。在国际政治领域，环境安全共同体通常是安全共同体的重要组成部分。安全共同体在环境问题和环境安全方面的政策与行动，有助于促进环境安全共同体的产生；同时，环境安全共同体的产生，是安全共同体环境合作的重要保障。环境安全共同体的积极意义主要表现在以下方面：1. 共同体成员所形成的惯有认同和价值观念，可以促进环境安全理念的发展。2. 环境安全共同体的建立，为区域乃至全球环境安全问题的解决，提供了有力保障。3. 环境安全共同体有助于共同体成员之间深化关系、加强合作。相比经济、政治、文化共同体，环境安全共同体出现的时间相对较晚。然而，环境安全共同体的建立对当代世界的影响极为深刻。环境安全共同体模式的出现，不仅有助于解决区域与全球环境问题，也为共同体找寻共识创造了一个全新的领域和平台。（徐越）

环境安全评估

Environmental Security Assessment

广义上环境安全既包括自然环境安全，同时也包括社会和群际关系安全，即泛指人的外部环境以及人的心理安全的总和，侠义的环境安全单指外部自然环境的安全，即外部环境质量和环境资源的安全。应注意将环境安全和国家环境安全相区分，国家环境安全不属于环境科学领域，而属于安全范畴，其内涵更丰富，所涉及的尺度范围也更大，主要指国家环境要素的功能正常和结构完整，主要通过制度建设来保护环境，避免由环境问题引起经济、社会等一系列问题。环境安全侧重于环境的破坏、污染对人的身体健康状况造成的影响，广义上的环境安全与国家环境安全有更多的交集。目前对环境安全的评估，国内主要集中在生态安全评估体系的研究之中，尤其集中于生态安全中的生态健康评价，生态健康评价以生态功能完整性、生态系统活力以及生态系统恢复为主要构成内容。关于生态健康的评价指标主要有生物学以及环境学两类指标，生物学评价指标按照不同自然要素生态系统细分为不同的指标体系，环境学或者生物物理学指标除了生态系统安全指标以外，还包括环境和生物的生态安全指标体系。从环境安全评价体系的内容构成来说，环境安全指标可分为污染源、环境受体、资源类指标3项，污染源指污染来源，如噪音、废弃物等，环境受体指可能受到污染的自然要素，如土地、森林、河流等，资源类指标可进一步分为资源利用与功能指标，分别指资源可利用率以及自然要素生态功能。（参考：逯元堂：《国家环境安全评估体系研究》，中国环境科学院2004年硕士学位论文第3～6页。欧阳文川）

环境安全威胁

Environmental Security Threats

当代社会非传统安全威胁之一，是指能够对环境安全造成不良影响，甚至是损害环境安全的威胁性因素。从类型上讲，环境安全威胁主要包括：环境污染、生态破坏、资源短缺以及突发事故等等。与环境安全相对，环境安全威胁是指威胁到人类赖以生存发展的生态环境，并可能使之处于一种受污染或破坏状态的威胁性因素。威胁主要体现为两个方面：一是可能导致环境恶化以致威胁人类生存；二是可能引发环境争端或冲突，从而造成对国家关系或群际关系的威胁。生态安全威胁和环境安全威胁在概念上具有相似性。生态安全威胁是指可能带来生态环境退化或生态平衡破坏的威胁，环境安全威胁侧重于强调人和环境的主客体关系，而生态安全威胁则强调可能危及包含人在内的、整体性的生态平衡状态的诸多威胁因素。（徐越）

《环境保护》

Environmental Protection

创刊于1973年，郭沫若题写刊名，中华人民共和国环境保护部主管，国家级环境保护类期刊，全国中文核心期刊、CSSCI来源期刊、中国人文社会科学核心期刊。积极贯彻国家环境保护方针、政策、法规，宣传各地区、各部门、各单位在环境保护工作中的成就、经验和做法，引导各级政府、企事业单位、研究机构、高校、NGO组织等参与环境保护。

杂志栏目设有：资讯快递、政策导航、特别关注、观察思考、国际瞭望、环保漫笔、一线来风等。着力以“权威的政策解读，深度的形势分析，实用的业务探讨”为宗旨服务读者，全力搭建环保领域的沟通交流平台，致力于打造凝聚环保事业的旗舰刊物。杂志发行对象包括党和国家领导人；国家相关部委领导；全国人大代表、政协委员；两院院士；国家、省、市、县（区）等四级行政部门主管领导及环保厅（局）负责人；全国各级环境监察、监测机构、评价单位；石油化工、钢铁、冶金、建材、造纸、电力、机械制造、煤炭、水利、农林等各行业的管理者和技术人员；全国大专院校、各类科研院所、图书馆等。半月刊，ISSN：0253-9705。（张惠娜　席溢）

环境保护部部际联席会议

The inter-ministerial joint meeting of Ministry of Environmental Protection of the People's Republic of China

1998年4月国家环保局升格为国家环保总局，同年6月国家核安全局并入国家环境保护总局，成为核安全与辐射环境管理司。为更好协调有关部门共同推进环境保护，由国家环境保护总局牵头，分别建立了相关的部际联席会议制度。2001年国家环保总局发布《关于全国环境保护部际联席会议办事机构及职责分工的通知》，进一步落实环保部级联席会议制度，对联系会议的日常工作、办事机构及职责分工做出详细规定。2001年3月全国生态环境建设部际联席会议第一次会议召开。7月国家环保总局建立全国环境保护部际联席会议制度。部际联席会议有利于协商处理涉及环保部各部门职责的事项，各成员单位之间共同协商，协调不同意见，综合考虑各种环境因素，共同推动环保目标的顺利落实。（张沥元）

环境保护部宣传教育司

Department of Education and Communications of Ministry of Environmental Protection of the People's Republic of China

国家环保部负责组织、指导和协调全国环境保护宣传教育工作的部门，设3个内设机构，包括综合处、新闻处和宣传教育处。国家环保部宣传教育司主要职责是负责组织、指导和协调全国环境保护宣传教育工作，促进生态文明建设。拟订环境保护宣传教育政策、规划、行政法规、纲要，并组织实施。负责组织环境保护重大新闻发布，协调重要环境新闻的采访报道。审核重大活动的新闻稿件。收集、分析环境舆情动态，及时向部领导报送相关信息。（张惠娜）

环境保护部宣教中心

Center for Environmental Education and Communications, CEEC

1996年成立，国家环境保护部面向各界进行宣传教育和能力培训的技术支持单位。在环境宣传方面，宣教中心围绕环境保护部的重点工作，利用“六·五”世界环境日等重大环境纪念日组织宣传活动；组织以青少年为主体的长期系列环境竞赛和宣传活动；执行中日韩三国环境教育网络项目，并通过《世界环境》杂志向国内读者介绍国外环境领域的新趋势，与电视、广播、报刊、网络等各类媒体合作，广泛传播环境保护知识、政策、信息。在环境教育方面，宣教中心承担由环境保护部、教育部等部门共同开展的全国绿色学校、绿色社区创建等活动。在能力培训方面，宣教中心承担地方党政领导干部环保培训、地市级环保局长岗位培训、地市级环境监测站长岗位培训及环保系统公务员培训等工作；配合国家援外总体战略开展对发展中国家高级环保官员的培训；作为环境保护部唯一获得国家外国专家局认定的组织出境培训行政许可资质单位，承办环保系统干部出国培训；作为技术支持单位，协助环境保护部对全国环境污染治理设施运营培训实施管理；根据实际需要组织各级各类环保专业技术人员的培训。在环境影视方面，宣教中心拥有影视、策划、拍摄和制作的专业队伍，独立或合作摄制了一批电视片或公益宣传片，如内参片《环境保护任重道远》(1997)《中国生态问题警示录》(1998)等。宣教中心通过实施环境宣传和培训项目，带动地方环保宣教中心网络，共同致力于提高社会各界的环境意识、促进公众参与环境保护。（张惠娜）

《环境保护法》

Environmental Protection Law

见**《中华人民共和国环境保护法》**。

《环境保护法》修改历程

The Revision Process of Environmental Protection Law

自《环境保护法》于1989年正式通过之后的20多年里，我国环保工作进度同经济发展速度极不平衡。《环境保护法》的修改过程，也一波三折。2011 年 1 月《环保法》的修改被列入全国人大常委会立法规划，2012 年 8 月开始进行审议修订。从进入立法规划到颁布实施，《环保法》的修订共历时 4 年，先后 4 次审议和两次向社会公开征求意见，修改力度、历时时长和审议次数在我国立法史上都属少见。2012 年 8 月第 1 次审议的焦点为：设立专章突出强调政府责任，环保达标纳入政绩考核，明确企业责任以及公众对环保的知情权、参与权，由国家统一规划环境监测网络。2013 年 6 月第 2 次审议的焦点为：环境保护基本国策首次入法；地方政府对辖区环境负责；对企业和责任人实行“双罚”；环保联合会为环境公益诉讼唯一主体；公民可申请公开环境信息等。2013 年 10 月第 3 次审议的焦点为：扩大环境公益诉讼主体，增加对污染直接责任人人身处罚；进一步明确政府责任，增加环境保护财政投入；赋予环保部门执法手段，把环境保护目标完成情况放在政绩考核的突出位置。2014 年 4 月第 4 次审议的焦点为：加强环境保护宣传，提高公民环保意识；划定生态保护红线，实现严格保护；规定雾霾治理的统一标准，促进清洁生产和资源循环利用；县级以上人民政府建立环境污染公共预警机制等。相对于旧法，新《环保法》整部法律只有两条一字未改，其余 45 个条款全部做了修改，此外还新增了 23 条法律规定，修改幅度之大前所未有，其中不乏铁腕治污手段，被称为史上最严《环保法》。（张沥元）

环境保护基本国策

Basic National Policy of Environmental Protection

将环境保护作为中国国家治理中的一项基本方略，中国政府 1983 年 12 月 31 日在第二次全国环境保护大会上提出并通过。将环境保护作为一项对国家经济建设、社会发展和人民生活具有全局性、长期性和决定性影响的谋划和策略，不是为了强调它的重要性而夸大其词，任意拔高，而是由中国的国情决定的。我国虽然资源总量丰富，但人均资源有限。在改革开放实现现代化的过程中，很多情况下，人们因为追求发展而忽视环境和资源保护，结果导致中国的环境与资源、特别是有限的生物资源遭到比较严重的污染和破坏，成为制约中国振兴经济和可持续发展的障碍。因此，我们必须严格贯彻落实环境保护作为一项基本治国之策，创设更加适宜、健全的生活环境和生态环境。（刘中华）

环境保护技术

Environmental Protection Technology

指为了减少人类对自然环境造成的破坏，对生产方式和技术进行创新等方法的提出。环境保护技术包括硬技术（环境污染检测、设施技术等）和软技术（环境污染管理、操作、运营等）。环境保护技术不仅包括环境污染治理技术，同时还包括清洁技术、绿色技术等方面的创新环保技术。它对有关设备技术技巧、操作规程、环境管理、技术选择以及相应产品和系统设计等管理活动进行了规范设计，提供了生产过程中对环境无害或友好型的技术支撑。（王晴晴）

环境保护科技成果推广

Promotion of Scientific and Technological Achievements in Environmental Protection

指将环境保护工作与经济、社会相结合，主动打破科研到应用的运行机制，使环境科学技术成果转化为社会生产力的过程。环保科技成果大致可分为四类：基础理论研究成果，包括以科学发现为最高水平的创造性理论研究及调查考察结果；技术成果，包括以技术发明为最高水平的新技术、方法、工艺、产品等；重大环境科学技术研究项目的阶段性成果，分属于科研成果和技术成果；环境软科学成果，即环境科学与其他学科的交叉性成果。推广的途径有：1. 加强环境保护科技成果的宣传教育工作；2. 设立专门的成果推广机构和人员；3. 制定并实施有效的推广计划；4. 设立成果推广应用基金；5. 将环境管理和科技

管理工作紧密结合；6. 开办环保科技市场。（蔡越）

环境保护科技成果推广绩效评价体系

Performance Evaluation System of Environmental Protection Science and Technology Achievement Promotion

指选取具备代表性指标，将评价结果进行系统分析并反馈至政府，为制定长期科技成果战略提供科学的决策前提。评价体系指标的选取包括推广能力、推广水平、推广效率、推广效果、创新能力与推广的可持续性。1. 推广能力包括：从事环保技术推广的专业技术人员的数量与结构；技术推广的经费投入；技术推广的设施与设备条件；按总人口计算的技术推广力量的比例。2. 推广水平包括：高级职称专业技术推广人员的人数与比例；推广技术的先进程度；标准化程度；推广手段现代化程度；技术推广的信息化水平。3. 推广效率包括：科技成果利用率；推广率；科技成果推广转化广度；速度；难度；科技成果推广周期。4. 推广效益包括对经济效益、社会效益、生态效益及管理效益四个方面的评价。5. 创新能力与推广的可持续性包括对推广体制、组织、人员、手段与方式以及结果的可持续评价。（蔡越）

环境保护目标责任制

Target Responsibility System for Environmental Protection

指通过目标责任书的形式确定地方各级人民政府和有污染单位的环境保护的主要责任者和责任范围的行政管理制度。有明确的年度工作指标，有配套措施、支持保证系统、考核奖惩办法和定量化监测和控制手段。一般以一届政府的任期为时间界限，以行政单位所辖地域为空间界限，运用定量化、制度化和目标管理方法，把贯彻执行环境保护这一基本国策作为各级领导的政绩考核内容，纳入到各级政府的任期目标及其考核之中。这项制度的执行主体是各级地方政府，环保部门作为政府的职能部门具有指导与监督的作用。它将各级政府行政单位依照法律应当承担的环境保护责任、义务和权利，用责任制的形式固定下来，有利于协调政府各部门环境保护工作的积极性，加强各级政府对环境保护工作的重视，促使他们行之有效地把环境保护纳入国民经济和社会发展计划及年度工作计划，使环保工作落到实处，实现区域综合防治和大环境的改善。（刘中华）

环境保护市场化

Environmental Protection Marketization

指在政府宏观调控下，引导企业进入环境保护市场，培育发展起一个健全的环境保护产品、技术和服务产业的体系，借助这个产业和市场的力量来更有效地实现政府的环境保护目标。其基本特征有：1. 环保市场化的企业组织；由于企业是市场的竞争主体，是经济体制中最基本的经济单位，所以必然成为建立环保市场新机制的基础和中心环节；2. 环保设施的集约化、专业化、市场化运营；3. 环保产权股份化和投资主体多元化。我国建立环保市场化机制主要为了解决以下几个问题：产权明晰化；“外部性”内在化；落实“谁污染、谁付费”原则的实施以及排污权交易方法的有效实施。（蔡越）

环境保护税

Environmental Protection Tax

最早由英国经济学家庇古提出，在欧美国家逐渐开始实施。逐渐减少直接干预手段，而是越来越多地采用税收制度来维持生态环境，对污水、废气、噪音和垃圾等污污染物进行征税。我国在“十二五”规划中提出，选择防治任务繁重、技术标准成熟的税目开征环境保护税，逐步扩大征收范围。十八届三中全会要求推动环境保护费改税。2014 年的政府工作报告也提出，做好环境保护税的立法相关工作。2015 年 6 月，中国国务院法制办公布了《环境保护税（征求意见稿）》。环境保护税制定的根本目的，是为了运用长效的、规范的经济手段来约束人们的消费行为，遏制我国环境状况趋于恶化的局面；建立长久的环保机制，使保护环境的基本国策真正落实到社会生活与经济生活中；促使全体社会成员把保护环境的社会责任变为自觉行动。（代富宇）

环境保护投资

Investment in Environmental Protection

指在我国国民经济和社会发展进程中，社会各相关投资主体从社会积累资金和各种补偿资金、生产经营基金中，支付的主要用于污染防治、保护和改善生态环境的资金。环境保护投资的基本原则有两点：其一是目的性原则，可以将一切以治理污染、保护我国生态环境、提高环境保护监督管理能力与科技发展能力为直接目的的投入界定为环境保护投入；其二是效果性原则，对于一些在建工程和设施，其主要目的虽然不是直接为了保护我国生态环境，但在这些活动取得经济或社会效益的同时，也间接保护和改善了生态环境，具有显著的正环境效益。环境保护投资的范围概括起来主要包括三个方面：一是用于环境保护建设方面的投资，例如环境监测、城市污水处理等；二是专门用于治理污染的技术改造方面的投资；三是用于环境保护进行的科研方面的投资。综上，环境保护投资包含污染防治和部分城市公用基础设施的投资，不包含植树造林、水土保持等恢复生态和改善环境的投资。（蔡越）

环境保护型农业

Environmental Protectional Agriculture

指通过提高生产力，减少使用化学肥料和农药对环境的压力，以发挥农业生产物质的循环机能，提高生产效率的可持续性发展农业。可持续农业具有经济上切实可行、有利于环境保护、为社会大众所接受的特点，要求从减农药栽培逐步向无农药、无化肥栽培以及有机栽培发展，并且从重视消费者安全的角度确定各项环保措施的落实。（王晴晴）

环境保护许可证制度

Permit System in Environmental Protection

指有可能对环境和生态造成污染和损害的开发生产活动以及其他建设工程项目的负责人和经营者在进行生产活动以前，向主管部门提出书面申请，并将与生产经营活动有关的资料和文件提交主管部门，经审查批准发放许可证之后，申请的生产项目才能运营和投产的环境保护制度。环境保护许可证制度是起源于 20 世纪 60 年代西欧国家的一种环境保护制度，是一种借鉴其他行业管理许可证制度的次生环境保护制度。环境保护许可证制度最先流行于西方发达国家，1972 年联邦德国最先在《废物处理法》中以法律形式将其确认下来，法律对许可证制度如何控制污染、保护环境做了细致规定，随后即在其他西方国家（包括日本）中迅速流行。按照内容和控制对象的不同，可以将环境保护许可证分为五类，分别是规划建筑许可证、开发许可证、排污许可证、生产经营许可证和环境保护职能许可证。其中规划建筑许可证适用于各种可能对环境造成损害的工程和建设规划；开发许可证适用于对如草原、森林、湿地等自然资源的开发和利用；排污许可证适用于工业排污；生产经营许可证适用于有可能对环境造成损害的产品生产和行业经营；环境保护职能许可证适用于环境保护工作从业者或者单位的资格审查。（参考：易先良：《环境保护许可证制度初探》，《环境保护科学》1987 年第 3 期第 83 页。欧阳文川）

环境保护责任制度

Environmental Protection Responsibility System

各级政府，包括中央、各省、自治区、直辖市以及其他各级人民政府、相关职能部门和各类公务员都有根据环境保护的需要和自身所应承担的义务去维护生态环境正常功能运作，保障社会经济发展和自然环境保护协调发展。除此之外，根据《环境保护法》的相关规定，各类制造污染和其他种类公害的单位，都有义务承担消除其污染限度内的对自然环境所造成的负面影响。政府对环境保护的责任与企事业单位对环境保护所负责任是紧密联系的。企事业单位要承担起对环境污染和损害的治理责任，需要严格按照相关法律法规的要求切实执行，然而，企事业单位的执行能力也取决于各级政府职能部门对法律法规实际执行的履责能力和监督管理能力。环境保护责任制度要求各级政府履行对环境保护的执行和监管职责，也要求各类企事业单位对环境破坏承担相应的补偿责任。与此相反，如果各级政府和职能部门没有恰当、妥善地完成环境保护和监管的职责，各类企事业单位没有按照法律要求承担环境污染的治理和补偿责任，那么，各级政府和各类企事业单位也都应为违反法律法规而承受相应惩罚。环境保护责任制度要求各级政府和企事业单位都把环境保护纳入自身的工作环节，制定明确的环保责任指标和任务，并将其切实落实在行政过程、生产过程、技术研发等各环节之中，以环境保护奖惩制度和考核制度更好承担环境保护的责任。（参考：王晓霞：《强化政府环境保护责任法律问题研究》，山西财经大学 2008 年硕士学位论文第 3 ~ 7 页。欧阳文川）

环境保守治疗理论

Environment Theory of Conservative Treatment

20 世纪以来随着生态危机加剧，各种环境管理学说层出不穷，大多仍未能摆脱人类中心主义的窠臼，实践上仍视自然为对象。尤金·哈格洛夫在《环境伦理学基础》一书中提出，把医学上的保守治疗法应用于环境管理或者环境治理，强调在人类已经对环境进行了大规模干预的情况下，不再继续犯错，而代之以保守治疗法。保守治疗法可以表述为自然调节、不干预、无为等概念。该方法最早被西方应用于医学领域，指对某种疾病进行的较为保守的治疗方法：不干预、顺其自然，完全依赖肌体自身的力量来恢复或者对抗病菌的影响。该方法以及相关理念在今天的医学实践中已被较为广泛地应用。康芒纳提出，“自然最了解它自己”应该作为生态学规律。该理论认为对生态系统的操纵或者干扰常会造成无法预见的灾难性后果。（牟世晶）

环境悲观主义

Environmental Pessimism

环境悲观主义是“指在环境哲学、环境历史学研究或者在对环境问题反思的过程中流露出来的对环境现状以及人类未来悲观失望乃至于绝望的观点、情绪以及态度的总和。”环境悲观主义者认为，人类面临着物种大量灭绝、自然资源枯竭、人口爆炸、粮食危机、污染失控的生存困境，人类正在走向毁灭，而这一切是人类盲目追求经济增长和滥用技术导致的恶果。环境悲观主义既有消极影响也有积极影响。环境悲观主义对环境现实及未来的悲观主义态度，对民众产生了一定程度的消极影响。环境悲观主义虽然具有一定的负面影响，但这是人类对自身伤害地球行为的理性反思，同时给身处经济主义、消费主义和物质主义中的现代人敲响了警钟。环境悲观主义促使人类反思传统的价值观念（ 尤其是西方的人类中心主义价值观）、经济增长方式和消费方式，促使人类正确看待科学和技术，促进了人类环境意识的觉醒，对于提高民众的环境科学知识水平起到了积极作用。（参考：李秀艳：《环境乐观主义与环境悲观主义之争的反思与启示》，《新疆社科论坛》2010 年第 6 期第 60 ~ 63 页。牟世晶）

环境背景值

Environmental Background Value

又称自然本底值，是指在不受污染的情况下，环境中大气、水体、岩石、土壤、植物、农作物、水生生物等，其本身固有的化学物质含量。环境背景值最先由美国人 J.J. 康纳等人提出，它不受外界人为因素影响，反映环境质量的原始状态，是环境特征的定量反映。不同的环境单元，环境背景值的特征具有极大差异性，因此不同的环境单元具有不同的环境背景值。目前，在全球环境受到污染情况下，寻找绝对不受污染的背景值，是很难做到的。因此环境背景值实际上只是一个相对的概念，只能是相对不受污染情况下，环境要素的基本化学组成。（王晴晴）

环境标志

Environmental Labelling

也称绿色标志或生态标志，一种经过认证后对产品或服务进行发放以表明其具有环境友好型的证明，一般印刷或粘贴在产品或其包装上。政府管理部门或非政府组织向有关申报者颁发并表明其产品或服务符合国际或国家环境标准与保护要求的特定标志。1977 年德国最先使用了环保标志，随后欧美各国都开始实施，并随着其作用的体现而逐步得到重视和发展。国际标准化组织（ISO）目前确立了环境标志的基本类型：I 型环境标志、II 型环境标志、III 型环境标志。依据国际标准化组织的分类，环境标志可分为三类：其一即环境标志，是由独立的第三方机构设计，通过认证检验及与同类产品的比较，给能在整个生命周期对环境更有利的产品授予的标志。其二是自我环境声明，即无须第三方认证，由制造商、进口商等任何从中获益的人对产品的环境性能做出的声明性标记，强调某项产品具备某些环境友好特征或达到某种水平。其三是产品环境信息声明，指列出的表明产品在整个生命周期内的环境性能水平的清单，类似食品营养标志。环境标志的目的是引导企业自觉调整产业结构，采用清洁工艺，生产对环境有益的产品，最终达到环境与经济协调发展的目的。环境标志作为经济手段，提升公众环保意识，将购买力作为一种保护环境的工具，促使生产商在从产品到处置的每个阶段都注意环境影响，并以此观点重新检查他们的产品周期，从而达到预防污染、保护环境、增加效益的目的。（代富宇　蔡越）

环境标志产品

Environmental Labelling Products

即绿色产品，是指采用绿色技术对在生产、使用或处置过程中有污染，但采取一定措施后可减少或消除污染，达到环境标志产品标准的产品，包括农产品及各类制造品等。农产品包括绿色食品、有机食品以及无公害农产品，主要为蔬菜、水果、豆类、杂粮、水产品、野生采集产品等初级原料；制造业类产品主要包括低碳产品和节能产品等，例如装修材料及家用电器，节能冰箱、节能空调等。环境标志是一种证明性标志，获得环境标志的产品代表不仅质量合格，而且在生产、运输、消费使用、回收及处置过程中符合环境保护的相关要求，与同类产品比较，具备毒性低、污染物排放少和节约资源等环境特征。（蔡越）

环境标志产品认证

Environmental Labelling Product Certification

标在产品或者包装上的“证明性商标”，证明产品在生产制造和使用及处置过程中都符合国家规定的环境保护要求。实施认证的组织为国家制定的权威机构，或者民间具备资质的专业机构。其实质是对产品从设计、制造、流通、使用、处置、回收各环节中进行环保监督控制，全方位减少产品对环境可能造成的污染和破坏。环境标志产品认证的根本目的在于保护环境。通过引导消费者的消费习惯和由此造成的市场化竞争引导企业“绿色生产”。消费者通过产品认证标志了解到何种产品有益于环境保护，从而选择此类商品，企业为了迎合消费者的消费偏向，按照要求生产符合国家规定的环保型产品，以此达到保护环境的目的。环境标志产品认证为自愿性认证，认证方法可分为产品测试、企业环境管理系统评定、监督检验、监督检查。产品测试和企业环境管理系统评定分别对产品和企业生产环境（系统）是否符合标准进行测试，监督检验和监督检查对企业生产成品和已上市商品进行不定期抽检和复检。1993 年国家环保局发布文件—“在中国开展环境标志”，标志着我国环境标志产品认证的开始，同年 8 月国家环保局又公布了中国环境标志图形，即十环图形。目前我国有六种环境标志产品种类，分别为国际履约类、可再生回收利用类、改善区域环境质量类、改善居室环境质量类、保护人体健康类、提高资源能源利用率类。我国环境标志产品技术要求经过制定和修改，可大致分为：即质量和环境双优、全过程环境处理、环境行为明确、定量检验、国际接轨。（欧阳文川）

环境标志产品认证程序
Environmental Labelling Product Certification Program

指中国环境标志产品认证委员会（China Certification Committee for Environmental Labelling Products，简称 CCEL，成立于 1994 年，授予环境标志的唯一单位。）为管理中国环境标志产品认证工作，对绿色产品设施认证并授予产品环境标志的相关流程。CCEL 制定的一套完整的环境标志产品认证程序分为预审、初审、现场检查、产品检测四个阶段。首先，企业需要整顿内部环境，查询所生产产品是否在认证范围内，并准备相关申请材料；然后进行资格审查，即初审阶段，现场检查也在同一天进行；最后，由认证机构的检查人员组织实施现场审核并抽样送检，只有在产品检测合格后，企业才算完全通过环境标志产品认证。（蔡越）

环境标志制度
Environmental Labelling System

指一个国家为推广环境标志产品所建立的相应体制与运营机制和颁布实施的各项执行标准、操作规范及相关法律、行政法规与政策等的总称。20 世纪 70 年代末，环境标志制度诞生于德国，之后迅速扩展到世界各国家和地区，我国在 20 世纪 90 年代初开始启动。目前，已形成四类环境标志制度：以绿色食品标志、有机食品标志和无公害农产品标志为代表的农产品环境标志制度；以中国环境标志为代表的制造业与建筑产品环境标志制度；以能效标识为代表的能效标识制度以及低碳产品认证制度。在今后的发展中，我国仍须在以下三方面进一步完善和发展环境标志制度：第一，坚持可持续发展战略，实施绿色贸易政策，提高我国产品的环境竞争力；第二，加强环境标志的国际合作，积极参加国际讨论，维护发展中国家和我国的贸易利益，提高我国环境标志的国际认知度；第三，进一步提高我国公众的环保意识和企业的环境标志意识。（蔡越）

环境标准
Environmental Standards

环境标准是指为了防治环境污染，维护生态平衡，保护人体健康，对环境资源保护工作中需要统一的各项技术规范和技术要求所做的规定的总称。环境标准是按照严格的科学方法和程序制订的。环境标准的制订还要参考国家和地区在一定时期的自然环境特征、科学技术水平和社会经济发展状况。环境标准过于严格，不符合实际，将会限制社会和经济的发展；过于宽松，又不能达到保护环境的基本要求，造成人体危害和生态破坏。环境标准是制定国家环境政策的依据，是国家环境政策的具体体现，是执行环保法规的基本保证，通过环境标准的实施可以实现科学管理环境，提高环境管理水平。环境标准是监督管理的最重要的措施之一，是行使管理职能和执法的依据。也就是处理环境纠纷和进行环境质量评价的依据，是衡量排污状况和环境质量状况的主要尺度。环境标准是推动环境科学技术进步的动力，起着促进环保技术水平提高，引导环保产业发展的作用。环境标准可分为环境质量标准、污染物排放标准（或污染控制标准）、环境基础标准、环境方法标准、环境标准物质标准、环保仪器设备标准等。（牟世晶）

环境标准制度

Environmental Standard System

学界对于概念的界定尚未形成统一的认识，但根据《中华人民共和国标准化法》和《环境保护标准管理办法》，“环境标准制度”一般情况下是指国家为了维持生态平衡、保护环境质量与人的身体健康，从而在环境保护工作中按照法定程序对各类技术规范和技术要求做统一的规定的制度。环境标准的制定根据《环境保护法》由国务院环境保护行政主管部门做出，对于国家没有对环境质量标准和污染物排放标准做出相关规定的项目，由各级人民政府按照各地经济发展情况和环境质量做出相应的环境质量标准和污染物排放标准，此外，由地方人民政府制定出的标准可以高于中央政府制定的环境标准。环境标准的制定应符合一定原则，比如应体现环境保护工作的核心，即环境质量标准的制定应严格按照维护生态安全和人体健康，预防和控制各种污染，真正起到改善环境质量和人的生活质量的要求。此外，还应根据各地特殊情况制定差异化的环境质量标准，即面对各地人文、自然环境的不同、经济发展层次不一的情况，环境标准的制定的目标和侧重点也应根据实际情况而有所区别。另一方面，环境标准的制定还应与环境管理体系和水平相协调，与国际环境标准接轨与呼应。（参考：赵国栋：《我国环境标准制度研究》，山东大学 2010 年硕士学位论文第 3 ~ 10 页。欧阳文川）

环境产权

Environmental Property Rights

指行为主体对某一环境资源具有的所有、使用、占有以及收益等各种权利的集合。环境产权就是环境容量资源商品的财产权，包括环境容量资源商品的所有权、使用权、占有权、收益权和处置权，主体是自然人和法人，客体是环境容量资源。环境产权产生的背景是由于自然资源的稀缺以及环境容量的有限性。由于工业化、城镇化及环境污染，造成了环境资源稀缺，各种环境问题出现。环境产权的产生，对人们的社会生活和经济生活进行了界定，调节社会经济运行和改善环境问题。环境产权的主要功能包括界定功能、激励功能、约束功能、资源配置功能及收入分配功能。（代富宇）

环境产业

Environmental Industry

又称节能环保产业、环保产业或者生态产业。1999 年原国家经济贸易委员会在“关于做好环保产业发展工作的通知”中将环境产业定义为以防止环境污染、提高资源能源利用率、保护生态环境、维护生态平衡的各种经营活动。国家经委对环境产业的界定侧重于“末端”的环境治理，然而产业的内容不仅包含环保产品的经营，还包含环保产品利用相关的经营活动，即节约资源、提高能源利用率、回收废弃物循环利用的资源综合利用的经营活动，此外还包括环境保护相关产业技术研发设计与施工服务的经营活动。环保产业较发达的美国将其分为三类，即环保服务、环保设备与环境资源。因此，原国家经委所下的定义并不能完全涵盖环境产业所囊括的含义。较全面的解释应该是为满足公众对环境保护的需求所从事的生产经营活动的集合，经营活动既包括环保产业的产品概念的设计与研发，也包含环保产品和成果本身，同时也包含环保产业控制污染、改善环境的目的。环境产业与非环境产业之间的本质区别在于前者是社会效益、经济效益和生态效益的有机统一，是经济社会可持续发展的技术和物质基础。（参考：徐波：《中国环境产业发展模式研究》，西北大学 2004 年博士学位论文第 26 ~ 31 页。欧阳文川）

环境成本

Environmental Costs

常规定义是指在某一商品的生产活动中，从资源开采、生产、运输、使用、回收到处理，解决生态破坏和环境污染的全部费用。又一种定义为环境降级成本，即由于经济活动造成环境污染而使环境服务功能质量下降的代价。可分为两部分，一是为保护环境而实际支付的环境保护支出，二是包括环境污染损失的价值和保护环境应该支付价值在内的环境退化成本。环境成本的起因是环保运动，并且用经济学方式，使环境成本能够被计量或估计。在企业的生产过程中，对于不同的生产阶段或不同的类型，可对环境成本进行详细分类。有效的控制环境成本，使企业能够提高对环境保护的责任意识和实际行动，对推广绿色清洁生产具有重要意义。（代富宇）

环境承载力

Environmental Bearing Capacity

环境承载力，亦称环境承受力或环境忍耐力。指某一环境状态和结构在不发生对人类生存发展有害变化的前提下，所能承受的人类社会作用在强度、规模和速度上的限值。环境承载力是表现环境自我调节能力的重要量度，衡量人类生产生活活动对环境质量状况和环境容量干扰能力的一个重要指标。当人类社会对环境的作用，不论在强度、规模还是速度上超过环境承载力限度后，环境状态和结构就将发生不利于人类生存和发展的变化。环境承载力与自然界的再生产能力密切相关，在某种意义上是自然再生产能力的综合表现。从本质上说，环境承载力也是环境系统中物质流的表现。适度开采利用地下水，与补给情况大体平衡，地下水的环境状态和结构就不会发生不良变化，若开采过度，就会导致一系列环境问题。向环境中排放污染物，其浓度、总量和速度也应在环境自净作用所允许的范围内，否则，就会对环境产生重大的不利影响。承载体、承载对象和承载率是环境承载力研究的三个基本因素。目前，环境承载力的研究方法包括：指标评价法、承载率评价法、系统动力学方法和多模型最优方法等。环境承载力的定义可以从容量、闭值、能力三个层面来界定。1. 在容量层面，环境承载力是指在一定生活水平和环境质量要求下，在不超出生态系统弹性限度条件下环境子系统所能承纳的污染物数量，以及可支撑的经济规模与相应的人口数量。2. 在阈值方面，环境承载力是指在某一时期，某种环境状态下，某一区域环境对人类社会经济活动的支持能力的闭值。3. 在能力方面，是指在一定的时期和一定区域范围内，在维持区域环境系统结构不发生质的改变，区域环境功能不朝恶性方向转变的条件下，区域环境系统所能承受的人类各种社会经济活动的能力。主要包括：1. 包括自然资源，包括不可再生资源和在生产周期内不能更新的资源，如土地资源、能源资源、矿产资源。2. 环境生产力，包括生产周期内可再生的资源，如生物资源、水资源等，以及环境容量等。3. 社会经济技术，包括社会物质基础、产业结构、经济综合水平等。主要特征包括：动态变化性、极限性、不确定性、客观性及地域性。主要影响因素包括：科学技术的进步、人类经济活动模式及区域外因素。（参考：唐剑武、叶文虎：《环境承载力的本质及其定量化初步研究》，《中国环境科学》1998 年第 3 期第 227 ~ 230 页；唐剑武、郭怀成、叶文虎：《环境承载力及其在环境规划中的初步应用》，《中国环境科学》1997 年第 1 期第 6 ~ 9 页。朱配辰　石艳峰　李雪姣　牟世晶）

《环境的思想》

Thoughts of Environment

日本一桥大学教授、著名生态马克思主义哲学家岩佐茂所著，创风社 1994 年出版，被誉为日本版的生态马克思主义理论的经典之作。书中以大量翔实的环境问题资料为依据，从环境保护运动的实践出发，探求环境保护实践与马克思主义的结合点，从而形成独特的环境保护哲学。肯定和坚持马克思把环境问题归因于资本主义制度的社会批判理论，认为解决环境问题的关键是要从社会关系的变革入手。一方面，承认日本等资本主义发达国家解决环境问题上的重大进展，总结和分析日本消除公害和环境保护活动的经验和局限，认为资本主义也有可能建立一定程度的生态文明。另一方面，认为生态文明是社会主义的本质属性，只有社会主义才能建成真正的生态文明社会。从三个层面分析资本主义与社会主义关于生态文明构想的本质差异，依此证明：资本主义不可能全面解决生态环境问题，建立真正的生态文明社会；只有社会主义才能消除资本的逻辑派生的全球性环境问题，建成真正的生态文明社会。与众多西方生态马克思主义者相比，研究更为具体且具有操作性。书中的环境保护哲学既有批判性的解构，更注重现实性的建构。中译本译者韩立新，北京，中央编译出版社 1997 年出版。（徐越）

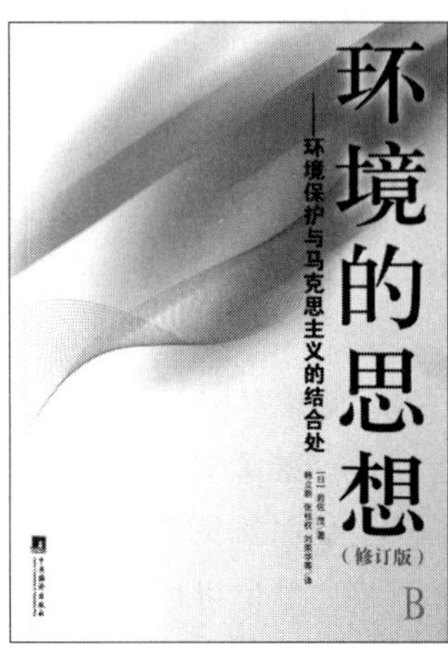

环境法

Environmental Law

由国家制定或认可的，并由国家强制保证执行的关于保护环境和自然资源、防治污染和其他公害的法律规范的总称。环境法就其内涵而言，有广义与狭义之分。广义的环境法包括环境立法和环境法律，狭义的环境法特指环境保护法或环境政策法。环境法的保护对象，是制定该法律的国家所管辖范围内的人的生存环境，主要包括：1. 自然环境，如土地、大气、水、森林、草原、矿藏、野生动植物、自然保护区、自然历史遗迹、风景游览区和各种自然景观等。2. 人为环境，包括人们用劳动创造的生存环境，如运河、水库、人造林木、名胜古迹、城市及其他居民点等。环境法的作用，是调整个人和组织在生产、生活及其他活动中所产生的同保护和改善环境有关的各种社会关系，协调社会经济发展与环境保护的关系，把人类活动对环境的污染与破坏限制在最小限度内，维护生态平衡，达到人类社会与自然的协调发展的最终目标。在中国，环境法又称环境保护法。（徐越）

环境法庭

Environmental Court

1980 年为维护公众参与环境许可的权利，澳大利亚新南威尔士州土地与环境法院成立。该法院具有与州最高法院同等的诉权效力，同时根据超过 20 部不同的环境法律对已经形成的环境争端裁决具有排外管辖权。我国长期以来都是由普通法庭审理有关环境纠纷案件，但由于主观和客观条件限制，相关审理进展困难、效率低下。2007 年 11 月 20 日，贵州省贵阳市中级人民法院环境保护审判庭、清镇市人民法院环境保护法庭挂牌成立。随后，无锡、昆明、玉溪等地也相继成立专门的环境法庭，对环境司法进行有益探索。2014 年 7 月 3 日，最高法院召开新闻发布会，宣布成立专门的环境资源审判庭，以促进和保障环境资源法律的全面正确施行，统一司法裁判尺度，切实维护人民群众的环境权益。（张沥元）

环境法西斯主义

Environmental Fascism

又称生态法西斯主义（ecofascism）。生态法西斯主义一词最早是针对德国希特勒时期的生态政策与生态主张而言。由于希特勒和希姆莱都是严格意义上的素食主义者，因而在 20 世纪 30 年代希特勒领导的纳粹党执政期间，德国成为世界上最早制定生态保护政策、建立了自然保护区的国家。与残酷的排犹政策及疯狂地迫害犹太人、大规模屠杀犹太人形成鲜明对比，希特勒和希姆莱十分注重保护动物。他们热爱动物，强烈反对解剖动物和虐待动物；希姆莱甚至还建立了一个实验性的有机农场来培育草药（而非化学药物）；希特勒常常专横而又极其细致地与专家们讨论开发能够替代煤炭的可再生性能源。他宣称开发水能、风能和潮汐以及沼气将是未来（第三帝国）的能源发展道路。当纳粹倒台之后，提及希特勒及其绿党的生态政策与生态理念也成为关注环境问题的学者颇为尴尬的事情。所以，生态法西斯主义俨然成为众人皆诛的恶魔的代名词。（参考：董玲：《大地伦理是环境法西斯主义吗？——克里考特的类型学分析与论证》，《伦理学研究》2010 年第 4 期第 127 ～ 131 页。牟世晶）

环境法制教育

Environmental Legal Education

环境法制教育是指为了提高公众的环境意识，调节和规范人与环境的关系，使公众自觉地保护和改善环境，防治环境性污染和其他公害，以保证人民健康和经济、社会的可持续发展而进行的各种环境与资源保护法律教育的总称。为了保护自然资源和环境、防止污染和破坏，除了要对人进行环境科学知识教育和环境道德教育之外，还必须进行环境法制教育。通过教育，使人们了解和掌握环境与资源保护法的基本知识和基本技能，提高环境意识，增强环境法制观念；熟悉环境污染防治法、自然资源保护法、国际环境法规范，以及各类规范之间的相互关系，提高运用法律武器保护自我环境权的能力；加深对环境与资源保护法和相关部门实体法、程序法的联系与区别的理解，准确运用环境与资源保护法律、法规的规定，实现环境与资源保护立法的目的，以维护和促进我国生态经济系统的持续发展。（参考：马桂新：《环境教育学》第 184 页，北京：科学出版社，2007 年。王薛时）

环境法治

Environmental Rule of Law

现代人类社会在环境层面追求实现的理想的社会秩序和状态。环境法治首先是价值观，指与环境问题相关的权威机构，包括立法、司法、行政及其他机构，均应同时服从法治原则，并且遵循环境保护的基本理念。一方面，环境法治应当体现出法治的一面 :1. 环境立法机关在制定环境法律时，应体现出对每个人尊严的维护。2. 防范行政权力在环境案件中的滥用，确保环境法律得到有效维护。3. 建立正当的法律程序，确保环境案件被告方的辩护权和公开审判权。4. 确保环境司法独立。另一方面，环境法治不同于普遍意义的“法治”。它要求承认、尊重和遵循环境保护的基本理念，承认良好环境的价值和独特性。环境法治强调以环境保护为基本立场，制定相关法律、依法处理环境案件、调节和规范各类社会主体的行为。随着改革开放的不断深化，随着中国依法治国的不断推进，中国的环境法治也在逐渐完善的过程中。对此，十七大《报告》强调指出，“必须坚持全面协调可持续发展，坚持生产发展、生活富裕、生态良好的文明发展道路，建设资源节约型、环境友好型社会，实现速度和结构质量效益相统一。经济发展与人口资源环境相协调，使人民在良好的生态环境中生产生活，实现经济社会持续发展。要做好环境保护工作必须加强环境法治，必须要对中国环境法治的实施背景、实施现状和未来的发展趋势进行全面、系统和深入的分析研究，对环境立法、执法、司法、法律监督等方面的经验和教训予以总结，对存在的问题进行分析并提出解决的法律对策。”（徐越）

环境犯罪

Environmental Crime

指通过恶化环境、破坏环境危害人身健康、财产安全和生态系统，妨碍公众行使或享有公共权利的具有明显犯罪性质的行为。环境犯罪是人类社会工业化进程发展到一定阶段出现的。国际上保护环境的努力，直到 20 世纪初才逐渐开始，在一系列的环境保护的公约和协定中，规定了对有关的犯罪罪行的预防、禁止和惩治以及国际合作的内容，特别是 1972 年的《斯德哥尔摩人类环境宣言》表达了各国有关环境保护的共同信念，对以后各国国内和国际环境法即环境规范的发展，具有深远的影响。1979年联合国国际法委员会制定了《关于国家责任的条文草案》，把大规模污染大气层或海洋的行为，视为严重违背了维护和保全人类环境具有重要性的国际义务，属于侵犯国际社会安全和秩序的国际犯罪。1990年联合国第八届预防犯罪和罪犯待遇大会，讨论了跨国界性质的污染环境及侵犯各国文化遗产罪问题，并作出了《刑法在保护自然和环境中的作用》的决议。环境犯罪受到国际社会的普遍重视，成为重要的研究议题。由于各国实际情况不同，对环境犯罪概念的界定也不同。根据中国刑法分则第六章第六节的规定，环境犯罪是指违反国家法律、法规，故意或过失实施的污染或破坏生态环境，情节严重或后果严重的行为。环境犯罪的成立，不以造成人身伤亡和财产损失为条件，只要行为本身对环境造成损害，就构成犯罪。环境犯罪既可以是对某种环境组成要素的损害，也可以是对整个环境的损害，因此危害形态往往呈现出多样化特征。（张沥元　牟世晶）

环境防卫基金会

Environmental Defense Fund, EDF

美国的非营利性、没有党派色彩的独立非政府环保组织，总部设在纽约，前身是1967年成立的美国环保协会。关注全球气候变暖问题，包括生态系统利用与恢复、海洋保护和人类健康等工作，提倡在科学、经济和法律方面探索环境问题的解决方案。主要目标是倡导以市场为基础解决环境问题。主要关注点集中在气候和能源、海洋、健康计划、生态系统、环境经济学等方面。在美国各地区设立办事处，总部的科学家和政策专家集中于全球范围内的工作，区域办事处侧重于当地的问题和政策研究。（申森）

环境非政府组织

Environmental NGO

基于环境问题与环境关切，不根据政府间协议而自发建立的非政府组织，又称环境民间团体。环境非政府组织作为非政府组织诸多类型中的一种，最早诞生于西方国家。环境非政府组织起初是围绕本地自然资源保护而诞生，从本地、本国不断发展到国际层面和全球层面。据考证，最早的环境非政府组织共同道路和开放空间保护协会于1865年在英国成立。20世纪60～70年代，随着世界环境问题的加剧和全球危机的出现，随着环境污染和核恐怖、资源耗竭和废物管理等问题的涌现，环境非政府组织所关注的问题，逐渐由环境保护和生物多样性保护，延伸到减轻和消除人类活动对环境以及对人自身的不良影响层面。20世纪80～90年代，随着新技术的兴起和互联网的产生与发展，环境非政府组织逐步朝网络化、联盟化与国际化方向发展。21世纪的环境非政府组织能够凭借地区性和跨国性的网络，对环境领域内的决策和民众的环境诉求与环境保护行为施加很大的影响；大大小小、形形色色的环境非政府组织之间也不乏联系与合作，构成环境非政府组织全球网络体系。目前，世界范围内比较知名的国际环境非政府组织包括：绿色和平、大自然保护协会、世界自然基金和地球之友等。（徐越）

环境非政府组织建设

Environmental NGO Construction

我国目前大约有3500多家环境非政府组织，如中国环境科学学会、中华环保联合会、自然之友和绿色大学生论坛等。这些组织在普及环保知识、推动公共参与环保活动、资助环保项目、开展环保科技研究、推广环保产品、援助环境污染受害者等方面都有重要贡献。长期以来，环境非政府组织促进我国环保法律法规的完善、推动相关法律法规的实施，并协调处理许多区域性的环境问题。但由于非政府组织自身的特性，政府对非政府组织存在着承认缺失和支持力度不够等问题，导致地方环境治理过程中经常出现政府和非政府组织之间的沟通障碍，影响环保活动的顺利开展。此外，非政府组织之间也缺乏足够的合作。因此，我国仍需要采取切实措施促进环境非政府组织的建设与发展，如放宽成立与登记门槛、以政府购买服务等形式提供资金支持等。（张沥元）

环境风险

Environmental Risks

指由人类活动引起或由人类活动与自然界的运动过程共同作用造成的，通过环境介质传播的，能对人类社会及其生存、发展的基础产生破坏、损失乃至毁灭性作用等后果的事件的发生概率。是由于组织的经营活动所导致的排出物、排放物、废弃物以及资源枯竭等对生物体和环境造成不利影响的实际或潜在威胁。具有不确定性和对生态环境及人体的危害性两大特性。具体而言，环境风险是指人们在建设、生产和生活过程中，所遭遇的突发性事故（一般不包括自然灾害和不测事件）对环境（或健康乃至经济）的危害程度。环境风险可用风险值 R 来表征，定义为事故发生概率 P 与事故造成的环境（或健康乃至经济）后果 C 的乘积，即 $R=P\times C$。环境风险具有两个主要特点，即不确定性和危害性。由环境风险还可能衍生出政策风险、投资风险、从业风险等等。环境风险内涵及其特征如下：1. 风险源，即导致风险发生的客体以及相关的因果条件。风险源可以是人为的，也可以是自然的；它的产生是随机的，具有相应概率，可以通过数学、物理、化学方法来确定。2. 风险行为，风险源一旦产生，它排放的有毒有害物质、释放的能量流将进入环境，并可能由此导致一系列的人群中毒、火灾、爆炸等严重污染环境与破坏生态的行为。3. 风险对象，即评价终点或受害对象（受体）。风险对象可以是人类，也可以是实物的、生态的。4. 风险场，即风险产生的区域及范围。它包括风险源与风险对象，是风险源物质上和能量上运动的场，具有相应的时空条件。5. 风险链，风险源一旦在风险场中发生，周围的风险对象都可能受到影响，这个对象又可能由于物理、化学反应而产生新的风险影响，整个风险呈“链”式传递，逐渐扩展到其他对象。6. 风险度，即风险源作用于风险对象后，物质上或能量上的贡献大小，也可定义为损害程度或损害量。7. 风险损失，即风险产生的经济损失。风险损失可以用货币来度量。（徐越　蔡越）

环境风险管理

Environmental Risk Management

指根据环境风险评价结果，按照相关的法律法规，在可接受的风险及损害水平之上，综合考虑各种因素的影响，采用适合的管理机制，制定风险防范、安全管理、风险减缓以及风险应急措施并付诸实施，从而降低或消除风险，以达到保护资源环境、生物健康以及生态系统安全的目的，简称 ERM。环境风险管理主要有三种类型，即环境风险的减轻、转移及避免。在进行环境风险管理时，企业管理者需要综合考虑不同治理方案的效果、成本以及技术和经济可行性，权衡三者间的相互关系，从而选择一个最优方案或解决途径。环境风险管理是一个社会行为，不应该限定于环境保护单一部门，其承担者和受益者是全社会，任何局部或个体的管理行为都难以发挥正常的效益。环境风险管理是对当前环境管理理念、概念、对象、方法、体制、运行机制以及保障体系的一种创新。（蔡越）

环境风险评价

Environmental Risk Assessment

环境风险评价兴起于 20 世纪 70 年代，主要是对由人类的各种社会经济活动所引发的可预测突发性事件或事故（一般不包括人为破坏及自然灾害）导致的有毒有害、易燃易爆等物质泄漏，或突发事件产生的有毒有害物质对人体健康和生态系统的危害程度进行概率估计，并提出合理可行方案和对策，使建设项目事故率、损失和环境影响达到可以接受的水平。目前在国际学术界和实务界得到广泛应用的是事故风险评价，这是其重点与核心。环境风险评价依据不同特征、性质及范围可划分为三个类型，即微观风险评价、宏观风险评价及系统风险评价。环境风险评价的方法较多，较典型的有以下四种，美国国家科学研究会制定的 4 步骤风险评估法、荷兰污染物排放分析法、故障树法以及世界银行和亚洲开发银行推荐的环境风险评价程序法。当前，环境保护的研究重点向污染物进入环境之前的风险管理转移，环境风险评价应运而生，美国在这一领域的研究尤为突出。（王晴晴　蔡越）

环境服务业

Environmental Service Industry

是指与环境相关的服务贸易行业，是现代服务业的重要分支，也是环境保护产业的一个重要组成部分。在 20 世纪 70 年代之前没有受到足够关注。20 世纪 90 年代以后，随着环境保护问题越来越被重视，环境服务业在环境市场中的份额不断提高。环境服务业的整体发展水平，是衡量现代社会经济发达程度和社会成熟程度的重要标志之一，同时也是环保产业成熟度的重要标志。我国的环境服务业主要包括：治理水、气、噪声、固体废物等污染；改善环境质量，修复被污染环境介质；对环境进行环境认证与评定。我国环境服务业还处于初级阶段，管理与规范制度还需要研究摸索。自国务院印发《“十二五”节能环保产业发展规划》以来，环境服务业得到充分的发展与壮大，产值逐年增长。发展环境服务业的目的在于，运用有效的环境执法监管，以市场化、产业化、社会化的方式，解决各类环境问题，最终改善环境质量，实现环保产业良好发展。（代富宇　蔡越）

环境革命

Environmental Revolution

1992 年由莱斯特·罗素·布朗（Lester Russell Brown）首次提出。布朗在其研究报告《世界现状 1992》中提出改变传统经济发展模式，建设发展可持续型社会，这意味着要重构旧的生产模式和经济结构，确立人与自然和谐共处的生态观成为社会主流价值观，这种改变实质上是一种“环境革命”。在其著作《生态经济：有利于地球的经济构想》中，布朗声称环境革命将产生的影响是巨大的，对人的思维的改变可比肩“哥白尼革命”，并且这是人类历史中继农业革命和工业革命之后的伟大变革。环境革命的重要特征在于淘汰石油化工燃料和能源，启用可再生可循环利用的新型能源。环境革命的目标是建立生态型经济、创建人与自然和谐、可持续发展的社会。具体来说，要在一个公平民主、环境可持续的全球化社会中实现总人口不超过 78 亿，消除贫困、饥饿、犯罪、疾病和动乱，至 2015 年实现碳排放量减少一半的要求。（参考：康瑞华：《生态社会主义与绿色资本主义——福斯特的生态革命与布朗的环境革命思想之比较》，《社会主义研究》2008 年第 3 期第 18 ~ 20 页。欧阳文川）

环境工程监理

Environmental Engineering Supervision

指具有相应资质的第三方机构，接受建设单位的委托，代表建设单位对污染防治和生态保护的情况进行检查，确保各项环境保护措施落到实处，承担建设项目的环境管理工作。这一概念由环境保护和工程监理两种学科交叉衍生出来，因此其含义框架与工程监理基本相似。环境工程监理分为环保达标监理和环保工程监理两种，前者是使主体工程的施工符合环境保护的要求；后者包括对污水处理设施、绿化等在内的环保设施建设的监理。环境工程监理的目的是将环境保护措施贯彻落实到工程施工管理中去，将监管部门的外部控制转变为施工过程中的内部主动控制。主要任务是“三控制、二管理、一协调”，即：实行投资、质量、工期控制，合同、信息管理，以及工程项目间各方的组织协调。工作性质特征有服务性、独立性、公正性和科学性，并坚持环境保护监理的社会化和第三方的中介角色。环境工程监理的工作方式一般以旁站监理和巡视检查为主。工作制度有施工环境保护监理例会制度、报

告制度、函件来往制度、工作记录制度以及档案管理制度五项。（蔡越）

环境工程设计

Environmental Engineering Design

指培养学生巩固已学过的专业知识，确立正确的环境保护思想观念，综合运用所学知识理论，通过课程设计规定的任务，培养全面思考和解决实际问题的能力。相应提高设计计算、制图、应用计算机等方面的基本技能；提高运用文献、技术资料和工具书的能力。作为教育培养计划中的重要部分，环境工程类专业学生最基本的素质教育内容，具有特殊重要性。我国环保产业正处于起步阶段，因此环境工程设计是适应新形势发展的需要而提出的，它注重工程基础理论课的优化、注重环境科学基础课的优化、注重课程设计的优化、注重实习环节的优化以及毕业设计的优化，将课程体系系统化、科学化，培养学生更扎实地掌握环境科学理论，树立环境意识，增强环境道德，提升全面、综合解决环境污染问题的能力。（蔡越）

环境公共服务

Environmental Public Service

环境公共服务是近些年学者们新提出的有关公共服务的概念。环境公共服务是在一定社会经济发展阶段，以保障公民健康权为价值导向的，合理分配环境利益和环境风险的基本公共服务。其分配的权利主体是人民，义务主体是政府分配的生产方可以包括企业、社会、组织和个人等；其提供服务的方式包括了环境监管服务、环境应急服务、环境卫生服务、环境治理服务、环境信息服务等方面。环境公共服务，如废水的收集、净化或固体废物的收集和处理是一种重要的活动。这些服务主要由公共或者半公共的机构提供，而委托给他们这些任务的目的是通过对废弃物的收集和处理实现污染减排的政治目标。环境公共服务本质上还是一种公共资源的分配，它通过提供公共福利设施满足公众的环境需求，是政府以满足社会环境需求为目的，为全体社会成员提供的环境物品和环境服务的公共活动。（参考：王树义、郭少青：《我国环境公共服务合理分配问题研究》，《中国软科学》2014年第7期。王薛时）

环境公民

Environmental Citizenship

西方国家学者自20世纪90年代中后期以来广泛讨论的议题，指人们与改善生态环境质量相关联的公民政治权利或责任。严格地说，它不是系统性的生态政治学理论，甚至不同学者关注或介入这一议题的视角也各不相同。不同学者对环境公民（权）有不同的解读与阐释，如安德鲁・多布森、德里克・贝尔、安格尔・瓦伦西亚・赛兹、马克・史密斯、皮亚・庞萨帕、瓦尔特・巴伯、罗伯特・巴特莱等。概括地说，环境公民权既可以体现为后世界主义的公民权，强调作为世界公民的生态责任与义务，也可以体现为绿色共和主义的公民权，强调国家/共同体公民的环境责任与义务，还可以体现为自由主义的公民权，强调公民个体的环境参与/话语权利。这三种视角下的环境公民权，并非截然对立，彼此相互促进共同发展，推进现代工业文明社会的绿色转型。（徐越）

《环境公民》

Environmental Citizenship

英国著名环境政治学者安德鲁・多布森主编的关于环境公民的重要著作，激进的生态公民权理论的代表性作品之一，出版于2005年（Mit Press）。书中主张将促进环境公民义责作为实现可持续性的手段，鼓励人们依照环境公益采取行动，从而提供不同于大多数政府实施的以市场激励机制为主的路径选择。书中从社会学、政治理论、哲学、心理学和教育学等不同学科视野，探讨环境公民的理论与实践、环境公民权付诸实施过程中的障碍、环境公民权带来的环境与社会可持续性机遇等。全书第一部分重点讨论环境公民的理论与实践，即什么是环境公民权以及如何实现；第二部分考察环境公民权实现过程中的障碍和所带来的机遇，如环境美德孕育中主动性国家的必要性、环境公民权的女性主义和活动分子观点、网络参与决策的民主变革潜能、教育在促进环境公民权中的作用等。（徐越）

环境公民理论

Environmental Citizenship Theory

进入 21 世纪以来在欧美国家中迅速扩展开来的环境政治社会理论或生态文化理论。环境公民理论（环境公民权理论）包括以下三个派别：自由主义的环境公民理论、共和主义的环境公民理论、生态主义的环境公民理论。环境公民理论不仅展示西方民主政治传统下对于当代人类社会的生态挑战与绿色变革的可能政治回应及其路径（民主政治架构、古代历史传统和后世界主义视野），而且代表至少对于已然进入工业文明的社会来说有着重要借鉴价值的普遍性政治智慧，即如何创造超越现代工业文明与文化的政治主体。比较而言，如果说自由主义的环境公民理论在生态价值观上是相对保守的，更多强调人类之前的对等性权利与义务，那么，生态主义的环境公民理论就是较为激进的，更多强调人类的无条件性义责。（徐越）

环境公益诉讼

Environmental Public Interest Litigation

当环境公共利益遭受到或即将遭受来自自然人、法人、其他组织的侵害时，法律允许其他的自然人、法人、社会团体向人民法院提起诉讼，以维护公共利益。该制度对于公共环境和公民环境权益的维护意义重大。该制度保护国家环境利益、社会环境利益以及不特定多数人的环境利益，追求社会公正、公平，保障社会可持续发展。在环境公益诉讼中，诉讼的发起者不一定与案件本身有直接利害关系，诉讼可以针对民事主体，也可以针对行政主体。在没有损害事实发生，但根据有关情况可以合理判断出社会公益可能遭受侵害的情况下，也可以提起环境公益诉讼，由违法行为方承担相应的法律责任。（张沥元）

环境公正

Environmental Justice

环境公正最初是环境运动，孕育于美国，主要是反对将有色人种的场地作为垃圾场，要求国家、政府改善这些地方的人居环境和条件。1991 年 10 月美国第一届“全国有色人种环境领袖会议”通过“环境公正基本原则”，该原则主张人与自然以及人与人之间应该平等而和谐地相处。目前，环境公正的观念已全球化，但学术界尚未形成统一的定义，目前最周详的定义是布尼安·布赖恩特提出的，他认为：“环境公正是指确保人人可以在安全、富足、健康的可持续发展社区中生活的文化规范、价值、制度、规章、行为、政策和决议……环境公正包括：体面、安全、有酬的工作，高质量的教育，舒适的住房和充足的卫生保健，民主决议和个人知情权、参与权，等等……在这些居住区内，文化多样性和生物多样性受到尊重，没有种族歧视，到处充满公正。”其实质是在环境资源、机会的使用和环境风险的分配上，所有主体一律平等，享有同等的权利，负有同等的义务，即环境权利与环境义务的对应问题。目前对于环境理论的研究趋于多样化，研究方法有定量研究和定性研究。（朱配辰）

环境管理体系

Environmental Management System

ISO1400 标准定义为：环境管理体系是一个

组织内全面管理体系的组成部分，它包括为制定、实施、实现、评审和保持环境方针所需的组织机构、规划活动、机构职责、惯例、程序、过程和资源。还包括组织的环境方针、目标和指标等管理方面的内容。环境管理体系标准规定了对环境管理体系的要求，根据法律法规要求和重要环境因素信息制定和实施方针与目标。环境管理体系适用于任何类型与规模的组织，并适用于各种地理、文化和社会条件。环境管理体系包含适用范围、规范引用文件、术语和定义、环境管理体系要求，为创造绿色企业提供了标准和工具。（代富宇）

环境管理体制

Environmental Management Mechanism

指国家环境管理机构的设置，管理权限的分配、职责范围的划分及运行和协调的机制。环境管理体制的主要内容包括：各种环境管理机构的设置及其相互关系，这些机构的职责、权限划分，各种职责、权限的相互关系及运行方式。其中，环境管理机构是环境管理的组织形式和组织保证，职责权限是环境管理的职能形式和功能保证，运行方式则是环境管理组织形式和职能形式的动态反映和动态组合。环境管理体制有以下两个特征：第一，最突出的特点是环境管理机构与行政区划一一对应，国务院下省、市、县各级人民政府均设有与其行政级别相对应的环保局；第二，统管部门与分管部门的执法地位平等，只有分工的不同，但都属于环境管理机构，拥有同样的性质和目标。（蔡越）

环境管理学

Environmental Management Science

环境科学和管理学之间的交叉性学科，是管理学在环境保护中的延伸与应用。环境管理学以人类社会系统、经济活动和自然生态环境为研究对象，从社会经济可持续发展的基本理念出发探讨如何在生态环境得到科学保护的前提下，协调人类社会与自然的共同发展。环境管理学具有五大特征：整体性特征，即将人、人类社会和自然生态环境视为不可分割的整体，将三者置于动态联系中加以研究；综合性特征，即融合环境科学和管理科学的现有理论成果，并借鉴学科在实践中的实际经验加以综合运用；协调性特征，环境管理学首要目的就是以科学的管理办法协调人类经济社会发展和自然生态保护并行不悖；战略性特征，将经济、社会、生态三者都视为极其重要、具有战略性意义的有机成分，科学规划其发展方向和方法；实用性特征，环境管理学理论为政策制定、经济运行、环境规划、生态监测和资源利用等都提供具有可操作性强、经济社会效益明显的管理办法。（参考：邵洪：《环境管理学与可持续发展》，《环境保护》1997 年第 2 期第 22 ~ 24 页。欧阳文川）

环境管制政策

Environmental Regulation Policy

指为了保证环境质量保持最优水平，而制定具有约束力并能改善人们生活方式和生产方式的政策。主要由政策目标和实现目标的手段两部分组成，以环境质量的改善程度来评判环境管制政策是否有效。政策目标主要是减少企业的排污量，实现手段通常有两大类：命令控制型与市场激励型。建立系统的评价标准可以对环境管制政策的效用作出正确评价并指导政策的制定。（代富宇）

环境管治

Environmental Governance

指对环境和自然资源的控制和管理所涉及的决策与治理过程。国际自然保护联盟（IUCN）把环境管治定义为包括（但不仅限于）国家、市场和公民社会这三个主要角色之间的多层次的相互作用（即地方、国家、国际 / 全球层次的相互作用）。环境管治主要表现为：1. 国家、市场和公民社会三者之间交互作用，既可以是正式的，也可以是非正式的。2. 制定和实施与环境需求和社会投入相关的政策。3. 受规则、程序、过程和广泛接受的行为所约束。4. 具有善治的特点。5. 以实现环境可持续发展为目的。环境管治的主要原则包括：1. 把环境嵌入到决策和行动的所有层次中去。2. 把城市和社区、经济和政治生活作为环境子集来概念化理解。3. 强调人与其生活所处的生态系统相联系。4. 推进制度变迁，由开环的 / 从摇篮到坟墓的体系（例如，无回收的垃圾处理方式）转变为闭环的 / 从摇篮到摇篮的体系（例如永续农业和零废物战略）。德国学者马丁・耶内克和克劳斯・雅各布在合著的《全球视野下的环境管治》中，对现当代民族国家政府环境管治政策与手段的革新作了概述。（徐越）

环境管治理论
Environmental Governance Theory

关于环境管治的理论体系，即从理论层面阐述环境保护的组织、政策工具、财政机制、规则、程序和规范的总和。它是以可持续发展为最高目标的政治生态和环境政策的体系，可对人类所有活动提供理论先导。环境管治理论包含政治管治、社会管治、经济管治等多个层面。随着全球性环境政治与政策的不断演进，环境管治理论的最终目标是指导改善环境状况、实现更宽泛意义上的可持续发展。全球层面的环境管治，即全球环境管治理论。（徐越）

环境规划
Environmental Planning

指人类为使环境与经济社会协调发展而对自身活动和环境所做的时间和空间的合理安排。其实质是一种克服人类经济社会活动和环境保护活动盲目性和主观随意性的科学决策活动，是一个动态的过程，具有较强的时效性，同时也是环境管理层面的重要组成部分。它遵循和追求的战略思想和根本目标是可持续发展；基本出发点是保障人们享用环境权和公正地规定享用环境经济权时所应遵守的义务；基本任务是依据有限的环境承载力，规定人们经济和社会活动的约束要求，并提出保护和建设环境的方案。环境规划可归纳为以下五个方面的作用：促进环境与经济、社会的可持续发展；保障环境保护活动纳入国民经济和社会发展计划；合理分配排污削减量，约束排污者行为；以最小的投资获取最佳的环境效益；指导各项环境保护活动有效进行。环境规划具有整体性、综合性、区域性、动态性及信息密集和政策性强等基本特征。（蔡越）

环境规制
Environmental Regulation

指以环境保护和资源节约为目的，政府对企业的资源利用进行直接或者间接的控制和干预行为。政府环境规制措施的主要手段包括行政法规、经济手段以及市场机制。除此之外，随着生态标签和环境认证制度的产生和兴起，企业的自愿性规制也成为环境规制的其中一类。除去企业的自愿性环境规制以外，剩余的规制手段全都通过政府直接或间接的干预，政府通过行政手段直接干预的称为命令—控制型环境规制，政府以行政手段结合市场机制的间接干预称为以市场为机制的激励型环境规制措施。命令—控制型环境规制的主要政策工具是排污标准，包括技术标准和绩效标准，然而无论是何种排污标准，标准制定的前提是很好地了解企业排污的边际成本和边际收益，这在操作上有很大的难度，几乎不可能做到，即使掌握了企业排污的边际成本和边际收益，政府也要付出高昂的成本代价。基于市场的激励型环境规制措施在一定程度上克服了这个缺陷，较典型的规制工具是环境税制和交易许可证制度。它们在操作中主要通过市场信号引导企业自主决策，因此成本相对而言较低，规制效率也较高。（参考：王斌：《环境污染治理与规制博弈研究》，首都经济贸易大学 2013 年博士学位论文第 17 ~ 19 页；刘伟明：《中国的环境规制与地区经济增长研究》，复旦大学 2012 年博士学位论文第 16 ~ 18 页、第 35 ~ 40 页；宋马林等：《环境规制、技术进步与经济增长》，《经济研究》2013 年第

3 期第 122 ~ 132 页。欧阳文川）

环境国家

Environmental State

在环境保护日益成为国家统治正当性基础的背景下，如何因应环境社会政治理论的要求，规范环境保护过程中的国家与公民关系以形成环境国家，是当代生态环境挑战应对中的重大课题。德国、日本公法学界主要在事实层面上对环境国家进行描述和概括，凸显环境保护在国家目的及其任务中的地位。但存在明显缺陷，应从价值层面阐明对国家权力提出的规范性要求。环境国家应首先在宪法层面上加以规范，即形成环境宪法。具体包括三类规范：环境保护的基本权利、环境保护的基本国策、环境保护的公民宪法义务。它们将为形成环境国家的规范体系奠定基础。在实践层面上，环境国家是国家各级政府中环境立法、司法与执法机构及其所形成的立体性管治架构的总和。环境国家建设是现代国家环境治理体系与能力现代化水平的重要标志。（徐越）

环境行为

Environmental Behavior

指一种基于个人责任感和价值观的有意识行为，目的在于能够避免或者解决环境问题。对环境行为的理解分为两种：一是关于环境行为的广义理解，即认为人的一切行为都是环境行为。比如认为呼 吸是一种环境行为，因为呼吸是跟自然界、环境发生的一种能量交换，如果社会中大多数人呼吸的是被污染了的空气，那么这种行为就会造成一系列的问题，最典型的就是各个工业国家发展初期的“烟雾事件”。二是对环境行为的狭义理解，其中一种是将环境行为理解为个体层面的行为，如乱扔垃圾、践踏草地等；另一种狭义理解就是认为环境行为是指环境保护行为。国内学界对环境行为的界定主要是指作用于环境并对环境造成影响的人类社会行为或各社会行为主体之间的互动行为。它既包括行为主体自己的行为对环境造成的影响，也包括了行为主体之间的直接或间接作用后产生行为的环境影响。也有学者提出将环境行为分为：个体环境行为、群体环境行为和组织环境行为。以行为的实施方式划分则分为：生产型环境行为和生活型环境行为。根据行为结果的差异，环境行为也可以分为环境影响行为、环境破坏行为和环境保护行为。（参考：崔凤：《环境社会学——关于环境行为的社会学阐释》，《社会科学辑刊》2010 年第 3 期第 45 ~ 50 页；崔凤、邢一新：《环境行为的社会学研究回顾》，《南京工业大学学报：社会科学版》2012 年 2 期第 5 ~ 11 页。朱配辰）

环境行政诉讼制度

Environmental Administrative Litigation System

自然环境作为公共物品，这决定了政府行政机关对于环境的管理过程中必然涉及各类公司企业法人以及社会团体和个人，当行政机关在管理过程中出现违反法律法规的情况时就有可能侵犯公民、法人或者其他各类组织的正当权益，因此环境行政诉讼制度就是权益受到侵犯的公民、法人或者其他各类组织向法院进行起诉以保障自身权益的行为。环境行政诉讼的主体，即原告只能是环境行政相对人，即按照法律规定接受环境职能部门管理的公民、法人或者其他各类组织，而被告也只能是政府环境职能部门。环境行政诉讼的标的是环境行政争议。环境行政争议是指政府环境职能部门及其工作人员与其管理的公民、法人或者其他各类组织就管理事务中的权利与义务之间的分歧。各国环境行政诉讼的分类根据其整体的司法体制的特殊情况而有所不同，我国从初期简单的对于职责履行诉讼、行政赔偿诉讼以及司法审查诉讼的简单分类发展至目前为止的五个类别，分别为对于行政违规或无效的确认诉讼、行政相对人要求法院责令行政机关履行法定职责的诉讼、行政相对人要求行政机关变更行政处罚的诉讼、行政相对人要求行政机关撤销其违法行政行为的诉讼、行政相对人要求行政机关对于其行政过错所造成的损失进行赔偿的诉讼。（参考：邓一峰：《环境诉讼制度研究》，中国海洋大学2007年博士学位论文第42～49页。欧阳文川）

环境荷尔蒙

Environmental Hormones

又称环境激素，是一类作用类似于性激素，能够进入生物体内部影响和扰乱生物体正常激素分泌的化学物质，一般多为人工合成。随生产生活排放到环境中的环境荷尔蒙会借助食物链、水循环、大气循环等进入生物体内部，会干扰生物体正常激素水平的维持，从而影响生殖、发育与免疫等。对人体造成的危害主要表现为：精子数量减少、活性降低，生殖器官异变，生殖能力下降，并能导致后代婴儿成活率下降、免疫机能弱化、生殖器官畸形等病变。环境荷尔蒙不仅影响着人类，而且也危害着动植物的健康与繁衍。环境荷尔蒙的种类可以分为多氯联苯化合物、烃类化合物、增塑剂和洗涤剂、农药、金属有机化合物。这些化学物质多直接来自于日常生活用品如洗洁精、塑胶制品、化妆品和药品等。由于关系着人类的繁衍与地球动植物的生存，各国都有出台相应政策法规限制这类物质的排放，如我国的《地表水环境质量标准》中就有多项针对环境激素的控制指标。（朱雨晨）

环境会计

Environmental Accounting

又称绿色会计，指企业会计的一门分支学科，继承会计学的基本理论、原理和方法，同时吸收了环境学、环境经济学、发展经济学等学科的理论，以保护环境、节省资源为核心理念，对企业的环境活动及与环境有关的经济活动所做的反应及控制，又是可持续经济发展的产物。分为微观与宏观两部分，微观环境会计是指在企业会计核算体系中运用环境核算的方法；宏观环境会计是指将环境核算纳入国民经济核算体系之中。环境会计旨在兼顾经济、环境、社会三者效益相统一，采用强制与自愿相结合的原则，着力实现外部成本内部化。其四个基本前提假设为，会计主体假设、持续经营假设、会计分期假设及多元计量假设。具有如下三个特征：地位上是对传统会计的反思与发展；研究方法属于规范性的理论研究；研究内容是多学科融合的产物。我国环境会计的未来发展应着重从以下五个方面入手，健全相关法律法规、完善体系及信息制度、增强社会环保意识、规范理论研究及实务操作、加强社会监督。（蔡越）

《环境计划》报告

Project Environment

英国学校委员会编制的有关环境教育的报告。自1970年以来人们已经普遍认可与环境相关的教育包括三条核心“线索”。这三个部分的结构在英国学校委员会的《环境计划》（Project Environment）中首次得到正式表述并出版。根据《环境计划》一书，有三条线索对我们今天观念的形成贡献了力量，现在我们相当普遍地把它们概括为“关于”、“通过”或“为了”环境的教育。“关于”环境的教育，寻求发现这一研究领域的本质，并经常以调查与发现的方法进行，其对象主要是可知的，并且以搜集信息为目标；在“通过”环境的教育中，教师必须寻求通过以两种途径将自然作为资源加以利用来推进对儿童的一般教育：第一种途径是将自然作为探求和发现的媒介，这可能会导致学习过程的扩大，最重要的方面是学会如何学习；第二种途径是将自然作为语言、数学、科学和手工方面的现实活动的材料资源；“为了”环境的教育，是一种以发展认知为基础的环境关怀为重点的环境教育。其目标超出了技能与知识的获得，它要求发展一种足以影响行为的价值观念。（参考：［英］帕尔默著，田青、刘丰译：《21世纪的环境教育：理论、实践、进展与前景》第169页，北京：中国轻工业出版社，2002年。王薛时）

环境技术管理体系

Environmental Technology Management System

指以污染防治技术评估体系为基础，以技术政策、最佳可行技术（BAT）指南和工程技术规范等环境技术指导体系为核心，建立的环境技术示范推广体系。环境技术管理体系为环境管理目标的设定以及环境管理制度的实施提供技术支持，从国家层面（行业污染防治）、地方层次（流域污染防治）、产业层次（企业污染）、发展层次（以环境保护优化经济发展）等方面发挥技术指导作用。（王晴晴）

环境技术验证

Environmental Technology Verification

指受环境保护技术开发者（所有者）、使用者或其他相关方委托，按照规定国家统一制定的验证标准、验证规范和程序，综合运营技术原理分析、测试、数理统计以及专家评价等方法，对所委托技术的技术性能、污染治理效果以及运行维护情况等，以政府为指导下的第三方评价机构对环境新技术、新工艺进行验证的活动。20 世纪 90 年代以来，在美国、加拿大、日本、韩国等国家创建实施的新型环境技术评估制度，验证评价的核心是通过建立一套科学、客观公正的评价制度、程序、方法，在一定试验周期内综合评价技术的环境绩效，即测试技术在实际运行工况下的环境效果、经济效果和运行维护等性能参数进行客观的评价，提供一系列客观的性能绩效数据供决策者和用户参考。我国 ETV 组织机构主要有 ETV 秘书处、验证机构、测试机构和技术申请者组成。（王晴晴）

环境技术咨询服务

Environmental Technology Consulting Services

主要是指社会化的各类技术服务活动，通过服务收费的方式为政府和企事业单位团体提供有关环境技术开发和交易，环境工程设计和设备安装、委托环境监测与分析等服务。环境技术咨询服务具有投资相对较少，经营灵活和本身发展风险较小的特点，可以促进环保事业的发展。（王晴晴）

环境绩效评估

Environmental Performance Evaluation

指对区域环境绩效进行测量与评估的一种系统性程序，是持续性咨询与评估的过程，对象是针对组织的管理系统、操作系统及周围的环境状况。环境绩效的实质就是环境目标的实现水平，环境绩效评估是以环境绩效指标体系为基础，以组织的环境管理绩效为工作重点，对环境问题进行评估。环境绩效评估是一种有效的环境管理工具，在国际上已经得到了广泛应用。（代富宇）

环境价值评估

Environmental Value Assessment

指环境管理科学化的基础。在设计环境影响的费用效益分析中，在制定环境标准、环境收费等政策时，都要将环境的危害与收益货币化作为参考标准。环境价值评估的方式有很多种，可分为四大类：直接观察、间接观察、直接假设、间接假设。我国的环境价值评估始于 20 世纪 80 年代初，借鉴了各国的评估方式，到了 90 年代已经出现了不同层次的评估方式，也建立了环境价值评估指标体系，但多集中于环境污染及生态破坏的估价，少有关于环境效益的评价。总体来说，国内的环境价值评估研究仍处于学习、摸索阶段。（代富宇）

环境监测

Environmental Monitoring

环境监测是对影响环境质量因素代表值测定并对其进行综合分析，以确定环境质量或污染程度及其变化趋势。旨在获取真实准确的环境信息提供给环境管理、污染治理工作的科学技术，是环保工作进行的基础，是统筹经济社会健康发展的重要举措，是环境管理的生命线，同时为环境决策和环境执法提供技术监督，为群众生活与企业运行提供技术服务。环境监测通常包括背景调查、确定方案、优化布点、现场采样、样品运送、实验分析、数据收集、分析综合等过程。主要手段包括：1. 物理监测，即对声、光的监测。2. 化学监测，即各种化学方法，如重量法、分光光度法等。3. 生物监测，即监测环境变化对生物与生物群落的影响。4. 生态监测，即观察和收集并分析生命支撑能力的数据，了解生态环境的现状和变化趋势。环境监测伴随着环境污染的产生而发展，经历了以典型污染事故调查监测为主、以污染源监督性监测为主和以环境质量监测为主的阶段。如今各国相继建立了自动连续监测系统和宏观生态监测系统，并借助地理信息系统技术（GIS）、遥感技术（RS）和全球卫星定位系统技术（GPS），连续观察空气、水体污染状况变化及生态环境变化，预测预报未来环境质量，扩大了环境监测范围以及监测数据的获取、处理、传输、应用能力。环境监测的目的是准确、及时、全面地反映环境质量现状及发展趋势，为环境管理、污染源控制、环境规划等提供科学依据。（任傲尘　蔡越）

环境监测能力建设

Construction of Environmental Monitoring Ability

指在我国环境监测技术与管理体系中对以下四个方面的建设考量，环境监测机构部门、自动监测站及网络监测平台的运营、对污染源的实时监控力度、控制标准及监测方法的制定。环境监测能力建设应遵循的四个原则是：减轻手工劳动负担的原则；仪器或操作的适用性原则；与人力资源相匹配的原则；量财而为的原则。未来环境监测工作还应旨在解决投入不足、管理体制不顺、设备的更新与优化等问题。首先，应加强法律法规体系建设，推进环境监测服务市场化，注意规范服务市场范围，强化监测组织资质认证和监督管理。其次，加快监测社会化，促进监测成果社会化建设。完善信息公开机制，构建交流会商机制，提高公众环保意识与责任。第三，构建全面监测的技术体系和方法。注重扩大监测领域，拓增监测项目，平衡因地域而受限制的监测水平；同时注重完善国家级监测实验室的有效运行，完善监测数据卫星传输系统，提高监测应急预警能力，加强我国环境监测标准国际化研究等。（蔡越）

环境监测社会化

Socialization of Environmental Monitoring

指打破政府机构的大包大揽，引入环境保护行政主管部门直属环境监测机构以外的从事环境检测业务的机构来提供环境监测服务的过程。其根本目的不是对环保监测机构职能的削弱，而是通过引入社会力量实现共同参与，提供更多、更好的监测服务以满足政府环境管理和排污单位的自测需求。环境监测社会化未来发展应着重从以下三个方面入手：一是明确环保监测机构的职能定位，坚持政府主导、社会参与。需做到管理并运行好环境监测网络、做好环境质量监测预警及污染事故应急监测、开展监督性监测和执法监测、强化环境监测数据汇总分析、承担好技术标准的研发与制定修订及质量管理等工作。二要因地制宜确定环境监测社会化区域策略，做到内容可行、风险可控。研究论证监测总体原则、科学把握并推进监测节奏、不断总结实践经验。三需严格规范社会检测机构的行为，确保有序进入、公平竞争、诚信服务。尽快确立监测市场准入制度、建立检测服务质量监管与评价制度、完善监测行业自律制度。（蔡越）

环境监测质量管理体系

Environmental Monitoring Quality Management System

环境监测工作的重要组成部分，主要包括：1. 完善监测技术体系。要加强科学研究，及时跟踪监测技术的发展；实施监测仪器准入制度；稳定监测技术水平，保证监测数据的可比性；建立监测方法验证机构。2. 补充建立量值溯源基准体系。建设基准实验室；建立量值溯源规程；恢复质控实验室，承担质量控制重任。3. 建立监测质量控制指标体系。重视质控措施研究，强化监测过程的质控；注重质量活动策划，逐步实施项目管理；建立质量控制目标意识；建立自身质控指标；合理使用标样不确定度，加强统计方法的应用。4. 运行监测质量体系。强化体系管理；建立适合自身发展的质量体系；注重自我完善。5. 建立质量管理评价体系，实行有效监督管理。6. 建立健全监测质量监督机构。逐步推行网络化管理，实现全国一盘棋协调机制；开展通用管理模式；加强监管方法及技术研究；同时注重提高监测人员技术的能力和水平。（蔡越）

环境监测质量控制

Quality Control of Environmental Monitoring

是环境监测的核心工作，分为实验室内质量控制和实验室间质量控制，即内部质量控制和外部质量控制。前者是对分析质量进行自我控制并对其实施质量控制技术管理的过程；后者是由第三方技术组织对实验室及其分析工作者进行定期或不定期的分析质量考查的过程。环境监测质量控制在于两个方面：物理参数的控制和全程序质量控制，前者是指对仪器设备的标准、保养、维修和标准化等几方面的要求，是为减少监测分析过程中可能出现的误差而设计的；后者包括监测对象、地点的选择、仪器的组合校正以及分析方法和数据处理等。环境监测质量控制未来发展应实施的有效措施有如下四点：将环境监测质量控制贯穿于环境监测的全过程；不断建立健全监测质量控制体系；完善检测质量控制制度以及强化监测人才培养与队伍素质建设。（蔡越）

环境监理信息系统

Environmental Supervision and Management Information System

指以环境监理项目作为目标系统的信息管理系统，通过对工程项目建设环境监理过程中环境信息、环境工程建设信息的采集、加工和处理，也即通过统计分析、对比分析、趋势预测等处理过程，更高效地实现数据资源共享及信息网络化传递，为环境监理工程师的决策提供依据。该系统由国家环保总局研制，目标有两个：建成覆盖全国的环境监理信息网；实现监理工作的自动化及重点污染区域的远程监控。该系统将用户分成“国家环保总局－省环保局－地市县环保局－企业”四级；其运作模式可概括为：政府引导、企业投资、市场运作、多方受益，这一模式突出了政府的主导作用；改变了由国家作为单一主体的旧模式；实现了环境效益、社会效益与投资者经济效益三者的统一。该系统对环保产业的发展作用：1. 培育环保信息产业市场，改变环保产业结构。2. 推动环境信息应用技术服务领域的发展。3. 推动专业污染治理服务的发展。4. 带动污染检测仪表的发展。5. 推动环保科研的发展。（蔡越）

环境健康

Environmental Health

环境健康是研究环境污染与健康之间的关系的理论与实践。从广义上讲，环境健康包含由环境因素决定的人类健康和疾病，如暴露状况、病理影响等方面，也包括如健康风险、健康影响评价、环境健康指标、环境健康管理等评估和控制对健康有潜在影响的环境因素的理论和实践；从狭义上讲，环境健康主要关注健康的物理影响，由自然、化学物质、生物和社会的环境等因素决定的人类健康状况，化学药品、辐射和一些生物制品等的直接病理影响，还有其对广义的物理、心理、社会和审美环境的健康和辐射的间接影响。目前我国已对各种环境污染物的产生、危害以及环境污染对人体危害的机理方面做了大量的调查和研究；并为环境污染物的发现、追踪和判定人体健康影响的程度开发研制了相应的环境监测和检测仪器以及人体健康检查设备；同时也制定了《环境与健康法》，以遵循风险预防原则来构建风险预防、风险管理及风险沟通的法律制度体系。

（参考：陈华：《环境健康风险评价方法探讨》，《科技资讯》2009 年第 34 期第 113 ~ 114 页。朱配辰）

环境健康风险评估

Environmental Health Risk Assessment

环境健康风险评估可为处理各类环境污染健康危害事件，制定环境保护、公共卫生相关政策与标准，筛选并采取可行的健康干预措施，与媒体及公众进行风险交流提供必要的基础数据支撑。环境健康风险评估方法主要结合的信息：1. 由化学污染物引起的不良健康反应的类型和强度。2. 由动物实验或人体实验得出的引起不良健康反应的污染物暴露量（剂量）的估算值。3. 从污染源得到的人体暴露浓度的估算值。通过这些信息，可以估算因暴露于化学污染物所引起的不良健康反应的风险。通过 4 个步骤实现：危害识别，剂量—反应关系评估，暴露评估以及风险特征。1. 危害识别的主要任务：1）识别具有潜在健康影响的污染物质。2）根据调查的信息来权衡是否某一物质对人体具有可能的健康风险，需要进行下一步的评价。2. 剂量—反应关系评估是通过人群流行病学研究或动物实验等资料确定化学物质适合于人体的剂量 - 反应关系曲线，并由此得到人群在给定暴露剂量下的毒理学数据。剂量—反应关系评估的主要任务为获取所需评价的化学污染物致癌效应或非致癌效应的剂量—反应关系的毒理学数据。按照毒理学作用方式可将有害化学物分为有阈化学物质和无阈化学物质两类。有阈化学物质即已知或假设在一定剂量下，对动物或人不发生有害作用的化学污染物。无阈化学物质是已知或假设在大于零的任何剂量都可诱导出致癌效应的化学污染物。通过暴露评估，需要了解人群对于化学污染物质的暴露途径，进而选择合适的方法估算人群的暴露量。化学物质对人群健康影响的暴露途径主要为经空气或土壤的吸入途径、经食物、水或土壤的经口摄入途径及经土壤或水的皮肤接触途径。3. 暴露评估的主要任务为定量估算暴露量，主要通过外暴露及内暴露两种方法来估算。外暴露可以在发生的接触点（身体的外边界层）测量，测量接触的暴露浓度和暴露参数；也可以通过分别评价在不同环境下接触的暴露浓度和暴露参数来估算，然后再将上述信息合并（场景评价法）。4. 风险特征是风险评估中的最后一步，主要内容为整合前三步的信息，描述人群健康风险的性质和大小，并呈现出不确定性。（参考：高贵凡、李湉湉：《我国开展环境健康风险评估工作的必要性》，《环境与健康杂志》2013 年第 4 期第 356 ~ 357 页；李湉湉：《环境健康风险评估方法第一讲：环境健康风险评估概述及其在我国应用的展望》，《环境与健康杂志》2015 年第 3 期第 266 ~ 268 页。朱配辰）

环境教育

Environment Education

以保护环境为目的的教育理论、方法、手段与内容的总称。是以人类与环境的关系为核心，以解决环境问题和实现可持续发展为目的，以提高人们的环境意识和有效参与能力、普及环境保护知识与技能、培养环境保护人才为任务，以教育为手段而展开的一种社会实践活动过程。环境教育作为科学的概念是 20 世纪 60 年代后期提出来的，在 1972 年斯德哥尔摩人类环境会议上得到正式肯定。环境问题是由于人口增长、现代科技和现代生产力迅猛发展所产生的问题。因此，人类对生存环境恶化的担忧导致了环境教育的应运而生，其原始的动机还是来自于人类对自身生命的关爱和珍惜。环境教育是培养人们具有理解和评价人、文化及其同环境之间相互关系所必需的技能和态度的过程。环境教育包括两个方面的任务。一方面是使整个社会对人类和环境的相互关系有一新的、敏锐的理解；另一方面是通过教育培养出消除污染、保护环境以及维护高质量环境所需要的各种专业人员。环境教育的实施原则包含：整体性、终身教育、科际整合、主动参与解决问题、世界观与乡土观的均衡，永续发展与国际合作。环境教育的目的是借助于教育手段，提高人们的环境意识，使整个社会对人类与环境的相互关系有一新的、正确的理解和态度；使人们了解环境问题的复杂性和紧迫性，激发人们关心环境、爱护环境的积极性和自觉性，增强对环境问题的责任感和迫切感；培养一批保护环境、治理污染所需要的各种专业人才。环境问题涉及各行各业、千家万户，关系到每个人的工作、生活和健康，因此环境教育是全民教育、终生教育。它包括社会环境教育、在职环境教育和学校环境教育。环境教育是社会主义精神文明建设的一部分，对社会、经济发展和环境管理与改善有巨大作用。环境教育具有全民性、终身性、全球性、跨学科性等特点。1977 年政府间环境教育大会通过的《第比利斯宣言》，将环境教育的目标概括为如下几个层面：增强人们对城市和乡村区域中的经济、社会、政治和生态的相互依赖性的认识；给予每个人保护和改善环境所需要的知识、价值观、态度、决心和技能；在个人、团体和整个社会中创造出新的有利于环境的行为规范。（王薛时　牟世晶　张沥元）

《环境教育》

The Journal of Environmental Education

环境教育的中文期刊。由中华人民共和国环境保护部主管，全国唯一的国家级环境教育权威期刊，面向全民，辐射全国各级政府、环保系统、学校、社区、NGO 组织等领域。自 1995 年 12 月创刊以来，恪守“环境优先，教育先行”理念，为普及环境教育，推进中国的环境教育事业做出积极的贡献，深受广大读者好评。为适应新时期环保形势，积极探索中国特色环境保护新道路，推动环保工作的历史性转变，促进全社会的节能减排工作不断深入，《环境教育》杂志进一步满足社会各阶层、各领域关注环境保护，热爱环境教育人士的阅读需求。《环境教育》本着普及环保知识、传播生态文明、推动公众参与的办刊理念，强化了环保理念的思想引领，并广泛反映社会各阶层的环保诉求。（王薛时）

《环境教育》

Journal of Environmental Education

著名的环境教育杂志。在有关环境教育的期刊中，最具有影响力的是 1970 年创立的《环境教育期刊》（JEE），由 Heldref 出版社出版，杂志社地址：1319 Eighteenth Street NW，Washington，DC 20036。《环境教育》期刊比较青睐定量研究，自 20 世纪 70 年代以来，期刊提供大量有关定量研究的研究性论文。尽管定量研究不是目前唯一的一种趋势，但期刊内容分析显示这种研究还是处于不断增长中。期刊编辑政策认为所有研究视角的稿件平等地受到重视，但依照学术标准，定量的研究是因其可“出版性”而在数量上在继续地增长，这些论文有更严密的方法论背景。（参考：［英］帕尔默著，田青、刘丰译：《21 世纪的环境教育：理论、实践、进展与前景》第 149 页，北京：中国轻工业出版社，2002 年。王薛时）

环境教育创新

The Innovation of Educational Environment

依靠环境教育的目标和内容，展现环境教育的新兴性和前沿性，并不断地在环境教育方法上改进革新。环境教育呼唤教育方法的革命，首先意味着教育思想的转变。做一个合格教师，必须拥有民主教育观、多元人才观、创造教育观、以人为本等观念。这样才能不断创造出多种新的教育方法，并应用在环境教育的教学实践中。环境是一个整体的概念，环境保护事业要有全球的观点，所以环境教育还要求教师有协作精神、团队合作与协调的能力。教师应该能够应用教育哲学知识，选择或开发课程计划和策略，实现普通教育和环境教育的有机结合。运用知识、态度、行为关系理论，选择、开发和实施适当的教育过程，最为有效的改变学生的行为。运用最新的学习理论，实施恰当的教学内容和方法，有效地完成教育对象的环境教育目标。能够根据学生的具体情况和特点有效地实施各种新方法，并能根据时代的变化、形势的变化和教育对象的变化，不断有所创新。（参考：马桂新：《环境教育学》第 253 页，北京：科学出版社，2007 年。王薛时）

环境教育担当教员讲习会

Workshop for Teachers Focusing on Environmental Education

环境教育担当教员讲习会是日本为了提高环境教育担当教员的指导能力和素质而发起和组织的培训项目。文部省从 1994 起每年组织环境教育担当教员讲习会。讲习会的目的在于对环境教育担当教员就小、初、高中环境教育的内容及指导方法进行研修，提高他们的环境教育指导能力。参加讲习会的成员一般是教员、教育中心研究员、教委会指导主任等学校教育有关人员。讲习会的讲师由文部省环境教育专业官员、东京学艺大学等大学教授及一线教员担任。讲习会除了对参加者教授环境教育概论、环境教育计划的实施方法、环境教育的目的、环境教育的推进方法以及国内外环境教育动向等内容，还组织他们到自然环境优美的地区（国立那须甲子少年自然之家和琦玉县立大淹绿色学校）参观学习，并研究如何开发环境教育教材及计划等。（参考：马桂新：《环境教育学》第 48 页，北京：科学出版社，2007 年。王薛时）

环境教育对象

Environmental Education Objects

环境教育的受众。环境教育的目的是提高全民族的环境意识。由于环境问题涉及面广，影响每个人，且每个人都工作和生活在环境之中，都在影响环境，所以环境教育的对象是全体公众，不分年龄、性别和职业。同时，对每一个公民来说，在整个生命过程中都要接受环境教育。全民环境教育的场所除学校外，还包括家庭、生产和工作单位以及社会上的特定场合等。环境保护是我国的一项基本国策，全民环境教育则是贯彻、执行这项决策的最有力的措施。（王薛时）

环境教育方法

The Methods for Environmental Education

教师和学生为完成教学任务所采用的手段。环境教育方法包括教师教的方法和学生学的方法，是教师引导学生掌握知识技能，获取身心发展而共同活动的方法。方法为目的服务，环境教育方法和手段也是为实现环境教育目的服务的，环境教育目标与环境教育内容基本确定以后，就提出了环境教育方法的要求，方法无疑是服务目的与内容的。环境教育目标的多层次性和环境教育内容的综合性，决定环境教育方法的多样性。环境教育目标与内容，都展现了环境教育的新兴性和前沿性，决定环境教育方法上应具有创新性。教师应该在教学中时刻注意不使用伤害环境的方法，并且加强自身的道德修养，克服各种不良嗜好。教师应该认识到人的行为会影响环境，因此每个人都应为自己的行为负责。教师应树立物种平等观念，尊重生命，维护生物多样性。（参考：马桂新：《环境教育学》第 252 页，北京：科学出版社，2007 年。王薛时）

环境教育和培训计划

Environmental Education and Training Program

美国政府为培训专业的环境教育人才开设的一系列项目。1990 年环境教育法颁布后，环境保护署在该法的指引下，制定发展了《环境教育和培训计划》，以便可以培养出能够进行环境课程讲授及开发环境教育的专业人员。环境保护署与一些高等教育机构和非营利性机构以拨款资助的方式开展合作。这份培训计划的目的是要使教师、学校行政人员、相关教育机构人员、政府及非营利性组织的成员，都可以接受培训。该计划于1992年正式启动，环境保护署首先与芝加哥大学签订了3年协议，到1995年，芝加哥大学开发出环境教育工具箱，其中包括教学方法、教学内容等丰富的环境教育材料；同时还开始建立网络资源EE. Link，便于全国环境教育工作者及时获取有效信息。1995年环境保护署拨款支持北美环境教育联合会，联合开发并执行培训计划，帮助11所大学组织开展符合本地实际情况的培训活动和策略。在各中小学教育改革中进一步强调环境教育的重要性，发展与国家教育标准相关的环境教育指导大纲，同时继续建设网络资源，促进教育者之间的交流与合作。（参考：祝怀新：《环境教育的理论与实践》第162页，北京：中国环境科学出版社，2005年。**王薛时**）

《环境教育教学》教师手册

Teacher's Guide for Environmental Education and Teaching

环境意识项目的一项重要成果。环境意识项目和辽宁省教育厅之间建立和保持了良好的合作关系。面向辽宁省中小学教师的《环境教育教学——小学卷》与《环境教育教学——中学卷》两本书的编写和出版受到了此项目的支持。辽宁省教育厅将两书正式列入中小学教师继续教育教材，总计发行5万册。教育厅指定专业人员审定全书，给予了很高的评价，认为该书体现以可持续发展观为指导，展现全新的世界观与价值观；注重对学生情感、态度、价值观和参与能力的教育，避免单纯的知识传授，以适应素质教育的需要；联系社会生活、生产实际，提供最新信息，体现研究性学习，开阔教师的视野，提高教师的环境教育能力。（参考：马桂新：《环境教育学》第67页，北京：科学出版社，2007年。**王薛时**）

环境教育课程开发

Curriculum Development of Environmental Education

课程开发过程在环境教育领域的展开和应用。环境教育课程是可持续发展战略的重要组成部分，是实现环境教育的目的与目标的有效工具。课程的开发是一个系统的研究与发展过程，是实现教育的目的与目标的根本途径，也是受教育者身心得以发展的载体。由于环境教育本身是跨学科性的，它广泛涉及整个教育过程，因此环境教育课程及其开发具有一定的复杂性，对环境教育课程的开发应当在科学分析和研究基础上，提出计划，进入系统的课程设计后即确定了课程，最后科学合理地实施。此外，课程评价是为课程开发服务的，也是课程开发过程中的一个重要组成部分，它能有助于课程开发者调整和修正课程中存在的不合理之处，从而完善课程。环境教育课程开发包括以下几个步骤：课程研究、课程计划、课程设计、课程实施和课程评价。（参考：祝怀新：《环境教育的理论与实践》第43页，北京：中国环境科学出版社，2005年。**王薛时**）

环境教育课程模式原则

Curriculum Model Principles of Environmental Education

组织环境教育课程模式的基本原则。环境教育是一门跨学科课程，因而要有效地开展环境教育，应当超越现行的正规学科，在整个教育过程中全面地进行环境教育，才能有效地实现环境教育的目的和目标。组织环境教育课程模式的原则包括：1. 学校本课程与现行国家课程相结合原则。环境教育必须和本地区的具体情况与发展状况结合起来。早在1977年的第比利斯大会上，就已提出环境教育的发展应当关注乡土性原则。2. 显性课程和隐性课程相结合原则。无论采用单一学科还是渗透课程组织模式，环境教育都成为学校教育中的显性课程。而隐性课程不通过正式的教学进行，而是通过学校情境有意或无意地对学生的知识、情感、信念、意志、行为和价值观等方面起潜移默化的作用，促进教育目标的实现。3. 认识课程与活动课程相结合原则。环境教育的单一学科或渗透课程组织模式，主要是以认识课程为特征的，它侧重于系统地传授环境科学知识和识别与解决环境问题的基本技能。而活动课程是从学生的兴趣和需要出发，以学生的活动为中心，为改造学生的经验而设计的课程。（参考：祝怀新：《环境教育的理论与实践》第 64 页，北京：中国环境科学出版社，2005 年。**王薛时**）

环境教育课程评价

Environmental Education Curriculum Evaluation

指检查课程的目标、编订和实施是否实现了教育目的，实现的程度如何，以判定课程设计的效果，并据此做出改进课程的决策。是一个价值判断的过程。价值判断要求在事实描述的基础上，体现评价者的价值观念和主观愿望。不同的评价主体因其自身的需要和观念的不同对同一事物或活动会产生不同的判断。环境教育课程评价的方式是多样的。它既可以是定量的方法也可以是定性的方法。课程评价的对象包括"课程的计划、实施、结果等"诸种课程要素。根据评价对象的不同，可将广义的课程评价分为学生评价、教师评价、学校评价、狭义的课程评价等。根据评价主体的不同，可把课程评价分为自我评价和外来评价。根据评价的目的不同，可把环境教育课程评价分为诊断性评价、形成性评价和总结性评价。根据评价的参照标准或评价反馈策略的不同。可把课程评价分为绝对评价、相对评价和个体内差异评价。根据评价手段的不同，可把评价分为量性评价和质性评价。（**张惠娜**）

环境教育课程实施

Implementation of Environmental Education Curriculum

环境教育课程实施是一个把课程开发的设想与计划转化为实践，取得具体的课程成果的过程，它是课程开发的一个重要阶段。环境教育的课程实施主要包括两个方面，一是课程开发组织的工作，二是课程的具体教学过程。任何一门课程的开发，都离不开具体的设计、实施、评价等过程，环境教育课程开发也不例外，它也必须有一个较为完整的和健全的组织，即成立课程开发组。课程开发组的主要工作为选定小组成员、制定工作计划、预计课程开发过程中可能遇到的困难。与一般的教学过程一样，环境教育的教学过程中，应当考虑到几个方面的因素。这些因素包括课程领域特征、教学目标、学生特征、学习原理以及教学材料。（参考：祝怀新：《环境教育的理论与实践》第 51 页，北京：中国环境科学出版社，2005 年。**王薛时**）

环境教育类型

The Types of Environmental Education

环境教育的多种途径。从课程论的角度看，环境教育的类型是各种各样的。1. 多学科渗透型，亦即教科领域型：依据学科的结构、内容与特征将环境教育相关教材分散融入各教科领域之中开展环境学习。2. 跨学科交叉型，也称学科间相互交叉型：将某一教科学习的环境题材从其他教科的不同视野开展的环境学习，或以两门不同教科或领域以上内容为基础而实施的环境学习。3. 综合性学习型：在保持各教科原有内容与体系不变的前提下，超越教科领域的框架，将与环境教育相关的复杂多样的内容按一定理念或指向有机地统合起来，建立一个新的、相对独立的综合性环境学习体系。4. 核心主题型，或称环境专题型：以与环境教育相关的内容及课题为核心主题，或者以理科、社会等某一门教科为中心学科重建环境教育体系，或围绕某个特定环境课题或问题开展综合性环境学习。5. 户外活动体验型：通过自然体验、自然观察与调查、环境美化活动、能源实验、设施参观、制作等学生亲身参与和实践活动开展环境学习，其宗旨在于形成良好的环保态度和环境行为。6. 地区实践型：发挥本地区特色，将地区的河川与绿地等自然环境作为环境学习的场所，以自然体验、环境调查以及理解环境与人类的关系为目的。7. 独立体系型：选取与环境教育有关的内容与课题，按着一定课程设计理念，组织整合成一个独立系统的环境教育课程体系，全面综合对学生进行环境教育。（参考：马桂新：《环境教育学》第 247 页，北京：科学出版社，2007 年。王薛时）

环境教育理念

The Idea of Environmental Education

环境教育理念是环境教育主体在教学实践及教育思维活动中形成的对“教育应然”的理性认识和主观要求。环境教育理念之于教育实践，具有引导定向的意义。环境教育是以处理人类与环境的关系为目的而开展的教育活动。环境教育包括学校环境教育、社区环境教育和家庭环境教育。环境教育的目标是为了地球的绿化，为了人类与地球的和谐。环境教育的理念包含环境教育的内涵、目的、特征与实施意见，也涉及可持续发展教育的内容与实施策略等。环境意识的培养在环境教育实施过程中有先导性作用，是实施环境教育的基础。在实施环境教育过程中实践环境教育理念，必须要有创新的教育方法作为支撑。把握环境教育特性是实践环境教育理念的关键。环境教育理念的科学与否直接影响着环境意识培养的效果。（参考：李久生等：《论环境教育理念建构及其实践》，《教育科学》2002 年第 3 期第 10 ~ 13 页。张惠娜）

环境教育立法

Environmental Education Legislation

以立法的形式明确公民的环境权利和义务，推进环境教育的实施。环境教育的核心价值在于培养人类正确的环境意识，最终影响其环境行为。为使环境教育能持久深入地开展下去，应借助相关立法，规定公民对环境的权利和义务，自觉遵守国家环境保护的各项方针政策，形成环境法制观，并能通过自己的模范行动影响和教育他人。美国和日本是环境教育立法的先行者。美国是世界上最早对环境教育立法的国家，早在 1970 年就制定了《环境教育法》。进入 20 世纪 80 年代，有 8 个州制定了州教育法。1990 年，美国总统布什签署了美国《国家环境教育法》，对美国环境教育的政策及措施作了详细规定。依据该法，在环境保护署下设环境教育处、国家环境教育咨询委员会、联邦环境教育工作委员会，并成立了非营利性的国家环境教育与培训基金会。2003 年，日本政府制定并颁布了《增进环保热情及推进环境教育法》（简称为《环境教育法》），成为继美国之后世界上第二个制定并颁布环境教育法的国家。（参考：王小龙：《我国环境教育立法刍议》，《法学家》2006 年第 4 期第 58 ~ 64 页。王薛时）

环境教育目标

Environmental Education Objectives

贝尔格莱德会议将环境教育的目标概括为意识、知识、态度、技能、评价能力、参与等 6 条。第比利斯会议对贝尔格莱德会议的概括予以了充分的肯定，并在第 2 号建议中又进一步详细确定了环境教育的目标，该目标一直为国际所公认。它们是：意识，帮助社会群体和个人获得对待整个环境及其有关问题的意识和敏感；知识，帮助社会群体和个人获得对待环境及其有关问题的各种经验和基本理解；态度，帮助社会群体和个人获得一系列有关环境的价值观念和态度，培养主动参与环境改善和保护所需的动机；技能，帮助社会群体和个人获得认识和解决环境问题所需技能；参与，为社会群体和个人提供在各个层次积极参与解决环境问题的机会。（王薛时）

环境教育目的

Goals of Environmental Education

环境教育的目标指向。环境教育公认的目的是促进全世界所有的人意识并且关注环境及其问题，并促使他们个人或群体具有解决当前问题、预防新问题的知识、技能、态度，并推动和投入到这项工作中去。这是 1975 年的贝尔格莱德环境教育会议达成的共识。1977 年召开的第比利斯政府间环境教育会议提出环境教育的目的为：促使人们清楚地意识并关注城乡地区经济、社会、政治和生态方面的相互依赖性；为个人提供获取保护和改善环境所必需的知识、价值观、态度、义务和技能的机会；建立个人、群体和社会对待环境的新的行为模式。（王薛时）

环境教育评价

Evaluation of Environmental Education

环境教育评价是按照所确立的环境教育目标对所实施的环境教育活动的效果和完成环境教育任务的情况以及学生进行环境学习成绩与发展水平进行科学判定的过程。环境教育评价的范围可界定为教育的效果、完成教育任务的情况和学生学习质量与发展水平。环境教育评价是环境教育基本框架的一个组成部分，同时它也是一种对环境教育活动的调控手段，是环境教育运行系统中为了使环境教育处于最佳状态的自组织机制。环境教育评价的意义主要在于：1. 环境教育评价是为了保证环境教育目标的实现。通过环境教育评价使得教育活动的每一步都是朝着既定的教育目标前进，而不是走上歧途。2. 环境教育评价是为了使环境教育的整个系统的运动处于令人满意的状态。为了使教育能够达到预定的目标，教育者必须对教育系统的各个组成部分和步骤实施调控，调控是建立在收集信息、分析信息和利用信息之上的，而评价起到了这个作用。3. 环境教育评价有助于调动各方面包括教育者和受教育者双方的积极性。例如评价学校环境教育开展情况，可以从“什么”（课程内容）、“如何”（教学风格）“哪里”（学习的场所和条件与手段）入手；学校环境教育管理的评价可以包括组织管理、课内教育、课外教育和教育效果4个方面。（王薛时）

环境教育评价功能

Evaluation Function of Environmental Education

环境教育评价是以政府职能机构、学校及相关学术团体的环境教育活动为对象，依据环境教育的目标，对照设定的指标体系进行分析评价的过程，有目标导向功能、激励功能、改进功能和区分功能。目标是对环境教育主体的环境教育工作能力、水平和效益进行系统调查和评价，为改进其环境教育工作，提升环境教育水平，为环境教育管理提供科学依据的过程。主要有：目标导向功能是使指标体系和评价过程反映环境教育工作的目标和每一项具体工作目标。激励功能是使评价的结论比较准确地反映环境教育的真实水平、能力、成绩和不足，使之不断地产生自我实现的需要。改进功能是通过评价反馈，促进环境教育规范化。区分功能是通过环境教育评价，区分出优劣、等级，便于评比、奖惩。（张惠娜）

环境教育评价目标

Evaluation Goal of Environmental Education

对环境教育主体的环境教育工作能力、水平和效益进行系统调查和评价，为改进其环境教育工作，提升环境教育水平，为环境教育管理提供科学依据的过程。环境教育评价是环境教育工作的重要组成部分，是环境教育工作必不可缺的激励机制，是以政府职能机构、学校及相关学术团体的环境教育活动为对象，依据特定目标，对照设定的指标体系进行评价。（张惠娜）

环境教育评价途径

Evaluation Approach of Environmental Education

环境教育评价是在一定的理论指导下对环境教育评价的基本范围、内容、过程和程序的规定，途径包括日评价、周期性评价和总评价。环境教育评价的功能在于促进学校环境教育的有效实施，促进学生情感、态度与价值观，过程与方法，以及知识与能力的发展激励学生、教师、学校及各级教育行政部门持续参与环境教育。环境教育评价内容包括“环保知识”、“环保意识”和“环保行为”三大方面。环境教育评价途径包括日评价、周期性评价和总评价。日评价以平日的观察、提问、积累为依据，包括对环保知识的评价、对环保意识的评价和对环保行为的评价。周期性评价是每过一个周期进行一次总结性评价，包括自己评、伙伴评、教师评和领导评等。总评价是根据环境知识测试或非书面考查形式考查，并依此给评定。（张惠娜）

环境教育评价原则

Evaluation Principles of Environmental Education

环境教育评价是以党和国家有关环境保护的方针、政策、法令、指示为依据，通过评价，不断促进环境教育的发展，端正环境教育的方向。环境教育评价原则如下：1. 科学性原则。科学、客观、全面是做好评价工作的基本保证。为此要制定统一的评价标准。采取定性与定量相结合，即直接定量、二次量化和定性分析与描述三者相结合的方法。2. 可行性原则。环境教育是一项复杂的系统工程。对环境教育进行评价要力求设计出最佳达标率，即在现实条件下，通过最优化的方式和最大限度的努力能达到或基本达到，以保证评价的激励功能和改进功能的实现。同时，制定评价指标既要考虑覆盖面，又要考虑等级稠密度，力求简明易行。3. 促进发展的原则。即通过评价，为教师提供关于环境教育教学的信息反馈，帮助教师反思和总结自己的优势和不足，从而不断改进教师的环境教育教学实践。通过评价，促进学生的环境态度、价值观、能力与知识在原有的基础上得到提高，不断地向更加完善的方向发展。4. 重视过程原则。包括两个方面，一是应当重视在教育教学过程中进行，而不应当只在教学工作结束之后；二是重视对发展过程的评价，即注重对教师与学生在环境学习过程中态度、能力、行为的纵向变化的评价。5. 多元性原则。即评价主体多元，参与评价的人员应包括教师、学生和其他参与人员；评价方法多元，包括问卷、观察、面谈、作品分析等；评价内容多元，对学生的评价。除了相关环境知识外，还要包括态度、价值观和行为的改变；对教师的评价，既要关注教师自身的教学行为表现，也要重视学生的参与程度和情绪体验等方面的表现。（参考：焦德勇：《环境教育评价的探讨》，《上海环境科学》1996 年第 5 期第 40 ~ 43 页。张惠娜）

环境教育评价指标体系

Evaluation Index System of Environmental Education

环境教育评价标准的载体和具体体现，是评价方案设计中的核心问题。环境教育的评价就是要评判教育过程中环境教育的目的与目标的实现情况。但由于环境教育的目标较笼统抽象，可测性较差，因此，如果直接就知识目标、技能目标和价值观目标这三大环境教育目标实施测评，则评价容易受主观因素影响，会因评价者对三大目标的理解偏差而导致评价结果带有较大的主观随意性。为了解决这一问题，有必要将抽象的目标转化为具有可操作性和可测定性的具体指标。环境教育目标是环境教育评价指标的依据，评价指标是环境教育目标的具体化。指标常用数字表示，如学生的有关考试的合格率、优秀率等。但由于环境教育是一个复杂的教育现象，其中有大量的因素不能直接用数字反映其状态水平，如环境情感意志、环境价值观与态度、环境责任感等，都难以确定度量单位，不易用数值表示有关的目标要求。因此，环境教育评价的指标，除了数值形式外，在许多情况下也可用描述的方法加以说明。（参考：祝怀新：《环境教育的理论与实践》第 123 页，北京：中国环境科学出版社，2005 年。王薛时）

环境教育学

Environmental pedagogy

学科教育学的一个分支，伴随环境教育而孕育、为促进环境教育发展而产生的。环境教育是以跨学科为特征，以唤起受教育者的环境意识、理解人与环境的相互关系、培养解决环境问题的技能、树立正确的环境价值观和态度为宗旨的一门学科。环境教育学是以环境教育为研究客体的一门综合性应用学科。环境教育学是以环境教育这种新型教育活动为研究对象的一门新兴的综合性学科；具体地说，就是以全面实现环境教育目标为宗旨，以相关学科理论为支撑，系统研究环境教育目标、内容、方法、活动、评价等全过程及其内在规律的一门学科。环境教育学旨在研究与实施如何提高现在和未来教师（或环境工作者）的综合的环境素养和环境教育能力。（参考：马桂新：《环境教育学》第 4 页，北京：科学出版社，2007 年。王薛时）

环境教育学的学科属性

The Disciplinary Attribute of Environmental Education

环境教育学是学科教育学的一个分支，具有跨学科和综合性的特点。它既有教育学的理论指导，又有环境教育的理论指导，同时还要研究可持续发展理论。所以，环境教育学的学科属性具有多样化的特质。1. 社会性。环境教育学深入到正规教育与非正规教育，涉及领导决策层、社会公众、学校师生和企业员工的环境教育，以环境教育为研究对象的学科，其社会属性是显而易见的。2. 综合性与跨学科性。环境教育涉及的相关学科主要有：教育学、心理学、社会学、伦理学、法学、可持续发展理论、经济学、生态学、环境学、管理学等等。3. 实践性与应用性。在环境教育学现阶段的研究中只能进行大量的实践经验的总结，逐步提升其理论的高度，其理论的科学性、指导性和应用性也有待于环境教育的实践检验和证明。4. 创新性。环境教育学是一个新生事物，其本身的提出可以说是对传统教育学科的一个创举，环境教育学的每一步发展都是创造性的成果。5. 开放性。环境教育学的开放性主要体现为学术视野的开放性，众多与环境和教育有关的学科理论成果和教育教学经验都是环境教育学所要吸收的营养。（参考：马桂新：《环境教育学》第 8 页，北京：科学出版社，2007 年。王薛时）

环境教育学的研究方法

The Research Methods of Environmental Education

环境教育学的综合性和跨学科性决定了环境教育学的研究方法具有多样性，主要研究方法有：1. 理论演绎法。环境教育学是教育学的一个分支，那么普通教育学、心理学等理论对环境教育学也具有指导意义。环境教育过程中所涉及的其他自然科学和社会科学理论都对环境教育学具有理论指导功能。环境教育学要充分利用这些优秀理论成果，演绎和推导出环境教育学本身的理论体系。2. 经验的总结与升华方法。环境教育学建立在环境教育的实践经验基础之上，国内外丰富的环境教育实践经验是环境教育学不断成熟和发展的源泉。不断总结环境教育实践经验也是环境教育学研究的基本方法之一。各种经验只有经过分析对比、归纳综合和抽象提升之后，才能成为具有一定说服力和概括力的理论。3. 实验的方法。实验就是实际验证，是环境教育学使用最多的研究方法。环境教育学里的实验分为试点学校实验方法、社会调查实验方法、科学考察实验方法和自然科学实验方法等。（参考：马桂新：《环境教育学》第 10 页，北京：科学出版社，2007 年。王薛时）

环境教育学学科建设

The Subject Construction of Environmental Education

环境教育学学科建设是适应建设节约型社会的必然举措。环境教育的终极目标是使人树立环境道德，正确处理人与自然的关系。发达国家环境教育起步早、发展快，在重视环境教育的师资力量的培养方面为我们树立了典范。例如，美国、加拿大、澳大利亚等国家，都设立了环境教育本科专业，所开设的环境教育课程繁多。美国威斯康星州规定环境教育是幼儿园、小学、初中、农业、理科、社会科教师的必修课，同时还制定了《环境教育课程编制指南》，供教师编制基础环境教育课程使用。值得人们关注的美国环境教育新动向是：规定了大学的教师教育中应该增设环境教育，学校要成为环境教育的典范。1997 年，由英国、西班牙等国发起了一个研究计划“紧急的环境保护”，旨在改进职前教师培训中的环境教育。

日本文部省颁布教师用的环境教育教学大纲《环境教育指导资料》。国际环境教育课程的发展趋势促进了我国教师职前职后的环境教育事业的加速发展。（参考：马桂新：《环境教育学》第 12 页，北京：科学出版社，2007 年。王薛时）

《环境教育研究》

Environmental Education Research

环境教育杂志。英国 1995 年创立《环境教育研究》（Environmental Education Research），由 Carfax 发行，编辑部位于 School of Education，University of Bath，Bath A2 7AY，England。旨在改善研究和发展活动中定量和定性论文之间的平衡。期刊收录专门领域的研究性论文，同时也会包括会议评论、专门领域活动的回顾分析、政策问题评论和环境教育问题比较方向以及某些国家地区的环境教育供给的评论。《环境教育研究》一年发行 3 期。（参考：［英］帕尔默著，田青、刘丰译：《21 世纪的环境教育：理论、实践、进展与前景》第 150 页，北京：中国轻工业出版社，2002 年。王薛时）

环境教育原则

Principles of Environmental Education

以人类与环境的关系为核心而进行的教育活动。包含：整体性原则、终身教育原则、因地制宜原则、国际合作原则、主动参与解决问题原则。整体性原则是将环境作为一个整体看待 -- 自然和人工环境，技术和社会环境（经济、政治、文化历史、道德、美学都属于社会环境）均属于一个整体。在教学方式上，强调从每个学科中提取出特定的内容以形成整体和平衡的观点。终身教育原则是指环境教育应当是终身教育，从学龄前开始，一直持续到所有正式和非正式的教育方式当中。因地制宜原则是从当地、国家、区域和国际的观点来分析环境问题，这样才可以理解不同地理区域的环境状况。同时，应对其更加强调有关当地社区的环境意识。国际合作原则是在预防和解决环境问题的过程中，提倡本地、国家和国际合作的价值和必要性。主动参与解决问题原则是利用多样的学习环境和多样的教学手段，强调实践活动和亲身体验式学习的重要性。帮助学习者发现环境问题的症状和根本原因，使学习者能够计划自己的学习经历，并给予他们机会以做出决定并接受该决定带来的结果。（张惠娜）

《环境教育指导资料》

The Instructional Materials for Environmental Education

日本文部省编制的环境教育指导资料。20 世纪 90 年代文部省编发了 3 册教师用《环境教育指导资料》（初・高中篇、小学篇和实例篇），旨在明确和统一环境教育的指导思想、目的和方法，提高教师的环境教育素质，推进学校教育中环境教育的发展。应当说，它是日本中小学环境教育的指导大纲。这套书的编发，在帮助教师正确理解环境教育的意义、目的和作用，把握学校环境教育的基本思想，掌握各科教学大纲中有关环境教育的内容与知识点，学会将环境教育具体地落实在自己学科教学中等各个方面，都起着积极作用。《环境教育指导资料》初・高中篇、小学篇、实例篇各由 3 章组成。初・高中篇包括：1. 环境保护和环境教育；2. 学校教育中的环境教育；3. 环境教育指导实践实例。小学篇包括：1. 环境保护和环境教育；2. 小学的环境教育；3. 环境教育指导实践实例。实例篇包括：1. 总论篇 / 学校教育的环境教育：2. 各论实践篇 / 环境教育的实践实例；3. 推进环境教育的各项基础。（参考：马桂新：《环境教育学》第 47 页，北京：科学出版社，2007 年。王薛时）

环境经济学

Environmental Economics

环境科学和经济学之间的交叉学科，旨在探讨环境保护的经济措施和生态资源的合理利用，以环境经济规律解决环境污染和生态保护的问题。对于自然生态资源，传统上只注重挖掘、利用其经济价值，忽视其生态和社会价值，对短期经济利益狂热追求。这种经济发展模式和生产方式在人口规模和社会生产规模尚处于较小阶段时，自然环境的承载力尚能负担，然而当社会生产规模急剧扩大，人口规模急剧上升的情况下，就会导致自然资源严重损耗、环境污染严重，甚至导致生态危机的出现。当人类社会与自然矛盾激化的时候，人们反思如何使经济社会和自然环境协调发展，从经济角度探讨环境保护，将其纳入投入和产出的经济分析表之中。人类经济活动不能脱离生存其中的自然环境，劳动生产本质上是人与自然之间能量交换的互动过程。经济的健康持续发展就不可能不考虑自然生态状况及其规律，环境经济学探讨的就是发现经济发展规律和自然生态规律的内在有机联系，使二者互不冲突、协调发展。（参考：沈小波：《环境经济学的理论基础、政策工具及前景》，《厦门大学学报》（哲学社会科学版）2008年第6期第19～24页。欧阳文川）

环境经济与政策研究中心

Policy Research Center for Environment and Economy, PRCEE

1989年创建，是为中国环境保护宏观决策提供支持的国家级政策研究机构。主要职能是围绕环境保护部的工作需要和战略部署，开展环境管理与政策研究，为国家环境保护决策提供政策咨询和信息服务。具体任务是：开展环境保护宏观战略研究、国家环境管理中重大环境政策问题研究、环境经济政策和环境经济学理论研究，为高层环境管理和决策部门提供环境与经济协调发展、综合决策的科学依据和政策建议；开展环境法规和环境管理体制研究，为相关环境法律法规制定提供技术支持；开展重大国际环境问题和环境外交研究，为国际环境公约的履约和谈判提供技术支持，为我国国际环境问题决策和政策制定提供咨询服务；出版环境刊物并提供环境信息服务。研究中心下设1个办公室5个研究部。其中，环境战略与理论研究部负责研究生态文明建设理论和政策；研究中国环境宏观战略与对策；开展环境与政治、环境与文化、环境与宏观经济、国际环境战略问题研究；开展重要环境问题、规划与政策评估等。环境法规与体制研究部负责承担环保部涉及法律法规事务的研究和技术支持工作；开展环境保护体制改革研究；进行农村和生态环境保护相关政策法规研究等。环境经济与管理政策研究部负责开展绿色经济、绿色金融、绿色消费以及财政、价格、税收等环境经济政策研究，开展城市等环境管理领域及行业环境管理政策、制度及标准研究，进行环境政策实施情况评估与调研，为环保部及相关部门提供决策支持与服务。环境与社会管理研究部负责开展环境与社会管理政策研究；开展公众参与环境保护的社会调查和相关活动；开展环境与健康管理相关政策研究；承担国家环境与健康数据中心工作；开展环境与健康社会风险评估与应对研究等。国际环境政策研究所（气候变化政策研究部）负责跟踪研究国际可持续发展和环境保护领域热点问题、对我国的影响及对策；开展对外环境战略研究；开展国际援助等领域相关政策研究；开展全球环境治理研究、双边环境问题及合作研究。为环保部门应对气候变化工作提供政策和管理支撑，承担环境管理与协同减排的政策研究和试点技术支持；研究减缓和适应气候变化相关政策和机制体制；研究气候变化领域热点问题；参与气候变化国际谈判。（刘中华）

环境经济政策

Environmental Economic Policy

指根据市场经济规律制定政策，运用价格、

税收、财政等经济手段，调节和影响市场主体，以达到实现经济建设和环境保护协调发展的目的。通过环境经济政策，将环境成本内化，作为一种内在约束，对市场机制进行有效调控。环境经济政策已经被普遍认为是当今解决环境问题最有效的办法。在环境经济政策体系建设的研究和实践中，要考虑制度和政策环境，并且要注意用合理的政策工具类型及配置方式提升体系的效果和效率，还要协调好体系中各要素之间的关系，防止与其他环境经济政策产生负效应。环境经济政策可分为两大类：基于福利经济学的庇古税类政策，通过调控利益相关者的环境行为的私人成本与社会成本的差距，来消除利益相关者的环境行为的外部性；以及基于新制度经济学的科斯类政策，通过产权制度安排来实现稀缺性环境资源的优化配置。美国较早将经济手段引入环保工作，已经建立了一套完善的环境经济政策体系，主要包含了环境税收、排污权交易、生态补偿制度、环境产业政策等方面。我国现行的经济政策包括排污收费、征收资源税、奖励综合利用及环境保护经济优惠政策等，与美国相比还有差距，需要进一步发展和完善环境经济政策，以形成良好的内在力量，对市场主体进行约束。（代富宇）

环境举报制度

Environmental Reporting System

旨在提高全民环境保护意识，逐步形成公众参与环境保护监督管理的制度，目的是认真解决人民群众普遍关心和反映强烈的环境问题，依法维护人民群众的环境权益。制度的基本内容包括：制定环境保护举报制度管理办法，环境保护举报的受理范围，举报事项的办理程序，鼓励环境保护举报的措施等。通过报纸、广播、电视及其他有效形式，向社会公告受理环境保护举报的单位名称、通讯地址、邮政编码、电话号码及环境保护举报的其他有关规定。环境保护举报的受理范围包括环境污染和生态破坏事故，违反各项环境管理制度的行为及其他违反环保法律、法规、规章的事件和行为，对环境保护执法情况的监督等。环境保护举报事项的办理程序包括登记立案、协调分办、限时办理、及时反馈、定期公布受理情况和办理结果等。鼓励环境保护举报的措施包括为举报者保守秘密，对有重大贡献的环境保护举报者予以表彰、奖励等。（张沥元）

环境决定论

Environmental Determinism

又称地理环境决定论，是一种认为文化的形成、进化、变迁及群体的发展等主要由地理环境因素造成的理论。该理论产生于18世纪，主要代表人物有法国的孟德斯鸠（C.Montesquieu）、德国的拉策尔、法国的勒．普莱（Le Play）和英国的巴克尔（H.T.Buckle）、亨廷顿（E.Huntington）等。孟德斯鸠在《论法的精神》一书中提出一个地区的气候特征对人们气质的影响，认为热带地区的人民愚昧落后，只有凉冷气候下的人民最为智慧和勇敢。巴克尔在《英国文明历史》书中把个人和民族的特征归之于自然条件的效果。拉策尔则致力于以生物学的法则来解释人类活动，认为人类为生物的一种，应由自然规律支配，人类历史是生物进化史的一部分。应由生物法则来决定，并受自然环境的决定。同时还强调地理环境决定人的生理、心理及人类分布、社会现象及其发展进程。森普尔的《地理环境的影响》，更系统地论述地理环境对人类体质、民族发展与国家历史的影响，强调自然条件的决定作用。环境决定论认为，地理环境在人类社会发展中发挥着“原动力”作用，人类文明的起源和特点，人类社会的政治、经济、文化、社会组织、风俗习惯、宗教、道德、艺术以至人格，均可由地理环境来解释，都是由地理环境决定的，简称决定论。环境决定论的最大优势是为人们从自然环境角度理解对人类的极大制约影响提供了良好的思路。但其不足也很明显，过分夸大地理环境对人的发展的决定作用，忽视人类对自然环境的能动作用，显示出理论认识的局限性。环境决定论的观点同时也受到不少人类学家和民族学家的反对。比如，F. 博厄斯、A. 豪雷、D. 福德、J. 斯图尔德等著名学者就曾经强烈反对地理环境决定论。他们认为，在人类历史发展的进程中，地理环境固然会起到重要作用，尤其在原始初民时期，地理环境对人类的影响更大，但因此而忽视历史的、社会的、生物的等因素的影响，显然是本末倒置的错误观点。20 世纪 50 年代后，由于生态学的影响，开始有较多的人类学家考虑并强调环境本身所含有的某些影响文化的力量。如 B. 梅格尔斯在《环境对文化发展的限制》（1954）一文中，认为一种文化所能发展到的水平取决于环境所共有的农业上的潜力。M. 赫斯科维茨在《人类及其创造》（1948）一书中对环境有一个著名论断：一个民族所掌握的技术越先进，技术水平越高，这个民族所处的地理环境对他们的直接束缚越小。这个观点是对环境决定论的有力驳斥，也为世界各民族的发展历史所证明。（朱配辰 牟世晶）

《环境科学》

Environmental Science

创刊于 1976 年。由中国科学院主管，中国科学院生态环境研究中心主办，是我国环境科学领域最早创刊的学术性期刊，也是环境科学领域的权威期刊，所发表论文报道内容代表了我国环境科学研究和技术的最高水平。始终坚持“防治污染，改善生态，促进发展，造福人民”的宗旨，报道我国环境科学领域具有创新性高水平，有重要意义的基础研究和应用研究成果，以及反映控制污染，清洁生产和生态环境建设等可持续发展的战略思想，理论和实用技术等。月刊，ISSN：0250−3301。（席溢）

《环境科学学报》

Acta Scientiae Circumstantiae

1981 年创刊，由中国科学院生态环境研究中心主办，科学出版社出版。是中国大陆地区环境科学与环境工程领域最具影响力的优秀学术期刊，所发表的论文反映了中国相关研究领域最优秀的研究成果。办刊宗旨是：及时报道国内环境科学与工程领域新近取得的创新性研究成果，跟踪最新学术进展，推动中国和世界环境科学事业的发展。报道领域包括：环境化学、环境地学、环境毒理与风险评价、环境修复技术与原理、环境污染治理技术原理与工艺、环境经济与环境管理等。读者对象包括：环境科学与工程领域科研或管理机构的科学家、工程师，以及高等院校相关专业的教师、研究生。月刊，ISSN：0253−2468。（席溢）

《环境科学研究》

Research of Environmental Sciences

于 1988 年创刊，是由中华人民共和国环境保护部主管，中国环境科学研究院主办的综合性学术期刊。办刊宗旨是，及时刊登反映国内外环境科学发展新动向、环境科学领域的新理论、新技术、新方法、国内与国际重大区域性环境问题的调查与分析、国家环境重大决策与管理的最新动向、国内外环境科学领域新的研究成果和热点问题的论文；国家重点环境科研项目最新科研成果论文；切中国家环境保护所需的、集中关键及要害问题、有较强实用价值、分类或分体系的理论与实践的系统论述；有关国家环境保护宏观决策、大气环境、水环境、区域生态、土壤环境、生态毒理、环境治理工程技术、清洁生产技术和工艺、固体废物、环境监测与分析技术、环境经济、环境影响评价、环境管理等的最新研究成果，面向国内外科研单位、大专院校、知名企业、国际组织、政府环境资源管理与规划部门；国家、社会和企业的高层领导、决策者、规划者、管理者、投资者、理论与科学技术工作者，以促进我国环境治理能力的提高、促进实现我国节能降耗指标、促进环境科学发展、支持我国社会经济可持续发展、和谐社会的建成、促进国内外环境科学领域的学术交流及合作为目标。月刊，ISSN：1001-6929。（*席溢*）

《环境科学与技术》

Environmental Science & Technology

创刊于 1978 年。由湖北省环境保护局和湖北省环境科学研究院共同主办的学术和技术类刊物。刊登环境保护领域内基础研究和应用技术研究的科研成果。以反映环保科技领域的热点问题为宗旨，内容涉及环境科学各个领域，主要刊登环境科学领域的新成果、新技术、新方法，环境管理的新理论、环境科学发展的新动向等方面的学术论文。读者对象为从事环境保护工作的管理、科研、工程技术人员、大专院校环境科学及相关专业师生及有关专家学者。月刊，ISSN：1003-6504。（*席溢*）

环境可能论

Environmental Possibilism

环境可能论，20 世纪 20 ~ 30 年代，人类学界对环境解释的总趋势是由决定论转向可能论。可能论认为环境并不是肇始因素，而只是限制的或选择的因素。地理环境并没有造成人类的文化，而只是设定了某种文化现象能够发生的界限而已。这种理论的代表性人物主要有博厄斯（F.Boas）和克鲁伯（A.L.Kroeber）。博厄斯认为，环境对文化的影响限于引起原有的文化形式中的某些修改，刺激所朝向的方向则由文化因素来决定。克鲁伯则指出：文化根源于自然，要彻底认识文化，只有联系其根源的自然环境，这是事实；但是，像根源于土壤的植物不是由土壤制造或造成的一样，文化并不是由其根植的自然环境所制造的。文化现象的直接原因是其他文化现象。（参考：郭家骥：《生态文化论》，《云南社会科学》2005 年第 6 期第 80 ~ 84 页。**牟世晶**）

《环境空气细颗粒物污染综合防治技术政策》

The Integrated Pollution Control Technology Policy of Fine Particulate Matter in Ambient Air

是为贯彻《中华人民共和国环境保护法》和《中华人民共和国大气污染防治法》等法律法规而制定，旨在改善环境质量，防治环境污染，保障人体健康和生态安全，促进技术进步。本政策自 2013 年 9 月 25 日开始实施。本政策规定防治细颗粒物污染应将工业污染源、移动污染源、扬尘污染源、生活污染源、农业污染源作为重点，强化源头削减，实施分区分类控制。在综合防治方面，本技术政策规定如下几项：1. 应将能源合理开发利用作为防治细颗粒物污染的优先领域，实行煤炭消费总量控制，大力发展清洁能源。2. 应将防治细颗粒物污染作为制定和实施城市建设规划的目的之一，优化城市功能布局，开展城市生态建设，不断提高环境承载力，适当控制城市规模，大力发展公共交通系统；应调整产业结构，强化规划环评和项目环评，严格实施准入制度，必要时对重点区域和重点行业采取限批措施；淘汰落后产能，形成合理的产业分布空间格局。3. 环境空气中细颗粒物浓度超标的城市，应按照相关法律规定，制定达标规划，明确各年度或各阶段工作目标，并予以落实。应完善环境质量监测工作，开展污染来源解析，编制各地重点污染源清单，采取针对性的污染排放控制措施。应以环境质量变化趋势为依据，建立污染排放控制措施有效性评估，改善工作机制。（石艳峰）

《环境空气质量标准》

Ambient Air Quality Standard

由环境保护部与国家质量监督检查检疫总局共同发布的国家环境质量标准，其目的是为了保护环境，保障人体健康，防治大气污染。最新标准发布于 2012 年，并规定自 2016 年 1 月 1 日起在全国实施。按照法律规定，本标准具有强制执行的效力。该标准执行之后，将废止之前的《环境空气质量标准》（GB3095–1996）、《< 环境空气质量标准 >（GB3095–1996）修改单》（环发〔2000〕1 号）和《保护农作物的大气污染物最高允许浓度》（GB9137–88）。（代富宇）

环境库兹涅茨曲线

Environment Kuznets Curve

指描述经济活动与环境质量之间关系的一种曲线，其发展趋势整体呈现为“倒 U 型”形式，即环境质量随着经济增长的积累呈先恶化后改善

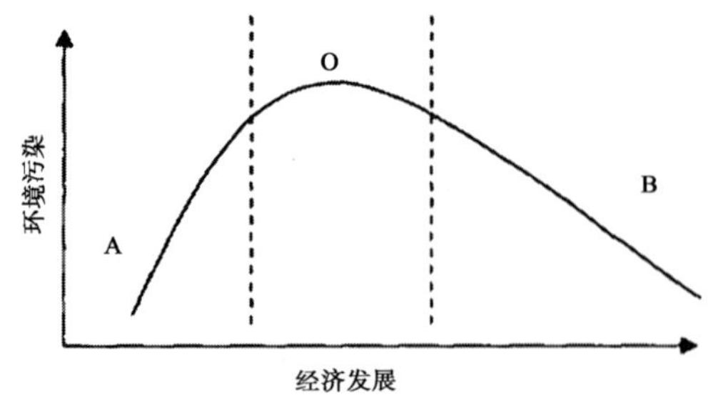

的趋势。因为库兹涅茨曲线呈“倒 U”状，因此也称为倒 U 曲线。库兹涅茨曲线是俄裔美国经济学家西蒙·史密斯·库兹涅茨（Kuznets）创立的，库兹涅茨曲线起初是用来表示经济增长与收入分配差异之间的关系，大致内容为在资本主义发展初期，即经济为充分发展阶段的经济增长的早期，经济增长的同时伴随着收入差异的扩大，然而当经济增长至一高点时，也即经济发展充分时，社会收入之间的差异会逐渐缩小，收入分配将趋于平等。当库兹涅茨的收入分配假说用到经济增长与环境污染之间的关系时，就称为“环境库兹涅茨曲线”。1991 年美国经济学家 Grossman 和 Krueger 对城市大气污染浓度和水污染指标与人均国内生产总值之间的关系进行了统计回归分析，研究结果显示绝大多数环境污染物质的变动情况与人均收入水平的变动情况呈现类似于倒 U 的形状，首次以实证研究的方式证明了环境库兹涅茨曲线。此后 1996 年 Panayotou 首次将这种人均收入水平与环境质量之间的倒 U 关系称为环境库兹涅茨曲线。环境库兹涅茨曲线包含 5 个方面的核心内容，即经济发展初期阶段，环境污染不可避免；当经济处于快速发展阶段，环境质量也极具恶化，经济增长发展到一定条件时会为环境改善提供条件；从经济增长与环境质量之间的长期关系来看，其呈现为类似倒 U 的曲线；经济增长方式和政府对环保工作的政策制度对环境库兹涅茨曲线的走向有紧密联系；发展中国家的经济发展与环境质量之间的关系并不一定会呈现出倒 U 曲线形。（参考：孙可：《天津市环境库兹涅茨曲线的实证研究》，天津师范大学 2008 年硕士学位论文第 13 ~ 23 页。欧阳文川　蔡越）

环境乐观主义

Environmental Optimism

与环境悲观主义者的认识不同，环境乐观主义者认为物种灭绝和资源危机的威胁被夸大了，世界人口增长的总趋势正在减缓，环境污染是可以治理的。人类凭借科技的力量和市场机制的作用，就可以解决环境问题，人类的未来是美好的。

环境乐观主义相信人类自身的力量，相信人类能掌握自己的命运。因为环境乐观主义相信，科技的力量对于解决环境问题具有重要作用。但是，这恰恰是环境乐观主义的问题所在。在环境乐观主义看来，人的理性是无限的，因此，科技可以无限进步，经济也因此可以无限增长。自启蒙运动以来，西方人就将理性推到了一个至高无上的位置。因为人有理性，所以是唯一的价值意义主体，而自然只是机械的客体、被动的存在，是人类谋求发展的资源和工具。在这种人类中心主义思想的指引下，人类凭借理性和科技的力量，疯狂地征服自然、掠夺自然，从而造成了全球性的生态危机。正是人类对理性的过度推崇，导致了人类的狂妄自大与生存困境。（参考：李秀艳：《环境乐观主义与环境悲观主义之争的反思与启示》，《新疆社科论坛》2010 年第 6 期第 60 ~ 63 页。牟世晶）

环境两难论

Environment Dilemma

即对个人而言是合理性的行动，却导致社会的不合理现象。联系到环境问题，就是每个人如果都想不受约束，随意采取对环境不利的行动的话，那么结果只能是导致包括自己在内的社会整体都要遭到麻烦。要避免出现这种麻烦，就要约束自己的行动。但很多人不愿意约束自己的行动，或者觉得即使我一个人再努力也没有用，只有所有的人都努力才行。而如果每个人都是这样的想法，所有的人都不去努力，那么环境问题只能越来越严重。人们用这种理论来解释为什么会出现环境问题，出现了以后为什么还一直得不到解决。（李雪姣）

环境伦理学

Environmental Ethics

环境伦理学是一门介于伦理学与环境科学之间的新兴的综合性科学。它的诞生，是在人类生存发展活动和生存环境系统发生尖锐对立后，为满足协调人和生存环境系统的关系，求得人类和生存环境系统共同持续发展的社会需要的产物。人类和生存环境系统之间的矛盾——环境污染、破坏和恶化等问题，说到底，是人类行为的结果，是一个社会问题。研究对象：环境伦理学是一门运用多种学科知识，综合研究人类个体与自然环境系统之间、人类个体和社会环境系统之间及社会环境系统与自然环境系统之间伦理道德关系的科学，包括研究环境伦理学的产生，环境伦理的道德体系、环境伦理道德行为规范、准则、评价、教育和个人环境道德修养等环境伦理道德行为主体和客体相互作用关系的学说。环境伦理学是一门新兴的伦理科学，和其他伦理学比较，具有自己鲜明的个性和特征，这就是它的研究对象所具有的综合性、多层次性和实践性。（牟世晶）

环境美德伦理学

Environmental Virtue Ethics

针对复杂的环境问题，20 世纪 80 年代初期，一些环境伦理学家开始从美德伦理学的角度阐述对自然环境的保护。在他们的不断努力下，在环境伦理学领域兴起了一种新的理论——环境美德伦理学，到 20 世纪 90 年代这种理论得到进一步发展。环境美德伦理学是人们从美德视角关怀自然的新尝试，它使得环境伦理学趋于完整。人与自然平等原则、人与自然共享命运原则和自然大于人原则是环境美德伦理学的理论基础。环境美德建设围绕对象自然与环境自然两个维度展开。面对对象自然时，环境美德是指人类应当尊重、同情和关爱自然；面对环境自然时，环境美德是指人类应当具有感恩之意、依恋之情与敬畏之心。（牟世晶）

《环境美学：阐释文集》

Aesthetics and the Environment

艾伦 · 卡尔森与巴里 · 萨德勒主编的《环境美学：阐释文集》正式打出环境美学的旗帜。这本论文集于 1982 年正式出版，文集收录论文来自

1978 年的“环境的视觉质量研讨会”的会议论文，参会代表及发表论文分别来自哲学、文学、景观设计和地理学等领域，编者在该书前言中说：“环境美学现在是地理学家认真研究的对象”，应该采取跨学科的方式和多重视角来研究人与环境的审美关系。这本论文集标志着这一研究进程的正式开端。（雷爱民）

《环境美学：理论、研究与应用》

Environmental Aesthetics: Theory, Research and Applications

1988 年杰克·纳泽编辑出版了《环境美学：理论、研究与应用》一书，该书是 1982 年和 1983 年两届环境设计研究学会会议的论文集，共收录 32 篇论文，其中包括环境美学家伯林特的《环境设计中的审美知觉》等论文，论文作者们分别来自景观设计、环境心理学、地理学、哲学、建筑学和城市规划等领域，该书“前言”指出：环境美学代表着经验美学与环境心理学两个研究领域的合并，“这两个领域都采用科学方法来解释物理刺激与人类反应之间的关系”，本书关心的主要问题有两个：人们如何回应其周围环境的视觉特征？设计师能够做些什么来改善这些环境的审美质量？围绕这两个问题该书探索了人、环境、行为三者之间的关系，强调将审美标准具体运用到设计、规划和公共政策之中等。（雷爱民）

环境美学与生态美学

Environmental Aesthetics and Ecological Aesthetics

环境美学与生态美学的区别与关联是国际生态美学界的一个热点问题，程相占在其《环境美学与生态美学的联系与区别》一文中对环境美学与生态美学概括了五种可能情况，他认为环境美学与生态美学的关系从国际学术界近半个世纪的研究成果与学术争论来看，可以将环境美学与生态美学的关系论归纳为 5 种学术立场：1. 认为环境美学与生态美学具有不同的开端，二者没有任何关系，二者可以并行不悖。2. 认为可以在环境美学的框架内发展生态美学，生态美学属于环境美学范畴。3. 将环境美学等同于生态美学，认为二者没有本质区别。4. 主张吸收环境美学，发展生态美学，认为生态美学是立足的根本，环境美学可以视为其理论资源。5. 参照环境美学，发展生态美学，认为二者是不同的美学新分支，可以相互借鉴，走向双赢。无论是环境美学还是生态美学，目前都仍处于发展完善的过程之中。（雷爱民）

环境敏感区

Environmental Sensitive Area

指依法设立的各级各类自然、文化保护地，以及对建设项目的某类污染因子或者生态影响因子特别敏感的区域（《建设项目环境影响评价分类管理名录》）。环境敏感区可以分为特殊保护区、社会关注区和特征敏感区等三大类。其中特殊保护区是指国家法律明确要求保护的区域，包括自然保护区、风景名胜区、世界文化和自然遗产地以及饮用水水源保护区；社会关注区是指与人的生活环境息息相关的区域，包括：基本农田保护区、基本草原、森林公园、地质公园、天然林、天然渔场、水土流失重点防治区、沙化土地封禁保护区、富营养化水域、珍稀濒危野生动植物天然集中分布区、重要水生生物的自然产卵场及索饵场等；而特征敏感区则主要涵盖部门规章要求保护的区域，包括：以居住、医疗卫生、文化教育、科研、行政办公等为主要功能的区域、文物保护单位以及具有特殊历史、文化、科学、民族意义的保护地。（*石艳峰*）

环境难民

Environmental Refugee

1972年斯德哥尔摩联合国人类环境会议中首次提出，目前尚没有确切统一的定义，1985年Essam EL Hinnawi第一次将其界定为“其生存栖息地由于自然或人为破坏而不适宜生存或者严重影响生活质量，被迫暂时或永远逃离的人”。1988年Jacobson进一步将“环境难民”的环境因素作了细致分类，分别为地区性灾害、环境问题引起的生计与健康问题以及土地沙漠化三类。1995年Myers将土地破坏、资源匮乏、都市环境问题、紧急问题（如气候变暖造成的一系列问题）以及自然灾害作为引起环境难民的主要原因。环境难民应与“生态难民”做出区分，生态难民是环境难民是衍生概念，与环境难民具有诸多相似之处，但正如环境和生态之间区别一样，引起生态难民的原因更为复杂，也即生态难民的外延比较环境难民的外延更广。除了生态难民以外，气候难民、海洋难民等概念也属于环境难民的衍生概念。环境难民与生态难民在相关国际难民法中都没有得到承认，因此缺乏专门的法律保护和救助。以1951年《关于难民地位的公约》和1967年议定书为主的国际难民法对难民的界定为具有正当理由因为种族、宗教、政治或者国籍等问题留在本国之外，并且由此产生的畏惧无法获得来自本国保护的人，并且其针对的都是个人。法律中界定难民的五种情形都与环境难民形成的原因存在不同，因此，如何界定环境难民或者难民一词本身成为目前为止对环境难民进行法律保护和救助的关键。（参考：徐军华等：《论国际法语境下的“环境难民”》，《国际论坛》2011年第1期第14～18页。*欧阳文川*）

环境批评

Environmental Criticism

当代生态文学批评进一步深入发展的重要方向。著名生态批评学者劳伦斯·布依尔于2005年推出了其重要学术著作《环境批评的未来：环境危机与文学想象》，以新的视角挑战了包罗万象的生态批评概念，辨证思考了当今生态批评及其缺陷与不足，指出了环境批评理论建构的必要性和重要意义，构想了环境批评的未来和文学想象的方向。为文学、文化和环境研究提供了一个新的思路并道出了其绝佳的发展契机。环境批评认为“环境的”比“生态的”更能体现环境问题的杂乱状态。所有“环境”既包含自然的和人工的因素，也包括环境运动对日益异质的关注。尤其是对大都市、风景毒化和环境公正的日益重视。这超越了早期生态批评者只关注自然的文学想象和只看重环境保护的局限性。环境批评试图将抽象的环境概念具体化并努力建构相应理论。（参考：张秀丽：《环境批评：文学与文化研究的新思路——评〈环境批评的未来：环境危机和文学想象〉》，《外国文学动态》2008年第5期。*王薛时*）

环境侵权公益诉讼制度

Civil Environmental Public Interest Litigation System

指公民、社会团体或者其他组织针对国家行政机关、企事业单位或其他组织及个人对于环境的不当行为或违法行为而导致环境受到污染或者可能受到污染的情况下，为维护环境公共利益的完整性依法向法院提起诉讼的制度。环境侵权公益诉讼制度首先在欧美发达国家，尤其在英美和大陆法系国家开始施行。比较传统的环境民事诉讼以及环境行政诉讼而言，环境公益诉讼的诉讼权更加开放。和传统诉讼以人身权和财产权受到损害作为诉讼原告资格条件不同，环境侵权公益诉讼以环境的侵害作为诉讼唯一条件；此外诉讼原告资格扩展至公民个人以及社会组织团体等与环境损害不具备直接利害关系的主体。并且环境侵权公益诉讼适格主体得到扩展，即作为公益诉讼原告的社会成员既可以是直接权益受损者，也可以是间接权益受损者。直接受害人的诉讼请求包括私益和公益，通常情况都是原告公共利益多于私人利益。由于环境污染的事后弥补成本较高，因此为了预防环境污染的实质性损害发生，环境侵权公益诉讼制度对于诉讼的提起不以环境的实质性损害作为条件，而是根据对情况的合理判断对可能的危害做出评估后即可进行起诉。环境侵权公益诉讼制度的典型形式包括团体诉讼，即基于诉讼信托建立的根据自己的实体权利就他人违反特定禁止性规定请求终止或撤回的制度；民众诉讼，即以选举人或只具有间接利害关系为原告资格的诉讼；由国家设定的代表公共利益的机关提起的诉讼；检举人诉讼或者相关人诉讼，即当总检察长由于某种原因不能代表公共利益对违法者进行诉讼时，可以帮助私人申请司法审查。环境侵权公益诉讼制度的诉讼模式可分为环境行政公益诉讼以及环境民事公益诉讼。（参考：邓一峰：《环境诉讼制度研究》，中国海洋大学 2007 年博士学位论文第 59 ~ 68 页。欧阳文川）

环境侵权民事诉讼

A Civil Action of Environmental Tort

指环境民事主体为保护自己的合法环境权益，当其环境民事权利受到或者可能受到伤害时，向人民法院依据民事诉讼程序对侵权行为人提起的诉讼行为。环境民事诉讼是对于法律上平等主体之间的环境权利和义务的争议，诉讼请求通常是要求人民法院确认原告具有某种法律权利，并且确认被告负有某种法律义务和责任，以此来满足诉讼原告对于环境权利的要求。环境侵权民事诉讼是在工业经济兴起的时代背景下对于传统民事诉讼的进一步发展和深化，在工业经济中，环境污染和生态破坏现象更加频繁和严重，由于环境本身的特殊性质，环境污染造成的影响涉及广泛，因此环境侵权民事诉讼逐渐在各类民事诉讼中占据更加主要的地位，比较普通的民事诉讼也更具复杂性，因此集团环境侵权诉讼成为环境诉讼方式中具有典型性的形式。在受到环境污染危害的群体诉讼中，受害人只需登记即可获得原告资格，而且民事判决的效力具有推及性，即判决结果适用于每个登记过的原告，对于迟后起诉的权利人同样具有法律追及效力，只要在诉讼期内，即使没有进行诉讼登记也可以使用案件的判决或者裁定。此外，区别于传统民事诉讼的归责原则，环境侵权民事诉讼实行无过错责任原则，即不以行为人的主观过错作为损害发生后责任要件的归责标准。这是由于环境污染作为现代工业社会的突出问题，环境污染很难与企业的过错挂钩，并且受害人很难证明行为人的主观过错。传统民事诉讼采取“谁主张，谁举证”的责任举证制度，然而环境侵权民事诉讼受害人往往囿于自身知识所限不能证明企业的违法行为，并且环境侵权事件通常涉及企业的商业和技术秘密，这也导致了受害人进行举证的困难，因此环境侵权民事诉讼实行举证责任倒置或者转换原则，这是对环境侵权受害人的法律保护。（参考：邓一峰：《环境诉讼制度研究》，中国海洋大学 2007 年博士学位论文第 23 ~ 32 页。欧阳文川）

环境权

Environmental Right

全体社会成员所享有的在健康、安全和舒适的环境中生活和工作的权利。包括生命健康权、财产安全权、生活和工作环境舒适权。生态伦理学不仅讨论人类整体在自然生活中不具有和具有什么样的权利问题，而且还应该讨论人类作为群体（国家、法人）和个体（公民）在社会生活中对自然权利的享用问题。在社会生活中，自然权利的享用表现为环境权。环境权的主张是在 20 世纪 60 年代初由联邦德国的一位医生首先提出来。1969 年美国密歇根州立大学的教授约瑟夫·萨克斯（Joseph Sax）以法学中的共有财产和公共委托理论为根据，提出系统的环境权理论。即：空气、水、日光等人类生活所必需的环境要素，是人类的共有财产，未经全体共有人的同意，任何人不得擅自利用、支配、污染、损害它们。共有人为合理支配共有财产，将其委托给国家保存和管理。国家作为受托人负有为委托人保存、管理好委托财产的义务。因滥用委托权而给委托人造成损害，受托人应承担法律责任。后来，日本学者又提出环境权的两条基本原则：环境共有原则和环境权为集体性权利原则，进一步发展环境权理论。这些理论和主张得到社会各界的普遍赞同，从而使环境权在国际法和许多国家的法律中得以确认。环境权是一种基本的人权。环境权包括3个层面和两大方面。3个层面即从权利的主体上分，环境权包括国家的环境权、法人的环境权和公民的环境权。两大方面：第一方面是实体性环境权。首先，表现为权利主体有权利享用自然生态功能；其次，表现为权利主体有权利依据对一定自然资源的占有或使用从中获得财产性收益；再次，表现为权利主体有权利对一定自然要素的整体性进行支配。第二方面即参与性环境权，诸如环境知情权、环境监督权等。在此，监督权与知情权是内在统一的，公民环境知情权的实现，是公民环境监督权得以实现的前提，尊重公民的环境知情权，就必须坚持环境信息公开，建立健全环境披露制度。环境权作为一种基本的人权必须得到尊重和切实的维护。（参考：刘湘溶：《生态伦理学的权利观》，《道德与文明》2005年第6期第11～14页。王薛时　牟世晶）

环境群体事件

Environmental Group Events

指由环境污染或项目建设可能带来的环境隐患问题引发的，通过有一定数量的个体参与的集体性行为等非正常渠道表达诉求与不满的群众性抗议或抗争事件。它的目的，主要为引起相关政府部门和高层的注意，以求自身的吁求得到满足，使环境污染或环境隐患问题得到解决。在具体事件中可能有部分人员“打砸抢”等扰乱社会治安的行为发生，但主流参加人员主要为寻求解决问题，而非单纯以宣泄情绪为动机。具有一般性群体事件的普遍性特征，比如参与人数众多、声势浩大、参与人员具有较为一致的目的和要求、行为有时具有一定的暴力倾向、处理应对的难度大等。我国自1996年来以来，其一直保持年均29%的增速，2012年中国环境重大事件增长120%。重特大环境事件的高发频发，特别是重金属和危险化学品的突发环境事件呈高发态势，充分反映我国经济长期高速增长所带来的生态环境问题的严重性和复杂性。（刘中华）

环境容量

Environment Capacity

又称环境负载容量、地球环境承载容量或负荷量，指在保证人类安全和生态系统不受危害的前提下，自然环境可承受的最大容量的污染物或其他排泄物、废弃物和各类有机体数量的最大限度的能力。环境容量是在环境管理中实行污染物浓度控制时提出的概念，包括绝对容量和年容量两个方面。前者是指某一环境所能容纳某种污染物的最大负荷量。后者是指某一环境在污染物的积累浓度不超过环境标准规定的最大容许值的情况下，每年所能容纳的某污染物的最大负荷量。具体而言，环境容量可分3个层次：1. 生态的环境容量：生态环境在保持自身生态平衡条件下承载污染物的最大负荷量或承受有机体总数量的最大限度。2. 心理的环境容量：游人的心理对环境容量感觉舒适。3. 安全的环境容量：不能超过极限的环境容量。（王晴晴　牟世晶）

环境社会监督机制

Environmental Social Supervision Mechanism

对环境污染现象的遏制、对环境监管力度的强化，都需要全社会的共同参与和监督，建立较为完善的环境社会监督机制。为此，首先需要确保社会监督的有效：各级地方政府能够确保监督落实到位，对于环境违法行为给予及时核查和处置；同时根据监督行为的成果，对效果显著的参与者给予奖励，形成有利于环境社会监督的长效机制。其次，需要在全社会形成环境监督的有利氛围，积极开展环保政务公开，广泛宣传环境法律法规，开展环保活动和实践，树立公众的环保价值观念等。（张沥元）

环境社会运动

Environmental Social Movement

以环境问题为大众动员议题的社会政治运动。中国本土的环境社会运动，不仅受到世界绿色政治和生态运动社会思潮的影响，而且也是在中国社会转型发展和环境污染恶化背景下，由中产精英人士与生态环境保护组织积极推动和发展起来的社会运动。近年来，在怒江反大坝运动、金沙江环境公益维权运动等一系列环保社会抗争中，民间环保社会组织无论在资源动员还是组织联盟方面都发挥了重要作用。运动的兴起，反映生态环境问题已成为影响中国社会发展进程的关键性因素。但在现有体制背景下，中国式的环保社会运动，虽能积极寻求与政府的互动机会和合作伙伴关系，通过制度渠道获取合法性以及国际资源等，但仍缺少社会政治、经济、文化系统的支持力，同发达国家公民社会运动在社会资源动员、组织结构网络、人力资源、专业技术、行动能力等方面相比较还存在许多不足与问题。中国国情下的环境保护社会运动，还面临着传统发展模式强大惯性、特殊利益集团阻挠、公民社会欠成熟以及不同话语分歧等困境，是政府与社会在制度化与非制度化之间互动关系的一种重要变量。（徐越）

环境审计

Environmental Auditing

指对公司、机构和政府的管理系统、政策、实务进行的系统、定期评估，其目的在于确定组织是怎样影响环境及消耗资源的，同时包括其后的调整或纠正行动。包括广泛意义上的环境评价与复核；也可看成是一种自我评估程序，组织借助它可确定其是否达到法律和内部环境目标的要求，有助于开发旨在减轻环境风险的弥补性计划。环境审计应当包含以下 4 个基本要素：验证公司对有关监管要求的遵循性；验证公司对行业标准的遵循性；评价日常环境事项的管理情况；提出纠正已识别缺陷的行动计划。其驱动力包括信贷机构、董事会、行业组织、政府、投资者以及会计职业团体等。环境审计应向广泛化、整合化转变，与内部审计的作用合并，发展趋势朝着标准化、有效性不断迈进。（蔡越）

环境生态系统

Environmental Ecological System

人类赖以生存、活动、繁衍和发展的场所和物质条件。它是指以人类为中心的、充满各种有生命和无生命物质的空间，既包括无机界的各种物质，也包括有机界的各种物质。环境生态系统由物理系统、生物系统和社会经济系统构成，它们相互间存在着物质、能量和信息的交换。地球表层接受天上来的太阳辐射、宇宙线、电磁波并向宇宙散发红外辐射、轻质气体粒子，而地球表层的底部与地壳深处又有能量和物质的交换。从这些方面来看，环境生态系统是一个开放系统。但是，从地球表层内部来说，在所讨论的问题可以忽略这些物质和能量的交换时，它又是一个封闭系统。环境生态系统的主要特点是：具有维持自身相对稳定的负反馈自我调节机能和满足人类合理利用的能力，即所谓承载力。但这种机能和能力有一定的限度；超过了限度，系统就要失去平衡，甚至可能崩溃，并威胁着人类健康甚至生命。如，居住在阿尔卑斯山的意大利人砍光了山坡上的松林，导致山洪暴发。苏联为了开垦荒地，而引起“黑风暴”。中国过去很长一个时期片面执行“以粮为纲”，毁林灭草、开荒种粮、围湖造田等，造成了严重的水土流失、土地沙化和气候变异，生态平衡受到很大的破坏。20 世纪 50 年代初期，英国因煤烟污染导致 4 天内 4000 多人死亡的伦敦烟雾事件，美国因汽车排气引起许多居民患眼、鼻、呼吸道疾病的洛杉矶光化学烟雾事件，60 年代日本因二氧化硫和金属粉尘污染引起的哮喘病事件，以及因汞污染引起的水俣病事件，因镉污染引起的骨痛病事件，因多氯联苯污染引起的油症事件等，都是人类活动的排泄物超过限度而遭到环境生态系统惩罚的事例。（参考：任阵海、刘舒生、高庆先：《我国环境生态系统演变趋势》，《环境科学进展》1997 年第 2 期第 27 ~ 31 页。朱配辰）

环境生态系统工程

Environmental ecosystem engineering

环境生态系统工程是将系统工程的思想、理论和方法应用于环境保护领域，以解决防治环境污染和生态破坏等重大问题的工程技术。它从系统总体出发，运用系统分析方法，研究环境污染和生态破坏的现象、产生的原因、消除的办法及其所需的工程和措施。环境生态系统工程着重分析和协调环境生态系统各组成部分之间的相互关系；分析和协调环境生态系统在整个经济、技术、社会大系统中所处的地位及其与经济、社会等其他系统的相互关系，以便有目的、有步骤地选定研究的目标、建立数学模型、应用优化方法和计算机技术，对大量的可供选择的环境保护方案进行定量的分析和综合评价，提出总体最优方案，供决策机关进行决策，以期实现对环境生态系统的最优治理。环境生态系统工程是环境系统工程和生态系统工程的总称。前者解决环境污染的防治问题，后者解决生态破坏的防治问题。环境生态系统工程的研究对象一般分为微观和宏观两大类：空气、水质、废弃物、噪声等污染防治方案的选优和水库、大坝、河流、农场等生态环境影响的评价，均属于微观问题；而城市环境生态质量评价、区域环境生态系统规划、环境生态系统的经济社会分析，以及环境生态系统的预测、规划和决策等全局性和战略性的问题，则是宏观问题。环境生态系统工程的理论和方法大多是应用于宏观方面，用以解决环境保护的评价、预测、规划和决策问题。环境生态系统工程需要运用自然科学、社会科学和工程技术中的有关理论和方法，涉及国民经济理论、环境经济理论、生态经济理论以及环境保护和生态平衡两方面的工程技术和政策法律知识，还要应用计算机技术、建模方法、计算机仿真以及优化和预测等技术。80 年代以来，环境生态系统工程在中国获得了广泛的应用。如用于污染物处理装置系统的最优设计和最优控制；大气或河流等水域污染的区域防治规划最优方案的选择；环保项目的技术经济评价和对策分析；环境影响评价报告书的编制；环境保护的预测、长远规划、政策分析；以及为环境管理、环境决策提供科学依据等。如在漓江、松花江、图们江的区域综合防治规划中，应用系统工程方法制订了河道水质标准、污染源排放标准，提出了区域综合治理最小投资额，为区域环境管理政策提供了科学依据。（参阅：王永法、牛志刚：《社会主义新农村“生态环境系统工程构建模式”思路浅析》，《河南农业》2007 年第 17 期第 10 页。朱配辰）

环境生态学

Environmental Ecology

环境生态学就是研究在人为干扰下，生态系统内在的变化机理、规律并在环境生态学中以寻求受损生态系统恢复、重建和保护对策的科学。在实践中即运用生态学理论，阐明人与环境间的相互作用及解决环境问题的生态途径。环境生态学的研究重点是环境污染的生态学原理和规律、环境污染的综合治理、自然资源的保护和利用、废弃物的能源化和资源化技术。从宏观方面看，环境生态学的研究对象是环境中污染物和人为干预的环境对生物的个体、种群、群落和生态系统产生影响的基本规律。从微观方面看，环境生态学的研究也包括污染物和人为干预的环境对生物的分子、细胞和组织器官产生的毒害作用及其机理。环境生态学的研究目的是为了改善不断恶化的生态环境，达到资源的永续利用，促进经济、环境和人类社会的可持续发展。目前，我国生态环境学研究的主要内容包括：自然资源的合理利用与保护，环境污染的生物效应，环境污染的综合治理，环境污染的监测与评价，环境污染对生态系统的结构与功能的影响。（参考：张云、李兆华、赵丽娅、赵锦慧：《面向对象的环境生态学课程教学改革》，《大众科技》2009 年第 4 期第 161 ~ 163 页。朱配辰　张惠娜）

环境生物效应

Biological Effects of the Environment

指各种环境因素变化而导致生态系统变异的效果。根据其所引起后果时间与程度上的差异，可分为急性的环境生物效应和慢性的环境生物效应，前者如某种细菌传播引起的疾病流行，后者如日本汞污染引起的水俣病和镉污染引起的疼痛病都是经过几十年后才出现的。环境生物效应关系到人和生物的生存和发展。这就要求我们必须高度重视对这种效应的机理及其反应过程的研究。如进行各种污染物的毒性、毒理、吸收、分布和积累的研究；各种污染物的拮抗作用和协同作用的研究；生物解毒酶的种类、数量及对各种污染物的解毒作用的研究等。以保护人类健康及生物和生态系统的良性发展。（朱雨晨）

环境税

Environmental Tax

最早由英国经济学家庇古提出。环境税主要包括对污染行业、污染品及资源的使用征税。主要分为能源税、污染税、交通税及资源税。西方各国由于在经济发展过程中曾饱受环境问题的困扰，自 20 世纪 90 年代开始征收环境税用于环境保护，主要包括芬兰、荷兰、丹麦、瑞典等国家。环境税有利于推动污染排放产生的外部负面效应内部化，促使经济主体自觉的通过成分效益分析，加强污染治理或采用更加环保的生产工艺，从而减少污染物排放。环境税将有利于减少企业的污染物排放量，抑制重污染行业，加快清洁产业发展。开征环境税是促进我国节能减排及生产方式转型的重要经济手段之一。（代富宇）

环境税收

Environmental Tax

即环境污染税收，是指对开发、保护和使用环境资源的单位和个人，按其对环境资源的开发利用、污染、破坏和保护程度进行征收或减免的一种税种。征收环境税收的主要目的是，通过对环境资源的定价，改变市场信号，降低生产和消费过程中的污染排放，同时鼓励有利于环境的生产和消费行为。其理论来源建立在以下五大理论基础之上，外部性理论、公共产品理论、可持续发展理论、自然资本理论以及科斯定理。作为国家的一种税种，环境税收除了具有强制性、无偿性和固定性 3 个税收的一般特性外，还具有科学技术性、与其他税种的交叉性、专用性及过渡性 4 个区别于其他税种的法律特征。环境税收的优点有二：1. 既具有静态效率，也具有动态效率；前者可以通过改变比价保证污染者承担其活动对环境造成的影响；后者会为降低污染和技术创新提供长久的激励作用。2. 可以为政府筹集收入，削减政府赤字，降低其他税收等。（蔡越）

环境税收政策

Environmental tax policy

征收环境税是利用市场经济的方式来解决环境问题的方式之一。环境税有广义和狭义之分：狭义的环境税通常专指单一的污染税， 即以向环境排放污染物的单位和个人的污染行为为征税对象的独立税种；广义上的环境税则是指为实现特定的环境保护目标、筹集环境保护资金而征收的具有调节与环境污染、资源利用行为相关的各种税及相关税收等特别措施的总称。征收环境税最早的先驱是法国，即于 1964 年开始实施的水污染收费。目前我国主要的环境税收政策有：1. 资源税。我国已将原油、天然气、煤炭和其他非金属矿、黑色金属矿原矿和有色金属矿原矿，以及盐等资源列入征税范围。2. 消费税。消费税是国家可以根据宏观产业政策和消费政策的要求，对过度消费会对人类健康、生态环境等方面造成危害的特殊消费品，如烟、酒、鞭炮、焰火等；奢侈品、非生活必需品，如贵重首饰、化妆品等；高能耗及高档消费品，如小轿车、摩托车等；不可再生和替代的石油类消费品，如汽油、柴油等；以及具有一定财政意义的产品征收的一种税。2006 年 4 月，将石油制品和木制一次性筷子、实木地板纳入了征收范围。3. 自 2009 年 1 月 1 日起，对销售下列自产货物实行免征增值税政策：对污水处理厂出水、工业排水（矿井水）、生活污水、垃圾处理厂渗透（滤）液等水源进行回收，经适当处理后达到一定水质标准，并在一定范围内重复利用的水资源（即再生水）；以废旧轮胎为全部生产原料生产的胶粉；轮胎的胎体 100％来自于废旧轮胎翻新轮胎；以掺兑不低于 30％废渣的生产原料生产的特定建材产品，包括砖、砌块、墙板、管材、混凝土、道路护栏、防火材料、耐火材料、保温材料等；对污水处理劳务。对工业企业产生的烟气、高硫天然气进行脱硫处理而生产的副产品；以酿酒企业生产中产生的废弃酒糟和酿酒底锅水为原料生产的蒸汽、活性炭、白碳黑、乳酸、乳酸钙、沼气；以煤矸石、煤泥、石煤、油母页岩为燃料生产的电力和热力；利用风力生产的电力；部分新型墙体材料产品；对销售自产的综合利用生物柴油实行增值税先征后退政策。除此之外，我国现行的城市维护建设税、城镇土地使用税和耕地占用税等也对生态环境保护、促进资源的合理利用有所涉及。（参考：王金南等：《打造中国绿色税收——中国环境税收政策框架设计与实施战略》，《环境经济》2006 年第 9 期第 10 ~ 20 页。**朱配辰**）

环境诉讼制度

Environmental Litigation System

环境诉讼制度是在现代工业经济背景之下逐渐形成的，工业化过程造成的环境污染和破坏对社会普通成员、各类法人组织和团体都产生直接或者间接的影响，当这种负面影响构成正当权益的侵害时就需要通过法律途径来对环境破坏行为人提起诉讼，这类特殊的诉讼统称为环境诉讼制度。然而区别于传统诉讼程序，由于环境污染的受害人（直接或间接）分布广泛，并且举证方式更加复杂且更具难度，因此环境诉讼制度与传统诉讼在多方面存在区别。环境诉讼制度由环境侵权民事诉讼制度、环境侵权行政诉讼制度和环境侵权公益诉讼制度等构成。环境侵权民事诉讼制度指环境民事主体为保护自己的合法环境权益，当其环境民事权利受到或者可能受到伤害时，向人民法院依据民事诉讼程序对侵权行为人提起的诉讼行为；环境侵权行政诉讼制度指公民、法人或者其他各类组织就国家行政机关在管理环境事务过程中违反法律规范并侵犯其合法权益时，公民、法人或者其他各类组织向法院进行起诉以保障自身权益的制度；环境侵权公益诉讼制度指公民、社会团体或者其他组织针对国家行政机关、企事业单位或其他组织及个人对于环境的不当行为或违法行为而导致环境受到污染或者可能受到污染的情况下，为维护环境公共利益的完整性依法向法院提起诉讼的制度。环境诉讼制度的法律精神与传统刑事、民事和行政诉讼有共同性，也有其特有的原则，包括诚实信用原则、环境公共利益司法保护原则、当事人处分与国家干预结合原则、行政管辖优先原则、奖励公民诉讼与限制滥用诉权相结合原则等。（参考：邓一峰：《环境诉讼制度研究》，中国海洋大学 2007 年博士学位论文第 90 ~ 99 页。**欧阳文川**）

环境素养

Environmental Literacy

1970 年美国总统尼克松以“环境素养”为题，在美国环境质量委员会的年度报告中揭示环境素养的重要性。他认为环境问题的解决，需要美国全社会进行改革，以获得新的知识、概念和态度，并认为美国全社会必须对人与其环境的关系发展有新的了解和认识，也就是说要发展环境素养。而环境素养的培养必须依赖教育过程的每个阶段。1978 年，联合国教科文组织在苏联的第比利斯召开政府间环境教育会议，认为有环境素养的人具有下列特征：1. 对整体环境的感知与敏感性；2. 对环境问题了解并具有经验；3. 具有价值观及关心环境的情感；4. 具有辨认和解决环境问题的技能；5. 参与各阶层解决环境问题的工作。联合国将 1990 年定为环境素养年（Environmental Literacy Year），在其出版的环境教育通讯《联结》中以全人类环境素养（Environmental literacy for all）为题，对环境素养曾作下列描述：全人类环境素养为全人类基本的功能性教育，它提供基础的知识、技能和动机，以配合环境的需要，并有助于可持续的发展。（张惠娜）

环境损害

Environmental Damage

环境损害是指由于污染、玷污、火灾、爆炸或类似的重大事故对人类健康，对沿海、内水或其毗连区域中的海洋生物、资源所造成的重大的有形损害。环境损害既可由自然界本身的不可抗力因素造成，亦可因人为的不注意环境保护的因素造成。环境损害按环境要素不同可分为大气环境损害、水环境损害和土壤环境损害等等；其中水环境损害中由船舶造成的海洋环境损害是由海洋环境保护法和海商法来调整。国际法对环境损害的界定：1. 损害必须是人类活动的结果；2. 损害必须是有关人类活动物质上的效果；3. 物质效果必须是跨国界的；4. 所产生的损害必须是重大的。损害有各种情况，主要是 :1. 人类生活支持体系受到不利的影响；2. 对人类有价值的自然资源的人工制品受损害或损耗；3. 使人类之外的物种、地球的物质特征和外空受干预或伤害。为防止和减轻海洋环境损害、维护海洋环境受益人的合法权益，各沿岸国都作了大量的专门立法。我国 1982 年制定的《中国海洋环境保护法》、1983 年制定的《中国防止船舶污染海域条例》、1985 年制定的《中国海洋倾废管理条例》和《防止拆船污染环境管理条例》等，此外，我国还批准和加入了《1973 年国际防止船舶造成污染公约》《1969 年国际干预公海油污事故公约》《1969 年国际油污损害民事责任公约》《1973 年干预公海非油类物质污染议定书》以及《1972 年防止倾倒废物及其他物质污染海洋的公约》等。（参考：陈文：《论生态文明与法治文明共建背景下的生态权与生态法》，《生态经济》2013 年第 11 期第 24 ~ 31 页。朱配辰）

环境突发事件

Environmental Emergency Accidents

指在短时间内发生的，造成或可能造成较大范围或较为严重的生态环境系统、人类生命健康、社会物质财产损害，危及环境公共安全而超出政府、社会和组织的常态管理能力，要求政府、社会和相关组织采取特殊措施应对的紧急事件。特点是突发性、公共性、危害性、事件的多样性和多变性。（刘中华）

环境外交

Environmental Diplomacy

也称生态外交，是当今国际关系和各国外交实践中的新领域。从 20 世纪 70 年代开始，环境问题迅速跃进国际关系层面，逐渐成为国家外交的中心议题之一。然而，随着国家之间相互依赖程度日益加深，环境问题一方面演变成各国利益的互补与联系，促进了国际合作，另一方面引发国际间的对抗与冲突。环境外交是 20 世纪 70 年代兴起的国际新型外交形式。与传统外交相比，它呈现出新的特点，如环境外交主体的多元化、环境外交目的和调整对象的扩大化、运作方式的多样化、外交规则的趋同化。由于环境问题具有复杂性，当前环境外交超出了传统的国家交往范围，成为21世纪世界各类政治力量进行较量的全新领域。环境外交包括两层含义：1. 指以主权国家为主体，通过正式代表国家的机构和人员的官方行为，运用谈判、交涉、缔约等外交方式，处理和调整环境领域国际关系的一切活动。2. 指利用环境保护问题，实现特定的政治目的或其他战略意图。环境外交活动，主要涉及协调各国关系，寻求国际环境合作的方式，制定国际环境法规，履行国际环境公约和协定，处理国际环境纠纷和围绕资源而发生的领土、领海争端，等等。（徐越）

环境卫生设施设置标准

Standard for Setting of Environmental Sanitation Facilities

属于行业标准，编号为CJJ27-2012，自2013年5月1日起实施，同时废止《环境卫生设施设置标准》（CJJ27-2005）。本标准是由中华人民共和国住房和城乡建设部下属标准定额研究所组织中国建筑工业出版社发行的，目的是加强城镇环境卫生设施的规划、设计、建设、管理，提高城镇环境卫生设施的整体水平，满足城镇环境卫生设施发展和完善的需要，促进城镇社会、经济和环境的协调发展。本标准适用于城镇环境卫生设施的设置。（代富宇）

环境文学

Environmental Literature

产生于19世纪中期的文学思潮。环境文学作为一种世界性文艺思潮兴起19世纪中期，其社会背景是全球环境问题的日渐凸显，反映人与自然之间关系的文学作品相继问世。环境文学是在自然文学、生态文学的基础上深化而来的，具有融合文学、生态学、环境伦理学、环境美学等多学科视角、思想、技巧、理论于一体的总体美学特征，从而把人类与周围自然环境的关系、生态意识凝结为文学的主要内容。外国环境文学的开创者是美国小说家赫尔曼・麦尔威尔。他是一位较早具有生态意识的环境文学作家，185年，他发表了具有生态意义的代表作《白鲸》。作为一种文艺思潮，中国环境文学的起步与发展历程也有二三十年了，然而，在这一领域的理论建树和创作实践却一直非常薄弱。起初的环境文学大多是歌颂环境保护人士、倡导环境保护为主题。此类写作从20世纪50年代开始兴起，90年代进入繁荣期。1991年2月，中国环境文学研究会在人民大会堂成立，至此才有了中国环境文学的正式组织与协会。（参考：高红樱：《环境文学的兴起、发展与展望》，《廊坊师范学院学报》2011年第3期第4～8页。王薛时）

环境问题外部性

Externality of Environmental Problems

指生产或消费者在自己的活动中产生了一种有影响的利益（或收益）、损失（或成本），不是消费者或生产者本人所获得或承担的，也没有很好的机制来约束或激励产生影响的个人或企业，最突出的表现是环境污染。环境问题外部性主要指环境问题的技术外部性和公共物品外部性。环境问题外部性分为外部经济和外部不经济。市场失灵是产生环境问题外部性的内在原因，因此，政府可通过税收、管制、建立激励机制和制度改革等手段来纠正市场失灵，同时政府的有效干预也可避免政府失灵问题的产生。解决环境问题外部性的手段主要有科斯定理与庇古税两种，目的是通过解决环境这种特殊公共物品的产权问题，将环境问题外部性转化为内部性并加以解决，从而有效控制外部性蔓延，达到最优结果。（蔡越）

环境污染

Environmental Pollution

环境问题的一类，其他环境问题包括生态破坏和资源耗竭。环境污染指由于以人类经济活动为主的人为因素导致有害有毒物质进入生态系统，导致生态系统中的自然要素（比如空气、水、土壤）发生生态功能异常，从而发生生态系统的局部或整体功能和结构的异常，导致气候、地质或者生物的异常和灾害，并且致使人的生命健康受到不同程度的潜在风险和现实危害。环境问题古已有之，大致来说可分为三个阶段。环境问题的第一个阶段为人类狩猎时期，这个阶段主要的环境污染来自于对自然资源的盲目采集和砍伐，以及人类对火的使用中引起的森林草原大火对生物资源造成的破坏；第二阶段为农业阶段，这一时期的环境污染主要由于为开垦农地而滥砍滥伐对森林草原造成的破坏，以及由此导致的水土资源流失、土地荒漠化、盐碱化等；第三阶段为工业化阶段，工业革命后人类进入工业社会，工业文明加剧了对自然资源的利用和剥削，这一时期主要的环境污染主要来自于工厂废弃物排放导致的水、空气污染。环境污染的三个阶段中，前两个阶段对自然生态的影响较小，生态环境具有充足的时间来进行功能恢复，然而第三个阶段的环境污染已经超过了自然生态承载力，因此在 20 世纪 50 年代开始西方国家都出现了不同程度的生态环境危机，目前最为典型的就是全球气候变暖以及由此造成的一系列危害。（参考：孟祥海：《中国畜牧业环境污染防治问题研究》，华中农业大学 2014 年博士学位论文第 36 ~ 38 页。欧阳文川）

环境污染第三方治理

Third Party Governance of Environmental Pollution

指除污染排放者和政府监管者之外，由独立的第三方也就是专业污染治理企业通过签订合同或协议承担应由污染排放者承担的环境污染治理任务，并从中获取收益的市场化治理模式。第三方治理的模式分为委托治理服务型和托管运营服务型两种，这打破了“谁污染、谁治理”的传统模式，变为“谁污染、谁付费、专业化治理”的服务模式。基本思路是污染者付费、责任共担、集中治理及全过程控制；推进了权责划分、制度建设、政策制定、评价体系搭建等若干难点问题的解决。第三方治理的路径为环境诊断、治理方案设计、谈判与签署、项目投资、建设和运营、费用支付、纠纷仲裁以及合同变更与终止等。优势主要表现为以：1. 有利于全面提高污染治理的效果及治污投资效率；2. 有利于先进节能减排技术的推广与应用；3. 有利于环保部门的监管，促进我国环保事业发展。（蔡越）

环境污染经济损失计量方法

Measurement Method of Environmental Pollution Economic Loss

指用数学方式对环境污染造成的经济损失进行评价得方法。要确定具体的经济损失，首先要确定污染源排放的污染物和它在环境中浓度的关系，还要确定环境中污染物浓度及其对实物量损失的关系，然后用经济的方法把污染对人体、环境、农林牧渔业等造成的损失用货币计算出来。目前国内外的计量方法有 3 种：直接计算法、环境效益替代法及防治费用法。运用适当的环境污染经济损失计量方法，对环境污染事件进行合理的经济损失计量，对于防止污染、治理污染具有重要作用。用经济损失标示环境污染事件，不仅明确环境污染事件的危害程度，还对人们更具有警示作用。（代富宇）

环境污染是熵污染

Environmental Pollution is a Kind of Entropy Pollution

熵是描述一个系统无序性的物理量。具体来说，增加正熵使系统混乱、无序；增加负熵则使系统有序程度提高，混乱度减少。在一个封闭的系统内，熵的变化规律总是朝着熵增加的方向演进，即朝着混沌、无序方向演进，这也是客观世界的普遍规律。但由于自然界和人类有从外界环境中汲取负熵的能力，因而有抵抗正熵的自然趋势，从而维持自然界和人类的发展。在人—地系统中，输入系统的负熵主要来自两方面：一是太阳辐射能，以及由太阳辐射转化而成的各种间接产品，如生物性产品、石油、煤、风力、水力、潮汐力等；另一方面是岩石圈的地热能、放射性能。使该系统熵增加也有两方面：一是人类社会对各种自然资源的消耗，如对土地、森林、草原、水资源等的过度开发；另一方面是人类在社会生产过程中向环境排放大量的废弃物，如废水、废气、垃圾等。人类为了满足自身的物质、精神欲望，对自然界的资源采用掠夺式开发，同时又肆无忌惮地向环境排放各种污染物，引发环境污染，就其实质来说，是人类社会的发展为了增进自己的有序性，从自然界汲取了过多的负熵，同时把过多的正熵留给环境，导致自然环境的衰败，因此环境污染实质是熵污染。（牟世晶）

环境污染责任保险模式

Environmental Pollution Liability Insurance Mode

指各国基于不同的经济发展水平和实践状况，以实行环境污染责任保险为内容而所采取的基本式样结构。类型划分有：按保险业务性质，可分为政策性保险模式和商业性保险模式；按保险法律关系建立方式是否具有强制性，可分为强制性保险模式和自愿性保险模式；按经营主体，可分为特设主体经营模式和普通公司经营模式；按保险人承担保险责任的基础，可分为事故型责任保险模式和索赔型责任保险模式。其作用有：制约环境污染责任保险功能的实现；关系环境污染责任保险制度的建立；影响保险业的发展。（蔡越）

环境污染转移

Transfer of Environmental Pollution

又称环境污染转嫁，指公民、法人或者企业等其他各类组织为了经济利益，违反相关法律法规，将具有污染性质的物体或者可能产生污染的技术转移至其他国家或地区的行为，或者也可指经济、技术较发达的国家和地区通过对外贸易等形式，将污染物体以及可能产生污染的设备和技术转移至经济、技术相对落后国家和地区的跨境转移现象。环境污染转移是一种对污染源进行扩散的人为污染，不同于普通环境污染只是局限于污染源所在本地，因此它是一种危害更大的环境污染。环境污染转移按照空间尺度划分，可具体可分为三种形式，分别为国际性，即国家或地区之间的污染转移、沿海地区向内地的污染转移、城市向乡村的污染转移。国际间的环境污染转移是指企业或者个人通过非法手段，如偷运、虚假报关的形式，将生活、工业垃圾以及具有放射性质的废弃物，或者具有污染性质的技术、工艺和设备等转移至别国，从而造成跨境环境污染，一般来说污染源输出国属于经济、技术处于领先地位的发达国家，污染源输入国则一般来说属于经济、技术相对落后的发展中国家。沿海地区向内陆地区污染转移是特指我国东部沿海经济发达省份的企业或者个人出于转嫁污染治理义务的目的，以投资、合作或者开发等经济行为将污染物质或者具有污染性质的技术及设备转移至中西部经济、技术较落后的省份。城市向乡村的污染转移是指城市生活和工业垃圾的处置不断扩展至城市周边的乡村地区，或者城市中具有污染性质的企业搬迁至乡村地区的污染行为，造成城乡污染转移的原因既有技术层面的因素，也有管理层面的因素。（参考：金宇峰等：《论环境污染转移》，《中国环境管理丛书》2005 年第 1 期第 28 ~ 29 页；张成立：《论环境污染转移的法律规制》，《生态经济》（学术版）2007 年第 2 期第 356 ~ 358 页。欧阳文川）

环境想象

Environmental Imagination

环境想象是美国生态批评家劳伦斯·布尔的生态批评理论的核心概念，劳伦斯·布尔撰写了生态批评三部曲：《环境的想象》《为濒危的世界写作》《环境批评的未来》。他通过生态批评三部曲形成以“环境想象”为特征的生态批评话语体系。布尔认为生态批评家应该在文学研究视野中思考当代环境危机的根源，进而寻求人与自然和谐共存的文学生态构想。布尔生态批评理论的核心概念是“环境的想象”。他在《环境的想象》一书中提出环境的想象概念，倡导一种生态批评视角或方法，认为“环境危机包含着想象的危机，改善环境在于找到想象自然以及人与自然关系的更恰当的方法”，布尔主张在对环境问题进行思考之前，我们应该有一种更符合当今时代的对“环境的想象”，即一种对自然以及人与自然关系的更恰当的理解，主张从“环境的想象”角度来思考人与自然的关系。（雷爱民）

环境新社会运动理论

Environmental New Social Movement theory

当代环境（生态）新社会运动理论从内容上讲，主要包括欧洲环境新社会运动理论、北美环境新社会运动理论，以及新时期西方环境新社会运动理论。1. 欧洲环境新社会运动理论，致力于解释生态新社会运动与西方社会结构转型之间的关系。这一理论对生态新社会运动的解释，不仅关注运动的结构性动因，而且强调生态新社会运动的文化意义。欧洲环境新社会运动理论学派的代表人物主要有法国学者阿兰·图海纳、德国学者于尔根·哈贝马斯与克劳斯·奥菲、意大利学者阿尔伯特·梅卢西。欧洲环境新社会运动理论的缺陷在于：第一，忽视运动组织在新社会运动中的重要作用；第二，忽视非左翼社会运动的影响力，以及它们与左翼主导的新社会运动之间的互动与联系。2. 美国环境新社会运动理论，主要包括资源动员理论、政治过程理论 / 政治机会结构理论等。3. 新时期西方环境新社会理论，是 20 世纪 80 年代以来随着欧美学者在生态运动理论层面的交流和碰撞而形成的一系列关于环境新社会运动的最新理论成果，主要包括社会建构理论和文化赋型理论等。（徐越）

环境新闻学

Environmental Journalism

源自美国新闻传播领域的一门新兴学科，尚没有形成清晰的学科框架、逻辑和体系，但一般认为是指通过媒体中介传播关于环境与生态的各类信息和评论的，旨在促进人与社会、自然和谐相处的学科。美国环境记者、学者罗纳尔德（Ronald）将环境新闻学追溯至 1842 年赛瑞奥（Thoreau）的著作中关于自然环境的描述给其带来的震撼。然而罗纳尔德将环境新闻学的正式诞生归于缪尔（Muir）关于自然环境受到威胁的相关描述。虽然如此，环境新闻学并没有被确切界定，只是适应新的报道类型做出的模糊的描述需要，本质上来说只是一种关于环境的新闻报道。1962 年蕾切尔·卡逊（Rachel Carson）的《寂静的春天》出版，书中关于环境危机的描述激起了新闻媒体界对于环境保护的报道热潮，从 60 年代开始，美国主流报社和杂志社，如《纽约时报》《时代周刊》《星期六评论》《国家地理》《生活》都纷纷开始报道并增加有关于环境破坏和保护的新闻和评论。由卡逊肇事的关于环境问题的描写不仅激发新闻媒体对于环境问题的广泛关注，也促使普通民众更加关注相关新闻，美国政府因此将环境问题列入国家议题，因此卡逊赋予了环境新闻学当代新闻学的意义。从 20 世纪 70 年代开始，尤其是 1970 年第一个“地球日”活动的举办，公众对于环境信息的需求达到了顶峰，环境变成一种新闻现象，环境新闻学由此得到了更加广泛的关注。至 80 年代末和 90 年代初期一系列环境灾难的发生，促使环境新闻不仅专注于事实报道，引发记者和科学家对于环境问题更深层次的反思，因此使得环境报道具有了对于环境前景预测性的倾向。伴随新闻媒体界的报道实践，90 年代初期出现了一些环境新闻的研究机构和组织，如 1990 年环境新闻记者协会成立，1991 年环境新闻学中心成立。环境新闻学目前尚集中于环境问题和保护的报道以及环境批评，对于环境新闻学的确切理解有赖于对于环境问题本身的界定。（参考：王积龙等：《什么是环境新闻学》，《江淮论坛》2007 年第 2 期第 92 ~ 96 页。欧阳文川）

环境信访

Environmental Letters and Visits

依照我国《环境信访办法》的规定，指公民、法人或其他组织采用书信、电子邮件、传真、电话、走访等形式，向各级环境保护行政主管部门反映环境保护情况，提出建议、意见或投诉请求，依法由环境保护行政主管部门处理的活动。原则有：1. 属地管理、分级负责，谁主管、谁负责，依法、及时、就地解决问题与疏导教育相结合。2. 科学、民主决策，依法履行职责，从源头预防环境信访案件的发生。3. 建立统一领导、部门协调，统筹兼顾、标本兼治，各负其责、齐抓共管的环境信访工作机制。4. 维护公众对环境保护工作的知情权、参与权和监督权，实行政务公开。5. 深入调查研究，实事求是，妥善处理，解决问题。《环境信访办法》将主体限定为环境保护行政主管部门，但实际生活中发生的大量环境污染案件，大多涉及某些地方政府和环保部门的经济效益与财政收入，因此，经常造成环保部门不认真或难以履行环境信访职责事件的发生，环境投诉案件久拖不决，导致近年来环境信访洪峰现象的发生。（刘中华）

《环境信访办法》

Rules on Environmental Letters and Visits

2006 年 6 月 24 日国家环保总局颁布《环境信访办法》，2006 年 7 月 1 日正式实施。《办法》共 45 条，目的是规范环境信访工作，维护环境信访秩序，保护信访人的合法环境权益。《办法》所称的环境信访，指公民、法人或者其他组织采用书信、电子邮件、传真、电话、走访等形式，向各级环境保护行政主管部门反映环境保护情况，提出建议、意见或者投诉请求，依法由环境保护行政主管部门处理的活动。《办法》对环境信访工作机构、信访渠道、信访事项、信访受理、信访办理督办、相关法律责任有详细规定。（张沥元）

环境信访管理

Management for Environmental Letters and Visits

指各级政府和相关部门对环境信访事务进行的行政管理。目前，我国有专门的全国性的《环境信访办法》，由国家环境保护总局 2006 年第 5 次局务会议审议通过，自 2006 年 7 月 1 日起施行。《办法》是指导环境突发事件管理的重要法律依据。各地方政府一般都颁布自己相应的环境信访管理条例，并设有专门的环境信访管理部门对环境信访事件进行管理。（刘中华）

《环境信息公开办法》

Rules on Environmental Information Disclosure

2007 年 2 月 8 日国家环境保护总局颁布《环境信息公开办法（试行）》，2008 年 5 月 1 日起施行。《办法》共 29 条，目的是推进和规范环境保护行政主管部门以及企业公开环境信息，维护公民、法人和其他组织获取环境信息的权益，推动公众参与环境保护。办法所称的环境信息，包括政府环境信息和企业环境信息。其中，政府环境信息指环保部门在履行环境保护职责中制作或获取的，以一定形式记录保存的信息。企业环境信息指企业以一定形式记录保存的，与企业经营活动产生的环境影响和企业环境行为有关的信息。办法对环境信息公开的范围、公开的方式和程序、企业环境信息公开、监督与责任有详细规定。（张沥元）

环境信息披露制度

The System of Environmental Information Disclosure

指政府制定的有关环境信息披露的政策和法规的总和，指资本市场上的有关当事人在证券发行、上市和交易等一系列过程中，依照法律、法规、证券主管部门管理规章及证券交易所等监管机构的有关规定，以一定方式向投资者和社会公众公开与公司有关的环境信息而形成的一整套行为规范和活动准则。企业环境信息披露是企业遵守和执行环境披露法律法规的表现，有利于企业自身改进生产技术和行为，发展绿色生态经济，向生态型企业转型，与此同时有利于企业自身良好社会形象的塑造和增进公众对于企业的深入了解。环境信息披露制度属于政府环境规制的具体方式之一，由于环境具有明显的外部性特征，以法律法规作为环境信息披露制度保障来限制企业环境破坏、督促企业环境保护是消除环境外部性的重要手段。有研究表明，企业的环境信息披露与环境信息法律法规的出台具有直接关联，法律法规的出台直接的表现是使原本不公开环境信息的企业在企业会计报表中公开相关环境信息数据，原来披露环境信息的企业则披露的更加详细和具体。此外，环境信息披露制度的建立使得普通公众、媒体以及投资人对于企业环境信息更加看重，无形中对企业形成了类似于环境监管的压力，媒体关注度对于企业环境信息披露有较大影响，企业由于畏惧环境负面报道而更加注重环境信息的披露，此外当重大环境事故爆发时，企业更加注重其社会形象的保持，通常会以增加环境信息披露的形式来证明自身环境安全管理的合规性。2003 年起我国陆续出台了与企业环境信息披露相关的法律法规，对我国环境信息披露制度的建立和完善起到了重要作用，然而相关的法律法规制定存在缺乏系统性和缺乏条理性的缺陷，因此较为分散和不规范。如基础性法律文件缺乏，这表现在缺乏一部专门针对企业环境信息披露的法律；各政府以及监管部门推出的相关企业环境信息披露文件不成体系，相互不衔接，因此环境信息披露制度体系难以确立。（参考：励向南：《中国企业环境信息披露制度初探》，复旦大学 2009 年硕士学位论文第 14 ~ 21 页、第 36 ~ 39 页；毕茜等：《环境信息披露制度、公司治理和环境信息披露》，《会计研究》2012 年第 7 期第 39 ~ 40 页。欧阳文川）

环境意识

Environmental Awareness

人们对环境和环境保护的认识水平和认识程度，是人们为保护环境而不断调整自身经济活动和社会行为，协调人与环境、人与自然互相关系的实践活动的自觉性。包括两个方面的含义，其一是人们对环境的认识水平，即环境价值观念，包含有心理、感受、感知、思维和情感等因素；其二是指人们保护环境行为的自觉程度。这两者相辅相成，缺一不可。环境意识，作为一种思想和观念，古已有之。但作为一个术语以及这个术语所包含的现代环境意识的内涵却是崭新的。现代环境意识首先倡导于西方，中文译文来自“Environmental Awareness”一词。（张惠娜）

环境影响评价

Environmental Impact Assessment

又称环境影响分析、环境预断评价，指对建设项目、区域开发计划及国家政策实施后可能对环境造成的影响进行预测和估计，亦称环境影响分析。1969 年，美国首先提出环境影响评价的概念，并在《国家环境政策法》中定为制度。随后日本、加拿大、英国、瑞典、澳大利亚、法国等也陆续推行。我国 1979 年颁布的《中华人民共和国环境保护法（试行）》也要求新建、改建和扩建工程对环境影响做出评价。根据开发建设活动的不同，可分为单个建设项目的环境影响评价、区域开发建设的环境影响评价和发展战略的环境影响评价，它们构成完整的环境影响评价体系；按评价要素可分为大气环境影响评价、水环境影响评价、土壤环境影响评价和生态环境影响评价等。其评价对象主要有：大中型工厂；大中型水利工程；矿山、港口及交通运输建设工程；大面积开垦荒地、围湖围海的建设项目；对珍稀物种生存和发展产生严重影响，或对各种自然保护区和有重要科学价值的地质地貌地区产生重大影响的建设项目；区域开发计划及国家长远政策等。环境影响评价内容主要有：1. 对周围环境（包括历史文物和风景等）的破坏和影响的程度；2. 对人畜健康和各种自然作物（包括农、林、牧、果、茶、鱼、藻和其他水产等）的生长和产量的影响；3. 对生态平衡的影响；4. 为保护环境和生态所花投资的多少。其程序通常先由开发者进行环境调查和综合预测，可以委托专门机构或科研单位等进行，提出环境影响报告书，然后举行公众意见听证会，最后根据各方面的意见，对方案进行必要修改，再经过主管部门批准。（参考：赵廷宁、武健伟、王贤、史明昌：《我国环境影响评价研究现状、存在的问题及对策》，《北京林业大学学报》2001 年第 2 期第 67 ~ 71 页；肖华山：《规划环境影响评价指标体系及评价方法探讨》，《金属矿山》2003 年第 12 期第 46 ~ 49 页。朱配辰）

《环境影响评价法》

Environmental Impact Assessment Law

见**《中华人民共和国环境影响评价法》**。

《环境影响评价公众参与暂行办法》

The Temporary Measure on Public Participation in Environmental Impact Assessment

2006 年 2 月 24 日由国家环保总局发布施行，是我国环保领域第一部有关公众参与的规范性文件。《办法》的出台意味着公民的环境权益得到法律性的支持，同时表明我国环保决策的进一步科学化、民主化。《办法》共 5 章 40 条，包括适用范围、对公众参与环境影响评价的一般要求、公众参与的组织形式，以及各项具体规定。《办法》明确公众参与环评所遵循的公开、平等、广泛、便利 4 项原则；明确公众、机构和部门的权利义务；划定建设单位征求意见的对象及其范围；明确公众意见征求的实践、信息公开的程序等。办法不仅有利于保障公众的环境知情权，还能够有效调动各方积极参与到公众环评中。（张沥元）

环境影响评价制度

Environmental impacts assessment system

指对环境质量有重要影响的行为，包括开发建设行为以及国家制定规划、政策和法律等行为措施，需事先对行为可能造成的环境影响进行分析、预测和评估，提出防治或减轻环境污染和破坏的对策与措施，并进行跟踪监测的环境管理制度。它是从环境保护的角度决定开发建设活动能否进行和如何进行的具有强制性的法律制度。美国是世界上最早确定这种制度的国家，由 1969 年美国国会通过的《美国国家环境政策法》建立，现在已在全球普及，在大约 100 多个国家建立。我国 1973 年提出这个概念，1979 年颁布《环境保护法（试行）》，通过法律手段使环境影响评价制度化。1989 年正式颁布的《环境保护法》第 13 条规定：“建设污染环境的项目，必须遵守国家有关建设项目环境保护管理的规定。建设项目的环境影响报告书，必须对建设项目产生的污染和对环境的影响做出评价，规定防治措施，经项目主管部门预审并依照规定的程序报环境保护行政主管部门批准。环境影响报告书经批准后，计划部门方可批准建设项目设计任务书。”2003 年 9 月 1 日《中华人民共和国环境影响评价法》获得通过，最终从法律层面上明确确立我国的环评制度。在环境影响评价制度实施过程中，国家环境保护部发布了一系列环境影响评价技术导则，包括：《环境影响评价技术导则》总纲、《规划环境影响评价技术导则》《建设项目环境影响技术评估导则》《规划环境影响评价技术导则》等等。（刘中华　代富宇）

环境友好城市 / 社区

Environment-friendly city/community

意涵上接近可持续城市（社区）和绿色城市（社区）。指采取有利于环境保护的生产方式、生活方式和消费方式，建立人与环境良性互动关系的城市（社区）。1992 年联合国里约环境发展大会通过的《21 世纪议程》中，有 200 多处使用“环境友好”这一术语，正式提出环境友好的理念。到 90 年代中后期，国际社会提出实行环境友好的土地利用和环境友好的流域管理理念，建设环境友好城市、发展环境友好农业和建筑业等城市建设宗旨也不断得以明确。2002 年召开的世界可持续发展首脑会议，将经济发展、社会进步和环境保护作为可持续发展的三大支柱，对环境友好的认同程度进一步提高，大会通过的《约翰内斯堡实施计划》多次提及环境友好材料、产品与服务等概念。日本政府 2004 年发表《环境保护白皮书》，明确提出建立环境友好型社会（社区）。

我国正处于城市化加速发展阶段，对环境和资源的压力正日益加大。为了解决资源环境约束的矛盾，必须建立与经济发展相适应的资源节约型和环境友好型的国民经济体系，走新型工业化道路，这是实现可持续发展的重要保证。因此，建设环境友好型城市（社区）是中国城市化建设与科学发展的必然选择。（徐越）

环境友好技术

Environmentally Friendly Technology

或称为环境友善技术、气候友好技术等，1992 年联合国里约环境与发展大会（UNCED）的《21 世纪议程》中首次提出，环境友好技术旨在合理利用资源和能源，循环利用更多的废弃物和产品，并以环境可接受的方式处理废弃物。从其内涵来看，环境友好技术所覆盖的范围要比低碳技术更为广泛，包括工业污染控制、清洁生产、城市化对策、农业环境保护等方面。环境友好技术不是单独的技术，而是一系列完整的包括商业秘密、技术、流程、产品、服务、设备以及组织管理方式在内的系统，逐步成为发达国家和发展中国家角逐的重要领域，所以关于环境友好技术转移的问题成为国际讨论的热点。（韩铮）

环境友好企业文化建设

Environmentally friendly enterprise culture construction

将环境友好纳入企业文化中，表示企业的领导层和职工对生态环境保护做出郑重承诺。即企业在生产经营过程中必须承担环保职责，包括生产方法、工艺流程以不损害环境为宗旨，一旦出现了损害环境的现象，企业应立即主动承担相关责任，并做出相应赔偿。进行环境友好企业文化建设，能够激励企业采用环保技术，对生产流程进行绿色改造，进而促进企业生产效率和效益的上升。（张沥元）

环境友好型社会

Environment-friendly society

指社会的生产与生活以对生态环境无害的方式进行，其核心是保护生态，从源头预防污染产生，要求最大限度地减少资源消耗；对消耗资源产生的废弃物进行再利用和循环利用；并对在目前技术水平和经济条件下没有再利用价值的废弃物进行环境无害化处理。从核心价值理念看，环境友好型社会既不同于极端人类中心论，也不同于激进的生态中心论。它以人与自然的和谐为目标，既促进人的身心健康，又促进生态美好。从经济发展模式看，环境友好型社会以经济发展与环境保护的和谐为目标，以可持续发展为理念，以循环经济为模式， 以绿色 GDP 为标准，以绿色科技、绿色产品、绿色市场、环保产业为支柱，以绿色崛起为任务，强调适度发展，适度消费。从政治制度看，环境友好型社会是高度重视政治文明的社会，它反对低效臃肿的官僚机构，反对巧取豪夺的腐败行为，反对只顾升迁而不计民生的政绩观。主张以环境公正来促进社会公正，以公众参与环境保护来推动社会的民主法制建设，以环保责任来强化官员执政为民的意识。（参考：王金南等:《环境友好型社会的内涵与实现途径》，《环境保护》2006 年第 5 期第 42 ~ 45 页。朱配辰）

环境友好型社会（社区）建设

Environmentally friendly society/community construction

指通过倡导人与自然之间和谐相处，从而实现人与人之间、人与社会之间和谐相处的动态平衡，构建以环境友好为特征的新的人类社会发展或社区存在形态。首要任务是实现低资源能源消耗、高经济效益、低污染排放和生态破坏，大力发展循环经济。重点措施包括：倡导环境文化、发展生态文明，在全社会普及追求人与自然、人与人和谐相处的普遍价值观和道德观；发展绿色科技，突破传统发展模式，以绿色科技为手段创建指向清洁、低耗、可持续发展的发展模式。要求绿色政治制度保障，包括促进科学发展观、绿色政绩考核、绿色贸易政策和经济核算等的制度

化进程等。（张沥元）

《环境与公民权》

Environment and Citizenship

中文版名为《环境与公民权：整合正义、责任与公民参与》，由英国环境政治学者马克·史密斯与皮亚·庞萨帕合著。书中探讨生态公民权，认为成功的环境政策制定依赖公民与市民社会组织的负责任行动，就像依赖于政府和国际条约一样。系统阐述后世界主义的生态公民权。作者阐述环境和生态公民权的争论，结合理论与实践分析环境运动如何越来越关切到地方、国家、地区和政府间层面的治理过程；探究法团网络和跨国网络的重要性体现在环境政策制定中的参与过程；呼吁研究者、政策制定者和活动分子有效地将环境正义和社会正义连接在一起。公民权不仅是权利，而且也是义务。作者指出“责任”对于动物、环境和自然的重要性。书中分析如何通过政治、伦理、文化和活动分子的日常活动体现环境责任，环境和社会非正义的关注如何通过市民参与引起负责任行动和战略变化。作者持有激进的生态公民权理念，强调公民与保护和改善生态环境相关联的政治职责或义务责任。中译本译者侯艳芳，济南山东大学出版社2012年出版，《环境政治学译丛》子目。（徐越）

环境与学校行动项目

Environment and School Action Projects

经济合作发展组织开展的一项环境教育项目。在社区环境教育里支持通过行动研究来促进职业发展的工作中，经济合作发展组织（the Organisation for Economic Cooperation and Development）（简称：OECD）处于领先地位。该组织发起了一项具体的“环境与学校行动项目”，包括欧洲以及其他洲的不同国家和地区，每个国家和地区都有国内协调员和几个参加的学校。如果把这个项目放在社会批判性的行动研究框架中，就出现了两种不同的模式：一种是基于社区的、行动导向的环境教育；另一种是高水平的职业发展一研究型教师，而不是限制教师去技术性地实施别人设计的课程。该项目鼓励教师研究自己，对自己的学生进行环境教育，不断地要求自己去强调对环境教育问题的关注和兴趣。从学生自己的立场看，他们从三个层面参与环境问题：个人体验和情感上；各学科的学习和研究中以及重要的社会行动。（参考：［英］帕尔默著，田青、刘丰译：《21世纪的环境教育：理论、实践、进展与前景》第149页，北京：中国轻工业出版社，2002年。王薛时）

环境与资源保护法

Environmental and Resources Protection Law

环境与资源保护法是由国家制定或认可，并由国家强制保证执行的关于保护与改善环境、合理开发利用与保护自然资源、防治污染和其他公害的法律规范的总称。包括：1. 环境与资源保护法是由国家制定或认可，并由国家强制保证执行的法律规范。由国家制定或认可，具有国家强制力和具有规范性，这是构成法律属性的基本特征之一，这一特征使它同非国家机关，如社团、组织、企业等的规章区别开来；也同由国家机关制定但不具有规范性，或不具有国家强制力的非法律性文件区别开来。2. 环境与资源保护法的目的是通过防止自然资源破坏和环境污染来保护人类的生存环境，维护生态平衡，协调人类与自然的关系。3. 环境与资源保护法所要调整的是社会关系的一个特定领域，即人们在生产、生活或其他活动中所产生的同保护和改善环境、合理开发利用和保护自然环境与资源有关的各种社会关系。（参考：

马桂新：《环境教育学》第 193 页，北京：科学出版社，2007 年。王薛时）

《环境运动：地方、国家和全球》

Environmental Movements: Local, National and Global

英国环境社会与政治学者克里斯托弗·卢茨主编的代表性著作。指出在环境问题普遍化和经济文化全球化背景下，真正的全球环境运动进展仍处于初步阶段，全球层面上的环境组织和国家层面上的环境组织面临着相似的困境。书中综合分析 20 世纪 90 年代环境运动在西欧与南欧、美国和世界其他地区的发展状况。作者认为，西方环境运动正处在十字路口。发达工业社会中不断制度化的现存环境组织，面临着更激进团体和地方性抗议者的挑战。尽管存在着日益增加的环境难题和经济与文化全球化的趋势，全球性环境运动的发展至多是初步性的。全书包括导论、西欧环境团体的组织变化：一种分析框架、制度化的辩证法；德国环境运动的转型、德国环境运动处于十字路口？英国地球第一等 12 章和结论等。（徐越）

环境运动

Environmental movement

指由公众和社会组织等非国家主体参与的，以追求环境利益为目标的集体性社会政治行动。虽然环境问题一直存在，但直到 20 世纪 60 年代末 70 年代初才被理解为一种总体性的环境危机进入公众视野。20 世纪 50 ~ 70 年代，西方社会发生的大规模环境污染事件，激发公众的环境健康意识；1962 年蕾切尔·卡逊的《寂静的春天》等著作发表，向人们展示化学杀虫剂等造成的严重工业污染，引发人们对环境污染的担忧和现代化发展模式的反思。结果是，20 世纪 60 ~ 70 年代，西方社会出现大规模的环境抗议运动、反核运动，女权运动与其他社会抗议运动，共同构成轰轰烈烈的新社会运动。这一时期环境运动的标志性事件之一，是 1970 年发生在美国的“地球日”活动，约有 2000 万民众参与 4 月 22 日环保游行，成为世界性的环境保护运动。环境运动不仅促进西方国家的环保立法和国际社会的环境治理，还使环境议题进入主流政治议程，推动欧美绿党的建立。（王聪聪）

《环境噪声污染防治法》

Environmental Noise Pollution Prevention and Control Law

见**《中华人民共和国环境噪声污染防治法》**。

环境责任保险

Environmental Liability Insurance

又称“绿色保险”，是指被保险人因污染环境而应承担的损害赔偿和治理责任为标的的责任保险。它要求投保人依据保险合同按一定的保险费向保险机构交纳保险费，当被保险人因污染环境而应承担损害赔偿和治理责任时，就由保险公司代为支付法定数额的保险金。特点有：1. 赔偿主体具有替代性，但符合污染者负担原则。2. 环境责任保险具有强制性和依赖性。3. 保险合同内容具有特定性。其功能表现为，首先可以给受害人以确实、充分地赔偿，保护第三人和社会公众的利益；其次，可以分散损失、转嫁风险，保护市场经济主体；再次，可以强化环境管理和环境损害预防，有利于可持续发展目标的实现。环境责任保险遵循最大诚实信用原则、保险利益原则、损失补偿原则、因果关系认定原则以及优先保护受害第三人利益原则共 5 项。分类有以下三种：依据环境责任保险合同的建立是否由法律强制规定，可分为强制环境责任保险和任意环境责任保险；依据环境损害索赔发生的时间是否在保险合同的有效期内，可分为事故型环境责任保险和索赔型环境责任保险；依据现代环境责任保险单对环境污染责任的约定，可分为环境损害责任保险和自有场地治理责任保险。绿色保险定义各国不尽相同。环境责任保险最初提出于 20 世纪 60 年代，由美国、法国和德国率先实行，目前正日趋成熟和完善，已经成为责任保险的重要组成部分。保险公司只对突然的、意外的污染事故承担保险责任，故意的，恶意的污染视为除外责任。环境责任保险与一般责任保险的显著不同是它的技术要求高、赔偿责任大。每一个企业的生产地点、生产流程各不相同，经营环节、技术水平各有特点，对环境造成污染的可能性和污染的危害性都不一样。这就要求保险公司在承保时有专门通晓环保技术和知识的工作人员对每一个标的进行实地调查和评估。（蔡越　史月田　代富宇）

环境哲学

Environmental Philosophy

环境哲学是指从哲学的视角观照环境问题，把环境问题纳入哲学的研究框架，重新审视人与自然的关系，建立关于环境问题的世界观，并以此指导和规范人类的行为。同时也探讨了人与自然和谐发展的理论问题及实现途径。从哲学层次上研究以人与环境关系为中心的最基本的世界观的一门边缘科学。环境哲学从人与环境的关系出发，探究宇宙最根本、最普遍的规律，从而指导人们安身立命，协调人与自然的关系，并从根本上解决人与环境冲突的指导思想。环境的本体是天人合一体，环境哲学的本体论是天人合一论。宇宙万物平等的原则，是环境哲学第一条最高原则。人类的行为不当，必然会导致自然界的报复；自然界的生态失控，必然会引发人类社会的动荡。让宇宙万物各得其所，共生共荣。所以天人感应，是环境哲学又一条最高原则。中国古代环境哲学思想的中心是天人合一。当人的精神生活高度发展，相对独立于社会和自然后，天的意义转化为内在于人的道德依据，天人合一达到最高理论层次，意味着个人、社会与宇宙万物在道德上一体无分，要求人的发展服从宇宙万物总体的演化。历代各家对天与人的意义，以及天人关系的阐述虽有不同，但天与人相合而不是相分，却始终是环境哲学思想的主流。马克思主义认为，分析人与自然的关系是考察社会发展历史的前提。马克思和恩格斯首先把环境问题与社会问题联系起来，认为环境问题是历史前进中的问题，必须而且可以在社会发展的过程中与社会问题统一得以解决。这些环境哲学思想在当代仍具有指导意义，是解决环境冲突的最基本的指导原则。（牟世晶）

环境整体主义

Environmental Holism

现代西方环境运动的一种意识形态，认为人与自然、人与社会、社会与自然的存在构成了世界。世界的本体既不是纯客观的自然，也不是脱离自然的人，而是一个人与自然、人与社会、社会与自然三位一体的具有生命的有机整体和生态系统。环境整体主义承认人类具有生存权，也不逾越生态承受能力，更不违背整个生态系统的发展规律。主张把人类的物质欲望、社会经济增长、对自然的改造利用限制在能为生态系统所承受的范围内。环境整体主义反对长期存在的传统的主宰自然的理性人，强调具有生态伦理知识的理性生态人。环境整体主义的价值观，把已有主体看作是自然系统中的“普通一员”，并通过其相互间的辩证关系构成了系统的概念。从理论上说，它对于克服传统哲学价值观对人与自然关系的片面理解，否定整体与局部的关系具有积极的意义；从实践上说，它对于我们克服当今人类面临的困境和危机、保护自然环境、维护生态平衡也具有十分积极的意义。（牟世晶）

环境正义论

Environmental Justice Theory

环境正义论是环境哲学研究中的前沿课题，发展中国家与发达国家之间的国际环境正义是其中的主要问题。关注发展中国家环境伦理问题，即是在环境伦理探求一种适应发展中国家实情的话语表达、理论模式、逻辑框架、实践方式。这就要批判地接受西方环境伦理思想，反思可持续发展思想，探究发展中国家环境与发展矛盾的问题（如贫困与环境、人口与环境、贸易与环境）上的伦理特质，提出发展中国家环境伦理的实践形式，如政府的、企业的、个人的。（牟世晶）

环境正义运动

Environmental Justice Movement

1981年美国民权运动活动家本杰明·查维斯·穆罕默德（Benjamin Chavis Muhammad）博士首次提出环境种族主义观点，被环保基层活动分子称为“后现代环境正义运动之父”。1982年，环境正义运动在北卡罗来纳州开始。起因是1981年11月，地区法庭对于沃伦县贫困黑人聚集区反对州政府在当地填埋多氯联苯有毒废料的案件做出了不利于起诉人的判决。在当地居民的抗议下，美国审计总署开始审查美国东南地区废料填埋与当地人口构成之间的关系，并于1983年发表《危险废料填埋地址及其与周边社区种族和社会经济地位的相关性》报告。1987年，基督教联合教会种族正义委员会发表了关于危险设施和废料地址的全国性研究。这两个报告对于少数族裔社区在环保方面的动员和环境正义运动的发展产生了重大影响。围绕环境正义的科学研究强化了环境正义运动的政治影响力。这一运动对于世界环境保护运动的贡献在于：推动环境保护运动从精英运动向民众运动的转变，从少数社会上层和知识阶层扩展到社会下层和劳工阶层，引起社会下层对于环境保护的觉醒和参与。参与环境正义活动的组织，除诸如塞拉俱乐部、奥杜邦会社、地球之友、绿色和平组织等环保组织外，也有诸如绿色行动、健康环境与正义中心、反对环境种族主义联盟等环境正义组织。而在国际上，也出现了围绕环境正义的南方（发展中国家）与北方（发达国家）的国家利益和政治意识形态冲突。对此，美国作家保罗，德里森于2003年出版了《生态帝国主义:绿色权力，黑色死亡》一书，针对发达国家将西方环保主义观点强加给发展中国家、无视发展中国家人民的贫困生活的蛮横做法，提出生态帝国主义的概念。（牟世晶）

环境政策

Environmental Policy

政府为解决一定历史时期内的生态环境问题，落实环境保护事业的发展战略，并达到预定的环境治理目标而制定的行动指导原则与举措。环境政策体现了国家对环境保护的基本态度、目标和措施，已成为各国最重要的社会公共政策之一。20世纪60年代以来，发达国家开始改革以前的自然资源利用的组织和制度，整顿私人资本对自然资源的开采利用方针，普遍制定了环境法律与政策（如美国的《国家环境政策法》和日本的《公害基本对策法》）。在我国，从1973年提出“32字方针”至今，环境政策已具备基本国策的重要地位，与经济、人口和就业等政策一起，成为社会经济协调发展的重要保障。环境政策具有现实性与有效性、稳定性与可变性、原则性与灵活性、层次性与相关性相结合等特点。（徐越）

环境政治

Environmental Politics

有时也称为生态政治或绿色政治，在理论层面上，指人类如何构建与维持生存的自然环境基础间的适当关系，其中包括人类与地球及其生命存在形式的关系和以生态环境为中介的人们之间的关系。在实践层面上，指人类不同社会或同一社会内部不同群体对某种类型环境问题或对环境问题某一层面的认知、体验和感悟及其政治应对。基于这一思路，环境政治可以划分为内容上密切关联的三个部分：绿色思潮（生态政治理论）、绿色运动（环境运动组织或团体）与绿党（绿色政党政治或政策）。按照激进程度或颜色深浅区分，有环境主义和生态主义两种类型。随着现代环境问题所呈现出的全球性向度，环境政治已不仅是以民族国家为核心政治舞台而展开的不同政治角色解读、消化和回应生态环境议题的新型政治现象（包括民族国家之内的区域与地区性环境政治），还是基于不同价值观念与现实利益的、以民族国家为代表的政治主体，在国际、跨国或

全球层面就生态环境议题展开的既冲突又合作的非传统政治过程。（王聪聪）

《环境政治》

The Politics of the Environment: Ideas, Activism, Policy

英国著名政治学者、约克大学政治、经济与哲学学院院长尼尔·卡特（Neil Carter）教授的代表作，剑桥大学出版社 2001 年出版。本书作为大学政治学系本科生教材，为环境政治学领域学生和其他读者提供系统性的指南。书中主要就环境政治学思想和理论、压力集团和政党政治，以及环境政策、规制和实施等有全面论述。书中还引用大量的实证材料和细节描述，对复杂的概念和定义做了透彻分析和阐释。本书是环境政治学领域的精品教科书之一。（徐越）

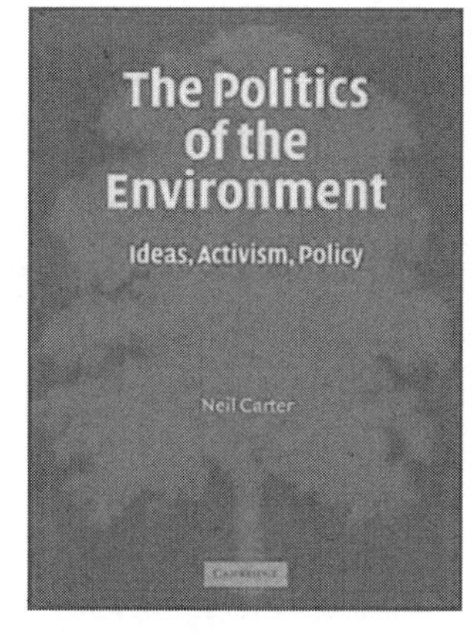

《环境之美：环境美学的基本模式》

The Beauty of Environment

1986 年，芬兰约恩苏大学教授瑟帕玛出版《环境之美：环境美学的基本模式》，是第一部生态美学研究专著。瑟帕玛也由此成为欧洲生态美学的代表人物。瑟帕玛在传统分析美学基础上研究环境之美，提出环境美学本体论。在《环境之美：环境美学的基本模式》一书中，他认为：环境美学的核心问题是关于审美对象的问题，环境成为审美对象，它与人的自由选择与自主加工相关。他提出元批评理论，认为人与自然是一种元批评关系，人类的描述、阐释和评价对环境审美与环境美学非常关键。他提出环境应用美学，主张从环境教育、环境立法等方面推进环境美学实践。（雷爱民）

环境质量安全底线

Environmental Quality and Safety Bottom Line

环境质量安全底线作为生态保护红线的重要组成部分。指保障人民群众呼吸上新鲜的空气、喝上干净的水、吃上放心的粮食、维护人居环境与人类生存的基本环境质量需求，必须严格执行的最低环境管理限值，是保障基本环境民生和安全的底线。按照管理对象和领域，环境质量安全底线包括 4 个方面管理要求：1. 红线空间界定，根据环境系统敏感性、脆弱性和重要性评价结果，明确需要特别保护或治理的空间区域。2. 环境质量达标，主要指水、大气、土壤等环境要素达到环境功能区要求。3. 污染物排放，根据环境功能区要求确定排放标准，全面减排。4. 环境风险管控，指建立环境与健康风险评估体系，推进环境风险全过程管理。按照环境要素和当前环境保护重点，环境质量安全底线体系分为水环境红线、大气环境红线和土壤环境红线 3 类 . 其中水、大气环境红线要基于水、大气环境功能重要性、敏感性与脆弱性评价结果，划定水、大气环境红线控制单元；土壤环境红线指为保障农产品质量安全，将 18 亿亩耕地划定为红线并予以管控，然后设立相应水、大气、土壤环境质量目标、污染物排放控制目标和风险管理要求。（蔡越）

环境质量指标

Environmental Quality Indicator

中国省域生态文明建设评价指标体系的四大核心考察领域之一，下设的三级指标包括地表水体质量、环境空气质量、水土流失率、农药施用强度。具体而言，由于我国目前较完整的水质统计数据主要针对各省级行政区主要河流，因此，使用各省域主要河流状况来衡量各省整体水体质量；由于我国发布的空气质量统计数据仅包括部分城市的空气质量，因此，各省整体空气质量状况通过省会城市空气质量状况来代表；由于国土资源部开展的各省土地质量状况结果还未向社会公布，因此，只能通过水土流失率和农药施用强

度来进行衡量。（张沥元）

环境质量指数

Environmental Quality Index, EQI

环境质量参数和环境质量标准的复合值，应用于污染物排放评价、污染源控制或治理效果评价、环境污染程度评价等方面。在中国，环境质量指数的计算于“十五”期间引入，计算方法为：以 1995 年为基准年，1995 年各要素的平均综合污染指数与其他年度对应各环境要素的平均综合污染指数相比得到分指数，各要素的分指数加总得到环境质量指数。环境质量指数越高，环境改善程度越高，环境质量越好。计算公式为 $E = Ei = Poi / Pi$，其中 E 为某年度环境质量指数；Ei 为基准年（1995 年）某环境质量要素平均综合污染指数与某年度对应环境要素平均综合污染指数的比值所得的分指数；Poi 为基准年某环境质量要素平均综合污染指数；Pi 为某年度某环境质量要素平均综合污染指数。（石艳峰）

环境治理与生态修复制度

Environmental Governance and Ecological Remediation System

生态文明建设的重要制度创新与改革目标之一，指通过政府、市民、企业的合作，停止或减轻对生态环境的人为干扰，采取行政手段、技术手段和法律手段等对遭到破坏和损害的生态环境进行修复。建立环境治理制度，意味着政府致力于制定可持续发展相关政策，并强化监督过程、建立长效机制；企业应树立责任意识，坚持生产经营过程的绿化；公民则应树立社会主义生态价值观，强化环境问题的参与意识。生态修复指通过相关技术和方法，将被损害的生态系统恢复到被干扰之前的状态，如退耕还林、归还湿地等措施。建设生态修复制度，意味着政府需要加强生态修复相关的技术、方法的科学研究；制定生态修复法规、条例，形成完备的生态修复法律制度；加强对开发项目的审批等。（张沥元）

环境主义

Environmentalism

通常泛指与自然环境的保存、恢复和改善，诸如自然资源的保护、污染防治和恰当的土地利用相关的一切思想与行为。作为现代词汇，常常与绿化、环境管理、资源利用、减小浪费，以及环境义务、道德规范、公平公正等生态环境保护用语相联系。因而大多数学者和理论工作者，把环境主义视为相对于其他政治理论或思想的绿色政治意识形态。但根据环境政治科学家安德鲁·多布森的观点，环境主义可以与一切传统意识形态相结合，如保守主义、自由主义或社会主义等等，只有生态主义才能构成一种独立的意识形态。基于此，他对环境主义和生态主义、环境公民和生态公民、环境正义和生态正义等组词汇，做了严格意义上的区分。（郇庆治）

《环境主义和政治理论》

Environmentalism and Political Theory

澳大利亚墨尔本大学社会与政治学院教授、政治学系主任罗宾·艾克斯利的代表著作之一，纽约州立大学出版社 1992 年出版。书中基于当代政治思想理论，对环境主义做了细致综合的分析。通过分析阐释绿色政治思想和西方各主要政治传统之间的关系，作者认为，对环境保护和政治理论的探究，注定要成为世界范围政治学研究中的日益重要的组成部分。基于生态中心主义价值观的生态自治主义理论，确实提出了不同于传统政治学理论的生态政治主张，成为系统相对独立的生态政治学流派。但作为系统的政治学理论，还有着许多缺陷，比如人性本质上是不是合作的，以及非集中、基层民主和合乎人性

规模的另一面。因而，在她看来，生态自治主义虽然在某种程度上实现了哲学价值观的更新，但作为生态政治理论还很不成熟。然后，作者提出自己的生态自治主义理论改进方案：一种将生态自治主义强调的文化与个性更新作用与民主理性的民族国家管理功能结合的、以自我管理为主的未来社会模式。（徐越）

环境资本运营

Environmental Capital Operation

指通过对环境资本使用价值的有效运用，即对其运营过程进行有效的计划、组织、实施和控制，依据环境资本的消费及其形态的变化，实现环境资本长期收益整体最大化而进行的活动，保持环境资本存量非减性。随着人类工业化进程的持续快速推进，环境的相对价格发生改变，环境的属性不再是自然物、环境资源逐步演化为环境资本。环境资本运营的目标是在环境可持续发展原则下，使环境资本更有效率，并不断扩大环境资本环境功能和服务，增进环境效益，使环境资本在再生产过程中实现增值与保值。环境资本运营的主体有三个，宏观主体是政府；中观主体是企业；微观主体是社会公众。由于生态环境是环境资本的空间存在形式，因此环境资本运营的对象具体表现为环境质量要素。环保技术和投资是环境资本运营的支持条件。（蔡越）

环境资产

Environmental Assets

指具有如下三种功能的所有自然要素的总和，一是资源功能，可以为经济体系提供基本物质资料；二是受纳功能，能接受经济体系排放的废弃物；三是生态服务功能，为包括人类在内的生命体提供景观和栖息地。这样定义下的环境资产概念与经济资产中的人造资产并列存在，并且可以为系统描述经济与环境的关系提供前提和支持。环境资产的经济利用，从资产角度看，指核算时期内投入经济过程被利用消耗的环境资产；从经济过程看，是一时期为获得经济产出而利用消耗的资源环境。对环境资产的经济利用进行货币估价的结果是资源耗减价值和环境退化价值，二者反映当期为经济活动所消耗的资源环境投入的货币价值，是经济产出的资源环境成本。（蔡越）

环境资源价值揭示偏好价值评估法

Environmental Resources Value Revealed Preference Value Evaluation Method

1. 内涵资产定价法（Hedonic Property Pricing）：基于人们赋予环境的价值可以从他们那购买具有环境属性的商品的价格中推断出来的。2. 防护支出法与重置成本法（Preventive Expenditure Approach & Replacement Cost Approach）：根据人们为防止环境退化和环境被破坏后所将其恢复原状所准备与需要支出的费用来推断环境资源价值。3. 旅行费用法（Travel Cost Approach）：用来评价那些没有市场价格的自然景点或者环境资源的价值，评估的是旅游者通过消费这些环境商品或服务所获得的效益。（史月田）

环境资源价值直接市场评价法

Environmental Resources Value Direct Market Evaluation Method

1. 剂量－反应方法（Dose-Response Technique（Capital letters））：指通过一定的手段评估环境变化给受者造成的影响的物理结果，该方法为其他直接市场评价法提供信息和数据基础，主要用于评估环境变化对市场产品或服务的影响，不适用于对非使用价值的评估。2. 生产率变动法（Changes In Productivity Approach）：该方法认为环境变化可通过生产过程影响生产者的产量、成本和利润，或是通过消费品的供给与价格的变动影响消费者的福利。可用于非市场交易物品。3. 疾病成本法和人力资本法（Cost of Illness Approach & Human Capital Approach）：此方法用来估算环境变化造成的健康损失成本。机会成本法：以稀缺资源投入某特定用途后所放弃的在其他用途中所能获得的最大利益。适用于对自然保护区或有唯一性特征的自然资源的开发项目的评估。直接市场评价法适用于由于环境变化造成的环境资源价值的改变，评价对象的环境影响的物理效果明显，且该物品是可交易的。（史月田）

环境自净能力

Self-purification Ability of Environment

生态系统内部具有自动调节功能，环境系统中的能量流动和物质循环在一定条件下保持着平衡状态，这种平衡状态所依赖的就是环境的自净能力。当污染物进入水体、大气或土壤等环境系统后，不是静止不变的，而是随着生态系统的物质循环，在复杂的生态系统中不断迁移、转化。污染物通过大气、水流的扩散、氧化以及微生物的分解作用，被转化为无害物，使其中污染物质的浓度和危害程度自然降低，这种作用称为环境的自净能力或自净作用。根据发生的机理环境自净能力可分为物理净化、化学净化、生物净化三种。但环境自净能力是有限的，当污染物量超过环境自净能力时，就会出现环境污染。（韩铮）

缓冲区理论

Buffer Theory

缓冲区指位于核心区之外且具有一定面积的区域，这一概念最早是由 Victor Shelford 在 1941 年正式提出的，最初的定义是用来强调其形状和功能。这一概念提出了一种基于资源保护的理论，在一定空间内，建立缓冲范围，本质上也是一种资源影响范围的延伸，这与城市公园绿地的服务功能相类似，也是一种影响范围的表达。目前，常见的缓冲区类型有传统利用区、森林缓冲区、经济缓冲区、绿道缓冲区等。绿道缓冲区是指围绕绿道进行生态控制的范围。在城市绿道系统规划中，通过建立缓冲区可以实现对绿道的生态缓冲与保护，为使用者提供良好的开敞和活动空间，同时为周边社区提供一定的利益。（李雪姣）

荒漠化

Desertification

荒漠化是干旱区、半干旱区和某些湿润地区生态系统的贫瘠化，是由于人类活动和干旱共同影响的结果。这些生态系统的变化过程可以用测定优势植物生产力的下降，生物量的变动，动植物区系的差异，土壤退化和对人类所增加的危害等等予以表达（联合国 1997）。荒漠化表现：1. 古沙翻新。即气候条件或人类活动使风成沙堆积层暴露地表，覆盖在地表非风成沙沉积层之上。2. 沙丘活化。即原来固定的风成沙丘，由于植被减少，土壤水分降低，在风力作用下，重新活动起来，即由固定沙丘向流动沙丘的发展过程。3. 沙丘迁移入侵。即原临近沙丘的非沙漠地区，由于风力作用，使沙丘迁移入侵到这些地区。4. 原非沙漠的地区， 即在风蚀粗化——沙化的作用下，产生了风成床面形态的过程。荒漠化是地理环境演变最不利于人类活动的一种趋势性灾害，它使全世界大片土地荒芜，给区域经济发展带来了许多困难。需要注意的是，荒漠化与沙漠化两者的区别。从生态学角度看，凡土地生物量下降，动植物群落组成改变，荒漠种属的增加都说明一个地区的土地向着荒漠化方向发展，只要地表没有出现流动沙丘，也没有覆沙现象，不能称为沙漠化。沙漠化集中出现的地区表现为沙漠范围的扩大以及半干旱地带或荒漠与草原过渡地带内因人为活动频繁引起的人造沙漠。沙漠指的是沙丘分布地区，可见沙漠化所涉及的范围远比荒漠化小得多。目前我国还普遍采用 “沙化”这个名词，含义指土地退化。在我国草原、黄土高原和亚热带地区，都出现土壤侵蚀和水土流失，这些只能是土地退化过程造成的，而不是荒漠化过程的产物，所以沙化既不指荒漠化，也不是一般所说的沙漠化。荒漠化虽然是自然、社会、经济及政治因素相互作用的结果，但主要是人类不合理的经济活动造成的，如过度放牧、盲目垦荒、围海造田、过度抽取地下水等，都是造成荒漠化的主要原因。世界上荒漠化最严重的是非洲；中国北方有较大面积以风沙活动为显著标志的沙漠化土地，主要分布在内蒙古东部、河北北部等地的干旱草原地带，新疆、甘肃和内蒙古西部沙漠地带的外围，由西北到东北形成一条不连续的弧形地带。荒漠化是重要的全球生态环境问题，其成因主要有自然因素，包括气候干旱，频繁风暴和地表物质疏松、植被覆盖率低；人为因素，包括人类过度经济开发，过度樵采、过度放牧、过度开垦、水资源利用不当等。荒漠化导致植被破坏，会加速土壤中水分与养分的流失，使之丧失生产力，引发生态环境恶化、造成巨大经济损失、为沙尘暴提供沙源等严重后果。（参考：慈龙骏：《我国荒漠化发生机理与防治对策》，《第四纪研究》1998 年第 2 期第 97 ~ 107 页；董光荣、吴波、慈龙骏、周欢水、卢琦、罗斌：《我国荒漠化现状、成因与防治对策》，《中国沙漠》1999 年第 4 期第 318 ~ 332 页。朱配辰　任傲尘）

荒漠化防治

Prevention and Cure of Desertification

荒漠化防治是对土地沙漠化、石质荒漠化、次生盐渍化等土地退化现象的预防与治理工作。荒漠化防治以人与自然协调为核心，原则上坚持维护生态平衡与提高经济效益相结合，以治山、治水、治碱、治沙相结合。内容包括预防具有潜在荒漠化危险的土地；扭转发展中的荒漠化土地退化；恢复已经发生荒漠化的土地生产力。荒漠化防治的具体措施有：1. 合理利用水资源，优化灌溉系统，减少水资源浪费；利用生物措施和工程措施构建防护体系，如植树种草、防风固沙、退耕还林还草。2. 调节农、林、牧用地之间的关系。3. 采取综合措施，多途径解决农牧区的能源问题。4. 控制人口增长，缓解资源争夺等。荒漠化防治需注意采取因地制宜的方法，建立早期预警系统，科学治理。（任傲尘）

荒漠化防治议题

The prevention and control of desertification issue

全球性重大生态环境议题之一。土地荒漠化指干旱、半干旱及部分半湿润地区，由于人为不合理的经济活动（如过度垦殖），破坏原本比较脆弱的生态平衡，使原来并非荒漠的地区出现类似荒漠景观的土地退化过程。根据联合国环境署的资料，全球受到荒漠和土地荒漠化影响的地区约有 32 亿多公顷，约占全球陆地面积的 1/4；其中 55％分布在非洲，35％分布在亚洲，并以每年 600 万公顷的速度增长。因此，土地荒漠化是当前人类所面临的重大生态危机之一。1977 年联合国召开世界荒漠化会议提出治理荒漠化的行动纲领。同时，联合国环境规划署组织各国科学家合作编制 1:2500 万的世界荒漠化地图，提出气候与荒漠化、荒漠化与生态变化、人口社会与荒漠化、技术与荒漠化的四个研究报告。专家公认的是，通过保持土地的湿润，加强土地保湿，使保湿度大于干燥度，是荒漠化逆转的最关键因素，植树造林、防治水土流失是目前荒漠化防治最基本的举措。（申森）

荒漠生态系统

Desert Ecosystem

以极其耐旱的灌木、小半灌木和肉质植物占优势的生物群落与其周围环境所组成的陆地生态系统。荒漠生态系统由于其环境的严酷性决定了它的脆弱性和不稳定性。荒漠生态系统的水分收入极少而消耗强度却很大，夏季昼夜温差大，冬季严寒，因此植被稀疏，其结构与营养级较少。恶劣的气候和有限的生产者仅能维持一些有特殊适应能力的昆虫、爬行类、啮齿类和鸟类，大型哺乳动物种类很少。荒漠生态系统是整个生态系统分布较广泛的一个重要子系统，但是由于其脆弱性，易遭到自然灾害和人为因素的破坏，并且恢复困难缓慢，具有不可逆性。对荒漠的开发利用，重要的限制因素是水，所以在荒漠的开发利用过程中，要注意遵从生态系统规律和特点，结合植物需水量，采取喷、滴灌等措施节约水源，并采用草、灌、乔综合治理才能改善环境以求得较大的生产力，否则极易造成不可修复的生态破坏。（朱雨晨）

荒漠生态学

Desert Ecology

荒漠生态学是研究干旱环境下的生物适应机制、生物与环境相互关系、生物与能量的物质转换和流动之间相互作用的学科。具体研究内容包括荒漠干旱地区生物和非生物相互作用的过程、荒漠的生物多样性、荒漠化成因及防护措施等。荒漠化的问题严重，研究发展荒漠生态学为我国生态文明建设提供了科学基础。（任傲尘）

《荒野的呼唤》

The Call of the Wild

美国著名作家杰克·伦敦所著的中篇小说，第一版由出版商 Macmillan1903 年发行。故事围绕着当时社会中盛行的淘金热，将在这种特殊环

境中挣扎的狗的世界表现得淋漓尽致。故事主要叙述了“主人公”巴克从文明的人类社会回到狼群原始生活的过程。从小生活在温室环境中的巴克被偷着拐卖到原始荒野当雪橇狗。残酷的现实触动了巴克由于人类文明的长久熏陶而向大自然回归的本能和意识。恶劣的生存环境锻炼了巴克，他在历练中不断成长。最终通过战胜狗王斯匹茨而赢得了拉雪橇狗群中的头把交椅。当残暴的哈尔将巴克打得遍体鳞伤、奄奄一息时，约翰·桑顿的解救让巴克感受到温暖并决定誓死效忠恩主，但恩主的遇害彻底打碎了巴克对于人类社会的留恋，从而促使巴克坚定决心，毅然走向荒野，回归自然。《荒野的呼唤》比较流行的中译本由蒋天佐翻译，外国文学出版社于 1981 年出版发行。（王薛时）

《黄帝内经》人文生态观

The humanistic ecological view of Internal Classic

《黄帝内经》是一部有名的中医著作。其中主要论点是阴阳五行与五运六气，涉及地球生态系统的基本内容。人是地球生态系统的主人，《黄帝内经》的目的在于为人治病与防病，使人常居生态而远离病态。因此按《黄帝内经》的要求，人要健康长寿，必须以人性、人伦、仁德为重；同时，还要根据周围的生态环境从水光山色摄取能量与信息。《黄帝内经》认为，四时阴阳是万物生长的条件，人应顺从四季的阴阳消长之道，注意养生、养长、养收、养藏。同时，人体的内环境与自然的外生态系统也是彼此联通的，强调人体与宇宙是统一的，就是说天道与人道是贯通的，人体是宇宙系统中的一个小宇宙。大自然生态系统中的各种变化，如寒暑温燥风都会影响到人体的五脏。《黄帝内经》以人为中心把人体的内环境与外在生态系统沟通了，从整体方面立论，确立了以人为中心的人文生态观。（牟世晶）

黄河三角洲高效生态经济区

Efficient eco-economic area of Yellow-River Delta

2009 年 12 月 1 日国务院批准《黄河三角洲高效生态经济区发展规划》，黄河三角洲的开发建设正式上升为国家战略。黄河三角洲经济区包括山东省东营市、滨州市全部及潍坊市、德州市、淄博市、烟台市部分地区，共 19 个县（市、区），陆地面积 2.65 万平方千米，约占山东全省面积的 1/6。黄河三角洲高效生态经济区建设以资源

高效利用和生态环境改善为主线，着力优化产业结构，完善基础设施，推进基本公共服务均等化，创新体制机制，率先转变发展方式，提高核心竞争力和综合实力，打造环渤海地区具有高效生态经济特色的重要增长区域，在促进区域可持续发展和参与东北亚经济合作中发挥更大作用。（张沥元）

《黄河生态报告》

Ecological Profile for Huanghe River

长篇纪实文学。黄河一直被称为中华民族的母亲，但近年来黄河水土流失、断流、污染等生态恶化状况令人触目惊心。作家哲夫随中华环保世纪行记者团从黄河源头走到黄河入海口，行程上万公里，纵横8省区，采访了8省区的领导人。他以自己的亲身感受，通过一个个故事和人物访谈，以及各种现实的或是历史的数据，给正在轰轰烈烈实施的中西部大开发出示了这样一款警告：历史的经验告诉我们，如果不注意生态环境的保护，大开发便会带来大破坏，大灾难。本书可以称之为是一部全面反映黄河水土流失和污染状况的权威性作品。《黄河生态报告》由花山文艺出版社于2006年出版发行。（王薛时）

黄河水利委员会

Yellow River Conservancy Commission

代表水利部行使所在流域内的水行政主管职责，为水利部直属的事业单位。主要职责包括：保障流域水资源的合理开发利用；保障流域水资源的管理和监督；统筹协调流域生活、生产和生态用水；流域水资源保护工作；负责防治流域内的水旱灾害；指导流域内水文工作；指导流域内河流、湖泊及河口、海岸滩涂的治理和开发；指导、协调流域内水土流失防治工作；负责职权范围内水政监察和水行政执法工作，查处水事违法行为等。从1946年到2006年，黄河水利委员会在解决决口泛滥、开发利用水电资源、治理水土流失、进行河口治理等方面积累丰富经验，并取得显著的成就。（张沥元）

黄老之学

The Thought of Yellow Emperor and Lao-tzu

黄老之学是中国古代战国时期的哲学、政治思想流派，尊奉传说中的黄帝和老子为创始人。黄老之学是除老庄学派之外道家的最大分支，代表人物尊崇黄帝和老子及其思想，吸收阴阳家、儒家、法家、墨家等学派的观点，流行于汉初。以《老子》思想为本，结合黄帝方术，整合儒法，参用刑名，兼顾内修与外炼，形成“指约易操、事少功多”的君人南面之术。黄老之学利用黄帝方术对《老子》道论进行改造，扩展道的应用范围，使无为、因任等道的特征扩展到人类社会，改造和扩充法的范围，使法突破“条文律令”含义而成为天道在人间社会的投射，完成了法天而治人的理论构建，黄老之学借鉴和吸收法家法、术、势及刑名观念，形成一整套可具体操作的法术刑名的政治思想，黄老之学为当时国家管理和政治实践提供系统的、可操作的理论指导。（雷爱民）

灰色预测

Gray Forecast

华中科技大学的邓聚龙教授提出的理论。指通过少量的、不完全的信息，建立数学模型并做出预测的一种预测方法，它可以对事物发展规律做出模糊性的长期描述，是研究解决灰色系统分析、建模、预测、决策和控制的理论。灰色系统是黑箱概念的一种推广，是既含有已知信息又含有未知信息的系统。目前常用的一些预测方法需要较大的样本。若样本较小，常造成较大的误差，使预测目标失效。而灰色预测模型所需要建模信息少，运算方便，建模精度高，在各种预测领域都有着广泛的应用，是处理小样本预测问题的有效工具。常用的灰色预测有5种：1. 数列预测，即用观察到的反映预测对象特征的时间序列来构造灰色预测模型，预测未来某一时刻的特征量以及达到某一特征量的时间。2. 灾变与异常值预测，即通过灰色模型预测异常值出现的时刻。3. 季节灾变与异常值预测，即通过灰色模型预测灾变值发生在一年内某个特定季节的灾变预测。4. 拓扑预测，将原始数据作曲线，在曲线上按定值寻找该定值发生的所有时点，并以该定值为框架构成时点数列，然后建立模型预测该定值所发生的时点。5. 系统预测。通过对系统行为特征指标建立一组相互关联的灰色预测模型，预测系统中众多变量间的相互协调关系的变化。（参考：刘思峰：《灰色系统理论的产生与发展》，《北京航空航天大学学报》2004 年第 4 期第 267 ~ 272 页。朱配辰）

挥发性有机化合物

Volatile Organic Compounds（VOCs）

挥发性有机化合物一般是指室温下饱和蒸气压超过 70.91Pa 或沸点小于 260 摄氏度的有机物，包括芳香烃、卤代烃、脂肪烃和醛类等。挥发性有机物广泛存在于工业生产过程和日常生活中，工业来源主要是石油、化工和一些轻工业如制药、印刷、涂料等行业；生活来源主要是汽车尾气、建筑材料、室内装饰材料和办公用品等。我国空气中的挥发性有机物呈现范围广、排放量大、种类多、毒性强等特点，挥发性有机毒物通过呼吸道和皮肤进入人体后，会对人的呼吸、血液、肝脏等系统和器官造成暂时性或永久性损伤。对于挥发性有机污染物的政策管理，广东省在 2010 年率先制定《家具行业挥发性有机化合物排放标准》《印刷行业挥发性有机化合物排放标准》《表面涂装（汽车制造业）挥发性有机化合排放标准》《制鞋行业挥发性有机化合物排放标准》4 种工业生产排放标准，有效控制挥发性有机物的排放，减少空气污染源，进一步保障当地居民健康。（参考：罗晓璐：《空气中挥发性有机化合物的研究进展》，《浙江大学学报》（理学版）2001 年第 5 期第 547 ~ 556 页。刘阳）

恢复力

Restoring Ability

恢复力指生态系统遭受外来干扰破坏后，将生态系统恢复到原状的能力，包括维持其重要特征，如生物组成、结构、生态系统功能和过程速率的能力。现实生活中常见的污染水域切断污染源后，其生物群落的恢复就是系统恢复力的表现。目前，恢复力理论主要包括工程恢复力和生态恢复力两种观点。工程恢复力基于单一稳定状态假设，假设系统有一个“最优”的平衡状态，当系统出现非稳定状态时，就应采取措施使系统恢复到平衡稳定状态。因此，工程恢复力强调效率、恒定，强调预见性和功能有效性的维护，把安全保障的工程性要求作为研究的核心。在方法上，工程恢复力借鉴了数理思维即工程学原理，其研究对象一般是简化、抽象的生态系统或传统的工程系统，如小围场内的生物实验。工程恢复力有两种界定方式，一种是指生态系统恢复到与受干扰之前基本一致状态的能力；另一种是一个系统经历扰动之后恢复到平衡或稳定状态所需要的时间。生态恢复力假设存在多个稳定状态，它关注的不是恢复到单一稳定状态的时间或能力，而是稳定状态间的转换。生态恢复力注重系统的持久性及功能的延续性，关注系统状态变量发生转化的临近点，即系统在保持自身结构不变的前提下，通过调整系统的行为控制参数及程序，能够吸纳或抵抗的扰动量。在实践中影响恢复力的因素包括：1. 生物多样性。生物多样性则是生态系统存在和发展基础，从而是影响恢复力的重要因素。2. 生态存储。生态存储是生态恢复力的关键成分，其存在意味着生态系统的历史遗产将影响其现在和未来的生态；生态系统应对环境变化的恢复力是由其生物和生态资源决定的。3. 生境条件。生态演替受当地生态环境条件和景观背景的影响。4. 气候，主要是通过中长期的温度、辐射和湿度影响光合作用以及其他植物生理过程。（参考：闫海明、战金艳等：《生态系统恢复力研究进展综述》，《地理科学进展》2012 年第 3 期第

303～314页。朱配辰）

恢复生态学

Restoration Ecology

指研究生态系统退化的原因及其恢复与重建技术和生态过程机理的生态学分支学科。恢复生态学最早由美国学者Aber和Jordan于1985年首次提出，该学科起源于欧美国家对开矿后土壤植被的修复，后来扩展到关注各类生态系统的退化与修复。生态恢复最关键的是系统功能的恢复和合理结构的构建，因此“恢复”不仅指恢复生态系统的原貌或原先功能，而且也有重建或改造的含义，即通过改良和重建等手段对在自然灾害或人类活动下受到破坏的自然生态系统进行恢复与重建，使其重新具有利用价值并恢复其生物学潜力。恢复生态学的发展受到了遗传生态学、生理生态学、种群生态学、景观生态学、土壤学、农学、林学、灾害学、环境化学、工程学等多门学科的影响，其应用技术包括景观多样性恢复技术、生态工程设计与实施技术以及环境规划技术等。恢复生态学在加强生态系统建设和优化管理以及生物多样性的保护具有重要的理论和实践意义。（参考：赵晓英，孙成权：《恢复生态学及其发展》，《地球科学进展》1998年第5期第474～480页。韩铮）

回归观

Regress View

回归观出自《圣经》“因为你是用尘土造的，你要还原归土”，回归观是基督教教义之一，人类来自尘土，他的生存要依赖于外在环境，外在自然环境是人类现世世界唯一可依赖的生存家园，自然界的动物、植物、大地等被造物都与人类生存息息相关，人必须认识自然规律，服从自然规律，尊重和善待大自然。（雷爱民）

回族生态文化

Ecological culture of the Hui nationality

回族是我国分布空间广泛的少数民族，基本上全民信仰伊斯兰教。所以，伊斯兰教的自然生态观、生态 价值观，对回族生态文化的观念和行为方式，具有重要的塑造和导向作用。在伊斯兰教的思想体系中，真主创造了自然万物，自然界也和人类一样都是真主创造的，并且和人类形成互相依存和制衡的关系。伊斯兰教关于自然生态观的理论，既是对穆斯林群众的教导，也是对社会发展和生态环境保护具有远瞻性的主张。在回族文化中历来就有珍惜自然资源，保护生态的思想。伊斯兰教认为，地球上的资源是有限的，应当合理的开发利用，努力防止地球资源的枯竭。禁忌是人类普遍具有的文化现象。基于伊斯兰文化中的自然生态观和生态伦理观，回族在特定的自然生态环境中，在与自然不断的互动作用中，通过不断的自我调适，逐渐形成了一系列回族文化的禁忌规范。回族生态文化中蕴涵着许多回族群众生产方式 与自然生态系统和谐相处的民族文化，不仅体现在伊斯兰教的宗教信仰中，也体现在生产方式、生活习俗、丧葬文化等不同侧面，形成了一系列回族生态文化的行为表现。（牟世晶）

浑善达克沙地治理协会

Hunshandake Desert Reclamation Association

公益性社团组织，主要针对浑善达克沙地的治理、研究、宣传，开展相关工作。围绕浑善达克沙地治理，支持当地环保项目和支持农牧民有助于环境保护和生态恢复的生产方式，调整生态治理或环保项目、技术的引进，面向社会寻求技术支持和资助机构。与浑善达克沙地区域内各地方政府、当地农牧民合作，共同解决浑善达克沙地的植被破坏、草场退化、森林减少的问题。宗旨是在浑善达克沙地区域进行防沙治沙，引进先进的防沙治沙技术，对外宣传浑善达克沙地治理重要性和公布治理进展情况，促进浑善达克沙地生态系统的恢复和良性发展。（席溢）

混沌之美

The Beauty of Chaos

对庄子哲学思想内涵的一种描述，是庄子哲学在美学思想上的表达。混沌是人类对宇宙最初状态的想象之词，在许多民族的神话中都会看到这一表述。《庄子》中的许多寓言和意象都可以从神话中找到原型，混沌意象亦是如此。庄子的混沌意象受到原始神话的影响，其混沌意象具有丰富的内在美。它寄予了庄子对天与人、物与我之间关系的思考与批判。混沌之死的悲剧饱含了庄子对人类破坏天人合一的和谐的深刻谴责，而这种谴责中又隐藏着庄子对失落人性的深深关切与焦虑。庄子的混沌意象亦包含了开创世界的基本内涵。混沌之死暗示了整个世界的创生。庄子并没有对这个世界的开创与诞生表示多少乐观的态度，而是进行了深刻反思。庄子寓言的基本意义与神话的主题意义保持了基本一致，但庄子在宇宙创世和拟人化的神话基础上，赋予了它强烈的人文精神。（参考：时晓丽：《浑沌之美——庄子美学的生态意义探微》，《西安电子科技大学学报》2002 年第 3 期第 20 ~ 24 页。王薛时）

活性炭吸附法

Activated carbon adsorption Method

活性炭吸附法是利用活性炭的高效吸附作用处理工业废水的科学技术。活性炭是一种细小的炭粒，具有多孔性，是目前最有效的吸附剂之一。它有巨大的比表面积和特别发达的毛细管，所以能与杂质充分接触，具有吸附能力强、吸附容量大的特点。活性炭的吸附以物理吸附为主，发生在活性炭的表面。活性炭是目前废水处理中应用最广的吸附剂，从制作原料上活性炭有杏核、椰子核、核桃壳、煤、煤焦油和木炭等，从应用的形式上则主要分为粉末活性炭、颗粒活性炭和纤维状活性炭。其中粒状炭因工艺简单，操作方便，用量最大。使用的粒状炭多为煤质或果壳炭。影响活性炭吸附能力的因素很多，主要有活性炭的性质、吸附质的性质、废水 pH 值、共存物质、温度、接触时间等。活性炭吸附法对水中溶解性有机物有较强的去除效果，是城市污水和工业废水深度处理必不可少的重要手段。（任傲尘）

活性污泥法

Activated Sludge Method

活性污泥法是处理生活污水、工业废水最广泛使用的方法。由英国的克拉克（Clark）和盖奇（Gage）于 1912 年发明。它能从污水中去除溶解的和胶体的可生物降解的有机物以及能被活性污泥吸附的悬浮固体和其他一些物质。无机盐类（磷和氮的化合物）也能部分地被去除。其运行条件为：1. 废水中含有足够的可溶性易降解有机物；2. 混合液含有足够的溶解氧；3. 活性污泥在池内呈悬浮状态；4. 活性污泥连续回流、及时排除剩余污泥，使混合液保持一定浓度的活性污泥；5. 无有毒有害的物质流入。活性污泥法是处理城市污水使用最广泛的方法，因其运行方式灵活，工作效率高，日常费用低，鲜有二次污染而被广泛采用。但活性污泥法的运行管理比较复杂，影响系统工作效率的因素很多，如果设计和运行中的一些关键问题处理不好，将产生一些异常的现象，如污泥上浮、二沉池透明度降低、产生大量泡沫、污泥膨胀等问题，仍有待解决。（任傲尘）

霍夫曼定理

Hoffman Theorem

又称霍夫曼经验定理。指资本资料工业在制造业中所占比重不断上升并超过消费资料工业所占比重。1931 年由德国经济学家霍夫曼在著作《工业化阶段和类型》一书中提出，作者根据工业化早期和中期的经验数据推算出来。通过设定霍夫曼比例（霍夫曼系数），对工业化过程中消费品和资本品工业（即重工业）的相对地位变化作了统计分析。结论如下，各国工业化无论从何时开始，都具有相同的趋势，即随着工业化的进展，消费品部门与资本品部门的净产值之比是逐渐趋于下降，霍夫曼比例呈现出不断下降的趋势，这就是著名的霍夫曼定理。在现代经济中，霍夫曼定理却不能得到验证。主要是因为两点。首先，霍夫曼定理是建立在先行工业化国家早期增长模式之上的；其次，霍夫曼对工业化进程中经济结构变化的研究，是在国民经济只存在工业和农业两个部门的理论框架下进行的，没有考虑后来出现的服务业。（代富宇）

霍华德·帕森斯

Howard Parsons

美国著名生态马克思主义者。研究的核心问题是人类社会与自然之间的关系。认为一方面人依赖自然、受制于自然是客观的，另一方面人对自然的破坏是主观人为的，可以控制的。指出资本主义制度和生产方式是损害、破坏自然，导致环境和生态危机的主要原因，是导致社会和自然之间冲突的祸首。创造人类社会和自然和谐统一，是生态马克思主义者的共同理想。强调自然界本身是辩证的，自然与社会之间也是辩证发展的。人与自然间的物质转换是通过劳动和技术实现的。人与自然之间是人对自然不断进行转化，从而实现非人世界人化的过程，是以人为主体、自然为客体的实践不断辩证统一的过程。资本主义的生产方式导致人和自然之间的分别及各自的异化，并且产生环境问题，但到共产主义社会，机器的运用能够减少必要的劳动时间，从而在社会主义的自然控制和社会理性指导下，所有的人都能够从繁重的异化劳动和统治阶级的压迫中解放出来，最终从以往的必然王国中飞跃到真正的人类的自由王国。（徐越）

J

机 基 激 及 吉 极 即 集 计 技 济 寄 寂 绩 加 伽 家 嘉 价 坚 间
监 见 建 健 江 姜 奖 蒋 交 教 阶 秸 节 杰 结 捷 解 戒 金 进 近
禁 京 经 荆 精 景 警 净 竞 敬 静 九 就 眷 决 均 君

机构职能

Institutional Functions

指国家行政机关或者其他社会机构应予组织和管理的属于自己职权范围内的业务或事务。每个单独性的社会机构，尤其是政府行政机关，都会有特定的机构职能。在行政机关内部，也会有各种行使职权的机构设置。这些机构设置也有其某一方面或几方面的职能。（刘中华）

基本人居生态单元

Basic Human Ecological Unit

指由相对明确的地理界面所限定的自然地理单元与人聚单元相互作用而构成的复杂系统。人聚单元包括实质建成环境和社会文化环境。实质环境是指人类利用各种材料和手段建成的人为环境，可以触及感知；社会文化环境是指人类维持生存的延续的心智世界，是隐性的，两者不可分割，相互作用，构成人居单元。基本人居生态单元主要特征：1. 基本人居生态单元由于地形、地貌、水文气象、资源条件、文化传统等的不同而有别于外围地区，呈现出相对明确的边界条件，因此在单元之内，各方面的性状也具有基本一致的特征。2. 基于自然生态过程相对完整的复杂系统。一个基本人居生态单元，往往含纳山地、平原、滨水等多种类型的人居形态，有其相对完整的基本结构和功能。3. 由流域和小流域构成的水系往往形成基本人居生态单元的内在骨架，水土流失、环境污染、洪涝灾害等诸多生态与环境的问题均是沿流域而展开，所以小流域的人居环境成为人居生态单元的一项核心。（李雪姣）

基层公民大会

Grassroots Citizen's Assembly

希腊政治哲学家塔基斯·福托鲍洛斯提出的

包容性民主理论及其制度构想中的重要概念。具体说，基层公民大会是包容性民主制中的基本决策单位，即在特定的地理区域中所有公民都能够参与那些可能影响到自己切身利益的各种决策。相应地，它体现该基层政治的最大程度的民主。（徐越）

基层民主原则

Grassroots Democracy Principle

绿色或绿党政治的重要原则（仅次于生态学）。基层民主是绿色或绿党追求的理想性政治制度。基层民主或直接民主意味着在较小的生态系统内做出符合生态原则的经济与社会发展决定；人们在较小的经济与政治规模上做出的各种决定，可以更加符合公众的需求与意愿。（徐越）

基层取向的民主制度

Grassroots Oriented Democracy

绿党构建未来社会政治愿景的重要元素。绿党希望建立的民主制度，是以基层社区为中心的新型民主。在它看来，基层取向的民主制度可以有效保障公民的基本民主政治权利，拥有对自己生活更多的自主选择和决定权，实质上是直接民主的表现形式。在基层取向的民主制度的设计中，社区是最基本的政治单位，也是人们整个活动的中心。人们可以通过政治参与做出有关经济、政治、文化、社会发展的重要决策。绿色的社区民主，必然与周围生态环境相协调，即人们由于对非人自然权利的尊重，将逐渐改变对动植物的看法，构建多元化的自然环境和人文环境。（徐越）

基督教人类中心主义

Christian Anthropocentrism

基督教的人类中心主义建立于其理论内部的人与自然二分的基础之上。基督教将人视为上帝造物的精华，高于其他一切物种和事物，因为上帝完全根据自身的形象来造人，并赋予人类灵魂、生命和思想，最终只有人才有资格和机会获得上帝的拯救。在《圣经·创世纪》中描述上帝在其创造的所有造物中尤其钟爱人类，他愿意人类生活的快乐并且富足，并且赋予人类统治其他物种的权利。在“挪亚方舟”的故事中，上帝用洪水毁灭人类之前，向诺亚许诺将一切生物赐予其使用。因此按照创世纪的观点，人类虽然同样是上帝的造物，但是完全凌驾于其他物种之上，可以随意利用和控制其他生物，其他生物的存在只是为了满足人类的各种需要，人类的生命高于其他一切生命形式。早期的基督教不仅将人与自然分割，将人置于自然之上，而且对于其他宗教思想中强调自然界价值的的观点予以驳斥。比如基督教反对万物有灵论，万物有灵论认为一切自然物中都包含神性，自然物并不是可以忽略不计的上帝造物，它是神性的表现形式，因此人不能将自然物视为纯粹的可以任意操控的客体。然而基督教只承认上帝的神性，将自然物排除在上帝与人订立的“团契”保护之外。此外，基督教反对东方宗教的灵魂轮回说，灵魂轮回说认为自然事物与人之间并不存在严格的藩篱，大自然一切事物都拥有灵魂，他们与人之间是平等而且相通。而基督教否认灵魂轮回，基督徒的灵魂向往天堂，对于自然事物不会有任何挂念。这说明基督教中存在的“人类中心主义”在一定程度上因为基督徒对彼岸世界的向往和对此岸世界的唾弃。（参考：孙雄：《生态神学——当代基督教对人与自然关系的新认识》，《现代哲学》2001年第3期第78页、第81页。欧阳文川）

基督教托管论

Trusteeship Theory of Christian

主张包括人在内的宇宙万物都是上帝的创造，即使是自然物也包含上帝的思想，符合上帝的某种目的，因此宇宙万物和人类一样都具有内在价值。既然人类与其他事物都是上帝的创造，那么自然万物的唯一主人就是上帝，而非人类，人不能够违背上帝的目的按照自己的意愿重新安排世界，随意控制和利用自然物，否则就是犯罪。

人没有权力统治自然，人只是居住在地球之中的成员之一。与此同时，人也是大自然的看护者、监护者和守卫者，对大自然的看护是对上帝忠诚的表现，因为看护的自然世界并不是人类自身的造物，而是与自己属于同一性质的上帝的造物。人对自然万物的看管符合《圣经》之中的契约思想。在《圣经·创世纪》中，上帝说：“我与你们和你们的后裔立约，并与你们这里的一切活物立约。”虽然人与自然万物本质上都是上帝的造物，都是平等的，然而因为契约的关系，人与其他自然物又存在区别，具有特殊性，人与其他自然物分离出来负责看护自然万物，担负着上帝赋予的委托和责任，因此人与自然万物存在着双重关系，即是平等关系，又是看护与被看护的关系。如果人能够扮演好这双重关系，人就是忠诚的，否则就是不忠和僭越，因此人绝不能将自然万物据为己有，肆意妄为。（参考：杨通进：《基督教思想中的人与自然》，《首都师范大学学报》（社会科学版）1994 年第 3 期第 78 ～ 84 页；孙雄：《生态神学——当代基督教对人与自然关系的新认识》，《现代哲学》2001 年第 3 期第 78 页、第 81 页。欧阳文川）

基督教民主主义

Christian democracy

带有温和色彩、主张社会福利制度的保守主义政治意识形态。理论上源于天主教的社会政治理论，与新教重视个人价值相反，它更加强调社会团体和家庭的地位，主张尽力调和团体之间的利益以达到和谐的社会政治状况。它的要义，是对无节制发展资本主义的忧虑和对国家控制的恐惧。它的最有影响的观点是“社会市场”。社会市场是一种依据市场原则建立的，在很大程度上不受政府控制的经济制度，它的背后是通过广泛存在和行之有效的福利系统与社会公共服务保持凝聚力的社会。这是第二次世界大战后在欧洲大陆很多地区，尤其是德国，出现的重要的社会政治思潮和运动，同相应政党（比如德国的基民盟）的影响关联甚深。其成功主要归功于基督教（一个反对共产主义的口号）和民主（显示出一种对共同利益而非精英利益的关注）的理念。值得注意的是，基督教民主主义的政党普遍具有抵制 20 世纪 80 ～ 90 年代英美新右派保守主义的特色。（郇庆治）

基督教与生态环境

Christianity and Ecological Environment

基督教与生态环境之间的关系问题随着全球生态危机的加剧而受到了普遍关注，基督教对生态环境的看法与观念被认为存在正反两面的影响，认为基督教所宣称的上帝造物以及突出人类特殊位置的观点是人类中心主义，认为人类对地球资源的过度开采与对其他受造物的统治态度对生态环境造成了严重的负面影响；认为基督教虽然突出人类的特殊地位，但是认为世界是上帝平衡的创造、自然生态具有微妙的平衡功能，神在创世的时候，赋予大自然自我恢复与再生的能力，而人类只是世界的管家，而非主人，人类是受上帝之托“管理”神的创造物，而非“拥有”神的创造物。生态神学家在反思基督教的生态思想时提出了“三位一体”的生态创造论，认为世界将成为上帝自己的居所和家园，通过圣灵的居住，“上帝存在于世界中，世界也存在于上帝中”，所有的创造物都反映出上帝智慧，它不是个别的组成部分，而是整个地创造出集体，即整个生态系统，神学家加尔文·B·德威特还归纳《圣经》描述的 4 种基本环境伦理原则。（雷爱民）

基尼系数

Gini Coefficient

指目前国际上通用的用来反映居民收入分配均等程度的一个指标。1912 年由意大利著名经济学家建立在洛伦兹曲线的基础之上首次提出，故称为基尼系数。如图所示，将洛伦兹曲线 ONM 与表示完全均等的 45 度直线 OM 所围成的部分定义为不平等面积 A；将 45 度直线 OM 与完全不均等折线 OXM 之间围成的部分定义为完全不平等面积 A+B，则基尼系数为 A 与 A+B 的比值。考察两种极端情况，第一种：当 A=0 时，ONM

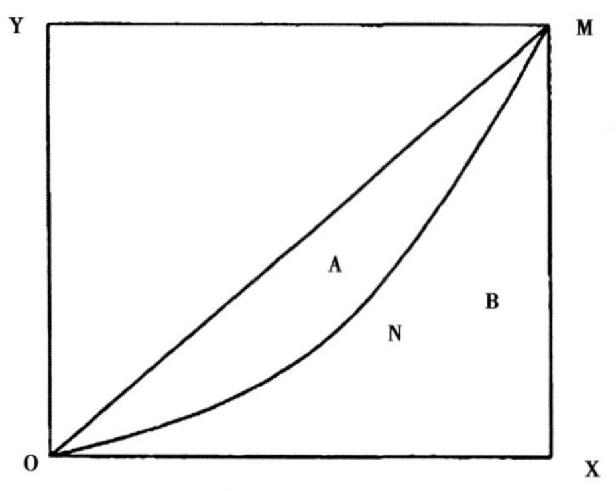

（图为洛伦兹曲线：ONM 与基尼系数：A 与 A+B 的比值）

与直线 OM 重合，即收入分配完全平等，此时基尼系数为 0；第二种：当 B=0 时，ONM 与折线 OXM 重合，即收入分配完全不平等，此时基尼系数为 1。现实中，这两种极端情况都不可能出现，因此基尼系数值会在 0 与 1 之间变动，越接近 0 表明收入分配越均等，越接近 1 表明收入分配越不均等。一般国际上将 0.4 作为基尼系数的警戒线，当基尼系数处于 0.3 和 0.4 区间时，表明一国或地区的收入分配存在明显差距，但相对合理；当基尼系数位于 0.4 和 0.5 区间时，表明收入分配差距较大；当位于 0.5 之上时，表明收入分配差距悬殊，易引起社会动荡。（蔡越）

基塘农业模式

Dike Pond Agriculture Model

将泥土堆砌在鱼塘四周成塘基，塘基上种桑、种蔗、种果树等，分别成为桑基鱼塘、蔗基鱼塘、果基鱼塘，基塘之间相互促进从而形成的水陆互养的塘基农业人工生态系统。基塘农业模式一般为：1. 以我国珠江三角洲的为代表的桑基鱼塘模式；2. 以黄淮海平原为主要代表的台田—鱼塘模式，可细分为以鱼为中心的鱼—果—粮、鱼—果—棉、鱼—果—菜、鱼—果—草（饲料）等 4 种物质能量良性循环利用的立体开发模式；3. 山区农业模式，是以地形变化大，气候垂直变化明显的山区为主的，根据不同物质的生活习性和空间的多层次性，实行多种生物结构有机结合，合理布局农、林、牧、副、渔业。（王晴晴）

基因工程伦理

Genetic Engineering Ethics

基因工程中的伦理学问题。科学家们正在利用基因工程，生产胰岛素、垂体前叶生长激素、人抗体、人干扰素等。但是基因工程也可能使新创造的耐药病原体逸出实验室，在全世界流行，例如使不用肥料就能生长良好的粮食作物占领地球，把其他植物赶走，破坏全球的生态平衡。这样就提出对人类来说是极为重要的伦理问题：重组 DNA 研究是有益于人类，还是有害于人类。一般认为，人可以控制自然力，同样也可以控制 DNA，当然也就可以避免重组 DNA 可能带来的灾难。重组 DNA 无论在理论上或实践上都有巨大的意义。基因工程所可能带来的环境风险也不能忽视。（朱雨晨）

基因工程微生物生态学

Genetically Engineered Microorganism Ecology

内容涉及分子生物学、微生物学、生态学等诸多学科的新型交叉边缘学科。研究的主要内容是转基因微生物的亲本株鉴定，存活和繁殖能力，扩散到释放区外的潜力，释放规模和频度的影响，与其他生物的相互作用（包括遗传交换在内）及其对生物群落和生态系统的潜在影响等。我国基因工程研究发展较快，但对转基因微生物在生态学和释放到环境中的安全性的研究很少，尤其是在生态系统水平上几乎还是空白。（王晴晴）

基因污染

Genetic Pollution

环境保护的新概念，也是生物污染的高级形式。指经过基因改造后的生物具有杂交优势，在自然环境中生殖机会增多，同时，可能会对其他相关生物产生影响，破坏原生态，进而扩散到它的后代中去，使原有种群面临灭绝危险。如人工组成的基因通过转基因作物或家养动物扩散到其他物种，造成后者基因的混杂或污染。基因污染通过两种方式进行，一是人类以外的生物进行，通过转基因培养出工程菌，工程菌一旦进入生态系统就会造成污染。二是通过人体进行的，把优秀基因导入受精卵中，切除劣质基因，这种优秀基因不是自然的选择暂时无法预测，也有可能成为某种病毒的污染基因。（王晴晴）

激励型环境管制政策

Incentive Environment Control Policy

环境管制政策之一，又称为基于市场的环境政策，通过市场信号激励人的行为动机，主要有排污费与排污许可证交易制度等。相对于命令控制型环境政策，激励型环境政策具有成本更低且技术创新等特点，是目前各国制定政策的重点趋势。（代富宇）

《及早通报核事故公约》

Convention on Early Notification of a Nuclear Accident

1986 年 9 月 24 日在维也纳召开的国际原子能机构特别大会上制定并通过的国际公约。主旨是进一步加强安全发展和利用核能方面的国际合作，通过在缔约国之间尽早提供有关核事故的情报，以使可能超越国界的辐射后果减少到最低限度。1986 年 9 月 26 日和 10 月 16 日分别在维也纳机构总部和纽约联合国总部开放签字，同年 10 月27 日生效。我国于 1986 年 9 月 26 日签署该公约，1987 年 9 月 10 日向国际原子能机构交存该公约批准书，并同时声明对该公约第十一条第二款所规定的两种解决争端程序提出保留。该公约由序言和正文组成，共 17 条。主要内容是：1. 缔约国有义务对引起或可能引起放射性物质释放、并已经造成或可能造成对另一国具有辐射安全重要影响的超越国界的国际性释放的任何事故，向有关国家和机构通报。但对于核武器事故，缔约国可以自愿选择通报或不通报。2. 核事故的通报内容，应包括核事故及其性质、发生的时间、地点和有助于减少辐射后果的情报。3. 事故发生国可以直接也可以通过机构间接地向实际受影响或可能受影响的国家或机构（包括缔约国和非缔约国）通报。4. 各缔约国应将其负责收发核事故通报和情报的主管当局和联络点通知国际原子能机构，并直接或通过机构通知其他缔约国。这类联络点和机构内的联络中心应连续不断地可供使用。5. 机构在本公约范围内，有义务立即将所得到的核事故报告和情报通知所有缔约国、成员国和有关国际组织。（刘中华）

吉恩—保罗 · 德里格

James-Paul Deleage

澳大利亚墨尔本皇家管理学院全球化和文化多样性研究中心荣誉教授、伦敦大学国王学院名誉教授、后殖民主义研究会理事、英国皇家艺术学会会员。生年不详。共出版 31 部专著，研究集中在可持续发展、全球主义、生态问题等方面。代表著作包括：《民族的形成》（1996）、《全球主义、民族主义、部落主义》（2006）、《可持续发展与可持续社区》（2012）等。（徐越）

吉尔 · 斯泰因

Jill Stein, 1950 ～

美国绿党政治活动家和职业医生，2012 年美国绿党的总统候选人。1979 年毕业于哈佛大学医学院，曾担任社会负责医生的理事会成员和发言人，长期致力于促进儿童健康、保护家庭以及环保方面的规范化和立法，是公共健康和环境领域的领导者。曾出版两本公共健康和环境方面的著作：《伤害的方式：有毒物质对儿童发展的威胁》（2000）和《健康老龄化的环境威胁》（2009）。马萨诸塞州绿党的代表性人物，2002 和 2010 年马萨诸塞州的州长候选人。2015 年宣布将争取绿党总统候选人的提名，参加 2016 年的美国大选。

因在环保与健康领域的卓越贡献，获得很多的奖

励与荣誉，包括不在任何人后院的清洁水行动奖和儿童健康英雄奖等。（王聪聪）

吉尔伯特·拉夫伦尼里

Gilbert LaFrenniere, 1934 ~

美国生态哲学家，生态自治主义理论的生态寺院主义（Ecomonasticism）流派的代表性人物，在地质学、生态学和人类对自然影响的研究方面成果颇丰。生于纽约，先后就读马萨诸塞大学阿默斯特分校、达特茅斯学院和加州大学桑塔芭芭拉分校，1976 年获得知识史博士学位。长期在威拉姆特大学、波特兰州立大学、俄勒冈州立大学讲授环境伦理、环境哲学、科学史课程，对法国哲学思想和著作研究的杰出专家。（徐越）

吉福德·平肖

Gifford Pinchot, 1865 ~ 1946

美国林业学家、自然资源保护学专家。1889 年毕业于耶鲁大学，随即赴德国学习森林经营，先后在德国、法国和瑞士考察林业生产。1892 年在北卡罗来纳州的比尔特莫尔开始进行美国历史上的第一个系统的森林经营。1898 年受命出任农业部林业局（后改为林务总局）第一任局长，主张实行森林保护政策和控制使用森林资源。在他领导下，美国林学会和耶鲁大学林学院 1900 年先后建立。平肖本人 1903 ~ 1936 年间任林学院教授。在长期的教学和行政工作中，意识到自然资源的有限性，提出自然资源保护的观点。生前曾为美

国联邦政府策划多项自然保护方案，被西方学者视为美国 20 世纪自然资源保护运动和世界林业的奠基人。出版著作有《林业部长》（1905）《为自然保护而战斗》（1910）《林学家的训练》（1914）等。（徐越）

吉林 **2014** 年生态文明建设状况

Eco-Civilization Construction in Jilin in 2014

2014 年吉林生态文明指数（ECI）得分为 78.42, 排名全国第 17 位。具体二级指标得分及排名情况见下表 1。去除“社会发展”二级指标后，吉林绿色生态文明指数（GECI）得分为 65.37, 全国排名第 13 位。吉林生态文明建设属生态优势型，生态活力居于全国领先水平，环境质量居于上游水平，社会发展居于中游偏下水平，协调程度居于下游水平。生态活力方面，森林质量处于领先水平，居于全国第 2 位。自然保护区的有效保护、森林覆盖率居于全国中上游水平，建成区绿化覆盖率则较低。环境质量方面，水土流失率较低，环境空气质量、农药施用强度居于中游水平，地表水体质量稍差、化肥施用超标量较多。社会发展方面，每千人口医疗机构床位数、人均国内生产总值、城镇化率、农村改水率都处于全国中上

游水平，人均教育经费投入较弱，处于全国中下游水平，服务业产值占国内生产总值比例则处于全国下游水平。协调程度方面，工业固体废物综合利用率、化学需氧量排放变化效应居于全国中游偏上水平，但氨氮排放变化效应、烟（粉）尘排放变化效应、环境污染治理投资占国内生产总值比重、城市生活垃圾无害化率四个指标均居于全国下游水平。综合来看，吉林生态文明建设居全国中游水平，但发展不均衡，吉林具有很好的自然生态条件，生态活力领先，但协调程度拖后，进一步加快行政体制改革，摆脱传统发展模式和思维，调整经济增长方式是吉林面临的迫切问题，同时也要注意重点改善低位环境要素。

表 1　2014 年吉林生态文明建设二级指标情况

二级指标	得分	排名	等级
生态活力（满分为 43.20 分）	29.83	4	1
环境质量（满分为 36.00 分）	23.20	7	2
社会发展（满分为 21.60 分）	13.05	13	3
协调程度（满分为 43.20 分）	12.34	29	4

表 2　吉林 2014 年生态文明建设评价结果

一级指标	二级指标	三级指标	指标数据	排名
生态文明指数（ECI）	生态活力	森林覆盖率	40.38%	11
		森林质量	120.78 立方米 / 公顷	2
		建成区绿化覆盖率	31.40%	29
		自然保护区的有效保护	12.97%	7
		湿地面积占国土面积比重	5.32%	16
	环境质量	地表水体质量	62.80%	19
		环境空气质量	63.01%	12
		水土流失率	16.49%	11
		化肥施用超标量	175.49 千克 / 公顷	20
		农药施用强度	9.42 千克 / 公顷	15
	社会发展	人均国内生产总值	47191.00 元	11
		服务业产值占国内生产总值比例	35.50%	24
		城镇化率	54.20%	13
		人均教育经费投入	1561.74 元 / 人	17
		每千人口医疗机构床位数	4.84 张	11
		农村改水率	85.44%	12

续表

一级指标	二级指标	三级指标	指标数据	排名
生态文明指数（ECI）	协调程度	环境污染治理投资占国内生产总值比重	0.81％	30
		工业固体废物综合利用率	80.84％	11
		城市生活垃圾无害化率	60.85％	28
		化学需氧量排放变化效应	11.52 吨 / 千米	14
		氨氮排放变化效应	0.70 吨 / 千米	21
		二氧化硫排放变化效应	0.73 千克 / 公顷	16
		氮氧化物排放变化效应	0.51 千克 / 公顷	19
		烟（粉）尘排放变化效应	−1.83 千克 / 公顷	28

（参考：严耕等：《中国省域生态文明建设评价报告（ECI2015）》第 154 ~ 159 页，北京：社会科学文献出版社，2015 年。徐保军）

吉姆·道奇

Jim Dodge, 1945 ~

美国小说家、诗人，曾经做过很多职业，有果农、木匠、教师、牧羊人和樵夫。主要作品有小说《未褪色》、《石头结》等，诗集《河上雨》。在这些作品中都涉及或宣传生物区域主义的未来社会政治理想。（徐越）

极限论

Limit Theory

极限论又称经济增长有限论，是关于世界经济增长受环境制约最终将被迫停止的理论观点。由美国学者米都斯（D.H.Meadows）等人受罗马俱乐部委托后经研究提出。全部内容见《增长的极限》。极限论的思想方法同于生态学中的环境容量概念。环境容量指生物种群增长的上限，达到上限时种群停止增长。米都斯等人认为社会经济发展也有类似的规律。增长的极限实指社会经济发展的环境容量。极限论深刻揭示经济增长同环境的对立关系，但否认科学技术和经济发展的调节机制可以改变环境限度；虽然正确地看到地球环境容量是人口和经济增长的限制因素，但没有看到这种限制因素是促进人类开发新资源、新技术和改进经济模式、改革社会关系的强制性推动力量，没有看到人与环境的冲突也是人类社会发展的动力之一。极限论是悲观主义的环境理论。（牟世晶）

即时对决投票

Instant Run-off Voting

又称替代性选票，指从两个以上的候选人中选出单一获胜者的选举制度。它是偏好式投票系统，选民不仅仅只是投出单一候选人，而是对候选人进行优先排序，当排名第一的候选人未能取得多数时，将取消排名最后候选人的资格并重新计算其选票的第二选择分布，以此类推。即时对决投票有利于避免多个候选人参选时选民投票的分裂，也可以表达选民最真实的政治倾向。这一术语来源于对决投票（runoff voting）投票系统。在对决投票中，选民不是在一次性投票中根据个人意愿对候选人进行排名，而是通过多轮投票来反映选民的个人意愿。在多轮投票系统中，选民可以在每一轮投票中修改自己的政治意愿，通过多轮选举来影响决定。对于即时对决投票来说，这是不可能实现的，因为选民只有一次投票机会。即时对决投票可避免对决投票中某些形式的战略性投票。马萨诸塞州绿党是即时对决投票制度的积极推动者。在绿党看来，即时对决投票既可以允许选民通过对候选人偏好顺序来体现其真实政治意愿，又可以保证选民从两大政党中选择一个相对可以接受的候选人。马萨诸塞州绿党希望通过这一选举制度改革，来打破两大政党对联邦和州政治的长期垄断，但这一政治愿景短期内很难实现。（王聪聪）

集权

Centralization of Power

国家权力高度集中在个人或少数人手中的政治体制，分权的对应物。主体有个人，也有少数人组成的政治集团及少数人控制的政府机构，包括个人专制、寡头统治、中央集权等多种形式。它有着悠久的历史，广泛存在于各种社会形态。在奴隶社会和封建社会，君主专制和贵族寡头统治比较发达。在自由资本主义阶段，资产阶级强调分权，但随着垄断组织的出现与发展，集权的趋势加强。20世纪上半叶的法西斯统治，是资产阶级最极端的集权形式。在社会主义国家，一般采用高度的中央集权形式，但现实中容易导致个人崇拜、个人专断、侵害人民群众的基本政治权利，因此，必须进行政治体制改革，加强民主与法制建设，坚持民主集中制的原则，完善社会主义民主。（李庆）

集体安全

Collective Security

旨在维护国际和平、防止和消除对和平的威胁、防止与制止侵略战争的国际合作，是若干国家通过条约或协定共同努力确保互相安全的方式。集体安全是由一批国家针对另一批国家即潜在的侵略者建立起来的。它意味着，侵略者进攻任何一个国家都被视为侵略了所有国家，这些国家将会共同行动，集体反击侵略和对受害国提供集体援助，其中包括军事援助。这种合作在国际组织或区域范围的基础上实现，如第一次世界大战后的国际联盟和第二次世界大战后的联合国以及一些地区性组织。集体安全确认军事冲突不可避免，重点在于如何制止侵略。《联合国宪章》规定实现集体安全的必要措施与手段；实行裁减武装力量、裁减军备；对侵略者采取一切可能的强制措施；和平解决国际争端等。集体安全原则由于各国的利益不同，特别是大国之间的矛盾与冲突，并不能真正付诸实施。联合国在维护国际和平与安全方面正在发挥越来越大的作用，但它的安理会常任理事国拥有否决权，某个大国为了自身的利益可以否决集体的意志，因而集体安全原则往往不能贯彻执行。（李庆）

集体行动逻辑

The Logic of Collective Action

美国学者曼瑟尔·奥尔森（Mancur Olson，1932 ~ 1998）的著作名称及其所提出的一个著名概念。该书于1965年出版。全书共分6章：1. 证明“集团会增进其利益”的逻辑判断是没有根据的，同时还对集团和组织行为的某些方面做了逻辑的和理论的解释。2. 对不同规模的集团进行考察，得出在许多情况下小集团比大集团更有效率、更富生命力的结论。3. 考察了赞成工会论点的观点的含义，并认为“某一形式的强制性会员制度在大多数情况下对工会是生死攸关的”。4. 对马克思的社会阶级理论进行考察，并对其他一些经济学家提出的国家理论做了分析。5. 按照本研究阐述的逻辑对许多经济学家使用的“集团理论”进行了分析，并证明对这一理论的通常理解在逻辑上是错误的。6. 提出了与第一章概述的逻辑关系相一致的新的压力理论。他认为，大的压力集团组织的会员制度和力量，并不是游说疏通活动的结果，而是它们其他活动的副产品。该书提出的集体行动理论，在经济学、政治学等社会科学领域产生了广泛影响。从心理上可将集体行动解释为集体情绪抒发的活动，从经济学上可认为集体行动强调资源、组织与网络的重要性，从社会学可认为集体认同的建构及行动者自身对集体行动都产生了影响。（李庆　代富宇）

集体林权制度改革

Collective forest right system reform

集体林权指集体所有制的经济组织或单位对森林、林木和林地所享有的占有、使用、收益、处分的权利。集体林权制度是指法律规定的集体林权制，即法律规定属于集体所有的森林、林木和林地的所有权和使用权。它包括:《土地改革法》规定的分配给农民个人所有的通过合作化时期转为集体所有的森林、林木、林地；集体所有的土地上由农村集体经济组织，农民种植、培育的林木；集体和国有林场等单位合作在国有土地上种植的林木；“四固定”时期确定给农村集体经济组织的森林、林木、林地；林业“三定”时期部分地区将国有林划给农民集体经济组织所有的且已由当地人民政府发放了林权证的。新中国成立后，特别是改革开放以来，我国集体林业建设取得了较大成效，对经济社会发展和生态建设做出了重要贡献。集体林权制度虽经数次变革，但产权不明晰、经营主体不落实、经营机制不灵活、利益分配不合理等问题仍普遍存在，制约林业发展。为进一步解放和发展林业生产力，发展现代林业，增加农民收入，建设生态文明，中共中央国务院推出全面推进集体林权制度改革的实施意见。《意见》明确规定：集体林权制度改革的基本原则是：坚持农村基本经营制度，确保农民平等享有集体林地承包经营权；坚持统筹兼顾各方利益，确保农民得实惠、生态受保护；坚持尊重农民意愿，确保农民的知情权、参与权、决策权；坚持依法办事，确保改革规范有序；坚持分类指导，确保改革符合实际。总体目标是用5年左右时间，基本完成明晰产权、承包到户的改革任务；在此基础上，通过深化改革，完善政策，健全服务，规范管理，逐步形成集体林业的良性发展机制，实现资源增长、农民增收、生态良好、林区和谐的目标。（参考：乔永平等《集体林权制度改革研究综述》，《安徽农学通报》2007年第8期第4～6页；贺东航等：《集体林权制度改革研究30年回顾》，《林业经济》2010年第5期第13～24页。朱配辰）

集体主义

Collectivism

主张个人从属于社会，个人利益应当服从集团、民族、阶级和国家利益的思想理论。它的最高标准，是一切言论和行动符合人民群众的集体利益，这是共产主义和无产阶级世界观的重要内容。科学含义在于，当个人利益和集体利益发生矛盾时要服从集体利益。一切行动和言论以集体为重、个人为轻。集体主义是无产阶级为完成自身解放和解放全人类的历史使命在道德上的必然要求，是无产阶级高尚品德的集中表现。集体主义是无产阶级在进行生产斗争和反对资产阶级的阶级斗争中形成的。近代大工业的发展，使每个无产者的活动都受到彼此的制约和机器的限制，同时也把整个无产阶级的命运联系起来。在资本主义的经济剥削和政治压迫面前，任何一个无产者都不能单独改变自己的命运。无产阶级只有依靠集体的力量，才能摆脱剥削和压迫。阶级斗争的实践，使无产阶级觉悟到必须珍视集体的力量，必须在斗争中维护集体的利益。坚持集体主义原则，与承认正当的个人利益是一致的，不论是以集体主义否定正当的个人利益，或是以个人利益反对集体主义，都是错误的。集体主义原则是与个人主义原则根本对立的。集体主义原则反对并谴责把个人利益凌驾在国家、集体利益之上，更不允许用个人利益否定国家和集体利益。在共产主义道德规范体系中，集体主义原则对于共产主义道德的其他规范具有深刻的影响。培养人们的集体主义观念，是共产主义道德教育的一个重要的环节。（李庆）

集团式生态工业园

Group Ecological Industrial Park

在共同集团章程指导下的由众多生产经营机构组成的大型公司，在其管辖下的不同子公司或参股公司之间模仿自然生态系统内各要素互利共生的功能运作机制，形成以资源为组带的不同企业间的相互依存、相互依赖和衔接的产业系统。各子公司在生产过程中的能量物质转化将在上游企业的废物和下游企业的原材料之间过渡进行，因此工业产生系统实际上形成了资源闭合系统。当污染产生的时候便重新作为能源被消除和利用。在这种生产方式下实现经济效益和社会环境效益的双赢。集团式生态工业园区别于普通生态工业园的最大特征在于生态工业园内的不同企业被同一个母公司控制或参与管理决策，因此比较起普通生态工业园，集团式生态工业园在生产和管理方面更具效率。此外，由于存在以股权为基础的关联性，企业与企业之间在生态产业链中的互利共生一般情况下顺应集团公司的市场战略指向，即虽分工不同，但目标却一致。因此当企业之间出现经济利益的冲突与矛盾时，集团本身就会将其迅速解决，在这种意义下集团式生态工业园的共生链比较非集团式生态工业园更加紧密。（参考：王军花：《区域生态产业链规划研究》，河北工业大学 2007 年硕士学位论文第 8 ~ 9 页。欧阳文川）

集约型城市化

Intensive urbanization

集约型城市化是指基本保持现有城市化指数，充分利用现有城市物质基础，整合城市内部各组成要素，完善城市结构，强化城市内涵和提升城市职能的城市化。集约型城市化进程不仅表现为适度量的扩张，更体现为内在积极的质的提高。它的内涵包括劳动力素质的提高，社会就业率的增长，城市功能的完善，城市品位的提升，城市对农村辐射带动作用及可持续发展能力的增强等。集约型城市要求发展产业集群，提高城镇经济容积率，增强工业化对城市化的带动力，使产业向城市和县城聚集，避免分散布局，提高城镇经济容积率，充分发挥城市作为经济活动、商业交往中心的规模效应和聚集效应。要实现集约城市化就要推动人口集聚，提高城镇人口容积率，完善工业化带动城市化的机制。注重城市化集约发展就要减少农村农业人口向小城镇的转移数量，吸引更多农村人口向本地区和跨地区的城市和县城及部分重点镇、中心镇集聚，向经济发达地区的城镇密集区、劳动需求地集聚，增强城镇综合承载能力以增加城市建成区单位面积人口数量，促进实质城市化的发展。除了产业集群、人口方面的考虑，同时要进行的工作是，统筹市政建设规划。提高城镇公共设施利用率，降低城市化发展成本。目前，集约型城市化工作的重点包括：1. 改革户籍制度，加快人口在城市和县城的集聚。适应集约型城市化要求，户籍管理要实现 3 个转变。1）模式上由行政管治向市场调节转变，变人口流动的人为控制为流动人口的自主选择，逐步打破农业、非农业户口管理二元结构，废除由此衍生的“农转非”计划指标管理政策以及蓝印户口等户口形式，按照在居住地登记户口的原则，建立全国城乡统一的户口登记管理制度。2）手段上由计划管理向准入条件转变，逐步放宽户口迁移的限制，以具有合法固定的住所、稳定的职业或生活来源为基本落户条件，调整城市户口迁移政策，根据经济、社会发展的客观需要和社会的综合承受能力，最终实现户口自由迁徙。3）职能上由多重向单一转变，逐步剥离各有关部门附加在户口管理上的诸多行政管理职能，清理在就业、教育、医疗等方面的歧视性政策，弱化户籍背后的利益关系，建立健全失业保险、养老保险和医疗保障制度，恢复户口管理作为民事登记的基本社会职能。2. 二三产业向中心城镇和城镇工业园区集中。1）要从与产业发展相关的基础设施入手，集中完善基本的交通运输、电力等产业发展支持部门的建设，尝试建立统一的工业园区；2）要促进与产业链条相关的企业、科教机构、中介服务机构之间的交流，特别重视帮助中小企业，推动网络的形成和企业间合作。3. 调整行政区划，合理设置大中城市和重点镇。首先，减少乡镇数量，扩大重点镇和县城规模。自 2000 年以来，全国撤并乡镇约 10250 个，平均每年撤并乡镇 1700

个。撤并乡镇带来了乡镇规模的扩大、区划结构的优化和综合实力的增强。推动城市化集约发展，要根据实际情况继续加强撤并工作，扩大重点镇和县城规模，吸引更多人口、资金、技术和产业向县域中心和次中心城镇聚集。其次，增设中小建制市，以承载聚集人口和产业。城市化的集约发展需要相应的建制市来承载，一方面要充分挖掘现有城市的潜力、提高城镇综合承载能力，另一方面必须在科学规划、充分论证的基础上，选择合理的设市模式、慎重稳妥地增设部分新的建制市。3. 着力发展区域中心城市，积极探索新型城市群行政管理模式，增强大城市的辐射力和聚集力，促进城市群的建设和发展。（参考：戴均良：《中国城镇化必须走集约型发展之路》，《城市发展研究》2007 年 6 期第 32 ~ 36 页。朱配辰）

计划经济

Command Economy; Planned Economy

指 20 世纪曾在某些国家尝试过但遭到失败的与市场经济相反的经济运行方式。计划经济实际上是将企业内部的非市场属性扩大到整个社会层面，使整个社会经济像一个巨大企业内部那样，依靠计划指令性运行。这是行政权力极度膨胀直至取消市场经济的结果。同时，计划经济实际上是有目的地调动社会资源，以使它服从于某种人为制订的社会目标的需要的经济运行方式。从这个意义来说，它的价格体系是虚假的，扭曲的，违反价值规律的，不能反映成本与需求的实际情况。马克思当年所设想的并不成熟的“计划经济”，初衷是纠正市场经济所出现的偏差，使经济更协调有序地运行，但结果却使经济运行更加扭曲，并且更甚的是，有人利用计划经济中行政权力的高度介入，使计划经济变成支配社会资源的经济方式。在今天计划经济向市场经济转轨的过程中，由于这种行政权力仍然没有彻底退出，因此转轨过程不可避免出现权力腐败的现象。这是转轨还没有彻底完成的必然后果。（史月田）

计划生育

Family Planning

通过晚婚、晚育、优生和少生对人口进行有计划控制的过程。我国的基本国策之一。我国开展计划生育以来，对人口控制和经济发展方面起到积极作用。目前，由于 20 世纪 80 年代出生的第一批独生子女已经到达适婚年龄，计划生育政策有一定程度的宽松，如单方独生子女可以生育二胎。《中华人民共和国宪法》、《婚姻法》、《中共中央、国务院关于全面加强人口和计划生育工作统筹解决人口问题的决定》、国家卫生计生委、国家中医药管理局公布的《关于加快推进人口健康信息化建设的指导意见》都对计划生育做出具体规定。《人口与计划生育法》将计划生育提高到法治的高度。中国现行计划生育政策主要是，国家鼓励公民晚婚晚育、提倡一对夫妻生育一个子女；符合法律、法规规定条件的，可以要求安排生育第二个子女。具体办法由省、自治区、直辖市人民代表大会或者其常务委员会根据当地的经济、文化发展水平和人口状况规定。少数民族实行计划生育的办法由省、自治区、直辖市人民代表大会或者其常务委员会规定。《人口与计划生育法》把国家确定的现行生育政策法律化、制度化，从法律上确定中国现行的基本生育政策。（牟世晶）

技术悲观主义

Technological Pessimism

对技术发展和技术的社会价值持否定悲观态度的社会思潮。科技悲观主义在 20 世纪 60 ~ 70 年代以来已经成为西方社会一股重要的社会思潮，并且引起了人们的极大关注，特别是 1972 年罗马俱乐部《增长的极限》报告的发表，在全球引起强烈反响。一方面认为技术的发展正在使人丧失个性与人格，失去了存在的意义，在人类社会引起一种悲剧性的变化；另一方面认为技术的进步将会带来世界的毁灭。技术悲观主义作为一种人类理性存在，实质上反映了根植于人的潜

意识层面的忧患意识。代表人物有马尔萨斯等。（朱雨晨）

技术创新理论
Theory of Technological Innovation

指将一项新技术应用到生产领域，影响生产要素的使用效率，提高企业的生产效率，降低生产成本，开发新的可利用资源，强调技术与经济的结合的理论。这一理论于 1912 年由美国经济学家熊彼特首次提出，并由经济学家施瓦茨发展。我国技术创新之父经济学家傅家骥认为，技术创新是指企业家抓住潜在的盈利机会，为获取商业利润将生产条件和生产要素进行重组，研制推出新产品和工艺，从而获得新原料的供应来源而建立的一种新型组织形式。技术创新的特征包括以下四点：不确定性和模糊性、广泛性和系统性、市场性、收益性。它是一个多种因素相关的过程，从不同角度研究有以下 4 种分类：1. 根据过程的难易程度，分为渐进式创新和根本性创新；2. 根据具体对象，分为产品创新和管理创新；3. 根据动力源，分为技术推动型创新和需求拉动型创新；4. 根据主体不同，分为自主创新、模仿创新、合作创新。（蔡越）

技术创新与扩散
Technological Innovation and Diffusion

生态现代化理论中的核心概念之一。指创新型的技术革新和政策革新在国家之间以及不同层级的政治体系中传播和扩散的过程。技术创新与扩散既有水平层面的经验学习，也有垂直层面的经验传输，即从更高层面的共同体向低层级共同体的政策输出，如欧盟。一些环境政策领域的先驱领导者，往往以创新型的技术和环境治理模式，为其他国家提供示范作用，从而导致其他国家效仿其实践，导致创新型技术和政策的全球扩散，如二氧化碳减排、电网回购技术、能源税、生态标签、可持续发展战略、排污权交易等。技术和政策的扩散，离不开先驱国家的示范，也离不开国际组织和跨国环境网络组织的推动。联合国环境大会、联合国环境规划署以及经合组织，是推动可持续发展战略全球扩散的重要力量。（徐越）

技术工具论
Theory of the Tools of Technology

又称技术中性论或技术工具主义。认为技术本身是中立的，没有好坏之分，但技术表现出正面价值和负面价值的双重性质，只有通过实践才能决定技术行善或施恶的力量。技术工具论关注的是技术的自然属性及技术内在价值的存在，技术不是一个静止的现象，是不断完善的动态过程。技术只是一种工具手段，就技术本身而言，既不会主动的实现人的目的，也不会主动实现人的社会价值。技术虽然对社会、政治、经济、文化等产生影响，但这些不是技术本身的价值或由技术本身决定的，而是人们使用技术的结果。（王晴晴）

技术乐观主义
Technological Optimism

对技术发展和技术的社会价值持肯定乐观态度的社会思潮。科技乐观主义认为技术发展能够决定人类发展的命运；技术发展不仅能够给我们提供丰厚的物质发展技术，而且能够使人类摆脱现在自然对人类的束缚，实现人类的终极梦想。科技乐观主义在 19 世纪末欧洲完成产业革命，技术在社会中的功能日益重要的背景下出现。第二次世界大战后，由于技术革命使西方出现前所未有高速发展的盛世，科技乐观主义被更多的社会学家所接受。现代科技乐观主义的代表人物如美国的赫尔曼·卡恩，在他的一系未来学著作中都有对技术构建的未来社会的美好憧憬。（朱雨晨）

技术理性
Technical Reason

指人改造世界的能力以客观的因果必然性为其内在根据，任何技术都是人类智慧的产物，是基于客观理性、经验理性或科学理性基础上的人类理性的产物。19 世纪以后，随着自然科学的发展，生理学与生物学的发现解开人类身体心理结构的许多谜团，改变人类生存发展的现实条件和空间。人类借助于技术理性实现现代化，开创一个征服自然，以自身为价值原点和世界中心的主体性时代。技术理性至上证明人作为自在存在的意义和价值，其所创造的文明让世界向着人类期望的目标变化，体现着技术的内在价值。技术理性至上是理性发展的必经阶段，工具理性的张扬是技术理性发展的必经阶段。（王晴晴）

技术生态化

Ecological trend of Technology

技术生态化是使技术发展朝着遵循生态学规律方向转变或转化。它包含两方面的含义：一是技术应用要遵循生态学规律，即不能超过自然生态系统的承受力，不能破坏生态平衡。这是自然生态系统给人类变革自然的活动设定的最低限度。二是技术系统本身应按生态学原理组织起来，即模仿自然生态系统，优化技术系统的内部结构，实现资源的循环利用，拓展和深化人工自然。技术生态化的系统构成：1. 宏观层次的国家技术体系生态化。国家技术体系生态化需要在国家自然资源和国际资源市场以及维护自然生态平衡的基础上，从资源产业到制造业，再到废物处理行业进行生态规划，改善整体经济的物质与能源效率。2. 微观层次的企业技术生态化。企业技术生态化包括产品设计技术生态化和制造技术生态化两个方面。产品设计技术生态化即是要在生态学思想指导下和国家技术体系生态化的系统目标下对产品进行生态设计。具体表现为要系统地考虑原材料选择的生态性、产品加工工艺的生态性、产品使用过程的生态性等。如采用简化设计，减少原材料和能源的使用量；用对环境污染小的材料来替代对环境污染严重的材料，开发清洁的替代消费品；采用高回收率的设计等。制造技术生态化集中体现在生产设备和生产工艺的生态化上。由于生产过程是产生工业污染的主要环节，实现制造技术生态化就是要用生态学思想指导生产工艺过程，开发和应用高效、节能、清洁的生产设备和工艺。3. 中观层次的区域技术系统生态化。定区域的生产企业应在总体上考虑当地自然资源和自然生态的承受力基础上进行合理生产布局，即要实现区域技术系统的生态化。（参考：王子彦、陈昌曙：《论技术生态化的层次性》，《自然辩证法研究》1997 年第 8 期第 46 ~ 50 页。朱配辰）

技术生态位

Technology Niche

生态位是指生物与其所在的生态系统之间的一种适宜性关系，确切说来就是生态系统中对于某种生物生存所必需的生态因子的集合或者生态系统中其他生态因子对于该种生物而言的适宜性程度。类似自然生态系统中生物与其他物种的能量物质交换，即生物对资源占有和利用情况，技术在特定时间和空间中与其所处环境之间同样存在物质和能量的交换和转换。因此，生态位理论应用于技术下的技术生态位就是指在特定时空中的环境能够提供给一种技术的资源的总和。技术生态位可以进一步分为技术的资源生态位和技术的需求生态位。技术的资源生态位是利用技术与其他实体性资源相区分的形态特征来建造各种不同性质资源的优化组合，以此来创造最大生产力。技术作为一种资源与实体性资源的最大区分在于其不会伴随生产的完成而消失，并且两种不同性质的资源之间相互补充和依赖。不同地区技术资源的先进程度和实体资源的形态在根据地域的不同有所区别，因此在特定时空下建造不同类型资源的优化组合可以创造较高生产力。此外，技术不仅能够使人更好适应环境，还能帮助人改造环境，进一步创造人们的需求，而生物物种生态位只是资源性生态位，这是二者之间的根本区别。技术的资源生态位只有转化为技术的需求生态位，即潜在的技术资源只有内化在被创造出的物质载体之中，才能转变为技术现实的生态位，创造出经济效益。（参考：张丽萍：《从生态位到技术生态位》，《科学学与科学技术管理》2002年第3期第23～24页；叶芬斌等：《技术生态位与技术范式变迁》，《科学学研究》2012年第3期第322～323页。欧阳文川）

技术性贸易壁垒

Technical Barriers to Trade

根据WTO《技术性贸易壁垒协定》，技术性贸易壁垒指一国政府或非政府机构以维护国家安全，保护人类健康和安全，保护生态环境，防止欺诈行为，保证产品质量为由，采取一些强制或非强制性的技术性限制措施与法规，这些措施成为其他国家商品和服务自由进入该国市场的障碍。技术性贸易壁垒的形成动机具有主观和客观两种形式，某些壁垒是进口国故意设置的，具有歧视性；有些壁垒的形成则源于进口国和出口国之间在经济、科技、文化等方面存在的客观差异。技术性贸易壁垒凭借其隐蔽性、多样性、双重作用性、间接性、灵活性等特点成为各个国家和地区间的主要贸易保护措施。由于地球生态环境在人类经济活动影响下不断恶化，技术性贸易壁垒因此受到世界范围内各大环保组织如绿色和平组织、世界自然基金会等的大力支持，它们要求各国政府提高环保标准要求，以减少生产过程中对环境的污染，增加对人类健康和生命的保障。（参考：江凌：《技术性贸易壁垒对我国农产品出口影响分析及应对策略研究》，西南大学2012年博士学位论文第31～34页。刘阳）

技术性栖居

Technical Habitation

德国哲学家海德格尔倡导“诗意地栖居在大地上”，海德格尔针对的是工业社会中越来越严重的工具控制下人的“技术性栖居”的人类生存状态。技术性栖居指人类社会现代化进程中人的生活方式奠基于科学技术，被科学技术统治支配的生存状态。人类社会现代化进程中，欧洲的技术——工业化进程推广和覆盖全世界，工业化进程中人类社会高速发展，并带来了各种各样的问题、隐患和无数的生态噩梦，人类和自然的亲密关系遭到忽略和摧毁，人们不得不面临着诸如环境污染、物种灭绝等严重的生态问题。海德格尔认为造成当今人类生存困境的根源并不是现代技术手段本身的优劣，而是由现代技术的不恰当本质决定的。海德格尔认为我们需要将人类从技术的沉沦中唤醒，让人类重新领会存在的缘起，提出“诗意地栖居”的理想。海德格尔针对工具理性过分发展的技术性地栖居，提出人类可以通过“天地神人四方游戏”，重建人类美好的物质家园和精神家园，获得审美性的生存。（雷爱民）

技术预防原则

Technology prevention principle

生态现代化理论中的核心原则和要素之一。生态现代化理论的基本假设是，科学技术的进步能导致实现环境和经济的双赢。在市场机制推动下，以预防原则为基础的创新型的技术，可以导向生产和消费的长期结构性调整，进而实现经济的增长和环境的保护。技术预防原则较好的案例实践，是20世纪90年代初日本制定的领跑者计划，该计划为当时日本的汽车、电脑、空调等行业设定市场上最高的节能标准。之后十几年，日本的这些高效能产品都在国际市场上处于领先地位。德国政府在实施能源转型过程中，较好实践了技术预防原则，通过电网回购政策促进经济的绿色转型，确立了可再生能源在国际上的竞争力。（徐越）

济南市走进自然环保志愿者协会

Jinan “Entering Nature” Environmental Protection Volunteers Association

2002年6月经政府批准注册成立，是一个非营利的公益民间组织，是山东首家环保NGO。在协助政府联系群众参与环保，扩大环保的社会影响，促进环保接近民众、走平民化道路方面取得了很大成绩。人民群众的环境意识越来越高，他们的工作越来越受欢迎。成立以来，建立了济南市南部山区环境教育培训基地；每年组织群众1至2次到南部山区植树造林；配合政府开展“绿色社区”创建活动，建立了部分“绿色社区”服务站；组织环保志愿者义务开展环保活动；举办了中小学环境师资培训班，义务为教师讲授环保知识；建立了济南市黄河北环保志愿者湿地恢复保护区；在云南省马关县建立了古林箐原始森林生物多样性观测站，为中小学生开展夏令营活动服务；还参与了贵州省沿河县麻阳河“黑叶猴”种群的监测、基地繁殖等项目。会员由当初的500人发展到1000余人。“走进自然”逐步建立公众在环境保护方面的参与和监督机制。“走进自然”提倡爱护自然，协调人与自然和谐的理念和绿色生活方式；提倡尊重自然，协助政府监督破坏生态、污染环境的行为；提倡环保从儿童抓起，从小培养他们的环境意识。理念：教育、引导、促进公众参与环保；推动和帮助政府来实施一些环保措施；监督和帮助企业更多的关注环保；促进公众与政府的沟通，为政府分忧，服务于社会。宗旨：逐步建立公众在环境保护方面的参与与监督机构。“走进自然”提倡爱护自然，人与自然和谐共处的理念，促进公众与政府的沟通。工作项目：1. 建立济南市南部山区环境教育培训基地；2. 建立绿色社区服务站；3. 举办中小学环境师资培训班；4. 建立济南市黄河北湿地恢复区；5. 云南马关县古林箐原始森林观测站；6. 贵州省沿河县麻阳河黑叶猴种群的监测、基地繁殖等工作项目等。（席溢）

寄居者

Sojourner

基督教的重要观念。寄居者观念认为人类只是暂时居住于人世间，暂时与世界万有相互依存，只有永恒的天国才是基督徒真正追求的、终极的居所；寄居者还是神学家莫尔特曼“三位一体”意义上理解的造物主，他认为创造者通过圣灵寄居在整个创造物与创造过程中，并借助万物集合在一起、使万物保持生命的“灵”，寄居在每一个被造物中，创造的过程就是上帝的这种寄居性，创造的目标与未来就是达到三位一体的上帝以化身寄居在他的创造物中，被造物通过上帝的寄居变成新天新地；寄居者还指历史上以色列人曾经是寄人篱下的寄居客，他们没有自己的国土和家园，居无定所，他们尝到过寄居的酸甜苦辣，同时也享受过上帝无条件的救恩，因而主张保护寄居客，认为寄居客在生存上比本地人更加艰难，有更多的不便，圣训有云：“若有外人在你们国中和你同居，就不可欺负他。和你们同居的外人，你们要看他如本地人一样，并要爱他如己，因为你们在埃及地也作过寄居”，主张为孤儿寡妇申冤，怜爱寄居者，赐给寄居者衣食，寄居者不能被轻视、被歧视或差别对待。（雷爱民）

《寂静的春天》

Silent Spring

美国女作家蕾切尔·卡逊的代表作，50多年以来全球最具影响的环境著作之一。1949年出版的《寂静的春天》，以寓言开头描绘一个美丽村庄的突变，从陆地到海洋，从海洋到天空，全方位揭示化学农药的危害，是公认的开启世界环境运动的奠基之作。它既贯穿着严谨求实的科学理性精神，又充溢着敬畏生命的人文情怀，是一本赏心悦目的著作。卡逊1907年5月27日生于宾夕法尼亚州泉溪镇，在那儿度过童年。她1935年至1952年间供职于美国联邦政府所属的鱼类及野生生物调查所，有机会接触到许多环境问题。在此期间，她曾写过有关海洋生态的著作，《在海风下》《海的边缘》和《环绕着我们的海洋》。这些著作使她获得了一流作家的声誉。正

是这本不寻常的书，在世界范围内引起人们对野生动物的关注，唤起了人们的环境意识，这本书同时引发公众对环境问题的注意，促使环境保护问题提到了各国政府面前，各种环境保护组织纷纷成立，从而促使联合国于 1972 年在斯德哥尔摩召开人类环境大会，并由各国签署了《人类环境宣言》，开始全球性环境保护事业。中国的环境保护事业，是从停止沙城农药厂的 DDT 生产开始的，而后全面禁止了 DDT 的生产和使用。随着全球生态危机的凸显和国内生态文明建设理念的提出，国内已有近 10 种中译本出版发行。其中：吕瑞兰译本，科学出版社 1979 年出版，北京；吴国盛译本，科学出版社 2007 年出版，北京；吕瑞兰、李长生译本，上海译文出版社 2008 年、2011 年、2014 年多次出版，上海；鲍冷艳译本，中国青年出版社 2015 年出版，北京。（徐越）

《寂静的革命》

Silent Revolution

美国著名政治学家罗纳德·英格哈特的主要著作之一，1977 年出版。书中运用马斯洛的需求层次理论，提出并论证发达工业社会民众观念发生的重要的代际性转变。书中提出后物质主义概念，分析西方生态新社会运动的产生，由此形成所谓的后物质主义假设或理论。认为随着社会结构从工业社会向后工业社会的转变或从现代社会向后现代社会的转变，在西方发达的工业社会里，正在发生着一场影响深远的价值观代际转型，年轻一代开始追求更高层次的需求，强调自我表达与个人自由，人们的价值观相应地也发生了静悄悄的变化，即从物质主义价值观向后物质主义价值观转变。不同于强调社会、经济、政治上安全保障的物质主义价值观，后物质主义价值观强调自我实现、生态保护等非物质诉求的实现，继而后物质主义价值观构成生态新社会运动的政治文化与社会心理基础。书中大量资料表明，20 世纪 60 ~ 70 年代西方社会确实发生了从看重物质主义观念到强调生活价值观念的大众性转变。事实证明，这种革命既不是寂静展开的，也不是永久不变的。不仅如此，书中使用的调查数据相对有限，主要基于对英国、法国、西德、意大利、荷兰和比利时等 6 个国家的考察。（徐越）

绩效考核

Performance assessment

指政府机关或企业等组织，根据特定组织定位和目标，运用严格的标准和指标，对职员或员工的工作质量及取得的业绩进行评估，以了解监督组织成员的工作情况，并将考核结果作为奖惩、培训、辞退、职务任用与升降等实施的基础与依据的过程和方法。最早起源于英国的文官制度。在英国实行文官制度初期，文官晋级主要凭资历，于是造成冗员充斥、效率低下的状况。1854 ~ 1870 年英国文官制度进行改革，注重表现、才能的考核制度开始逐步建立。根据这种考核制度，文官实行按年度逐人逐项进行考核的方法，根据考核结果的优劣，实施奖励与升降。它的实行充分调动英国文官的积极性，大大提高政府行政管理的科学性，增强政府的廉洁与效能。此后，其他国家政府纷纷借鉴与效仿，形成各种各样的文官考核制度。它的成功实施使有些企业开始借鉴这种做法，在内部实行绩效考核。（刘中华）

加勒特·哈丁

Garret Hardin, 1915 ~ 2003

美国著名生态学家、生态经济学家，因 1968 年发表在《科学》杂志上的文章《公地的悲剧》闻名于世。文章认为，由于人类理性和制度设计上的缺陷，个人的看似无辜行为会对周围的生态环境造成损害，从而引发关于自然资源所有权方面议题的旷日持久的学术争论。1941 年在斯坦福大学获得微生物学专业博士学位，之后在加州大

学桑塔芭芭拉分校任教。一般系统研究协会最早的成员。毕生研究的主题是人口过度增长，并且提出一些有争议的看法，有提倡堕胎权、倡导优生和绝育、严格限制非西方移民等。（徐越）

加里·斯奈德

Gary Snyder, 1930 ～

20 世纪美国著名诗人、散文家、翻译家、禅宗信徒、环保主义者。2003 年当选为美国诗人学院院士，先后出版 16 卷诗文集，其中《龟岛》

获得 1975 年度普利策诗歌奖。垮掉派目前少数仅存的硕果之一，也是这个流派中诗歌成就较大的诗人。生于旧金山，早年移居到美国西北部，在父母的农场工作。1951 年毕业于里德学院，获文学和人类学学位，后进入加利福尼亚大学攻读东方语言文学，在此期间参加垮掉派诗歌运动。翻译的寒山诗对他产生很大影响，致使他东渡日本（1956 ～ 1968），出家为僧三年，醉心研习禅宗。1969 年回到美国后，与日本妻子定居于加利福尼亚北部山区，过着非常简朴的生活。1984 年与美国著名诗人艾伦·金斯伯格（Allen Ginsberg）作为美国作家代表团的成员来中国访问，终于圆了他 30 多年来的亲临“中央王国”之梦。斯奈德曾说，中国文化、文学对他的影响，在 50 ～ 60 年代是 80%。1985 年，他成为加利福尼亚大学戴维斯分校的教授，同时继续广泛的游历、阅读和讲学，致力于环境保护事业。（徐越）

加拿大安大略省绿色工作联盟

Green Work Alliance of Ontario, Canada

加拿大安大略省的工会组织。与其他工会组织一样，经济和社会议题依然是加拿大安大略省绿色工作联盟的核心政策议程。在安大略省绿色工作联盟内部，展开绿色环保工作的努力困难重重。一些基层的具有强烈生态关切的工会工人，试图提出生态议题，以实现工会的绿化，但遭到绿色工作联盟官员的层层阻挠。同时，加拿大安大略省绿色工作联盟也很少对其支持的在安大略省执政的新民主党的环境政策提出批评意见和替代性的方案。（王聪聪）

加拿大环境教育

Environmental Education in Canada

加拿大开展环境教育的基本状况。20 世纪 90 年代以前，加拿大的环境教育多依托于美国主导的北美环境教育协会。90 年代以后加拿大建立起自己的环境教育联络会——加拿大环境教育与交流网（Environmental Education and Communication, EECOM）。它使加拿大的环境教育更具有地方性色彩。加拿大具有最少受政治影响的广泛的公众教育体系（OECD）。大多数省都采用了相似的课程推广模式，即政策在省级范围内推广，教育决定权局限在教学与课程实施之间。事实上，加拿

大每个省都有一个自己的“国家”课程，类似于环境教育这样的观念在主流教育实践中难得一见是不足为奇的，除非每个教师以私人的方式认识到他们对于基础公众教育的极端重要的作用。今天与30年前相比的重大区别是公众和政府对于环境教育课程发展与研究的一般态度的转变。就最基本的而言，从初级中学到大学，环境教育活动不仅被认可为可接受的课程重点，而且得到学术界与管理层的核心人物的积极推广。（参考：［英］帕尔默著，田青、刘丰译：《21世纪的环境教育：理论、实践、进展与前景》第213页，北京：中国轻工业出版社，2002年。王薛时）

加拿大绿党

Canadian Green Party

全球绿党国际网络的成员，1983年成立。目前党的领导人是伊丽莎白·梅（Elizabeth May）。认同全球绿党的政治原则：生态智慧、非暴力、社会正义、可持续发展、

参与性民主、尊重多样性。在坚持生态学、社会正义、基层民主与非暴力等绿党政治基本价值的基础上，采取多元化的政策纲领和政策主张，如降低薪资税和所得税、对污染企业进行征税、支持家庭农场、国家育儿计划、政治体制改革等。在选举政治层面上成绩不突出，在1984年、1988年、1993年、1997年和2000年的加拿大议会大选中选票均未突破1%，无缘全国议会。2004年全国大选中实现重大选举突破，获得4.32%的全国选票，尽管依然未能进入议会，但获得联邦资助资格。2006年和2008年加拿大议会大选中分别获得4.48%和6.80%的选举支持率，没有取得议席。2011年全国大选中将工作重点放在确保议会席位上，成功获得议会代表权。伊丽莎白·梅成为由选举产生的绿党的第一位全国议员。在这次大选中得票率却在11年里第一次跌到4%以下。（王聪聪）

加拿大蒙特利尔气候大会

United Nations Climate Change Conference in Montreal, Canada

2005年《联合国气候变化框架公约》第十一次缔约方会议（COP11）在加拿大蒙特利尔举行，通过了双轨路线的《蒙特利尔路线图》：在《京都议定书》框架下，157个缔约方将启动《京都议定书》2012年后发达国家温室气体减排责任谈判进程；在联合国《气候变化框架公约》基础上，189个缔约方也同时就探讨控制全球变暖的长期战略展开对话，以确定应对气候变化所必须采取的行动（此举主要是为了使美国不至于脱离全球控制气候变化的行动进程）。会议最终达成40多项重要决定。（席溢）

加拿大气候行动网络

Canadian Climate Action Network, CAN

涵盖加拿大国内100多个关注气候变化组织的联合行动网络。致力于通过共同努力，提出能够减少二氧化碳排放的切实措施，以实现可持续和平等的发展。通过政治努力，更好地帮助加拿大政府应对全球气候变化。国内唯一专注于气候变化的社会运动和环境团体。政治目标是应对气候变化，特别是通过建立社会共识，促进在政府所有层面实施全面气候变化行动方案，从而与政府一道，通过具体的政策、目标、时间表等形式，推动全社会实施这些行动计划和方案。（王聪聪）

加拿大汽车工人工会

Canadian Auto Workers, CAW

加拿大最大规模的工会，知名度最高的工会之一，1985年成立。温莎、布兰普顿、奥克维尔、

圣凯瑟琳等地区的大型汽车厂，是加拿大汽车工人工会的基地。后来，加拿大汽车工人工会迅速扩张，合并很多行业工会，涵盖所有经济部门，如航空、电力、采矿、渔业、铁路等。近年来，加拿大汽

车工人工会逐渐远离美国商业工会主义，朝着欧洲社会工会主义的模式发展。由于政治倾向及其他原因，加拿大汽车工人工会与其他工会组织的关系一直相对紧张。加拿大汽车工人工会曾在2000年被驱逐出加拿大劳工代表大会，虽然后来重新加入，但一直被排除在安大略劳工联盟之外。加拿大汽车工人工会是新民主党和魁北克联盟的支持者。加拿大汽车工人工会内部的激进主义者，试图建立基层生态委员会，开展环保工作，但困难重重，绿色创议往往不被工会领导重视，经常被排除在协商谈判之外。（王聪聪）

加泰罗尼亚绿党倡议

Iniciativa per Catalunya Verds

西班牙加泰罗尼亚地区的绿党组织，成立于1987年。加泰罗尼亚绿党倡议（ICV）将自己定位为生态社会主义政党，巴黎《生态社会主义宣言》集中展现了该党的意识形态与政治主张。

从选举政治层面看，在2000年、2004年、2008年、2011年西班牙大选中，加泰罗尼亚绿党倡议分别获得0.5%、0.9%、0.7%、1.2%的选票，和议会中的1个、2个、1个、3个议席。1988年以来的历届加泰罗尼亚地区议会选举中，绿党均进入了议会。2003年加泰罗尼亚议会选举中，加泰罗尼亚绿党倡议与加泰罗尼亚社会党、加泰罗尼亚共和左翼党、左翼的加泰罗尼亚民族党组建选举同盟，获得选举胜利，进入政府执政（2004 ~ 2010）。其中，加泰罗尼亚绿党倡议成员出任加泰罗尼亚联合政府中的环境部长一职。2009年和2014年的欧洲选举中，加泰罗尼亚绿党倡议均获得了1个欧洲议会代表席位。目前加泰罗尼亚绿党倡议是欧洲绿党的成员党。（王聪聪）

伽利略·伽利雷

Galileo Galilei, 1564 ~ 1642

意大利数学家、物理学家和天文学家，近代实验科学的奠基者之一，被誉为“近代自然科学之父”。主要著作为《关于托勒密和哥白尼两大世界体系的对话》、《关于两门新科学的对话》。

出生于比萨的没落贵族家庭，早年在比萨大学学习医学，同时对数学、物理和仪器制造保持浓厚兴趣。1585年因经济拮据而辍学，在家坚持科学研究，钻研古希腊人科学著作，发明测定合金成分的流体静力学天平。次年写成论文《天平》，轰动学术界，被称为“当代的阿基米德”。1589年年仅25岁受聘于比萨大学教授几何学和天文学，此后辗转至帕多瓦大学长期执教，后移居佛罗伦萨任托斯康大公爵的首席哲学家和数学家直至逝世。伽利略运用培根（Francis Bacon）的实验方法和笛卡尔（Rene Descartes）的数学方法，在科学史上首先在科学实验基础上将数学、物理学和天文学等学科原理相结合，在对实验材料进行人工选择和控制的前提下，对自然过程进行记录和分析以探求自然现象的规律，并运用数学符号进行记录。这开辟自然研究的新方法和新途径。将科学实验作为科学理论真理性的重要鉴别手段，对当时流行的仅仅是朴素的实验操作造成巨大冲击，因此成为人们认识事物革命性的方法改造。此外，发明望远镜，在天文学上开创经验观察天象新时代，以实际观察确认哥白尼日心说的正确性，为此晚年遭到教廷迫害，软禁8年直至逝世。（欧阳文川）

家家泉水户户垂杨

Flowing Streams by Every House, Willow Trees by Every Door

对山东省济南市基于农业生产生活方式的人与自然、社会与自然之间相对和谐的古典城乡样态的形象描绘。2007 年，济南市规划局官方网站公布《泉城特色风貌带规划》和《泉城特色标志区规划》，详尽勾画"一湖一城一环"的泉城特色标志区。其中，"一湖"指大明湖的扩建工作，"一城"指明府城的保护改造，"一环"指环城河的通航。其中，规划确定趵突泉向西向北扩建，改造白龙湾泉池，五龙潭东扩至西护城河，将五龙潭公园与环城公园融为一体。同时，规划结合小清河及滞洪区开辟新的水面形成北湖，将清河北路打造成园林绿化景观轴，从大明湖公园内的北极阁至小清河方向，开辟一条垂直于清河北路的南北向轴线，作为城市自然、历史文化轴的北延。该规划旨在通过环境规划、城市再建，还原《老残游记》描绘的"家家泉水户户垂柳"的风貌。（张沥元）

家庭智能化系统

Family Intelligence System

家庭智能化系统是小区智能化系统中的子结构，包容了家庭所需的所有功能。家庭智能化系统所提供的是人们足不出户就可以进行电子购物、网上医疗诊断、参观虚拟博物馆和图书馆、点播 VOD 家庭影院，甚至于在数千里之外遥控家里的空调和家庭电器的控制，当家庭中发生安全报警（包括：盗警、火警、煤气泄漏以及疾病紧急呼救等），在外的家庭成员可以在接到报警信息以后，通过电话线路查询和确认家庭中的安全状况。家庭智能化系统中包括三个部分：家庭安全防范系统、家庭自动化系统、家庭通讯与网络系统。其中，家庭安全防范系统的基本基本功能是防盗报警功能，可视对讲识别来访者功能，火灾与煤气泄漏报警功能，遥控护理与紧急求助报警。该系统具有防破坏自保功能，可分区和按报警级别布防，可按事件和时间程序布防或撤防，可通过电话线路报警，可设置报警电话号码并通过电话线路报警，实时监听。家庭自动化基本功能主要指通过电话可以对家中的家电设备进行远程遥控；通过事件或时间程序自动控制家电电器设备，或通过红外线（IR）方式远程遥控空调启停和温度调节，实现三表（电表、水表、煤气表）数据的自动采集和传输功能。家庭通讯与网络基本功能主要是通过电话线路传输双向语音和数据及遥控指令，采用数字式电话系统，具有声音邮件信箱功能，可分别进行远程留言与来电信息调用功能，采用五类双绞线的智能家庭总线（IHBS）结构，可采用 X-10 电源总线方式。1998 年 5 月，新加坡举办的"98 亚洲家庭电器与电子消费品国际展览会"上，推出了新加坡 8X 家庭智能化系统。目前，美国已有近 4 万户家庭安装了"8X 家庭智能化系统"，在新加坡也有近 30 个社区（住宅小区）近 5000 户的家庭采用了 8X 系统。（参考：任苹、李界家、原宝龙、邱昭泉：《谈智能住宅家庭智能化系统》，《房材与应用》2003 年第 1 期第 23 ~ 25 页；马兴东、梁奇：《浅谈家庭智能化系统的应用》，《民营科技》2011 年第 1 期第 32 页。朱配辰）

家园意识

Home Consciousness

家园意识蕴涵人类本真生活、回归自然的诗意栖居旨趣，是人类对现代生活方式反思下的家园回归意识。同时家园意识也指人与自然生态的审美关系。家园意识被认为是生态存在论美学的核心范畴之一。在现代社会中，由于自然环境的破坏和精神焦虑的普遍加剧，人们产生失去家园、无所归依的茫然之感。家园意识意味着向人的本真存在的回归与解放，主张通过悬搁与超越之路，使心灵与精神回归到本真的存在与呈现之中。当代生态审美观中的家园意识，是在人类自然家园受到破坏、精神家园无所归依的危机情形下提出的。家园意识包含着人与自然生态的关系。家园意识认为人不是在自然之外，而是在自然之内。自然是人类之家，人是自然的一员。家园意识主张维护人类生存家园，保护自然生态环境，向自然回归，向本真回归。（雷爱民）

嘉道理农场暨植物园

Kadoorie Farm and Botanic Garden

于1956年在中国香港建立。资金来源于嘉道理基金会。口号是“人人奉行永续生活，尊重大自然”。在香港及华南地区推广生物多样性保育工作，并促进发展永续农业和有创意的自然教育。项目主要有：

1. 保育工作。在香港和其他地区推广自然保育、生物多样性及永续生活，并推行多项动植物保育计划和倡导永续生活方式，并到香港各中小学及社区推广保育意识，包括动物保育、植物保育、生态咨询计划、嘉道理中国保育、保育问题等。2. 教育项目。透过正式和非正式渠道提供环保教育，鼓励大众进一步提高环保意识，以学生和教师为重点，包括家庭乐园、儿童活动、学校计划、社区外展、短期课程及工作坊等。（席溢）

价值澄清法

Value Clarification

又作价值观辨析法。传统价值观教育方法主要是说教、限制选择、奖励和惩罚、榜样和模仿。价值澄清法强调的不是价值观本身而是获得价值观的过程。由美国价值澄清学派（价值观辨析学派）对传统价值观进行分析研究的基础上提出的。主要运用下面的方法：澄清反映、价值表决、价值排队、公共提问、魔术箱法、展示自我。价值澄清法包括3个阶段7个子过程。价值澄清法把道德教育与幼儿需要相联系，让幼儿在活动中直接思考价值选择途径，使他们对社会生活和周围人产生积极态度。理论和实质是：让幼儿利用理性思考和情绪体验来审查自己的行动，分辨并实现自己的价值观念，揭露并解决自己的价值冲突，和别人进行价值观念交流，根据自己的价值选择行事。这种方法已在美国许多幼儿园推行并取得很好的效果。（王薛时）

价值分析法

Value Analysis Method

价值分析法亦称为价值工程，它是一种科学的组织管理和企业经营决策的方法。由于价值分析法的独特作用，1971年在美国被列为第二次世界大战以后工业管理领域中出现的3项新技术之一。价值分析法创立于20世纪40年代，创始人是美国通用电器公司的工程师麦尔斯。麦尔斯通过工作实践，总结和提出价值分析的比较完整的科学方法，为价值分析法在理论上和技术上的发展奠定了良好基础。50年代开始，价值分析法在美国得到广泛应用和发展。1959年美国成立价值工程师协会，引起世界各国的重视，逐步发展成为几十个国家和地区参加的国际性组织。同时，价值分析法传播到西方国家，尤其是日本较早研究并运用价值分析法，取得明显的效果。1961年，麦尔斯发表他的价值分析的第一本专著《价值分析法》。至此，价值分析便进入系统研究和广泛应用的时期。价值分析法已经为世界各国公认为是成熟而行之有效的方法。（王薛时）

价值取向

Value Orientation

价值哲学的重要范畴。指一定主体基于自己的价值观在面对或处理各种矛盾、冲突、关系时所持的基本价值立场、价值态度以及所表现出来的基本价值取向。价值取向具有实践品格，突出作用是决定、支配主体的价值选择，因而对主体自身、主体间关系、其他主体均有重大的影响。诺贝尔经济学奖获得者、著名心理学家西蒙认为，决策判断有两种前提：价值前提和事实前提。价值取向的合理化是进步人类的信念。克拉克洪和斯特罗德贝克（1961）概括出5种各包括3种类型的价值取向：1. 对人类本性内部特征的概念：坏的、善恶混合的、可变的；2. 对人与自然及超自然关系的概念：人类服从自然、人与自然和谐相处、人统治自然；3. 人类生命的时间取向：以过去为中心、以现在为中心、以未来为中心；4. 对自我性质的看法：强调存在、强调顺其自然、强调行为；5. 对人际关系的看法：独处、合作、个人主义。一般来说，价值取向具有社会性、科学性、可行性、超越性的特点。（牟世晶）

价值总量之谜

The Mystery of the Total Value

由我国著名的经济学家谷书堂教授提出的，命题是：“价值的存在本来是为了表现使用价值交换时的量的比例，是作为社会财富量的代表，而在劳动生产率迅速提高的情况下它却日益‘缩水’，形成与使用价值量变化比例的巨大落差，究竟应如何解释这种现象，这是我多年来长期求解不得的一个谜团。”即单位商品的价值量与劳动生产率成反比，价值总量与劳动生产率无关；在劳动时间不变的前提下，价值总量总是一个定量。但在现实统计中，按不变价格计算的国民生产总值总是不断增加，似乎它与劳动生产率成正比。为解决这一谜团，很多学者提出自己的解答。（代富宇）

《坚强生存：妇女、生态和发展》

Staying Alive: Women, Ecology and Development

女性主义和环境正义研究领域的经典著作，作者为印度环境哲学家、第三世界生态女性主义者的杰出代表范达娜·诗娃，South End 出版社 2010 年出版，以超凡的历史与全球视角和清晰的论证得到学界的普遍好评。在西方世界，至少从弗朗西斯·培根的时代开始，技术进步和经济发展被公认为社会发展的主要动力。书中指出，跨国公司、世界银行、国际货币基金组织、各国政府及其他国际组织是推动经济发展的主要合法渠道，由它们推动的经济发展，却并非完美和人道的。事实上，世界经济的私有化，已让人类发展走上一条不归路。女性如何能够通过自身的努力，使人类摆脱灭亡的危机？在作者看来，女性有能力且正在创造和保护着重要的知识资源，女性有着维持生存的观念与生存智慧，因而有助于人类社会摆脱目前的危机。（徐越）

间断进化

Punctuated Evolution

间断进化是指在大突变、遗传漂变及其他偶然因素的影响下，种群内的少数个体快速分异而形成新种的跳跃式进化过程。间断式进化是伴随着分子生物学的出现而出现的，也叫现代进化论或新达尔文进化论。主要观点是：进化不是渐进的，是由有目的的基因突变造成的；进化具有方向性，不能通过基因的随机突变来实现；新物种的出现是突然的，是在短时间内形成的。20 世纪 70 年代，有人针对经典达尔文进化论，提出了中性突变理论，认为新物种的产生是基因突变的产物，而基因的突变是随机的，是无目的、无方向的，是中性的。20 世纪后期，这个理论受到了挑战。经过对 DNA 变异位点产生频率的分析，如果只通过基因变异的随机试错来产生新的物种，根据现在仍然生存的和曾经生存过的生物种类计算，30 多亿年的时间，要产生这么多的物种，时间远远不够用。因而提出，进化是有方向、有目的的，生物的进化过程是：较长时间没有变化或变化很少，但由于生存环境的突然改变，生物为了适应变化了的环境，就会发生以适应新环境为目标的突变，因而，新物种是在 1 万年至 5 万年的短时间内突然出现的，然后又会在一段较长时间内稳

定遗传，只增加多样性（即新的种），不增加新的科或属。（牟世晶）

间断平衡

Punctuated equilibrium

间断平衡论是古生物学研究中提出的进化学说。1972 年由美国古生物学家 N. 埃尔德雷奇和 S.J. 古尔德提出后，在欧美流传颇广。认为新种只能通过线系分支产生，只能以跳跃的方式快速形成；新种一旦形成就处于保守或进化停滞状态，直到下一次物种形成事件发生之前，表型上都不会有明显变化；进化是跳跃与停滞相间，不存在匀速、平滑、渐变的进化。间断平衡理论完善了达尔文的进化理论，并不是对其造成了冲击。间断平衡理论对于进化中物种的大灭绝和大爆发提出了如下的解释：进化和新物种的产生不可能发生在一个物种主要群体所在的核心地区，只能发生在边缘群体所在的交汇地区。那里生存压力大，环境复杂，物种的变异容易遇到合适的环境，并且边缘的隔离作用使得变异可以累积和发展，进而成为新物种。间断平衡理论认为，生物的进化不像达尔文所言是缓慢的连续渐变积累过程，而是长期的稳定与短暂的剧变交替的过程，从而在地质记录中留下许多空缺。澄江动物群的发现说明了生物的进化并非总是渐进的，而是渐进与跃进并存的过程。作为 20 世纪最惊人的科学发现之一的中国云南澄江动物群，是世界上目前所发现的最古老、保存最为完整的带壳后生动物群。该动物群是中国青年古生物学家侯先光 1984 年在云南澄江县帽天山首先发现的。这是内容十分丰富、保存非常完美，距今约 5.7 亿年的化石群，成员包括水母状生物、三叶虫、具附肢的非三叶的节肢动物、金臂虫、蠕形动物、海绵动物、内肛动物、环节动物、无绞纲腕足动物、软舌螺类、开腔骨类，以及藻类等，甚至还有属于低等脊索动物或半索动物（如著名的云南虫）等。由于许多动物的软组织保存完好，为研究早期无脊椎动物的形态结构、生活方式、生态环境等提供了极好的材料，同时也成为探索地球上大壳后生动物爆发事件的重要窗口。（牟世晶）

监督观

Supervision View

在基督教的教义中，上帝是至高无上的创造者和监督者。他创造了人类，同时还对人类的行为进行监督和管理。“上帝是万神之神，万主之主”。基督教认为人类只有信仰和敬畏上帝，并时时谨记和信仰上帝于内心，相信上帝时时刻刻与自己同在，相信人类的一切善恶行为都在上帝的俯视和观察之中，主动接受上帝的监督，弃恶从善，最终才能得到上帝救赎。（雷爱民）

监管制度

Supervisory System

又称监督制度，指监督权的授予者或其代理机构，对某一特定过程或事务进行监视、督促和管理，使结果能达到预定目标的制度。在激烈的市场竞争中，它可以决定企业的兴衰成败。科学完善的规章制度和质量管理体系是企业高效运行的基础，加强监督管理是保证企业执行力有效推行的重要手段。在公共权力的运行过程中，它可以使公共权力受到公共权力的授权者社会公众及其代理机构的监察督促，以使公共权力被滥用和异化的危险降减到最低限度。（刘中华）

见素抱朴

Manifest the Artlessness, Embrace Simplicity

语出老子《道德经》：“绝圣弃智，民利百倍；绝仁弃义，民复孝慈；绝巧弃利，盗贼无有。此三者，以为文不足，故令有所属，见素抱朴，少私寡欲，绝学无忧”，见素抱朴者主张：绝弃智巧，抛却机心，复归素朴，保其本真，不为外物牵累和诱惑，“素朴”诉求是“道家”生命追求的目标，它主张保有人性之“朴”，实现生命之“真”，从而彰显素朴之“纯”，“素朴理想”强调单纯本真，复归原初的、未被干预的生命状态。（雷爱民）

建构主义科学观

Constructivism science

对现代实证主义科学观的反动，也被称为后现代主义科学观，基于 HPS（history， philosophy and sociology of science）或者科学元勘（science studies）研究的新进展。代表人物有科学哲学家波普尔、库恩等人。他们主张科学的建构性和历史性，否认理性的普全真理的不变。科学理论伴随实践的深入和经验的积累而不断发展，科学的真理处于不断变化和扩展中，并且对人来说并非被动接受，而是学习者主动构建。科学理论的构建过程受到学习者特殊价值倾向和主观经验的影响，进一步说受到社会环境和科学范式的规定。因此，科学理论在社会环境和科学范式的变更下也不断被推翻和发展。波普尔将科学的本质归于猜测，认为科学理论的建构夹杂着主体的偏见、错误和倾向，直觉在其中扮演重要角色。因为新的科学知识的发现经常是在与科学无关甚至和被公认正确的理论的否定中进行，而且发现科学知识的方法也是多样的，并不只限于观察和实验。建构主义的科学观有其自身缺陷，即过分夸大科学真理的主观性和不确定性。摩斯（Moss）对上述激进的建构主义科学进行重塑，即一方面承认科学的历史和发展性，也承认特殊历史条件下的科学理论是对世界和社会的理性认识，虽然只是认识世界的所有方式中的一种；另一方面，虽然科学知识在不断变化，然而其核心是稳定的，科学家之间对于科学知识存在分歧是科学发展的正常现象，科学正是在不断纠错和观点互补中进步。（参见：张宪冰：《建构主义科学观及其对科学课程变革的启示》，《当代教育科学》2007 年第 10 期 25 ~ 27 页。欧阳文川）

建设工程项目行政审批制度

Construction Project System of Administrative Examination and Approval

是行政审批制度的一类，指政府管理工程项目的行政机关在项目建设进行的不同阶段按照规定对工程建设项目相关各方（包括建设、施工、监理、设计和造价等单位）提交的申请项目进行审查的各种政策法规的总称。建设工程项目行政审批的目的是对建设项目涉及的资金和土地等重要资源进行合理、科学的优化配置，尤其对于土地资源等关乎国家经济社会发展的重要资源，行政审批制度从经济社会的宏观层面对不同行业、不同建设项目进行协调统筹，是国家宏观调控的重点领域。建设工程项目行政审批也是政府保障公共安全的重要措施。申请审批的建设工程大多数都与民众的日常生活工作需要有紧密关系，通过对建设项目的安全性审查，排除建设中可能发生的质量安全隐患和环境安全隐患，有助于保障经济社会的稳定发展。建设工程项目行政审批制度的设置基于服务行政理念、责任政府理念、正当性程序原则和公众参与原则。服务行政理念是我国行政体制从计划时代的管控型行政方式向服务型行政方式转变的需要，建设工程项目行政审批制度是建设公共服务型政府的需要。责任政府理念源自对政府权力的约束，责任政府意味着建设项目行政审批机关权责相当，审批机关要承受审批违规和疏漏的责任以及接受监督的义务。正当性程序原则是建设工程项目行政审批的合理合法性来源，只有具备正当性，审批程序才能同时符合国家和社会公众的利益。公众参与原则本身即是正当性原则的构成内容，建设工程项目行政审批不仅关乎企业的经济利益，同时关乎环境、资源以及民众生命财产安全，因此听证会、决策谈判和商议的形式有利于行政审批的科学性与合理性，保障建设项目的生态效益、社会效益和经济效益等综合效益的实现。（参考：周俊锋：《建设工程项目行政审批制度改革研究》，吉林大学 2013 年硕士学位论文第 12 ~ 16 页。欧阳文川）

建设性后现代主义

Constructive Postmodernism

20 世纪 70 年代，建设性后现代主义理论在美国兴起。他们运用怀特海的过程哲学，通过对现代性的质疑和反思，对后现代主义中的怀疑主义和虚无主义进行批判，提出具有批判性和建设性的哲学思想。建设性后现代主义的主要流派包括后现代整体有机论、后现代生态文明观以及后现代创造观。代表人物有小约翰·科布和大卫·格里芬等。后现代整体有机论认为：一切实体都是平等的，实体之间相互依赖、相互关联。在对待人与自然的关系上，建设性后现代主义反对人类中心论，认为人不是独立于世界万物的实体，而是世界的一部分，地球是自然形成的有机整体，地球系统之间彼此依赖，人类并非地球的中心，而只是作为地球系统的子系统而存在，主张在人与自然的关系上超越二元对立。认为自然是需要人类照料的，不能被视为征服的对象，人与自然的关系处在一种动态平衡的系统当中。建设性后现代主义哲学还吸取女性主义观点，主张宽容精神。（雷爱民）

建设性后现代思想

Constructive Postmodern Thoughts

20 世纪 70 年代建设性后现代主义理论流派在美国兴起，代表人物有小约翰·科布和大卫·格里芬等，他们从怀特海的过程哲学出发，通过对现代性的质疑以及对否定性后现代主义中的怀疑主义和虚无主义的批判，提出兼具批判性和建设性的哲学思想体系。其中后现代整体有机论、后现代生态文明观以及后现代创造观等被视为该体系的理论支柱。建设性后现代思想主张：一切实体都是平等的，都与其他实体相互依赖，有内在关联；原初个体都是有机体，都具有目的；世界是由不同实体组成的有机整体，整体中所有实体都是平等的；个体作为整体的一员存在，个体只有投身于整体的复杂关系网中才有价值。在对待人与自然的关系上，建设性后现代主义反对人类中心论。他们认为人不是独立于世界万物的实体，而是与世界纠缠在一起的必要成分。人是世界的一部分，地球是自然形成的有机整体，按生态法则组合和运转，人与其他自然生物彼此没有优劣高下之分；崇尚创造性的人生观。（雷爱民）

《建设一个可持续的社会》

Building a Sustainable Society

世界观察研究所创办者、著名生态经济学者莱斯特·布朗的代表作之一，1981 年出版。集中阐述作者的可持续发展价值观。全书分为两个部分，分别是《集中的需要》和《走向可持续发展的路径》。在《集中的需要》中，汇总整理诸多全球性问题的资料。通过生态学分析历史上消亡文明（如美索不达米亚文明和玛雅文明）的原因，指出现代文明与维持这个文明的土地和生物系统之间，已经出现了不可持续的矛盾关系。第二部分试图找寻一条走向可持续发展的路径和蓝图。对此，首先考虑的是人口问题。肯定了限制人口政策过快增长的政策，对中国的独生子女政策表示赞赏。在能源和生产可持续方面，认为西方后现代社会的可持续发展形态，应当是以再生农业、可替代的能源、可持续的交通运输、科技智能型新工业和新的生产生活方式为基本特征。作者指出，价值观是走向可持续发展社会的关键。这不仅是因为它能影响人们的行为，而且因为它能决定社会发展的重点，从而决定社会的生存能力。最后，以乐观主义的姿态表达一种振奋感，认为这种振奋感来源于人们价值观的改变，树立起可持续发展的价值理念，可以实现人类与自然、人类与社会的和谐一致。（徐越）

建设用地预审制度

Pre-examination System for Building Land

国家对土地进行宏观调控的行政措施，指国土资源部门行政管理机构依法对建设项目有关土地使用内容的审批、核准与备案的制度。目的在于监督建设项目用地的合法性、合理性以及科学性，保障土地资源安全和优化配置，以及经济社会的可持续发展。建设用地预审是建设项目用地的前置程序，在项目基本建设程序、土地供应审批程序和土地征用程序之前，是土地供应的首要措施。建设用地指以构建建筑物为目的的工程用地总称，是经过资金、人力等资本的投入以及相应工程措施使其具备某种用途的建设环境，在此基础上进行工程建设和资源开发，因此建设项目用地是利用土地的各种资源，如空间和承载力，使其成为建设基地或者生活场所。建设用地预审的材料包括建设项目的可行性研究报告和规划选址意见书等，具体内容为建设项目的土地利用相关事项，总体来说包括土地利用的调查、记录和分析以及土地利用的结构、规模和布局，涉及土地利用的生态、经济和社会等效益的评估。因此建设用地预审是在宏观层面对用地规划的长远考量，即从土地的可持续利用视角进行审核，具体审核程序包括申请、审查、会签、批件制作以及发函。其中，审查与会签是建设用地预审制度的核心环节。（参考：詹长根：《建设项目用地预审的研究》，武汉大学 2010 年博士学位论文第 45 ~ 61 页、第 80~87 页。欧阳文川）

建设中国特色社会主义新农村

Building a New Socialist Countryside with Chinese Characteristics

社会主义新农村是我国在 20 世纪 90 年代提出的。新农村的新在于农村的发展能够体现科学发展观的要求，体现和谐社会的要求。随着工业化、城市化的发展，通过城市对农村的反哺，工业对农业的反哺，使农业得到可持续发展的基础，使农村社会能够实现和谐。建设中国特色社会主义新农村是在 1998 年党的十五届三中全会通过的《中共中央关于农业和农村工作若干重大问题的决定》中正式提出。《决定》提出“生产发展、生活宽裕、乡风文明、村容整洁、管理民主”的 20 字总要求。总要求强调推进新农村建设，既要发展农村生产力，又要调整和完善农村生产关系；既要加快农村经济发展，又要加快农村社会事业发展；既要提高农民群众的物质生活水平，又要提升农民的科学文化素质和思想道德水平。建设社会主义新农村要坚持的原则：1. 坚持“二为”方向和“双百”方针。“二为”方针指坚持为人民服务、为社会主义服务的方向；“双百”方针指坚持“百花齐放、百家争鸣”的方针。2. 坚持“重在建设”的方针。3. 坚持“两手抓、两手都要硬”的方针。4. 坚持“古为今用，洋为中用”原则。（李雪姣）

建筑美学

Architectural Aesthetics

建筑美学是建筑艺术美学的简称，应用美学的分支学科之一。随着建筑艺术的不断发展，关于建筑艺术的美学思想理论也逐渐形成和发展起来。建筑美学研究的内容是建筑艺术中的美学问题，主要包括：1. 关于建筑艺术的本质和特征问题，即研究建筑艺术与其他艺术种类之间的区别与联系，揭示建筑艺术的本质属性及其基本特征。2. 关于建筑艺术的意境与风格问题，即研究建筑艺术如何按照美的规律，运用建筑艺术手段，如以空间组合、比例、尺度、色彩、质感、体态等建筑艺术语言，统一多变、主次分明、有和谐韵律的结构布局，反映不同的意境和风格。3. 关于建筑艺术的美丑效应问题，即研究建筑艺术如何按照美的规律，通过建筑的外表、内部结构等象征手段反映生活中的美丑属性，表现作者对生活美丑属性的审美意识。4. 关于建筑艺术的形式美法则问题，即研究如何使建筑呈现为优美形式的艺术形象体系，以激起欣赏者的美感，满足各种欣赏者多样性的审美要求，引导欣赏者提高审美的能力、趣味、情操和水平等。在我国，建筑美学作为社会主义精神文明的组成部分，具有十分广阔的发展前景。英国美学家罗杰斯・斯克拉顿是建筑美学的创始人。他提出建筑美学的 5 个基本特征，即建筑的实用性、地区性、总效性、技术性、公共性。美国现代建筑家托伯特・哈姆林提出建筑形式美的具体规则，包括：统一、均衡、比例、尺度、韵律，布局中的序列，规则的和不规则的序列设计、性格、风格、色彩。建筑美学在历史上表现出不同的形态，古代思想家如亚里士多德，强调建筑的审美价值在于它所包含的社会伦理和生活内容的价值，建筑的审美功能在于表现这些内容。另一些思想家如毕达哥拉斯则认为，建筑美是客观存在的形式美。毕达哥拉斯学派发现的黄金分割率对后世影响很大。自19世纪以来，在心理学发展的影响下，有些学者强调建筑美是心理反应。由于建筑与人民大众休戚相关，具有最广泛的群众评议基础，因此，关于建筑美学的思想理论丰富、多样。当前，建筑美学正趋向于研究建筑美和周围环境的关系，建筑美的审美效应，建筑美与山水园林的关系。在西方，建筑美学的发展又与同时代的美学思潮发展密切联系，如包豪斯理论与现代主义，后现代主义大师文丘里与符号学美学都不可分割地连在一起。（参考：王辉：《人居环境理念下的建筑美学研究——建筑美学辩证法（一）》，《世界建筑》2010年第10期第120～123页；万书元：《当代西方建筑美学新思维（上）》，《贵州大学学报（艺术版）》2003年第4期第66～74页。朱配辰）

建筑生态美学

Architecture Ecological Aesthetics

新兴的建筑美学思潮。传统建筑美学由于缺乏对审美主客体之间关系的正确认识，忽视生命体、建筑和自然环境的密切关系，以致在人类社会因经济快速发展而产生诸多矛盾。建筑生态美学在强调审美主体在审美活动中的能动作用同时，承认美需要客体对象的居先存在，建筑的美应该存在于主体对客体的改造和对客体的尊重构织的复杂关系中。建筑生态美把是否达到主客体即生命与自然生存环境的协同与和谐作为审美标准。在社会可持续发展目标下，这种审美标准愈来愈符合现代建筑设计尤其是人居环境设计的要求。建筑生态美学的和谐性特征要求人工与自然的相符相容，使人工系统的功能需要与生态系统的资源支持得到良好的平衡。既满足需要又能维持再生，保持良好的循环，从而造就了人工环境和自然生态的和谐美。对建筑而言，广义的和谐不仅指的是建筑形象与观感上的融和，更应注重地尽其力、物尽其用、持续发展。（参考：杨玲、王晓初、孟晓雷：《建筑生态美学与建筑的可持续发展关系》，《辽宁工程技术大学学报》2007年第3期第314～315页。王薛时）

建筑生态学

Arcology

建筑生态学是美国建筑师鲍罗·索勒里（Paolo Soleri）于20世纪60年代提出的将建筑和生态合为一体，共同创造新的城市聚居环境的理论。这一理论试图体现建筑学与生态学的融合，是关于城市规划与设计的理论。依据建筑生态学，理想的城市被构想为高度综合且具有合适的建筑高度和密度的空间，期望在最大限度地容纳居住人口的同时，将居民安置在最为生态、美好和缩微的环境中。城市建筑生态学采取集中聚居概念，反对近来兴起的由汽车普及引发的离散聚居的概念，反对城市的无限扩张。认为城市设计应从根本上重组城市无限扩张式的景观，并且将其转换成高密度、整体、具有一定建筑高度的城市。鲍罗·索勒里建造的阿科桑底城（Arcosanti）是建筑生态学的实践案例，如今仍真实存在。（任傲尘）

健康城市

Healthy City

指“一个不断开发、发展自然和社会环境，并不断扩大社会资源，使人们在享受生命和充分发挥潜能方面能够互相支持的城市”（WHO1994）。一般意义上的健康城市指从城市规划、建设到管理各个方面都以人的健康为中心，保障广大市民健康生活和工作，成为人类社会发展所必需的健康人群、健康环境和健康社会有机结合的发展整体。世界卫生组织认定健康城市须符合以下10项标准：1. 为市民提供清洁安全的环境；2. 为市民提供可靠而持久的食品、饮水、能源供应；3. 有效的清除垃圾系统；4. 通过富有活力和创造性的各种经济手段，保证市民在营养、饮水、住房、安全和工作方面的基本要求；5. 拥有强有力的相互帮助的市民群体，其中各种不同的组织能够为改善城市而协调工作；6. 能使市民一道参与制定涉及他们日常生活，特别是健康和福利的各种政策；7. 提供各种娱乐和休闲场所，以方便市民之间的沟通和联系；8. 保护文化遗产并尊重所有居民；9. 把保护健康视为公众决策的组成部分，赋予市民选择有利于健康行为的权利；10. 做出不懈努力争取改善健康服务质量，并能使更多市民享受健康服务，能使人们更健康长久地生活。从 1994 年 8 月开始，在北京市东城区、上海市嘉定区启动健康城市项目试点工作，随后建立起来的健康城市有杭州市、苏州市、大连市、克拉玛依市、张家港市等。健康城市的发展目标是：创建有利于健康的支持性环境、提高居民的生活质量、满足居民基本的卫生需求、提高卫生服务的可及性。（参考：陈柳钦：《健康城市建设及其发展趋势》，《中国市场》2011 年第 33 期第 50 ~ 63 页；许从宝、仲德、李娜：《当代国际健康城市运动基本理论研究纲要》，《城市规划》2005 年第 10 期第 52 ~ 59 页。朱配辰）

江南水乡

Water/canal towns south of Yangtze River

我国地理意义上的江南，指宜昌以东、长江中下游以南南岭以北的广大地区。长江以南（包括其北岸附近区域）以环太湖地区为中心杭州湾以北（包括其南岸附近区域）地区，构成狭义上江南的主体区域。长江、太湖和杭州湾是狭义上江南的三大水区，长江、太湖和杭州湾（钱塘江）与其支流和其他湖泊，构成狭义上江南水网。江南水乡分为江苏水乡、浙江水乡、安徽水乡、上海水乡、江西水乡等。目前，我国著名的江苏水乡包括南京、常州、苏州、周庄、无锡；浙江水乡包括杭州、绍兴、前童古镇；安徽水乡包括徽州、新安江、宏村、宣州、查济古镇、桃花潭；上海水乡包括朱家角、大观园、枫泾、新阳、崇明；江西水乡包括婺源、鄱阳湖、铅山、信江书院、滕王阁，等等。江南水乡还是经济社会发展模式的概念，指基于农渔业生产生活方式的人与人、人与自然之间相对和谐的、较为富足文明的古典社会样态。（张沥元）

江苏 2014 年生态文明建设状况

Eco-Civilization Construction in Jiangsu in 2014

2014 年江苏生态文明指数（ECI）得分为 80.24，排名全国第 14 位。具体二级指标得分及排名情况见下表。去除“社会发展”二级指标后，江苏绿色生态文明指数（GECI）得分为 62.91，全国排名第 18 位。江苏生态文明建设属社会发达型，社会发展居全国领先水平，生态活力、环境质量和协调程度都居于中等偏下的水平。生态活力方面，江苏湿地面积占国土面积比重和建成区绿化覆盖率两个指标全国排名靠前，分列第 2 位和第 5 位。森林质量、森林覆盖率、自然保护区的有效保护等全国排名中下游。环境质量方面，水土流失率控制较好，农药施用强度、环境空气质量和化肥施用超标量居全国中下游水平，地表水体质量全国排名 27 位。社会发展方面，农村改水率（第 4）、人均国内生产总值（第 4）、城镇化率（第 6）、服务业产值占国内生产总值比例（第 9）、人均教育经费投入（第 10）全国排名靠前，每千人口医疗机构床位数居全国中游水平。协调程度方面，工业固体废物综合利用率、二氧化硫排放变化效应、氮氧化物排放变化效应皆位于全国第 3 位，城市生活垃圾无害化率位列全国第 8 位，环境污染治理投资占国内生产总值比重全国第 16，化学需氧量排放变化效应、氨氮排放变化效应、烟（粉）尘排放变化效应三项指标排名靠后。综合来看，江苏一直以生态省为载体，以生态文明建设工程为抓手，积极采取多项措施治理环境污染，促进产业结构升级，生态文明建设取得较大进步。但也面临诸多问题，如生态环境空间有限，地区分布不均衡；偏重第二产业，高污染、高能耗行业仍占较大比重；农业污染问题较为严重；苏北地区生态文明建设速度较慢，且面临着承接苏南地区产业转移的大趋势。要全面提升江苏的生态文明水平，就要因地制宜，走江苏特色的生态文明发展之路。

表 1 2014 年江苏生态文明建设二级指标情况

二级指标	得分	排名	等级
生态活力（满分为 43.20 分）	25.71	16	3
环境质量（满分为 36.00 分）	20.40	18	3
社会发展（满分为 21.60 分）	17.33	4	1
协调程度（满分为 43.20 分）	16.80	18	3

表 2 江苏 2014 年生态文明建设评价结果

一级指标	二级指标	三级指标	指标数据	排名
生态文明指数（ECI）	生态活力	森林覆盖率	15.80%	24
		森林质量	39.91 立方米/公顷	19
		建成区绿化覆盖率	42.44%	5
		自然保护区的有效保护	3.92%	27
		湿地面积占国土面积比重	27.51%	2
	环境质量	地表水体质量	33.30%	27
		环境空气质量	54.25%	18
		水土流失率	4.06%	4
		化肥施用超标量	200.36 千克/公顷	22
		农药施用强度	10.56 千克/公顷	17
	社会发展	人均国内生产总值	74607.00 元	4
		服务业产值占国内生产总值比例	44.70%	9
		城镇化率	64.11%	6
		人均教育经费投入	2010.70 元/人	10
		每千人口医疗机构床位数	4.64 张	18
		农村改水率	98.52%	4
	协调程度	环境污染治理投资占国内生产总值比重	1.49%	16
		工业固体废物综合利用率	96.74%	3
		城市生活垃圾无害化率	97.36%	8
		化学需氧量排放变化效应	4.04 吨/千米	26
		氨氮排放变化效应	0.48 吨/千米	24
		二氧化硫排放变化效应	2.56 千克/公顷	3
		氮氧化物排放变化效应	7.19 千克/公顷	3
		烟（粉）尘排放变化效应	−2.88 千克/公顷	29

（参考：严耕等：《中国省域生态文明建设评价报告（ECI2015）》第 172 ~ 178 页，北京：社会科学文献出版社，2015 年。徐保军）

江苏绿色之友

Jiangsu Friends of Green Environment

又称南京大地文化发展中心，筹备于1998年，由江苏省各行各业热心环保事业的人士组成。现有正式注册的志愿者千余人。宗旨：推崇环保，追求自然，倡导绿色文明，促进科学发展。定位：推动完善公众参与的理念、制度、途径和进程；倡导绿色文明，具备良好的公信力，创建公众参与环境保护的平台，促进可持续发展。工作：1. 推动绿色社区建设与发展。引导公民在监督执法、政策评价和生活方式三方面参与环保工作，并通过绿色社区试点的建立和推广，将环境管理纳入社区管理，建立社区水平上的公民参与机制，实现公民参与的基础。绿色之友积极开展创建绿色社区活动，推动公民参与社区建设，发动环保志愿者深入到社区去，通过培训、座谈等帮助社区制定创建目标与计划，建立健全社区环境管理机制，推动清洁能源、中水回用、垃圾分类、绿化美化环境等硬件设施的建立， 同时不定期组织社区居民积极开展各种活动，提高公民环境意识，改善人们的生活习惯，促进居民在社区公共治理中发挥更大作用。2. 倡导可持续消费。绿色之友通过一些大型公民活动来推广生活环保。让众多公民参与了以“倡导可持续消费，选择绿色生活”为主题的承诺活动，同时，南京近20万小学生和市民填写了由绿色之友发放的环保承诺卡，让绿色生活的理念走进家庭；同时结合生态社区建设，提倡并鼓励家庭、单位节约使用能源及水资源，使用相对清洁的能源及可再生能源，引导居民进行绿色消费。和北京地球村共同开展了“绿色照明进社区”活动取得了良好的社会反响和初步的成果，为今后宣传绿色消费奠定了基础。3. “绿色之家”。绿色之友营造了一个百平方米的“绿色之家”，为环保志愿者提供学习和交流的场所。旨在轻松、和谐的氛围中与专家探索环保理念和环境伦理；研究循环经济、可持续发展的深层理念，总结环保教育的新动向、新方法，探索NGO组织的能力建设；推广环保新技术、新产品和清洁能源，开辟一个与国际合作，获取国外知识、技术和援助资金的空间，促进环境保护事业向前发展。4. 长江生态保护。绿色之友开展长江生态保护是从“绿色之友”创始人之一的陆伟先生徒步考察长江开始的。他历时一年六个月的长途跋涉，行程1万余公里，沿途以警示图片展、讲座等多种形式开展环境教育。所收集的大量环境资料，为有关部门科学治理长江、保护脆弱的长江生态系统提供了可靠的依据。目前绿色之友正关注长江南水北调工程，长江水质污染状况以及生物多样性保护等。5. 环保宣传、教育、培训。扎扎实实地开展一系列环保宣传教育活动，以影响更多的人参与到环保工作中来，为环境保护贡献出应有的力量。已开展的环保夏令营、保护秦淮河、公民参与社区治理培训、可再生能源宣传培训、让环保在走进生活、美化环境行动等一系列环保宣传活动取得了明显成效。配合江苏省环保厅开展的“江苏省环保形象大使评选活动”也取得了良好的社会效应。从长远来看，少年儿童是祖国的未来和希望，也是未来环境的主人，环境教育应从娃娃抓起。绿色之友开展了一系列青少年环保创意大赛和环保知识讲座，组织中小学生参加环保夏令营，举行了“南京首届中小学生壳牌美境行动”等活动，使他们对自然有了更深的了解，更好地树立与自然和谐共处的绿色文明意识。让他们争做环保小卫士，从自身做起，从爱护身边的一草一木、一山一水做起，为我们的家园尽一份力，添一份绿。6. 生态实践基地。“绿色之友生态基地”是在专家指导下，建立一个以生态教育为主，探索可持续旅游和有机农业发展道路的实验园。通过组织志愿者劳动、参观和培训，增加公众对生物多样性和有机农业的了解。（席溢）

江苏省环境科学学会

Jiangsu Province Society for Environmental Sciences

江苏省环境科技工作者、环境工程技术人员、环境教育工作者、环境管理工作者、企业环保工作者和与环境保护事业有关人士等自愿结成并依法登记成立的非营利性的环境科技社会团体，是党和政府联系广大环境科技工作者和有关人士的桥梁和纽带，是江苏省发展环境科技事业的重要社会力量。业务主管单位是江苏省科学技术协会，社团登记管理机关是江苏省民政厅。接受省科协、省民政厅的业务指导和监督管理，同时接受中国环境科学学会的业务指导。挂靠江苏省环境保护厅，接受省环境保护厅指导。宗旨是：遵守宪法、法律、法规和国家政策，遵守社会道德风尚。坚持党的四项基本原则，坚持以邓小平理论和“三个代表”重要思想为指导，深入贯彻落实科学发展观，按照全面建成小康社会、率先基本实现现代化的目标，落实环保优先方针，推进生态文明建设，团结广大环境科技工作者和有关人士，坚持实事求是的科学态度，发挥学科交叉、人才荟萃和横向联系广泛的优势，积极开展环境学术交流、科普宣教和咨询服务等活动，与时俱进，开拓创新，促进和繁荣全省环境科技事业，为全面达小康、建设新江苏做贡献。业务范围：1. 以经济建设为中心，针对江苏省主要环境问题，努力开展国内外环境科学技术交流活动。促进环境科技进步，促进对外经济技术合作。2. 开展环境宣教活动，普及环境科学知识。开展环保专业的继续教育和人员培训。编辑出版环境科技学术期刊和论文专辑。3. 组织环境科技工作者进行环保课题和项目的调研、评估和论证，提供咨询服务和成果鉴定，以及有关环保资质的认定和咨询。4. 接受政府部门委托，组织专家科学评估、环境规划、环境标准、环境立法和环境政策，进行环保专业技术职务任职资格和环保科技成果的评审。5. 牵头组织环境科技工作者，对环境领域的重大科研课题，进行攻关研究。6. 反映广大会员和环保科技工作者的意见和要求，维持其合法权益。表彰取得重要环保科技成就的会员和在学会工作中做出突出成绩的学会工作者。举荐优秀环保科技人才。7. 发展环保公益性事业，引进、开发、推广、推荐、监制环保技术和产品，传递环保科技与市场信息。为企事业单位的污染防治工程、环境影响评价、清洁生产审核、环境损害评估等提供中介服务。8. 接受各级法院委托，组织专家进行环境类司法鉴定工作。9. 完成省环保厅委托或转移给本会的工作任务。完成省科协和中国环境科学学会布置的工作任务。10. 对全省各市环境科学学会进行业务指导。（席溢）

江苏省南通市生态文明建设

Eco-civilization construction in Nantong, Jiangsu province

南通因涨沙冲积成洲成陆，至今已有 5000 多年的历史。现在是江苏省地级市之一，中国首批对外开放的 14 个沿海城市之一，与中国经济最发达的上海及苏州灯火相邀，被誉为“北上海”。南通是著名的体育之乡、教育之乡、建筑之乡、长寿之乡，是中国历史文化名城、国家卫生城市、全国文明城市、国家环保模范城市、国家园林城市、全国优秀旅游城市。近年南通市全力打造长三角北翼的经济中心城市，当好苏中发展的领头雁，同时努力保持天朗气清、绿色和谐的生态环境，扎实推进生态市创建和生态文明建设。2006 年 12 月江苏南通市委、市政府启动国家生态市建设。2014 年 1 月南通市发布《南通市生态文明建设三年行动计划（2013 ~ 2015）》，明确提出到 2015 年，全市单位国内生产总值能耗、二氧化碳排放分别比“十一五”末下降 17%、18%；主要污染物排放量、排放强度分别控制在一定范围内；空气环境质量优良以上天数比例达到 60%，Ⅲ类以上地表水比例达到 60%；建成国家环保模范城市和国家生态市，实现生态文明建设全省江北领先。同年，南通市发布《南通市生态红线区域保护规划》，划定包括自然保护区、风景名胜区、饮用水源保护区、森林公园、重要湿地、清水通道维护区、生态公益林、特殊生态产业区、海洋特别保护区、湿地公园等 10 类共 60 个生态红线保护区。2014 年 12 月南通市通过国家生态市考核验收。（张沥元）

江苏省生态学学会

Ecological Society of Jiangsu Province

于 1984 年 12 月在南京成立。设学术工作委员会、普及和教育工作委员会、组织工作委员会，农业生态专业委员会、水体生态专业委员会和环境生态专业委员会等。（席溢）

江西 2014 年生态文明建设状况

Eco-Civilization Construction in Jiangxi in 2014

2014 年江西生态文明指数（ECI）得分为 82.81，位列全国第 9。具体二级指标得分与排名见下表。去除“社会发展”二级指标，江西绿色生态文明指数（GECI）得分为 72.46，全国排名第 8。江西生态文明建设属环境优势型，生态活力、协调程度居全国前列，环境质量居上游水平，社会发展居下游水平。生态活力方面，森林覆盖率、建成区绿化覆盖率高居全国第 2 位；森林质量、自然保护区的有效保护、湿地面积占国土面积比重居全国中游。环境质量方面，地表水体质量全国排名靠前，农药施用强度较低，环境空气质量、水土流失率居全国中游，化肥施用超标量较严重。社会发展方面，人均国内生产总值、城镇化率等各项指标排名仍都不甚理想，居全国中游偏下乃至下游水平。协调程度方面，环境污染治理投资占国内生产总值比重、城市生活垃圾无害化率居全国中游；化学需氧量排放变化效应、氨氮排放变化效应、烟（粉）尘排放变化效应相对较好，居全国前十；工业固体废物综合利用率、二氧化硫排放变化效应、氮氧化物排放变化效应相对较差，居全国下游。整体而言，江西地处长三角、珠三角和闽南三角地区的腹地，生态环境是江西最大的优势，绿色发展是江西最亮的品牌。江西长远发展的核心着眼点，在于实现金山银山与绿水青山同在、经济快速发展与生态环境共赢。

表 1　2014 年江西生态文明建设二级指标情况

二级指标	得分	排名	等级
生态活力（满分为 43.20 分）	27.77	9	2
环境质量（满分为 36.00 分）	22.40	10	2
社会发展（满分为 21.60 分）	10.35	27	3
协调程度（满分为 43.20 分）	22.29	7	2

表 2　江西 2014 年生态文明建设评价结果

一级指标	二级指标	三级指标	指标数据	排名
生态文明指数（ECI）	生态活力	森林覆盖率	60.01 %	2
		森林质量	40.77 立方米 / 公顷	17
		建成区绿化覆盖率	45.09 %	2
		自然保护区的有效保护	7.46 %	14
		湿地面积占国土面积比重	5.45 %	14
	环境质量	地表水体质量	90.90 %	7
		环境空气质量	63.01 %	11
		水土流失率	20.00 %	15
		化肥施用超标量	29.98 千克 / 公顷	6
		农药施用强度	18.00 千克 / 公顷	26

续表

一级指标	二级指标	三级指标	指标数据	排名
生态文明指数（ECI）	社会发展	人均国内生产总值	31771.00 元	25
		服务业产值占国内生产总值比例	35.10％	27
		城镇化率	48.87％	19
		人均教育经费投入	1405.36 元 / 人	22
		每千人口医疗机构床位数	3.85 张	28
		农村改水率	68.81％	22
	协调程度	环境污染治理投资占国内生产总值比重	1.67％	13
		工业固体废物综合利用率	55.83 ％	22
		城市生活垃圾无害化率	93.28％	15
		化学需氧量排放变化效应	24.27 吨 / 千米	10
		氨氮排放变化效应	3.89 吨 / 千米	8
		二氧化硫排放变化效应	0.38 千克 / 公顷	22
		氮氧化物排放变化效应	0.25 千克 / 公顷	26
		烟（粉）尘排放变化效应	0.04 千克 / 公顷	9

（参考：严耕等：《中国省域生态文明建设评价报告（ECI2015）》第 197 ~ 203 页，北京：社会科学文献出版社，2015 年。徐保军）

江西省生态地质环境学会

Ecological, Geological, Environmental Society of Jiangxi Province

由国内外关心、参与江西省生态文明先行示范区建设、热爱生态地质环境事业的各界人士和单位自愿组成，依法登记成立的全省性、开放性、学术性、非营利性的法人社会团体。宗旨：遵守宪法、法律、法规和国家政策，弘扬社会主义道德风尚；团结社会各界关心、参与江西省生态文明先行示范区建设、热爱生态地质环境事业的人士，贯彻“百花齐放、百家争鸣”方针，坚持民主办会原则，充分发扬学术民主；提倡辩证唯物主义，坚持实事求是的科学态度和优良学风；积极倡导“探索、创新、求实、协作”的精神，促进生态、地质、环境、经济等学科交融，积极探索自然科学发展规律，为江西省生态文明先行示范区人与自然的和谐发展做出贡献。业务范围：1. 开展国内外学术交流，促进跨学科、跨地域的民间及国际科技交流与合作，促进学科交叉与发展，为我省生态文明先行示范区发展提供科学技术支撑。2. 普及地质环境科学知识，传播生态经济思想，推广生态经济技术和先进技术，努力提高生态经济区民众科学素质。3. 编辑、发行江西省生态文明先行示范区建设与地质环境相关的科技刊物及音像制品。4. 组织相关学科科技工作者参与我省生态文明先行示范区地质环境的调查研究，为政策、法律、法规的制定，提供科学决策依据。5. 开展对会员和科技人员的继续教育和培训工作。6. 发现和举荐人才，表彰、奖励在地质环境科技活动中取得优异成绩的会员和科技工作者。7. 承担上级单位交办的相关事宜和为会员服务的其他活动。8. 向党政及有关部门反映科技工作者的意见和建议，维护他们的合法权益。（席溢）

江西省生态学会

The Ecological Society of Jiangxi

成立于1988年2月，由江西省从事生态科学及其相关学科的科研与教学工作者，政府职能部门生态领域的管理者及其他相关领域的科技工作者和生态保护爱好者自愿结合、依法成立的全省性、非营利性的多学科、综合性学术团体，是江西省科学技术协会的组成部分，也是江西省发展生态科学、促进生态建设与生态文明的重要社会力量。目前拥有1000余名会员。学会的宗旨是：团结广大生态科学工作者和爱好者，认真贯彻落实党的基本路线和“百花齐放，百家争鸣”的方针，坚持民主办会的原则，充分发扬学术民主；提倡辩证唯物主义、坚持实事求是的科学态度和优良作风；遵守国家法律法规和大政方针政策，弘扬社会主义道德风尚；倡导献身、创新、求实、协作精神，为繁荣江西省自然保护和生态建设事业，普及和推广生态科技知识和成果，加速自然保护和生态建设，合理利用自然资源，提高全民生态意识，促进生态文明，做出不懈努力；为实施“生态立省，绿色发展”战略目标，建设社会主义物质文明、精神文明、生态文明做出积极贡献。（席溢）

《姜春云调研文集：生态文明与人类发展卷》

Jiangchunyun Research Collection：*Volume Ecological Civilization and Human Development*

《姜春云调研文集》4卷6册，是作者从党和国家领导岗位离休后，经中央批准的个人工作文章、调查报告、讲话、信件、著作等个人结集。《生态文明与人类发展卷》是其中子目之一。全书45万字，收录各种样式文章共59篇，分为《再造秀美山川篇》、《生态文明理论篇》、《生态演变历史篇》、《生态治理成就篇》、《生态危机表象篇》、《生态治理目标任务篇》、《生态治理战略构想篇》、《生态治理举措篇》、《人口资源环境篇》、《生态前景展望篇》、《生态文明城市建设篇》、《生态文明教育篇》、《生态情怀篇》等13类，部分篇目是出自作者主编的生态研究著作的摘录。其中《跨入生态文明新时代》一文，2008年7月17日以春雨署名在《光明日报》首次发表，同年11月1日出版的《求是》杂志第21期全文刊载，系统阐述作者长期研究和探索生态文明建设的思想和认识，是作者的代表性作品。是书由程湘清、杨茂荣等人编辑。北京：中央文献出版社、新华出版社2010年出版。（白建新）

奖惩制度

Reward and penalty system

指国家行政机关对所属机关和公务人员依照事实和法定程序进行奖励或惩罚，以强化人事行政、提高行政能力的制度。包括实行奖惩的原则、条件、种类、方式、程序、手续，以及行使奖惩权限的机关等内容。对工作表现突出，有显著成绩和贡献，或者有其他突出事迹的公务员或公务员集体，给予奖励。奖励坚持精神奖励与物质奖励相结合、以精神奖励为主的原则。公务员集体的奖励适用于按照编制序列设置的机构或为完成专项任务组成的工作集体。奖励分为嘉奖、记三等功、记二等功、记一等功、授予荣誉称号。对受奖励的公务员或公务员集体予以奖励，并一次性授予奖金或其他待遇。与此同时，当公务员违法违纪时，应当承担相应纪律责任，依照《公务员法》给予处分，违纪行为情节轻微，经批评教育后改正的，可以免予处分。处分分为警告、记过、记大过、降级、撤职、开除。通过这种制度，对成绩优秀的机关、公务人员，给予精神和物质的嘉奖，以激励全体成员，对工作不力或犯有过失、违反纪律的机关、公务人员进行行政处罚或行政制裁，以防止此类事件再次发生。（刘中华）

蒋有绪

Jiang Youxu, 1932 ～

中国著名的森林群落学家、林型学家，博士生导师，1999 年当选中国科学院院士。江苏南京人，1954 年毕业于北京大学生态学与地植物学专业，获学士学位，1957 ～ 1959 年前往苏联科学院森林研究所进修。中国林科院森林生态环境与保护研究所研究员，也是中国科学院生态系统网络科学咨询委员，中国森林生态系统结构与功能研究及其网络化、规范化的奠基人。建立中国森林生态系统长期定位研究网络，指导国家、地区和经营单位的森林可持续经营的研究。长期从事森林生态系统结构与功能、森林地理学、森林群落学、生物多样性、森林可持续经营等研究，培养出生态工程和系统生态研究方向博士生 10 余人。在加深认识亚高山森林功能的基础上，提出川西高山森林经营应以水源涵养作为主要方向，为中国建设长江中上游水源涵养林体系工程项目提供理论依据。主要论著有：《2000 年中国森林发展及其环境效益预测》（1989 年获林业部科技进步二等奖）、《海南岛尖峰岭热带林生态系统研究》（1990 年获林业部科技进步一等奖）、《中国自然保护纲要》（1991 年获环境保护科学技术进步一等奖）以及《中国生物多样性国家报告》（1999 年获国家环境科技进步一等奖）等。（石艳峰）

交叉学科环境教育

Interdisciplinary Environmental Education

环境教育的交叉学科课程模式，又称单一学科课程模式，是在各领域中选取有关环境科学的概念、内容方面的论题，将它们合并一体，发展成为一门独立的课程。交叉学科课程的发展，能在一定程度上避免多学科课程中内容零散、不系统的缺点，使环境教育更富针对性与系统性，同时还有利于课程的综合评价，易于提高课程发展的有效性。独立设课的课程需要投入的精力、财力较大，会因学科的增设而增加学习者的负担。它还需要专门的环境教育课程的师资，增加了师资培训的难度和压力。（王薛时）

交通安全

Traffic Safety

指交通中不发生安全事故，运行正常，不影响人员健康和生命安全，不发生财产等其他损失。广义上的交通安全包括道路交通安全、铁路交通安全、水上交通安全以及空中交通安全四部分；狭义上的交通安全指道路交通安全。交通安全是相对于交通事故而言的，交通事故也分为广义和狭义之分，广义上的交通事故是世界上大多数国家所定义的交通事故，指作为肇事者的交通工具与另一方道路使用者或者障碍物发生碰撞引起损失；狭义的交通事故是指我国特有的对于交通事故的解释，指在道路上进行交通有关活动的人违反相关交通管理法规造成人员伤亡和财产损失的行为。交通安全评价系统是预防发生交通事故的重要手段，通过评价体系的监测与评估可以使当地交通管理部门掌握交通安全状况，清楚辖区交通安全事故的规模与影响；通过评价系统不仅可以掌握历史及现实交通安全数据，还可以据此预测地区未来的交通安全状况；此外，通过掌握的当地交通状况与周围辖区进行比较数据分析，可以激励当地交通安全部门完善交通管理方案与措施。交通安全评价指标体系以事故总量指标、事故率指标以及安全管理水平指标为构成内容；评价方法包括绝对指数法（事故次数、死亡人数、受伤人数和经济损失）、事故率法（地点事故率法、路段事故率法、地区事故率法）以及事故强度法（综合事故强度分析法、当量事故强度分析法）等。（参考：叶兴成：《道路交通安全的系统研究》，武汉理工大学2005年硕士学位论文第9～12页、第37～48页；王晓娟：《水上交通安全指标体系研究》，大连海事大学2014年硕士学位论文第22～23页、第29～50页；赵洪元：《空中交通安全研究的综述及发展方向》，《系统工程与电子技术》1998年第6期第74～76页。欧阳文川）

交易成本

Transaction Cost

又称交易费用，指市场上达成的每一笔交易或契约所要花费的谈判和签约的费用及利用价格机制存在的其他方面的成本。包括事前准备契约和事后监督及强制执行契约的成本，与生产成本不同，它是履行契约的成本。交易成本与经济理论中其他成本概念一样，是一种机会成本，分为可变成本与固定成本两部分。市场中交易双方交流或提供信息的花费、谈判的时间、如果不能获取交易收益而减少未来的效用损失等都属于交易成本的范畴。交易成本的发生主要来自人为因素与环境因素共同影响下的市场失灵现象，主观上包括人的有限理性和机会主义心理；客观上包括资产专用性以及不确定性和复杂性的外界条件。（蔡越）

郊区城市化

Suburb urbanization

郊区城市结合基于地域、人口、产业结构、生活方式和价值观念等因素，指城镇化、农业现代化和产业非农化和生活方式城市化。建设郊区城市的基本目标是使郊区居民在文化、教育、卫生保健、社会福利、休闲娱乐等基础设施和生活设施方面和市区居民享受同等待遇，实现城乡一体化管理体制最终目标，是构造比市区更好的生态环境。郊区城市化的特征：1. 整体特征。与乡村城镇化相比，郊区城市化进程更快、规模更大，过程更稳、动力更强。郊区城市化独特的发展特征表现在利益主体的多元性和矛盾性、产业发展的集聚性和集群性、社会存在的中介性和过渡性、社区发展的类别性和差异性、居民行为的主动性和被动性等方面。2. 地域特征。中国目前大多数城市仍然处于集聚为主的城市化发展阶段，但北京、上海、广州、天津等国内特大郊区城市化现象表现为产业和人口的集聚及扩散效应同时并存。郊区城市化水平的测量：从空间、人口、经济、社会、居民生活等方面全面、完整地考察郊区城市化水平的发展状况。空间因素下的指标有城镇数量及密度，包括城镇数量、城镇密度、中小城镇比重指标等。人口因素下的指标有非农业人口比重、第三产业从业人员比重指标等。经济因素下的郊区非农产业增加值占国内生产总值比重、人均国内生产总值、第三产业产值指标等。社会因素下的社会劳动力就业保险率、万人医生数、万人在校中学生数指标等。居民生活因素下的指标包括两个方面：1. 反映生活服务设施城市化的指标，如自来水普及率、用气普及率、用电普及率、城市人均住宅使用面积、人均拥有铺装道路面积、每万人拥有公共汽（电）车数等。2. 反映居民生活城市化的指标，如农民人均纯收入、农民恩格尔系数、农民娱乐教育文化服务支出比重、每个劳动力人均日工作时数等。（参考：戴学来：《试论大城市郊区城市化发展趋势》，《理论与现代化》2000年第6期第12～14页。朱配辰）

教师环境教育评价

Evaluation of Teachers' Environmental Education

以教师的自我反思为主，内容包括环境素养、教学观念、教学内容、教学方法、教学效果。环境素养包括对环境问题多角度分析的能力；对环境知识信息的搜集分析能力；对学生认识环境问题正确性的评判能力。教学观念包括是否认识到学生是学习的主体，并培养学生的主体意识；是否注重学生全面素质的培养和综合能力的提高；是否面向全体学生用激励评价的方式使学生不断获得成功感；是否鼓励学生质疑，并尊重和自己意见不一致的学生；是否注重与其他学科教师的合作或其他知识的运用。教学内容包环境教育所要达到的目标是否得到充分体现；选择的环境教育主题是否具有综合性、启发性、趣味性；选择的环境教育主题是否符合学生认知水平和生活经验；教师是否重视学生的差异，设计不同层次的内容。教学方法包括是否采用灵活多样的教学方式，使学生充分、积极地参与教学活动；是否从多侧面、多角度启发学生分析思考环境问题；是否充分利用了相关的教育资源；是否重视指导学生进行自我评价。教学效果包括是否激发学生对环境问题探究的兴趣；学生对环境问题的认识和理解提高的程度；学生综合能力提高的范围与程度；学生学习成果的数量与质量。（张惠娜）

教育创新

Educational Innovation

20 世纪中叶流行的教育思想。20 世纪 50 年代西方教育学者开始专门就教育创新进行理论探讨和案例研究。美国哥伦比亚大学师范学院的贺拉斯·曼 – 林肯学校实验研究所在教育创新上进行过很多卓有成效的研究。美国 60 年代掀起第一波教育改革浪潮，教育学者们关注和探索教育创新的问题。创新理论由奥地利人熊彼德 1912 年在经济学界首先提出。他的理论当时在经济学界并未领导主流，在他后来任教的哈佛大学，却赢得一批忠诚的追随者。这一理论逐渐在社会科学众多领域中产生广泛影响。在 20 世纪 60 年代末和 70 年代初期，以美国教育学者伊凡·伊里奇为代表的西方教育学者揭示现代学校教育制度的一系列弊端，批判它遵循的工业社会大规模复制的逻辑在人的教育过程中的荒谬性。在实际社会生活中，人们看到学校教育在通过专门化和制度化提高效率的同时，也产生封闭性的结构和排他性的科班框架。（参考：项贤明：《论教育创新与教育改革》，《高等教育研究，》2007 年 12 期第 1 ~ 7 页。王薛时）

教育反思

Education Introspect

教师基于日常的教育教学实践进行的思考和评判。促进教师专业发展的重要途径之一。具有以教师自身的真实性为基础，以探索教师行动意义为目的，架起教育理论转化为教学策略的桥梁等独特价值。可以培养教师的问题意识，使之养成批判性的思维习惯，促进学校和教师不断提高教学实践的合理性，是促进教师成长的科研范式。教育反思以教育活动为思考对象，以教师自身为研究工具，进而对自己的行为、决策及其结果进行审视和分析的研究范式。它追求的是对教师行动意义的探索，强调“在教育中，通过教育，为了教育”。进行反思时，教师不是专业研究者身份，而是教师的职业角色和身份对问题进行研究，做的是自己的研究，研究的是自己的教育教学工作。教育反思把行动与研究和谐地统一在教学过程之中，体现出行动研究的“通过教育”研究教育的特性。（参考：梁燕：《教育反思：一种促进教师成长的科研范式》，《中国教育学刊》2006 年第 8 期第 72 ~ 74 页。王薛时）

教育方法

Education Methods

教育活动的原则、方式、方法和手段等。包括：1. 教育方法论。2. 教育科学研究方法。研究教育现象及其规律性、教育实践活动的方法，包括：调查研究法、历史法、文献法、比较研究法、个案法、实验法、系统工程法、统计分析等。3. 教学方法。为完成教学任务，实现教学目的的途径和手段。分为各科适用的一般教学方法和各科教学法。一般教学方法有讲授法、谈话法、演示法、实验法、作业法、练习法、参观法等。随着科学技术的发展、教育科学研究的进展，不断出现新的教学方法，如程序教学法、发现法、标准化考试等。各科教学法有德、智、体、美及其分支学科的教学法。各科教学法除各科适用的教学方法外，还有只适用一个学科的一些特殊方法。

如语文教学的串讲法、精讲多练、快速作文法等。4. 教育管理方法，包括：整个教育事业的组织、领导和管理方法，学校的组织和管理方法。5. 教育预测方法。预测科学的许多方法，都可用来预测教育事业的未来发展。（王薛时）

教育改革

Education Reform

改变教育方针和制度或革除陈旧的教育内容、方法的一种社会活动。目的是使教育适应社会发展和人的发展的需要，以提高教育质量。依据活动内容可分为整体教育改革和部分的、单项的教育改革两类，其中前者是指对各项教育制度（包括管理体制）、内容、方法进行全面的系统改革，后者则是指专对某项教育内容或教育方法的改革。现代教育改革一般在一定的理论指导下，在改革实验取得经验的基础上进行。教育改革的主体是教学改革，即旨在促进教育进步，提高教学质量而进行的教学内容、方法、制度等方面的改革。科学技术的进步和社会生产力的发展，社会的变革，教育观念的变化等都可能推动教学改革。教学改革的方式有：1. 新理论、新政策指导下的改革；2. 实验性改革；3. 推广性改革。（王薛时）

教育和科学技术发展生态转向

Ecological Transformation of Education and Development of Science and Technology

教育和科技发展维度中增加生态维度。教育面对生态问题，传统的方式不利于问题的解决，教育的生态化转向也变得尤为重要。通过生态化教育，向公众传授生态环境理念，践行环境保护行动，成为教育发展的必然趋势。而科学技术推动了社会文明的发展，社会快速发展的同时，由于人类不当的生产和消费方式，产生了日益严重的环境问题。生态问题的解决需要改变工业化生产方式变革，而实现这种变革，就必须改变工业化生产方式的技术基础，进行生态化的生产和形成生态化的生产方式。同时，这种新的生产方式的形成又会对科学技术的发展提出新的要求，促使科学技术向有利于新的生产方式形成的方向发展。教育和科学技术的生态化转向将是个漫长的过程。（张惠娜）

教育理论

Educational Theory

教育理论是通过一系列教育概念、教育判断或命题，借助一定的推理形式构成的关于教育问题的系统性的陈述。教育理论具有的基本规定性：1. 教育理论是由教育概念、教育命题和一定的推理方式构成的。因为任何理论必定是通过概念、判断或命题等基本的思维形式来构成的，如果没有教育概念、教育命题，仅仅是对教育现象的系统描述，即使是系统的，那也不是教育理论，而只是教育现象陈述。2. 教育理论是对教育现象或教育事实的抽象概括。理论在本质上超越于具体的事实和经验，尽管它在形式上是一种陈述体系，但它在内容上是以浓缩的形式来阐述教育事实和经验的，不是对教育事实和现象的直接复制，而是间接的抽象反映。3. 教育理论具有系统性。单个的教育概念或教育命题，不借助于一定的逻辑形式，不构成一定的系统性，也不能构成教育理论，即使它是对教育现象和事实的概括反映，那也许只是一种零散的教育观念或教育思想。（王薛时）

教育目的

Educational Objectives

把受教育者培养成为一定社会所需要的人的总目标。教育工作的出发点和归宿，确定教育任务，建立教育制度，选择教育内容，组织教育过程以及检查和评价教育效果的根据。教育目的制定的依据来自一定社会的生产力和生产关系的需要以及人自身发展的需要，其正确与否要接受实践的检验。历史上关于教育目的主张主要有两种：1. 强调教育目的的社会制约性，主张根据社会的需要来确定教育目的，这一观点被称为社会本位论。2. 强调人的自我发展，认为应该从儿童内在的自然潜力出发，来考虑教育目的，这一现象被称个人本位论。马克思主义认为，教育目的要兼顾社会和人的发展需求，但起决定作用的是社会制约性。教育目的具有历史性，在阶级社会中具有阶级性。不同社会形态有不同的教育目的，一种社会形态的不同文化背景和不同历史阶段，也会导致教育目的有不同程度的差别。教育目的是教育评价的总依据。（王薛时）

教育生态学

Educational Ecology

应用教育学与生态学的综合知识研究人的教育与发展规律的新兴边缘学科。研究目的在于借助生态学的方法，按照教育发展的规律，建立合理的教育生态环境，不断提高教育教学工作效率，更好地促进年轻一代的健康发展。20 世纪 40 年代注意用自然主义方法分析儿童的行为和生态环境的相互关系，处理有关的各种教育问题。为此，创办米德韦斯特心理现场研究所，对人的行为和教育同生态环境的问题进行了实验研究。1951 年出版《一个男孩的一天》一书，从社会、教育和自然生态角度仔细探讨和描述儿童的行为结构和学校教育工作的相互关系和相互影响，为教育生态学领域的研究工作提供大量有价值的参考资料。美国著名学者克雷明是教育生态学学科的创始人，1976 年他在《公共教育》一书里对此学科作了专题论述，为它建立了较完整的理论体系。一般公认他对发展跨学科研究，开拓这一新学科领域做出重要贡献。（王薛时）

《教育系统组织一般法》

The General Law of Education System Organizations

西班牙国家环境教育战略的法律文件。1990 年西班牙在全国环境教育会议上通过《教育系统组织一般法》，正式确立环境教育在学校中的地位，标志着西班牙官方对环境教育的法定认可。从此，西班牙的环境教育脱离自发状态，以更规范的方式迅速发展。《教育系统组织一般法》把环境教育视为跨学科课程，认为应该渗透在义务教育的所有学科中。但是法律并没有要求学校必须立刻进行这一改革，因为西班牙学校具有较大的自主性，有权根据本校的实际情况设置课程。环境教育的目的是将学校工作与自然的和社会环境问题联系起来，并且提供多学科方式的工作机会，为改变传统教学模式创设了机会。《教育系统组织一般法》在对教育活动的主要指示中，规定小学环境教育的目标是“发现环境的基本特征，评价自然和环境保护”，中等义务教育的环境教育目标包括“批判性的评价与健康消费和环境相关的社会习惯”。总之，整个中小学阶段的环境教育是要发展学生的观察、理解、评价的能力，并且参与到保护自然环境的活动中去。（参考：祝怀新：《环境教育的理论与实践》第 148 页，北京：中国环境科学出版社，2005 年。王薛时）

教育学

Pedagogy

教育科学中重要的基础学科之一。分析教育现象，研究教育的规律、原理和方法，涉及教育的本质、产生机制、目的、方针、制度，以及各项教育的任务、内容、过程、方法、组织形式、师资要求、管理体制等一系列课题。“教育学”一词是从希腊语“教仆”（pedgogue）派生而来，按语源说，教育学应是照管儿童的学问之意。在中国，古代许多经典著作都包含有教育问题的论述，其中《学记》是集中论述教育的名著。在欧洲，17 世纪夸美纽斯的《大教学论》和 19 世纪初赫尔巴特的《普通教育学》为教育学成为独立的学科打下了基础。20 世纪以来出现许多新教育思潮，随着教育事业的发展又出现高等教育学、成人教育学、学前教育学、特殊儿童教育学等新的分支学科，在新学科群发展的基础上进一步丰富和充实了教育学思想。（王薛时）

教育原理

Principles of Education

教育的基本理论问题。20 世纪初欧美教育家有时以此表述他们的教育哲学思想。旧中国的高等师范院校也大都设立“教育原理”课。主要包括：1. 宗旨，掌握教育理论和教育方法的基本观点；2. 教法要旨，结合教育材料，从具体到抽象，强调原理、原则的应用；3. 教材纲要，涉及目的论、课程论、方法论等方面的问题。（王薛时）

教育智慧

Education Wisdom

教育智慧是教师感受的敏感性、教学机智、与学生沟通等能力的综合。教师的教育智慧集中表现在教育、教学实践中。具有敏锐感受、准确判断生成和变动过程中可能出现的新情势和新问题的能力。具有把握教育时机、转化教育矛盾和冲突的机智。具有根据对象实际和面临情境及时做出决策和选择、调节教育行为的魄力。具有使学生积极投入学校生活，热爱学习和创造，愿意与他人进行心灵对话的魅力。教师的教育智慧使工作进入到科学和艺术结合的境界，充分展现出个性的独特风格。教育智慧在过程上表现为教师在教育活动中具有解决教育问题、处理偶发事故、创造生命价值的卓越能力。它是出乎意料的、动态生成的，是一种教育机智。在结果上它表现为教师对美好生活及存在意义这一“畅神境界”的执着追求。（参考：胡燕琴：《20 世纪 90 年代以来我国教育智慧研究综述》，《当代教育科学》2006 年第 5 期第 16 ~ 19 页。王薛时）

阶层

Social Stratum

通常指同一阶级中的不同层次。在同一阶级中，由于经济地位不同而分成若干不同层次，如地主阶级中分为大、中、小三个阶层，农民阶级中分为贫农和雇农等。阶层的划分是复杂的，最主要的是经济标准，如贫农、下中农、上中农的划分就是如此。由于事物的复杂性，有时还要考虑其他的标准。标准不同，划分的阶层也不同。如资产阶级，就经济地位而论，分为大资产阶级和中等资产阶级；就与帝国主义国家政权的关系而论，又可分为官僚资产阶级和民族资产阶级。知识分子是由出身于不同的阶级、从事于脑力劳动的人组成的，不是一个阶级而是一个阶层。在不同的社会里，它依附于不同的阶级。在我们今天的社会主义社会里，它是工人阶级的一部分。（李庆）

阶级

Class

指这样一些集团，“由于它们在一定社会经济结构中所处的地位不同，其中一个集团能够占有另一个集团的劳动”（《列宁选集》第 2 版第 4 卷第 10 页，人民出版社，1995 年）。阶级的实质，是一部分人拥有生产资料并凭借它占有另一部分人的劳动。对于生产资料的关系，是阶级划分的主要依据。在经济上占统治地位的阶级，在政治上也必定占统治地位。阶级的存在，仅仅同生产发展的一定历史阶段相联系。私有制的出现，生产力的提高，社会分工的发展，是阶级产生的社会根源。阶级斗争是阶级社会发展的直接动力。对抗性阶级间的关系，是你死我活的斗争，它们之间的矛盾是不可调和的。阶级是一个历史范畴，它不是从来就有的，也不会永久存在。阶级的消灭，不仅需要现代生产力的充分发展，而且需要无产阶级进行社会主义革命。无产阶级专政是人类由阶级社会向无阶级社会过渡的必由之路。（李庆）

阶级斗争

Class Struggle

指互相对立的阶级因经济和政治利益的根本冲突而发生的斗争，是阶级利益不可调和的表现，一般指统治、剥削、压迫的阶级和被统治、被剥削、被压迫的阶级之间的斗争，是社会分裂为阶级后的产物，也是阶级社会中推动社会发展的直接动力。在阶级社会里，对立阶级基于不同的利益而发生斗争，是不可避免的。自有阶级对立以来的社会历史，都是阶级斗争的历史。只有通过阶级斗争，才能实现旧生产关系的变革，从而解放生产力，推动社会的前进。被剥削阶级反抗剥削阶级的斗争，在不同程度上总是有利于生产力的发展，从而推动社会的进步。阶级斗争有经济斗争、政治斗争和思想斗争三种基本形式，其中政治斗争是主要的起决定作用的形式。在资本主义社会里，无产阶级反对资产阶级的阶级斗争，必然导致无产阶级专政。社会主义社会，在一定的时期和一定的范围内仍然存在着阶级斗争，在某种条件下还可能激化。随着阶级的消灭，阶级斗争也归于消灭。（李庆）

秸秆氨化

Straw Ammoniation

利用氨化方法处理秸秆是目前普遍应用的秸秆处理方法。这种方法具有材料易取，简单易行的优点，并且秸秆氨化后质地松软，适口性增强，

可提高家畜对秸秆的采食量，有机物消化率提高10%～12%，粗蛋白含量提高1倍，降低饲养成本，提高经济效益。秸秆氨化的处理步骤为：1. 氨化原料选择，各种质地较好、未出现霉变、含水量不超过13%的农作物秸秆，如稻草、玉米秸、麦秆，农副产品如谷壳和棉籽壳等均可作为氨化的原料。2. 氨源及用量，各种农用氮肥，如尿素、碳铵等，常用的是尿素，其用量为4%～5%，碳铵则为8%～12%。3. 氨化池的建设，尽可能建在地势较高、土质牢固、背风向阳的地方，既要避开人畜活动场合，又要靠近栏舍、取用便捷，有条件的地方也可建于室内。4. 氨化方法（尿素氨化法），稻草或玉米秸秆切短至5～10厘米，先将所需添加的尿素按每100公斤秸秆加入4～5公斤尿素的比例，充分溶解在40～50公斤水中，制成溶液喷洒在秸秆上。装1层喷1层，不断翻动喷匀，边装边踩紧，直至装出窖口30～50厘米，顶部呈锥形，用薄膜覆盖，并用湿泥密封薄膜与容器的接口处。为防鼠害，可用土压在薄膜上。（石艳峰）

秸秆发酵

Straw Fermentation

人为建立适宜微生物生长发育所需养分（如适宜的C/N比）、湿度、温度和通风条件，通过一系列微生物复杂活动，促进有机物发生生物化学降解，使得有机物质稳定化和腐殖化的过程，从而达到农作物秸秆等农业副产物的无害化、资源化利用的目的。实质是生物发酵过程，是自然界微生物降解过程的强化。不论是好氧发酵还是厌氧发酵，均是微生物在一定条件下将固体废物中的有机物质分解为二氧化碳、水、氨及腐殖质肥料等并释放能量。秸秆发酵受多种因素影响，包括：有机物的成分，C:N:P、通氧量、水分、温度等。这些因素决定微生物活动的强度，从而影响发酵腐解的速度和品质。（石艳峰）

秸秆还田技术

The Technology of Straw Returning to Field

秸秆还田是当今世界上普遍重视的一项培肥地力的增产措施，在杜绝秸秆焚烧造成大气污染的同时还有增肥增产作用。秸秆还田形式多样，可分为5大类：秸秆粉碎翻压还田、秸秆覆盖还田、堆沤还田、焚烧还田、过腹还田。秸秆还田能增加土壤有机质，改良土壤结构，使土壤疏松，孔隙度增加，容量减轻，促进微生物活力和作物根系的发育。秸秆还田增肥增产作用显著，一般

可增产5%～10%，但若方法不当，也会导致土壤病菌增加，作物病害加重及缺苗等不良现象。因此采取合理的秸秆还田措施，能起到良好的还田效果。（朱雨晨）

秸秆碱化

Straw Alkalization

是一种饲料制作方法。碱化饲料是以稻草、麦秆、玉米秆、豆秸秆、花生藤、红薯蔓等农作物秸秆为原料，利用碱分子中的氢氧基来破坏秸秆中的纤维素和木质素之间的结合，从而被家畜体内所分泌的纤维酶分解，产生易被吸收利用的挥发性脂肪酸。秸秆碱化目前有3种处理方法：1. 火碱法。将秸秆风干、粉碎，用清水调成浆状，在搅拌下加入30%的氢氧化钠溶液，加入量控制在4%～5%左右，再加入尿素，一般情况下尿素加入量为秸秆干料重量的1%～2%，搅拌均匀，于室温下放置24小时左右，入袋压滤，再用清水洗涤3次，榨干，于60℃～70℃热风干燥或风干，即得成品。2. 石灰法。用1份生石灰（氧化钙）与100份清水于水池中混合，搅拌，过滤得到石灰水澄清液，然后加入总液量三分之一的已铡成3厘米左右的秸秆，浸渍12～15小时左右，捞出，滤去水分，风干即可喂家畜。3. 氨化法。在水泥池中，堆码草捆，每码一层喷洒适量清水，使秸秆含水量达40%，总堆高不超过3米，堆顶罩上塑料篷布，并将池壁四周封闭，于堆顶向堆内插入一根塑料管子，并由此管向堆内输入30%左右的氨水，用量为秸秆堆量的3%～4%，抽出管子，立即将洞口扎紧，密封氨化，于5℃～15℃氨化50天左右。低于5℃氨化60天，高于30℃氨化7天即可。（石艳峰）

秸秆青贮

Stover Silage

改进秸秆饲用价值的生物学处理方法，是我国目前提高秸秆饲用价值的主要技术措施之一。原理是：将切碎的青秸秆及其流出液放在密闭环境中，利用原料和大气中的乳酸菌进行厌氧发酵，使秸秆中的糖类转化为乳酸，在酸性环境下，青

贮原料的pH值降低至4.2以下，使得有害微生物无法在此酸性环境中生存和繁衍，从而实现饲料的长期保存和使用。目前常用的青贮设备主要有壕、窖、塔以及塑料袋，我国多采用地下或者半地下红砖水泥窖或者青贮塔进行贮存。青贮窖具有造价低、作业方便、可以根据生产规模调节大小等优势，但是贮存损失较大。袋装青贮的物料损失相对较小，并且青贮饲料质量好。青贮饲料质量与原来的水分、糖分、收割期、粉碎程度有关，还与密封程度、青贮温度以及添加剂施加均匀程度有关。为保证青贮质量，最好选用水分在65%左右的原料，如若水分过高，将使渗出液增加，造成营养物质损失和环境污染。在收割期方面，应该提前7～10天收获籽粒后收割秸秆。这将大幅提升秸秆的营养价值。可作为青贮的秸秆原料有很多，比如：豆科作物、禾本科作物、块根、块茎、水生饲料、树叶等。目前我国使用最多的青贮原料是玉米秸秆、高粱秆以及甘薯藤等。（石艳峰）

秸秆饲料化

Straw in Feed Utilization

指通过一定的方法将秸秆变成饲料。秸秆是非常丰富的自然资源，特别是在中国这样的农业大国，秸秆产量非常庞大。在禁止放牧、舍饲的情况下，秸秆成为家畜的主要粗饲料来源。但由于秸秆本身质地粗硬，直接喂给家畜适口性差、

消化率低，不能满足日常家畜食用的需要。因此需要经过处理之后，才能喂给家畜食用。秸秆饲料化处理的方式：1. 物理方法加工处理。这种方法可以改变秸秆的外形及结构的方法。比如：切短、粉碎、蒸煮、浸泡、热喷、膨化等。2. 化学方法加工处理。化学方法包括碱化、酸化、氧化、氨化。3. 生物方法加工处理。这种方法包括酶制剂处理和微生物处理。4. 综合方法处理。为解决目前秸秆饲料转化技术周期长、占用空间大等问题，一些学者进行了秸秆饲料转化设备的研究，以实现秸秆饲料的高效快速生产。（石艳峰）

秸秆糖化

Straw Saccharification

使预处理后的秸秆醪液在纤维酶的作用下水解纤维素的 β-1，4 糖苷键生成葡萄糖的过程。纤维素酶的酶解周期一般在 72 小时左右，水解作用受很多因素的影响，如：底物、纤维素的结晶度、聚合度、木质素的含量、纤维素酶的性能等。酶解作用还要依赖一定的温度和 pH 值，在最适温度和 pH 值条件下，纤维素酶才能发挥出最大的酶反应速度。一般情况下，纤维素酶的最适 pH 值为 4.5 ～ 5.5，温度为 40℃～ 60℃。秸秆糖化的方式有很多种，如：同步糖化发酵、连续发酵、批次发酵。一般情况下可直接酶解糖化，方法是将纤维素酶和预处理之后的秸秆纤维素放在一个容器中，由于纤维素酶的附着位点暴露，使得纤维素酶和物料很容易结合，在适宜的温度和 pH 条件下进行酶解反应并且水解即可获得六碳糖；同步糖化发酵就是把纤维素酶进行糖化和乙醇发酵这两个步骤在一个容器中进行，水解产生的葡萄糖能迅速被菌种利用进而产生乙醇；还有一种酶解 - 膜耦合方法，就是利用膜可渗透的原理，把酶的催化、产物的分离和浓缩以及酶的回收等步骤结合在一起进行。（石艳峰）

秸秆微贮

Straw Small-scale Storage

指在农作物秸秆中加入秸秆发酵活干菌（微生物高效活性菌种）后，贮藏于密封容器中，经过微生物发酵，农作物秸秆将发出果酸香味，从而成为草食家畜喜爱的饲料。秸秆微贮饲料具有优点：同种植业不争化肥、有较长的制作季节以及贮存时间、无毒害以及较低的成本等。技术原理为：经过微生物发酵处理能够使秸秆中的胶质与木质素等草食家畜难以消化吸收利用的成分转化成大量的挥发性脂肪酸。技术作用主要有：1. 通过微量元素的发酵作用提高饲料转化能力；2. 秸秆微贮饲料可以有效地抑制草食家畜体内消化系统有害菌的繁殖，最大程度上避免家畜痢疾与腹泻等疾病发生，增强草食家畜抵抗疾病的能力；3. 利用秸秆微贮饲料饲喂草食家畜可使其采食速度及采食量提高 30%。（石艳峰）

秸秆预处理

Pretreatment of the Straw

在对秸秆进行发酵处理之前，进行预处理能够提高秸秆原料的利用率，加大产气量，缩短启动时间。我国秸秆资源丰富，产量巨大，秸秆可以通过微生物发酵制取沼气以实现废物资源化利用，同时也能够减少其对环境造成的污染。但是由于秸秆细胞壁纤维素的结构特殊以及木素嵌入式连接，导致秸秆发酵启动时间长、利用率较低。因此在对秸秆进行发酵处理之前，需要先进行秸秆预处理。对秸秆进行预处理的途径有：1. 直接将碳水化合物转化为单糖；2. 先将秸秆的各个组分分离，再用酶进行水解获得单糖。前者的降解条件太强烈，难免造成单糖损失以及秸秆组分利用率过低等，造成资源浪费。目前主要采用第 2 种途径。现在国内外对于秸秆进行预处理的方法主要有热液处理、电子辐射处理、臭氧氧化处理、石灰处理，以及这几种方法与微生物处理方法相结合。其中，热液处理方法不需要加入化学药品就可以实现，水解后产物中抑制乙醇发酵的因素极少，因此受到青睐。（石艳峰）

全民的盛宴》，《绿色视野》2011年第9期第8～9页。欧阳文川）

秸秆沼气技术

The Technology of Straw Biogas

指以农作物秸秆为主要原料的厌氧发酵技术，是社会主义新农村建设背景下对农村能源消费结构的改善。目前，我国的秸秆沼气技术还处于初级阶段，农村秸秆沼气技术一般包括秸秆预处理加序批式进出料工艺、秸秆预处理加袋装小进小出料工艺、稻草沼液浸泡加序批式进出料工艺3类。秸秆中含有大量的有机质、氮磷钾和微量元素，利用秸秆沼气技术分解秸秆产生沼气和沼渣，不仅高效利用农作物秸秆，而且解决部分以畜禽粪便为原料的沼气工程缺乏发酵原料而闲置的问题，打破沼气建设对畜禽饲养的依赖性。秸秆沼气技术的研发和推广，能实现农村能源回收、物质循环、环境保护和促进农民增收等多重效果。（参考：吴楠、孔垂雪、刘景涛等：《农作物秸秆产沼气技术研究进展》，《中国沼气》2012年第4期第14～20页。刘阳）

节能产品惠民工程

The Project of Promoting Energy Saving Products for the Benefit of the People

由国家发改委、工信部、财政部联合发布的关于通过财政补贴的方式促进节能产品（能效等级为1级或2级以上的高效节能产品）推广使用的项目工程。对产品的补贴标准根据高效节能产品价格与非高效节能普通产品价格之差的一定比例确定，此外参考技术进步和规模效应等因素。财政补贴对象是购买高效节能产品的消费者。财政补贴方式采取将补助资金给予高效节能产品生产企业的间接补助方式，最终受益人为购买产品的广大消费者。推广产品包括能效等级在1级或者2级以上的10类高效节能产品，包括空调、冰箱、洗衣机、平板电视、电机等。节能产品惠民工程一方面促进高效节能产品的推广应用，优化产业结构；另一方面刺激消费需求，提高国内高效节能产品的市场份额，促进产品更新、技术进步和经济发展。（参考：《节能产品惠民工程，全民的盛宴》，《绿色视野》2011年第9期第8～9页。欧阳文川）

节能灯

Energy Saving Light

节能灯是指能自动关熄，在同样的亮度下耗电较少的灯具。节能灯采用纯三基色荧光粉为原料研制而成，具有光效高、光衰小，光线自然，耗电少，发热低等特点，是国家重点发展和推广的绿色照明产品。目前节能灯的外形主要有U型管、螺旋管和直管型3种。节能灯的功能特点包括：1. 宽工作电压，170V~250V适合中国供电需求，长寿命，平均使用寿命≥8000小时；无噪音、无频闪，对通讯、家用电器设备无干扰；比普通白炽灯泡省电80%。2. 采用优质纯三基色荧光粉灯管，光效高、光线自然，耗电少，发热低，是照明光源的最佳选择。使用节能灯的优点有：结构紧凑、体积小；发光效率高、省电80%以上。3. 节省能源，可直接取代白炽灯泡，寿命较长，是白炽灯的6～10倍，灯管内壁涂有保护膜和采用三重螺旋灯丝可以大大延长使用寿命。目前，国际通行的评价节能灯产品的指标有5个：1. 安全性；2. 寿命，包括灯管的寿命和电子镇流器的寿命；3. 光通量、光衰及光效；4. 色容差、显色指数以及整批产品的色温的一致性；5. 电子镇流器的原材料及制作工艺的差别。需要注意的是，目前使用节能灯最大的问题是灯管中的汞造成的环境污染。我国在节能灯无害处理方面还是空白，破碎的节能灯随生活垃圾被送到填埋场填埋。（参考：李辉群、周春艳、姚豪、赵元生、冯自平：《关于电子节能灯的综述》，《节能技术》2004年第2期第64～65页；王建华：《节能灯及照明的能效分析》，《可再生能源》2003年第5期第30～32页。朱配辰）

节能低碳产业

Energy Saving Low Carbon Industry

指为节约能源资源、发展循环经济、保护环

境提供技术基础和装备保障的产业，包括节能产业、资源循环利用和环保装备产业，涉及节能环保技术与装备产业、节能环保技术与装备、节能产品和服务等。6大领域包括：节能技术和装备、高效节能产品、节能服务产业先进环保技术和装备、环保产品与环保服务。“十二五”规划纲要提出，节能环保产业重点发展高效节能、先进环保、资源循环利用关键技术装备、产品和服务。低碳产业是以低能耗、低污染为基础的产业。在全球气候变化的背景下，低碳经济、低碳技术日益受到世界各国的关注。低碳技术涉及电力、交通、建筑、冶金、化工、石化等部门，以及在可再生能源及新能源、煤的清洁高效利用、油气资源和煤气资源的勘探开发、二氧化碳捕获与填埋等领域开发的有效控制温室气体排放的新技术。（李雪姣）

节能环保产业

Energy Saving and Environmental Protection Industry

指以节约能源资源、发展循环经济、保护生态环境、提供物质基础和技术保障的产业。节能环保产业是跨产业、跨领域、跨地域并且与其他经济部门相互交叉、相互渗透的综合型新兴产业，涉及节能环保技术设备、产品和服务等方面。主要包括3大类：节能产业具体分为高效节能技术和装备、高效节能产品、节能服务业，环保产业具体分为先进环保技术和装备、环保产品、环保服务，资源循环利用产业。节能环保产业不仅包括终端治理能耗和环境问题的企业，也包括使用清洁技术，涉及节能环保某一方面的企业。其特征有：正外部性、渗透性、政策依赖性和技术支撑性。（蔡越）

节能减排技术

Energy Saving and Emission Reduction Technology

指旨在节约能源、降低能源消耗、减少二氧化碳等污染物排放的新兴科学技术。广义上节能减排指节约物质资源和能量资源，减少废弃物和环境有害物（包括“三废”和噪声等）排放；狭义上节能减排指节约能源和减少环境有害物排放。目前，节能减排技术发展主要围绕资源高效循环利用，积极开展替代技术、减量技术、再利用技术、资源化技术、系统化技术等关键技术研究。我国节能减排技术发展主要包括：1.工业节能减排技术。工业行业是中国能源消耗和温室气体排放的主要部门，能源消费量占全国能源消费总量的比重一直维持在70%左右。工业行业节能减排途径可分为管理节能减排途径、结构节能减排途径和技术节能减排途径3类。各个行业结合自身特点制定了相关的节能减排技术。钢铁行业应用的节能减排技术有二次能源利用技术、污水循环利用技术、供配电系统功率补偿技术和变频调速技术。目前问题是这些技术在中小型企业没有得到广泛应用。发展洁净煤技术是我国煤炭工业提高节能减排效度的重要途径。水泥行业应用水泥熟料烧成系统（新型高效低阻的预热预分解系统、强化煅烧的两支撑短回转窑、新型大推力的煤粉燃烧器、行进式稳流蓖式冷却机、高性能耐火材料）、粉磨（生物辊磨粉磨技术、水泥粉磨技术）及水泥窑协同处置废弃物技术等进行节能减排。2.农业节能减排技术。农村既是能源消费者，也是可再生能源生产者，推进农业和农村节能减排，有利于优化能源结构，缓解国家能源压力；有利于降低农业面源污染，减轻环境压力；有利于转变农业发展方式，加快发展现代农业。基于农村生物质资源最为丰富的畜禽粪便、秸秆及能源作物等综合开发利用技术；基于自然能开发利用的太阳能、小风能、微水能等能源开发技术；基于节约能源的农村省柴节煤、耕作制度改革、农业机械节能、农业投入品节约等生产生活节能技术；基于减少和治理农业和农村污染物排放的农村生活污水处理等污染防治技术。农业部在第五届中国国际农产品交易会上发布了“农业和农村节能减排10大技术”：畜禽粪便综合利用技术、秸秆能源利用技术、太阳能综合利用技术、农村小型电源利用技术、能源作物开发利用技术、农村省柴节煤炉灶炕技术、耕作制度节能技术、农业主要投入品节约技术、农村生活污水处理技术和农机与渔船节能技术。3. 城市节能减排技术：主要是使用绿色照明、生态建筑、经济型汽车、垃圾分类、使用再循环材料等。（参考：何小钢、张耀辉：《技术进步、节能减排与发展方式转型——基于中国工业 36 个行业的实证考察》，《数量经济技术研究》2012 年第 3 期第 19 ~ 33 页。朱配辰）

节能量交易制度

Energy saving quantity transaction system

指在经济能耗上限指标确定的条件下，各参与主体之间通过市场交易分配能耗配额，允许能耗高的参与者向能耗低的参与者购买能耗配额。随着能耗上限指标愈加严厉，能耗配额在市场上的价格愈高，就会促使参与主体主动进行产业结构升级和转型，以降低能耗量，从而达到控制能耗总量、减少环境污染的目的。制度尤其适用于对二氧化硫、温室气体等多种环境指标的控制。制度实施的前提条件包括：能耗上限指标、节能量的价格设定不可过低，否则会影响参与者的主动性；配额分配必须科学、合理，否则会引发整体混乱；对违反规则的参与者施以严厉处罚，构建一个真正有约束力的市场机制。（张沥元）

节能住宅

Energy Saving House

指采用新型节能围护体系和综合节能技术措施建设的具有良好的居住功能和环境质量的住宅。中华人民共和国建设部制定了《夏热冬冷地区居住建筑节能设计标准》JGJ 75-2012，明确规定节能住宅应执行目前国家现行标准，在节能技术上改用外墙保温技术。至 2015 年止，国际上的节能建筑都已在墙体采用了外保温技术，我国建筑也正在由传统的内保温转为外保温。外保温墙由相当厚度的保温板和墙体中间的流动空气层组成，因而能有效地达到保温和隔热作用。炎热的夏天和寒冷的冬天，采用外墙保温的住宅都可以省下昂贵的空调和暖气费用。除外墙保温技术外，节能住宅采用的节能技术还有：1. 新风技术。采用这一系统可及时更换室内空气，使室内长期保持和室外一样的新鲜空气。这一技术具有换气、过滤等功能。2. 恒温恒湿技术。3. 流动空气夹层技术。保温措施常见的是“平改坡”和加隔热层。4. 镀膜双层中空玻璃技术，即在中间加入一定惰性气体并在此基础上给玻璃镀膜，可以增加玻璃强度，提高保温效果。（参考：尹续峰、王莉等：《我国节能住宅建筑体系现状及发展趋势》,《青岛理工大学学报》2005 年第 6 期第 34 ~ 38 页。朱配辰）

节水灌溉技术

Water-saving irrigation technology

节水灌溉技术基于节约水资源设计，用于灌溉设备现代化的工程技术。可分为节水灌溉工程技术与节水灌溉农艺技术。节水灌溉工程技术是旨在减少灌溉管道、灌溉渠系中的水量蒸发与渗漏损失，提高农田灌溉水利用率的技术，包括：1. 渠道防渗技术，利用不同材料特性增加渠道防透水性能，如三合土护面防渗、砌石防渗、混凝土防渗等。2. 低压管道输水灌溉技术（简称管灌），用低压管道代替渠道输水。3. 喷灌技术，利用专门的设备将有压喷头分散成细小水滴，均匀地降落到田间。4. 滴灌技术，将作物生长所需的水分和各种养分适时适量地输送到作物根部附近的土壤。5. 微喷技术，利用塑料管道输水，通过微喷头喷洒进行局部灌溉。6. 雨水汇集利用技术等。节水灌溉农艺技术是具体运用到农田、农作物布局及作物本身的节水技术，主要包括作物调亏灌溉技术、作物控制性分根交替灌溉技术、改进地面灌溉技术、水稻薄浅湿晒灌技术、咸水灌溉技术等。（任傲尘）

节水农业技术

Water Saving Agriculture

指根据作物的需水规律及当地的供水条件，

为获得农业的最佳经济效益、生态环境效益而采取的有效利用天然降水和灌溉水的多种措施总称。节水灌溉着眼于整个灌溉过程，凡是能够减少灌溉水损失并提高灌溉水利用效率的措施、技术与方法均归属到节水灌溉范畴。因而节水灌溉技术是综合技术体系，由节水工程措施、田间节水措施、节水农艺措施、节水管理措施等有机结合而成，能提高农业用水利用率和利用效率。（朱雨晨）

节水型社会

Water Saving Society

节水在狭义上指节约用水的行为，广义上的节水指减少不必要的用水需求，也指减少在供水和用水等环节的水资源损失和浪费，包括提高供水和用水效率以及制定合理的水价结构和水资源保护法规等内容。节水具有生态、经济和社会等综合效益，既有利于控制水资源污染和浪费，也引起了对水资源再生利用问题的重视和保护。节水型社会是注重对水资源的循环高效利用、减少水资源浪费和污染的生态环保型社会。节水型社会是传统的水资源低效供给和利用型社会向水资源集约高效利用的现代环保型社会的转变，是社会发展的重要一环，并且依附于社会经济发展程度。节水型社会的研究不能离开具体时代背景和经济发展水平，需要将二者结合起来分析区域节水型社会特征和现状。区域节水型社会是在国家节水型社会总方针指导下结合区域本身特殊经济发展水平以及人口结构、人文环境等因素发展的生态型社会。由于区域之间经济、社会等发展并不平衡，节水型社会是不断发展的动态和相对的概念。在节水型社会的起步阶段，通过对供水和用水的综合系统的优化调节，使得水资源严重浪费现象得以化解。在节水型社会的发展或者基本实现的阶段，伴随技术的发展和政策管理措施的科学合理化，工农业各部门以及普通用水户的用水意识更加生态化，用水定额也随之合理化。在节水型社会建成阶段，工农业各部门用水单位和普通用水户已基本转变为节水型生产部门和用户，与经济社会的发展处于协调有序、相互促进的良性循环之中。（参考：陈莹等：《节水及节水型社会的分析和对比评价研究》,《水科学进展》2005 年第 1 期第 82 ~ 86 页。欧阳文川）

节约悖论

Paradox of Thrift

节约悖论是约翰·梅纳德·凯恩斯在《就业、利息和货币通论》中提出的社会增加储蓄的企图可能导致其实际储蓄数量减少的理论。根据凯恩斯主义的国民收入决定理论，消费的变动会引起国民收入同方向变动，储蓄的变动会引起国民收入反方向变动。但根据储蓄变动引起国民收入反方向变动的理论，增加储蓄会减少国民收入，使经济衰退，是恶的；而减少储蓄会增加国民收入，使经济繁荣，是好的。这种矛盾被称为“节约悖论”。这一理论还认为，在经济衰退或萧条时期，一味追求节俭只能导致经济更加衰退。凯恩斯认为，只有两种节俭才是有益于经济增长的，一种是在通货膨胀时期，节俭能够紧缩需求；另一种是在萧条时期，如果节俭支出用于投资，可以扩大需求。（参考：李国政：《对“节约的悖论”的经济学分析》，《大学时代》2006 年第 8 期第 14 ~ 15 页。朱配辰）

节约集约用地制度

Economical and intensive land use system

节约集约用地制度是我国土地管理制度中的一项基础性制度，是保障和促进经济社会科学发展的战略举措。经历了 4 个阶段：第一阶段是土地改革时期的分林到户阶段。在这个阶段，根据 1950 年 6 月颁布的《中华人民共和国土地改革法》，政府将土地和山地分给农户，林木随山地划归农户所有，农户成了山林的主人，但时间很短，仅仅保持了 3 年左右。第二阶段是农业合作化时期的山林入社阶段。在这个阶段，农户将原来分给自己的山林折价入社，山林仍归个人所有，实行合作社集体合作经营。第三阶段是人民公社时期的山林集体所有、统一经营阶段。在这个阶段，山林完全归集体所有，实行集体统一经营。第四阶段是20世纪80年代初的林业“三定”阶段。“三定”是划定自留山、确定责任山、稳定山权林权。大力推进节约集约用地制度建设的总体要求是：紧紧围绕科学发展主题和加快发展方式转变主线，以保障经济社会可持续发展为目标，以提升土地资源利用效率和土地投入产出水平为着力点，合理控制建设用地规模，优化土地利用布局和结构，拓展符合资源国情的建设用地新空间，创新节约集约用地模式，加强节约集约用地评价考核，促进各项建设少占地、不占或少占耕地，实现以较少的土地资源消耗保障支撑更大规模的经济增长。大力推进节约集约用地制度建设的基本原则是：坚持统筹城乡用地，合理确定用地布局和结构；坚持建设用地总量控制和用途管制，促进土地利用和经济发展方式转变；坚持市场配置土地资源，提高土地承载能力和利用效率；坚持土地使用标准控制，严格用地约束；坚持节约集约用地评价考核，促进制度有效落实。我国目前已形成的节约集约用地制度有：1. 土地利用总体规划管控制度。按照“管住总量、严控增量、盘活存量、节约集约”的用地原则，对建设用地进行计划配置。实行以人均建设用地为基本标准的建设用地规模控制，并管控土地用途。实行土地利用总体规划成果公告和调整评估制度。2. 建设用地使用标准控制制度。实行建设项目用地准入标准，控制土地利用强度低、投入产出效益差的项目用地。3. 土地利用监测监管制度。实行土地供应全程监管，以供前发布供地计划、供后规范履行出让合同（或者划拨决定书）为重点，以国土资源遥感监测“一张图”为基础，对土地供应总量、布局、结构、价格和开发利用情况实行全面监管。4. 土地利用评价考核制度以上一级政府对下一级政府单位国内生产总值建设用地面积下降为考核重点，定期公布考核结果，作为控制区域建设用地规模、下达土地利用年度计划的依据。5. 闲置土地处置制度。1999年国土资源部《闲置土地处置办法》明确规定了征收土地闲置费和无偿收回土地使用权两种处罚措施。土地闲置满两年的，无偿收回，重新安排使用；土地闲置满一年不满两年的，按出让或划拨土地价款的20%征收土地闲置费。6. 土地复垦制度明确被损毁土地的复垦责任，在批准建设用地或发放采矿权许可证时，责任单位应及时足额缴纳土地复垦费。7. 鼓励土地立体利用制度用税收等政策，鼓励利用已有土地开发地下空间和“二次开发”。各地的具体规定不尽相同，但目标一致。8. 城乡建设用地增减挂钩试点制度。国务院《关于严格规范城乡建设用地增减挂钩试点切实做好农村土地整治的通知》要求，逐步改造旧村庄，整治归并“空心村”和零散村落。开展旧宅基地复垦工作，探索建立宅基地退出机制。（参考：祁雪瑞：《论节约集约用地制度及其实现》，《中国国土资源经济》2012年第6期第11～14页。朱配辰）

节约型经济

Economical Economy

节约型经济是在生产过程中，尽可能以最小的投入获得最大的产出，在消费中，尽可能减少或不浪费。在观念上，要量入为出，坚持厉行节约的原则，从而实现人与自然和谐相处的目的。发展节约型经济主要表现在：1. 有效实现代际之间在资源分配与利用中的公平。代际公平主要是指当代人不能为了自己的发展与需求而损害人类世世代代满足需求的条件——自然资源与环境，以保证世世代代能够享用自然资源和利用自然环境。2. 缓解人类对自然的破坏。要求每个人树立节约观念；要求每个企业通过制度安排使生产者和消费者自觉节约，珍惜资源，保护环境，树立合理开发利用与保护资源就是保护生产力、发展生产力的观念；另一方面，通过处罚让每个人羞于浪费、不敢浪费，并为浪费承担责任。3. 构建和谐社会主要是要正确处理人与人的矛盾、人与社会的矛盾以及人与自然的矛盾。（参考：欧阳志远:《再论“循环型经济”与“节约型经济”》,《淮阴师范学院学报》(哲学社会科学版)2005年第4期第429～431页。朱配辰)

节约型政府

Conservation-oriented government

指政府通过采取法律、经济和行政综合性措施，提高资源利用率，把政府的资源消耗维持在最低水平，并以最低的资源消耗获得最大的社会效益和经济效益。其“节约”的含义有两个方面：一是相对浪费而言的节约，即用尽可能少的资源、能源，提供相同甚至更多的公共产品和服务，目的是使资源浪费现象得到有效遏制，资源管理水平得以较大的提高，政府运行成本降低。二是更高层次的节约，在于政府职能的转变，行政效率和服务水平的提高，这样才能最终节约一切可以节约的用度。它的概念最早是在我国政府2005年下发的《国务院关于做好建设节约型社会近期重点工作的通知》中正式提出的。节约型政府的主要特征有：1. 政府规模精简。政府规模要适度，要按照“小政府，大社会”的理念，根据精兵简政原则，对政府规模进行适度、有限的控制。2. 行政效率高。政府在实施其管理职能中，通过采取加强管理、完善法制、减少环节、提高技术等一系列手段，降低行政成本，给社会提供便捷优质的服务，并达到能体现出全社会公众满意的效率。3. 行政成本节约。行政成本要求“既廉洁又廉价”。廉洁是不腐败，廉价是节约资源，用尽可能少的行政成本实现最优的行政管理。（刘中华）

杰夫·尚茨

Jeff Shantz

加拿大政治学与生态学学者、绿色工联主义和无政府主义研究专家，无政府主义尚茨社区的创办者。生年不详。尚茨博士毕业并曾执教于加拿大约克大学，现定居于温哥华市，是昆特兰理工大学教授。研究领域包括：环境新社会运动、激进生态理论、政治学与生态学。代表著作包括：《激进生态学与阶级理论》（2004）、《绿色工联主义：一种替代性红绿观点》（2012）、《超越资本主义》（2013）。（徐越）

结构－行为－绩效范式

Structure-Conduct-Performance Paradigm

指把产业分解为特定的市场，按照结构、行业、绩效三个方面构造的“市场结构（structure）—企业行为（conduct）—市场绩效（performance）”的分析框架，简称SCP范式。SCP属于哈佛学派的产业组织理论，在20世纪50年代由经济学家贝恩等人提出，他们以新古典学派的价格理论为基础，以实证研究为主要手段。这一范式是产业组织经济学中经验研究部分的规范范式，它的基本线索是具体考察分析某些特定产业，以及企业之间的垄断竞争关系，揭示企业间的市场竞争秩序或竞争状态，探讨产业组织状况及其变动对产业内资源配置效率的影响。在这一范式中，结构是指一个市场的组织结构特征，其衡量标志主要有三个，市场集中度、产品差别化以及新企业的进入壁垒；行为是指企业在根据市场供求条件并考虑与其他企业关系的基础上，为取得竞争优势所采取的各种决策行为，包括价格策略、产品策略等；绩效是指企业在市场竞争中所获得的最终成果的总和，反映市场运行的效率，包括利润率水平、技术进步以及充分就业等。（蔡越）

捷克绿党

Strana Zelených

捷克政坛中的中左政党，1990年成立。在20世纪90年代处于边缘生存状态，没有获得选举突破。除在1992年获得6.5％的选票成功进入议会

外，其他大选得票均未能达到5％的法定限额。媒体对绿党内部冲突的报道，远远超过其实际的政治影响力。2004年绿党有积极变化。

在 2004 年议会选举中，候选人罗密尔·斯特蒂纳（Jaromír Štětina）当选参议院议员。2006 年议会大选中取得历史性突破，赢得 6.3% 的选票以及议会中的 6 个席位，进入由中右的公民民主党和基督教民主党组成的联盟政府。在随后举行的参议院及众议院选举中丢失所有议席，只在 2014 年参议院选举中获得 1 个议会席位。在历次欧洲大选中都未能获得任何欧洲议会席位。在国际上是欧洲绿党的成员党。在 2013 年通过的基本纲领中，呼吁保障有尊严的生活；确保健康的环境，健康的食物、清洁的空气等；实现可持续发展的经济；践行行之有效的向民众开放的民主制度。（王聪聪）

捷克与斯洛伐克环境团体

Environmental groups of Czechoslovakia

东欧剧变前，捷克斯洛伐克以经济增长为主的工业发展模式，导致国内严重环境污染和对自然环境的破坏。面对日益严重的生态灾难，20 世纪 80 年代，捷克斯洛伐克境内的环境压力团体纷纷建立，如捷克自然保护联盟（CUNP）、“雷龙”（Brontosaurus）、斯洛伐克自然与乡村保护主义者联盟（SUPNC）、生命之树等绿色环保团体。这些环保团体都是政府承认的合法非政府组织，它们对环境问题的核心关切，推动捷克斯洛伐克绿色运动发展，为捷克斯洛伐克绿党的建立创造了条件。（王聪聪）

解释学范式

Hermeneutics Paradigm

指解释哲学认识事物的方法。解释哲学是 20 世纪 60 年代兴起的哲学学说，由德国哲学家伽达默尔（Hans-Georg Gadamer）等人在传统解释学的基础上发展起来。解释学注重方法论。它反对西方哲学从启蒙运动以来着迷理性、反对“偏见”的致知取向。认为“偏见”是人的历史存在状态，它与历史文化水乳交融，形成了一切理解的基本前提或视野。“偏见”构成了个人在历史文化中的存在，为人的理解活动提供了基础和可能。把理解作为哲学的基本命题，主张人是他的理解。认为理解既是人的存在方式，又是人的历史局限和正在展开的可能性，是一种由历史到现实的不同视野的融合运动。要用“有效的历史意识”对待理解，认为理解首先不是人的主体意识的活动，而是历史进入意识的方式。历史文化由“先见”为意识而形成了理解的视野。理解使已被理解的世界得到再解释。解释学哲学是当代西方流行哲学，作为人文科学的方法论，对西方哲学、美学、文艺学研究有深远影响。（王薛时）

戒杀

Ahimsa

佛教徒最基本的戒律之一。佛教五戒第一条是“不杀生”，规定佛教徒不可以杀害一切有情识的生命，包括动物等，做到“不自杀、不教他杀、不见杀随喜”，就是说，不仅自己不能杀害生命，而且不能“教唆、命令、劝诱他人杀害一切生命”，甚至连见到他人杀生在心里表示赞同或者欢喜都是有罪的。佛教对于杀戮动物等一切生命全面禁止。（雷爱民）

金鉴明

Jin Jianming, 1932 ~

浙江杭州人，环境生态学专家，1955 年毕业于上海复旦大学生物系，1960 年毕业于苏联列宁格勒大学研究生院，获副博士学位。现任国家环境保护总局研究员、科学顾问委员会副主任、局长顾问，中国环境科学院学术委员会委员，中国人与生物圈国家委员会副主席，中国生物多样性与绿色发展基金会创会副会长及专家委员会主任，上海复旦大学和北京林业大学博士生导师，1997 年当选为中国工程院院士。我国生物多样性保护研究、物种移地、就地保护工程和自然保护区设计、建设工程等领域的开拓者和奠基者之一，在环境工程学科领域中做出了重大贡献和富有创造性的成就。他在生态定量化的研究和应用方面的贡献卓越，在辽宁蛇岛保护区的建设、广西花坪林区生态定位站的研究、广西容县农业区划、全国14碳脂肪酸植物资源研究和产业化、南药

（穿心莲）北移研究、北京留民营生态农业以及麋鹿回归大自然的遗传生态工程的设计等研究中获得突破性进展。主要论著有：《中国典型生态区生态破坏现状及其保护恢复利用研究》(1992)、《中国的自然生态保护》（1998）、《中国的生态农业》（1999）、《环境领域若干前沿问题的探讨》（2002）、《我国生物多样性受危害原因与保护对策》（2004）、《城市的明天——构建生态城市的探讨》（2006）、《河南省农业生态环境保护研究及对策》（2008）、《中国生物多样性受威胁的现状与国家生态安全》(2009)、《海南生态文明建设的成就与展望》（2010）、《生物多样性就是生命，生物多样性就是我们的生命》（2010）等。（*石艳峰*）

金枪鱼案

Tuna Case

1991年美国以墨西哥在捕捞金枪鱼时将与之相伴随的海豚一同捕杀为由，下令禁止进口墨西哥的金枪鱼及其制品。墨西哥指控美国违反了《关贸总协定》中禁止数量限制的规定，而美国则援引《关贸总协定》中关于维护人类及动植物生命健康、养护天然资源的权利作为辩护理由。1994年，同样的争执发生在欧共体和美国之间。结果是，金枪鱼案引起了巨大风波，商界人士指责美国以环境保护为借口实行绿色保护主义，而环保人士则指责裁决方罔顾人类生存的环境问题，攻击《关贸总协定》“给环境污染者们创设了一个有规则保护的天堂”。由于两种观点对抗激烈，案件裁决一度搁置，但最终是美方胜诉。(*张沥元*)

金太阳示范工程

Golden Sun Demonstration Project

2009年7月16日国家能源局、科技部、财政部三部门联合发布《关于实施金太阳示范工程的通知》。工程对并网光伏发电和离网光伏发电分别给予50%和70%的初投资财政补贴，批准通过了275个项目，总功率达到642MW，计划在2013年前完成。金太阳示范工程项目分为5期完成，计划2009年当年完成总计304MW的140个项目，2010年完成总计271.7MW的46个项目，2011年完成总计692.2MW的129个项目，2012年完成总计1709.2MW的155个项目，最后一期在2012年底与光电建筑项目合并。金太阳示范工程是继政府在2009年3月对光电建筑进行财政补贴的又一重大政策、财政支持，是以培育战略性新兴产业、促进光伏发电产业规模化发展和技术创新的激励政策，对于促进节能环保和社会经济可持续发展具有重要意义。金太阳示范工程以及相应的光电建筑项目是中国第一次在城市建筑上大规模推行分布式光伏发电的工程。自工程启动起，每年国内光伏市场的增长率都突破100%，出口比例也大大下跌，从而迅速启动国内光伏市场。此外，随着光伏产业市场的规模化以及相关配套产业的逐渐健全和完整，光伏产业的生产成本也相应降低。（*参考：王长贵等：《金太阳示范工程与光电建筑项目》，《建设科技》2014年第2期第17～19页。欧阳文川*）

进步阵线政党联盟

Progressive Front Party Alliance

意大利政坛中的中左政党选举联盟，1994 年成立。意大利的选举制度，1994 年由比例制向以多数制为主体的混合制转变。为增强政治实力和进入议会，很多政党特别是中小政党进行战略调整，开始组建政党联盟。进步阵线政党联盟，由意大利左翼民主党、意大利重建共产党、绿党联盟、意大利社会党、网络党、民主联盟、社会基督教党、社会主义重生党所组成。进步阵线联盟的总理候选人，是来自左翼民主党的政治家阿希尔·奥其托。在 1994 年大选中，进步阵线联盟遭遇挫败，以 33.4％的选票负于保守的自由之极 / 善政之极政党联盟。1996 年进步阵线政党联盟被橄榄树政党联盟所取代。（王聪聪）

进化伦理学

Evolutionary Ethics

进化论伦理学产生于 19 世纪末期，主要代表人物有英国实证主义哲学家 H. 斯宾塞、生物学家 T.H. 赫胥黎和俄国无政府主义者 П.А. 克鲁泡特金等。进化论伦理学的理论根据是 C.R. 达尔文的进化论。达尔文认为人类的产生是动物机体进化的结果，道德是机体进化到人类阶段的产物，高等动物的社会本能、合作本能是道德产生的自然前提。达尔文的进化论被斯宾塞等人片面地应用于道德理论，建立系统的进化论伦理学说。他们把人的道德行为看作是自然进化的产物，把生物进化的规律和动物适应环境的机制机械地搬到人身上，从而抹杀了道德的社会本质。20 世纪上半叶，由于元伦理学对传统伦理学的“自然主义错误”的批判，进化伦理学的影响曾一度有所削弱。20 世纪 60 年代以后，随着生物科学的发展，进化论伦理学有了新发展。现代进化论伦理学用现代生物学、遗传学和动物行为学等理论和方法解释道德的起源和性质，试图用遗传工程的方法改变人的道德品质，形成“新道德”。持现代进化论伦理学观点的人，把道德看作是生物进化过程的产物，是人用来适应环境的条件反射体系。（牟世晶）

进化论

Theory of evolution

进化论，又称演化论。是指关于生物由无生命到有生命，由低级到高级，由简单到复杂逐步演变过程的学说。随着进化论的发展，产生了现代综合进化论，而当今演化学绝大部分以查尔斯·达尔文的演化论为主轴。进化论已为当代生物学的核心思想之一。达尔文在 1859 年出版的《物种起源》一书中系统地阐述了他的进化学说。第一，物种是可变的，生物是进化的。当时绝大部分读了《物种起源》的生物学家都很快地接受了这个事实，进化论从此取代神创论，成为生物学研究的基石。即使是在当时，有关生物是否进化的辩论，也主要是在生物学家和基督教传道士之间，而不是在生物学界内部进行的。第二，自然选择是生物进化的动力。生物都有繁殖过剩的倾向，而生存空间和食物是有限的，所以生物必须“为生存而斗争”。在同一种群中的个体存在着变异，那些具有能适应环境的有利变异的个体将存活下来并繁殖后代，不具有有利变异的个体就被淘汰。如果自然条件的变化是有方向的，则在历史过程中，经过长期的自然选择，微小的变异就得到积累而成为显著的变异。由此可能导致亚种和新种的形成。（牟世晶）

进化生态学

Evolutionary Ecology

利用生态学与遗传学、进化生理研究地球上的物种是如何在复杂的生态系统中不断进化获得完美结构与适应能力的学科，属于生态学的分支。概念最早是由奥里恩斯于 1962 年提出。进化生态学的研究内容既包括进化过程的生态机制，进化的生态压力从何而来，也包括生态特征与生态关系中蕴涵的进化规律，生物进化受这些生态压力的影响程度。随着全球性的气候环境变化，生态压力增强，使得生物进化的时间发生变化。这里，环境一词即包括光照、水分、温度和养分等物理环境也包括与同种和其他种的相互作用。这是进化生态学当前的研究重点。现代分子生物学的快速发展为进化生态学研究提供有力的技术支持。（朱雨晨　张惠娜）

近岸海域环境保护

Coastal Marine Environment Protection

由于受到人类生产生活的影响而未被处理或处理后未达排放标准的废水污染的河流流入近岸海域，为控制人类开发海岸带进程，维护生态平衡，保护海洋生态环境安全，对近海岸相关区域进行的整顿与治理。近岸海域是人类赖以生存的主要环境区域之一。我国目前对近岸海域的环境保护工作采用区域管理模式。可同时借鉴国外的保护措施，具体体现在：1. 法律体系与制度建设上，制定海洋保护的相关法律及依据地方实际情况可行的地方性法规。2. 组织建设和管理上，设立海岸带管理机构，对海域进行综合管理与保护。3. 综合整治保障机制的构建上，吸收公众广泛参与，制定合理的排污费用征收办法等。4. 海洋资源的开发利用上，指导和规范海岸带整治工程，推行合理开发计划。同时加强与国际各国之间的联系与合作，在退滩还水、海岸景观、人工海岸整治等项目上取得突破，从而实现近岸海域环境保护的全面推广。（蔡越）

近代机械论自然观

Recent mechanistic view of nature

大约在 16 ～ 17 世纪，一种与希腊自然观相对立的新的自然观开始兴起并迅速取代前者占据主导地位。新的自然观建立于奇特的隐喻——“机器”之上：自然界是一架机器，一架由各种零部件组装而成按照一定的规则、朝着一定的方向运转的机器。和希腊自然观一样，在这个隐喻中，自然界的秩序、规律、目的被认为是源于某种精神性的东西。不同的是，希腊哲学家认为精神在自然之中，是自然界固有的；新时代哲学家则认为，精神是自然之外的“超越者”，即“上帝”。上帝设计出一套原理，把它放进自然界并操纵自然界运动；而自然界本身完全是被动的、受控的，它仅仅是一架“机器”。这种新的自然观被称作机械论的自然观。机械自然观为后来的人类认识自然提供一整套思考问题的方法，一直成为近代科学发展的主要方法。机械自然观中强调还原论的观点，也就是将一切问题划分到最小单元进行分析，然后再综合起来。近代所有科学门类无一例外使用这个方法发展，一切都是从最简单的开始逐渐构造理论体系。机械论自然观强调决定论，原因必然导致相应结果。（牟世晶）

近自然林业理论

Close to Nature Forestry Theory

1898 年由德国林学家嘎耶创建。这一理论真正受到重视是在 20 世纪 80 年代。当时由于森林资源受到严重破坏，生态环境不断恶化，近自然林业理论开始逐步走进人们的视野，作为林业发展的指导思想，方针和发展目标。近自然林业理论基于利用森林自然动力，以尽量不违背自然的发展规律为原则，在经营中使地区群的主要本源树种得到明显表现，尽可能使林分建立、抚育、砍伐等方式同潜在的天然森林植被相接近。要使林分能够接近自然地发生，达到森林生物群落的动态平衡，并在人工的辅助下，使天然物质得到复苏。近自然林业理论是人们在林业探索中持续不断努力的结果，是顺应自然管森林系统的一种模式。（李雪姣）

禁忌

Taboo

禁忌是人们对神圣的、危险的、需要特别加以注意的对象所持特殊态度而形成的某种禁止。禁忌常表现为因对超自然力量的膜拜、尊重、恐惧而引起的自我行为约束的现象。人们为维护某种或神圣或世俗的权威，在言语措辞上比较谨慎，如人们对死亡、疾病、宗教神灵、粗俗语言等表现出忌讳和缄默等。禁忌往往体现出人的恐惧、羞耻、关切等心理。禁忌现象广泛存在于人类文化中。被禁忌的人、事物或者活动不允许被谈到，或者只能以委婉的方式被提及，与社会禁忌相关的词语和表达方式被称为禁忌语。禁忌语不仅是语言现象，也是特定价值观和信仰体系。来自不同文化的人对特定语境中什么应该禁忌，什么不该禁忌持不同看法，缺乏禁忌语常识或者误用禁忌语可能导致人与人之间误会或剧烈冲突。（雷爱民）

禁牧封育（禁牧舍饲）

Enclosure and the Prohibition of Grazing

指为保护生态植被，在一定时期内对划定的草原（包括草山、草坡、人工草地、河滩草地）和林地等区域围封培育并禁止放养牛、羊等草食动物的管护措施。我国县级以上人民政府对实行舍饲养殖的养殖户给予粮食、资金、技术等方面的补助和扶持，并增加草原、林地建设投入，支持、鼓励单位和个人采取补播、补种、围栏等措施，改良、培育草原、林地，恢复生态植被。实施禁牧舍饲是改善生态环境的有效途径之一。一方面，给天然草原的原生植被提供休养生息的良好环境，从而促进牧草的生长发育，提高草场生产能力；另一方面，对禁牧农区、半农半牧区以及生态建设项目区扩大人工草场的面积和人工防护林面积，为农区提供大量的饲草资源，并达到防风固沙、改善生态环境的目的。实行禁牧舍饲，从长远看，将极大地推动当地畜牧业生产由粗放型向集约化经营、由分散经营向规模化经营方向转变，如提高饲养水平、带动饲草料加工业的发展、改善基础设施、有利于高效益畜牧业的发展等。国家在牧区实行禁牧和季节性休牧以来，牧业生产经营方式发生历史性变革，植被迅速恢复，天然草牧场产草量明显增加，沙化、退化势头得到遏制。但存在不容忽视的问题：1. 饲养成本增加，牧民生产收入减少。2. 禁牧区划定欠科学，未禁牧地区草场破坏加重。如，常年禁牧区划定的不尽合理之处在于，生态脆弱区、沙化退化区、水土流失区一般以流域为单位，往往是一个生态区域同时受两个以上的行政区管辖，有的禁牧，有的不禁，反而不利于生态的保护。3. 舍饲费用过高，补贴太少，影响牧民积极性。（参考：徐爱国：《禁牧舍饲——草食畜牧业发展的理性选择》，《黑龙江畜牧兽医》2005年第8期第4～6页。朱配辰）

禁止公害输出

Prohibition of “public nuisance” output

又称污染转嫁。经济发达国家将本国的污染转移给其他国家的行为。公害输出的方式包括：1. 将本国不能开办的污染企业和产品生产转移至其他国家开办和生产。2. 将本国不能销售的污染产品出口到他国出售。3. 将在本国难以处置的废弃物转移到他国处置。公害输出的结果使输入国的人民遭受公害，同时加剧整个地球环境的污染。为防止污染转嫁，国际环境法对公害输出已做出某些限制性规定，许多国家的国内法律也明确规定禁止外国污染输入本国。中国在多部法律法规中规定防止国外污染转嫁到中国国内的措施。（牟世晶）

禁止开发区

Prohibition of development zone

依据《全国主体功能区规划》，指依法设立的各级各类自然文化资源保护区域，以及其他禁止进行工业化城镇化开发、需要特殊保护的重点生态功能区。国家层面的禁止开发区域，包括国家级自然保护区、世界文化自然遗产、国家级风景名胜区、国家森林公园和国家地质公园。省级层面的禁止开发区域，包括省级及以下各级各类自然文化资源保护区域、重要水源地以及其他省级人民政府根据需要确定的禁止开发区域。（张沥元）

禁止杀生

Killing Prohibition

禁止杀生在佛教中是基本戒律，道家道教亦极其尊重生命价值，反对杀生，要求尊重一切血性之物，认为它们皆有灵性、有道性。《太上老君戒经》说："一切众生，含气以上翔飞蠕动之类皆不可杀"，道教戒律《杀生七戒》认为"生日不宜杀生、生子不宜杀生、营生不宜杀生、宴客不宜杀生、祭先不宜杀生、祈禳不宜杀生、婚礼不宜杀生"，道教在"三归五戒"里制定了"杀、盗、淫、妄、酒"五戒，认为人生所造之罪孽以杀生为最重，杀生之罪孽，又以杀牛为最，食者之罪亦与杀者同等，禁止杀生在道教戒律中有明确要求，但是可能不如佛教禁止杀生更为严苛。（雷爱民）

《禁止危险废物进口和控制其在非洲越境转移的巴马科公约》

Bamako Convention on the ban of the Import into Africa and the Control of Transboundary Movement and Management of Hazardous Wastes within Africa

简称《巴马科公约》。1991 年在马里的首都巴马科举行非洲统一组织部长理事会上通过的全面禁止危险废物进口到非洲的区域性环境公约。以《巴塞尔公约》为范本起草，使危险物符合对环境无害的有效管理，在危险废物产生国的国境内处置。目标是保护非洲环境，避免来自西方工业化国家的危险废物倾倒与排放。对危险废物分为两类：在非洲产生的废物和非洲以外产生的废物。对后一类废物，《公约》禁止其进入非洲并处以刑罚；对前一类废物，《公约》借鉴《巴塞尔公约》相关规定。但《公约》没有建立履责机制，也没有形成责任与补偿议定书。（申森）

《禁止为军事或其他敌对目的使用环境致变技术公约》

Convention on the Prohibition of Military or Any Other Hostile Use of Environmental Modification Techniques

1976 年 12 月 10 日联合国大会通过，1977 年 5 月 18 日开放签字，1978 年 10 月 5 日生效。《公约》是关于防止因军备竞赛而破坏和损害人类环境的全球性国际条约。宗旨是禁止在军事上或任何其他敌对行动中使用环境致变技术，以使人类免遭这种危害，巩固世界和平和各国之间的相互信任。本公约全文共 10 条，将"改变环境技术"定义为通过蓄意操纵自然过程改变地球（包括其生物区、岩石圈、地水层和大气层）或外层空间的动态、组成或结构（即改变气候、引起地震、海啸、破坏生态平衡、破坏臭氧层等）的技术。本公约规定：缔约国保证不在军事上或任何其他敌对行动中，将具有广泛、长期、严重后果的环境致变技术，作为破坏、危害和损害任何其他缔约国的手段；也不得协助、鼓励或诱使任何其他国家、国家集团或国际组织从事同类行动。本公约规定对违反公约的行为，可向联合国安理会提出控诉，安理会必须进行调查，并将调查结果通知缔约国。（申森）

《禁止在大气层外空和水底进行核武器试验的条约》

Partial Test Ban Treaty

1963 年 8 月 5 日苏联代表葛罗米柯、英国代表霍姆和美国代表腊斯克在莫斯科签署的国际条约，声称主要目的是按照联合国的宗旨尽快达成一项在严格的国际监督下的全面彻底裁军协定。这一协定将制止军备竞赛，消除生产和试验各种武器包括核武器的刺激因素，致力于谋求永远不再进行一切核武器试验爆炸，希望使人类环境不再受放射性物质污染。该条约规定：在大气层范围以外，包括外层空间；或在水下，包括领海或公海；各缔约国保证在其管辖或控制下的任何地方，禁止、防止并且不进行任何核武器试验爆炸或任何其他核爆炸。任何缔约国可对本条约提出修正案。提出的修正案应提交保存国政府，保存国政府应将修正案分发给本条约所有缔约国。如果有三分之一或三分之一以上的缔约国提出要求，保存国政府应该召集会议，邀请所有缔约国参加，以审议这一修正案。对条约提出的任何修正案，必须由本条约所有缔约国的多数，其中包括所有原缔约国的一致表决通过。在所有缔约国的多数，其中包括所有原缔约国的批准书交存后，修正案即对所有缔约方生效。（申森）

《京都议定书》

Kyoto Protocol to the United Nations Framework Convention on Climate Change

全称《联合国气候变化框架公约的京都议定书》，是《联合国气候变化框架公约》的补充条款，1997 年 12 月 10 日在日本京都市召开的联合国气候变化框架公约参加国第 3 次会议上通过。议定书首次为发达国家设立了强制减排目标，旨在限制发达国家温室气体排放量，以抑制全球变暖，是人类历史上首个具有法律约束力的减排文件。有 27 条 2 个附件。基本目标是，将大气中的温室气体含量稳定在一个适当的水平，以保证生态系统的平滑适应、食物的安全生产和经济的可持续发展，以遏制人为主体（即人类活动产生的）的温室气体排放的方式，减少潜在的财富和能力差异。《议定书》重申《联合国气候变化框架公约》确立的发达国家与发展中国家应对全球气候保护承担共同但有区别的责任的原则，对缔约方温室气体排放量做出具有法律约束力的定量限制。因此，《议定书》的签署标志着《联合国气候变化框架公约》实施进程的巨大进展，具有里程碑意义。当然，《议定书》的实施进程并不顺利，以 2012 年为起点的第二阶段虽然得以维持，但包括美国在内的许多发达国家并未能够履行其法定（政治）承诺。（申森）

京杭大运河

The Grand Canal from Beijing to Hangzhou

从北京至杭州的运河，全长 1790 千米以上。春秋时期开始建设，元代开通。运河经北京、河北、天津、山东、江苏、浙江 6 省市，贯通海河、黄河、淮河、长江和钱塘江 5 大水系，是古代南北交通的主动脉。京杭大运河中，沟通江淮的邗沟在春秋末年已经开通，杭州至镇江的江南运河在春秋

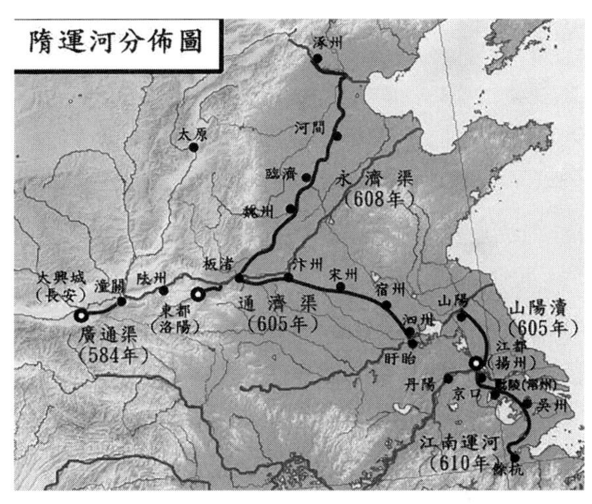

时已完成，隋代曾大规模整修，成为隋南北大运河的南段。淮河以北的水道以泗水为主，南宋时，黄河改道经泗水入淮河，淮河以北地区便以黄河河道为主。京杭大运河在清口（今江苏省淮安市西）与黄河、淮河相交，这里是三条河流治理的重点。由于黄河的逐步淤积抬高，造成淮河水排泄困难，黄河水位高时还要倒灌运河和洪泽湖，造成清口船运紧张，那里的地区经常受到排洪的危险。为此，在高邮以下的里运河东堤上修建多座归海坝，在邵伯以下修多条归江水道和相应的归江坝，排泄淮水归海归江，里运河成为淮河的行水排洪河道。中华人民共和国成立后，于 20 世纪 50 年代开挖苏北灌溉总渠，兴建三河闸、淮安和皂河枢纽、江门船闸、杨柳青船闸及宿迁船闸，对京杭大运河展开恢复和扩建工作。京杭大运河 2002 年被纳入南水北调工程东线工程。2014 年 6 月 22 日，第 38 界世界遗产大会上被选入世界文化遗产名录，是中国第 46 个世界遗产项目。（参考：俞孔坚、李迪华：《寻找京杭大运河》，《中国社会科学报》2012 年 7 月 11 日 B4 版。朱配辰）

京津冀协同发展

The coordinated development of the Beijing-Tianjin-Hebei area

指京津冀三地作为整体协同发展，通过调整和优化城市布局、构建现代化交通通信网络系统，致力于扩大生态环境容量、促进产业结构调整和升级、完善公共服务体系、加快市场一体化进程，从而实现京津冀目标同向、措施一体、优势互补、互利共赢的新型首都经济圈，对我国空间发展战略、城镇化健康发展具有重要的示范意义。两市一省规划学（协）会和城市科学研究会、规划设计院与中国城市规划设计研究院等，就京津冀地区的协同发展与区域治理达成如下共识：坚持生态优先为前提，推进产业结构调整，建设绿色、可持续的人居环境；坚持区域一体、协同发展的原则，谋求城镇体系、区域空间、重大基础设施的协同发展与布局；破除阻碍区域人口和要素自由流动的体制壁垒和制度障碍，形成商品、资本、人员和劳务等自由流通的统一的经济区域，促进多种形式的跨地区合作；建立跨区域规划的编制与实施工作的新体制、新机制，充分发挥京津冀空间协同发展规划的综合协调平台作用，加强重大空间布局问题的协商沟通；改善京津冀目前存在的水资源紧缺和污染、耕地资源锐减、重工业污染严重等问题，增强区域整体竞争力。2015 年 4 月 30 日中央政治局审议通过《京津冀协同发展规划纲要》，明确了推动实施京津冀交通一体化、生态环境保护、产业升级转移的方针。（张沥元 蔡越）

经互会

Council for Mutual Economic Aid, Comecon

全称经济互助委员会。1949 年 1 月，由苏联、保加利亚、匈牙利、波兰、罗马尼亚、捷克斯洛伐克等 6 国在莫斯科成立。后来，阿尔巴尼亚（1949 年 2 月）、民主德国（1950 年 9 月）、蒙古（1962 年 6 月）、古巴（1972 年 7 月）和越南（1978 年 6 月）加入，并与南斯拉夫、芬兰、伊拉克、墨西哥等国订有合作协定。老挝、朝鲜民主主义人民共和国、安哥拉等国以观察员身份出席一些会议。阿尔巴尼亚从 1961 年 12 月停止参加该会活动。经互会成立时宣布的宗旨是，在平等互利基础上进行经济互助、技术合作和交流经验，促进会员国的经济发展。组织机构有委员会会议、执委会、常设委员会、秘书处。此外，它还设有若干专业性的经济组织：联合工业组织、国际钢铁工业合作组织、国际化工工业合作组织、国际科学技术情报中心、联合原子能研究所、国际经济合作银行、国际投资银行等。总部设在莫斯科。1991 年 6 月 28 日，随着苏联东欧社会主义集团的解体，它正式宣布解散。（李庆）

《经济、社会和文化权利国际公约》

International Covenant on Economic, Social and Cultural Rights

指 1954 年由联合国人权委员会提出，至 1966 年第 21 届联合国大会第 2200A 决议通过的草案之一，另一份被通过的草案为《公民权利和政治权利国际公约》，两份文件分别指代人权中的社会权利和公民权利，并且与《世界人权宣言》合称“国际人权宪章”。1976 年，《经济、社会和文化权利国际公约》开始生效，成为国际人权法体系的重要组成部分。公约内容包括一个序言和 32 条款项，并列举了各项实质性权利，如工作权、享有社会保障的权利、健康权、受教育权等。《经济、社会和文化权利国际公约》第一次将公民的经济、社会和文化权作为实质性权利以法律形式加以系统确认，促进了发展中国家对于集体公民权的形成，成为与西方国家在人权观念上所主导的、以政治权利和公民权利为主要内容的个人权利相并行的人权组成部分。公约草案通过之时，中国尚未获得联合国合法席位，并未参与文件的起草、设计与审定，虽然与我国宪法精神基本吻合，然而公约并不能完全反映我国对于人权在经济、社会和文化等方面的主张和看法。直到 1997 年 10 月我国才正式签署了公约，2001 年 2

月由全国人大常委会最终通过。（参考：何海岚：《＜经济、社会和文化权利国际公约＞实施问题研究》，《政法论坛》2012 年第 1 期第 67 ～ 73 页。欧阳文川）

《经济表》

Economic Table

最初由法国政治经济学家弗朗斯瓦·魁奈提出，共有 3 种范式。运用简明图示表示资本主义社会财富的生产、流通、分配有规律的运行过程，被马克思称赞“政治经济学至今所提出的一切思想中最天才的思想”，对经济理论的研究做出了贡献。马克思对《经济表》进行深入研究，在《1861 ～ 1863 政治经济学手稿》中绘制了 4 幅经济表。虽然后期马克思用公式的形式代替经济表来说明社会再生产模式，但是魁奈的《经济表》及马克思对其批判的提出新的经济表，都具有重要的政治经济意义。（代富宇）

经济刺激政策

Pump Priming Policy

指为了应对金融危机，政府在短时期内，用负债、扩大的货币供应等一系列手段来刺激经济的政策。目的在于稳定经济形势，减轻金融危机对国内经济造成的冲击。随着金融危机的逐步减轻，经济刺激政策造成的负面效应也越来越明显，例如巨大的通货膨胀压力、财政赤字等问题。经济刺激政策在稳定经济之后应逐步退出，重新启用稳定的经济政策，而如何平稳的退出经济刺激政策所带来的刺激性经济，则是各国学者研究的重点。（代富宇）

经济规律

Economic Laws

社会经济发展过程中不以人们的意志为转移的客观的内在的本质的必然联系。人们在社会生产、分配、交换和消费过程中的活动，表现为各种经济现象。各种经济现象的内在的、本质的、必然的联系，就是经济规律。马克思提出两个经济规律：价值规律和剩余价值规律。1. 价值规律主要指商品的价值量是由生产商品的社会必要劳动时间决定的，商品交换以价值为基础，实行等价交换，是人类社会普遍适用的经济规律，揭示了商品经济变化和发展的奥秘，推动了生产力的发展。2. 剩余价值实质是由雇佣工人创造的、被资本家无偿占有的、超过工人劳动力价值以上的那部分价值，揭示资本家剥削雇佣工人的秘密，揭露任何雇佣劳动生产制的本质，揭示资本社会的财富不断增长的源泉。（李雪姣）

经济合作与发展组织

Organization for Economic Co-operation and Development, OECD

简称经合组织，西方发达国家组建的政府间经济协调机构，于 1961 年 9 月 30 日成立于法国巴黎。前身是欧洲 18 国于 1948 年 4 月成立的欧洲经济合作组织。现有成员国 24 个，即奥地利、荷兰、比利时、卢森堡、英国、希腊、丹麦、爱尔兰、冰岛、西班牙、葡萄牙、挪威、法国、联邦德国、意大利、瑞士、瑞典、土耳其、美国、加拿大、日本、芬兰、澳大利亚和新西兰，总部设在巴黎。宗旨和任务是：1. 帮助成员国政府制订和协调经济和社会福利政策。在维持财政稳定的同时，实现成员国经济持续健康的增长，提高就业水平和生活水平。2. 在多边和非歧视的基础上，促进贸易自由化和国际贸易的扩大，还鼓励多向发展中国家提供援助。组织机构有：理事会为最高权力机构，由各成员国常驻该组织的代表组成，负责处理该组织总政策的各项问题，审查各机构和秘书处工作，批准预算等。执行委员会系执行机构，由理事会每年选派 14 个成员国代表组成，其中 7 个经济大国（美国、日本、德国、法国、英国、意大利和加拿大）各占 1 席，其余 7 个席位轮流分配给其他成员国。秘书处负责处理日常工作，设秘书长和副秘书长。此外，它还有不少附属性机构，负责各具体领域的工作。经合组织自成立以来，活动范围不断扩大，涉及经济政策、能源、国际贸易和金融、科技、南北关系等许多方面。旨在共同应对全球化带来的经济、社会和政府治理等方面的挑战，并把握全球化带来的机遇。经合组织以推动改善世界经济与社会民生的政策为使命，为各国政府开展合作提供平台，共同分享经验并寻求问题的解决方案。同时还关心各国普通民众的生活问题，包括税收与社会保障金等，从实际情况和现实问题出发，提出各种改善民生的政策。（李庆　代富宇）

经济技术开发区

Economic-Technological Development Area

指享有特殊经济政策，从事某种经济活动的地域类型。经济技术开发区的建设推进了国家和地区经济的对外开放，是促进经济发展的新形式。我国经济技术开发区的发展经历了沿海分布、东南铺开和全国推进 3 个阶段。开发区在对外开放、吸收外资、扩大出口、发展高新技术、促进区域经济发展等多方面起到了窗口、辐射、示范以及带动作用，成为当地经济新的增长点，在区域经济结构调整和产业结构调整方面均起到了重要作用。开发区成长和发展的原初动力是政策作用力；经济增长的动力来自市场作用力；跨国公司的生产运营是其外部作用力；提升其未来发展的是学习创新力；区域发展的整合力是社会文化作用力。开发区的特点主要体现在：1. 城市空间结构调整的载体；2. 区域经济增长的主要空间；3. 外商投资密集的环境；4. 相对较高的产业结构层次；5. 明显的大中型企业拉动作用；6. 各个开发区之间发展差异显著。（蔡越）

经济可持续性

Economic Sustainability

可持续性或可持续发展的主要意涵之一，指通过联通经济活动和社会、生态后果而实现的经济层面上的可持续性。经济可持续性与社会可持续性、生态可持续性共同构成可持续性的三个主要维度。经济可持续性通常与可持续经济学相联系，以环境和生态为基本变量，广泛吸纳与社会、文化、健康等相关的经济变量，多维而广义地为可持续性提供经济维度的评估。经济可持续性的基本理念包括：1. 经济增长应与环境退化脱钩。2. 自然具有经济内在性价值。3. 把自然作为经济外部性对待，或许会导致以牺牲可持续发展为代价而追逐短期盈利。（徐越）

经济林

Economic Forest

以生产除木材以外的果品、食用油料、工业原料和药材等林产品为主要目的的森林，有狭义与广义之分。广义经济林是与防护林相对而言，以生产木料或其他林产品直接获得经济效益为主要目的的森林，它包括特用经济林、薪炭林等。狭义经济林指利用树木的果实、种子、树皮、树叶、树汁、树枝、花蕾、嫩芽等等，以生产油料、干鲜果品、工业原料、药材及其他副特产品（包括淀粉、油脂、橡胶、药材、香料、饮料、涂料及果品）为主要经营目的的乔木林和灌木林，植被是有特殊经济价值的林木和果木。如木本粮食林、木本油料、工业原料特用林等。（李雪姣）

经济人假设

Economic Person Hypothesis

西方经济学的基础假设之一，是经济学分析的最基本工具。内涵包含 3 个层面：1. 经济人是自利的，即经济人在市场中的活动都基于追逐自身利益的心理，这是经济人进行判断和选择的前提，因此经济人的唯一动机就是利益最大化。2. 经济人是理性的，即经济人的活动不仅基于利益最大化的动机，还考虑自身处境以及市场变化，他将所有因素综合考虑最终做出有利于自己的选择，这就决定了经济人不可能在只考虑自己利益的情况下实现利益最大化，而同时应该考虑他人的利益，只有将他人的利益一起纳入考虑才能达到利益的实现，因此经济人虽然都以自身利益为行动基础，但最终能形成公共利益。3. 经济人在追求自身利益的同时受到市场这支“看不见的手”的支配，经济人在实现自我利益时在无意识的情况下(市场机制作用)会增进社会的公共利益。“自利”应与“自私”作区分，自利强调对于自我利益的追逐，但并不以损害他人利益为实现自我利益的必要条件，而且往往是在考虑他人利益的情况下才能更好实现自我利益；自私则以牺牲他人利益为条件实现自己的利益。因此经济人的自利并不与社会道德和公益相对立。其次，经济人追求利益最大化，然而不能将利益仅仅视为经济、物质利益，利益还包括名誉、地位等非物质利益。(参考：杨小军：《“经济人”假设的伦理思考》，湘潭大学 2003 年硕士学位论文第 19 ~ 26 页。欧阳文川)

经济生态学

Economic Ecology

研究经济生态系统中能流、物流、价值流和信息流之间的相互转化及其作用规律的科学。经济生态学是研究生态学和各类生态系统、种群、群落、景观、生物圈过程与经济过程相互作用方式、调节机制及其经济价值的科学。内容包括：经济系统的演进对生态系统功能、结构的作用与影响，经济系统的资源、能源消耗对人、生物圈的作用与影响，工业经济系统、农业经济系统、林业经济系统、旅游业经济系统等对各类生态系统的作用与影响，人工自然物、大型工程项目的生态效应评价等。经济生态学有待发展的分支学科，有工业经济生态学、农业经济生态学、林业经济生态学、建筑业经济生态学、运输业经济生态学等。经济生态学与生态经济学既有内容上的交叉，又有一定的区别。它们都涉及人与自然界、人与环境、人与生物圈的关系，但研究的视角有所不同。经济生态学从保护生态环境的立场出发，侧重研究经济系统对生态系统的作用与影响；生态经济学则从社会物质资料生产的角度，侧重研究生态系统对经济系统的作用与影响。(牟世晶)

经济特区

Special Eeconomic Zone

经济特区是世界自由港的主要形式之一，通过减免关税等优惠政策，创造良好的投资途径，引进外资和先进技术、科学管理方法，实行特殊的经济措施和经济管理体制，以外向型发展为经济发展目标。1979 年 7 月中共中央、国务院同意在广东省的深圳、珠海、汕头三市和福建省的厦门市，试办出口特区。1980 年 5 月中共中央和国务院决定，将深圳、珠海、汕头和厦门这 4 个出口特区改称为经济特区。同年 8 月 26 日，第五届全国人民代表大会常务委员会第十五次会议批准《广东省经济特区条例》。目前，中国大陆地区共有 7 个经济特区。经济特区对外实行开放政策，通过减免关税吸引外资；创造方便安全的投资环境，订立优惠条例和保障制度；区内企业享有一定程度的自主权，产品以外销为主；特区行政机构有权制定特区管理条例；特区以发展工业为主，工贸结合，并发展旅游业、金融业等第三产业。(张沥元)

经济体制改革牵引政策

Traction Policy of Economic System Reform

指采取始终坚持以经济建设为中心，把经济体制改革作为全面深化改革的重点，推进其他方面体制和制度改革，推动生产关系同生产力、上层建筑同经济基础相适应，推动经济社会的持续健康发展的政策。这种牵引作用主要表现在：1. 以经济体制改革为重点牵引其他方面体制改革是经过实践检验的成功做法，过去经济体制改革的成功经验可以为其他改革提供借鉴，少走弯路。2. 经济体制改革的巨大成就，增强了人们对深化其他改革的决心和信心。3. 经济体制改革具有牵一发而动全身的作用，对其他领域的改革具有重要影响，经济体制改革越深化，越要求其他领域改革跟得上。4. 现阶段只有经济体制改革能够带动其他全方位的改革。经济体制改革主要包含，坚持和完善社会主义基本经济制度，加快完善现代市场体系，深化财税体制改革，健全城乡发展一体化体制机制，构建开放型经济新体制，加快生态文明制度建设，形成合理收入分配格局，建立公平持续的社会保障制度等内容。（蔡越）

经济效益

Economic Performance

指建设项目在其投资修建过程中对企业本身和区域社会经济所带来的直接或间接的效益，以及在一定时期内对区域社会、经济等方面产生的影响和作用。按照不同的方法，经济效益可分为：1. 直接经济效益和间接经济效益，如植树造林带给人们木材产品的使用实际效益，而教育投资为各部门带来的是间接效益。2. 宏观经济效益和微观经济效益；宏观效益是从国民经济全局来考察整体利益，微观效益是从个别企业或项目进行经济分析。3. 眼前经济效益和长远经济效益，如环境保护有着可持续发展的长远利益。4. 从投入与产出的对比方式看，可分为静态经济效益和动态经济效益；静态经济效益是指用一定时期的投入与产出直接对比来评价经济效益的静态水平；动态经济效益是指用某一时期的投入产出与另一时期的投入产出对比来评价经济效益的动态水平。（蔡越）

经济与环境核算体系

System of Environmental-Economic Accounting, SEEA

指将环境因素考虑在内的经济核算体系。它弥补了此前国民经济核算体系（SNA）的不足，强调了经济对环境的影响和环境对经济的制约，从环境的可持续能力角度出发，将经济、社会系统与环境三者有机联系在一起。SEEA 是联合国 2003 年颁布实施的，框架包含 4 类账户的内容：1. 记录剩余物生成与能量、原料投入的流量；2. 设置环境保护与资源管理费用账户，并对企业、政府、居民的环境保护或资源管理的费用支出作了区别；3. 拥有自然资产资本账户，详细介绍土地、森林、水和矿产的存量及变化；4. 计算非市场产出的估价与环境调整的总量。除此之外，SEEA 更注重环境与人类福利的研究，计算调整损耗、环境福利的增减以及人类健康的污染损害程度。SEEA 为衡量一国的可持续发展提供了数据基础，同时扩大了资产范围，并且注重环境保护，代表着目前经济核算与环境核算一体化方面的最高水平。（蔡越）

经济主义

Economism

指将人的一切行为都归结为经济行为，个人幸福和社会福利绝对依赖于经济增长的观念，是经济全球化的价值核心。经济主义的突出特征：1. 偶像化特征。经济主义取代国家主义成为现代社会的新焦点和人们所追逐的新目标，财富变成人们虔诚崇拜的对象。2. 主导性和排他性。经济主义被视为首要的价值并决定国家之间的政策，其他一切价值目标都必须从属于它。对于经济主义，学者们多有批判，国外有生态神学家小约翰柯布，主要针对其呈现的新自由主义经济理论展开批判。另一方面，经济主义最严重的错误在于它无视现代生态学的洞见，忽视大自然的无限性和有机整体性，没有看到生态系统的动态平衡。经济主义所承诺的经济增长将会解决环境日益恶化的问题并不能得到广泛认同，人们并不能等到物质生活丰富了再去解决环境污染，而是应从现在开始直面问题。（蔡越）

《经验与自然》

Experience and Nature

美国哲学家杜威的著作。1925 年初版，1929 年修订再版。全书共 10 章，以经验自然主义为核心，系统阐述了作者的实用主义哲学。认为经验自然主义是一种哲学方法而不是本体论，它强调了对经验的信念。认为哲学的任务是在不稳定的经验事物中寻求稳定的东西。但不是想达到固定的物质或精神实体，而只当作一种不断进行的实际活动和过程。该书还对工具主义认识论作了具体论述，指出人之所以能运用语言和思维作为工具来与自然界发生联系的原因，以及建立人与自然之间的连续性是人与动物的根本区别。又从心灵的个体性和主观性出发，通过说明个人的创导、发明的特性与自然的可变性、特殊性、偶然性的关系，论述了人的主观能动性。该书中译本由傅统先译，商务印书馆1960年出版。（王薛时）

荆江大堤

Levee of Jingjiang

位于湖北省荆州地区荆江北岸的长江防洪重点大堤，从江陵县枣林岗至监利县城南为止，全长182.35千米，由金堤、沙市堤、黄潭堤、文村堤等组成。荆江位于长江中游上段，全长350千米，分为上荆江和下荆江，素有九曲回肠之称。

南北朝以前，江汉平原水系发达，荆江洪水大量流入两岸湖泊，荆江大堤便是历代为抗击洪水逐渐建筑而成的。根据《荆江堤志》的记载，自春秋楚孙叔敖提倡“宣导山谷，提防湖浦，收九泽之利”后，江汉平原便开始有堤防设备。其中，金堤建于东晋永和年间，时任荆州刺史的桓温负责建造。《水经注》中所记载的“江陵城地东南倾，故缘以金堤，自灵溪始”，指的便是金堤。寸金堤建于五代，沙市堤建于宋代熙宁年间，黄潭堤建于南宋绍兴年间，文村堤建于明代弘治年间，新开堤建于明成化年间，至明代嘉靖二十一年，荆江大堤最后一个穴口郝穴被堵塞，从此北岸从堆金台至拖茅埠全长124千米的堤段连成一条完整的大堤，史称荆江万城堤，1918年改名为荆江大堤。荆江大堤的修筑虽然对减轻洪灾起到了一定的积极作用，但是自古以来都没有免除洪灾。长江的洪灾主要是洪水量与河道宣泄量不平衡，其中洪灾最集中的地区在中下游，主要来源便是川江，所以受到洪水威胁最大的便是川江下游的荆江。每当洪峰到来时，超过荆江河道宣泄能力的洪水便泛滥成灾。根据史书记载，自汉初至清末的2100年里，长江发生洪灾214次，即平均10年一次。荆江自楚昭王江陵浙台被淹，至1937年江陵城堤坝溃决这2400年间，发生决口97次，其中从明朝嘉靖之后的决口就多达64次。所以，历代政府都将荆江大堤的加固作为当地水利工程的重点。新中国成立后，中央政府拨出专款修缮大堤，新建蓄洪水库，提高荆江的抗洪能力。目前的荆江大堤平均高13米，最高16米，可以抵御5至10年一遇的洪水。但荆江大堤仍然存在溃堤的危险。这主要因为荆江大堤堤基差、堤质差，经常出现翻砂管涌的险情。（参考：钟小珍：《荆江大堤与荆江洪水》，《中国水利》1988年第8期第39～40页。朱配辰）

精神文化

Mental Culture

精神文化是人类在从事物质文化基础上产生

的人类所特有的意识形态，是人类各种意识观念形态的集合。精神文化的优越性在于是具人类文化基因的继承性，在实践当中可以不断丰富完善的待完成性。这是人类文化精神不断推进物质文化的内在动力。由于文化精神是物质文明的观念意识体现，在不同的领域，具体文化精神有不同的表现和含义。精神文化是文化层次理论结构要素之一。精神文化和物质文化一样，是由人们在日常生活中总结出的经验理论。具体表现在人的伦理道德、对美的事物的感受、对艺术的品位和精神世界的追求。精神文化的范畴是科学、艺术和道德，用现在的物质理论概念解释是真善美的统一。精神文化是人的精神食粮，孕育人的精神家园，决定人的精神状态、精神生活、精神实质，是人的本质属性体现。精神文化又是社会旗帜、“社会水泥”、社会规范，具有价值导向、精神源泉、民族凝聚的功能属性。精神文化具有赋予民族国家国魂、集体单位群魂、个体思想灵魂的社会属性。（牟世晶）

精神消费

Spiritual Consumption

指对无形的人类劳动成果的消费形式。在消费过程中，消费者吸收和汲取有益于自身精神愉悦的成分，从而在满足基本物质需求的基础上升华精神层次和提高生活质量。在马克思主义人学理论中，精神消费与物质消费相对，对精神产品或者精神劳务进行消费的行为。实质在于满足人的心理层面对于享受文化生活的需求，达到内心世界的丰富和发展，实现精神层面的内部超越。它是人的高层次需要，是实现全面发展的重要手段。精神世界是多变且丰富的。这意味着精神需求、精神消费的形式是多重的。马克思从历史唯物主义立场出发将人的需要分解为生存需要、享受需要、发展需要三种。相似的，精神消费也可分为消遣性精神消费、发展性精神需要、超越性精神需要。消遣性精神消费是较低层面的消费形式，以娱乐消遣为主要目的，如玩游戏、看电影、听音乐、下棋打牌等。发展性精神消费是较高的消费形式，主要目的在于进一步完善和升华自己，如参加俱乐部活动、发展特长及爱好等。超越性精神消费是最高层次的消费形式，是对更高层面的理想信念的追求，如致力于公益事业，做慈善和捐献。这些精神消费形式并非一成不变。它们的具体消费内容会随着社会发展而进一步拓展和升级。就目前整体消费情形而言，精神消费的内容主要还是体现在娱乐、教育、文化、保健等方面。（欧阳文川）

精神需要

Spiritual Needs

具体内涵目前为止还在讨论之中，尚未有定论。但一般来说，精神需要属于心理学范畴，是人对于教育、娱乐、文化、保健等方面的需要，反映了人在道德、智力、审美、创造等方面进一步发展的需求。对于精神需要，马克思认为是“对科学的向往、对知识的渴望、他们的道德力量和他们对自己发展的不倦的要求”，如“为自身利益进行宣传鼓动，订阅报纸，听课，教育子女，发展爱好等等”的需要。人的本质在于其社会属性，而非生物属性，这是人区别于其他物种的关键所在。因此人的精神需要是由其本质决定的。人的社会属性要求人在满足基本物质需要后，充分发展自身主观能动性，在科学、艺术、哲学、宗教、道德等方面进行探索和创造。这种探索和创造本质上是人在求真、向善、爱美的追求中做出的努力。在这些领域做出的一切努力都属于精神生产。精神生产者致力于精神生产活动，创造出能够满足其他人精神需要的精神产品，与此同时也推进了社会物质财富的增长和物质文明的前进。（参考：中央编译局：《马克思恩格斯全集》第 2 版第 2 卷，第 30 卷，北京：人民出版社，2005 年，1995 年。欧阳文川）

精英政治统治理论

Elite Political governance theory

形成于20世纪上半叶并一直延续至今的、对西方社会有着重大影响的政治统治理论，它与柏拉图、亚里士多德以来源远流长的贤人治国理论一脉相承。前期代表有莫斯卡、帕雷托、米歇尔斯等。他们认为，精英由那些曾经、正在或将会拥有权力的人物构成。在国家中是这样一些极少数政治精英统治着国家。他们是真正的政治统治者，垄断着政治权力，履行着所有重大的政治职能。被统治阶级是绝大多数群众，他们是统治阶级的工具。不可改变的历史规律是，绝大多数群众始终是受极少数统治者的统治，政权权力从来就集中于一小撮人之手，极少数政治精英掌握政权统治绝大多数群众，是“不可逾越的社会学法则”。（李庆）

景观地球化学

Landscape Geochemistry

研究自然景观中化学元素的分布与迁移过程及其预测、控制、改造和利用的学科。景观地球化学是地理学、生态学以及系统论、控制论等多学科交叉形成的学科，研究能量流和物质流与景观的空间结构、内部功能、时间与空间的相互关系。景观地球化学由苏联学者道库恰耶夫在1937年首先提出来，认为在地球的历史上，在固定的气候抑制条件下，岩石圈、水圈、大气圈及生物圈之间相互的化学作用，基本上受光照地面和潜水面之间的关系控制，提出了4种基本的类型：淀积景观、林滤景观、表层水景观和水上景观。这4种景观都涉及盐分的运动，运动的方向不同，形成了不同的地球化学景观。（朱雨晨）

景观多样性

Landscape Diversity

指由不同种类的生态系统以及不同种类的景观要素构成的空间结构、功能机制和时间动态方面的多样化和变异性。景观指由一系列由景观要素（斑块、廊道、基质）构成的环境与不同类别的生态系统相互作用而构成的具有高度异质性的空间结构。景观多样性包括3种类型：景观类型多样性，即景观具有不同类型和相应的生态系统，如农田、河流、草原等；景观斑块多样性，即斑块、廊道、基质数量与质量的多样性；景观格局多样性，即不同景观种类数量上的多样性和空间上的异质性，并且包括景观斑块之间在空间、功能方面的联系。景观本身作为一种特有资源，是人类经济活动的开发对象，具有其经济价值，然而其自然属性决定了景观也具有相应的生态价值。景观及其所属的生态系统因此对人而言具有相应的生态效益和生态服务价值，保护不同类型的景观和其生态系统对于经济社会可持续发展而言具有重要意义。如景观多样性在很大程度上也伴随着生物多样性的问题，保护景观及其生态系统，同时也就对生存于其中的生物种群、维持其多样性起到了保护作用。（参考：傅伯杰等：《景观多样性的类型及其生态意义》，《地理学报》1996年第5期第454 ~ 460页。欧阳文川）

景观生态

Landscape Ecology

由德国学者C. 特洛尔提出的新概念。1935年生态学家坦斯利定义生态系统的概念，标志着生态学新时期的到来。时隔不久，1938年特洛尔在详细研究航片判读方法时提出“景观生态”这个词，表示支配一个区域中不同地域单位的自然—生物综合体的相互关系的分析。后来特洛尔作了进一步解释，即景观某一地段上生物群落与环境间的主要的、综合的、因果关系的研究，这些研究可以从明确分布组合和各种大小不同等级的自然区划表示出来。特洛尔对于景观生态的定义可以从水平和垂直两个层面加以理解。水平方向研究的是自然—生物综合体的区域差异性和空间的相互作用，这属于地理学的范畴；而垂直方向研究的是组成自然—生物综合体中各自然现象的功能的相互关系，即把生境内各种现象作为一个生态系统来研究，这正是生态学特有的。特洛尔在提出景观生态概念的同时也指出景观生态并不是一门新的学科，也不是一门新的学科分支，它是一种综合研究的特殊观点。（参考：贺红士、肖笃宁：《景观生态——一种综合整体思想的发展》，《应用生态学报》1990年第3期第264～269页。王薛时）

景观生态格局

Landscape Ecological Pattern

景观生态一词是20世纪30年代由德国生物地理学家特洛尔首先提出来。此后景观的概念被引入生态学，作为生态系统之上的一种尺度单元。景观生态学是把地理学上表示空间的水平分析方法和生态学上的表示功能的垂直分析方法结合起来的新的学科。作为一门与人类关系密切的学科，它具有很强的应用性。20世纪80年代以来得到迅速发展，在欧洲和美洲被广泛地用于城市和乡村的规划和管理中，尤其在实现人类与自然长期和谐稳定发展，对人类生存空间的规划、管理、保护和恢复等方面发挥了重大的作用。景观是由斑块（patch）、廊道（corridor）和基质（matrix）组成的一系列生态过程和土地利用方式的镶嵌体。斑块指不同于周围背景的非线性景观元素，与其周围基质有着不同的物质组成。一般讲，斑块是物种的集聚地。廊道是指不同于两侧基质的狭长地带，可以看作线状或带状的斑块，如林带、树篱、河岸植被带和道路等。基质是景观中的背景地域，其面积硕大，具有高度的连续性，在很大程度上决定着景观的性质，对景观的稳定和动态起着主导作用。在景观镶嵌体中，包括生物的、非生物的和人类的作用。生物的如：动植物的生长、传播和迁移，生物多样性的维持，生物之间各食物链上的能量流动和物质循环；非生物的如：空气的流动、水的净化，土壤的状况等。人类的作用是最复杂的过程，在城乡一体化进程中，它直接左右着生物和非生物的过程。同时。也是土地利用方式的决策者。景观生态格局的研究方法有指数分析法和模型分析法。1. 指数分析是高度浓缩的景观格局信息，是反映景观结构组成、空间配置特征的量化指标。通过对景观指数的量化可以实现同一景观格局不同时段的比较、不同景观格局同一时段的比较以及不同景观不同时段的比较，从而揭示出区域景观格局的特征变化和生态演变。景观格局指数的分析方法主要有：1) 静态分析，主要是运用丰富度、均匀度指数、斑块密度、破碎度、优势度、多样性指数等分析同一时段内的景观格局；2) 动态分析，主要是运用指数研究景观格局的时间变化情况，分析同一景观格局不同时段的比较以及不同景观不同时段的比较，揭示生态环境变化发展状况及其影响。2. 模型分析法。模型分析法是指利用计算机技术建立景观格局生态过程各影响因子之间的相互关系结构并进行动态模拟。依据景观生态学过程的处理方式的不同和模型的结构差异，可以将景观空间模型分为景观过程模型、邻域规则模型、随机景观模型3种。景观生态格局理论在景观和土地的评价、规划、管理、保护和恢复中日益被认识和重视，在城乡一体化中应用和风景园林规划中应用。与城乡一体化过程有较为密切联系的有景观的多样性、景观的空间格局、景观中廊道效应3个方面；在风景园林规划中的应用主要是：指导风景园林规划、分析城市的景观生态基本特征、分析城市的景观安全格局现状、建立绝对保护的生态源地、确定缓冲区、建立廊道连接各个生态源地、战略点的确定等。（参考：王雪格：《吉林西部生态景观格局变化与空间优化研究》，吉林大学2008年博士学位论文第15～50页。朱配辰）

景观生态规划

Landscape Ecological Planning

指以景观生态特性优化利用和保护为主要目的的景观规划，一般作为区域经济发展规划和国土规划的基础。景观生态规划以景观生态特性的分析、解释及综合评价为基础，提出景观最优化生态利用的规划和设计方案，以使景观内部各种社会经济活动与景观自身的生态特性在时空上协调化。景观生态规划包括：景观生态分类、景观生态评价、景观生态设计、景观生态规划和实施。目前，景观生态规划的原则包括自然优化原则、持续性原则、针对性原则、多样性原则、综合性原则。在实际操作中，景观生态规划的步骤有：1. 景观生态调查，包括景观生态潜力、生态稳定性、生态多样性、自组织类型及可调控性等方面的综合调查和诊断。2. 景观生态评价，通过对景观生态特性的分析和综合，评价不同景观生态综合体对不同社会经济利用的适宜性和承受能力。3. 景观生态设计，根据调查和评价结果及区域社会经济发展的需要，进行景观功能类型的划分和景观功能区划，提出景观利用、保护和人为塑造的具体方案，并在多方案中进行优选。在捷克斯洛伐克等经互会成员国中，景观生态规划被作为国土规划中的一项基础性工作，初步形成一套较规范的工作方法。（参考：王军、傅伯杰、陈利顶：《景观生态规划的原理和方法》，《资源科学》1999 年第 2 期第 71 ～ 76 页；贾宝全、杨洁泉：《景观生态规划：概念、内容、原则与模型》，《干旱区研究》2000 年第 2 期第 70 ～ 77 页；李团胜、石铁矛：《试论城市景观生态规划》，《生态学杂志》1998 年第 5 期第 63 ～ 67 页。朱配辰）

景观生态调控

Landscape Ecological Regulation

将生态控制的方法引入到景观生态学中，研究景观格局、景观生态过程以及人类活动与景观的相互作用，通过景观生态规划、景观生态工程设计与建设、景观生态管理等方法，使景观空间组织异质性得以维持和发展，最终建立结构合理、功能完善、可持续发展的区域景观生态系统。景观生态调控遵循的原则：1. 竞争和共生原理。竞争提高资源环境利用效率，共生维护景观生态系统的可持续性。2. 正负反馈联系原理。正反馈在景观生态系统的前期阶段处于支配地位，以保证系统的生存与发展；负反馈则在景观生态系统的后期阶段处于支配地位，以保证系统的稳定性。正负反馈机制应在持续的景观生态系统中处于平衡状态，使其持续健康发展。3. 增殖和自我补偿原理。景观生态系统可能从增殖和补偿机制中受益或受损，为了维持系统稳定性，补偿机制应当鼓励，而在提高系统产量方面，增殖作用则较大。4. 废物循环利用原理。物质循环和信息反馈机制是景观生态系统可持续发展的基本动力，任何行为都有有益或有害的反馈和补偿，废物在生物圈的其他地方能成为有用的资源。5. 最小风险原理。6. 生态适应性原理。资源短缺，环境污染的压力使得开发行为必须改善环境状态及扩大环境容量，严峻的环境形势导致适应行为必须通过改变自身的生态位来适应选择的资源，成功的开发模式应是有效生态位的最大化及生命策略的优化，关注景观单元垂直方向上的匹配。7. 景观结构与功能理论。生态演替面向功能成熟而非结构发育。有生存能力的系统表现为产品为整个系统服务的趋势，而非产品数量的最大化。景观结构分为斑块、廊道、基质 3 个类型，以集中与分散相结合的原则建立基础景观总体布局模式。这一优先格局在生态功能上具有不可替代性。景观功能发挥涉及廊道、基质和斑块不同的功能特征，类型不同，空间形态不同，基本的功能性质和特征也不同。8. 景观多样性与稳定性理论。景观生态系统发育的强度取决于优势组分的行文，而其稳定性则主要取决于结构多样性及产品变异性；优势和多样性的协调使得生态设计更加容易。9. 生态整体性与空间异质性理论。景观系统的“整体大于部分之和”。景观异质性同抗干扰能力、恢复能力、系统稳定性和生物多样性密切相关。异质性是景观功能的基础，它决定空间格局的多样性。10. 可持续发展理论。景观的可持续性是人与景观关系的协调性在时间上的扩展。这种协调性应建立在满足人类的基本需求和维持景观生态整体性上。景观生态调控使景观利用类型的结构、格局和比例与区域的自然特征和经济发展相适应，谋求生态、社会、经济三大效益的协调统一与同步发展，以达到经管的整体化利用。（参考：谢晨岚等：《景

观生态调控：概念提出与方法研究》，《生态经济》2005年第11期第34～36页。朱配辰）

景观生态学

Landscape Ecology

以景观为研究对象的自然科学和社会科学的交叉学科。以地理学和生态学为立足点，从宏观视角综合把握景观的空间结构、内部功能、动态演变过程及其相互之间的关系，发现其与人类社会之间的相互影响和作用，从生态学角度探讨景观优化使用和科学管理的理论。研究常常涉及生态学和生物学分支学科以及土壤学、地质学、地理学、水文学、气候和气象学，以及一系列社会、经济学科。1939年由法国地理学家、植物学家特洛尔（T.J.M. Troll，1899～1977）研究非洲土地结构时首次提出。他把景观生态学定义为，研究景观单元中优势生物群落与环境之间的各种作用的相互关系。景观生态学以整个景观为对象，通过物质流、能量流、信息流与价值流在地球表层的传输和交换，通过生物与非生物以及与人类之间的相互作用与转化，运用生态系统原理和系统方法研究景观结构和功能、景观动态变化以及相互作用机理、研究景观的美化格局、优化结构、合理利用和保护的学科。学科特点在于以网络立体视角将地理学研究空间相互关系和生态学研究功能间相互作用的方法融会贯通。任务在于研究景观生态系统结构和功能、监测及预警、设计与规划、保护与管理。20世纪70年代后，全球性资源、环境、人口、粮食问题日趋严重，加之生态系统思想的广泛传播，使景观生态学得到了很大的发展。参与景观生态研究的有自然地理学家、生态学家、农学家、规划专家、建筑家、环境保仿护学者以及经常学者等各方面的人士。20世纪80年代，景观生态学发展传播在世界范围内形成研究热潮。具有里程碑意义的是1981年荷兰举行第一届国际景观生态学大会以及次年国际景观生态学协会的成立。90年代，景观生态学蓬勃发展，相关学术著作数量大幅度增长。之所以如此，除了环境恶化、生态危机、粮食短缺、人口膨胀等外在原因，还在于学科本身的分析、评价、建设、规划等工作日趋完善，对于自然资源的保护开发和管理利用起到越来越重要的作用。景观生态学作为新兴学科，理论发展需要根据生态学和地理学本身的理论、实践发展支撑，要解决的课题不止关涉生物与非生物之间的能量转换和结构转变，更关系到人、社会与自然三者的交互影响。自然景观是一个区域内相互关联的自然现象的总体，或地球表层局部地区或局部地域的综合整体。景观生态学的研究对象：1. 景观结构，即景观组成单元的类型，多样性及其空间关系。2. 景观功能，即景观结构与生态学过程的相互作用，或景观结构单元之间的相互作用；景观动态，即指景观在结构和功能方面随时间推移发生的变化。景观生态学研究内容包括：1. 生物与环境的各种因素相互联系和相互作用；2. 人和人类社会的发展以及人类成为景观的重要因素的研究；3. 人类的社会、经济和文化活动对景观的结构和变化产生重大影响等。目前景观生态学有两大流派。一派是以奈维（Naveh）和利伯曼（Liberman）的专著《生态景观学：理论和应用》（Landscape ecology: theory and application）为代表的欧洲学派，这一学派更多地考虑政治、经济、人文、社会等整体的影响。一派是以福尔曼（Forman）和戈登（Godron）的景观生态学（Landscape Ecology）为代表的美国学派，这一学派侧重基于生态学的空间格局和数学模型的分析。随着遥感（RS）、地理信息系统（GIS）、全球定位系统（GPS）技术的发展和交叉学科的发展，景观生态学得到长足发展，逐步在各行各业得到接受和应用。（参阅：崔树楠：《景观生态学的发展及前景》，《冀东学刊》1995年第2期；彭建等：《景观生态学与土地可持续利用研究》，《北京大学学报（自然科学版）》2004年第1期第155～158页；蒋桂娟：《基于3S技术的森林景观生态规划及景观安全格局研究——以昆明市宜良县南羊镇为例》，《西南林业大学》2009年第1～36页。欧阳文川　朱配辰

王薛时　韩铮）

《警世功过格》

Cautionary Book about Contributions and Mistakes

《警世功过格》是中国早期道教修道之士为善去恶的修行方法与宗教实践。教徒们按照基本的宗教戒律逐一对照自己的日常言行，并记录下善恶不同的行为以自勉自省，把个人行为分别列为功格（善行）和过格（恶行）两项，通过对照戒律和自我反省而为善去恶。后来这种修行方式逐渐流传民间被广泛采用，功过格以及相关的劝善之书不断出现。《警世功过格》是道教指导和规劝教徒行善戒恶、自我反省的劝善修行书。（雷爱民）

净土在世生态实践观

Buddhism Pure Land's Ecological View of Earthly Practice

佛教净土是理想世界。佛教净土理想包含宗教性的超越关怀与现实性的清净世界建设的双重维度。净土一方面指西方极乐世界，另一方面指中国佛教净土宗主张唯心净土、将净土拉回到现实人心、现实世界。 净土宗以“往生西方极乐净土”为目的，同时也主张建立人间净土，把理想的生态环境与人心净土相关联，净土宗“依正不二”的理念认为外部自然环境与人文环境（依报）与个人身心（正报）是同构对应的，心净则土净，心秽则土秽，一念慈悲清净，则得清净佛法界，一念向善人伦五常，则得和谐人法界，佛教净土宗注重人生的身心净化，主张简朴生活，减少对外物依赖，关注精神与心灵解脱，追求净土极乐世界。（雷爱民）

竞次现象

Race to the bottom

最先由美国法官路易斯·布兰迪斯提出。在全球化时代，各国在经济竞争中获取竞争优势的办法大致有两种，一种是加大经济活动中的科技、教育投入，在增加本国人民福利的前提下，提高经济活动的生产率；另外一种相反的办法是，以剥夺本国劳动阶层的各种福利保障，人为压低他们的工资，放任自然环境的损害为代价，从而赢得竞争中的价格优势。后一种办法称作“竞次现象”，即趋近底线的竞争。这一现象也被形象地称作“向谷底赛跑”。在竞次游戏中，比的不是谁更优秀，谁投入更多的科技教育资源，而是比谁更次更糟糕，更能够苛刻剥夺本国的劳动阶层，更能够容忍本国环境的破坏。（徐越）

敬畏观

Awe View

敬畏观是基督教信仰的基石之一。基督教要求其信众敬畏上帝，如“你要敬畏耶和华你的神，事奉他”，“愿全地都敬畏耶和华，愿世上的居民都惧怕他”。基督教认为上帝创造了天地万物，上帝具有令人敬畏的能力，上帝具有无上威严，他全知、全能、全善，要求教徒敬畏上帝，并认为敬畏上帝可以令上帝赦免其人其罪，上帝会保护和赐福给敬畏他的人，上帝爱敬畏他的人，敬畏上帝还可以获得超越生死的智慧等。除此之外，人类还要敬畏自然万物及其运行法则。因为它是由上帝创造和规定的，它是敬畏上帝的一种表现，敬畏上帝被认为是获得上帝救赎和恩宠的重要方式。（雷爱民）

敬畏生命

Reverence for life

敬畏生命，是阿尔贝特·史怀泽生命伦理学思想的基石，以生命意志为逻辑出发点，强调爱与公正对生命价值的重大意义。史怀泽把伦理的范围扩展到一切动物和植物，认为不仅对人的生命，而且对一切生物的生命，都必须保持敬畏的态度。只涉及人对人关系的伦理学是不完整的，从而也不可能具有充分的伦理动能。只有当人类认为所有生命，包括人的生命和一切生物的生命都是神圣的时候，才是伦理的。人的存在不是孤立的，有赖于其他生命和整个世界的和谐。“原始的伦理产生于人类前辈和后裔的天然关系。然而，只要人一成为有思想的生命，他的‘亲属’范围就扩大了。”有思想的人体验到必须像敬畏自己的生命意志一样敬畏所有的生命意志，他在自己的生命中体验到其他生命。史怀泽指出，对一切生命负责的根本理由是对自己负责，如果没有对生命的尊重，人对自己的尊重也是没有保障的。任何生命都有自己的价值和存在的权力，谁习惯于把随便哪种生命看作是没有价值的，他就会陷于认为人的生命也是没有价值的危险之中。对非人的生命的蔑视最终会导致对人自身的蔑视，世界大战的接连出现就是明证。（牟世晶）

《敬畏生命》

Reverence for Life

《敬畏生命》一书是德国生命伦理学家阿尔伯特·史怀泽的著作，他提出了“敬畏生命”理论，他说：“善是保持生命，促进生命，使可发展的生命实现最高的价值；恶则是毁灭生命，伤害生命，压制生命的发展。这是必然的、普遍的、绝对的伦理原则。”认为只有当人认为所有生命，包括人的生命和一切生物的生命都是神圣的时候，他才是伦理的。“敬畏一切生命”是史怀泽生命伦理学的基础，他主张把伦理的范围扩展到一切动物和植物，认为人不仅要对人的生命，而且要对一切生命都保持敬畏态度，认为任何生命都有自己的价值和存在的权力。敬畏生命理论认为人的存在不是孤立的，它有赖于其他生命和整个世界的和谐，主张将人类伦理关怀从人类扩展至所有生物和整个世界，倡导所有生命相互平等和相互尊重，倡导人类建立与万物休戚与共、生死相依的密切关系，史怀泽敬畏生命的思想促使人们重新思考人与人、人与其他动植物以及人与自然的关系。中译本据德国慕尼黑贝克出版社1988年第5版翻译，译者陈泽环，上海，上海社会科学院出版社1992年出版。（雷爱民）

敬畏自然

Reverence for nature

指对自然的态度或情感。这种态度或情感强调对自然要尊重、敬仰和畏惧。对天地间一切事物和现象的敬畏是人类面对自然所产生的最古老的情感。在世界各民族中的古老传说中，都有关于崇拜特定自然事物和现象的描述，其中体现了对自然深深的敬畏之情。在古代中国人看来，天，或者天道、天意，是天地间一切事物和现象的主宰，地则是万物之源。在《易经》中，乾主要是指天，有天父的含义；坤则主要指地，有地母的含义。天地虽然具有一定神性，但是天地不是人格神，而是大自然的象征，是自然的力量。人们崇拜天地，强调“道法自然”，是因为古人认为天地决定自然的收成，决定人们的祸福，人类必须对天地充满敬仰与感恩。在希腊人那里，自然既令人赞叹和赏心悦目，更令人敬畏。在人类社会由野蛮走向文明的初期——古代传统中，对自然的敬畏已成为基本的认识价值和文化价值。（参考：程倩春：《敬畏自然——论生态文明的自然观基础》，《自然辩证法研究》2014年第3期第83～88页。牟世晶）

《静寂的逃亡》

Silent Running

科幻电影，1972年上映，又名《宇宙静悄悄》。由道格拉斯·特鲁姆布（Douglas Trumbull）导演，主演是布鲁斯·邓恩（Bruce Dern）、朗·瑞弗金（Saul M. Rifkin）。故事讲述在严酷的未来，地球污染严重，植物无法生存。爱好植物的植物学家弗里曼·罗威尔在太空飞船进谷号巨大的轨道温室上，实施他的复兴计划。这上面承载着贫瘠地球上最后的植物样本。政府认为继续这个计划太昂贵，命令罗威尔毁灭货物返回地球。他违抗命令，杀死那些忠实的船员，拖着他的机器人同伴向遥远的太空领域出发。弗里曼·罗威尔以自己的行动表明，一个人的适时提醒能保留生命火种和最后的希望。片尾只剩下一个小机器人，独自照顾温室植物，在浩瀚的宇宙中无尽漂流，充满孤寂的景况让人印象深刻。（张惠娜）

静脉产业

Vein Industry

指在循环经济系统中承担静脉过程的对废弃物进行收集、分类、运输、分解，及再资源化或最终废弃处置的产业部门，统称为静脉产业。其中，最终废弃处置不是一般的废弃，而是基于保护环境、保护资源的目的，将产业废物和生活垃圾实行回收、分拣、再生、加工等过程，使其转换为再生资源或再生产品，并重新投入消费领域中。因此这一阶段可视为一个生产性过程。静脉产业发展的前提条件有：存在大量的废弃物；废弃物具有有用的属性；掌握把废弃物再资源化的技术以及拥有对再生品的需求。我国静脉产业的发展尚处于起步阶段，未来发展的重点应是：相关法律法规的健全，政策扶持系统的建立，激励机制的完善，公众的广泛参与以及技术研究的不断创新，使我国静脉产业规模化、标准化。（蔡越）

九宫图

Nine Palace Map

九宫图是指根据八卦方位以四正、四维加上中宫，构成的九宫井字图。坎居正北，离居正南，震居正东，兑居正西，此为四正宫，余乾、坤、巽、艮为四维宫。《大戴礼记》中，以九宫和明堂九殿并称。九宫，本来是指皇帝按季节祭祀的深宫。中国传统认为，东、西、南、北为四正位，它们之间的东南、西南、东北、西北为四隅。加上中央，成为九宫。九方向上应九天即中央钧天、东方苍天、东北变天、北方玄天、西北幽天、西方颢天、西南朱天、南方炎天、东南阳天。下应九野（或九州之土）：东南神州农土、正南沃州沃土、西南戎州滔土、正西弇州并土、正中冀州中土、西北台州肥土、正北泲州成土、东北薄州隐土、正东阳州申土。这种方位观念可用于辨方向和季节变化，也广泛用于地理（九州观念）、军事（布阵行营）、书法及武术方面。九宫图又称纵横数、九宫数，是人类第一个数阵。这种最初的数阵模型后来发展为幻方，也是矩阵。历来又有历中九宫、九宫贵神、曲中九宫等说法。汉代时有九宫占、九宫术、九宫算等，是九宫在占、术、算等方面的应用。其中九宫占术影响到后世风水术。1979 年在安徽省阜阳县双古堆汉墓出土的太乙九宫占盘，上面绘有八卦、九宫等内容，可作为八卦、九宫运用于术数占卜的早期实物证明。当今的九宫飞星风水术就是运用八卦九宫占盘，判断方位和宅运的祸福。（参考：张一方：《太极图的宇宙演化基础和九宫八卦五行图》,《安阳大学学报》2002 年第 9 期第 11 页～13 页。朱配辰）

就地保护

In Situ Conservation

也称境内保护。指在濒临灭绝的珍稀物种或者其他有价值的物种栖息和繁衍的地方，通过建立各种类型的自然保护区和风景名胜区的方式提升物种生存的安全性和可靠性，以此达到对珍稀物种的保护的目的。被保护物种的基因经营管理和物种所属的生态系统仍然处于动态有机联系之中，和生态系统内其他物种的生存、生存环境并不冲突，珍稀濒危野生物种在保护区内可以自由生长繁衍。因此就地保护是对于保存珍稀濒危野生物种最直接和做有效的手段。就地保护要求土地面积足够辽阔，以此维持和保存物种群落，维持生态系统内部的能量转化与流动。就地保护是维持生物多样性的有效措施，我国对就地保护的理论研究也主要体现在生物多样性的数据调查与监测，珍稀濒危野生物种的管理以及各种类型生态保护区的建设等领域。自然保护区的建设、管理以及立法是目前国内就地保护的研究重点。我国首个自然保护区是1956年在广东肇庆市鼎湖山建立的鼎湖山自然保护区，经过长期发展，截至2000年，我国已有1146个自然保护区。在2000年初，我国已有自然保护区加入“世界生物圈保护区网”和“人与生物圈保护区网”。（参考：薛达元等：《中国生物多样性的就地保护》，《生物多样性研究进展——首届全国生物多样性保护与持续利用研讨会论文集》。欧阳文川）

《就业、利息和货币通论》

The General Theory of Employment, Interest and Money

英国著名经济学家凯恩斯的代表作，1936年出版。60多年后再版，由杰弗里哈克特及皮特里奇主编，进行了全面修订。原版出版以后就造成轰动，被誉为一场对传统经济学的革命，挽救了经济危机。凯恩斯在本书中的核心理论是如何通过解决就业，缓解市场供求力量失衡的问题，提出了充分就业概念、有效需求原理、国民收入决定理论及三大心理定律等等一系列理论。本书从伦理学、法律学与经济学方面，根据不同的历史时期的发展形势，对资本主义市场经济做出论述。中译本有重译本、全译本、节译本、导读本、注释本等共近30种，近年最早译本是商务印书馆重译本，译者高鸿业，北京：1999年出版。（代富宇）

眷顾观

Favor View

《圣经》提出“眷顾大地”的伦理思想，“你眷顾大地，普降甘霖，使地甚肥沃；上帝的河满了水，好为人预备五谷；你就这样预备了大地。你灌溉地的犁沟，润平犁脊，又降雨露使地松软，并且赐福给地上所生长的”。基督教教义中上帝赐予人类大地、雨露，让人类生存发展，提示人类良好生存环境是人类生存与救赎过程须臾不可离的。（雷爱民）

决策

Decision-making

人们在政治、经济、技术和日常生活中普遍存在的行为，也是管理中经常发生的活动。决策就是做出决定，是为了实现特定的目标，根据客观的可能性，在占有一定信息和经验的基础上，借助一定的工具、技巧和方法，对影响目标实现的诸因素进行分析、计算和判断选优后，对未来行动做出决定。决策分析是一门与经济学、数学、心理学和组织行为学有密切相关的综合性学科。它的研究对象是决策，它的研究目的是帮助人们提高决策质量，减少决策的时间和成本。因此，决策分析是一门创造性的管理技术。它包括发现问题、确定目标、确定评价标准、方案制定、方案选优和方案实施等过程。在政治学领域，决策是整个政治管治过程中的一个重要环节。而且，相比于决策机构和决策结果（政策），对决策行为的比较分析要更困难些。（郇庆治）

均衡价格

Equilibrium Price

最早由英国经济学家斯图亚特在《政治经济学原理探究》中提出，指一种商品需求量与供给量相等时的价格，即当实现了市场供求均衡时，供给曲线与需求曲线相交时的价格。需求变动和供给变动都会对均衡价格产生影响，需求变动会引起均衡价格与均衡数量同方向变动，供给变动会引起均衡价格反方向变动而均衡数量同方向变动。需要和供给同时变动时，均衡价格和均衡产量如何变化要由需求和供给的变动方向和程度决定。（代富宇）

君主立宪制

Constitutional monarchy

又称有限君主制。资产阶级国家以国王为国家元首，但君主的权力依宪法受到一定限制的国家政体。它是资产阶级与封建阶级斗争相妥协的产物。根据阶级力量对比关系的不同，又可分为二元制君主立宪制和议会制君主立宪制。前者君主拥有立法、行政、司法和军事的大部分实权，虽有议会和宪法，但作用不大，如从明治维新到第二次世界大战时的日本；后者君主只处于象征性地位，国家实权完全掌握在资产阶级组成的议会或内阁手里。（李庆）